# 食用マメ類の科学

― 現 状 と 展 望 ―

海 妻 矩 彦
喜多村啓介
酒 井 真 次
編

東　京
株式会社
養賢堂発行

図3-2-6　ハスモンヨトウを用いた室内選好性試験
　　　　　左：標準葉アキセンゴク，右：検定葉ヒメシラズ

図3-2-7　ダイズ生葉を用いた室内飼育試験で得られたハスモンヨトウの蛹
　　　　　左：ヒメシラズ，中央：アキシロメ，右：操田大豆
　　　　　上段：♀，下段：♂

図4-2-4　開花期の低温によるへそ周辺着色と裂皮

図5-1-1 ダイズ斑点細菌病

図5-2-1 イチモンジカメムシ（成虫）

図5-1-2 ダイズ黒根腐病

図5-2-2 ホソヘリカメムシ（成虫）

図5-2-3 ダイズ葉を食害するハスモンヨトウ（幼虫）

図5-1-3 ダイズ茎疫病

図5-2-4 ハスモンヨトウ幼虫の食害を受けたダイズ畑

図5-5-1 ダイズモザイクウイルス（SMV）およびキュウリモザイクウイルス-ダイズ系（CMV-SS、ダイズ萎縮ウイルス）の感染により生じた褐斑粒（品種「生娘」）。左：SMV単独感染，中：SMVとCMV-SSの重複感染，右：CMV-SS単独感染。（高橋幸吉氏原図）

図5-5-2 ダイズわい化病：縮葉症状および葉脈間の黄化症状を生じて、株全体が黄化、萎縮する。

図5-5-3 ダイズわい化病を媒介するジャガイモヒゲナガアブラムシ（有翅虫）

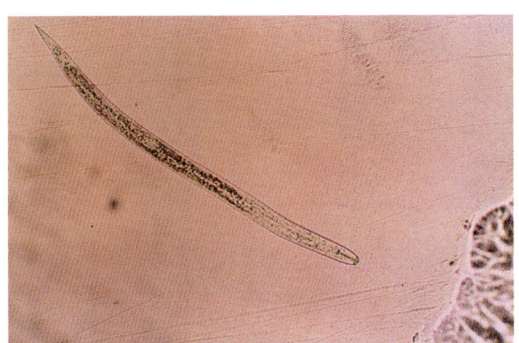

図5-6-1 ダイズシストセンチュウ（第2期幼虫）

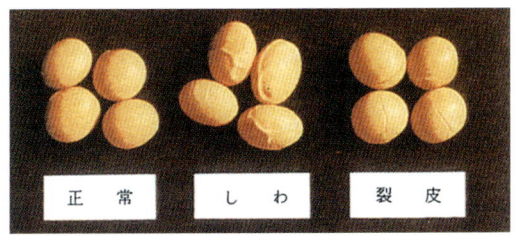

図7-4-13 乾燥に起因して発生する被害粒

図5-6-2 ダイズシストセンチュウの寄生により黄変したダイズの被害

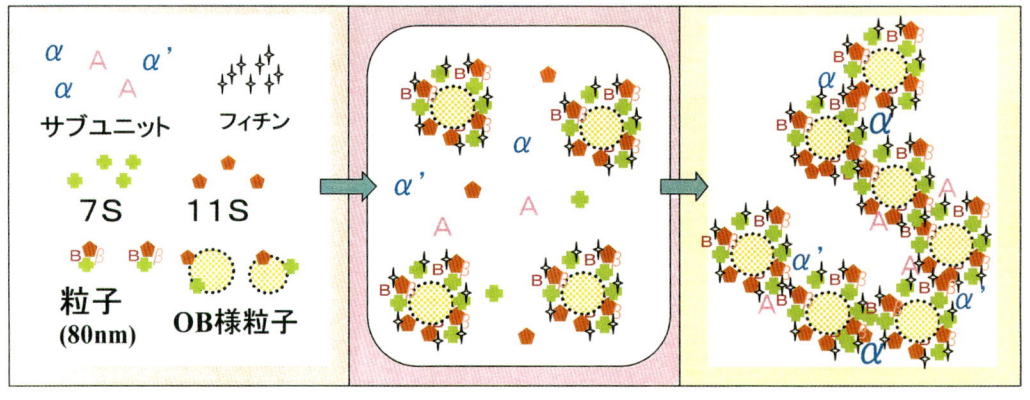

図8-1-5 豆乳から豆腐カード形成の概念図

図8-6-4 リポキシゲナーゼ完全欠失ダイズの使用メリットが発揮される試作品例

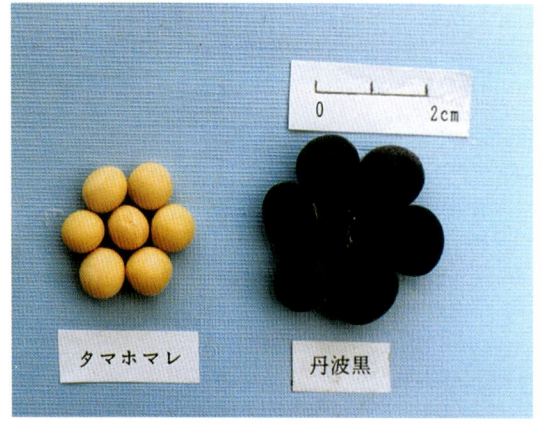

図8-7-2 丹波黒と普通大豆タマホマレとの比較

図8-8-4 三色豆腐

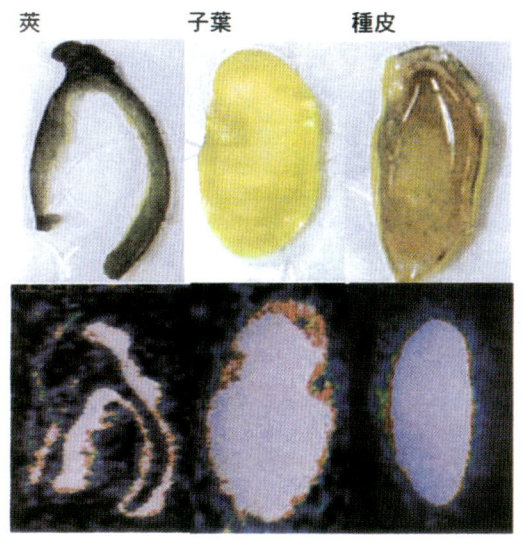
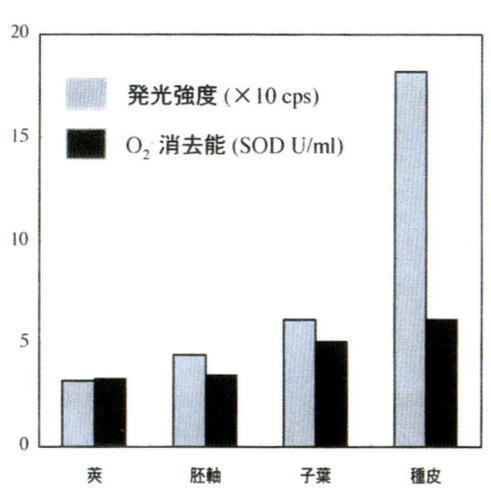

図9-5-3　ソラマメの部位別Y発光とスーパーオキシド消去能
発光は196mM $H_2O_2$とsatd. $KHCO_3$ in mM MeCHO存在下で測定した．
$O_2^-$消去能はESR法で測定した．

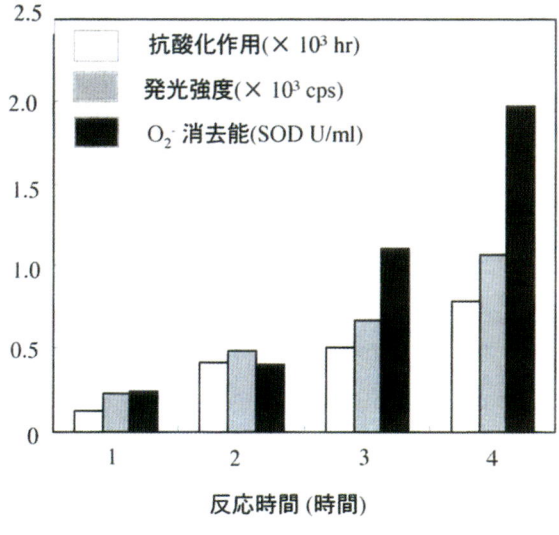

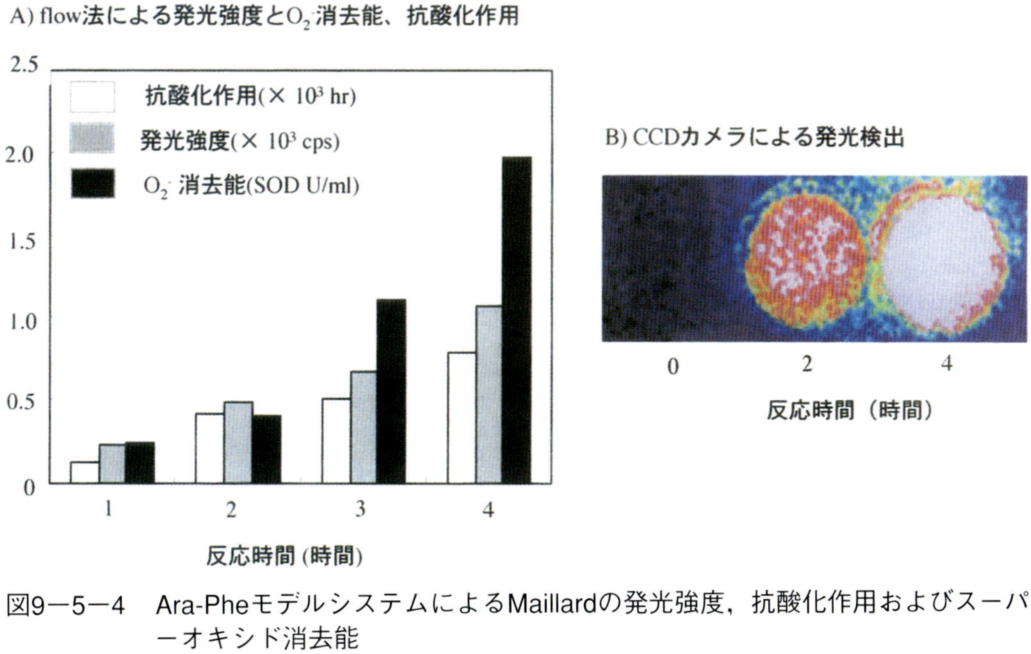

図9-5-4　Ara-PheモデルシステムによるMaillardの発光強度，抗酸化作用およびスーパーオキシド消去能
発光は196mM $H_2O_2$とsatd. $KHCO_3$ in 356mM MeCHO存在下で測定した．
$O_2^-$消去はESR法で，抗酸化作用はロダン鉄法で測定した．

# 序

　大豆，小豆，落花生等のマメ類はわが国では古くから食品として，また嗜好品として利用されているが，国内生産は振るわず自給率は低率にとどまっている．しかし，マメ類は畑地の基幹作物であるとともに，米の生産調整の中で高収益水田営農を確立する上での主要作物として重要な地位を占めている．このようなマメ類のもつ重要性から，わが国では官・民・学をあげ広い分野でマメ類研究が展開されている．特に近年の各分野における食用マメ類の研究進展には目覚ましいものがあり，育種，栽培生理，病害虫，収穫調製，流通加工等のマメ類に係わる研究成果とその活用および動向を今日的な視点において的確に取りまとめた叢書の刊行が研究，行政，実需者各層から求められている．

　上記のニーズに応えるために，食用マメ類に関するジャンル別の専門的な研究成果に加え分野全体を俯瞰できるよう視点をおき，研究者・学生の手引き書はもとより，マメ類の生産指導や利用に係わる各層各位の方々に広く活用されることを目指して本叢書が編集された．第1章の起源と品種分化から第10章の経営・経済的評価までの多岐に亘りわが国を代表する関係執筆者総勢100余名によるマメ類研究の全分野を包含した内容となっている．このため，当初の予定のA5版600頁を大幅に超過したボリュームとなったが，中央農業総合研究センター叢書として初めてB5版での出版に踏み切ることでなんとか分冊出版を避けることができた．また，本叢書の校閲にあたっては，当センターの梅川學環境保全型農業研究官をはじめ11名の校閲者の先生方に多大のお骨折りを頂いた．この場をお借りして御礼申し上げる．

　本書の刊行は，刊行企画立案から4年余，第一回編集委員会から既に3年近い歳月を経ている．この膨大な叢書を刊行することができたのは，本書の企画を強く働きかけられ監修の任に当たられた岩手大学前学長海妻矩彦博士，企画・編集にご尽力された中央農業総合研究センター酒井真次部長，作物研究所喜多村啓介部長，出版に強い意欲と意志を向けられた編集委員の方々のお陰である．最後に，本書の取りまとめに誠心誠意ご尽力された当センター情報資料課の七木田静代課長，作物研究所情報管理係の杉山京子さんに厚く御礼申し上げる．

　　平成15年3月

　　　　　　　　　　　　　　　　　　　　　　中央農業総合研究センター所長　高屋　武彦

## はしがき

　全国各地の大学や試験研究機関において食用マメ類の研究に携わっている多くの研究者がその総力を結集して，ここに「わが国における食用マメ類の研究」を刊行することができたことは大変喜ばしいことである．

　本書は，ダイズを中心とする主要な食用マメ類を取り上げ，その植物学的起源，遺伝育種，バイオテクノロジー，作物生産，栽培管理，病虫害防除，栄養生理，経営経済，等々の各分野を網羅した内容となっており，食用マメ類研究に関する一大成書としてはわが国で最初のものである．昭和62年に当時の農林水産省農業研究センターの総合農業研究叢書第10号として，小島睦男編「わが国におけるマメ類の育種」が刊行されたが，本書はそれに続くものでもある．特に「第3章 育種」はまさしく先の叢書の続編に当たるものと言える．しかしながら，本書の包含する分野は先の叢書のそれよりも遥かに広くかつ内容としても深いものを備えている．

　思い返せば，本書の刊行について第一回編集委員会が開催されたのは，平成12年3月31日に当時の農林水産省農業研究センター本館の会議室においてであり，それから早くも2年以上の歳月が過ぎ去った．そういう意味では本書はやや難産気味であったとも言えるが，それは包含する分野が非常に多岐に亘ったためであり致し方がないところであろう．しかし，これだけ広範多岐の分野に亘り記述され，20世紀末から21世紀初頭における時期のわが国の食用マメ類研究の現状を詳しく後世に伝えることができるようになったことは非常に大きな意義がある．

　DNA塩基配列の高速自動分析器の発達と普及により遺伝子解析技術が飛躍的な発展を見せ，今後はタンパク質やペプチドの質量分析法により迅速なアミノ酸配列の解析や3次元構造の推定までが可能になるなど，生体内のタンパク質の同定や機能の解析技術の進展が見込めるようになっている今日，食用マメ類の研究も今後の10年ほどの間には今とは画期的に異なった発展を見せていることであろう．そのためにも研究成果の現段階を整理しておき，次の研究目標を的確に定めて置くことは是非とも必要である．本書はそのためにも十分な役割を果たすことであろう．

　一方，農業を取り巻く諸分野において国際化がますます急速に進行する中で，ブラジルをはじめ世界の大豆研究の発展にわが国の食用マメ類の研究者が果たして来た貢献はまことに素晴らしいものがあった．その国際協力の過程で遭遇した様々な問題やそれらをいかにして解決したかなど，貢献の実績について正確な記録としてまとめ，それを後代のために残しておくことは非常に大切なことである．本書ではその点には触れていないが，これはむしろ別の成書として編纂されるべきが妥当であろう．

海妻　矩彦<br>
（前岩手大学長・現岩手県立博物館長）

『食用マメ類の科学』正誤表

| 頁　行目 | 誤 | 正 |
|---|---|---|
| 36頁下から7行目 | 亜種間交雑種等の | （削除する） |
| "下から6行目 | 生じるが、 | 生じるが、亜種間交雑種等の |
| "下から4行目 | 第1節に | 第1節が |
| 239　図3-9-9 | 下図と取り替え | |

```
早生大粒─（縄系選抜）┐
                    ├─ 早生大粒1号
      能登小豆 ──────┘  (1960)
                         │
             寿小豆 ─────┤
                         ├─ エリモショウズ
                         │   (1971)
             蔓小豆 ─────┐  │
                         ├─ 十育77号
             剣-3 ──────┘  (1963)
                              │
                              ├─ 十系494号P
                              │   (1984)
                  浦佐（島根）P ┘  │
                                   │
                                   ├─ 十系486号B.W
                  黒小豆（岡山）B.W ┘  (1989)
                   (1983)              │
                                       └─ しゅまりP.B.W
```

図3-9-9　「しゅまり」の系譜

注）1. B：アズキ萎凋病抵抗性、W：アズキ萎縮病抵抗性、P：アズキ茎疫病抵抗性
　　2.「浦佐（島根）」：島根県在来種、1961年島根県立農業試験場から導入
　　　「黒小豆（岡山）」：岡山県在来種、1973年岡山県立農業試験場から導入

# 目 次

## 第1章 起源と品種分化 ·················1
はじめに ·····························1
1. ダイズ *Glycine max* (L.) Merrill ·····2
　1) ダイズ属植物の分類と分布 ··········2
　2) ツルマメの分布と生態 ·············3
　3) アイソザイム遺伝子頻度からみた *Soja* 亜属系統分化 ···············4
　4) 細胞質ゲノムから見た *Soja* 亜属の系統分化 ·····················6
　5) ダイズの起源 ····················9
2. アズキ *Vigna angularis* (Willd.) Ohwi & Ohashi ····················14
　1) アズキの起源 ··················14
　2) 品種分化 ······················16
　3) 日本におけるアズキ在来品種の分布と特徴 ·······················17
　4) アズキ近縁野生種遺伝資源の収集と利用 ··20
3. ササゲ *Vigna unguiculata* (L.) Walpers · 22
　1) 起源 ··························22
　2) 品種分化と伝播 ·················23
　3) 日本におけるササゲ在来品種の分布と特徴 ·······················24
　4) ジュウロクササゲ群：品種群 Sesquipedalis ···············27
4. インゲンマメ *Phaseolus vulgaris* L. ····28
　1) 起源, 伝播および品種分化 ········28
　2) 日本におけるインゲンマメ在来品種の特徴と利用 ····················29
5. ラッカセイ *Arachis hypogaea* L. ········34
　1) *Arachis* 属の分類・分布と起源 ····34
　2) 栽培ラッカセイの成立と品種群分化 ··34
　3) 栽培ラッカセイの分類 ············35
　4) 栽培の歴史と伝播 ···············39
　5) わが国における品種の変遷 ········39
　6) 遺伝資源の収集・評価・保存 ·······40

## 第2章 分子育種・バイテク ··········43
はじめに ···························43
1. マメ類種子タンパク質の発現制御機構··43
　1) RY リピート ····················45
　2) ビシリンボックス ···············45
　3) G ボックス/CANNTG モチーフと bHLH タンパク質 ···············46
　4) TAATAATTT モチーフ ············46
　5) bZIP 結合配列 ATGAGTCAT ·········47
　6) A/T に富む配列と HMG タンパク質 ····47
2. タンパク質工学に基づくマメ類種子タンパク質の加工特性の改良 ·········49
　1) はじめに ······················49
　2) ダイズタンパク質 ···············50
　3) ダイズタンパク質の構造・加工特性相関··51
　4) タンパク質工学に基づく加工特性の改良··51
　5) 将来への展望 ··················54
3. 種子の耐虫性物質とその遺伝子
　—マメ類の耐虫性育種への利用— ······55
　緒言 ···························55
　1) インゲンマメに含まれるアズキゾウムシ生育阻害物質の同定と利用 ·······55
　2) リョクトウ野生種に見いだされたマメゾウムシ類抵抗性 ···········58
　3) おわりに ······················60
4. マメ類の形質転換手法の現状と展望 ····61
　1) ダイズ (*Glycine max*) ··········61
　2) 他のマメ科作物 ·················63
5. ダイズの DNA マーカーの開発とその利用 ·······················66
　1) ダイズの分子連鎖地図 ···········66
　2) DNA マーカーを用いた遺伝的マッピング 70
　3) DNA マーカーを用いた物理的マッピング 71

## 第3章 育 種 ·······················74
はじめに ···························74
1. 病害抵抗性育種 ···················76
　1) 寒冷地におけるダイズモザイクウイルス抵抗性育種 ·················76
　2) 温暖地におけるモザイクウイルス抵抗性育種研究 ···················80
　3) ダイズわい化病抵抗性育種 ········86
　4) ダイズ黒根腐病・ダイズ落葉病抵抗性育種 98
　5) ダイズ茎疫病抵抗性育種 ·········101
2. 虫害抵抗性育種 ··················109
　1) 寒地におけるダイズシストセンチュウ抵抗性育種 ················109
　2) 寒冷地におけるダイズシストセンチュウ抵抗性育種 ················118
　3) 温暖地におけるダイズシストセンチュウ抵抗性育種 ················124
　4) 暖地における食葉性害虫抵抗性育種 129
3. 耐冷性育種 ······················135
　1) 緒言 ·························135
　2) 開花期低温抵抗性検定条件の再検討 ····136
　3) 開花期低温抵抗性の機作 ········138

4）開花期低温抵抗性に関する間接選抜実験・140
　　5）耐冷性品種トヨホマレの育成・・・・・・・・・142
　　6）総合考察・・・・・・・・・・・・・・・・・・144
　4. 機械化適性育種・・・・・・・・・・・・・・・・146
　　1）寒地におけるコンバイン適性育種・・・・・・146
　　2）機械化適応性育種（寒冷地）・・・・・・・・・155
　　3）暖地機械化適応性育種・・・・・・・・・・・165
　5. 成分・品質の遺伝的改良・・・・・・・・・168
　　1）タンパク質組成の改良（高11S系統）
　　　育種・・・・・・・・・・・・・・・・・・・168
　　2）ダイズ青臭みの除去・・・・・・・・・・・・176
　　3）サポニンおよびイソフラボン配糖体成分
　　　の改良育種・・・・・・・・・・・・・・・・180
　　4）用途別加工適性・・・・・・・・・・・・・・185
　　5）タンパク質含量の向上・・・・・・・・・・・191
　6. 吸水・乾燥裂皮検定法の確立と
　　極難裂皮性品種の探索・・・・・・・・・195
　　1）目　的・・・・・・・・・・・・・・・・・・195
　　2）材料および方法・・・・・・・・・・・・・・195
　　3）結果および考察・・・・・・・・・・・・・・195
　　4）まとめ・・・・・・・・・・・・・・・・・・198
　　研究発表・・・・・・・・・・・・・・・・・・・198
　7. 有色ダイズ育種・・・・・・・・・・・・・・・198
　　1）寒地における大袖系育種・・・・・・・・・・198
　　2）寒地における黒豆育種・・・・・・・・・・・202
　　3）寒冷地における青豆（子葉緑）育種・・・・・207
　　4）温暖地における有色ダイズ育種・・・・・・・209
　　5）暖地における有色ダイズ育種・・・・・・・・212
　8. 納豆用ダイズの育種・・・・・・・・・・・・・214
　　1）寒地における小粒納豆用育種・・・・・・・・214
　　2）寒冷地における小粒納豆用育種・・・・・・・220
　　3）暖地における納豆用小粒育種・・・・・・・・223
　9. アズキ・・・・・・・・・・・・・・・・・・・225
　　1）北海道におけるアズキ栽培と品種育成の
　　　概括・・・・・・・・・・・・・・・・・・・225
　　2）北海道におけるアズキ育種の現状・・・・・・227
　　3）アズキ育種の今後の課題・・・・・・・・・・232
　　4）耐病性育種・・・・・・・・・・・・・・・・234
　10. インゲンマメ・・・・・・・・・・・・・・・・244
　　1）北海道におけるインゲンマメ栽培と
　　　品種育成の概括・・・・・・・・・・・・・・244
　　2）北海道におけるインゲンマメ育種の現状・245
　　3）耐病性育種・・・・・・・・・・・・・・・・251
　11. ラッカセイ・・・・・・・・・・・・・・・・・263
　　1）歴史と現状・・・・・・・・・・・・・・・・263
　　2）耐病性・・・・・・・・・・・・・・・・・・266
　　3）多収性・・・・・・・・・・・・・・・・・・269
　　4）高品質化と用途拡大・・・・・・・・・・・・271

付. わが国マメ類育成品種一（1988年以降） 276
　1. ダイズ・・・・・・・・・・・・・・・・・・・276
　2. アズキ・・・・・・・・・・・・・・・・・・・279
　3. インゲン・・・・・・・・・・・・・・・・・・279
　4. ラッカセイ・・・・・・・・・・・・・・・・・280

## 第4章　栽培生理・・・・・・・・・・・・・・・281
　はじめに・・・・・・・・・・・・・・・・・・・281
　1. 多収の生理学的機構・・・・・・・・・・・・・281
　　1）ソース能と収量成立・・・・・・・・・・・・281
　　2）シンク活性と収量成立・・・・・・・・・・・284
　2. ストレスに対する反応・・・・・・・・・・・・290
　　1）水ストレス：多湿と乾燥・・・・・・・・・・290
　　2）低温ストレス・・・・・・・・・・・・・・・296
　3. 省力栽培技術・・・・・・・・・・・・・・・・301
　　1）不耕起栽培の現状・・・・・・・・・・・・・301
　　2）これまでの研究の経過・・・・・・・・・・・302
　　3）栽培管理・・・・・・・・・・・・・・・・・304
　4. 作付体系・・・・・・・・・・・・・・・・・・309
　　1）水田輪作・・・・・・・・・・・・・・・・・309
　　2）畑輪作・・・・・・・・・・・・・・・・・・313

## 第5章　病害虫・・・・・・・・・・・・・・・・318
　はじめに・・・・・・・・・・・・・・・・・・・318
　　1）今後のダイズ病害虫防除対策・・・・・・・・319
　1. ダイズの主要病害（主要糸状菌・細菌病）
　　　・・・・・・・・・・・・・・・・・・・・・320
　　1）細菌病・・・・・・・・・・・・・・・・・・320
　　2）紫斑病・・・・・・・・・・・・・・・・・・321
　　3）黒とう病・・・・・・・・・・・・・・・・・321
　　4）葉や茎の病害・・・・・・・・・・・・・・・322
　　5）立枯性病害・・・・・・・・・・・・・・・・323
　　6）種子の病害・・・・・・・・・・・・・・・・325
　2. ダイズの主要害虫・・・・・・・・・・・・・・327
　　1）カメムシ類・・・・・・・・・・・・・・・・327
　　2）ハスモンヨトウ・・・・・・・・・・・・・・328
　　3）ダイズサヤタマバエ・・・・・・・・・・・・330
　　4）マメシンクイガ・・・・・・・・・・・・・・331
　3. アズキ・インゲンマメの主要病害
　　（糸状菌・細菌）・・・・・・・・・・・・・・335
　　はじめに・・・・・・・・・・・・・・・・・・335
　　1）アズキ落葉病・・・・・・・・・・・・・・・335
　　2）アズキ茎疫病・・・・・・・・・・・・・・・336
　　3）アズキ萎凋病・・・・・・・・・・・・・・・337
　　4）インゲンマメかさ枯病・・・・・・・・・・・338
　　5）インゲンマメ菌核病・・・・・・・・・・・・339
　4. アズキ・インゲンマメの主要害虫・・・・・341
　　1）マメアブラムシ・・・・・・・・・・・・・・341

- 2) ジャガイモヒゲナガアブラムシ‥‥‥‥ 341
- 3) アズキサヤムシガ（アズキサヤヒメハマキ）
   ‥‥‥‥‥‥‥‥‥‥‥‥‥‥‥‥‥‥ 342
- 4) マメホソクチゾウムシ‥‥‥‥‥‥‥‥ 343
- 5) マメノメイガ‥‥‥‥‥‥‥‥‥‥‥‥ 343
- 6) アズキノメイガ‥‥‥‥‥‥‥‥‥‥‥ 344
- 7) アズキゾウムシ‥‥‥‥‥‥‥‥‥‥‥ 345
- 8) タネバエ‥‥‥‥‥‥‥‥‥‥‥‥‥‥ 345
- 9) マメコガネ‥‥‥‥‥‥‥‥‥‥‥‥‥ 346
- 10) ハダニ類‥‥‥‥‥‥‥‥‥‥‥‥‥‥ 347
- 11) ネキリムシ類‥‥‥‥‥‥‥‥‥‥‥‥ 348
- 12) ハスモンヨトウ‥‥‥‥‥‥‥‥‥‥‥ 349
- 13) エビカラスズメ‥‥‥‥‥‥‥‥‥‥‥ 350
- 5. 食用マメ類の主要ウイルス病害‥‥‥‥ 351
  - 1) わが国の食用マメ類に発生するウイルス病とその病原ウイルス‥‥‥‥‥‥‥‥‥ 351
  - 2) ダイズのウイルス病‥‥‥‥‥‥‥‥‥ 351
  - 3) アズキの主要なウイルス病‥‥‥‥‥‥ 355
  - 4) インゲンマメの主要なウイルス病‥‥‥ 356
  - 5) マメ類のウイルス病を媒介するアブラムシ類‥‥‥‥‥‥‥‥‥‥‥‥ 356
- 6. 食用マメ類の主要線虫害‥‥‥‥‥‥‥ 360
  - はじめに‥‥‥‥‥‥‥‥‥‥‥‥‥‥‥ 360
  - 1) ダイズシストセンチュウ‥‥‥‥‥‥‥ 360
  - 2) ネコブセンチュウ類の被害と防除‥‥‥ 364
  - 3) ネグサレセンチュウ類による被害‥‥‥ 365

## 第6章　土壌肥料‥‥‥‥‥‥‥‥‥‥‥ 368
- はじめに‥‥‥‥‥‥‥‥‥‥‥‥‥‥‥‥ 368
- 1. 窒素‥‥‥‥‥‥‥‥‥‥‥‥‥‥‥‥ 368
  - 1) 窒素代謝‥‥‥‥‥‥‥‥‥‥‥‥‥‥ 368
  - 2) 根粒‥‥‥‥‥‥‥‥‥‥‥‥‥‥‥‥ 374
  - 3) 土壌窒素とダイズ収量‥‥‥‥‥‥‥‥ 379
  - 4) 窒素施肥‥‥‥‥‥‥‥‥‥‥‥‥‥‥ 383
- 2. リン酸，カリ，その他‥‥‥‥‥‥‥‥ 389
  - 1) ダイズの要素研究‥‥‥‥‥‥‥‥‥‥ 389
  - 2) 養分の吸収機構‥‥‥‥‥‥‥‥‥‥‥ 390
  - 3) 土壌条件による養分の過不足‥‥‥‥‥ 391
  - 4) 養分の土壌中存在量‥‥‥‥‥‥‥‥‥ 392
  - 5) 養分の供給が問題となる土壌‥‥‥‥‥ 394
  - 6) ダイズが必要とする養分‥‥‥‥‥‥‥ 395
  - 7) 欠乏症状・過剰症状の現れ方‥‥‥‥‥ 400
  - 8) 養分の分析による栄養診断‥‥‥‥‥‥ 400
  - 9) 養分の施用方法‥‥‥‥‥‥‥‥‥‥‥ 400
  - 10) ダイズの養分吸収と養分必要量‥‥‥‥ 402
  - 11) 施肥基準‥‥‥‥‥‥‥‥‥‥‥‥‥‥ 403
- 3. 土壌物理性‥‥‥‥‥‥‥‥‥‥‥‥‥ 409
  - 1) 土壌通気とダイズの生育‥‥‥‥‥‥‥ 409
  - 2) 基盤整備‥‥‥‥‥‥‥‥‥‥‥‥‥‥ 413
- 4. 有機物‥‥‥‥‥‥‥‥‥‥‥‥‥‥‥ 417
  - 1) 有機物施用‥‥‥‥‥‥‥‥‥‥‥‥‥ 417
  - 2) 土壌有機物とマメ科作物の生育‥‥‥‥ 422
- 5. アズキの土壌肥料‥‥‥‥‥‥‥‥‥‥ 427
  - 1) 生育特性と生育期節の設定‥‥‥‥‥‥ 427
  - 2) 栄養条件と生育，収量‥‥‥‥‥‥‥‥ 428
  - 3) アズキにおける窒素固定作用‥‥‥‥‥ 429
  - 4) 施肥と出芽時の濃度障害‥‥‥‥‥‥‥ 431
  - 5) 初期生育に及ぼすリン酸の意義‥‥‥‥ 431
  - 6) アズキへの窒素供給‥‥‥‥‥‥‥‥‥ 433
- 6. ラッカセイのリン酸吸収‥‥‥‥‥‥‥ 438
  - 1) はじめに‥‥‥‥‥‥‥‥‥‥‥‥‥‥ 438
  - 2) 低リン酸土壌におけるラッカセイのリン酸吸収能力‥‥‥‥‥‥‥‥‥‥‥ 438
  - 3) 鉄型リン酸の吸収・利用能力の要因解析‥ 439
  - 4) 細胞壁の鉄型リン酸溶解機能‥‥‥‥‥ 440
  - 5) 細胞壁表面のCEC‥‥‥‥‥‥‥‥‥‥ 440
  - 6) 鉄型リン酸の溶解活性部位の存在‥‥‥ 441
  - 7) 根表面細胞壁の脱落‥‥‥‥‥‥‥‥‥ 442

## 第7章　農業機械・施設‥‥‥‥‥‥‥‥ 444
- はじめに‥‥‥‥‥‥‥‥‥‥‥‥‥‥‥‥ 444
- 1. 播種床造成・施肥播種機械‥‥‥‥‥‥ 444
  - 1) 排水・透水性改善技術‥‥‥‥‥‥‥‥ 444
  - 2) 耕うん整地機械‥‥‥‥‥‥‥‥‥‥‥ 448
  - 3) 施肥播種機‥‥‥‥‥‥‥‥‥‥‥‥‥ 450
- 2. 管理作業機械‥‥‥‥‥‥‥‥‥‥‥‥ 455
  - 1) 中耕培土機‥‥‥‥‥‥‥‥‥‥‥‥‥ 455
  - 2) 追肥・防除用機械‥‥‥‥‥‥‥‥‥‥ 459
- 3. 収穫機‥‥‥‥‥‥‥‥‥‥‥‥‥‥‥ 461
  - 1) ビーンハーベスタ‥‥‥‥‥‥‥‥‥‥ 461
  - 2) ビーンスレッシャー（マメ用脱粒機）‥ 462
  - 3) コンバイン‥‥‥‥‥‥‥‥‥‥‥‥‥ 463
- 4. 乾燥調製機械施設‥‥‥‥‥‥‥‥‥‥ 466
  - 1) マメ類乾燥基礎理論‥‥‥‥‥‥‥‥‥ 466
  - 2) マメ類乾燥調製‥‥‥‥‥‥‥‥‥‥‥ 475
- 5. 機械化作業体系‥‥‥‥‥‥‥‥‥‥‥ 481
  - 1) 水田転作ダイズの機械化作業体系‥‥‥ 481
  - 2) 大規模畑作ダイズの機械化作業体系‥‥ 483
  - 3) アズキ・インゲンマメ類その他マメ類の機械化作業体系‥‥‥‥‥‥‥‥‥‥ 485

## 第8章　流通加工‥‥‥‥‥‥‥‥‥‥‥ 493
- はじめに（ダイズ関係）‥‥‥‥‥‥‥‥‥ 493
- 1. 豆腐への利用‥‥‥‥‥‥‥‥‥‥‥‥ 494
  - 1) 豆腐市場動向の現状‥‥‥‥‥‥‥‥‥ 494
  - 2) 豆腐用ダイズの研究課題‥‥‥‥‥‥‥ 494

3) 豆腐カード形成機構－脂質タンパク質
      複合体の役割－ ………………… 495
   4) 新理論の意義と今後の展開 ………… 498
 2. 納豆への利用 ……………………………… 499
   1) 納豆製造用ダイズに求められる特性 …… 499
   2) 国産ダイズの納豆加工適性 ………… 501
 3. 煮豆への利用 ……………………………… 505
   1) 煮豆用ダイズの市場 ………………… 505
   2) 煮豆用ダイズの品質評価 …………… 505
   3) 煮豆製造方法と新規製造技術の開発 … 507
 4. 味噌への利用 ……………………………… 510
   1) 味噌の種類について ………………… 510
   2) 味噌の生産状況 ……………………… 511
   3) 味噌用原料ダイズの使用状況と推移 … 512
   4) 味噌用ダイズとしての好適品種とは … 513
   5) 適性試験とダイズの評価 …………… 515
   6) おわりに ……………………………… 515
 5. ダイズ加工食品（豆乳・豆腐等）の
   風味成分 ………………………………… 516
   1) 研究の目的 …………………………… 516
   2) 標準ダイズとLO欠失ダイズより調製
      した豆乳の香気成分比較 …………… 516
   3) 各種ダイズより調製した豆腐の風味比較 … 517
 6. リポキシゲナーゼ完全欠失ダイズの
   加工利用上のメリット ………………… 519
   1) リポキシゲナーゼ完全欠失特性の
      活かされる加工利用法 ……………… 519
   2) リポキシゲナーゼ完全欠失大豆の
      その他の有用特性 …………………… 520
 7. ダイズ丹波黒の産地形成 ………………… 521
   1) 丹波黒生産小史 ……………………… 521
   2) 丹波黒の特性 ………………………… 522
   3) 丹波黒の大粒化の歴史 ……………… 523
   4) 丹波黒の利用 ………………………… 524
   5) 丹波黒の位置づけと今後の取り組み … 524
 8. ジュール加熱技術による豆腐製造 ……… 525
 9. 危害分析重要管理点方式による
   モヤシの製造 …………………………… 528
   1) はじめに ……………………………… 528
   2) 原料の管理点・保管・処理方法 …… 528
   3) 播種・栽培・収穫 …………………… 531
   4) 製品の洗浄・包装・冷蔵出荷 ……… 533
   5) モヤシ製造業の今後 ………………… 533
 はじめに（雑豆関係） ……………………… 534
 10. アズキ，インゲンマメの収穫乾燥・
     調製技術 ………………………………… 534
   1) アズキ ………………………………… 534
   2) 金時 …………………………………… 537
   3) インゲンマメ（菜豆） ……………… 540
 11. アズキ，インゲンマメの加工適性 …… 543
   1) アズキ ………………………………… 543
   2) インゲンマメ ………………………… 547
 12. アズキ，インゲンマメの機能性 ……… 549
   1) はじめに ……………………………… 549
   2) アズキおよびインゲンマメの食物繊維
      含量 …………………………………… 550
   3) 単離デンプンおよび加工処理デンプンの
      物理化学的特性 ……………………… 551
   4) アズキおよびインゲンマメの機能性 … 557
   5) おわりに ……………………………… 559
 13. ラッカセイの乾燥，調製および加工 … 559
   1) ラッカセイの乾燥，貯蔵および調製 … 560
   2) 乾燥莢実の加工 ……………………… 561
   3) 生莢実の加工 ………………………… 564

# 第9章 栄養生理機能 …………………………… 567
 はじめに ……………………………………… 567
 1. ダイズタンパク質のコレステロール
   低下作用 ………………………………… 568
   1) はじめに ……………………………… 568
   2) ダイズタンパク質のコレステロール
      低下作用 ……………………………… 569
   3) 作用機構と有効成分 ………………… 570
   4) おわりに ……………………………… 572
 2. ダイズのアレルゲンタンパク質の同定
   と構造 …………………………………… 573
   1) ダイズアレルゲンタンパク質の
      スクリーニング ……………………… 573
   2) ダイズ主要アレルゲンタンパク質 … 574
   3) ダイズ中のタンパク質以外のアレルゲン
      分子 …………………………………… 577
   4) アレルゲン欠失ダイズ ……………… 578
 3. 物理的除去手法によるダイズ低アレルゲン
   タンパク質の調製 ……………………… 580
   はじめに ………………………………… 580
   1) ダイズアレルゲンタンパク質の特定 … 580
   2) ダイズアレルゲンの低減化法 ……… 580
   3) GlymBd 30 Kの溶解挙動を利用した
      除去方法の開発 ……………………… 581
   4) GlymBd 30 Kのα'，αサブユニットとの
      特異的な結合 ………………………… 584
   5) 特定品種ダイズの利用によるGlymBd 30 K
      の除去率向上 ………………………… 585
   6) 低アレルゲンダイズタンパク質の応用 … 587
   7) おわりに ……………………………… 588
 4. ダイズタンパク質の抗血圧上昇作用 …… 589

1) レニン・アンギオテンシン系による
　　血圧制御系 ………………………… 589
2) ダイズタンパク質から派生するアンギオ
　　テンシン変換酵素阻害ペプチド ……… 590
3) 経口投与ダイズタンパク質の経口投与に
　　よる血圧低下と ACE 阻害ペプチド … 591
4) ダイズタンパク質と血漿脂質代謝・血圧 592
5) おわりに ……………………………… 593
5. マメ科種子の活性酸素消去成分 ……… 594
1) はじめに ……………………………… 594
2) 発光検出 ……………………………… 594
3) マメ類の活性酸素消去物質 …………… 594
4) ダイズ食品の活性酸素消去物質 ……… 597
5) おわりに ……………………………… 598
6. 味噌およびダイズの生理機能と
　　生体予防効果 ………………………… 600
　はじめに ………………………………… 600
1) フラボン体 …………………………… 601
2) 抗酸化作用 …………………………… 601
3) 性ホルモン様作用 …………………… 602
4) 肝がんおよび乳がんの化学予防 ……… 602
5) 抗放射線療法 ………………………… 603
6) ヒトへの効果 ………………………… 604
7) おわりに ……………………………… 604
7. マメ類およびその発酵食品中の
　　ポリフェノール類の抗酸化作用 ……… 605
1) はじめに ……………………………… 605
2) マメ類中のポリフェノール類とその
　　抗酸化作用 …………………………… 606
3) ダイズ発酵食品の抗酸化性 …………… 608
4) おわりに ……………………………… 610
8. コーヒー豆の抗腫瘍性 ………………… 612
1) はじめに ……………………………… 612
2) がんの発生と進行 …………………… 613
3) コーヒーの成分と発がん抑制作用 …… 613
4) がん細胞の増殖・浸潤・転移と食品因子
　　について ……………………………… 614
5) コーヒーのがん細胞増殖・浸潤抑制作用と
　　その機構 ……………………………… 616
6) おわりに ……………………………… 619
9. 納豆（マメ発酵食品）の生理機能 …… 621
1) はじめに ……………………………… 621
2) 抗菌性 ………………………………… 621
3) 整腸作用 ……………………………… 622
4) 抗腫瘍性 ……………………………… 622
5) 血圧上昇抑制 ………………………… 623
6) 血栓溶解作用 ………………………… 624
7) その他 ………………………………… 624

## 第10章　マメ類の経営・経済的分析 … 627
　はじめに ………………………………… 627
1. 水田作経営におけるマメ類の経営・
　　経済的分析 …………………………… 627
1) 水田作経営を対象とした経営経済研究
　　におけるダイズ作の位置 …………… 627
2) 水田におけるダイズ作に関する経営
　　経済的研究の展開 …………………… 627
3) 水田におけるダイズ作に対する経営
　　経済的研究の今後の検討課題 ……… 633
2. 畑作経営におけるマメ類の経営・
　　経済的分析 …………………………… 635
1) 畑作におけるマメ類の生産動向と経営・
　　経済的研究の展開 …………………… 635
2) マメ類の経営的特質と畑作経営・産地の
　　発展方式に関する研究 ……………… 636
3) マメ類の価格変動・需給調整や作付反応
　　に関する計量経済的分析 …………… 638
4) マメ類の流通構造・市場構造および消費
　　動向に関する研究 …………………… 639
5) 畑作におけるマメ類の経営・経済的研究
　　の課題 ………………………………… 640

# 執筆者一覧

## 第1章
- 島本義也　　　北海道大学名誉教授
- 友岡憲彦　　　農業生物資源研究所集団動態研究チーム
- 宮崎尚時　　　農業生物資源研究所ジーンバンク
- 曽良久男　　　千葉県農業総合研究センター育種研究所果樹植木育種研究室

## 第2章
- 原田久也　　　千葉大学園芸学部遺伝・育種学研究室
- 南川隆雄　　　元 東京都立大学大学院理学研究科植物生物化学研究室
- 内海　成　　　京都大学大学院農学研究科品質設計開発学分野
- 石本政男　　　近畿中国四国農業研究センター作物開発部育種工学研究室
- 高野哲夫　　　東京大学アジア生物資源環境研究センター
- 大坪憲弘　　　文部科学省研究振興局ライフサイエンス課
- 中山直樹　　　国際農林水産業研究センター生物資源部

## 第3章
- 酒井真次　　　中央農業総合研究センター関東東海総合研究部
- 高橋浩司　　　作物研究所畑作物研究部豆類育種研究室
- 高松光生　　　長野県中信農業試験場畑作育種部
- 萩原誠司　　　北海道立中央農業試験場作物部畑作科
- 白井和栄　　　北海道立中央農業試験場作物部畑作科
- 鈴木千賀　　　北海道立十勝農業試験場作物研究部大豆科
- 湯本節三　　　北海道立十勝農業試験場作物研究部大豆科
- 高田吉丈　　　東北農業研究センター水田利用部大豆育種研究室
- 山田直弘　　　長野県中信農業試験場畑作育種部
- 高橋将一　　　九州沖縄農業研究センター作物機能開発部大豆育種研究室
- 黒崎英樹　　　北海道立北見農業試験場作物研究部畑作園芸科
- 田中義則　　　北海道立十勝農業試験場作物研究部大豆科
- 島田尚典　　　北海道立十勝農業試験場作物研究部小豆菜豆科
- 松永亮一　　　九州沖縄農業研究センター作物機能開発部大豆育種研究室
- 羽鹿牧太　　　作物研究所畑作物研究部豆類育種研究室
- 菊池彰夫　　　近畿中国四国農業研究センター作物開発部大豆育種研究室
- 矢ヶ崎和弘　　長野県中信農業試験場畑作育種部
- 田渕公清　　　中央農業総合研究センター北陸水田利用部
- 足立大山　　　故人
- 山崎敬之　　　北海道立十勝農業試験場作物研究部大豆科
- 高橋信夫　　　長野県農業総合試験場バイオテクノロジー部
- 小松邦彦　　　九州沖縄農業研究センター作物機能開発部大豆育種研究室
- 鴻坂扶美子　　北海道立中央農業試験場作物開発部畑作科
- 境　哲文　　　東北農業研究センター水田利用部大豆育種研究室
- 村田吉平　　　北海道農政部農業改良課
- 青山　聡　　　北海道立十勝農業試験場作物研究部小豆菜豆科
- 藤田正平　　　北海道立十勝農業試験場作物研究部小豆菜豆科

| | |
|---|---|
| 江部成彦 | 北海道立十勝農業試験場作物研究部小豆菜豆科 |
| 曽良久男 | 千葉県農業総合研究センター育種研究所果樹植木育種研究室 |
| 松田隆志 | 千葉県農業総合研究センター北総園芸研究所砂地野菜研究室 |
| 岩田義治 | 千葉県農業総合研究センター育種研究所畑作物育種研究室落花生試験地 |
| 喜多村啓介 | 作物研究所畑作物研究部 |
| 島田信二 | 東北農業研究センター水田利用部大豆育種研究室 |
| 岡部昭典 | 近畿中国四国農業研究センター作物開発部大豆育種研究室 |

## 第4章

| | |
|---|---|
| 国分牧衛 | 東北大学大学院農学研究科 |
| 島田信二 | 東北農業研究センター水田利用部大豆育種研究室 |
| 高橋良二 | 作物研究所畑作物研究部 |
| 浜口秀生 | 中央農業総合研究センター関東東海総合研究部総合研究第1チーム |
| 山本泰由 | 中央農業総合研究センター耕地環境部作付体系研究室 |
| 持田秀之 | 九州沖縄農業研究センター畑作研究部 |

## 第5章

| | |
|---|---|
| 本田要八郎 | 中央農業総合研究センター病害防除部病害防除システム研究室 |
| 西 和文 | 野菜茶業研究所野菜研究部病害研究室 |
| 樋口博也 | 中央農業総合研究センター北陸水田利用部虫害研究室 |
| 尾崎政春 | 北海道立中央農業試験場クリーン農業部 |
| 大久保利道 | 北海道北見農業試験場技術普及部 |
| 御子柴義郎 | 畜産草地研究所飼料生産管理部病害制御研究室 |
| 本多健一郎 | 中央農業総合研究センター企画調整部研究企画科 |
| 相場 聡 | 中央農業総合研究センター虫害防除部線虫害研究室 |

## 第6章

| | |
|---|---|
| 有原丈二 | 作物研究所畑作物研究部豆類栽培生理研究室 |
| 大山卓爾 | 新潟大学農学部応用生物化学科 |
| 高橋 幹 | 作物研究所畑作物研究部豆類栽培生理研究室 |
| 高橋能彦 | 新潟県農業総合研究所作物センター栽培科 |
| 田村有希博 | 東北農業研究センター地域基盤研究部土壌環境制御研究室 |
| 阿江教治 | 農業環境技術研究所化学環境部重金属研究グループ |
| 藤森新作 | 農業工学研究所農地整備部水田整備研究室 |
| 脇本賢三 | 九州沖縄農業研究センター水田作研究部 |
| 山縣真人 | 北海道農業研究センター総合研究部総合研究第2チーム |
| 沢口正利 | ホクレン肥料株式会社技術室 |

## 第7章

| | |
|---|---|
| 澤村宣志 | 生物系特定産業技術研究推進機構評価試験部 |
| 唐橋 需 | 鳥取大学農学部生物資源環境学科 |
| 桃野 寛 | 北海道立十勝農業試験場生産研究部栽培システム科 |
| 杉山隆夫 | 生物系特定産業技術研究推進機構生産システム研究部収穫システム研究室 |
| 大黒正道 | 近畿中国四国農業研究センター総合研究部情報システム研究室 |
| 原 令幸 | 北海道立中央農業試験場生産システム部 |

執筆者一覧

## 第8章

| | |
|---|---|
| 須田郁夫 | 九州沖縄農業研究センター作物機能開発部食品機能開発研究室 |
| 塚本知玄 | 岩手大学農学部農業生命科学科食品健康科学講座 |
| 小野伴忠 | 岩手大学農学部農業生命科学科食品健康科学講座 |
| 細井知弘 | 東京都立食品技術センター研究室 |
| 掛田博之 | フジッコ株式会社技術開発部技術開発第二課 |
| 藤波博子 | 財団法人中央味噌研究所 |
| 小林彰夫 | 茨城キリスト教大学生活科学部 |
| 曳野亥三夫 | 兵庫県立農林水産技術総合センター北部農業技術センター |
| 秋山美展 | 秋田県総合食品研究所食品工学研究室 |
| 青木睦夫 | システムテクニカル（株） |
| 村田吉平 | 北海道農政部農業改良課 |
| 桃野　寛 | 北海道立十勝農業試験場生産研究部栽培システム科 |
| 畑井朝子 | 函館短期大学食物栄養学科 |
| 大庭　潔 | 北海道立十勝圏地域食品加工技術センター |
| 宮崎丈史 | 千葉県農業総合研究センター生産技術部生産工学研究室 |

## 第9章

| | |
|---|---|
| 河村幸雄 | 近畿大学大学院農学研究科応用生命化学専攻 |
| 菅野道廣 | 熊本県立大学環境共生学部 |
| 小川　正 | 京都大学大学院農学研究科食品生物科学専攻・食品分子機能学分野 |
| 佐本将彦 | 不二製油株式会社新素材研究所 |
| 大久保一良 | 金沢大学大学院医学系研究科補完代替医療学講座 |
| 吉城由美子 | 東北大学大学院農学研究科環境修復生物工学専攻 |
| 伊藤明弘 | 介護老人保健施設牛田バラ苑 |
| 江崎秀男 | 椙山女学園大学生活科学部食品栄養学科食品プロセス科学研究室 |
| 矢ヶ崎一三 | 東京農工大学農学部応用生物科学科栄養生理化学研究室 |
| 貝沼（岡本）章子 | |
| | 東京農業大学応用生物科学部醸造科学科発酵食品化学研究室 |

## 第10章

| | |
|---|---|
| 天野哲郎 | 北海道農業研究センター総合研究部農村システム研究室 |
| 梅本　雅 | 中央農業総合研究センター関東東海総合研究部総合研究第1チーム |

# 第1章　起源と品種分化

## はじめに

　世界の食用に供せられているマメ科作物は70種ほどある．これらの食用マメ類は，若い莢または子実が食用に直接供せられる．幾つかの食用マメ類は，その子実を原料に多様な伝統的な食品に加工され，油脂・タンパク食品の資源になっている．わが国で栽培されている食用マメ類は，ダイズ，アズキ，ササゲ，インゲンマメ，ベニバナインゲン，ライマメ，ラッカセイ，エンドウ，ソラマメが主なものである．これらの食用マメ類全体の栽培面積は，わが国では20万haに満たない（作物統計2000年）．食用マメ類の研究も少なく，特に起源と品種分化に関する研究への取り組みは限られている．

　この章では，食用マメ類について，起源（栽培種の成立，栽培発祥地，伝播，来歴，分類，近縁野生種，祖先型野生種，それらの分布，等），品種分化（系統分化，品種分化，わが国の在来品種の特徴，等），遺伝資源（在来品種と近縁野生種の保存・収集・評価，等）について，各作物について，特に最近10年間の執筆者およびわが国における研究成果を中心に，適宜，細目を立てて記述されている．取り上げた作物について上記のキーワードすべてが網羅されているわけではない．

　この章で取り上げる食用マメ類作物は，わが国の研究者によってその起源，品種分化，遺伝資源に関する研究がなされているダイズ，アズキ，ササゲ，インゲンマメ，ラッカセイの5種である．この内，ダイズとアズキは，わが国において多くの特徴ある品種群が分化しており，遺伝的多様性が高い．わが国で栽培されている主要作物の中で，その祖先型野生種や近縁野生種が分布しているのも，ダイズとアズキのみであり，栽培面積が多いイネ科の作物にはその例がない．この二つのマメ類作物の祖先型野生種とその起源に関する研究がわが国において活発に行われており，その成果が記述されている．

　ダイズの項では，ダイズ属植物の分類に触れ，ダイズの祖先型野生種ツルマメの分布や生態について記述されている．東アジアの各地から収集した在来品種やツルマメの葉緑体とミトコンドリアのDNAの制限酵素断片長多型（RFLP）の情報から，その起源が多元的であり，また，わが国で起源した，あるいは，分化したと推察されるダイズの品種群について考察している．

　ダイズと同じく東アジア起源と考えられているアズキにおいても，その起源の多元説や日本起源がわが国の研究者によって唱えられている．近年，わが国における重要なアズキ遺伝資源（在来品種，雑草型や近縁野生種）が収集され，その遺伝構造の調査が精力的に実施されており，その成果が記述されている．

　ササゲ，インゲンマメとラッカセイは，これらの近縁野生種の分布がわが国には観察されていない．これらの作物の起源に関わるわが国の研究は少なく，その成果も諸外国の研究者によるものである．品種分化に関する研究が中心に記述されている．

　ササゲとインゲンマメの起源において，多元説が提案されていることは新しい興味深い研究成果であろう．ダイズやアズキにおいて，わが国で起源したと考えられる品種群を明らかにしたわが国の研究者の成果は，栽培植物の起源の多元説を導き，栽培植物の起源研究に新しいシナリオを展開するのかもしれない．

（島本　義也）

## 1. ダイズ
*Glycine max*（L.）Merrill

### 1）ダイズ属植物の分類と分布

ダイズは，マメ（*Leguminosae* syn *Fabaceae*）科，ダイズ（*Glycine*）属，*Soja* 亜属に分類される栽培植物である．ダイズ属の植物は，*Soja* 亜属の他に *Glycine* 亜属の野生種が多く知られている．*Glycine* 亜属に分類されている種（species）については多くの記載があるが，研究者によって記載されている種が異なる．Hymowitz[14,15,33]のグループは，交配実験の結果から同定した16種のゲノムを定義した（表1-1-1）．*Glycine* 亜属の植物は，多年生で，熱帯の乾燥したところに生育しており，主にオーストラリア大陸の東側に分布している．*G. tomentella* と *G. tabacina* の2種は台湾およびオーストラリアと台湾とに挟まれた太平洋の島しょ群の中からも収集されている（表1-1-1）．*Glycine* 亜属植物の中で *G. tabacina* だけはわが国にも分布がみられ，ミヤコジマツルマメとして知られており，その保護区に指定されている沖縄県宮古島（東平安名岬）南東端の海岸断崖壁に広がる丘陵地に自生している．

　*Soja* 亜属は，栽培種であるダイズとそ

表1-1-1　*Glycine* 属の種（species）とその染色体数と分布地域

| 種名 | 染色体数 | 分布地域 |
|---|---|---|
| *Glycine* 亜属 | | |
| *G. albicans* | 40 | オーストラリア |
| *G. arenaria* | 40 | オーストラリア |
| *G. argyrea* | 40 | オーストラリア |
| *G. canescens* | 40 | オーストラリア |
| *G. clandestina* | 40 | オーストラリア |
| *G. curvata* | 40 | オーストラリア |
| *G. cytoloba* | 40 | オーストラリア |
| *G. falcata* | 40 | オーストラリア |
| *G. hirticaulis* | 40, 80 | オーストラリア |
| *G. lactovirens* | 40 | オーストラリア |
| *G. latifolia* | 40 | オーストラリア |
| *G. latrobeana* | 40 | オーストラリア |
| *G. microphylla* | 40 | オーストラリア |
| *G. pindanica* | 40 | オーストラリア |
| *G. tabacina* | 40, 80 | オーストラリア，西中央・南太平洋諸島，台湾，日本 |
| *G. tomentella* | 38, 40, 78, 80 | オーストラリア，パプアニューギニア，インドネシア，フィリピン，台湾 |
| *Soja* 亜属 | | |
| *G. max* | 40 | 栽培種 |
| *G. soja* | 40 | ロシア，中国，韓国，日本 |
| *G. gracilis* | 40 | 中国，韓国 |
| *G. formosana* | 40 | 台湾 |

（注）*Glycine* 亜属は Hymowitz et al.[15]から引用した．
*Soja* 亜属に *G. gracilis* と *G. formosana* を加えた．

の祖先種と考えられているツルマメ *G. soja*（異名 *G. ussuriensis*）からなる．両種間には雑種障壁はなく，容易に交雑後代を得ることができる．さらに，Skvortzow[34]は，中国本土で広く収集した標本の中に見受けられる栽培種に近い標本を半野生ダイズ *G. gracilis* として *Soja* 亜属に入れている．この半野生ダイズは，ダイズとツルマメとの雑種起源との説もあるが，種子サイズ（100粒重7g前後）がツルマメの中の大きい方に属し，種皮色に変異があり，多様である．中国，韓国，日本で収集された標本の中に，半野生ダイズと定義された標本の範疇に入ると思われるものが幾つか観察される．一方，Tateishi & Ohashi[36]は，台湾の北部に限定的に分布する特徴的な野生ダイズをホソバツルマメ *G. formosana* として，*Soja* 亜属に加えている．ホソバツルマメは，台湾の北部の限られた地域（図1-1-1に示した台湾の3カ所のみ）の荒廃地に自生しており，種子サイズがツルマメの小さいものよりさらに小さい（100粒重1g前後）．これらの標本の特徴的なことは，集団内，集団間とも全く遺伝的変異が無く，ダイズやツルマメ，半野生ダイズには見られない特異なアイソザイム遺伝

子 *Lap1-d* をもっており[1]，中国，韓国，日本で観察されるツルマメの標本が持つ多様性とは容易に区別される．しかし，ダイズ，ツルマメ，半野生ダイズ，ホソバツルマメの4種は，その種と同定できる標本があるが，中間型が多くあり，変異は連続的である．また，ダイズとして保存されている標本の中にツルマメや半野生ダイズと同様の形態をもつ標本も多く観察される．分類としては，*Soja* 亜属に分類されているこれらの4種は亜種として位置づけられるものであろうが，4亜種の境界は必ずしも明確ではない．以降，自生地から収集された標本をツルマメ（半野生ダイズとホソバツルマメも含めて使う）として，栽培されたものから栽培種として保存されてきた標本をダイズとして扱う．ダイズ線虫抵抗性の育種

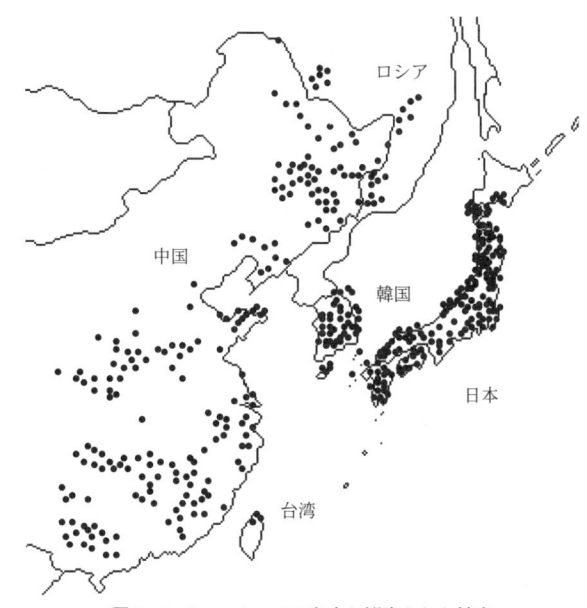

図1-1-1　ツルマメの自生が観察された地点
台湾で収集された標本は *G. formosana* のみである

の遺伝資源として使われている Peking は，栽培品種として登録されているが，形態的にも，遺伝構造から見ても半野生ダイズとの区別が困難であり，北京周辺の畑地周縁部で収集されたツルマメと思われる．

## 2）ツルマメの分布と生態

ツルマメは，南限の台湾から，主な分布地域である東アジア，北限の極東ロシアにいたる地域の半撹乱地に広く自生する．図1-1-1は，ツルマメが収集された地点を示した．台湾に分布するツルマメは上述の通りホソバツルマメに限定され，典型的なツルマメの分布は見られない．

中国では，東北地方，黄河流域，長江流域，長江流域以南の平野地帯の河川敷，路傍，畑地の周辺に広く自生し，家畜に採食されているところもある．西側の高原地帯や内陸部の北部の高原地帯には分布がみられない．中国の研究者によって，中国のツルマメの分布域全体から5,000点以上の標本が収集され，保存されている．

極東ロシアにおけるツルマメの分布は，中国東北部と国境を接するアムール河とウスリィー川の流域地帯に観察され，多くのツルマメ標本が収集されている．また，沿海州の海岸線の河川敷でも分布が確認されているが，その対岸であるサハリンでは確認されていない（個人情報）．ツルマメは，ダイズと比較して晩生であるが，極東ロシアの内陸部に自生する標本が，ツルマメの中では最も早生である．

韓国におけるツルマメの分布は，北朝鮮との国境地帯から済州島まで，標高1,000 m以下の地域で，広く観察される．韓国北部では，ツルマメは水田の畦に自生しており，畦に栽培されているダイズにつるを絡ませて生育している光景がよく観察される．非常に密度の高いツルマメの分布がみられる韓国，中国東北部，極東ロシアと国境を接する北朝鮮にも自生していると思われるが，その状況は確認されていない．

日本におけるツルマメの分布は，北海道から沖縄まで，すべての都道府県に広がっている．北海道

では，ツルマメの分布は見られないことになっていたが，三分一[25]が沙流川の河川敷（日高支庁平取町岩地志）で自生しているツルマメを見つけた．その後の調査で，北海道におけるツルマメの自生は檜山，渡島，胆振支庁，日高支庁の河川敷とその周辺に限られている[22]．日高支庁ケマリナイ川で観察されたツルマメが最東端の標本である．本州，四国，九州には，河川敷や路傍に広く自生しており，韓国から九州にかけての済州島を含めた島しょ群（対馬，壱岐，五島列島）からも収集されている．沖縄県では自生集団を見つけることはできないが，昭和53年に沖縄本島佐敷村で収集されたツルマメの腊葉標本が琉球大学理学部附属標本館に保蔵されている．

ツルマメは，河川敷や路傍の半撹乱地に，随伴植物あるいは構造物につるを伸ばして巻き付いて生育するつる性の植物（つる性型）であるが，河川敷の植生が

表1-1-2 ツルマメの自生地におけるつる性型と分枝型の形態的および繁殖的特性（Ohara and Shimamoto 1994）

| 特性 | つる性型 | 分枝型 | t検定 |
|---|---|---|---|
| 供試個体数 | 40 | 25 | |
| 個体当乾物重 (g) | $3.34 \pm 0.30$[a] | $5.74 \pm 0.65$ | ✶✶[b] |
| 乾物重分布 (%) | | | |
| 　莢 | $34.9 \pm 0.4$ | $34.4 \pm 0.6$ | NS |
| 　種子 | $44.4 \pm 0.8$ | $38.9 \pm 0.9$ | ✶✶ |
| 　茎 | $16.1 \pm 0.7$ | $7.1 \pm 0.7$ | ✶✶ |
| 　分枝 | $3.7 \pm 0.5$ | $17.1 \pm 0.9$ | ✶✶ |
| 　根 | $0.9 \pm 0.1$ | $2.5 \pm 0.3$ | ✶✶ |
| 繁殖分配 (%) | $79.3 \pm 0.6$ | $73.3 \pm 1.2$ | ✶✶ |
| 個体当節数 | $14.5 \pm 0.4$ | $13.4 \pm 0.7$ | NS |
| | (9 – 19) | (7 – 18) | |
| 個体当莢数 | $25.1 \pm 2.1$ | $43.2 \pm 5.0$ | ✶✶ |
| | (7 – 65) | (13 – 104) | |
| 莢当種子数 | $2.2 \pm 0.1$ | $2.4 \pm 0.1$ | ✶✶ |
| | (0 – 4) | (0 – 4) | |
| 個体当種子数 | $56.5 \pm 5.1$ | $104.1 \pm 12.2$ | ✶✶ |
| | (21 – 160) | (31 – 235) | |
| 　茎 (%) | 72.6 | 18.8 | ✶✶ |
| 　分枝 (%) | 27.4 | 81.2 | ✶✶ |
| 種子重 (mg) | $26.5 \pm 0.5$ | $21.8 \pm 0.5$ | ✶✶ |

[a] 平均値±標準誤差，括弧内は範囲
　✶✶：1％水準で有意，NS：非有意
[b] 検定は，逆正弦変換した値について行った．

疎のところでは，分枝を多く出す型（分枝型）となる．沙流川（北海道日高支庁）の河川敷で収集した標本について両型の形態形質を比較した結果を表1-1-2に示した．つる性型は，主茎が良く発達し，種子数が少なく，主茎に多くつき，種子サイズが大きいのに対し，分枝型は，種子数が多く，分枝に多くつき，種子サイズが小さい[23]．

ツルマメを圃場で栽培し，開花・受精行動を観察してみると，自殖性で，圧倒的に閉花受精することが多く，開花受精することは稀である．わが国で収集されたツルマメ自生集団のアイソザイム遺伝子座を調べると，異型接合体型が数個体，局所的にしばしば観察される．その一つである秋田県雄物川の4カ所の河川敷で収集した集団では，9.3％から19％の他家受精率が推定されている[4]．この集団では，訪花昆虫（主にニホンミツバチ）が頻繁に観察されており，ツルマメは高い頻度で他家受精をしているものと思われる．

### 3）アイソザイム遺伝子頻度からみた *Soja* 亜属系統分化

東アジアで収集したツルマメとダイズの5,000点以上の標本について，アイソザイム遺伝子座の多型を調査した結果，10種類の酵素で15個の遺伝子座で多型が観察されている．これらのアイソザイム遺伝子座の対立遺伝子頻度を表1-1-3に示した．*Aco* の5種類の遺伝子座，*Est1*, *Idh2*, *Lap1*, *Mpi*, *Pgm2* の対立遺伝子頻度はツルマメとダイズとで同様の傾向を示したが，*Ap*, *Dia1*, *Enp*, *Idh1*, *Pgm1* の遺伝子座では，優占する対立遺伝子がツルマメとダイズとで異なった．*Ap* では，ダイズは *b* が88％と優占するのに対し，ツルマメは *b* が22％と低頻度であり *c* が46％と優占し，*a* が32％と高頻度であった．日本の各地から収集されたツルマメの標本の *Ap* の遺伝子頻度を図1-1-2に示した．ツルマメの標本において，北海道では，ダイズに特異的な *b* が全く観察されず，東

表1-1-3 東アジアの各地域から収集したツルマメ（722集団）とダイズ（1218品種）のアイソザイム遺伝子座の対立遺伝子頻度

| 遺伝子座 | 対立遺伝子 | ツルマメ | ダイズ | 遺伝子座 | 対立遺伝子 | ツルマメ | ダイズ | 遺伝子座 | 対立遺伝子 | ツルマメ | ダイズ |
|---|---|---|---|---|---|---|---|---|---|---|---|
| $Aco1$ | a | .97 | .95 | $Ap$ | a | .32 | .11 | $Idh2$ | a | .84 | .75 |
|  | b | .03 | .05 |  | c | .22 | .88 |  | b | .16 | .25 |
|  | c | .00 | — |  | c | .46 | .01 |  | c | .00 | .01 |
|  |  |  |  |  | d | .00 | — |  | null | .00 | .00 |
| $Aco2$ | a | .14 | .05 |  |  |  |  |  |  |  |  |
|  | b | .84 | .95 | $Dia1$ | a | .45 | .62 | $Lap1$ | a | .20 | .02 |
|  | c | .02 | — |  | b | .55 | .38 |  | b | .78 | .98 |
| $Aco3$ | a | .88 | .96 |  | c | .00 | — |  | c | .02 | .00 |
|  | b | .10 | .04 |  | d | .00 | — |  | d | .00 | — |
|  | c | .01 | — | $Enp$ | a | .24 | .54 | $Mpi$ | a | .07 | .05 |
|  | d | .00 | — |  | b | .75 | .46 |  | b | .61 | .61 |
|  | null | .00 | — |  | c | .01 | .00 |  | c | .31 | .35 |
| $Aco4$ | a | .09 | .08 | $Est1$ | a | .26 | .21 |  | d | .02 | — |
|  | b | .86 | .90 |  | b | .74 | .80 | $Pgm1$ | a | .90 | .38 |
|  | c | .04 | .02 |  | c | .00 | — |  | b | .10 | .62 |
|  | d | .01 | — |  | null | .00 | — |  | c | .00 | — |
|  | null | .00 | .00 | $Idh1$ | a | .04 | .73 | $Pgm2$ | a | .16 | .00 |
| $Aco5$ | a | .96 | 1.00 |  | b | .96 | .27 |  | b | .83 | 1.00 |
|  | b | .03 | .00 |  | c | .00 | — |  | c | .01 | — |
|  | c | .01 | — |  |  |  |  |  | d | .00 | — |
|  | null | .00 | — |  |  |  |  |  |  |  |  |

—：未検出

北地方では低く，南に行くにしたがって高くなり，九州では優占している．日本の温暖な地方はツルマメと晩生のダイズの開花が似通っているので，九州においてツルマメの $Ap$ の $b$ の頻度が高いのは，ダイズからの遺伝子流動と考えられる．$Idh1$ では，ダイズは $a$ が優占し，ツルマメで $b$ が優占し，$Pgm1$ では，ダイズは $b$ が優占し，ツルマメで $a$ が優占した．$Dia1$ と $Enp$ は，ダイズでは $a$ が，ツルマメでは $b$ が優占した．

東アジア諸地域から収集されたダイズのアイソザイム遺伝子頻度の地域間の差異は非常に小さい．また，品種によって特異的なアイソザイム遺伝子をもっている品種も見あたらないが，遺伝子頻度の組み合わせでは，いくつかの特徴的な品種群が観察された．表1-1-4は，九州で収集された在来品種において

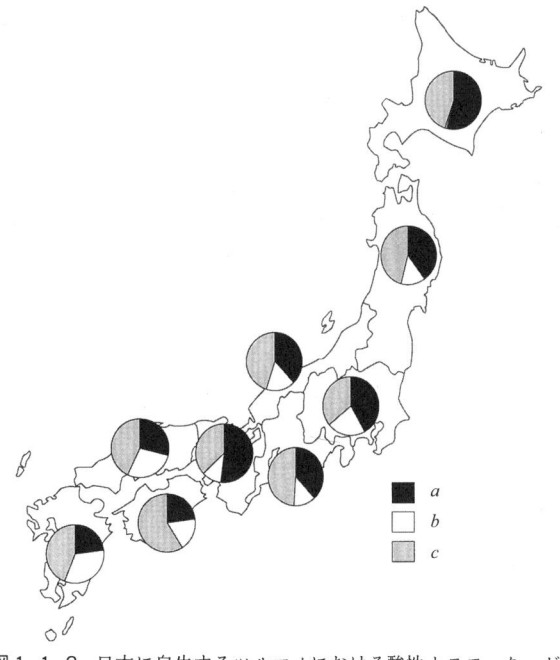

図1-1-2 日本に自生するツルマメにおける酸性ホスファターゼ（$Ap$）遺伝子頻度の地理的傾斜

分化している二つの品種群，夏ダイズと秋ダイズ[20]について，10種類のアイソザイム遺伝子座とトリプシンインヒビター遺伝子（*Ti*）座の11遺伝子座の遺伝子頻度を示した．*Ap, Dia1, Enp, Est1, Mpi, Pgm1* のアイソザイム遺伝子座と *Ti* 座で，対立遺伝子頻度の両群間の差異は明瞭であった．夏ダイズは，アイソザイム遺伝子頻度から推定された遺伝的距離が秋ダイズとの間で大きく，中国や韓国のダイズ品種群とも異なり，特異的な遺伝構造をもっている品種群である[9]．

ツルマメのアイソザイム遺伝子頻度に基づく収集地域間の遺伝的距離から判断すると，北海道で収集された標本が特異的であることを除けば，収集された標本の地域間の距離に比例して遺伝的距離が大きくなる[32]．ダイズ在来品種についても，北海道，沖縄，台湾で収集された在来品種が特異的であることを除くと，ツルマメの場合と同様に，収集された標本の地域間の距離に比例して遺伝的距離が大きくなる[10]．ツルマメとダイズの両方において，地域的隔離が生じているものと思われる．

表1-1-4 日本在来品種の二つの生態型，夏ダイズと秋ダイズの11遺伝子座の対立遺伝子頻度と遺伝多様度

| 遺伝子座 | 対立遺伝子 | 夏ダイズ n=58 | 秋ダイズ n=70 | $G_{st}$ [1] | $\chi^2$ [2] | $H_t$ [3] |
|---|---|---|---|---|---|---|
| *Aco1* | a | 0.97 | 1.00 | 0.02 | 2.5 | 0.03 |
|  | b | 0.03 | 0.00 |  |  |  |
| *Aco4* | a | 0.12 | 0.23 | 0.02 | 2.4 | 0.30 |
|  | b | 0.88 | 0.77 |  |  |  |
|  | c | 0.00 | 0.00 |  |  |  |
| *Ap* | a | 0.17 | 0.04 | 0.04 | 5.9* | 0.17 |
|  | b | 0.83 | 0.96 |  |  |  |
| *Dia1* | a | 0.22 | 0.95 | 0.54 | 71.5** | 0.47 |
|  | b | 0.78 | 0.05 |  |  |  |
| *Enp* | a | 0.18 | 0.76 | 0.34 | 42.5** | 0.50 |
|  | b | 0.82 | 0.24 |  |  |  |
| *Est1* | a | 0.66 | 0.25 | 0.17 | 22.3** | 0.48 |
|  | b | 0.34 | 0.75 |  |  |  |
| *Idh1* | a | 0.57 | 0.66 | 0.01 | 1.1 | 0.48 |
|  | b | 0.43 | 0.35 |  |  |  |
| *Idh2* | a | 0.86 | 0.94 | 0.02 | 2.6 | 0.18 |
|  | b | 0.14 | 0.06 |  |  |  |
| *Mpi* | a | 0.00 | 0.00 | 0.06 | 7.2** | 0.45 |
|  | b | 0.81 | 0.59 |  |  |  |
|  | c | 0.19 | 0.41 |  |  |  |
| *Pgm1* | a | 0.05 | 0.31 | 0.12 | 14.0** | 0.32 |
|  | b | 0.95 | 0.69 |  |  |  |
| *Ti* | a | 0.24 | 0.78 | 0.29 | 37.5** | 0.50 |
|  | b | 0.76 | 0.22 |  |  |  |

n：供試した品種数
[1]：夏ダイズと秋ダイズとの間の分化指数
[2]：夏ダイズと秋ダイズとの間の $\chi^2$ 検定
[3]：Nei[21] の多様性指数
*, **：各々，5％と1％水準で有意

## 4）細胞質ゲノムから見た *Soja* 亜属の系統分化

今まで検討の対象にならなかった葉緑体とミトコンドリアにある遺伝的構造について，それらのDNA多型をもとにツルマメとダイズの系統分化を検討されはじめた[3,6]．ダイズの葉緑体とミトコンドリアのDNAは，種子親を通じて後代に伝わり，花粉親からは次世代には伝達しない[8]．このことは，葉緑体とミトコンドリアのDNAは，花粉親と種子親が入り交じった核DNAと違い，母系から系統発生関係を言及するのに極めて適している遺伝情報である．

### (1) 葉緑体DNAの変異

Close *et al.*[3] は，多くのツルマメとダイズを供試し，葉緑体DNAのRFLPsにより，6種類の葉緑体ゲノム型を識別している．一方，2種類の制限酵素 *Eco*RI と *Cla*I，プローブとしてH2クロー

ン[19]の組み合わせでRFLP像を観察し，多型を観察している[27]．各々の制限酵素で，2種類の制限酵素断片像が観察されるので，その組み合わせで4種類の葉緑体ゲノム型が想定されるが，多数のダイズとツルマメからのDNA標本を供試して検証した結果，3種類の型（cpI：*Eco*RI-4.8，*Cla*I-2.4＋1.1，cpII：*Eco*RI-4.8＋*Cla*I-3.5，cpIII：*Eco*RI-2.5，*Cla*I-3.5，単位はkb）が観察されている．この内，cpIとcpIIは，各々，Close *et al.*[3]がIグループとIIグループとした品種群と対応し，cpIIIはIIIグループからVIグループとした品種群を含んでいる．

cpIは，cpIIから生じた変異体と考えられ[3]，cpIIの*Cla*I断片上に1塩基の置換により*Cla*Iの認識サイトが生じた葉緑体型である[17]．cpIとcpIIとの間では，*Cla*Iの認識サイト以外の多型は観察されていないし[39]，PCR-RFLPによって見つかった4カ所の突然変異サイトでも同一の型を示したが[40]，SSRによる多型は若干観察された[41]．cpIIIは，cpIとcpIIから区別された*Eco*RIまたは*Cla*Iの認識サイト以外の数カ所のサイトでcpIやcpIIと異なっている．さらに，cpIIIに類別される標本の間で，葉緑体DNA上の認識サイト以外の数カ所で塩基配列の差異が観察されている[39,40,41]．

cpIは，ダイズの優占型であり，特に近代品種に多く，ツルマメでは，日本でのみ少数観察される[2]．cpIIとcpIIIは，ツルマメとダイズの両方で，また，中国，韓国，日本で観察される．cpIIは，ダイズで優占しているが，中国ではツルマメでも多く観察される葉緑体型である．cpIIIは，ツルマメで優占しているが，中国や韓国のダイズでも多く観察される葉緑体型である．

(2) ミトコンドリアDNAの変異

Grabau *et al.*[6]とHanlon and Grabau[7]はダイズで，Graubau and Davis[5]はツルマメで，ミトコンドリアDNAのRFLPsに基づいて，同様の8種類のミトコンドリア型を識別した．Tozuka *et al.*[37]は，日本各地から収集したツルマメの約1,000標本を制限酵素*Hin*dIIIと遺伝子プローブ*cox2*のRFLPsから7種類のミトコンドリア型，制限酵素*Bam*HIと遺伝子プローブ*atp6*のRFLPsから11種類のミトコンドリア型を同定し，この二つのRFLPsに基づいて，18種類のミトコンドリア型を識別した．さらに，Hirata *et al.*[9]は，日本のダイズ在来品種に特異的に多く観察されるmtVIIIcのミトコンドリア型を同定した．現在，表1-1-5に示した26種類のミトコンドリア型がツルマメで識別

表1-1-5　ツルマメのミトコンドリアDNAの2種類のRFLP（プローブ/制限酵素）によって観察された制限酵素断片長像(kb)とそれらの略記号およびそれらの組み合わせで観察されたミトコンドリアDNA型（○で示してある）

| *atp6*/*Bam*HI[1] | | *cox2*/*Hin*dIII[1] | | | | | | | |
|---|---|---|---|---|---|---|---|---|---|
| | | 1.6[2]<br>I[3] | 1.3<br>II | 1.2<br>III | 3.5<br>IV | 5.8<br>V | 1.7<br>VI | 8.5<br>VII | 8.5, 10.0<br>VIII |
| 2.4, 5.0[2] | a[3] | | | | ○ | ○ | ○ | | |
| 2.9, 5.0 | b | | | | ○ | ○ | ○ | | |
| 5.0 | c | ○ | | | ○ | ○ | | | ○ |
| 5.0, 6.0, 12.0 | d | ○ | | ○ | | | | | |
| 5.0, 12.0 | e | ○ | | | | ○ | | | |
| 2.4, 3.5, 5.0 | f | | | | ○ | ○ | | | |
| 1.0, 2.6 | g | | ○ | | | | ○ | ○ | |
| 2.6, 2.9 | h | | ○ | | ○ | | | | |
| 5.2, 12.0 | i | | | | ○ | | | | |
| 5.0, 6.0 | j | | | | | ○ | | | |
| 5.0, 5.4, 5.8 | k | ○ | | | | | | | |
| 3.0 | m | | ○ | | | | | | |
| 12.0 | n | | ○ | | | | | | |

[1]制限酵素，[2]断片長(kb)，[3]略記号

されている．そのうち，mtIe, mtIIIb, mtIVa, mtIVb, mtIVc, mtVIIIc の6種類がダイズでも観察されている．

日本において，ツルマメではmtIcが優占し，mtIVaとmtIdが多く分布する[37]が，ダイズ在来品種では，mtIVbが60％以上を占め，mtIVcとmtVIIIcが各々約15％を占める．中国において，ツルマメではmtIVaが優占し，次にmtIVb型が多く分布するが[29]，ダイズでは，日本と同様にmtIVbが約60％を占め，mtIVcが約30％，日本の在来品種には観察されないmtIVaを持つ品種が多く観察される（表1-1-6参照）．

図1-1-3は，5種類のミトコンドリア遺伝子プローブと3種類の制限酵素の全ての組み合わせのRFLPsに基づいて，20種類のミトコンドリア型の間の系統発生関係を検討した結果を示している[18]．結果は大きく4群に枝分かれしている様子が伺われる．すなわち，4グループはダイズに特徴的なmtIIIb, mtIVb, mtIVcで構成される群，3グルー

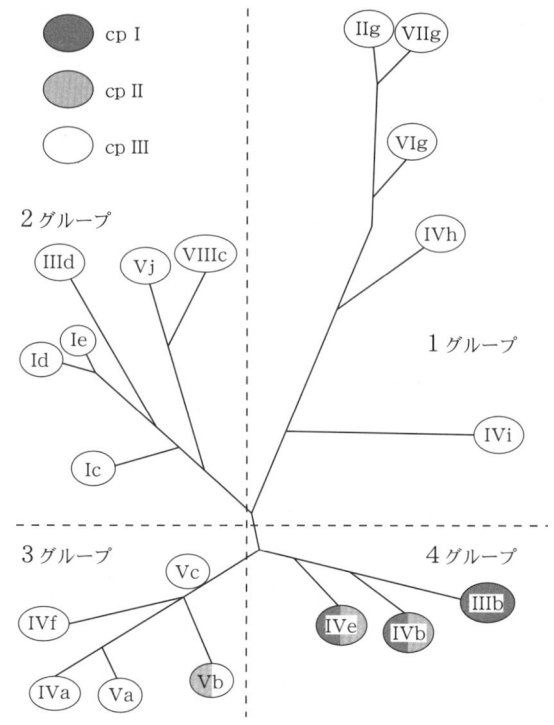

図1-1-3 識別されたミトコンドリア型のRFLP（制限酵素BamHI/プローブcox1, cox2, atp1およびatp6）によるミトコンドリアDNAの多型をもとに近隣結合法[24]により描かれた樹形図．葉緑体型（cp I, II, III）を付け加えた．

プは中国のツルマメとダイズに特徴的なmtIVa, mtVa, mtVb等で構成される群，2グループは日本のダイズまたはツルマメに特徴的なmtIc, mtId, mtIe, mtVIIIc等で構成される群，1グループは，ダイズに観察されないミトコンドリア型であり，ツルマメに稀にしか観察されないミトコンドリア型で構成される群[31]である．したがって，ダイズで観察されたミトコンドリア型を含む2, 3, 4の三つの群は，ダイズの栽培化が確立する以前に分化していたものと思われ，各々の群での特異的なミトコンドリア型が栽培化されたものと思われる．このように，ダイズのミトコンドリア型の起源は複数あるものと思われる．

4グループの3種類の型はすべてダイズでも観察され，ツルマメとダイズでともに高頻度で観察されるmtIVbが原型で，atp6領域のBamHIサイトの変化でmtIVcが生じ，cox2領域のHindIIIサイトの変化でmtIIIbが生じたものと思われる[18]．2グループのmtIeとmtVIIIcは，ダイズでも観察されるミトコンドリア型であるが，両群を区別するミトコンドリアDNAの認識サイトが数ヵ所で異なっているので，分岐年代が古いと思われ，栽培化される以前にツルマメですでに確立していたと考えられる．3グループのmtIVaは，中国，韓国でツルマメとダイズの両方で広く高頻度で観察される．このミトコンドリア型のダイズは中国東北部で起源したものと思われる．

(3) 細胞質型

葉緑体の3種類の型とミトコンドリアの26種類の型を組み合わせて細胞質型とした．東アジアのダイズ在来品種約1,000標本の細胞質型を調べたところ，8種類の細胞質型（複数の品種で観察されたもの）が観察され（表1-1-6），ツルマメでは，2,000ヵ所以上の自生地から収集した標本の調査

表1-1-6 中国と日本の各地域で収集したダイズ在来品種とツルマメの細胞質型の頻度（%）と多様性

| 地域区分 | 標本数 | 在来品種の細胞質型 | | | | | | | | ツルマメのみに観察された細胞質型 | 多様性指数 |
|---|---|---|---|---|---|---|---|---|---|---|---|
| | | cpⅠ+mtⅢb | cpⅠ+mtⅣb | cpⅠ+mtⅣc | cpⅡ+mtⅣb | cpⅡ+mtⅣc | cpⅢ+mtⅠe | cpⅢ+mtⅣa | cpⅢ+mtⅧc | | |
| 中国 | | | | | | | | | | | |
| 　在来品種 | 338 | 1.2 | 53.8 | 3.0 | 3.9 | 25.4 | 5.3 | 7.4 | − | − | .64 |
| 　ツルマメ | 753 | − | − | − | 22.3 | 1.2 | 3.3 | 55.2 | − | 18.0 | .64 |
| 東北部 | | | | | | | | | | | |
| 　在来品種 | 36 | − | 55.6 | − | 5.5 | 25.0 | − | 13.9 | − | − | .61 |
| 　ツルマメ | 213 | − | − | − | 0.9 | − | − | 88.7 | − | 10.4 | .21 |
| 黄河流域 | | | | | | | | | | | |
| 　在来品種 | 112 | 1.8 | 58.9 | 2.7 | 3.6 | 19.6 | − | 13.4 | − | − | .59 |
| 　ツルマメ | 188 | − | − | − | 10.1 | − | − | 73.4 | − | 16.5 | .43 |
| 長江流域 | | | | | | | | | | | |
| 　在来品種 | 144 | 1.4 | 46.5 | 3.5 | 3.5 | 31.2 | 12.5 | 1.4 | − | − | .67 |
| 　ツルマメ | 224 | − | − | − | 29.9 | 1.8 | 11.2 | 29.0 | − | 28.1 | .80 |
| 南部 | | | | | | | | | | | |
| 　在来品種 | 46 | − | 63.0 | 4.4 | 4.4 | 21.7 | − | 6.5 | − | − | .55 |
| 　ツルマメ | 128 | − | − | − | 62.5 | 3.9 | − | 18.8 | − | 14.8 | .56 |
| 日本 | | | | | | | | | | | |
| 　在来品種 | 180 | − | 68.3 | 10.6 | 1.1 | 6.1 | 7.2 | − | 6.7 | − | .51 |
| 　ツルマメ | 705 | 0.4 | 1.3 | 0.9 | 3.4 | − | 0.4 | 19.9 | 0.3 | 73.4 | .79 |
| 北部 | | | | | | | | | | | |
| 　在来品種 | 63 | − | 58.7 | 12.7 | 1.6 | 4.8 | 20.6 | − | 1.6 | − | .59 |
| 　ツルマメ | 450 | − | 0.4 | − | 2.7 | − | 0.4 | 26.4 | 0.2 | 69.9 | .73 |
| 中央部 | | | | | | | | | | | |
| 　在来品種 | 45 | − | 75.6 | 6.7 | 2.2 | 11.1 | − | − | 4.4 | − | .41 |
| 　ツルマメ | 88 | − | 1.1 | − | 1.1 | − | 1.1 | 21.6 | − | 75.1 | .67 |
| 南部 | | | | | | | | | | | |
| 　在来品種 | 72 | − | 72.2 | 11.1 | − | 4.2 | − | − | 12.5 | − | .45 |
| 　ツルマメ | 167 | 1.8 | 3.6 | 3.6 | 6.6 | − | − | 1.2 | 0.6 | 83.6 | .56 |

−：未検出
多様性指数：$1 - \Sigma p_i^2$，$p_i$はi番目の細胞質型の割合

から，ダイズの8種類の細胞質型を含め，30種類以上の細胞質型が確認されている．ダイズにのみ特異的に観察される細胞質型はなく，その種類もツルマメに比較して非常に少ない[31]．ツルマメの細胞質型には，ミトコンドリア型とcpⅢとが組み合わさったものが多いが，mtVbでは，cpⅢ+mtVbとともにcpⅡを持つ標本cpⅡ+mtVbが観察された．このcpⅡ+mtVbは，ツルマメにのみ観察される細胞質型である．

cpⅢ以外の葉緑体型をもつミトコンドリア型は，図1-1-3に示したように，4グループに多くあり，互いに遺伝的に近い距離にあるmtⅢb，mtⅣb，mtⅣcで，cpⅠまたはcpⅡと組み合わさって，5種類の細胞質型がダイズで観察され，cpⅡ+mtⅣbを除いて，ツルマメには稀にしか観察されない．この5種類のダイズ（cpⅠ/cpⅡ群）と図1-1-3に示した2グループと3グループのcpⅢを持った3種類のダイズ（cpⅢ群）は，葉緑体とミトコンドリアのDNAで大きく異なっており，細胞質型が顕著に分化していると考えられる．cpⅠ/cpⅡ群とcpⅢ群の細胞質型の違いは，ダイズが栽培化される前に確立していたものと考えられ，起源を異にすると思われる．

### 5）ダイズの起源

ダイズは，今から5千年ほど前に，中国で，ツルマメから栽培化されたと考えられてきた．中国

が栽培起源地として想定される根拠は，そこに祖先となった野生種ツルマメが広く分布していたことと多様な在来品種が広く栽培されていることであろう．そのような観点から，ダイズ栽培の起源地は，Vavilov[38]やHymowitz[12]をはじめとし，日本と中国の研究者を含む世界の研究者によって，ダイズの系統分化や伝播も考慮に入れ，諸説が唱えられている．広大な中国を北から，東北部（満州）説，中国北・中部説，江南説，雲南説，加えて，韓国の研究者が主張する朝鮮半島説，が杉山[35]と吉田[42]によって概説されている．これらの説は，いずれも形態形質，生態型，トリプシンインヒビターの遺伝子頻度等[13,16]，核遺伝子の支配に関わる情報と文化人類学的資料をもとに検討されてきたものである．

ここでは，細胞質ゲノム型に基づいた8種類のダイズの起源と起源地をcpI/cpII群とcpIII群に分けて，ツルマメの遺伝情報を勘案して検討する．

### (1) cpI/cpII群のダイズの起源

中国と日本で収集されたダイズ在来品種とツルマメについて，それらの収集地域ごとに，ダイズに観察される8種類の細胞質型の頻度分布を表1-1-6に示した．cpI+mtIVbは，近代品種の多くがこの型に含まれ，中国と日本，両国の在来品種とも全体の半分を越えていて，どの地域でも優占している．現在栽培されている優良品種の多くがこの細胞質型を持つ．cpI+mtIVbは，葉緑体型がcpIIからcpIへと進化したと考えられるので（前述），cpII+mtIVbから生じたか，または，cpI+mtIVbをもつツルマメが日本においてのみ稀に観察されているので，この起源とも考えられる．cpII+mtIVbは，ダイズでは稀な細胞質型であるが，ツルマメでは比較的多く観察され，特に中国の南部ではその頻度が62％と優占している．したがって，cpII+mtIVbのダイズは，中国の南部で同じ細胞質型をもつツルマメから生じたと思われる．cpI+mtIVbのダイズは，cpII+mtIVbのダイズの*Cla*Iサイトの挿入変異が生じたのか，ツルマメから生じたのかは明らかでない．

cpI+mtIVcのダイズは，中国東北部を除いて，どの地域にも観察されるが，中国より日本に特異的に多い．九州で収集された夏ダイズに分類されている在来品種はこの細胞質型を持つ．夏ダイズは，前述したアイソザイム遺伝子型においても特異な型を持っており，九州で確立した品種群と思われる．cpI+mtIVcの起源となった細胞質型は，優占しているcpI+mtIVbのダイズと思われる．なぜならば，cpII+mtIVbで生じた葉緑体DNAの塩基置換と同じ塩基置換がcpII+mtIVcで起こって，cpIが生ずることは考えにくく，cpI+mtIVbのミトコンドリアDNAの組み換えでmtIVcが生ずる方がもっともらしい．cpII+mtIVcをもつダイズは，どの地域でも観察されるが，その頻度は中国で高く，日本で低い．cpII+IVcを持つツルマメは，日本では全く観察されないが，中国で稀に観察されているので（表1-1-6），中国で起源したと考えられる．cpII+IVcのツルマメは韓国済州島では特異的に高頻度で観察される[28]ので，cpII+IVcのダイズの起源は韓国ダイズ在来品種の細胞質型を精査した上で再考する必要があろう．

### (2) cpIII群のダイズの起源

cpIII+mtIe, cpIII+mtIVa, cpIII+mtVIIIcの3品種群の間には，ミトコンドリアDNAに，数カ所の違いがあり，また，葉緑体DNAにおいても，cpIIIを認識するサイト以外の領域で違いが観察されている[39,40,41]．したがって，この3品種群は各々独立の起源を持つと思われる．

cpIII+mtVIIIcは，丹波黒を含む日本各地の在来品種に観察される細胞質型であるが，中国，韓国には全く観察されない．この細胞質型のツルマメは，日本において数個体観察されているが，中国，韓国では全く観察されていない（表1-1-6）．この細胞質型の在来品種は，日本の西南地域に多く観察され，秋ダイズと分類される品種の中に多く見つかっているが，夏ダイズには全く見つかっていない[9]．また，日本で育成された飼料用系統，青刈り用に利用された在来品種にはこの細胞質型

を持つ標本が多く観察されている（表1-1-7）．表1-1-7にあげた飼料用に育成された系統は，日本のツルマメから選抜された系統である[26]（宝示戸 個人的情報）．この細胞質型を持つダイズは，同じ細胞質型を持つツルマメから，日本で栽培化されたと考えられるが，非常に多様であり，さらなる検討が必要であろう．

表1-1-7　日本の飼料用ダイズ系統と青刈り用ダイズ在来品種で検出された細胞質型

| 細胞質型 | 飼料用系統名 | 青刈り用在来品種名 |
| --- | --- | --- |
| cpⅠ+mtⅣb | | 青千石，茶小粒畿内茶千石 |
| cpⅠ+mtⅣc | | 秋千石 |
| cpⅡ+mtⅣb | 那15号，改那16号，改那18号 | 畿内黒千石 |
| cpⅡ+mtⅣc | 改那19号 | |
| cpⅢ+mtⅠc | オオバツルマメ | |
| cpⅢ+mtⅧc | 那1号，那4号，那5号，那8号，改那1号，改那6号，改那7号，改那8号，改那9号，改那10号，改那12号，那14号，改那21号 | 茶千石3号茶千石13号栃木茶千石 |

　cpⅢ+mtⅣaをもつ在来品種は，中国のどの地域でも観察され，特に東北部から黄河流域，朝鮮半島から収集した標本に優占する[30]．中国の東北部から黄河流域，韓国から収集されたツルマメにおいても，この細胞質型が広く優占することから，この細胞質型のダイズは，この地域のこの細胞質型をもつツルマメから栽培化されたものであろう．この細胞質型を持つツルマメは北海道や青森県にも広く分布するが，日本のダイズ在来品種では全く観察されていない（表1-1-6, 1-1-7）．

　cpⅢ+mtIeを持つ在来品種が少数ではあるが中国と日本で観察される．中国の長江流域と日本の北部のみに特異的に観察され，両地域では，各々，12.5％と20.6％の頻度である（表1-1-6）．cpⅢ+mtIeを持つツルマメは，ダイズと同様に中国では長江流域のみに分布し，日本においても本州の北部に若干観察されている．この細胞質型の葉緑体DNAの塩基配列を詳細に調べると，cpⅢの葉緑体DNAの多型は識別サイト以外のサイトでも観察される．この多型は，中国と日本のcpⅢの葉緑体DNAの間では観察されるが，中国と日本の各々のダイズ在来品種とツルマメとの間では全く観察されない[41]．このことは，cpⅢ+mtIeを持つダイズは，長江流域起源と日本起源の2種類あることを示している．

（3）むすび

　ダイズで識別される8種類の細胞質型は，ある一つの細胞質型のツルマメから単元的に栽培化され，その後に分化したのでなく，複数の細胞質型のツルマメに起源し，多元的と思われる．少なくとも，cpⅠ/cpⅡ群とcpⅢ群のダイズの細胞質型は，別の起源を持つ．cpⅠ/cpⅡ群内の5種類の品種群はミトコンドリアDNAの塩基配列

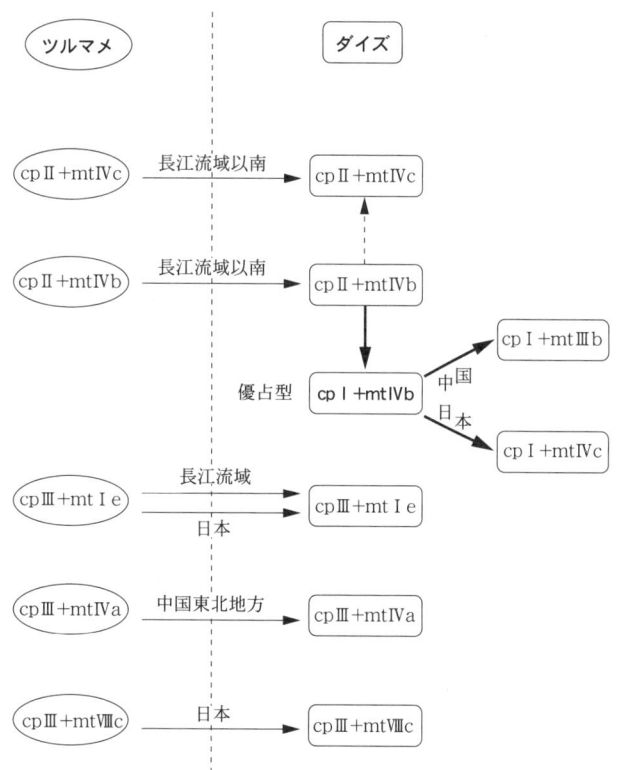

図1-1-4　ダイズ観察された8種類の細胞質型の推定された起源と起源地（起源地を中国または日本に想定）

が相互に関連しているので，栽培化されてからある品種群から分化した品種群もあると考えられる．cpIII群の3種類の品種群の細胞質型は，各々，別の場所でツルマメから独立に起源したと結論できる．さらに，cpIII + mtIe を持つダイズは，日本と中国で独立の起源をもつ品種群が分化していると思われる．

　自生しているツルマメは，他殖が少なからず生じているので[4]，伝播して来た晩生のダイズと交配する機会がある．その後代が栽培化された品種群が cpIII 群のダイズであるとの可能性がある．一方，ツルマメの開花時期は，ダイズに比して非常に遅いので，交雑する機会が多いとは思われない．また，韓国で収集した畦植えされたダイズにつるを絡ませていたツルマメの遺伝構造を調査したが，異型接合体は全く観察されなかった．一方，ツルマメとダイズの自然交雑後代の系統選抜より，青刈り用ダイズ品種が育成されている[11]．細胞質型のゲノム構造が大きく異なる cpI/cpII 群と cpIII 群のダイズの核ゲノム構造について，両群間の比較検討が必要であろう．

（島本　義也）

## 引用文献

1) Abe, J., F. S. Thseng and Y. Shimamoto. *Glycine max* ssp. *formosana* (Hosokawa) Ohashi in Taiwan: Allozyme and Seed Morphology. Proc. 7th SABRAO Congress, 61-65 (1993)
2) Abe, J., A. Hasegawa, H. Fukushi, T. Mikami, M. Ohara and Y. Shimamoto. Introgression between wild and cultivated soybeans of Japan revealed by RFLP analysis for chloroplast DNAs. Eco. Bot., 53, 285-291 (1999)
3) Close, P. S., R. C. Shoemaker and P. Keim. Distribution of restriction site polymorphism within the chloroplast genome of the genus *Glycine* subgenus *Soja*. Theor. Appl. Genet., 77, 768-776 (1989)
4) Fujita, R., M. Ohara, K. Okazaki and Y. Shimamoto. The extent of natural cross-pollination in wild soybean (*Glycine soja*). J. Heredity, 88, 124-128 (1997)
5) Grabau, E. A. and W. H. Davis. Cytoplasmic diversity in *Glycine soja*. Soybean Genet. Newsl. 19, 140-144 (1992)
6) Grabau, E. A., W. H. Davis, N. D. Phelps and B. G. Gegenbach. Classification of soybean cultivars based on mitochondrial DNA restriction fragment length polymorphisms. Crop Sci., 32, 271-274 (1992)
7) Hanlon, R. and Grabau, E. A. Cytoplasmic diversity in old domestic varieties of soybean using two mitochondrial markers. Crop Sci., 35, 1148-1151 (1995)
8) Hatfield, P. M., R. C. Shoemaker and R. G. Palmer. Maternal inheritance of chloroplast DNA within the genus *Glycine* subgenus *Soja*. J. Heredity, 76, 373-374 (1985)
9) Hirata, T., M. Kaneko, J. Abe and Y. Shimamoto. Genetic differentiation between summer and autumn maturing cultivars of soybean (*Glycine max* (L.) Merrill) in Kyushu district of Japan. Euphytica, 88, 47-53 (1996)
10) Hirata, T., J. Abe and Y. Shimamoto. Genetic structure of the Japanese soybean population. Genetic Res. and Crop Evol., 46, 441-453 (1999)
11) 堀内真一・山田豊一．青刈りダイズ農研1, 2, 3号について．畜産試験場年報 3, 138-154 (1953)
12) Hymowitz, T. On the domestication of soybean. Eco. Bot., 24, 408-421 (1970)
13) Hymowitz, T. and N. Kaizuma. Dissemination of soybean (*Glycine max*) seed protein electrophoresis profiles among Japanese cultivars. Econ. Bot., 33, 311-319 (1979)
14) Hymowitz, T. and C. A. Newell. Taxonomy of the genus *Glycine*, domestication and uses of soybeans.

Eco. Bot., 35, 272-288 (1981)

15) Hymowitz, T., R. J. Singh and K. P. Kollipara. The genome of the *Glycine*. Plant Breeding Reviews, 16, 289-317 (1998)

16) 海妻矩彦・喜多村啓介. ダイズの起源と分化. 育種学最近の進歩, 21, 43-52 (1979)

17) Kanazawa, A., A. Tozuka and Y. Shimamoto. Sequence variation of chloroplast DNA that involves *Eco*RI and *Cla*I restriction site polymorphisms in soybean. Genes Genet. Syst., 73, 111-119 (1998)

18) Kanazawa, A., A. Tozuka, S. Akimoto, J. Abe and Y. Shimamoto. Phylogenetic relationships of the mitochondrial genomes in the genus *Glycine* subgenus *Soja*. Genes Genet. Syst., 73, 255-261 (1998)

19) Kishima, Y., T. Mikami, T. Harada, K. Shinozaki, M. Sugiura and T. Kinoshita. Restriction fragment map of sugar beet (*Beta vulgais* L.) Chloroplast DNA. Plant Molecular Biology, 7, 201-205 (1986)

20) Nagata, T. Studies on the differentiation of soybeans in the world, with special regard to that in southeast Asia : 2. Origin of culture and paths of dissemination of soybeans, as considered by the distributions of their summer vs. autumn soybean habit and plant habit. Proc. Crop. Sci. Soc. of Japan, XXVIII, 79-82 (1959)

21) Nei, M. Molecular Evolutionary Genetics. Columbia Univ. Press, New York (1978)

22) Ohara, M., Y. Shimamoto and T. Sanbuichi. Distribution and ecological features of wild soybean (*Glycine soja* Sieb. et Zucc.) in Hokkaido. J. Fac. Agric. Hokkaido Univ., 64, 43-50 (1989)

23) Ohara, M. and Y. Shimamoto. Some ecological and demographic characteristics of two growth forms of wild soybean (*Glycine soja*). Canadian Jour. Bot., 72, 486-492 (1994)

24) Saitou, N and M. Nei. The neighbour-joining method: A new method for reconstructing phylogenetic trees. Mol. Biol. Evol., 4 : 406-425 (1987)

25) 三分一敬. 北海道におけるツルマメの自生について. 育雑, 24, 153 (1974)

26) 関塚清蔵・吉山武敏. 飼料草としての在来野草に関する研究 第Ⅳ報 本邦産ツルマメの作物学的特性について. 関東東山農業試験場研究報告, 15, 57-73 (1960)

27) Shimamoto, Y., A. Hasegawa, J. Abe, M. Ohara and T. Mikami. *Glycine soja* germ plasm in Japan: Isozyme and chloroplast DNA variation. Soybean Genet. Newsl. (1992)

28) Shimamoto, Y., A. Tozuka, M. Yamamoto, M. Ohara and J. Abe. Polymorphisms and differentiations of cytoplasmic genome in wild soybean growing in Korea. Proc. 8th SABRAO Congress, 411-412 (1997)

29) Shimamoto, Y., H. Fukushi, J. Abe, A. Kanazawa, J. Gai, Z. Gao and D. Xu. RFLPs of chloroplast and mitochondrial DNA in wild soybean, *Glycine soja*, growing in China. Genetic Res. and Crop Evol., 45, 433-439 (1998)

30) Shimamoto, Y., J. Abe, Z. Gao, J. Gai and F. S. Theng. Characterizing the cytoplasmic diversity and phyletic relationship of Chinese landraces of soybean, *Glycine max*, based on RFLPs of chloroplast and mitochondrial DNA. Genetic Res. and Crop Evol., 47, 611-617 (2000)

31) Shimamoto, Y. Research on wild legumes with an emphasis on soybean germplasm. Proc. 7th MAFF Intnl. Workshop on Genetic Res., 5-18 (2000)

32) Shimamoto, Y. Polymorphism and phylogeny of soybean from chloroplast and mitochondrial DNA. JARQ 35, 79-84 (2001)

33) Singh, R. J. and T. Hymowitz. The genomic relationship between *Glycine max* (L.) Merr. and *G. soja* Sieb. and Zucc. as revealed by pachytene chromosome analysis. Theor. Appl. Genet., 76, 705-711 (1988)

34) Skvortzow, B. W. The soybean-wild and cultivated in Eastern Asia. Proc. Manchurian Res. Soc. Pub. Ser. A. Nat. History Sec. 22 : 1-8 (1927)
35) 杉山信太郎. 大豆の起源について. 日本醸造協会誌, 87, 890-899 (1992)
36) Tateishi, Y. and H. Ohashi. Taxonomic studies on *Glycine* of Taiwan. J. Jap. Bot, 67, 127-147 (1992)
37) Tozuka, A., H. Fukushi, T. Hirata, M. Ohara, A. Kanazawa, T. Mikami, J. Abe and Y. Shimamoto. Composite and clinal distribution of *Glycine soja* in Japan recealed by RFLP analysis of mitochondrial DNA. Theor. Appl. Genet., 96, 170-176 (1998)
38) Vavilov, N.I. 栽培植物発祥地の研究（中村英司訳）. 八坂書房（1980）
39) Xu, D. H., J. Abe, M. Sakai, A. Kanazawa and Y. Shimamoto. Sequence variation of non-coding regions of chloroplast DNA of soybean and related wild species and its implications for the evolution of different chloroplast haplotypes. Theor. Appl. Genet., 101, 724-732 (2000)
40) Xu, D. H., J. Abe, A. Kanazawa, Y. Shimamoto and J. Y. Gai. Identification of sequence variations by PCR-RFLP and its application to the evaluation of cpDNA diversity in wild and cultivated soybeans. Theor. Appl. Genet., 102, 683-688 (2001)
41) Xu, D. H., J. Abe, J. Y. Gai and Y. Shimamoto. Diversity of Chloroplast DNA SSRs in wild and cultivated soybeans : evidence for multiple origins of cultivated soybean. Theor. Appl. Genet.,105, 645-653 (2002)
42) 吉田集而. 大豆発酵食品の起源 日本文化の起源（佐々木高明・森島啓子編）. 講談社, 229-256 (1993)

## 2．アズキ
*Vigna angularis*（Willd.）Ohwi & Ohashi

### 1）アズキの起源

アズキの祖先野生種ヤブツルアズキ（*V. angularis* var. *nipponensis*（Ohwi）Ohwi& Ohashi）は，ネパール，ブータン，インドヒマラヤからミャンマー北部，中国，台湾，朝鮮半島を経て日本まで分布している[15]．栽培化はこの野生種分布域のどこかで起こったと考えられるが，アズキ種子出土の考古学的記録やアズキに関する文献的記録は少なく，現在のところこれらの情報からアズキが栽培化された場所を特定するのは難しい．日本以外で古いアズキ種子が出土した遺跡は北朝鮮にみられ，約3000年前のものである[4]．中国で3000～2500年前に書かれた神農書や，2300年前に書かれた黄帝内経素問にアズキの栽培品種に関する記述があり，西暦533～544年に書かれた齊民要術にはアズキの栽培は2000～2500年前に中国で始まったと記されている．中国からは湖南省洞庭湖南部の長沙付近で発見された漢時代の遺跡から西暦22年頃と推定される炭化種子が出土した．この種子の平均の大きさは5.5 mm×3.7 mmで，明らかに栽培化による大型化が進んだ種子と考えられる．
日本では縄文時代後期（4000～5000年前）の遺跡から炭化したアズキの種子が出土するようになる[8]．縄文晩期・上ノ原遺跡（熊本県）の炭化種子はヤブツルアズキと同定されている．静岡県の登呂遺跡（紀元前100年～西暦100年）からもアズキの種子が発見されている．文献では，古事記（712年）や日本書紀（720年）に既に五穀の一つとして登場する．北海道においては，9世紀のアイヌの遺跡からアズキの種子が出土している．これまで日本のアズキは，3～8世紀に中国から伝播したという説が一般的であった[16]．それは，わが国の3世紀頃の作物を知る資料である魏志東夷伝の

倭人伝中の倭（日本）の産物の中にアズキの記載がないが，8世紀の日本書紀および古事記の作物起源神話にアズキが記載されていることによる．しかし，以下に述べるようにアズキの起源が日本であるという可能性が最近の研究によって高くなってきている．

日本では，野生種ヤブツルアズキの他に栽培アズキとの中間的生育特性を示す雑草アズキが広く分布している[20,24]．一方，韓国では雑草アズキの分布はかなりあるが，ヤブツルアズキは少なく，韓国の雑草アズキは栽培からのエスケープとみられることから，山口[25]は朝鮮半島や中国北部をアズキの起源とする説に否定的見解を示した．さらに中国江南地方での調査においてヤブツルアズキや雑草アズキの分布を確認できず，江南で雑草小豆と呼ばれていたものはツルアズキ（V. umbellata）の雑草型であったことから，アズキの栽培起源地を中国とする根拠は得られなかったと述べている．標本調査によれば，中国におけるヤブツルアズキの収集地点は南部の雲南省，広西省，広東省，江西省，四川省に限られるが，現地での調査では中国西南部におけるヤブツルアズキの分布は稀であった[26]．一般に作物の起源地では野生種や雑草型が多く存在すると考えられることから，中国や韓国よりも日本の方がアズキの起源地である条件を満たしているといえる．

日本において雑草型および野生型と雑草型が同所的に分布する集団は近畿，北陸，山陰地方に多くみられ，DNAレベルの集団内－集団間変異も高いことから，この地域が野生－雑草アズキの多様性中心と考えられた[20,22,23]．一方，種子タンパク質からみた栽培アズキの多様性もやはり近畿から中

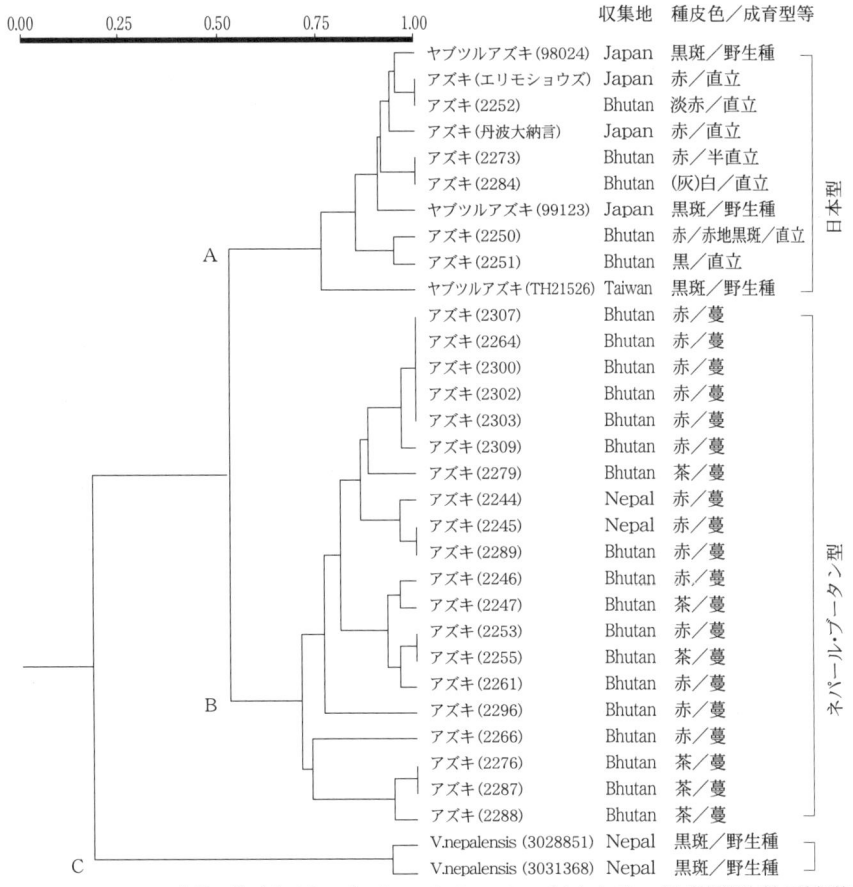

図1-2-1　RAPD分析に基づく日本，ブータン，ネパールのアズキおよびアズキ近縁野生種の遺伝的分化
　　　　　Jaccardの類似度に基づくUPGMAクラスター分析による

国地方で高かった[2,27]. 生化学的特性に関する多様性は一般に野生種の方が栽培種よりも高く，これは日本のアズキに関しても RAPD や AFLP 分析によって確認されている[22,23]. 多様な栽培種の成立にどの程度野生種からの浸透交雑が関与しているのかを明らかにすることは今後の課題だが，少なくとも日本のアズキと野生種の間に遺伝子流動が起こっていることは確実である[10,27]. 近畿地方における栽培アズキの生化学的特性にみられる多様性は，近隣に豊富に自生する野生種との遺伝子流動が影響しているのかもしれない.

Yee et al.[28] は RAPD および AFLP 多型解析から，日本のアズキと中国のアズキとの間に遺伝的分化があることを示した. また松本[5]はリボゾーム DNA の ITS 領域に関する SSCP 分析によって，Isemura[2] らは種子タンパク質の分析によって，東アジアのアズキとブータンやネパールのアズキが異なった遺伝的特性を持つことを明らかにし，両者が独立した栽培化の歴史を持つという見解を示した. 我々は RAPD および AFLP 多型解析の結果，日本のアズキとネパール・ブータンのアズキの間には，やはり大きな遺伝的分化がみられることを明らかにした[21,29]. 日本の栽培アズキは日本のヤブツルアズキに最も近縁で（クラスター A），ついでネパール・ブータンのアズキに近く（クラスター B），ネパール・ブータンのアズキ近縁野生種（クラスター C）に最も遠縁であった（図1-2-1）. ブータンのアズキにも日本型に属した品種が存在したが，これらは日本品種に近い大粒・直立型で，ブータン・ネパール型に属したブータンに典型的なアズキ品種（小粒・つる性）とは異なる生育特性を示した. 日本のアズキとヤブツルアズキの遺伝的構成が非常に似ていることを説明するためには，① 日本のヤブツルアズキが少なくとも日本のアズキの祖先種であった，つまり日本が日本の栽培アズキの起源地であったと考える説と，② 日本ではアズキとヤブツルアズキとの間で遺伝子流動を繰り返したことにより，互いの遺伝的構成が類似してきたとする説が考えられる.

ネパール・ブータンのアズキが，日本のアズキとヤブツルアズキの遺伝的距離を超えて遺伝的に離れていることに対するひとつの仮説は，ネパール・ブータンのアズキはネパール・ブータンに分布する野生アズキから独立に起源したと考えることである[2,5,21]. われわれが収集したネパール・ブータンのアズキ近縁野生種のなかには，ネパール・ブータンのアズキと類似した遺伝的構成を持つもの（祖先型と考えられるもの）は見つからなかった. Tateishi[14]はネパール東部における調査において，ヤブツルアズキによく似た12点の植物標本を収集し，*Vigna* sp. として収集地点の生育情報を発表した. その後 Tateishi & Maxted[15] は，これらの標本を新種 *V. nepalensis* Tateishi & Maxted とする見解を示した. われわれが収集したネパール・ブータンのアズキ近縁野生種および松本ら[5]，三村ら[6]においてネパール，ブータンのヤブツルアズキとされている材料は *V. nepalensis* と考えられる. 一方, Tateishi[14]は同じ調査において収集した標本1点を，ヤブツルアズキと同定した. アズキの多起源説を検証するためには，今回の解析では使うことができなかったネパールに分布するヤブツルアズキがネパール・ブータンのアズキの祖先種であった可能性を検討する必要がある. いずれにしても，アズキの起源に関する研究は始まったばかりであり，今後より広範な地理的分布域を代表する栽培種，野生種，雑草型に関する生態や遺伝的類縁関係の解明が待たれる.

## 2）品種分化

アズキの品種分化に関しては河原[3]や Tasaki[13] の古典的研究がある. 河原[3]は，開花まで日数と結実に要する日数から日本のアズキを19の生態型に分類した. これによると，北海道の品種は極早生から中生の夏アズキから中間型に限られているのに対し，東北には極早生から極晩生までの夏・秋あらゆる型が栽培され多様性が高かった. 一方，関東・北陸以南では生態型の多様性は低かった. アズキの中国中・南部起源説を支持する Tasaki[13] は，主として分枝性に主眼を置いて四つの基本的生

態型を定義し，中国中・南部から中国北部や日本へ向かうアズキの伝播とそれに伴う生態型の分化に関する説を提出した．

大井・大橋[9]は栽培アズキをその形態的特性から14の分類学上の品種（forma）に分類した．それらは，アキアズキ，アネゴ，アオウズラ，チャアズキ，オワリアズキ，ケンサキ，クロアズキ，ミドリアズキ，ナツアズキ，ノンコアズキ，オオアズキ，シロアズキ，ウズラアズキ，ヨゴレアズキである．この品種分類は，日本各地に成立したアズキ在来品種の形態的多様性に基づいたものである．

### 3) 日本におけるアズキ在来品種の分布と特徴

分類学者が栽培アズキに14もの分類単位（品種）を認めたことは，日本におけるアズキ在来品種の形態的多様性の大きさを裏付けるものと思われるが，近年

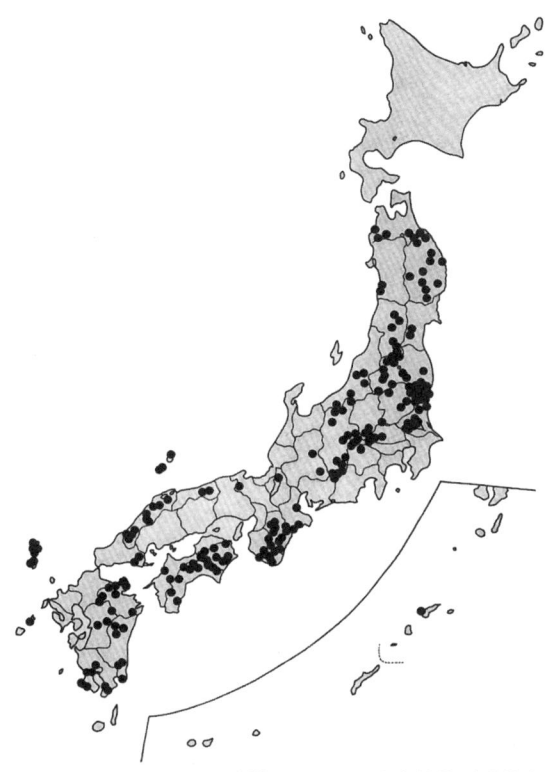

図1-2-2 ジーンバンク事業によるアズキ在来品種の収集地点

このような在来品種の多様性は急速に失われつつあり，それらの貴重な遺伝資源を収集保存する目的で農林水産省では1985年からジーンバンク事業を開始した．その国内探索調査によって得られた在来品種の分化と特徴を地域別にまとめてみたい．在来品種の収集地点と調査地域における標本の特徴をそれぞれ図1-2-2と図1-2-3に示した．他の作物を含めた詳しい探索収集の報告は，植探報として農業生物資源研究所が発行している[10]．

### (1) 東北地方

（青森：勝田ら．植探報 Vol.10, 1-9）　津軽西目屋村でカシアズキ（収集番号 NC940018）と呼ばれる大粒暗赤色の品種が餡の歩留まりがいい理由で維持されていたのを除くと，すべて赤種子品種で呼称はアズキであった．主な利用法は，餡と赤飯であった．

（秋田，山形：江川ら．植探報 Vol.8, 9-15）　秋田ではアズキの多様性が高く，山形ではダイズの多様性が高かった．秋田は黄白種皮のシロアズキが良く残っていた（NC910001, 7, 9）．黄白色のシロアズキは長い間栽培していると，種皮色がやや茶色味を帯びてくることがある．このように茶色味を帯びたものはオバケアズキと呼ばれる．煮ると赤く「化ける」からだ．シロアズキは餡にはせず，砂糖で甘く煮て御茶請け菓子として利用する．黒種皮の品種はウルメアズキ（NC910002）やムラサキアズキ（NC910006）と呼ばれ，煮増えがするので餡用に栽培する．シロアズキ，ウルメアズキともに晩生，無限伸育型で，6月中旬頃播種し10月中下旬に収穫する．秋田県岩城町で混じりとして生じたというねずみ斑のアズキ（NC910004）を収集した．

（岩手，山形：勝田ら．植探報 Vol.7, 21-31）　山形県真室川町のクロアズキ（NC900042）は，煮ると赤くなり，皮が強いので破れにくい．クロカワアズキとも呼ばれ，こし餡の歩留まりがよいの

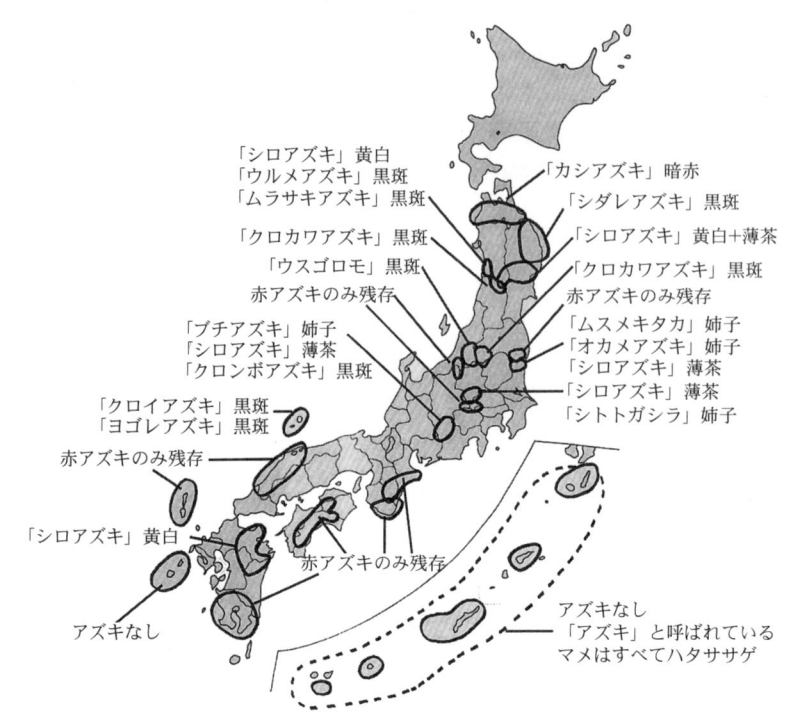

図1-2-3 ジーンバンク事業による調査地域と赤アズキ以外のアズキ残存状況，呼称と種子色

で今でも買い手がつく．白莢で種皮が硬く赤飯にも向く．シロアズキは岩手県千厩町（NC900016：薄茶種子）と沢内村（NC900032：黄白種子）で収集した．ともに早く煮える特徴がある．

　（岩手北部：中山ら．植探報 Vol. 12, 1-7）　多くの品種がアズキと呼ばれ，用途は餡と赤飯であった．赤種皮品種が多いが，やや暗赤色の品種（アズキ NC950120）と黒斑の品種シダレアズキ（NC950127）とがあり，餡の歩留まりがよいという理由で自家用栽培が残っていた．

　（福島県：江川・岡．植探報 Vol. 5, 21-33）　南郷村では赤種子アズキしか残っていなかったが，かつてはムスメキタカという赤と白のかすり模様（アネゴ）のアズキも栽培していた．

　（福島南会津：岡ら．植探報 Vol. 4, 1-19）　赤色以外の品種が換金用に不向きであるため，継代保存されてきた在来種の栽培が近年急減した．下郷町（NC870198）と檜枝岐村（NC870215）で黒種皮中粒のクロアズキを収集した．

　（南福島：江川ら．植探報 Vol. 3, 1-17）　赤種皮のアズキやダイナゴンが多い．

(2) 北陸地方

　（新潟中越：岡ら．植探報 Vol. 4, 1-19）　早晩性や莢色に変異がみられたが赤種皮の品種が多く，赤飯，餡として利用していた．守門村でウスゴロモ（NC870158）と呼ばれるねずみ斑中粒の品種が，60年間以上に渡って継代保存されていた．

　（新潟南部中魚沼郡：長峰ら．植探報 Vol. 5, 11-19）　種皮色や粒大に変異がなく，すべて赤種皮系統で呼称にもアズキ，ダイナゴン以外のものはなかった．

(3) 関東・東山地方

　（北茨城：江川ら．植探報 Vol. 3, 1-17）　ムスメキタカ（NC860005）やオカメアズキ（NC860061）と呼ばれるねずみ斑と赤と白のかすり模様（アネゴ）の品種があった．この呼び名は「嫁い

だ娘が実家へ帰ってきた時，このアズキなら皮が薄くて煮えやすく，すぐに食べさせてやることができる．」ということに由来している．シロアズキ（NC860053）は，大子町で10年くらい前まで広く栽培していた．茶色味を帯びたシロアズキで，特に脚気に良いという．栃木県黒羽町のクロアズキ（NC860071）は，売り物にはならないが，遅播きして早く収穫でき収量が多い上，こくのある餡がとれるため栽培を継続していた．

（群馬南西部：岡ら．植探報 Vol.4, 1-19） ダイナゴンが広く分布していた．万場町（NC870100）・中里村（NC870122）のシロアズキは，日当たりの悪い傾斜地でも栽培可能で煮上がりが早いため，自家用に栽培が続けられていた．これらは茶色味を帯びた白種皮で，煮上がると赤みがかった餡ができる．上野村にはシトトガシラ（NC870073），中里村にはシロアズキ（NC870123）と呼ばれる白地赤紫斑紋（アネゴ）の品種が残っていたが，これらは餡や羊かん用の品種で，早生で作柄安定多収という．

（埼玉西部，長野東部：勝田ら．植探報 Vol.5, 1-9） 群馬南西部に隣接する地域であるが，在来作物の多様性は比較にならないほど小さかった．どの農家も赤種皮のアズキまたはダイナゴンを1品種だけ栽培しているだけであった．

（長野下水内郡：長峰ら．植探報 Vol.5, 11-19） すべて赤種皮系統で呼称にもアズキ，ダイナゴン以外のものはなかった．

（長野下伊那：Egawa *et al.* 植探報 Vol.6, 1-22） 赤種子の品種が多く，大粒品種はダイナゴン，中粒品種はチュウナゴンと呼ばれていた．天龍村でダイナゴン（NC890006）に混じっていた黒斑種皮の種子（NC890006よりやや小粒）を収集した（NC890005）．このような雑草アズキは時に自生しておりクサアズキ（天龍村大田），ノササ（上村中郷），キツネアズキ，ヤマアズキ（大鹿村）等いろいろな名前で呼ばれていた．また，黒種皮の品種はナベヨゴシ，クロアズキ，サトウアズキ等と呼んでかつては栽培していた．これらの品種は餡を作るのに適していた．この他に，天龍村で味が良いというアネゴ品種ブチアズキ（NC890019）や，種皮が薄く餡を作るのに適しているという薄茶色味を帯びたシロアズキ（NC890067, NC890116）を収集した．

（長野下伊那：河瀬・江川．植探報 Vol.7, 1-11） 大鹿村で以前栽培していたシロアズキは煮ると赤くなった．かつてボンアズキという品種があり，それは小粒のマメで半つる性で黒い莢をつけ，種子はざらざらした感じで炊くと煮増えするものであった．南信濃村のクロンボアズキ（NC90058）という黒種皮の品種は，昭和24年頃まで行われていた山作（ヤマサク）と呼ばれた焼畑でよく栽培していた．収量性が良く特に餡にするとよい．

### （4）近畿地方

（京都府丹後地区）[7]　山間部や海岸近くに古くからの在来品種が残っていた．大宮町では，種皮色赤から緑地黒筋に変わった変異株から収集した24粒の種子は次世代で莢色，粒大，種皮色等に分離がみられた．ヤブツルアズキから栽培アズキへの遺伝子流動を示す具体例である．

（三重，奈良：中山・勝田．植探報 Vol.14, 1-13） 種皮色赤で呼称も多くがアズキであった．西吉野村では，昔は白や黒斑種皮の品種も栽培していたという．

（奈良・和歌山：中山ら．植探報 Vol.15, 1-10） かつて早生（3月末～5, 6月），中生（6月末～9月），晩生（7月中旬～11月）が栽培され，晩生品種には大粒種と小粒種があった．種皮が黄色の品種もあったが，現在その多くは失われていた．残っていたのは大半が7月に播種するオクアズキ（NC980055, 56）に代表される赤種子品種であったが，大塔村（NC980048）と上富田町（NC980072）では4月播種6-7月収穫の小粒品種ナツアズキが残っていた．

## (5) 中国地方

（隠岐：江花・福岡．植探報 Vol. 12, 21-26）　種皮の赤いものに3種類あり，大きさの順に島前ではダイナゴン（NC950202-1），ナカテ（NC950202-2），コアズキ（NC950203），島後ではダイナゴン，チュウナゴン，ショウナゴンと呼ぶ．このうち最も美味しいのはコアズキで，煮ると水を吸ってかなり膨らむ．この他にクロイアズキ（ヨゴレアズキ）（NC950216）があった．やや小粒の黒斑品種で，ゆで上がりが早く，ゆでると普通のアズキと同じ色になる．味はやや劣るが，病気や虫害に強く連作が可能という．

（島根：奥野．植探報 Vol. 13, 1-6）　ダイナゴン，チイサイマメ，アズキ，ワセアズキなどと呼ばれる種皮色赤の品種があった．餡，赤飯，汁粉，ぜんざいなどとして利用する．益田市収集のアズキ（NC960021）だけは種皮色黒斑であった．

（広島県）[1)]　日陰などの不良環境でも結実が良く収量が安定している黒斑品種蔭アズキが芸北町や三次市に残っていた．また麻跡（おあっと）アズキといい麻の跡に作る黒種皮のアズキが豊平町に残っていた．長所はこし餡にして歩留まりが良いことで，羊かん屋が地域のものを一括買って帰った．収量が安定し味が良いので自家用にご飯に混ぜて食べたり，サトイモと一緒に煮たりもする．化粧原料の白小豆は旧幕時代に北陸から良種が導入された．現在では少なくなったが神石郡に残る．

## (6) 四国地方

（徳島，高知：中山ら．植探報 Vol. 9, 1-6）　すべてアズキと呼ばれる赤種皮の品種のみであった．

（高知物部村，檮原町：奥野ら．植探報 Vol. 10, 1-13）　すべてアズキと呼ばれ，餡，赤飯，ぜんざいに利用する赤種皮品種のみであった．

## (7) 九州地方

（対馬：中山・Bhatti．植探報 Vol. 10, 11-19）　大粒と小粒の赤種皮品種があり，どちらも餡や赤飯にする．最近大粒のダイナゴンが広く普及し始めた．オコワや餡を作った場合アズキの方がササゲやメナガ（ツルアズキ）より美味しいが，焼畑が盛んだった1955年頃まではアズキの栽培は少なかったという．

（五島：福岡ら．植探報 Vol. 10, 21-25）　五島ではアズキを見つけることができなかった．

（大分，熊本，宮崎：中山・三浦．植探報 Vol. 16）　大半は大粒から中粒の赤種皮品種で6～7月播種，10～11月に収穫する．大分県中津江村で種皮色黄白のシロアズキ（NC000031）を収集した．宮崎県五ヶ瀬町にオジリアズキ（NC000064）という「オ（麻）」を収穫した後（＝「オジリ」7月上旬）に播種しても結実種子が得られる遅播きの中粒品種があった．この品種は，昔焼畑に散播した．

（鹿児島：友岡．植探報 Vol. 12, 9-19）　赤種子の小粒種が多く，ナツアズキとアキアズキがあった．ナツアズキは5月中旬播種，8月の盆前に収穫する．アキアズキは7～8月播種，10月下旬から11月上旬に収穫する．

（種子島，屋久島：友岡ら．植探報 Vol. 10, 15-24，奄美大島：河瀬・友岡．植探報 Vol. 9, 7-14）　この地方でアズキと呼ばれていたのはすべてササゲであった．

## (8) 沖縄地方（友岡聞き取り）

沖縄地方でアズキと呼ばれていたマメは，すべて赤種皮または黒種皮のササゲであった．

## 4) アズキ近縁野生種遺伝資源の収集と利用

アズキ近縁野生種はアジアを中心に分布している．1989年から組織的に収集活動が行われ多くの未保存種や希少種が収集されてきた[17,18]．アズキ近縁野生種が含まれるアズキ亜属には21種が知られ，*aconitifolia - trilobata*（section *Aconitifoliae*），*radiata - mungo*（section *Ceratotropis*），*angu-*

*laris-umbellata*（section *Angulares*）という三つの遺伝子供給源（gene pool）を形成している[18]．このなかでアズキの遺伝資源として最も重要なのは section *Angulares* に属する種で，ほとんどの種がアズキと交雑可能である[11,18]．それぞれの種の特性については，竹谷・友岡[12]およびインターネット（http : // www. gene. affrc. go. jp / plant / image / legume.html）で公開している．例えば，ヒナアズキ（*V. riukiuensis*）は沖縄から台湾に分布する種で，アズキの耐暑性育種素材としての利用が検討されている．この他のアズキ亜属野生種もその多様性の高さから新しい育種素材としての利用に期待がもたれている[19]．

（友岡　憲彦）

## 引用文献

1) 広島県農業ジーンバンク．広島県における植物遺伝資源の探索と収集．(1995)
2) Isemura, T., C. Noda, S. Mori, M. Yamashita, H. Nakanishi, M. Inoue and O. Kamijima. Genetic variation and geographical distribution of azuki bean (*Vigna angularis*) landraces based on electrophoregram of seed storage proteins. Breed. Sci., 51, 225-230 (2001)
3) 河原栄治．Studies on the azuki bean varieties in Japan. (1) On the ecotypes of varieties. 東北農試研究報告, 15, 53-66 (1959)
4) Lumpkin, T. A. and D. C. McCLay. Azuki bean : Botany, production and uses. CAB International. (1994)
5) 松本和子・山口裕文．野生アズキの分類評価 9. SSCP 分析によるアズキの ITS 領域の多様性．育雑 47（別 2), 139 (1997)
6) 三村真紀子・境野憲治・山口裕文．野生アズキの分類評価 11. RAPD からみたアズキ，ノラアズキ，ヤブツルアズキの地理的分化．育雑 48（別 1), 265 (1998)
7) 村田吉平．アズキ．植物遺伝資源集成　第二巻　講談社, 465-469 (1989)
8) 小川修三．1996．縄文学への道．NHK ブックス 769．
9) 大井次三郎・大橋広好．アジアのアズキ類．植物研究雑誌, 44, 29-31 (1969)
10) 植探報（植物遺伝資源探索導入調査報告書）．農業生物資源研究所（編）．Vol. 1 (1984)-Vol. 16 (2000).
11) Siriwardhane, D., Y. Egawa and N. Tomooka. Cross-compatibility of cultivated adzuki bean (*Vigna angularis*) and rice bean (*V. umbellata*) with their wild relatives. Plant Breeding. 107, 320-325 (1991)
12) 竹谷　勝・友岡憲彦．WWW を利用したマメ類遺伝資源画像データベースシステム, 生物研研究資料 11 (1997)
13) Tasaki, J. Genecological studies in the Azukibean (*Phaseolus radiatus* L. var. *aurea* Prain), with special reference to the plant types used for the classification of ecotypes. 育雑, 13, 168-180 (1983)
14) Tateishi, Y. "Leguminosae collected in the Arun valley, East Nepal" Structure and Dynamics of Vegetation in Eastern Nepal. Himalayan Committee of Chiba Univ. (1983)
15) Tateishi, Y. and N. Maxted. New species and combinations in *Vigna* subgenus *Ceratotropis* (Piper) Verdcourt (*Leguminosae, Phaseoleae*). Kew Bull. 57, 625-633 (2002)
16) 戸苅義次・菅　六郎．食用作物．養賢堂．(1957)
17) Tomooka, N., Y. Egawa, C. Lairungreang and C. Thavarasook. Collection of wild *Ceratotropis* species on the Nansei Archipelago, Japan and evaluation of bruchid resistance. JARQ, 26, 222-230 (1992)
18) Tomooka, N., D. A. Vaughan, H. Moss and N. Maxted. The Asian *Vigna* : genus *Vigna* subgenus *Ceratotropis* genetic resources. Kluwer Academic Press (in press)

19) Tomooka, N., K. Kashiwaba, D. A. Vaughan, M. Ishimoto and Y. Egawa. The effectiveness of evaluating wild species : searching for sources of resistance to bruchid beetles in the genus *Vigna* subgenus *Ceratotropis*. Euphytica, 115, 27-41. (2000)
20) Tomooka, N., D. A. Vaughan, R. Q. Xu, K. Kashiwaba and A. Kaga. Japanese native *Vigna* genetic resources. JARQ 35, 1-9 (2001)
21) 友岡憲彦・加賀秋人・P. Domingues・柏葉晃一・土井孝爾・D. A. Vaughan. RAPD 分析によって明らかになったアズキの地理的分化. 日本作物学会紀事 70, (別1) 266-267 (2001)
22) Xu, R. Q., N.Tomooka, D. A.Vaughan and K. Doi. The *Vigna angularis* complex : genetic variation and relationships revealed by RAPD analysis, and their implications for *in situ* conservation. Genetic Res. and Crop Evol., 47, 123-134. (2000)
23) Xu, R. Q., N. Tomooka and D. A. Vaughan. AFLP markers for characterizing the azuki bean complex. Crop Sci., 40, 808-815 (2000)
24) Yamaguchi, H. Wild and weed azuki beans in Japan. Econ. Bot. 46, 384-394 (1992)
25) 山口裕文. 野生アズキの分類評価 3. 雑草アズキの地理的分布と変異. 育雑 43 (別1), 242 (1993)
26) 山口裕文・梅本信也・阿部 純. 野生遺伝資源の自生地保全：中国西南部における野生アズキとツルマメの生育地. 育種学研究. 1 (別1), 193 (1999)
27) 山下道弘・森 重之・伊勢村武久・杉本 充・住田憲治. 京都府丹後地域における小豆遺伝資源の収集及び遺伝的多様性について. 京都農研報, 19, 67-76 (1997)
28) Yee, E., K. K. Kidwell, G. R. Sills and T. A. Lumpkin. Diversity among selected *Vigna angularis* (Azuki) accessions on the basis of RAPD and AFLP markers. Crop. Sci. 39, 268-275. (1999)
29) Zong X., A. Kaga, N. Tomooka, X. W. Wang, O. K. Han and D. A. Vaughan. The genetic diversity of the *Vigna angularis* complex in Asia. Genome (submitted)

## 3. ササゲ

### *Vigna unguiculata* (L.) Walpers

　ササゲの栽培種はすべて *V. unguiculata* に分類され，その中に四つの品種群が設定されている[3]．品種群 Unguiculata は一般に cowpea と呼ばれている群で，和名でササゲという．品種群 Biflora は莢が短く上向きにつく特徴があり和名でハタササゲという．品種群 Sesquipedalis は長い莢を生食する品種群で，和名でジュウロクササゲと呼ばれる．品種群 Textilis は食用ではなく長い花柄から繊維をとるためにアフリカで栽培されている．Maréchal *et al.*[3] の体系では，*V. unguiculata* に四つの亜種が記載された．それらは亜種 *unguiculata*, 亜種 *dekindtiana*, 亜種 *stenophylla*, 亜種 *tenuis* である．最近の探索によって多くの野生ササゲが収集され，生きた材料を使った研究が進んだことから，ササゲ野生種の分類についていくつかの体系が新たに提案され，統一的見解は得られていない[6]．ササゲのほとんどの亜種・変種間は相互に交雑が可能で，稔性のある $F_1$ 雑種が得られる．

### 1) 起　源

　栽培ササゲの遺伝的多様性中心はアフリカ西部に位置するナイジェリア，ニジェール南部，ブルキナファソ，ベニンおよびトーゴ北部のサバンナを取り囲む地域で，この地域には真の野生種と栽培種との中間的な形態を持つ雑草型も多く生育している．ササゲの直接の祖先種は *V. unguiculata* subsp. *dekindtiana* var. *dekindtiana* と考えられ，サハラ以南のアフリカ全域からマダガスカルまで広く分布する．西アフリカの農民に対する聞き取りの結果，誰一人ササゲ祖先野生種の種子を収集して利用している人はいなかった．また，ササゲ祖先種の結実は少しずつ長期にわたるため，野生状態での種子の収集効率はかなり低いと考えられた．一方，現在でもアフリカの農民の多くは，家畜の餌にするために野生ササゲを根っこから引き抜いてその茎葉を利用している．これらの事実が示唆しているのは，ササゲ祖先野生種は，食用作物としての栽培化が進む前にまず家畜の飼料として収集利用されていたのではないかということである[5]．

考古学的証拠によれば，ニジェールで約5000年前，マリで4000年前，ガーナで3500年前，チャドで2500年前には家畜が存在していた．また，最も古いササゲ（あるいは野生のササゲ）種子の出土は，中央ガーナ Kimtampo 遺跡におけるもので約3500年前である．これらのことから，野生ササゲは西アフリカにおいて約4000年前には家畜飼料として利用されるようになり，その後栽培化されたと考えられる．また，野生ササゲと栽培ササゲの葉緑体 DNA の類似性からは，ナイジェリアが栽培化の候補地としてあげられた[11]．Gepts[1] は，AFLP 分析によってササゲと西アフリカの野生ササゲの類似性が最も高いことを明らかにしたが，その類似性が遺伝子流動による可能性を指摘し，野生種と栽培種の DNA レベルの類似性が高い地域を起源地と想定する方法論に警鐘を鳴らした．

### 2）品種分化と伝播

ササゲの品種分化と伝播に関しては次のように考えられている[5]．アフリカ西部において品種群 Unguiculata が成立した後，繊維をとったり家畜の飼料とする目的で長い花柄の品種を選抜していった結果，アフリカ北部のニジェールからナイジェリア北部で品種群 Textilis が成立した．品種群 Unguiculata はその後アフリカ東部に伝播し，ここからヨーロッパやインドに伝わった．ササゲは2300年前にはローマ人に知られていた．またインドへは2200年前までには伝播していた．ササゲはインドにおいてさらに多様化し，ここで品種群 Biflora が成立した[8]．インドは品種群 Unguiculata の第二次多様性中心を形成している．その後インドから東南アジアに伝播したササゲから長い莢を生食する品種群 Sesquipedalis が分化した．エジプトでは古代の記録にササゲの名が見られず，インドに伝わったものが陸路から西進してエジプト・アラビアに伝わったと考えられる．

熱帯アメリカへは，スペイン人による奴隷貿易を通じて17世紀に品種群 Unguiculata が導入された．アメリカ合衆国南部では，18世紀初頭からササゲの栽培が始まった．シルクロードを通ってインドから中国へもたらされ，遅くとも9世紀までにはわが国へ到来していた[4]．古事記712年には「佐佐義」，日本書紀702年には継帯天皇の代の記録にササゲを表す「豇角」を含む記述がある[9]．また，「東大寺要録」には寛平年中（889-897年）日記の中に「大角豆代二合」とある．ところが，日本へササゲをもたらしたとされる中国では13または14世紀の農書や1552年の「本草綱目」にみられる「豇豆」という記録が最初で，それ以前の証類本草（1116年）や本草衍義（1116年）にはササゲの記録はない．ジュウロクササゲの種子形態変異を調査した正永[4] は，わが国への伝播経路として今まで考えられてきた中国経由の他に，インドネシアから海上の道を北上するルートの存在を示唆した．

ここで述べたようにササゲはアフリカで起源し，東へと分布を広げてきた過程で多様な在来品種が作り上げられてきた．次に農業生物資源研究所がジーンバンク事業のなかで行ってきた日本における作物の調査に基づいて，ササゲ在来種の残存状況と多様性に関する情報を記述しておきたい[7]．日本以外のササゲ在来品種に関する論文は少ないが，タイ北部の在来品種に関しては友岡[10] に詳しい記述がある．

### 3) 日本におけるササゲ在来品種の分布と特徴

ササゲは，かつては日本でも広く作られていたが，現在ではその栽培は非常に少なくなり，調査を行った多くの地域でササゲの栽培が消失していた（図1-3-1）．九州から沖縄にかけての地域には比較的栽培が残っていたが，これらもほとんどが農家の高齢の婦人による栽培で在来品種は消失の危機に瀕している．一方，九州，四国，沖縄には栽培種のエスケープと考えられる自生集団が多数みつかった[2,7]．

#### (1) 東北地方

（秋田：江川ら．植探報 Vol. 8, 9-15） 岩城町でクロアズキまたはテンコアズキと呼ばれ，おこわ（紫色）として利用さていた黒種皮のササゲ品種（収集番号 NC910005）は，アズキよりもやや大粒で品種群 Unguiculata であった．

（岩手，山形：勝田ら．植探報 Vol. 7, 21-31） 沢内村のクロアズキと呼ばれる品種群 Unguiculata（NC900031）の用途は赤飯で，煮ると赤くなり皮が強いので破れにくいという．

種子島：ツノマキのおかげでササゲ残存　　沖縄：十五夜のシトギのおかげでササゲ残存

図1-3-1 日本におけるササゲ（●），ジュウロクササゲ（○）およびササゲのエスケープ（▲）の残存状況，呼称，種皮色と品種群

Ung：品種群 Unguiculata, Bif：品種群 Biflora, Ses：品種群 Sesquipedalis

(福島南会津：岡ら．植探報 Vol. 4, 1-19）　下郷で収集したクロアズキ（NC870201）は黒種皮のササゲ品種群 Unguiculata であった．

(2) 関東地方

（茨城北部：江川ら．植探報 Vol. 3, 1-17）　茨城北部には，弘法大師がササゲのつるにつまづき，ゴマのとげで目をついたのでこの両作物は作ってはいけないというタブーがあり栽培がみられなかった．しかし，県南の七会村やつくば市周辺ではササゲの栽培がみられる．

(3) 近畿地方

（奈良・和歌山：中山ら．植探報 Vol. 15, 1-10）　古座川町（赤種皮中粒 NC980066）と那智勝浦町（黒種皮中粒 NC980071）で収集したササゲは品種群 Unguiculata で，用途は餡と豆ご飯である．サツマイモと間作する．呼称はともにササゲで5月に播種し8-9月に収穫する．

(4) 中国地方

（隠岐：江花・福岡．植探報 Vol. 12, 21-26，島根：奥野．植探報 Vol. 13, 1-6）　隠岐，島根ともにササゲ品種は残っていなかった．隠岐では10年位前まではササゲも栽培していたという．

(5) 四国地方

（中山ら．植探報 Vol. 9, 1-6：93年：奥野ら．植探報 Vol. 10, 1-13）　四国の探索においてはササゲを見つけることができなかったが，Vaughan ら[7]はササゲの栽培とエスケープを確認した．

(6) 九州地方

（対馬：中山・Bhatti．植探報 Vol. 10, 11-19）　ササゲに類する呼称のマメを4点収集したが，黒種子中粒の「ササゲ」品種群 Unguiculata（NC940144）の1点のみであった．豆ご飯にして利用するという．

（五島，中通島：福岡ら．植探報 Vol. 10, 21-25）　五島にはアズキがなかったが，ササゲの栽培はよく残っていた．大粒のササゲ（品種群 Unguiculata）では，種子色クリーム色のシロササゲ（NC940203）とササゲ（NC940214）の他に赤種子とクリーム色種子が混じった状態で維持されていたササゲ（NC940206）があった．小粒のササゲ（品種群 Biflora）は黒種皮でクロササゲ（NC940210, 211, 219）と呼ばれていた．大粒小粒品種ともに餡，ぜんざい，赤飯に利用されていた．また，別種であるササゲとアズキがクロササゲという名前で混じった状態で維持されていたり（NC940210），やはり別の種であるササゲとツルアズキがササゲという名前で混じった状態で維持されていたりする例（NC940211）が観察された．

（大分，熊本，宮崎：中山・三浦．植探報 Vol. 16）　大分県宇目町でササゲと呼ばれる黒種皮品種（NC000081：品種群 Unguculata）が収集された．餡にしても美味しくないので，赤飯にするという．ササゲは鹿児島から沖縄にかけてよく残っていたが，九州中北部の山地部では少なかった．

（鹿児島：友岡．植探報 Vol. 12, 9-19）　赤飯や餡を作るために赤種子や黒種子ササゲ（品種群 Biflora）の栽培がよく残っていた．ササゲあるいはアズキと呼ばれ，ササゲとアズキの明確な区別はなされていない場合があった．薩摩半島大浦町で栽培されていたクリーム色種子のササゲ（NC950051：品種群 Unguiculata）は大粒で，ダイズアズキと呼ばれ，ゆでて御茶請けにする．ゆで上がり時にはあまり色はないが，時間がたつとアズキ色に色づくという．

（種子島：友岡ら．植探報 Vol. 10, 15-24）　ササゲの栽培が比較的良く残っていた．収集した13点はアズキ2点，アカササゲ3点，ササゲ8点と呼ばれていた．種皮色では4点が赤種子9点が黒種子であった．カライモ畑の畝の脇や周囲の痩せ地に4〜5月に播種し，支柱無しで栽培し8月始めに収穫する．ツノマキ，アクマキ，ぜんざい，赤飯，餡などが主な利用法である．ツノマキとは，もち米とササゲを2枚のダテク（暖竹，*Arundo donax*）の葉で三角形に巻いて，3〜4時間もち米の形

がなくなるくらいまで煮込んで作る食べ物である．節句やお盆など祝祭日に必ずといってよいほど作られる（正月には作らない）．一方，アクマキは5月の節句に欠かせない食べ物であり，作り方はツノマキと同様である．違いは暖竹ではなく孟宗竹（水につけて柔らかくしたもの）の竹皮に巻いて煮込む点である．ツノマキやアクマキといった儀礼に関係した食べ物に使われているお陰でササゲの在来種が良く残っているという印象を受けた．この他，完熟前の種子を塩ゆでにして食べることもある．また，ササゲを塩や砂糖で煮てお盆に供えたりすることもあるという．

　（屋久島：友岡ら．植探報 Vol.10, 15-24）　ササゲの栽培は北部に良く残っていた．上屋久町・楠川では2種類の黒種子ササゲ，ハタケササゲ（NC930027：品種群 Biflora）とカキササゲ（NC930025, 29：品種群 Unguiculata）を栽培していた．ハタケササゲと呼ばれる品種は，莢が短く草丈が低くカライモ畑の中に作る．カキササゲは莢が長く草丈高く裏庭で支柱を立てたり，垣根に這わせて作る．屋久島で収集したササゲは赤種皮品種2点，黒種皮品種9点であった．赤種皮品種のうち1点は，アズキと呼ばれていたが，残りの10点にはササゲという名がついていた．利用法は，ツノマキ，アクマキ，ササゲモチ，ササゲメシ，餡などである．ご飯に混ぜた時，赤種子よりも黒種子ササゲの方が香りが良という．また，アズキという名で赤種子の比較的大粒のササゲ（NC930035）を栽培していた方は，赤飯を作る時黒種子ササゲも混ぜて使うと色がよくなるという．

　（奄美大島：河瀬・友岡．植探報 Vol.9, 7-14）　5点の赤種子ササゲがすべてアズキという名で栽培されていた．うるち米と炊いて赤飯にする，もち米とともにオコワを作る，ぜんざいやアズキ粥，あるいはモヤシにするといった利用法があった．秋名では，旧暦8月ひのえの日にアズキ（ササゲのこと）をいれたオコワを海岸に持っていってお供えしていたという．奄美のササゲは先島のササゲよりやや種子が大きい傾向があった．

### （7）沖縄地方

　（沖縄本島：河瀬・友岡．植探報 Vol.9, 7-14）　今帰仁村でササゲはアズキあるいはハーマミ（赤いマメの意）と呼ばれ，若い莢をふかして枝豆のようにしたりご飯に混ぜたり，完熟した豆をゆでてからご飯に混ぜて食べたりする．この小粒品種（NC931008）はハチガチャーと呼ばれる晩生品種（3月播種-8月収穫）であった．以前はこの他にロクガチャーという2月植え6月収穫の品種も作っていた．国頭村奥でも以前はササゲ「アカマミ」を栽培していたという．

　（波照間，多良間，宮古：勝田・竹谷．植探報 Vol.8, 1-7）　波照間島，多良間島ともにササゲはアズキまたはアカマミと呼ばれていた．波照間では，種皮色赤のササゲだけが栽培されていた．4月頃に播種して8月に収穫する晩生品種は，ハチガツマミ（NC920047, 76），2月に播種して5月に収穫する早生品種はゴガツマミ（NC920051）と呼ばれていた．多良間では種皮色黒の早生品種アカマミ（NC920070）を収集した．多良間島と宮古島で収集した種皮色赤の品種は晩生で，3月に播種して9月に収穫する．晩生品種は品質がよいということでどの島でも栽培されていた．用途は餡やぜんざいなどであった．正永[4]は宮古列島（宮古，池間，伊良部）と八重山列島（石垣，竹富）で調査をおこない次のような情報を得た．この地域でアズキとして用いられるのはすべてハタササゲ（品種群 Biflora）であった．宮古島北部と伊良部島，池間島ではマメの香りがいいという理由で，黒種子ササゲを好んで栽培している．宮古の黒豆として名が知られており，市場価格にして赤いササゲの3倍もの高値がついていた．3～4月に播種し6月に収穫する品種（6月豆）と8月に収穫する品種（8月豆）があった．6月豆は直立，8月豆は匍匐性で種子はやや大きい．伊良部地区では，ヤールザヤ，コパザヤという莢の大小による分類もあった．一方，宮古島南部では種子色黒と赤の栽培がみられたが，赤の栽培がはるかに多かった．理由は，赤種子の方が見た目がいいということである．下地町では6月豆，8月豆と呼ばれていたのに対し，その他の地域では夏豆と十五夜豆（または秋豆）

という名称で呼ばれていた．8月豆や十五夜豆などの晩生品種が本当のアズキであるという．宮古島南部ではササゲを用いた煮物料理が多く，特に昆布でだしをとりパパイヤとササゲを一緒に煮込んで最後に味噌で味付けを行う料理が広く作られていた．石垣島（30〜40年前から多良間・小浜島からの移民によって成立した島の東部および北部の地区は除く）および竹富島では赤種子のササゲだけが栽培されていた．品種名はアカマミとしてすべてのササゲを指すことが多く，収穫時期から5月を意味するググンチャー（ゴンガチャー）と十五夜までにとれる品種（特別な呼称はなく単にアカマミと呼ばれる）があった．黒色種子のササゲを知っているものはほとんどいなかった．沖縄県全域にわたって旧暦8月15日の十五夜の日には，神と先祖の霊に供えるためにシトギが作られる．シトギは，もち米を石臼で挽いた後，少しずつ熱湯あるいは水を加えながらこねて形を整えたものを沸騰したお湯の入ったなべの中に入れ，浮かびあがったものをすくい上げあらかじめ炊いておいたササゲをまぶしたものである．この習慣があることがササゲの栽培を続ける大きな要因の一つになっていると考えられた．

**4）ジュウロクササゲ群：品種群 Sesquipedalis**

（山形：友岡聞き取り）　聞き取りによればジュウロクササゲの長い莢を3本ずつお盆に仏壇の前に吊るしてお供えするという．

（三重奈良：中山・勝田．植探報 Vol. 14, 1-13）　三重県伊勢市で黒種子のジュウロクササゲ（呼称ササギ NC970111）を収集した．

（鹿児島：友岡．植探報 Vol. 12, 9-19）　大隅半島の田代町，鹿屋市横山町で黒種子品種2点（NC950002, NC950004），赤種子品種1点（NC950013）のジュウロクササゲの栽培を確認した．いずれもフロマメと呼ばれ，若莢を煮しめ，味噌汁の具，魚と煮るなどして食べられていた．

（種子島：友岡ら．植探報 Vol. 10, 15-24）　種子島町住吉でフロー（NC930005）と呼ばれるジュウロクササゲが残っていた．フローは茶色種子で，家の庭に支柱を立てて4月から8月にかけて栽培する．若莢を煮たり炒めたりして利用し，若莢の色が濃いものが好まれるという．以前は広く作られていた．

（屋久島：友岡ら．植探報 Vol. 10, 15-24）　志戸子では，ジュウロクササゲをフルマメと呼んでいたが，在来種を見つけることはできなかった．

（奄美大島：河瀬・友岡．植探報 Vol. 9, 7-14）　奄美大島ではジュウロクササゲをホロマメと呼んでいたが，在来種は残っていなかった．

（久米島：河瀬・友岡．植探報 Vol. 9, 7-14）　若莢を野菜として用いるジュウロクササゲは，フローマミという名で栽培されていた．

（93年，宮古，石垣，正永[4]による）　ジュウロクササゲはフローマミと呼ばれた．かつては，広く作られ救荒作物として葉も食された記録がある．

以上のように古くからわが国の農耕文化のなかで重要な作物であったササゲは消失しようとしている．これらの在来品種は重要な遺伝資源であると同時に，次世代に伝えていくべき貴重な文化遺産でもある．今後とも収集と保全に力を入れていく必要がある．

（友岡　憲彦）

## 引用文献

1) Gepts, P., R. Papa, S. Coulibaly, A. Gonzalez Mejia and R. Pasquet. "Wild legumes diversity and domestication-insights from molecular methods". Wild Legumes. Proc. 7th MAFF International

Workshop on Genetic Resources, 19-36 (2000)

2) Kaga, A. M. S. Yoon, N. Tomooka and D. A. Vaughan. "Collection of *Vigna* spp. and other legumes from the island of southern Okinawa prefecture, Japan" Analysis of genetic diversity in the *Vigna angularis* complex and related species in East Asia. 1. The *Vigna minima* complex. IPGRI東アジア *Vigna* プロジェクト報告書，農業生物資源研究所発行 (2000)

3) Maréchal, R., J. M. Mascharpa and F. Stainier. Etude taxonomique d'un groupe complexe d'espèces des genres *Phaselolus* et *Vigna* (*Papilionaceae*) sur la base de données morphologiques, traitées par l'analysis informatique. Boissiera, 28. (1978)

4) 正永能久. ササゲの分布と伝播. 京都大学農学研究科熱帯農学専攻修士論文, (1993)

5) Ng, N. Q. "Cowpea *Vigna unguiculata* (Leguminosae-Papilionoidae)" Evolution of crop plants 2nd ed., 326-332. (1995)

6) Padulosi, S and N. Q. Ng. "Origin, taxonomy, and morphology of *Vigna unguiculata* (L.) Walp" Advances in Cowpea Research, published by IITA and JIRCAS, 1-12 (1997)

7) 植探報（植物遺伝資源探索導入調査報告書）．農業生物資源研究所（編）．Vol.1 (1984) - Vol.16 (2000).

8) Steele, W. M. and K. L. Mehra. "Structure, evolution and adaptation to farming system and environment in *Vigna*" Advances in legume science. HMSO London, UK. 393-404, (1980)

9) 戸苅義次・菅 六郎. 食用作物. 養賢堂. (1957)

10) 友岡憲彦. タイ北部でみられる豆類の在来種について. 雑豆時報, 65, 37-50 (1995)

11) Vaillancourt, R. E. and N. F. Weeden. Chloroplast DNA polymorphism suggests Nigerian center of domestication for the cowpea, *Vigna unguiculata* (Leguminosae). American J. Bot., 79, 1194-1199 (1992)

## 4．インゲンマメ

*Phaseolus vulgaris* L.

　*Phaseolus*（インゲンマメ）属は，新大陸に分布し，約50種を含む分類群である[1]．この属からは，インゲンマメ（*P. vulgaris* L.），ライマメ（*P. lunatus* L.），ベニバナインゲン（*P. coccineus* L.），*P. polyanthus* Greenm.，テパリービーン（*P. acutifolius* A. Gray）の5種が栽培化され利用されている．インゲンマメは祖先型と栽培種との間に生殖的隔離はほとんど認められず，第一次遺伝子供給源を形成している[2]．栽培種間では，インゲンマメ，ベニバナインゲン，*P. polyanthus* の3種が近縁で，様々な程度の生殖的隔離がみられるものの，遺伝子の交換が可能な第二次遺伝子供給源を形成している．テパリービーンがこれに次いで近縁で，インゲンマメとの雑種の作出はかなり困難である．ライマメがもっとも遠縁で，交雑によるインゲンマメとの遺伝子の交換は不可能と考えられる．

### 1）起源，伝播および品種分化

　インゲンマメの野生種は，メキシコ西北部 Chihuahua からアルゼンチン北部山岳地帯 San Luis までの標高700～2700 m の地域に分布している．この広い分布域には環境条件が不適なところがあり，いくつかの分布のギャップが形成されている．大きな地理的ギャップが南米に二つある．一つはコロンビア南部からエクアドル北部にかけてのギャップで，もう一つはペルー北部にあるギャップである．これら二つの地理的ギャップにより三つの野生インゲンマメ分布集団が形成される．分子マーカー等による分析の結果，これらの分布集団は，異なった遺伝的構成を持つグループ（Andean, Intermediate, Mesoamerican) であることがわかった[3]. さらに, 種子タンパク質であるファゼオリンやαアミラーゼ遺伝子ファミリーの塩基配列の比較から, Intermediate グループが最も祖先的配列を持つことがわかった[8,6]. これらの事実から, 野生のインゲンマメは Intermediate グループの分布地域すなわちエクアドルからペルー北部で起源し, そこから南北へ分布を広げ, 北で Mesoamerican グループが, 南で Andean グループが成立したと考えられている. その後, Mesoamerican グループと Andean グループから独立にインゲンマメの栽培化が起こったと思われる. すなわち, 小粒のインゲンマメ品種群が中央アメリカのおそらくメキシコ西部で, 大粒の品種群が南アメリカアンデスのいくつかの地域で独立に栽培化されたとする多起源説である. 栽培種に, 中央アメリカの小粒種とアンデスの大粒種という二つのジーンプールが存在することは, 形態, アイソザイム, 種子タンパク質, RFLP のデータによっても確認されている[4,9].

近年, アメリカの考古学会で作物遺物の年代推定方法が議論の的になっており, 放射性同位炭素法ではなく, Accelerator Mass Spectrometry Direct Dating 法で年代推定を行うと, 例えば同位炭素法で 7000〜8000 年前とされるペルーアンデスの Ancash は 4300 年前となり, 両方法の間に 3〜4000 年もの開きがある[1]. インゲンマメの種子が出土する遺跡は, 6000〜7000 年前 (新方法では約 4000 年前) のメキシコ Tehuacan, 7000〜8000 年前 (新方法では 4300 年前) のペルーアンデス Ancash などが最古であるが, その他にも多くの中南米の遺跡からインゲンマメが出土している[5].

コロンブス以前にも中央アメリカと南アメリカの間で小規模な種子の行き来はあったようだが, 大規模な伝播が行われるようになったのは 1500 年代以降である. ヨーロッパへは主として南アメリカから伝播し, そこから中近東や西アジアへと伝わった. アメリカ合衆国やアフリカへもヨーロッパから導入されたと考えられている[5]. わが国へは承応 3 年 (1654 年) に隠元が明 (中国) から持ち帰ったという説があるが, 牧野[11]は現在本種を一般にインゲンマメといっているのは誤りで, 真のインゲンマメ (隠元豆) はフジマメ (Lablab purpureus (L.) Sweet : 牧野[11]では Dolichos lablab L.) のことであるとした. 牧野は Phaseolus vulgaris にゴガツササゲ (五月豇豆) という和名を当てその他の呼称として, トウササゲ (唐豇豆), ギンブロウ (銀不老) をあげた. また, 従来あててきた漢名:菜豆は果たして本種をさすかどうか不明であるとした. いずれにしてもインゲンマメは江戸時代初めに中国から導入されたようである.

アメリカにおける品種の分類は, まず草型 (つる性 pole か, わい性 bush か) で分け, ついで野菜用には若莢の色, 子実用には粒大を用いた分類がなされている. わが国においては福山[7]が熟期 (早, 中, 晩), 草型 (つる性, わい性), 若莢の硬軟 (硬, 中, 軟), 子実の色の順に分類した. 日本におけるインゲンマメ育種の中心である北海道十勝農試での保存品種はほぼ福山の分類に従っているが, 品種育成にあたっては現在作付けの多い品種とその銘柄によって分類している[10]. それらは, 手亡類, 金時類, 白金時類, 長鶉類, 中長鶉類, 大福類, 虎豆類の 7 種類である. この本[10]にはそれぞれの品種類についてカラー写真付きの解説があり特徴が理解しやすい.

## 2) 日本におけるインゲンマメ在来品種の特徴と利用

わが国にインゲンマメが伝播したのは江戸時代と比較的最近であるが, 急速に日本国中に広がったようで, 各地にその土地に適応した在来品種と呼べるものが成立している. しかし, その他の作物と同様に, それらの在来品種はその多様性を失いつつある. ここでは農林水産省が 1985 年に開始したジーンバンク事業によって収集された品種に関する情報を植探報[12]に基づいて記述する. 在来品種の収集地点を図 1-4-1 に, 各調査地域の在来品種残存状況とインゲンマメの呼称を図 1-4-2 に示した. 呼称に関してみるとインゲンマメと呼んでいる地域は少なくササゲに類する名前で呼ん

でいる地域が多かった．北関東ではナタマメと呼ぶ地域があった．またフロウ系の呼称も四国や九州にあったが，この呼称はジュウロクササゲの呼称として沖縄から鹿児島において一般的にみられた呼称である．

### （1）東北地方

（青森：勝田ら．植探報 Vol.10, 1-9）
ササゲと呼ばれることが多く，つるの有無，種皮の色や模様，種子の形，利用法が異なる数品種を栽培維持している農家があった．若莢用と完熟種子を煮豆にする品種とがあった．

（岩手北部：中山ら．植探報 Vol.12, 1-7）ササゲおよびそれに類する呼称で呼ばれていた．莢を野菜として生食するか煮豆とする．つるありとつるなしがあり，種皮色は白・赤紫・褐色の3通りがあった．

（秋田, 山形：江川ら．植探報 Vol.8, 9-15）インゲンマメの栽培は少ない．秋田県仁賀保町のキントキササゲ NC91011, 12 は煮豆用であった．

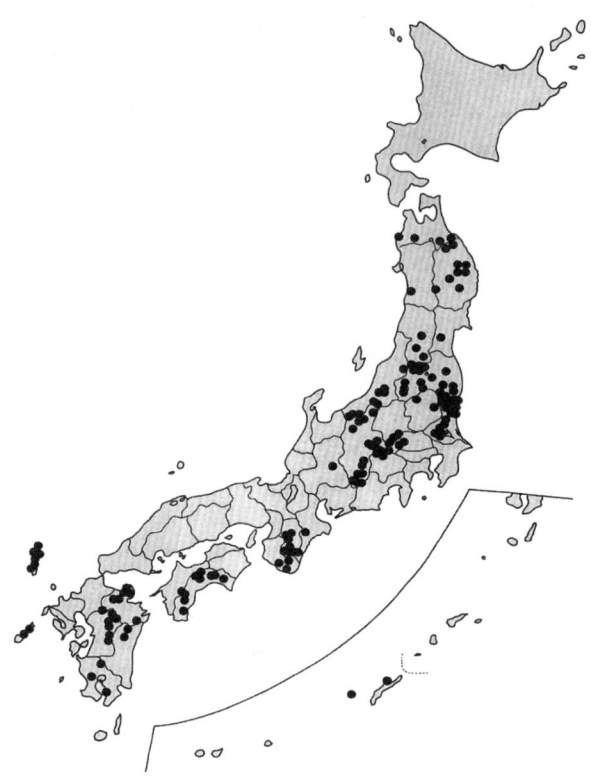

図1-4-1 ジーンバンク事業によるインゲンマメの収集地点

（岩手，山形勝田ら．植探報 Vol.7, 21-31）この地域では，インゲンマメはササギと呼ばれていたが変異は少なく栽培も少なかった．

（福島：江川・岡．植探報 Vol.5, 21-33）呼称はササギやササゲであった．伊南村では虎豆をエカキササギと呼んでいた．煮豆にすると皮が薄くておいしいという．また味付けせずにやわらかく煮て，ササギご飯として利用する．只見では白いインゲンマメをご飯と一緒に炊いて食べる．南郷村で栽培されていた白黒半々の品種はパンダマメ NC880086 と呼ばれていた．桧枝岐では葬式など弔事には白いインゲンマメで，祝事にはアズキで赤飯を炊く習慣があるという．

（福島南会津：岡ら．植探報 Vol.4, 1-19）天栄村ではチンチンマメ（手有り）NC870179, スズメノタマゴ（手無し）NC870180, NC870183 という名で，下郷町ではシロササギ NC870199, NC870200 という名で呼ばれていた．

### （2）北陸地方

（新潟南部中魚沼郡，長野下水内郡：長峰ら．植探報 Vol.5, 11-19）新潟県津南町と長野県栄村でユキワリマメ NC880177, NC880200 と呼ばれる茶細長楕円種子の品種は，早生で作期を選ばず二度播きができるという．一般にインゲンマメはインゲンやマメと呼ばれる．

（新潟中越：岡ら．植探報 Vol.4, 1-19）インゲンマメは少なく，呼称は「形容詞＋インゲン」であった．

### （3）関東・東山地方

（北茨城：植探報 Vol.2, 4-9）茨城県大子町ではナタマメ，ドジョウ，チュンチュンマメと呼ば

4. インゲンマメ （ 31 ）

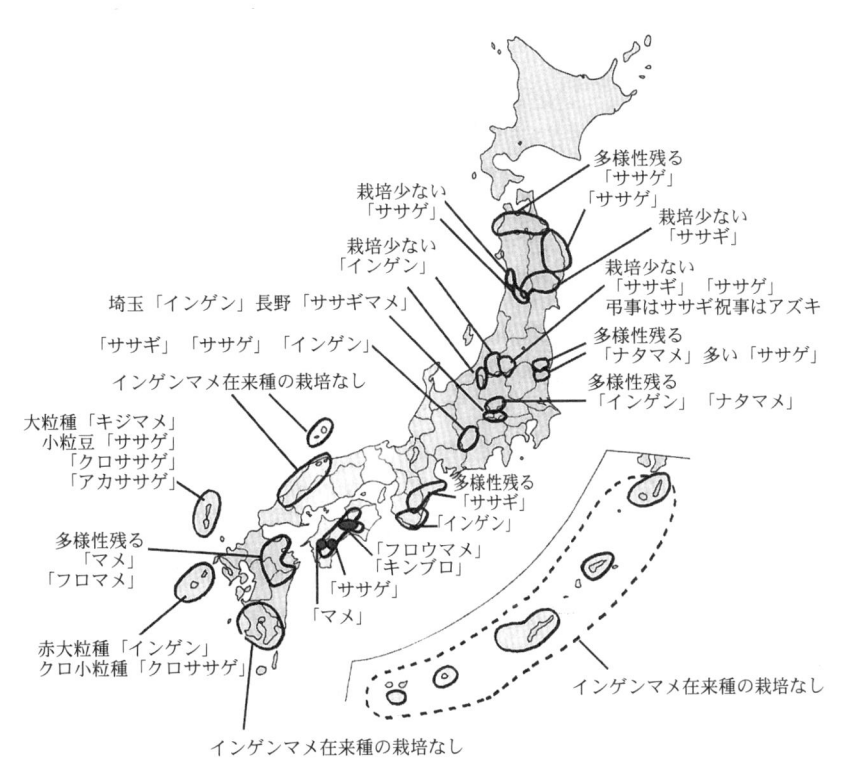

対馬と五島では「クロササゲ」という呼称ではインゲンマメとハタササゲが栽培されていた．
「クロササゲ」という名のインゲンマメは黒種子極小粒でハタササゲ種子に良く似ていた．
図1-4-2　ジーンバンク事業による調査地域とインゲンマメ残存状況および呼称

れていた．

（北茨城，南福島：江川ら．植探報 Vol.3, 1-17）　この地域では種子の形，色，模様，大きさ，草型や利用法に関する変異が豊富であり，一軒の農家でさまざまな品種を栽培していた．呼称も多様で茶種子のキントキマメ NC860021，白種子のキントンマメ NC860099，キジマメ NC860004, NC860024，スズメノタマゴ NC860088，ドジョウインゲン NC860118，ササギ NC860127, 147，ナタマメ NC860012, 35, 79，などがみられた．また，つる性のものをテアリ，わい性で直立のものをテナシと呼ぶ．若い莢を野菜として食用にする品種をクナシ（苦無し）NC860066, 67 と呼ぶ．

（栃木県湯西川村：江川・岡．植探報 Vol.5, 21-33）　ここでは，インゲンマメをナンキンと呼びドジョウナンキン NC880034 という若莢を食する品種を収集した．

（群馬南西部：岡ら．植探報 Vol.4, 1-19）　粒大・粒形・粒色に大きな変異がみられた．呼称は「形容詞＋インゲン」と呼ぶところが多く上野村ではナタマメと呼ぶ農家もあった．

（埼玉西部，長野東部：勝田ら．植探報 Vol.5, 1-9）　種子の形態変異は小さく，白・赤紫・白地赤斑の3種に限られていた．埼玉では「形容詞＋インゲン」，長野県北相木村ではササギマメと呼ばれていた．また，長野県北相木村で収集したシロアズキ NC880165 は極小粒の白種子インゲンで，この付近に近年栽培が広がっているという．

（長野下伊那，河瀬・江川．植探報 Vol.7, 1-11）　ササギまたはササゲと呼ばれていた．天龍村で作期で分類されたアキササギ NC900060 丸小粒白種子とハルササギ NC900061 楕円中粒茶種子を収集した．前者は6月20日頃播種し，9月中旬に収穫する．色や大きさの異なる種子が混ざって

いた．後者は5月に播種し，6月末から7月初めには収穫できる．どちらも莢も種子も利用する．
(長野下伊那：Egawa *et al.* 植探報 Vol.6, 1-22)　ササギまたはインゲンと称する．草型によって「手有り」と「手無し」という分類もある．

(4) 近畿地方

(三重・奈良：中山・勝田．植探報 Vol.14, 1-13)　一戸の農家が種皮色の変異や播種時期，生育特性の異なる5～6品種を栽培していた．種皮色は，赤・白・茶・斑などで，粒形は丸・楕円が多く，腎臓型は十津川村で収集した1点 NC970161 のみであった．4月中旬に播種して6月から収穫できるグループはハルノマメ（ハルノササギ）とも呼ばれる．アキノマメ（アキノササギ）は6月に播種して11月中旬まで収穫できる．ハルノマメにはつる無しが多く，アキノマメにはつる性の品種が多い．ニドマメ，サンドマメという呼称の品種は，4月から6月にかけて播種期をずらして年に何度か栽培できる．ほとんどの品種が莢食と煮豆に併用されていた．虎豆はウズラマメまたはニドナリと呼ばれ煮豆用であった（NC970170）．

(奈良・和歌山：中山ら．植探報 Vol.15, 1-10)　種皮色，つるの有無および作期によって区別されていた．作期は春作（3～4月播種，6月以降収穫）と夏作（7月播種，10～11月収穫）があった．年に2度栽培できるニドナリという品種（NC980020, 40）も収集された．用途は莢を生食するか煮豆用である．呼称はインゲン NC980019, 26，ニドナリ NC980020, 40，キントキ NC980062，トラマメ NC980032，ウズラマメ NC980050, 59 などであった．

(5) 中国地方

(隠岐：江花・福岡．植探報 Vol.12, 21-26，島根：奥野．植探報 Vol.13, 1-6)　隠岐や島根ではインゲンマメ在来品種は収集できなかった．

(6) 四国地方

(高知：奥野ら．植探報 Vol.10, 1-13)　物部村神池地区ではインゲンマメの呼び名はフロウマメ NC930111 白丸種子，ギンブロ NC930112 黒長種子，NC930113 白長種子，ニドブロ NC930114 等であった．若莢を野菜として利用するか，完熟種子を煮豆にする．ギンブロという細長粒品種には，黒種子と白種子とがあった．ニドブロとは年2回栽培できることを意味する．この地域では嫁入り道具の一つとして作物の種子を持参する習慣がある．檮原町檮原西ではインゲンマメはアキマメ NC930138，シロマメ NC930145，マメ NC930148，サヤマメ NC930157 などと呼ばれ，若莢や煮豆として利用されていた．一方，檮原町越知面地区で収集したインゲンマメはササゲ NC930180, 181，ササゲマメ NC930179 と呼ばれていた．高知県内で呼称に地域差がみられた．

(7) 九州地方

(対馬：中山・Bhatti．植探報 Vol.10, 11-19)　大粒種と小粒種とがあった．大粒種にはキジマメ NC940110，トラマメ NC940145 などと呼ばれる斑のはいった赤飯・煮豆用品種と，若莢を野菜として利用する種皮の白いサヤマメ NC940138 や種皮の茶色い品種 NC940129 があった．小粒品種には種皮色赤（NC940103）と黒（NC940102, 116）があり，ともに単にササゲまたはアカササゲ，クロササゲと呼ばれ赤飯または豆餅に用いられていた．対馬でササゲと呼ばれるインゲンマメは極小粒で本当のササゲに良く似た種子形態であった．

(五島：福岡ら．植探報 Vol.10, 21-25)　黒種子極小粒の品種が主で，クロササゲ NC940201，クロマメ NC940207，マメ NC940213 などと呼ばれ餡やぜんざいとして利用されていた．これらは対馬と同様に，分類学上のササゲに良く似た種子形態をしていた．五島でインゲン NC940202 と呼ばれていたのは赤種子の大粒品種で若い莢を利用するつるなし品種であった．

(大分，熊本，宮崎：中山・三浦．植探報 Vol.16)　多様な品種が栽培されており，鹿児島ではほ

とんど収集できなかったのと対照的であった．この地域が伝統的インゲンマメ栽培の南限と思われた．種皮色は赤紫，黒，白，斑入りなどで，粒型は長楕円形，楕円形，腎臓形などであった．春作（4月播種6月以降収穫）と夏作（6〜7月播種10〜11月収穫）とがあり，年二回作られる品種もあった．用途は若莢か煮豆で，一部の品種は両方の用途に使われていた．種皮色淡赤茶に赤紫斑の入る品種はウズラマメ NC000006, 12, 13, 14, 15, 16, 28，ヒトトマメ NC000039，ヒトトンタマゴ NC000036, 37，ストトブロ NC000049 あるいはキジマメ NC000072 と呼ばれていた．ヒトト，ストトはウズラをさす地方名である．インゲンという呼称は使われておらずフロマメという場合があった．

　（鹿児島：友岡．植探報 Vol. 12, 9-19）　3点のインゲンマメを収集したが，最近の導入品かと思われた．

　（種子島・屋久島：友岡ら．植探報 Vol. 10, 15-24）　インゲンマメ在来品種は収集できなかった．

(8) 沖縄地方

　（沖縄本島：河瀬・友岡．植探報 Vol. 9, 7-14）　今帰仁村でウズラマメ NC931005 を栽培していた．ゆでてご飯と炊くという．久米島でもウズラインゲン NC931017 を栽培していた．煮豆とするほか若莢を野菜として利用する．呼称から考えて最近の導入品種と思われた．

（友岡　憲彦）

## 引用文献

1) Debouck, D. G. "Biodiversity, ecology and genetic resources of *Phaseolus* beans- Seven answered and unanswered questions". Wild Legumes, Proc. 7th MAFF International Workshop on Genetic Resources, 95-123 (2000)

2) Debouck, D. G. and J. Smartt. "Beans, *Phaseolus* spp. (Leguminosae-Papillionoideae)". Evolution of crop plants 2nd ed, 287-294 (1995)

3) Gepts, P. Origin and evolution of common bean : past events and recent trends. HortScience. 33, 1124-113 (1998)

4) Gepts, P., T. C. Oxorn, K. Rashka and F. A. Bliss. Phaseolin- protein variability in wild forms and landraces of the common bean (*Phaseolus vulgaris*): Evidence for multiple centers of domestication. Econ. Bot., 40, 451-468 (1986)

5) Gepts, P. and D. G. Debouck. "Origin, domestication and evolution of the common bean (*Phaseolus vulgaris* L.)". Common beans : research for crop improvement. CAB International, 7-53 (1991)

6) Gepts, P., R. Papa, S. Coulibaly, A. Gonzalez Mejia and R. Pasquet. "Wild legumes diversity and domestication- insights from molecular methods". Wild Legumes. Proc. 7th MAFF International Workshop on Genetic Resources, 19-36 (2000)

7) 福山甚之助．菜豆に関する試験及調査成績．北農試報告，8. (1918)

8) Kami, J., B. Becerra Velasquez, D. G. Debouck and P. Gepts. Identification of presumed ancestral DNA sequences of phaseolin in *Phaseolus*. Proc. Natl. Acad. Sci. USA., 92, 1101-1104 (1995)

9) Khairallar, M. M., M. W. Adams and B. B. Sears. Mitochondorial DNA polymorphisms of Malawian bean lines : further evidence for two major gene pools. Theor. Appl. Genet. 80, 753-761. (1990)

10) 北海道における豆類の品種（増補版）．(財)日本豆類基金協会 (1991)

11) 牧野富太郎．新日本植物図鑑．北隆館, 320-321. (1957)

12) 植物遺伝資源探索導入調査報告書．農業生物資源研究所（編）Vol. 1 (1984) - Vol. 16 (2000).

## 5. ラッカセイ
*Arachis hypogaea* L.

### 1) *Arachis* 属の分類・分布と起源

*Arachis* 属は，小葉数，花器構造，子房柄の伸長性，根茎，塊根や肥大胚軸の有無，草勢や茎の堅さおよび交雑親和性等から9節に分けられ，約70種が報告されている．栽培種 (*Arachis hypogaea* L.) 等の4倍体の4種を除き，全てが2倍体種 ($2n = 20$) で，多年生が多くを占めるが一年生もある．分布地域は，南米大陸の北はアマゾン川から南はパラナ川，ウルグアイ川にいたるアンデス山脈以東の大小河川流域である．森林の切れ目や開けた草原に自生するが，砂土，礫土および粘土の各土壌で，また水際から半乾燥地までの広い環境条件に適応した種が見られる．

ブラジルのマトグロッソ地域の old Brazilian planaltine ellispe (古ブラジル高原楕円隆起地) には，3枚小葉等の最も古い形態を示す *Trierectoides* 節の2種が生息しており，また4枚小葉だが古い形態を示す *Erectoides* 節も分布し，*Arachis* 属の起源地とされている (図1-5-1)．*Arachis* 属は，新生代第3期の中頃以降の継続的な土地隆起と多くの河川形成に伴い，流水により運ばれて，地域環境に適応した独自の進化をしながら，起源地から各河川流域に分布を広げていったと考えられている．

### 2) 栽培ラッカセイの成立と品種群分化

#### (1) 成立

*Arachis* 属9節の中では，*Arachis* 節は最も多種類で広域に分布しており，また *Arachis* 属の起源地と隣接して分布している (図1-5-1)．*Arachis* 節に属する栽培種の *A. hypogaea* L. は，アンデス山脈の東麓のボリビア南部からアルゼンチン北部にまたがる地域に変異の一次中心地があり，パラグアイも含めて，国境をはさんだこの地域が発祥地といわれている (図1-5-2)．

祖先野生種については，*Arachis* 節では唯一 *A. hypogaea* と同じ染色体数 ($2n = 4x = 40$) で容易に交雑し，稔性個体を生じさせる *A. monticola* が推定された時期もあった．しかし，その後の研究で *A. monticola* は *A. hypogaea* の野生型 (逸出種) との説[21]が出され，直接の祖先野生種については確定されていない．

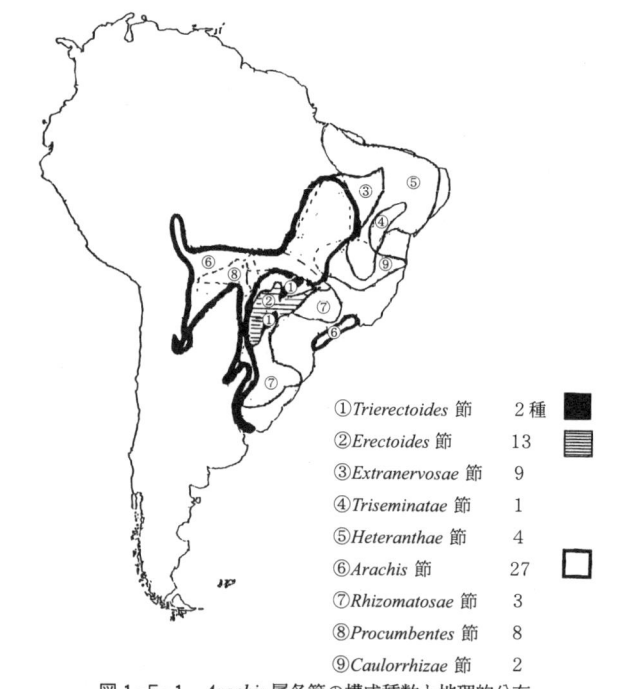

図1-5-1 *Arachis* 属各節の構成種数と地理的分布
*Trierectoides* 節と *Erectoides* 節の分布域が "old Brazilian planaltine ellipse" で *Arachis* 属の起源地．*Arachis* 節は隣接して分布．
3枚の原図 (Stalker and Simpson)[21] を基に合成，河川の表示は省略した．

① *Trierectoides* 節　2種
② *Erectoides* 節　13
③ *Extranervosae* 節　9
④ *Triseminatae* 節　1
⑤ *Heteranthae* 節　4
⑥ *Arachis* 節　27
⑦ *Rhizomatosae* 節　3
⑧ *Procumbentes* 節　8
⑨ *Caulorrhizae* 節　2

*A. hypogaea* のゲノム構成は，AABB で異質 4 倍体とされ，2 倍体の A ゲノム種と B ゲノム種の自然交雑と倍数化で誕生したという説が有力である．A ゲノムを有しているのは *A. cardenasii*, *A. chacoensis*, *A. correntina*, *A. duranensis* および *A. villosa* の *Arachis* 節 5 野生種だが，人為倍数体の解析[18]，ゲノム分析[9] や種子タンパク質分析[10] 等の結果から，栽培ラッカセイの A ゲノム祖先種として最も有望視されているのは，*A. duranensis* である．しかし，*A. villosa* が有力であるとする研究[17] もある．なお，*A. duranensis* については葉緑体 DNA の比較分析から，栽培ラッカセイの母方の祖先種とされている[9]．B ゲノムについては *A. batizocoi* とされた時期もあったが，DNA 多型分析[8,4]，アイソザイム分析[11,20] および種子貯蔵タンパク質の分析[1] といった多数の研究から，その説は否定されている．現在は核型分析[9] や DNA 多型分析[17,9] から *A. ipaensis* が B ゲノム祖先種として有力視されている．

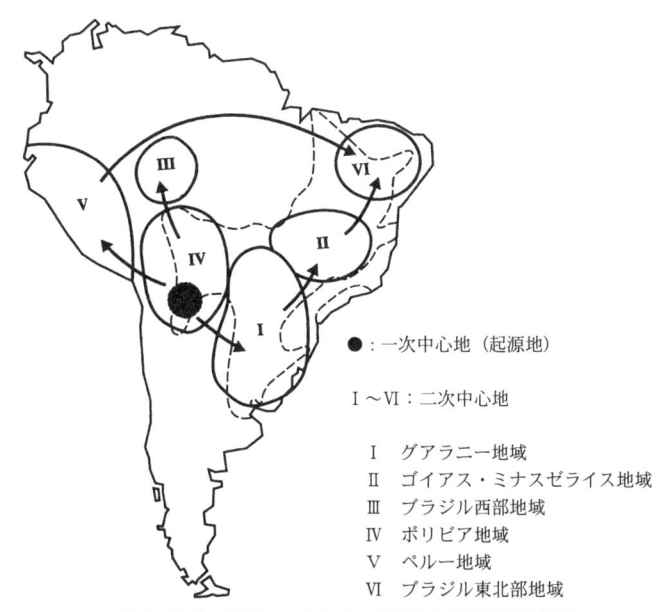

図 1-5-2 栽培ラッカセイの起源地と品種群分化地域
点線は *Arachis* 属野生種の分布範囲
原図（Singh, A.K., 1995）[19] を一部修正

● : 一次中心地（起源地）
Ⅰ～Ⅵ : 二次中心地
Ⅰ　グアラニー地域
Ⅱ　ゴイアス・ミナスゼライス地域
Ⅲ　ブラジル西部地域
Ⅳ　ボリビア地域
Ⅴ　ペルー地域
Ⅵ　ブラジル東北部地域

### （2）品種群分化

　栽培種の起源地からは，南米各地に人の手を介して品種が伝播し，品種群分化が起こって，変異の二次中心地が生じた．その地域は，図 1-5-2 のとおりグアラニー等の 6 地域であるが，表 1-5-1 の各原産地記述に示すように，①大陸西部の二次中心地（Ⅲ，Ⅳ，Ⅴ）では *hypogaea* 亜種が分布するが，大陸東部の二次中心地（Ⅰ，Ⅱ，Ⅵ）では分布しない，②一方，*fastigiata* 亜種のうち *vulgaris* 変種は，大陸西部の二次中心地では分布が見られないが，大陸東部では分布する等，品種群分化に地域差が認められ興味深い．また，新大陸発見後に南米から世界各地にラッカセイが伝播したが，アフリカでは自然交雑と淘汰により変異が集積し，三次中心地となっている．

## 3）栽培ラッカセイの分類

### （1）形態および生態的分類

　栽培ラッカセイの分類については，わが国でマーケット上の分類や，それに形態や生態を加味した分類が過去に行われ，前田[12,13] によりそれらの内容と評価がまとめられている．これらの結果も踏まえ，現在では表 1-5-1 に示す植物系統分類学に依拠した分類がなされている．
　栽培ラッカセイは，*hypogaea* と *fastigiata* の 2 亜種に分類され，さらに前者が *hypogaea* と *hirsuta* の 2 変種，後者が *fastigiata*, *peruviana*, *aequatoriana*, *vulgaris* の 4 変種に細分される．分類は形態および生理生態的形質により行われており，分枝上の栄養節と生殖節の配列（分枝習性），主茎着花性，莢実の大小，1 莢内粒数，莢の網目の深浅，草型，小葉の大小，分枝数，分枝上の毛耳の多少お

よび成熟期の早晩や子実の休眠性等がその識別形質となっている[21]．

ラッカセイは，マメ亜科の中ではまれな単体雄ずいを具えるが，その雄ずい10本のうち，旗弁側に位置する特定の2本が不稔化する性質がある．前田[12,13]は，この性質について世界各地域の多数の品種で調べた結果，亜種 fastigiata の品種で，極めて低頻度で不稔雄ずいのない雄ずい群が存在することを確認した．これはラッカセイ植物の「原初雄ずい群」と考えられるが，亜種 hypogaea の品種では発見できなかった．また，この雄ずい不稔化の性質の強さが2亜種間で異なり，ラッカセイの種内では，正常雄ずい数が10本から8本へ減数，定数化が進んでいることを明らかにした．この性質と，萼筒長，莢果容積，頂部小葉幅の4形質による判別式によって，ラッカセイの2大栽培品種群（亜種）による系統分類系の妥当性を実証し，また，ラッカセイ栽培種の起源に関して，亜種 fastigiata が亜種 hypogaea よりも，より"primitive"であるとの仮説を提唱した．しかし，分枝習性，主茎着花性，子葉節分枝長，種子休眠性および成熟期の早晩性からみて，亜種 hypogaea の方が亜種 fastigiata より"primitive"であるとの Stalker ら[21]の説もあり，結論が得られていない．独立に進化した可能性も含め，DNA分析等の手法も駆使した広範な研究が必要である．

日本，中国，アメリカ合衆国や韓国等で，亜種 hypogaea と亜種 fastigiata を用いた亜種間交雑により，多数の優良品種が近年育成されている．前田[13]は，これら交雑品種群の分類学上の取り扱いを検討すべきとしており，この分野での主要な課題の一つとなっている．これに関連して，亜種 fastigiata や亜種間交雑種等でみられる特異的な生殖枝（結果枝）の特性解析により，生殖枝および分枝習性の再定義が行われた．分枝習性は子葉節分枝上の栄養節と亜種間交雑種等の生殖節の配列で表され，栽培種を分類するための重要な形質である．生殖節に生殖枝が生じるが，生殖枝には太さ，長さや着生本葉数で様々なものがあり，形態的に栄養枝との区別が困難な場合がある．高橋ら[22]は，生態的特性に注目し，隣接する節から生じる普通の枝（栄養枝）より開花が著しく早く，第1節に着花する枝を結果枝（生殖枝）と定義し，分枝習性の判定基準を明確にした．そして，亜種 fastigiata で生じる太くて長い栄養枝的な分枝も，初期開花が他の生殖枝と同様に早く，子葉節分枝や主茎等といった母枝上の開花順序を乱さずに連続開花する特性からみて，生殖枝と判断されるとした[23]．

表1-5-1 栽培ラッカセイ Arachis hypogaea L. の系統分類

1 Subspecies hypogaea Krap.et Rig（亜種 hypogaea）
　特性：主茎無着花，1次分枝の1節目は栄養節，分枝の栄養節と生殖節の配列は2～3節毎の交互性，晩生，主茎長は短く草型は立性～伏性，種子休眠性は強
　(1) Variety hypogaea Krap. et Rig.（変種 hypogaea）
　　1) Market type Virginia（バージニアタイプ）
　　　特性：大粒，2粒莢が多い，枝に毛茸は少ない
　　　原産地：ボリビア，アマゾン（ブラジル西部）
　　2) Market type Runner（ランナータイプ）
　　　特性：小粒，2粒莢が多い，枝に毛茸は少ない
　(2) Variety hirsuta Köhler（変種 hirsuta）
　　1) Market type Peruvian runner（ペルー型ランナータイプ）
　　　特性：多粒莢が比較的多い，枝に毛茸が多い
　　　原産地：ペルー

2 Subspecies fastigiata Waldron（亜種 fastigiata）
　特性：主茎着花，1次分枝の1節目は生殖節，分枝には生殖節が多くその連続性が高い，早生，小粒，主茎長は長く草型は立性，種子休眠性は弱
　(1) Variety fastigiata Waldron（変種 fasigiata）
　　1) Market type Valencia（バレンシアタイプ）
　　　特性：多粒莢が多い，莢の網目は浅い～中，生殖節の連続性が高く分枝が少ない
　　　原産地：ブラジル（グアラニー，ゴイアス・ミナスゼライス，東北部），パラグアイ，ペルー，ウルグアイ
　(2) Variety peruviana Krap. et Greg.（変種 peruviana）
　　　特性：多粒莢が多い，莢の網目が深い，枝の毛茸が少ない
　　　原産地：ペルー，ボリビア北西部
　(3) Variety aequatoriana Krap. et Greg.（変種 aequatoriana）
　　　特性：多粒莢が多い，莢の網目が深い，枝の毛茸が多い，分枝が他の亜種 fastigiata に比べ，やや多く紫色
　　　原産地：エクアドル
　(4) Variety vulgaris Harz（変種 vulgaris）
　　1) Market type Spanish（スパニッシュタイプ）
　　　特性：2粒莢が多い，分枝はやや少ない
　　　原産地：ブラジル（グアラニー，ゴイアス・ミナスゼライス，東北部），パラグアイ，ウルグアイ

筆者ら[7]は，子葉節分枝の第2節着生葉の形状が，小葉の無いりん葉から小葉4枚の完全葉まで様々であることに着目し，2本の子葉節分枝とも第2節着生葉がりん葉のものをりん葉節株と定義し，それ以外の株を小葉節株として品種群分類との関係を検討した．その結果，亜種 *hypogaea* に属する変種 *hypogaea* では98％以上，変種 *hirsuta* では100％の品種でりん葉節株のみを認めた．一方，亜種 *fastigiata* では変種間で結果が異なり，変種 *vulgaris* では90％ほどの品種でりん葉節株と小葉節株とが混在していたが，変種 *fastigiata* では2グループに分かれ，亜種 *hypogaea* と同様にりん葉節株のみの品種群（*fastigiata* A品種群）と変種 *vulgaris* と同様にりん葉節株と小葉節株とが混在する品種群（*fastigiata* B品種群）が認められた．

*fasigiata* A品種群は，多粒莢割合が高く，種皮色は濃いという典型的な変種 *fasigiata* の特徴を有する品種が多かった．一方，*fastigiata* B品種群では多粒莢割合

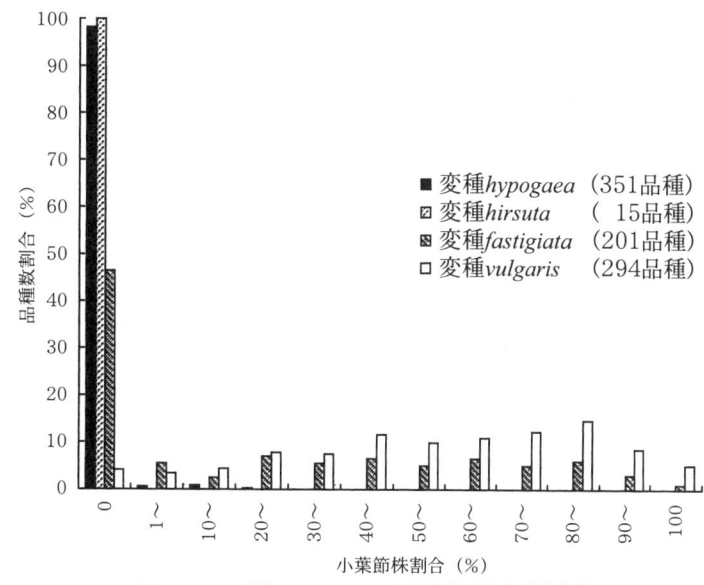

図1-5-3 栽培ラッカセイの小葉節株割合と系統分類

表1-5-2 亜種 *fastigiata* における多粒莢と種皮色の割合

| 形質 | 分類群 | 変種 *fastigiata* | | 変種 *vulgaris* |
|---|---|---|---|---|
| | | A品種群 | B品種群 | |
| 多粒莢割合 | | 26.4％ | 12.5％ | 0％ |
| 種皮色割合* | 淡色 | 24.5％ | 55.2％ | 82.6％ |
| | 中間色 | 5.3 | 8.4 | 8.9 |
| | 濃色 | 70.2 | 36.4 | 8.2 |
| | その他 | 0 | 0 | 0.3 |

（注）＊種皮色　淡色：白，淡黄白，淡桃白
中間色：淡橙黄，淡橙褐，淡橙赤
濃色：暗赤，赤紫，濃紫
その他：複色（斑入）

が低くて，種皮色も淡く，特性が *fasigiata* A品種群と変種 *vulgaris* との中間に位置する品種が多かった（図1-5-3，表1-5-2）．亜種 *fastigiata* に属する品種を変種 *fastigiata* と変種 *vulgaris* に分類することは，中間に位置するものが多くて比較的困難であるが，この点についての根拠の一つを示したものであり，また新たな分類基準の提案に結びつくものとして，今後の研究展開を図りたい．

千葉県農業試験場では国の豆類開発協力基礎調査団や遺伝資源探索導入事業に参加して，1979年に高橋，1986年に中西らが，栽培ラッカセイの二次中心地Ⅳを主な対象地域として，アルゼンチンで収集を行った．収集した亜種 *fastigiata* の内，変種 *fastigiata* の93％（38品種）は *fastigiata* A品種群で，*fastigiata* B品種群は少なかった．また，変種 *vulgaris* は研究機関（INTA-Manfredi農業試験場）の保有1品種以外には，現地収集できなかった．一方，1983年にパラグアイで国分（元東北農業試験場）が収集した変種 *fastigiata* には，*fastigiata* A品種群以外に33％（3品種）の *fastigiata* B品種群が含まれていた．また，アルゼンチンでの収集とは異なり，変種 *vulgaris* も11品種収集された．

この2地域での収集品種群の比較から，*fastigiata* B品種群の成立に変種 *vulgaris* が関与している

可能性があり，*fastigiata* B 品種群は *fastigiata* A 品種群と変種 *vulgaris* 間の自然交雑種であるという仮説も想定できる．それらの推論の妥当性も含め，産地由来の明確な品種を用いて，南米におけるラッカセイ品種群の地理的分布と相互関係について，今後解明することが望まれる．人工交雑試験による形質分離状況や遺伝様式の確認も必要である．

また，1984 年に渡辺（元農業研究センター）を通じてラオスより導入された変種 *fastigiata* は，29 品種全てが *fastigiata* B 品種群で，変種 *vulgaris* も 11 品種収集されている．世界各地には多様な導入経路で栽培ラッカセイが伝播したが，地域別に品種群の同定と分類を行うことで，伝播経路の裏付けや推定が可能となるのか，また地域間の比較や年代別の推移を調査することで，導入後の品種群の定着過程を知ることができるのか等についても検証することが望まれる．

(2) 生化学的分類

分類の精度向上，祖先種の解明や育種への応用を目指して，RAPD 分析や RFLP 分析等で，*Arachis* 属ゲノムの DNA 構成が調査されている．多くの研究[4,8,16]では，栽培ラッカセイの亜種や変種において，RAPD 分析等で得られたバンドは，数が多いもののパターンはほとんど一様で，DNA 多型は認められていない．そのため，DNA 多型に基づく栽培ラッカセイの分類は行われず，形態および生理生態的分類との整合性を検討する段階には至らなかった．

Halward ら[4]は，栽培ラッカセイで DNA 多型が生じなかった背景として，① 1～数世代での倍数化（染色体倍加，非還元配偶子の発生等）により，短期間で祖先 2 倍体種から少数の 4 倍体の栽培ラッカセイが誕生したこと．また，倍数体であるため，減数分裂時の染色体対合等の問題が少なく，ゲノム間の組換え等の大きな変異も起こらずに，特性の安定化と固定化が迅速であったこと，② 栽培ラッカセイは自殖性であるため他個体との自然交雑が起こりにくく，栽培ラッカセイが誕生したのは比較的近年で，DNA 変異や組換えの蓄積があまり起こらなかったこと等が考えられるとした．また，幾つかの研究[3,6,2]から，1～2 の主働遺伝子と少数の修飾遺伝子の変異が，劇的な形態変化を招く場合のあることが知られている．栽培ラッカセイにおいても，DNA の大きな配列変異を起こすことなく，形態等の表現形質が変化して品種群分化が起こった可能性が高いと推察される[4]．

一方，近年になって DNA 分析法の進歩や分析対象の拡大により，DNA 多型が検出できたとする報告[5,17]がなされるようになった．RAPD 分析に加えて ISSR[17] や DAF[5] 等の分析も行われており，DNA 多型に基づき栽培種の分類を行ったところ[17]，2 亜種 6 変種の分類となり，形態形質等による系統分類と整合性のある結果が得られたとしている．また，野生種も含めたクラスター分析を行い，系統図を作成した結果，*A. villosa* と *A. ipaensis* が栽培種に最も近縁で，祖先 2 倍体種と推定され，新知見が得られた．手法の改良等で DNA 多型が検出できるようになったのは朗報であるが，栽培種や野生種の分類方法が，研究者により多少異なっている等の問題もある．その点も含めての総合的な検討が，DNA 多型分析による系統分類において必要と考えられる．

一方，ラッカセイの 2 倍体野生種では，いずれの研究者も幅の広い DNA 多型を認めている[8,4]．近年アメリカでは，栽培ラッカセイの遺伝的多様性の狭小さや病害虫抵抗性遺伝子の少なさが懸念されている．2 倍体野生種からの遺伝子導入によって，栽培ラッカセイにおける遺伝的基盤の多様化と強化を目指した研究が実施され，耐病性育種等で成功例[14]が見られる．わが国においても，優良品種の育成親は狭い遺伝子プール内に限られがちで，アメリカ同様に野生種を使った多様性の確保と利用が必要である．DNA 多型に関連した研究は我が国ではあまり行われていないが，分子マーカーや手法を変えて検討を行うとともに，野生種遺伝子導入時の検定手法として利用するために，DNA 分析手法等の検討が望まれる．

生化学的分類に関連しては，アイソザイムにおける多型も検討された．亜種 *hypogaea* と亜種 *fas-*

*tigiata* では 11 種類のアイソザイム中，2 種類でバンドのパターンが異なっており，亜種間レベルでは形態等による分類と結果が一致した．亜種 *fastigiata* では，変種間でも多型を比較したが，変種 *fastigiata* と変種 *vulgaris* では差が認められず，変種レベルでは形態等による分類とは一致しなかった[11]．また，17 種類のアイソザイムについて，栽培種と野生種とのバンドの比較を行ったが，それによる祖先種の推定はできなかった[20]．

### 4） 栽培の歴史と伝播

*Arachis* 属の野生種には，各胚珠の間で子房柄が伸びる性質を持ち，1 粒莢が連なった形態で地下結実するものがある．このような種では，子房柄がもろくて容易に脱落するため，1 粒莢として遺物になりやすい．紀元前 1500 年頃のペルーの古代農耕遺跡で発掘物から 1 粒莢の莢果が見いだされており，食用されていたと推定されるが，これらは野生種に近いものだったと思われる．その後，現在の 2～多粒莢の栽培種が栽培されるようになり，メキシコでは紀元前 500 年頃の遺跡でこれらが発見され，比較的古い時代に南米や中米で栽培種が広まったと考えられる．

それ以外の地域には，新大陸発見以降に栽培種が伝播した．ポルトガル人により 16 世紀にはブラジルから西アフリカ，インド南東部および東アジア地域に，2 粒莢品種が伝播された．一方，スペイン人は 16 世紀初頭に変種 *hirsuta*（ペルータイプ）品種を，南アメリカ西海岸から北太平洋を経由してインドネシアと中国に伝えた．また，16 世紀中頃にはアフリカ，カリブ諸島，中央アメリカおよびメキシコから，各々のルートで栽培種が北アメリカに伝播した．

アフリカへは貿易船や奴隷船に積み込まれてラッカセイが伝搬したが，船上の食料や，タンパク質等の栄養不足に悩んでいた現地住民の食料として受け入れられ，重要な地位を占めるようになった．その結果，多様な品種の栽培と利用が行われ，自然交雑や淘汰も生じて，アフリカが品種群分化の三次中心地となった．また，アジアでも，ラッカセイは食用油，ソース，シチュー，フリッター等として利用され，栄養性の高さや栽培の容易さから，重要な食料となっている地域が多い．ラッカセイは，亜種間で適地が異なり，熱帯～亜熱帯地域では亜種 *fastigiata*，暖地では亜種 *fastigiata* と亜種 *hypogaea*，温暖地では亜種 *hypogaea* が主に栽培されている．暖地や温暖地では，亜種間交雑種の利用も見られる．

ラッカセイは，わが国には最初に沖縄へ伝搬され，本土へは中国を通って江戸時代に導入された．長崎では中国料理用に多少栽培されたとされるが，本格的に栽培されるようになったのは明治に入ってからである．1871 年および 1873 年に神奈川県の寺坂氏と二見氏が中国産の種子を導入し，栽培したのが最初で，1874 年には政府がアメリカ合衆国より種子を導入し，各地に栽培を奨励した．千葉県では 1876 年に牧野氏が神奈川県から取り寄せた種子で栽培を始め，翌年には県として栽培を奨励し，匝瑳郡の金谷氏等の努力で栽培が定着することになった．

### 5） わが国における品種の変遷[15]

導入初期にわが国で栽培されたのは，晩生で伏性の変種 *hypogaea*（バージニアタイプ）大粒種で，明治後期から大正末期までは輸出向きのラクダ種と呼ばれる極大粒種も栽培された．また大粒で立性の変種 *hypogaea*（バージニアタイプ）や小粒で立性の変種 *vulgaris*（スパニッシュタイプ）も栽培された．主な用途は製菓・嗜好品用であったが，小粒種は製油原料としても用いられた．

大正末期には，中国青島産のラッカセイが大量に輸入され，国内生産が圧迫され始めたため，栽培法の研究とともに優良品種の育成が開始され，純系分離法で千葉県で千葉 43 号，千葉 55 号，千葉 74 号が，神奈川県で立落花生 1 号，立ラクダ 1 号が育成され，大粒の優良品種として普及した．第

二次大戦中はラッカセイの栽培が作物統制令により抑制されたが，戦後復活し，昭和30年代後半（1960～1964年）には戦前を上回る面積・生産量となった．青森県のように新たに栽培を始めた地域や，九州南部のように育成品種を使った新作付体系でラッカセイを増産する地域が出現した．

ラッカセイでは栽培のしやすさ，小型機械化体系の確立，労働生産性の高さ等が評価されたが，千葉半立を始めとした新品種の評価や期待も高く，戦後しばらくは主産県で独自に育種を行うところも出た．国では昭和22年（1947年）に農林省鈴鹿農事改良実験所で育種を開始し，その後三重県，千葉県，熊本県の各農業試験場で育種指定試験として引き継がれて，品種育成が行われた．

日本では，大粒品種の作付面積が多く，優良な大粒品種の育成が主要な育種目標となってきた．現在，国内で組織的な育種を行っているのは，千葉県の指定試験地のみだが，その特徴としては前述のように亜種 *hypogaea*（変種 *hypogaea*）と亜種 *fastigiata*（変種 *vulgaris*）間で直接・間接的に交雑を行い，両亜種の優れた特性を取り入れた大粒の亜種間交雑品種を育成していることがあげられる．指定試験地で育成した14品種の内，早生のワセダイリュウ他4品種，中生のサチホマレ他4品種，晩生のダイチ1品種が該当し，産地に広く普及している．

### 6) 遺伝資源の収集・評価・保存

ラッカセイについて，探索や分譲依頼等による国内外の遺伝資源の収集は，農業生物資源研究所，中央農業総合研究センター等が中心となり，育種指定試験地（千葉県農業総合研究センター・育種研究所・畑作物育種研究室落花生試験地）が協力して行っている．また，公立機関や民間の協力者による導入もなされている．これらの分野の実施状況は次のとおりである．

### (1) 収 集

原産地の南米を始めとして，主要な生産地域から様々なルートで遺伝資源が収集され，栽培種約1500品種と野生種約30種が国内で保存されている．栽培種については各品種群が収集され，多様性は確保されているが，海外の主要な遺伝資源収集・保存機関と比べると[21]，点数ではまだ見劣りする．多収・耐病虫性や高機能性，莢実の形状特異性等を中心に，今後も収集を継続する必要がある．遺伝資源の収集と評価はアメリカ合衆国の各研究機関やICRISAT（国際半乾燥亜熱帯農業研究所）等の国際研究機関で進んでおり，評価情報をもとに種子交換等で導入できた品種には，交雑親として優れた特性を発揮したものが多く，遺伝資源の入手先としては非常に有望である．原産地では野生種も含め遺伝資源の減少が懸念されているが，Stalkerら[21]によって収集を行う場合の9ヵ所の優先地域と種類が示されており，これらを考慮した探索が今後実施されるものと思われる．

### (2) 評 価

特性評価は形態，生理生態および成分的形質について行われているが，その項目と方法は，各国の育種目標に応じて異なっている．海外では，搾油用，ピーナッツバター用および調理用素材が主要な育種目標で，子実成分の種類と含有量が評価されるが，日本では煎莢，煎豆およびゆで豆といった用途が多く，莢実の外観品質と素材そのものの食味が評価対象となる．

一方，栽培特性については，耐病虫性，成熟期の早晩性および種子の休眠性等，他国と共通する評価項目が多いが，日本独自のものとして草型や草勢の評価がある．アメリカ合衆国等では大型機械による栽培体系化が進んでおり，草型や草勢が作業性に及ぼす影響は小さくて様々な品種が利用されている．しかし，日本では小型機械が使われており，作業性の悪い伏性品種や草勢が強く倒伏しやすい品種は嫌われる傾向にある．草型は中間型または立性で草勢が中以下の品種についての育成が望まれ，遺伝資源の良否評価もこれらに基づき行われている．なお，子実成分等の品質評価については，第3章の「高品質化と用途拡大」の項を参照いただきたい．

## （3）保存

　ラッカセイの子実は劣化しやすく，種子の長期保存は比較的難しい部類に入る．育種指定試験地では，乾燥剤を封入した小型容器を用い，5℃での冷蔵保存を行っているが，品種によっては発芽困難な場合がある．影響する要因としては，休眠の問題があり，種皮剥皮やエチレン処理（エスレル500 ppm 15分浸漬処理）が効果を上げる場合がある．その場合催芽処理温度は28～30℃の高めのほうが良い場合が多い．しかし，ほとんど反応せず低い発芽率しか得られない場合もあり，原因は明らかになっていない．それらの品種を保存するためには，冷蔵することなく，原則的に毎年できるだけ多くの種子を播き採種する必要がある．

　野生種については，冬期でも最低気温が10℃以上を保てるようにした温室でポット栽培して維持・保存を行う．温室で発生しやすいコナジラミ類，アブラムシ類等の虫害対策や，連作するポットでは土壌病害の対策が必要となってくる．

（曽良　久男）

## 引用文献

1) Bianchi-Hall, C. M., R. D. Keys, H. T. Stalker and J. P. Murphi. Diversity of seed storage proteins in wild peanut (*Arachis species*). Plant Syst. Evol., 186, 1-15 (1993)

2) Doebley, J. F. and J. F. Wendel. "Application of RFLP's to plant systematics". Current communications in molecular biology-development and application of molecular markers to problems in plant genetics. Helentjaris, T. and B. Burr. Cold Spring Harbor Laboratory, eds. New York. Cold Spribg Harbor, 57-68 (1989)

3) Gottlieb, L. D. Electrophoretic evidence and plant populations. Prog. Phytochem. 7, 1-46 (1981)

4) Halward, T. M., H. T. Stalker, E. A. LaRue and G. Kochert. Genetic variation detectable with molecular markers among unadapted germ-plasm resources of cultivated peanut and related wild species. Genome, 34, 1013-1020 (1991)

5) He, G. and C. S. Prakash. Identification of polymorphic DNA markers in cultivated peanut (*Arachis hypogaea* L.). Euphytica, 97, 143-149 (1997)

6) Hilu, K. W. The role of single gene mutations in the evolution of flowering plants. Evol. Biol. 16, 97-128 (1983)

7) 曽良久男・鈴木一男. 葉形判別による落花生の品種群分類と交雑育種における利用. 育雑, 45 (別2), 161 (1995)

8) Kochert, G., T. Halward, W. D. Branch and C. E. Simpson. RELP variability in peanut (*Arachis hypogaea* L.) cultivars and wild species. Theor. Appl. Genet., 81, 565-570 (1991)

9) Kochert, G., H. M. Stalker, M. Gimenes, L. Galgaro, C. R. Lopes and K. Moore. RELP and cyto-genetics evidence on the origin and evolution of allotetraploid domesticated peanut, *Arachis hypogaea* (Leguminosae). Am. J. Bot., 83, 1282-1291 (1996)

10) Lanham, P. G., B. P. Foster, P. McNicol, J. P. Moss and W. Powell. Seed storage protein variation in *Arachis* species. Genome, 37, 487-496 (1994)

11) Lu, J. and B. Pickersgill. Isozyme variation and species reationships in peanut and its wild relatives (*Arachis* L.-Leguminosae). Theor. Appl. Genet., 85, 550-560 (1993)

12) 前田和美. 落花生における, 不稔雄ずい発生数の変異と, その品種分類学的意義について. 日作紀, 33, 94-104 (1964)

13) 前田和美．ラッカセイ花器の形態的特性とその品種の系統分類への応用に関する作物形態学的研究．高知大学紀要, 23, 1-53 (1973)
14) Magbunua, Z. V., H. D. Wilde and W. A. Parrott. Field resistance to Tomato spotted virus in transgenic peanut (*Arachis hypogaea* L.) expressing an antisense nuclecapsid gene sequence. Molecular Breeding, 6, 227-236 (2000)
15) 中西建夫．"ラッカセイの育種 第1章 歴史と現状"．わが国におけるマメ類の育種．明文書房, 467-477 (1987)
16) Paik-Ro, O. G., R. L. Smith and D. T. Knaft. Restriction fragment length polymorphism evaluation of six peanut species within the Arachis section. Theor. Appl. Genet., 84, 201-208 (1992)
17) Raina, S. N., V. Rani, T. Kojima, Y. Ogihara, K. P. Singh and R. M. Devarumath. RAPD and ISSR fingerprints as useful genetic markers for analysis of genetic diversity, varietal identification, and phylogenetic relationships in peanut (*Arachis hypogaea*) cultivars and wild species. Genome, 44, 763-772 (2001)
18) Singh, A. K. Utilization of wild relatives in the genetic improvement of *Arachis hypogaea* L. 8. Synthetic amphidiploids and their importance in interspecific breeding. Theor. Appl. Genet., 72, 433-439 (1986)
19) Singh, A. K. "Groundnut *Arachis hypogaea* (Leguminosae-Papilionatae)". Evolution of Crop Plants (2 nd ed.). Smart, j. and N. W. Simmonds., eds. London and New York, Longman Sientific & Technical, 151-154 (1995)
20) Stalker, H. T., T. D. Phillips, J. P. Murphy and T. M. Jones. Variation of isozyme patterns among *Arachis* species. Theor. Appl. Genet., 87, 746-755 (1994)
21) Stalker, H. T. and C. E. Simpson. "Germplasm resources in *Arachis*". Advances in peanut science. Harold, E. K. and H. T. Stalker., eds. Oklahoma, Amer. Peanut Res. Educ. Assoc., Inc., 14-53 (1995)
22) 高橋芳雄・屋敷隆士．ラッカセイの結果枝について－定義及び生態・形態的特徴－．日作紀, 51 (別1), 135-136 (1982)
23) 高橋芳雄・岩田義治・鈴木一男．ラッカセイにおける生殖枝の特異性について－特にスパニッシュ・バレンシア type 品種の開花中期以降に注目して－．日作紀, 64 (別1), 36-37 (1995)

# 第2章 分子育種・バイテク

## はじめに

　日本の食用マメ類についての分子レベルの研究で特に注目されるのは，種子タンパク質および耐虫性物質に関するものである．種子タンパク質遺伝子の構造と発現制御機構，11Sグロブリンの成熟化酵素の同定・単離，塩基性7Sグロブリンの構造と機能，貯蔵タンパク質の構造・機能特性相関とタンパク質工学に基づく機能特性の改良，マメゾウムシ類に対する新規耐虫性物質の同定などである．これらのうち種子タンパク質遺伝子の発現制御機構に関しては日本における研究を含めたレビューを南川隆雄氏にお願いした．内海成氏にはタンパク質工学に基づくマメ類種子タンパク質の加工特性の改良と題してこの分野で先端的なご自身の研究をまとめていただいた．また石本政男氏にはマメゾウムシ類に対する耐虫性物質について最近の世界に先駆けたご本人の研究を含めて書いていただいた．11Sグロブリンの成熟化酵素[1]や塩基性7Sグロブリンに関する研究[2]は極めてユニークなものであるが，紙面の都合で割愛させていただいた．最近佐賀大学で作出されたダイズの脂肪酸組成の変異体に基づき，新規な不飽和酵素遺伝子の単離などの研究[3]が行われている．これも今後注目されるものに進展していくものと思われる．

　マメ類の形質転換技術は分子育種のために最も重要なものであると同時に分子遺伝学などの基礎研究にも必須の技術である．マメ類ではまだ一般には組換え体を効率よく得ることが困難であるが，ダイズを中心に形質転換技術の現状，将来展望について大坪憲弘氏と高野哲夫氏にまとめていただいた．

　ダイズゲノムは比較的サイズが大きく，構造が複雑なため，ゲノム研究の基盤となる分子連鎖地図の作製が遅れていた．最近染色体数（n＝20）に一致する多数のcDNAマーカーを位置づけた分子連鎖地図がわが国で作製されたので，この研究を含めてダイズのゲノム研究の現状について原田と山中直樹氏がレビューを行った．わが国ではアズキ，リョクトウやモデル植物であるミヤコグサのゲノム研究も進められているが今回は紙面の都合で割愛させていただいた．

（原田　久也）

### 引用文献

1) Muramatsu, M. and Fukazawa, C. Eur. J. Biochem., 215, 123-132 (1993)
2) 平野　久．蛋白質核酸酵素, 43, 27-39 (1998)
3) 穴井豊昭 他．育種学研究, 3（別1）, 54 (2001)

## 1. マメ類種子タンパク質の発現制御機構

　この節ではマメ類種子タンパク質遺伝子の発現制御にかかわる配列およびそれと相互作用するトランス因子についての研究成果をまとめる．種子タンパク質の発現制御にかかわる生理的側面，すなわちアブシジン酸の作用や浸透要因，硫黄などの栄養条件の影響についての研究紹介は別の機会に譲りたい．

　表2-1-1には以下の説明の便宜のために，溶解性にもとづくT. B. Osborneの分類に従いマメ類種子タンパク質のポリペプチド構成をまとめた．マメ類種子タンパク質の主成分はグロブリンであ

り,食用マメ類種子タンパク質全体の70％前後を占める[4].これに加えてマメ類には特徴のある種子レクチンを含むものも多い.残りの大部分はアルブミンである.Osborneはエンドウなどのマメ類種子グロブリンが沈降度によって主要2成分に分かれることを認め,エンドウの2成分をビシリンおよびレグミンと名づけた.ビシリン成分が7Sグロブリン（7〜8S）に,レグミン成分が11Sグロブリン（11〜13S）に相当する.7S,11Sグロブリンはそれぞれアミノ酸構成にいくらかの差異のある不均質なポリペプチドからなっているが,種間における保存性は高い.

表2-1-1 主なマメ類種子タンパク質の構成

| タンパク質 | ポリペプチド構成と分子質量 (kDa) | |
|---|---|---|
| 11Sグロブリン | | |
| 　レグミン（エンドウ） | A鎖 〜40 | |
| | B鎖 〜20 | |
| 　レグミン（ソラマメ） | A鎖 36 | |
| | B鎖 20 | |
| 　グリシニン | A鎖 37 | |
| | B鎖 22 | |
| 7Sグロブリン | | |
| 　ビシリン（エンドウ） | 50, 47, (33, 19, 16など) | |
| 　コンビシリン（エンドウ） | 〜70 | |
| 　ビシリン（ソラマメ） | 50, 70 | |
| 　β-コングリシニン（ダイズ） | α' | 76 |
| | α | 72 |
| | β | 53 |
| 　ファゼオリン（インゲンマメ） | α | 51〜53 |
| | β | 47〜48 |
| | γ | 43〜46 |
| 　カナバリン（ナタマメ） | 48, (24) | |
| 種子レクチン | | |
| 　コンカナバリンA (Con A)（ナタマメ） | 30, (21, 17, 14, 11) | |
| 　フィトヘマグルチニン（インゲンマメ） | E | 28 |
| | L | 27 |
| 　レクチン（ダイズ） | 27 | |
| 　レクチン（エンドウ） | α | 17 |
| | β | 6 |

表2-1-2 マメ類種子タンパク質遺伝子の制御配列

| 配列モチーフ | 遺伝子 | 制御機能 | トランス作用因子 | 文献 |
|---|---|---|---|---|
| RYリピート | ソラマメレグミン,グリシニン | 種子での発現増強 | − | 1, 2, 31 |
| | β-コングリシニン | 種子での発現増強 | SEF3, SEF4 | 10, 11, 32 |
| | カナバリン,ConA | 種子での発現増強 | − | 47 |
| | β-ファゼオリン,フィトヘマグルチニン | 種子成熟特異的発現 | PvALF | 5, 6 |
| | ソラマメレグミン | 種子成熟特異的発現 | FUS3 | 34, 37 |
| Gボックス/CANNTG | β-ファゼオリン,フィトヘマグルチニン | 転写活性の制御 | ROM1, ROM2 | 12, 13 |
| | β-ファゼオリン | 種子での発現増強/制御 | PG1 (bHLH) | 25, 27 |
| | カナバリン,ConA | 種子での発現増強 | − | 47 |
| CCCACCTC | β-コングリシニン | 種子での発現増強 | − | 33 |
| | カナバリン | 種子での発現増強 | − | 47, 48 |
| TAATAATTT | グリシニン,ソラマメレグミン,エンドウレグミン | 種子での発現増強 | − | 21, 22 |
| ATGAGTCAT | エンドウレクチン | 種子成熟特異的発現 | (bZIP) | 14, 15 |
| A/Tに富む配列 | ダイズレクチン,フィトヘマグルチニンなど | 発現増強 | − | 24, 38 |
| | カナバリン,ConA | 発現増強 | (HMG) | 46, 47, 49 |

1) RYリピート

マメ類の11Sグロブリン遺伝子5'-上流域には28 bpの保存配列レグミンボックスが存在する．この配列のコアモチーフがRYリピート（CATGCAT/A）である[16]（表2-1-2）．このモチーフは種子タンパク質遺伝子5'-上流域にはかなり普遍的に見いだされる．グリシニン[31]，β-コングリシニン[10,11]，ソラマメのレグミン[1,2]，カナバリンおよびコンカナバリンA（Con A）[47]では，プロモーター領域にあるこのモチーフを欠失させると形質転換タバコの系で発現量が著しく低下する．比較的初期に報告されたβ-コングリシニンαサブユニットのプロモーター解析によると[11]，この遺伝子の種子特異的発現には-257/-79の領域が必要であるが，-257より下流域に二つのRYリピート（CATGCATとCATGCAC）が見いだされている．そして-257/-79プロモーター領域にin vitroで結合する核タンパク質として'ダイズ胚因子'SEF3とSEF4が検出され，これらの結合タンパク質はα'およびβサブユニット遺伝子の発現パターンと密接に関連した消長を示した[32]．これらのことから，β-コングリシニン遺伝子の種子特異的発現には，RYリピートは他のシス配列要素と協調して不可欠な役割を演じていると結論された[17]．

RYリピート結合タンパク質の一つにPvALFがある．このタンパク質はアラビドプシスのABI3やトウモロコシのVP1と同様に胚発達・成熟にかかわる転写因子としてインゲンマメからクローン化された．PvALFはフィトヘマグルチニン（DLEC2）とβ-ファゼオリン（PHSβ）のプロモーター領域に含まれる複数のRYリピートに結合し，これらの遺伝子の種子特異的発現を制御する[5,6]．RYリピートの一つRY3は，その3'側近傍にあるCCACモチーフと連係してPvALFによる転写活性化を増強する．また，PvALFに競合する転写因子としてROM1とROM2が得られている[12,13]．これらはともにbZIPタンパク質で，ROM1はDLEC2とPHSβのプロモーターのハイブリッドGボックス（GCCAC）/Cボックス（GTGAC）を，またROM2はACGT（Gボックスコア）配列およびACCTコア配列をそれぞれ認識し，PvALFによる転写活性化を抑制する．ROM1 mRNAはDLEC2とPHSβのmRNAが誘導される前の胚に多く，逆にROM2 mRNAは種子成熟が終わろうとする乾燥期に増加する．

ABI3やVP1にアミノ配列が類似し，B3ドメインをもつ転写因子にFUS3がある[3,34]．ソラマメとタバコでのプロモーター変異分析とバンドシフト法での解析では，ABI3とFUS3はそれぞれ独立にRYリピートを標的配列にし，これらの相互作用がレグミンなどの種子成熟特異的な遺伝子発現に必要である[37]．

2) ビシリンボックス

7Sグロブリン遺伝子5'上流域にはコア配列CCCACCTCを含むビシリンボックスが存在する[7]．β-コングリシニンの発現にはRYリピート（-246）に加えて，このボックスを含む領域の不可欠な役割が示唆されている[33]．すなわち，タバコでの変異分析によると，β-コングリシニンαサブユニットの種子特異的発現には-77/-140の領域が必要であるが，この領域内にビシリンボックス保存配列とSEF4結合配列が含まれる．この領域のエンハンサー活性はRYリピート（-246）によってさらに高められる．カナバリン遺伝子の場合も，ビシリンボックスを含む-133/-88の領域を削ると発現量が20％以下に低下するので，このボックスが正の制御に関与していることがわかる[47,48]．

なお，ダイズでは単一の劣性遺伝子に支配されるβ-コングリシニン欠失変異が得られているが[28]，変異ダイズでのβ-コングリシニン遺伝子の5'上流域は正常のプロモーター活性を示し，そ

こに結合するタンパク質SEF1～4もバンドシフト法によって検出される[20]. それゆえ, $\beta$-コングリシニン欠失ダイズではクロマチン構成に機能上の欠陥があるとみられる.

ブラジルナッツ2Sアルブミンでは, タバコでの種子特異的発現にかかわる三つの配列, すなわちACGTを含む二つの配列 (TCCACGTCGAとTCCACGTACT) に加えてビシリンコア配列 (GCCACCTCAT) もopaque2 (O2) bZIPタンパク質によって認識される[42]. O2は, DNAに結合する塩基性ドメインと二量体形成にかかわるleucine zipperをもつbZIP転写因子である[29,40]. マメ類種子タンパク質遺伝子のビシリンボックスに関しては, この結合タンパク質の役割はまだ確認されていない.

### 3) Gボックス/CANNTGモチーフとbHLHタンパク質

$\beta$-ファゼオリンプロモーターにはタバコでの種子特異的発現にかかわる数種の正および負の制御配列が知られている[8,9]. プロモーター欠失分析などによると, このうち発現時期と組織特異性を支配する主要な正の制御配列は$-295/-107$の領域に存在する[25]. この領域から5'側の68 bp ($-295/-227$) を除くと, ファゼオリンmRNAレベルは1/8に減少する. この68 bpの中間あたり ($-248/-243$) にGボックスモチーフ (CACGTG) が含まれる. Gボックスモチーフを削除すると$-295$プロモーターの活性は1/4にまで低下する. $-295$プロモーター領域にはGボックスに加えて, Eボックスと名づけられた二つの配列CACCTG ($-163/-158$) とCATATG ($-100/-95$) も含まれ, これらはそれぞれ正および負の発現制御にかかわっている. 欠失変異分析によると, GボックスとCACCTG配列は相乗的な役割を演じているとみられる[27]. これら三つのコンセンサスCANNTGモチーフは, C末端側に塩基性領域とhelix-loop-helixドメインをもつ哺乳類のbHLHタンパク質および酵母の転写因子によって認識される共通配列として知られるようになった[35]. CANNTGモチーフはカナバリンおよびCon Aの遺伝子5'上流域にもそれぞれ三つおよび二つ存在し, タバコでの欠失変異を導入した実験では, これらはいずれも正の制御配列であることが示されている[47].

$\beta$-ファゼオリンプロモーターのGボックスに結合するトランス作用因子として, PG1タンパク質がクローン化されている[26]. PG1はbHLHタンパク質である. PG1のGボックス結合特異性は高く, 二つのEボックス (CACCTGとCATATG) には結合しない.

### 4) TAATAATTTモチーフ

上述のようにRYリピートはレグミンその他の種子タンパク質遺伝子の発現に重要な配列であるが, グリシニン遺伝子にはこのモチーフのほかに転写量を支配するシス配列が見つかっている. グリシニン$A_2B_{1a}$遺伝子 ($Gy2$) の欠失変異の解析では, 発現量を支配する領域は$-657/-327$にあり, しかもこの領域内に9 bpの核タンパク質結合配列TAATAATTTが存在する[21]. 塩基置換実験の結果, 核タンパク質は単にランダムなA/Tに富む配列を認識するのではなく, 特定の配列を認識すると考えられた. グリシニンボックスと名づけられたこの結合配列は$-657/-327$領域内に四つ存在し, そのコンセンサスモチーフはATA/TATTTCN-/CTAである[22]. 結合タンパク質はグリシニンmRNA合成の盛んな登熟種子子葉でのみ検出される. 他のグリシニン遺伝子やエンドウおよびソラマメのレグミン遺伝子の相当位置にもグリシニンボックスは存在しているので[22], この配列はマメ類種子タンパク質遺伝子の種子成熟特異的発現にかかわる核タンパク質の標的となる保存配列と考えられる.

## 5) bZIP 結合配列 ATGAGTCAT

形質変換タバコでのエンドウレクチン（PSL）の種子成熟特異的な発現に必要な領域としてプロモーター内の 22 bp の配列（-56/-35）が特定されている[15]．この配列 GACACGTAGAATGAGT-CATCAC には植物の bZIP 転写因子の標的になる ACGT コアモチーフが含まれることから[39,42]，O2 とタバコ転写因子 TGA1a を用いてフットプリント法などで調べた結果，これらのタンパク質の結合配列として ATGAGTCAT が同定された[14]．この範囲（-45/-36）には三つの（うち二つはアンチセンス鎖に）TGAC 様モチーフ[23]が含まれる．興味深いことには，PSL プロモーターの場合には O2 と TGA1a は bZIP 結合配列として知られる ACGT コアモチーフには結合しない．とくに O2 では ACGT を欠失させても ATGAGTCAT に強く結合することから，ACGT 配列の関与には否定的である．

## 6) A/T に富む配列と HMG タンパク質

マメ類に限らず多くの種子タンパク質遺伝子の 5'-上流域には A/T に富む配列が見いだされ，この配列の正または負の発現制御に果たす役割が検討されている（表 2-1-2）[24,38]．A/T に富む配列と相互作用する核タンパク質の有力候補は転写活性化にかかわる HMG（high mobility group）タンパク質である．HMG タンパク質は配列の類似性と DNA 結合特性によって，HMG ボックスをもつ HMG-1/2，ヌクレオソーム結合ドメインをもつ HMG-14/17，A/T フックをもつ HMG-I/Y の 3 群に分けられる[18]（これらは近々それぞれ HMG-B, -N, -A と改称される予定）．このうち HMG-14/17 は HMG-I/Y とともにクロマチン繊維の初期の unfolding に関与するとされるが，植物での研究例は少ない．HMG-I/Y は 2 本鎖 DNA の A/T に富む配列に結合し易い[41]．植物 HMG-I/Y タンパク質はダイズ[30]やイネ[36]などからクローンが得られている．これらは互いに 40〜80％の相同性をもち，四つの GRP モチーフ（A/T フック DNA 結合モチーフ）はよく保存されている．最近の報告によると，トウモロコシから精製した HMG-I/Y タンパク質は in vitro でサイクリン依存性キナーゼの 1 種 Cdc2 キナーゼで部分的にリン酸化を受けることによって，γ-ゼインプロモーターに効果的に結合する[51]．

ナタマメの二つの主要タンパク質，カナバリンと ConA の遺伝子 5'-上流域にも複数の A/T に富む配列が存在する．とくにカナバリン遺伝子では -734/-428，ConA 遺伝子では -1016/-602 の領域に集中してこの配列が分布している[47〜50]．このうち後者の配列は，形質変換タバコ植物での欠失実験によって，正の制御に関与していることが裏づけられた[47]．そしてこれらの A/T に富む配列と相互作用する数種の核タンパク質が検出されたが[48]，そのうちの一つと考えられる HMG-Y タンパク質の cDNA が登熟期のナタマメ種子から得られ，2 個の遺伝子も植物では初めて単離された[44]．この cDNA をもとにして組換え HMG-Y タンパク質をつくり，これに対するウサギ抗体を用いて，ナタマメ登熟種子その他の器官から免疫学的に相同なタンパク質が 2 種（24 および 25 kDa）検出されている．さらにバンドシフト法とサウスウエスタン法によって，カナバリンおよび ConA の遺伝子 5'-上流域の A/T に富む配列と組換え HMG-Y タンパク質との特異的な結合が確認された[45]．高レベルの HMG-Y mRNA が登熟中期（開花 30 日目）の種子と発芽 2 日目の子葉に検出される．このことは HMG-Y タンパク質が登熟期の種子タンパク質遺伝子のみではなく，A/T に富む制御配列をもち発芽期に著量に発現する遺伝子（たとえば種子タンパク質分解に働くプロテイナーゼの遺伝子）[50]の転写活性化にも関与することを示している．

他方，HMG-1 やそれに類似のタンパク質も A/T に富む配列を認識することが知られてい

る[18,19]. 植物の HMG-1/2 タンパク質はダイズ[30], ソラマメ[19], エンドウ[43] などでクローン化されている. 脊椎動物の HMG-1/2 が DNA 結合ドメイン HMG ボックスを二つもつのに対して, 植物の HMG-1/2 は HMG ボックスを一つだけもつ. ナタマメ種子からクローン化された HMG-1/2 cDNA は他の植物のものと 50〜60 % の相同性を示し, HMG ボックスを一つ含む. このタンパク質も HMG-Y タンパク質と同様に登熟種子と発芽種子の両方で発現がみられる[46].

(南川 隆雄)

## 引用文献

1) Bäumlein, H. *et al.* Mol. Gen. Genet., 225, 121-128 (1991)
2) Bäumlein, H. *et al.* Plant J., 2, 233-239 (1992)
3) Bäumlein, H. *et al.* Plant J., 6, 379-387 (1994)
4) Bewley, J.D. and M. Black. Seeds. Physiology of Development and Germination. 2nd ed. Plenum Press, New York, 1-33 (1994)
5) Bobb, A. J. *et al.* Nucl. Acids Res., 25, 641-647 (1997)
6) Bobb, A. J. *et al.* Plant J., 8, 331-343 (1995)
7) Bown, D. *et al.* Biochem. J., 251, 717-726 (1988)
8) Burow, M. D. *et al.* Plant J., 2, 537-548 (1992)
9) Bustos, M. M. *et al.* EMBO J., 10, 1469-1479 (1991)
10) Chamberland, S. *et al.* Plant Mol. Biol., 19, 937-949 (1992)
11) Chen, Z.-L. *et al.* EMBO J., 7, 297-302 (1988)
12) Chern, M. S. *et al.* Plant Cell, 8, 305-321 (1996)
13) Chern, M. S. *et al.* Plant J., 10, 135-148 (1996)
14) de Pater, S. *et al.* Plant J., 6, 133-140 (1994)
15) de Pater, S. *et al.* Plant Cell, 5, 877-886 (1993)
16) Dickinson, C. D. *et al.* Nucl. Acids Res., 16, 371 (1988)
17) Fujiwara, T. and B. N. Beachy. Plant Mol. Biol., 24, 261-272 (1994)
18) Grasser, K. D. Plant J., 7, 185-192 (1995)
19) Grasser, K. D. *et al.* Plant Mol. Biol., 23, 619-625 (1993)
20) Hayashi, M. *et al.* Mol. Gen. Genet., 258, 208-214 (1998)
21) Itoh Y. *et al.* Plant Mol. Biol., 21, 973-984 (1993)
22) Itoh, Y. *et al.* Mol. Gen. Genet., 243, 353-357 (1994)
23) Izawa, T. *et al.* J. Mol. Biol., 230, 1131-1144 (1993)
24) Jofuku, K. D. *et al.* Nature, 328, 734-737 (1987)
25) Kawagoe, Y. and N. Murai. Plant J., 2, 927-936 (1992)
26) Kawagoe, Y. and N. Murai. Plant Sci., 116, 47-57 (1996)
27) Kawagoe, Y. *et al.* Plant J., 5, 885-890 (1994)
28) Kitagawa, S. *et al.* Jpn. J. Breed., 41, 460-461 (1991)
29) Landschulz, W. H. *et al.* Science, 240, 1759-1764 (1988)
30) Laux, T. *et al.* Nucl. Acids Res., 19, 4768 (1991)
31) Lelievre, J. M. *et al.* Plant Physiol., 98, 387-391 (1992)
32) Lessard, P. A. *et al.* Plant Mol. Biol., 16, 397-413 (1991)

33) Lessard, P. A. *et al.* Plant Mol. Biol., 22, 873-885 (1993)
34) Luerßen, H. *et al.* Plant J., 15, 755-764 (1998)
35) Lüscher, B. and R. N. Eisenman. Genes Dev., 4, 2025-2035 (1990)
36) Nieto-Sotelo, J. *et al.* Plant Cell, 6, 287-301 (1994)
37) Reidt, W. *et al.* Plant J., 21, 401-408 (2000)
38) Riggs, C. D. *et al.* Plant Cell, 1, 609-621 (1989)
39) Schindler, U. *et al.* Plant Cell, 4, 1309-1319 (1992)
40) Schmidt, R. J. *et al.* Plant Cell, 4, 689-700 (1992)
41) Solomon, M. J. *et al.* Proc. Natl. Acad. Sci. USA, 83, 1276-1280 (1986)
42) Vincentz, M. *et al.* Plant Mol. Biol., 34, 879-889 (1997)
43) Webster, C. I. *et al.* Plant J., 11, 703-715 (1997)
44) Yamamoto, S. and T. Minamikawa. Plant Mol. Biol., 33, 537-544 (1997)
45) Yamamoto, S. and T. Minamikawa. Plant Sci., 124, 165-173 (1997)
46) Yamamoto, S. and T. Minamikawa. Biochim, Biophys, Acta, 1396, 47-50 (1998)
47) Yamamoto, S. *et al.* Plant Mol. Biol., 27, 729-741 (1995)
48) Yamauchi, D. Plant Sci., 126, 163-172 (1997)
49) Yamauchi, D. and T. Minamikawa. FEBS Lett., 1, 127-130 (1990)
50) Yamauchi, D. *et al.* Plant Cell Physiol., 33, 789-797 (1992)
51) Zhao, J. and G. Grafi. J. Biol. Chem., 275, 27494-27499 (2000)

## 2. タンパク質工学に基づくマメ類種子タンパク質の加工特性の改良

### 1) はじめに

21世紀において食糧が不足したときに,その不足が最も深刻になるのはタンパク質であると言われている.マメ類の種子は20～40％のタンパク質を含んでおり,その高度利用を達成することは,将来のタンパク質不足の解決に貢献することになる.

タンパク質を食品素材という観点から見ると,備えることが望ましい性質は,栄養性,加工特性そして健康の維持・増進性である.栄養性は,必須アミノ酸含量と消化性によって決まるが,マメ類タンパク質は一般的に含硫アミノ酸含量が低く,消化性も低い.加工特性とは,豆腐,凍り豆腐やがんもどきなどの伝統的な加工食品,そしてチルド食品やソーセージなどの品質改良材として利用できる特性である.ダイズタンパク質は,マメ類タンパク質の中で優れた加工特性を備えており広く利用されているが,それでも動物性タンパク質に比べると利用度は低く,利用性を拡大するための改良が望まれる.健康の維持・増進性とは,例えばダイズタンパク質に代表される血清コレステロール値低下能やカツオブシ由来の血圧降下ペプチドなどの健康の維持・増進に役立つ性質である.これらの性質を改良することによって,より優れた性質を合わせ持つようにすることができると頭書の目的の達成に寄与することができる.本稿では三つの性質のうち加工特性のタンパク質工学に基づく改良に関して,筆者らが行っているダイズタンパク質に関する研究を主体にして紹介する.

タンパク質の加工特性は,その構造的特徴に基づいて発現される.したがって,タンパク質の加工特性を改良するためには,加工特性がどのような構造に基づいて発現されるのかを理解する必要がある.そこで,ダイズタンパク質の構造,構造・加工特性相関,タンパク質工学による加工特性の

改良，そして将来への展望について順を追って紹介する．

### 2）ダイズタンパク質

ダイズタンパク質は11Sグロブリンであるグリシニンと7Sグロブリンであるβ-コングリシニンを主要成分とし，これらがダイズタンパク質の70〜80％を占めている[10]．品種にもよるが，両グロブリンはほぼ1:1の割合で存在し，ダイズタンパク質の栄養性や利用性を決定している．両グロブリンは，共通祖先に由来しているが[9]，互いに異なる加工特性を持っている[10]．

β-コングリシニンは三量体タンパク質であり，分子量は約18万である[10]．構成サブユニットには α，α'，β の三種があり，ダイズ種子中にはこれらの三種がランダムに組み合わさった十種の分子種が存在している．各サブユニットとも糖タンパク質であり，α と α'には2カ所，β には1カ所に糖鎖が付加されている．β は三種のサブユニット間で保存性の高いコア領域のみから成るが，α と α'はコア領域のN末端側に酸性アミノ酸に富むエクステンション領域を持っている．一次構造の相同性は，コア領域においては α と α'間で約90％，これらと β 間で約75％であり，α と α'のエクステンション領域間では約60％である．

グリシニンは六量体タンパク質であり，分子量は約32万である[10]．糖付加部位を持つサブユニットもあるが，糖鎖は付加されていない[10]．構成サブユニットにはA1aB1b，A1bB2，A2B1a，A3B4，A5A4B3 の五種があり，グループⅠ（A1aB1b，A1bB2，A2B1a）とグループⅡ（A3B4，A5A4B3）に分類される．グリシニンも分子種の多型性を示すが[10]，どの程度の多型性があるのかは不明である．一次構造の相同性は，グループ内で約80％，グループ間で約45％である[10]．

分子種の多型性のために，ダイズ種子から調製した標品からX線解析可能な結晶を調製することが困難であり，長く結晶化の報告はなかった．しかし，筆者らは，サブユニット組成に変異を持つダイズおよび大腸菌発現系を利用することによって多型性の影響を排除した[1]．その結果，変異ダイズからは天然型のグリシニンA3B4六量体と糖鎖付加型の β-コングリシニン β 三量体を得た．一方，大腸菌発現系では，グリシニンのプロ型から成熟型へのプロセシングが起こらないので，プログリシニン A1aB1b および A3B4 の三量体を得，また糖鎖の付加が起こらないので非糖鎖付加型の β-コングリシニン β 三量体を得た．したがって，天然型と組換え型の構造解析を行うと立体構造を多面的に解析できることになる．これらの単一サブユニット分子種の結晶化に成功し，立体構造を

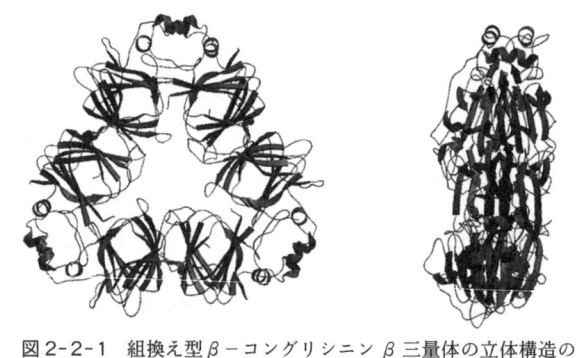

図 2-2-1 組換え型 β-コングリシニン β 三量体の立体構造のリボンモデル図
左図は対称軸に対して垂直な方向から見た図．右図はそれを横から見た図．

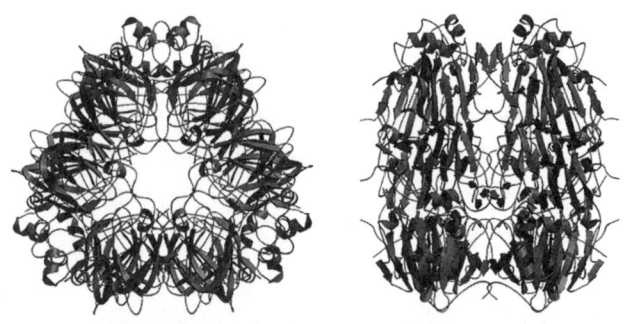

図 2-2-2 天然型グリシニン A3B4 六量体の立体構造のリボンモデル図
左図は対称軸に対して垂直な方向から見た図．右図はそれを横から見た図．

決定した[1,2,8]．図2-2-1に組換え型 $\beta$-コングリシニン $\beta$ 三量体，図2-2-2にグリシニンA3B4六量体の立体構造を示した．$\beta$-コングリシニンと同じ7Sグロブリンに属するインゲンマメのファゼオリン[5]とタチナタマメのカナバリン[4]の立体構造が解明されていたが，$\beta$-コングリシニン $\beta$ はこれらと基本的に同じ構造を持つことが判明した．また，プログリシニン三量体もサブユニットの種類によらず，そして成熟型グリシニン六量体も7Sグロブリンと非常に類似した基本骨格構造を持つことが判明した．すなわち，各サブユニットのN末端側半分子とC末端側半分子が対称的にアレンジされ，中央部に $\beta$-バレル構造を持ち，その両側に $\alpha$-ヘリックスが位置している．この $\alpha$-ヘリックス領域を中心にして，サブユニット間相互作用することによって三量体に分子集合している．これらの解析から $\beta$-コングリシニンの糖鎖は骨格構造に影響しないこと，グリシニンのプロ型から成熟型へのプロセシングは基本骨格に変化を生じないこと，成熟型グリシニンの分子集合状態はトリゴナルアンティプリズム型ではなくトリゴナルプリズム型であることなどが判明した．

### 3）ダイズタンパク質の構造・加工特性相関

加工特性は，溶解性，タンパク質の分子表面の疎水性，親水性の程度とバランス，構造安定性，変性後の疎水領域の露出と同種分子間あるいは異種分子間での相互作用性などによって決まる．$\beta$-コングリシニン，グリシニンとも各構成サブユニットは高い一次構造の相同性を示すが，各サブユニットはこれらの特性において互いに異なっている．例えば，$\beta$-コングリシニンの場合，熱安定性は $\beta > \alpha' > \alpha$，ANSによる表面疎水性は $\alpha' > \alpha > \beta$ であり，コア領域によって決定されている[6,7]．乳化性は $\alpha \geqq \alpha' \gg \beta$，溶解性は $\alpha = \alpha' \gg \beta$ であり，これらに対してはエクステンション領域が重要な役割を担っており，糖鎖も関与している[6,7]．加熱による可溶性会合体形成性は $\alpha = \alpha' \gg \beta$ であり，エクステンション領域の存在が重要であるが，糖鎖は会合体形成を阻害する[7]．一方，グリシニンの場合も，サブユニット種によって加熱ゲル化性への寄与の仕方が異なっているが，この原因はサブユニット種（グループIかII）によって遊離のSH基のトポロジーが異なっていることや構造の安定性が違っていることと推定されている[10]．また，グリシニンではリポフィル化すると乳化性が改善されることから，疎水性度が乳化性と密接に関係していると考えられる[10]．

種々のタンパク質の構造と加工特性の相関が解析されている．それらの結果を総合すると，タンパク質の表面疎水性が乳化性や起泡性と，構造のフレキシビリティーが乳化性，起泡性と，SH基やS-S結合の数が加熱ゲル化性と密接に関係していると言える．また，加熱ゲル化性の場合，タンパク質の変性温度近辺以上の加熱が必要である．したがって，効率的利用という観点からすると，変性温度が低い方が望ましいことになる．

以上のような構造・加工特性相関が，加工特性をタンパク質工学的に改良する方策を示唆してくれる．すなわち，乳化性や起泡性の改良のためには，構造の不安定化や親水性あるいは疎水性の増強，加熱ゲル化性の改良のためには，遊離のSH基のトポロジー変換，S-S結合の導入，構造の不安定化を挙げることができる．

### 4）タンパク質工学に基づく加工特性の改良

$\beta$-コングリシニンは図2-2-1，グリシニンは図2-2-2に示した立体構造を持っている．加工特性を改良するために施した改造の結果，そのような各タンパク質本来の構造形成が損なわれると，せっかくの改造タンパク質が種子中で大量に蓄積することができなくなってしまう．したがって，各タンパク質本来の構造形成が損なわれるような改造を施してはならない．これに対する答えを与

えるのがX線結晶構造解析に基づく立体構造のデータであるが、筆者らがこのような研究を開始したころには、そのようなデータはなかった。しかし、種々の種子の同種タンパク質間で一次構造を比較することにより、保存性の高い領域と低い領域が明らかとなる（図2-2-3A）。保存性の高い領域は構造形成において重要な働きをしていると考えられるので、大きな改造は許容しにくいと考えられる。逆に、保存性の低い可変領域は構造形成において重要な働きをしていないと考えられるので、ある程度の改造は許容しうると考えられる。このような構造的特徴に基づく改良も可能である。

**(1) 構造的特徴に基づく改良**

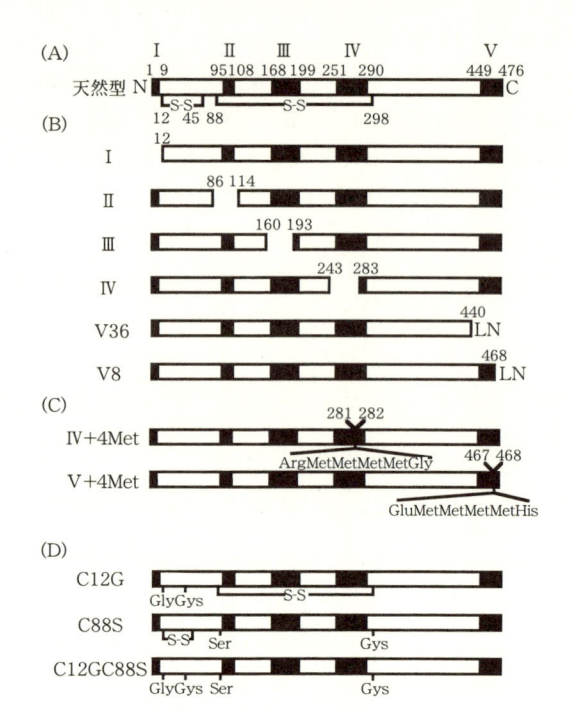

図2-2-3Aに示したように、グリシニンには5カ所の可変領域がある。各可変領域は強い親水性の性質を持っている。したがって、各可変領域を欠失させると疎水性度が高くなるとともに、本来存在している領域が欠失するので構造が不安定化する可能性がある。その結果、乳化性や加熱ゲル化性の改良を期待できる。そこで、各可変領域を欠失した改造型を設計した（図2-2-3B）。

メチオニンは疎水性の性質を持っているので、メチオニンが連続したオリゴペプチドを可変領域に挿入すると疎水性のパッチができ疎水性度が高くなる。しかも、本来親水性である領域に挿入しているので構造が不安定化する可能性がある。したがって、乳化性や加熱ゲル化性の改良を期待できる。そこで、四残基のメチオニンが連続したオリゴペプチドを第IV可変領域に挿入したIV+4Metと第V可変領域に挿入したV+4Metを設計した（図2-2-3C）。

グリシニンの各サブユニットには二個のS-S結合が同定されている。A1aB1bサブユニットではC12-C45とC88-C298である[2,10]。これまでに一次構造の決定された全ての種子の11Sグロブリンが相同の位置にシステインを持っているので、これらのS-S結合は保存されていると考えられる。この他に、もう一つのS-S結合（C271-C278）の存在が推定されるが[10]、証明はされていない。可変領域にあるためにX線解析でも見えない。遊離のSH基はC53とC377に存在する。S-S結合の形成に関与しているシステイン残基を他のアミノ酸残基に置換することによって遊離のSH基のトポロジーを変換できる。また、S-S結合が欠失することにより構造が不安定化すると考えられる。この結果、加熱ゲル化性と乳化性の改良を期待できる。そこで、C12をGlyに置換したC12G、C88をSerに置換したC88S、両者とも置換したC12GC88Sを設計した（図2-2-3D）。

これらの改良が成功したかどうかは、改造グリシニンがグリシニン本来の構造（図2-2-1, 2-2

(A) 天然型、(B) 可変領域を欠失させた改造型、(C) テトラメチオニンを挿入した改造型、(D) S-S結合を欠失させた改造型。□、保存領域；■、可変領域、数字はN端末からの残基数を、ローマ数字は可変領域を示している

図2-2-3 天然型および改造型プログリシニンA1aB1bの模式図

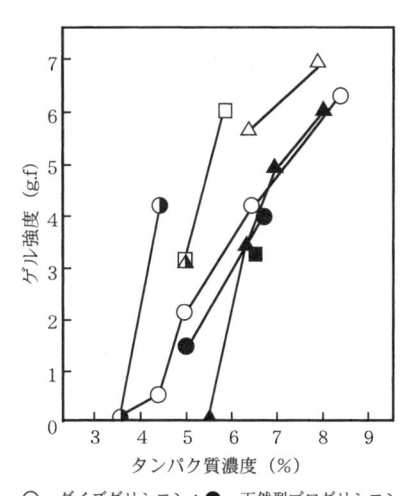

図2-2-4 改造型プログリシニンの加熱ゲルの強度

○, ダイズグリシニン；●, 天然型プログリシニン
□, ΔI；■, ΔV8；△, IV+4Met；▲, V+4Met；
▲, C12G；◐, C88S

表2-2-1 大腸菌で生産した改造プログリシニンの乳化活性

| タンパク質 | 乳化活性* (%) |
|---|---|
| ダイズグリシニン | 100 |
| 天然型プログリシニン | 123 |
| ΔI | 125 |
| ΔV8 | 203 |
| IV + 4 Met | 127 |
| V + 4 Met | 200 |
| C 12 G | 115 |
| C 88 S | 133 |

\* ダイズグリシニンの乳化活性を100として，相対値（%）で示した．

-2)を形成できるかどうか，そして期待どおりの加工特性を示すかどうかにかかっている．これらを解析するためには，植物発現系を利用することが望ましいが，時間と労力を要する．筆者らは，グリシニンcDNAの大腸菌発現系から得られるのはプログリシニンであるが，構造形成能と加工特性の評価に利用できることを確認した[10]．そこで，図2-2-3 B〜Dの改造プログリシニンに対する発現プラスミドを構築し，大腸菌で発現させた．その結果，ΔI，ΔV8，IV + 4 Met，V + 4 Met，C12G，C88S，C12GC88Sは本来の構造形成能を持つことが判明した．これらの加工特性を評価するために，精製を試みたところC12GC88Sはカラム条件下で分解を受け易く精製できなかったが，その他のものは均一に精製できた．これらの改造型プログリシニンの全てが結晶を与えた[10]．このことは構造形成が正しく起こっていることを支持するものである．これらの改造型プログリシニンの加熱ゲル化性（図2-2-4）と乳化性（表2-2-1）を天然型プログリシニンおよびダイズから調製したグリシニンのものと比較した．加熱ゲル化性において，天然型プログリシニンはダイズグリシニンと同程度のゲル強度を与えたが，ΔI，IV + 4 Met，V + 4 Met，C88Sはダイズグリシニンや天然型プログリシニンよりも堅いゲルを与えた．一方，乳化性において，天然型プログリシニンはダイズグリシニンよりも少し優れた性質を示したが，ΔV8とV + 4 Metはさらに優れた性質を示した．すなわち，これらは期待どおりの加工特性を示した．

### (2) 立体構造に基づく改良

筆者らが最近解明したβ-コングリシニンやグリシニンの立体構造のデータに基づくことによって，よりファインな改造が可能である．

グリシニンの場合，立体構造が見えない領域が6カ所ある．それらは図2-2-3 Aの可変領域にほぼ対応しているが，概ね可変領域より狭い．可変領域に対応する5カ所に加えて，見えない領域がもう一つ第IIIと第IV可変領域の間にある．立体構造が見えないということは，これらの領域が分子表面で揺らいでいることを意味している．可変領域はこのような領域であるから改造を許容し易いと言える．

立体構造を解明できたことより，構造形成や構造保持に重要な働きをしている相互作用（塩結合，水素結合，疎水的相互作用）や残基が明らかとなった．これらの相互作用をできなくする，あるいは弱くすることによって構造を不安定化できるが，これを単一アミノ酸の置換で行うことができる．例えば，塩結合を形成しているアミノ酸残基を置換する．バレル構造部やサブユニット間相互作用

部位の疎水性領域に荷電を持つアミノ酸を導入するなどが考えられる．事実，筆者らは，分子内部の塩結合に関与している二つのアミノ酸残基の一つを荷電を持たない残基に置換することによって変性温度が10℃以上低下することを確認している．一方，新しいS-S結合や遊離のSH基を導入することによって加熱ゲル化性の改良を期待できる．筆者らは，新たな遊離のSH基やS-S結合の導入のための変異を行った．そしてタンパク質レベルで実際に導入されていることを確認するとともに，S-S結合が導入されたものでは熱安定性が高くなることも確認した．

　β-コングリシニンはS-S結合を持たないので，新たなSH基やS-S結合の導入は興味深い．構造の不安定化の効果はグリシニンと同様である．一方，糖鎖の付加は溶解性や乳化性の改良に結びつく．これらのための改造も立体構造に基づけば容易である．

### 5）将来への展望

　インゲンマメのファゼオリンやタチナタマメのカナバリンの立体構造は1990年代前半までに解明されていたが，食品素材として最も重要なダイズのタンパク質に関しては筆者らが最近その解明に成功した．しかも，グリシニン型タンパク質は全く初めてのものである．したがって，種子タンパク質の立体構造に基づく加工特性の改良に関する研究はまだ緒についたばかりである．しかし，上述のように理論的かつ任意の改造が可能であるので，今後大きく進展すると考えられる．

　しかし，現在までの構造・加工特性相関に関する情報に基づいて施した改造の場合，期待どおりの性質を示すものもあるが，そうでないものも多くある．このことは，構造の不安定性の要因や疎水性度の領域などが加工特性の発現に影響すること，すなわち画一的ではないことを意味している．したがって，より理論的な改良のためには，構造・加工特性相関の分子レベルでの知見を個々のタンパク質について蓄積する必要があると言える．このためにも立体構造のデータとタンパク質工学は重要な情報と手段である．

（内海　成）

### 引用文献

1) 安達基泰ら．食品工業，43 (18), 53-58 (2000)
2) Adachi, M. *et al.* J. Mol. Biol., 305, 291-305 (2001)
3) Gidamis, A. B. *et al.* Biosci. Biotechnol. Biochem., 58, 703-706 (1994)
4) Ko, T. P. *et al.* Acta Crystallog. sect. D, 56, 411-420 (2000)
5) Lawrence, M. C. *et al.* J. Mol. Biol., 238, 748-770 (1994)
6) Maruyama, N. *et al.* Eur. J. Biochem., 258, 854-862 (1998)
7) Maruyama, N. *et al.* J. Agric. Food Chem., 47, 5278-5284 (1999)
8) Maruyama, N. *et al.* Eur. J. Biochem., 268, 3595-3604 (2001)
9) 直井如江・内海　成．化学と生物，39, 212-213 (2001)
10) Utsumi, S. *et al.* Food Proteins and Their Applications. Damodaran, S. and A. Paraf, eds. New York, Marcel Dekker, 257-291 (1997)

## 3. 種子の耐虫性物質とその遺伝子
―マメ類の耐虫性育種への利用―

### 緒言

　植物は昆虫の攻撃に対して無防備なわけではなく，さまざまな防御機構によって昆虫の食害を回避しており，それらの機構を克服した昆虫だけがその植物を食害できる．そのため，植物が有するこのような化学的あるいは物理的な防御機構（＝抵抗性）を解明し，その機構をもたない植物へ導入できれば，新たな虫害抵抗性作物を開発できるものと考えらる．この発想は近年の遺伝子組換え技術の進展により現実のものとなった．1980年代後半に，ササゲとジャガイモのトリプシンインヒビター遺伝子をタバコに導入することにより虫害抵抗性が付与されることが相次いで報告された[5,11]．ここでは，私たちが取り組んでいるマメ科種子作物に見いだされた貯蔵害虫抵抗性の機構解明と植物バイオテクノロジーによる虫害抵抗性作物作出への応用を中心に紹介する．

### 1）インゲンマメに含まれるアズキゾウムシ生育阻害物質の同定と利用

　北海道を除く地域でアズキ（azuki bean : *Vigna angularis*）やササゲ（cowpea : *V. unguiculata*）を栽培し，種子を収穫・保存していると小さな甲虫が出てくることがある．これはアズキゾウムシという貯蔵害虫である．アズキゾウムシを含むマメゾウムシ科の昆虫は世界に約1400種が知られ，これら昆虫の幼虫はその多くがマメ科植物の種子を寄主としている．このうち，マメ科作物の種子を寄主とし，種子を貯蔵する条件下において繁殖可能な種が貯蔵害虫となったと考えられる．名前が似ているコクゾウムシ科の貯蔵害虫は幼虫とともに成虫も種子を食害するが，マメゾウムシ類害虫は幼虫だけが種子を食害する．日本で普通に見られるアズキゾウムシは羽化した後，何も食べることなく，交尾・産卵できるため，少数の昆虫が貯蔵施設へ侵入しただけで，種子の大きな損失や汚染につながる．アズキゾウムシに対する抵抗性はアズキおよびその野生起源種と考えられるヤブツルアズキには見つかっていない．アズキゾウムシ抵抗性アズキが存在しないことも一因となり，アズキの生産は冬季の寒さによりアズキゾウムシが越冬できない北海道が主産地となり，また，他の地域では低温貯蔵やくん蒸によりアズキゾウムシの被害を防いでいる．

#### (1) アズキゾウムシはなぜインゲンマメで育たないか？

　アズキゾウムシとその近縁種でアジアからアフリカにかけて広く分布するヨツモンマメゾウムシは，アズキ，ササゲ，リョクトウなどのササゲ属作物の種子に被害を及ぼす貯蔵害虫である．実験的には，これらの害虫はこれらの種子以外にもダイズ，ソラマメ，エンドウマメなどさまざまなマメ科植物の種子でも生育できる．ところが，アズキに比較的近縁なインゲンマメ（common bean : *Phaseolus vulgaris*）では生育できない．雌成虫はインゲンマメの表面に卵を産みつけ，孵化した幼虫は種子を食べ始めるが，すぐに死んでしまう．今から50年以上前に日本の研究者によって，インゲンマメがこれらの貯蔵害虫に対して生育阻害（抗生）作用を示す物質を含んでいることが示唆され[7]，その後，サポニン，多糖，トリプシンインヒビター，レクチンなどがその候補として挙げられてきたが，どの物質も種子中の濃度では幼虫の生育を完全には阻害しなかった．

　インゲンマメとアズキでは交雑親和性がないため，交配によってこの物質を合成する遺伝子をアズキに導入することはできない．しかし，インゲンマメの生育阻害機構を解明し，その機構を遺伝子組換えによってアズキへ導入することができれば，アズキゾウムシ抵抗性のアズキを開発できる

と考えられる．そこで，インゲンマメ種子に含まれる生育阻害物質の精製を生物検定によって進めた．精製の各段階で得られた画分を凍結乾燥し，アズキ種子粉に一定の割合で混入して，水を加え，マメのように丸めて乾燥した人工マメを作成した．この人工マメでアズキゾウムシを飼育し，生育阻害活性を評価し，精製を進めた．その結果，約10 kDaの分子量を持つ複数のポリペプチドから構成される糖タンパク質が強い生育阻害活性を示すことが分かった．インゲンマメの種子にはトリプシンインヒビターやレクチン等のタンパク質が存在し，アズキゾウムシ生育阻害活性との関連が示唆されていた．しかし，単離されたタンパク質はこれらの活性を示さず，アズキゾウムシ幼虫や哺乳類の α-アミラーゼの活性を阻害する α-アミラーゼインヒビター（αAI）であることがわかった[9]．哺乳類の α-アミラーゼ活性を阻害する物質がインゲンマメ種子中に存在することはすでに1945年に報告され[2]，αAIがインゲンマメの内生アミラーゼの活性を阻害しないことから，何らかの生体防御に関与するものと推測されていたが，昆虫に対する生育阻害作用の報告はこれまでなかった．インゲンマメ種子には0.4～1％の αAIが含まれ，その濃度で αAIを含む人工豆でアズキゾウムシやヨツモンマメゾウムシが生育できないことから，αAIはインゲンマメ種子中で貯蔵害虫に対する防御物質として機能していると考えられる（図2-3-1）[10]．一方，アズキゾウムシに食害されるアズキ，ササゲなどの種子には αAIは含まれていなかった．なお，インゲンマメ以外にもコムギ，オオムギ，ソルガムなどのイネ科植物の種子にも α-アミラーゼインヒビタータンパク質が含まれているが，その構造はインゲンマメのものとは異なっている．

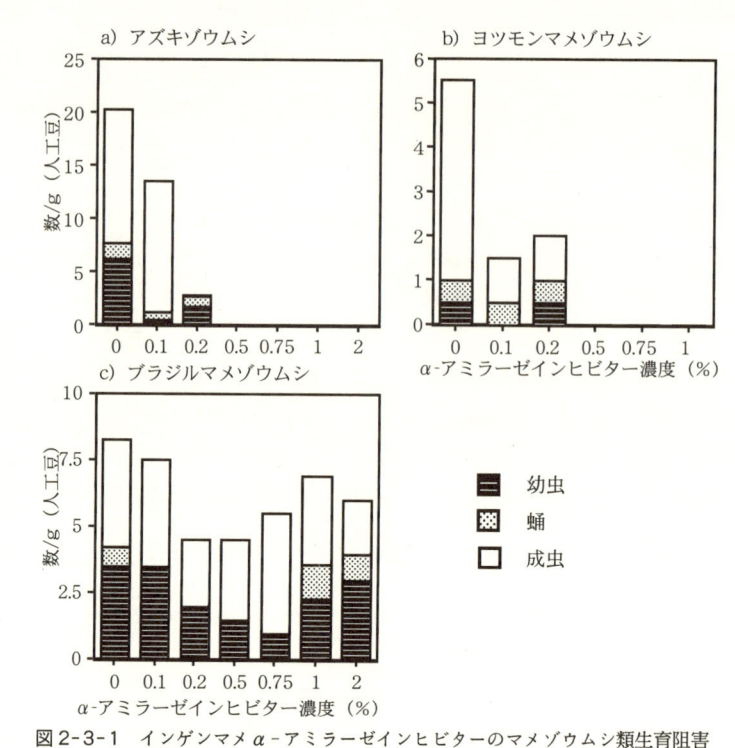

## （2）アズキゾウムシ抵抗性アズキの作出

αAI遺伝子（cDNA）は1982年にアメリカのグループによってすでにクローニングされていた[6,14]．そこで，この遺伝子を種子で特異的に発現するレクチン（PHA-L）遺伝子のプロモーターに接続し，アグロバクテリウム法によりアズキ品種ベニダイナゴンへ導入した[11]．αAIは前駆体ポリペプチドとして合成された後，糖鎖の付加と内部切断を通じて，α，βの2種のサブユニットが会合したヘテロ4量体として成熟する．得られた組換えアズキを解析したところ，成熟した αAIが種子中に蓄積し，インゲンマメと同程度の α-アミラーゼ阻害活性を示した．αAIを蓄積した組換え

図2-3-1 インゲンマメ α-アミラーゼインヒビターのマメゾウムシ類生育阻害活性
アズキゾウムシとヨツモンマメゾウムシについては産卵後30日目（8反復），ブラジルマメゾウムシについては産卵後40日目（4反復）に人工豆を解剖して調査した．人工豆1g当たりの幼虫，蛹，成虫の数で示した．

アズキの種子はアズキゾウムシに対して完全な抵抗性を示し，幼虫は種子に食入した直後に死亡していた（図2-3-2）．組換えアズキは正常に生長，稔実し，アズキゾウムシ抵抗性は後代に安定して遺伝した．この組換えアズキを品種あるいは交配母本として利用するために，環境への安全性評価を実施し，形態や生育特性，土壌微生物相への影響等について調査した．組換えアズキは非組換えアズキである元品種（ベニダイナゴン）と差異がなく，実質的同等性が明らかになっ

図2-3-2 インゲンマメ α-アミラーゼインヒビター遺伝子を導入した遺伝子組換えアズキのアズキゾウムシ抵抗性
組換えアズキ（右）と非組換えアズキ（左：品種 ベニダイナゴン）．

た．しかし，実用化のためにはさらに食品としての安全性を評価する必要がある．

αAIを導入したアズキがアズキゾウムシ以外にもヨツモンマメゾウムシに抵抗性を示すことから，これらの虫害が深刻なアジア，アフリカ地域のリョクトウやササゲへの応用が期待されている．また，オーストラリアの研究グループはαAI遺伝子をエンドウマメに導入し，アズキゾウムシに加えエンドウマメゾウムシに対する抵抗性の付与を確認している[16,17]．エンドウマメゾウムシの幼虫は貯蔵害虫であるアズキゾウムシとは異なり，登熟中の種子を食べて生育する．エンドウマメゾウムシ抵抗性の組換えエンドウマメはすでに安全性評価を終了し，家畜飼料としての実用化が進められている[15]．このように，αAIはアズキゾウムシ以外の害虫への適用も可能であり，今後は，他の昆虫に対する抵抗性遺伝子としての利用が進んでいくと考えられる．αAIは調理の際の加熱で失活する．また，われわれ人類はαAIを含むインゲンマメを何千年も食用に供してきたことから，αAI遺伝子は極めて安全性の高い抵抗性遺伝子であると考えられる．

(3) インゲンマメを食べるマメゾウムシ

インゲンマメの起源地である中南米には，インゲンマメを食害するインゲンマメゾウムシやブラジルマメゾウムシが分布している．これらの幼虫の消化管中のα-アミラーゼ活性はαAIによってほとんど阻害されない．特にブラジルマメゾウムシ幼虫は，αAIの活性中心の一つと推定されるアミノ酸のC末端側を切断し，αAIを不活性化する[8]．また，ブラジルマメゾウムシはαAIを高濃度（0.8 %）に蓄積した組換えアズキにおいても正常に生育した．以上の結果から，インゲンマメゾウムシやブラジルマメゾウムシはαAIに対する耐性機構を発達させたか，もともとαAIに阻害されないα-アミラーゼを持っていたことにより，インゲンマメを食害できるものと考えられ

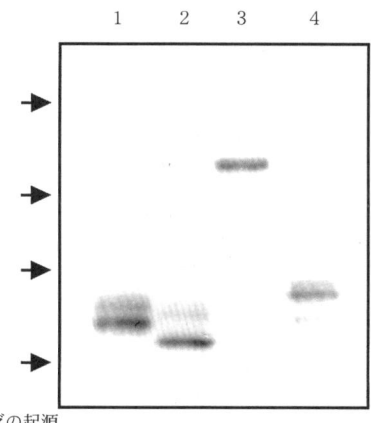

図2-3-3 α-アミラーゼインヒビターのSDS-ゲル電気泳動パターン
1：αAI-1，2：αAI-2，3：αAI-Pa1，4：αAI-Pa2．精製した各インヒビタータンパク質5μgをSDS-ゲル電気泳動により分離した．左側の矢印は上から43, 29, 18.4, そして14.3 kDaの分子マーカーの位置を示す．また，＋および－は各α-アミラーゼ活性に対する阻害活性の有無を示す．

る．

　αAIはインゲンマメ以外にもその野生種や近縁植物に分布していることが知られている．そこで，これらαAIの変異性を分析したところ，これまで見つかっているαAI（以後はαAI-1と記載）とは生育阻害活性の特異性や構造が異なるαAIがインゲンマメやテパリービーンから見いだされた（図2-3-3）．これらのαAI分子種はほ乳類や微生物のα-アミラーゼ活性は阻害せず，特定の昆虫のα-アミラーゼ活性を阻害することがわかった[20]．インゲンマメから見つかったαAI-2とテパリービーンから見つかったαAI-Pa2は，αAI-1と同様に前駆体ポリペプチドが内部で切断され，α，βの2種のサブユニットから再構成されていた．これに対して，αAI-Pa1は単一のサブユニットから構成されていた．現在，αAIとα-アミラーゼの立体構造が結晶構造のX線解析により明らかにされつつあり[1,3]，今後，αAIの構造と活性阻害の特異性の関係が明らかになっていくものと推測される．将来は，標的になる昆虫に応じてαAI分子種を使い分けるとともに，昆虫のα-アミラーゼの構造に合わせてαAIを人工的に設計できるようになると期待される．

### 2）リョクトウ野生種に見いだされたマメゾウムシ類抵抗性

　現在，日本では栽培されていないが，リョクトウ（mungbean：V. radiata）はモヤシやハルサメの原料として馴染みの深いマメ類である．リョクトウはアズキやササゲなど他のササゲ属植物と同様に，アズキゾウムシに食害される．これまでに，リョクトウ栽培種と野生種についてマメゾウムシ類に対する抵抗性のスクリーニングが行われ，野生種の1系統（TC1966）にアズキゾウムシやヨツモンマメゾウムシ，ブラジルマメゾウムシに対する抵抗性が見いだされた[4]．この抵抗性系統と感受性栽培品種との交雑後代の分析から，この抵抗性が一つの優性遺伝子（*Br*）によって支配されることが明らかになった[13]．抵抗性野生系統と栽培種との交雑に問題がないことから，本抵抗性を利用したマメゾウムシ類抵抗性リョクトウの育成がタイ等で進められている．

#### （1）抵抗性原因物質の探索

　リョクトウ品種を反復親としてTC1966に由来する抵抗性遺伝子を導入した準同質遺伝子系統（$BC_{20}$世代）を育成した．TC1966および抵抗性準同質遺伝子系統の種子はアズキゾウムシ以外にもダイズの莢実に大きな被害を及ぼすホソヘリカメムシに対して強い生育阻害を示した．ホソヘリカメムシは半翅目の害虫であることから，抵抗性原因物質は広い殺虫スペクトラムを示す利用価値の高い殺虫物質である可能性が高い．

　そこで，インゲンマメの場合と同様に，アズキゾウムシに対する生物検定を指標として抵抗性原因物質の精製を進めた．抵抗性系統の種子粉を各種溶媒で抽出した結果，抵抗性物質は水あるいは80％含水エタノールに溶出することがわかった．さらに，水-ブタノールの2液分配によって，ブタノール層に分配された．この画分を濃縮後，感受性品種から同様に抽出した画分と逆相カラムを用いた高速液体クロマトグラフィー（HPLC）で分析・比較した．その結果，40％エタノールと99.5％エタノールとの間の直線濃度勾配によって，抵抗性準同質遺伝子系統は感受性品種には認められない特徴的な四つのピークを与えた．このうち二つのピークを構成する物質を単離し，構造を解析したところ，これらの物質は新規な環状ペプチドであることが明らかになり，それぞれvignatic acid A，vignatic acid Bと命名した（図2-3-4）[18]．これらの物質はオキシ酸と2種のアミノ酸とヒドロキシロイシンが環状に結合したペプチドアルカロイドであり，vignatic acid Aではアミノ酸がフェニルアラニンとチロシンであるのに対して，vignatic acid Bではロイシンとチロシンであった．感受性品種の種子粉にこれらの物質を混入すると，vignatic acid Aは1％の濃度でアズキゾウムシの生育を阻害したが，vignatic acid Bはこれより高濃度でも生育を阻害しなかった．vignatic acid類が

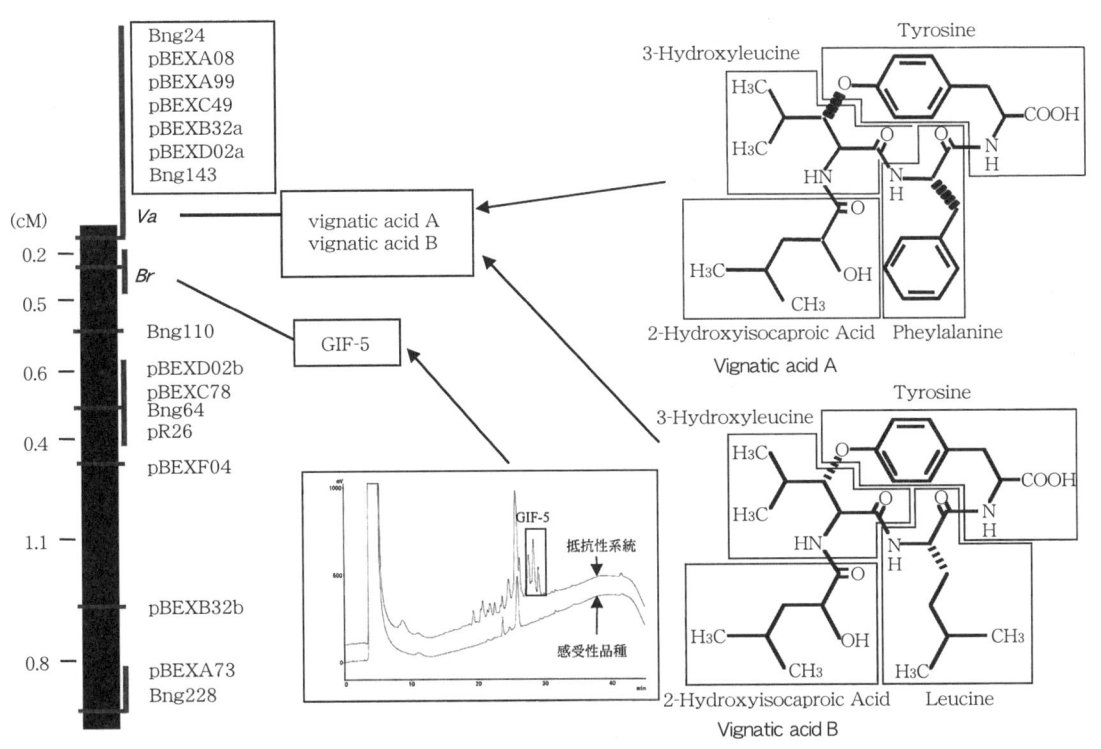

図2-3-4 リョクトウのマメゾウムシ類抵抗性遺伝子 (*Br*) 座近傍の連鎖地図と抵抗性系統に特異的に含まれる物質群
連鎖地図には抵抗性遺伝子の他,環状ペプチドの存在を支配する遺伝子 (*Va*) と分子マーカーを示した.環状ペプチド類のうち vignatic acid A と vignatic acid B についてはその構造を示した.また,抵抗性系統に含まれる物質群 X の HPLC パターンを示した.

抵抗性の主要な原因物質であるかどうかを明らかにするために,分離世代 ($BC_{20}F_2$) の個体について,アズキゾウムシ抵抗性と vignatic acid 類の有無について調査した.その結果,抵抗性と vignatic acid 類の有無は密接に連鎖していることがわかったが,感受性と判定された1個体から vignatic acid 類が検出された[12].この個体は抵抗性系統と同様に特徴的な四つのピークを与えたが,感受性を示した.したがって,抵抗性の主要な原因物質は vignatic acid 類以外に存在すると考えられる.

そこで,ブタノール画分を出発点にアズキゾウムシに対する強い生育阻害活性を有する画分を新たに得て,感受性品種の画分との間で逆相カラムを用いた HPLC によりそのクロマトパターンを比較したところ,抵抗性系統に特異的に出現するピークを見いだし,その最大のものを物質 X と名付けた.物質 X の有無を支配する遺伝子座は,0.2 cM の解像度の連鎖地図において,*Br* と同一座にあることがわかった.また,物質 X は低濃度 (200 ppm) で,アズキゾウムシやホソヘリカメムシに対して強い生育阻害活性を示すことから,抵抗性原因物質であると考えられる.これまでに,物質 X の構造解析を進め,vignatic acid 類とは異なる物質であることがわかってきた.今後は,物質 X の構造を決定するとともに,殺虫活性の機構解明を行っていく予定である.

アズキゾウムシに対する抵抗性はリョクトウ野生種ばかりでなく,近縁栽培植物であるケツルアズキ (black gram : *V. mungo*) やツルアズキ (rice bean : *V. umbellata*) にも認められる[19].リョクトウ野生種と同様に,これらの植物の抵抗性機構もわかっていないが,リョクトウ野生種の抵抗性機構と類似している可能性が高い.ケツルアズキやツルアズキの種子は広く食用に供されていることから,抵抗性物質の安全性は高いと考えられる.そのため,これらの抵抗性の物質的な機構につ

### (2) 抵抗性遺伝子（*Br*）の単離

リョクトウ野生種TC1966に由来するマメゾウムシ類抵抗性の原因物質は甲虫目のマメゾウムシ以外にも半翅目のホソヘリカメムシにも殺虫性を示すことから，この抵抗性遺伝子を単離できれば，多様な昆虫に対する殺虫性遺伝子として利用することが期待できる．この抵抗性原因物質は非タンパク質性の二次代謝産物であると考えられることから，抵抗性遺伝子（*Br*）はこの二次代謝産物の生合成酵素あるいはこの酵素遺伝子の発現を制御するタンパク質をコードしていると推定される．植物には様々な二次代謝産物が含まれているが，その多くは生合成系路が未知である．そのため，抵抗性原因物質の構造が明らかになっても，生合成系に関与する酵素の情報に基づいて抵抗性遺伝子を単離することが困難であることが多い．そこで，*Br*座を連鎖地図上に位置付け，連鎖地図に基づく遺伝子単離（ポジショナルクローニング）を進めている．

連鎖地図を作製するためのRFLP（restriction fragment length polymorphism：制限酵素多型）プローブとして，*Br*と連鎖している8種類のRAPD（random amplified polymorphic DNA）マーカーをクローニングしたもの（pBEX），リョクトウゲノミッククローンpR26およびインゲンマメのゲノミッククローン（Bng）を用いた．RAPDマーカーに由来するプローブは全て感受性品種と抵抗性準同質遺伝子系統の間で多型を示した．また，pR26とインゲンマメ由来の5種のゲノミッククローンが両親間で多型を示した．次に，分離世代（$BC_{20}F_2$）の個体におけるRFLPマーカーの分離を調査し，各RFLPマーカーと*Br*との連鎖解析を行った．その結果，16種類のRFLPマーカーにより3.7 cMの連鎖地図が得られ，抵抗性遺伝子*Br*はBng110とpBEXA08，pBEXA99，pBEXC49，pBEXB32a，pBEXD02a，Bng24，Bng143のマーカー群との間0.7 cMに座乗することがわかった（図2-3-4）．ポジショナルクローニングを行うためには，YAC（酵母人工染色体）やBAC（バクテリア人工染色体）等に目的生物の巨大ゲノム断片を挿入したライブラリーが必要である．リョクトウではこのような巨大ゲノムライブラリーが作られていないため，抵抗性準同質遺伝子系統のゲノム断片をクローン化したBACライブラリーを作成した．現在，*Br*座近傍のRFLPマーカーにより，*Br*座を含む領域のBACクローンの整列化を開始した．リョクトウでのポジショナルクローニングの前例はなく，遺伝子単離までにはかなりの困難が予想される．そのため，抵抗性物質の解析と歩調を合わせながら，研究を進めていく予定である．

### 3）おわりに

殺虫剤は効果が顕著である一方，環境へ与える負荷が大きい．これに対して，植物の有する耐虫性物質は一部の毒物質を除き，その効果は穏やかであり，生育阻害を示すために比較的高濃度が必要であったり，効果を示す昆虫種が限定されることが多い．インゲンマメのαAI-1もコクゾウムシや消化管中のpHが高い鱗翅目害虫には効果がなく，これまでのところマメゾウムシ類以外の昆虫に対する生育阻害活性は報告されていない．このように植物の有する耐虫性物質には特有の問題はあるものの，人間を含む地球生態系へ与える影響は小さく，遺伝子組換えによる虫害抵抗性作物開発への利用が期待される．今後は，非タンパク質性の耐虫性物質の生合成遺伝子が単離，利用されていくものと思われる．多種多様な昆虫を制御するためには，多様な"殺虫性"遺伝子を用意し，対象となる昆虫に応じて栽培植物へ導入しなければならない．そのためにも，殺虫性遺伝子の単離と機能解析を進める必要がある．

（石本　政男）

## 引用文献

1) Bowman, D. E. Science, 102, 358-359 (1945)
2) Da Saliva, M.C.M. et al. Protein Engineering, 13, 167-177 (2000)
3) Fujii, K. et al. Applied Entomology and Zoology, 24, 126-132 (1989)
4) Hilder, V. A. et al. Nature, 300, 160-163 (1987)
5) Hoffman, L. M. et al. Nucl. Acids Res., 10, 7819-7828. (1982)
6) 石井象二郎. 農業技術研究所報告 C 第1号, 185-256 (1952)
7) Ishimoto, M., Chrispeels, M. J. Plant Physiol., 111, 393-401 (1996)
8) Ishimoto, M., Kitamura, K. Jpn. J. Breed., 38, 367-370 (1988)
9) Ishimoto, M., Kitamura, K. Applied Entomology and Zoology, 24, 281-286 (1989)
10) Ishimoto, M. et al. Entomologia Experimentalis et. Aplicata, 79, 309-315 (1996)
11) Johnson, R. et al. Proc. Natl. Acad. Sci. USA, 86, 9871-9875 (1989)
12) Kaga, A., Ishimoto, M. Mol. Gen. Genet., 258, 371-384 (1998)
13) Kitamura, K. et al. Jpn. J. Breed., 38, 459-464 (1988)
14) Moreno, J., Chrispeels, M. J. Proc. Natl. Acad. Sci. USA, 86, 7885-7889 (1989)
15) Morton, R. L. et al. Proc. Natl. Acad. Sci. USA, 97, 3820-3825 (2000)
16) Schroeder, H. E., et al. Plant Physiol., 107, 1233-1239 (1995)
17) Shade, R. E. et al. Bio/Technol., 12, 793-796 (1994)
18) Sugawara, F. et al. J. Agric. Food Chem., 44, 3360-3364 (1996)
19) Tomooka, N. et al. Euphytica, 115, 27-41 (2000)
20) Yamada, T., et al. Phytochemistry, 58, 59-66 (2001)

## 4. マメ類の形質転換手法の現状と展望

遺伝子組換えダイズの是非が取り沙汰されている現在では、ダイズの形質転換はすでに確立された技術と考えられがちである。しかし、実際のマメ科作物への遺伝子導入効率は未だ非常に低く、小規模な研究室で日常的に利用できるレベルには到達していないのが現状である。本項ではダイズを中心に、形質転換の現状と最新技法について述べる。

### 1) ダイズ (*Glycine max*)

#### (1) パーティクルガンを用いた遺伝子導入法

パーティクルガン法はDNAを塗布した金属粒子をガス圧または磁力によって加速し、細胞膜および細胞壁を貫通させて植物細胞内に射ち込む方法である[15,69]。アグロバクテリウム法に比べ、植物種による不適合の問題がない反面、導入が表層細胞に限られる、導入コピー数の制御が難しく、最終的な導入断片に組換えや欠失が起こりやすい[35]、形質転換体がキメラになりやすい[17]などの短所がある。

パーティクルガン法による最初のダイズ形質転換体作出の報告は1988年のMcCabeらによる茎頂分裂組織を用いたもの[49]である。このとき得られた形質転換体はすべてキメラであったが、その後、生殖細胞が形質転換されたものを選抜することによって完全な形質転換体が得られた[16,88]。しかし、導入されるべき細胞がL2またはL3レイヤーに限られる[18,73]点で効率化が非常に難しく、

不定胚を材料に用いる方法に移行していった．

不定胚を高濃度の 2,4-D（40 mg/l）で効率的に誘導する方法は Finer らによって開発され[29,30]，改良が続けられている[3,4,72,80]．1991 年に形質転換体作出の最初の報告がなされ[31]，以降現在に至るまで導入素材として広く用いられている[9,35,46,48,56,63,73,79]．この方法は液体培養によってその表層から副次的に不定胚を誘導することができるため，液体培地による形質転換体の効率的な選抜が可能である．培養維持の労力と長期培養による不稔や形態異常の問題はあるものの[35,37,45]，形質転換効率は高く[31]，キメラの出現率も低いとされる．現在では，不定胚の維持に液体培地に変えて半固形培地を用いる方法も多く見られる[71]．バクテリア由来の 5-enolpyruvylshikimate-3-phosphate synthase（EPSPS）遺伝子導入によるラウンドアップ（グリホサート）耐性[57]，*Bacillus thuringiensis*（*Bt*）由来 *cryIA*（*c*）遺伝子の導入による虫害耐性[79]，feedback-insensitive な aspartokinase（AK）および dihydrodipicolinic acid synthase（DHDPS）をコードする遺伝子（*Corynebacterium dapA* および mutant *E. coli lysC*）の導入によるリシン含量の増大[28]といった有用形質を持つダイズの多くがこの方法で作出されている．

### （2）アグロバクテリウムを用いた遺伝子導入法

この方法ではアグロバクテリウムそのものを生物学的なベクターとして，それ自身の持つ組換え配列および組換え酵素を利用することにより目的の DNA を植物ゲノムに組み込む[7,38,89]．当初アグロバクテリウムはダイズに感染しないと考えられていた[21]が，共存培地へのアセトシリンゴンの添加[78]や高感染菌種の作出[36,81,59]，およびダイズ系統の探索[22,25,50]など感染条件の改良が進み，現在ではダイズにおいても有効な手法としてとらえられている．

アグロバクテリウム法による形質転換ダイズ作出の報告は 1988 年の Hinchee らによるものが最初である[37]．この Peking の子葉節への感染は低効率であったが，その後培養条件が改善され[82]，bean pod mottle virus（BPMV）のコートタンパク質遺伝子を導入したウイルス抵抗性のダイズなども作出された[24]．

アグロバクテリウム法においても，現在ではパーティクルガン法と同様に未熟子葉由来の不定胚を用いる方法が主流である．1989 年には未熟子葉そのものに感染させる方法でトウモロコシの主要貯蔵タンパク質である 15 kD zein をコードする遺伝子を導入した形質転換体が得られている[60]が，これらはキメラであり，副次的に形成される不定胚で選抜することの必要性が示唆された．

近年，アグロバクテリウム感染を効率化する方法として超音波処理による表層細胞への傷処理が注目されている．SAAT（Sonication-Assisted *Agrobacterium*-mediated Transformation）と呼ばれるこの方法は，植物組織をアグロバクテリウム共存下で数秒間超音波処理することによって組織表面に微細孔を作り，アグロバクテリウムの侵入を容易にすることで感染を効率化する[83,84]．市販の超音波洗浄機を流用できることから，器機の高価なパーティクルガン法に代わる技術として実用化が進められている[32,51,70]．

アグロバクテリウム法の変法として，子葉節[19]あるいは子葉基部[27]へのインジェクション法がある．特に前者は一部の研究室で日常的に形質転換体を作出するに至っているが，少なくともダイズにおいては高度な経験と熟練を必要とする技術であり，一般に普及しているとは言い難い．

### （3）その他の方法

プロトプラストへのエレクトロポレーションによる遺伝子導入は 90 年代前半まで行われたが[5,14,23]，植物体再分化が非常に困難であることから，現在ではほとんど用いられていない．またユニークなものとして，植物体の茎頂分裂組織に直接エレクトロポレーションで遺伝子を導入する方法[11,12]や，花粉管や子房に DNA を直接注入する方法[39]なども報告されているが，これらもまだ

一般的とは言い難い.

ダイズの形質転換については,アメリカの中心的な5研究室が共同で作成しているホームページ
"Soybean Tissue Culture and Genetic Engineering Center"
< http://mars.cropsoil.uga.edu/homesoybean/ >
が公開されている.不定胚誘導と遺伝子導入に関する技法の解説や文献,リンクが充実しており,これからダイズの形質転換に取り組まれる方は是非一度訪問されることをお勧めする.

### 2) 他のマメ科作物

ダイズ以外ではエンドウ(*Pisum sativum*)[6,13,20,34,41,42,54,55,62,64,74,75,76,90]とピーナツ(*Arachis hypogaea*)[8,10,47,66,77,85,86,87]で多くの形質転換体が作出されているほか,ヒヨコマメ(*Cicer arietinum*)[33,43,44],インゲン(*Phaseolus vulgaris*)[1,26,67],ソラマメ(*Vicia faba*)[65],リョクトウ(*Vigna radiata*)[58],ルピナス(*Lupinus luteus*)[2,52,61],アズキ(*Vigna augularis*)[40],ナルボンビーン(*Vicia narbonensis*)[68]などでも報告がみられる.ダイズの場合に比べて子葉,子葉節,胚軸等へのアグロバクテリウム感染とそこからの不定芽再生系の組み合わせを用いた報告が多く,パーティクルガンは現時点ではむしろ少数派である.虫害耐性[44,75,77],ウイルス耐性[1,13,41],高メチオニン[53],高硫黄[52,68]などの有用形質を導入した形質転換体が作出されている.

植物における形質転換体作出のための遺伝子導入と培養の条件は,素材となる品種が異なるだけでも大きく変わってしまうのが一般的である.上述の通りマメ科作物においても他を圧するほど画期的な手法が確立されているわけではなく,ここ2,3年の文献を見ても形質転換効率を上げるための条件検討に関するものが半数以上を占めている.一方で有用形質を持つ形質転換体の作出は特許などの問題から公表されないことも多く,これが技術的な進歩に歯止めをかけているのもまた事実である.これまでのように低効率で大規模な手法で進めるだけでは基礎研究や分子育種に新たに参入しようとする研究者に門戸を開くことが難しく,マメ科作物の研究人口の増加や生理・生化学的な情報の蓄積(これらが結果的には効率的な形質転換系を作り上げていくことにつながるのであるが)も期待できない.マメ科作物においてもモデル実験系となりうるものを確立することが急務であると思われる.

(追記) 2002年2月現在,JackおよびFayette(いずれもアメリカのダイズ品種)に由来する不定胚へのパーティクルガンを用いた遺伝子導入に,国内の2研究グループが成功しており,すでに多数の形質転換個体が得られている.今後,実用性の高い栽培品種への技術応用が期待される.

(大坪 憲弘・高野 哲夫)

### 引用文献

1) Aragao, F.J.L. *et al.* Mol. Breed., 4 (6), 491-499 (1998)
2) Babaoglu, M. *et al.* Acta Physiol. Plant., 22 (2), 111-119 (2000)
3) Bailey, M. A. *et al.* Plant Sci., 93 (1-2), 117-120 (1993)
4) Bailey, M. A. *et al. In Vitro* Cell. Dev. Biol.-Plant., 29 P (3), 102-108 (1993)
5) Baldes, R. *et al.* Plant Mol. Biol., 9 (2), 135-145 (1987)
6) Bean, S. J. *et al.* Plant Cell Rep., 16 (8), 513-519 (1997)
7) Beijersbergen A. *et al.* Science, 256 (5061), 1324-1327 (1992)
8) Brar, G. S. *et al.* Plant J., 5 (5), 745-753 (1994)
9) Brouse, J. *et al.* Patent No. WO 93/11245 (1993)

10) Cheng, M. *et al.* Plant Cell Rep., 16 (8), 541-544 (1997)
11) Chowrira, G. M. *et al.* Mol. Biotechnol., 3 (1), 17-23 (1995)
12) Chowrira, G. M. *et al.* Mol. Biotechnol., 5 (2), 85-96 (1996)
13) Chowrira, G. M. *et al.* Transgenic Res., 7 (4), 265-271 (1998)
14) Christou, P. *et al.* Proc. Natl. Acad. Sci. USA, 84 (12), 3962-3966 (1987)
15) Christou, P. *et al.* Plant Physiol., 87 (3), 671-674 (1988)
16) Christou, P. *et al.* Proc. Natl. Acad. Sci. USA, 86 (19), 7500-7504 (1989)
17) Christou, P. Ann. Bot., 66 (4), 379-386 (1990)
18) Christou, P. and McCabe, D.E. Plant J., 2 (3), 283-290 (1992)
19) Clemente, T. E. *et al.* Crop Sci., 40 (3), 797-803 (2000)
20) De Kathen, A. and Jacobsen, H.-J. Plant Cell Rep., 9 (5), 276-279 (1990)
21) DeCleene, M. and DeLay, J. Bot. Gaz., 42, 389-466 (1976)
22) Delzer, B. W. *et al.* Crop Sci., 30 (2), 320-322 (1990)
23) Dhir, S. K. *et al.* Plant Cell Rep., 10 (2), 106-110 (1991)
24) Di, R. *et al.* Plant Cell Rep., 15 (10), 746-750 (1996)
25) Di Mauro, A. O. *et al.* Genet. Mol. Biol., 23 (1), 217-220 (2000)
26) Dillen, W. *et al.* Theoret. Appl. Genet., 94 (2), 151-158 (1997)
27) Efendi *et al.* Plant Biotech., 17 (3), 187-194 (2000)
28) Falco, S.C. *et al.* Biotechnol., (NY) 13 (6), 577-582 (1995)
29) Finer, J. J. Plant Cell Rep., 7 (4), 238-241 (1988)
30) Finer, J. J. and Nagasawa, A. Plant Cell Tis. Org. Cult., 15 (2), 125-136 (1988)
31) Finer, J. J. and McMullen, M.D. *In Vitro* Cell. Dev. Biol., 27 P (4), 175-182 (1991)
32) Finer, K. R. and Finer, J. J. Lett. Appl. Microbiol., 30 (5), 406-410 (2000)
33) Fontana, G. S. *et al.* Plant Cell Rep., 12 (4), 194-198 (1993)
34) Grant, J. E. *et al.* Plant Cell Rep., 15 (3-4), 254-258 (1995)
35) Hadi, M. Z. *et al.* Plant Cell Rep., 15 (7), 500-505 (1996)
36) Hansen, G. *et al.* Proc. Natl. Acad. Sci. USA, 91 (16), 7603-7607 (1994)
37) Hinchee, M. A. W. *et al.* Bio/Technol., 6 (8), 915-922 (1988)
38) Horsch, R. B. *et al.* Science, 227 (4691), 1229-1231 (1985)
39) Hu, C.-Y. and Wang, L. *In Vitro* Cell. Dev. Biol. -Plant, 35 (5), 417-420 (1999)
40) Ishimoto, M. *et al.* Entomol. Exp. Appl., 79 (3), 309-315 (1996)
41) Jones, A. L. *et al.* J. Gen. Virol., 79 (12), 3129-3137 (1998)
42) Jordan, M. C. and Hobbs, S.L.A. *In vitro* Cell Dev. Biol. -Plant, 29 (2), 77-82 (1993)
43) Kar, S. *et al.* Plant Cell Rep., 16 (1-2), 32-37 (1996)
44) Kar, S. *et al.* Transgenic Res., 6 (2), 177-185 (1997)
45) Liu, W. *et al.* *In vitro*o Cell Dev. Biol. -Plant, 28 P (3), 153-160 (1992)
46) Liu, W. *et al.* Plant Cell Tis. Org. Cult., 47 (1), 33-42 (1996)
47) Livingstone, D. M. and Birch, R. G. Mol. Breed., 5 (1), 43-51 (1999)
48) Maughan, P. J. *et al.* *In vitro* Cell. Dev. Biol. -Plant, 35 (4), 344-349 (1999)
49) McCabe, D. E. *et al.* Bio/Technol., 6 (8), 923-926 (1988)
50) McKenzie, M. A. and Cress, W. A. S. Afr. J. Sci., 88 (4), 193-196 (1992)

51) Meurer, C. A. *et al.* Plant Cell Rep., 18 (3-4), 180-186 (1998)
52) Molvig, L. *et al.* Proc. Natl. Acad. Sci. USA, 94 (16), 8393-8398 (1997)
53) Muntz, K. *et al.* Nahrung, 42 (3-4), 125-127 (1998)
54) Nadolska-Orczyk, A. and Orczyk, W. Mol. Breed., 6 (2), 185-194 (2000)
55) Nauerby, B. *et al.* Plant Cell Rep., 9 (12), 676-679 (1991)
56) 大江田憲治・長澤秋都. 組織培養, 20 (9), 323-327 (1994)
57) Padgette, S. R. *et al.* Crop Sci., 35 (5), 1451-1461 (1995)
58) Pal, M. *et al.* Indian J. Biochem. Biophys., 28 (5-6), 449-455 (1991)
59) Palanichelvam, K. *et al.* Mol. Plant Microbe Interact., 13 (10), 1081-1091 (2000)
60) Parrot, W. A. *et al.* Plant Cell Rep., 7 (8), 615-617 (1989)
61) Pigeaire, A. *et al.* Mol. Breed., 3 (5), 341-349 (1997)
62) Polowick, P. L. *et al.* Plant Sci., 153 (2), 161-170 (2000)
63) Ponappa, T. *et al.* Plant Cell Rep., 19 (1), 6-12 (1999)
64) Puonti-Kaerlas, J. *et al.* Plant Cell Tis. Org. Cult., 30 (2), 141-148 (1992)
65) Ramsay, G. and Kumar, A. J. Exp. Bot., 41 (229), 841-848 (1990)
66) Rohini, V. K. and Sankara, R. K. Plant Sci., 150 (1), 41-49 (2000)
67) Russell, D. R. *et al.* Plant Cell Rep., 12 (3), 165-169 (1993)
68) Saalbach, I. *et al.* Mol. Gen. Genet., 242 (2), 226-236 (1994)
69) Sanford, J. C. Trend. Biotechnol., 6 (12), 299-302 (1988)
70) Santarem, E. R. *et al.* Plant Cell Rep., 17 (10), 752-759 (1998)
71) Santarem, E. R. and Finer, J. J. *In vitro* Cell. Dev. Biol. -Plant, 35 (6), 451-455 (1999)
72) Santos, K. G. B. *et al.* Plant Cell Rep., 16 (12), 859-864 (1997)
73) Sato, S. *et al.* Plant Cell Rep., 12 (7-8), 408-413 (1993)
74) Schroeder, H. E. *et al.* Plant Physiol., 101 (3), 751-757 (1993)
75) Shade, R. E. *et al.* Bio/Technol., 12 (8), 793-796 (1994)
76) Simonenko, Y. V. *et al.* Fiziol. Rast., 46 (6), 915-918 (1999)
77) Singsit, C. *et al.* Transgenic Res., 6 (2), 169-176 (1997)
78) Stachel, S. E. *et al.* Nature, 318 (6047), 624-629 (1985)
79) Stewart, C. N. Jr. *et al.* Plant Physiol., 112 (1), 121-129 (1996)
80) Tian, L. and Brown, D. C. W. Can. J. Plant Sci., 80 (2), 271-276 (2000)
81) Torisky, R. S. *et al.* Plant Cell Rep., 17 (2), 102-108 (1997)
82) Townsend, J. A. and Thomas, L. A. Patent No. WO 94/02620 (1993)
83) Trick, H. N. and Finer, J. J. Transgenic Res., 6 (5), 329-336 (1997)
84) Trick, H. N. and Finer, J. J. Plant Cell Rep., 17 (6-7), 482-488 (1998)
85) Venkatachalam, P. *et al.* J. Plant Res., 111 (1104), 565-572 (1998)
86) Venkatachalam, P. *et al.* Curr. Sci., 78 (9), 1130-1136 (2000)
87) Wang, A. *et al.* Physiol. Plant., 102 (1), 38-48 (1998)
88) Yang, N. and Christou, P. Develop. Genet., 11 (4), 289-293 (1990)
89) Zambryski, P. Ann. Rev. Genet., 22, 1-30 (1988)
90) Zubko, E. I. *et al.* Biopolym. Kletka, 6 (3), 77-80 (1990)

## 5. ダイズの DNA マーカーの開発とその利用

　ここではダイズの DNA マーカーの開発とその利用に関するわれわれの研究および関連する研究のレビューを行う.

　ダイズで用いられている DNA マーカーは主に RFLP マーカー, SSR（マイクロサテライト）マーカー, RAPD マーカー, AFLP マーカーである. 最近は SNP (single nucleotide polymorphism) に基づくマーカーが使われ始めた. DNA マーカーは品種・系統の識別, 同定や系統分析にも用いることができるが, ここでは, 分子連鎖地図作製に関連する分野についてまとめることにする. 分子連鎖地図上に農業形質に関わる遺伝子を位置づけることにより, 農業形質の選抜が効率的で正確になることが期待され, 形質関連遺伝子の同定, 単離が可能になる. また分子連鎖地図は, 全ゲノムコンティグ作製, 全ゲノム塩基配列解析を行う際に助けとなる.

### 1) ダイズの分子連鎖地図

　ダイズのゲノムは比較的大きく ($1.11 \sim 1.81 \times 10^9$ bp)[3,11,12], 4 倍体由来と思われるゲノム領域が散在していて, 複雑なゲノム構造をしている[17,43]ために, 分子連鎖地図の作製が遅れていた. ダイズの分子連鎖地図は主にゲノム DNA クローンをプローブとした RFLP に基づき作製されてきた[23,26,35,39,40,41,42]. その後 RFLP 連鎖地図上に SSR マーカーが付け加えられた地図が作製され[2,25], 一方 AFLP マーカーを用いた精密地図も報告されている[20].

　われわれは cDNA マーカーに基づく RFLP 連鎖地図を作製するために, Shoemaker らの RFLP マーカーとともにダイズ緑葉の cDNA クローンや根粒特異的 cDNA クローン等をプローブとして用いた[53,54]. さらに CT をコアとする SSR マーカーを開発して[16], Cregan らによって開発された AT, ATT をコアとする SSR マーカーとともに RFLP 連鎖地図上に位置づけた[54]. 地図上に位置づけられた緑葉由来の cDNA クローンの 5' 末端からの部分塩基配列を決定して相同性検索を行い, その遺伝子の同定を行った[54]. ゲノム DNA クローンや cDNA クローンをプローブとしてサザンハイブリダイゼーションを行うと複雑なバンドパターンを示すことが多く, ひとつのクローンに対して複数の遺伝子座が対応することがあったが, SSR マーカーは特定のプライマーセットでゲノム上の特定の領域を指定することができた. 現在連鎖地図は 503 マーカー, 21 連鎖群, 全長 2,908.7 cM となり, 主要連鎖群は染色体数 20 に一致した[54]. これはダイズでは多くの cDNA マーカーが位置づけられた最初の地図である. 連鎖地図は図 2-5-1 に示し, その情報は表 2-5-1 に, 連鎖地図上の cDNA マーカーの情報は表 2-5-2 にまとめた. 解析したすべてのマーカー, 質的形質遺伝子は連鎖地図上に位置づけられたので得られた地図はダイズゲノムの大部分を網羅していると推定される.

　Cregan ら[8]は SSR マーカーの大量開発を行い, アメリカで作製された 3 種の分子連鎖地図上に位置づけることにより, 連鎖群の対応付けと染色体数 20 に対応する主

表 2-5-1　構築された連鎖地図についての情報

| | |
|---|---|
| 連鎖群の数 | 21 |
| 連鎖地図の全長 | 2908.7 cM |
| マーカー総数 | 503 |
| Shoemaker らの RFLP マーカー (RFLP) | 189 |
| ダイズ緑葉の cDNA クローン (RFLP) | 189 |
| クローン化されているダイズ遺伝子 (RFLP) | 22 |
| クローン化されている他作物の遺伝子 (RFLP) | 1 |
| SSR マーカー | 96[1] |
| 質的形質[2] | 5 |
| RAPD マーカー | 1 |
| マーカー間の平均距離 | 6.0 cM |

[1] Cregan らの SSR マーカー[8]を 65, DuPont の SSR マーカーを 10, 千葉大学で開発した SSR マーカー[16]を 21 それぞれ供試した.
[2] 花色, 毛茸色, 伸育性, 11S グロブリングループ I サブユニット, 11S グロブリン A4 サブユニットを解析した.

## 5. ダイズのDNAマーカーの開発とその利用

表2-5-2 連鎖地図上に位置付けられたcDNAクローンの情報

| クローン名 | コードする（またはコードすると推定される）タンパク質 | クローン名 | コードする（またはコードすると推定される）タンパク質 |
|---|---|---|---|
| Nod16 | Nodulin-16 | GM106 | Calcium-binding protein calreticulin |
| Nod22 | Nodulin-22 | GM112 | Carbonic anhydrase |
| Nod23 | Nodulin-23 | GM115 | Hypothetical protein (A_IG005I10.20) |
| Nod27 | Nodulin-27 | GM117 | Brassinosteroid-regulated Protein (BRU1) |
| Nod44 | Nodulin-44 | GM118 | Beta-amylase |
| GmN70 | Intermediate nodulin (GmN70) | GM125 | CCCH-type zinc finger protein |
| GmN93 | Early nodulin (GmN93) | GM131 | Actin depolymerizing factor 2 |
| GmN315 | Intermediate nodulin (GmN315) | GM133, GM169 | Signal recognition particle receptor-like protein |
| GmN479 | Late nodulin (GmN479) | GM134, GM135 | Aspartic protease 2 |
| cyc1Gm | cyclin (cyc1Gm) | GM154 | Hypothetical protein (F19D11.10) |
| cyc2Gm | cyclin (cyc2Gm) | GM158 | Regulator of gene silencing |
| cyc3Gm | cyclin A (cyc3Gm) | GM159 | 40s ribosomal protein S12 |
| cyc4Gm | cyclin (cyc4Gm) | GM162 | PHI-1-like protein |
| cyc5Gm | cyclin B (cyc5Gm) | GM165 | GA protein |
| ENOD40 | Early nodulin (ENOD40) | GM168 | Hypothetical protein (F18B3.190) |
| LbA2 | Leghemoglobin | GM178 | Cytosolic aldehyde dehydrogenase |
| UbQ | Ubiquitin | GM190 | Chitinase |
| Lectin | Lectin | GM195 | Profucosidase |
| GM004 | Malate dehydrogenase | GM210 | Hypothetical protein 1 |
| GM005 | Photosystem I reaction centre subunit V | GM214 | DNA binding protein S1Fa |
| GM010 | Aquaporin-like transmembrane channel protein | GM221 | Sugar transport protein 397 |
| GM012, GM026 | SEX 1 (regulator of starch degradation) | GM222 | Mus musculus adult male hippocampus cDNA |
| GM014 | Hypothetical protein (F13 M22.7) | GM227 | Chloroplast 30S ribosomal protein S10 |
| GM016 | Cysteine protease | GM249 | Inorganic pyrophosphatase |
| GM024 | Myb-related transcriptional activator | GM251 | Ribulose 1, 5-bisphosphate carboxylase small subunit |
| GM028 | Thaumatin-like protein precursor MDTL1 | GM252 | Transcription factor WRKY 4 |
| GM035 | Aminomethyltransferase | GM256, GM284 | 3, 4-dihydroxy-2-butanone kinase |
| GM036, GM161 | Fructose-bisphosphate aldolase | GM260 | Hypothetical protein (F17K2.16) |
| GM040 | Hypothetical protein (expressed in chickpea epicotyls) | GM267 | Omega-6 fatty acid desaturase |
| GM041 | Beta-tubulin 5 | GM268 | Glyceraldehyde-3-phosphate dehydrogenase |
| GM043 | PTO kinase interactor 1 | GM270 | Arabidopsis thaliana RNA binding protein |
| GM047, GM102 | Catalase | GM282 | Hypothetical protein (T26J13.1) |
| GM048 | Hypothetical 55.0 kD protein | GM288 | Ferredoxin-dependent glutamate synthase (glu) |
| GM049 | Oxygen-evolving enhancer protein 1 | GMS016 | Hypothetical 27.0 kD protein |
| GM053 | Cytosolic glutamine synthetase | GMS018 | Ribulose-bisphosphate carboxylase small chain 1 |
| GM055 | Isoprenylated protein | GMS039 | 60S Ribosomal protein L34 |
| GM060 | Pyrophosphate-dependent phosphofructokinase beta subunit | GMS082 | Serine Hydroxymethyltransferase mitochondrial 2 |
| GM061 | Hypothetical protein (T12H17.130) | GMS087 | Ribosomal protein S26 |
| GM064 | Cysteine proteinase | GMS091 | Hypothetical 43.5 kD protein |
| GM072 | Glycine max seed maturation protein (PM37) | GMS114 | Membrane elated protein |
| GM073 | Proteasome 27 kD subunit | GMS128 | 40S ribosomal protein S5 |
| GM082 | Soybean phytoene desaturase | GMS211 | Ribosomal protein L2 |
| GM085 | Ferredoxin-NADP reductase | | |
| GM087 | Hypothetical protein (T13J8.130) | | |
| GM091 | Hypothetical protein (F21E10.7) | | |
| GM095 | Hydroperoxide lyase | | |
| GM096, GM099 | Thioredoxin | | |
| GM097 | Hypothetical protein (F1715.110) | | |

左欄中央の線より下はコードすると推定されるタンパク質

図2-5-1 ダイズ分子連鎖地図

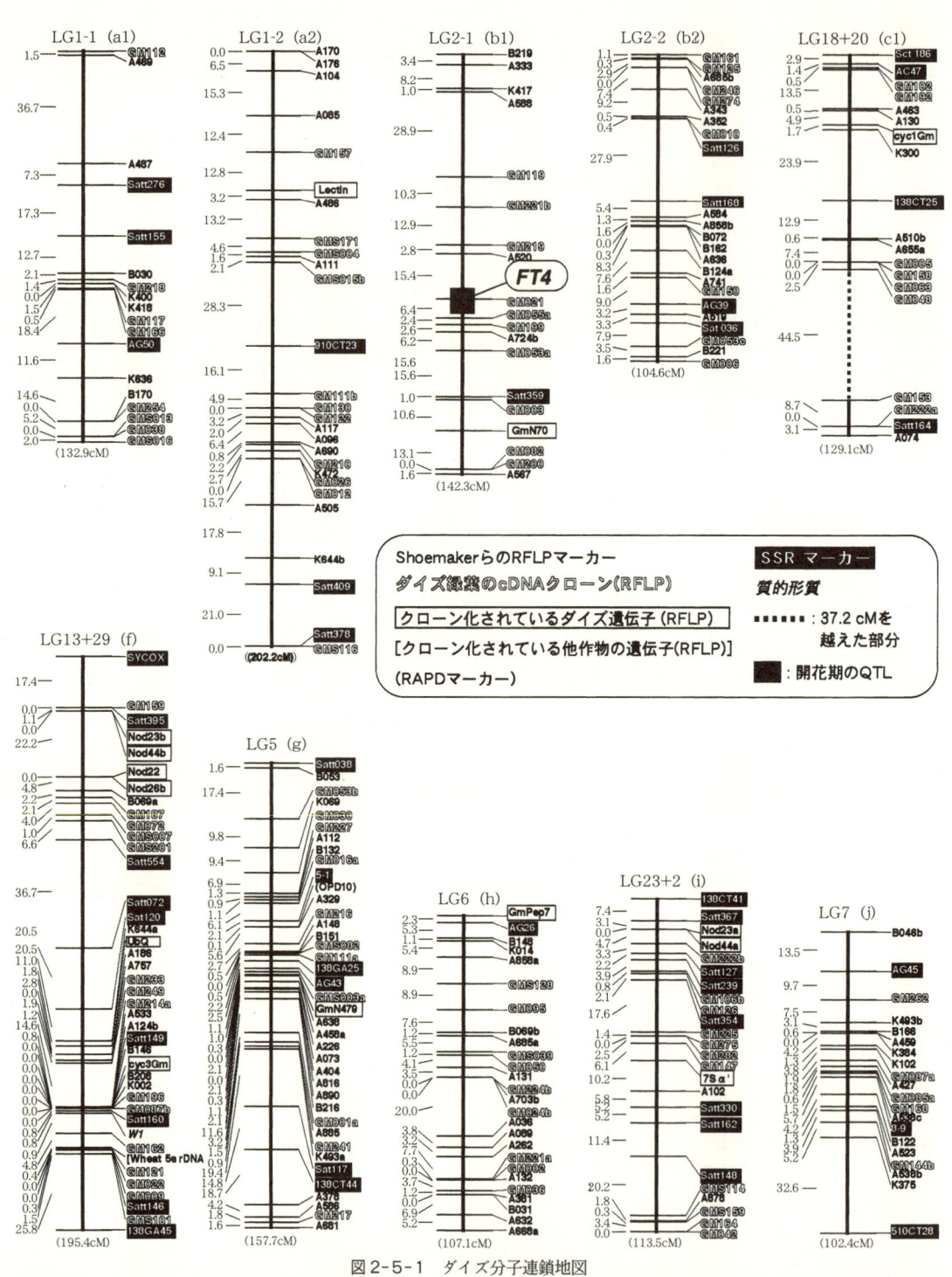

各連鎖群の上部に連鎖群の名称を下部に連鎖群の全長を示した．また各連鎖群の右側にマーカー名を左側にKosambi関数によるマーカー間の距離を示した．連鎖群名の＋は以前の連鎖群[53]の統合を，かっこ内の表示はCreganらによる連鎖地図[8]の連鎖群との対応を表している．マーカーの種類は図中に示した．

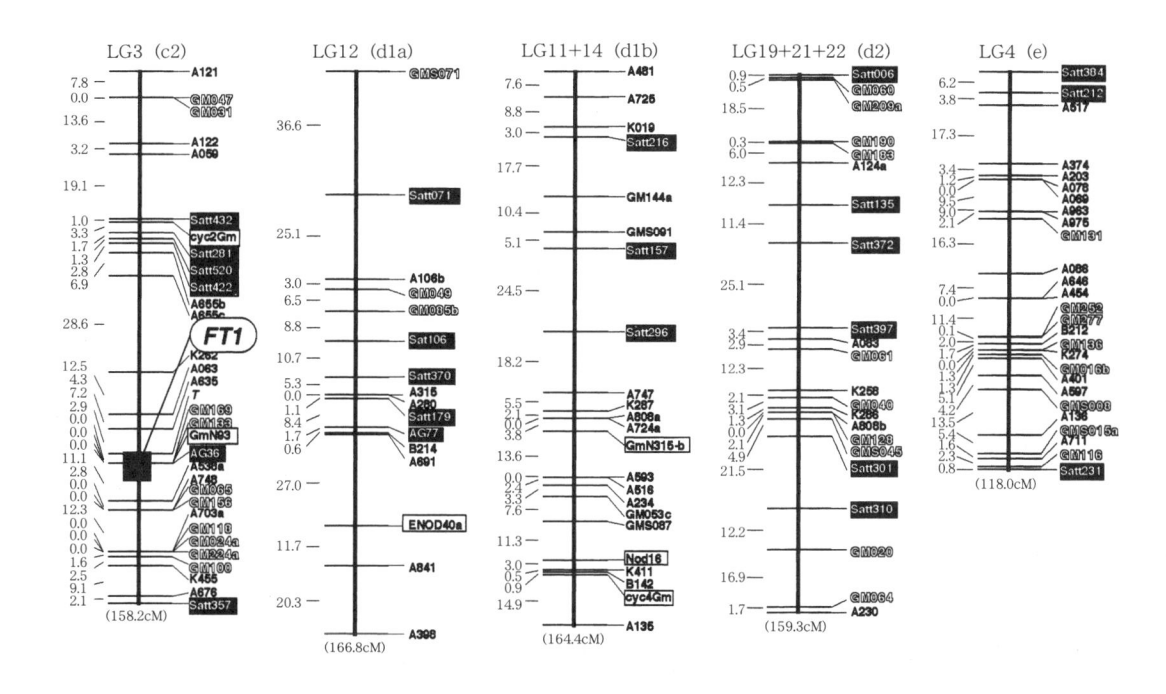

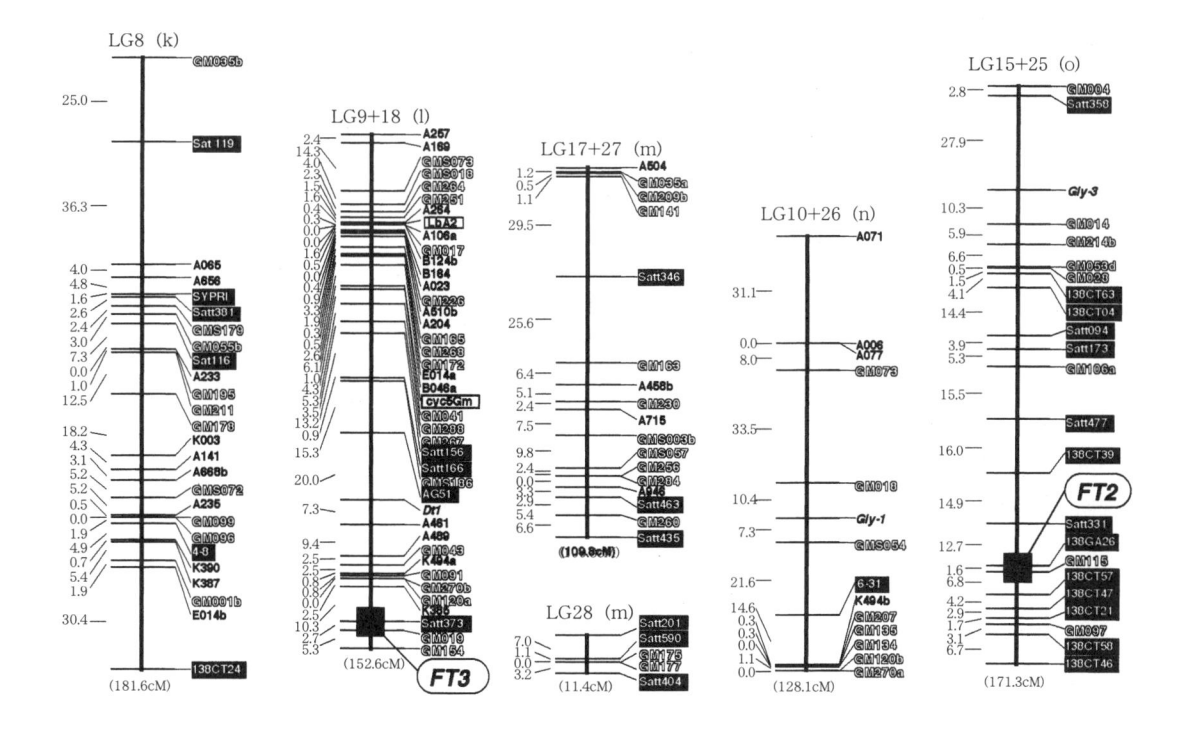

5. ダイズのDNAマーカーの開発とその利用

表2-5-3 主要な連鎖地図の情報

| マッピング集団 | 全長 (cM) | 連鎖群 の数 | マーカー 総数 | RFLP | SSR | RAPD | AFLP | アイソザイム タンパク質 | 質的 形質 |
|---|---|---|---|---|---|---|---|---|---|
| A81-356022 × G. soja PI 468.916 F2 | 3003.2 | 20+3 | 1004 | 501 | 486 | 10 | 0 | 4 | 3 |
| Minsoy × Noir RIL | 2410.7 | 20+1 | 633 | 209 | 412 | 0 | 0 | 2 | 10 |
| Clark × Harosoy F2 | 2787.0 | 18+10 | 523 | 95 | 339 | 57 | 11 | 7 | 14 |
| ミスズダイズ× 秣食豆公503 F2 | 2908.7 | 20+1 | 503 | 401 | 96 | 1 | 0 | 2 | 3 |
| BSR-101 × PI 437.654 RIL | 3441.0 | 21+7 | 840 | 165 | 0 | 25 | 650 | 0 | 0 |
| BRS 101 × PI 437.654 RIL | 3275.0 | 24+11 | 356 | 250 | 0 | 106 | 0 | 0 | 0 |

要連鎖群を明らかにした．われわれの作製した地図の20の連鎖群はそれに対応していた[54]．また最近RFLP連鎖地図にRAPDマーカーを付加した地図が報告された[10]．

主要な連鎖地図の情報を表2-5-3にまとめた．いずれの地図もまだ飽和地図に達していないと推定される．またマーカー密度の低い領域も存在する．そのため高密度の飽和連鎖地図を作製する努力が必要である．

## 2) DNAマーカーを用いた遺伝的マッピング

形質を支配する遺伝子と強く連鎖したDNAマーカーを用いることにより，その形質についての選抜が効率的で正確になることが期待される．また有用形質を支配する遺伝子を単離することも可能になる．形質の中には主働遺伝子で支配される質的形質と多数の遺伝子に支配される量的形質がある．農業形質は量的形質であることが多く，その遺伝子座（QTL）を解析するのに分子連鎖地図はきわめて有効である．

ダイズでは連鎖したDNAマーカーが見いだされている質的な農業形質として斑点細菌病抵抗性[8]，ダイズモザイクウイルス病抵抗性[13,14,55,56,57]，シストセンチュウ抵抗性[7,32]，茎疫病（Phytophthora rot）抵抗性[4,8,33,38]，斑点病（frogeye leaf spot）抵抗性[30]等がある．QTLが解析されている形質は，菌核病（Scllrotinis rot）抵抗性[21]，落葉病（brown stem rot）抵抗性[22,24]，SDS（sudden death syndrome）抵抗性[1,5,15,28]，ダイズわい化病抵抗性[18]，シストセンチュウ抵抗性[1,6,18,28,34,50,51]，アレナリアネコブセンチュウ（peanut root-not nematode）抵抗性[46]，ミナミネコブセンチュウ（southern root-not nematode）抵抗性[45]，ジャワネコブセンチュウ（Javanese root-knot nematode）抵抗性[44]，オオタバコガ抵抗性[36,37,47]，等がある．その他開花期，成熟期，茎長，葉形，倒伏性，収量，葉の表面の毛茸の向き，裂莢性，種子重量，発芽もやしの特性，タンパク質含量，脂質含量，耐塩性，鉄吸収効率，水分利用効率等が解析されている．わが国では独自の育種素材が持っているシストセンチュウ抵抗性遺伝子，ダイズモザイクウイルス病抵抗性遺伝子，黒根腐病抵抗性遺伝子等の解析が行われている．われわれは作出した分子連鎖地図を用いて開花期のQTLを解析して四つの座を見いだした[53,54]．各QTLに関して最も近接したマーカー，遺伝的効果などを表2-5-4にまとめた．またこれらのQTLの連鎖地図上の位置を図2-5-1に示した．今後は耐湿性，耐冷性，耐虫性，イソフラボノイド含量，糖含量等も解析の対象になるものと思われる．

QTL解析には$F_2$と$F_3$，組換え体近交系（recombinant inbred lines）が主に利用されている．解析

表 2-5-4 開花期の QTL 解析によって特定された 4 つの遺伝子座. FT2, FT3 および FT4 は multiple-QTL モデルに基づき FT1 の効果を除いて同定された. 表に示されている相加効果と優性効果は, ミスズダイズ遺伝子型に対して秣食豆公 503 遺伝子型が相対的に持つ遺伝的効果を示している.

| 遺伝子座 | 最も近接する[1]マーカー | 座乗する連鎖群 | LOD 値[2] | 寄与率[3] (%) | 相加効果 (日) | 優性効果 (日) |
|---|---|---|---|---|---|---|
| FT1 | AG36[4] | 3 | 48.79 | 69.7 | −9.4 | +3.8 |
| FT2 | 138GA26 | 15 + 25 | 63.33 | 80.6 | +3.6 | −0.2 |
| FT3 | Satt373 | 9 + 16 | 54.97 | 74.7 | −2.1 | +1.7 |
| FT4 | GM021 | 2 − 1 | 51.86 | 72.9 | −1.7 | −0.2 |

[1] 最も高い LOD 値を示したマーカー.
[2] FT1 では LOD のしきい値を 2.0 に, FT2, FT3 および FT4 については 50.79 を適用した.
[3] F2 の全表現型分散に占める寄与率. FT2, FT3 および FT4 については FT1 と合わせたもの.
[4] このマーカーは GM 133, GM 169 および GmN 93 と共分離した.

には適当な遺伝資源から由来する遺伝的分離集団または系統群, さらに SSR マーカーのような多型性の高い多数のマーカーが必要である. QTL を正確に同定して, ポジショナルクローニングを可能にするためには, 戻交雑後代近交系 (back crosss inbred lines) が最も適している. ダイズは交配に手間がかかるため, このような近交系をいかに効率的に作出するかが課題である.

### 3) DNA マーカーを用いた物理的マッピング

DNA マーカーを特定の DNA 領域に位置づけるためには, 巨大 DNA のライブラリーが必要である. ゲノム上の特定の領域の塩基配列決定や全ゲノムの塩基配列決定, DNA マーカーの近傍にある形質を支配する遺伝子の単離 (ポジショナルクローニング) に利用することができる. 巨大 DNA ライブラリーを作製するためのベクターとして YAC (yeast artificial chromosome), PAC (P 1-derived artificial chromosome), BAC (bacterial artificial chromosome), TAC (transformation-competent artificial chromosome) 等が用いられている. キメラの生じる可能性が低く, 取り扱いが簡単で比較的巨大な (300 kb 程度まで) DNA 断片をクローン化することができるため, 最近は BAC ベクターを用いることが多い. TAC ベクターのように, そのまま植物の形質転換ベクターとしても使えるものが工夫されている. ダイズでも一部 YAC ベクターが用いられているが, ほとんどの場合 BAC ベクターが使われている. 品種 Forrest[29,58], A3244[49] を用いて全ゲノムの物理地図をめざして BAC クローンのコンティグ作製が進められている. シストセンチュウ抵抗性遺伝子を含む BAC クローンや BAC コンティグ[9,48], 茎疫病抵抗性遺伝子の近傍マーカーを含む BAC クローン[38], 抵抗性遺伝子類似の配列を含む BAC コンティグ[27,31] CLAVATA1 類似遺伝子を含む BAC クローン[52] 等の報告がある. BAC ライブラリーは平均のインサートサイズが大きく, ゲノムを十分に網羅する数のクローンが必要である. それを目的の遺伝子を保有する品種・系統ごとに作出してコンティグを作製しなければならないのでコンティグ作製の効率化が大きな課題である. われわれは開花期に関与する遺伝子等を単離するために, ミスズダイズから平均インサートサイズ約 120 kb の BAC ライブラリーを作製中である. ポジショナルクローニングの際には形質転換による相補性の検定を行わなければならないので, ダイズの効率的な形質転換技術が必要である.

(原田 久也・山中 直樹)

### 引用文献

1) Abu-Thredeih, J. *et al.* Soybean Genet. Newslett., 23, 158-162 (1996)

2) Akkaya, M. S. *et al.* Crop Sci., 35, 1439-1445 (1995)
3) Bailey, M. A. *et al.* Crop Sci., 38, 254-259 (1998)
4) Byrum, J. R. *et al.* Soybean Genet. Newslett., 20, 112-117 (1993)
5) Chang, S. J. C. *et al.* Crop Sci., 36, 1684-1688 (1996)
6) Concibido, V. C. *et al.* Theor. Appl. Genet., 93, 234-241 (1996)
7) Cregan, P. B. *et al.* Theor. Appl. Genet., 99, 811-818 (1999)
8) Cregan, P. B. *et al.* Crop Sci., 39, 1464-1490 (1999)
9) Danesh, D. *et al.* Theor. Appl. Genet., 96, 196-202 (1998)
10) Ferreira, A. R. *et al.* J. Heredity, 91, 392-396 (2000)
11) Goldberg, R. B. Biochem. Genet., 16, 45-68 (1978)
12) Gurley, W. B. *et al.* Biochem. Biopys. Acta, 561, 167-183 (1979)
13) Hayes, A. J. and Saghai Maroof, M. A. Theor. Appl. Genet., 100, 1279-1283 (2000)
14) Hayes, A. J. *et al.* Crop Sci., 40, 1434-1437 (2000)
15) Hnetkovsky, N. *et al.* Crop Sci., 36, 393-400 (1996)
16) Hossain, K.G. *et al.* DNA Res., 7, 103-110 (2000)
17) Jennifer, M. *et al.* Genome, 42, 829-836 (1999)
18) 紙谷元一ほか. 育種学研究, 2 (別1), 119 (2000)
19) Kasuya, T. *et al.* Mol. Plant-Microbe Interact., 10, 1035-1044 (1997)
20) Keim, P. *et al.* Crop Sci., 37, 537-543 (1997)
21) Kim, H. S. and Diers, B. W. Crop Sci., 40, 55-61 (2000)
22) Klos, K. L. E. *et al.* Crop Sci., 40, 1445-1452 (2000)
23) Lark, K. G. *et al.* Theor. Appl. Genet., 86, 901-906 (1993)
24) Lewers, K.S. *et al.* Mol. Breed., 5, 33-42 (1999)
25) Mahinur, S. *et al.* Crop Sci., 35, 1439-1445 (1995)
26) Mansur, L. M. *et al.* Crop Sci., 36, 1327-1336 (1996)
27) Marek, L. F. and Shoemaker, R. C. Genome, 40, 420-427 (1997)
28) Meksem, K. *et al.* Theor. Appl. Genet., 99, 1131-1142 (1999)
29) Meksem, K. *et al.* Theor. Appl. Genet., 101, 747-755 (2000)
30) Mian, M. A. R. *et al.* Crop Sci., 39, 1687-1691 (1999)
31) Michelle, A. *et al.* Genome, 43, 86-93 (2000)
32) Mudge, J. *et al.* Crop Sci., 37, 1611-1615 (1997)
33) Polzin, K. M. *et al.* Theor. Appl. Genet., 89, 226-232 (1994)
34) Qiu, B.X. *et al.* Theor. Appli. Genet., 98, 356-364 (1999)
35) Rafalski, A. and Tingey, S. In, O'Brien, S. J. (ed.) Genetic Maps : Locus Maps of Complex Genomes. Cold Spring Harbor Laboratory Press, New York, pp. 6.149-6.156 (1993)
36) Rector, B. G. *et al.* Crop Sci., 39, 531-538 (1999)
37) Rector, B. G. *et al.* Crop Sci., 40, 233-238 (2000)
38) Salimath, S. S. and M. K. Bhattacharyya Theor. Appl. Genet., 98, 712-720 (1999)
39) Shoemaker, R. C. In : O'Brien, S. J. (ed.) Genetic Maps : Locus Maps of Complex Genomes. Cold Spring Harbor Laboratory Press, New York, pp. 6.131-6.138 (1993)
40) Shoemaker, R. C. Advances in Cellular and Molecular Biology of Plants 1, 299-309 (1994) 41.

Shoemaker, R. C. Crop Sci., 35, 436-446 (1995)
42) Shoemaker, R. C. In, Verma, D. P. S. and Shoemaker, R. C. (ed.) Soybean, Genetics, Molecular Biology and Biotechnology. CAB INTERNATIONAL, Oxon, pp. 37-56 (1996)
43) Shoemaker, R. C. *et al.* Genetics, 144, 329-338 (1996)
44) Tamulonis, J. P. *et al.* Crop Sci., 37, 783-788 (1997)
45) Tamulonis, J. P. *et al.* Crop Sci., 37, 1903-1909 (1997)
46) Tamulonis, J. P. *et al.* Theor. Appl. Genet., 95, 664-670 (1997)
47) Terry, L. I.. Crop Sci., 40, 375-382 (2000)
48) Tomkins, J. P. *et al.* Plant Mol. Biol., 41, 25-32 (1999)
49) Tomkins, J. P. *et al.* Soybean Genet. Newslett., http//soy.ohio-state.edu/sgn/articles/SGN2000-002.htm (2000)
50) Vierling, R. A. *et al.* Theor. Appl. Genet., 92, 83-86 (1996)
51) Webb, D. M. *et al.* Theor. Appl. Genet., 91, 574-581 (1995)
52) Yamamoto, E. *et al.* Biochim. Biophys. Acta, 1491, 333-340 (2000)
53) Yamanaka, N. *et al.* Breed. Sci., 50, 109-115 (2000)
54) Yamanaka, N. *et al.* DNA Res., 8, 61-72 (2001)
55) Yu, Y. G. *et al.* Theor. Appl. Genet., 92, 64-69 (1996)
56) Yu, Y. G. *et al.* Phytopathology, 84, 60-64 (1994)
57) Zhang, Z. *et al.* Soybean Genet. Newslett., 25, 27-28 (1998)
58) Zobrist, K. *et al.* Soybean Genet. Newslett., http, //www.soygenetics.org/articles/sgn2000-010.htm (2000)

# 第3章 育　種

## はじめに

　マメ類全体について育種研究成果をとりまとめた著書は，総合農業叢書第10号「わが国におけるマメ類の育種」が最初であり，1987年の刊行である．以後14年を経て，マメ類の育種研究は目覚しい発展を遂げ，品種育成や育種方法などで多くの研究成果が出ている．だが，近年のマメ類の育種研究成果全体を集大成した書は刊行されていなかった．この14年間に水田農業におけるコメの生産調整が強化されるに伴い，ムギ，ダイズの本格的生産が振興され，ダイズに対しては一層の多収化，アメリカにおける日本向け食品用ダイズ品種の開発に見られるような国際化に対応した高品質化，低コスト化が焦眉の急とされている．

　収量性の向上には生育中の障害に耐性を強化させることが重要であり，ダイズでは実用育種とともに，品種育成のための遺伝的な研究も精力的に進められた．ダイズモザイクウイルス，ダイズわい化病等病害抵抗性，ダイズシストセンチュウ，食葉害虫等に対する虫害抵抗性，および耐冷性のの強化に視点をおいた検定手法の開発・改良など研究の効率化を図ってきた．ダイズシストセンチュウ抵抗性育種においては，道立十勝農試，東北農研センターおよび長野県中信農試で実施されているが，対象とするセンチュウレースが異なっていることもあり，遺伝的な解析手法が異なっている．この分野ではDNAレベルの研究が急速に進んでおり，近く抵抗性遺伝資源が持っている遺伝子についても，解明される予定である．また省力化，低コスト化を目指して機械化適応性品種の開発が進められ，機械化栽培と関連が深い耐倒伏性の評価手法など基礎研究も大きく進展した．このような地道な育種基礎研究の成果として，機械化適性や豆腐加工適性などの特性を具備した28品種が平成以降に育成されている．

　さらに，成分の遺伝的改良として，タンパク組成の改変，リポキシゲナーゼ欠失，イソフラボンなど配糖体成分の改良，用途別加工適性についても，食生活の多様化や高品質化に対する消費者の要望に沿うべく育種研究が精力的に展開された．不快臭発生の原因となる酵素リポキシゲナーゼを欠失させたゆめゆたか，いちひめ，エルスター，さらにはアレルゲンの一部を欠失させたゆめみのりのように，突然変異育種法が的確に利用されたことに相俟って分析手法の改良が，通常の育種操作では困難とされてきた新形質品種の開発を，世界に先駆けて成功させた．

　アズキおよびインゲンマメは北海道が主産地であり，育種研究も道立十勝農試で実施されている．アズキについては耐冷性品種の育種研究が進められ，特に土壌病害で薬剤防除が難しいアズキ落葉病，アズキ茎疫病，アズキ萎凋病に対する抵抗性品種の開発に重点をおいて，国内外の抵抗性遺伝資源の探索が精力的に進められ，きたのおとめ，しゅまり，とよみ大納言など，複数の病害に抵抗性を具備した品種が育成された．特に2001年に育成されたとよみ大納言はアズキ落葉病と萎凋病に抵抗性を持ち，登熟時の雨害にも品質の低下が少なく，極大粒で加工適性にも優れた画期的な品種である．インゲンマメについても，ウイルス病をはじめ多様な病害が安定生産を阻んできた．その抵抗性育種においては国外由来の遺伝資源に抵抗性のソースが求められた．用途が煮豆等の特殊な用途に限られ，しかも金時，手亡など種類別に外観をはじめ加工特性も既存銘柄並に要求されるため，育種研究は困難を極めたが，近年，有望な品種や系統が次々に作出されている．まさに，遺伝資源を駆使して得られた育種研究の成果である．

　ラッカセイについては，わが国における栽培の歴史は他のマメ類に比べて浅く，国内在来の遺伝資

源がなきに等しい．アジアモンスーン地帯にあるわが国に適応した品種育成は困難を極めた．しかし，亜種間交雑など遺伝的なバックグランドの拡大と目標形質の蓄積によって，郷の香のように画期的な品種の育成に成功した．また，国内の用途が煎り豆のほか生鮮食材としてゆで落花が高収益品目として，主に関東地域で生産されている．このような産地の動向をいち早く洞察し，優れた加工適性を具備したゆで落花向き品種が開発され，現在は育成品種が，この用途でも主力品種となっている．

本章では，以上のようなダイズ，アズキ，インゲン，ラッカセの育種研究の成果について取りまとめた．

ところで，わが国におけるダイズの研究は，明治初期における品種試作・比較試験に端を発する．北海道では北海道開拓史の設置とともに，また秋田県では1881年より試験場で品種導入，試作試験が開始された．1910年には農事試験場陸羽支場（現東北農業研究センター・水田利用部）は純系分離法を，1911年には交配育種による品種改良を開始した．同支場では1916年に陸羽8号（純系分離），1922年に陸羽27号（交配育種）を育成した．なお，これに先立つ1901年には秋田県内の根田忠正は白莢大豆と兄を交配し，選抜を重ねて1906年に固定系統を得て秋田と命名した．秋田は1916年に秋田県の奨励品種に採用された．同氏がダイズの交配をしたのは，メンデルの法則再発見の翌年であり，情報をどのように得たのか不明であるが，当時の先端的技術を導入した成果であった．

1919～1929年の10年間に，農商務省の指定を受けて岩手県と埼玉県が純系分離および人工交配による育種試験を行った．岩手県は交配品種岩手1号，同2号を，埼玉県は純系分離品種白花埼1号を育成した．昭和初期の東北地域を襲った冷害を契機として，寒冷地の畑作経営の安定化および全国の畑作振興策が策定され，その一環として1935年に秋田（大館），茨城（石岡），熊本（阿蘇）にダイズの品種改良を目的とする指定試験地が設置された．1947年には育種指定試験の農事改良実験所への改組が行われた．このときに佐賀農事改良実験所春日試験地が設置され，夏ダイズの育種が始められた．1950年に秋田（大館試験地）を東北農業試験場に移管し，茨城，佐賀，熊本については再度指定試験制度に戻した．また，独自に育種を行ってきた，道立十勝農試を1956年に，長野農試（桔梗ヶ原，現長野県中信農試）を1957年に指定試験地にし，その後，北海道農試における育種の中止（1965年）と道立中央農試の指定試験地設置（1966年），茨城県（1965年），佐賀県（1965年），熊本県（1970年）の指定試験地廃止と九州農試における育種の開始（1971年），農業研究センターに豆類育種研究室を新設（1987年），中国農試に畑作物育種研究室を新設（2000，2001年より大豆育種研究室新設）などの変遷を経てきた．

2001年4月に国立の研究機関は独立行政法人に移行し，これに伴い組織の改編が行われ，農業研究センターの作物育種部門は農業技術研究機構・作物研究所に所属することになった．2002年現在においてマメ類の育種を担当している場所は，ダイズでは農業技術研究機構・東北農業研究センター，同作物研究所，同近畿中国四国農業研究センター，同九州沖縄農業研究センター，道立十勝農業試験場，道立中央農業試験場，長野県中信農業試験場の7場所であり，アズキ（育種指定試験地），インゲンマメでは道立十勝農試が，またラッカセイでは千葉県農業試験場が担当している．

（酒井　真次）

## 1. 病害抵抗性育種

### 1）寒冷地におけるダイズモザイクウイルス抵抗性育種

#### (1) 緒言

ダイズにウイルス病を引き起こす病原としてダイズモザイクウイルス（SMV），アルファルファモザイクウイルス（AMV），インゲン黄斑モザイクウイルス（BYMV），ダイズ萎縮ウイルス（SSV）等多くのウイルスが明らかになっている[9]．このうちダイズモザイクウイルス（以下，SMVと略）によるモザイク病は，東北地方（寒冷地）に広く発生が認められ，ダイズの収量を低下させるとともに，褐斑粒を発生させ子実の品質を著しく低下させる．SMVはわが国においては病原性等によりA〜Eの5病原系統に分類され[10]，一般に，東北北部地域ではAおよびB病原系統に，東北南部以南の地域ではこれら2病原系統に加え，CおよびD病原系統に抵抗性をもつ品種が必要とされている[1]．

#### (2) 東北農業試験場におけるSMV抵抗性育種の現状

東北農業試験場刈和野試験地（秋田県）では1962年にSMV抵抗性品種の育種試験に着手し，抵抗性強（A〜D病原系統に抵抗性）の品種としてデワムスメ[4]，スズユタカ[2]を育成した．その後，

表3-1-1　1986年以降に地方番号を付したSMV抵抗性系統

| 系統名 | 組み合わせ 母 | 組み合わせ 父 | 成熟期 | 粒大 | シストセンチュウ | 粗タンパク質含有率 | 備考 |
|---|---|---|---|---|---|---|---|
| 東北91号 | 東北52号 | 刈系102号 | 中生の晩 | 中粒の大 | 弱 | 中 | |
| 東北93号 | スズユタカにγ線照射 | | 中生 | 中粒 | 強 | 中 | |
| 東北95号 | 東北52号 | 刈系102号 | 中生の晩 | 中粒の大 | 強 | 中 | |
| 東北102号 | 東北65号 | 東北61号 | 中生の早 | 中粒 | 強 | 中 | |
| 東北105号 | ミヤギオオジロ | 東北65号 | 晩生 | 大粒の小 | 弱 | 中 | |
| 東北109号 | 刈系145号 | 中育10号 | 晩生 | 大粒の小 | 強 | 中 | |
| 東北110号 | 東北68号 | エンレイ | 中生の晩 | 中粒の小 | 強 | 中 | |
| 東北117号 | 東北80号 | 刈交343-8-5-2 | 中生の晩 | 中粒 | 強 | 中 | |
| 東北124号 | 刈系434号にγ線照射 | | 中生の晩 | 中粒 | 弱 | 高 | ゆめみのり |
| 東北126号 | 東北96号 | デワムスメ | 中生の晩 | 中粒 | 強 | 中 | ふくいぶき |
| 東北127号 | スズユタカ | エンレイ | 早生の晩 | 中粒の小 | 強 | 中 | |
| 東北128号 | スズユタカ | エンレイ | 晩生 | 中粒の大 | 強 | 中 | ハタユタカ |
| 東北129号 | タマヒカリ | 東北83号 | 晩生 | 中粒の大 | 弱 | 中 | |
| 東北131号 | タチユタカ | 刈系404号 | 中生 | 中粒の大 | 弱 | 中 | |
| 東北132号 | 刈系266号 | 東山124号 | 中生 | 大粒 | 弱 | 中 | |
| 東北134号 | スズユタカ | エンレイ | 中生 | 中粒の大 | 弱 | 中 | |
| 東北135号 | スズユタカ | {(関係1号×関係2号)F₂}M₂ | 中生の晩 | 中粒 | 強 | 中 | |
| 東北137号 | 刈交424 M3 | オオツル | 中生 | 中粒の大 | 弱 | 中 | |
| 東北138号 | 刈系352号 | タチユタカ | 中生の晩 | 大粒の小 | 弱 | 中 | |
| 東北139号 | α欠（I） | タチナガハ | 中生 | 中粒の大 | 弱 | 中 | |
| 東北140号 | 東北103号 | 刈系324号 | 中生 | 大粒の小 | 強 | 中 | |
| 東北144号 | 東北103号 | 刈系324号 | 中生の早 | 中粒の大 | 弱 | 中 | |
| 東北147号 | リポ全欠 | 東北103号 | 中生の晩 | 中粒の大 | 強 | 中 | |
| 東北149号 | 刈系479号 | 東北108号 | 中生の晩 | 大粒 | 弱 | 中 | |

(注) SMVのA〜D病原系統に抵抗性を示す24系統．

同様の抵抗性をもつ品種としてタチユタカ[3]，ハタユタカ[8]を含む25品種・系統を育成し（表3-1-1），現在も多くの抵抗性強の系統を奨励品種決定調査等に供試している．これらの品種・系統におけるCおよびD病原系統に対する抵抗性は，大部分がデワムスメ，スズユタカと同じHarosoyの遺伝子に由来する．

一方，農業生物資源研究所保存の遺伝資源について，1983年以降，SMV病原系統ごとの抵抗性評価を実施している．これまでに1,400点余りの遺伝資源について評価しており[7,10]，Hardee, Kobane daizu, Kou 66, 交系64号，Patten, Peking, PI 84751, PI 90763, PI 96983, 新3号，鉄豊18号の11点がA〜E病原系統のすべてに抵抗性であった．これらはHarosoyとは由来の異なるCおよびD病原系統抵抗性や，E病原系統に対する抵抗性をもっていると考えられることから，新たな抵抗性遺伝子導入のための交配母本として利用している．

(3) SMV高度抵抗性系統開発の現状

SMVのE病原系統は東北地方中部以南に発生し，その発生頻度は多くはないが，罹病すると激しいえそ病徴が現れて枯死に至り，著しい減収をもたらす．そのため，東北農業試験場ではA〜D病原系統の抵抗性に加え，E病原系統に対する抵抗性を付与した品種の開発を進めている．これまでの遺伝資源検索でE病原系統に抵抗性を有するものとして，房成，鉄豊18号等を明らかにしており[7,10]，これらを抵抗性の母本として利用してきた．

東北農業試験場における高度抵抗性育種の結果，SMVのA〜Eの五つの病原系統すべてに抵抗性を示す高度抵抗性系統刈系324号を最初に育成した．本系統はSMVのA〜D病原系統抵抗性のデワムスメを母，A, BおよびE病原系統抵抗性の房成を父として1978年に交配し，育成してきたものである（図3-1-1）．しかし，この系統は1987〜1989年の3カ年にわたり生産力検定予備試験，系統適応性検定試験に供試したが，収量性が劣ることなどから品種育成には至らなかった．その後，収量性を改善したSMV高度抵抗性系統刈系599号（図3-1-2），刈系624号（図3-1-1）を育成したが，草姿が一般の品種に比べて劣ることから未だ実用化には至っていない（表3-1-2）．今後さらに実用品種との交雑を繰り返して収量性等の一層の向上を図る必要がある．

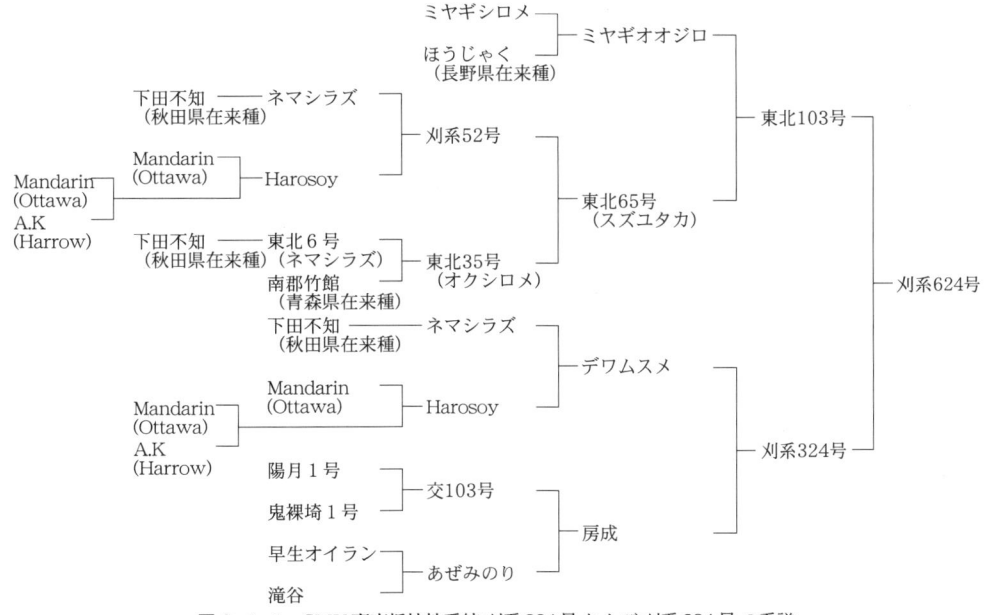

図3-1-1　SMV高度抵抗性系統 刈系324号 および 刈系624号 の系譜

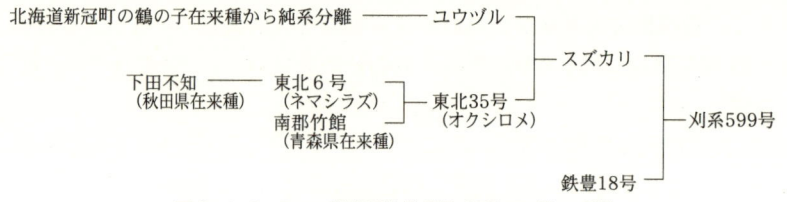

```
北海道新冠町の鶴の子在来種から純系分離 ───── ユウヅル ─┐
                                                        ├─ スズカリ ─┐
       下田不知 ──── 東北6号                             │            │
       (秋田県在来種)  (ネマシラズ)─── 東北35号 ─────────┘            │
                    南郡竹館        (オクシロメ)                      ├─ 刈系599号
                    (青森県在来種)                                    │
                                                         鉄豊18号 ───┘
```

図3-1-2 SMV高度抵抗性系統 刈系599号 の系譜

表3-1-2 SMV高度抵抗性系統の特性

| 供試年次 | 系統名 | 主茎長 (cm) | 倒伏の程度 | 成熟期 (月.日) | 子実重 (kg/a) | 標準対比 (%) | 百粒重 (g) | 裂皮の程度 | 品質 | 粗タンパク質 (%) |
|---|---|---|---|---|---|---|---|---|---|---|
| 1987-1989 | 刈系324号 | 98 | 中 | 10.10 | 22.7 | 87 | 24.6 | 無 | 中中 | − |
|  | スズユタカ(標) | 84 | 少 | 10.17 | 26.1 | 100 | 25.8 | 無 | 中中 | − |
| 1997-1998 | 刈系599号 | 67 | 微 | 10.16 | 30.6 | 94 | 28.7 | 微 | 中中 | 45.3 |
|  | スズユタカ(標) | 77 | 少 | 10.18 | 32.6 | 100 | 24.7 | 微 | 中中 | 40.0 |
| 1998-1999 | 刈系624号 | 88 | 多 | 10.19 | 26.7 | 99 | 30.5 | 微 | 中中 | 42.0 |
|  | スズユタカ(標) | 78 | 少 | 10.16 | 27.0 | 100 | 25.0 | 少 | 中中 | 40.6 |

(注) 東北農業試験場・刈和野試験地の普通畑標準播による生産力検定試験. 供試年次の平均値.

### (4) SMVの大量接種選抜技術の確立

東北農業試験場刈和野試験地では，SMVのAおよびB病原系統は自然発生するものの，CおよびD病原系統は発生しない．そのため，山形県農業試験場ウイルス病激発圃場での現地選抜試験，刈和野試験地隔離圃場における人工接種選抜試験を組み合わせることにより，CおよびD病原系統に抵抗性を示す個体・系統を選抜している．このうち，隔離圃場での人工接種選抜試験は精度が高いものの，手作業による接種であるため，多くの労力や時間を必要とする．そこで，モザイク病の予防を目的として丹波黒に弱毒系統のウイルスを接種する技術[5,6]を抵抗性ダイズの選抜に応用し，人工接種の効率化を図ることを検討した[11]．

Ⅰ) 接種法による罹病比較試験
(i) 材料および方法
ア. 試験年次：1993および1994年.
イ. 供試品種
　農林4号 (すべての病原系統に感受性)，
　奥羽3号，ネマシラズ，スズカリ (AおよびB病原系統に抵抗性).
　なお，スズカリは1994年のみの供試した.
ウ. 接種法：従来法，大量法Ⅰ (1993年のみ実施) および大量法Ⅱ.
　ア) 大量法Ⅰ
　10倍希釈. CおよびD病原系統に罹病した葉片各50gを0.1Mリン酸緩衝液 (pH7.0) 1lを加えて磨砕し，遠心濾過により濾液を得た．これに600メッシュのカーボランダム30gを添加し接種液とした．接種は初生葉にスプレーガンを用いて行った．水圧は約3.5 kg/cm$^2$ である．
　イ) 大量法Ⅱ
　50倍希釈. CおよびD病原系統に罹病した葉片各10gを用いる他は，大量法Ⅰに同じである．
　ウ) 従来法
　カーボランダムを初生葉に振りかけ，接種液をしみこませたスポンジで2～3回こすりつけて接

種した．接種液は大量法Ⅱの接種液を使用した．
　エ．試験区の配置：乱塊法，3反復．
（ⅱ）試験結果　1993年実施の比較試験では，大量法Ⅰ，大量法Ⅱおよび従来法のいずれの方法においても，全ての接種個体が罹病し，接種方法による差はみられなかった（データ省略）．一方，1994年は大量法Ⅱと従来法について比較したところ，平均罹病率が従来法では92.0％，大量法Ⅱで97.5％となり（表3-1-3），大量法が高い罹病率を示した（5％水準）．

表3-1-3　SMVの接種法と罹病率の関係

| 品種名 | 大量法Ⅱ | 従来法 |
|---|---|---|
| 農林4号 | 96.4 | 87.4 |
| 奥羽3号 | 96.9 | 88.6 |
| ネマシラズ | 97.6 | 96.4 |
| スズカリ | 99.0 | 95.7 |
| 平均値 | 97.5 | 92.0 |

（注）試験年次：1994年．
　接種法間に5％水準で有意差が認められた．

Ⅱ）大量法による育成系統の選抜試験実績（1994～1999年）
（ⅰ）材料および方法
　ア．試験年次：1994～1999年．
　イ．供試材料：CおよびD病原系統に対する抵抗性の分離が期待される交雑集団．
　ウ．接種法：大量法Ⅱの方法による．
（ⅱ）試験結果　試験年次により罹病率には変動がみられたものの，$F_2$集団平均で27.5％の個体が罹病した（表3-1-4）．また，接種試験を繰り返すことにより罹病率は低下しており，選抜の効果が

表3-1-4　スプレーガンを用いたSMVの人工接種法（大量法）による育成材料のSMV罹病率

| 交配番号 | 組合せ | | 罹病率（％） | | |
|---|---|---|---|---|---|
| （刈交） | 母 | 父 | $F_2$ | $F_3$ | $F_5$ |
| 0417 | 東北112号 | 刈系479号* | 37.4 | 11.1 | 10.3 |
| 0419 | 東北113号 | 刈系324号* | 37.2 | 7.8 | 11.7 |
| 0703 | COL/1989/丹羽/小田垣-1 | 刈系324号* | 25.2 | 17.3 | |
| 0704 | 刈交0228 F5 | 刈系540号* | 30.1 | | 0.0 |
| 0763 | 白山タダチャ | 東北110号* | 37.4 | 25.9 | |
| 0765 | 一人娘 | 東北110号* | 32.1 | 27.5 | |
| 0806 | ギンレイ* | 刈交0207 F9 | 11.6 | 14.2 | |
| 0807 | タチユタカ* | 刈交0207 F9 | 15.1 | 14.1 | |
| 0813 | 東北129号* | 刈交0262 F6 | 26.0 | 15.9 | |
| 0814 | 東北129号* | 刈交0264 MY F6 | 23.3 | 17.8 | |
| 平均値 | | | 27.5 | 16.8 | 7.3 |

（注）*：SMVのA～D病原系統に抵抗性．ただし，刈系324号はA～E病原系統に抵抗性．
　試験年次：1994～1999年．

得られていると判断された（表3-1-4）．
　大量法と従来法の作業効率を表3-1-5に示した．10 aの圃場で接種作業を行った場合，従来法では10名程度で7時間の作業を要したが，大量法ではスプレーガン1台の場合，同じ時間内に接種者3名で接種できた．また，使用するスプレーガンを4台にした場合，8名で2.5時間で接種できた．

表3-1-5　SMVの人工接種法と作業効率の関係

| 接種法 | 大量法 | | 従来法* |
|---|---|---|---|
| | 1994年 | 1999年 | |
| スプレーガン数 | 1 | 4 | − |
| 人員（人） | 3 | 8 | 10～12 |
| 労働時間（時間） | 7 | 2.5 | 7 |

（注）接種圃場面積：10 a，接種固体数：約10,000固体．
*は1993年までの実績．
大量法では接種作業とサポート作業を適宜交代．

(iii) 考　察　従来法と大量法との間には罹病程度に差はなく，スプレーガンを用いた大量法が手作業に代わる人工接種法として有効であり，抵抗性個体・系統の選抜に利用できる．今後，大量法による人工接種を行うことにより，SMV抵抗性育種のための試験規模の拡大が可能となり，抵抗性品種育成の加速が期待される．

(5) まとめ

　SMVは病原性等によりA～Eの病原系統に分類され，これまではこの分類法に基づいて育種研究が進められてきた．しかし実際には，これらには分類されない病原や，新たな病原系統分化の情報もある．これまでにSMV抵抗性育種に利用した抵抗性遺伝子源は非常に狭く限られたもので，これまでの育成品種がもつCおよびD病原系統に対する抵抗性は「Harosoy」に由来する．このため新たな病原系統が拡大・蔓延した場合には，これら品種のSMV抵抗性が打破される危険がある．したがって，今後も抵抗性遺伝子源の検索を継続し，新たな抵抗性遺伝子源を利用したSMV抵抗性の複合化を進めることが重要な課題である．

（高橋　浩司）

## 引用文献

1) 橋本鋼二ほか．わが国におけるマメ類の育種（小島睦男編）．総合農業研究叢書，10, 32-64 (1987)
2) 橋本鋼二ほか．ダイズ新品種「スズユタカ」の育成．東北農試研報，70, 1-38 (1984)
3) 橋本鋼二ほか．ダイズ新品種「タチユタカ」の育成．東北農試研報，77, 27-44 (1988)
4) 石川正示ほか．ダイズ新品種「デワムスメ」の育成．東北農試研報，59, 71-86 (1979)
5) 小坂能尚ほか．ダイズモザイクウイルス（SMV）の弱毒株がほ場で示した防除効果．日植病報，55, 533 (1989)
6) 小坂能尚ほか．ダイズモザイクウイルス（SMV）の弱毒株が現地ほ場で示した防除効果．日植病報，56, 428 (1990)
7) 長澤次男ほか．ダイズモザイクウイルス（SMV）系統に対する大豆品種・系統の反応．東北農試研究資料，14, 1-28 (1993)
8) 島田信二ほか．豆腐加工適性・広域適応性ダイズ新品種「ハタユタカ」の育成．東北農試研報，96, 1-15 (1999)
9) 高橋幸吉ほか．日本におけるダイズのウイルス病と病原ウイルスに関する研究．東北農試研報，62, 1-130 (1980)
10) 高橋幸吉ほか．ダイズモザイクウイルスおよびダイズ萎縮ウイルスの各系統に対する大豆品種の反応．東北農試研究資料，7, 1-35 (1987)
11) 高橋浩司ほか．大豆育種におけるダイズモザイクウイルスの大量接種法．日作東北支部報，38, 85-86 (1995)

## 2) 温暖地におけるモザイクウイルス抵抗性育種研究

(1) 緒　言

　ダイズモザイクウイルス（以下SMVとする）によるダイズモザイク病は被害が大きく発生面積が広い病害である．本病は生育初期に感染すると大きな収量低下要因となるほか，成熟後の種皮にアントシアン系色素の異常生成により褐斑粒が発生し外観品質が低下する．1975年頃から本病の被害が次第に目立つようになり，エンレイ（SMV-A, B抵抗性）は1980年頃から発病が著しくなり褐斑粒が多発するようになった．これは，A, B以外のC, D病原系統が増加したためと考えられる．

このようなことから，SMV-C, D系統にも抵抗性を有する高度抵抗性品種の要望が強くなった．以下に，長野県中信農業試験場（以下中信農試とする）における SMV-C, D病原系統抵抗性品種育成の取り組みについて述べる．

### (2) SMV高度抵抗性品種の育成

ホウレイは，1970 年に長野県農業試験場桔梗ヶ原分場（現中信農試）において，耐病性の良質多収品種育成を目標として，関東 53 号（のちのシロセンナリ）を母，長交 44-5〔東山系 NA 3 ×（東山系 E896 ×東山系 D806）$F_1$〕の $F_1$ を父として人工交配を行い，集団選抜および系統選抜を経て，固定を図ってきたものである．

育成過程の中で，SMV 抵抗性については自然発病で選抜したのみである．ウイルス病抵抗性特性検定を山形県農業試験場で 1979, 85, 86 年の 3 カ年，愛媛県農業試験場で 1985 年に実施し，抵抗性"中"程度とされる農林 2 号やエンレイよりは強く，"強"と評価された．また，東北農業試験場刈和野試験地と中信農試で，SMV 各病原系統に対する検定をした結果，SMV-A〜D に抵抗性であることが判明した．抵抗性の由来は不明であるが，スズユタカと同じ抵抗性遺伝子と考えられている．

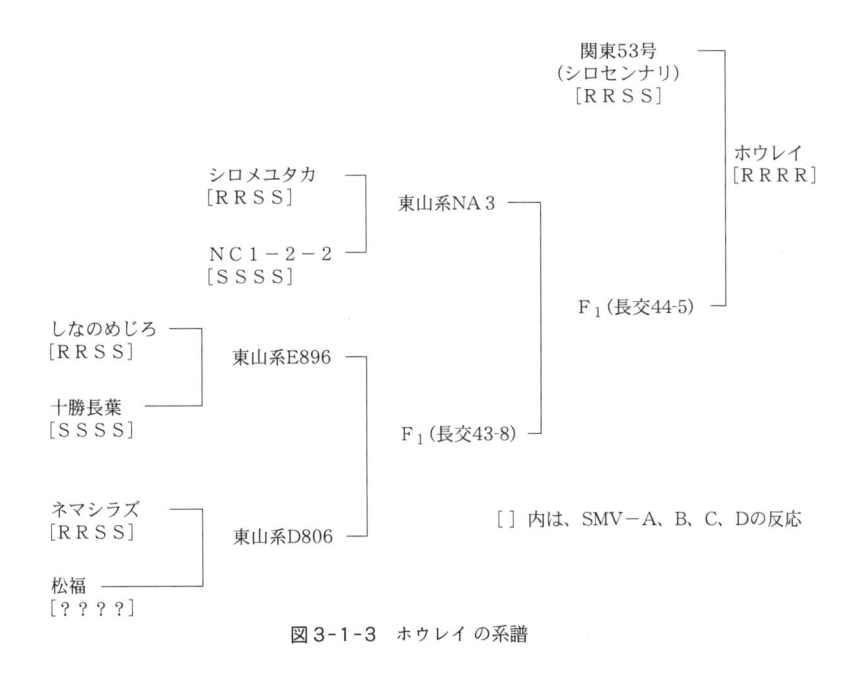

図 3-1-3　ホウレイの系譜

ホウレイ以降育成された高度抵抗性品種としては，アヤヒカリ，ギンレイ，さやなみ，ほうえん，玉大黒，すずこがね，あやこがねがある．抵抗性の由来および育成過程での SMV の選抜はそれぞれ次のようである．

　i) **アヤヒカリの育成**　SMV 抵抗性をもつ大粒で良質多収品種育成を目標として，1975 年にエンレイを母，東北 53 号を父として人工交配を行い，選抜と固定を図ってきた．父親に用いた東北 53 号は東北農業試験場において，ネマシラズと Harosoy の組み合わせから選抜された系統である．育成経過においては，1984 年と 1990 年にウイルス病抵抗性検定を山形県立農業試験場において実施し，抵抗性"極強"の指標品種デワムスメと同程度の発病程度であったことから，"極強"と判定された．1987 年に SMV 各病原系統に対する抵抗性検定を行い SMV-A〜D に抵抗性を示した．褐斑粒の発生が極めて少なく，大粒，多収，良質であったので長野県において奨励品種として採用するこ

ととなり，1991年にだいず農林96号として登録され，アヤヒカリと命名された．

ii）**ギンレイの育成** 晩生のモザイク病抵抗性品種で大粒の良質多収品種を目標に，1982年に晩生で大粒良質の東山系N802を母，モザイク病抵抗性で多収のスズユタカを父とし人工交配を行い，選抜固定を図ってきた．育成過程の$F_2$世代でSMV-C, Dを人工接種して選抜する方法を初めて採用した．$F_2$世代で抵抗性個体を選抜した場合，$F_3$世代で感受性個体が分離するが，抵抗性個体の出現頻度を高めるには有効であった．1993年にはSMV各病原系統に対する抵抗性検定を行い，SMV-A〜Dに抵抗性を示した．生育中の発病率および褐斑粒の発生率と発生程度からウイルス病抵抗性検定結果も，"強"と判定された．1995年にだいず農林102号として登録され，ギンレイと命名された．同年長野県でナカセンナリ対象の晩生種として奨励品種に採用された．

iii）**さやなみの育成** 小糸在来の優れた煮豆・味噌加工適性をタマホマレに導入する目的で，1979年に東山95号（のちのタマホマレ）を母，小糸在来を父として人工交配を行い，選抜と固定を図ってきた．ウイルス病抵抗性検定は，1988年に愛媛県農業試験場において実施し，発病葉を接種源とする人工接種および自然感染で"極強"と判定された．1993年にはSMV各病原系統に対する抵抗性検定を行いSMV-A, B, Eに抵抗性で，C, Dに対し稀にネクロシス症状を発生することから部分抵抗性とした．1997年にだいず農林104号として登録され，さやなみと命名された．同年島根県において奨励品種に採用された．小糸在来は，育成地の栽培で，褐斑粒の発生がなくSMVに抵抗性を有すると考えられた．また，さやなみはSMV-C, Dに対して稀にネクロシス症状を示す部分抵抗性であり，Eに対しては抵抗性を有しており，東山95号とは，抵抗性の反応が異なることから，抵抗性は小糸在来由来と考えられた．

iv）**玉大黒の育成** モザイク病抵抗性をもつ極大粒で良質黒豆品種の育成を目標に，丹波黒を母，モザイク病抵抗性の東山140号を父として，1984年に人工交配を行い，選抜と固定を図ってきた．$F_7$世代におけるSMV各病原系統に対する抵抗性検定では，SMV-A〜Dに抵抗性を示した．1997年にだいず農林106号として登録され，玉大黒と命名された．同年長野県において普及に移された．

v）**ほうえん，すずこがね，あやこがねの育成** モザイク病抵抗性で晩播栽培に適する良質・多収性の早中生品種育成を目的に，1983年に東山124号（のちのホウレイ）を母，子実中のタンパク含量が高く広域適応性のあるエンレイを父として人工交配を行い，選抜と固定を図った姉妹品種である．山形県立農業試験場で実施されたモザイク病特性検定試験結果は，ほうえん，すずこがねは

表3-1-6 SMV高度抵抗性品種の形態的特性

| 品種名 | 胚軸の色 | 小葉の形 | 花色 | 毛茸 多少 | 毛茸 形 | 毛茸 色 | 主茎長 | 主茎節数 | 分枝数 | 伸育型 | 熟莢色 | 粒 大小 | 粒 子葉色 | 粒 形 | 粒 光沢 | 粒 品質 | 種皮の色 | 臍の色 |
|---|---|---|---|---|---|---|---|---|---|---|---|---|---|---|---|---|---|---|
| ホウレイ | 紫 | 円葉 | 紫 | 中 | 直 | 白 | 短 | 中 | 中 | 有限 | 褐 | 中の大 | 黄 | 扁球 | 弱 | 上 | 黄白 | 黄 |
| アヤヒカリ | 紫 | 円葉 | 紫 | 中 | 直 | 白 | 長 | 中 | 多 | 有限 | 褐 | 大 | 黄 | 球 | 強 | 上 | 黄 | 黄 |
| ギンレイ | 紫 | 円葉 | 紫 | 中 | 直 | 白 | ヤヤ長 | 中 | 中 | 有限 | 褐 | 大の小 | 黄 | 楕円体 | 弱 | 上 | 黄 | 黄 |
| さやなみ | 紫 | 円葉 | 紫 | 中 | 直 | 白 | 中 | 中 | 中 | 有限 | 褐 | 大の小 | 黄 | 球 | 中 | 上 | 黄白 | 黄 |
| ほうえん | 紫 | 円葉 | 紫 | 中 | 直 | 白 | 中 | 中 | 中 | 有限 | 褐 | 大の小 | 黄 | 球 | 中 | 上 | 黄 | 黄 |
| 玉大黒 | 緑 | 円葉 | 白 | 中 | 直 | 褐 | 中 | 中 | 多 | 有限 | 褐 | 極大の小 | 黄 | 球 | 弱 | 上 | 黒 | 黒 |
| すずこがね | 紫 | 円葉 | 紫 | 中 | 直 | 白 | 中 | 中 | 中 | 有限 | 褐 | 大の小 | 黄 | 球 | 中 | 上 | 黄 | 黄 |
| あやこがね | 紫 | 円葉 | 紫 | 中 | 直 | 白 | 中 | 中 | 中 | 有限 | 褐 | 大の小 | 黄 | 球 | 中 | 上 | 黄 | 黄 |
| エンレイ | 紫* | 円葉* | 紫* | 中* | 直* | 白* | 中* | 中* | 中* | 有限* | 褐* | 大の小* | 黄* | 楕円体* | 中* | 上* | 黄白* | 黄* |
| タマホマレ | 紫* | 円葉* | 紫* | 中* | 直* | 白* | ヤヤ長* | 中* | 中* | 有限* | 褐* | 中の大* | 黄* | 球* | 中* | 上* | 黄* | 黄* |

(注) 1. ダイズ品種特性分類調査基準による．原則として育成地での観察・調査に基づいて分類した．
2. *は当該形質ついて基準品種となっていることを示す．

1. 病害抵抗性育種　( 83 )

表 3-1-7　SMV 高度抵抗性品種の生態的特性

| 品種名 | 開花期 | 成熟期 | 生態型 | 裂莢の難易 | 倒伏抵抗性 | 子実中の含有率の多少 || 病虫害抵抗性 ||
|---|---|---|---|---|---|---|---|---|---|
| | | | | | | 粗タンパク質 | 粗脂肪 | ダイズシストセンチュウ | ダイズモザイクウイルス |
| ホウレイ | 中の早 | 中の早 | 中間型 | 中 | 強 | 中 | 中 | | 強 |
| アヤヒカリ | 中 | 中 | 中間型 | 易 | 中 | 高 | 中 | 極弱 | 極強 |
| ギンレイ | 中の晩 | 晩の早 | 中間型 | 中 | 強 | 低 | 中 | 弱 | 極強 |
| さやなみ | 中の晩 | 中の晩 | 中間型 | 易 | 強 | 低 | 高 | 弱 | 極強 |
| ほうえん | 中 | 中 | 中間型 | 中 | 強 | 中 | 中 | 弱 | 強 |
| 玉大黒 | 中の早 | 中の早 | 中間型 | 易 | 中 | 中 | 中 | 弱 | 極強 |
| すずこがね | 中 | 中 | 中間型 | 中 | 高 | 中 | 中 | 弱 | 強 |
| あやこがね | 中の晩 | 中の晩 | 中間型 | 中 | 高 | 中 | 中 | 極弱 | 強 |
| エンレイ | 中* | 中* | 中間型* | 中 | 強* | 高* | 中* | 弱* | 中* |
| タマホマレ | 晩* | 晩* | 中間型* | 易 | 強* | 低* | 高* | 弱* | 中* |

(注) 1. ダイズ品種特性分類調査基準による．原則として育成地での観察・調査に基づいて分類した．
　　2. *は当該形質について基準品種となっていることを示す．

"極強"に，中信農業試験場で実施されたあやこがねは"強"と判定された．SMV 各病原系統に対する検定では，SMV-A〜D に抵抗性を示した．だいず農林 105 号，だいず農林 111 号，だいず農林 114 号と登録され，ほうえん，すずこがね，あやこがねとそれぞれ命名された．ほうえんは 1997 年に長野県で，すずこがねは 1998 年鳥取県で，あやこがねは宮城県と新潟県で奨励品種に採用された．

(3) SMV-C，D，E 系統に対する抵抗性の遺伝解析

ⅰ) 抵抗性の遺伝様式　SMV-C, D 病原系統に対する反応として，スズユタカ，東山 140 号，ホウレイのような抵抗性，東山 122 号，東山 138 号のようなネクロシス症状を示す部分抵抗性，Peking のような無病徴感染型抵抗性，ほかに感受性がある．これら抵抗性品種系統間にどのような関係があるかを検討したところ，SMV-C については図 3-1-4，SMV-D については図 3-1-5 のような連鎖，独立関係が認められた．SMV-C, D ともにホウレイとスズユタカの抵抗性は同一の遺伝子座に存在し，東山 140 号と部分抵抗性品種の遺伝子は，これらと互いに独立の単一の優性遺伝子を有するものと考えられた．東山 140 号は Harosoy 由来の抵抗性遺伝子を持つと考えられるが，ホウレイやスズユタカとは異なる反応を示しているので，これら品種の抵抗性レベルが東山 140 号より強いか，何か別の要因が関与している可能性がある．

SMV-E に対する反応としては，東山 122 号や東山 138 号などの抵抗性，Peking のような無病徴感染型抵抗性，エンレイやホウレイ，スズユタカのようにネクロシスを示す部分抵抗性，ほかに感受性がある．これら品種系統間には，図 3-1-6 のような遺伝子の連鎖，独立関係が認められた．

エンレイやホウレイ，東山 140 号など E 系統にネクロシスを示す品種の部分抵抗性遺伝子は単一の優性遺伝子であることが明らかとなった．部分抵抗性品種と東山 122 号などの抵抗性品種との交雑では，極く僅かにモザイクが発生したが，特定の分離比が認められず，これら両者の遺伝子は同一の染色体上で連鎖しており，比較的連鎖が強いものと考えられた．ネクロシスを抵抗性か感受性のいずれかにみなすかにより遺伝様式は大きく異なる．これまでの観察で，ネクロシスは局部病斑の集合で抵抗性反応の一種と考えられたこと，また抵抗性ヘテロの表現型であると考えられることから，抵抗性に準ずるものとした．その結果，供試した抵抗性品種と部分抵抗性品種はいずれも単因子優性の抵抗性遺伝子を有することが明らかとなった．

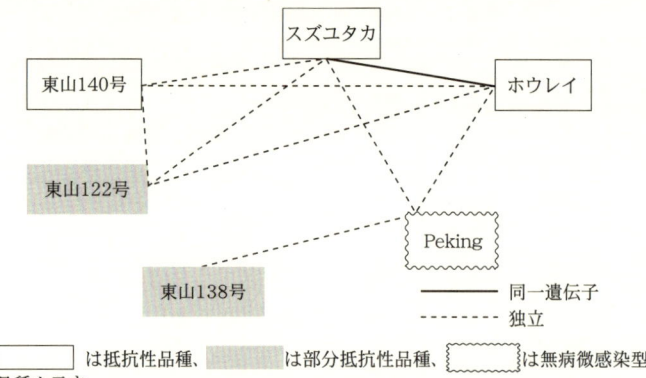

注1 □は抵抗性品種，▨は部分抵抗性品種，▨は無病徴感染型抵抗品種を示す
注2 東山122号と138号は同一の部分抵抗性品種(東山65号：育成系統)を母本として育成された系統である
図3-1-4 SMV-C系統に対する3種類の抵抗性を有する品種間における遺伝子の連鎖，独立関係(重盛原図)

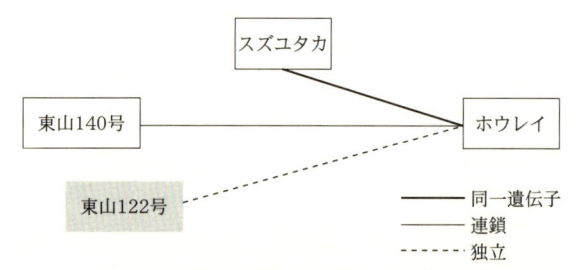

図3-1-5 SMV-D系統に対する2種類の抵抗性を有する品種間における遺伝の連鎖，独立関係品種抵抗性の区分は図3-1-4と同様である．

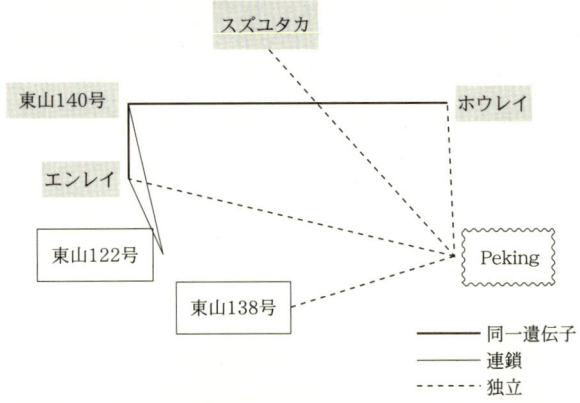

図3-1-6 SMV-E系統に対する3種類の抵抗性を有する品種間における遺伝子の連鎖，独立関係品種抵抗性の区分は図3-1-4と同様である．

ii）DNAマーカーを用いたSMV抵抗性の遺伝解析

(i) RFLPの利用 ゲノム解析が進み，DNAマーカーを利用した選抜の研究が試みられている．1995年から「DNAマーカーを用いた新育種技術の開発」プロジェクト研究に参画し，SMV-C, D抵抗性遺伝子に連鎖するマーカーの探索をRFLP (Restriction Fragment Length Polymorphism：制限酵素断片長多型)を用いて進めてきた．

(ii）材料および方法 Peking×タマホマレ，ホウレイ×ナカセンナリを用いた．親品種とその$F_2$世代94個体からCTAB法により全DNAを抽出した．親解析は9種類の制限酵素を用いて行い，多型のあったマーカーについては，$F_2$解析を行った．RFLPマーカーは，アメリカで開発された'Public Soybean Probes' 256個および千葉大学で開発されたマーカー96個を用いた．

各組み合わせの$F_2$個体のSMV-C, Dに対する遺伝子型は，それぞれの$F_2$由来$F_3$世代10個体を養成，各病原系統を初生葉に接種し，抵抗性ホモ型，感受性ホモ型，ヘテロ型として求めた．遺伝子型のデータを基にして，Mapmakerを用いて連鎖地図を作成した．

(iii）試験結果 Peking×タマホマレの集団では，多型が検出された210マーカーで解析を行い220の遺伝子型を得た．これらデータとSMV-C, Dの遺伝子型データをあわせて連鎖解析を行い，

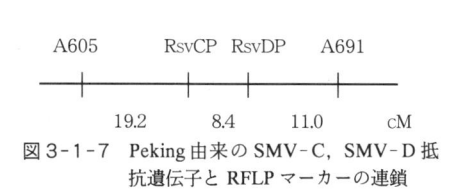

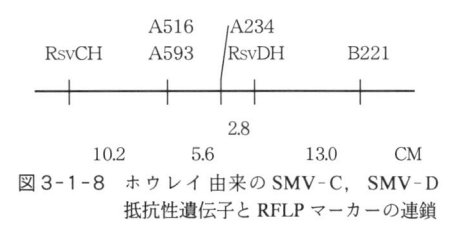

```
       A605      RsvCP RsvDP    A691              RsvCH  A593  RsvDH  B221
        |─────────|─────|────────|                  |──────|─────|─────|
            19.2    8.4    11.0    cM                 10.2   5.6  2.8  13.0  cM
```

図 3-1-7 Peking 由来の SMV-C, SMV-D 抵抗性遺伝子と RFLP マーカーの連鎖　　　図 3-1-8 ホウレイ由来の SMV-C, SMV-D 抵抗性遺伝子と RFLP マーカーの連鎖

24 の連鎖群が認められた．Peking 由来の抵抗性遺伝子は，第 2 連鎖群のそれぞれ A605 と A691 の間に位置づけられた（図 3-1-7）．この連鎖群は，USDA で公開されている連鎖地図の D 連鎖群に属した．

ホウレイ×ナカセンナリの集団では，多型が検出された 101 マーカーで解析を行い，105 の遺伝子型データを得た．これらのデータと SMV-C, D の遺伝子型データをあわせて連鎖解析を行い，23 の連鎖群が認められた．ホウレイ由来の抵抗性遺伝子は，第 9 連鎖群に SMV-C は A516, A593，SMV-D は A234 の近傍に位置づけられた（図 3-1-8）．この連鎖群は，USDA で公開されている連鎖地図の B 連鎖群に属した．

Peking とホウレイの抵抗性遺伝子は別の連鎖群上にあり，SMV-C, D の抵抗性遺伝子は，それぞれ密接に連鎖していることが，マーカーによっても明らかになった．

(4) 考　察

中信農試の慣行育種は，$F_2$, $F_3$ 世代で遺伝的変異を拡大するためできる限り大きな集団を養成して，等莢採種を行い，個体選抜（$F_4$ 世代）で優れた個体を選抜し，ここで系統名（東山系）が付与される．その後系統選抜が繰り返され，生産力検定等で成績が優れた系統は地方名（東山）が付けられる．高度抵抗性品種育成に成功してきた背景には，SMV 各病原系統に抵抗性のある素材があったこと，人工接種による検定および選抜方法が確立していたことなどがあげられる．育成品種ごとに SMV の選抜方法や抵抗性検定時期は異なるが，$F_2$ と $F_3$ 世代に SMV-C の人工接種と集団選抜を実施して抵抗性個体の頻度を高め，さらに，系統初年目（$F_5$ 世代）で SMV-C 病原系統の接種検定を行い，抵抗性の固定した系統を選抜する方法が効率的であると考えられた．スズユタカやホウレイのように Harosoy 由来の抵抗性遺伝子を有する品種を交配親にもつ組み合わせでは，SMV-C 抵抗性遺伝子と SMV-D 抵抗性遺伝子は密接に連鎖していることから，SMV-C 病原系統の接種による選抜で，SMV-D 抵抗性の選抜も期待できると考えられた．

DNA マーカーによる抵抗性系統の選抜は，新しい選抜手法として利用可能である．しかし，一度に多くの系統を扱えないなど技術的な課題も多く，育成過程のなかでマーカーによる選抜が可能な世代は，系統名を付与する前の選抜であると考えられる．戻し交配をする場合などは，導入したい遺伝子を DNA マーカーで確認しながら交配でき，複数の抵抗性遺伝子を導入する場合などは効率的である．

SMV に対する抵抗性遺伝子には，ウイルスの増殖や病徴発現を抑える抵抗性，ネクロシスを示す部分抵抗性，無病徴感染型抵抗性の大きく分けて 3 つある．現在は単一の抵抗性遺伝子をもつ品種を育成しているが，ウイルスの病原性の変化により抵抗性品種が罹病化する可能性があるので，これら三つの抵抗性遺伝子を複数持つ品種の育成が必要である．

(高松　光生)

## 引用文献

1) 橋本鋼二ほか. ダイズ新品種「スズユタカ」の育成. 東北農試研報, 70, 1-38 (1984)
2) 重盛 勲. ダイズモザイクウイルスのC系統に対するダイズ品種の抵抗性遺伝. 育種学雑誌, 38, 346-356 (1988)
3) 重盛 勲. ダイズモザイクウイルス（SMV）によるダイズモザイク病の抵抗性育種に関する研究. 長野中信農試報, 10, 1-60 (1991)
4) 高橋信夫ほか. ダイズ新品種「アヤヒカリ」の育成とその特性. 長野中信農試報, 11, 1-19 (1993)
5) 高橋信夫ほか. ダイズ新品種「さやなみ」の育成とその特性. 長野中信農試報, 15, 1-19 (2000)
6) 高橋信夫ほか. ダイズ新品種「みすず黒」の育成とその特性. 長野中信農試報, 15, 21-33 (2000)
7) 高橋信夫ほか. ダイズ新品種「タママサリ」の育成とその特性. 長野中信農試報, 15, 35-53 (2000)
8) 宮崎尚時ほか. ダイズ新品種「ホウレイ」の育成とその特性. 長野中信農試報, 6, 25-37 (1988)
9) 矢ヶ崎和弘ほか. ダイズ新品種「ほうえん」,「すずこがね」および「あやこがね」の育成とその特性. 長野中信農試報, 15, 55-79 (2000)
10) 山田直弘ほか. ダイズ新品種「ギンレイ」の育成とその特性. 長野中信農試報, 14, 33-49 (1998)

### 3）ダイズわい化病抵抗性育種

#### （1）緒 言

ダイズわい化病（以下, わい化病とする）は1952年頃より, 北海道南部の鶴の子系品種に生育異常症状として認められたのが最初である[1]. 当初は地域固有の生理障害と考えられていたが, その後諏訪ら[7], 玉田ら[8]の研究によりウィルス病であることが明らかとなった. さらに玉田は一連の研究[3]から, ダイズわい化ウィルス（Soybean Dwarf Virus, 以下 SbDV）がジャガイモヒゲナガアブラムシによって永続伝搬されることを明らかにし, その症状によりダイズわい化病と命名した.

わい化病の病原系統にはわい化ウィルス系統（SbDV-D）と黄化ウィルス系統（SbDV-Y）がある[14,15]. わい化病の病徴はわい化型, 縮葉型, 黄化型の三つに大別[3,7,14]される. わい化型はSbDV-Dによって生じ, 生育初期から節間, 葉柄, 茎長等が短縮し, 葉はわい化する[34]. 縮葉型はSbDV-Y単独, またはSbDV-YとSbDV-Dの混合感染によって生じ, 節間伸長などは正常に近いが, 葉身はちりめん状に縮葉する[34]. 黄化型はSbDV-Y単独の感染で生じ, 植物体全体, または一部に脈間黄化を起こす[34]. 実際の圃場では, これらの症状が複合的に生ずるのが普通である. 発病個体は収穫期になっても茎葉が枯れ上がらないことが多い. また, 着花, 着莢が極端に減少するため, 減収率は極めて高く[18], 場合によっては収穫皆無となることもある. なお, わい化病は種子に褐斑粒などは生じず, 種子感染もしない[1,3,7].

わい化病は, 1960年代に北海道南部から北海道全域に拡大[2,3]し, さらに1970～1990年代にかけて東北地方でも発生が確認されており[4,5,6,9,17], 発生地域は拡大傾向にある. 加えて, 1990年代にはエンドウヒゲナガアブラムシやツメクサベニマルアブラムシによって伝搬されるウィルス系統も見いだされている[10,11,12,13].

#### （2）わい化病抵抗性遺伝資源の探索

北海道立中央農業試験場（以下, 中央農試）では, 1966年よりわい化病抵抗性遺伝資源の探索を開始し, 1981年までに約3,100品種・系統について探索を行った. その結果, Adams, 黄宝珠など20あまりの品種・系統が圃場抵抗性と判断された[19]. しかし, 真性抵抗性の遺伝資源は見いだされず, 探索された圃場抵抗性遺伝資源も農業形質に劣るものが多かったことから, 1982年以降もわい化病

表 3-1-8 わい化病抵抗性遺伝資源の特性（1982〜1995年）

| 品種名 | 供試年次 | わい化発病率 | 種皮色 | 臍色 | 粒大 | 導入先 | 由来 |
|---|---|---|---|---|---|---|---|
| PI 291311B | 1982, 83 | 9.8 | 黄 | 黄 | 中の小 | 米国 | 中国黒竜江省 |
| PI 304218 | 〃 | 4.1 | 黒 | 黒 | 極小 | 〃 | Taichung Green（中華民国） |
| Suwon #63 | 1983, 84 | 0.0 | 黄白 | 極淡褐 | 小 | 韓国 | Eunbael × Taichundamrock |
| AN GE BURI | 〃 | 7.5 | 黄白 | 黄 | 中の小 | 〃 | 不明（九州大学保存） |
| HEUK DAE DU | 〃 | 8.9 | 黄 | 淡褐 | 中 | 〃 | 〃 |
| OU DU | 〃 | 3.7 | 黒 | 黒 | 小 | 〃 | 〃 |
| KLS 125-2 | 〃 | 5.0 | 黄白 | 黄 | 中の小 | 〃 | Pyungtaek, Kyounggi province |
| KLS 808-1 | 〃 | 4.0 | 黄白 | 極淡褐 | 小 | 〃 | Changwon, Kyung Nam province |
| KLS 805-3 | 〃 | 4.9 | 黄白 | 褐 | 小 | 〃 | |
| 吉林8号 | 1989, 90 | 5.8 | 黄白 | 淡褐 | 小の大 | 中国 | 小黄金1号×紫花豆 |
| 吉林15号 | 1983, 84, 86, 89〜91, 93, 94 | 7.5 | 黄 | 黄 | 中の小 | 〃 | 一窩蜂×吉林5号 |
| 中国産-6 | 1993, 94 | 4.6 | 黄白 | 淡褐 | 小の大 | 〃 | 不明（十勝農試保存） |
| 水里紅 | 〃 | 2.3 | 黄 | 淡黒 | 中の小 | 〃 | 吉林省在来（十勝農試保存） |
| 中勝1号 | 〃 | 3.7 | 黄白 | 褐 | 小の大 | 〃 | 不明（十勝農試保存） |
| 青豆 | 〃 | 3.9 | 緑 | 褐 | 小の大 | 〃 | 黒竜江省（十勝農試保存） |
| L251 | 1988〜91 | 9.9 | 黄 | 黄 | 極小 | 日本 | 東北一ノ関在来 |
| メチタ | 1990, 91, 94 | 12.8 | 黄白 | 黄 | 小の大 | ロシア | 沿海地方（共同研究） |

表 3-1-9 わい化病抵抗性が複数年「強」と判定された遺伝資源（1996〜2000年，道立中央農試・遺伝資源センター）

| 品種名 | 1998年 | | | 1999年 | | | 2000年 | | | 総合判定 |
|---|---|---|---|---|---|---|---|---|---|---|
| | 発病率 | 発病指数 | 判定 | 発病率 | 発病指数 | 判定 | 発病率 | 発病指数 | 判定 | |
| Wilis | 15.0 | 0.50 | 強 | 0.0 | 0.00 | 強 | 4.6 | 0.25 | 強 | 強 |
| 長坦范屯小天鷺旦 | 44.4 | 0.50 | 強 | 47.4 | 1.00 | 強 | | | | 強 |
| 兗城气死泥豆 | 47.4 | 1.50 | 強 | 55.4 | 2.00 | 強 | | | | 強 |
| 濟源尚庄水白豆 | 33.3 | 1.50 | 強 | 35.9 | 0.75 | 強 | | | | 強 |
| 江陰黒豆 | 25.0 | 1.00 | 強 | 40.2 | 1.50 | 強 | | | | 強 |
| 邳県紅毛油 | 50.0 | 1.50 | 強 | 56.9 | 2.00 | 強 | | | | 強 |
| 無錫六月枯 | 40.0 | 1.50 | 強 | 69.6 | 1.75 | 強 | | | | 強 |
| 檀山青豆 | 23.5 | 2.00 | 強 | 60.0 | 1.75 | 強 | | | | 強 |
| 黒鼻青 | | | | 9.2 | 0.75 | 強 | 60.0 | 0.50 | 強 | 強 |
| ツルコガネ | 60.5 | 2.00 | 強 | 64.0 | 2.33 | 強 | 72.3 | 2.17 | 強 | 強 |
| ツルムスメ | 67.5 | 2.67 | やや強 | 66.2 | 2.33 | やや強 | 66.4 | 2.67 | やや強 | やや強 |
| ユウヅル | 86.2 | 3.83 | 弱 | 100 | 3.83 | 弱 | 100 | 3.83 | 弱 | 弱 |
| トヨムスメ | 97.7 | 3.83 | 弱 | 84.8 | 3.83 | 弱 | 98.6 | 3.67 | 弱 | 弱 |

（注）1. 1996, 1997年は抵抗性"強"の遺伝資源は見出されなかった．
　　　2. 発病率：単位%，発病指数：0（無）〜4（甚）

現地選抜圃（伊達市）にて継続的に抵抗性遺伝資源の探索を行っている．

その後も1982〜1995年には，691点（のべ961点）を供試し，ツルコガネ，黄宝珠並の抵抗性の遺伝資源は17点であった（表3-1-8）[20]．1996〜2000年には，新たに北海道立植物遺伝資源センター（以下，遺資センター）とも協力して，579点（のべ626点）を供試し，ツルコガネ，黄宝珠並の抵抗性を持つ遺伝資源9点を明らかにした（表3-1-9）．

1982年以降の遺伝資源探索においても真性抵抗性遺伝資源は見出されず，いずれも圃場抵抗性であり，従来の黄宝珠同様，わい化病の発病を完全に抑えるものではない．

現状では真性抵抗性遺伝資源が探索されていないため，複数の圃場抵抗性の因子を集積すること

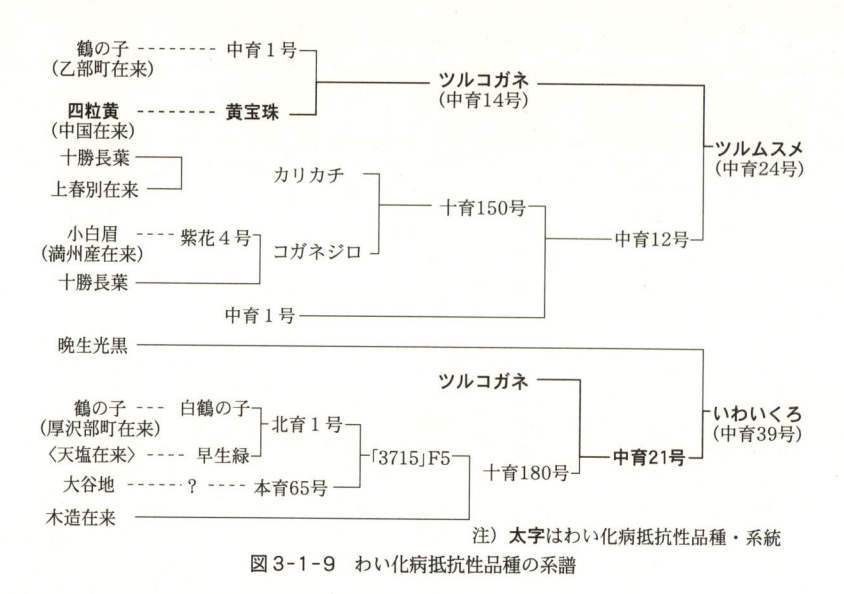

図3-1-9 わい化病抵抗性品種の系譜

注）**太字**はわい化病抵抗性品種・系統

で，より高度な圃場抵抗性を目差すのが現実的である．その場合，新たな知見であるアブラムシ抵抗性やDNAマーカーの活用なども有効であろう．

**(3) わい化病抵抗性品種の育成**

　1966年には中央農試に大豆育種指定試験地が設置された．育種目標は「寒地（道央）向良質大粒品種の育成」と「わい化病抵抗性品種の育成」である．1976年から道央南部の伊達市に現地選抜圃場を設けるなどしてわい化病抵抗性育種に取り組んだ結果，1984年に初のわい化病抵抗性品種であるツルコガネを育成[21]した．さらにその後，ツルムスメ，いわいくろの2品種を育成[22,23]している（図3-1-9）．

　i）**ツルムスメの育成**　ツルムスメは，白目，良質，極大粒，わい化病抵抗性品種の育成を目標に，1979年にわい化病に抵抗性の中系67号（後のツルコガネ）を母，強茎多収で白目極大粒の中育12号を父として人工交配を行い，以降選抜・固定を図ったものである．1985年に中系155号として系統適応性検定試験に供試し，1987年から中育24号の地方名を付して生産力検定試験，奨励品種決定調査，各種特性検定試験を行うとともに煮豆加工適性試験にも供試した．1990年優良品種に決定し，ツルムスメ（だいず農林94号）と命名登録された．育成経過は表3-1-10の通りであるが，$F_2$〜$F_3$世代にわい化病現地選抜圃に栽植して，無発病個体を選抜したことがわい化病抵抗性獲得に大

表3-1-10 ツルムスメの育成経過

| 試験年次 | 1979 | 1980 | 1981 | 1982 | 1983 | 1984 | 1985 | 1986 | 1987 | 1988 | 1989 |
|---|---|---|---|---|---|---|---|---|---|---|---|
| 世代 | 交配 | $F_1$ | $F_2$ | $F_3$ | $F_4$ | $F_5$ | $F_6$ | $F_7$ | $F_8$ | $F_9$ | $F_{10}$ |
| 供試 系統群 | | | | | | 13 | 16 | 8 | 4 | 2 | 2 |
| 供試 系統数 | 113花 | | | | 139 | 65 | 80 | 40 | 20 | 10 | 10 |
| 供試 個体数 | | 90 | 5,307 | 15,930 | 6,255 | 2,925 | 3,600 | 1,400 | 700 | 350 | 350 |
| 選抜経過 中交5410 中系67号×中育12号 | | 個体 | 個体 | 個体 | 1 〈91〉 139 | 1 〈4〉 5 | 1 〈2〉 5 | 1 〈2〉 5 | 1 〈5〉 5 | 1 〈3〉 5 | 1 〈3〉 5 |
| 選抜 系統群 | 52莢 | | | | 13 | 16 | 8 | 4 | 2 | 2 | 1 |
| 選抜 個体数 | 90粒 | 44 | 15,930粒 | 139 | 65 | 80 | 40 | 20 | 10 | 10 | 5 |
| 系統名 | | | | | | | 中系155号 → | | 中育24号 → | | |
| 備考 | | | わい化病現地選抜 | | | | | | | | |

表3-1-11 自然感染によるツルムスメのわい化病被害調査
(伊達市, わい化病現地選抜圃)

| 品種名 | 稔実莢数 | | 子実重 | | 百粒重 | |
|---|---|---|---|---|---|---|
| | 自然感染区 (%) | 防除区 (莢) | 自然感染区 (%) | 防除区 (g) | 自然感染区 (%) | 防除区 (g) |
| ツルムスメ | 49 | 23.7 | 45 | 14.6 | 89 | 39.4 |
| ツルコガネ | 57 | 26.2 | 65 | 13.8 | 94 | 33.8 |
| ユウヅル | 31 | 23.7 | 22 | 14.1 | 74 | 42.7 |

(注) 1. 1988, 1989年の2カ年平均.
2. 自然感染区は無防除, 防除区は播種時にエチルチオメトン粒剤0.6kg/a播溝施用.
3. 稔実莢数, 子実重は1個体当たりの数値.
4. 自然感染区の数値は防除区の実数値に対する比率(%)

表3-1-12 わい化病人工接種によるツルムスメの被害調査(道立中央農試)

| 品種名 | 稔実莢数 | | 子実重 | | 百粒重 | |
|---|---|---|---|---|---|---|
| | 人工接種区 (%) | 防除区 (莢) | 人工接種区 (%) | 防除区 (%) | 人工接種区 (%) | 防除区 (%) |
| ツルムスメ | 71 | 42.8 | 50 | 31.9 | 94 | 42.4 |
| ツルコガネ | 78 | 45.7 | 69 | 29.2 | 98 | 35.6 |
| ユウヅル | 53 | 43.9 | 26 | 30.0 | 77 | 44.3 |

(注) 1. 1988, 1989年の2カ年平均.
2. 人工接種法: 健全なジャガイモヒゲナガアブラムシにわい化病(黄化レース)に感染しているダイズの本葉を吸汁させ保毒化し, 接種源とした. 保毒アブラムシを頂葉に付着(5頭/個体)させ, 一週間吸汁させた後薬殺した.
3. 稔実莢数, 子実重は1個体当たりの数値.
4. 人工接種区の数値は防除区の実数値に対する比率(%).

きく寄与していると考えられる. また, 後期世代においては自然感染および人工接種によるわい化病抵抗性検定を行い, 抵抗性の確認を行った(表3-1-11, 3-1-12). その結果, ツルムスメのわい化病による被害はツルコガネよりやや大きいが, 感受性品種のユウヅルより小さかった.

ツルムスメは, 中央農試の育種目標である極大粒良質性とわい化病抵抗性をあわせもつはじめての品種である. へそ色が白で百粒重が41g前後の極大粒に属し, 成熟期もやや早くなり耐倒伏性も改良された(表3-1-13). これにより, 倒伏抵抗性であることにより密植栽培による増収も期待で

表3-1-13 中央農試におけるツルムスメの試験成績(1987～1989年の3カ年平均)

| 品種名 | 開花期 | 成熟期 | 倒伏程度 | 主茎長 | 主茎節数 | 分枝数 | 稔実莢数 | 1莢内粒数 | 全重 | 子実重 | 子実重対比 | 百粒重 | 品質 |
|---|---|---|---|---|---|---|---|---|---|---|---|---|---|
| | (月.日) | | | (cm) | (節) | (本)* | (莢)* | (粒) | (kg/a) | | (%) | (g) | |
| ツルムスメ | 7.28 | 10.3 | 微 | 56 | 13.6 | 5.6 | 66 | 2.05 | 66.6 | 34.3 | 99 | 40.7 | 中上 |
| ユウヒメ | 7.29 | 10.6 | 多 | 59 | 13.9 | 6.3 | 64 | 1.98 | 71.1 | 34.5 | 100 | 40.4 | 中上 |
| ユウヅル | 8.3 | 10.16 | 多 | 75 | 16.4 | 4.3 | 57 | 1.76 | 62.7 | 27.8 | 81 | 41.4 | 中 |
| ツルコガネ | 7.24 | 10.9 | 少 | 74 | 16.4 | 6.7 | 70 | 2.02 | 67.8 | 30.8 | 89 | 35.1 | 中 |
| トヨムスメ | 7.23 | 10.4 | 微 | 47 | 11.1 | 5.1 | 71 | 2.01 | 68.5 | 34.5 | 100 | 34.3 | 中上 |

(注) 1. *: 1株2個体当り.
2. 品質: だいず品種特性分類調査基準(1979.3)による.

ii) いわいくろの育成　いわいくろは，極大粒，良質多収，わい化病抵抗性の黒ダイズ品種育成を目標に，1986年に極大粒良質，晩生の晩生光黒を母，わい化病抵抗性の白目大粒系統中育21号を父として人工交配を行い，以降選抜・固定を図ってきたものである．1993年に中系305号として系統適応性検定試験に供試し，1994年から中育39号の地方名を付して生産力検定試験，奨励品種決定調査，各種特性検定試験を行うとともに煮豆加工適性試験にも供試してきた．1998年優良品種に決定し，いわいくろ（だいず農林107号）と命名登録された．育成経過は表3-1-14の通りである．一般に黒ダイズと黄ダイズの交雑では，後代における黒ダイズの出現率は低く，本品種の選抜過程でも同様であった．さらに，初期世代の個体数が少なかったことから，目的とする黒以外の種皮色を排除する品質選抜に重点を置き，わい化病現地選抜圃への供試は行わなかった．しかし，$F_2$までの集団・個体選抜，および$F_3$以降の系統選抜ともわい化病無防除で行ったことがわい化病抵抗性の獲得に寄与したものと考えられる．その結果，後期世代での抵抗性検定では，ツルコガネの抵抗性には若干劣るが，ツルムスメと同程度の"やや強"と認められた（表3-1-15）．また，1996年の十勝管内ではわい化病が多発したが，いわいくろは，発病率，収量とも比較品種に優っており，わい化病抵抗性が現地試験でも裏付けられた（表3-1-16）．

表3-1-14　いわいくろの育成経過

| 試験年次 | | 1996 | 1987 | 1988 | 1989 | 1990 | 1991 | 1992 | 1993 | 1994 | 1995 | 1996 | 1997 |
|---|---|---|---|---|---|---|---|---|---|---|---|---|---|
| 世代 | | 交配 | $F_1$ | $F_2$ | $F_3$ | $F_4$ | $F_5$ | $F_6$ | $F_7$ | $F_8$ | $F_9$ | $F_{10}$ | $F_{11}$ |
| 供試 | 系統群 | 80花 | | | | 2 | 7 | 3 | 2 | 1 | 1 | 1 | 1 |
| | 系統数 | | | | 3 | 8 | 26 | 15 | 15 | 10 | 7 | 5 | 7 |
| | 個体数 | | 3 | 140 | 105 | 280 | 910 | 525 | 525 | 350 | 245 | 175 | 245 |
| 選抜経過 | 晩生光黒×中育21号 中交6115 | 個体 ── 個体 | | | 1 2 〈3〉 5 | 〈2〉 3 | 〈2〉 5 | 〈2〉 10 | 1 〈7〉 10 | 〈1〉 〈3〉 7 | 1 〈4〉 5 | 1 〈5〉 7 |
| 選抜 | 系統群 | 1莢 | | | 2 | 7 | 3 | 2 | 1 | 1 | 1 | 1 | 1 |
| | 個体数 | 3粒 | 1 | 3 | 8 | 26 | 15 | 15 | 10 | 7 | 1 | 7 | 15 |
| 系統名 | | | | | | | | 中系305号　中育39号 | | | | | |
| 備考 | | | わい化病無防除 | | | | | | | | | | |

表3-1-15　いわいくろのわい化病抵抗性検定試験（伊達市，わい化病現地選抜圃）

| 品種名 | 1995年 | | | 1996年 | | | | 1997年 | | | | 総合判定 |
|---|---|---|---|---|---|---|---|---|---|---|---|---|
| | 発病率(%) | 子実重防除区比(%) | 判定 | 発病率(%) | 発病程度(0-4) | 子実重防除区比(%) | 判定 | 発病率(%) | 発病程度(0-4) | 子実重防除区比(%) | 判定 | |
| いわいくろ | 70.7 | 68 | やや強 | 43.0 | 2.3 | 107 | やや強 | 78.2 | 3.0 | 55 | やや強 | やや強 |
| ツルコガネ | 34.3 | 91 | 強 | 38.5 | 2.5 | 60 | 強 | 52.1 | 1.7 | 70 | 強 | 強 |
| ツルムスメ | 77.0 | 54 | やや強 | 54.1 | 2.5 | 68 | やや強 | 92.6 | 2.8 | 53 | やや強 | やや強 |
| スズマル | 94.7 | 18 | 弱 | 57.7 | 2.8 | 57 | 中 | 75.4 | 3.0 | 40 | 中 | 中 |
| ユウヅル | 97.8 | 12 | 弱 | 82.2 | 3.7 | 10 | 弱 | 88.9 | 3.7 | 26 | 弱 | 弱 |
| トヨムスメ | 99.0 | 10 | 弱 | 86.2 | 3.7 | 22 | 弱 | 98.0 | 3.8 | 19 | 弱 | 弱 |
| 中生光黒 | 86.0 | 38 | 弱 | 64.0 | 3.5 | 51 | 弱 | 86.0 | 3.7 | 42 | 弱 | 弱 |
| 晩生光黒 | 94.2 | 10 | 弱 | 52.6 | 3.2 | 51 | 弱 | 85.2 | 3.8 | 20 | 弱 | 弱 |

（注）1．感染，防除の2処理，それぞれ3反復．1区2.1m$^2$（約35個体），畦幅60cm×株間10cm×1本立．
　　　2．感染区：無防除で自然感染．防除区：播種時にエチルチオメトン粒剤0.6kg/a播溝施用．
　　　3．発病率，発病程度：自然感染区の成績．
　　　4．子実重防除区比：自然感染区の子実重を防除区の子実重で除した値（%）．

1. 病害抵抗性育種

表3-1-16 わい化病多発年(1996)における十勝現地のわい化病発病結果(抜粋)

| 品種名 | 大樹町 | | | 新得町 | | | 士幌町 | | | 中札内村 | | |
|---|---|---|---|---|---|---|---|---|---|---|---|---|
| | 発病率(%) | 収量(kg/a) | 比(%) | 発病率(%) | 収量(kg/a) | 比(%) | 発病率(%) | 収量(kg/a) | 比(%) | 発病率(%) | 収量(kg/a) | 比(%) |
| いわいくろ | 22.9 | 24.6 | 197 | 32.6 | 21.4 | 437 | 10.3 | 24.5 | 123 | 15.0 | 19.8 | 169 |
| 中生光黒 | − | − | − | 45.2 | 21.8 | 445 | 22.8 | 23.0 | 115 | 26.5 | 17.8 | 152 |
| トカチクロ | 60.2 | 12.5 | 100 | 78.1 | 4.9 | 100 | 28.2 | 19.9 | 100 | 53.3 | 11.7 | 100 |

(注) 1. 奨励品種現地調査の結果による. 防除は各現地の慣行.
2. 比:トカチクロ対比.

表3-1-17 中央農試におけるいわいくろの試験成績(1994〜1997年の4カ年平均)

| 品種名 | 開花期 | 成熟期 | 倒伏程度 | 主茎長 | 主茎節数 | 分枝数 | 稔実莢数 | 1莢内粒数 | 全量 | 子実重 | 子実重対比 | 百粒重 | 品質 | |
|---|---|---|---|---|---|---|---|---|---|---|---|---|---|---|
| | (月.日) | | | (cm) | (節) | (本)* | (莢)* | (粒) | (kg/a) | | (%) | (g) | (1) | (2) |
| いわいくろ | 7.25 | 10.5 | 2.0 | 58 | 12.3 | 5.8 | 52.0 | 1.88 | 56.4 | 33.5 | 90 | 46.1 | 2中 | 上 |
| 中生光黒 | 7.29 | 10.12 | 2.6 | 66 | 14.1 | 5.4 | 67.6 | 1.82 | 65.9 | 37.3 | 100 | 40.0 | 3上 | 中上 |
| 晩生光黒 | 8.3 | 10.17 | 2.5 | 73 | 15.4 | 5.1 | 44.6 | 1.87 | 57.8 | 29.5 | 79 | 48.8 | 2下 | 上 |
| トカチクロ | 7.23 | 10.3 | 1.7 | 58 | 13.7 | 7.4 | 78.1 | 1.69 | 68.5 | 40.9 | 110 | 41.4 | 3中 | 中上 |

(注) 1. 倒伏程度:0(無)〜4(甚).
2. *:1株2個体当り.
3. 品質(1):食糧事務種による検査等級,品質(2):だいず特性調査基準(1995年3月)に準拠.

いわいくろは,北海道の2番目の黒ダイズの交雑品種である.北海道黒ダイズの主力であった在来種の中生光黒,晩生光黒は,熟期,耐病虫性,耐倒伏性などに欠点を抱えている.また,交雑品種のトカチクロは,熟期と耐倒伏性は改良されているが,耐病虫性で劣り,品質的にも裂皮しやすい欠点を持つ.いわいくろはわい化病抵抗性を持つ極大粒黒ダイズで,耐倒伏性,成熟期ともトカチクロ並に改良された(表3-1-17).これらにより,コンバイン収穫も可能である.

(4) DNAマーカーを用いたわい化病抵抗性のQTL解析

中央農試大豆育種指定試験地と生物工学部遺伝子工学科(現 農産工学部遺伝子工学科)では,国のイネゲノムプロジェクトに参画し,わい化病圃場抵抗性に関するDNAマーカーの探索を行った[29,30,31,32,33].

供試材料には,わい化病抵抗性の異なる分離集団2組み合わせ,中交0505(ツルコガネ(強)×トヨムスメ(弱))および中交0506(ツルコガネ(強)×トヨコマチ(弱))を用いた.抵抗性の検定は伊達市の自然発病圃場で,発病指数および発病度を用いて行った.発病指数は表3-1-18を用い,発病度は発病指数から以下の式にしたがって算出した.

表3-1-18 わい化病発病指数の調査基準(1976 谷村,玉田)

| 指数 | ダイズの発病状況 |
|---|---|
| 4 | 全体の萎縮,わい化が顕著で莢はほとんどつかず,ついても稔実しない. |
| 3 | 縮葉,わい化症状を示す.わずかに稔実莢が見られる. |
| 2 | 縮葉,わい化症状を示すが,病状は軽く,稔実莢もかなり見られる. |
| 1 | 発病しているが症状はきわめて軽く,健全に近い. |
| 0 | 健全. |

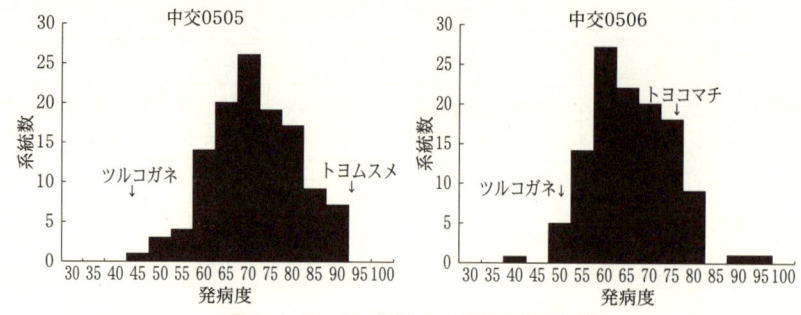

図3-1-10 F₃系統のわい化病発病度分布

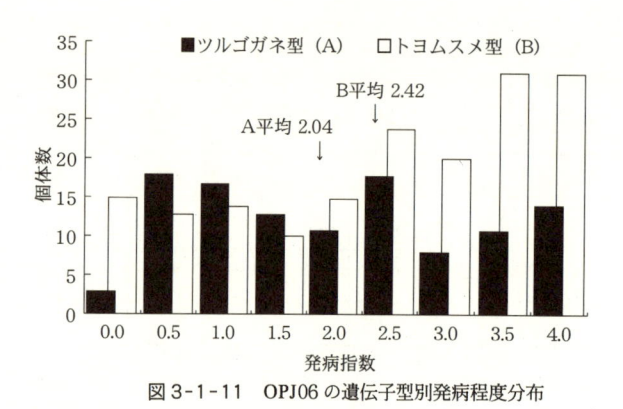

図3-1-11 OPJ06の遺伝子型別発病程度分布

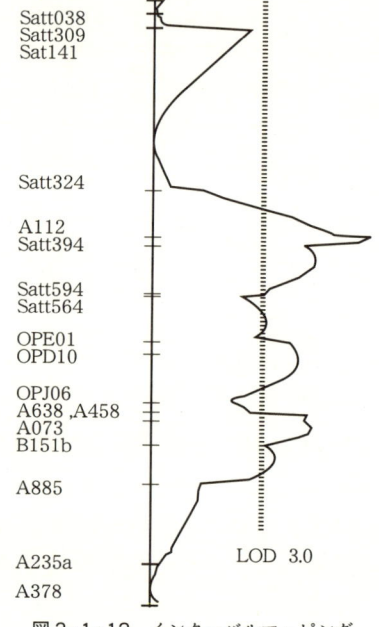

$$発病度 = \frac{\Sigma(発病指数 \times 該当個体数)}{4 \times (調査個体数)} \times 100$$

1995年にF₃系統の発病度を調査した結果，発病度は両組み合わせとも交配親の平均値を中心とする正規分布を示し（図3-1-10），わい化病抵抗性が量的形質であることが示唆された．

F₂個体で行ったRAPD分析では，28のマーカーで個体間の明確な分離を確認できた．これらの各個体をマーカーで群別し，F₃系統で実施した抵抗性検定結果を群間で比較した．その結果，発病度で有意な差を示し，同じ連鎖群に属していた三つのマーカー（OPD10，OPE01，OPJ06）を抵抗性の選抜マーカーとして選定した．得られたRAPDマーカーについて，F₅世代1組み合わせ（中交0505）で，播種前種子の遺伝子型を決定[35]後，抵抗性を検定した．その結果，OPJ06でツルコガネ型を示す個体で有意に発病指数が低かったが，抵抗性を明確に区分するには至らなかった（図3-1-11）．

これらの結果から，ダイズの連鎖地図を作製している千葉大学園芸学部の協力も得て，マーカーを連鎖地図上に位置付け，QTL解析を行った．千葉大学の解析から，三つのRAPDマーカーがUSDAの連鎖群Gに座乗していることが明らかとなった．そこで，SSD法で世代を進めた中交0505のF₆世代117系統を対象に連鎖分析を行った．その結果，連鎖群G上に八つのRFLP，三つのRAPD，七つのSSRマーカーが得

図3-1-12 インターバルマッピング

表3-1-19 わい化病発病度に対するQTL解析結果

| マーカー | LOD | 寄与率（%） |
|---|---|---|
| A112 | 6.1 | 5 |
| Satt394 | 5.7 | 4 |
| OPE01 | 4.0 | 3 |
| OPD10 | 3.9 | 2 |
| A073 | 4.4 | 3 |

られた．インターバルマッピングの結果（図3-1-12），五つのマーカーで発病度との連鎖が認められたが，発病度に対する寄与率は5％程度であった（表3-1-19）．また，異なったQTLの近傍と考えられるA073とA112を組み合わせて，遺伝子型別（ツルコガネ型（A），トヨムスメ型（B））に頻度分布を調べた結果，RAPDマーカー（OPJ06）同様，ツルコガネ型（A）が低い方，トヨムスメ型（B）が高い方に偏

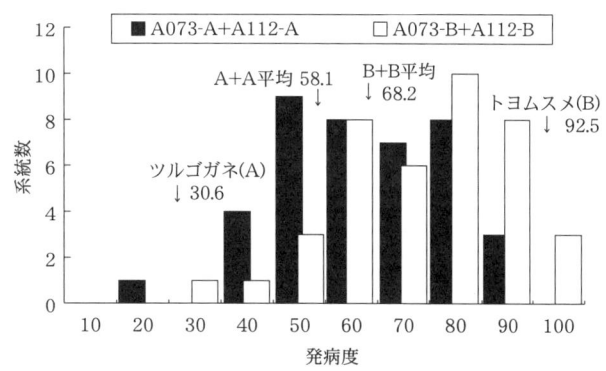

図3-1-13　A073＋A112の遺伝子型別発病度分布

る傾向が認められた（図3-1-13）が，明確な分布の分離までは至らず，実際育種に直接適用するには，その効果は十分ではないと思われた．

　黄宝珠を母材とする抵抗性のDNAマーカーについては，実際の育種場面で実用的な選抜を行うには十分でないといわざるを得ない．しかし，それ以外の圃場抵抗性母本は農業形質が劣悪なものが多く，通常の育種法では選抜効率が極めて低いので，DNAマーカーによる選抜の効率化が期待される．

### （5）Adamsなどにみられるアブラムシ抵抗性

　従来から，ダイズにおけるジャガイモヒゲナガアブラムシの発生量には品種間差があり，それがわい化病抵抗性に関連すること[26]，十勝地方では，わい化病の感染は有翅虫による一次感染が主体であること[24,25]等が指摘されていた．また，わい化病抵抗性検定試験を実施している伊達市（道央）と大樹町（十勝）では，Adamsとツルコガネで抵抗性の反応に差があることがわかっている．伊達市でのAdamsの抵抗性はツルコガネと同程度であるのに対し，大樹町ではAdamsがより強い抵抗性を示す傾向にある（表3-1-20）．

　これらのことから，遺資センターでは，Adamsは黄宝珠と異なった抵抗性の因子があるのではないかと考え，中央農試・十勝農試と共同で研究を行った．わい化病抵抗性が明らかな12品種につい

表3-1-20　伊達市（道央）と大樹町（十勝）のわい化病抵抗性の反応の差異

| 試験場所 | 品種名 | 1996年 | | 1997年 | | 1998年 | | 1999年 | | 2000年 | | 5カ年平均 | |
|---|---|---|---|---|---|---|---|---|---|---|---|---|---|
| | | 発病率 | 発病指数 | 発病率 | 発病指数 | 発病率 | 発病指数 | 発病率 | 発病指数 | 発病率 | 発病指数 | 発病率 | 発病指数 |
| 伊達市 | ツルコガネ | 38.5 | 2.5 | 52.1 | 1.7 | 60.5 | 2.0 | 64.0 | 2.3 | 72.3 | 2.2 | 57.5 | 2.1 |
| | Adams | 47.4 | 2.1 | 66.2 | 1.7 | 70.0 | 2.2 | 91.8 | 2.8 | 75.1 | 2.3 | 70.1 | 2.2 |
| | トヨムスメ | 82.2 | 3.8 | 88.9 | 3.7 | 97.7 | 3.8 | 84.8 | 3.8 | 98.6 | 3.7 | 90.4 | 3.8 |
| 大樹町 | ツルコガネ | 67.6 | | 61.7 | 1.8 | 55.9 | | 24.1 | 1.2 | 83.1 | 1.2 | 58.5 | 1.4 |
| | Adams | 29.2 | | 22.8 | 0.4 | 27.7 | | 9.5 | 0.5 | 78.4 | 0.5 | 33.5 | 0.5 |
| | トヨムスメ | 96.6 | | 89.3 | 3.4 | 78.7 | | 48.4 | 3.0 | 97.6 | 3.8 | 82.1 | 3.4 |

（注）1．発病率：％，発病指数：0（無）～4（甚）
　　　2．1996,1998年の大樹町では，発病指数は未調査．

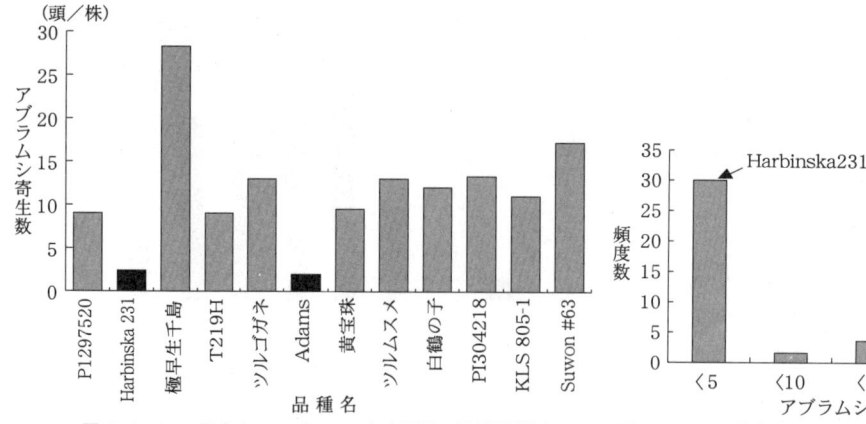

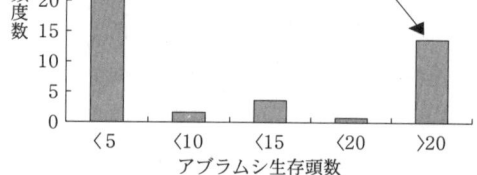

図3-1-14 温室内のアブラムシ寄生頭数の品種間差異
注1) 白鶴の子以外はわい化病圃場抵抗性と報告された品種
 2) 大豆はポット播種，出芽期にアブラムシ成虫を2頭/個体接種，接種後2週間15℃・16時間日長のグロースキャビネット内で生育，1品種につき2個体×3反復．

図3-1-15 黄宝珠×Harbinska231 交雑 $F_2$ 集団におけるアブラムシ抵抗性個体の出現頻度

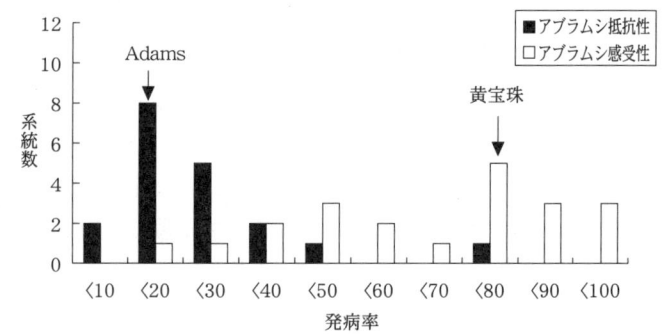

図3-1-16 黄宝珠×Adams 後代の圃場接種検定におけるわい化病発病率の頻度分布

て，グロースキャビネット（15℃，16時間日長）で，出芽期に実生1個体あたり2頭のアブラムシを接種（1品種あたり2個体，3反復）し，2週間後に寄生頭数を調査した．その結果，抵抗性母本のAdams，Harbinska231 において，ダイズ生体上でジャガイモヒゲナガアブラムシの生育が阻害されることを認め（図3-1-14），この性質をアブラムシ抵抗性と名付けた[27,28]．Adams, Harbinska231 で見いだされたアブラムシ抵抗性は，ダイズ生育初期の生体上でのみ起こる現象で切葉上では起こらないこと[27]，生体上でも老熟葉では抵抗性を示さないこと[28]が報告されている．また，黄宝珠と Harbinska231 の交雑後代 $F_2$ は，そのほとんどが両親のいずれかと同じ抵抗性を示した（図3-1-15）．このことから，アブラムシ抵抗性は比較的少数の遺伝子によって支配される形質と考えられた．

わい化病に対するアブラムシ抵抗性の効果を明らかにするため，Adams, 黄宝珠およびその交雑後代 $F_5$ 系統を用いて SbDV-Y の接種検定を行った．アブラムシの接種は生育初期の第一本葉展開期に行った．その結果，わい化病発病率に大きな差が認められ，Adams で 15%，黄宝珠で 82% の発病率となった．全般にアブラムシ抵抗性を有する系統で発病率が低く（図3-1-16），これはアブラムシ抵抗性がわい化病発病抑制に効果があることを示していると考えられた．

遺資センターでは，これらの知見からアブラムシ抵抗性の検定技術を開発した（表3-1-21）．それを用いてアブラムシ抵抗性の遺伝資源探索を行った結果，灰色大粒，虎林八月忙，白花，林甸蓑衣領，宝安大豆，黒腰黄豆，易県黒豆（以上，中国由来），KLS305（韓国）などがアブラムシ抵抗性を有していた．しかし，Adams, Harbinska231 やこれらの遺伝資源は，いずれも一般農業特性が劣悪であった．

表 3-1-21 アブラムシ抵抗性検定方法

| |
|---|
| 【当面利用可能なアブラムシ検定方法】<br>① ポットに大豆を播種し約1週間育苗し，2本立てにする．<br>② 大豆1個体にアブラムシ成虫2頭を接種し，メッシュで蓋をした透明プラスチック円筒で全体を覆う．<br>③ 15℃，16時間日長のグロースキャビネットで2週間育苗し，増殖したアブラムシの個体数を調査する．<br>④ アブラムシが5頭以下だったものを「抵抗性」，10頭以上のものを「感受性」と判定する． |

わい化病に対する真性抵抗性遺伝資源が見出されていない現状では，圃場抵抗性因子を集積することによって高度圃場抵抗性を目指すのが現実的である．アブラムシ抵抗性は，従来の黄宝珠を母本とする抵抗性系統には認められない形質であり，この二つの抵抗性因子を集積することでより高度の圃場抵抗性が得られると思われる．

アブラムシ抵抗性と黄宝珠を母本とする抵抗性を併せ持った，わい化病高度抵抗性実用品種を育成するためには，ある程度の一般農業形質を伴ったアブラムシ抵抗性中間母本の作出が望まれる．また，簡便なアブラムシ抵抗性検定技術の開発も必要である．

中間母本については，遺資センターが育成を進めており（表3-1-22），これらを利用した実用品種育成の試みも，中央農試で開始されている．選抜技術については，現在DNAマーカーを利用したアブラムシ抵抗性検定技術を中央農試で開発中であり，実用化により，アブラムシ抵抗性選抜について，初期世代の効率向上に期待が大きい．

### (6) 考　察

わい化病は，1950年代に北海道南部で発生が認められて以来，1990年には北海道全域から東北地方まで発生が拡大している．また，従来 SbDV はジャガイモヒゲナガアブラムシでのみ伝搬するとされていたが，エンドウヒゲナガアブラムシやツメクサベニマルアブラムシによって伝搬されるウィルス系統も見いだされている．

わい化病抵抗性遺伝資源の探索は，中央農試において1966年から継続している．1982年以降は，遺資センターの協力も得ながら延べ1,587点の探索を行い，黄宝珠並以上の圃場抵抗性を持つと判断される遺伝資源26点を見出した．しかし，探索開始以来，真性抵抗性遺伝資源は見出されておらず，遺伝資源探索はさらに継続する必要がある．

わい化病抵抗性品種は，1984年のツルコガネ育成以降，1990年にツルムスメ，1998年にいわいくろが育成されている．これらの育成過程では，わい化病選抜圃場への供試やわい化病無防除で選抜を行うことが，抵抗性獲得に大きく寄与したと考えられる．その結果，やや強程度のわい化病抵抗性と大粒高品質性を兼備した品種となった．

黄宝珠由来の抵抗性に対するDNAマーカーの検索を行った結果，USDAの連鎖群 G 上に QTL を見出したが，育種に利用するには選抜効率が十分とはいえなかった．

アブラムシ抵抗性は，今まで知見の少なかった圃場抵抗性の機作について一つの示唆を与えるものと思われる．従来の黄宝珠由来の圃場抵抗性は，抵抗性発現の機作は不明である．一方，Adamsの圃場抵抗性はアブラムシ抵抗性によって示されることが明らかとなった．黄宝珠由来の抵抗性系統にはアブラムシ抵抗性が認められないことから，アブラムシ抵抗性は黄宝珠とは異なる遺伝因子によって抵抗性が発現していると考えられる．

現在，ダイズ生産はコンバインによる収穫作業が前提になっている．その場合，わい化病の発生は低率であっても青立ち株となって汚粒発生を引き起こし，品質低下の大きな原因となる．現在利用されている抵抗性品種ではわい化病の発生を完全に押さえることはできないため，わい化病真性抵抗性品種の育成が望まれる．しかし，現状では遺伝資源が無く，当面は多様な圃場抵抗性の因子を

表3-1-22 育成中のアブラムシ抵抗性系統

| 品種・系統名 | 勾配親 | | わい化病判定 | | アブラムシ抵抗性 | 伸育型 | 一般特性 | | | | |
|---|---|---|---|---|---|---|---|---|---|---|---|
| | | | | | | | 遺伝子センター | | | | |
| | 種子親 | 花粉親 | 伊達 | 大樹 | | | 成熟期 (月.日) | 倒伏指数 | 主茎長 (cm) | 子実重 (kg/a) | 百粒重 (g) |
| F8 9201-207-3-1-1 | 黄宝珠 | Adams | 強 | 強 | ○ | 無 | 9.18 | 3.5 | 90.3 | 27.7 | 16.8 |
| F7 9307-31-1-2-1 | Adams | メチタ | 強 | 強 | △ | 有 | 9.29 | 3.0 | 78.3 | 34.6 | 21.1 |
| F7 9307-37-1-2-1 | 〃 | 〃 | 強 | 強 | ○ | 有 | 9.18 | 3.0 | 69.3 | 26.3 | 15.6 |
| F7 9307-146-1-2-1 | 〃 | 〃 | 強 | 強 | ○ | 分離 | 10.3 | 2.3 | 72.0 | 31.8 | 16.9 |
| F6 9408-32-2-3 | Adams/メチタ | ツルコガネ/Calland | 強 | 強 | ○ | 半無 | 10.6 | 3.3 | 81.0 | 31.7 | 17.2 |
| トヨコマチ | | | 弱 | 弱 | × | 有 | 9.27 | 1.8 | 64.5 | 32.2 | 28.4 |
| トヨムスメ | | | 弱 | 弱 | × | 有 | 10.5 | 2.5 | 67.8 | 33.0 | 30.3 |
| ツルコガネ | | | 強 | 強 | × | 半無 | 10.6 | 2.8 | 90.8 | 35.3 | 32.7 |
| Adams | | | や強 | 強 | ○ | 無 | 10.7 | 3.5 | 122.5 | 31.3 | 16.2 |

(注) 1. アブラムシ抵抗性：○；抵抗性，△；要再調査，×；感受性．
2. 伸育型：無；無限伸育，半無；半無限伸育，有；有限伸育，分離；伸育型が分離．
3. 一般特性は各場所とも2反復で実施．
4. 倒伏指数：0(無)～4(甚).

集積して，より高度な圃場抵抗性を目指すのが現実的である．アブラムシ抵抗性は，黄宝珠由来の圃場抵抗性とは抵抗性発現の機作が異なることから，この二つの抵抗性因子を集積することにより，より高度な圃場抵抗性系統を育成することが可能と考えられる．しかし，Adamsをはじめとするアブラムシ抵抗性遺伝資源は一般農業特性が劣悪なため，通常の育種手法では選抜効率がきわめて低く，有望系統の作出は困難である．このため，現在アブラムシ抵抗性中間母本の育成が行われており，未だ不十分ではあるが，一般農業特性が遺伝資源よりも改善されたアブラムシ抵抗性系統も育成されつつある．これを利用したわい化病高度抵抗性品種育成の試みもすでに開始されている．また，アブラムシ抵抗性に関するDNAマーカーの探索と選抜技術の開発を中央農試で開始した．実用化されれば，アブラムシ抵抗性選抜について，初期世代の効率向上に大きく寄与することが期待されている．

現在，ダイズ品種には，わい化病抵抗性に加えて他病虫害（ダイズシストセンチュウ，茎疫病など）や耐湿性に対する抵抗性との複合化，より優れた加工適性（豆腐，納豆など），省力化への対応などが強く求められてきている．このような多くの目標を複合化しつつ，わい化病圃場抵抗性をより高度化していくことが重要である．

（萩原　誠司）

## 引用文献

1) 木幡寿夫．大豆「白鶴の子」にみられる萎縮状生育異常障害について．北農，35, 30-43 (1968)
2) 高橋幸吉ほか．日本における大豆のウィルス病と病原ウィルスに関する研究．東北農試研報，62, 1-130 (1980)
3) 玉田哲男．ダイズ矮化病に関する研究．北海道立農試報告，25, 1-144 (1973)
4) 御子柴義郎ほか．東北地方におけるダイズわい化病発生地域の拡大．北日本病虫研報，41, 58-59 (1990)
5) 岩手県農業試験場編．農業改良技術指導指針，その1, 121-124 (1984)

の特性（2000年）

| 一般特性 | | | | | | | | | |
|---|---|---|---|---|---|---|---|---|---|
| 中央農試 | | | | | 十勝農試 | | | | |
| 成熟期 (月.日) | 倒伏指数 | 主茎長 (cm) | 子実重 (kg/a) | 百粒重 (g) | 成熟期 (月.日) | 倒伏指数 | 主茎長 (cm) | 子実重 (kg/a) | 百粒重 (g) |
| 9.21 | 1.8 | 68.4 | 27.4 | 20.1 | 9.27 | 3.0 | 111.8 | 27.3 | 20.1 |
| 9.24 | 2.0 | 64.2 | 38.2 | 24.7 | 9.29 | 1.5 | 77.7 | 38.5 | 26.4 |
| 9.19 | 2.0 | 64.8 | 31.8 | 18.0 | 9.29 | 2.5 | 79.0 | 27.8 | 19.3 |
| 10.6 | 2.0 | 68.2 | 36.4 | 19.8 | 分離 | 1.8 | 102.2 | 36.2 | 19.7 |
| 10.12 | 3.0 | 76.5 | 42.7 | 20.9 | 分離 | 3.0 | 133.8 | 29.2 | 18.6 |
| 9.23 | 2.5 | 53.5 | 33.7 | 33.4 | 9.28 | 0.6 | 69.2 | 36.1 | 37.1 |
| 10.2 | 1.8 | 54.2 | 41.3 | 35.5 | 10.1 | 0.5 | 57.8 | 38.3 | 38.1 |
| 10.5 | 2.0 | 75.8 | 40.3 | 37.3 | 10.8 | 2.5 | 117.7 | 32.6 | 38.6 |
| 10.5 | 3.0 | 104.3 | 35.8 | 18.7 | 10.8 | 3.0 | 161.2 | 32.2 | 16.9 |

6) 香川　寛ほか．ダイズ矮化病の発生と減収実態．東北農業研究, 16, 112-115 (1975)
7) 諏訪隆之, 千葉一美．大豆萎縮状異常生育（仮称）に関する研究－大豆萎縮状異常生育（仮称）の発現とその原因の解明－．北海道立農業試験場集報, 19, 47-58 (1969)
8) 玉田哲男ほか．ダイズ矮化病．日植病報, 35, 282-285 (1969)
9) 御子柴義郎．東北地方におけるダイズわい化病の多発要因．植物防疫, 46, 401-404 (1992)
10) 本多健一郎ほか．異なるアブラムシで媒介される2系統の大豆わい化ウィルスの盛岡市の大豆圃場における発生状況．北日本病虫研報, 47, 48-51 (1996)
11) 本多健一郎, 宮井俊一, 兼松誠司．異なるアブラムシが媒介するダイズわい化ウィルス2系統のダイズ圃場での感染時期．北日本病虫研報, 48, 215 (1997)
12) 本多健一郎, 兼松誠司．ダイズわい化ウィルス2系統の大豆への感染時期, 感染株率と媒介アブラムシの飛来時期, 飛来数の関係．北日本病虫研報, 49, 213 (1998)
13) 御子柴義郎ほか．ダイズわい化ウィルスの各アブラムシ伝搬系統のモノクローナル抗体による類別．日植病報, 60, 395 (1994)
14) Tamada, T., Aphid transmission and host range of soybean dwarf virus. 日植病報, 36, 266-274 (1970)
15) 玉田哲夫．ダイズ矮化ウィルスの系統．日植病報, 39, 27-34 (1973)
16) 谷村吉光, 玉田哲夫．ダイズ矮化病抵抗性の育種的研究 1. 抵抗性の品種間差異．北海道立農業試験場集報, 35, 8-17 (1976)
17) 谷村吉光, 松川　勲, 番場宏治．ダイズ矮化病抵抗性の育種的研究 Ⅳ．北海道および東北地方北部のラジノクローバにおけるダイズわい化病ウィルス保毒率について．北海道立農業試験場集報, 52, 85-93 (1985)
18) 千葉一美, 諏訪隆之．ダイズ矮化病による大豆の生育及び収量について．北農, 37 (11), 10-20 (1970)
19) 谷村吉光ほか．ダイズわい化病抵抗性品種の探索．北海道立農業試験場資料, 13, 1-119 (1982)
20) 高宮泰宏, 白井和栄, 鴻坂扶美子．多発地におけるダイズわい化病抵抗性品種の探索．育種・作物学会北

海道談話会会報, 36, 104-105 (1995)
21) 番場宏治ほか. だいず新品種「ツルコガネ」の育成について. 北海道立農業試験場集報, 52, 53-64 (1985)
22) 中村茂樹ほか. だいず新品種「ツルムスメ」の育成について. 北海道立農業試験場集報, 63, 71-82 (1991)
23) 白井和栄ほか. ダイズ新品種「いわいくろ」の育成について. 北海道立農業試験場集報, 78, 39-58 (2000)
24) 大久保利道, 橋本庸三. ダイズわい化病伝搬に対する有翅虫の役割. 北日本病虫研報, 43, 50-53 (1992)
25) 大久保利道. ジャガイモヒゲナガアブラムシ有翅虫の寄生量とダイズわい化病の発病率との関係. 北日本病虫研報, 44, 49-52 (1993)
26) 兼平 修. ジャガイモヒゲナガアブラムシのダイズにおける発生消長〜品種間差異とダイズ矮化病との関連〜. 北海道立農業試験場集報, 40, 51-60 (1978)
27) 神野裕信ほか. ダイズわい化病高度抵抗性育種素材の作出 1. ジャガイモヒゲナガアブラムシ抵抗性. 育種・作物学会北海道談話会会報, 38, 112-113 (1997)
28) 荒木和哉ほか. ダイズわい化病高度抵抗性育種素材の作出 2. アブラムシ抵抗性が発病に及ぼす影響. 育種・作物学会北海道談話会会報, 38, 114-115 (1997)
29) 紙谷元一ほか. ダイズわい化病に関するDNAマーカー選抜 I. 播種前種子の遺伝子型検定. 育雑, 47 (別2), 120 (1997)
30) 紙谷元一ほか. ダイズわい化病抵抗性に関するDNAマーカーの探索 1. 連鎖分析およびQTLマッピング. 育種・作物学会北海道談話会会報, 39, 109-110 (1998)
31) 萩原誠司ほか. ダイズわい化病抵抗性に関するDNAマーカーの探索 2. 圃場検定によるマーカーの評価. 育種・作物学会北海道談話会会報, 39, 111-112 (1998)
32) 萩原誠司ほか. ダイズわい化病発病度に関するQTL解析. 平成10年度 新しい研究成果−北海道地域−. 北海道農業試験研究推進会議, 農林水産省北海道農業試験場, 35-37 (1999)
33) 紙谷元一ほか. ダイズ連鎖群GのQTL解析. 育種学研究, 2 (別1), 119 (2000)
34) 谷村吉光, 番場宏治. 2. ダイズわい化病耐病性育種. 小島睦夫 (編), 我が国におけるマメ類の育種, 農林水産省農業研究センター, 65-92 (1987)
35) 紙谷元一, 木口忠彦. ダイズ種子からのRAPD分析用鋳型DNAの調製. 育雑, 44 (別2), 121 (1994)

## 4) ダイズ黒根腐病・ダイズ落葉病抵抗性育種

わが国の畑作ダイズにおける立枯性病害としては，茎疫病，白絹病，菌核病，黒根腐病，落葉病，株枯病等，多くの病害が同定されている．しかし，発病が散発的な場合が多く，加えて恒常的に発生する例が少なかったことから，主要育種目標として取り上げられた例はない．茎疫病は，アメリカにおけるダイズの重要病害であり，レースの同定が進められ，レース別の抵抗性品種が育成されている．わが国では北海道において菌核病に対する抵抗性品種の検索が実施され，白絹病については四国農試で耐病性の品種間差異が明らかにされている．また株枯病については，東北農試大豆育種研究室で1963年に抵抗性程度の品種間差異，並びに抵抗性の遺伝的変異について究明された．

本項では，近年において病理および育種分野が連携して展開したダイズ黒根腐病 (以降，黒根腐病とする) 並びにダイズ落葉病 (以降，落葉病とする) に対する抵抗性育種研究の成果を紹介する．

### (1) 黒根腐病抵抗性

*Calonectria crotalariae* (Los) によって引き起こされ，根が腐敗する病害であり，アメリカではダイズとともにラッカセイの重要病害でもある[4]．国内における被害は，1968年に千葉県で発病が認められたのが最初である[11]．その後，生態的研究が散発的に行われていた[16]が，1980年代に入り転換畑関連研究の中で，発病生態が明らかにされるとともに品種間差異についても検討され

1. 病害抵抗性育種　（99）

た[8,9,12,13,15]．

本病は北海道を除く全国各地で発生する．特に水田における大豆作で収量への大きな影響をもたらしていることが多い[12]．

抵抗性品種の探索は圃場検定法が確立されていないために，抵抗性選抜法に難点があり，実用育種には至らなかった．このため，本病病原菌に対する抵抗性検定法の開発が急務とされ，菌の培養法の改良[7]並びに透明プラスティックカップ（アイスクリームカップ）を用いた検定法[10]，根箱を用いた検定法[7,14]，ディスポカップを用いた検定法[7]が開発された（表3-1-23，図3-1-17）．

このような室内検定法と抵抗性検定圃場の造成による検定が相俟って抵抗性育種法が考案された[7]．以上のような本病の抵抗性検定法の開発を巡る研究によって，東北，関東，東山地域並びに韓国由来の遺伝資源より抵抗性品種・系統が見いだされた[7,12]．特に関東地方の鼠荚および生娘茨城1号に由来する育成品種に抵抗性素材[7]が見いだされたことが注目された（図3-1-18）．

本病は長期間の湛水処理によって発病を低下できる[12]ことから，水田輪作を実施している圃場では被害を軽減できる．

表3-1-23　抵抗性検定法と品種の発病に与える影響

| 品種名 | 箱根検定法（根の発病度） | ディスポカップ検定法（根の発病度） | 改良圃場検定法（地上部発病株率） |
|---|---|---|---|
| YR 82 | 19.1 | 10.4 | 0.0 |
| タチユタカ | 25.0 | 7.0 | 5.8 |
| 赤荚（長野） | 34.6 | 1.5 | 1.4 |
| ワセシロゲ | 50.0 | − | 0.0 |
| Harosoy | 63.2 | 57.8 | 42.2 |
| 東山系NA 16 | 66.7 | 57.2 | 52.2 |

（注）中島ら（1994）より作成

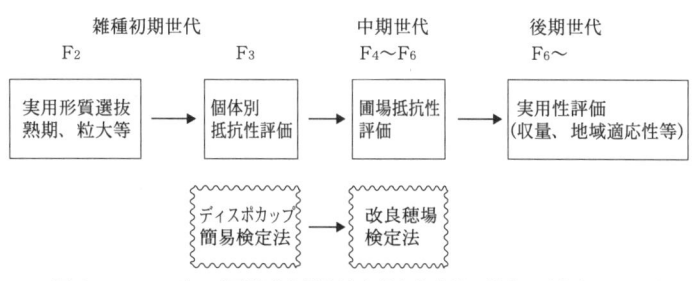

図3-1-17　ダイズ黒根腐病抵抗性育種と検定法の組合せ（中島ら 1994）

### （2）落葉病抵抗性

本病はダイズ落葉病菌が根より侵入して維管束内を上昇し，地上部を枯死せしめる病害である．本病の病原体は当初 *Cephalosporium gregata* と分類されていたが，後に *Phialophora gregatum* とされた[6]．土壌寄生性病害であり薬剤防除が困難な上に，耕種的防除でも長期間の輪作を必要とするなどから抵抗性品種育成の期待が大きい．アメリカでは重要な土壌伝染性病害であり，韓国由来の遺伝資源PI 84946-2を抵抗性遺伝子源とする育種[2,3]が精力的に展開され，抵抗性品種BSR302，BSR303が育成されている．わが国では1984年に北海道[1]で，また1989年には秋田県で，1993年には岩手県で発病が確認されている[6]．

表3-1-24　ダイズ落葉病抵抗性の品種間差異[1]

| 品種名 | 落葉程度[2] | 維管束褐変上昇率（%）[3] |
|---|---|---|
| KD 111号 | 0.0 | 6.2 |
| きなこ豆（最北-1） | 0.0 | 11.0 |
| Forest | 0.0 | 15.7 |
| 鉄豊18号 | 0.8 | 24.5 |
| 山白玉 | 0.0 | 31.0 |
| HAROSOY 63 | 1.4 | 39.2 |
| ワセシロゲ | 2.0 | 38.8 |
| PI 84946-2 | 0.0 | 8.0 |
| l.s.d.（5%） | 0.51 | 9.5 |

（注）1. 中島ら（1998）より抜粋（1992年，ポット試験の結果）
2. 落葉程度　0：健全，1：葉の一部に黄化，2：葉脈間にはっきりした黄化，3：一部の葉が落葉，4：大部分の葉が落葉，5：枯死
3. 維管束褐変率＝（維管束褐変上昇高/草丈）×100

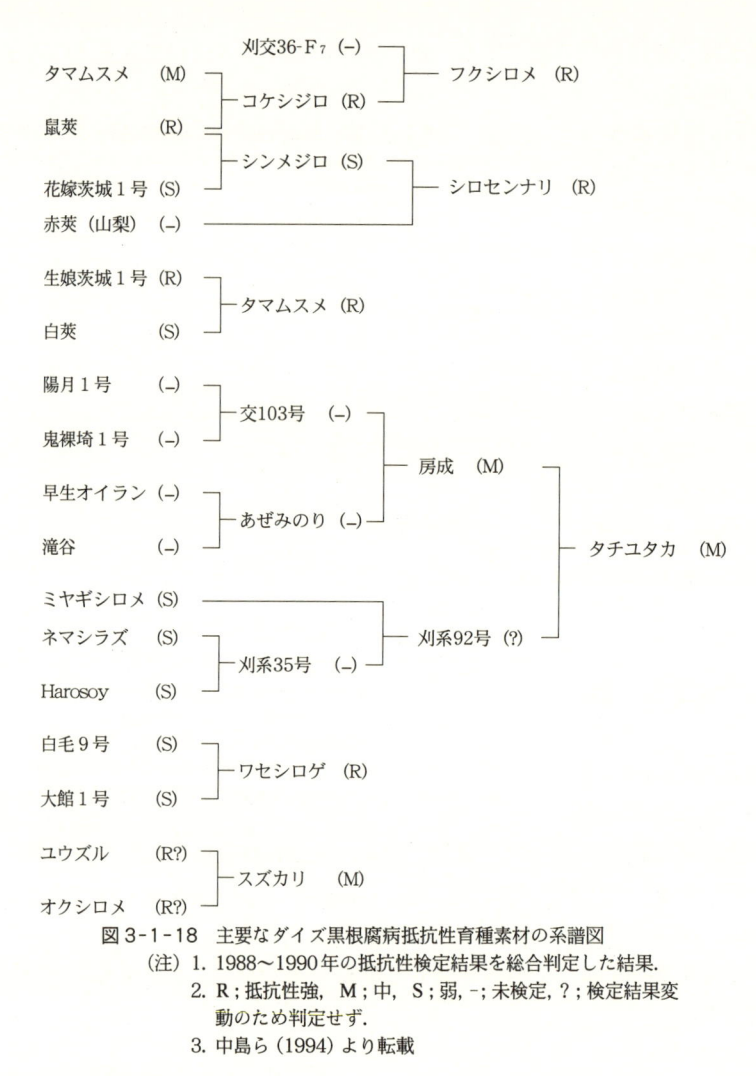

```
タマムスメ    (M)┐
              ├コケシジロ (R)┬刈交36-F₇ (-)
鼠莢        (R)┘              └フクシロメ (R)

花嫁茨城1号 (S)┐
              ├シンメジロ (S)─シロセンナリ (R)
赤莢(山梨)  (-)┘

生娘茨城1号 (R)┐
              ├タマムスメ (R)
白莢        (S)┘

陽月1号     (-)┐
              ├交103号 (-)┐
鬼裸埼1号   (-)┘          │
                          ├房成 (M)┐
早生オイラン(-)┐          │        │
              ├あぜみのり(-)┘        │
滝谷        (-)┘                    ├タチユタカ (M)
                                    │
ミヤギシロメ(S)┐                    │
              │                    │
ネマシラズ  (S)├刈系35号(-)┬刈系92号(?)┘
              │            │
Harosoy     (S)┘            │

白毛9号     (S)┐
              ├ワセシロゲ (R)
大館1号     (S)┘

ユウズル    (R?)┐
               ├スズカリ (M)
オクシロメ  (R?)┘
```

図3-1-18 主要なダイズ黒根腐病抵抗性育種素材の系譜図
(注) 1. 1988〜1990年の抵抗性検定結果を総合判定した結果.
     2. R;抵抗性強, M;中, S;弱, -;未検定, ?;検定結果変動のため判定せず.
     3. 中島ら(1994)より転載

わが国における抵抗性育種研究は,東北農試において1990年よりPI84946-2およびBSR302を抵抗性母本とする交配が実施され,さらに1991年からは年間平均300品種について抵抗性の圃場検定(一次スクリーニング)が実施された.また人工接種検定法の改良技術が開発され,二次スクリーニングに適用された.この結果,KD111,きなこ豆(最北-1),Forest,鬼赤莢等がPI84946-2と同等の抵抗性を有することが明らかにされた[6](表3-1-24).

以上,本項では土壌伝染性病害に対する抵抗性研究のうち,近年においてわが国で重要視された黒根腐病並びに落葉病について,研究成果を紹介した.大豆作におけるこれら立枯性病害は,時として重大な被害をもたらすが年次変動や場所間変動が大きいため,圃場における抵抗性選抜の効率が低い難点がある.このため,施設等を用いた人工接種による抵抗性検定技術の実用化が成否を分ける.この点において,ダイズ黒根腐病並びにダイズ落葉病に対する抵抗性研究は,植物病理分野と育種分野の密接な連携の下に進められて,生み出された成果であるといえる.

(酒井 真次)

## 引用文献

1) 青田盾彦ほか. *Cephalosporium gregata* によるダイズ落葉病（新称）の発生. 日植病報, 50, 98 (1984)
2) D. W. Chamberlain and R. L. Bernard. Resistance to Brown Stem Rot in Soybeans. Crop Sci. 8, 728-729 (1968)
3) H. Tachibana and L. C. Card. Field Evaluation of Soybean Resistant to Brown Stem Rot. Plant Disease Reptr. 63, 1042-1045 (1979)
4) James B. Sinclair Edit. Black root rot. Compendium of Soybean Diseases, 29-30 (1984)
5) 宮原萬芳. 大豆の株枯病に対する罹病性の品種間差異について（予報）. 東北農試研究速報 6, 65-76 (1966)
6) 中島 隆ほか. ダイズ落葉病抵抗性遺伝資源の探索. 東北研究資料, 22, 1-9 (1998)
13) 持田秀之ほか. 黒根腐病が大豆の収量及び収量構成要素に与える影響. 東北農業, 41, 113-114 (1988)
7) 中島 隆ほか. ダイズ黒根腐病抵抗性検定法の開発と抵抗性遺伝子源の探索. 東北農試研報, 88, 39-56 (1994)
8) 西 和文ほか. ダイズ黒根腐病菌の圃場における感染時期. 関東東山病害虫研究会年報, 37, 49-50 (1990)
9) 西 和文ほか. ダイズの収量及び収量構成要素に及ぼす黒根腐病の影響. 関東東山病害虫研究会年報, 36, 37-38 (1989)
10) 西和文ほか. 透明プラスチックカップを用いたダイズ黒根腐病抵抗性検定法. 関東東山病害虫研究会年報 37, 55-56 (1990)
11) 西 和文. ダイズ黒根腐病研究の現状と問題点 (1). 農業技術, 44, 70-75 (1989)
12) 西 和文. ダイズ黒根腐病研究の現状と問題点 (2). 農業技術, 44, 108-112 (1989)
14) 酒井真次ほか. 大豆の播種前湛水処理及び菌の培養日数が黒根腐病の発病に及ぼす影響. 東北農業研究, 41, 111-112 (1988)
15) 重盛 勲. ダイズ立枯性病害から分離される糸状菌とその病原性について. 長野県中信農試報告, 4, 24-30 (1986)
16) 柚木利文・五味唯孝. ダイズ病害の現状と問題点. 植物防疫, 33, 93-97 (1979)

## 5） ダイズ茎疫病抵抗性育種

### (1) 緒 言

1977年に，病原菌 *Phytophthora sojae*（= *Phytophthora megasperma* var. *sojae*）に起因する立枯れ性病害であるダイズ茎疫病[7,11]（以下，茎疫病と略す）が北海道池田町の転換畑で初めて発生が確認された[36]．茎疫病菌の遊走子のう形成は高水分条件の土壌ほど促進される[12]．このため，転換畑等の排水不良土壌で被害が大きい．本病は転換畑ダイズ作の増加にともない数年で北海道の胆振，上川，空知，石狩，十勝地方の転作地帯に拡大[8,30]し，重要病害となった．

府県では1978年に静岡県[27]，1979年に山形県[24]，1980年に秋田県[5]，1983年に佐賀県[10]で発生が認められたが，北海道に比べ被害程度は軽い[21]．

アメリカでは1954年オハイオ州で発生した症状が茎疫病菌によると同定された[7]．その後，オーストラリア[23]，カナダ，中国などで発生している．現在，アメリカ中西部および南部諸州における茎疫病の被害は大きく，病害別ではシスト線虫害に次ぐ被害となっている[4,22]．

北海道立中央農試では1981年以降「転換畑向けダイズ耐湿性品種育成試験」を実施し耐湿性品種

探索および育成系統の耐湿性検定を行ってきた．場内転換畑圃場で第4本葉期に1週間湛水処理し落水後，枯死率を調査した結果から，被害程度や生育収量に顕著な品種間差異が認められた．また，水尻側の高水温部分では茎疫病が発生していた．したがって，耐湿性には根の生理障害による枯死と茎疫病による枯死があることから区別して検討する必要があるとされた[19]．

道立上川農試病虫予察科では1977年以降，診断事業でダイズ立枯れ性病害を扱い，病原菌分離，菌の培養性質などを検討してきた．1985年からは中央農試大豆育種指定試験地とともに「転換畑におけるダイズ茎疫病の防除対策確立試験」を実施した．この課題のなかでレース分布，抵抗性品種の探索，薬剤防除などに取り組み，成果をとりまとめ1989年指導参考事項とした．

薬剤防除ではメタラキシル剤の種子粉衣，播溝施用およびキャプタン水和剤，オキサジキシル・塩基性塩化銅水和剤の株元散布が有効であった[8,38,39]．耕種的防除法としては連作を避け，圃場排水を促進し，抵抗性品種を栽培することが指導されている[9]．

現在，ダイズ本作化の農政方針を受けて北海道においても転作ダイズが増加している．転換畑地帯では転作作物がコムギ，ダイズなどに限られ，適正な輪作体系を組むのがむずかしく，やむをえずダイズを連作する例があり茎疫病の被害も依然としてみられる．「田畑輪換を含む短期輪作の体系化に関する試験」（北海道農試，1979～1988）では，強粘質土壌の転換畑ではダイズ連作2年目で茎疫病が多発し，経年的に罹病率は高まった[1]．このため安定生産上，抵抗性品種の育成が急務であるが茎疫病のレースが多く，育種部門で選抜検定に多大の労力を要している現状から，道立植物遺伝資源センターでは育種支援課題「ダイズ茎疫病抵抗性の効率的検定法の確立」（2000～2004）を開始した．DNAマーカーを利用した選抜手法の開発，転換畑多発圃場の造成による選抜検定，新規遺伝資源探索，抵抗性育種素材化に取り組んでいる．道立中央農試，十勝農試では実用的農業特性をもつ耐湿性品種や主要レース抵抗性品種の交配利用，転換畑圃場における初中期世代の耐湿性選抜検定，育成系統の幼苗接種検定などにより茎疫病抵抗性を有し耐湿性の優れた品種育成をめざしている．

(2) 茎疫病抵抗性育種

ⅰ) 茎疫病レースの同定　アメリカでは1965年に病原菌の2種類のレース[20]が発見されて以来，

表3-1-25　北海道・東北地方より採集した茎疫病菌のレース検定結果（北海道立上川農試）

| 判別品種 | レース | | | | | | | | | | | | | | | | | | | | | | |
|---|---|---|---|---|---|---|---|---|---|---|---|---|---|---|---|---|---|---|---|---|---|---|---|
| | 5 | 7 | 11 | 13 | 新 | 新 | 新 | 新 | 新 | 新 | 新 | 新 | 新 | 新 | 新 | 新 | 新 | 新 | 新 | 新 | 新 | 新 | 新 |
| Harosoy | S | S | S | S | R | R | R | R | R | R | R | R | R | R | R | R | R | S | S | S | S | S | S |
| Sanga | R | R | S | R | R | R | R | S | S | S | S | S | S | R | R | R | R | R | R | R | S | S | S |
| Harosoy 63 | S | S | S | S | R | R | R | R | R | R | R | R | R | R | R | R | R | S | S | S | R | R | R |
| Mack | S | R | R | R | R | R | R | R | R | R | R | R | R | R | R | R | R | R | R | R | R | R | R |
| Altona | S | S | R | R | R | R | R | R | R | R | R | R | R | R | R | R | R | R | R | R | R | R | R |
| PI 103091 | R | R | R | R | R | R | R | R | R | R | R | R | R | R | R | R | R | R | R | R | R | R | R |
| PI 171442 | R | R | R | R | R | R | R | R | R | R | R | R | R | R | R | R | R | R | R | R | R | R | R |
| Tracy | R | R | R | R | R | R | R | R | R | R | R | R | R | R | R | R | R | R | R | R | R | S | S |
| 該当菌株数 | 1 | 1 | 1 | 1 | 4 | 2 | 1 | 1 | 1 | 3 | 1 | 4 | 6 | 3 | 3 | 1 | 1 | 3 | 1 | 2 | 1 | 3 | 2 |

（注）1. 供試菌株数49，菌株の採集年度は1977～1986年．レース5, 7, 11, 13は欧米で報告されているレースに該当したレース番号．
　　2. 接種方法：殺菌土壌を充填したバット（30×21×5 cm）にダイズを播種，出芽（5～6日目）後，胚軸の地際部（地際から1～1.5 cm上部）にCMA培地で28℃，25～30日間培養した培養菌を爪楊枝で穿刺接種．接種後4日間，28℃の多湿条件下に置き発病の有無を調査．
　　3. 発病個体率0％をR：抵抗性，同10％以上をS：罹病性と判定．

相次いで新レースが報告され[2,6,37]，現在は55レースが報告されている[16]．日本においても菌株により品種に対する病原性が明らかに異なり，レースの存在が示されている[13,24,27,28,31,32,33,34]．1986年以前に北海道と東北地方から採集された分離菌49菌株をアメリカの判別品種を用いてレース検定を行い，25種類に区分した．このうち4菌株は各々アメリカの既知レースに該当したが，90％以上の45菌株は21種類の新レースに細分された（表3-1-25）．

表3-1-25の結果はレース構成があまりにも複雑で，実用的な育種対応が困難であることから6品種の判別品種を用いた実用的なレース判別方法を確立した．1985～1987年に分離した128菌株を供試した結果，A～Jの10種類の病原性の異なるグループに分けられた[35]（表3-1-26）．このうち，A，D，Jの各レースに該当する菌株が多かった．10年後の1996～1998年に中央農試大豆育種指定試験地が道央部15地点から収集した菌株のレース判定結果ではA，DのほかG，C，Bも複数地点から分離された（表3-1-27）．

1987年，北海道胆振支庁鵡川町の同一農家内の隣接する三つのダイズ圃場（転換畑，1圃場約20a）から病原菌8菌株を分離し，レース検定を行った（表3-1-28）．その結果，レースA，D，Jの3種類のレースが採集され，同一圃場内に数種のレースが混在発生していることが確認された．防除対策として栽培品種の選択上で問題となる可能性がある．1998年の石狩，空知支庁管内の調査に

表3-1-26　6品種による茎疫病レース判別検定法（北海道立上川農試）

| 判別品種 | A | B | C | D | E | F | G | H | I | J | 計 |
|---|---|---|---|---|---|---|---|---|---|---|---|
| ゲデンシラズ1号 | R | R | R | R | R | R | S | S | S | S | |
| 黄宝珠 | R | R | S | R | S | S | R | S | | S | |
| トヨスズ | R | S | R | S | R | S | S | S | | S | |
| 中生光黒 | R | S | S | S | S | S | S | S | | S | |
| イスズ | S | S | R | S | R | S | S | S | R | S | |
| キタムスメ | S | S | S | S | S | S | S | S | S | S | |
| 1985年菌株数 | 7 | 3 | | 3 | 4 | 6 | 4 | | | | 27 |
| 1986年菌株数 | 8 | | 45 | | 2 | 2 | | | | 4 | 61 |
| 1987年菌株数 | 9 | | 12 | | | | 3 | 1 | | 15 | 40 |
| 計 | 24 | 3 | 60 | 4 | 8 | 6 | 3 | 1 | | 19 | 128 |

（注）接種方法および発病調査は表3-1-25の方法に準ずる．

表3-1-27　道央部石狩，空知支庁管内におけるダイズ茎疫病株の収集地点とレース判定結果（1996～1998年）

| 年次 No. | 収集月日 | 収集地点 | 収集品種 | 圃場状況 | 分離菌株数 | レース判定（菌株数） |
|---|---|---|---|---|---|---|
| 1996-1 | 7.22 | 当別町東裏 | スズマル | 転換畑，立枯れ症状多 | 1 | G |
| 1996-2 | 7.22 | 当別町西蕨台 | トヨムスメ | 立枯れ症状散見，前作ハクサイ | 3 | G(3) |
| 1996-3 | 7.26 | 長沼町中央農試圃場 | カリユタカ，ユウヅル | 排水不良 | 5 | D(5) |
| 1996-4 | 9.5 | 滝川市遺伝資源センター圃場 | 中生光黒 | 排水不良 | 3 | G(3) |
| 1997-1 | 8.6 | 深川市納内6区-1 | カリユタカ | 転換畑，7月末より立枯れ目立つ | 3 | D(3) |
| 1997-2 | 8.9 | 江別市東野幌 | 中生光黒 | | 3 | G(3) |
| 1998-1 | 7.31 | 長沼町中央農試I-4圃場 | 育成系統 | 転換畑 | 4 | A(4) |
| 1998-2 | 8.3 | 当別町東裏 | トヨホマレ | 局部的に発生 | 2 | B(1), C(1) |
| 1998-3 | 8.3 | 岩見沢市お茶の水 | スズマル | 排水不良カ所に発生 | 2 | A(2) |
| 1998-4 | 8.5 | 沼田町高穂 | スズマル | 転換畑 | 11 | A(10), D(1) |
| 1998-5 | 8.5 | 沼田町中央 | トヨコマチ | 一般畑 | 16 | C(15), G(1) |
| 1998-6 | 8.5 | 沼田町恵比島 | スズマル | 転換畑 | 2 | A(2) |
| 1998-7 | 8.5 | 沼田町恵比島 | トカチクロ | 一般畑 | 1 | A |
| 1998-8 | 8.11 | 滝川市江部乙町西13丁目 | スズマル | 7月上旬頃より立枯れ発生 | 3 | B, C, (E?)各1 |
| 1998-9 | 8.11 | 滝川市江部乙町農改普及センター圃場 | 育成系統 | 7月上旬頃より立枯れ発生 | 2 | C(2) |

収集地点数/菌株数：レースA 5/19, B 2/2, C 4/19, D 3/9, E(?) 1/1, G 5/11　分離菌株計61

（注）病株収集，幼苗接種，レース判定は道立中央農試畑作第一科，菌分離，保存増殖は北海道病害虫防除所予察課による．

表3-1-28 同一農家圃場内のダイズ茎疫病菌のレース検定（北海道立上川農試）

| 判別品種 | 供試菌株 | | | | | | | |
|---|---|---|---|---|---|---|---|---|
| | 62040 | 62041 | 62042 | 62043 | 62045 | 62046 | 62049 | 62051 |
| ゲデンシラズ1号 | R | R | R | S | R | S | R | R |
| 黄宝珠 | R | R | S | S | R | S | S | S |
| トヨスズ | R | R | R | R | R | R | R | R |
| 中生光黒 | R | R | R | S | R | S | R | R |
| イスズ | S | S | S | S | S | S | S | S |
| キタムスメ | S | S | S | S | S | S | S | S |
| 該当レース | A | A | D | J | A | J | D | D |

（注）1987年，北海道胆振支庁鵡川町転換畑大豆圃場（同一農家）より発病株元の土壌を採集し，病原菌を分離，幼苗接種によりレース検定．

おいても，同一農家圃場で複数レースが確認される事例が見出されている（表3-1-27）．

さらに，表3-1-26の国内判別品種の見直しを行い，遺伝的類縁関係の品種を整理し，道央転作地帯で栽培の少ない中生光黒を削除し，A～Jの10レースすべてに抵抗性を有するはや銀1を追加し，4品種を用いてレース判別する方法の再検討を行った．その結果，I～Ⅳの4種類のレース群に統合し，判別できることがわかった（表3-1-29）[8]．北海道の主要転作地帯に分布する主要レース群はI，Ⅱである．また，はや銀1を除くすべての判別品種を侵すレースⅣも一部に分布していた（図3-1-19）．

道内主要品種のうち，トヨムスメがレース群I，Ⅱ，Ⅲ，中生光黒がIとⅡ，スズヒメがIとⅢ，ツルコガネ，トヨコマチ，ユウヅルがレース群Iに抵抗性を有する[8]．

表3-1-29 北海道内に分布するレースの判別結果（北海道立上川農試）

| 判別品種 | レース群 | | | | 備考（既知該当レース） |
|---|---|---|---|---|---|
| | I | Ⅱ | Ⅲ | Ⅳ | |
| はや銀1 | R | R | R | R | I：A, B, C, E |
| ゲデンシラズ1号 | R | R | S | S | Ⅱ：D, F, G |
| 黄宝珠 | R | S | R | S | Ⅲ：H |
| キタムスメ | S | S | S | S | Ⅳ：I, J |
| 該当菌株数（3カ年） | 31 | 74 | 3 | 20 | 1985～1987 |

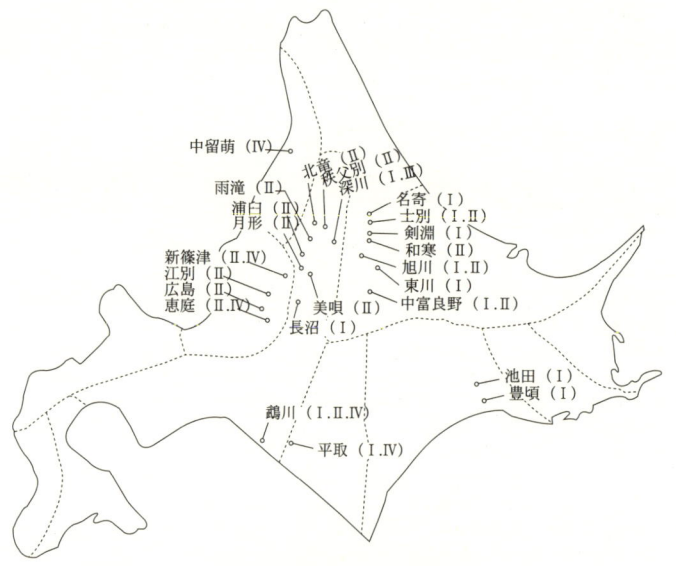

図3-1-19 北海道におけるダイズ茎疫病菌のレースの分布（道立上川農試，1989）

ii) 茎疫病抵抗性品種の探索　レースA～Jに対応する抵抗性遺伝子を探索するため，中央農試保存品種系統242点を上川農試で幼苗接種により調査した．242点は北海道の新旧主要品種，道立農試育成系統のほか府県在来種，中国，韓国，ヨーロッパ，北アメリカ品種などより構成される．このうち抵抗性品種はや銀1，KLS733-1の2点は道内10レース全てに抵抗性を示す[35]．

また，中央農試場内転換畑圃場（レースAによる茎疫病が自然発生）に道内主要品種および1981年以降の「転換畑向けダイズ耐湿性品種育成試験」で耐湿性強を示した品種を供試し，枯死率の低い品種を探索した（1985, 1986年）．1987, 1988年には同圃場にレースDを散布して，前2年に枯死率の低かった品種を供試して抵抗性確認試験を行った．2カ年に共通して供試した90品種の枯死率の相関係数は$r = 0.793^{**}$となり，両年の枯死率の再現性は高かった．両年ともに枯死率が15％以下と低く抵抗性強と判定され，かつ上川農試の幼苗検定でレースA, Dに対し無発病のものが30品種見出され，これらを茎疫病抵抗性極強と判定した[3]（表3-1-30）．茎疫病抵抗性品種はいずれも晩生で子実の外観品質が劣り実用的農業形質が不十分なので，品種改良の母本として利用していくこととした．最近では，植物遺伝資源センターにおいて接種検定により中国遺伝資源138点の探索を行い，多数がレースA, Dに，数点がG, Jに抵抗性を持つ可能性があった．今後，検定圃場を造成し圃場検定を併用して探索を続ける予定である．

表3-1-30 茎疫病抵抗性極強品種の圃場検定における枯死率と子実の特性（足立ら，1991）

| 品種名 | 枯死率（％） 1987 | 枯死率（％） 1988 | 百粒重(g) | 種皮色 | へそ色 |
|---|---|---|---|---|---|
| Ill soy | 0 | 0 | 8.8 | 淡褐 | 褐 |
| KLS 733-1 | 0 | 0 | 10.9 | 褐 | 褐 |
| KLS 117 | 0 | 0 | 19.6 | 褐 | 褐 |
| PI 103.091 | 0 | 0 | 6.8 | 黄 | 褐 |
| ウゴダイズ | 0 | 0 | 8.6 | 黄 | 褐 |
| ライデン | 0 | 0 | 21.7 | 黄 | 黄 |
| 吉林5号 | 0 | 0 | 18.6 | 黄 | 極淡褐 |
| もやし豆 | 3 | 0 | 12.9 | 黒 | 黒 |
| ネマシラズ | 5 | 0 | 20.0 | 黄 | 黄 |
| PI 92.560 | 0 | 1 | 10.7 | 淡褐 | 褐 |
| ゲデンシラズ1号 | 0 | 1 | 20.1 | 黄白 | 黄 |
| 国育44号 | 2 | 1 | 17.6 | 黄 | 極淡褐 |
| 鉄豊3号 | 9 | 1 | 19.3 | 黄白 | 褐 |
| KLS 104-1 | 0 | 2 | 19.2 | 黄白 | 褐 |
| KLS 110 | 0 | 2 | 15.4 | 黄 | 黄 |
| BSR 302 | 3 | 2 | 17.6 | 黄 | 黒 |
| 刈系137号 | 6 | 2 | 17.6 | 黄白 | 黄 |
| 関東54号 | 0 | 2 | 13.9 | 黄 | 褐 |
| Hoosire | 0 | 4 | 8.5 | 淡褐 | 褐 |
| Suwon 80 | 0 | 4 | 14.3 | 黄白 | 淡褐 |
| Willams 79 | 1 | 4 | 20.9 | 黄 | 黒 |
| 畦大豆 | 2 | 5 | 9.3 | 黄地黒斑 | 淡黒 |
| 光教 | 0 | 5 | 19.3 | 黄白 | 褐 |
| 秋田小粒 | 0 | 6 | 9.4 | 黒 | 黒 |
| ワセシロゲ | 12 | 7 | 21.5 | 黄 | 淡褐 |
| はや銀1 | 2 | 7 | 19.6 | 黄白 | 褐 |
| 五葉黒豆 | 5 | 8 | 31.1 | 黒 | 黒 |
| 土用豆 | 15 | 11 | 31.2 | 褐 | 褐 |
| Corsoy 79 | 5 | 13 | 18.7 | 黄 | 黄 |
| Beeson 80 | 5 | 15 | 19.3 | 黄白 | 淡黒 |

iii）**抵抗性の遺伝解析** 道立中央農試においてレース群I（レースA），II（レースD）抵抗性の$F_2$集団5組み合わせを用いて幼苗接種により萎凋枯死個体数を調査した結果，いずれも抵抗性個体の分離比はおよそ3：1を示した（表3-1-31，3-1-32，3-1-33）．$\chi^2$検定の結果，抵抗性はそれぞれ一対の優性遺伝子に支配されると推定された[3,8,18]．したがって，抵抗性に関する選抜は比較的容易であると判断された．

現在，植物遺伝資源センターにおいてトヨコマチ（ほとんどのレースに罹病性）×はや銀1（すべ

表3-1-31 ダイズ茎疫病レース群I（A）菌接種による$F_2$集団の抵抗性分離（1986年）

| 交配番号 | 組み合わせ | | 個体数 計 | R | S | P値（3：1） |
|---|---|---|---|---|---|---|
| 中交5805 | キタホマレ× Corsoy 79 | 実験値 | 175 | 127 | 48 | 0.50 > P > 0.25 |
| | | 期待値 | 175 | 131.25 | 43.75 | |
| | キタホマレ (S) | | 30 | 0 | 30 | |
| | Corsoy 79 (R) | | 30 | 30 | 0 | |

（注） R：抵抗性，S：罹病性

表3-1-32 ダイズ茎疫病レース群Ⅱ (D) 菌接種によるF$_2$集団の抵抗性分離 (1987年)

| 交配番号 | 組み合わせ | | 個体数 | | | P値 (3:1) |
| --- | --- | --- | --- | --- | --- | --- |
| | | | 計 | R | S | |
| 中交6013 | 中育15号×Beeson 80 | 実験値 | 178 | 128 | 50 | 0.50 > P > 0.25 |
| | | 期待値 | 178 | 133.5 | 44.5 | |
| 中交6018 | 中育17号×トヨムスメ | 実験値 | 174 | 128 | 46 | 0.75 > P > 0.50 |
| | | 期待値 | 174 | 130.5 | 43.5 | |
| 中交6028 | キタホマレ×トヨムスメ | 実験値 | 192 | 146 | 46 | 0.75 > P > 0.50 |
| | | 期待値 | 192 | 144 | 48 | |
| | 中育15号 (S) | | 21 | 1 | 20 | |
| | 中育17号 (S) | | 27 | 1 | 26 | |
| | キタホマレ (S) | | 30 | 1 | 29 | |
| | Beeson 80 (R) | | 25 | 25 | 0 | |
| | トヨムスメ (S) | | 24 | 23 | 1 | |

(注) R:抵抗性, S:罹病性

表3-1-33 ダイズ茎疫病レース群Ⅱ (D) 菌接種によるF$_2$集団の抵抗性分離 (1988年)

| 交配番号 | 組み合わせ | | 個体数 | | | P値 (3:1) |
| --- | --- | --- | --- | --- | --- | --- |
| | | | 計 | R | S | |
| 中交6015 | オシマシロメ×Beeson 80 | 実験値 | 177 | 128 | 49 | 050 > P > 0.25 |
| | | 期待値 | 177 | 132.75 | 44.25 | |
| | オシマシロメ (S) | | 21 | 0 | 21 | |
| | Beeson 80 (R) | | 21 | 21 | 0 | |

(注) R:抵抗性, S:罹病性

てのレースに抵抗性) の後代を用いてレース群Ⅱ (レースG), Ⅳ (レースJ) 抵抗性の遺伝解析を進めている.

　アメリカでは各レースに対する抵抗性について7遺伝子座の13遺伝子が関与する (*Rps*1-a, 1-b, 1-c, 1-d, 1-k, 2, 3-a, 3-b, 3-c, 4, 5, 6, 7)[26]と整理され,このうち,*Rps1-k*遺伝子がもっとも多くのレースに抵抗性を示すので,北アメリカにおける抵抗性育種にもっとも広く使われてきた[26]. しかし,1遺伝子による防除効果の期間は8～10年とされ,オハイオ州ではそれを破るレースが広く分布しつつあり,*Rps1-k*遺伝子の効果がなくなる可能性が指摘されている[26]. そのため,アメリカでは抵抗性遺伝資源探索が続けられ,最近では中国遺伝資源のスクリーニングにより,多数レースに抵抗性のものが多く見出されている[14,17]. *Rps1-k*と同様に多くのレースに抵抗性を示す中国遺伝資源PI567574Aの抵抗性は*Rps*1-cと*Rps*3-cの二つの遺伝子による[15].

　植物遺伝資源センターではアメリカ品種「Williams」および抵抗性遺伝子*Rps*1～7をもつnear-isogenic linesを用いて北海道のレースA, D, G, Jに対する有効性を幼苗接種検定により検討した. *Rps*1-a, 1-cは北海道のレースAとDに,*Rps1-k*はレースDに抵抗性を示した[29]. *Rps*2～7を持つ系統は4レースすべてに感受性であった (表3-1-34). したがって,*Rps1*はレースAとDに対する抵抗性と関連している可能性があるが,*Rps*2～7は北海道の主要レースとの関連はないと推察された. また,*Rps1*についても,レースA, D抵抗性を備えた北海道の実用品種が複数存在するため (表3-1-35),この遺伝子の直接利用およびこれと連鎖するDNAマーカーの有効性は低いと判断された. 上記のトヨコマチ×はや銀1の組み合わせを用いてSSRマーカーを中心に,主要レース抵抗性と連鎖したDNAマーカーの探索と選抜手法の開発を実施中である.

表 3-1-34 北海道の茎疫病レースに対する米国 NILs の抵抗性判定（田澤ら，1999）

| 品種系統 | 抵抗性遺伝子 | レース A | D | G | J |
|---|---|---|---|---|---|
| Williams | rps | S | S | S | S |
| L75-6141 | Rps 1-a | R | R | S | S |
| L75-3757 | Rps 1-c | R | R | S | S |
| L75-3674 | Rps 1-c, 2 | R | R | S | S |
| L77-1794 | Rps 1-k | S | R | S | S |
| L76-1988 | Rps 2 | S | S | S | S |
| L83-570 | Rps 3 | S | S | S | S |
| L85-2352 | Rps 4 | S | S | S | S |
| L85-3059 | Rps 5 | S | S | S | S |
| L89-1581 | Rps 6 | S | S | S | S |
| L93-3258 | Rps 7 | S | S | S | S |

表 3-1-35 最近の育成系統の茎疫病抵抗性（抜粋）

| （類別）系統品種名 | | レース A | C | E | D | G | J |
|---|---|---|---|---|---|---|---|
| （中大粒） | 十育233号 | R | R | R | R | S | S |
| | 中育47号 | S | R | S | S | R | S |
| | 中系327号 | | | | R | R | |
| | トヨムスメ | R | S | S | R | S | S |
| | ツルコガネ | R | R | R | R | S | S |
| | ユウヅル | R | S | R | S | S | S |
| （黒豆） | 中系341号 | R | R | R | R | S | S |
| | 晩生光黒 | R | S | R | R | S | S |
| （小粒） | 十育234号 | S | | R | R | | |
| | スズマル | S | S | R | S | S | S |

（注）育成系統の検定は十勝農試，中央農試による．
空欄は未検定．品種の抵抗性は上川農試による．

iv）茎疫病抵抗性育種の現状と今後の取り組み　道立上川・中央農試で実施した「ダイズ茎疫病抵抗性品種育成試験（1989〜1993）」では抵抗性品種育成には至らなかったが，主要レースに抵抗性の系統中系291号ほかが見いだされ一部は実用的交配母本として，育種事業に利用されている．中系291号はツルコガネ×ゲデンシラズ1号の後代でわい化病と線虫に対しても抵抗性を有する．このほか，中央農試ではレースD, G抵抗性でわい化病抵抗性の中系327号，耐湿性でわい化病・線虫抵抗性の中育32号なども転換畑向き耐湿性（茎疫病抵抗性）母本として利用している．最近の育成系統では，表3-1-35に示す線虫抵抗性で耐冷性，難裂莢性の十育233号（2001年新品種：ユキホマレ），わい化病抵抗性の黒ダイズ系統中系341号（2000年度で中止）は比較的多くのレースに抵抗性を有していた．両系統は交配，選抜過程で茎疫病抵抗性を目標としていない．

わい化病抵抗性の遺伝資源である黄宝珠およびその後代のツルコガネ，線虫抵抗性の遺伝資源であるゲデンシラズ1号およびその後代のトヨスズ，トヨムスメ，大粒高品質ではユウヅル，木造在来などはいずれも複数の茎疫病レースに抵抗性を有する（表3-1-26，表3-1-35）．さらに，これらの品種に由来する多数の系統の茎疫病各レースに対する抵抗性はごく一部を除いて未調査であるものの，抵抗性因子を保有する系統は多いと思われる．現在，実用品種育成をめざす育種事業ではこれらの後代系統間の交配が主流であり，耐病虫性ではわい化病と線虫抵抗性の複合化が主目標であるので，茎疫病に対して無選抜であっても各レース抵抗性因子の集積がある程度は期待できる．

しかし，主働遺伝子による抵抗性は，品種の普及にともないそれを破るレースの出現が不可避である．育種対応では，レースAおよびD抵抗性の実用品種トヨムスメが広く栽培され，新品種ユキホマレも普及に移されたことから，中期的にははや銀1などの極強遺伝資源からレースJ抵抗性をこれらの実用品種に導入し，主要レースに対する抵抗性の複合化を進める必要がある．長期目標としては，これらのレース特異的抵抗性に加えて耐湿性，茎疫病圃場抵抗性を付与して転換畑における生産の安定性を高める必要がある．

現在，耐湿性検定は中央農試転換畑圃場（褐色低地土，排水性不良）において自然降雨のもとで過湿条件で枯死率や生育抑制程度により検定しているが，圃場均平度のむらによる精度低下が避けられず，必ずしも安定的な検定結果が得られていない．また，1年1作で多くの材料を扱えない．湛水処理は処理後の多雨により収穫期まで極めて過湿なまま経過する場合があり，系統間差の検出に好

都合な処理強度にコントロールができない欠点があった．茎疫病圃場抵抗性とされるアメリカ品種の報告[25]があり，これら品種の抵抗性の要因解明と有効性検討，耐湿性評価法とあわせて簡易な評価法開発は今後の課題である．

(白井　和栄)

## 引用文献

1) 阿部賢三．輪換年数及び作付体系が大豆の生産力に及ぼす影響．北海道地域における転換畑作研究成果情報．北海道農業試験場．105-111 (1987)
2) Abney, T. S. et al. New races of *Phytophthora sojae* with $Rps1$-d virulence. Plant Dis., 81, 653-655 (1997)
3) 足立大山ほか．ダイズ茎疫病抵抗性品種の探索と抵抗性の遺伝解析．北農，58, 376-380 (1991)
4) Doupnik, B., Jr. Soybean production and disease loss estimates for north central United States from 1989 to 1991. Plant Dis., 77, 1170-1171 (1993)
5) 古屋廣光ほか．八郎潟干拓地内の水田転換畑に発生したダイズ幼苗の立枯症．日植病報，48, 348 (1982)
6) Henry, R. N. and Kirkpatrick, T. L. Two new races of *Phytophthora sojae*, causal agent of Phytophthora root and stem rot of soybean, identified from Arkansas soybean fields. Plant Dis., 79, 1074 (1995)
7) Hildebrand, A. A. A root and stalk rot of soybeans caused by *Phytophthora megasperma* Drechslar var. *sojae* var. nov. Can. J. Bot., 37, 927-957 (1959)
8) 北海道農政部．大豆茎疫病菌のレースの分布と品種の抵抗性（転換畑における大豆茎疫病の防除対策確立試験）．平成元年普及奨励ならびに指導参考事項，193-196 (1989)
9) 北海道植物防疫協会．ダイズの病害(11)茎疫病．北海道病害虫防除提要-1995-. 173 (1995)
10) 菅正道ほか．ダイズ茎疫病菌によるダイズの苗立枯れ症．九州病害虫研究年報，30, 36-38 (1984)
11) Kaufmann, R. L and Gerdemann, J. W. Root and stem rot of soybean caused by *Phytophthora sojae* n. sp. Phytopathology 48, 201-208 (1958)
12) 喜多孝一．異なる水分条件下におけるダイズ茎疫病菌の遊走子のう形成．日植病報，56, 144 (1990)
13) 児玉不二雄・土屋貞夫．ダイズ茎疫病菌 *P. megasperma* var. *sojae* のレースについて．日植病報，45, 529 (1979)
14) Kyle, D. E. et al. Response of soybean accessions from provinces in southern China to *Phytophthora sojae*. Plant Dis., 82, 555-559 (1998)
15) Leitz, R. A. et al. Inheritance of resistance to *Phytophthora sojae* in the soybean PI 567574A.Soybean Gen. Newsl. 26 [Online journal]. URL http://www.soygenetics.org/articles/sgn1999-016. htm (1999)
16) Leitz, R. A. et al. Races of *Phytophthora sojae* on soybean in Illinois. Plant Dis., 84, 487 (2000)
17) Lohnes, D. G. et al. Origin of soybean alleles for *Phytophthora* resistance in China. Crop Sci., 36, 1689-1692 (1996)
18) 松川　勲ほか．ダイズ茎疫病抵抗性の品種間差異．育種・作物学会北海道談話会会報，27, 49 (1987)
19) 松川　勲ほか．大豆の耐湿性に関する研究-湛水条件下における品種間差異-. 北海道立農試集報，49, 32-40 (1983)
20) Morgan, F. L. and Hartwig, E. E. Physiologic specialization in *Phytophthora megasperma* var. *sojae*. Phytopathology 55, 1277-1279 (1965)
21) 農林水産省農業研究センター．ダイズ立枯性病害の発生実態と診断同定の手引き．1-32 (1990)
22) Pratt, P. W.and Wrather, J. A. Soybean disease loss estimates for the southern United States, 1994 to

23) Ryley, M. J. et al. Changes in the racial composition of *Phytophthora sojae* in Australia between 1979 and 1996. Plant Dis., 82, 1048-1054 (1998)
24) 佐藤利也ほか. ダイズ茎疫病に対する品種抵抗性の差異について. 北日本病虫研報, 32, 115-116 (1981)
25) Schmitthenner, A. F. Phytophthora rot. in : Compendium of soybean diseases forth edition. Hartman, G. L. et al. eds. American Phytopathological Society, St. Paul, MN. 39-42 (1999)
26) Schmitthenner, A. F. et al. *Phytophthora sojae* races in Ohio over a 10-year interval. Plant Dis., 78, 269-276 (1994)
27) 鈴井孝仁ほか. 静岡県におけるダイズ茎疫病の発生と病原菌のレースについて. 日植病報, 46, 108 (1980)
28) 田中 孝. ダイズ茎疫病に対する品種の抵抗性差異と病原菌のレース. 北日本病虫研報, 33, 72-74 (1982)
29) 田澤暁子ほか. ダイズ茎疫病抵抗性遺伝子 (Rps) の本道における有効性. 育種・作物学会北海道談話会会報, 40, 105-106 (1999)
30) 土屋貞夫. *Phytophthora megasperma* var. *sojae* Hildebrand によるダイズの茎疫病. 北海道立農試集報, 48, 46-55 (1982)
31) 土屋貞夫・古屋廣光. 秋田県八郎潟干拓地に発生したダイズ茎疫病菌 (*Phytophthora megasperma* f. sp. *glycinea*) のレースについて. 北日本病虫研報, 34, 121-123 (1983)
32) 土屋貞夫・児玉不二雄. 疫病の生態と防除－豆類の茎疫病－. 植物防疫, 35, 439-442 (1981)
33) 土屋貞夫ほか. ダイズ茎疫病に対する品種抵抗性および病原菌のレースについて. 北日本病虫研報, 33, 69-71 (1982)
34) 土屋貞夫ほか. 国内産ダイズ品種によるダイズ茎疫病菌 (*Phytophthora megasperma* var. *sojae*) の菌群の類別について. 日植病報, 48, 348 (1982)
35) 土屋貞夫ほか. 日本産品種によるダイズ茎疫病菌のレースの類別と抵抗性品種の探索. 日植病報, 56, 144 (1990)
36) 土屋貞夫ほか. *Phytophthora megasperma* var. *sojae* によるダイズの茎疫病 (新称). 日植病報, 44, 351 (1978)
37) Wagner, R. E. and Wilkinson, H. T. A new physiological race of *Phytophthora sojae* on soybean. Plant Dis., 76, 212 (1992)
38) 柳田麒策・石坂信之. ダイズ茎疫病に対するメタラキシル剤の効果. 北日本病虫研報, 34, 124-125 (1983)
39) 柳田麒策・小林尚志. 大豆立枯性病害の発生生態と防除. 北海道地域における転換畑作研究成果情報. 北海道農業試験場, 176-191 (1987)

## 2. 虫害抵抗性育種

### 1）寒地におけるダイズシストセンチュウ抵抗性育種

#### (1) 緒 言

北海道におけるダイズシストセンチュウ（以下，センチュウと略記）による被害は，明治の末期より記録されている．1950年代からはマメ類の作付率が高い十勝地方の畑作地帯において広く発生し，1970年代後半より水田再編対策の進展につれて道央部の転換畑でも被害が見られるようになった．最近は全道的に被害が発生しているが，とりわけ道南の桧山地方では特産品の極大粒ダイズ品

種（光黒およびつるの子銘柄）で被害が深刻となっている．

十勝農試ではセンチュウ抵抗性育種を1953年から始め，現在までに下田不知系（レース3）の抵抗性を有するホウライ（1965年）[23]，トヨスズ（1966年）[23]，トヨムスメ（1985年）[17]，トヨコマチ（1988年）[18]，大袖の舞（1992年）[29]およびユキホマレ（2001年）[9]の品種を育成してきた．センチュウのレースは地域的に分化することが知られており，十勝地方でもレース3の他にレース1の生息が確認されている[15,20]．下田不知系の抵抗性品種はセンチュウのレース3に対し有効であるが，レース1には効果がない．そのため，1960年からレース1および3に抵抗性を示すPeking系（高度抵抗性）の抵抗性品種の育種を開始し，1980年に高度抵抗性の納豆用小粒品種スズヒメ[25]を育成した．この間の育成状況については既に報告[16]しているので，本編では，その後育成されたトヨコマチおよびユキホマレの育成経過とPeking系の高度抵抗性白目大粒系統の育成，および十勝農試育成系統におけるセンチュウ抵抗性の遺伝解析，センチュウ抵抗性のDNAマーカー開発を目指したQTL解析，そして今後のセンチュウ抵抗性育種の展開について述べる．

(2) 下田不知系の抵抗性育種

ⅰ) トヨコマチの育成

(ⅰ) 育成の背景　1978年に育成されたキタコマチ[24]は，熟期が中生の早で，降雪の早い上川地方で主に栽培されていた．しかし，上川地方の水田転換畑でもセンチュウ被害がみられるようになり，キタコマチはセンチュウ抵抗性を持たなかったため，抵抗性付加が望まれていた．また，同品種の低温抵抗性は中で，冷害年に開花期の低温によるへそ周辺着色（以下，低温着色と略記）が多発し，大きな問題となっていた．他方，1985年に育成されたトヨムスメは，それまでの白目大粒の基幹品種トヨスズに置き換わって十勝および道央で広く作付されている．しかし，トヨムスメも低温抵抗性が中で低温着色が多発する．そのため，白目中〜大粒でセンチュウ抵抗性を有し，早熟で，低温抵抗性が強く低温着色の発生しない品種が熱望されていた．

(ⅱ) 育成経過（図3-2-1，表3-2-1）　1975年に，十勝農試で，耐冷性が強く早熟な褐目品種樺太1号を母，センチュウ抵抗性の白目大粒品種トヨスズを父として交配した．翌年冬季に$F_1$世代を温室で栽培して世代促進を行い，$F_2$世代で集団採種，$F_3$世代で個体選抜を行い系統とした．$F_4$世代では系統を十勝管内音更町のセンチュウ抵抗性の現地選抜圃に栽植し，抵抗性系統を中心に選抜した．$F_5$世代からは十勝農試に系統を栽植して収量性や農業特性一般を評価するとともに，十勝沿海の大樹町で耐冷性を評価した．また，引き続き音更町のセンチュウ抵抗性選抜圃で系統の抵抗性検定を行った．$F_6$世代の1980年は低温年で着色粒や裂皮粒が多発し，外観品質に関して厳しく選抜し

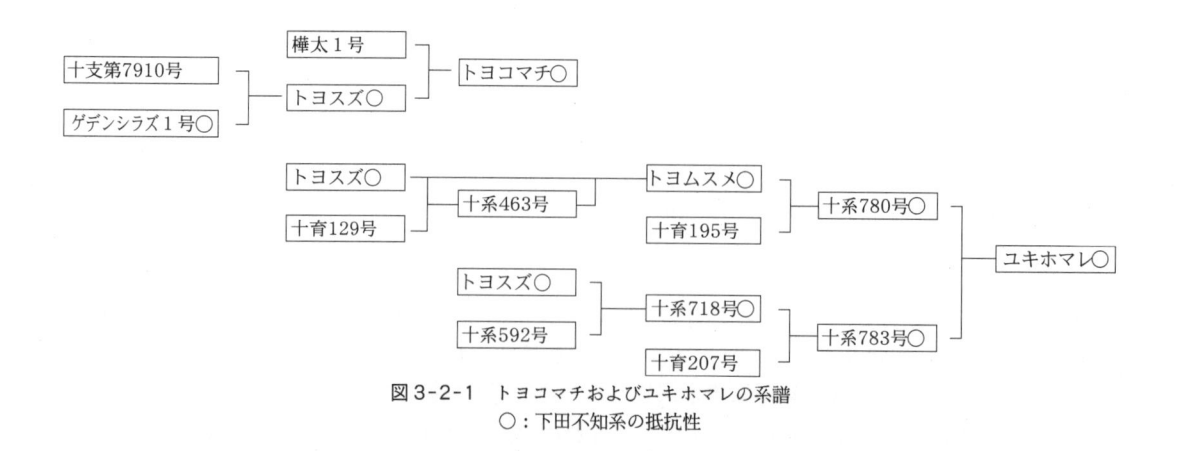

図3-2-1　トヨコマチおよびユキホマレの系譜
○：下田不知系の抵抗性

表3-2-1 トヨコマチの選抜経過

| 年次 | | 1975 | 1976 | 1977 | 1977 | 1978 | 1979 | 1980 | 1981 | 1982 | 1983 | 1984 | 1985 | 1986 | 1987 |
|---|---|---|---|---|---|---|---|---|---|---|---|---|---|---|---|
| 世代 | | 交配 | $F_1$ | $F_2$ | $F_3$ | $F_4$ | $F_5$ | $F_6$ | $F_7$ | $F_8$ | $F_9$ | $F_{10}$ | $F_{11}$ | $F_{12}$ | $F_{13}$ |
| 供試 | 系統群数 | | | | | | 66 | 46 | 36 | 26 | 6 | 8 | 5 | 4 | 4 |
| | 系統数 | | | | | 292 | 330 | 230 | 180 | 130 | 30 | 40 | 25 | 20 | 26 |
| | 個体数 | 201花 | 87 | 2,500 | 2,400 | ×30 | ×30 | ×30 | ×30 | ×30 | ×30 | ×30 | ×30 | ×30 | ×30 |
| 選抜 | 系統群数 | | | | | | 44 | 22 | 13 | 4 | 4 | 3 | 1 | 2 | 1 |
| | 系統数 | 56莢 | | | | 66 | 46 | 36 | 26 | 6 | 8 | 5 | 4 | 4 | 1 |
| | 個体数 | | | 26 | 400 | 292 | 330 | 230 | 180 | 130 | 30 | 40 | 25 | 20 | 26 | 15 |
| | 粒数 | 87 | | | 2,400 | | | | | | | | | | |

表3-2-2 トヨコマチの育成地における生育および収量(1983〜1987年の平均)

| 品種名 | 開花期(月日) | 成熟期(月日) | 倒伏程度 | 主茎長(cm) | 主茎節数 | 分枝数(/株) | 莢数(/株) | 子実重(kg/a) | 百粒重(g) |
|---|---|---|---|---|---|---|---|---|---|
| トヨコマチ | 7.25 | 9.29 | 微 | 52 | 10.9 | 4.5 | 51 | 25.9 | 30.4 |
| キタコマチ | 7.24 | 9.29 | 微 | 52 | 10.9 | 3.9 | 53 | 25.8 | 28.1 |
| トヨムスメ | 7.25 | 10.5 | 微 | 51 | 10.4 | 4.5 | 54 | 27.4 | 31.9 |
| トヨスズ | 7.25 | 10.8 | 微 | 49 | 10.6 | 3.9 | 50 | 26.6 | 31.0 |

た．$F_8$世代でセンチュウ抵抗性を有する有望系統に十系669号(後のトヨコマチ)を付し，十勝農試の生産力検定予備試験と大樹町の耐冷性現地選抜圃での生産力試験に供試した．その結果，十系669号は初期生育が旺盛，成熟期がトヨスズより10日早く，収量性および品質ともに優ることから十育205号の地方番号を付した．$F_9$世代以降では，十勝農試の生産力検定試験，奨励品種決定調査，および各種特性検定試験ならびに加工適性試験に供試した．その結果，十育205号は早熟でセンチュウ抵抗性が強，低温(障害型)抵抗性が従来の白目品種より優るやや強，低温着色の発生が少なく良質である等の優点が認められた．そのため，1988年に北海道の奨励品種に採用されるとともに，農林水産省の新品種として認定され，トヨコマチ(だいず農林90号)として命名登録された．トヨコマチの育成地における成績を表3-2-2に示した．トヨコマチは主に同熟期のキタコマチに置き換わって普及し，2000年の作付面積は3,043haで，全道のダイズ作付面積の19％を占める．

ii) ユキホマレの育成

(i) 育成の背景　ダイズ栽培の省力化にとってコンバイン収穫は不可欠であるが，北海道のコンバイン収穫においては茎水分による汚粒の発生が深刻な問題である．汚粒の発生を軽減するには，成熟後の立毛乾燥期間を十分確保することが大切であるが，北海道では秋冷や降雪が早いため，立毛乾燥期間の確保は品種の早生化によるしかない．

他方，北海道で栽培されている白目中粒品種にはトヨコマチ，カリユタカ[26]およびトヨホマレ[30]があるが，いずれの品種も栽培特性上一長一短がある．トヨコマチは熟期が中生の早で最も早く，センチュウ抵抗性や低温着色抵抗性を有するが，裂莢性は易である．カリユタカとトヨホマレは熟期が中生で，カリユタカの場合は難裂莢性であるが，センチュウ抵抗性や低温着色抵抗性を有していない．また，トヨホマレは低温抵抗性に優れ，低温着色抵抗性を有するが，センチュウ抵抗性は弱で，裂莢性も易である．そのため，これら品種の栽培特性上の欠点を補い，かつ早熟で，コンバイン収穫に向く品種が熱望されていた．

表 3-2-3 ユキホマレの選抜経過

| 年次 | | 1990 | 1991 | 1991 | 1992 | 1993 | 1994 | 1995 | 1996 | 1997 | 1998 | 1999 | 2000 |
|---|---|---|---|---|---|---|---|---|---|---|---|---|---|
| 世代 | | 交配 | $F_1$ | $F_2$ | $F_3$ | $F_4$ | $F_5$ | $F_6$ | $F_7$ | $F_8$ | $F_9$ | $F_{10}$ | $F_{11}$ |
| 供試 | 系統群数 | | | | | | | 27 | 50 | 19 | 6 | 1 | 1 | 1 |
| | 系統数 | | | | | | 137 | 115 | 256 | 82 | 28 | 5 | 5 | 7 |
| | 個体数 | 91花 | 24 | 2,091 | 1,770 | ×30 | ×30 | ×30 | ×30 | ×30 | ×30 | ×30 | ×30 |
| 選抜 | 系統群数 | | | | | | 24 | 11 | 3 | 1 | 1 | 1 | 1 |
| | 系統数 | 28莢 | | | | 27 | 50 | 19 | 6 | 1 | 1 | 1 | 1 |
| | 個体数 | | 24 | | 137 | 115 | 256 | 82 | 28 | 5 | 5 | 7 | 15 |
| | 粒数 | 44 | | 6,980 | | | | | | | | | |
| 選抜検定経過 | 低温抵抗性 | | | | ○ | ○ | ○ | ○ | | | ○ | ○ | ○ |
| | シストセンチュウ | | | | | | | ○ | ○ | ○ | ○ | ○ | ○ |
| | へそ周辺着色 | | | | | | | | | ○ | ○ | ○ | ○ |
| | 裂莢性 | | | | | ○ | ○ | ○ | ○ | ○ | ○ | ○ | ○ |

(注) 1. $F_3$ 種子の一部 1,770 粒を北見農試現地選抜に供試し $F_3$ から $F_8$ まで同農試で選抜した.

(ii) 育成経過 (図 3-2-1, 表 3-2-3)　1990 年に十勝農試で, 中生, センチュウ抵抗性および難裂莢性の白目系統十系 783 号を母, 中生の早でセンチュウ抵抗性の白目系統十系 780 号を父として交配した. 翌年の冬季に温室で $F_1$ 世代を養成して世代促進を行い, 同年 $F_2$ 集団を十勝農試に栽植して集団選抜し, $F_3$ 以降は気象条件の厳しい北見農試に供試して早生, 耐冷性, 多収性を主眼として選抜を行った.

北見農試では $F_3$ 世代で個体選抜後, $F_4$ 世代から系統選抜を行い, $F_5$ 世代以降は生産力試験に供試した. $F_6$ 世代では十勝管内更別村のセンチュウ抵抗性現地選抜圃でセンチュウ抵抗性の系統検定を行った. また, この年は低温着色の発生がみられ, これに対する選抜も併せて行った. $F_7$ 世代の成績に基づき, トヨコマチに比較して熟期が 5 日早く, 耐倒伏性がやや優り, 収量性が高く, 粒大は同等で, 裂莢率がカリユタカ並に低い系統に十系 890 号 (後のユキホマレ) を付した. この系統は, 次年も同様の特性を示し, また十勝農試でも早熟性が認められたことから, 十育 233 号の地方番号を付すこととなった. $F_9$ 世代以降は, 系統本体を育成場の十勝農試に移して, 生産力検定試験, 奨励品種決定調査, 各種の特性検定試験および加工適性試験を実施した. その結果, 十育 233 号はセンチュウ抵抗性が強, 早熟, 難裂莢性でコンバイン収穫に適し, 収量はトヨコマチよりやや多収で, 低温抵抗性および低温着色抵抗性が強, さらに加工適性では煮豆や納豆, 味噌に適することが明か

表 3-2-4 ユキホマレの育成地およびセンチュウ汚染圃での生育および収量

| 品種名 | 育成地 | | | | | センチュウ汚染圃 (レース3優占) | | | |
|---|---|---|---|---|---|---|---|---|---|
| | 成熟期 (月日) | 主茎長 (cm) | 莢数 (/株) | 子実重 (kg/a) | 百粒重 (g) | 主茎長 (cm) | 莢数 (/株) | 子実重 (kg/a) | 百粒重 (g) |
| 十育 233 号 (強) | 9.22 | 64 | 67 | 35.1 | 36.2 | 56 | 70 | 41.7 | 34.8 |
| トヨコマチ (強) | 9.28 | 63 | 59 | 35.0 | 37.2 | 59 | 64 | 35.6 | 35.2 |
| カリユタカ (弱) | 9.30 | 69 | 70 | 35.4 | 34.1 | 64 | 30 | 6.7 | 20.8 |
| トヨホマレ (弱) | 10.2 | 60 | 72 | 35.1 | 35.0 | 52 | 47 | 15.0 | 27.0 |
| トヨムスメ (強) | 10.4 | 63 | 63 | 37.8 | 38.9 | − | − | − | − |

(注) 1. 品種名の ( ) 内はセンチュウ抵抗性の強弱である.
　　 2. 育成地での成績は 1998〜2000 年の 3 カ年平均, センチュウ汚染圃での成績は 2000 年.

となった．これらのことから2001年に北海道の奨励品種に採用されるとともに，農林水産省の新品種に認定され，ユキホマレ（だいず農林118号）として命名登録された．ユキホマレの育成地およびセンチュウ汚染圃における成績を表3-2-4に示した．なお，ユキホマレは粒大が同じ白目中粒のトヨコマチ，カリユタカおよびトヨホマレに置き換えて普及する予定である．

### (3) Peking系の高度抵抗性白目大粒系統の育成

1980年にセンチュウ高度抵抗性の納豆用白目小粒のスズヒメを育成して以降，主に白目大粒の高度抵抗性品種の開発を目標に育種が進められた（図3-2-2，表3-2-5）．その結果，1986年に十育213号（十系548号×ヒメユタカ），1989年に十育218号（トヨスズ×十系548号），そして1992年に十育223号（十育213号×トヨムスメ）を，それぞれ育成した．しかし，いずれの系統も収量な

図3-2-2 センチュウ高度抵抗性系統の系譜
○：下田不知系の抵抗性，◎：Peking系の高度抵抗性

表3-2-5 高度抵抗性白目大粒系統の生育および収量

| 系統名<br>品種名 | 試験<br>年次 | 開花期<br>(月日) | 成熟期<br>(月日) | 倒伏<br>程度 | 主茎長<br>(cm) | 主茎<br>節数 | 分枝数<br>(/株) | 子実重<br>(kg/a) | 百粒重<br>(g) |
|---|---|---|---|---|---|---|---|---|---|
| 十育213号 | 86－88 | 7.27 | 10.6 | 0.8 | 60 | 11.7 | 4.8 | 21.7 | 30.5 |
| トヨコマチ | 86－88 | 7.22 | 10.2 | 0.7 | 53 | 10.8 | 4.7 | 22.5 | 32.5 |
| トヨムスメ | 86－88 | 7.23 | 10.8 | 0.7 | 49 | 10.3 | 4.6 | 24.9 | 35.9 |
| 十育218号 | 89－91 | 7.18 | 10.3 | 0.5 | 62 | 11.9 | 5.1 | 36.0 | 31.5 |
| トヨコマチ | 89－91 | 7.17 | 9.24 | 0.5 | 60 | 11.1 | 5.2 | 32.7 | 33.5 |
| トヨムスメ | 89－91 | 7.18 | 10.1 | 0.4 | 57 | 10.3 | 4.6 | 35.3 | 36.5 |
| 十育223号 | 92－94 | 7.25 | 10.9 | 0.2 | 49 | 10.5 | 4.3 | 24.8 | 32.4 |
| トヨコマチ | 92－94 | 7.22 | 10.3 | 0.2 | 57 | 10.7 | 4.2 | 22.3 | 32.8 |
| トヨムスメ | 92－94 | 7.23 | 10.9 | 0.3 | 53 | 10.3 | 5.2 | 27.0 | 33.6 |
| 十系871号 | 96 | 7.29 | 10.8 | 0.7 | 64 | 10.7 | 4.4 | 29.7 | 35.9 |
| トヨコマチ | 96 | 7.26 | 10.2 | 0.6 | 60 | 10.8 | 4.1 | 27.0 | 32.8 |
| トヨムスメ | 96 | 7.26 | 10.8 | 0.7 | 51 | 9.4 | 5.3 | 30.0 | 32.3 |

（注）1. 倒伏程度：無(0)，微(0.5)，少(1)，中(2)，多(3)，甚(4)．

いし粒大等でトヨスメに及ばず,中止した.

最近育成の十系871号は,高度抵抗性の十系766号(キタホマレ×十育201号)を母,トヨコマチを父とする組み合わせより育成した.本系統の熟期や収量はトヨスメと同等であり,粒大は同品種より優り,低温着色抵抗性も強であった.しかし,裂莢性は易で,耐冷性現地選抜圃での評価が劣ることから,良質大粒の高度抵抗性系統として品種保存に編入し,交配母本として利用することにした.その後,本系統は新品種ユキホマレや極大粒良質黒ダイズいわいくろ[22]に高度抵抗性を付加するために,交配に利用されている.

### (4) 十勝農試育成系統におけるセンチュウ抵抗性の遺伝様式

高度抵抗性品種Pekingがセンチュウレース1とレース3に示す抵抗性の遺伝様式としては,補足的関係にある劣性3対($rhg1, rhg2, rhg3$;Caldwellら[2])と優性1対($Rhg4$;Matson and Wiliams[11])の4遺伝子が想定されている[1].酒井・砂田[16]は十勝農試の高度抵抗性と感受性品種の組み合わせを選んで,それらの$F_2$集団について抵抗性個体の分離比を検討した結果,劣性三対優性一対の理論比によく適合した.著者らも感受性のいわいくろと高度抵抗性の十系871号の$F_{2:3}$系統について,セル成型トレイを用いた簡易検定法[31]によりレース1抵抗性検定を行った.その結果,抵抗性固定系統の出現頻度は1/348であり,この頻度は劣性3対優性一対の理論比に適合した($\chi^2 = 0.095$, $P = 0.75$).

他方,白井ら[21]は下田不知系抵抗性の遺伝様式を明らかにするため,レース3が優占する更別村の現地選抜圃において,両親と$F_1$個体および$F_2$集団について個体のシスト着生程度を調査した(表3-2-6).$F_1$個体のシスト寄生数は感受性親並で,感受性が優性であることを示した.$F_2$集団では,抵抗性個体の出現頻度が小さく,3組み合わせとも二対の劣性遺伝子を想定したときの理論比(抵抗性1:感受性15)によく適合した.また,Peking系の高度抵抗性品種・系統は全て同現地選抜圃で抵抗性を示すことから,高度抵抗性に関与する劣性三対($rhg1, rhg2, rhg3$)の遺伝子のうち二対が下田不知系の抵抗性に関与していると推論した.著者らは,下田不知系のユキホマレと高度抵抗性十系871号の$F_1$個体にユキホマレを戻し交配した$BC_1F_2$集団について,センチュウレース1抵抗性(高度抵抗性)検定を行った.その結果,抵抗性個体の頻度は17/386であり,これは,十系871号の高度抵抗性が劣性三対優性一対($rhg1, rhg2, rhg3, Rhg4$)で,下田不知系のユキホマレの抵抗性が劣性3対うちのいずれか2対(仮に$rhg1$と$rhg2$が高度抵抗性の片親と共通の劣性遺伝子,他は優劣を異にする$Rhg3, rhg4$)で支配されているとしたときの$BC_1F_2$における高度抵抗性の頻度(3/64)に適合し($\chi^2 = 0.069$, $P = 0.79$),上述の白井らの推論を支持するものであった.

表3-2-6 レース3優占圃場における両親と$F_1$個体のシスト寄生数および$F_2$集団における抵抗性の分離

| 組み合わせ | シスト寄生数 (/個体) | | | $F_2$ (個体数) | | | | $X^2$ | P (1:15) |
|---|---|---|---|---|---|---|---|---|---|
| | 母 | 父 | $F_1$ | 観察値 | | 理論値 | | | |
| | | | | R | S | R | S | | |
| カリカチ×交8718F | 108.6 | 0.4 | 275.0 | 2 | 29 | 1.9 | 29.1 | 0.002 | 0.95 – 0.98 |
| ヒメユタカ×系751号 | 207.8 | 0.0 | 222.5 | 3 | 63 | 4.1 | 61.9 | 0.004 | 0.90 – 0.95 |
| 黒農34号×トヨスメ | 103.8 | 1.0 | 82.0 | 17 | 277 | 18.4 | 275.6 | 0.110 | 0.70 – 0.80 |

(注) 抵抗性判別 R:抵抗性(シスト寄生指数0.5以下,根粒着生指数1以上),S:感受性.

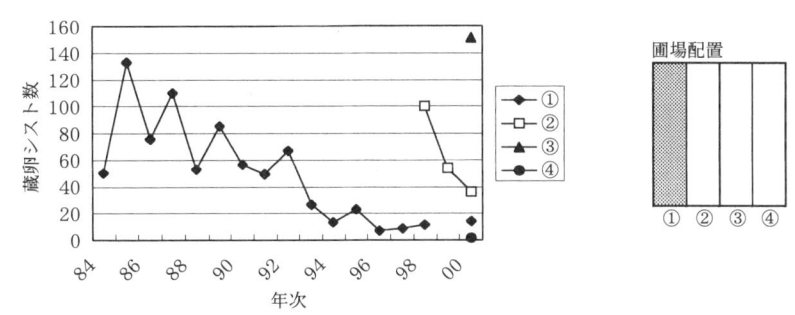

図3-2-3 センチュウ抵抗性現地選抜圃（レース3優占）における蔵卵シスト数（乾土50g中）の経年変化
①13年連作した区，②〜④輪作のため新たに増設した区

### (5) 高度センチュウ抵抗性（レース1）のQTL解析

センチュウ抵抗性育種を進める上で現地選抜は欠かせないが，選抜圃のセンチュウ密度を長期にわたり高くかつ均一に維持することは困難である．現在，十勝農試で使用しているレース3の現地選抜圃場は1985年から1997年までの13年間ダイズを連作して利用してきたが，この間，土中のセンチュウ密度は徐々に低下し（図3-2-3），選抜圃としての利用が困難となった．そのため，1997年以降は4年輪作（マメ以外の作物→マメ以外の作物→感受性ダイズ→選抜検定）することでセンチュウ密度の低下を防いでいる．また，選抜・検定のために行う根の堀り取りとシスト着生の観察には多くの労力を要する．特に，Peking系の高度抵抗性には複数の遺伝子座が関与していて抵抗性個体の出現頻度が極めて低いことから，初期世代に大きな集団を養成する必要がある．こうしたことから，現地選抜にかわる効率的な選抜手法が求められている．

一方，アメリカではダイズのDNA多型変異に関する研究が広範に進められ，20の連鎖群からなる分子遺伝地図が構築され，これに用いたRFLPマーカー，SSRマーカーが公開されている[6]．また，線虫抵抗性に連鎖するRFLPマーカー[3,4,7,10,12,14,28]やSSRマーカー[5,13,19]が多く報告されている．

十勝農試では農林水産省のプロジェクト研究「DNAマーカーを用いた効率的選抜育種技術の開発」に参画し，1999年よりセンチュウ抵抗性（レース1）に関するDNAマーカーの探索に取り組んでいる．マーカー探索のためのQTL解析には，十勝農試育成の十系758号（感受性）×1325E（レース1，3抵抗性；Peking系のPI84751由来）」の交雑後代を用い，USDAや千葉大[8]公開のSSRマーカーを利用して，インターバルマッピングにより連鎖地図の作製とQTLの検出を行った．その結果，現在までに三つのQTL（連鎖群G，A2，B1）が得られた（表3-2-7）[27]．Peking系の抵抗性4遺伝子（$rhg1, rhg2, rhg3, Rhg4$）のうち$rhg1$（連鎖群G）と$Rhg4$（連鎖群A2）は連鎖地図上の座乗領域が報告[5]されている．本試験の連鎖群GとA2上に得られたQTLはこれら座乗領域の近傍に位置づけられたことから，それぞれ$rhg1$と$Rhg4$に対応するものと考えられる．

今後は，さらに他の領域のQTLを探索

表3-2-7　センチュウレース1に関するQTL解析

| 連鎖群 | マーカー | 距離(cM) | 相加効果 | 寄与率(%) | LOD |
|---|---|---|---|---|---|
| G | Satt 163 | 11.4 | −12.4 | 20 | 4.4 |
|  | Satt 309 | 8.6 | −15.0 | 34 | 8.2 |
|  | Sat_141 | 0.0 | −14.9 | 31 | 7.4 |
| A2 | Satt 187 | 3.5 | −6.2 | 8 | 1.6 |
|  | Satt 632 | − | −6.8 | 9 | 1.8 |
| B1 | Sat_123 | 2.1 | −10.2 | 15 | 2.9 |
|  | Satt 359 | − | −9.9 | 13 | 2.8 |

するとともに，得られた QTL 周辺の連鎖地図の密度を高めて効果的なマーカーの選定を行い，これを用いた選抜を実施する予定である．

### (6) センチュウ抵抗性育種の今後の展開

十勝農試ではセンチュウ抵抗性を主要育種目標の一つにして品種育成を行い，これまでに下田不知系の抵抗性を有する多くの品種を育成してきた．しかし，同抵抗性はセンチュウレース3に対して有効であるが，他のレースに対しては効果がない．そのため，今後は，複数レースに対して抵抗性を示す Peking 系の高度抵抗性品種を開発する必要がある．

他方，北海道におけるダイズの安定生産のためには，センチュウの他に，冷害やわい化病，茎疫病，低温着色等の各種障害に対して抵抗性を備えた複合抵抗性品種を育成する必要がある．複合化は個々の抵抗性を順次取り込むことで達成されるが，それには多くの時間と労力を要する．最近，育種の効率化のために DNA マーカーによる選抜が注目されており，ダイズでも耐冷性については北海道農業研究センターで，わい化病について道立中央農試で，茎疫病について道立植物遺伝資源センターで，また低温着色について作物研究所で，それぞれ DNA マーカーの開発に取り組んでいる．これら障害耐性マーカーとセンチュウ抵抗性マーカーによる同時選抜が可能になれば，複合抵抗性品種の育成が格段に加速されることが期待される． 　　　　　　　(鈴木　千賀・湯本　節三)

## 引用文献

1) Bernard, R. L. and M. G. Weiss. Qualitative genetics. In B. E. Caldwell (ed.) Soybeans : Improvement, production, and uses. Agronomy, 16, 117-154 (1973)
2) Caldwell, B. E., C. A. Brim and J. P. Ross. Inheritance of resistance of soybeans to the cyst nematode, *Heterodera glycines*. Agron. J., 52, 635-636 (1960).
3) Concibido, V. C., R. L. Denny, D. A. Lange, J. H. Orf and N. D. Young. RFLP mapping and Marker-Assisted selection of soybean cyst nematode resistance in PI209332. Crop Sci., 36, 1643-1650 (1996)
4) Concibido, V. C., D. A. Lange, R. L. Denny, J. H. Orf and N. D. Young. Genome mapping of soybean cyst nematode resistance genes in 'Peking', 'PI90763' and PI88788 using DNA makers. Crop Sci., 37, 258-264 (1997)
5) Cregan, P. B., J. Mudge, E. W. Fickus, L. F. Marek, D. Danesh, R. Denny, R. C. Shoemaker, B. F. Matthews, T. Jarvik and N. D. Young. Targeted isolation of simple sequence repeat markers through the use of bacterial artificial chromosomes. Theor. Appl. Genet., 98, 919-928 (1999)
6) Cregan, P. B., T. Jarvik, A. L. Bush, R. C. Shoemaker, K. G. Lark, A. L. Kahler, T. T. VanToai, D. G. Lohnes, J. Chung, and J. E. Specht. An integrated genetic linkage map of the soybean. Crop Sci., 39, 1464-1490 (1999)
7) Heer, J. A., H. T. Knap, R. Mahalingam, E. R. Shipe, P. R. Arelli and B. F. Matthews. Molecular makers for resistance to *Heterodera glycines* in advanced soybean germplasm. Mol. Breed., 4, 359-367 (1998)
8) Hossain, K. G., Kasai H., M. Hayashi, M. Hoshi, N. Yamanaka and K. Harada. Characterization and identification of (CT) n microsatellites in soybean using sheared genomic libraries. DNA Research, 7, 103-110 (2000)
9) 黒崎英樹・湯本節三・松川　勲・土屋武彦・冨田謙一・白井和栄・田中義則・山崎敬之・鈴木千賀・角田征仁．早熟，複合抵抗性のコンバイン収穫向きだいず新品種「ユキホマレ十育233号」．北農，69, 30-41 (2002)
10) Mahalingam, R. and H. T. Skorupska. DNA Makers for resistance to *Heterodera glycines* I. Race 3 in

soybean cultivar Peking. Breeding Sci., 45, 435-443 (1995)

11) Matson, A. L., and L. F. Williams. Evidence of a fourth gene for resistance to the soybean cyst nematode. Crop Sci., 5, 477 (1965)

12) Mudge, J., V. C. Concibido, R. L. Denny, N. D. Young and J. H. Orf. Genetic Mapping of a yield depression locus near a major gene for soybean cyst nematode resistance. Soybean Genet. Newsl., 3, 175-178 (1996)

13) Prabhu, R. R., V. N. Njiti, B. B. Johnson, J. E. Johnson, M. E. Schmidt, J. H. Klein and D. A. Lightfoot. Selecting soybean cultivars for dual resistance to soybean cyst nematode and sudden death syndrome using two DNA makers. Crop Sci., 39, 982-987 (1999)

14) Qiu, B. X., D. A. Sleper and A. P. R. Arelli. Genetic and molecular characterization of resistance to *Heterodera glycines* race isolates 1, 3, and 5 in Peking. Euphytica, 96, 225-231 (1997)

15) 酒井真次・砂田喜與志. 十勝地方における大豆のダイズシストセンチュウ抵抗性地域間差. 育種・作物学会北海道談話会会報, 17, 25 (1977)

16) 酒井真次・砂田喜與志. "寒地におけるダイズシストセンチュウ抵抗性育種". わが国におけるマメ類の育種. 小島睦男編. 明文書房. 124-153 (1987)

17) 佐々木紘一・砂田喜与志・土屋武彦・酒井真次・紙谷元一・伊藤 武・三分一敬. だいず新品種「トヨムスメ」の育成について. 北海道立農試集報, 57, 1-12 (1988)

18) 佐々木紘一・砂田喜与志・紙谷元一・伊藤 武・酒井真次・土屋武彦・白井和栄・湯本節三・三分一敬. だいず新品種「トヨコマチ」の育成について. 北海道立農試集報, 60, 45-58 (1990)

19) Schuster I., R. V. Abdelnoor, S. R. R. Marin, V. P. Carlho, R. A. S Kiihl, J. F. V. Silva, C. S. Sediyama, E. G. Barros and M. A. Moreira. Identification of a new major QTL associated with resistance to soybean cyst nematode (*Heterodera glycines*). Theor. Appl. Genet., 102, 91-96 (2001)

20) 清水 啓・三井 康. 十勝地方におけるダイズシストセンチュウのレースと分布. 北海道農試研究報告, 141, 65-72 (1985).

21) 白井和栄・冨田謙一・土屋武彦. ダイズシストセンチュウのレース3に対するダイズの「下田不知」系抵抗性の遺伝. 育種・作物学会北海道談話会会報, 31, 54 (1991)

22) 白井和栄・萩原誠司・鴻坂扶美子・番場宏治・中村茂樹・村田吉平・鈴木和織・高宮泰宏・松川 勲・足立大山. ダイズ新品種「いわいくろ」の育成について. 北海道立農試集報, 78, 39-58 (2000)

23) 砂田喜与志・後藤寛治・斉藤正隆・酒井真次. 大豆新優良両品種「ホウライ」および「トヨスズ」. 北農, 33 (11), 16-28 (1966)

24) 砂田喜与志・三分一敬・酒井真次・土屋武彦・紙谷元一・佐々木紘一. 大豆新品種「キタコマチ」の育成について. 北海道立農試集報, 41, 81-90 (1979)

25) 砂田喜与志・酒井真次・後藤寛治・三分一敬・土屋武彦・紙谷元一. だいず新品種「スズヒメ」の育成について. 北海道立農試集報, 45, 89-100 (1981)

26) 田中義則・土屋武彦・佐々木紘一・白井和栄・湯本節三・紙谷元一・冨田謙一・伊藤 武・酒井真次・砂田喜与志. ダイズ新品種「カリユタカ」の育成について. 北海道立農試集報, 65, 29-43 (1993)

27) 田中義則・鈴木千賀・湯本節三. SSRマーカーによるダイズシストセンチュウ・レース1抵抗性のQTLマッピング. 育種学研究, 4巻（別冊1), (2002)

28) Vierling R. A., J. Faghihi, V. R. Ferris and J. M. Ferris. Association of RFLP makers with loci conferring broad-based resistance to the soybean cyst nematode (*Heterodera glycines*), Theor. Appl. Genet., 92, 83-86 (1996)

29) 湯本節三・土屋武彦・白井和栄・田中義則・冨田謙一・佐々木紘一・紙谷 元一・伊藤 武・砂田喜与志・酒井真次・三分一敬．ダイズ新品種「大袖の舞」の育成について．北海道立農試集報，65, 45-59 (1993)
30) 湯本節三・松川 勲・田中義則・黒崎英樹・角田征仁・土屋武彦・白井和栄・冨田謙一・佐々木紘一・紙谷元一・伊藤 武・酒井真次．ダイズ新品種「トヨホマレ」の育成について．北海道立農試集報，68, 33-49 (1995)
31) 湯本節三・高田吉丈・高橋浩司・中村茂樹．セル成型トレイを用いたダイズシストセンチュウ抵抗性の簡易検定法．日作東北支部報，39, 97-98 (1996)

## 2) 寒冷地におけるダイズシストセンチュウ抵抗性育種

### (1) 緒 言

　火山灰土壌の畑が多い東北地方では，ダイズの土壌害虫ダイズシストセンチュウ（*Heterodera glycines* Ichinohe[8]，以下センチュウと略す）が発生し易く，またその被害は著しい．東北地方に発生するセンチュウの大部分がレース3とされている[13,14]．このセンチュウ害を回避する手段としては，適切な輪作の実施と抵抗性品種の作付が最も有効である．このため東北農業研究センター（旧・東北農業試験場）刈和野試験地では，1955年にセンチュウ抵抗性育種を開始し，センチュウのレース3[39]が優占するセンチュウ圃場において抵抗性品種の探索を行い，センチュウ抵抗性が強く，品質も優

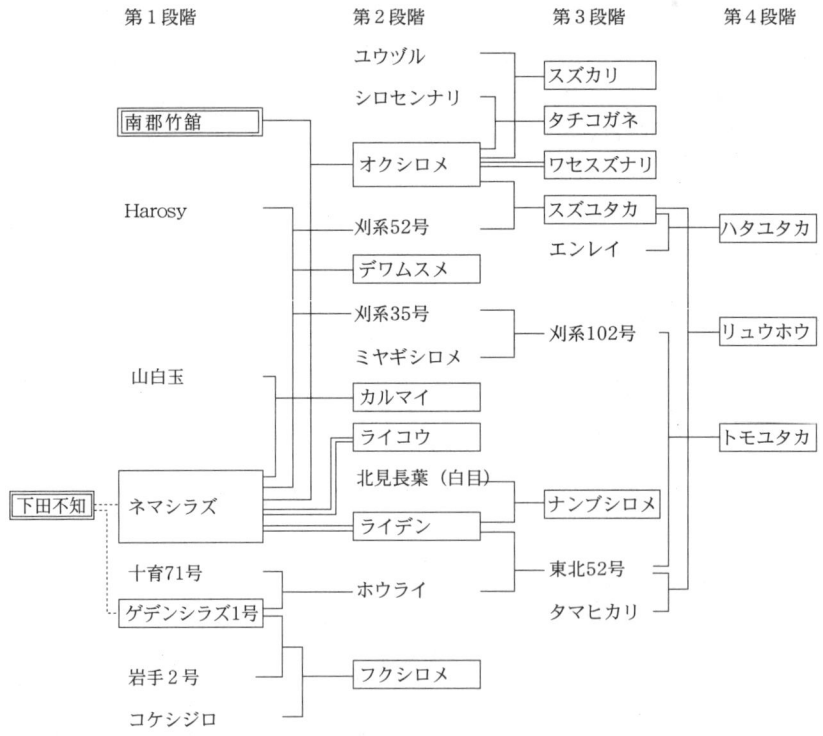

図3-2-4 東北農研センター刈和野試験地育成のダイズシストセンチュウ抵抗性品種の系譜
　（注）1. 二重枠で囲んだ品種は抵抗性在来種．下田不知は秋田県在来種．「南部竹舘」は青森県在来種．
　　　　2. 枠で囲んだ品種は抵抗性品種．ゲデンシラズ1号は秋田県農試大館分場育成．
　　　　3. 品種名がつく前に交配又はγ線照射したものはいずれも品種名で示した．
　　　　4. ……系統分離育種，＝＝＝γ線照射による突然変異育種，―――交雑育種．

れた秋田県在来種下田不知を見出した[10]．以後，東北農研センターのセンチュウ抵抗性育種では，下田不知由来の抵抗性の付与を中心とした育種選抜が行われている．

これまでのセンチュウ抵抗性育種を大別すると，第1段階は下田不知からの純系分離による品種育成（開始〜1960年代前半），第2段階はこれら第1段階の品種・系統を母本とする交雑育種または突然変異育種（〜1970年代前半），第3段階は第2段階の品種・系統を母本とした交雑育種（〜1980年代前半）である[5]．第4段階（〜1990年代）は第3段階で育成された品種・系統を母本とし，品質，加工適性および機械化適性など他の形質にも重点を置いた育種選抜を進めてきた．平成7年には品質・機械化適性の優れるリュウホウ[18]を，1999年にはダイズモザイク病抵抗性が強く，多収で広域適応性のハタユタカ[20]を育成した．現在では，第4段階で育成された品種・系統を母本とした交雑育種も開始しており，病虫害複合抵抗性や機械化適性をはじめ，高加工適性や機能性成分等の高付加価値形質を併せ持つ品種の育成を目標にしている．

現在までに東北農研センター刈和野試験地で育成された25品種のうち，センチュウ抵抗性を有する品種は15品種を数える（図3-2-4）．これらは，40年以上積み重ねられたセンチュウ抵抗性育種研究の大きな成果といえる[5,10]．

ここでは，1980年代後半以降の刈和野試験地におけるセンチュウ抵抗性育種研究の経過および成果を述べる．

(2) センチュウ抵抗性検定法に関する研究

東北農研センター刈和野試験地のセンチュウ抵抗性育種は，当初ダイズ連作によりセンチュウ密度を高めた圃場において行われてきた．しかし，このセンチュウ圃場は1980年代に入ると，センチュウ被害の発生が不明瞭となり，センチュウ抵抗性の有無による選抜が困難になった．この原因として，このセンチュウ圃場でセンチュウの天敵である卵寄生性の糸状菌や出芽細菌が増加し，センチュウの増殖が抑制された結果，圃場のセンチュウ密度が低下したことによるものと考えられる[7]．近年では，このセンチュウ圃場でのセンチュウ被害はほとんどみられず，センチュウ抵抗性個体・系統の圃場選抜は非常に難しい状況になっている．そのため，センチュウ圃場での検定に代わる温室内のセンチュウ抵抗性検定法に関する研究が進められた．また，より効率的な抵抗性選抜法として，DNAマーカーを利用した選抜法の開発に着手した．

i) セル成型トレイを用いた簡易検定法　刈和野試験地における温室内の抵抗性検定法は，1963年から開始した高度抵抗性品種の育成に関する試験研究の中で始められた[5]．高度抵抗性品種とは，国内で発生するセンチュウのうち下田不知系抵抗性品種を侵すレース1およびレース5[59]に対して，抵抗性を示すPeking，PI90763等の品種を指す．そして，1983年から定着した幼苗検定法[5]が，温室内における抵抗性検定法の基礎になっている．

従来の検定法では，センチュウ密度の高い土壌を充填した小型の角型プラスチックポット（23 cm × 13 cm × 10 cm）に10個体を栽植するため，根が複雑にからみあい，個体毎の検定に難点があった．そこで抵抗性検定の効率化を図るために，野菜等の育苗に利用されているセル成型トレイ（外寸：28 cm × 45 cm，各セルの大きさ：4.5 cm × 4.5 cm × 5.5 cmの角形成型，セル数5 × 10穴）を用いた簡易検定法を開発した[25]．この検定法の利点は，①セル1穴につき1個体を栽植するため個体毎の検定が容易になること，②調査をする播種後7週目にはセル側面の根系に雌成虫が観察されるため土壌を除くことなく感受性個体を識別できることである．また，セル成型トレイの使用により1 $m^2$ 当たり約400個体の検定が可能であるため，屋内で多数の個体を供試することができる．

現在，刈和野試験地ではセル成型トレイをポリ鉢（丸型，直径7.5 cm，高さ6.7 cm）に代えた簡易検定法によりセンチュウ抵抗性検定を実施している．この方法では，セル成型トレイを使用した場

合と同様にポリ鉢側面の根系に雌成虫が確認できるため,感受性個体の識別は容易である.

　ii）**高度抵抗性品種早期作出のための効率的な選抜法**　Pekingの高度抵抗性の遺伝様式は,優性1対,劣性3対の4対の独立遺伝子が関与していると推定され[3,15],交雑後代での高度抵抗性個体の出現頻度は低い.また,高度抵抗性の育種素材は,農業形質が実用品種に比べ栽培面や品質面で非常に劣るため,高度抵抗性品種の育成には時間を要する.そこで酒井ら[19]は,高度抵抗性品種の早期作出を目標にして,寒冷地における年3回の世代促進法,世代促進中の抵抗性検定および戻し交雑等を組み合わせた抵抗性育種体系を確立した.この方法では,センチュウ密度の高い土壌を充填した小型の角型プラスチックポットに10個体を栽植して高度抵抗性検定を行いつつ,短日処理により1世代の生育日数を90日前後に制御して1年に3世代を進めることが可能である.また,選抜した高度抵抗性系統に実用品種を戻し交配し,さらに本抵抗性育種法を続けて行うことで,短期間で農業形質が実用品種並みの高度抵抗性系統を育成することができた.

　iii）**センチュウ抵抗性選抜DNAマーカーの開発**　温室内の抵抗性検定法では,多量のセンチュウ汚染土壌の維持・管理の問題や検定面積が制限される等の理由で,圃場検定と同じ規模の集団や系統を供試することは困難である.そこで,より効率的な抵抗性選抜法としてDNAマーカーを利用した抵抗性選抜法に関する研究を開始した.センチュウ抵抗性の遺伝には複数の遺伝子が関与しており[3,15,21],選抜に利用可能なDNAマーカーを選定するためには,QTL（量的形質遺伝子座）解析によりセンチュウ抵抗性のQTL近傍のDNAマーカーを同定する必要がある.

　これまでに下田不知由来の抵抗性に関与するQTLのうちのひとつが連鎖群G[4,22]に座乗することが明らかになっている[12].当研究室の解析でも同じ領域にセンチュウ抵抗性のQTLを検出しており,現在,連鎖群G以外のセンチュウ抵抗性のQTLについて解析を進めている.

**(3) センチュウ抵抗性遺伝子源の新規導入**

　これまでのセンチュウ抵抗性育種で利用されてきた抵抗性遺伝子源は,下田不知,Peking,PI84751など少数に限られている.そこで抵抗性遺伝子源の拡大を図るために,新たにPI437654を抵抗性育種に導入した.PI437654の特徴は現在確認されているセンチュウの全レースに抵抗性を示す[1,2].PI437654の抵抗性を有する中間母本を育成するために,おおすず[23]を反復親,PI437654を一回親とした戻し交配を行った.最初の交配で得られた$F_2$をセンチュウ抵抗性検定に供試し,選抜した抵抗性個体とおおすずを再び交配した.このように抵抗性検定と戻し交配を数回繰り返した後,自殖集団を養成して農業形質による選抜を行う予定である.

**(4) センチュウ抵抗性品種の育成**

　i）トモユタカ[24]の育成

　（i）**育成経過**　1976年に耐病虫性・良質・多収なダイズの育成を目標として,中生の早・中粒・白目でセンチュウ抵抗性を有する東北52号を母に,晩生の早・中粒・白目でダイズモザイクウイルスとセンチュウ抵抗性を併せ持つ刈系102号を父として人工交配を行った（表3-2-8）.$F_2$ではセンチュウ圃場に栽植し,センチュウ抵抗性に着目して選抜を行った.$F_3$〜$F_5$の3世代にわたり,育成地においてダイズモザイクウイルスのCおよびD系統の人工接種試験を行い,抵抗性個体・系統を選抜した.さらに$F_6$〜$F_7$の2世代にわたり,山形県立農業試験場のウイルス病激発圃場においてウイルス抵抗性系統を選抜した.1986年に東北92号の地方番号を付して奨励品種決定基本調査等に供試した.1990年にトモユタカ（だいず農林92号）と命名登録され,宮城および山形県の奨励品種に採用されている.

　（ii）**特性の概要**　トモユタカの主茎長は"中"で,倒伏抵抗性が強く,つる化も少ない（表3-2-9）.成熟期は"中の早"に該当し,ムギ-ダイズ体系に組み入れることが可能である.ダイズモザイ

## 2. 虫害抵抗性育種

表3-2-8 1988年以降に育成されたセンチュウ抵抗性品種の初期〜中期世代の育成経過概要

| 世代 | トモユタカ 栽植 系統群数 | 系統数 | 個体数 | 圃場[3] | トモユタカ 選抜 系統群数 | 系統数 | 個体数 | リュウホウ 栽植 系統群数 | 系統数 | 個体数 | 圃場[3] | リュウホウ 選抜 系統群数 | 系統数 | 個体数 |
|---|---|---|---|---|---|---|---|---|---|---|---|---|---|---|
| $F_2$ | | | 855[1] | 線 | | | 489[2] | | | 372[1] | 線 | | | 826[2] |
| $F_3$ | | | 489[1] | 隔離 | | | 50 | | | 826[1] | 線 | | | 43 |
| $F_4$ | | 50 | 2700 | 隔離 | | 19 | 71 | | 43 | 1075 | 普 | | 7 | 35 |
| $F_5$ | 19 | 71 | 1026 | 隔離 | | 10 | 40 | 7 | 35 | 875 | 普 | 3 | 3 | 15 |
| $F_6$ | 10 | 40 | 920 | 山形 | 6 | 6 | 26 | 3 | 15 | 375 | 普 | 3 | 3 | 15 |
| $F_7$ | 6 | 26 | 780 | 山形 | 1 | 1 | 5 | 3 | 15 | 375 | 普 | 1 | 1 | 5 |
| $F_8$ | 1 | 5 | 115 | 普 | 1 | 1 | 5 | 1 | 1 | 5 | 普 | 1 | 1 | 5 |

| 世代 | ハタユタカ 栽植 系統群数 | 系統数 | 個体数 | 圃場[3] | ハタユタカ 選抜 系統群数 | 系統数 | 個体数 |
|---|---|---|---|---|---|---|---|
| $F_2$ | | | 1260[1] | 線 | | | 3884[2] |
| $F_3$ | | | 3884[1] | 隔離 | | | 1263[2] |
| $F_4$ | | | 1263[1] | 隔離 | | | 39 |
| $F_5$ | | 39 | 975 | 山形 | | 3 | 15 |
| $F_6$ | 3 | 15 | 375 | 普 | 2 | 10 | 250 |
| $F_7$ | 2 | 10 | 250 | 普 | 2 | 10 | 250 |
| $F_8$ | 2 | 10 | 250 | 普 | 2 | 10 | 250 |

(注) 1) 集団栽培での栽植個体数を示す.
2) 選抜粒数を示す.
3) 線:センチュウ圃場,普:普通畑圃場,隔離:ダイズモザイクウイルス人工接種検定用隔離圃場,山形:山形県立農業試験場のウイルス病激発圃場.

表3-2-9 1988年以降に育成されたセンチュウ抵抗性品種の形態的特性,生態的特性および品質特性

| 品種名 | 小葉の形 | 花色 | 毛茸色 | 主茎長 | 粒の大小 | 種皮色 | へそ色 | 開花期 | 成熟期 | 裂莢難易 | 倒伏抵抗性 | ウイルス病 | 粗タンパク質含有率 | 粗脂肪含有率 |
|---|---|---|---|---|---|---|---|---|---|---|---|---|---|---|
| トモユタカ | 円葉 | 紫 | 白 | 中 | 中 | 黄白 | 黄 | 中の早 | 中の早 | 中 | 強 | 強 | 中 | 中 |
| リュウホウ | 円葉 | 紫 | 白 | 中 | 中の大 | 黄白 | 黄 | 中の早 | 中の早 | 中 | 強 | 中 | 中 | 中 |
| ハタユタカ | 円葉 | 紫 | 白 | やや長 | 大の小 | 黄白 | 黄 | 中の晩 | 晩の早 | 中 | 中 | 強 | 中 | 中 |

(注) だいず品種特性分類調査基準による.原則として育成地での調査に基づいて分類.

クウイルスのAおよびB系統には抵抗性で,C系統に対しては不完全ながらも抵抗性を有するため,感受性品種と比べウイルス感染率は低い.粒の大きさは"中",子実の粗タンパク質および粗脂肪含有率は"中"で,豆腐加工適性も良好である.

ii) リュウホウの育成

(i) 育成経過 1982年に耐病虫性・大粒・良質・多収性を目標として,スズユタカ[6]を母に,センチュウ抵抗性を有する大粒系統刈交343 $F_7$ を父として人工交配を行った.なお,刈交343 $F_7$ は東北52号とタマヒカリ[16]の交雑後代である.$F_2$〜$F_3$ はセンチュウ圃場で集団栽植を行ったが,この

頃にはセンチュウ被害の発生が不明瞭であったため，センチュウ抵抗性による選抜は行えず，草姿や品質等の形質により選抜した（表3-2-8）．$F_4$以降は普通畑圃場において世代を進めた．1992年に東北113号の地方番号を付して奨励品種決定基本調査等に供試した．1995年にリュウホウ（だいず農林100号）と命名登録され，秋田県の奨励品種に採用されている．

（ii）**特性の概要** リュウホウの主茎長は"中"で，倒伏抵抗性が強く，また最下着莢位置も比較的高いため，機械収穫に適している（表3-2-9）．成熟期は"中の早"である．ダイズモザイクウイルスのAおよびB系統に対して抵抗性を示す．粒の大きさは"中の大"で，子実の粗タンパク質および粗脂肪含有率は"中"で，豆腐加工適性も良好である．また煮豆としての利用も可能である．

iii) ハタユタカの育成

（i）**育成経過** 1986年に耐病虫性・広域適応性を目標として，スズユタカを母に，エンレイ[17]を父として人工交配を行った．$F_2$はセンチュウ圃場に集団で栽植したが，センチュウ被害の発生が不明瞭であったため，センチュウ抵抗性による選抜は行えず，集団採種した（表3-2-8）．$F_3 \sim F_4$の2世代は，隔離圃場においてダイズモザイクウイルスのCおよびD系統の人工接種試験を行い，抵抗性個体・系統を選抜した．さらに$F_5$では，山形県立農業試験場のウイルス病激発圃場においてウイルス抵抗性系統を選抜した．$F_6$以降は普通畑圃場において世代を進めた．1996年に東北128号の地方番号を付して，奨励品種決定基本調査等に供試した．1999年にハタユタカ（だいず農林113号）と命名登録され，茨城県の準奨励品種として採用されている．

（ii）**特性の概要** ハタユタカの主茎長は"やや長"で，耐倒伏性ならびに最下着莢位置は"中"に該当し，機械収穫は十分可能である（表3-2-9）．成熟期は"晩の早"である．ダイズモザイクウイルスのA～D系統に対して抵抗性を有しており，このような病虫害複合抵抗性品種はデワムスメ[11]，スズユタカに次いで3品種目である．粒の大きさは"大の小"で，刈和野試験地育成のセンチュウ抵抗性品種の中では上位に入る．子実の粗タンパク質および粗脂肪含有率は"中"で，用途は主に豆腐用であるが，煮豆にも適している．

(5) 結 び

1980年代半ばから現在までの十数年間は，刈和野試験地におけるセンチュウ抵抗性育種が圃場検定から温室内検定へ移行した時期であった．その結果，従来のような規模で初期世代集団の抵抗性選抜を行うことは困難になり，現状では$F_6$系統および特別な組み合わせの集団に限り抵抗性検定を実施している．

近年，東北地方のダイズ生産において，センチュウによる甚大な被害は報告されていないが，水田転作ダイズの栽培面積の増加に伴い，転換畑においてもダイズの連作が増えつつあり，今後もセンチュウが重要な病害虫のひとつであることに変わりはない．したがって今後も品種へのセンチュウ抵抗性付与は必要であり，それに加えて，品質（外観，加工適性），機械化適性，収量性などについてもより高い水準を有することが求められる．そのような品種育成の実現に向け，次代の抵抗性選抜法として期待されるDNAマーカーを利用したセンチュウ抵抗性選抜育種体系の早期確立を目指し，研究を進めている．

（高田 吉丈）

## 引用文献

1) Anand, S. C. Registration of soybean germplasm line S88-2036 having multiple-race soybean cyst nematode resistance. Crop Sci., 31, 856 (1991)

2) Anand, S. C. *et al*. Soybean plant introductions with resistance to race 4 or 5 of soybean cyst nematode.

Crop Sci., 28, 563-564 (1988)

3) Caldwell, B. E. et al. Inheritance of resistance of soybeans to cyst nematode, *Heterodera glycines*. Agron. J., 52, 635-636 (1960)

4) Cregan, P. B. et al. An Integrated genetic linkage map of the soybean genome. Crop Sci., 39, 1464-1490 (1999)

5) 橋本鋼二．"寒冷地におけるダイズシストセンチュウ抵抗性育種"．わが国におけるマメ類の育種．小島睦男編．明文書房，153-183 (1987)

6) 橋本鋼二ほか．ダイズ新品種「スズユタカ」の育成．東北農試研報，70, 1-38 (1984)

7) 橋本鋼二ほか．抵抗性程度の異なる大豆品種の連作による生育・収量並びにダイズシストセンチュウ密度の変動．東北農試研報，78, 1-14 (1988)

8) 一戸 稔．On the soybean nematode, *Heterodera Glycines* n. sp., from Japan. 応動，17, 1-4 (1952)

9) Inagak, H. Race status of five japanese population of *Heterodera glycines*. Jap. J. Nematol., 9, 1-4 (1979)

10) 石川正示．"大豆のシスト線虫抵抗性品種の育成に関する研究"．大豆の育種．福井重郎編．ラテイス，1-37 (1968)

11) 石川正示ほか．ダイズ新品種「デワムスメ」の育成．東北農試研報，59, 71-86 (1979)

12) 紙谷元一ほか．ダイズ連鎖群GのQTL解析．育種学研究，2 (別1)，119 (2000)

13) 氣賀澤和男．青森，岩手，福島のダイズシストセンチュウのレース．北日本病虫研報，39, 192-193 (1988)

14) 氣賀澤和男．宮城，福島，新潟のダイズシストセンチュウのレース．北日本病虫研報，41, 191-192 (1990)

15) Matson, A. L. and L. F. Williams. Evidence of a fourth gene for resistence to the soybean cyst nematode. Crop Sci., 5, 477 (1965)

16) 御子柴公人ほか．大豆新品種「シロタエ」・「タマヒカリ」の育成とその特性について．長野農試報，3, 27-31 (1974)

17) 御子柴公人ほか．大豆新品種「エンレイ」の育成とその特性について．長野農試報，3, 37-39 (1974)

18) 中村茂樹ほか．ダイズ新品種「リュウホウ」の育成．東北農試研報，91, 1-11 (1996)

19) 酒井真次ほか．東北地方におけるダイズシストセンチュウ高度抵抗性品種早期作出のための世代促進法の開発．東北農試研報，81, 41-49 (1990)

20) 島田信二ほか．豆腐高加工適性・広域適応性ダイズ新品種「ハタユタカ」の育成．東北農試研報，96, 1-15 (2000)

21) 白井和栄ほか．ダイズシストセンチュウのレース3に対するダイズの「下田不知」系抵抗性の遺伝．育種・作物学会北海道談話会報，31, 54 (1991)

22) Shoemaker, R. C. and T. C. Olson. "Molecular linkage map of soybean (*Glycine max* L. Merr.)". Genetic maps : Locus maps of complex genomes. S. J. O'Brien, ed., New York, Cold Spring Harbor Laboratory Press, Cold Spring Harbor, 6.131-6.138 (1993)

23) 田渕公清ほか．ダイズ新品種「おおすず」の育成．東北農試研報，95, 13-26 (1999)

24) 渡辺 巌ほか．ダイズ新品種「トモユタカ」の育成．東北農試研報，82, 1-17 (1990)

25) 湯本節三ほか．セル成型トレイを用いたダイズシストセンチュウ抵抗性の簡易検定法．日作東北支部報，39, 97-98 (1996)

(124) 第3章 育 種

## 3) 温暖地におけるダイズシストセンチュウ抵抗性育種

### (1) 緒 言

　長野県中信農試(旧桔梗ヶ原試験地)で育成したセンチュウ抵抗性系統の系譜を図3-2-5に示した．系譜の左から1列目には素材となったセンチュウ抵抗性遺伝資源，2列目には抵抗性育種が先行していたアメリカ，道立十勝農試および東北農試で育成したセンチュウ抵抗性品種・系統が示され，3列目以降が中信農試で育成した品種・系統である．主なセンチュウ抵抗性品種・系統の一般特性を表3-2-10に，抵抗性検定結果を表3-2-11に示した．中信農試では育種事業開始当初の1958年から1963年までの6年間は下田不知系抵抗性を目標とする交配を行い，ナスシロメとナカセンナリの2品種を育成した．1964年以降は育種目標をセンチュウ高度抵抗性に切り替え，高度抵抗性素材の栽培性や品質の改良を図ってきた．2001年現在，センチュウ高度抵抗性で品種登録されたものはないが，高度抵抗性の地方名白目系統は7系統におよび，うち3系統は現在も試作が実施されている．

### (2) センチュウ抵抗性品種の育成

　i) 下田不知系抵抗性育種　下田不知系抵抗性育種の交配母本には，ネマシラズなど東北農試育成の下田不知系抵抗性品種を用いた．下田不知系抵抗性品種は東北や関東地方のセンチュウ個体群(レース3が優占)に対して強い耐虫性を示し，シストはわずかに着生するが減収程度は軽微である．

　下田不知系抵抗性品種は，中信農試でセンチュウ抵抗性の選抜に用いているセンチュウ個体群(桔梗ヶ原レースとする)に対して抵抗性が弱く，感受性品種並に多数のシストが着生する．子実収量の低下も認められるが感受性品種よりはやや軽かった(表3-2-11)．そこで下田不知系抵抗性は，栃木県農試黒磯分場の特性検定結果や中信農試センチュウ圃場の収量性で評価した．こうして，下田不知系抵抗性品種として1968年にナスシロメ，1978年にナカセンナリを育成した．

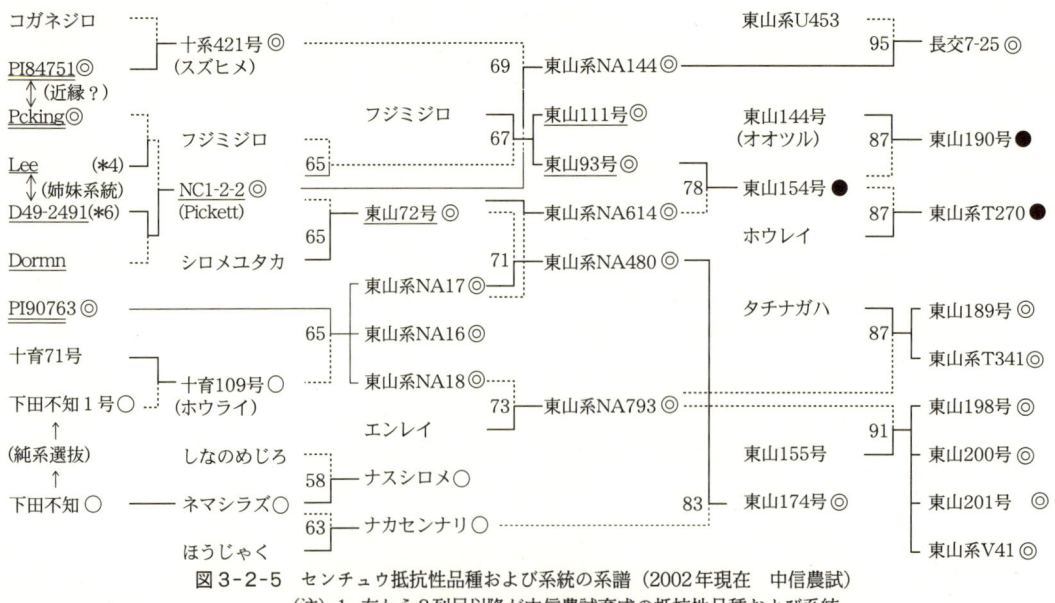

図3-2-5　センチュウ抵抗性品種および系統の系譜(2002年現在　中信農試)
(注) 1. 左から3列目以降が中信農試育成の抵抗性品種および系統
　　 2. ──：母，┈┈：父．数字は交配年次．
　　 3. ◎印：高度抵抗性，●印：東山154号系抵抗性，○印：下田不知系抵抗性．
　　 4. ══：有色種皮，──：有色へそ．

表 3-2-10 主なセンチュウ抵抗性品種および系統の特性—2000年の成績—

| 育成段階 | 品種名または系統名 | 抵抗性[1]の種類 | 成熟期(月.日) | 百粒重(g) | 粒形 | 子実の外観上の問題点(病害を除く) |
|---|---|---|---|---|---|---|
| 抵抗性素材 | NC1-2-2 | HR | 10.25 | 20.8 | 球 | 種皮色むら,黒へそ |
| | Peking | HR | 9.26 | 9.8 | 長楕円 | 種皮色黒,扁平粒 |
| | PI84751 | HR | 9.26 | 11.0 | 長楕円 | 種皮色黒,扁平粒 |
| | PI90763 | HR | 9.24 | 12.6 | 長楕円 | 種皮色黒,扁平粒 |
| | スズヒメ | HR | 9.08 | 19.0 | 扁球 | 変質 |
| | ネマシラズ | R | 10.07 | 29.5 | 楕円体 | 裂皮 |
| | ホウライ | R | 9.14 | 29.0 | 楕円体 | しわ |
| 第1世代 | 東山72号 | HR | 10.21 | 30.1 | 扁球 | 淡褐へそ,裂皮 |
| | 東山系NA16 | HR | 9.28 | 21.6 | 長楕円 | へそ下部黒褐変,裂皮 |
| | ナカセンナリ | R | 10.22 | 30.3 | 球 | 種皮青み |
| | ナスシロメ | R | 10.07 | 31.6 | 球 | 裂皮 |
| 第2世代 | 東山93号 | HR | 10.05 | 32.5 | 扁球 | 淡褐へそ,へそ下部黒褐変 |
| | 東山111号 | HR | 10.13 | 34.0 | 球 | 淡褐へそ,裂皮 |
| | 東山系NA144 | HR (NA144系) | 10.10 | 17.6 | 扁球 | 種皮青み,側面淡褐変,裂皮 |
| | 東山系NA480 | HR | 10.08 | 22.6 | 扁球 | 種皮色むら,側面淡褐変,裂皮 |
| | 東山系NA614 | HR | 10.12 | 31.8 | 扁楕円 | 種皮青み |
| | 東山系NA793 | HR (NA793系) | 10.10 | 32.8 | 球 | 未熟しわ,へそ下部黒褐変 |
| 第3世代 | 東山154号 | HR (154号系) | 10.10 | 34.2 | 楕円体 | 未熟しわ,へそ下部黒褐変 |
| | 東山174号 | HR (174号系) | 10.27 | 33.4 | 球 | 側面淡褐変 |
| 第4世代 | 東山189号 | HR (NA793系) | 10.08 | 41.9 | 楕円体 | 未熟しわ |
| | 東山190号 | HR (154号系) | 10.12 | 41.5 | 楕円体 | へそ下部黒褐変 |
| | 東山198号 | HR (NA793系) | 10.01 | 31.9 | 球 | |
| | 東山200号 | HR (NA793系) | 10.12 | 35.8 | 球 | |
| 〈参考〉 | エンレイ | S | 10.01 | 35.9 | 球 | |
| | タチナガハ | S | 10.10 | 38.0 | 球 | |

(注) HR:高度抵抗性,R:下田不知系抵抗性,S:感受性.

センチュウ高度抵抗性を育種目標にすえた1964年以降は,下田不知系抵抗性素材を用いた交配はごくわずかで,積極的な選抜も実施されなかった.下田不知系抵抗性は劣性二対の遺伝子に支配されると報告されており[2],中信農試では下田不知系抵抗性遺伝子がセンチュウ高度抵抗性を支配する四対の遺伝子の一部であると考え,センチュウ高度抵抗性育種を目標とした組み合わせで高度抵抗性を示さなかった優良系統も黒磯分場の特性検定に供試した.しかし,下田不知系抵抗性品種が交配親にない場合,レース3に抵抗性の系統は現れなかった.下田不知系抵抗性は東北や関東地方では現在も有効で,高度抵抗性系統に比べ品質や収量が安定し実用性に優れることが多いため,近年下田不知系抵抗性育種の再開を検討している.

ii) センチュウ高度抵抗性育種 1957年にアメリカでシストを着生しない抵抗性品種として見いだされたPeking, PI84751, PI90763は,東北や北海道のレース3のみならず,北海道において下田不知系抵抗性品種を冒すレース1や桔梗ヶ原レースに対しても抵抗性を示した.シストの着生や地上部の生育阻害がほとんど認められないことから,日本ではセンチュウ高度抵抗性と評価されている[3,5].ただし,これらはいずれも中国の飼料用ダイズで,子実の大きさは極小粒,粒形は長楕円体,種皮色は黒で,子実の品質は著しく劣る.

中信農試ではセンチュウ高度抵抗性育種の交配親にPeking, NC1-2-2(のちのPickett, Pekingから抵抗性を導入し,Leeとその姉妹系統を遺伝的背景とするアメリカの育成系統),十系421号(の

表3-2-11 主なセンチュウ抵抗性品種および系統のセンチュウ抵抗性

| 抵抗性区分 | 品種名または系統名 | 桔梗ヶ原レース | | | | 抵抗性検定結果[1)] | | |
|---|---|---|---|---|---|---|---|---|
| | | シスト寄生度指数 | 普通圃子実重(kg/a) | センチュウ圃子実重(kg/a) | 同左普通圃対比(%) | レース1 十勝 | レース3 十勝 | レース3 黒磯 |
| 高度抵抗性 | PI90763 | 0 | | | | R | R | |
| | Peking | 2 | | | | R | R | |
| | Pickett | 10 | 32.0 | 35.5 | 111 | R | R | |
| | スズヒメ | 56 | | | | R | R | |
| 東山系NA144系 | 東山系NA144 | 26 | 36.8 | 35.9 | 97 | R | R | R |
| 東山系NA793系 | 東山系NA793 | 4 | 32.6 | 27.8 | 85 | S | R | R |
| | 東山189号 | 0 | 35.0 | 26.1 | 75 | S | R | R |
| 東山154号系 | 東山154号 | 60 | 40.0 | 34.6 | 86 | S | R | R |
| | 東山190号 | 88 | 32.1 | 36.6 | 114 | S | R | R |
| 東山174号系 | 東山174号 | 14 | 36.9 | 34.4 | 93 | S | R | R |
| 下田不知系 | ネマシラズ | 100 | 36.0 | 27.8 | 77 | S | R | R |
| | ナカセンナリ | 100 | 34.2 | 24.5 | 72 | S | R | R |
| 感受性 | エンレイ | 100 | 34.2 | 20.9 | 61 | | | S |
| | タチナガハ | 100 | 38.3 | 11.7 | 31 | | | S |
| | Lee | 100 | | | | S | S | |
| 参考 | PI88788 | 25 | | | | | S | R |

(注) R：抵抗性, S：感受性

ちのスズヒメ, PI84751×コガネジロ) を用いてきた. また PI90763 を利用した茨城県農試石岡試験地の育成材料も引き継いでいる.

 一般にセンチュウ高度抵抗性は1対の優性遺伝子と3対の劣性遺伝子に支配されていて, 抵抗性遺伝子を全く保有しない感受性品種との交配組み合わせでは抵抗性個体の出現頻度が極めて低いため, 栽植規模の大きな集団の段階で抵抗性個体を選抜することが必要である. ただし, 劣性遺伝子が多数関与することから, 抵抗性個体の頻度は世代とともに高まるため, 通常は個体選抜から系統選抜に移行する $F_4$ から $F_5$ 世代に抵抗性を調査し, 選抜をおこなってきた. 当初はセンチュウ圃場でシスト着生の有無を調査して個体を選抜していたが, 現在はセンチュウ圃場で地上部の生育や品質の優れる個体を選抜した後, ガラス室内のポット栽培でシスト着生の有無を調査している.

 抵抗性母本として用いた Peking, PI90763 などの品質が著しく劣っていたことから, センチュウ高度抵抗性育種では品質を改良するために良質品種・系統との交配を繰り返した. また高度抵抗性系統同士でも, 白目で粒大・粒形が劣る系統と淡褐目で粒大・粒形が優れる系統との間で交配を行い, 白目・大粒で良質な系統の育成を図った. この結果, 抵抗性のレベルは多様化し, レース1に感受性の系統も生じた. 中信農試では, 桔梗ヶ原レースに対して下田不知系抵抗性より強い抵抗性を示すものは, レース1に感受性であっても高度抵抗性とした.

 現在育成中のセンチュウ高度抵抗性系統の多くは, その抵抗性素材となった中間母本系統によって4つの系列 (東山系NA144系, 東山系NA793系, 東山154号系, 東山174号系) に分類でき, 系列内の抵抗性レベルはほぼ同じである (表3-2-11, 3-1-12). また, センチュウ高度抵抗性系統で問題となっている黒根腐病, 紫斑病, 子実の着色 (部分褐変) および莢先熟の発生についても, 系列

表 3-2-12　センチュウ高度抵抗性 4 系列のセンチュウ抵抗性とその他の障害抵抗性

| 系列 | 抵抗性検定結果[1] | | | | | その他の障害抵抗性[2] | | | | |
|---|---|---|---|---|---|---|---|---|---|---|
| | 桔梗ヶ原系 | | レース 1 | レース 3 | | 黒根腐病 | 紫斑病 | 莢先熟・未熟しわ | へそ下部黒褐変 | 粒側面淡褐変 |
| | シスト | 収量 | 十勝 | 十勝 | 黒磯 | | | | | |
| 東山系 NA144 系 | R | R | R | R | R | − | − | − | − | (S) |
| 東山系 NA793 系 | R | R | S | R | R | (S) | (S) | (S) | (S) | − |
| 東山 154 号系 | MR | R | S | R | R | − | − | − | (S) | − |
| 東山 174 号系 | R | R | S | R | R | − | − | − | − | (S) |

(注) 1. R：抵抗性，MR：部分抵抗性，S：感受性
2. (S)：感受性の系統が多数含まれる．−：感受性の系統がほとんど含まれない．または未確認．

内で共通性がみられる（表 3-2-12）．これらの障害発生を考慮すると，現時点で系列間の優劣を決めることはできず，各系列の改良を同時進行することで遺伝的多様性を維持している．

　東山系 NA144 系抵抗性は，東山系 NA144 に由来する抵抗性である．東山系 NA144 は北海道で育成された十系 421 号（スズヒメ）を片親に持つ小粒系統で，スズヒメや北海道のセンチュウ高度抵抗性系統と同様，十勝のレース 1 に抵抗性である．一方，桔梗ヶ原レースに対してはスズヒメと同様にシストの着生がわずかに認められるが，地上部の生育阻害はみられない．現在のところ東山系 NA144 系抵抗性系統は納豆用の小粒種のみで，高度抵抗性育種における比率は低く，その特性も十分には解明されていない．

　東山系 NA793 系抵抗性系統は十勝のレース 1 に感受性であるが，桔梗ヶ原レースのシストはほとんど着生しない．ただし，系統によっては桔梗ヶ原レースのセンチュウ圃場において莢先熟にともなう未熟しわ粒が多発し，収量がやや劣ることがある．この傾向は東山系 NA793 の親とその姉妹系統である東山系 NA16〜NA18 にも共通して認められる．莢先熟にともなう未熟しわ粒は普通圃場でも発生することがあり，センチュウとの因果関係は確認されていない．このほか，東山系 NA793 系抵抗性系統に多くみられる障害として，黒根腐病による立枯れ，紫斑粒の発生，子実へそ下部の黒褐変があげられるが，未熟しわ粒を含め，これらの発生が少ない系統も選抜されている．

　東山系 NA793 系抵抗性系統はセンチュウ高度抵抗性系統の 4 割程度を占めており，東山 189 号，東山 198 号，東山 200 号および東山 201 号が育成されている．東山 189 号は百粒重が 40 g を越える極大粒系統，他の 3 系統はエンレイに匹敵する高タンパク質系統である．現在は先に述べた障害の克服に加え，難裂莢性の付与と草型の改良を図っている．また，納豆用の小粒種や青豆にも東山系 NA793 系抵抗性の導入を進めている．

　東山 154 号系抵抗性系統は十勝のレース 1 に感受性で，桔梗ヶ原レースには耐虫性を示す．つまり，シストが着生しやすい乾燥条件下では多数のシストが観察されるが，地上部の生育阻害はみられない．このとき着生するシストのサイズは通常よりやや小さく，根の観察のみで感受性系統と区別できることもある．一方，シストの着生が少なくなるような条件下では，シストが全く着生しないため他の系列の高度抵抗性系統と区別できない．東山 154 号系抵抗性系統に発生しやすい障害は，莢先熟にともなう未熟しわ粒の発生と子実へそ下部の黒褐変である．未熟しわ粒は子実が細長い系統に多発する傾向があるため，子実の丸い個体の選抜に努めている．

　東山 154 号は難裂莢性の交配親として広く用いられており，東山 154 号系抵抗性系統はセンチュウ高度抵抗性系統の 4 割程度を占め，地方名系統では東山 154 号のほか東山 190 号が育成されている．東山 190 号は味噌加工適性が高く評価された大粒系統である．現在は高タンパク質化と草型の改良を進めている．

東山174号系抵抗性系統は十勝のレース1に感受性で，桔梗ヶ原レースに抵抗性である．東山系NA793系抵抗性系統のようにセンチュウ圃場で未熟しわ粒が発生することはなく，桔梗ヶ原レースに対して最も安定した抵抗性を示す．ただし，桔梗ヶ原レースに対する抵抗性遺伝子座は東山系NA793系抵抗性系統と共通している．東山174号はセンチュウ抵抗性が要望されている地域では晩生すぎて導入できなかったが，草型の優れる系統である．東山174号系抵抗性系統には子実側面に淡褐色の斑紋が生じるものが多いが，センチュウ抵抗性との連鎖関係は認められていない．

1999年に中信農試でうどんこ病が大発生し，うどんこ病感受性系統に著しい被害を及ぼした．センチュウ高度抵抗性系統では東山174号がうどんこ病感受性であったため，東山174号系抵抗性系統の半分余りがうどんこ病が原因で育成を中断された．東山174号系抵抗性系統はセンチュウ高度抵抗性系統の1割程度に過ぎないが，黒根腐病や紫斑病の危険性が少ないことから，最近は積極的に交配している．これまでに育成された地方名系統は東山174号のみで，現在は早生化，高タンパク質化，大粒化などに努めるとともに，納豆用の小粒種への導入も進めている．

(3) センチュウ抵抗性の遺伝様式

　i) センチュウ抵抗性の遺伝資源　中信農試のセンチュウ高度抵抗性系統には複数のセンチュウ抵抗性遺伝資源が用いられてきた（図3-2-5，表3-2-13）．高度抵抗性の遺伝資源としてはPI84751，PekingおよびPI90763が用いられているが，高度抵抗性品種×下田不知系抵抗性品種の後代からは高度抵抗性個体が比較的高頻度で得られたため，高度抵抗性品種のほかに下田不知を祖先にもつ系統も多い．高度抵抗性品種のうち，PekingとPI90763では抵抗性遺伝子が異なることが明らかとなっている[4]．また，PekingとPI84751はDNA塩基配列の共通性が高く[1]近縁と考えられるが，これらをそれぞれ抵抗性の素材とするNC1-2-2と十系421号（スズヒメ）では，交雑後代に感受性個体が高頻度で分離していることから，異なる遺伝的構造を持つと推察されている[4]．

　ii) 主な育成系統のセンチュウ抵抗性の遺伝様式　桔梗ヶ原レースに対するセンチュウ抵抗性は，東山系NA144および東山系NA793の場合，劣性3対および優性1対によって支配されていると推定される．東山174号の場合は，タママサリおよび東山155号との組み合わせにおいていずれも劣性2対および優性1対による分離を示している．しかし，感受性品種の中には抵抗性遺伝子を部分的に保有しているものもあるため，抵抗性に関与する遺伝子数を推定するにはより多くの組み合わせで検討する必要がある．また，抵抗性4系統間の組み合わせ（交配方向は未検討）のうち，東山系NA793×東山174号を除く組み合わせからは感受性個体の分離が認められており，それぞれ一部の抵抗性遺伝子が異なることが示唆されている．海外ではPeking，PI90763など抵抗性育種素材の抵抗性遺伝子に関する研究が進められており，これらの品種との遺伝関係を明らかにすることが課題である．

(4) センチュウ抵抗性育種の今後の展望

　これまでのセンチュウ高度抵抗性育種によって，白目，大粒化は達成された．難裂莢性とダイズモザイクウイルス抵抗性は，ほぼ全てのセンチュウ高度抵抗性遺伝資源に最初から備わっていた．一

表3-2-13　主な抵抗性白目系統の交配親

| 系統名 | 高度抵抗性 | 下田不知系抵抗性 | 感受性 |
| --- | --- | --- | --- |
| 東山系NA144 | PI84751, NC1-2-2 (Peking) |  | コガネジロ |
| 東山系NA793 | PI90763 | ホウライ | エンレイ |
| 東山154号 | PI90763, NC1-2-2 (Peking) | ホウライ | フジミジロ，シロメユタカ |
| 東山174号 | PI90763, NC1-2-2 (Peking) | ナカセンナリ，ホウライ | シロメユタカ |

方,黒根腐病,紫斑病,子実の着色(部分褐変)および莢先熟については,抵抗性の導入途上にある.これらは中信農試ではほとんど発生しないか,2,3年に1度しか発生しない障害であるため選抜が遅れているので,今後は発生促進条件下で積極的に選抜する必要がある.

　センチュウ高度抵抗性系統と感受性系統との交配組み合わせから出現する高度抵抗性個体の頻度は一般に極めて低く,ほかの形質にも優れたセンチュウ抵抗性個体を選抜する上で大きな妨げとなっている.最近は高度抵抗性系統が多数育成されていて,高度抵抗性系統同士の交配も始まっているが,センチュウ感受性でセンチュウ抵抗性遺伝子を部分的に保有する品種・系統を明らかにし,交配母本として活用することも重要である.

　中信農試では数年前からセンチュウ高度抵抗性を重要な育種目標に位置付け,交配組み合わせ数を全体の2割程度から5割以上へと増やした.今後は抵抗性育種がさらに加速すると考えられる.

(山田　直弘)

## 引用文献

1) Diers, B. W., H. T. Skorupska, A. P. Rao-Arelli, S. R. Cianzio. Genetic Relationship among Soybean Plant Introductions with Resistance to Soybean Cyst Nematodes. Crop Sci., 37, 1966-1972 (1997)
2) 松川　勲."ダイズシストセンチュウ抵抗性育種"大豆の耐性育種の成果と展望.北海道立農試資料,27,28-38 (1997)
3) 御子柴公人・荻原英雄・広間勝己.ダイズのダイズシストセンチュウ抵抗性品種育成に関する研究.長野県農総試中信地方試研究報告,1, 96-104 (1978)
4) 宮崎尚時・御子柴公人."温暖地におけるダイズシストセンチュウ抵抗性育種".わが国における豆類の育種.小島睦男編.農林水産省農業研究センター,183-207 (1987)
5) 酒井真次・砂田喜代志."寒地におけるダイズシストセンチュウ抵抗性育種".わが国における豆類の育種.小島睦男編.農林水産省農業研究センター,124-153 (1987)

### 4) 暖地における食葉性害虫抵抗性育種

#### (1) 緒　言

　食葉性害虫のハスモンヨトウがダイズ作において重要害虫として扱われるようになったのは水田転換畑においてダイズが大規模に栽培されるようになった1978年以降である.暖地においてはハスモンヨトウは恒常的に発生するものの,薬剤等による防除が可能な害虫である[25].しかしながら,年によって突発的大発生がみられ,薬剤散布を頻繁に実施しても収穫が皆無になることがある[2,22].

　ダイズ食葉性害虫に対する抵抗性品種の育成は,1970年にヒメコガネに対し抵抗性を有する青刈り用品種のヒメシラズが最初で[11],その後,1990年に当研究室において,ハスモンヨトウ抵抗性品種の育成が本格的に開始されるまで食葉性害虫抵抗性育種は行われていない.それまで,暖地のダイズ害虫抵抗性育種はカメムシ類等のダイズ莢実害虫を対象にして進められてきたため[7,8,12,13,18,23,24],ダイズ食葉性害虫抵抗性を有する実用品種の育成にはまだ至っていないが,その間の莢実害虫抵抗性の研究から,莢実害虫に対して抵抗性の品種の大部分が,食葉性害虫のハスモンヨトウに対しても抵抗性を有することが明らかになり,複数の害虫に抵抗性を有する品種育成の可能性が示されている.

　本報告では当研究室で得られた知見をもとにハスモンヨトウ抵抗性品種の育成について述べる.

#### (2) ハスモンヨトウ抵抗性の選抜法

　ダイズ品種がハスモンヨトウに抵抗性を有するか否かを圃場で検定することは,試験区のハスモ

ンヨトウの発生量が均一でないこと，ハスモンヨトウの発生と食害程度が品種の早晩性で大きく変動することなど非常に難しい[19,32]．そのためハスモンヨトウ抵抗性を検定するために室内選好性試験と室内飼育試験を実施している．

　i) **室内選好性試験**　ハスモンヨトウ幼虫の抵抗性品種と非抵抗性品種に対する摂食選好性は大きく異なり，両者を同時に与えた場合にハスモンヨトウの選好性の差が顕著に現れる．この差を利用して抵抗性の遺伝資源を選抜することができる[3,10,20,29]．

　(i) **試験方法**　径9 cmのシャーレにろ紙を敷き，蒸留水で湿らせ，その上に1.5 cm角に切った標準葉，検定葉各1枚ずつ並べ，ふ化後10日目のハスモンヨトウ幼虫を1頭放飼し16時間摂食させる（口絵 図3-2-6）．1回10反復の試験を行い，16時間後に各葉片の摂食割合を肉眼観察により0～10の11段階で評価し，以下の式から選好性程度 $C$ 値を算出する．

$$C = 2 * \Sigma T / (\Sigma S + \Sigma T) \quad S, T はそれぞれ標準葉，検定葉の摂食割合$$

選好性程度 $C$ 値は0～2の値をとり，1より小さければ標準葉より抵抗性が強いと判定され，大きければ抵抗性が弱いと判定される．当研究室では通常アキシロメ，アキセンゴクを標準葉に用いている．操田大豆，ヒメシラズ等の抵抗性品種の $C$ 値は常に1以下となる[3]．

この選好性試験を用いて毎年50点以上検定した結果，IAC 100，コサマメ，Shimokaburiなどが抵抗性品種としてスクリーニングされている．またツルマメの多くが，ハスモンヨトウに抵抗性を示すことを明らかにした[4]．

　ii) **室内飼育試験（抗生性試験）**　ふ化直後のハスモンヨトウ幼虫にダイズ生葉を与えて飼育すると，抵抗性品種の葉を与えた試験区では，ハスモンヨトウの蛹重が小さくなり，幼虫期間が長くなる．このことを利用してハスモンヨトウ抵抗性品種の選抜を行うことができる[6,21,29]．

　(i) **試験方法**　径9 cmのシャーレにろ紙を敷き蒸留水で湿らせ，その上に適当な大きさに切った供試葉をおいて，ふ化直後のハスモンヨトウ幼虫10頭を放す．4日後に4頭ずつ，8日後に1頭ずつにして飼育し，幼虫期間と蛹重を測定する．1セット30～40頭とし，飼育温度は25℃，16時間日長で行う．またハスモンヨトウは雌雄で幼虫期間や体の大きさがやや異なるので，蛹で雌雄を区別して蛹重を測定する．

ハスモンヨトウ抵抗性品種であるヒメシラズ，操田大豆で飼育したハスモンヨトウの幼虫は非抵抗性品種のアキシロメで飼育した区に比べて幼虫期間が延びるだけでなく，蛹重が著しく低下する（表3-2-14，口絵 図3-2-7）．また蛹重の小さいメス成虫の産卵数は，非抵抗性品種で育てたメスの産卵数に比べはるかに少ない．これはハスモンヨトウ抵抗性品種では，摂食量低下や栄養不足などが要因となり，増殖が抑えられることが明らかとなった（表3-2-15）．

　iii) **ハスモンヨトウ抵抗性品種の育成**　既知の抵抗性品種はいずれも，晩生の小粒品種であり，つる化，倒伏し易いなど農業特性が劣るため，抵抗性品種をそのまま実用化することは難しく，栽

表3-2-14　室内飼育試験の結果（1997）

| 品種名 | 蛹重 (mg) | | 幼虫期間 (日) | |
|---|---|---|---|---|
| | メス | オス | メス | オス |
| アキシロメ | 394 ± 17 | 379 ± 11 | 16.7 ± 0.22 | 16.4 ± 0.25 |
| 操田大豆 | 259 ± 35 | 252 ± 39 | 18.8 ± 1.59 | 18.1 ± 1.95 |
| ヒメシラズ | 224 ± 14 | 201 ± 12 | 17.9 ± 0.51 | 18.1 ± 0.34 |

（注）平均値±標準偏差．

表3-2-15　室内飼育試験で得られたメス成虫の産卵数（2000）

| 品種名 | 蛹重 (mg) | 産卵数 |
|---|---|---|
| フクユタカ | 362 ± 33 a | 1954.33 ± 337.31 a |
| アキセンゴク | 353 ± 58 a | 1231.83 ± 93.11 a |
| ヒメシラズ | 277 ± 24 b | 438.29 ± 90.95 b |

（注）平均値±標準偏差，異なるアルファベット文字間で1%有意差あり．

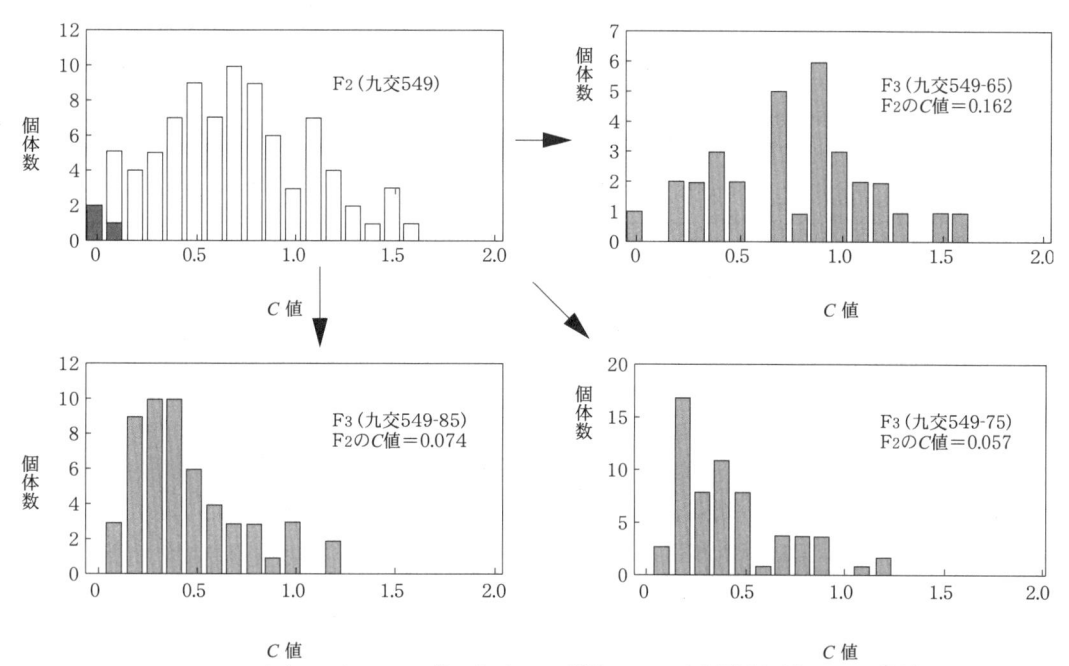

図3-2-8 九交549（エンレイ／操田大豆）の $F_2$ 集団における室内選好性試験により選抜効果
(注) $F_2$ 集団（左上）から，$C$ 値が小さかった3個体の後代 $F_3$ 世代の $C$ 値分布を表す．

培品種との交配が不可欠である．

（i）**室内選好性試験による抵抗性系統の選抜** 室内選好性試験は標準葉と検定葉との相対評価であり，選好性程度 $C$ 値の大小をもって単純に他の個体との比較はできない．しかしながら，これまでの遺伝資源のスクリーニングの結果から，抵抗性が強いものほど選好性程度 $C$ 値が小さくなる傾向があることから，室内選好性試験をハスモンヨトウ抵抗性の選抜手段として利用できるか検討した．

非抵抗性のエンレイと抵抗性品種操田大豆とを交配後代（九交549）を用いて室内選好性試験により抵抗性個体の選抜を行った．その結果，$F_2$ 世代で抵抗性が強いと判断された3個体について，各々の $F_3$ 世代の抵抗性を室内選好性試験で検定した結果，選好性試験で抵抗性が強と判定された個体の後代から，高い確率で抵抗性系統が得られた（図3-2-8）．このことから室内選好性試験は抵抗性育種の選抜手段に利用できることが明らかになった．

（ii）**小粒大豆九系279の育成** 小粒の抵抗性品種の育成のため，非抵抗性の小粒品種である納豆小粒に抵抗性品種のヒメシラズを交配した．$F_4$，$F_5$ 世代を圃場で草型によって選抜し，$F_6$〜$F_8$ 世代に選好性試験により抵抗性が強いものを選抜した．また $F_6$ 世代の選好性試験で有望と判断された

表3-2-16 九系279の室内選好性試験と室内飼育試験の結果（1998）

| 品種・系統名 | 選好性程度 $C$ 値 | 飼育試験での蛹重（mg） | | 幼虫期間（日） | |
|---|---|---|---|---|---|
| | | メス | オス | メス | オス |
| 九系279 | 0.296 | 272 ± 30 | 256 ± 8 | 19.4 ± 0.5 | 18.9 ± 0.4 |
| ヒメシラズ | 0.475 | 193 ± 21 | 181 ± 13 | 21.5 ± 0.5 | 22.4 ± 0.6 |
| フクユタカ | 1.381 | 388 ± 28 | 372 ± 13 | 18.1 ± 0.6 | 17.4 ± 0.3 |

（注）平均値±標準偏差．

表 3-2-17 九系279の農業特性(7月播種, 防除圃場, 1998)

| 品種・系統名 | 開花期(月日) | 成熟期(月日) | 収量(kg/a) | 百粒重(g) | 粒形 | 粒色 | 臍色 | 紫斑 | 裂皮 | 光沢 | 品質 | 青立* | 倒伏 |
|---|---|---|---|---|---|---|---|---|---|---|---|---|---|
| 九系279 | 8.22 | 10.25 | 38.5 | 10.2 | だ円 | 黄白 | 黄 | 微 | 無 | 無 | 上下 | 微 | 無 |
| 納豆小粒 | 8.15 | 10.9 | 25.9 | 9.8 | だ円 | 黄白 | 黄 | 少 | 甚 | 無 | 中下 | 甚 | 無 |
| ヒメシラズ | 8.31 | 11.16 | 16.9 | 9.6 | だ円 | 黄白 | 淡褐 | 無 | 無 | 微 | 中中 | 無 | 中 |

(注) * は無防除圃場での成熟期の観察結果.

ものについては, 飼育試験を行い, その結果も選抜の参考にした. こうして $F_8$ 世代まで選抜してきた結果, 農業特性に優れ, ハスモンヨトウに抵抗性を有する九系279を育成した[29].

九系279は, ヒメシラズより, 飼育試験では蛹重がやや大きく, 幼虫期間がやや短くなるものの, 非抵抗性品種のフクユタカに比べ, 抵抗性があることが示されている(表3-2-16). また九系279はヒメシラズより倒伏が少なく, 子実も高品質で, 収量が高い(表3-2-17). また無防除下でも, 納豆小粒では青立ちが株の発生が著しいが, 九系279はわずかに認められる程度である.

九系279はこのように納豆用小粒ダイズとして優れた特性を示したが, ハスモンヨトウに実際抵抗性を示すか否か確認する必要があった. 2000, 2001年に小規模の無防除圃場で, ハスモンヨトウの産卵数と幼虫の生存個体数の野外調査を行い, 九系279は抵抗性品種と同等の抵抗性を有することを確認した[17].

**iv) 抵抗性品種の機作解明** 既知のハスモンヨトウ抵抗性品種は, いずれも毛茸密生タイプであり, 毛茸が選好性や抗生性に影響を与えている可能性がある. これを解明するために無毛茸の遺伝子を抵抗性品種に導入し, 毛茸の有無が抵抗性にどのような影響を与えるのか検討した[5,6].

**(i) 選好性の機作** 非抵抗性品種銀杏の無毛茸遺伝子(単一優性遺伝子)をヒメシラズに導入した $BC_8F_3$ 系統を, 毛茸の有無により無毛茸系統, 有毛茸系統とに分け, 両系統を用いて選好性試験を行った. 図3-2-9に結果を示したが, 有毛茸系統は無毛茸系統に比べ摂食程度が少なく, 毛茸の有無が選好性に影響を与えていることが明らかになった. 次にヒメシラズよりやや抵抗性が劣るものの, 抵抗性"強"のIAC100を標準品種として, 前述の無毛茸系統, 有毛茸系統を用いて各々の選好性を調査した結果, いずれの系統もIAC100より選好されないことから, 毛茸の有無は選好性に影響するものの, その影響は小さく, 葉中の成分が選好性の大きな主要因になっていると推察できる. またヒメシラズ[11]のヒメコガネに対する抵抗性の要因はシュークロース等の糖類であることが示唆されており, ハスモンヨトウにおける感覚毛の電気生理学的な研究からシュークロースとイノシトールが摂食刺激の重要な要因になっていることが示唆されていることから[9], 非選好性の機作解明のためには今後生葉中の遊離糖含量の分析を進める必要がある.

**(ii) 抗生性の機作** 飼育試験におけるハスモン

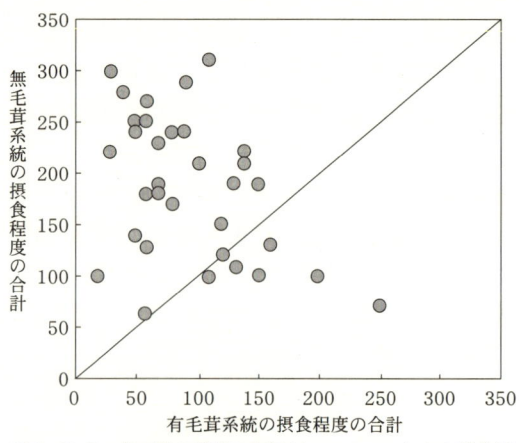

図3-2-9 大豆葉の毛茸の有無がハスモンヨトウの摂食選好性に及ぼす影響

(注) 1. 有毛茸, 無毛茸系統は「ヒメシラズ」に「銀杏」の無毛茸形質を戻し交雑法により育成した $BC_8F_3$ 集団を毛茸の有無によって区別し用いた.
2. 選好性試験は, 有毛茸, 無毛茸系統を同時に与えて実施した. 数値は10反復の合計である.

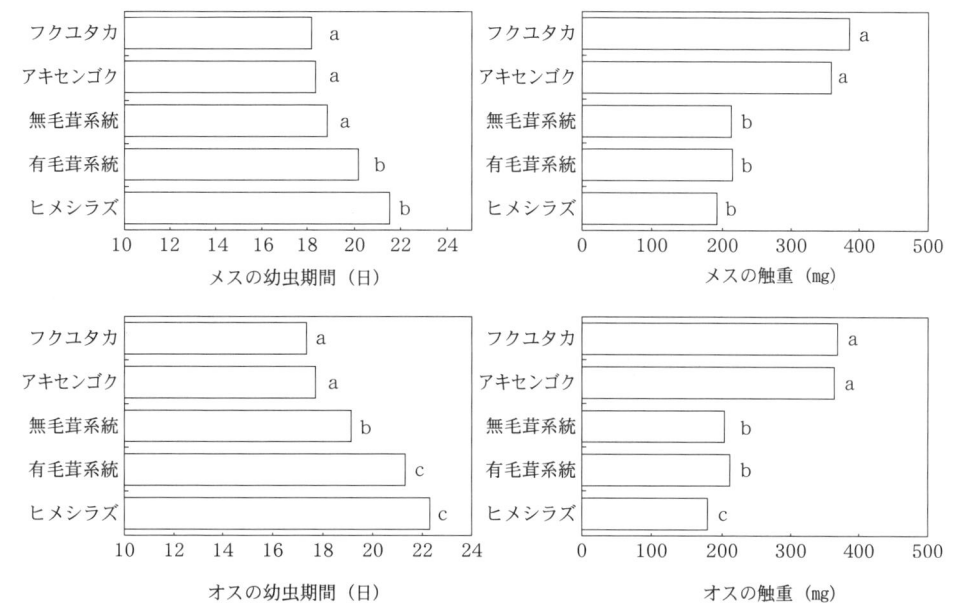

図 3-2-10　抵抗性品種ヒメシラズにおける毛茸がハスモンヨトウの生育に及ぼす影響
(注) 1. 有毛茸，無毛茸系統はヒメシラズに銀杏の無毛茸形質を戻し交雑法により育成した $BC_6 F_2$ 集団を，毛茸の有無によって区別し用いた．
2. フクユタカ，アキセンゴク，ヒメシラズは有毛茸品種である．
3. 異なるアルファベット文字間で 1% 有意差あり．

ヨトウの幼虫期間の延長や蛹重の低下の要因は明らかになっていない．そこで前述の銀杏の無毛茸遺伝子（単一優性遺伝子）をヒメシラズに導入した $BC_6 F_2$ 系統を，毛茸の有無により，有毛茸系統と無毛茸系統に分け，毛茸の有無が抗生性にどのような影響を与えているのか検討した[5,6]．

飼育試験の結果，ヒメシラズの戻し交雑系統では，アキセンゴク，フクユタカの非抵抗性品種に比べ，有毛茸，無毛茸系統とも顕著な蛹重低下を示したが，ヒメシラズに比べるとその割合はやや少なかった．また有毛茸，無毛茸系統の間では大差はなかった．幼虫期間は有毛茸，無毛茸系統とも非抵抗性品種よりも長くなる傾向が見られたが，無毛茸系統の方がその割合が小さかった（図 3-2-10）．

この結果からダイズ葉の毛茸は蛹重には大きな影響を与えないものの，幼虫期間を長くする何らかの効果を有している可能性がある．またハスモンヨトウに対する抗生性の要因は，選好性と同じく物理的な要因よりも，化学的な要因が大きな部分を占めている可能性が高い．しかし生存率の顕著な低下が見られないことから，強力な防御物質ではなく栄養分の不足等であると考えられる[15]．

### (3) 今後の課題

ハスモンヨトウに抵抗性を有する小粒ダイズ九系 279 を育成したが，暖地のダイズ栽培品種のほとんどが中〜大粒品種であることから，今後早期に中〜大粒のハスモンヨトウ抵抗性品種を育成する必要がある．しかしながら，現在，ハスモンヨトウ抵抗性の選抜に，室内選好性試験や室内飼育試験を利用しており，扱える個体数に限界があり，多労を要することから，より簡便な抵抗性検定法の開発が必要である．またハスモンヨトウ抵抗性品種の開発を効率的に行うためには，抵抗性の遺伝解析が必要不可欠であり[14,16]，最近，ダイズにおいても開発された RFLP マーカーや SSR マーカーを利用した[1,28]，抵抗性の量的形質に関与する遺伝解析が有望な手段として考えられる[26,27,30,31]．今後，当研究室においてもこれらを利用したハスモンヨトウ抵抗性選抜技術を確立し

ていく予定である.

(髙橋　将一)

## 引用文献

1) Cregan P. B. et al. An integrated genetic linkage map of the soybean genome. Crop Sci. 39, 1464-1490 (1999)
2) 福岡県農政部農業技術課. 平成10年産大豆ハスモンヨトウの発生. 被害と防除対策. 福岡県行政資料. (1999)
3) 羽鹿牧太ほか. ハスモンヨトウに対するダイズの食害抵抗性の簡易検定法. 九農研. 55, 40 (1993)
4) 羽鹿牧太ほか. ハスモンヨトウに対する大豆及びツルマメの耐虫性の品種間差異. 育雑. 45 (1), 205 (1995)
5) 羽鹿牧太ほか. 大豆葉の毛茸の有無がハスモンヨトウの選好性に及ぼす影響. 育雑. 47 (1), 284 (1997)
6) 羽鹿牧太. 九州農試における大豆の耐虫性育種の現状. 総合的開発研究「新用途畑作物」平成9年度現地研究会資料, 7-16 (1998)
7) 原　正紀・大庭寅雄. 大豆の食葉害虫抵抗性品種について. 日作九支報. 48, 65-67 (1981)
8) 原　正紀・大庭寅雄. 大豆の害虫に対する品種の非選好性と抵抗性－抵抗性機構及び室内検定法について－. 日作九支報. 49, 114 (1982)
9) 平尾常男・荒井成彦. ハスモンヨトウ幼虫の味覚に関する電気生理学的解析. 応動昆. 37, 129-136 (1993)
10) 平川育美・藤條純夫. ハスモンヨトウ幼虫の発育を阻害する大豆品種. 日本応用動物昆虫学会九州支部会報. 43, IV (1999)
11) 堀内慎一. 牧草における耐虫性の育種. 育種学最近の進歩 第5集. 95-104 (1964)
12) 異儀田和典・岩田岩保. ダイズ虫害抵抗性品種育成に関する研究 第1報 夏ダイズの生態的特性と虫害の品種間差異. 日作九支報. 46, 35-39 (1979)
13) 異儀田和典ほか. ダイズ虫害抵抗性品種育成に関する研究 3. シロイチモジマダラメイガ及びカメムシ類に対する抵抗性の品種間差異. 育雑. 30 (2), 98-99 (1980)
14) Kester K. M. et al. Mechanisms of resistance in soybean genotype PI171444 to the southern green stink bug, Nezara Vividvla (L.). Environ. Entomol. 13, 1208-1215 (1984)
15) Kono Y. et al. Lethal activity of a trehalase inhibitor, validoxylamine A, against Mamestra brassicae and Spodoptera litura. J. Pesticide Sci. 19, 39-42
16) Luedders V.D. and W.A.Dickerson. Resistance of selected soybean genotypes and segregating populations to cabbage looper feeding. Crop Sci. 17, 395-397 (1977)
17) 水谷信夫ほか. ダイズ育成系統九系279のハスモンヨトウとダイズカメムシ類に対する耐虫性. 九病虫会報. 47, 87-90 (2001)
18) 中村茂樹ほか. 大豆品種の莢実加害虫耐虫性の簡易検定. 九農研. 46, 57 (1984)
19) 中筋房夫ほか. 捕食性天敵とクロルフェナジン剤の超低濃度散布によるハスモンヨトウの防除. 応動昆. 17, 171-180 (1973)
20) 中澤芳則ほか. 大豆品種の虫害抵抗性早期検定法 第1報 ハスモンヨトウに対する大豆品種の非選好性の室内検定. 日作九支報. 51, 25-27 (1984)
21) 中澤芳則ほか. 大豆品種の害虫抵抗性早期検定法 第2報 ハスモンヨトウに対する抗生作用試験. 日作九支報. 52, 52-54 (1985)

22) 農林水産省．平成10年度　大豆ハスモンヨトウの発生と防除．(1999)
23) 大庭寅雄ほか．大豆の莢実加害虫に対する耐虫性系統の簡易選抜法．九農研．46, 58 (1984)
24) 岡本大二郎・岡田斉夫．牧草害虫としてのハスモンヨトウに関する研究．中国農試報 E2, 111-144 (1968)
25) 小山光男．性フェロモン利用によるハスモンヨトウの防除に関する基礎的研究．四国農試報．45, 1-92 (1985)
26) Rector B. G. *et al*. Quantitative trait loci for antixenosis resistance to corn earworm in soybean. Crop Sci. 39, 531-538 (1999)
27) Rector B. G. *et al*. Identification of molecular markers linked to quantitative trait loci for soybean resistance to corn earworm. Theor. Appl.Genet. 96, 786-790 (1998)
28) Shoemaker R. C. and J. E. Specht. Integration of the soybean molecular and classical genetic linkage groups. Crop Sci. 35, 436-446 (1995)
29) 高橋将一・松永亮一．ハスモンヨトウ抵抗性大豆品種の育成が可能な室内選好性選抜法．平成10年度　総合農業の新技術　第12号, 79-83 (1999)
30) Terry L. I. *et al*. Insect resistance in recombinant inbred soybean lines derived from non-resistant parents. Entomologia Experimentaliset Applicata 91, 465-476 (1999)
31) Terry L.I. *et al*. Soybean Quantitative trait loci for resistance toinsects. Crop Sci. 40, 375-382 (2000)
32) 山中久明ほか．ハスモンヨトウの生命表と生物的死亡要因の評価．応動昆．16, 205-214 (1972)

## 3．耐冷性育種

### 1) 緒　言

山本ら[16]は，1964年の冷害における実態調査によって冷害の生態的解析を行い，マメ類の被害を生育不良型（生育初期の低温による生育不良），障害型（開花期前後の低温による落花，落莢）および遅延型（生育後期の低温による子実の肥大不良）の3型に分類した．また，佐々木ら[10]は，冷害年における3型の被害程度を算出し，被害型分類を行った．この被害型を表3-3-1に示したが，ほと

表3-3-1　過去の冷害年の被害型（十勝農試）

| 年次 | 被害型（被害の大きい順に記載） | 開花期 (月日) | 成熟期 (月日) | 莢数 (株) | 百粒重 (g) | 子実重 (kg/10a) |
| --- | --- | --- | --- | --- | --- | --- |
| 1956 | 障害型＋生育不良型 | 8.3 | 10.15 | 48.5 | 25.5 | 185 |
| 1964 | 生育不良型＋遅延型＋障害型 | 8.3 | 10.17 | 66.9 | 19.5 | 165 |
| 1966 | 生育不良型＋遅延型 | 8.2 | 10.19 | 67.9 | 22.7 | 208 |
| 1971 | 障害型 | 8.2 | 10.16 | 54.5 | 24.5 | 201 |
| 1980 | 障害型 | 7.18 | 9.30 | 50.0 | 35.5 | 280 |
| 1981 | 生育不良型＋遅延型 | 7.27 | 10.7 | 49.0 | 31.5 | 250 |
| 1983 | 生育不良型＋遅延型 | 8.6 | 10.13 | 46.7 | 27.0 | 200 |
| 1988 | 障害型＋生育不良型 | 7.20 | 10.8 | 35.0 | 39.4 | 193 |
| 1992 | 遅延型＋生育不良型 | 7.23 | 10.5 | 60.8 | 31.2 | 307 |
| 1993 | 障害型＋生育不良型＋遅延型 | 8.1 | 10.21 | 35.0 | 33.6 | 157 |
| 1996 | 生育不良型 | 7.26 | 10.8 | 54.5 | 33.7 | 286 |
| 平年 | | 7.19 | 10.3 | 60.0 | 35.2 | 332 |

（注）1. 1956～1971年は北見白，1980年～はトヨムスメ．平年は1980～2000年のうち上記冷害年を除く14カ年平均である．
　　　2. 被害型は，佐々木ら(1984)の計算式により算出した．

んどの冷害年は2型以上の被害による複合型であり，生育不良型の頻度が一番高い．

十勝農試では，冷害頻度の高い生育不良型冷害への対応に早くから取り組み，その結果，低温条件下における初期生育が生育不良型冷害に対する抵抗性選抜の指標として有効なことを明らかにし[8,9,14]，1968年に褐目品種のキタムスメ[7]を育成した．その後，実需者から要望の強い白目品種の耐冷性向上を目的に，耐冷褐目品種・系統と良質白目品種・系統との交配を行った．その結果，1994年に白目初の耐冷性品種であるトヨホマレ[18]を育成した．

生育不良型冷害についで頻度の高いのが障害型冷害で，減収の程度は障害型冷害が一番大きい[5]．被害の大きい障害型冷害への育種対応は立ち遅れていたが，1993年の著しい障害型冷害を受けて，その対応を強化することとなった．

1993年の冷害においては，既存の耐冷性品種でも大きく減収したことから，より一層の耐冷性の向上が望まれた．しかし，これまでの開花期低温抵抗性の検定条件では，耐冷性品種における減収が小さく，耐冷性が向上した育種材料を供試した場合に，既存の耐冷性品種との差が現れにくいと考えられた．このことから，これまでの検定条件を見直し，耐冷性が向上した材料でも既存の耐冷性品種との差が現れる検定条件の検討を行った．

開花期の低温処理により受粉，受精に障害を受けることが報告されているが，抵抗性の機作は明かとなっていない．また，個々の花が何日ほどの低温に遭遇した場合に，受粉，受精に障害がもたらせるのかもわかっていない．このことから，低温が受粉，受精に及ぼす影響を耐冷性の異なる品種を用いて抵抗性の機作および受精に影響を与える低温の日数についての調査を行った．

これまでに十勝農試では，開花期低温抵抗性の育種素材を導入し，これら母材を交配親とした材料の養成を進めている．既存品種に母材の耐冷性を導入するだけであれば比較的容易であるが，現在求められているダイズは，他の複数の特性を複合化させた品種であり，特性の複合化のためには育種効率の向上が必要である．このことから，選抜の効率化に資するため間接選抜試験を試みた．

本項では，以上の新たな検定条件の確立，抵抗性の機作および間接選抜試験の結果について述べる．また，前述の平成6年に育成された白目初の耐冷性品種であるトヨホマレについてもあわせて紹介する．

## 2) 開花期低温抵抗性検定条件の再検討

十勝農試における耐冷性の選抜は，初期世代は大規模の材料を取り扱うため冷涼な圃場を用いて

表3-3-2 過去の検定条件による低温処理試験成績（無処理区対比）

| 品種名 | トヨムスメ | | | | キタムスメ | | | |
|---|---|---|---|---|---|---|---|---|
| 年次 | 莢数 | 一莢内粒数 | 百粒重(g) | 子実重(g) | 莢数 | 一莢内粒数 | 百粒重(g) | 子実重(g) |
| 1986 | 84 | 92 | 97 | 74 | 83 | 83 | 94 | 65 |
| 1987 | 84 | 76 | 107 | 68 | 95 | 91 | 95 | 86 |
| 1988 | 56 | 81 | 79 | 36 | 91 | 101 | 101 | 78 |
| 1989 | 80 | 92 | 111 | 82 | 90 | 94 | 111 | 96 |
| 1990 | 99 | 84 | 95 | 78 | 101 | 96 | 101 | 96 |
| 1991 | 74 | 82 | 98 | 59 | 93 | 115 | 97 | 102 |
| 1992 | 108 | 89 | 90 | 88 | 85 | 96 | 89 | 77 |
| 1993 | 82 | 57 | 92 | 43 | 93 | 82 | 105 | 81 |
| 1994 | 78 | 75 | 97 | 56 | 87 | 88 | 114 | 86 |
| 平均 | 83 | 81 | 96 | 65 | 91 | 94 | 101 | 85 |

(注) 1. 処理条件：開花始～3週間 18/13℃（昼／夜）
2. 無処理区対比＝処理区の値／無処理区の値×100（％）

行われるが,後期世代ではファイトトロンで検定されている.開花期の耐冷性検定は 1970 年代に開花始から 2 週間 (昼/夜) 15/12 ℃ の処理で開始された[6].その後 1980 年代に入り日照不足,多雨下における低温条件を再現する細霧冷房装置を利用した検定法[3,4]も併用された.最初の 2 週間の低温処理では着莢の減少程度が小さいことから,処理期間の延長が必要になった.このため,1980 年代の後半からは開花始から 3 週間 (昼/夜) 18/13 ℃ の処理を延長する条件で検定が行われてきた.この試験条件での 1986 年から 1994 年までの処理結果を表 3-3-2 に示した.

1993 年の大冷害を受けて,十勝農試では既存品種の開花期低温抵抗性をさらに向上させる品種育成に取り組むことになり,既存の検定条件について再検討を加えることとなった.そのためには,キタムスメとトヨムスメの品種間差を維持しつつ,キタムスメでも低温の影響が明瞭となる検定条件の設定が必要である.この検定条件により,キタムスメをしのぐ抵抗性系統の育成が可能となる.ここではより品種間差および低温の影響が明瞭になる検定条件の確立のために開花期に数処理の低温処理を行い,処理効果について検討した.

(1) 材料および方法

供試材料:トヨムスメ(開花期低温抵抗性中),キタムスメ,ハヤヒカリ(開花期低温抵抗性強)

栽培方法:5 月下旬に火山性土を充填した 1/2000 a ポットに 14 粒播種,ポット当たり 2 個体を養成した.施肥量は $N:2.4-P_2O_5:21.6-K_2O:10.8$ kg/a で,1 処理ポット数は 6,計 12 個体を供試した.

処理方法:

処理 A:開花始から 2 週間 (昼/夜) 18/13 ℃ + 50 % 遮光

処理 B:同 2 週間 15/15 ℃ + 50 % 遮光

処理 C:同 4 週間 18/13 ℃ + 50 % 遮光

処理 D:同 4 週間 {15/15 ℃ (2 週間) その後 18/13 ℃ (2 週間)} + 50 % 遮光

無処理区:生育期間を通じて屋外で養成した.

なお,処理区の処理期間以外は,無処理区と同様に屋外で栽培した.

処理年次は処理 A および B が 1996 年と 1997 年の 2 カ年,処理 C および D が 1996〜1998 年の 3 カ年である.

(2) 結果および考察

処理区における収量構成要素の無処理区対比を表 3-3-3 に示した.

1996 年と 97 年の 2 カ年において 2 週間処理 (処理 A, B) と 4 週間処理 (処理 C, D) の比較を行った.

子実重の無処理区対比は,全ての収量構成要素で減少が見られたトヨムスメは 2 週間処理では 96 年に (A, B) 81 %,75 %,97 年では 56 %,31 % であった.百粒重,莢数での減少が小さかったキタムスメおよびハヤヒカリの減少は小さく,キタムスメの無処理区対比は 96 年が (A, B) 78 %,85 %,97 年は 79 %,70 %,また,ハヤヒカリのそれは 96 年が (A, B) 93 %,99 %,97 年は 86 %,79 % であった.これらの結果を,過去の低温処理における無処理区対比の平均値 (表 3-3-2) であるトヨムスメの 65 %,キタムスメの 85 % と比べると,2 週間処理における無処理区対比はほぼ同程度であり,耐冷性の強弱による品種間差も 96 年では小さかった.本試験では過去の処理では用いていない遮光処理を併用したため,過去の処理 (3 週間) より処理期間の短い 2 週間処理も設けたが,目的とした検定条件としては不十分であった.

一方,4 週間処理は全ての品種で収量構成要素が減少したことから子実重も低下し,トヨムスメの子実重の無処理区対比は,96 年は (C, D) 25 %,24 %,97 年が 13 %,9 % であり,キタムスメのそ

表3-3-3 低温処理区の累年成績(無処理区対比)

| 品種名 | | 莢数 | | | | 一莢内粒数 | | | | 百粒重 | | | | 子実重 | | | |
|---|---|---|---|---|---|---|---|---|---|---|---|---|---|---|---|---|---|
| | | 処理A | 処理B | 処理C | 処理D | 処理A | 処理B | 処理C | 処理D | 処理A | 処理B | 処理C | 処理D | 処理A | 処理B | 処理C | 処理D |
| トヨムスメ | 1996 | 99 | 96 | 55 | 51 | 86 | 78 | 66 | 66 | 95 | 100 | 66 | 69 | 81 | 75 | 25 | 24 |
| | 1997 | 84 | 58 | 39 | 28 | 76 | 71 | 63 | 60 | 88 | 73 | 50 | 52 | 56 | 31 | 13 | 9 |
| | 1998 | − | − | 28 | 22 | − | − | 67 | 65 | − | − | 60 | 56 | − | − | 11 | 8 |
| | 平均 | 92 | 77 | 41 | 34 | 81 | 75 | 65 | 64 | 92 | 87 | 59 | 59 | 69 | 53 | 16 | 14 |
| キタムスメ | 1996 | 91 | 101 | 75 | 79 | 92 | 84 | 86 | 80 | 95 | 102 | 76 | 83 | 78 | 85 | 49 | 52 |
| | 1997 | 102 | 97 | 98 | 68 | 76 | 74 | 78 | 70 | 93 | 96 | 82 | 82 | 79 | 70 | 63 | 41 |
| | 1998 | − | − | 70 | 64 | − | − | 80 | 71 | − | − | 90 | 84 | − | − | 50 | 39 |
| | 平均 | 97 | 99 | 81 | 70 | 84 | 79 | 81 | 74 | 94 | 99 | 83 | 83 | 79 | 78 | 54 | 44 |
| ハヤヒカリ | 1996 | 115 | 125 | 93 | 90 | 86 | 79 | 74 | 71 | 93 | 101 | 100 | 99 | 93 | 99 | 69 | 64 |
| | 1997 | 100 | 96 | 86 | 72 | 80 | 77 | 82 | 73 | 107 | 107 | 97 | 95 | 86 | 76 | 69 | 50 |
| | 1998 | − | − | 67 | 60 | − | − | 83 | 75 | − | − | 102 | 97 | − | − | 57 | 43 |
| | 平均 | 108 | 111 | 82 | 74 | 83 | 78 | 80 | 73 | 100 | 104 | 100 | 97 | 90 | 89 | 65 | 52 |

(注) 処理A：開花始から2週間(昼/夜)18/13℃＋50％遮光.
　　 処理B：同2週間15/15℃＋50％遮光.
　　 処理C：同4週間18/13℃＋50％遮光.
　　 処理D：同4週間{15/15℃2週間その後18/13℃2週間}＋50％遮光.

れは，96年が(C,D) 49％，52％，97年は63％，41％，ハヤヒカリは，それぞれ(C,D) 69％，64％，69％，50％であった．4週間処理による減少は，耐冷性の品種間差が過去の処理に比べて明瞭となりかつ耐冷性強の2品種でも減少が大きくみられたことから，新たな検定条件として有望と考えられた．

　翌98年には4週間処理である処理CおよびDのみを実施した．その効果は過去2カ年と同様の傾向を示し，トヨムスメで大きく減収し，キタムスメおよびハヤヒカリでも減収が認められた．処理CおよびDは3カ年ともに過去の処理に比べ低温の影響が大きく，耐冷性の品種間差もはっきりと現れた処理条件であった．処理CとD間で子実重の無処理区対比を比較すると，96年は同程度で97，98年は処理Dの同比の減少がやや大きく，処理Dの方がCより厳しい検定条件といえるが，既存品種の耐冷性を上回る材料の検定条件としては，両処理ともに実用上問題がないと考えられた．

　以上の結果より，4週間の低温処理に遮光処理を組み合わせた処理C：開花始から4週間(昼/夜) 18/13℃＋50％の遮光処理および処理D：開花始から2週間(昼/夜) 15/15その後さらに2週間(昼/夜) 18/13℃＋50％の遮光処理が，新たな開花期低温抵抗性の検定条件として有効である．

## 3) 開花期低温抵抗性の機作

　後藤ら[2]は，ダイズに開花前15日間の低温処理を行い，低温による落花，落莢の原因は，雌芯側の異常ではなく，不受粉と花粉の発芽能力の低下という雄芯側の異常による不受精であることを報告している．しかしながら，開花期低温抵抗性の差異の原因は報告されていない．また，低温処理による減収は個体単位では，2週間以上の処理によりもたらされるが，個々の花単位での低温の影響に関する報告は少ない．ここでは，開花期低温抵抗性の異なる品種を用いて，開花期前後に低温処理を行い，花粉の発芽能力や柱頭上における受粉数および受精率を調査し，花単位での低温の影響および開花期低温抵抗性の機作について調査した結果について述べる．

## (1) 材料および方法

### i) 低温下での花粉発芽力

供試品種：トヨムスメ（開花期低温抵抗性中）．

栽培方法：火山性土を充填した25 $l$ ポットに12粒播種して幼苗時に間引いて4本立てとした．施肥量は $N:0.6-P_2O_5:5.3-K_2O:2.7$ kg/a である．供試する花の発育程度を揃えるため，主茎第6節～10節までの花を実験に使用した．

処理方法：開花前20日から（昼/夜）15/10℃の低温処理を行った．処理期間は最大20日間とし，以後，2日ずつ期間を減ずる処理を行った．花粉の発芽調査は，各処理8個体からそれぞれ1花，1花当たり葯を個体当たり2～3個採取して行った．採取した葯を寒天培地（1%寒天，20%シュークロース）に置き，25℃に設定した恒温器に6時間放置後，発芽率を調査した．

### ii) 低温下での受粉数

供試品種：トヨムスメ（開花期低温抵抗性中），ハヤヒカリ（開花期低温抵抗性強）．栽培方法はi)に同じ．

処理方法：開花前2～6日間（昼/夜）18/13℃低温処理した柱頭を，開花当日または翌日に切除して，コットンブルー染色した．濃紺に染まった柱頭上の花粉数を調査し，受粉数とした．

### iii) 低温下での受精率

供試品種：トヨムスメ，ハヤヒカリ．栽培方法はi)に同じ．

処理方法：開花前2～8日から開花後7日までの期間，低温処理（昼/夜）18/13℃を行った．脱落した花および開花7日後に幼莢を採取しFAA液で固定後，受精の有無を調査した．胚珠が1個以上受精している花を受精花とした．

## (2) 結果および考察

### i) 低温下での花粉発芽力

無処理区の花粉発芽率は約80%で，低温処理2日では低下は見られないが，低温処理4日では50%まで低下した（図3-3-1）．処理日数がより長くなるとさらに低下し，処理10日以降では花粉の発芽率は20%以下で推移した．後藤ら[2]は，開花前15日間の低温処理で花粉の発芽率が低下するとしているが，本試験ではこれより短い低温処理でも発芽率が低下することが見出され，花粉の生育が低温に敏感なことがうかがえた．

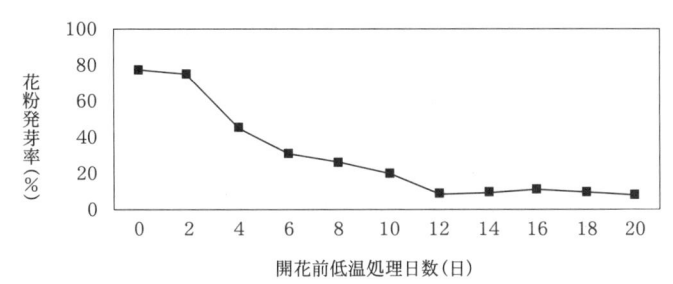

図3-3-1 開花前低温処理による花粉発芽率の推移（トヨムスメ 調査花数各[8])

### ii) 低温下での受粉数

ダイズの柱頭は小さく，受精に必要な最低限の受粉数を調査することが難しい．島田[12]はアズキに低温処理を行い柱頭上花粉数の変異と受精率との関係を調査し，受精には100以上の柱頭上花粉数が必要であると報告している．本試験でも無処理区における100以上の柱頭上花粉数の花の占める比率が高いことから，柱頭上花粉数100を基準に分類した．

柱頭上花粉数が101以上の花の比率は，無処理区では，トヨムスメで76%，ハヤヒカリで81%であった（表3-3-4）．両品種とも低温処理日数2日で減少する傾向を示し，同比率はトヨムスメで47%，ハヤヒカリでは67%であった．両品種とも低温処理日数4，6日では同比率がさらに低下し，低温処理6日では，トヨムスメが22%，ハヤヒカリでは46%となった．処理期間を通してハ

ヤヒカリはトヨムスメに比較して高かった．以上の結果より，短期間の低温でも柱頭上の花粉数が減少し，開花期低温抵抗性を異にする品種間で減少程度に差が認められた．

iii）**低温下での受精率** 無処理区の受精率は，2品種ともにほぼ100％であった（表3-3-5）．

トヨムスメでは低温処理により開花前処理4日以降に，ハヤヒカリでは開花前処理6日以降に受精率が低下する傾向を示した．しかし，低下率はトヨムスメでは大きく，ハヤ

表3-3-4 開花前低温処理が柱頭上花粉数に与える影響（階級別比率％）

| 品種名 | 柱頭上花粉数 | 無処理区 | 低温処理日数 | | |
|---|---|---|---|---|---|
| | | | 2日 | 4日 | 6日 |
| トヨムスメ | 0～50 | 3 | 13 | 28 | 35 |
| | 51～100 | 21 | 40 | 35 | 43 |
| | 101～ | 76 | 47 | 35 | 22 |
| | 調査花数 | 29 | 30 | 28 | 23 |
| ハヤヒカリ | 0～50 | 4 | 7 | 20 | 25 |
| | 51～100 | 15 | 26 | 21 | 29 |
| | 101～ | 81 | 67 | 59 | 46 |
| | 調査花数 | 26 | 27 | 29 | 28 |

（注）調査方法：開花当日または翌日の花の柱頭を切除し，コットンブルー染色により濃紺に染まった柱頭上の花粉数を調査した．

表3-3-5 低温処理が受精率に与える影響

| 処理温度 | 処理日数 | | トヨムスメ | | | ハヤヒカリ | | |
|---|---|---|---|---|---|---|---|---|
| | 開花前 | 開花後 | 調査花数 | 受精花数 | 受精率(%) | 調査花数 | 受精花数 | 受精率(%) |
| 無処理 | | | 42 | 40 | 95 | 38 | 37 | 97 |
| 低温処理 | 2 | 7 | 34 | 30 | 88 | 41 | 36 | 88 |
| | 4 | 7 | 46 | 34 | 74 | 43 | 35 | 81 |
| | 6 | 7 | 37 | 12 | 32 | 29 | 21 | 72 |
| | 8 | 7 | 19 | 2 | 11 | 25 | 17 | 68 |

ヒカリで小さかった．開花前8日処理における受精率は，トヨムスメで11％であったのに対し，ハヤヒカリでは68％であった．以上の結果より，受精率は受粉数同様に短期間の低温処理でも低下し，品種間差が柱頭上花粉数のそれと一致することから，受粉数が受精率に影響していると考えられる．

これらの結果をまとめると，開花期低温抵抗性中のトヨムスメにおいて花粉の発芽ついては4日の低温処理，受粉数については2日の処理，受精率に対しては4日の処理により減少が見られたことから，花単位では短い期間であっても低温の影響を受けているといえる．また，開花期低温抵抗性強のハヤヒカリでもトヨムスメより少し遅れて低温の影響が観察され，トヨムスメよりやや長い低温に遭遇することによって受粉，受精に障害を受けていると考えられた．しかし，ハヤヒカリの減少程度は明らかにトヨムスメより小さく，開花期低温抵抗性の強弱と低温下での受粉数，受精率の品種間差が一致することから，低温下での受精能力が開花期低温抵抗性機作の一因であると考えられた．

### 4）開花期低温抵抗性に関する間接選抜実験

前述の試験からハヤヒカリの優れた開花期低温抵抗性は，低温による受粉，受精の障害が少ないことによることが示された．しかし，多数の個体について低温下での受粉数や受精率を調査するには多大な労力を要する．実用的に求められているダイズは，主要育種目標である耐冷性，ダイズシストセンチュウ抵抗性，ダイズわい化病抵抗性およびコンバイン収穫適性を複合化させた品種であり，これら特性の複合化のために，開花期低温抵抗性個体を選抜する簡易な手法の開発が必要である．

ここでは，育種効率の向上に資するため，開花期低温抵抗性素材の特徴や過去の知見から，選抜指標を2形質定め，その有効性について確認した．

Takahashi and Asanuma[13]は，毛茸色に関する同質遺伝子系統の開花期低温処理を行い，褐毛系統（T）が白毛系統（t）より開花期低温抵抗性が優れることを報告している．また，褐毛遺伝子（T）は，熟期遺伝子のE1と密接に連鎖していること[15]，E1はe1に対して開花期および熟期を遅くする作用を有していること[1]が報告されている．白毛品種の耐冷性向上の一助とするためE1が開花期低温抵抗性に関与していると仮定し，白毛でE1/e1の同質遺伝子系統を育成して開花期の低温抵抗性検定を行ったところ，E1の系統がe1に比べて莢数および子実重の無処理区対比が高い結果となった．そのため，開花の遅い個体を選抜することで低温抵抗性の強い個体を選抜できると想定し，「開花期」を選抜指標とした．

一方，Schoriら[11]は，開花期低温抵抗性の開花特性として中心花房と側状花房の開花期のズレが大きく，中心花房が低温で障害を受けた場合に側状花房の着莢により補償される型を提唱している．Schoriらが提唱する型の開花期低温抵抗性品種「Labrador」は，平常年に栽培した同品種の各節には，側状花房が発達し，受精後に途中で生育を休止した花が着生していることから「側状花房の発達」を選抜指標とした．

(1) 材料および方法

 i) 開花期による間接選抜

 供試組み合わせ：十交0636（根釧農試×十系809号）

 十交0409（奥原一号×十系809号）

 上記2組み合わせについて$F_4$と$F_5$で開花始がトヨムスメより3日以上早い個体，トヨムスメ並の個体，トヨムスメより3日以上遅い個体の3群に分類して選抜した．

 ii) 側状花房の発達による間接選抜

 供試組み合わせ：十交0612（網走20×Labrador）

 十交0613（Labrador×十育225号）

 上記2組み合わせについて$F_3$と$F_4$（十交0612）または$F_4$と$F_5$（十交0613）に有限伸育型で中位節に側状花房が発達している個体と発達が見られない個体を選抜した．

(2) 選抜系統の耐冷性の検定

 i) 開花期による間接選抜　火山性土を充填した25lポットに4月30日に14粒播種し，順次間引いて耐冷性検定前に5本立てとした．耐冷性検定は開花始から4週間（昼/夜）18/13℃の低温処理＋50%の遮光処理を行い，以降屋外で栽培した．無処理区も屋外で栽培した．$F_6$代各処理4系統，各系統1ポットの処理である．

 ii) 側状花房の発達による間接選抜　播種は5月27日に行い，処理方法，供試数は，i) 開花期による間接選抜に同じである．世代は十交0612が$F_5$代，十交0613が$F_6$代である．

(3) 結果および考察

 i) 開花期による間接選抜　無処理区の開花始は2組み合わせとも「トヨムスメより開花が3日以上早い」群が6月17日，「トヨムスメ並」の群が6月20日（十交0636）と21日（十交0409），「トヨムスメより開花が3日以上遅い」群は6月24日（十交0636）と6月29日（十交0409）であった（表3-3-6）．開花期低温処理による選抜系統の莢数の無処理区対比は十交0636，十交0409ともに開花期が遅くなるに伴い無処理区対比が高かった．また，子実重の無処理区対比でも十交0636，十交0409ともに開花期が遅くなるに伴い無処理区対比が高かった．選抜系統の低温処理に対する反応の分散分析の結果，莢数および子実重に関してともに有意であったことから，開花期が遅い群は

表3-3-6 開花期で選抜した系統の低温処理試験成績（個体当たり平均）

| 組合せ | 選抜群 | 処理区別 | 開花始<br>(月日) | 成熟期<br>(月日) | 莢数 | 百粒重<br>(g) | 子実重<br>(g) |
|---|---|---|---|---|---|---|---|
| 十交0636 | 開花始がトヨムスメより3日以上早い | 処理区 (T)<br>無処理区 (C)<br>T/C | 6.17<br>6.17<br>0 | 9.18<br>8.28<br>22 | 4.4<br>13.0<br>35 | 28.0<br>39.5<br>71 | 1.6<br>8.2<br>20 |
| | 開花始がトヨムスメ並 | 処理区 (T)<br>無処理区 (C)<br>T/C | 6.20<br>6.20<br>0 | 9.19<br>9.08<br>11 | 9.4<br>18.0<br>52 | 29.0<br>33.9<br>86 | 3.4<br>10.2<br>33 |
| | 開花始がトヨムスメより3日以上遅い | 処理区 (T)<br>無処理区 (C)<br>T/C | 6.24<br>6.24<br>0 | 9.27<br>9.10<br>17 | 15.9<br>19.3<br>82 | 33.6<br>35.9<br>94 | 7.0<br>11.8<br>59 |
| 十交0409 | 開花始がトヨムスメより3日以上早い | 処理区 (T)<br>無処理区 (C)<br>T/C | 6.17<br>6.17<br>0 | 9.09<br>8.17<br>24 | 6.2<br>11.6<br>52 | 20.3<br>29.0<br>70 | 1.3<br>4.5<br>28 |
| | 開花始がトヨムスメ並 | 処理区 (T)<br>無処理区 (C)<br>T/C | 6.21<br>6.21<br>0 | 9.15<br>9.01<br>14 | 13.5<br>15.3<br>88 | 30.7<br>37.3<br>83 | 5.6<br>10.0<br>58 |
| | 開花始がトヨムスメより3日以上遅い | 処理区 (T)<br>無処理区 (C)<br>T/C | 6.29<br>6.29<br>0 | 9.30<br>9.27<br>3 | 16.7<br>17.2<br>97 | 37.0<br>38.7<br>97 | 6.7<br>10.3<br>65 |
| トヨムスメ | | 処理区 (T)<br>無処理区 (C)<br>T/C | 6.20<br>6.20<br>0 | 9.22<br>9.08<br>14 | 7.3<br>19.0<br>38 | 30.8<br>35.5<br>87 | 3.1<br>12.2<br>25 |

(注) T/C は C (無処理区) に対する T (処理区) の比率または遅延日数 (開花始，成熟期).

耐冷性が強く，開花期が遅い形質を選抜することが開花期低温抵抗性の間接選抜手法として有効である．

ⅱ）**側状花房の発達による間接選抜** 選抜した系統の開花期低温処理の結果，莢数の無処理区対比は十交0612，十交0613ともに「側状花房の発達有り」の群が，「側状花房の発達無し」の群より高かった（表3-3-7）．また，子実重の無処理区対比でも十交0612，十交0613の両組み合わせで，「側状花房の発達有り」の群が，「側状花房の発達無し」の群より高かった．これら選抜系統の低温処理に対する反応のt検定の結果は，莢数および子実重に関してともに有意であったことから，側状花房の発達の有無による選抜は，開花期低温抵抗性の間接選抜手法として有効である．

## 5）耐冷性品種トヨホマレの育成[18]

実需者からの要望が強い白目品種の耐冷性向上のため，十勝農試では褐毛褐目品種と白毛白目品種との交配から，褐毛品種の耐冷性の白目品種への取り込みを行い，1994年に白目初の耐冷性品種であるトヨホマレを育成した．

（1）育成経過

トヨホマレは，耐冷性の褐目多収品種で熟期が中生の晩のキタホマレを母，熟期が中生の白目系統である十育206号を父とする交配組み合わせより，父親の熟期および白目を維持しつつ，母親の耐冷安定・多収性を導入する目的で選抜を進めた．$F_3$ および $F_4$ 代において十勝山麓の上士幌町の耐冷性現地選抜圃で初期生育，着莢性について選抜し，また，冷害年の $F_5$ および $F_6$ 代では，へそ周辺着色粒の発生の少ない多収系統を選抜し，十系763号とした．

表 3-3-7　側状花房の有無で選抜した系統の低温処理試験成績（個体当り平均）

| 組み合わせ | 選抜群 | 処理区別 | 開花始<br>(月日) | 成熟期<br>(月日) | 莢数 | 百粒重<br>(g) | 子実重<br>(g) |
|---|---|---|---|---|---|---|---|
| 十交0612 | 側状花房の発達<br>有り | 処理区 (T)<br>無処理区 (C)<br>T/C | 7.24<br>7.24<br>0 | 10.06<br>9.22<br>14 | 22.1<br>29.6<br>74 | 21.2<br>22.9<br>92 | 6.6<br>12.7<br>52 |
| | 側状花房の発達<br>無し | 処理区 (T)<br>無処理区 (C)<br>T/C | 7.22<br>7.22<br>0 | 10.09<br>9.23<br>16 | 14.6<br>29.5<br>50 | 26.2<br>23.9<br>110 | 5.0<br>13.9<br>35 |
| 十交0613 | 側状花房の発達<br>有り | 処理区 (T)<br>無処理区 (C)<br>T/C | 7.28<br>7.28<br>0 | 10.12<br>10.06<br>6 | 18.3<br>26.6<br>69 | 24.9<br>28.5<br>87 | 6.7<br>12.7<br>52 |
| | 側状花房の発達<br>無し | 処理区 (T)<br>無処理区 (C)<br>T/C | 7.26<br>7.26<br>0 | 10.14<br>10.07<br>7 | 10.9<br>22.7<br>48 | 29.4<br>35.5<br>83 | 3.8<br>12.8<br>30 |
| Labrador | | 処理区 (T)<br>無処理区 (C)<br>T/C | 7.12<br>7.12<br>0 | 10.15<br>9.22<br>23 | 23.8<br>25.8<br>92 | 14.7<br>13.3<br>110 | 5.3<br>8.5<br>62 |
| キタムスメ | | 処理区 (T)<br>無処理区 (C)<br>T/C | 6.22<br>6.22<br>0 | 9.22<br>9.05<br>17 | 17.4<br>19.9<br>87 | 31.1<br>28.6<br>109 | 7.3<br>10.5<br>69 |

（注）Tは処理区，Cは無処理区，T/CはCに対するTの比率または遅延日数（開花始，成熟期）．

$F_7$ 代に十系763号は十勝農試および北見農試で有望と評価され，ファイトトロンでへそ周辺着色粒の発生が少ないことを確認した．十育220号の地方番号を付して，奨励品種決定基本調査，耐冷性検定試験の他，各種特性検定試験等に供試し，1994年に農林水産省の新品種トヨホマレ（だいず農林99号）として命名登録された．

(2) 特性の概要

成熟期は中生で，密植での増収効果が高い．キタホマレの耐冷性が取り込まれ，生育初期並びに開花期の低温に対する抵抗性は強である（表3-3-8）．生育期間全般に渡り冷涼な耐冷性現地選抜圃の成績では，トヨホマレはキタムスメには劣るものの，トヨムスメに比べると莢数が多く子実重は21％上回った（表3-3-9）．

表 3-3-8　低温抵抗性検定試験成績（1990～1993年の4カ年平均）

| 品種名 | 生育初期低温処理 | | | | | 開花期低温処理 | | | | |
|---|---|---|---|---|---|---|---|---|---|---|
| | 総節数 | 莢数 | 百粒重 | 子実重 | 抵抗性 | 莢数 | 稔実率 | 百粒重 | 子実重 | 抵抗性 |
| トヨホマレ | 88 | 111 | 94 | 107 | 強 | 108 | 97 | 89 | 94 | 強 |
| トヨムスメ | 81 | 90 | 92 | 81 | 中 | 89 | 81 | 94 | 67 | 中 |
| トヨコマチ | 90 | 88 | 101 | 87 | やや強 | 109 | 88 | 89 | 86 | やや強 |
| キタムスメ | 91 | 106 | 87 | 87 | 強 | 93 | 98 | 98 | 91 | 強 |

（注）1. 数値は低温処理区の無処理対応比（％）である．
　　　2. 生育初期低温処理は開花前の7月上，中旬に3週間，15(昼)/10(夜)℃，開花期低温処理は開花始より3週間（1990，1991年）ないし4週間（1992，1993年）18(昼)/13(夜)℃で行った．
　　　3. 稔実率は総胚珠数に対する稔実粒数の比率である．
　　　4. トヨムスメとキタムスメは各々低温抵抗性"中"および"強"の標準品種である．

表3-3-9 耐冷性現地選抜圃（上士幌町）における生育，収量調査成績（1991～1993年の3ヵ年平均）

| 品種名 | 成熟期<br>(月日) | 主茎長<br>(cm) | 主茎節数<br>(節) | 稔実莢数<br>(莢/株) | 収量<br>(kg/a)<br>子実重 | 子実重対比<br>(%) | 百粒重<br>(g) |
| --- | --- | --- | --- | --- | --- | --- | --- |
| トヨホマレ | 10.23 | 51 | 11.3 | 50 | 14.6 | 121 | 25.7 |
| トヨムスメ | 10.21 | 49 | 9.7 | 38 | 12.1 | 100 | 27.1 |
| トヨコマチ | 10.19 | 51 | 10.5 | 36 | 9.7 | 80 | 26.5 |
| キタムスメ | 10.24 | 68 | 12.3 | 64 | 18.3 | 151 | 22.7 |

ダイズシストセンチュウ抵抗性およびダイズわい化病抵抗性はキタムスメと同じく弱であるが，開花期の低温によるへそ周辺部の着色粒の発生が少なく，裂皮粒の発生もトヨムスメ，トヨコマチより少ない．煮豆および豆腐の加工適性はトヨムスメおよびトヨコマチとほぼ同等である．

(3) 適地および栽培状況

適地は北海道の十勝（中央部を除く），網走，道央（北部・中部のそれぞれ一部）およびこれに準ずる地帯である．

2000年の栽培面積は，十勝306 ha，上川208 ha，網走164 haおよびその他の地帯72 haの計750 haである．

### 6) 総合考察

北海道とりわけ十勝を中心とする道東地域のダイズ生産の安定化にとって冷害は大きな阻害要因の一つである．そのため，十勝農試では長年に渡り耐冷性を主要育種目標の一つに掲げ，耐冷性品種の育成に努めてきた．

これまでの十勝農試の耐冷性育種は生育不良型冷害に力点が置かれてきたが，1993年の著しい障害型冷害を受けて，開花期低温抵抗性育種が強化された．本項では，開花期低温抵抗性育種強化に当たって行った開花期低温抵抗性の検定条件の再検討，開花期低温抵抗性機作の解明，また，同抵抗性系統の選抜の効率化を目的とした間接選抜について述べた．

「開花期低温抵抗性検定条件の再検討」では，既存品種の開花期低温抵抗性をさらに上回る品種を育成するために，これまでの検定条件を再検討した．その結果，開花始から4週間（昼/夜）18/13℃＋50％の遮光処理，または開花始から2週間（昼/夜）15/15℃その後さらに2週間（昼/夜）18/13℃＋50％の遮光処理が，耐冷性の品種間差が明かで耐冷性品種においても低温の影響が明瞭に現れたことから，開花期低温抵抗性の検定条件として有効であった．

「開花期低温抵抗性の機作」では，開花期低温抵抗性が異なる品種を用いて短期間低温の影響と抵抗性の機作を調査した．その結果，4日ほどの短い期間の低温であっても受粉，受精に影響があることが明かとなった．また，低温による受粉数と受精率の低下は開花期低温抵抗性強の品種が同抵抗性中の品種に比べて小さく，これが開花期低温抵抗性の強弱と一致したことから，低温下での受精能力が開花期低温抵抗性機作の一因であると思われた．

「開花期低温抵抗性に関する間接選抜試験」では，同抵抗性の効率的選抜のため間接選抜指標を2形質定め，選抜手法としての有効性を検討した．

開花の早晩が開花期低温抵抗性に関与する知見から，開花期を選抜指標とし，その後代系統の耐冷性検定を行った．その結果，開花始が遅い系統は早い系統に比較して低温処理による莢数および子実重の減少程度が小さく，間接選抜指標として開花期が有効なことを見出した．

また，カナダで育成された開花期低温抵抗性品種Labradorの特徴である側状花房の発達を指標とする選抜を行い，その後代系統の耐冷性検定を行った．その結果，「側状花房の発達有り」の系統が「側状花房の発達無し」の系統に比べて莢数および子実重の減少が有意に小さく，側状花房の発達による選抜が間接選抜指標として有効であることが認められた．

　十勝農試が育成してきた耐冷性品種は全て褐毛褐目であったが，褐目のために煮豆適性が劣ることを理由に，実需者からは白目品種の要望が強まった．そこで，耐冷性育種においても白目系統に褐目系統の耐冷性を導入することに主眼が移された．多くの耐冷性褐毛褐目系統と品質に優れる白毛白目系統との交配がなされ，1994年に褐目品種の耐冷性が導入された白毛白目初の耐冷性品種トヨホマレを育成した．現在，トヨホマレは北海道の中でも気象条件の厳しい道東を中心に作付されている．

　最後に，白目ダイズの耐冷性向上を目的とした新たな取り組みを紹介する．十勝農試では，現在，白目品種に褐毛品種並の耐冷性を容易に付与する手段として毛茸に着目している．十勝農試育成材料の耐冷性検定試験の結果から，一般に褐毛褐目系統が白毛白目系統より耐冷性の強いこと[17]が認められ，Takahashi and Asanuma[13]も褐毛が白毛の同質遺伝子系統に対して開花期低温抵抗性が優れることから，褐毛の耐冷性の効果は，褐毛を支配する遺伝子（T）の多面発現または近くに連鎖する遺伝子の作用のためであることを報告している．これらの知見から耐冷性を向上させる上で白毛より褐毛の方が有利であると考えられ，かつ，毛茸色は肉眼で容易に選抜できることから，既存の白毛白目品種に褐毛遺伝子（T）を導入した褐毛白目系統の育成を試みている．今後，育成系統の耐冷性を検定し，耐冷性の選抜指標としての有効性を確認する．

　　　　　　　　　　　　　　　　　　　　　　　　　　（黒崎　英樹・湯本　節三）

## 引用文献

1) Bernard, R. L. Two major genes for time of flowering and maturity in soybeans. Crop Sci. 11, 242-244 (1971)

2) 後藤和男・山本　正．豆類の冷害．(3) 大豆の開花前低温が花粉の発芽および受精に及ぼす影響．北海道農試彙報．100, 15-19 (1972)

3) 伊藤　武・砂田喜與志・奈良　隆・佐々木紘一．畑作物耐冷性検定のための細霧冷房装置について．1. 装置の構造と性能．北農，54 (4) 44-51 (1987)

4) 伊藤　武・佐々木紘一・土屋武彦・紙谷元一・砂田喜與志．畑作物耐冷性検定のための細霧冷房装置について．2. 大豆の生育，収量に及ぼす細霧冷房処理の特徴．北農，54 (5) 46-51 (1987)

5) 黒崎英樹．ダイズの開花期低温抵抗性育種．農業技術，55 (10), 446-450 (2000)

6) 成河智明・三浦豊雄・松川　勲．豆類の耐冷性検定に関する一考察．北農，37 (12), 41-48 (1970)

7) 斎藤正隆・三分一敬・佐々木紘一・酒井真次・土屋武彦．大豆優良品種「キタムスメ」について．北農，36 (7), 1-13 (1969)

8) 三分一敬・土屋武彦．大豆の耐冷安定性の選抜に関する研究 1. 耐冷安定性の指標形質．北海道立農試集報，29, 27-37 (1974)

9) 三分一敬．大豆の耐冷性に関する育種学的研究．北海道立農試報告，28, 1-57 (1979)

10) 佐々木紘一・紙谷元一．過去の冷害年における十勝の大豆被害型解析．日本育種，作物学会北海道談話会会報，24, 26 (1984)

11) Schori, A. A Fossati, A. Soldati and Stamp, P. Cold tolerance in soybean in relation to flowering habit, pod set and compensation for lost reproductive organs Eur. J. Agron. 2, 173-178 (1993)

12) 島田尚典. 小豆の開花, 結実に関する研究－受粉と落花, 着莢, 結実の関係. 日本育種, 作物学会北海道談話会会報, 30, 46 (1990)
13) R. Takahashi and S. Asanuma. Association of T gene with chilling tolerance in soybean. Crop Sci. 36, 559-562 (1996)
14) 土屋武彦・三分一敬・砂田喜與志. 大豆の耐冷安定性の選抜に関する研究 2. 初期生育旺盛度の評価. 北海道立農試集報, 34, 15-22 (1976)
15) Weiss. M. G. Genetic linkage in soybeans. Linkage group I. Crop Sci. 10, 69-72 (1970)
16) 山本　正・成河智明・戸田節郎・武田　功・山下良弘・八幡林芳・中西三郎. 昭和39年度冷害調査報告 3. 畑作の部, 161-180 (1966)
17) 湯本節三・土屋武彦. ダイズ品種における低温反応性とその品種間差異. 日本育種, 作物学会北海道談話会会報, 31, 60 (1990)
18) 湯本節三・松川　勲・田中義則・黒崎英樹・角田征人・土屋武彦・白井和栄・冨田謙一・佐々木紘一・紙谷元一・伊藤　武・酒井真二. ダイズ新品種「トヨホマレ」の育成について. 北海道立農試集報, 68, 33-49 (1995)

## 4. 機械化適性育種

### 1) 寒地におけるコンバイン適性育種

#### (1) 緒　言

　従来のビーンハーベスタによる収穫体系では難裂莢の特性は必ずしも必要でなかったため, ほとんどの基幹品種が易裂莢性であった. しかし, より省力化を進めたコンバイン収穫体系では, 子実水分を15％程度に圃場乾燥することから, 収穫前の自然裂莢や, 収穫時の軽い衝撃で裂莢する易裂莢性は落粒損失が著しく増えるため不都合であった.

　北海道立十勝農業試験場（以下に「十勝農試」と略す）では, 1975年から北海道の基幹品種に難裂莢性の形質を導入する育種を開始した. しかし, 当時は裂莢の機作や難裂莢性の遺伝様式に関する知見が少なく, 実用的な検定手法も無いことから, 育種試験の開始と併行して難裂莢性に関する遺伝および検定法の研究を進めた. その結果, 裂莢性に関与する遺伝子座は1から2座の少数であること[3], 検定法として莢実を60℃で3時間熱風乾燥後, 外気に放置する熱風乾燥処理法を確立した[19]. 難裂莢性の遺伝資源は, アメリカ, 中国およびタイ国などの導入品種が用いられた. しかし, これらは, 北海道では草型, 収量, 熟期, 品質などの農業特性が劣ることから, 白目大粒の北海道品種との交配により不良農業形質を取り除いてきた.

　このように, 育種開始後の約10年間は, 基幹品種に難裂莢性形質を導入すべく国内外の遺伝資源を検索し, 実用的な検定法の開発とともに基幹品種や有望系統との交配を数多く繰り返しコンバイン収穫向きの品種育成を推進してきた[1].

#### (2) コンバイン適応性品種の育成

　1986年以降, 難裂莢性のコンバイン向きの有望品種系統が育成された. 1991年に白目中粒のカリユタカ[12], 1998年に褐目中粒のハヤヒカリ[20], さらに2001年に白目中粒のユキホマレ[29]が北海道の奨励品種に採用された. 以下に, 十勝農試において育成されたコンバイン収穫向き品種の来歴および特性について機械化適応性との関連から述べる.

i) **カリユタカの育成** これまで育成された難裂莢性の品種はコガネジロ(1961年)やワセコガネ(1964年)であるが,百粒重が20g程度の小粒種で品質が劣るうえ,収量性が不安定であった.また,道央,道南向けのツルコガネ(1984年)[22]は,熟期が遅いため道東地域には奨励されなかった.一方,難裂莢性のアメリカや中国の品種の多くは,北海道品種と比較して,熟期,収量,耐倒伏性などの特性が劣り,低タンパクで品質が劣るなど多くの欠点をもっていた.

(i) **育成経過** 1980年に難裂莢性で白目良質を育種目標として,ヒメユタカ[10]を母,Clark $Dt_2$ を父として人工交配を行い,選抜,固定を図ってきたものである(図3-4-1).母本のヒメユタカは,中生,白目大粒,良質の多収品種である.一方,父本の Clark $Dt_2$ は,米国イリノイ大学で Clark × T 117 の $F_1$ に Clark を5回戻し交雑して育成された半無限伸育型(Semi-determinate)で,難裂莢性の品種である[2].しかし,長茎で耐倒伏性が劣り,極晩生,小粒(17.5 g/百粒),へそ色黒など農業形質で劣る[25].

$F_1$ は,冬期に温室で世代促進を行い,$F_2$ 世代では640個体集団栽植して,晩生の個体を除く全個体を収穫後,へそ色が黄~褐の個体を集団採種した.$F_3$ 世代では1,560個体を栽植して,草姿および粒大を考慮した選抜を行い集団採種した.$F_4$ 世代では,白毛・早生で着莢の良好な個体を圃場選抜し,ガラス室自然裂莢による検定を行った.$F_5$ 世代以降は,系統選抜による選抜,固定を進めた.この間の選抜では,各種農業形質の他に熱風乾燥処理法による裂莢性検定を実施した.$F_6$ 世代において難裂莢性で収量性および粒大に優れる系統に十系735号を付けて生産力検定予備試験および系統適応性検定試験に供した.その結果,中生の白目中粒,難裂莢性で,収量性に優れたことから,$F_6$ 世代で十育214号の地方系統名を付けて生産力検定試験,奨励品種決定基本および現地調査や各種の特性検定試験に供試した.1991年に北海道の奨励品種に採用されるとともに,カリユタカ(だいず農林95号)と命名登録された.

(ii) **特性の概要** カリユタカは,トヨコマチ[8]と同じ白目中粒で,トヨムスメ[9]と同じ熟期中生の品種である.カリユタカの長所は,難裂莢性の品種であり,着莢節位が高く,耐倒伏性であることから,コンバイン適性が高いことである(表3-4-1).実際のコンバイン試験でも,カリユタカは易裂莢性のトヨムスメに比べて落粒,落莢,刈残しなどの頭部損失が少なく,総損失5%以下で収穫可能であった(表3-4-2).一方,カリユタカの短所は,ダイズシストセンチュウに抵抗性がないこと,トヨムスメと同様に耐冷性が中で低温時にへそ周辺着色がみら

表3-4-1 カリユタカとハヤヒカリの裂莢率と最下着莢節位高

| 品種名 | 裂莢率(%) | 最下着莢節位高(cm) | |
|---|---|---|---|
| | | 標準 | 密植 |
| カリユタカ | 25 | 16.5 | 18.4 |
| ハヤヒカリ | 9 | 13.4 | 18.3 |
| キタムスメ | 97 | 18.1 | 23.0 |

(注)1. 数値は,1994~1997年の4カ年の平均.
2. 裂莢率(%)は,熟莢の熱風乾燥処理(60℃,3時間)後の調査結果.
3. 最下着莢節位高の標準は,栽植様式が畦幅60 cm×株間20 cmで1株2本立,密植は畦幅60 cm×株間5 cmで1株1本立である.

表3-4-2 カリユタカのコンバイン収穫試験

| 供試品種名 | カリユタカ | | トヨムスメ | |
|---|---|---|---|---|
| 栽植条件 | 標準植 | 条播密植 | 標準植 | 条播密植 |
| 作業速度(m/s) | 0.56 | 0.65 | 0.55 | 0.61 |
| 刈高さ(cm) | 10.4 | 10.1 | 1.03 | 8.5 |
| 落粒(%) | 0.4 | 0.9 | 1.9 | 1.6 |
| 落莢(%) | 2.6 | 3.1 | 6.5 | 6.5 |
| 刈残し(%) | 1.5 | 0.0 | 5.8 | 0.5 |
| 頭部損失(%) | 4.5 | 4.0 | 14.2 | 8.6 |
| 脱穀選別部(%) | 0.3 | 0.4 | 0.4 | 0.5 |
| 総損失(%) | 4.8 | 4.4 | 14.6 | 9.1 |

(注)1. 試験場所は帯広市.試験期日は1990年11月16日.
2. 供試コンバインは,汎用型CA-700(ロークロップ4条刈).

れることである.

カリユタカの2000年の作付面積は全道で770 haあり白目品種全体の約7.8 %である.

ii）ハヤヒカリの育成

（i）育成経過　ハヤヒカリは，低温抵抗性が強く安定多収で機械収穫向き難裂莢性品種の育成を目標とし，1983年に難裂莢性の褐目系統である十系679号を母，低温抵抗性が強く多収の褐目品種であるキタホマレ[11]を父として人工交配を行い，以後，系統育種法により育成された．母本の十系679号の難裂莢性は，タイ国の難裂莢性品種「SJ-2」に由来する系統であり，低温抵抗性に優れた褐目品種であるカリカチおよびキタムスメとの交配より育成された．一方，父本のキタホマレもカリカチの低温抵抗性を継ぐ多収な品種である（図3-4-1）.

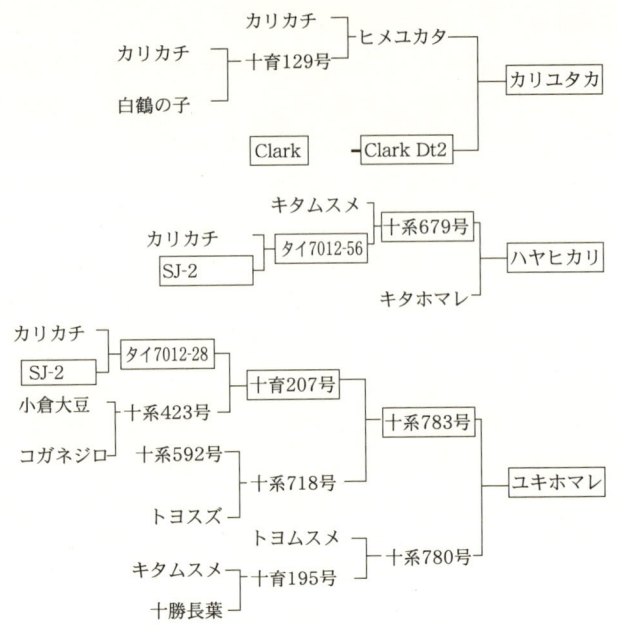

図3-4-1　コンバイン収穫向き品種カリユタカ，ハヤヒカリ，ユキホマレの系譜

$F_1$個体は，交配翌年に夏季圃場で養成し，$F_2$個体を熟期，草姿で圃場選抜した後，ガラス室内で裂莢性の検定を行った．$F_3$世代以降は，系統選抜による選抜，固定を進めた．また，熟期，草姿，倒伏程度，粒の外観品質を評価するとともに熱風乾燥処理法による裂莢性の検定を繰り返し実施した．$F_4$以降$F_8$世代まで系統選抜とともに各供試系統群を生産力検定予備試験Bに供試して生産力と農業特性の評価を継続した．$F_8$世代に当たる1991年は，著しい冷温年となったが，供試した3系統群中1系統群が，早生，多収，難裂莢と優ったことから，この系統に十系番号（十系802号）を付した．$F_9$から$F_{10}$世代まで十系802号で生産力検定予備試験および地域適応性検定試験に供試し，本系統がキタムスメに比較して成熟期が9日早く，収量は同品種対比134 %を示したことから，1992年に十育227号の地方番号を付した．$F_{11}$世代以降，各種試験に供試した．1998年に北海道の奨励品種

表3-4-3　ハヤヒカリの密植栽培適応性試験成績（1995～1997年の3カ年平均）

| 品種名 | 栽植密度 | 成熟期（月日） | 倒伏程度 | 主茎長（cm） | 主茎節数 | 分枝数（/個） | 稔実莢数（/m²） | 全重（kg/a） | 子実重（kg/a） | 標準対比（%） | 子実重率（%） | 百粒重（g） |
|---|---|---|---|---|---|---|---|---|---|---|---|---|
| ハヤヒカリ | 標準 | 9.29 | 0.1 | 51 | 10.5 | 2.3 | 596 | 50.1 | 30.3 | 100 | 59 | 27.4 |
|  | 密植 | 9.30 | 1.2 | 65 | 10.6 | 1.2 | 788 | 65.1 | 38.9 | 128 | 59 | 27.6 |
| キタムスメ | 標準 | 10.8 | 1.0 | 75 | 12.2 | 2.4 | 552 | 58.8 | 32.3 | 100 | 54 | 30.1 |
|  | 密植 | 10.9 | 2.2 | 88 | 12.0 | 1.3 | 719 | 65.3 | 34.7 | 107 | 52 | 30.6 |

（注）標準の栽植密度は1,167本/a（畦幅60 cm×株間20 cm，1株2本立），密植の栽植密度は3,333本/a（畦幅60 cm×株間5 cm，1株1本立）

に採用されるとともに，農林水産省の新品種に認定され，ハヤヒカリ（だいず農林108号）と命名登録された．

（ii）**特性の概要** ハヤヒカリの長所は，キタムスメより4％低収であるが，成熟期は7日早い中生の早であり，難裂莢性（表3-4-1）で，耐倒伏性，密植適応性（表3-4-3）に優れ，さらに低温抵抗性が強いことである．北海道のなかでも気象条件の厳しい十勝（中央部を除く），網走，上川，留萌地域に適した初めてのコンバイン収穫向き褐目品種である．一方，ハヤヒカリの短所は，ダイズシストセンチュウに抵抗性がないことである．

ハヤヒカリの2000年の作付面積は，全道で403 haあり褐目品種全体の約30.5％である．

iii）**ユキホマレの育成**

（i）**育成の経過** ユキホマレは，早生，耐冷・安定多収，ダイズシストセンチュウ抵抗性で機械収穫向き難裂莢性品種の育成を目標とし，1990年に中生，センチュウ抵抗性および難裂莢性の白目系統である十系783号を母，中生の早でセンチュウ抵抗性の白目系統である十系780号を父として人工交配を行い，それ以降，選抜，固定を進めた系統である（図3-4-1）．

$F_1$個体は世代促進のため冬季温室において養成した．翌春$F_2$集団を十勝農試圃場に栽植し，早熟で着莢および草姿の良好な個体を選抜した．1992年に$F_3$集団の一部を早生，耐冷，多収な系統の選抜強化を目的に，北海道立北見農業試験場（以下「北見農試」と略す）に設置した現地選抜試験に供試し，$F_3$以降$F_8$まで系統育種法を主体に選抜，固定を進めた．北見農試の現地選抜では，熟期，着莢の良否，裂莢性に選抜の主眼をおき，$F_3$でガラス室裂莢検定，$F_4$以降は熱風乾燥処理法による裂莢性検定を繰り返し実施した．この間，十勝農試では$F_6$系統群によるセンチュウ抵抗性検定を実施し抵抗性の確認を行った．$F_8$で熟期が中生の早でセンチュウ抵抗性，難裂莢性の白目中粒系統に十系890号の系統名を付し，生産力検定予備試験および系統適応性検定試験に供した．その結果，低温抵抗性に優れ，基幹品種の中で最も早熟でありながら収量性が同等であった．よって，$F_9$以降十育233号の地方系統名で生産力検定試験，奨励品種決定基本および現地調査や各種の特性検定試験に供試した．その結果，2001年に北海道の奨励品種に採用されるとともに，農林水産省の新品種に認定され，ユキホマレ（だいず農林118号）と命名登録された．

（ii）**特性の概要** ユキホマレの長所の一つは，既存品種より早熟でコンバイン収穫適応性および密

表3-4-4 ユキホマレの裂莢率と最下着莢節位高

| 品種名 | 裂莢率(％) | 最下着莢節位高(cm) | |
|---|---|---|---|
| | | 標準 | 密植 |
| ユキホマレ | 14 | 16 | 19 |
| トヨコマチ | 91 | 21 | 21 |
| カリユタカ | 27 | — | — |

（注）1. 数値は，1998～2000年の3カ年の平均値
2. 裂莢率および最下着莢節位高の条件は，表3-4-1に同じ．

表3-4-5 ユキホマレの生育および収量

| 系統・品種名 | 成熟期(月日) | 倒伏程度 | 最下着莢節位高(cm) | 主茎長(cm) | 主茎節数 | 分枝数(/個体) | 莢数(/個体) | 全重(kg/a) | 子実重(kg/a) | 標準比(％) | 子実重率(％) | 百粒重(g) | 品質 |
|---|---|---|---|---|---|---|---|---|---|---|---|---|---|
| ユキホマレ | 9.25 | 無 | 13 | 62 | 10.5 | 1.8 | 31.9 | 62.3 | 39.8 | 114 | 64 | 36.5 | 2上 |
| カリユタカ | 10.3 | 微 | 15 | 73 | 11.5 | 1.3 | 33.1 | 58.2 | 34.8 | 100 | 60 | 31.4 | 1 |

（注）1. 試験場所は音更町．調査日は平成12年10月4日．
2. 生育および収量調査結果は，1区面積3.3 $m^2$における3反復の平均値である．

植栽培適応性に優れることである（表3-4-4，表3-4-5，表3-4-6）．中生の早の基幹品種トヨコマチより普及見込み地帯の平均で4日早熟でありながら標準栽培での子実重は同じく平均で同品種比105％とやや多収で（表3-4-7），カリユタカと同様に難裂莢性であり，密植栽培に伴う倒伏の発生が少なく，増収程度はトヨコマチ並からやや優っており，成熟後の茎水分の低下が早い．その他，既存品種に比べて複数の障害抵抗性を兼ね備えた複合抵抗性をもつことである（表3-4-8）．まず，低温抵抗性およびダイズシストセンチュウ抵抗性は"強"である．また，ダイズ茎疫病抵抗性は，"強/強（レース群Ⅰ/Ⅱ）"である．さらに，へそ周辺着色が強であり外観品質に優れている．一方，ユキホマ

表3-4-6　ユキホマレのコンバイン収穫試験

| 系統・品種名 | ユキホマレ | カリユタカ |
|---|---|---|
| 作業速度（m/s） | 0.58 | 0.59 |
| 刈り高さ（cm） | 4.1 | 4.1 |
| 落粒損失（％） | 0.1 | 0.3 |
| 落莢損失（％） | 0.1 | 0.2 |
| 枝落損失（％） | 0.1 | 0.2 |
| 刈残損失（％） | 0.0 | 0.0 |
| 頭部損失（％） | 0.3 | 0.7 |
| 脱穀選別部損失（％） | 0.8 | 0.5 |
| 総損失（％） | 1.1 | 1.2 |

（注）1. 試験場所は音更町．試験日は2000年10月11日．
2. 供試コンバインは，汎用型GC800（ローククロップ4条刈）．
3. 総損失は脱穀選別部損失と頭部損失の合計．

表3-4-7　ユキホマレの普及見込み地帯における試験成績（1999～2000年の平均）

| 普及見込地帯 | 系統名品種名 | 開花期（月日） | 成熟期（月日） | 倒伏程度 | 主茎長（cm） | 稔実莢数（莢/株） | 子実重（kg/a） | 対標準比（％） | 百粒重（g） | 品質 |
|---|---|---|---|---|---|---|---|---|---|---|
| Ⅰ | ユキホマレ | 7.24 | 9.20 | 0.2 | 59 | 60.5 | 33.1 | 106 | 30.7 | 2下 |
|   | トヨコマチ | 7.24 | 9.26 | 1.0 | 64 | 60.4 | 31.1 | 100 | 31.3 | 3上 |
| Ⅱ | ユキホマレ | 7.21 | 9.24 | 0.2 | 59 | 70.8 | 36.2 | 107 | 33.2 | 2中 |
|   | トヨコマチ | 7.21 | 9.27 | 0.6 | 63 | 67.6 | 33.8 | 100 | 33.3 | 2下 |
| Ⅲ | ユキホマレ | 7.18 | 9.23 | 0.1 | 60 | 71.6 | 37.5 | 110 | 34.4 | 2下 |
|   | トヨコマチ | 7.19 | 9.26 | 0.5 | 63 | 65.5 | 34.0 | 100 | 33.5 | 3上 |
| Ⅳ | ユキホマレ | 7.16 | 9.21 | 0.5 | 54 | 68.6 | 32.2 | 101 | 33.0 | 3中 |
|   | トヨコマチ | 7.16 | 9.25 | 0.9 | 57 | 69.0 | 31.8 | 100 | 32.3 | 3中 |

（注）試験箇所：Ⅰ（網走）8，Ⅱ（十勝，川上，留萌，後志）26，Ⅲ（十勝，川上，後志）10，Ⅳ（石狩，空知，胆振）18．

表3-4-8　コンバイン収穫向き品種の主な特性

|  | 品種名 | ユキホマレ | ハヤヒカリ | カリユタカ |
|---|---|---|---|---|
|  | 育成年 | 2001 | 1998 | 1991 |
|  | 成熟期群 | 中生の早 | 中生の早 | 中生 |
|  | へそ色 | 黄 | 暗褐 | 黄 |
|  | 粒大 | 中の大 | 中の大 | 中の大 |
| コンバイン収穫特性 | 裂莢の難易 | 難 | 難 | 難 |
|  | 最下着莢節位高（標準栽培） | 中 | 中 | 高 |
| 障害抵抗性 | 低温（耐冷性） | 強 | 強 | 中 |
|  | 臍周辺の着色 | 強 | − | 弱 |
|  | シスト線虫（レース3） | 強 | 弱 | 弱 |
|  | 茎疫病（レース群Ⅰ/同Ⅱ） | 強/強 | −/弱 | 弱/弱 |
|  | べと病 | 中 | − | − |
|  | ダイズわい化病 | 弱 | 弱 | 弱 |

（注）−印は検定試験ないし試作試験を実施していないことを示す．

レの短所は，既存品種同様にダイズわい化病抵抗性がないことである．

以上から，ユキホマレは早熟でありながら収量性を既存品種並に確保し，難裂莢性と早生化によるコンバイン収穫適性の向上およびダイズわい化病を除く各種障害抵抗性を兼ね備えた広域適応性の高い品種として白目中粒のトヨコマチ，カリユタカ，トヨホマレに代わって普及することが期待される．

**(3) 機械化適応性育種の今後課題**

1975年のコンバイン向き品種育成開始以来，1991年にカリユタカ，1998年にハヤヒカリ，2000年にユキホマレを育成した．しかし，コンバイン適性育種として残された課題もまだ多い．以下に，コンバイン適性育種の課題と今後の展開について紹介する．

ⅰ) **ダイズわい化病抵抗性の付与** 北海道のダイズ生産において深刻な障害となっているダイズわい化病[4]に対する抵抗性の付与がある．ダイズわい化病は，減収のみならず収穫期になっても青立ちで汚粒発生の原因となる．現状ではダイズわい化病の化学的防除が必要である．そのため，十勝農試では，白目品種を主体に，わい化病抵抗性で難裂莢性，シストセンチュウ抵抗性，低温抵抗性の複合化育種を進めている．

ⅱ) **熟期別裂莢性の程度** 熟期の遅い中生の品種は，成熟期から収穫期までの圃場乾燥期間が短く，コンバイン収穫時に未脱穀の莢が排出され脱穀選別部損失が多くなる場合もある．よって，中生種では高度な耐裂莢性は必ずしも必要ではなく中程度でも実用的である．しかし，秋季の天候が乾燥条件で推移する地帯や早熟品種の栽培地帯では，頭部損失を低減するため裂莢性程度は難が必須である．また，刈り取り時の衝撃が弱いロークロップ型ヘッドを装備したコンバイン[28]では，易裂莢性の品種でも低い頭部損失で収穫可能であるが，リール型のコンバインでは難裂莢性品種が必須である（表3-4-9）．

したがって，今後のコンバイン適性育種では，栽培地帯の気象条件や収穫体系に応じた裂莢性程度の設定が必要である．一方，中生

表3-4-9 収穫総損失（%）に及ぼす汎用コンバインの刈取部タイプと品種の裂莢性の違い

| 刈取部タイプ \ 品種名 | トヨムスメ（易） | カリユタカ（難） |
|---|---|---|
| ロークロップ | 1.3～2.8 (2.0) | 1.1～1.7 (1.4) |
| リール | 1.5～9.6 (5.3) | 1.6～4.3 (2.7) |

(注) 1. 数値は，十勝農試（平成7年）および帯広市太平（平成8～9年）における収穫総損失の範囲を示す．( )内は平均値を示す．
2. 供試コンバインは，汎用型CA 750．

表3-4-10 条播密植栽培における生育，収量調査成績（1989～1991年の平均）

| 品種名 | 処理区 | 莢数 (/個体) | 莢数 (/m²) | 子実重 (kg/a) | 主茎長 (cm) | 倒伏程度平均（範囲） | 最下着莢節位高 (cm) |
|---|---|---|---|---|---|---|---|
| カリユタカ | 標準 | 33.7 | 562 | 29.1 (100) | 66 | 0.5 (0.2 - 1.0) | 12.5 |
|  | 条播密植 | 19.6 | 654 | 32.8 (113) | 78 | 2.0 (2.0) | 20.3 |
| トヨムスメ | 標準 | 28.4 | 473 | 31.6 (100) | 58 | 0.1 (0 - 0.3) | 13.3 |
|  | 条播密植 | 17.8 | 593 | 35.2 (111) | 71 | 2.1 (0.7 - 3.3) | 17.5 |
| キタムスメ | 標準 | 31.7 | 529 | 31.8 (100) | 84 | 1.6 (0.8 - 2.0) | 15.1 |
|  | 条播密植 | 21.9 | 729 | 36.6 (115) | 95 | 2.5 (1.5 - 3.0) | 22.1 |

(注) 1. 倒伏程度は，0：無，1：少，2：中，3：多，4：甚である．
2. 栽植様式および栽植密度は，標準が畦幅60 cm，株間20 cm，1株2本立，1,667本/a，条播密植が畦幅60 cm，株間5.0 cm，1株1本立，3,333本/aである．
3. 最下着莢節位高は1990～1991年の平均値

表 3-4-11 主要品種の密植適性とコンバイン収穫適性の評価（1998年）

| 品種名 | 密植適性 | | | コンバイン収穫適性 | | | | | |
|---|---|---|---|---|---|---|---|---|---|
| | 増収率(%) | 倒伏程度 | 評価 | 密植での栽培特性 | | | 生態的特性 | | 評価 |
| | | | | 倒伏程度 | 最下着莢節位高(cm) | 主茎莢率(%) | 裂莢の難易 | 成熟期(月日) | |
| トヨスズメ | 113 | 1.6 | 中 | 1.6 | 17 | 79 | 易 | 10.8 | 中 |
| トヨコマチ | 117 | 1.2 | 高 | 1.2 | 22 | 76 | 易 | 10.2 | 中 |
| カリユタカ | 109 | 0.7 | 中 | 0.7 | 19 | 68 | 難 | 10.5 | 高 |
| トヨホマレ | 108 | 0.9 | 中 | 0.9 | 21 | 86 | 易 | 10.6 | 中 |
| キタムスメ | 112 | 2.1 | 中 | 2.1 | 20 | 87 | 易 | 10.8 | 低 |
| スズヒメ | 104 | 1.6 | 低 | 1.6 | 17 | 72 | 中 | 9.30 | 中 |

（注）1. 数値は，点播密植（畦幅60 cm×株間10 cm×1株2本立，3,333本/a）と条播密植（畦幅60 cm×株間5 cm×1株1本立，3,333本/a）を含めた1995～1997年の平均．
2. 増収率は，標準栽培（畦幅60 cm×株間20 cm×1株2本立，1,667本/a）に対する比を示す．

種の裂莢性選抜基準の緩和により，裂莢性が中程度で大粒の品種育成が容易となるであろう．

iii）早生化および茎重率低下　ダイズのコンバイン収穫適期は，汚粒発生の少ない茎水分40～30％の頃とされる．十勝地方の平年では成熟後2週間前後にこの時期に達し，中生の早の品種では10月中旬頃である．しかし，道央・上川地方では10月中旬以降天候不順となるため[23]，コンバインの収穫期間を拡大し稼働効率を向上するためには中生の早よりさらに早熟な早生の晩（9月中旬）の品種が必要である．

一方，同じ熟期群でも茎水分低下に，年次・品種間差異が認められる[13]．成熟後の茎水分低下は，成熟期の茎重率と相関がある[15]．この茎重率はシンク・ソースバランスであることから，低温抵抗性の強化や収量性の向上などにより茎重率を下げることが可能と思われる．

以上から，早生化と茎重率の低下は，コンバイン適性向上に有効と考えられる．実際にハヤヒカリやユキホマレは，比較品種より早熟で，成熟期の茎重率も低く，茎水分の低下が速いことが確認されている（図3-4-2，図3-4-3）．

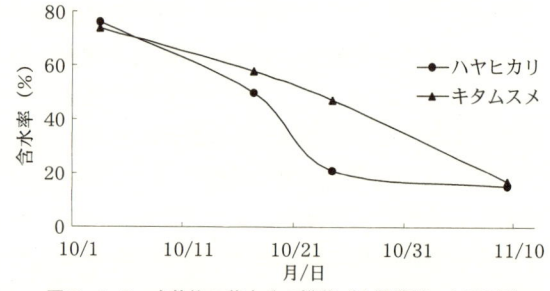

図 3-4-2 成熟後の茎水分の推移（十勝農試，1996年）

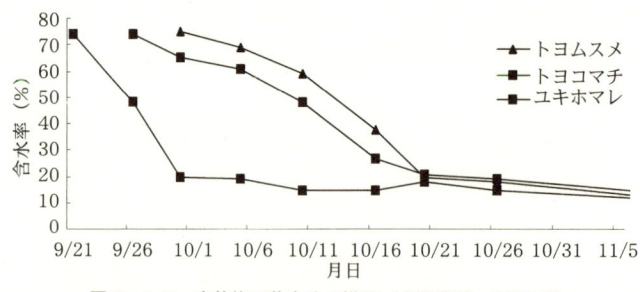

図 3-4-3 成熟後の茎水分の推移（十勝農試，2000年）

iv）普通型コンバイン収穫向き密植多収品種の育成　これまで，コンバイン適性育種と並行してコンバイン収穫を前提とする条播密植栽培（北海道指導参考事項，1992）[16,26]や狭畦幅密植栽培（同1996）[27]の検討を行い，10％程度の増収効果に加え，最下着莢節位高が高まり，収穫損失が軽減されるなどコンバイン収穫適性が向上することを認め（表3-4-10），さらに基幹品種の密植栽培適性とコンバイン収穫適性を評価した（同1998）（表3-4-11）[28]．これらにより収穫作業の省力化

表 3-4-12 草型を異にする品種・系統の密植栽培試験成績（十勝農試）

| 系統名<br>品種名<br>(特性) | 処理 | 倒伏程度 | 分枝数 | 莢数/m² | 主茎莢率 | 子実重<br>kg/a | 対標準比 | 子実重率 | 百粒重<br>(a) |
|---|---|---|---|---|---|---|---|---|---|
| 1999年 | | | | | | | | | |
| 十系907号<br>(円葉主茎) | 標準 | 0.0 | 1.5 | 539 | 72 | 38.5 | － | 63 | 39.9 |
| | 密植 | 0.0 | 0.3 | 662 | 100 | 49.4 | 128 | 62 | 41.4 |
| トヨコマチ<br>(標準品種) | 標準 | 0.2 | 2.1 | 543 | 62 | 37.0 | － | 60 | 37.2 |
| | 密植 | 2.0 | 1.7 | 673 | 75 | 41.6 | 112 | 56 | 35.7 |
| 2000年 | | | | | | | | | |
| 十系907号<br>(円葉主茎) | 標準 | 0.0 | 1.3 | 522 | 78 | 43.8 | － | 66 | 41.1 |
| | 密植 | 2.3 | 0.4 | 642 | 98 | 54.0 | 123 | 65 | 42.8 |
| トヨコマチ<br>(標準品種) | 標準 | 1.2 | 2.6 | 498 | 61 | 42.1 | － | 63 | 40.5 |
| | 密植 | 4.0 | 2.2 | 506 | 57 | 38.6 | 92 | 59 | 39.8 |

(注) 栽植様式および栽植密度は，標準が畦幅60 cm，株間20 cm，1株2本立，1,667本/a，密植が畦幅60 cm，株間10 cm，1株2本立，3,333本/aである。

表 3-4-13 現地試験における生育および収量（芽室町，2000年）

| 系統・品種名 | 栽植密度(本/10a) | 畦幅(cm) | 成熟期 | 倒伏程度 | 主茎長(cm) | 分枝数(本/個) | 莢数(莢/m²) | 主茎莢率 | 全重(kg/10a) | 子実重(kg/10a) | トヨムスメ比 | 子実重率 | 百粒重(g) | 最下着莢節位高 |
|---|---|---|---|---|---|---|---|---|---|---|---|---|---|---|
| 十系907号 | 32,800 | 50 | 9/27 | 0.5 | 77 | 0.1 | 715 | 100 | 667 | 419 | 113 | 63 | 40.1 | 21.7 |
| トヨムスメ | 31,067 | 50 | 10/1 | 2.5 | 72 | 0.9 | 723 | 90 | 631 | 372 | 100 | 59 | 38.8 | 16.6 |

は進展したが，収量性が依然不十分なため大幅な生産コストの低下になっていない．これは，これまでのコンバイン適性育種が，慣行栽培を前提に難裂莢性を主体として最下着莢高や耐倒伏性など収穫損失の低減に重点を置いたためであり，コンバイン収穫を前提とする密植適性の高い品種育成ではなかったためといえる．一方，主流の汎用型コンバインや最近導入されたマメ専用コンバインの作業能率は，それぞれ 0.5 ha/h および 0.2 ha/h であり[5]，コムギ収穫用として既に普及されている普通型コンバインの作業能率 1.73 ha/h [24] に比べてかなり低い．普通型コンバインのダイズ収穫への適用には技術的な課題が若干残るが[21]，最近になり頭部損失の発生が汎用型コンバイン並に少ない新型のリール型ヘッドが開発され導入が検討されている．

そこで，北海道東部地域の大規模畑作専業地帯に適した普通型コンバイン収穫を前提とする密植多収草型品種の育種を 1995 年より開始した．具体的な改良形質として従来の難裂莢性，最下着莢高，耐倒伏性に加え，早熟化と茎重率低下および密植適性の向上を目的とした．まず，報告[7]やこれまでの密植栽培試験[14]からカリユタカなどの分枝型品種に比べ分枝の少ない主茎型の十系758号が密植栽培での増収効果が大きいことから，分枝型から主茎型への草型改良にポイントをおいた交配・選抜を進めた．1999年に白目大粒，耐倒伏性，裂莢性中の主茎型系統十系907号を育成し，密植栽培試験および現地圃場でのコンバイン収穫試験に供試した．その結果，十系907号は，密植栽培での倒伏が少なく増収効果が 20 % 以上と優れた（表 3-4-12，表 3-4-13.）[17]．また，コンバイン収穫適性では，総損失 8.2 % とやや多いが，比較の分枝型品種トヨムスメの 24.2 % より少なかった．総損失内訳では，最下着莢節位高に関連する刈残損失，主茎・分枝型に関連する枝落損失および裂莢の難易に関連する落粒損失に品種間差がみられた（表 3-4-14）．

以上から，十系907号は，主茎型で成熟期が比較的早く密植適性が高い，さらに裂莢性が中で，最

表 3-4-14 普通型コンバインによる収穫試験（芽室町，2000 年）

| 系統・品種名 | 作業速度 (m/s) | 刈取部損失 (%) | | | | | 選別部損失 (%) | 総損失 (%) | 収穫時水分 (%) | | |
|---|---|---|---|---|---|---|---|---|---|---|---|
| | | 刈残 | 落莢 | 枝落 | 落粒 | 小計 | | | 茎 | 莢 | 子実 |
| 十系907号 | 1.76 | 0.0 | 0.7 | 0.2 | 6.9 | 7.8 | 0.4 | 8.2 | 14 | 10 | 12 |
| トヨムスメ | 1.72 | 1.4 | 0.3 | 2.0 | 20.3 | 24.0 | 0.2 | 24.2 | 48 | 11 | 12 |

（注）試験実施日は2000年10月19日.

下着莢節位が高く，分枝数も少なく，普通型コンバイン適性が高いことが示された．さらに，同系統は白目大粒で開花期後の低温によるへそおよびへそ周辺着色抵抗性が極めて強く，外観品質に優れることから十育237号の地方番号を付した（2002年）．今後，有望系統として品種化および普通型コンバイン導入による高能率・低コスト収穫体系の実用化を検討する予定である．さらに，これらを基盤に狭畦密植栽培や不耕起栽培への発展が期待される．

（4）まとめ

ダイズのコンバイン収穫に重要な特性は，難裂莢性，耐倒伏性，最下着莢節位が高いこと，密植適応性に優れること，登熟が均一で茎水分の低下が速いことなどがあげられる[6]．その中で，主にコンバイン収穫時の衝撃による落粒損失を軽減する難裂莢性を重点に，耐倒伏性と最下着莢節位高[18]の改良を中心に進めてきた．そして，難裂莢性因子を導入したカリユタカ，ハヤヒカリ，ユキホマレが育成された．また，汎用コンバインによる収穫を前提とした条播密植栽培と機械除草を導入した省力機械化栽培体系が普及し省力化が実現された．

今後のコンバイン適性育種では，ダイズわい化病抵抗性を付与した複合障害抵抗性の向上のほか，より一段高い省力化と高能率化が可能な普通型コンバイン収穫に対応した主茎型で密植適性の高い品種の開発が課題である．

（田中　義則）

## 引用文献

1) 土屋武彦．"2. ダイズの機械化適応性育種"．わが国におけるマメ類の育種．小島睦男編．285-308（1987）
2) Bernard, R. L.. Two genes affecting stem termination in soybeans. Crop Sci., 12, 235-239 (1972)
3) Tsuchiya, T. Physiological and genetic analysis of pod shattering in soybeans. JARQ., 21, 166-175 (1987)
4) 玉田哲男．ダイズ矮化病に関する研究．北海道立農業試験場報告．25, 144 p. (1975)
5) 原　令幸・竹中秀行・関口健二・原　圭祐・玉木哲夫．大豆のコンバイン収穫と汚粒防止対策．北海道立農試集報．80, 45-54 (2001)
6) 後藤寛治．畑作物の機械化栽培と育種．育種学最近の進歩．7, 77-83 (1966)
7) 国分牧衛．大豆のIdeotypeの設計と検証．東北農試報．77, 77-142 (1988)
8) 佐々木紘一・砂田喜與志・紙谷元一・伊藤　武・酒井真次・土屋武彦・白井和栄・湯本節三・三分一敬．だいず新品種「トヨコマチ」の育成について．北海道立農試集報．60, 45-58 (1990)
9) 佐々木紘一・砂田喜與志・土屋武彦・酒井真次・紙谷元一・伊藤　武・三分一敬．だいず新品種「トヨムスメ」の育成について．北海道立農試集報．57, 1-12 (1988)
10) 砂田喜與志・佐々木紘一・三分一敬・酒井真次・土屋武彦・斉藤正隆．だいず新品種「ヒメユタカ」の育成

について．北海道立農試集報．38, 62-72 (1977)
11) 砂田喜與志・三分一敬・土屋武彦・酒井真次・紙谷元一・後木利三・谷村吉光・松川　勲・佐々木紘一．だいず新品種「キタホマレ」の育成について．北海道立農試集報．45, 79-88 (1981)
12) 田中義則・土屋武彦・佐々木紘一・白井和栄・湯本節三・紙谷元一・冨田謙一・伊藤　武・酒井真次・砂田喜與志．ダイズ新品種「カリユタカ」の育成について．北海道立農試集報．65, 29-43 (1993)
13) 田中義則・土屋武彦．ダイズの収穫期における茎水分低下に関する年次及び品種間差異．日本育種・作物学会北海道談話会会報．31, 61-62 (1991)
14) 田中義則・松川　勲．ダイズの草型，畦幅および栽植密度が収量および収量構成要素に及ぼす影響．日作紀．64(1), 30-31 (1995)
15) 田中義則・湯本節三．ダイズの摘莢処理が成熟後の茎水分低下に及ぼす影響．日本育種・作物学会北海道談話会報．41, 111-112 (2000)
16) 田中義則・湯本節三・土屋武彦．ダイズの条播密植栽培が収量及び機械収穫適性に及ぼす影響．育作道会報．33, 92-93 (1992)
17) 田中義則・湯本節三．ダイズの密植栽培における主茎型及び早生系統の収量反応．育作道会報．42, 157-158 (2001)
18) 土屋武彦・砂田喜與志．大豆品種の最下着莢位置と主要形質との関係．北海道立農試集報．40, 1-9 (1978)
19) 土屋武彦．ダイズの耐裂莢性に関する育種学的研究．北海道立農業試験場報告 58. 53 p. (1986)
20) 湯本節三・田中義則・黒崎英樹・山崎敬之・鈴木千賀・松川　勲・土屋武彦・白井和栄・冨田謙一・佐々木紘一・紙谷元一・伊藤　武・酒井真次・角田征仁．ダイズ新品種「ハヤヒカリ」の育成について．北海道立農試集報．78, 19-37 (2000)
21) 白旗雅樹・山島由光・桃野　寛．大型コンバインの大豆収穫への適応技術．北農．62(2), 56-60 (1995)
22) 番場宏治・谷村吉光・松川　勲・後木利三・森　義雄・千葉一美．だいず新品種「ツルコガネ」の育成について．北海道立農試集報．52, 53-64 (1985)
23) 北海道農政部編．道産豆類地帯別栽培指針．北海道農政部．21-23 (1994)
24) 北海道農政部編．農業機械導入計画策定の手引き．北海道農政部．39-111 (1999)
25) 北海道立十勝農試．大豆保存品種，系統の来歴および特性．十勝農試資料 11. 58 p. (1988)
26) 北海道立十勝農試．大豆の条播密植栽培とコンバイン収穫．平成3年度北海道農業試験会議成績資料．1-34 p. (1992)
27) 北海道立十勝農試．大豆狭畦幅密植栽培の問題点と省力機械化栽培の可能性．平成7年度北海道農業試験会議成績資料．28 p. (1996)
28) 北海道立十勝農試．主要大豆品種の密植およびコンバイン収穫適性と茎水分低下特性．平成10年度北海道農業試験会議成績資料．24 p. (1998)
29) 北海道立十勝農試．新品種決定に関する参考成績書 だいず十育233号．平成12年度北海道農業試験会議成績資料．79 p. (2000)

## 2）　機械化適応性育種（寒冷地）

### (1) 緒　言

　ダイズ栽培で，播種・中耕・除草等が機械化され，機械化が遅れている収穫・脱穀作業が1980年代後半以降最も労力を要する作業となっている[8]．一方，新しい食料・農業・農村基本法のなかで，ダイズが本作作物と位置付けられ，増産による自給率向上を推進している．これにより，ダイズ作

の集団化が進められているが，その際にはコンバイン収穫が必須となる．これらの情勢から，北海道に比べて収穫作業の機械化が進んでいない寒冷地（東北・北陸）でも，コンバイン収穫が普及しつつある．

　コンバイン収穫で求められる品種特性としては，耐倒伏性，最下着莢位置が高いこと，裂莢しにくいこと，登熟が斉一なことがあげられる[1,2,3,7,13]．1988年に東北農業試験場で育成したタチユタカは，コンバイン収穫適性を目標にした組合せではなかったが，耐倒伏性が優れ難裂莢性であることからコンバイン収穫適性の高い品種である．秋田県・山形県で奨励品種に採用されたが，収量性・粒大を含めた品質面の問題から，広く普及するには至っていない．東北農業試験場では，古くからダイズシストセンチュウ抵抗性を主要育種目標として掲げ，下田不知，ネマシラズをその抵抗性母本として使ってきたため，ほとんどの育成品種がこれらの品種を遺伝背景に持つ．そのため，最下着莢位置が低く，分枝が細長くやや開き，数もやや多いという，ネマシラズの草型の特徴を引き継いでいるものが多い．このような草型は，多収性を発揮するには有利であるが，コンバイン収穫には不向きである．

　1993年の大冷害を受けた水田転換畑の復田政策によるダイズ栽培面積の急減後，水田転換ダイズの集団化・ブロックローテーション化が進められる中で，寒冷地においても，ダイズの収穫はコンバインで行うのが常識になりつつある．そこで，東北農業試験場でも，1996年以後，「機械化適性・多収良質品種の育成」をプロジェクト研究の中で課題化し，タチナガハやタチユタカなどのコンバイン収穫適性品種を交配母本に用いて，良質・多収のコンバイン収穫適性品種の育成に取り組み始めた．この課題の中では，特に耐倒伏性と最下着莢位置に着目しながら，実用的な品種の育成を目指している．本章では，その中で得られた成果を中心にこれまでの育成状況を述べる．

(2) 耐倒伏性の簡易検定法

　ダイズの倒伏には大きく分けて，地際から傾く型（ころび型倒伏）と主茎中位から曲がる型（屈曲型倒伏）がある．屈曲型倒伏は，子実肥大期に莢実と葉の重さに主茎が耐え切れずに屈曲するもので，主茎下部が大きく傾いていない限り，成熟期に近づいて落葉が進み，莢実の水分が低下して個体上部の重量が減少するにつれて回復することが多い．一方，ころび型倒伏は，地上部が倒れようとする力（モーメント）を根系が支えきれなかったときに起こるもので，いったん倒伏すると回復しない．コンバイン収穫の際に，より大きなロスにつながるのはころび型倒伏である．

　従来，ダイズの耐倒伏性の検定・選抜は，圃場での倒伏の発生程度の観察により行われてきた．しかし，倒伏は気象条件等により必ず発生するとは限らないし，逆に，品種・系統間差なくほとんどすべて倒伏してしまうことも少なくない．このため，年次により検定・選抜ができない場合も少なくなかった．そこで，より確実に耐倒伏性を検定できる簡易な方法が望ましい．本試験では，無培土・密植栽培により倒伏を助長する方法と，倒伏程度によらない耐倒伏性の検定法として，水稲やトウモロコシで用いられている押し（引き）倒し抵抗の測定による方法の適用を検討した．

i) 無培土・密植栽培による倒伏の助長

（i）材料および方法　従来の試験結果から耐倒伏性が異なると考えられる約25品種・系統を供試した．1997年および1998年に，大曲市にある東北農試水田利用部の水田転換畑標準密度（75 cm × 6 cm 2本立）で培土栽培，刈和野試験地の普通畑で，標準密度（75 cm × 12 cm 2本立），および，倍密度（75 cm × 6 cm 2本立）で無培土栽培を行い，成熟期における倒伏程度を調査した．水田転換畑では毎年倒伏程度が大きくなる傾向があるため，普通畑での無培土栽培の倒伏程度を水田転換畑でのそれと比較することにより，耐倒伏性検定法としての効果を検討した．

（ii）結果　無培土栽培では，慣行の培土栽培に比べて2カ年とも倒伏程度が大きくなった．特に，

4. 機械化適性育種　（157）

表 3-4-15　無培土栽培と転換畑での倒伏程度

| 年次 | 供試品種系統数 | 倒伏程度 | | | | | | | | 無培土栽培と転換畑との相関係数 | |
|---|---|---|---|---|---|---|---|---|---|---|---|
| | | 培土標植 | | 無培土標植 | | 無培土密植 | | 転換畑 | | | |
| | | 平均 | レンジ | 平均 | レンジ | 平均 | レンジ | 平均 | レンジ | 標植 | 密植 |
| 1997 | 27 | 0.2 | 0 – 1.0 | 0.9 | 0 – 2.5 | 1.1 | 0 – 2.5 | 1.3 | 0 – 3.7 | 0.54 | 0.73 |
| 1998 | 22 | 1.1 | 0 – 3.0 | 2.9 | 0.5 – 4.5 | 3.0 | 1.5 – 4.5 | 2.9 | 0.7 – 5.0 | 0.51 | 0.54 |

（注）1. 標植は株間 12 cm，密植は 6 cm，1 本立．転換畑は 16 cm，2 本立で培土あり．畦幅は 75 cm
　　　2. 倒伏程度は観察により 0：無～5：甚の 5 段階評価．

1997 年は倒伏の少ない年で，慣行培土栽培では倒伏程度のレンジが 0～1.0 と非常に狭かったが，無培土栽培により 0～2.5 にレンジが広がり，より品種・系統間差が判定しやすくなった．また，無培土栽培と水田転換畑での倒伏程度との相関係数は，標準密度より密植のほうが高かった（表 3-4-17）.

　ii) 押倒し抵抗測定による検定法
　(i) 材料および方法　力量計（丸菱科学製 PGD-5）を用いて，ダイズ個体を地表から 10 cm の高さで垂軸に対し 45°の角度まで押倒すのに必要な最大の力を測定し（図 3-4-4），地上部自重モーメント（地上部生重×重心高）/押倒し抵抗モーメント（押倒し抵抗×押高さ）（以下「押倒しモーメント比」と略す）と実際の倒伏程度から，耐倒伏性検定法としての有効性を検討した．

　耐倒伏性の評価が"強"のタチナガハおよびタチユタカ，"中"のエンレイ，"弱"のスズユタカ，ネマシラズの 5 品種を供試し，1998 年には 7 月から 8 月にかけて 6 回調査した．1999 年は 1998 年と同じ 5 品種を供試し，7 月中旬から 8 月中旬に 5 回調査した．3 カ年とも，畦幅 75 cm，株間 12 cm，1 本立の栽植密度で，無培土栽培，3 反復で実施した．

　(ii) 結果　1998 年には，7 月上旬から約 10 日毎に 6 回の調査を実施した．しかし，第 5 回の 8 月 25 日以降は倒伏する個体が多くなり，測定が困難になった．耐倒伏性の異なる品種間には，押倒しモーメント比に差が認められ，耐倒伏性が弱いネマシラズのモーメント比が特に大きいことがわかった（図 3-4-5）.

図 3-4-4　力量計による押倒し抵抗値の測定

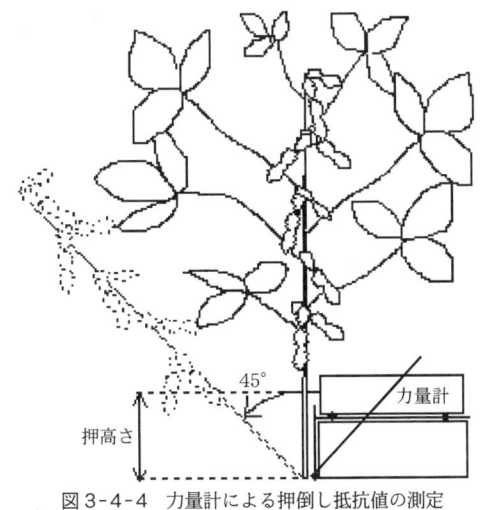

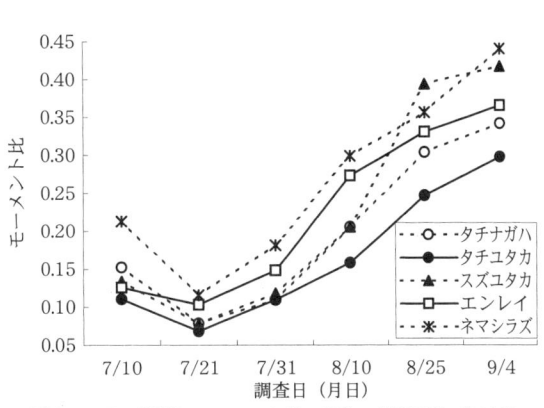

図 3-4-5　押倒しモーメント比の推移の品種間差（1998）

1999年には，7月中旬から8月中旬に調査を実施した．耐倒伏性が強いタチナガハとタチユタカは，1998年の結果と同様，モーメント比が小さかった（図3-4-6）．倒伏程度との相関は，7月下旬調査で5%水準の，8月上旬以降の調査では1%水準の有意性が認められた．

2カ年の試験結果から，押倒しモーメント比は耐倒伏性の指標として用いることが可能であり，調査適期は，倒伏程度との相関が高く，倒伏個体が多くなる可能性が低い8月上旬～中旬であると考えられた．

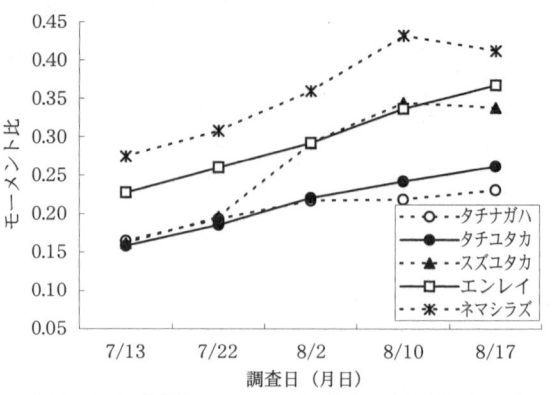

図3-4-6 押倒しモーメント比の推移の品種間差（1999）

(iii) **考察** 寒冷地でのダイズ栽培では，倒伏防止と雑草抑制を兼ねて培土を実施するのが普通である．しかし，培土は，コンバイン収穫の際に土を巻き込んで汚粒発生を助長するため，無培土で栽培できる耐倒伏性品種が望まれている．その意味で，無培土栽培による耐倒伏性の検定は理にかなっている．しかし，無培土栽培でも検定に適した倒伏となる条件が毎年得られるとは限らない．そこで，密植によりさらに倒伏を助長した試験区を設け，倒伏しやすい水田転換畑圃場での倒伏程度と相関の高い品種・系統間差を再現することができた．無培土密植栽培は倒伏を助長し，耐倒伏性の検定方法として有効な手段の一つである．しかし，品種・系統によっては，密植すると分枝が少なくなるなど草型が変化し，必ずしも倒伏程度が大きくならないものもあった．したがって，密植栽培向きの品種を選抜する場合には有効な検定方法といえるが，そうでない場合には，無培土密植栽培による耐倒伏性の検定結果が，標準密度栽培での耐倒伏性と一致しない場合もあることに留意する必要がある．

ころび型倒伏に対する耐倒伏性を検定する手法として，水稲では株の下部を押倒すのに必要な抵抗力[11,12]を，トウモロコシでは主茎を引倒すのに必要な抵抗力を測定する方法[4,5]が考案され，これを指標にした耐倒伏性の選抜効果が高いことも報告されている[9]．これらの抵抗力は，生育量が大きいほど測定値が大きくなるため，生育の個体間差が非常に大きいダイズでは，抵抗力だけを単純に耐倒伏性の指標とすることはできない．そこで，本研究では，水稲で使われる"倒伏指数"[12]，すなわち地上部の大きさの倒伏に対する抵抗力に対する比を適用することとし，"押倒しモーメント比"と呼ぶこととした．抵抗力の測定は，主茎の屈曲が起こらない低い位置で，一定の高さからずれることなく倒し続けることができる押倒し抵抗測定装置を作成して（図3-4-4），45°の角度まで押倒す間の最大応力とした．

試験の結果，従来耐倒伏性が強いとされてきたタチユタカ，タチナガハと，弱いとされてきたスズユタカ，ネマシラズ等との間には，安定して押倒しモーメント比の差が認められ，ダイズでも本指標により耐倒伏性が評価できることが確認された．また，測定時期としては実際の倒伏が発生する前のできるだけ遅い時期，実用的には8月上中旬が望ましいことがわかった．

これにより，実際の倒伏発生の有無に関わらず，耐倒伏性の検定・選抜が可能となるが，押倒し抵抗力は土壌硬度に影響される[11]ため，土壌物理条件ができるだけ均一な圃場を選定することが重要である．また，異なる圃場間や年次間のデータを直接比較することは無理で，必ず標準となる品種を供試して比較する必要がある．

## （3）裂莢性検定法

裂莢性の簡易検定法としては，土屋らによる詳細な試験結果をもとに，熱風乾燥処理法が一般的に用いられている[15]．その際の裂莢程度は，処理温度と時間により左右されるため，寒冷地向き品種の裂莢性の品種間差が明瞭となる温度と時間を検討した．また，初期世代での個体選抜を行うためには，裂莢検定に供試した莢の種子を，そのまま次代の個体・系統養成に利用する必要がある．そこで，裂莢性検定に有効な熱風乾燥処理温度・時間の検討とあわせて，処理後の種子の発芽能力も検討した．

（i）**材料および方法** 1996年に，東北地方の推奨品種を中心とする14品種を，東北農試刈和野試験地の普通畑標準播種（5月26日播種，75 cm×16 cm，2本立）栽培した株から，11月11日に莢を採取し供試した．熱風乾燥処理は，大型通風乾燥器を用いて，40℃3時間と6時間，50℃3時間と6時間，60℃3時間の5処理．各処理とも，トタン製のカルトンに50莢をひろげ，所定の処理後，一晩乾燥器内で放置して裂莢率を調査した．このうち7品種については，無処理の種子とともに熱風乾燥処理後の種子を，ろ紙を敷いたシャーレ内で各50粒ずつ，25℃10日間における発芽率を調査した．

1998年には，1996年に供試した品種のうち11品種を2反復で供試して，同様に栽培した株から成熟期に莢を採取し，ナイロン製のネットに入れて約3週間，戸外の雨のあたらない日陰で風乾後，40℃6時間，50℃3時間，60℃3時間の3処理で裂莢率を調査した．

（ii）**結果** 1996年の裂莢率調査結果（表3-4-16）について，供試品種の平均値でみると，3時間処理では40℃＜50℃＜60℃の順に温度が高いほど裂莢率は大きくなった．また，同じ40℃，50℃の中では，3時間処理に比べて6時間処理で約2倍の裂莢率となった．各品種について，既往の評価と本試験での裂莢率を比較すると，"難"のタチユタカでは裂莢率が小さく，"易"のワセシロゲで高く，両者は一致した．その他の品種はすべて既往の評価は"中"であるが，一部の品種はタチユタカ並みの裂莢率であった．処理別で多少傾向が異なったが，40℃6時間処理で最も品種間差が顕著に表れた．

表 3-4-16　熱風乾燥処理の温度・時間と裂莢率（%）（1996）

| 品種名 | 処理（温度－時間） | | | | | 平均 | 既往の評価 |
| --- | --- | --- | --- | --- | --- | --- | --- |
| | 40－3 | 40－6 | 50－3 | 50－6 | 60－3 | | |
| ワセスズナリ | 32 | 64 | 28 | 77 | 74 | 55 | 中 |
| ワセシロゲ | 48 | 89 | 79 | 96 | 100 | 82 | 易 |
| ライデン | 11 | 29 | 35 | 58 | 66 | 40 | 中 |
| トモユタカ | 4 | 5 | 10 | 26 | 39 | 17 | 中 |
| リュウホウ | 4 | 11 | 6 | 51 | 56 | 26 | 中 |
| スズカリ | 10 | 36 | 20 | 63 | 6 | 39 | 中 |
| ナンブシロメ | 3 | 10 | 11 | 29 | 33 | 17 | 中 |
| オクシロメ | 0 | 1 | 4 | 28 | 34 | 13 | 中 |
| エンレイ | 13 | 31 | 23 | 61 | 76 | 41 | 中 |
| スズユタカ | 4 | 34 | 9 | 49 | 49 | 29 | 中 |
| タイレイ | 0 | 10 | 0 | 38 | 41 | 18 | 中 |
| タチユタカ | 1 | 13 | 8 | 34 | 29 | 17 | 難 |
| 鈴の音 | 30 | 48 | 56 | 66 | 90 | 58 | 中 |
| コスズ | 18 | 48 | 41 | 81 | 90 | 56 | 中 |
| 平均 | 13 | 31 | 24 | 54 | 36 | 36 | |
| 標準偏差 | 14.5 | 25.0 | 22.6 | 21.8 | 20.6 | 20.6 | |

一方，発芽率調査結果（表3-4-17）をみると，熱風乾燥処理した種子の発芽率は無処理の種子の発芽率に比較して，ワセシロゲで50℃6時間処理により著しく低下し，60℃3時間処理でもやや低下した．他の品種では，いずれの処理でも無処理の種子と遜色のない発芽率であった．

表3-4-17 熱風乾燥処理の温度・時間と発芽率（％）

| 品種名 | 対照（無処理） | 処理（温度−時間） | | | | | 平均 |
|---|---|---|---|---|---|---|---|
| | | 40−3 | 40−6 | 50−3 | 50−6 | 60−3 | |
| ワセシロゲ | 98 | 98 | 88 | 100 | 54 | 76 | 83 |
| リュウホウ | 100 | 98 | 100 | 96 | 96 | 100 | 98 |
| スズカリ | 98 | 100 | 94 | 94 | 96 | 92 | 95 |
| スズユタカ | 98 | 94 | 92 | 96 | 98 | 98 | 96 |
| タチユタカ | 100 | 100 | 100 | 100 | 100 | 100 | 100 |
| 鈴の音 | 98 | 98 | 100 | 100 | 98 | 98 | 99 |
| コスズ | 100 | 98 | 100 | 100 | 100 | 98 | 99 |
| 平均 | 99 | 98 | 96 | 98 | 92 | 95 | 96 |

1996年の裂莢率調査では，11月11日に全品種一斉に莢を採取したことから，成熟期の早晩により圃場で放置された期間が著しく異なり，調査時点の莢実水分や莢の痛み具合に差があったと考えられる．そこで，1998年には，莢の採取を成熟期に行い，その3週間後に熱風乾燥処理を行うことで，できるだけ処理時点での莢の状態をそろえるよう配慮して調査を行った．処理は，1996年の試験で全体的に裂莢率が低かった40℃3時間と，発芽に悪影響を与える可能性が示唆された50℃6時間の2処理を除く3処理を実施した．その結果，40℃6時間処理で

表3-4-18 熱風乾燥処理の温度・時間と裂莢率（％）（1998）

| 品種名 | 処理（温度−時間） | | | 平均 | 既往の評価 |
|---|---|---|---|---|---|
| | 40−6 | 50−3 | 60−3 | | |
| ワセシロゲ | 88 | 82 | 100 | 90 | 易 |
| トモユタカ | 3 | 5 | 25 | 11 | 中 |
| リュウホウ | 10 | 17 | 67 | 31 | 中 |
| スズカリ | 6 | 11 | 28 | 15 | 中 |
| ナンブシロメ | 0 | 2 | 11 | 4 | 中 |
| オクシロメ | 0 | 1 | 8 | 3 | 中 |
| エンレイ | 8 | 17 | 60 | 28 | 中 |
| スズユタカ | 3 | 2 | 29 | 11 | 中 |
| タチユタカ | 0 | 0 | 0 | 0 | 難 |
| 鈴の音 | 10 | 24 | 75 | 36 | 中 |
| コスズ | 5 | 12 | 57 | 25 | 中 |
| 平均 | 12 | 16 | 42 | | |
| 標準偏差 | 25.5 | 23.4 | 31.9 | | |

は裂莢性"難"のタチユタカとその他の"中"の品種の区別が困難であり，最も品種間差が顕著に表れたのは60℃3時間処理であった（表3-4-18）．しかし，それでも"中"の品種間でかなり裂莢率に差が認められた．

　iii）考察　裂莢性の検定方法としては，土屋により60℃3時間の熱風乾燥処理の有効性が示されている．また，裂莢性に関する遺伝子は1〜4対で遺伝率もかなり高く，初期世代からの選抜が可能であるとされる[15]．初期世代で個体選抜するためには，熱風乾燥処理した種子を次代の種子として利用する必要がある．そこで，出芽に影響を与えない範囲で最適な裂莢性検定の条件を探る目的で，乾燥処理の温度と時間を変え，処理後の発芽率を調査した．発芽率はいずれの処理でもほとんどの品種で問題なかったが，50℃6時間または60℃3時間処理で出芽率の低下する品種が認められた．一方，裂莢率は60℃3時間処理が最も高くなるが，品種間差が大きくなる条件は，試験を実施した1996年と1998年では異なった．これは，収穫時の莢実水分や莢の傷み具合，あるいは，成熟期後乾燥処理までの供試莢の扱いの違いによると考えられるが，高い検定精度を求める場合には，一つの処理条件だけで実施するのではなく，2〜3の条件で処理を行い，最も品種・系統間差が大きくなる処理条件の結果から判定するのが良いと思われる．難裂莢性の選抜では，裂莢性"強"を求める場合は60℃3時間処理で，"中"以上を求める場合は50℃3時間処理で，ほとんど裂莢しないものを選抜すればよい．発芽率は，最も低くなる60℃3時間処理でも70％程度で，次代の種子としての

使用には問題ない．

### （4）着莢位置

コンバイン収穫での刈高さは，低すぎると土を巻き込んで汚粒の原因となるため，地表面から10～15 cm 以上が必要とされる[6,7,10,14,16,18]．刈高さより低い位置にある莢は頭部損失となるため，最下着莢位置はこの刈高さ以上になることが重要である．さらに，寒冷地である東北地方でのダイズ栽培では，倒伏防止効果と除草効果を兼ねて培土するのが一般的である．畑地栽培では，耐倒伏性の強い品種を無培土栽培することによりコンバイン収穫の効率を上げることができるが，水田作では，湿害回避のためにも培土することが望ましい．培土された圃場でコンバイン収穫する場合には，培土の分だけ最下着莢位置がより高い品種が求められる．最下着莢位置を高くするためには，最下着莢節位を上げる方法と，下胚軸長・上胚軸長をはじめとする下位節間を長くする，いわゆる腰高にする方法が考えられる．その一方で，腰高になったり着莢位置が高くなると，重心が高くなるため倒伏しやすくなると考えられる．

以上から，最下着莢高と，最下着莢節位，腰の高さ，倒伏等の相互関係について調査した．また，最下着莢高の効率的な選抜の行うために遺伝様式についても検討した．

#### ⅰ）最下着莢高と他の形質との関連

（ⅰ）**材料および方法** 1997年に，東北地方で現在栽培されている育成品種および育成系統83品種・系統と，東北・北陸地方の在来種および古い品種46品種，計129品種・系統を供試し，東北農試刈和野試験地の普通畑圃場で無培土密植栽培（6月2日播種，75 cm×6 cm，1本立）で，諸形質を調査した．

1998年には，1997年の倒伏程度から，耐倒伏性が分散するように25品種・系統を選んで，東北農試刈和野試験地の普通畑圃場で無培土密植栽培（5月27日播種，75 cm×6 cm，1本立），2反復で諸形質を調査した．

調査形質は，腰の高さの指標として第1本葉節高，成熟期における主茎長（1997年のみ）・最下着莢節位・最下着莢節位高（地表からの高さ）・倒伏程度（観察による）である．

（ⅱ）**結果** 1997年の結果，第1本葉節高は9.1～18.3 cm，最下着莢節位は3.3～8.9，最下着莢節位高は9.7～33.6 cm のレンジ幅があり，品種・系統間差は大きかった．全品種こみでは，最下着莢節位高は主茎長および最下着莢節位と相関が高く，倒伏程度とも高くはないが正の相関が認められた（表3-4-19）．しかし，第1本葉節高との間には相関がなかった．育成品種・系統とそれ以外の品種・系統に分けてみても，各形質のレンジは大差なく，最下着莢節位高は，主茎長および最下着莢節位と正の相関があり，第1本葉節高と相関がない点は，全品種込みの場合と同じであった．し

表3-4-19 無培土密植栽培における倒伏程度，最下着莢節位高と他の形質の相関係数（1997）

| | n | | 第1本葉節高 | 主茎長 | 最下着莢節位 | 最下着莢節位高 |
|---|---|---|---|---|---|---|
| 全品種・系統こみ | 129 | 倒伏程度との相関係数<br>最下着莢節位高との相関係数 | 0.20*<br>0.12 | 0.65**<br>0.63** | 0.17<br>0.84** | 0.37** |
| 育成品種・系統のみ | 83 | 倒伏程度との相関係数<br>最下着莢節位高との相関係数 | 0.33**<br>0.21 | 0.53**<br>0.50** | -0.18<br>0.83** | 0.04 |
| 育成品種・系統以外 | 46 | 倒伏程度との相関係数<br>最下着莢節位高との相関係数 | 0.05<br>0.01 | 0.71**<br>0.70** | 0.44**<br>0.83** | 0.62** |

（注）*, ** は，それぞれ5％，1％水準で有意であることを示す．

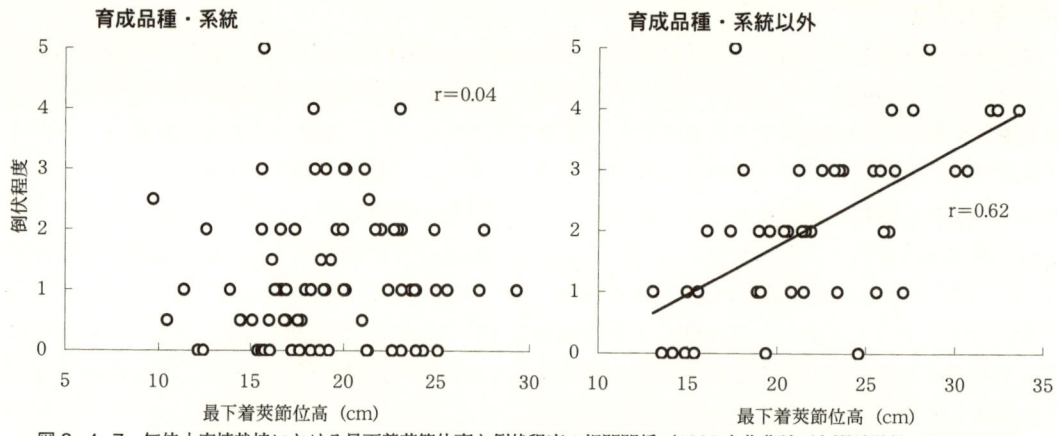

図3-4-7 無倍土密植栽培における最下着莢節位高と倒伏程度の相関関係（1997東北農試刈和野試験地 普通畑圃場）

表3-4-20 無培土密植栽培での形質間の相関係数（1998，n = 25）

|  | 第1本葉高 | 成熟期 | 最下着莢節位 | 最下着莢節位高 |
| --- | --- | --- | --- | --- |
| 成熟期倒伏程度との相関 | − 0.11 | 0.14 | 0.11 | 0.20 |
| 最下着莢節位との相関 | − 0.58** | − 0.07 |  | 0.61** |
| 最下着莢節位高との相関 | 0.05 | 0.22 | 0.61** |  |

（注）*，**は，それぞれ5％，1％水準で有意であることを示す．

かし，倒伏程度との相関は，図3-4-7にも示すように，育成品種・系統では全く相関関係が認められなかったのに対し，それ以外の古い育成品種や在来種では，r = 0.62 とかなり高い相関が認められた．

1998年の結果では，最下着莢節位は 4.4〜8.0，最下着莢節位高は 16.7〜31.8 cm のレンジ幅で，最下着莢節位高は最下着莢節位と正の相関が高く（表3-4-20），倒伏程度との相関は認められなかった（図3-4-8）．

図3-4-8 無倍土密植栽培における最下着莢節位高と倒伏程度の相関関係（1998東北農試刈和野試験地 普通畑圃場）

### ii）最下着莢高の遺伝率の推定

（i）材料および方法　刈交0819（タチナガハ×タチユタカ）について，1997年に $F_2$ 集団および両親について，無培土栽培で最下着莢節位高の分布を調査した．調査後，$F_2$ 個体について，最下着莢節位高の上位および下位方向に選抜率5％で選抜して $F_3$ 集団を作るとともに，選抜個体も含めて全体の半数の個体を無作為に抽出して1粒ずつ混合した無作為抽出 $F_3$ 集団をつくり，模擬選抜での遺伝率の推定を行った．また，$F_2$ 集団から無作為に選抜した43個体を，$F_3$ で系統栽培し，親子相関による遺伝率の推定も行った．

同様の試験を，刈交0940（コスズ×タチナガハ）について，1998年に $F_2$，1999年には選抜率10％で上位・下位に選抜した $F_3$ 集団および無作為抽出集団と，無作為に選抜した40系統で行った．

（ii）結果　図3-4-9に，供試した2組み合わせの $F_2$ における最下着莢節位高の頻度分布を示す．

4. 機械化適性育種 ( 163 )

刈交0819では両親間の差が小さく分布が一部重なっていた．$F_2$ は，低いほうの親であるタチユタカの分布域に大きなピークをもち，さらに低い方にはみ出して小さなピークを持つ連続的な2頂分布を示した．高い方の親であるタチナガハより高い個体はなかった．一方，刈交0940では，両親間の差が大きく，$F_2$ はその中間にピークを持つ連続した単頂分布であった．

$F_2$-$F_3$ 間での模擬選抜実験および親子相関から推定した，最下着莢節位高の狭義の遺伝率を表3-4-21に示す．最下着莢節位高の遺伝率は，刈交0819では選抜実験による推定値がいずれの選抜方向でも0.16～0.17，親子相関による推定値が0.22であった．刈交0940では，親子相関による推定値は刈交0819と同じ0.22であったが，選抜実験による推定値は選抜方向により大きな差があり，

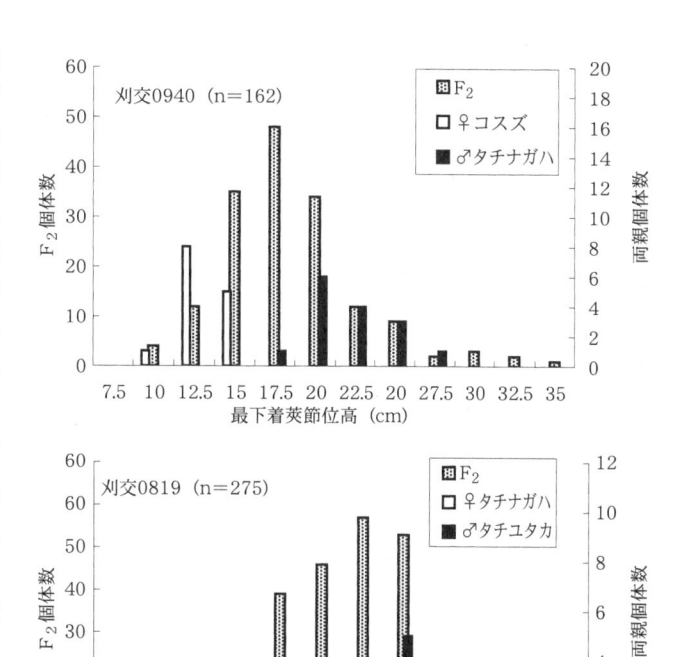

図3-4-9 刈交0819, 0940 $F_2$ 集団における最下着莢節位高の頻度分布

表3-4-21 模擬選抜実験および親子相関による最下着莢節位高の遺伝率の推定

| 組み合わせ | 選抜方向 | $F_2$ | | | $F_3$ | | | 遺伝率 | |
|---|---|---|---|---|---|---|---|---|---|
| | | 原集団平均 (A) | 選抜集団平均 (B) | 選抜差 (i) = (B − A) | 無作為抽出集団平均 (C) | 選抜集団平均 (D) | 遺伝的進歩 G1 = (D − C) | 1 G1/(i) | 2 ($F_2$個体－$F_3$系統間の親子相関) |
| 刈交0819 | 高 低 | 25.6 | 38.1 11.6 | 12.5 − 14.0 | 18.3 | 20.3 16.0 | 2.0 − 2.3 | 0.16 0.16 | 0.22 |
| 刈交0940 | 高 低 | 17.4 | 26.9 10.9 | 9.5 − 6.5 | 22.1 | 23.7 19.3 | 1.6 − 2.8 | 0.17 0.43 | 0.22 |

高方向への選抜実験では0.17と0819とほぼ同じであったのに対し，低方向の選抜では0.43と2倍以上大きな推定値となった．

(iii) 考察　本試験では，東北農試育成品種・系統と東北地方在来のいくつかの品種を供試した結果，最下着莢節位と最下着莢節位高との間には2カ年とも高い相関が認められた．これは，土屋らの北海道品種を用いた報告[17]と一致する．一方，腰の高さを表すと考えて調査した第1本葉高は，最下着莢節位高とほとんど相関が認められなかった．反面，1997年の試験では第1本葉高は倒伏程度との間に低いながら正の相関が認められた．以上のことから，東北地域向きの最下着莢位置が高い品種の育成を目指す場合には，腰が低く最下着莢節位が高いタイプを選抜するのが容易であり，かつ，耐倒伏性の面でも有利であると判断できる．

また，1997年の試験で，育成品種・系統では倒伏程度と最下着莢節位高の間に相関が認められなかったのに対し，育成品種・系統以外ではかなり高い相関が認められたことは，育成の過程で最下着莢節位高と倒伏程度の間の相関を打破してきたことの表れと考えられる．この結果，最下着莢位置が高く，耐倒伏性が強い品種を育成することは十分可能であることを示しているといえよう．

最下着莢節位高の遺伝率は，$F_2$-$F_3$ 間で 0.2 前後と推定された．したがって，$F_2$ 世代での選抜は効率的ではないと判断できる．土屋らは，北海道の半無限伸育型品種と有限伸育型品種の交配組み合わせの $F_2$-$F_3$ 間での選抜実験から，$F_2$ での選抜効果が高いことを認めている[18]．本試験で遺伝率の推定に供試したのは，いずれも有限伸育型品種間の交配組み合わせの後代である．また，両親の最下着莢節位高も，土屋らの供試した組み合わせでは高い方の親が 13 cm および 15 cm であるのに対し，本試験では 27 cm および 38 cm と全く異なる．したがって，関与する遺伝子群も全く異なると考えられる．

(5) まとめ

東北農業研究センター（旧東北農試）刈和野試験地の大豆育種研究室では，耐倒伏性が強く，裂莢性は中〜難，最下着莢節位高 20 cm 以上をコンバイン収穫適性の条件として育成を進めている．育成系統の中で，東北139号，東北140号や東北143号は，2000年の生産力検定試験において，最下着莢節位高が 30 cm 以上で，裂莢性も問題がなく，耐倒伏性も比較的強いので，ほぼこの条件を満たしている．これら3系統はいずれもやや成熟期が遅い"中生の晩"に属するため，残念ながら東北北部での普及は困難である．しかし，後続系統にも，これらの系統並みの特性を示す系統が多数あり，近い将来，コンバイン収穫適性の高い新品種が東北全域で普及に移されるものと期待して育成を進めている．

ただ，これらの系統でも耐倒伏性はまだ不十分である．これまでコンバイン収穫適性の交配母本としては，長野県中信農業試験場で1986年に育成されたタチナガハや，東北農試育成のタチユタカを用いてきた．これらは，がっちりした主茎を持ち，それを根茎で堅固に支えることにより倒れようとする力に大きな抵抗を示す耐倒伏性のタイプである．一方，アメリカ合衆国で普及している耐倒伏性品種の多くは，主茎型で細くしなやかな主茎を持ち，登熟期には主茎上部が折れずにしなることにより，根際にかかる倒れようとする力を小さくし，成熟が進んで落葉や莢実水分低下により地上部が軽くなると，しなっていた主茎が元に戻って立ち上がるという特性を持つ．そこで，タチナガハのもつ強力な根茎の支持力と，アメリカ合衆国の耐倒伏性品種の持つしなやかな草型を組み合わせることを目的に，交配および後代集団の養成を開始している．今後は，本試験の中で確立された押倒しモーメント比による耐倒伏性簡易検定選抜法を活用して，初期世代から耐倒伏性の選抜を繰り返しながら，最下着莢節位高や草型の選抜を行うことで，従来以上の耐倒伏性を備えたコンバイン収穫適性品種の効率的な育成をめざしたい．

（島田　尚典）

## 引用文献

1) 後藤寛治．大豆の機械化栽培．農及園, 40, 1877-1880 (1965)
2) 後藤寛治．畑作物の機械化栽培と育種．育種学最近の進歩, 7, 77-83 (1966)
3) 橋本鋼二．大豆の品種と育種をめぐる諸問題．農業技術, 39 (3), 97-102 (1984)
4) 濃沼圭一・池谷文夫・伊東栄作．引倒し力によるトウモロコシの転び型倒伏抵抗性の非破壊・計量的検定法．Grassland Science, 43 (4), 424-429 (1998)
5) 濃沼圭一・井上康昭・加藤章夫．引倒し力測定法によるトウモロコシ系統の耐倒伏性評価．草地試研報, 43,

23-28 (1993)
6) 村上昭一・国分喜治郎・長沢次男・橋本鋼二. 寒冷地向け主要大豆品種の最下着莢位置とその関連形質. 東北農業研究, 29, 119-120 (1981)
7) 西入恵二. 寒冷地における機械化栽培ダイズの生産力解析に関する研究. 東北農試研報, 54, 91-186 (1976)
8) 農林水産省統計情報部. "10 a 当たり作業別労働時間等". 農業経営統計調査報告 平成10年産 工芸農作物等の生産費, 92-93 (2000)
9) 尾形武文・松江勇次・浜地勇次. 湛水直播用の水稲品種育成のための押し倒し抵抗値による耐倒伏性の選抜効果. 日作紀, 69 (2), 159-164 (2000)
10) 杉原 収・北倉芳忠・吉川嘉一. 福井県における大豆の機械化収穫作業体系の確立 (1) 機械化収穫のための大豆の形態的特徴と機械収穫条件の解明. 福井県農試報告, 27, 1-20 (1990)
11) 寺島一男・秋田重誠・酒井長雄. 直播水稲の耐倒伏性に関与する生理生態的形質. 第1報 押し倒し抵抗測定による耐ころび型倒伏性の品種間比較. 日作紀, 61, 380-387 (1992)
12) 寺島一男. "4.4 ころび型耐倒伏性". イネ育種マニュアル. 農業研究センター資料, 30, 107-113 (1995)
13) 戸田節郎. 北海道における大豆の機械化栽培. 農業技術, 27 (2), 62-65 (1972)
14) 土屋武彦. 大豆の最下着莢高の年次変動と栽植密度に対する反応. 日本育種・作物学会北海道談話会会報, 24, 23 (1984)
15) 土屋武彦. "第5章 2.ダイズの機械化適応性育種". わが国におけるマメ類の育種. 農林水産省農業研究センター, 285-308 (1987)
16) 土屋武彦・紙谷元一・佐々木紘一. ダイズの最下着莢位置の年次および栽植密度による変動. 北海道立農試集報, 55, 13-21 (1986)
17) 土屋武彦・砂田喜与志. 大豆品種の最下着莢位置と主要形質との関係. 北海道立農試集報, 40, 1-9 (1978)
18) 土屋武彦・砂田喜与志. 大豆の雑種初期世代における最下着莢高の選抜. 北海道立農試集報, 50, 69-75 (1983)
19) 我妻幸雄・鈴木茂己・阿部篤郎・杉本清治・石川和憲・野本俊雄. コンバインによる大豆の収穫法に関する試験. 農作業研究, 4, 21-25 (1967)

### 3) 暖地機械化適応性育種

　ダイズは土地生産性の高い作物であり，生産の規模が拡大され，機械化一貫作業体系のもとで栽培されることによって，その収量性は一層向上し，安定したものとなる．今や農作業における農業機械の存在は絶対的なものとなり，生産性の向上を図るため生産単位の拡大を必要とするダイズ栽培では，農業機械なくして営農も考えられなくなっている．このような背景のもと，九州地方では安定したダイズ産地を形成するため水田転換畑を中心に団地・組織化による規模の拡大がはかられている．これにはコンバイン収穫を中心とした機械化一貫栽培体系を確立することが必須となっている．したがって，今後育成される品種には機械化一貫栽培体系に良く適合できる特性，特に，優れたコンバイン収穫適性を有することが重要となっている．具体的には，難裂莢性，耐倒伏性，最下着莢位置に関する特性を強化あるいは適性化した品種であることが重要である．現在，九州地方の基幹品種となっているフクユタカ[5]は耐倒伏性が"強"で，最下着莢位置も低過ぎることもない．一方，裂莢性程度は"中"で必ずしも優れているとはいえないが，成熟期が10月下旬〜11月上旬であり，コンバインによる収穫時期が11月中旬以降となるため，気温が低く，裂莢が大きな収穫ロスにはつながっていない．このような理由から，フクユタカは約20年前に育成された品種にもかかわら

表3-4-22　すずおとめの主要栽培特性（九州農業試験場1998〜2000年）

| 品種または系統名 | 開花期（月日） | 成熟期（月日） | 主茎長（cm） | 倒伏程度 | 最下着莢高（cm） | 裂莢程度（60℃） | | 子実重（kg/a） | 百粒重（g） | 子実品質 |
|---|---|---|---|---|---|---|---|---|---|---|
| | | | | | | 1 hr.（個） | 3 hrs.（個） | | | |
| すずおとめ | 8.14 | 10.11 | 62.2 | 微 | 15.5 | 91 | 101 | 33.8 | 10.8 | 上下 |
| 納豆小粒 | 8.11 | 10.15 | 50.6 | 微 | 9.3 | 194 | 232 | 34.9 | 11.3 | 中上 |
| フクユタカ | 8.17 | 10.28 | 57.3 | 微 | 13.5 | 108 | 232 | 37.9 | 31.3 | 中上 |

（注）裂莢程度：250莢のうち，当該条件下で裂莢した個数（2000年産のみ）
　　　倒伏程度：6段階（無，微，少，中，多，甚）
　　　子実品質：7段階（上上，上中，上下，中上，中中，中下，下）
　　　栽植様式：すずおとめ，納豆小粒70×14 cm，1株2本立（20.4本 m$^{-2}$）
　　　　　　　　フクユタカ70×14 cm，1株1本立（10.2本 m$^{-2}$）

ず，機械化適性を大きく欠く品種とは評価されていない．

　これまで，暖地において機械化適性品種の特性を解明し，品種育成に役立てようとした試みはほとんどなかったが[4]，最近では機械化適性の改善を主要な育種目標とした品種が育成されるようになっている．暖地向け機械化適性品種として最初に育成され普及しているのは納豆用の小粒ダイズ品種であるすずおとめ[2]である．すずおとめは，納豆用原料として評価の高い納豆小粒を暖地で栽培した場合，最下着莢位置が低いこと，裂莢性が"易"であるため，コンバインによる収穫時のロスが大きいと懸念されるため，これらの欠点を改善する目的で育成された納豆用の小粒ダイズである．すずおとめは九系50を母親に，納豆小粒を父親に交雑して得られた品種であり，九系50はHillを母親に，みさおを父親に交雑して得られた系統である．すなわち，納豆原料として定評のある納豆小粒にHillの持っている機械化適性（最下着莢節位の適性化，難裂莢性）の導入を試みた品種である．表3-4-22にはすずおとめの栽培特性を示した．表にみられるように，最下着莢高はフクユタカと同程度までに改善され，さらに裂莢性程度は明らかにフクユタカより高い"難"にまで改善されている．しかしながら，その反面，主茎長がかなり長くなっており，密植，早播き栽培には適さない欠点が残っている．

　フクユタカとフクユタカと同熟期であるむらゆたか[3]で作付け面積のほとんどを占めている九州地方では，これら主要品種の機械化適性をさらに改善するだけでなく，コンバインの稼働面積の増大と機械利用経費を低減するため，熟期が早い機械化適性に優れた多収品種の育成が必要となっている．すなわち，コンバインによる収穫作業が11月中旬以降に集中するフクユタカに早生の中間型品種を組み合わせることによりコンバイン収穫作業時期を前進させ，機械の稼働効率を高めることができる．さらに，ダイズ生産の機械化が最も進んでいる北部九州平坦のダイズ-ムギの二毛作体系下ではダイズの収穫作業とムギの播種作業との競合の軽減化に役立てることもできる．このような収穫時期を前進させることができる品種として，九州地方では，昭和54年に育成されたアキシロメ[1]がある．しかしながら，アキシロメは平坦地では裂莢し易いことと，フクユタカに比べると収量性が劣ることから中山間地での栽培に限られていた品種であり，今後，機械化一貫作業体系の確立が進んでいる平坦地での普及は困難とみられる．前述のすずおとめはフクユタカに比べ，耐倒伏性，収量性には問題はあるが，成熟期が2週間以上早く，規模の拡大した地域ではフクユタカと組み合わせた栽培が可能である．これまで暖地・温暖地では納豆用小粒ダイズの生産実績がなく，地場の納豆製造会社への安定供給が実現できれば，一定の需要を確保できる品種として注目されている．

暖地では，前述の通り，今後とも生産の組織化，団地化を通じて生産規模を拡大し低コスト化ならびに品質・収量を安定させることによって，ダイズ産地としての生き残りを図っていかなければならない．この規模拡大のメリットを最大限に活かすためには，さらなる省力・低コスト化が可能な栽培技術を開発する必要があり，九州地方ではダイズ主産県を中心に不耕起播種技術を普及・定着させるための実用化研究が開始されている．この不耕起播種技術を含めた不耕起栽培技術を実用化させるためには，不耕起によって生ずる新たな問題に対処できる品種育成が重要な課題となっている．具体的には，耐倒伏性をさらに強化し除草剤防除に適した品種の育成が重要である．小野ら[6]はフクユタカの無中耕・無培土栽培について検討しているが，フクユタカは倒伏が大きく，無中耕・無培土栽培には適さないことを報告している．一方，梅崎ら[7]は暖地において短茎品種の密植栽培によって増収を目指す場合，粒茎比等で表すことのできる子実生産効率を高めることができればより高い収量レベルを求めることができるとしている．このような条件を満たす品種として，最近，育成されたサチユタカが注目される．サチユタカは，暖地での気象条件に適し，耐倒伏性が強く密植栽培に向く短茎品種である．本品種は，近畿，中国の温暖地および九州北部の暖地向けの豆腐，煮豆用品種の育成を目標として，フクユタカを母に，エンレイを父として人工交配し，さらにその雑種 $F_2$ とエンレイを再び人工交配を行い，以後選抜・固定を図った品種である．サチユタカはフクユタカより成熟期が1週間程度早い中間型品種でありながら，フクユタカと同程度の収量性を持つ多収品種であり，九州北部のダイズ-ムギ二毛作体系に良く適合する．さらに，莢の成熟不整の発生が少なく成熟が斉一であるため，コンバインの収穫作業に良く適している．しかしながら，北部九州においてサチユタカに中耕・培土作業を伴う慣行の7月播種栽培を適応すると，短茎過ぎるため最下着莢高が低くなり，コンバイン収穫時の刈り残しによる収穫ロスを大きくすると危惧される．この問題に対処するため，耐倒伏性が優れるサチユタカの特長を活かして，フクユタカには適応できなかった密植による無培土栽培の試験が実施され，良好な結果が得られている（表3-4-23）．無培土栽培では下胚軸を含めた主茎節位が地面より上に現れるため，最下着莢高が高くなるばかりでなく地表面が平面に保たれるので，コンバインの刈り取り作業効率を向上させることができる．以上，サチユタカは耐倒伏性が強いという特長を最大限に活かすことによって，暖地での不耕起栽培技術に適合可能な品種として期待されるが，ダイズの生育盛期に台風による豪雨・強風の被害の危険が常に伴う暖地においては，単に茎の伸長を抑えるだけの耐倒伏性の強化だけでは不十分であると考えられるので，今後は収量の低下を伴わないような配慮をしつつ，さらに，長葉，少分枝性等の導入により地上部の軽量化を図る必要がある．

（松永　亮一）

表3-4-23　密植・無培土試験の試験結果（九州農業試験場1999，2000年）

| 品種名 | 培土処理 | 開花期（月日） | 成熟期（月日） | 主茎長(cm) | 主茎節数 | 分枝数 | 最下着莢節高(cm) | 子実重(kg/a) | 百粒重(g) | 粒茎比 | 倒伏程度 |
|---|---|---|---|---|---|---|---|---|---|---|---|
| サチユタカ | 培土 | 8.13 | 10.19 | 48.3 | 12.9 | 2.3 | 16.1 | 32.1 | 27.7 | 3.01 | 無 |
|  | 無培土 | 8.13 | 10.20 | 47.1 | 13.0 | 2.3 | 16.6 | 33.4 | 28.5 | 3.06 | 微 |
| フクユタカ | 培土 | 8.18 | 10.26 | 69.6 | 15.0 | 3.0 | 22.5 | 30.9 | 26.6 | 1.59 | 微 |
|  | 無培土 | 8.18 | 10.02 | 71.8 | 15.3 | 2.7 | 22.5 | 31.5 | 27.2 | 1.64 | 中 |

（注）栽植様式：70×14 cm，1株2本立（20.4本 $m^{-2}$）
　　　最下着莢節高は収穫後，子葉節からの高さを測定

引用文献

1) 岩田岩保・大庭虎雄・竹崎　力・工藤洋男・異儀田和典・小代寛正・池田　稔・原　正紀・下津盛昌・富田貞光・高柳繁・橋本篤一・志賀鑑昭．ほか．ダイズ新品種「アキシロメ」について．九州農業試験場報告．21, 251-271 (1981)
2) 松永亮一・高橋将一・小松邦彦．暖地向き納豆用小粒大豆品種「すずおとめ」の栽培特性と納豆の官能評価．日作九支報, 67, 62-64 (2001)
3) 中村大四郎ほか．白目の大豆新品種「むらゆたか」の育成．佐賀県農業試験場研究報告, 7, 21-42 (1991)
4) 中村茂樹・持留信男・大庭寅雄．機械刈り取りによる大豆育成系統の脱粒程度．九州農業研究, 47, 43 (1985)
5) 大庭虎雄・岩田岩保・竹崎　力・工藤洋男・異儀田和典・小代寛正・原　正紀・池田　稔・高柳　繁・下津盛昌・橋本篤一・志賀鑑昭．ダイズ新品種「フクユタカ」について．九州農業試験場報告, 22, 405-432 (1982)
6) 小野正則・金丸隆・大賀康之・藤井英明．大豆の平畦・無培土栽培における生育及び汎用コンバイン収穫適性．日作九支報, 57, 37-39 (1990)
7) 梅崎輝尚・梅津英樹・島野至・松本重男．ダイズの矮性系統に関する研究．第3報　ヒュウガ矮性系統の栽培条件に対する反応について．日作九支報, 54, 66-88 (1987)

## 5. 成分・品質の遺伝的改良

### 1) タンパク質組成の改良（高11S系統）育種

#### (1) 緒　言

　ダイズタンパク質は沈降法により2S, 7S, 11Sおよび15Sの4種類のグロブリンに分類できる[31]．このうち7S（β-コングリシニン）と11S（グリシニン）のグロブリンが全タンパク質量の約7割を占め[6,32,33]，含硫アミノ酸量や機能特性に影響している[3,18,20]．7Sグロブリンはα, α′およびβサブユニットからなり[29,30]，11Sグロブリンは酸性ポリペプチド（A）と塩基性ポリペプチド（B）がジスルフィド結合した $A_{1a}B_2$, $A_{1b}B_{1b}$, $A_2B_{1a}$, $A_4A_5B_3$ および $A_3B_4$ サブユニットから構成されている[12,23]．含硫アミノ酸量は7Sグロブリンで少なく，11Sグロブリンに多い[2,14,22]．また，11Sグロブリンを構成するサブユニットのうち，グループIに分類される $A_{1a}B_2$, $A_{1b}B_{1b}$, $A_2B_{1a}$ で多いが，グループIIの $A_4A_5B_3$, $A_3B_4$ では少ない[23]．これらサブユニット組成の遺伝的改変により，含硫アミノ酸量を高めようとする試みが行われた[7,8,9,10,11,19]．このうち，東北農業試験場刈和野試験地では7Sグロブリンのサブユニットを遺伝的に低下させ，11Sグロブリン量を高める育種研究を進めた．

#### (2) 高11S品種の育成

　i) 東北101号の育成　岩手大学では毛振で7Sグロブリン α′サブユニットが欠失し，秣食豆公503号で7Sグロブリン α, β サブユニット生成量が低下していることを明らかにし[13]，これらを母本にした交雑から α′サブユニット欠失，α, β サブユニット生成の低下した系統を作出した[15]．これらの育成系統では7Sグロブリン生成量が低下し，11Sグロブリン生成量が増加し，全体としてタンパク質含有量は変わらない．すなわち，遺伝的に7Sグロブリン量を低下させて，11Sグロブリン量を高められることが示唆された．

東北農業試験場刈和野試験地ではこれら系統を用いて，7Sグロブリンの低下性（高11S性）の実用品種への導入を開始した．その結果，農業特性が改善したα´サブユニット欠失系統東北101号や，α´サブユニット欠失，α，βサブユニット生成量の低下した刈系434号等の高11S系統を育成した．しかし，これらの系統の多くは収量性やその他農業特性が劣ることから，品種育成には至らなかった．このため，これら高11S系統の農業特性の向上を図ると同時に，7Sグロブリンαおよびβサブユニットを欠失させ，さらなる高11S化を図ることをめざした．

ii）ゆめみのりの育成　7Sグロブリンαおよびβサブユニットの欠失を目的として，刈系434号等のα´サブユニット欠失，α，βサブユニット生成量の低下した系統の気乾種子に線量200〜400 Gyのγ線照射を農業生物資源研究所放射線育種場に依頼した．その中で，線量200 Gyのγ線照射により得た$M_2$種子から，α´, αサブユニット二重欠失種子を1粒見出すことに成功した[24]（図3-5-1，図3-5-2）．本欠失変異ダイズは正常に生育し，56粒の$M_3$種子を得ることができた．これらすべての$M_3$種子で7Sグロブリンαおよびα´サブユニットが欠失していたことから，αサブユニットの欠失性は遺伝形質であると推察された．

この変異系統は1995年に刈系552号，1996年に東北124号の地方番号を付して各種試験に供試してきた結果（表3-5-1），2001年にはゆめみのり（だいず農林117号）として命名登録された．特性検定では，ゆめみのりはダイズモザイク病，紫斑病に"強"，ダイズ立枯性病害に"やや弱"，ダイズシストセンチュウには"弱"と判定された．子実収量はタチユタカよりやや少なく，百粒重も小さかったが，粗タンパク質含有率は"高"に属した（表3-5-2）．11S/7S比は高く，従来型品種に比べて高11S

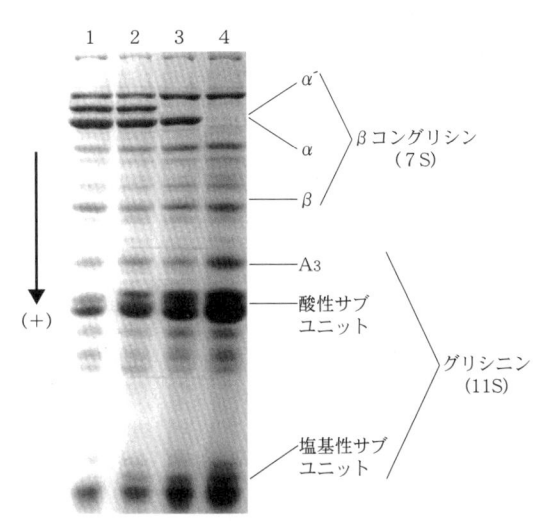

図3-5-1　ゆめみのりのSDS電気泳動パターン
1：スズユタカ，2：タチユタカ，
3：刈系434号，4：ゆめみのり

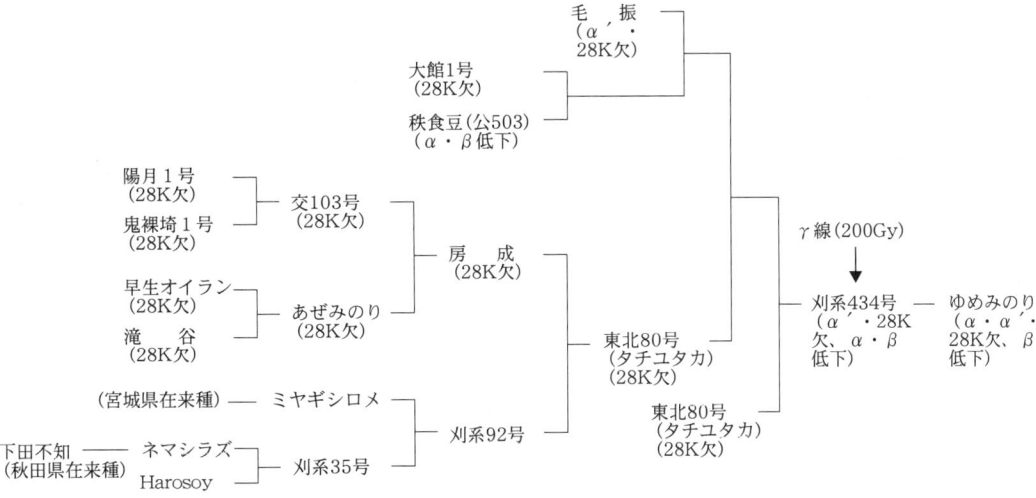

図3-5-2　ゆめみのりの系譜

表3-5-1 ゆめみのりの育成経過

| 年代 | 平3 | 4 | 5 | | 6 | 7 | 8 | 9 | 10 | 11 | 12 |
|---|---|---|---|---|---|---|---|---|---|---|---|
| 世代 | $M_0$ | $M_1$ | $M_2$ | $M_3$ | $M_4$ $M_5$ | $M_6$ | $M_7$ | $M_8$ | $M_9$ | $M_{10}$ | $M_{11}$ |

刈系434号に200Gyのγ線照射 → ... → 1 — P {7Sグロブリン α、α'サブユニット欠失} → ②20 → ③31 → ... → 東北124号

| 系統名 | | | α欠（I） | | 刈系552号 | 東北124号 | | | | |
|---|---|---|---|---|---|---|---|---|---|---|
| 供試 系統群数 | | | | | 27 | 8 | 1 | 1 | 1 | 1 | 1 |
| 供試 系統数 | | | 31 | | 135 | 40 | 5 | 5 | 5 | 5 | 7 |
| 供試 個体数 | 2,000粒 | 2,000 | 1 | 40 | | | | | | | |
| 選抜 系統数 | | | | | 27 | 8 | 1 | 1 | 1 | 1 | 1 |
| 選抜 個体数 | | 1,821 | 1 | 31 | 135 | 40 | 5 | 5 | 5 | 7 | 7 |
| 選抜 粒数 | | 24,664 | 40 | | | | | | | | |

表3-5-2 ゆめみのりの生産力検定試験成績（東北農試・刈和野試験地）

| 系統・品種名 | 成熟期 (月日) | 子実重 (kg/a) | 標準対比 (%) | 百粒重 (g) | 子実成分（%） タンパク質 | 子実成分（%） 粗脂肪 |
|---|---|---|---|---|---|---|
| 普通畑標播 | | | | | | |
| ゆめみのり | 10.15 | 21.4 | 90 | 23.4 | 45.3 | 19.3 |
| タチユタカ（標） | 10.15 | 23.9 | 100 | 25.4 | 41.4 | 22.1 |
| スズカリ（比） | 10.11 | 29.4 | 123 | 29.9 | 41.2 | 21.9 |
| 普通畑晩播 | | | | | | |
| ゆめみのり | 10.25 | 17.8 | 91 | 21.9 | 44.1 | 19.6 |
| タチユタカ（標） | 10.26 | 19.5 | 100 | 24.6 | 41.3 | 21.4 |
| スズカリ（比） | 10.21 | 21.7 | 111 | 27.4 | 40.5 | 21.3 |
| 水田転換畑標播 | | | | | | |
| ゆめみのり | 10.15 | 28.7 | 91 | 22.7 | 45.7 | 18.8 |
| タチユタカ（標） | 10.14 | 31.4 | 100 | 24.7 | 41.8 | 21.5 |
| スズカリ（比） | 10.14 | 35.0 | 111 | 28.0 | 42.6 | 20.0 |

(注) 1. 成績は1996～2000年5カ年の平均値．
2. 水田転換畑標播は東北農試水田利用部（秋田県大曲市）における成績．
3. 子実成分は近赤外分光分析法による．粗タンパク質における窒素－タンパク質換算係数は6.25．

表3-5-3 タンパク質組成および11S/7S比

| 系統・品種名 | 粗タンパク質含有率 | 7S α' | 7S α | 7S β | 11S | その他 | 11S/7S比 |
|---|---|---|---|---|---|---|---|
| | ←――――――――（%）――――――――→ | | | | | | |
| ゆめみのり | 47.9 ± 0.8 | — | — | 3.3 ± 0.4 | 27.6 ± 0.9 | 16.9 ± 0.9 | 8.41 ± 1.1 |
| 刈系434号 | 45.6 ± 1.2 | — | 2.7 ± 0.2 | 2.6 ± 0.2 | 23.2 ± 1.4 | 17.2 ± 0.9 | 4.43 ± 0.2 |
| スズユタカ | 40.0 ± 0.7 | 3.5 ± 1.0 | 4.0 ± 0.8 | 4.4 ± 0.4 | 14.1 ± 1.0 | 14.0 ± 1.8 | 1.21 ± 0.2 |
| タチナガハ | 40.9 ± 0.8 | 4.3 ± 0.6 | 4.9 ± 0.4 | 3.0 ± 0.2 | 14.9 ± 0.6 | 13.7 ± 0.7 | 1.23 ± 0.1 |
| タチユタカ | 42.2 ± 1.3 | 4.2 ± 0.5 | 4.8 ± 0.5 | 3.3 ± 0.2 | 18.0 ± 1.7 | 11.9 ± 0.9 | 1.46 ± 0.1 |

(注) 1. 粗タンパク質含有率における窒素－タンパク質換算係数は6.25．
2. タンパク質組成はSDS-PAGE法により得られたゲルをデンシトメトリーにより分析．
　SDS-PAGEにより得られた全バンドを全タンパク質と仮定して算出．
3. 各5個体について分析．

表3-5-4　子実のアミノ酸組成分析結果

| アミノ酸 | 1994年産 | | 1995年産 | | |
|---|---|---|---|---|---|
| | ゆめみのり | 普通大豆（I.O.M.） | ゆめみのり | タチユタカ | 地塚 |
| スレオニン | 50 | 39 | 43 | 40 | 42 |
| チロシン | 29 | 40 | 34 | 35 | 32 |
| フェニルアラニン | 56 | 59 | 50 | 54 | 50 |
| シスチン* | 20 | 13 | 19 | 17 | 16 |
| メチオニン* | 14 | 13 | 17 | 14 | 15 |
| バリン | 56 | 50 | 52 | 50 | 48 |
| イソロイシン | 50 | 51 | 45 | 48 | 43 |
| ロイシン | 82 | 85 | 76 | 80 | 74 |
| リジン | 68 | 64 | 62 | 64 | 66 |
| トリプトファン | 21 | 11 | 15 | 13 | 14 |
| ヒスチジン | 30 | 26 | 27 | 27 | 26 |
| アスパラギン | 129 | 134 | 117 | 114 | 119 |
| セリン | 56 | 60 | 53 | 52 | 54 |
| グルタミン | 189 | 239 | 171 | 181 | 182 |
| プロリン | 58 | 58 | 49 | 51 | 52 |
| グリシン | 47 | 44 | 45 | 43 | 44 |
| アラニン | 54 | 42 | 46 | 44 | 45 |
| アルギニン | 85 | 83 | 79 | 74 | 78 |

（注）1. 単位は mg/g タンパク質．
　　　2. ＊は含硫アミノ酸を示す．

化が図られていた（表3-5-3）．また，ダイズでは少ないメチオニンおよびシスチン量も増大し，含硫アミノ酸量は普通ダイズより3～5割高くなった[26]（表3-5-4）．

　ⅲ）高11S系統の農業特性の改善　1993～1999年の7年間に $\alpha$ および $\alpha'$ サブユニット欠失による高11Sまたは低アレルゲンを目標とした交配をのべ52組み合わせ実施した．当初の目標は高11Sダイズの多収化，高タンパク質化であったが，1996年にゆめみのりの低アレルゲン性が明らかになり，その後，低アレルゲン化も追加された．これまでにゆめみのりに続く系統として，東北139号や刈系640号等の8系統を高11S・低アレルゲン系統として育成した．

**（3）7Sグロブリン$\alpha$サブユニット欠失性の遺伝**

　7Sグロブリン$\alpha$サブユニットに関わる遺伝様式およびその他タンパク質サブユニットとの遺伝的関係を明らかにすることを試みた．$\alpha$欠（I）（現在のゆめみのり）をスズユタカ，タチユタカ等と人工交配し，その後代の $F_2$ 種子における7Sグロブリンの $\alpha$，$\alpha'$ サブユニットおよび11Sグロブリンの $A_4$ バンドの有無をSDS電気泳動法により調査した．$\chi^2$ 検定による結果では，$\alpha$ サブユニットの欠失性は $\alpha'$ サブユニットや $A_4$ とは連鎖しない独立した劣性の一遺伝子座 $cgy_2$ により制御されていることが推定された[25]．また，これらタンパク質の欠失性はアレルゲン Gly m Bd 28 K の欠失性とも独立した一対の劣性遺伝子により制御されていた[28]（表3-5-5）．

　ゆめみのりは7Sグロブリン蓄積の遺伝的制御機構を解明するために有用な材料であることから，千葉大学の原田らと共同で，ゆめみのりにおける$\alpha$サブユニットの欠失性に関する遺伝子構造を解析した．Eco RI 処理で得られた DNA 断片に対して$\alpha$遺伝子と相同性が非常に高い$\alpha'$および$\beta$遺伝子[1]をプローブとしたサザンハイブリダイゼーション分析では，ゆめみのりと元系統刈系434号の間に多型は検出されなかった（未発表）．これは$\alpha$サブユニットをコードした構造遺伝子がゆめみのりにも存在していることを示唆しており，ゆめみのりにおける$\alpha$サブユニットの欠失は$\alpha$遺伝子の発現を制御するプロモーター領域あるいはトランス因子にかかわる変異によって生じたと考えられ

表3-5-5 刈交1024(東北102号×東北124号)のF₂種子における
α, α′, Gly m Bd 28Kの有無に関する分離[a]

| タンパク質<br>サブユニット[b] | 観測値[c] | | | | 期待比 | $\chi^2$値 | 確率 |
|---|---|---|---|---|---|---|---|
| | + | − | | | | | |
| α | 727 : 235 | | | | 3 : 1 | 0.168 | 0.682 |
| α′ | 718 : 244 | | | | 3 : 1 | 0.068 | 0.794 |
| Bd 28 K | 708 : 254 | | | | 3 : 1 | 1.010 | 0.315 |
| | ++ | +− | −+ | −− | | | |
| α−α′ | 536 : | 191 : | 182 : | 53 | 9 : 3 : 3 : 1 | 1.533 | 0.675 |
| α − Bd 28 K | 535 : | 192 : | 173 : | 62 | 9 : 3 : 3 : 1 | 1.179 | 0.758 |
| α′− Bd 28 K | 532 : | 186 : | 176 : | 68 | 9 : 3 : 3 : 1 | 1.467 | 0.690 |

(注) [a] 東北102号：α有，α′有，Gly m Bd 28 K有．
　　　東北124号：α欠，α′欠，Gly m Bd 28 K欠．
[b] Bd 28 KはGly m Bd 28 Kを示す．
　　αおよびGly m Bd 28 Kは大豆主要アレルゲンである(Ogawa et al., 1991)．
[c] ＋および−はタンパク質サブユニットの有および無をそれぞれ示す．

るが，さらなる検討が必要である．

(4) 低アレルゲン性

　ゆめみのりは低アレルゲンダイズであることが，民間および大学との共同研究で明らかになった．すなわち，小川ら[16]がダイズ主要アレルゲンとして同定したGly m Bd 30 K, Gly m Bd 28 Kおよび7Sグロブリンαサブユニット(Gly m Bd 60 K)(表3-5-6)のうち，ゆめみのりでは7Sグロブリンαサブユニットおよび Gly m Bd 28 Kの二つを遺伝的にもたない[22,24](図3-5-1, 図3-5-3)．一方，Gly m Bd 30 Kはこれまでのダイズ品種同様に含まれるが，ゆめみのりの特徴である7Sグロブリンαおよびα′サブユニット同時欠失性のため，ダイズ分離タンパク質からのGly m Bd 30 K除去を容易にしている[21]．すなわち，普通ダイズではGly m Bd 30 Kはαおよびα′サブユニットとジスルフィド結合しているため，亜硫酸ナトリウム等の還元剤による結合切断が必要で，普通ダイズから得られる分離タンパク質には主要アレルゲンであるαサブユニットとGly m Bd 28 Kが含まれ，

表3-5-6 アトピー性皮膚炎患者のIgE抵抗と結合する
ダイズタンパク質成分（小川ら）

| タンパク質成分<br>（質量 kDa） | 画　分 | 検出頻度＊<br>(%) |
|---|---|---|
| **70 − 68** | **7 S（αサブユニット）** | **23.2** |
| 67 − 63 | 7 S | 18.8 |
| 55 − 52 | 7 S | 14.5 |
| 50 − 47 | 7 S | 13.0 |
| 45 − 43 | 7 S（βサブユニット） | 10.1 |
| 41 − 40 | 7 S | 7.2 |
| 38 − 35 | 7 S | 7.2 |
| 35 | 11 S（酸性サブユニット） | 1.4 |
| 35 − 33 | 7 S | 15.9 |
| 31 − 29 | ホエー（高分子画分） | 4.3 |
| **30** | **7 S (Gly m Bd 30 K)** | **65.2** |
| **28** | **7 S (Gly m Bd 28 K)** | **23.2** |
| 21 − 18 | ホエー（低分子画分） | 7.2 |
| 20 | 2 S（Knitz型トリプシンインヒビター） | 2.9 |
| 17 | 2 S | 1.4 |
| 15 − 14 | 2 S | 2.9 |

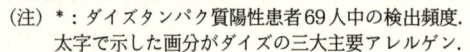

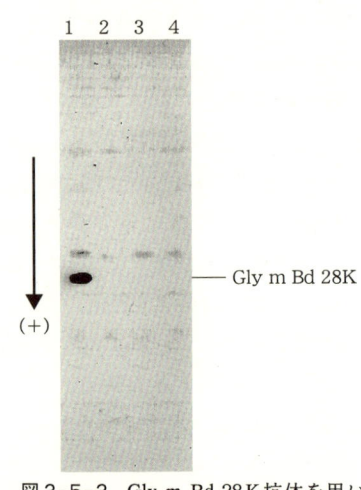

(注) ＊：ダイズタンパク質陽性患者69人中の検出頻度．
　　　太字で示した画分がダイズの三大主要アレルゲン．

図3-5-3 Gly m Bd 28 K抗体を用いたイムノブロットパターン
1：スズユタカ，2：タチユタカ，3：刈系434号，4：ゆめみのり

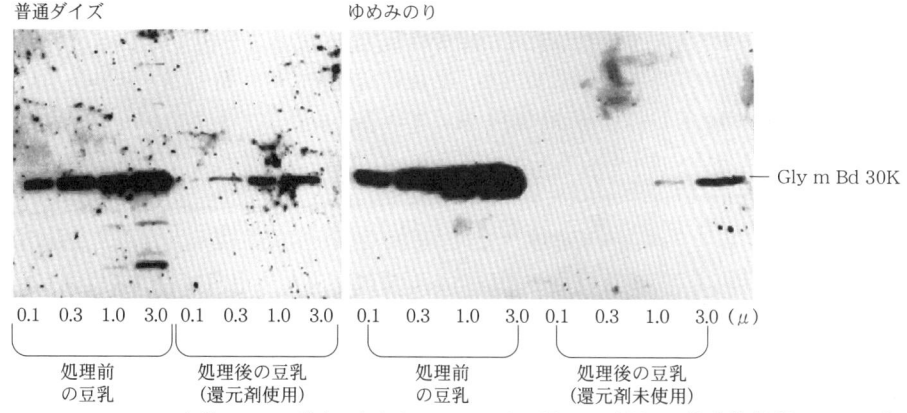

図3-5-4 ダイズ分離タンパク質（SPI）からのアレルゲン Gly m Bd 30 K の除去効率（Samoto et al.,

Gly m Bd 30 K も比較的多く残存する（図3-5-4，図3-5-5）．一方，ゆめみのりでは Gly m Bd 30 K が結合する α および α′ サブユニットが存在しないことから結合切断のための還元剤は不要となり，ゆめみのりから得られる分離タンパク質には極微量の Gly m Bd 30 K が残るのみで，α サブユニットおよび Gly m Bd 28 K は含まれない（図3-5-4，図3-5-5）．分離タンパク質における Gly m Bd 30 K の除去率は普通ダイズが 97.4 % であるのに対し，ゆめみのりでは 99.8 % と極めて高かった（図3-5-5）．

ゆめみのりを原料とした煮豆様あるいは豆腐様脱アレルゲン食品が開発され，ダイズアレルギー患者の医療食としての実用化に目途が立っている[17]．本系統を原料とした脱アレルゲン食品によって，ダイズアレルギー患者の栄養バランスの改善が図られることが期待される．

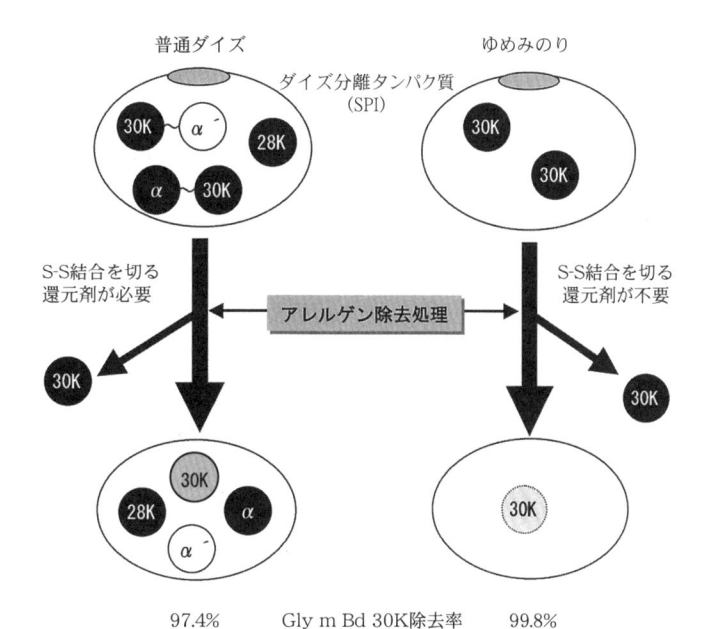

図3-5-5 ダイズ分離タンパク質（SPI）における ゆめみのり の低アレルゲン化処理の模式図
（注）1. ●：主要アレルゲンタンパク質．
2. ～：S-S（ジスルフィド）結合．

### (5) 高11Sダイズの加工適性

ゆめみのりは子実の粗タンパク質含有率が高く，11S グロブリン量，含硫アミノ酸量がこれまでのダイズに比べて極めて高い[26]（表3-5-2，表3-5-3，表3-5-4）．しかし，東北農業試験場刈和野試験地産のゆめみのりを原料とした生絞りによる豆腐加工試験では，豆乳の抽出率は低く，豆腐の破断強度は大きくならなかった[27]．また，加熱絞りでは呉の粘性が極めて高く，豆乳抽出率は著しく低下した（未発表）．他方，最近になって農業研究センター産のゆめみのりを原料とした場合には，生絞り法で問題なく豆腐製造ができることが明らかになった．これには栽培条件が影響していると推察されることから，原因解明を進めている．

## (6) まとめ

ゆめみのりは低アレルゲンダイズとして実用化される方向にある．一方，高11Sダイズとしての特性を生かした利用技術の知見も得られている．品種育成試験では，高11S・低アレルゲン系統の収量性等の農業特性の向上を目標に育成試験を進めている．また，ダイズアレルギー患者の最も多くが反応するアレルゲンGly m Bd 30 Kをもたないダイズ作出が望まれることから，突然変異育種法等により欠失変異作出を試みている．

他方，7Sグロブリンのサブユニットがすべて欠失したツルマメQT-2が九州農業試験場において見いだされた[4]．QT-2はフクユタカ等を用いた戻し交雑により実用的なレベルに達しつつある．QT-2の7S欠失性は優性遺伝し[5]，これまでの7Sグロブリンサブユニット変異とは異なる遺伝様式であることも明らかにされた．高11Sダイズの本格的利用を進めるためには，今後，成分や加工適性等におけるゆめみのりとQT-2の相違を明確にしていくことも重要であると思われる．

(高橋　浩司)

## 引用文献

1) Beachy, R. N. *et al*. *In vitro* synthesis of the α and α' subunits of the 7S storage proteins (conglycinin) of soybean seeds. Plant Physiol., 65, 990-994 (1980)

2) Coates, J. B. *et al*. Characterization of the subunits of β-conglycinin. Arch. Biochem. Biophys. 243 (1), 184-194 (1985)

3) Fukushima, D. Recent progress of soybean protein foods, Chemistry, Technology, and Nutrition. Food Reviews International. 7 (3), 323-351 (1991)

4) 羽鹿牧太ほか．ツルマメから得られた7Sタンパク質サブユニットの変異体．育雑．45 (別2), 243 (1995)

5) Hajika, M. *et al*. A new genotype of 7S globulin (β-conglycinin) detected in wild soybean (*Glycine soja* Sieb. et Zucc.). Japan. J. Breed., 46 (4), 385-386 (1996)

6) Iwabuchi, S., F. Yamauchi. Determination of glycinin and β-conglycinin in soybean proteins by immunological methods. J. Agric. Food Chem., 35 (2), 200-205 (1987)

7) 海妻矩彦・福井重郎．ツルマメ(*Glycine soja* Sieb. and Zucc)の種子たんぱく質および含硫アミノ酸量の系統間差異とその育種的意義．育雑., 24 (2), 65-72 (1974)

8) 海妻矩彦ほか．大豆(*Glycine max* Merrill)における蛋白質含量・含硫アミノ酸含量の品種間差異および遺伝力について．育雑., 24 (2), 81-87 (1974)

9) Kaizuma, N., S. Miura. Variations of seed protein percentage and sulfur-containing amino acid content among various leguminous species. Japan. J. Breed., 24 (3), 125-132 (1974)

10) 海妻矩彦．ダイズのタンパク質育種に関する基礎的研究．岩大農報, 12, 155-264 (1975)

11) 北川さゆりほか．γ線により誘発されたダイズ7Sタンパク質サブユニット欠失または激減形質およびその遺伝様式．育雑., 41 (別2), 460-461 (1991)

12) Kitamura, K. *et al*. Subunit structure of soybean 11S globulin. Agric. Biol. Chem., 40 (9), 1837-1844 (1976)

13) Kitamura, K., N. Kaizuma. Mutant strains with low levels of subunits of 7S globulin in soybean (*Glycine max* Merr.) seed. Japan. J. Breed., 31 (4), 353-359 (1981)

14) Koshiyama, I. Chemical and physical properties of a 7S protein in soybean globulins. Cereal Chem., 45, 394-404 (1968)

15) Ogawa, T. *et al*. Genetic improvement of seed storage proteins using three variant alleles of 7S globulin

subunits in soybean (*Glycine max* L.). Japan. J. Breed., 39 (2), 137-147 (1989)

16) Ogawa, T. *et al*. Investigation of the IgE-binding proteins in soybean by immunoblotting with the sera of the patients with atopic dermatitis. J. Nutr. Sci., Vitaminol. 37, 555-565 (1991)

17) Ogawa, T. *et al*. Soybean allerens and hypoallergenic soybean products.J. Nutr. Sci. Vitaminol. 46, 271-279 (2000)

18) 岡本 奨. 蛋白質皮膜と食品－湯葉の物性－. 化学と生物. 11 (7), 433-434 (1973)

19) Phan, T. H. *et al*. Specific inheritance of a mutant gene controlling $\alpha$, $\beta$-subunits-null of $\beta$-conglycinin in soybean (*Glycine max* (L.) Merrill) and observation of chloroplast ultrastructure of the mutant. Japan. J. Breed., 46 (1), 53-59 (1996)

20) Saio, K. *et al*. Food processing of soybean 11S and 7S proteins. Part I. Effect of difference of protein components among soybean varieties on formation of tofu-gel. Agric. Biol., Chem. 33 (9), 1304-1308 (1969)

21) Samoto, M. *et al*. Substantially complete removal of the 34 kD allergenic soybean protein, Gly m Bd 30 K, from soy milk of a mutant lacking the $\alpha$- and $\alpha'$-subunit of conglycinin. Biosci. Biotech. Biochem., 60 (11), 1911-1913 (1996)

22) Samoto, M. *et al*. Substantially comlete removal of three major allergenic soybean protein (Gly m Bd 30 K, Gly m Bd 28 K and the $\alpha$-subunit of conglycinin) from soy protein by using a mutant soybean, Tohoku 124. Biosci. Biotech. Biochem., 61 (12), 2148-2150 (1997)

23) Staswick, P. E. *et al*. Glycinin composition of several perennial species related to soybean (*Glycine canescens, Glycine tomentella, Glycine tabacina, Glycine clandestina*). Plant Physiol., 72 (4), 1114-1118 (1983)

24) Takahashi, K. *et al*. An induced mutant line lacking the $\alpha$-subunit of $\beta$-conglycinin in soybean (*Glycine max* (L.) Merrill). Breeding Science. 44 (1), 65-66 (1994)

25) Takahshi, K. *et al*. Inheritance of the $\alpha$-subunit deficiency of $\beta$-conglycinin in soybean (*Glycine max* L. Merrill) line induced by $\gamma$-ray irradiation. Breeding Science. 46 (3), 251-255 (1996)

26) 高橋浩司ほか. 7Sグロブリン $\alpha$, $\alpha'$ 欠失大豆の蛋白質の特性. 東北農業研究. 49, 89-90 (1996)

27) 高橋浩司ほか. 高11S大豆の豆腐加工. 東北農業研究. 51, 71-72 (1998)

28) 高橋浩司ほか. ダイズアレルゲンGly m Bd 28Kの遺伝様式と遺伝資源における変異. 育種学研究. 2 (別2), 161 (2000)

29) Thanh, V. H., K. Shibasaki. Beta-conglycinin from soybean proteins. Isolation and immunological and physicochemical properties of the monomeric forms. Biochim. Biophys. Acta. 490 (2), 370-384 (1977)

30) Thanh, V. H., K. Shibasaki. Major proteins of soybean seeds. Reconstitution of $\beta$-conglycinin from its subunits. J. Agric. Food Chem., 26, 695-698 (1978)

31) Wolf, W. J., D. R. Briggs. Ultracentifugal investigation on the effect of neutral salts on the extraction of soybean proteins. Arch. Biochem. Biophys., 63, 40-49 (1956)

32) 山内文男. 食品タンパク質の科学－大豆タンパク質の構造と機能特性－. New Food Indusutry. 22, 26-44 (1980)

33) 山内文男. 大豆蛋白質の構造と食品特性. 日食工誌. 41, 233-240 (1994)

## 2）ダイズ青臭みの除去

### (1) 緒言

ダイズの青臭みの原因は種子中に豊富に含まれるリノール酸などの不飽和脂肪酸をリポキシゲナーゼが酸化することによって生じるn-ヘキサナールを中心とするアルデヒド類であると考えられている[1,5,20]。

リポキシゲナーゼは熱に弱く，加熱することにより容易に失活するので，伝統食品の加工工程には必ず加熱工程が含まれている．しかし加工の過程で生じるアルデヒド類は閾値が低い上に，タンパク質と結合し，徐々に遊離してくるという性質を持っている[16]ため，青臭みは加熱処理だけでは完全には取り除けない．完全に青臭みをのぞくために，溶媒処理や酵素処理[16]が考案されているが，完全には青臭みを除去できなかったり，コストがかかることなどから実用化されていない．

### (2) リポキシゲナーゼ欠失ダイズの探索

加工法による青臭みの完全除去が困難なため，遺伝的なリポキシゲナーゼの除去が試みられた．通常，ダイズ種子中には最適pH，最適温度，分子量等の化学的性質が少しずつ異なる3種類のリポキシゲナーゼが含まれており，それぞれL-1，L-2，L-3と呼ばれている[2]．この三つのリポキシゲナーゼはSDS-ポリアクリルアミドゲル電気泳動（SDS-PAGE）[13]によって容易に区別できる（図3-5-6）．

1980年代に遺伝資源中から，L-1欠失ダイズ[8]を皮切りに，L-2欠失[3,14]，L-3欠失ダイズ[12]が次々に見つかり，これらの欠失変異がそれぞれ単一の劣性遺伝子により支配されていることが明らかになった[3,9,12,14]．これらの遺伝資源を交配し，L-1・L-3欠失系統（関東102号など），L-2・L-3欠失系統が育成された（ゆめゆたかなど）[4,13]が，完全欠失系統については，作出することができなかった．これはL-1とL-2の間には強い連鎖関係があるためと考えられた．

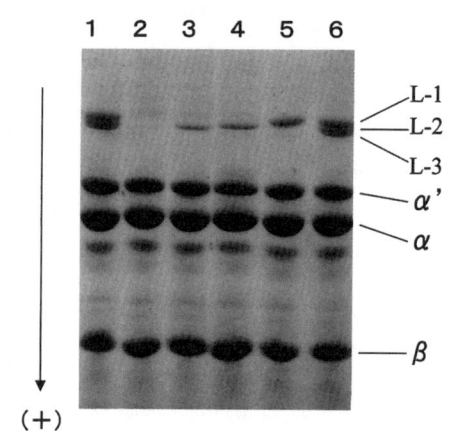

図3-5-6 リポキシゲナーゼアイソザイムのゲル電気泳動（SDS-PAGE）パターン
1, 6：スズユタカ（全有）
2：いちひめ（全欠）
3：ゆめゆたか（L-2・L-3欠）
4：関東102号（L-1・L-3欠）
5：九州119号（L-1・L-2欠）

この連鎖関係を打破するために，九州農試でL-2・L-3欠とL-1・L-3欠の交配後代にγ-線を照射して，突然変異を誘発することを試みた．1990年に照射後代（$M_3$）の種子を分析したところ，1,813粒の中から1粒の完全にリポキシゲナーゼを欠失した種子を世界で初めて見いだすことができた[6]．この系統と普通ダイズの交配からは，L-1・L-2欠失系統（九州119号）[7]も作出され，現在は3種類のリポキシゲナーゼの有無について，全ての組み合わせのタイプのダイズを育成することができようになった．

### (3) リポキシゲナーゼ完全欠失ダイズの育成と栽培特性

九州農試で育成された完全欠失系統は，1996年にいちひめとして農林登録を行うとともに，各地に適した新たな完全欠失品種の育成のために，フクユタカ，タマホマレ等の主要品種への戻し交配育種を進めた．

この際，選抜の効率化を図るため，電気泳動法（SDS-PAGE）に代えて，須田ら[17,19]が考案した

簡易検定法で選抜を行った．この選抜法は非常に簡便であり，電気泳動法が1日にせいぜい100〜200個体しか分析できないのに対し，数百〜千数百個体を検定することが可能であり，誤判定もほとんどなかった．

この結果，2000年にはフクユタカに戻し交配を行ったエルスターを農林登録するとともに，タマホマレに戻し交配した九州126号，エンレイに戻し交配した九州133号等の系統を作出することができた．

### (4) リポキシゲナーゼ欠失系統の栽培特性

1991年から1995年にかけて九州農業試験場においていちひめの生育および収穫物調査を行っ

表3-5-7　いちひめの生育および収穫物調査*

| 系統名または品種名 | 開花期 | 成熟期 | 主茎長 | 主茎節数 | 分枝数 | 倒伏 | 立枯れ | モザイク病 | 収量 | 対標比 | 百粒重 | 紫斑 | 褐斑 | 裂皮 |
|---|---|---|---|---|---|---|---|---|---|---|---|---|---|---|
| | (月日) | (月日) | (cm) | | (本) | | | | (kg/a) | (%) | (g) | | | |
| いちひめ | 7.26 | 10.1 | 36 | 11.7 | 4.1 | 少 | 無 | 無 | 27.4 | 96 | 21.8 | 少 | 無 | 中 |
| ゆめゆたか | 7.26 | 10.3 | 35 | 11.7 | 4.5 | 少 | 無 | 無 | 28.0 | 99 | 22.2 | 中 | 無 | 中 |
| 関東102号 | 7.27 | 10.4 | 35 | 11.7 | 4.8 | 無 | 無 | 無 | 27.9 | 98 | 22.5 | 微 | 無 | 中 |
| 九州119号 | 7.25 | 10.1 | 31 | 11.9 | 3.3 | 無 | 無 | 無 | 22.6 | (95) | 25.0 | 少 | 無 | 微 |
| スズユタカ | 7.26 | 10.3 | 33 | 11.5 | 4.6 | 微 | 無 | 無 | 28.4 | 100 | 23.0 | 中 | 無 | 中 |

(注)　* 九州農試における1991-1995年の平均値．1993年はさび病が多発し，子実の肥大が不十分となって極端に減収した．このため試験精度が低くなったので，平均値から除外した．また九州119号は1991年および1992年は同一条件下の試験を行っていないので，対標比は1994年および1995年のデータで算出してある．
　　スズユタカはいちひめその他の品種・系統の戻し交雑親．

た．いちひめの生育は戻し交配親のスズユタカに近い生育を示し，開花期，成熟期，ウイルス等の障害程度，主茎長，収量性等の実用上重要な形質に加え，カメムシ類，サヤタマバエ等の暖地におけるダイズの重要害虫による被害程度も変わらなかった（表3-5-7，表3-5-8）．

表3-5-8　リポキシゲナーゼ欠失ダイズの虫害程度（無防除下）（1993年）

| 品種名または系統名 | 被害莢率* | | | 無害莢率** |
|---|---|---|---|---|
| | カメムシ類 | サヤタマバエ | その他 | |
| いちひめ | 2.2 | 60.2 | 8.2 | 29.4 |
| ゆめゆたか | 4.2 | 52.5 | 11.1 | 32.1 |
| 関東102号 | 4.2 | 54.0 | 8.7 | 33.1 |
| 九州119号 | 6.8 | 43.6 | 9.9 | 39.7 |
| スズユタカ | 4.9 | 54.7 | 8.4 | 32.1 |
| エンレイ | 5.3 | 49.8 | 7.5 | 37.4 |

(注)　* 無防除下における調査全莢に対する被害莢の割合（%）
　　** 調査全莢に対する無被害莢の割合（%）

豆腐加工適性についても，タンパク含量や豆腐の硬さはスズユタカに比べやや低い数値となったが，大差はないと考えられた（表3-5-9）．

エルスター等，他の完全欠失品種・系統についても，栽培特性で普通品種と異なる点は見いだされていない

ダイズ種子中のリポキシゲナーゼの役割については，いまだに明確になっていない．しかし，リポキシゲナーゼは広く生物界に分布する酵素であり，ダイズでも種子以外に葉，胚軸等にも含まれている[10,11]．

ダイズ葉中のリポキシゲナーゼについては，耐病性，傷害耐性，発芽等との関連が報告されており，種子リポキシゲナーゼとは化学的性質や遺伝的性質が異なっていることが知られている[15]．今

表3-5-9 子実成分および豆腐加工適性試験

| 品種名または系統名 | 子実成分* | | 豆乳収量(g) | 豆乳固形分(%) | 豆乳比重(g/ml) | 豆腐の固さ**(g/cm$^2$) | 豆腐の色調*** | | |
|---|---|---|---|---|---|---|---|---|---|
| | タンパク(%) | 粗脂肪(%) | | | | | Y | x | y |
| いちひめ | 41.2 | 20.0 | 256.5 | 9.94 | 1.021 | 90.8 | 76.39 | 0.3311 | 0.3439 |
| ゆめゆたか | 42.6 | 19.4 | 258.1 | 9.86 | 1.022 | 92.0 | 76.45 | 0.3325 | 0.3464 |
| 九州119号 | 43.0 | 19.9 | 257.7 | 9.90 | 1.021 | 100.6 | 77.78 | 0.3305 | 0.3440 |
| スズユタカ | 42.4 | 19.4 | 256.5 | 10.15 | 1.023 | 100.3 | 77.58 | 0.3300 | 0.3426 |

* 粗タンパク含有率はケルダール法または近赤外分析法による分析値．N(%)×6.25で示す．また粗脂肪含有率は近赤外分析による．
** 豆腐加工適性試験　原料大豆50g, 25℃, 16時間浸漬, 6倍加水, 呉沸騰後5分加熱して豆乳を抽出．凝固剤はGDL 0.4%, 85℃, 1時間凝固．
*** 色調 Y(%)：明るさ（数字が大きいほど明るい），x：赤色の鮮やかさ（数字が大きいほど赤色が濃い），y：黄色の鮮やかさ，冴え（数字が大きいほど黄色が濃い）．

後これら他のリポキシゲナーゼの働きの解明や，同質遺伝子系統の詳細な検討を通じて，種子リポキシゲナーゼの役割についても解明が進むものと期待される．

(5) リポキシゲナーゼ欠失品種の利用法の開発

1992年から3年間，九州農試が中心となって，熊本県内の民間企業，大学および国公立研究機関が，リポキシゲナーゼ欠失ダイズを用いた新規食品開発の共同研究を行った[18]．この中では，豆乳，豆腐，味噌，納豆といった従来製品だけでなく，パン，大豆クッキー，大豆ハンバーグといった新しい製品の試作試験を行い，どのような場面でリポキシゲナーゼの欠失性が生かされるかが解明された．

この結果，リポキシゲナーゼ欠失性が生かされるのは，豆腐や豆乳のように水とともにダイズを磨砕する工程を含む食品であった．また，小麦粉などの不飽和脂肪酸を多く含む他の食材との混用により作成した大豆クッキーなどの食品でも同様にリポキシゲナーゼ欠失による風味改善効果があった．

一方，煮豆やきな粉のようにダイズを磨砕する前に加熱してリポキシゲナーゼを失活させる食品では欠失性は活かされなかった．

今後リポキシゲナーゼ欠失ダイズの利用研究が進めば，ダイズが食品としてより幅広く利用されるようになると期待される．

(6) 今後の課題

リポキシゲナーゼ欠失ダイズの栽培・利用上で特段大きな問題はこれまでのところ見いだされていないが，利用上の意外にやっかいな問題としては，普通ダイズとの分別が必要なことが挙げられる．

リポ欠ダイズは普通ダイズとは外見上の差はなく，収穫後に機械的に分別することはできない．また，リポキシゲナーゼは高い酵素活性を持つために，普通ダイズの混入量が少量でも影響は大きい．このため，普通ダイズの混入を完全になくす分別法を確立しなければならない．

混入原因としては，普通ダイズとの自然交雑や収穫・調製時の混入が考えられる．対策としては，圃場で容易に識別できるマーカーの付与（例えば白花化），定期的な種子更新，収穫機械や乾燥・調製機等の作業前清掃の徹底等があげられる．

今後，リポ欠ダイズを普及させていくためには，利用法の開発とともに種子の分別法の開発も不可欠である．

(羽鹿　牧太)

## 引用文献

1) Arai, S. *et al*. N-Hexanal and some volatile aicohols. Their distribution in row soybean tissue and formation in crude soy protein concentrate by lipoxygenase. Agric. Biol. Chem., 34, 1420-1423 (1970)
2) Axelrod, B. *et al*. Lipoxygenase from soybean. Methods Enzymol., 71, 441-451 (1981)
3) Davies, C. S. and Nielsen, N. C. Genetic analysis of a null allele for lipoxygenase-2 in soybean. Crop Sci., 26, 460-463 (1986)
4) Davies, C. S. and Nielsen, N. C. Registration of soybean germplasm that lacks lipoxygenase isozymes. Crop Sci., 27 (2), 370-371 (1987)
5) Fujimaki, M. *et al*. Studies on flavor components of soybeans. Part 1. Aliphatic carboyl compounds. Agric. Biol. Chem., 29, 855-863 (1965)
6) Hajika, M. *et al*. A line lacking all the seed lipoxygenase isozymes in soybean (*Glycine max* (L.) Merrill) induced by gamma-ray irradiation. Japan. J. Breed., 41, 507-509 (1991)
7) Hajika, M. *et al*. Genetic relationships among the genes for lipoxygenase -1, -2 and -3 isozymes in soybean (*Glycine max* (L.) Merrill) seed. Japan. J. Breed., 42 (4), 787-792 (1992)
8) Hildebrand, D. F. and Hymowitz, T. Two soybean genotypes lacking lipoxygenase-1. J. Am. Oil Chem. Soc., 58, 583-586 (1981)
9) Hildebrand, D. F. and Hymowitz, T. Inheritance of lipoxygenase-1 activity in soybean seeds. Crop Sci., 22, 851-853 (1982)
10) Kato, T. *et al*. Appearance of new lipoxygenases in soybean cotyledons after germination and evidence for expression of a major new lipoxygenase gene. Plant Physiol., 98 (1), 324-330 (1992)
11) 菊池彰夫ほか．大豆発芽種子におけるリポキシゲナーゼ活性の分布とその品種間差異日本作物学会東北支部会報, 32, 95-96 (1989)
12) Kitamura, K. *et al*. Genetic analysis of a null-allele for lipoxygenase-3 in soybean seeds. Crop Sci., 23, 924-927 (1983)
13) Kitamura, K. Biochemical characterization of lipoxygenase lacking mutants, L-1-less, L-2-less and L-3-less soybeans. Agric. Biol. Chem., 48, 2339-2346 (1984)
14) Kitamura, K. *et al*. Inheritance of lipoxygenase-2 and genetic relationships among genes for lipoxygenase-1, 2 and -3 isozymes in soybean seeds. Japan. J. Breed., 35, 413-420 (1985)
15) Mack, A. J. *et al*. Lipoxygenase isozymes in Higher plant, Biochemical properties and physiological role. Isozymes, Current Topics in Biological and Medical Research 13, 127-154 (1987)
16) 佐々木隆造・千葉英雄．大豆タンパク質の酵素的脱臭．化学と生物, 21, 536-543 (1983)
17) Suda, I. *et al*. Simple and rapid method for the selective detection of individual lipoxygenase isozymes in soybean seeds. J. Agric. Food. Chem., 3 (3), 742-747 (1995)
18) 須田郁夫編．過酸化脂質の少ない健全性に優れた大豆加工食品の開発．九州農業試験場, 138 P. (1995)
19) 須田郁夫ほか．大豆リポキシゲナーゼアイソザイムの簡易検出法．総合農業の新技術, 8, 70-74 (1995)
20) Wolf, J. W. Lipoxygenase and flavor of soybean protein products. J. Agric. Food Chem., 23, 136-141 (1975)

## 3) サポニンおよびイソフラボン配糖体成分の改良育種

### (1) 緒言

サポニンおよびイソフラボンを中心とする配糖体成分は，豆乳や豆乳ヨーグルトなどの加工利用上大きな問題となる不快味の原因であることから，除去する方向で検討されてきた．しかし，最近，抗腫瘍性などの薬理効果を持つ成分として注目を集めるようになってきた．このため，逆に増やす方向も検討する必要性が生じてきた．現在，これらの成分を加工技術の改良によって除去することや抽出・精製技術によって高めることは可能であるが，コスト面などの問題があることから遺伝的改変が望ましい．

配糖体成分の中で最も不快味が強いのは，ソヤサポゲノールAをアグリコンとして，アセチル化した糖を持つグループAアセチルサポニンである[8,12,21,23]．このサポニンは胚軸中にのみ存在し，Aa型～Af型の6種類が同定されている（図3-5-7）．二つ目はソヤサポゲノールBをアグリコンとするDDMPサポニンで，胚軸および子葉中に存在し，不快味はそれほど強くない．このサポニンはAIDSウイルス感染阻害[20]やEBV活性化阻害[14]などの生体防御機能が報告されている．

一方，イソフラボンの主たるものはダイジン，ゲニスチン配糖体であり，ダイズ子実中で不快味の強いマロニル基を付加した配糖体で存在し，$\beta$-グルコシダーゼの作用によって容易にそれらのアグリコンである咽喉刺激性の強いダイゼイン，ゲニステインとなる[15,16]（図3-5-8）．しかしながら，これらのイソフラボンも，多くの抗発癌作用[2,3,5,17,27]，抗酸化活性[19]，ファイトエストロゲン作用[1]，抗菌活性[18]などの報告がなされ，生体防御機能の観点から注目されている．

そこで，これらの各種配糖体成分の呈味性と機能性を効率よく利用するために，遺伝育種的な配糖

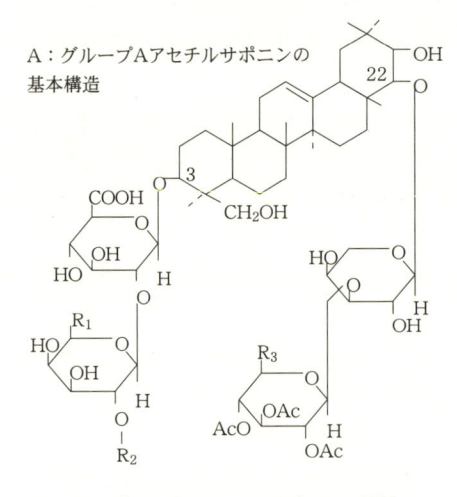

A：グループAアセチルサポニンの基本構造

B：グループAアセチルサポニンの種類
（上図の$R_1$～$R_3$に入る組成によって決定される）

| サポニン型 | $R_1$ | $R_2$ | $R_3$ | 代表的な品種 |
|---|---|---|---|---|
| Aa | $CH_2OH$ | $\beta$-D-glc | H | シロセンナリ |
| Ab | $CH_2OH$ | $\beta$-D-glc | $CH_2OAc$ | スズユタカ |
| Ac | $CH_2OH$ | $\alpha$-L-rha | $CH_2OAc$ | 御厨青 |
| Ad | H | $\beta$-D-glc | $CH_2OAc$ | 新4号 |
| Ae | $CH_2OH$ | H | H | 農林4号 |
| Af | $CH_2OH$ | H | $CH_2OAc$ | 御厨青 |

図3-5-7 グループAアセチルサポニンの基本構造(A)とその種類(B)

A：ダイズイソフラボン配糖体の基本構造

B：ダイズイソフラボン配糖体の種類*
（上図の$R_1$～$R_3$に入る組成によって決定される）

| 種類 | $R_1$ | $R_2$ | $R_3$ |
|---|---|---|---|
| ダイジン | H | H | H |
| 6″-O-アセチルダイジン | H | H | $COCH_3$ |
| 6″-O-マロニルダイジン | H | H | $COCH_2COOH$ |
| ゲニスチン | OH | H | H |
| 6″-O-アセチルゲニスチン | OH | H | $COCH_3$ |
| 6″-O-マロニルゲニスチン | OH | H | $COCH_2COOH$ |
| グリシチン** | H | $OCH_3$ | H |
| 6″-O-アセチルグリシチン** | H | $OCH_3$ | $COCH_3$ |
| 6″-O-マロニルグリシチン** | H | $OCH_3$ | $COCH_2COOH$ |

図3-5-8 ダイズイソフラボン配糖体の基本構造(A)とその種類(B)
　* 各アグリコン（ダイゼイン，ゲニステイン，グリシテイン）は，C-7位にOH基を持つものである．
　** 胚軸中にのみ存在する．

体成分の改良法が必要となってきた.

### (2) ダイズサポニンの遺伝的改良

**i) グループAアセチルサポニン欠失変異体の探索** 不快味が強い胚軸中のグループAアセチルサポニンの欠失変異体を栽培ダイズおよび野生ダイズからなる約千種以上の遺伝資源について探索した. その結果, 栽培ダイズのA-b(F), 野生ダイズのCol/熊本/1983/芹口-1およびCol/北海道/1991/島本-9の本サポニン欠失変異体を発見した[10,25,26]. A-b(F)およびCol/熊本/1983/芹口-1は, 各々, アセチル化した糖を持たないグループAサポニンおよびAf型がアセチル化されていないグループAサポニンを蓄積するものであることが明らかにされた(図3-5-9). また, Col/北海道/1991/島本-9は, アグリコンであるソヤサポゲノールA自身を欠失したものであることが明らかにされた.

**ii) グループAアセチルサポニン欠失性の遺伝様式** グループAアセチルサポニンは遺伝的に安定した形質であり, 栽培ダイズで一般的に見られるAa型とAb型は共優性関係($Sg$-$1^a$, $Sg$-$1^b$)にある[22]. A-b(F)由来のグループAアセチルサポニン欠失性は$Sg$-$1^a$および$Sg$-$1^b$

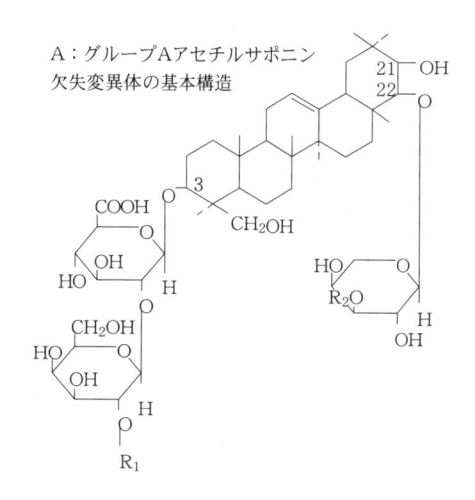

図3-5-9 グループAアセチルサポニン欠失変異体の基本構造(A)とその種類(B)
* Col/北海道/1991/島本-9は, C-21位にOH基を持つことを特徴とするソヤサポゲノールA(アグリコン)自身を欠失した変異体である.
** 普通型(Aa〜Af)は$R_2$にアセチル化した糖を持つ.

A:グループAアセチルサポニン欠失変異体の基本構造

B:グループAアセチルサポニン欠失変異体の種類*
（上図の$R_1$, $R_2$に入る組成によって決定される）

| 品種名 | $R_1$ | $R_2$** |
|---|---|---|
| A-b(F) | $\beta$-D-glc | H |
| Col/熊本/1983/芹口-1 | H | $\beta$-D-gal |

表3-5-10 A-b(F)×シロセンナリおよびA-b(F)×スズユタカから得られた$F_2$種子の胚軸中グループAアセチルサポニンの有無に関する分離[10]

| 交配組合せ | 表現型 | 観測種子数 | 期待種子数 | $\chi^2$値 (3:1) | 確率 |
|---|---|---|---|---|---|
| A-b(F)×シロセンナリ | Aa | 146 | (145.5) | 0.007 | >0.93 |
| (-) | (Aa) | 48 | (48.5) | | |
| A-b(F)×スズユタカ | Ab | 137 | (142.5) | 0.849 | >0.35 |
| (-) | (Ab) | 53 | (47.5) | | |

に対立する単一劣性遺伝子($sg$-$1$)によって支配されていることが明らかにされた[10](表3-5-10). また, Col/熊本/1983/芹口-1およびCol/北海道/1991/島本-9由来のグループAアセチルサポニン欠失性は, 各々, アセチル化およびソヤサポゲノールAの有無に関する単一劣性遺伝子によって支配されている可能性が示された[9,11].

**iii) グループAアセチルサポニン欠失ダイズ品種の開発** 東北農業試験場刈和野試験地では, 農林水産省の新需要創出プロジェクト(1991〜2000年)において, 遺伝的にサポニン配糖体成分の低減化したダイズ品種の開発を目標とする研究を行ってきた. その中で, これまでに見出されたグループAアセチルサポニン欠失性を実用品種に導入し, $F_7$〜$F_8$世代でA-b(F)由来の欠失性を持つ刈系649号〜刈系653号の5系統とCol/北海道/1991/島本-9由来の欠失性を持つ刈系654号〜刈系657号の4系統を育成している. これらの系統の生育および収量は普通品種並であり, 特に

表 3-5-11　九州および東北地域において標準播栽培された 5 品種のイソフラボン含量 (Kitamura ら, 1990)[13]

| 品種名 | 栽培場所 | イソフラボン含量 (mg/100g ダイズ全粒種子粉中)* | | | |
| --- | --- | --- | --- | --- | --- |
| | | ダイジン | ゲニスチン | マロニルダイジン | マロニルゲニスチン |
| コガネダイズ** | 九州*** | 5.32 ± 0.77 | 5.25 ± 0.45 | 33.46 ± 0.93 | 26.99 ± 0.81 |
| ヒゴムスメ** | 九州*** | 3.05 ± 0.13 | 3.92 ± 0.42 | 24.95 ± 0.29 | 24.14 ± 1.21 |
| 改良白目** | 九州*** | 8.41 ± 1.34 | 8.97 ± 1.22 | 40.22 ± 1.86 | 47.29 ± 1.78 |
| スズユタカ | 東北**** | 37.99 ± 0.35 | 43.54 ± 0.08 | 145.50 ± 2.55 | 134.45 ± 0.95 |
| Lee | 東北**** | 50.78 ± 0.17 | 63.71 ± 0.38 | 186.29 ± 2.27 | 193.74 ± 1.17 |

(注) *2反復平均±S.D., **夏ダイズ品種, ***九州農業試験場 (熊本), ****東北農業試験場 (刈和野)

問題となるような生理的な生育不良や異常は認められていない．また，豆乳の官能評価の結果，比較品種に比べて収斂味が減っていることが認められた．加えて，刈系 651 号〜刈系 657 号の 7 系統は，リポキシゲナーゼの全欠失性を合わせ持つことから青臭みがない．このため，新たな加工利用素材として期待が大きい．

### (3) ダイズイソフラボンの遺伝的改良

ⅰ) 低イソフラボン含量変異体の探索　イソフラボンの大部分は子葉中に存在し，ダイズタンパク質の抽出時にタンパク質とともに溶出することから，加工処理による不快味の低減化は困難である．ダイズ品種の子葉中の低イソフラボン含量変異体を数百種のダイズ遺伝資源で探索した．その結果，九州地方の夏ダイズであるコガネダイズ，ヒゴムスメ，改良白目に著しくイソフラボン含量が低下した品種を見出した[13] (表 3-5-11)．しかし，晩播栽培で従来品種並にまで増加することから，イソフラボン含量は何らかの環境要因により変化する可能性が示された．

ⅱ) イソフラボン含量に影響を及ぼす環境要因　子葉中のイソフラボン含量は栽培年次，栽培場所などの環境条件によって大きく変動することが指摘されていた[6,28]．しかし，その要因解明までには至っていない．Tsukamoto らは，ファイトトロンを用い，登熟期の温度条件を変えた試験でイソフラボン含量の変異を調べた．その結果，高温条件がイソフラボン含量を低下させる大きな要因であることが明らかにされた[24] (表 3-5-12)．

他方，子葉中のイソフラボン含量と成熟期の間には相関がないとの報告もある．すなわち，同一時期に成熟に達するダイズのイソフラボン含量に大きな品種間差異が認められる．また，登熟期が高温条件になりやすいブラジルにおいても，全ての品種が低イソフラボン含量になるわけではない[4]．さらに，栽培年次や栽培場所などの環境変異のみならず，遺伝子型およびそれらの交互作用がある

表 3-5-12　イソフラボン含量に及ぼす品種および登熟中の温度の影響 (Tsukamoto ら, 1995)[24]

| イソフラボン組成 | イソフラボン含量 (mg/100g ダイズ全粒種子粉中)* | | | | | |
| --- | --- | --- | --- | --- | --- | --- |
| | ヒゴムスメ 高温区 | ヒゴムスメ 低温区 | コガネダイズ 高温区 | コガネダイズ 低温区 | スズユタカ 高温区 | スズユタカ 低温区 |
| ダイジン | 0.6 ± 0.1 | 7.7 ± 1.7 | 0.9 ± 0.6 | 10.2 ± 1.8 | 1.5 ± 0.4 | 6.1 ± 2.2 |
| ゲニスチン | 1.6 ± 0.2 | 11.9 ± 2.7 | 1.1 ± 0.6 | 15.0 ± 1.5 | 1.9 ± 0.3 | 10.2 ± 3.8 |
| マロニルダイジン | 3.5 ± 1.7 | 47.5 ± 8.7 | 3.5 ± 0.5 | 69.0 ± 10.3 | 1.8 ± 0.0 | 60.2 ± 15.0 |
| マロニルゲニスチン | 5.2 ± 2.0 | 81.1 ± 8.7 | 5.2 ± 1.4 | 100.7 ± 5.1 | 4.1 ± 0.6 | 80.3 ± 9.6 |
| 総量 | 10.9 ± 3.9 | 148.3 ± 21.8 | 10.7 ± 3.1 | 194.9 ± 15.1 | 9.4 ± 0.8 | 156.8 ± 29.9 |

(注) *3反復平均±S.D.

ことが示されている[7].

iii）**高イソフラボン含量変異体の探索**　ダイズの呈味性の点では低イソフラボン含量品種が望ましい．しかし，薬理効果では高イソフラボン含量品種に関心が集まっている．東北農業試験場刈和野試験地では，農林水産省の新用途畑作物プロジェクトおよび転作作物プロジェクト（1996～2001年）において，機能性および嗜好性向上のためのイソフラボン含量に関する育種法の開発に取り組んでいる．その中で，ダイズ品種の子葉中の高イソフラボン含量変異体を数百種のダイズ遺伝資源で探索した．その結果，Col/秋田/1994/菊池-1，刈系35号，Adamsなど安定してイソフラボン含量が高い系統を見出すとともに，これらの高イソフラボン系統を片親に用いた人工交配と後代検定を行うことによって遺伝子様式を明らかにしつつある．

**（4）まとめ**

サポニンおよびイソフラボン配糖体成分の研究は比較的新しい分野であり，その遺伝育種も研究途上にある．これらの育種研究のきっかけは，当初，ダイズ加工食品の呈味性向上のための遺伝的低減化であった．その後，これらの配糖体成分による薬理作用が続々と明らかになってきたことから，遺伝的増加も研究する必要が生じてきた．これまでに育成されてきたリポキシゲナーゼ全欠失性とグループAアセチルサポニン欠失性を兼ね備えたダイズ系統は，新たな加工利用を創造し，ダイズ食文化圏を世界に広げる可能性となる素材である．他方，イソフラボンを中心とした生体防御機能に関するさらなる知見と高含量育種素材の作出は，今後，世界的なダイズの消費拡大に貢献するであろう．

（菊池　彰夫）

## 引用文献

1) Adlercreutz, H., T. Fotsis, C. Bannwart, K. Wähälä, T. Mäkelä, G. Brunow and T. Hase. Determination of urinary ligans and phytoestrogen metabolites, potential antiestrogens and anticarcinogens, in urine of women on various habitual diets. J. Steroid Biochem., 25, 791-797 (1986)

2) Akiyama, T., J. Ishida, S. Nakagawa, H. Ogawara, S. Watanabe, N. Itoh, M. Shibuya and Y. Fukami. Genistein, a specific inhibitor of tyrosine protein kinases. J. Biol. Chem., 262, 5592-5595 (1987)

3) Caragay, A. B. Cancer preventive foods and ingredients. Food Technol., 4, 65-68 (1992)

4) Carrão-Panizzi, M. C. and K. Kitamura. Isoflavone content in Brazilian soybean cultivars. Breeding Sci., 45, 295-300 (1995)

5) Coward, L., N. C. Barnes, K. D. R. Setchell and S. Barnes. Genistein, daidzein, and their $\beta$-glycoside conjugates: antitumor isoflavone in soybean foods from American and Asian diets. J. Agric. Chem., 41, 1961-1967 (1993)

6) Eldridge, A. C. and W. F. Kwolek. Soybean isoflavones : effect of the environment and variety on composition. J. Agric. Food Chem., 31, 394-396 (1983)

7) Hoeck, J. A., W. R. Fehr, P. A. Murphy and G. A. Welke. Influence of genotype and environment on isoflavone contents of soybean. Crop Sci., 40, 48-51 (2000)

8) Iijima, M., K. Okubo, F. Yamauchi, H. Hirono and M. Yoshikoshi. Effect of glycosides like saponin on vegetable food processing. Part II. Undesirable taste of glycosides like saponin. Proc. Intl. Sypm. on New Technology of Vegetable Proteins, Oils, and Starch Processing. Beijing 2, 109-123 (1987)

9) 菊池彰夫．野生大豆との交配による子実成分の改良．野生大豆に関するシンポジウム講演要旨集．3 (1992)

10) Kikuchi, A., C. Tsukamoto, K. Tabuchi, T. Adachi and K. Okubo. Inheritance and characterization of a

null allele for group A acetyl saponins found in a mutant soybean (*Glycine max* (L.) Merrill). Breeding Sci., 49, 167-171 (1999)

11) 菊池彰夫・塚本知玄・島本義也・田渕公清・吉城由美子・足立大山・大久保一良. ダイズサポニンの質的改良に関する研究 2. 異なるグループAサポニンの遺伝的関係について. 育雑, 44 (別1), 206 (1994)

12) Kitagawa, I., T. Taniyama, Y. Nagahama, K. Okubo, F. Yamauchi and M. Yoshikawa. Saponin and sapogenol. XLII. Structures of acetyl-soyasaponins $A_1$, $A_2$, and $A_3$, astringent partially acetylated bisdesmosides of soyasapogenol A, from American soybean, the seeds of *Glycine max* Merrill. Chem. Pharm. Bull., 36, 2819-2828 (1988)

13) Kitamura, K., K. Igita, A. Kikuchi, S. Kudou and K. Okubo. Low isoflavone content in some early maturing cultivars, so-called "summer-type soybean" (*Glycine max* (L.) Merrill). Japan. J. Breed., 41, 651-654 (1991)

14) Konoshima, T. and M. Kozuka. Constitutions of Leguminous plants, XIII. New triterpenoid saponins from *Wisteria brachybotrys*. J. Nat. Prod., 54, 830-836 (1991)

15) Matsuura, M., A. Obata and D. Fukushima. Objectionable flavor of soymilk developed during the soaking of soybeans and its control. J. Food Sci., 54, 602-605 (1989)

16) Matsuura, M. and A. Obata. $\beta$-glucosidases from soybeans hydrolyze daidzin and genistin. J. Food Sci., 58, 144-147 (1993)

17) Messina, M. and S. Barnes. The role of soy products in reducing risk of cancer. J. Natl. Cancer Inst., 83, 541-546 (1991)

18) Naim, M., B. Gestetner, S. Zilkah, Y. Birk and A. Bondi. Soybean isoflavones. Characterization, determination and antifungal activity. J. Agric. Food Chem., 22, 806-810 (1974)

19) Naim, M., B. Gestetner, A. Bondi and Y. Birk. Antioxidative and antihemolytic activity of soybean isoflavones. J. Agric. Food Chem., 24, 1174-1177 (1976)

20) Nakashima, H., K. Okubo, Y. Honda, T. Tamura, S. Matsuda and N. Yamamoto. Inhibitory effect of glycosides like saponin from soybean on the infectivity of HIV *in vitro*. AIDS 3, 655-658 (1989)

21) Okubo, K., M. Iijima, Y. Kobayashi, M. Yoshikoshi, T. Uchida and S. Kudou. Components responsible for the undesirable taste of soybean seeds. Biosci. Biotech. Biochem., 56, 99-103 (1992)

22) Shiraiwa, M., F. Yamauchi, K. Harada and K. Okubo. Inheritance of "group A saponin" in soybean seed. Agric. Biol. Chem., 54, 1347-1352 (1990)

23) Taniyama, T., Y. Nagahama, M. Yoshikawa and I. Kitagawa. Saponin and sapogenol. XLIII. Acetyl-soyasaponins $A_4$, $A_5$ and $A_6$, new astringent bisdesmosides of soyasapogenol A, from Japanese soybean, the seeds of *Glycine max* Merrill. Chem. Pharm. Bull., 36, 2829-2839 (1988)

24) Tsukamoto, C., S. Shimada, K. Igita, S. Kudou, M. Kokubun, K. Okubo and K. Kitamura. Factors affecting isoflavone content in soybean seeds: changes in isoflavones, saponins, and composition of fatty acids at different temperatures during seed development. J. Agric. Food Chem., 43, 1184-1192 (1995)

25) Tsukamoto, C., A. Kikuchi, K. Harada, K. Kitamura and K. Okubo. Group A acetyl saponin-deficient mutant from the wild soybean. Phytochemistry 31, 4139-4142 (1992)

26) 塚本知玄・菊池彰夫・島本義也・金　鎮馨・原田久也・海妻矩彦・大久保一良. 大豆種子サポニン成分多型性の地理的頻度分布並びにソヤサポゲノールA欠失変異体の同定. 育雑, 43 (別2), 161 (1993)

27) Xu, X., H. J. Wang, P. A. Murphy, L. Cook and S. Hendrich. Daidzein is a more bioavailable soymilk isoflavone than is genistein in adult women. J. of Nutrition 124, 825-832 (1994)

28) Wang, H. and P. A. Murphy. Isoflavone compotision of American and Japanese soybeans in Iowa: effects of variety, crop year, and location. J. Agric. Food Chem., 42, 1674-1677 (1994)

## 4) 用途別加工適性

### (1) 緒 言

　国産ダイズは，豆腐，納豆，味噌，煮豆など伝統食品の原料として高く評価されてきた．しかし，近年，外観品質の向上や高タンパク質化など輸入ダイズの品質改善が図られていることから，国産ダイズには一層の高品質化がもとめられている．また，コメの生産調整や食料自給率向上の施策により増産が見込まれることから，需要拡大のために加工適性が高く商品性に優れる品種の開発に期待が寄せられている．

　ここでは，長野県中信農業試験場（以下，中信農試と略す）における加工適性改善の取り組みを紹介するとともに，今後の課題を考察する．

### (2) 外観品質と加工適性

　i) 粒大　煮豆原料は外観品質が重要視されるため，大粒の日本品種が適している．また，極大粒の煮豆用黒豆原料に該当する品種が，輸入ダイズにはほとんどない．大粒品種は子実に占める種皮の割合（種皮率）が低く，製造過程でダイズが粉砕される豆腐や味噌加工にも有利である．したがって，輸入ダイズとの差別化や加工適性の向上という点から，大粒化は重要な育種目標のひとつといえる．

　粒大の遺伝率は比較的高く評価も容易なため，大粒選抜は育成初期世代から可能である．個体ごとの粒重測定が困難な集団選抜世代では，篩選を行う．通常，直径7.9 mmの篩目を通過する子実を除外するが，大粒割合が高い場合は，次世代集団の規模が確保できる範囲でより大きな篩目を用いた強選抜とする．系統選抜世代では観察と粒重測定による選抜を繰り返す（表3-5-13）．1959～1997年に中信農試で育成した品種・地方名系統の約70%が百粒重31 gを越える大粒で，近年育成された品種・系統では百粒重40 g以上の極大粒も多くなっている（図3-5-10）．

　小粒が原料の大部分を占める納豆では，極小粒ダイズ（百粒重10 g未満）が好まれる．納豆小粒を改良した小粒品種が各育成地で開発されてきたが，極小粒の輸入ダイズが納豆用として粒大面で優っている．中信農試で育成したすずこまち（納豆小粒/タチユタカ）は，百粒重が約15 gと粒がや

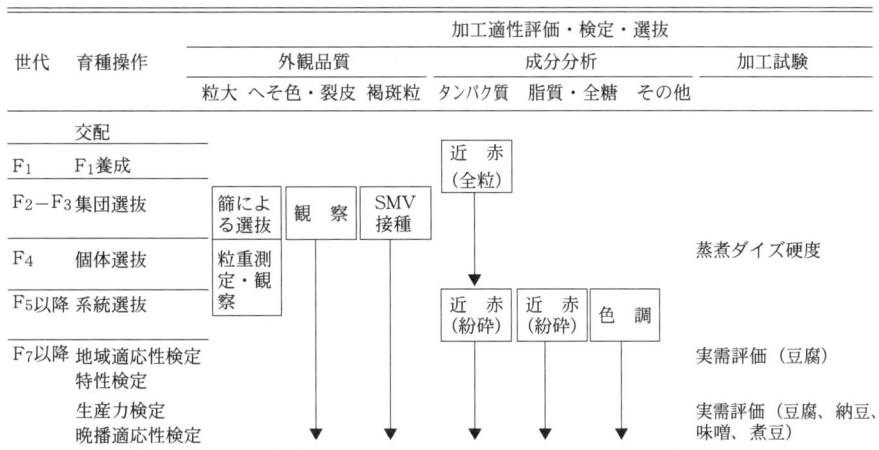

表3-5-13　育成世代ごとの加工適性関連形質の評価，検定および選抜（中信農試）

| 世代 | 育種操作 | 加工適性評価・検定・選抜 | | | | | | |
|---|---|---|---|---|---|---|---|---|
| | | 外観品質 | | | 成分分析 | | | 加工試験 |
| | | 粒大 | へそ色・裂皮 | 褐斑粒 | タンパク質 | 脂質・全糖 | その他 | |
| | 交配 | | | | | | | |
| $F_1$ | $F_1$養成 | | | | 近赤(全粒) | | | |
| $F_2$-$F_3$ | 集団選抜 | 篩による選抜 | 観察 | SMV接種 | | | | |
| $F_4$ | 個体選抜 | 粒重測定・観察 | | | | | | 蒸煮ダイズ硬度 |
| $F_5$以降 | 系統選抜 | | | | 近赤(粉砕) | 近赤(粉砕) | 色調 | |
| $F_7$以降 | 地域適応性検定 特性検定 | | | | | | | 実需評価（豆腐） |
| | 生産力検定 晩播適応性検定 | | | | | | | 実需評価（豆腐，納豆，味噌，煮豆） |

や大きいため，極小粒の輸入ダイズとの差別化製品の開発が検討されている．

ⅱ）へそ色　製品の外観が重視される煮豆と納豆では，いわゆる白目品種が要望される．また，味噌でも着色したへそは異物の混入と誤解されるため，白目が好まれる．

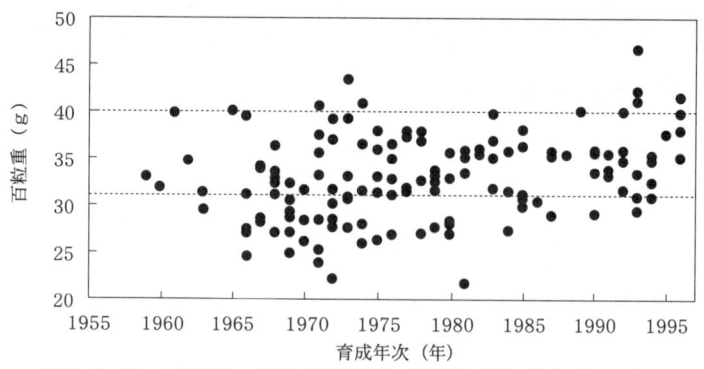

図3-5-10　中信農試で育成した品種および地方名系統の粒大（1997年）

エンレイ，タマホマレの育成では，それぞれ黒目品種農林2号，Leeが母本に用いられたが，初期の集団（$F_2$，$F_3$世代）から強選抜がくり返され，白目化に成功している．中信農試でこれまで育成した品種は，有色品種を除き，全て白目である．近年は白目どうしの交配が多いこともあり，へそ色の選抜は容易となっている．

ⅲ）障害粒　褐斑粒はへそ色と同様，煮豆と納豆の外観を低下させる．褐斑粒はウイルス病により発生し，温暖地ではダイズモザイクウイルス（SMV）が主な病原である．SMVには，A〜Eの五つの病原系統が存在する[9]．エンレイはSMV-A，B抵抗性を有し，褐斑粒の発生が少ない良質ダイズとして普及したが，1980年頃からウイルス病が目立ちはじめ，1984年には生産力検定試験で褐斑粒が大量に発生した．長野県内の一般ダイズ栽培でも褐斑粒による品質低下から，1980年代中頃以降エンレイの作付面積が激減した．エンレイの褐斑粒発生の原因がSMV-Cであることが明らかとなり[7]，抵抗性強化のため病原ウイルスの接種検定が導入された．1991年に育成されたSMV抵抗性品種アヤヒカリは，選抜過程で接種検定が実施されている．以降，ほとんどの品種・系統にSMV-A〜D抵抗性が付与され，外観品質の向上が図られている．

裂皮粒は製品の外観品質を低下させるだけでなく，吸水速度が健全粒より早いため，蒸煮ダイズの硬さ不揃いの原因となる[10]．また，浸漬中に固形分が溶出しやすく，子実成分の損失が豆腐加工上問題となる．裂皮粒の発生には品種間差異があり，観察や検定により発生の少ない系統を選抜し高品質化を図ってきた．裂皮粒は子実が大粒化する栽培条件で発生が多くなる．そこで，裂皮検定では，個体当りの総莢数が決定する開花後30〜50日に莢の半数を取り除き，着莢数制限処理で大粒化を促進した．裂皮が比較的多いミスズダイズに同様の処理を行い，発生した裂皮粒割合の比較から裂皮発生の難易を判定する評価法を確立し，選抜に利用した[12]．

（3）子実の成分と組成

伝統的食品の多くは，子実の主成分であるタンパク質，脂質，糖質を利用しており，子実成分は加工適性を左右する極めて重要な要因である．

ⅰ）タンパク質含量　豆腐加工には，豆腐歩留りが高く，品質が安定し，食味の良いことが要望される．タンパク質含量は，豆乳中固形分抽出率と正の相関があり[8]，豆腐収率や凝固性，物性に影響することから，高タンパク質化は豆腐加工適性向上のための重要な育種目標である．ただし，タンパク質含量50％程度の極端な高タンパク質化は，収量性，食味あるいは製造上の操作性を犠牲とするので，豆腐原料として実需評価の高いエンレイ，フクユタカ並に，タンパク質含有率が42〜45％の品種育成が現実的といえる．エンレイを交配親にした組み合わせからは，エンレイ並に高タンパク質のアヤヒカリ，タンパク質含量はエンレイよりやや低いが豆腐加工適性は同程度に優れるオオツル，ほうえん，すずこがね，あやこがねなどが育成された（表3-5-14）．これら品種は，すでに

5. 成分・品質の遺伝的改良

表3-5-14 エンレイを母本にして中信農試で育成した豆腐好適品種

| 品種名 | 育成年次 | 交配組み合わせ | タンパク質[1] (%) | 奨励品種等の採用県[2] |
|---|---|---|---|---|
| エンレイ | 1971年 | 農林2号/東山6号（シロメユタカ） | 42.8 | 長野, 群馬, 埼玉, 新潟, 石川, 福井, 富山, 山梨, 京都, 茨城, 滋賀, 島根, 静岡, 鳥取 |
| オオツル | 1988年 | 東山80号/エンレイ | 41.7 | 群馬, 山梨, 三重, 滋賀, 京都 |
| アヤヒカリ | 1991年 | エンレイ/東北53号 | 42.5 | （長野） |
| ほうえん | 1997年 | 東山124号（ホウレイ）/エンレイ | 40.9 | 長野 |
| すずこがね | 1998年 | 東山124号（ホウレイ）/エンレイ | 41.8 | 鳥取 |
| あやこがね | 1999年 | 東山124号（ホウレイ）/エンレイ | 41.6 | 宮城, 新潟, 福井 |

(注) 1. 生産力検定試験における近赤外分析測定値 (1997～2001年の平均値).
2. 2001年現在の採用県. ( ) 内は2000年までの採用.

次世代の高タンパク質系統の育成に利用されている．品種にはならなかった東山145号，東山155号の組み合わせからも多くの優良系統が選抜され，特に，高タンパク質系統東山155号の後代には高タンパク質な地方名系統が多い（図3-5-11）．エンレイは，東北農業試験場のハタユタカ，九州農業試験場のサチユタカの母本としても用いられた．

ii) **タンパク質組成** ダイズ貯蔵タンパク質の大半を占める7Sタンパク質（主成分β-コングリシニン）と11Sタンパク質（グリシニン）[3]の豆腐加工適性は，大きく異なる．糖タンパク質のβ-コングリシニンは，糖に含まれるOH基の親水性が豆腐に柔軟性，付着性，保水性をもたらし[16]，含硫アミノが多いグリシニンは凝集性と弾力性に富み，豆腐のゲル強度，ゲル形成速度に大きな影響を及ぼす[16]．分離精製した7S，11Sタンパク質混合液から製造した加熱ゲルでは，11S成分が多いとゲル強度が高くなることが明らかにされた[4,6]．β-コングリシニンを構成する三つのサブユニットα，α′，βのうちα，α′を欠失する低7S系統（図3-5-12）と，グリシニンサブユニット群I，IIを欠失する低11S系統（図3-5-12）から抽出した豆乳の混合液でも，7S，11Sタンパク質混合液と同様の結果が得られた（図3-5-13）．サブユニット欠失性を利用して7S/11Sタンパク質比を変化させることにより，豆腐の物性を大きく改変できることが明らかになった[11,14]．タンパク質の組成改変により加工適性を改善しようとする取り組みも始まっている．

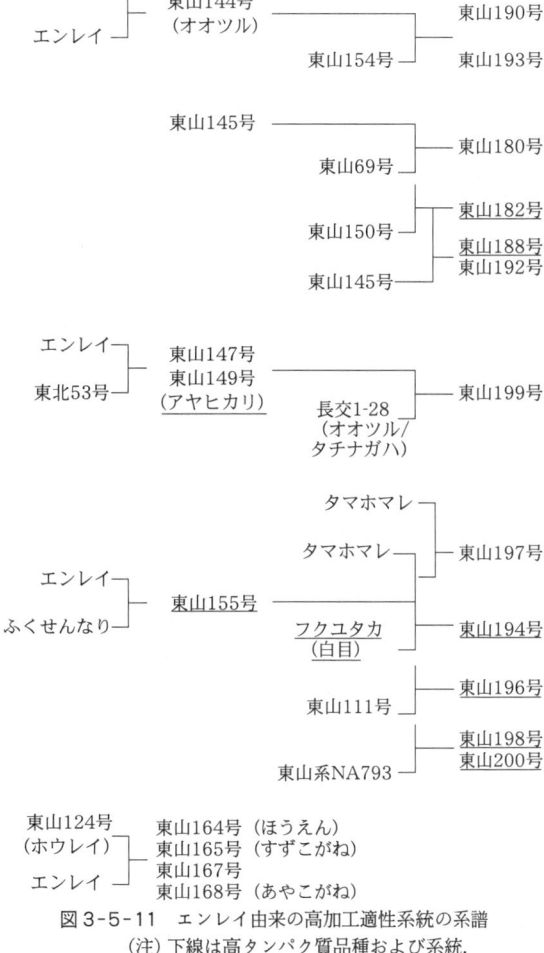

図3-5-11 エンレイ由来の高加工適性系統の系譜
(注) 下線は高タンパク質品種および系統.

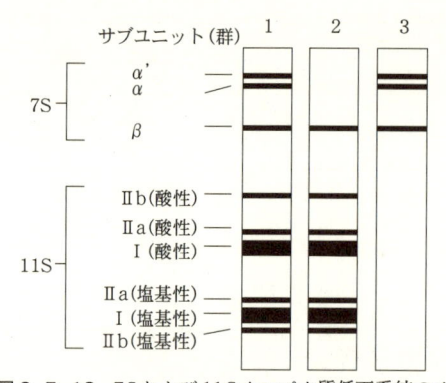

図 3-5-12 7Sおよび11Sタンパク質低下系統のサブユニット組成

(注) 正常型(レーン1),7S低下系統(レーン2),11S低下系統(レーン3)のタンパク質電気泳動パターンを模式図で示した.

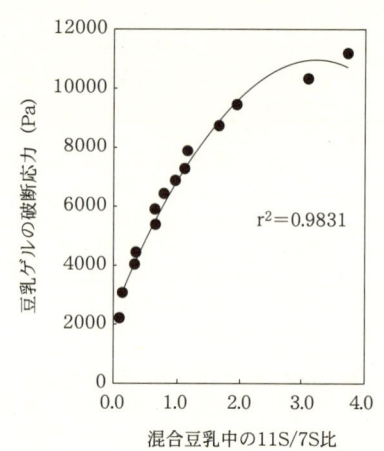

図 3-5-13 低7Sおよび低11Sの混合豆乳中の7S,11Sタンパク質比率とゲルの硬さ

表 3-5-15 全糖含量の高い小糸在来を母本として中信農試で育成した品種

| 品種名 | 育成年次 | 交配組み合わせ | 子実成分含有率 (%)* | | |
|---|---|---|---|---|---|
| | | | タンパク質 | 脂質 | 全糖 |
| 小糸在来 | | (千葉県の在来種) | 37.9 | 18.0 | 28.9 |
| さやなみ | 1997年 | 東山95号(タマホマレ)/小糸在来 | 38.2 | 21.0 | 24.4 |
| タママサリ | 1998年 | 東山122号/小糸在来 | 38.5 | 20.0 | 24.6 |
| タマホマレ | 1980年 | Lee/東山7号(フジミジロ) | 39.8 | 19.9 | 23.7 |

(注) *中信農試における近赤外分析法での測定値(1997年).

iii) **糖質** 全糖および遊離型全糖は煮豆の味と硬さに関与し,特に,ショ糖含量が高い品種は食味に優れ,煮豆原料として好まれる.全糖含量が高いダイズは,吸水性・保水性に優れ蒸煮ダイズが軟らかくなりやすい.このことは,煮豆,味噌加工でも重要な特性である[1].豆腐では,糖質が高くタンパク質が低い品種が良食味となる場合が多く,炭水化物が多いと豆腐官能評価が良くなる傾向がある[2].

全糖含量が高く煮豆,味噌用に利用されていた千葉県の在来種小糸在来を用い,タマホマレより全糖含量の高いさやなみ,タママサリが育成された(表3-5-15).

iv) **脂質** 脂質と豆乳固形物抽出率との間には正の相関関係があり,また,脂肪の多い原料からは色調の明るい豆腐が製造される[8].豆乳ゲル化過程で脂肪球が核となり,その周辺にタンパク質粒子が凝集・結合することが明らかにされた[5]ことから,豆腐製造における脂肪の重要性が再認識されている.

(4) 加工適性の評価・選抜の実際

分析機器,測定機器の改良により,育種現場での加工適性の評価が容易となり,系統の選抜にも反映されるようになってきた.

i) **子実成分の測定** 近赤外分析装置の導入は,育種現場における迅速な成分測定と初期世代からの選抜を可能にした.種子を粉砕することのできない$F_1$養成個体,混合種子を扱う集団選抜世代,種子量が少なく扱う個体数が多い個体選抜世代では,子実成分の非破壊測定が極めて有効である.

中信農試では近赤外分析により，タンパク質，脂質，全糖を測定し，成分選抜に利用している（表3-5-10）．特に，豆腐加工適性で重要なタンパク質については，近赤外非破壊全粒分析法を開発し[15]，粉砕試料測定と同程度の精度の測定を可能にした．全粒分析法に必要な種子は約50gで，原スペクトル3波長検量線で測定する場合，1試料の測定に要する時間は，詰め替え作業を含めて1分以内と短い．

$F_1$養成個体から得られる種子は同一個体内で遺伝的に分離しているが，個体間にはタンパク質含量に差がないとみるのが妥当である．しかし，戻し交配や多系交配では$F_1$個体間にもタンパク質含量に差が生じるので，評価・選抜の対象となる．集団選抜（$F_2$，$F_3$世代）では，成熟期群ごとに等莢採取した混合種子のタンパク質含量が全粒法で分析され，同一組み合わせの成熟期群間にタンパク質含量に差異がある場合は，高タンパク質個体の出現頻度を高める目的で，より高タンパク質な集団の規模を大きくしている．個体選抜（$F_4$世代）でも，1個体ごとに全粒分析で測定されたタンパク質含量が，品質選抜の指標として利用される．系統選抜（$F_5$世代）以降には粉砕試料を用いた分析が適用され，タンパク質のほかに脂質，全糖が測定される．

ii）**色調の測定** 原料ダイズの色調（赤み，黄み）と蒸煮ダイズの色調には正の相関がある．また，味噌の色調にも影響があるため，明るさ（Y%）および赤み（x値）と黄み（y値）のバランスが重要視される．原料ダイズの色調は，豆腐，納豆および煮豆の加工適性評価にも有益な情報となるので，近赤外分析後の粉砕試料の色調を色差計で測定し，データの蓄積を行っている．

iii）**蒸煮ダイズ硬度の測定** 煮豆，納豆，味噌では，原料ダイズの蒸煮が行われる．蒸煮ダイズの硬さは，煮豆，納豆の食味や食感などの官能評価に影響する重要な要因である．また，短時間の蒸煮で硬さが一定となる品種は，味噌原料としても好まれる．

SMV抵抗性品種として普及したホウレイは，後に蒸煮ダイズが硬く味噌加工で問題となった．すでにホウレイ（東山124号）は，SMV抵抗性母本として交配親として利用されていたため，後代系統の蒸煮ダイズ硬度の検定が必要となった．その際，秤上で蒸煮ダイズを指で押しつぶす従来の方法に代わる，客観性をもった効率的な機器測定法の開発が行われた．蒸煮ダイズに一定の歪みを機械的に与えたときの応力を測定し，蒸煮ダイズが軟らかく硬度のばらつきの少ないナカセンナリの測定値と比較評価したところ，蒸煮ダイズ硬度の高低に従来法と同様の傾向が認められた[13]．多数品種・系統について機器測定した結果からは，粒大・粒形の異なる品種にも適用できることが明らかとなった[13]．蒸煮ダイズの硬度測定に必要な種子は50粒程度であるため，個体選抜世代から適用が可能である．

iv）**実需者による製品の評価** 市販製品に近い試作品で実施される実需者の加工試験からは，育成地にない多くの情報を得ることができる．このため，新品種の育成に際しては，実需者の加工適性評価を受けることが必須となっている．豆腐，納豆，煮豆，味噌では実需評価体制が整えられ，有望系統の加工試験が実施されている（表3-5-10）．中でも，多数系統が受け入れられている豆腐は小規模試験ができるため，生産力検定予備試験に供試する$F_8$，$F_9$系統から実需者加工試験が行われている．評価結果は，系統の選抜に有益な情報をもたらしている．

しかし，実需者間に製造法や評価方法の違いがある場合，評価結果が大きく異なることもある．評価に客観性をもたせるため，標準品種の導入や評価項目の統一が図られているが，できるだけ多くの実需者から評価を受けることが大切である．味噌は醸造期間が長いため，短期間に製造できる豆腐，納豆，煮豆に比べ，評価までに時間を要する欠点がある．

（5）**まとめ**

中信農試でダイズ育種事業が開始されてから比較的早い時期に，白目大粒化など外観品質が改良

された．また，すずこまちの育成により，取り組みの遅れていた小粒化にも一定の成果が認められるようになった．

初期世代からの子実成分測定は成分育種の効率化を実現し，高タンパク質系統の出現頻度が高まっている．しかし，タンパク質含量の高くても実需者の豆腐加工適性評価が良くない系統もあり，原因の究明が必要である．今後は，より高品質化を目指すうえで，食味の改善，機能性成分の付加などが重要な育種目標となる．

成熟後に発生する汚粒，しわ粒，かび粒等による品質低下，生産地や年次による品質の不均質性に対しては，機械収穫適性，病虫害抵抗性，多収性などの付与が必要である．また，栽培技術や生産技術の向上も，高品質ダイズの安定生産には欠くことができない要因である．

(矢ヶ崎　和弘)

## 引用文献

1) 海老根英雄．醸造用大豆の加工適性．大豆月報3月号, 4-9 (1985)
2) 橋詰和宗．豆腐用大豆の品質評価．食糧・その科学と技術. 30, 127-139 (1992)
3) Iwabuchi, S. and F. Yamauchi. Determination of glycinin and $\beta$-conglycinin in soybean proteins by immunological method. J. Agric. Food Chem., 35, 200-205 (1987)
4) Kohyama, K., M. Murata, F. Tani, Y. Sano and E. Doi. Effects of protein composition on gelation of mixtures containing soybean 7S and 11S globulin. Biosci. Biotech. Biochem., 59, 240-245 (1995)
5) 小野伴忠・郭　順堂．ダイズ製品中の脂質の安定性．科学と生物, 37 (5) 290-293 (1999)
6) Saio, K., M. Kamiya and T. Watanabe. Food processing characteristics of soybean 11S and 7S proteins. Part I. Effect of differences of protein components among soybean varaieties on formation of tofu-gel. Agric. Biol. Chem., 33, 1301-1308 (1969)
7) 重盛　勲．ダイズモザイクウイルス (SMV) によるダイズモザイク病抵抗性育種に関する研究．長野中信農試報, 10, 1-60 (1991)
8) 平　春枝．国産大豆の品質（第3報）物理的性状・化学成分組成および加工適性の相互関係．食総研報, 42, 27-39 (1983)
9) 高橋幸吉・田中敏夫・飯田　格・津田保昭．日本におけるダイズのウイルス病と病原ウイルスに関する研究．東北農試研報, 62, 1-130 (1980)
10) 高橋信夫．高品質ダイズ品種の育成-その現状と今後の課題-．農及園, 63, 903-910 (1988)
11) Yagasaki, K., F. Kousaka, K. Kitamura. Potential improvement of soymilk gelation properties by using soybeans with modified protein subunit compositions. Breed. Sci., 50, 101-107 (2000)
12) 矢ヶ崎和弘・高橋信夫・丸山宣重．ダイズ裂皮粒発生の簡易検定法に関する研究．長野中信農試報, 4, 15-23 (1986)
13) 矢ヶ崎和弘・山田直弘・小林　勉・高橋信夫・山口光彦・新津綾子．蒸煮大豆硬度測定法の改良と選抜への利用．長野中信農試報, 12, 11-20 (1994)
14) 矢ヶ崎和弘・山田直弘・高橋良二・高橋信夫．グリシニンサブユニット組成の異なるダイズの生育および豆腐加工特性．北陸作物学会報, 34, 126-128 (1999)
15) 山田直弘・高橋信夫・高松光生・元木　悟．回転試料台を用いた近赤外分光法によるダイズ粗蛋白質含有率の全粒分析．北陸作物学会報, 33, 89-91 (1998)
16) 山内文男．大豆タンパク質の構造と機能性．New Food Industry. 24, 43-58 (1982)

## 5) タンパク質含量の向上

ダイズが他作物に比較して良質のタンパク質を多量に子実に集積することや、タンパク質含有率の高い品種は国産ダイズの主要な用途である豆腐の収率や凝固性等の加工適性が優れることから[13]高タンパク質性は国産ダイズ品種の主要な育種目標の一つとなってきた．近年，国際間や産地間競争の激化とともに，実需者からの要請もあり，ダイズの品質とりわけ加工適性が重要視されるようになって一層重要な形質となってきている．

タンパク質含有率の変動は品種からの寄与率が大きく，品種間差以外に，栽培された，土壌，栽植様式，施肥条件，播種期生育温度条件等の種々の栽培条件や環境条件によっても認められるが，その幅はあまり大きくなく，常に一定の関係が認められない場合が多い．したがってその向上には品種的な対応が求められる．

高タンパク質品種を育成するためには高タンパク質な育種素材が必要である．渡辺らのわが国が保有するダイズ遺伝資源の分析結果では，タンパク質含有率は26％から56％に分布し，総平均は41.6％であった．取り寄せ地がアジアの品種・系統では，中国が低く，日本，韓国が中位，タイ，台湾，インドネシア，ネパール，インド等低緯度地帯で高かった．国内からの品種・系統では近畿，九州に高いものが多かった．極めて低タンパク質な系統は東山89号，東山90号，T201等根粒非着生系統である[20,21,22]．わが国の品種のなかでは九州の夏ダイズ品種に高いものがあることが知られており，夏ダイズの指定試験地であった佐賀農業試験場で育成された高タンパク質品種としてはヒゴムスメがあり，育成系統としては西海20号がある[10,11]．東北農業試験場で西海20号の高タンパク性を導入した系統に東北74号[3]と東北100号がある．

*Glycine*属の中ではツルマメと栽培種ダイズが高タンパク性を示し，高タンパク質なマメ類の中でも含硫アミノ酸含有率が高い．ツルマメにはダイズ以上に高タンパク質のものが存在し，ダイズとの交配も比較的容易なことにより，ツルマメはタンパク質組成や配糖体成分の改変とともに，高タンパク性においても重要な遺伝資源として注目され，収集されている[7,8]．

多収性品種のスズカリ，高タンパク質性系統の東北100号および東北108号の各1個体から採種した100粒を1粒毎にタンパク質含有率を分析した結果を表3-5-16および図3-5-14に示した．個体内におけるタンパク質含有率の分布幅は，

表3-5-16 1粒毎のタンパク質含有率分析結果（％/d.w.）

| 品種・系統名 | 平均値 | 最大値 | 最小値 | 標準偏差 |
|---|---|---|---|---|
| 東北100号 | 45.7 | 52.7 | 35.3 | 3.9 |
| 東北108号 | 43.0 | 50.6 | 33.4 | 3.6 |
| スズカリ | 42.4 | 47.9 | 31.7 | 2.7 |

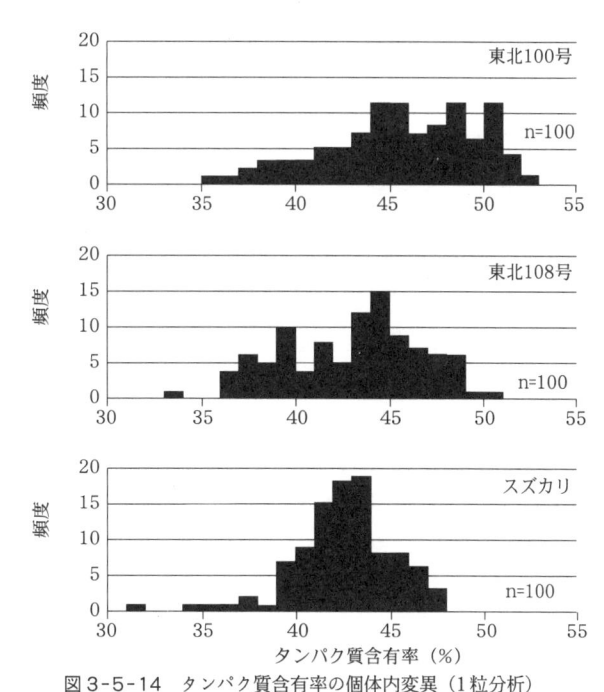

図3-5-14 タンパク質含有率の個体内変異（1粒分析）

16.2～17.4％と大きく，各供試材料の標準偏差を見ると，スズカリで最も小さく，東北100号および東北108号で大きかった（表3-5-16）．ダイズのタンパク質含有率は個体内で特に変異が大きく，高タンパク質系統ほどバラツキも大きくなる傾向が認められた[9]．また，同一系統内の株間変異は比較的少なく，タンパク質の変異は，種子自体が遺伝的に分離している場合でも，遺伝的に均一な種子の場合と大差なく，種子自体の遺伝子型はタンパク質含有率には反映されないことが明らかになった[5]．以上から，育種過程におけるタンパク質の評価は1粒単位ではなく，少なくとも個体レベルでの評価が必要である．

タンパク質含有率の評価方法として，古くからケルダール法による全窒素含有率にタンパク質換算係数を乗じた値が用いられ，現在でも最も信頼できる方法として標準的に用いられている．なお，タンパク質換算係数は食品分野ではダイズ用に個別求められた5.71が用いられ，科学的にも正しいが，育種・栽培分野ではアメリカで使用され[12]，商取引でも用いられるため，一般的な食品の係数である6.25が使用されている[25]．過去5.71が使用された時代もあるので，いずれのタンパク質換算係数が用いられているか注意が必要である．

育成現場では過去には子実の比重差を利用した簡易選抜法が実施された．これは，高脂肪品は比重が軽いこととタンパク質含有率が脂肪含有率と負の相関があることを利用したものである．また，タンパク質の簡易評価法の開発が行われ，ビューレット法等も用いられたが，近年近赤外分析法が導入されており，化学分析の煩雑性，廃液問題等から解放され，評価の能率化が図られている[6,15]．近赤外分析法の特徴である非破壊で，1粒ずつごとの評価方法も開発されているが[16,23]，タンパク含有率は個体内の変異が大きく，正規分布に近い分布をとる．選抜に使用するためには個体全体を評価する必要がある．このため，一般的には精度が高い粉砕試料を測定する方法がとられている[24]．しかしながら，油分の含量が高いダイズ子実では粉砕作業中に粉砕機に粉砕試料の付着が起きやすく，清掃作業に時間を要する場合がしばしばあり，能率的で粉砕精度の高い粉砕機の開発が必要である．今後は，個体単位で子実を粒のまま非破壊で計測できる全粒測定法の確立が期待される．

石毛はダイズ種子タンパク質含有率の遺伝についてダイアレル分析により解析し，その遺伝様式についてタンパク質含有率は母性効果は大きいが，細胞質遺伝の可能性が少ないことから，交雑育種においては，交雑の正逆については特別な注意は必要ないとしている．タンパク質含有率の遺伝子は相加的効果が大きく，優性効果は小さかったことから，交雑育種によってタンパク質含有率は改良可能であるとしている．また，正確な遺伝子数は決定できなかったが，タンパク質含有率に関与する遺伝子は2～3であると推定した[5]．

高木らはタンパク質含有率を支配する遺伝子数とその遺伝様式を知る目的で，タンパク質含有率40.41％のオリヒメと44.61％のヒゴムスメを交雑し，遺伝分析を行った．分離集団でのタンパク質含有率は遺伝子の相加優性作用が主要部分を占め，非対立遺伝子間の相互作用は小さく，両者のタンパク質含有率の差4.2％は二対の遺伝子による支配であり，一対は完全優性で1.67％の増加を，他の一対は不完全優性で2.53％の増加となった．相加的効果と優性効果の相互作用についてはエピスタシスがわずかに認められたとしている[19]．

以上のように従来ダイズのタンパク質含有率の遺伝はポリジーンに支配されていると考えられ，これまでの研究の多くは量的形質として取り扱われてきたがこのようにダイズのタンパク質含有率は比較的小数個の主動遺伝子に支配されているものと推定されるようになった．タンパク質含有率の遺伝力は高いことから雑種初期からの選抜が有効である．しかしながら，タンパク含有率は一般的には収量と負の相関があるとされる．とりわけ，高タンパク質系統は収量性が低い傾向があり，奨励品種となる例は少なく，この関係の克服が課題とされている．こうしたことから，収量性を無視

して，タンパク質含有率だけを高めることを追求して育種を行うことは実際的ではなく，収量を高めると同時にタンパク質含有率も徐々に高める方向が良く，雑種初期からの強選抜をさけ，$F_5$以降で収量性とともに含有率向上を図ったほうが良いと考えられている[2]．

そこで，高タンパク質性と多収性を兼ね備えたダイズ品種育成の可能性について，表3-5-17の経過で育成した高タンパク質系統東北100号と多収性品種スズカリの交雑後代の系統群における収量とタンパク質含有率の変異について検討した．$F_3$以降約2,000個体の集団を養成し，世代を進め，$F_6$集団から草型，病害，粒の品質等で個体選抜し，262の$F_7$系統を養成し農業形質とタンパク質含有率に

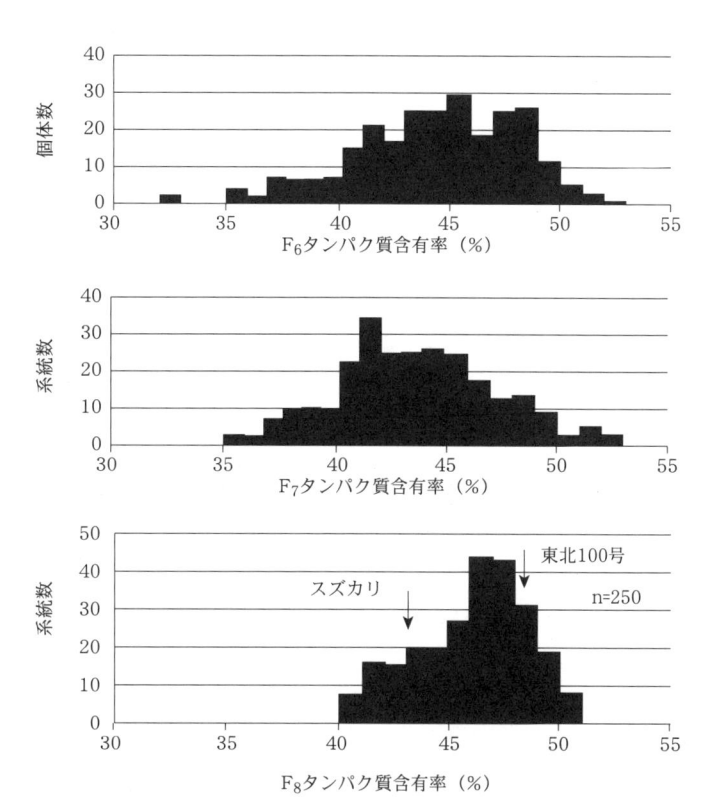

図3-5-15 刈交0207各世代におけるのタンパク質含有率の分布

により50系統選抜し，50系統群として供試した．図3-5-15で明らかなように，$F_7$の時期に行ったタンパク質含有率での選抜により，高タンパク質化するとともに，収量性のある高タンパク質系統も選抜できることが明らかとなった[17,18]．

なお，こうした方法とともに，今後は，タンパク質含有率に関与する遺伝子が相加的効果が高いことから，これらタンパク含有率を高める遺伝子を，たとえその遺伝効果が小さくとも多数集積して高タンパク質化を図って行くべきと思われる．こうした試みとして，アメリカ合衆国では循環選抜法によりタンパク質含有率と収量を向上させる試みがなされて

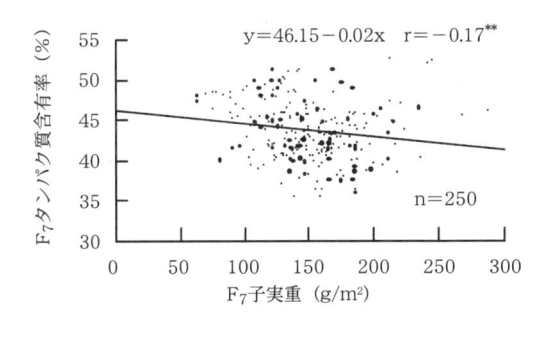

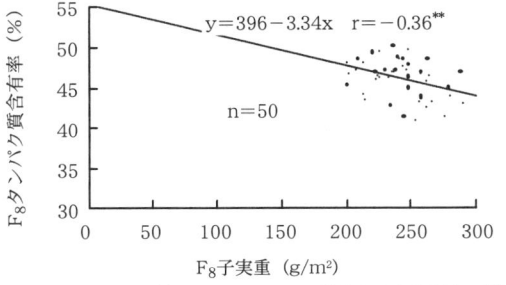

図3-5-16 刈交0207のタンパク質含有率と収量との関係

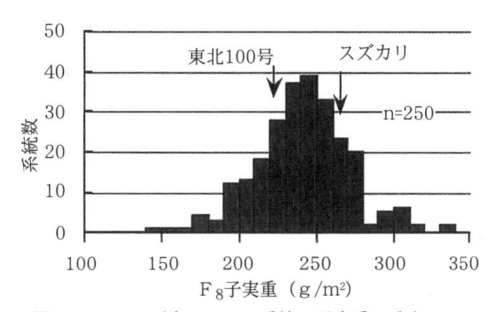

図3-5-17 刈交0207 $F_8$系統の子実重の分布

表 3-5-17 刈交 0207 (東北 100 号 × スズカリ) の育成経過

| 年度 | H2 | H3 | | H4 | | H5 | | H6 | H6 |
|---|---|---|---|---|---|---|---|---|---|
| 世代<br>養成場所 | 交配 | $F_1$<br>温室 | $F_2$<br>晩播 | $F_3$<br>温室 | $F_4$<br>温室 | $F_5$<br>温室 | $F_6$<br>標播 | $F_7$<br>標播 | $F_8$<br>標播 |
| 栽植数 | | | | 2,000 個体 | 1,400 個体 | 2,151 個体 | 1,885 個体 | 262 系統 | 50 系統群<br>(250 系統) |

いる[1]が,雑種集団の養成と育種年限が問題となろう.また多系交配,戻し交雑等で遺伝子の集積を図る方法も考えられる.また,近年は育種目標は,極端な高タンパク質より,タンパク質含有率が比較的高く,豆腐等の加工適性が高く,多収な品種になってきており,タンパク質含有率のみの向上よりもタンパク質収量の向上を目標に育成が進められている[4].わが国において作付面積の上位を占めているフクユタカ[14],エンレイはこれらの条件を満たしている.

(田渕 公清)

## 引用文献

1) Brim, C. A. and J. W. Burton. Recurrent selection in soybeans. II. Selection for increased percent protein in seeds. Crop Sci., 19, 494-498 (1979)
2) 後藤寛治・佐々木紘一.大豆の雑種初期世代における成分検定について.北海道立農試彙報,15, 1-9 (1965)
3) 橋本鋼二ほか.高タンパク大豆系統―東北 74 号―.東北農試研究試料,5, 59-61 (1986)
4) 洪 殷憙・小島睦男.大豆におけるたんぱく質収量の増大に関する研究.晩播栽培における大豆品種の乾物生産.日作紀,41, 502-508 (1972)
5) 石毛光雄.ダイズ種子タンパク質含有率の遺伝変異とその生物計量学的解析.農技研報,D 32, 45-92 (1981)
6) 岩元睦夫ほか.近赤外分析法入門.幸書房 (1994)
7) 海妻矩彦.ダイズのたんぱく質育種に関する基礎的研究.岩手大学農学部報,12, (3) 155-262 (1975)
8) 海妻矩彦ほか.ダイズとツルマメの種間交雑による高たんぱく質ダイズの育成―反復戻し交雑法の必要性―.岩手大学農学部報,15, (2) 11-28 (1980)
9) 菊地彰夫ほか.ダイズの蛋白質含有率の変異に関する研究 (第 1 報).ダイズ品種における個体内変異.日作東北支報,37, 65-66 (1994)
10) 熊本司ほか.夏大豆新品種「ヒゴムスメ」.佐賀農試研報,7, 119-140 (1966)
11) 熊本司.高たんぱく夏大豆の育種法に関する研究.佐賀農試研報,15, 3-57 (1975)
12) Lalph H. Lane. Cereal Foods. AOAC Official Methads of Analysis 15 th edition. 777-801 (1990)
13) 小川育男・斎尾恭子.国産大豆の蛋白凝固性,溶解性などの加工適性.食総研報,51, 15-22 (1987)
14) 大庭寅雄ほか.ダイズ新品種「フクユタカ」について.九州農試報,22 (3), 405-432 (1982)
15) Saio, S. et al. Near-Infrared Reflectance Spectroscopic Analysis of Protein, Oil and Moisture in Japanese Soybeans. Rep. Natl. Food Res. Inst. 51, 11-14 (1987)
16) 田渕公清ほか.ダイズの蛋白質含有率の変異に関する研究 (第 2 報).近赤外分光分析法を用いた 1 粒分析法の検討.日作東北支報,37, 67-68 (1994)
17) 田渕公清ほか.ダイズの蛋白質含有率の変異に関する研究 (第 3 報).高蛋白質系統と多収性品種の交雑後代における蛋白質含有率.日作東北支報,38, 87-89 (1995)

18) 田渕公清ほか．ダイズの蛋白質含有率の変異に関する研究（第4報）．高蛋白質系統と多収性品種の交雑系統のF8世代における蛋白質含有率と収量性．日作東北支報，39，93-94（1996）
19) 高木 胖・岸川英利．ダイズ品種における蛋白質含量の遺伝．佐賀大農学部彙報，64，1-10（1988）
20) 渡辺 巌ほか．わが国が所有するダイズ遺伝資源の子実成分と子実の外観形質．東北農試研究試料，9，21-131（1989）
21) 渡辺 巌・長沢次男．わが国が所有するダイズ遺伝資源の外観的特性と化学成分含有率（1）．粒大，種皮色，臍色及び化学成分含有率の頻度分布と取り寄せ地別にみた特色．日作紀，59（4），649-660（1990）
22) 渡辺 巌・長沢次男．わが国が所有するダイズ遺伝資源の外観的特性と化学成分含有率（2）．タンパク質・脂肪・炭水化物含有率間の相関．日作紀，59（4），661-666（1990）
23) 山田直弘ほか．回転試料台を用いた近赤外分光法によるダイズ粗タンパク質含有率の全粒分析．北陸作物学会報，33，89-91（1998）
24) 農林水産技術会議事務局・農業研究センター編．近赤外法による穀類タンパク質の簡易定量．（1995）
25) 社団法人農林水産技術情報協会．成分の測定法．大豆の成分審査技術の確立．18-24（1991）

# 6．吸水・乾燥裂皮検定法の確立と極難裂皮性品種の探索

## 1）目　的

　裂皮が多発しているダイズを蒸煮すると煮えむらができるため，ダイズ加工上問題となっていた．さらに裂皮性は外観品質を低下させ等級を下げる大きな要因となり，ダイズ栽培振興の障害の一つとなってきた．このため国産ダイズの用途のひとつである煮豆・納豆などの加工に適した裂皮の無い高品質ダイズ品種を育成する必要があった．すでにエチクロゼート法をはじめ有効な裂皮性検定法は確立されていたが，裂皮抵抗性育種に適用するには不便な面もあったため，裂皮性について簡便な検定法を確立する必要があった．そこで，簡便な裂皮性検定法を確立するとともにその検定法を用いて極難裂皮性遺伝子源を探索し，その遺伝子を実用品種に取り込んだ育種素材を作出しようとした．

## 2）材料および方法

　ダイズ種子を吸水，乾燥させると圃場で観察される裂皮粒と同様の症状を発生する．このことに着目し，簡便なダイズ裂皮性検定法を確立する（以下本検定法を「吸水・乾燥裂皮検定法」といい，発生した裂皮を「吸水裂皮」という）ため恒温恒湿器を用い，吸水および乾燥条件と裂皮の関係を検討した．また，本検定法を用いて，東北農試刈和野試験地保存品種620点について極難裂皮性遺伝子源の探索を行った．さらに耐裂皮性が強と判定された品種に実用品種を交配し耐裂皮性が強い系統を育成した．

## 3）結果および考察

　ダイズ種子の吸水が平衡状態（重量比220％）になるまでの時間は，浸漬温度10～40℃ではほぼ直線的に減少し，20℃で約20時間，40℃では約5時間であった（図3-6-1）．一方浸漬温度と吸水裂皮率との関係においては，浸漬温度50℃前後から吸水裂皮が急速に減少し，55℃以上では発生が認められなくなった（図3-6-2）．乾燥条件を検討したところ，吸水裂皮の発生には温度より湿度の効果が大きく（表3-6-1），乾燥過程の湿度を一定に保つことが重要であることが明らかになっ

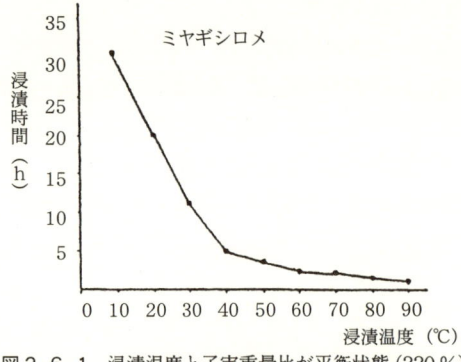

図3-6-1 浸漬温度と子実重量比が平衡状態(220%)になる時間(推定値)の関係

図3-6-2 浸漬温度と吸水裂皮率の関係(20℃で乾燥処理)

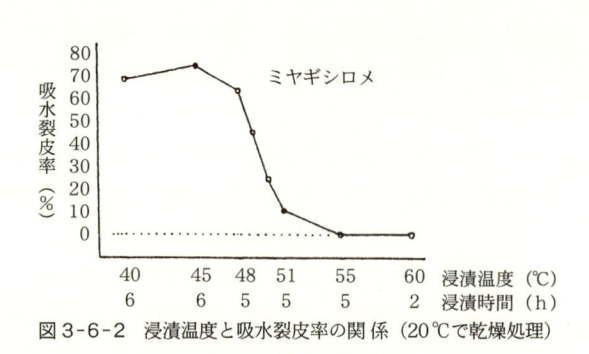

表3-6-1 吸水裂皮率に対する乾燥時の温度・湿度の効果

| 品種名 | 温度(℃) | 吸水裂皮率(%) | | | 分散分析結果(F値) | | |
| --- | --- | --- | --- | --- | --- | --- | --- |
| | | 湿度(%) | | | 温度(T) | 湿度(M) | T×M |
| | | 50 | 70 | 90 | | | |
| エンレイ | 20 | 41 | 25 | 18 | 4.28△ | 27.66** | 1.00** |
| | 30 | 62 | 34 | 16 | (11.0) | (11.0) | |
| | 40 | 61 | 40 | 24 | | | |
| ミヤギシロメ | 20 | 95 | 87 | 70 | 7.04* | 13.85** | 1.48** |
| | 30 | 97 | 97 | 82 | (7.4) | (7.4) | |
| | 40 | 99 | 97 | 91 | | | |

(注) 1. ( )は5%水準の最小有意差である. △:10%, *:5%, **:1%水準有意を示す.
2. エンレイは,圃場条件で裂皮粒の発生が無〜少の品種である.

表3-6-2 吸水・乾燥裂皮検定法により耐裂皮性が「極強」および「強」と判定された品種

| 耐裂皮性 | 極強 | 吸水裂皮率(%) | 強 |
| --- | --- | --- | --- |
| 品種・系統名 | Peking | (18.8) | 早金, P.I.408251, 石原大豆, 早生夏, 祇園坊3号 |
| | 一号早生大豆 | (26.8) | Soybeans 882-27, 改良白目(1), 春日在来, 西海20号, タチスズナリ, 地蔵, 金, コガネダイズ |
| | 東山67号 | (30.1) | 白目1号, 雪割豆, 兄, 改良祇園坊, 白目エンレイ, 黄色中粒, 東山11号 |

(注) ( )内は3年間の平均吸水裂皮率

た.また吸水裂皮の発生は小粒品種ほど早く平衡に達する傾向が認められたが,乾燥温度30℃,湿度70%の場合各品種ともほぼ8時間以内に平衡に達した(図3-6-3).

以上より,ダイズの裂皮性を「吸水・乾燥裂皮検定法」で検定する場合,浸漬時間を40℃で約5時間とし,乾燥には恒温恒湿器を用い,温度30℃,湿度60〜70%で8時間以上とするのが適当と判断された.

すでに確立された裂皮性検定法と検定精度を比較するため当試験地の標準播区,晩播区の吸水裂皮率と裂皮の発生の多い山形農試圃場の自然発生裂皮率,エチクロゼート処理区の裂皮率とを比較した.その結果本検定法は標準播区,晩播区のいずれの種子を用いても高い裂皮率を示し,極難裂

## 6. 吸水・乾燥裂皮検定法の確立と極難裂皮性品種の探索

皮性遺伝子源の探索に有効な手法と判断された（図 3-6-4）.

本検定法を用いて 620 点の保存品種について裂皮抵抗性遺伝資源の探索を行った結果，Peking, 一号早生大豆および東山 67 号が耐裂皮性極強，エンレイ等 21 品種が'強'と判断された（表 3-6-2）. さらに耐裂皮性が'強'と判断されたエンレイと農業形質が優れ耐病虫性が強いスズユタカを交配し，耐裂皮性が強い東北 127 号を育成した. 本系統は新潟県農試および福島県農試において高い評価を得た（表 3-6-3）.

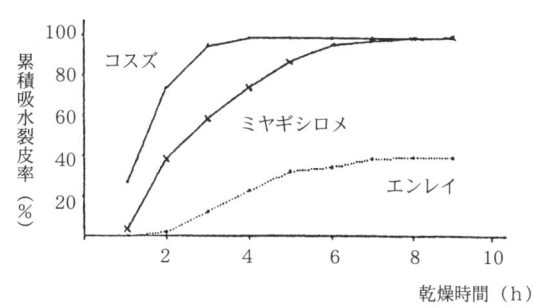

図 3-6-3 温度 30℃, 湿度 70％で乾燥時の吸水裂皮率の経時変化

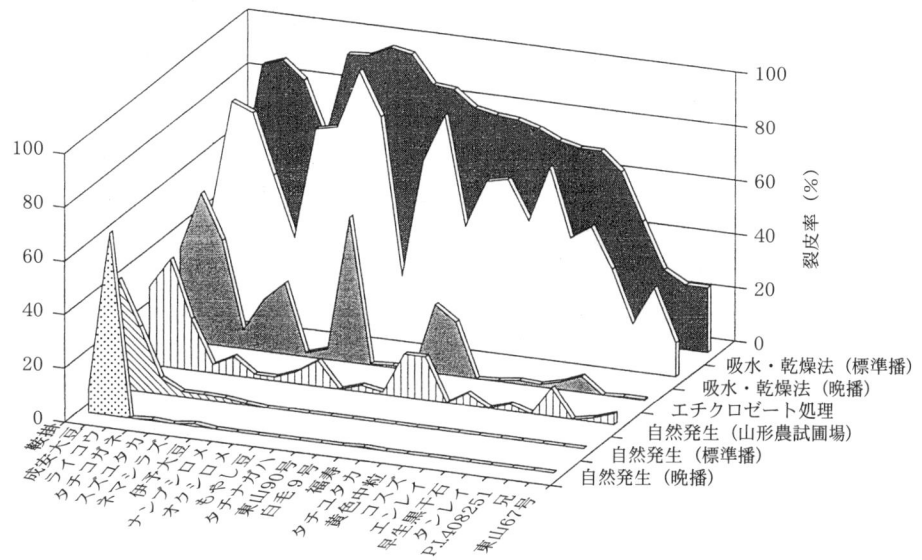

図 3-6-4 栽培条件，検定法を異にしたダイズ品種の裂皮率（1992）

表 3-6-3 刈系 527 号＊の新潟県農試，福島県農試における生育・収量成績および裂皮程度

| 場所名 | 試験年次 | 品種または系統名 | 開花期 (月日) | 成熟期 (月日) | 主茎長 (cm) | 全重 (kg/a) | 子実重 (kg/a) | 標準比 (%) | 百粒重 (g) | 裂皮 |
|---|---|---|---|---|---|---|---|---|---|---|
| 新潟県 | 1994 | 刈系 527 号 | 7.14 | 10.19 | 47 | 44.9 | 17.8 | 110 | 29.1 | 微 |
| | 1994 | タチコガネ | 7.14 | 10.12 | 49 | 44.3 | 16.2 | 100 | 26.5 | 甚 |
| | 1995 | 刈系 527 号 | 7.21 | 9.26 | 48 | 50.6 | 28.2 | 99 | 25.5 | 無 |
| | 1995 | タチコガネ | 7.20 | 9.28 | 60 | 57.8 | 28.6 | 100 | 22.3 | 少 |
| 福島県 | 1994 | 刈系 527 号 | 7.23 | 10.13 | 89 | 59.5 | 24.5 | 139 | 28.5 | 微 |
| | 1994 | ホウレイ | 7.19 | 10.15 | 82 | 59.3 | 17.6 | 100 | 29.1 | 無 |
| | 1995 | 刈系 527 号 | 7.29 | 10.05 | 70 | 62.7 | 32.6 | 113 | 27.1 | 微 |
| | 1995 | ホウレイ | 7.28 | 10.06 | 54 | 51.4 | 28.8 | 100 | 28.6 | 少 |

（注）刈系 527 号：東北 127 号の刈系名

### 4) まとめ

ダイズの裂皮の発生程度は，年次により大きな変動が認められる．このため裂皮抵抗性系統の選抜は困難であったが，「吸水・乾燥裂皮検定法」を用いることにより効率よく裂皮抵抗性系統を選抜することが可能となった．

本検定法を用いて耐裂皮性'極強'の3品種を探索することができた．さらに耐裂皮性'強'品種と耐病虫性が強い品種を交配し，耐裂皮性が強い東北127号を育成した．

（足立　大山・村田　吉平・菊池　彰夫・酒井　真次・田渕　公清）

### 研究発表

村田吉平・菊池彰夫・酒井真次．大豆裂皮性簡易検定法（吸水裂皮法）について．日作東北支部会報，34, 57-58 (1991)

村田吉平．大豆種子の吸水・乾燥による裂皮性簡易検定法．水田農業技情報シリーズ，No. 141. 技術会議事務局 (1993)

足立大山・田渕公清・菊池彰夫．大豆裂皮性遺伝子源の探索と最尤法による大豆裂皮性遺伝子数の推定．東北農業研究，47, 163-16 (1994)

## 7. 有色ダイズ育種

### 1) 寒地における大袖系育種

#### (1) 緒言

北海道で作付されているダイズのうち，種皮色が緑のものは一般にあお豆または袖振，大袖等と呼ばれ，古くから在来品種を中心に作付されてきた[1〜5]．

音更大袖は，北海道河東郡音更町の農家で在来種大袖振（へそ色：黒）から選抜されたといわれ，へそ色が"暗褐"である特徴を持つ．1956年の冷害年に早熟安定性が注目され，さらに1966年の冷害年以降は急速に普及し，産地品種銘柄として取り引きされている．1985年には約900 haの栽培がみられ，あお豆（大袖振大豆）の主体となった．2000年現在，十勝地方を中心に約700〜800 haの作付が定着している．

しかし，音更大袖は倒伏に弱く，ダイズシストセンチュウ抵抗性が弱いなどの欠点があったため，十勝農試では品種改良に取り組み，1992年，ダイズシストセンチュウ抵抗性が強で，耐倒伏性に優れ，へそ色が黄で外観品質に優れる良質多収の大袖の舞[6]を育成した．以下にその育成経過・特性等について述べる．

#### (2) 大袖の舞の育成

ⅰ）**育種目標および両親の特性**　大袖の舞は，ダイズシストセンチュウ抵抗性強のあお豆品種の育成を目標に，十育186号を母，トヨスズを父として人工交配を行い，育成された品種である．母親の十育186号はへそ色が黒のあお豆系統で，熟期は中生の早であるが，耐倒伏性が弱く，シストセンチュウ抵抗性も弱である．一方，父親のトヨスズは種皮色が黄白でへそ色が黄の大粒の品種で，熟期は中生の晩であるが，短茎で耐倒伏性に優れ，また，シストセンチュウ抵抗性が強である．

ⅱ）**育成経過**　人工交配（1978年）：交配番号十交5314として，141花の人工交配を行い，38莢，56粒を採種した．

# 7. 有色ダイズ育種

図3-7-1 大袖の舞の系譜

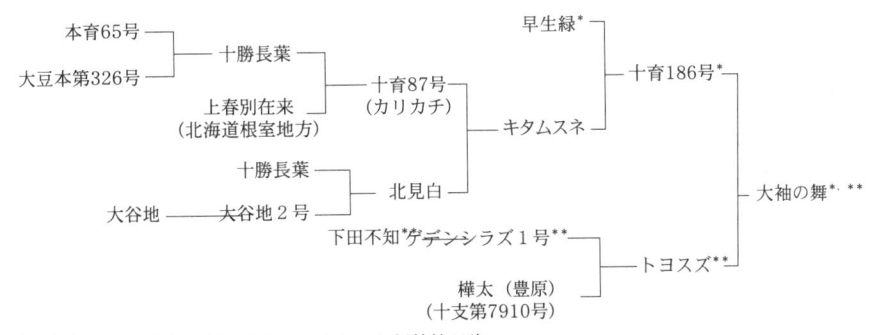

＊：種皮色が緑、＊＊：ダイズシストセンチュウ抵抗性が強

$F_1$ (1979年)：56粒を播種し，53個体より2,730粒を採種した．

$F_2$ (1980年) および $F_3$ (1981年)：これら世代では集団選抜を行った．短茎～中茎で早生～中生の個体を選抜した．種皮色は淡緑色より濃い緑色の個体を選抜した．$F_3$ で143個体を選抜した．

$F_4$ (1982年)：143系統を栽植した．また，現地選抜圃場（音更町，1984年以降は更別村に変更）においてダイズシストセンチュウ抵抗性検定を実施した．白毛で短茎，ダイズシストセンチュウ抵抗性強の系統を中心に30系統を圃場選抜し，外観品質から最終的に20系統を選抜した．

$F_5$ (1983年)：20系統群97系統を栽植した．短茎で中生よりやや熟期が早い白毛の13系統と中茎でやや耐倒伏性が劣るが，熟期の早い褐毛の3系統を選抜した．これら系統のダイズシストセンチュウ抵抗性は強または分離であった．種皮色は淡緑～緑色，へそ色は黄色が主体で，一部黒ないし暗褐，褐であった．

$F_6$ (1984年)：16系統群80系統を栽植した．このうち15系統群を生産力検定予備試験に供試し，収量性の評価を行った．その結果，褐毛の3系統群は草型，粒大および収量性が劣るので廃棄し，白毛系統群は早生～中生で短茎，耐倒伏性に優れ，収量水準も高く，有望と思われた．最終的に14系統を選抜し，そのうち白毛で種皮色が緑，臍色が黄でダイズシストセンチュウ抵抗性が強の1系統に十系720号を付した．

$F_7$～$F_9$ (1985～1987年)：系統選抜を進めるとともに，生産力検定予備試験に供試し，同時に枝豆適性についての評価も実施した．その結果から，2系統に地方番号を付し，十系720号を十育216号に，十系730号を十育217号とした．

$F_{10}$ (1988年)：十育216号と十育217号を生産力検定試験および関係道立農業試験場における奨励品種決定基本調査に供試し，早生緑を標準品種，音更大袖を比較品種として検討した結果，十育217号は十育216号と比較して，収量性がやや劣り，粒大で優れるものの種皮色のむらが大きく，裂皮粒の発生も多いことから廃棄した．

$F_{11}$～$F_{13}$ (1989～1991年)：十育216号について引き続き，生産力検定試験，奨励品種決定基本調査さらに道内各地での奨励品種決定現地調査等に供試した．また，各種の特性検定，加工適性試験等を実施した．これら試験の結果，十育216号は，成熟期は早生緑より遅く音更大袖並，収量はこれら2品種を上回り，子実の粒大は音更大袖より小さいが早生緑並で，外観品質に優れ，耐倒伏性にも優れた．また，ダイズシストセンチュウ抵抗性は前2品種の弱に対し強である．さらに米菓や煮豆，豆腐の試作試験においても良好な結果を示し，枝豆適性についても前2品種に劣らなかった．以上のことから，十育216号は白目大粒の良質多収のあお豆系統として1992年に，大袖の舞（だいず農林98号）として命名・登録された．

表3-7-1 育成経過

| 年次 | 1978 | 1979 | 1980 | 1981 | 1982 | 1983 | 1984 | 1985 | 1986 | 1987 | 1988 | 1989 | 1990 | 1991 |
|---|---|---|---|---|---|---|---|---|---|---|---|---|---|---|
| 世代 | 交配 | $F_1$ | $F_2$ | $F_3$ | $F_4$ | $F_5$ | $F_6$ | $F_7$ | $F_8$ | $F_9$ | $F_{10}$ | $F_{11}$ | $F_{12}$ | $F_{13}$ |
| 供試 系統群数 | | | | | | 20 | 16 | 14 | 8 | 6 | 5 | 3 | 5 | 3 |
| 供試 系統数 | 141花 | | | | 143 | 97 | 80 | 70 | 40 | 30 | 25 | 15 | 35 | 21 |
| 供試 個体数 | | 56 | 2730 | 3520 | ×30 | ×30 | ×30 | ×30 | ×30 | ×30 | ×30 | ×30 | ×30 | ×30 |
| 選抜 系統群数 | | | | | | 14 | 8 | 4 | 3 | 2 | 2 | 1 | 2 | 1 |
| 選抜 系統数 | 38莢 | | | | 20 | 16 | 14 | 8 | 6 | 5 | 3 | 5 | 3 | 1 |
| 選抜 個体数 | (56粒) | 53 | 153 | 143 | 97 | 80 | 70 | 40 | 30 | 25 | 15 | 35 | 21 | 15 |
| 選抜経過 | 十交 5314 | 56個体 ↓ 53個体 | 2730個体 ↓ 153個体 | 3520個体 ↓ 143個体 | 1 ⋮ 90 ⋮ 143 | 1 ⋮ 39 ⋮ 97 | 1 ⋮ 35 ⋮ 80 | 1 ⋮ 7 ⋮ 70 | 1 ⋮ 4 ⋮ 40 | 1 ⋮ 10 ⋮ 30 | 1 ⋮ 12 ⋮ 25 | 1 ⋮ 14 ⋮ 15 | 1 ⋮ 24 ⋮ 35 | 1 ⋮ 9 ⋮ 21 |
| 系統名 | | | | | | | | 十系720号 | | | 十育216号 | | | |

表3-7-2 十勝農試における生育,収量調査(1988〜1991年の4カ年平均)

| 品種名 | 開花期 (月日) | 成熟期 (月日) | 主茎長 (cm) | 主茎節数 | 分枝数 (/株) | 倒伏程度 | 稔実莢数 (/株) | 一莢内粒数 | 収量 (kg/a) | | 子実重対比 (%) | 百粒重 (g) | 品質 |
|---|---|---|---|---|---|---|---|---|---|---|---|---|---|
| | | | | | | | | | 全重 | 子実重 | | | |
| 大袖の舞 | 7.16 | 10.4 | 46 | 10.3 | 5.7 | 微 | 59 | 1.79 | 52.6 | 31.9 | 115 | 34.4 | 2中 |
| 早生緑 | 7.23 | 9.29 | 53 | 12.6 | 6.7 | 少 | 55 | 1.90 | 46.4 | 27.7 | 100 | 33.7 | 3中 |
| 音更大袖 | 7.23 | 10.3 | 58 | 13.2 | 6.3 | 少 | 52 | 1.78 | 49.8 | 30.1 | 109 | 37.5 | 3上 |
| トヨムスメ | 7.19 | 10.3 | 54 | 10.2 | 4.7 | 微 | 56 | 1.73 | 53.5 | 31.3 | 113 | 37.2 | 2下 |
| キタムスメ | 7.22 | 10.7 | 78 | 13.0 | 6.3 | 少 | 66 | 1.81 | 60.2 | 34.2 | 123 | 33.3 | 3上 |

iii) **特性** 育成地における4カ年の成績(表3-7-2)では,成熟期は早生緑より遅く(+5日),音更大袖並(+1日).倒伏程度は前2品種の"少"に対し"微"であった.a当たり子実重は大袖の舞が31.9 kgで,早生緑や音更大袖より多収を示した.食糧事務所の検査等級による外観品質は,大袖の舞が2中であるのに対し,早生緑は3中,音更大袖は3上で両品種より優った.

iv) **子実成分および加工適性** 大袖の舞の粗タンパク,粗脂肪および炭水化物含有率はそれぞれ,40.9 %,19.9 %,28.8 %であり,早生緑や音更大袖と同程度で,白目大粒で種皮色が黄白のトヨムスメに比較して,粗タンパクで低く,粗脂肪で高いといえる(表3-7-3).

あお豆の主要用途である米菓を試作し,製品の評価を行った(表3-7-4).製品煎りダイズの評価は,早生緑が"皮がやや厚くて硬い"に対し,大袖の舞は音更大袖と同様,皮の硬さ,歯ざわりともに差はほとんどなく,良好な結果を示した.

v) **枝豆適性** あお豆の主な用途として前述の米菓用の他に枝豆があり,早生緑は特に枝豆用

表3-7-3 子実成分(3カ年平均)

| 品種名 | 含有率(%) | | |
|---|---|---|---|
| | 粗タンパク | 粗脂肪 | 炭水化物 |
| 大袖の舞 | 40.9 | 19.9 | 28.8 |
| 早生緑 | 40.3 | 19.9 | 28.2 |
| 音更大袖 | 39.0 | 19.6 | 30.0 |
| トヨムスメ | 43.1 | 18.6 | 28.1 |
| キタムスメ | 39.9 | 20.4 | 29.0 |

(注) 1. 含有率は無水物中の割合,分析方法は粗蛋白がミクロケルダール法,粗脂肪はソックスレーエーテル抽出法である.
2. 分析は1988〜1990年の3カ年の十勝農試産試料を用い,1990年に行った.

として栽培されてきた．大袖の舞の枝豆適期および収量は早生緑並であった．若莢の特徴としては，長さは早生緑より長く，幅と厚さは同等であった．湯煮後の莢の色は早生緑が淡緑なのに対し緑であった．枝豆の鑑評試験の結果では，莢の色で他の品種

表3-7-4 試作米菓(豆餅)の官能評価

| 項目 | 大袖の舞 | 早生緑 | 音更大袖 |
|---|---|---|---|
| 色沢 | 黄～淡緑色 | 色のばらつきあり | 緑強いが色のばらつきあり |
| 光沢 | 差なし | 差なし | 差なし |
| 香り | 癖のない香り | — | 香りが強い |
| 舌ざわり | 差なし | 差なし | 差なし |
| 皮の硬さ | 普通 | やや厚く硬く感じる | 普通 |
| 風味 | 適度の風味あり | 適度の風味あるが粗雑な味 | 風味強くこくのある味 |

(注) 1. 米菓試作，評価はＩ製菓(新潟県)による．
2. 評価は製品中の煎りダイズについて行った．
3. 原料ダイズは1990年十勝農試産，試験実施は1991年1月である．

より明らかに高い評価を受け，莢の形でも評価が高かった．味の面では，早生緑や音更大袖と同等かやや劣ったが，総合評価は高かった．

vi) 収穫時期と種皮色　あお豆では，成熟期後立毛でしばらく放置すると，しばしば種皮の緑色が淡くなって品質上問題となる．収穫時期と種皮の色調を調査した結果(表3-7-5)，大袖の舞をはじめ早生緑や音更大袖は収穫時期が遅くなるのに伴い緑色が薄れて白っぽくなり，彩度が低下した．成熟期から3週間後の収穫では黄ダイズのトヨムスメとほぼ同じ色相を示した．したがって，成熟期後すみやかに収穫することが必要である．また，あお豆をコンバインで収穫しようとすると，従来の手刈り収穫と比較して収穫適期が2～3週間程度遅れ，緑色の色あせは避けられないため注意が必要である．

(3) まとめ

現在北海道で最も広く栽培されているあお豆品種は音更大袖である．音更大袖は地域特産品種と

表3-7-5 収穫時期と種皮色に関する試験成績

| 収穫時期 | 品種名 | L* | a* | b* | 色相 | 彩度 |
|---|---|---|---|---|---|---|
| 成熟期 | 大袖の舞 | 59.4 | -1.28 | 33.6 | 92.2 | 33.6 |
| | 早生緑 | 58.0 | -1.51 | 29.5 | 92.9 | 29.5 |
| | 音更大袖 | 59.6 | -1.82 | 32.0 | 93.2 | 32.0 |
| | トヨムスメ | 67.2 | 5.96 | 35.9 | 80.6 | 36.4 |
| 成熟期の1週間後 | 大袖の舞 | 61.4 | 1.48 | 33.2 | 87.5 | 33.3 |
| | 早生緑 | 60.2 | 0.56 | 28.4 | 88.9 | 28.4 |
| | 音更大袖 | 60.5 | 0.28 | 31.7 | 89.5 | 31.7 |
| | トヨムスメ | 66.3 | 7.49 | 34.0 | 77.6 | 34.8 |
| 成熟期の2週間後 | 大袖の舞 | 65.9 | 4.80 | 31.2 | 81.3 | 31.5 |
| | 早生緑 | 61.9 | 2.88 | 25.8 | 83.6 | 26.0 |
| | 音更大袖 | 64.4 | 2.85 | 29.3 | 84.5 | 29.5 |
| | トヨムスメ | 66.8 | 7.58 | 33.0 | 77.1 | 33.9 |
| 成熟期の3週間後 | 大袖の舞 | 66.5 | 6.43 | 30.6 | 78.1 | 31.2 |
| | 早生緑 | 64.6 | 4.07 | 23.1 | 80.0 | 23.4 |
| | 音更大袖 | 65.7 | 5.01 | 27.8 | 79.8 | 28.2 |
| | トヨムスメ | 68.2 | 7.41 | 32.2 | 77.0 | 33.0 |

(注) 1. L*：明度，a*：-で緑，+で赤の度合い，b*：+で黄色の度合いを示す．
2. 試験年次は1991年である．

して，また輸入ダイズとの差別化商品として，今後も一定の需要が見込まれると思われる．
　しかしながら，音更大袖は倒伏に弱く，またダイズシストセンチュウやダイズわい化病などの耐病性を兼ね備えておらず，農家から見れば，必ずしも作りやすい品種とはいえない．十勝農試ではダイズシストセンチュウ抵抗性が強で耐倒伏性にも優れる大袖の舞を育成したが，音更大袖と比較して種皮色がやや淡く，また実需の音更大袖に対する加工評価が高く[7]，高値で取り引きされていること，などの理由から，音更大袖を置き換えるほどの普及は見られていない．
　十勝農試における今後のあお豆育種は，音更大袖並の加工適性を有し，かつ耐倒伏性や耐病虫性を兼ね備え，色あせが少なくコンバイン収穫に向く子葉緑品種の育成を目指している．

〈山崎　敬之〉

## 引用文献

1) 斎藤正隆・砂田喜與志・土屋武彦ほか．北海道における豆類の品種（増補版），128-133，152-153（1991）
2) 石井富之助・岡本半次郎．大豆，北海道農事試験場彙報，10，1-32（1910）
3) 藤根吉雄．大豆，北海道農事試験場彙報，第59号，1-100（1936）
4) 和田順行・保里久仁於：大豆新優良品種「早生緑」，北農，22（1），28-30（1955）
5) 北海道立農業試験場十勝支場．大豆「アサミドリ」について，農業技術普及資料，5（6）（1962）
6) 湯本節三ほか．ダイズ新品種「大袖の舞」の育成について，北海道立農試集報，65，45-59（1993）
7) 川原美香．十勝産大豆を用いた機能性食品の検討，第11回食品加工関係試験研究機関合同成果発表会 要旨集，21-24（1996）

### 2) 寒地における黒豆育種

#### (1) 緒　言

　北海道におけるダイズの作付け面積は冷害による収量・品質の不安定性，ダイズわい化病の全道的な多発，収益性の低迷などにより近年著しく減少した．しかし，最近は水田転作作物の本作化と食糧自給率向上方針により転換畑を中心に作付けが拡大している．その中で，黒ダイズは1,500～2,500 ha程度（ダイズ全体の15％前後）の作付けが維持されてきた．作付品種のうち晩生種の中生光黒[2]，晩生光黒[2]および中生種のトカチクロ[7]は光沢のある黒ダイズとして光黒銘柄[6]を形成し，煮豆用を中心に根強い需要がある．これに1998年に優良品種に決定した中生種いわいくろ[8]がある．中生光黒，晩生光黒はいずれも在来種で北海道で長く作付けされてきたものである．
　ここでは，交雑育種により育成した2品種トカチクロ，いわいくろの育成を中心に述べる．

#### (2) トカチクロの育成

　トカチクロは基幹品種中生光黒より早熟で多収な黒ダイズ品種の育成を目標として，道立十勝農試において1967年に十育122号（後のキタムスメ）×中生光黒の交配を行い，選抜固定ののち1984年に優良品種に決定した．中生光黒は十勝地方では晩生であり，低温年には収量品質の低下，出荷遅延が大きく生産が不安定である．このため，早熟の安定品種への要望が強く，中生種で耐冷安定多収の褐目大豆十育122号（キタムスメ）が母本に選ばれた．育成経過を表3-7-6に示す．
　十勝農試では，トカチクロの初期生育は旺盛で開花期前後の主茎長は中生光黒に優り，成熟期における主茎長は同品種と同程度である．成熟期は中生光黒より3～9日早い中生種で多収である（表3-7-7）．
　開花期の低温抵抗性（障害型）はキタムスメより劣り中生光黒と同じ中と評価された．初期生育は旺盛で成熟期が早いことから生育不良型および遅延型冷害を軽減でき，低温年における減収程度が

7. 有色ダイズ育種 (203)

表3-7-6 トカチクロの育成経過

| 年次 | 1967 | 1968 | 1969 | 1970 | 1971 | 1972 | 1973 | 1974 | 1975 | 1976 | 1977 | 1978 | 1979 | 1980 | 1981 | 1982 | 1983 |
|---|---|---|---|---|---|---|---|---|---|---|---|---|---|---|---|---|---|
| 世代 | 交配 | $F_1$ | $F_2$ | $F_3$ | $F_4$ | $F_5$ | $F_6$ | $F_7$ | $F_8$ | $F_9$ | $F_{10}$ | $F_{11}$ | $F_{12}$ | $F_{13}$ | $F_{14}$ | $F_{15}$ | $F_{16}$ |
| 供試 系統群数 | | | | | | | 11 | 19 | 7 | 1 | 1 | 1 | 16 | 12 | 9 | 7 | 2 |
| 　　 系統数 | 72花 | | | | | 42 | 41 | 78 | 7 | 1 | 1 | 50 | 62 | 60 | 27 | 38 | 20 |
| 　　 個体数 | | | 21 | 1810 | 1600 | 1000 | 840 | 820 | 1560 | 840 | 40 | 300 | 1500 | 1860 | 1800 | 810 | 760 | 300 |
| 選抜 系統数 | 13莢 | | | | | | 11 | 19 | 7 | 1 | 1 | 16 | 12 | 27 | 7 | 2 | 1 |
| 　　 個体数 | 21粒 | 8 | | | | 42 | 41 | 78 | | | 50 | 62 | 60 | | 38 | 20 | 5 |

選抜経過 十育122号(キタムスメ)×中生光黒 十交4204

系統名 十系567号 十育184号→

(注) Pは集団選抜を示す.

表3-7-7 育成地(十勝農試)におけるトカチクロおよび両親の生育,収量調査成績

| 品種名 | 開花期 | 成熟期 | 初期の主茎長* | 倒伏程度 | 主茎長 | 主茎節数 | 分枝数 | 莢数 | 一莢内粒数 | 全重 | 子実重 | 子実重対比 | 百粒重 | 品質 | 無処理対比(%)** | | 低温抵抗性(障害型)判定 |
| | | | | | | | | | | | | | | | 稔実莢数 | 子実重 | |
| | (月日) | | (cm) | | (cm) | (節) | (本/株) | (莢/株) | (粒) | (kg/a) | | (%) | (g) | | | | |
| トカチクロ | 7.26 | 10.3 | 44.6 | 少 | 55 | 12.9 | 6.0 | 56.8 | 1.71 | 51.0 | 28.7 | 107 | 35.8 | 中上 | 74 | 78 | 中 |
| 中生光黒 | 7.30 | 10.11 | 35.9 | 中 | 51 | 12.3 | 4.7 | 50.3 | 1.73 | 47.9 | 26.7 | 100 | 34.9 | 中上 | 88 | 79 | 中 |
| キタムスメ | 7.26 | 10.2 | 51.9 | 少 | 61 | 11.9 | 5.8 | 62.4 | 1.88 | 51.7 | 29.4 | 110 | 29.0 | 中上 | 87 | 82 | 強 |

(注) 1. 1977〜1983年の7年平均.  *印は7月下旬の調査で1978〜1983年の6年平均.
　　 2. 倒伏程度は無,少,中,多,甚の5段階評価による.
　　 3. **:開花始から20日間,昼温18℃および夜温13℃の低温処理区の無処理区対比で,1979〜1982年の4年平均.

小さい.
　粒形は中生光黒と同様に扁球で粒の光沢は強い.百粒重35g程度で中生光黒並みの大粒,外観品質は中の上である.煮豆原料としての加工適性は中生光黒と同等である.品質上の欠点としては,へその近辺に点形の裂皮がみられることから,十勝地方のうち裂皮の発生の少ない地帯に限定して普及に移された.

(3) いわいくろの育成

i) 育成経過　いわいくろは道立中央農試において極大粒,良質多収,ダイズわい化病抵抗性の黒ダイズ品種の育成を目標として,1986年に極大粒,良質の晩生光黒を母,わい化病抵抗性の白目大粒系統中育21号を父として人工交配を行い,系統育種法により選抜育成し,1998年に優良品種に決定した.育成経過を表3-7-8に示した.

　いわいくろの成熟期はトカチクロ並みの中生種で中生光黒より7日程度早熟である.極大粒で豊満な黒ダイズで百粒重は中生光黒より15%以上重く,品質(検査等級)は同品種より優る(表3-7-9).

　黒ダイズは大粒であるほど高品質とされる.そのため,産地では一定のふるい目で選別後に集出荷している.育成地におけるいわいくろの子実重は中生光黒より少ないが,規格内子実重(主産地である道南地方の晩生光黒規格,ふるい目9.1mm以上)は優る(表3-7-10).

(204)　第3章　育　種

表3-7-8　いわいくろの育成経過

| 年次 | 1986 | 1987 | 1988 | 1989 | 1990 | 1991 | 1992 | 1993 | 1994 | 1995 | 1996 | 1997 |
|---|---|---|---|---|---|---|---|---|---|---|---|---|
| 世代 | 交配 | $F_1$ | $F_2$ | $F_3$ | $F_4$ | $F_5$ | $F_6$ | $F_7$ | $F_8$ | $F_9$ | $F_{10}$ | $F_{11}$ |
| 供　系統群数 | | | | | 2 | 7 | 3 | 2 | 1 | 1 | 1 | 1 |
| 　　系統数 | 80花 | | | 3 | 8 | 26 | 15 | 15 | 10 | 7 | 5 | 7 |
| 試　個体数 | | 3 | 140 | ×35 | ×35 | ×35 | ×35 | ×35 | ×35 | ×35 | ×35 | ×35 |
| 選　系統群数 | | | | | 2 | 2 | 2 | 1 | 1 | 1 | 1 | 1 |
| 　　系統数 | 1莢 | | | 2 | 7 | 3 | 2 | 1 | 1 | 1 | 1 | 1 |
| 抜　個体数 | 3粒 | 1 | 3 | 8 | 26 | 15 | 15 | 10 | 7 | 5 | 7 | 15 |

選抜経過：中交6115　P—P—③—……（①②③④⑤⑦など系統選抜記号）

備考：←わい化病無防除圃→で選抜　中系305号　中育39号

（注）Pは集団選抜、○は選抜系統を示す。

表3-7-9　育成地（道立中央農試）における生産力検定試験成績（1994〜1997年の4ヵ年平均）

| 品種名 | 開花期 | 成熟期 | 倒伏程度 | 主茎長 | 主茎節数 | 分枝数 | 莢数 | 一莢内粒数 | 全重 | 子実重 | 子実重対比 | 百粒重 | 品質〈1〉 | 品質〈2〉 |
|---|---|---|---|---|---|---|---|---|---|---|---|---|---|---|
| | (月日) | (月日) | | (cm) | (節) | (本/株) | (莢/株) | (粒) | (kg/a) | (kg/a) | (%) | (g) | | |
| いわいくろ | 7.25 | 10.5 | 2.0 | 58 | 12.3 | 5.8 | 52.0 | 1.88 | 56.4 | 33.5 | 90 | 46.1 | 2中 | 上 |
| 中生光黒 | 7.29 | 10.12 | 2.6 | 66 | 14.1 | 5.4 | 67.6 | 1.82 | 65.9 | 37.3 | 100 | 40.0 | 3上 | 中上 |
| 晩生光黒 | 8.3 | 10.17 | 2.5 | 73 | 15.4 | 5.1 | 44.6 | 1.87 | 57.8 | 29.5 | 79 | 48.8 | 2下 | 上 |
| トカチクロ | 7.23 | 10.3 | 1.7 | 58 | 13.7 | 7.4 | 78.1 | 1.69 | 68.5 | 40.9 | 110 | 41.4 | 3中 | 中上 |

（注）1．倒伏程度：無0，微0.5，少1，中2，多3，甚4．
　　　2．品質〈1〉：食糧事務所による検査等級，品質〈2〉：だいず特性審査基準（1995）に準拠．

表3-7-10　育成地における規格内子実重の比較（1995〜1997年の3ヵ年平均）

| 品種名 | 子実重(kg/a) | 規格内子実割合9.1 mm以上(%) | 規格内子実重(kg/a) | 規格内子実重対標準比(%) |
|---|---|---|---|---|
| いわいくろ | 30.2 | 77.0 | 23.5 | 121 |
| 中生光黒 | 34.5 | 57.0 | 19.6 | 100 |
| 晩生光黒 | 26.3 | 78.3 | 20.7 | 107 |
| トカチクロ | 37.7 | 40.5 | 16.2 | 83 |

ⅱ）**低温抵抗性**　十勝農試の低温育種実験室を用いた開花期低温抵抗性検定および耐冷性現地選抜圃と十勝農試の生育収量成績を対比して，開花始めから4週間程度の比較的短い期間の低温障害に対する抵抗性はやや強と判定され，全生育期間が冷涼な気象条件の場所での生育，収量はトヨムスメ並みに影響を受け，低温抵抗性は中と判断された．このため，いわいくろの栽培適地は網走，上川北部，羊蹄山麓などダイズ栽培地帯区分[3)] Ⅰ，Ⅱの気象条件の厳しい地帯を除いて，道央，道南，十勝地域およびこれに準ずる地帯とし，晩生光黒の一部，および中生光黒，トカチクロに置き換え普及奨励することとした．

表 3-7-11 ダイズわい化病抵抗性検定試験成績（伊達市現地選抜圃場，1995～1997年の3カ年平均）

| 品種名 | 無防除区 | | 稔実莢数（莢/株） | | | 全重（kg/a） | | | 子実重（kg/a） | | | 総合判定 |
|---|---|---|---|---|---|---|---|---|---|---|---|---|
| | 発病率(%) | 発病程度 | 無防除区 | 防除区 | 無/防(%) | 無防除区 | 防除区 | 無/防(%) | 無防除区 | 防除区 | 無/防(%) | |
| いわいくろ | 64.0 | 2.7 | 19.5 | 24.3 | 80 | 38.0 | 46.8 | 81 | 17.9 | 23.1 | 77 | やや強 |
| ツルコガネ（標準） | 41.8 | 2.1 | 25.4 | 30.5 | 83 | 43.4 | 63.2 | 69 | 20.2 | 27.7 | 73 | 強 |
| ツルムスメ（標準） | 74.6 | 2.7 | 18.0 | 29.4 | 61 | 31.9 | 52.6 | 61 | 15.6 | 26.4 | 59 | やや強 |
| スズマル（標準） | 75.9 | 2.9 | 40.0 | 76.5 | 52 | 25.8 | 59.3 | 44 | 10.3 | 28.5 | 36 | 中 |
| トヨムスメ（標準） | 89.6 | 3.7 | 9.6 | 38.4 | 25 | 15.7 | 59.2 | 27 | 4.6 | 28.2 | 16 | 弱 |
| ユウヅル（標準） | 94.4 | 3.8 | 10.0 | 29.1 | 34 | 18.2 | 65.2 | 28 | 4.8 | 28.4 | 17 | 弱 |
| 中生光黒 | 78.7 | 3.6 | 15.2 | 27.8 | 55 | 30.8 | 59.0 | 52 | 11.0 | 25.0 | 44 | 弱 |
| 晩生光黒 | 77.3 | 3.5 | 11.1 | 25.1 | 44 | 25.8 | 58.9 | 44 | 7.1 | 25.6 | 28 | 弱 |

（注）1. 無防除区，防除区とも各3反復，1区2.1 m²（約35個体），畦幅60 cm，株間10 cm，1本立.
2. 感染方法は自然感染による．ただし，防除区はアブラムシ防除のため播種時にエチルチオメトン粒剤を0.6 kg/a施用．
3. 発病程度：0（無）～4（甚）．

iii）わい化病抵抗性　ダイズわい化病は，ダイズの生育収量に大きな影響を及ぼし，現在，北海道のダイズ栽培では大きな問題となっている[9]．わい化病の多発地である北海道伊達市の現地選抜圃場における自然発病条件下での発病率および被害程度調査の結果（表3-7-11），いわいくろの発病率，発病程度は抵抗性強のツルコガネ[1]よりやや高く，やや強のツルムスメ[5]と同程度で抵抗性弱のトヨムスメ，ユウヅルより低い．アブラムシ無防除区の稔実莢数，子実重の対防除区比は3カ年平均ではツルコガネ並みであるが，多発年では同品種より低く，ツルムスメと同程度であった．この結果，いわいくろのわい化病抵抗性は，やや強と判定された．

iv）品質，加工適性の向上　いわいくろの子実の粗タンパク含有率は中生光黒，晩生光黒より約3％低い．いわいくろの蒸煮ダイズの重量増加比や硬さは晩生光黒並みで，皮浮き，煮崩れは少なく良好である．煮豆加工適性は中生光黒，トカチクロより優り，ほぼ晩生光黒並みに優れている（表3-7-12）．

いわいくろの品質上懸念される点として粒の光沢と裂皮粒の発生がある．トカチクロ，中生光黒，晩生光黒はいわゆる光黒大豆として流通し，種皮の光沢が強いのが特徴である．いわいくろの光沢はやや鈍く"中"であるが，実需関係者からは流通上不利との指摘はなかった．3カ年の煮豆試作の試験結果は，製品の照り・艶，光沢を良好とする評価が多く，流通，加工適性上の問題はないと考

表 3-7-12 煮豆試作試験の製品評価（1996年道立中央農試産，埼玉県F社）

| 項目 | 評価法(1-5) | 平均評価点 | | | | どちらが好みか（人） | | | | |
|---|---|---|---|---|---|---|---|---|---|---|
| | | いわいくろ | 中生光黒 | 晩生光黒 | トカチクロ | いわいくろ | 中生光黒 | 晩生光黒 | トカチクロ | 差なし |
| 色沢 | （悪-良） | 3.75 | 3.25 | 3.38 | 2.50 | 6 | 1 | 1 | 0 | 0 |
| 光沢 | （悪-良） | 3.25 | 3.25 | 3.50 | 3.00 | 1 | 0 | 6 | 0 | 1 |
| 香り | （悪-良） | 3.00 | 3.00 | 3.00 | 2.63 | 3 | 1 | 3 | 0 | 1 |
| 舌ざわり | （悪-良） | 3.38 | 3.38 | 3.00 | 2.50 | 5 | 1 | 1 | 0 | 1 |
| 皮の硬度 | （軟-硬） | 3.38 | 3.38 | 3.25 | 2.75 | 5 | 2 | 1 | 0 | 0 |
| 風味 | （悪-良） | 3.13 | 3.13 | 3.31 | 3.29 | 6 | 0 | 2 | 0 | 0 |
| 総合 | （悪-良） | 3.63 | 3.25 | 3.25 | 2.75 | 5 | 1 | 2 | 0 | 0 |

（注）F社のパネラー8人，評価法は5段階評価で各自の持つイメージで普通を3とする．

表3-7-13 摘莢による裂皮の難易検定試験成績（道立上川農試，中央農試）

| 上川農試 | | | 中央農試 | | | |
|---|---|---|---|---|---|---|
| 品種名 | 裂皮粒率(%) | 耐裂皮性の判定 | 品種名 | 裂皮粒率（%） | | 耐裂皮性の判定 |
| | | | | 無処理 | 処理 | |
| いわいくろ | 18.5 | 中 | いわいくろ | 0.0 | 6.5 | 中 |
| キタコマチ（標準） | 43.3 | 易 | キタコマチ（標準） | 6.1 | 24.5 | 易 |
| キタムスメ | 32.5 | 易 | トカチクロ | 9.4 | 18.5 | 易 |
| トヨムスメ（標準） | 16.7 | 中 | トヨムスメ（標準） | 5.8 | 8.8 | 中 |
| トヨコマチ | 17.4 | 中 | ツルムスメ（標準） | 2.8 | 7.1 | 中 |
| スズヒメ | (8.2) | やや難 | トヨコマチ | 0.4 | 2.1 | 中 |
| 中生光黒 | (0.8) | 難 | 中生光黒 | 0.2 | 0.9 | 難 |

（注）1. 上川農試は1994～1996年の3ヵ年平均，ただし（ ）は2ヵ年平均．中央農試は1997年．
   2. 開花後35日目頃に上位50％の摘莢処理による．

えられる．

v）裂皮性の程度　いわいくろの裂皮性は中生光黒，晩生光黒より劣り，年次，場所によりへそ近辺に点形の裂皮がみられる．この裂皮症状はトカチクロと似ているが，同品種より少ない．道央管内におけるダイズの裂皮は登熟期間の積算温度に影響され，高温年の1994，1999年には各品種に裂皮が多発した[4]．いわいくろでも裂皮粒は1994年が26.4％，1999年は28.8％発生し，他の年次より検査等級はやや低かった（道立中央農試産）．裂皮は落等要因となりうるので，外観品質がとくに重視される黒ダイズの育種では大粒化とともに，耐裂皮性の向上が今後の目標である（表3-7-13）．

なお，裂皮発生の多かった1994年中央農試産を供試した煮豆試作試験において，煮熟後，「皮がしっかりしており豆の扱いが楽」との評価であった（埼玉県F社）．裂皮が小さく種皮と子葉部が密着して「皮浮き」を伴わない場合は，煮豆製造工程では大きな問題にはならない．むしろ種皮が子葉部から遊離した「皮浮き」状態が問題になる．「皮浮き」は子実の過乾燥や，しわ部分が脱穀調製中に切れる等で生じやすく，煮豆製造工程で「皮浮き・煮崩れ」の原因となりやすい．このため，「いわいくろ」の高品質性を保持できる収穫・脱穀調製方法が重要である．過乾燥にしない，収穫機や脱穀機の調整を十分に行い，損傷粒（つぶれ，割れ，裂傷）を防ぐ等の注意が必要である．

(4) 黒豆育種の今後の方向

北海道の光黒大豆に比べて，粒大が約1.5倍ある球形豊満な極大粒種丹波黒は，最上質の黒ダイズとして評価され，岡山県，兵庫県を主産地として栽培されている．丹波黒の収穫期は12月上旬前後であるが，北海道産黒ダイズの出荷が遅れるほど両者の競合が激しくなる関係にある．

当面，黒ダイズ育成の次の目標は道南地方の晩生光黒に優る粒大と品質を有する品種である．道南地方で安定して極大粒性を示し，かつ，低温年における生育遅延を回避するため，成熟期は中の晩～晩の早クラスと考えられる．耐病虫性の付与ではわい化病抵抗性の他，道央，道南で被害が目立ってきたダイズシストセンチュウ，および転換畑の拡大に伴い排水不良畑で被害がみられる茎疫病に対する抵抗性が必要である．

大粒化については，府県の極大粒品種を片親として百粒重が60gを越える系統が得られている．これを母本として耐倒伏性，耐病虫性などの農業特性の改良を図っている．

いわいくろはわい化病抵抗性やや強で最下着莢節位は比較的高く，分枝が開張しないなどコンバイン収穫向きの特性を有することから，道東や道央ではいわいくろのコンバイン収穫による省力機

械化栽培の先進農家事例がある．ただし，裂莢性は易で耐倒伏性は中なので，現状ではコンバイン収穫適性は黄ダイズ品種より劣っている．今後の黒ダイズ育種では，わい化病抵抗性，裂莢性，耐倒伏性などの農業特性の改良によりコンバイン収穫適性をいわいくろより向上させることが必要である．

(白井　和栄)

### 引用文献

1) 番場宏治ほか．だいず新品種「ツルコガネ」の育成について．北海道立農試集報，52, 53-64 (1985)
2) 北海道における豆類の品種編集委員会編．北海道における豆類の品種 (増補版)．日本豆類基金協会．1991. p.138-139
3) 北海道農政部．道産豆類地帯別栽培指針，1, 37-38 (1994)
4) 鴻坂扶美子ほか．1999年の道央管内における大豆裂皮多発状況とその要因について．日本育種・作物学会北海道談話会報，40, 111-112 (1999)
5) 中村茂樹ほか．ダイズ新品種「ツルムスメ」の育成について．北海道立農試集報，63, 71-82 (1991)
6) 農林水産省農産園芸局畑作振興課編．大豆に関する資料．124 (2000)
7) 佐々木紘一ほか．だいず新品種「トカチクロ」の育成について．北海道立農試集報，51, 113-124 (1984)
8) 白井和栄ほか．ダイズ新品種「いわいくろ」の育成について．北海道立農試集報，78, 39-58 (2000)
9) 玉田哲夫．ダイズ矮化病に関する研究．北海道立農試報告，25, 5-12 (1975)

### 3) 寒冷地における青豆 (子葉緑) 育種

#### (1) 緒　言

　黒ダイズ，青ダイズなどの有色ダイズは，黄ダイズと比較して生産量が圧倒的に少ないものの，古くから，煮豆，きな粉，炒り豆，浸し豆などに利用され，それぞれの地域の食生活と密接に関わってきた．これらの品種は耐肥性や耐病性に欠け，品質が雑駁であったにもかかわらず，農家によって自給自足用として広く栽培されてきた．しかしながら，農村の生活習慣が大きく変わり，自給自足的栽培も少なくなってきた．このため，ダイズによる地域振興や伝統的食生活の維持・発展のためには，これらの有色ダイズの品種育成が必要と考えられてきた．

　青ダイズの中で子葉色が緑色 (以降，子葉緑と称する) のダイズはきな粉やずんだもち用として古くから利用されてきた．最近では，その緑色を活かした豆腐，アイスクリームなどにも使われ，その用途拡大が進んでいる．1999年の県別品種別作付面積によると，青ダイズ (宮城県)，秋試緑1号 (秋田県) および青端豆 (山形県) が各々100 ha以上栽培された他，2000年の都道府県別奨励・準奨励品種において秋試緑1号[5]およびあきたみどり[4] (秋田県) が採用されるなど東北地域における子葉緑ダイズ生産に対する要望は高い[2]．

　これらを背景として，東北農業試験場刈和野試験地では，子葉緑ダイズ遺伝資源の特性および加工適性調査を行い，子葉緑育種を開始した．

#### (2) 青豆 (子葉緑) の遺伝資源探索

　供試した28点の子葉緑品種・系統の色彩について，子葉部を粉砕して，測色色差計で測定した．その結果，これらの品種・系統間で緑色の濃淡に大きな差異があることが明らかにされた (図3-7-2)．さらに，豆乳および豆腐を調製して，同様に測色色差計で測定した．その結果，きな粉で認められた緑色の濃淡は豆乳および豆腐にまで影響した (図3-7-3)．

　その中で他の品種・系統と異なり，きな粉および豆乳の色調におけるy値 (明るさと緑色を示す指

標）が大きい1系統（刈交765-F$_4$）が見出された（図3-7-2, 図3-7-3）．この系統は子葉緑ダイズの赤青D165を母親とする後代系統であったが，後代に子葉黄の個体・粒を分離したことから，親品種の赤青D165由来の子葉緑に関する遺伝も含めてさらに検討した．

### (3) 子葉緑の遺伝様式

赤青D165は朝鮮半島原産で旧農事試験場（鴻巣）を経て，東北農業試験場に導入されたものである．赤青D165とタチユタカ（東北地域の主要品種，黄ダイズ）の正逆両交雑を行うことによってF$_1$およびF$_2$種子を得，子葉色の分離を調査した[1]．その結果，F$_1$種子の子葉は全て黄色を呈し，F$_2$種子では黄色と緑色に分離し，2対の劣性遺伝子が関与すると仮定した分離比（黄色：緑色＝15：1）によく適合した（表3-7-14）．同様な子葉緑を核遺伝子支配とする報告は1920年代にいくつかなされていたものの[3,6,7]，これまで日本各地で利用されてきた子葉緑ダイズは細胞質遺伝によるものであり，日本で保存されている品種・系統の中から核遺伝子支配によるものが見いだされたのは初めてのことである．

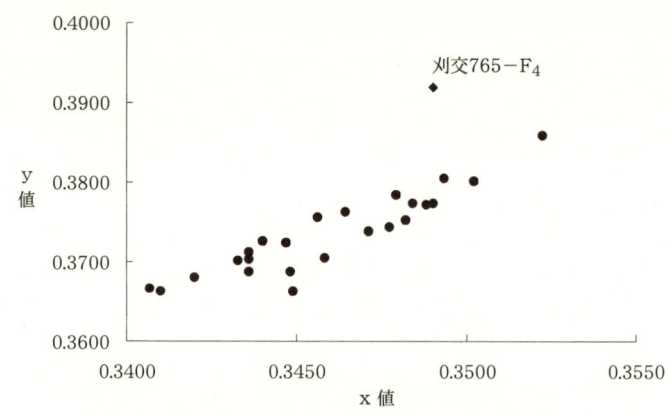

図3-7-2 子葉緑ダイズのきな粉の色調（28品種・系統）

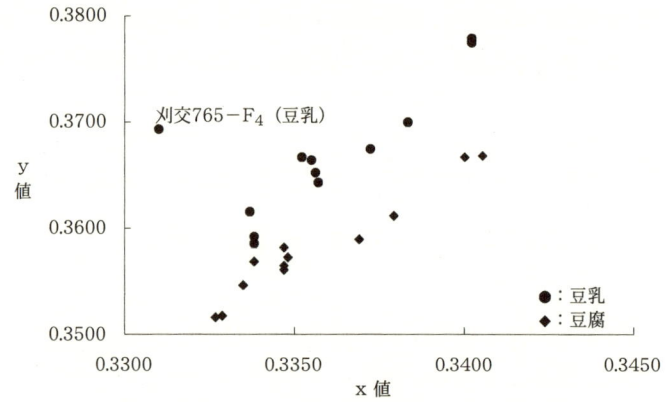

図3-7-3 子葉緑ダイズの豆乳および豆腐の色調（12品種・系統）

表3-7-14 赤青D165とタチユタカの正逆両交雑から得られたF$_2$種子の子葉色に関する分離[1]

| 交配組合せ | 子葉色 | 観測種子数<br>（期待種子数） | $\chi^2$値<br>(15：1) | 確率 |
|---|---|---|---|---|
| 赤青D165×タチユタカ | 黄<br>緑 | 2,162　(2,152.5)<br>134　(　143.5) | 0.671 | ＞0.41 |
| タチユタカ×赤青D165 | 黄<br>緑 | 5,431　(5,430.9)<br>362　(　362.1) | 0.000 | ＞0.99 |

現在，上述の交雑後代から子葉緑で草型，収量などの農業形質の優れた個体・系統を選抜してきた結果，刈系629号および東北141号の2系統が育成されている．

### (4) 子葉緑を用いた自然交雑率の推定

育種現場において，各種作業中の人的行為による混入を避けることは可能であるが，自然条件下での風媒や虫媒などによる他殖を避けることは難しい．これまでダイズの自然交雑率は約1％以内といわれてきたが，栽植様式などとの関係は明らかにされていない．そこで，核遺伝子支配による子葉緑ダイズを用いて，いくつかの栽培条件における自然交雑率を調査した[1]．その結果，標準栽培

(畦長 2.5 m × 5 畦, 畦間 75 cm × 株間 12 cm, 1 本立, 両端畦に黄ダイズを栽植)での交雑粒率は 0.06 %, 同個体率は 5.32 % であった. 一方, 挟み植(同標準栽培, 各畦前後 4 株に黄ダイズを栽植), 交互植(同標準栽培, 畦内交互に黄ダイズを栽植), 株内混植(畦長 2.5 m × 5 畦, 畦間 75 cm × 株間 24 cm, 2 本立, 両端畦と各株内に黄ダイズを混植)によって, 黄ダイズが現れる比率が高まり, 株内混植では交雑粒率は 0.68 %, 同個体率は 28.89 % となった(表 3-7-15). このように, 核遺伝子支配による子葉緑の再発見は, これまで大よその数字でしかなかったダイズの自然交雑率の推定に役立つ結果となった.

表 3-7-15 核遺伝子支配による子葉緑ダイズを用いた自然交雑率調査[1]

| 処理 | 供試個体数 | 交雑個体数 | 交雑個体率(%) | 供試粒数 | 交雑粒数 | 交雑粒率(%) |
|---|---|---|---|---|---|---|
| 標準植 | 94 | 5 | 5.32 | 7,947 | 5 | 0.06 |
| 挟み植 | 71 | 5 | 7.04 | 5,470 | 7 | 0.13 |
| 交互植 | 48 | 5 | 10.42 | 4,168 | 6 | 0.14 |
| 株内混植 | 45 | 13 | 28.89 | 3,259 | 22 | 0.68 |

### (5) まとめ

最近のダイズ研究の多様化する育種目標の中で, 各種加工用途向け高加工適性の黄ダイズへの付与は重要な課題となっている. さらに, 加工用途自身も豆腐や納豆などの伝統的食品からアイスクリームやヨーグルトなどの新用途食品への拡がりを見せている. 今後, ダイズ食品の多様化が進むことを考慮すると, 有色ダイズなどの特殊用途ダイズの優れた加工適性が必要となるであろう. したがって, こうした有色ダイズの遺伝資源評価および品種育成は, 高品質な黄ダイズ品種育成と並んで, 国産ダイズの生産および需要拡大にとって重要であると考えられる.

(菊池 彰夫)

## 引用文献

1) 菊池彰夫・村田吉平・田渕公清・酒井真次. 大豆の子葉色緑の遺伝様式と自然交雑率. 育雑, 43(別2), 112(1993)
2) 農林水産省農産園芸局畑作振興課・農林水産技術会議事務局企画調査課. 国産大豆品種の事典. 105-107 (2000)
3) Owen, F. V. Inheritance studies in soybeans. I. Cotyledon color. Genetics 12, 441-448 (1927)
4) 佐々木和則・佐藤雄幸・鈴木光喜・井上一博・五十嵐宏明・沓沢朋広・吉川朝美・水越洋三・藤本順治・岡田晃治. 青大豆新品種「あきたみどり」の育成と特性. 秋田県農試研究報告, 41, 1-16(2000)
5) 鈴木光喜・佐藤雄幸・井上一博・秋山美展・五十嵐宏明・沓沢朋広・岡田晃治・藤本順治・水越洋三. 青大豆新認定品種「秋試緑1号」の育成とその特性について. 秋田県農試研究報告, 39, 36-48(1999)
6) Veatch, C. and C. M. Woodworth. Genetic relations of cotyledon color types of soybeans. J. Am. Soc. Agron., 22, 700-702(1930)
7) Woodworth, C. M. Inheritance of cotyledon, seed-coat, hilum, and pubescence colors in soybeans. Genetics 6, 487-553(1921)

## 4) 温暖地における有色ダイズ育種

### (1) 緒言

きな粉用として青ダイズ, 煮豆用として黒ダイズ, 浸し豆用として青ダイズおよび鞍掛ダイズなど有色ダイズの利用は多岐にわたっている. これらは伝統食品として, それぞれの地域の食生活と関わりを持っている. さらに最近ではふるさとを見直す自然食品として積極的に利用されてきた. 温

暖地におけるこれらの品種はほとんどが在来種[4]であった．在来種は耐病性や草型が劣り収量・品質も不安定であった．特産化した丹波黒大豆等については京都府農業総合研究所および兵庫県立北部農業技術センターで育種が行われているが，他のものについては長野県中信農試（大豆育種指定試験地）で実施されているのみである．ここでは，中信農試での育種を中心に述べる．

**(2) 有色ダイズ在来種の純系選抜**

長年特定地域に栽培されてきた在来種は栽培地域において粒大や品質で優良性を示すが，地域適応性が狭く他地域では品種特性を十分に発揮できないことが多い．しかし，遺伝的変異に富むことから，加工適性等の本来の特性を維持しつつ，変異内での早晩性，粒大や粒色等の選抜には純系選抜は有効な手段と考えられる．一方，草型の改良や耐病性付与には不向きである．

選抜方法は，①収集後の特性調査を実施，②熟期の早晩生や花色等の形質で選抜し基本集団とする，③個体選抜・系統選抜で固定を図る．

当場では1965年から各地より有色ダイズを収集し特性調査を行うとともに，有望な在来種の品種比較試験を実施した．これらの中から，いくつかの在来種について純系選抜を行った．

1980年に育成した信濃青豆[3]を一例として示す．山形県から取り寄せた在来種青長品16を1971年に特性調査を実施した．花色が紫と白の2種類が混在していたため，翌年（1972）紫花を青長品16-1，白花を青長品16-2として栽培し，百粒重が33gと比較的粒大の大きかった青長品16-1を基本集団として選んだ．1973年に個体選抜し以降は系統選抜法による選抜・固定を図った．1975年より東山B1444の系統番号で生産力検定試験に供試し，1979年に東山青123号の系統名を付して地域適否を確かめた．選抜を完了した．

同様に，信濃鞍掛[3]は長品浸4（長野県信州新町），信濃平豆[3]は長品浸10（長野県信州新町）および信濃緑[5]は青長品17（福島県）から純系分離により育成した品種である．これら育成した品種は需要が小さいため主産地を形成するまでには至っていないが，県内の中山間地での地域特産品（原豆やきな粉等加工品）として直売されている．

京都府農業総合研究所においても，1971年に府内より丹波黒を収集し，翌年より純系分離による系統選抜を実施し，1975年に有望な3系統に京都1，2，3号[2]を付した．このうち，特に粒大の優れた京都1号を新丹波黒[2]と命名された．現在，京都府における黒マメ栽培のほとんどを新丹波黒が占めている（表3-7-16）．

**(3) 有色ダイズの交配育種**

純系選抜のみで付与できない形質（早生化，耐病性，草型改善等）については，それら形質をもつ普通ダイズと交配する必要がある．

有色ダイズの交配において注意すべきことは，青豆類での子葉色緑は細胞質遺伝するため，有色ダイズを母本とする．また，黒ダイズでは$F_1$世代において種皮は黄色遺伝子が抑制に働き，種皮色黄・へそ色黒となり自殖個体との区別がつく．$F_2$世代では種皮色は黒，褐，黄色と各種の分離が認めら

表3-7-16 純系選抜による有色ダイズの特徴

| 品種名 | 旧系統名 | 現品種の取り寄先 | 選抜年数 | 特徴 |
|---|---|---|---|---|
| 信濃青豆 | 東山青123号 | 山形県 | 8 | 中生，種皮・子葉色とも緑，大粒 |
| 信濃鞍掛 | 東山浸107号 | 長野県 | 9 | 晩生，扁楕円体，種皮色緑に黒の鞍掛斑紋，子葉色緑，大粒，浸し豆 |
| 信濃平豆 | 東山浸108号 | 長野県 | 8 | 晩生，扁楕円体，種皮色淡緑，子葉色黄，極大粒，浸し豆 |
| 信濃緑 | 東山系B*l*450 | 福島県 | 13 | 中生，扁楕円体，種皮・子葉色とも緑，大粒，浸し豆・きな粉 |
| 新丹波黒 | 京都1号 | 京都府 | 7 | 晩生，球形，種皮色黒，子葉色黄，極大粒 |

表 3-7-17 玉大黒，信濃早生黒と丹波黒の比較

| 品種名 | 花色 | 主茎長 | 粒の大小 | 粒形 | 光沢(蝋質) | 成熟期 | 生態型 | 倒伏抵抗性 | ダイズモザイク病抵抗性 |
|---|---|---|---|---|---|---|---|---|---|
| 玉大黒 | 白 | 中 | 極大の小 | 球 | 弱(有) | 中の早 | 中間型 | 中 | 極強 |
| 信濃早生黒 | 白 | 短 | 大 | 球 | 強(無) | 中の早 | 中間型 | 強 | 中 |
| 丹波黒 | 紫 | 長 | 極大の大 | 球 | 弱(有) | 極晩 | 秋大豆型 | 中 | 弱 |

(注) だいず品種特性分類調査基準による．長野県中信農業試験場での観察・調査に基づき作成．

れるので，黒色のみを選抜する．毛茸色については $F_2$ 以降早期世代から選抜をする．黒豆の場合は褐毛を選抜する（白毛を選抜すると「くすみ」粒となる）必要がある．

1回の交配では粒大等で十分でなく，戻し交配を実施する必要がある．戻し交配を重ねると草型等の選抜では不利を生ずる．また，有色ダイズの特徴である粒大や粒形（扁楕円体）については初期世代から選抜する必要があり，次世代の規模が小さくなるので採種量を多めにする必要がある．

ここでは，1997年に育成した玉大黒[6]について述べる．

関東・東山地域では「丹波黒」は極晩生で栽培が不可能であったり，栽培が可能な地域ではダイズモザイク病による低収・小粒化が目立ち，丹波黒並の品質を有し，当地域に適する品種の育成が強く望まれていた．

1984年に母親を丹波黒（極晩生の極大粒・良質の黒豆で，近畿以西の広い地域で栽培されている）とし，父親に東山140号（ダイズモザイク病抵抗性で，中生の大粒・多収の普通ダイズ系統）を交配した．これらの両親の組合せからダイズモザイク病抵抗性を有し，極大粒で良質な黒ダイズ系統の育成を目標とした．選抜に当たり，SMV抵抗性と早生化と，品質面では丹波黒並の粒大と外観品質（粒形：球，種皮表面に蝋質を有する）に重点を置き選抜を進めた．1994年に東山黒175号の地方名を付し，関係府県に配布した．1996年に埼玉県および長野県で採用された．以降，群馬県（2000年）等でも採用され，所期の目的を達した（表3-7-17）．

1969年に早生で良質多収な黒豆の育成を目標として農林2号と晩生光黒を交配し，1984年信濃早生黒[7]を育成した．長野県内に広く栽培されたが，ダイズモザイク病（病原系統-C，-D）の発生は多くなり，現在は発生の少ない高冷地のみとなった．

また，兵庫県立中央農業技術センター農業試験場但馬分場において丹波黒にダイズモザイク病抵抗性系統（普通ダイズ）を交配し，丹波黒を3回戻し交配を行い，選抜・固定を図ったが品種育成までに至らなかった[9]．

### (4) 有色ダイズの放射線突然変異育種

放射線突然変異育種は，交配育種ほど変異幅を拡大せず，目的形質（早生化，短茎等）のみの改良に適している．

ここでは，京都府農業総合研究所で丹波黒の早生化を目的に放射線突然変異育種が実施されたので，この事例について述べる．

1975年に京都1号（のちの新丹波黒）の気乾種子に10 KRおよび15 KRのγ線照射（照射線量5,000 γ/h）を行い，同年播種し1,790個体の $M_1$ 個体を養成した．1株3粒採種し，$M_2$ 世代5,367個体を栽培し，2,353個体を選抜した．$M_3$ 世代で個体選抜を行い104個体を選抜した．開花期および裂皮発生の少ない系統の選抜を行ったところ，15 KR照射個体からは選抜できなかった．$M_4$ 以降は10 KR照射個体からの系統選抜となり，選抜固定を図った．$M^{10}$ 世代で選抜を完了した．新丹波黒より開花期で7～9日，成熟期で18日早く，多収の系統を育成した．しかし，裂皮の発生は極め

て多く，煮豆用としての育成は断念された．早生・大粒黒豆の特性をうまく生かす目的で枝豆利用を検討した結果，枝豆としての形質が優れており，新丹波黒にくらべ約20日程度早く収穫できることから，枝豆用黒ダイズ品種紫ずきん[1,8]として1995年9月に品種登録された．

### (5) まとめ

黒豆，青豆，浸し豆などの有色ダイズは，古くから栽培され，各地に自家用として定着してきた．これらは地域ごとに在来種があって，地方独特の名が付けられて栽培されている．なかでも，鞍掛や平豆は浸し豆に利用されるダイズで，南東北，北関東，東山などに栽培が見られ，品種の生態型もこれらの地域に向くものがほとんどである．青豆や浸し豆については品種改良の試みは極めて少なかった．

需要の多い黒豆の品種改良は，光黒系品種は北海道（道立中央農業試験場および同十勝農業試験場：いずれも大豆育種指定試験地）で交配育種を主体に進められている．一方，丹波黒系品種は主産府県の試験場で進められてきたが，近年はほとんど行われていない．

玉大黒や新丹波黒は地域の代表品種となるが，青豆等については，産地が限定され需要も小さいから主産地形成等は困難であり，地域限定の品種の意味合いが強い．近年，地域振興の特産物や伝統食品として脚光をあびていることから，これまで守り継がれてきたふるさとの味を支援するためにも，育種の継続が必要である．

（高橋　信夫）

### 引用文献

1) 小林秀臣．味・栄養豊かでほんのり紫に茹で上がる枝豆－枝豆用黒大豆「紫ずきん」の育成経過と特徴．セントラル硝子，農業だより，307号，9-11 (1998)
2) 京都府農業総合研究所．丹波黒大豆の良質生産技術に関する試験成績書（第1部），1-10 (1978)
3) 丸山宣重ら．黒豆「信濃黒」，青豆「信濃青豆」および浸豆「信濃鞍掛」と「信濃平豆」の育成とその特性　長野中信農試報，5, 19-28 (1987)
4) 農林省農業改良局研究部．ダイズ品種分布の実態調査（関東・東海篇）．農業改良技術資料，第34号 (1952)
5) 高橋信夫ら．浸豆新品種「信濃緑」の育成とその特性．長野中信農試報，5, 33-36 (1987)
6) 高橋信夫ら．ダイズ新品種「みすず黒」の育成とその特性．長野中信農試報，15, 21-33 (2000)
7) 手塚光明ら．黒豆新品種「信濃早生黒」の育成とその特性．長野中信農試報，5, 29-32 (1987)
8) 山下道広ら．丹波黒大豆の放射線利用による早熟品種の育成．近畿作育研究，31, 22-25 (1986)
9) 兵庫県立中央農業技術センター農業試験場但馬分場．大豆「丹波黒」の優良系統選抜・育成試験 成績概要 (1991)

### 5) 暖地における有色ダイズ育種

### (1) 緒　言

現在，暖地において実際に栽培が考えられる有色ダイズは黒色ダイズおよび緑色ダイズのみである．以下において暖地向け有色ダイズ育種の状況を概説する．

暖地において栽培されている黒色ダイズ品種は丹波黒がほとんどである[注1]．この系統の子実は百粒重が50gを越える極大粒であり，煮豆加工適性に優れ，高額で取り引きされる．しかし，丹波黒は草型が悪くかつ晩生に過ぎ，収量性および機械収穫適性が低いという欠点がある．

---

注1) 農林水産省農産園芸局畑作振興課編．大豆に関する資料．175 p. (2000) による．

一方，緑色ダイズの主産地は北海道および東北地方であり，その主要な用途はきな粉や枝豆である[注2]．暖地においてはその生産地域はごく限られており，主要な用途は豆腐である．しかし，暖地の緑色ダイズの在来系統では，種皮が緑色であっても子葉は黄色で緑色豆腐の加工には向かないものが多く，また，晩生に過ぎ草型が悪いなど問題がある．

　これらのことから，暖地に適した優良な黒色および緑色ダイズの育成が望まれていた．

## (2) 黒色ダイズ九州134号，九州135号の育成

　九州農業試験場作物第2部（現九州沖縄農業研究センター作物機能開発部）では暖地に適合した早生・大粒の黒色ダイズ品種の育成をめざし，1988年，早生・大粒の坂上2号を母，新丹波黒を父として交配を行い，以後，選抜・固定を図った．この後代から得られた大粒・良質の2系統は現在，九州134号および九州135号の地方番号を付し各種試験に供している．育成地における1997，1998および2000年の3カ年の試験成績（7月上旬播種）を表3-7-18にまとめた．収量性は両育成系統とも新丹波黒より高く，成熟期も九州134号で3日程度，九州135号で9日程度早くなっている．また，両系統とも百粒重は新丹波黒に及ばないものの，光沢のある種皮を有し，煮豆加工適性が高い．一方，後作にムギを用いる場合は，早生化された両育成系統も晩生に過ぎ，ムギの播種に支障をきたす場合がある．今後は，暖地の水田転換畑にさらに適合した早生の優良系統の育成を図っていく必要があろう．

表3-7-18　九州134号および九州135号の育成地における諸特性（7月上旬播種）

|  | 成熟期<br>(月・日) | 主茎長<br>(cm) | 子実重<br>(kg/a) | 百粒重<br>(g) | 粗タンパク<br>(%) | 粗脂肪<br>(%) |
|---|---|---|---|---|---|---|
| 九州134号 | 11・5 | 58.1 | 30.3 | 46.8 | 38.3 | 23.7 |
| 九州135号 | 10・31 | 49.6 | 31.5 | 44.2 | 36.6 | 27.8 |
| 新丹波黒 | 11・8 | 54.8 | 29.0 | 56.5 | 40.0 | 23.4 |
| フクユタカ | 10・28 | 50.2 | 31.0 | 29.6 | 41.6 | 22.7 |

（注）平成9，10および12年の3カ年の平均値を示した．粗タンパク，粗脂肪は近赤外分光分析法による分析値を示した．
　　　平成11年度の結果は台風の影響を大きく受けたため除外した．

## (3) 緑色ダイズキヨミドリおよび佐賀緑1号の育成

　九州農業試験場作物第2部では1988年に暖地向き緑色ダイズ品種の育成をめざし，黄粉豆-2を母，群馬青大豆を父とする交配を行い，以後，選抜・固定を図った．この後代から得られた優良系統は九州128号の地方番号が付され，現在キヨミドリとして種苗法による品種登録を完了した段階にある．育成地における1997，1998および2000年の3カ年の試験成績（6月上旬播種）を表3-7-19にまとめた．キヨミドリは，成熟期がフクユタカより8日早く，主茎長がフクユタカより20cm以上短いなど中間型の生態型である．収量性に関してはフクユタカには劣るものの，父親である群馬青大豆より高く，より暖地に適応していることが読みとれる．さらに，キヨミドリは種皮および子葉色がともに緑でへそ色も緑であり，きな粉および豆腐としての利用が可能である．加工適性試験に

表3-7-19　キヨミドリの育成地における諸特性（6月上旬播種）

|  | 成熟期<br>(月・日) | 主茎長<br>(cm) | 子実重<br>(kg/a) | 百粒重<br>(g) | 粗タンパク<br>(%) | 粗脂肪<br>(%) |
|---|---|---|---|---|---|---|
| キヨミドリ | 10・14 | 55.1 | 23.1 | 32.3 | 40.3 | 22.4 |
| 群馬青大豆 | 10・15 | 39.4 | 20.9 | 32.1 | 43.0 | 20.2 |
| フクユタカ | 10・22 | 77.5 | 27.4 | 28.6 | 42.6 | 22.6 |

（注）平成9，10および12年の平均値を示した．粗タンパク，粗脂肪は近赤外分光分析法による分析値を示した．
　　　平成11年度の結果は台風の影響を大きく受けたため除外した．

注2）農林水産省農産園芸局畑作振興課編．大豆に関する資料．176 p.（2000）および農林水産省農産園芸局畑作振興課・農林水産技術会議事務局企画調査課編　国産大豆品種の事典．91-96 p.（2000）による．

おいてはきな粉への加工に関して良好との評価を得，さらに豆腐に関しても風味については良好と評価された．ただし，豆腐の破断強度が低いという欠点が残されている．

公立試験研究機関においては，佐賀県農業試験研究センターで緑色ダイズの育種が行われている．同センターバイオテクノロジー部では，佐賀大学との共同研究によって青畑大豆×むらゆたかの $F_3$ にさらにむらゆたかを戻し交配した集団から，豆腐加工用に向く佐賀緑1号を育成している[1]．

### (4) まとめ

以上のように暖地向けの黒色および緑色ダイズの育種は一定の進捗をみている．だが，その進捗を通して，早生化や豆腐加工適性の向上に加え緑色ダイズの色調を濃くし退色を抑えるなど新たな育種目標の提起がなされているのも事実である．従来の育種活動に加え，広範な遺伝資源の再評価と，特に緑色ダイズの色調の問題などでは分子レベルでの機作解析などの研究活動の拡充も必要であろう．

（小松　邦彦）

### 引用文献

1) 広田雄二・松雪セツ子・高木　胖・松本和大・横尾浩明・木下剛仁・徳田真二．緑大豆品種「佐賀緑1号」の特性．九州農業研究, 63, 41（2001）

## 8．納豆用ダイズの育種

### 1) 寒地における小粒納豆用育種

#### (1) 緒　言

北海道では，納豆用小粒品種としてスズヒメおよびスズマルの2品種が作付けされている．現在スズヒメの栽培はわずかだが，スズマルは収量性・コンバイン収穫適性・加工適性に定評があるため納豆用小粒種の中で2000年には4割近くの栽培面積を占めており，納豆小粒と並ぶ一大銘柄となっている．

本章では，スズヒメ，スズマルの育成および北海道における納豆用小粒品種育成の今後の展開につ

表3-8-1　スズヒメの育成経過（1981, 砂田ら）

| 年次 | 1960 | 1961 | 1962 | 1963 | 1964 | 1965 | 1966 | 1967 | 1968 | 1969〜1974 | 1975 | 1976 | 1977 | 1978 | 1979 |
|---|---|---|---|---|---|---|---|---|---|---|---|---|---|---|---|
| 世代 | 交配 | $F_1$ | $F_2$ | $F_3$ | $F_4$ | $F_5$ | $F_6$ | $F_7$ | $F_8$ | $F_9$〜$F_{14}$ | $F_{15}$ | $F_{16}$ | $F_{17}$ | $F_{18}$ | $F_{19}$ |
| 系統名 | | | | | | | | | | | 十系421号 | | | 十系182号 | |
| 育成経過 | P184751×コガネジロ（十交3510） | 13個体／8個体 | 640個体／40個体 | ①／40 | 1／②／18 | 1／10 | ①／10 | 1／⑨／10 | 1／⑤ | 品種保存に編入 | 120個体／30個体 | 1／⑦／30 | 1／②／5／10 | ①／10 | 1／②／10 |
| 供試 系統群数／系統数／個体数 | | ／／13 | ／／640 | ／40／40 | 23／146／146 | 54／257／257 | 44／330／330 | 50／440／440 | 2／10／10 | 集団採種 | ／120／120 | ／30／30 | 7／60／60 | 10／45／45 | 11／70／70 |
| 選抜 系統数／個体数 | | ／11葵 | ／8 | ／40 | 23／146 | 54／257 | 44／330 | 50／440 | 2／10 | 1 | ／30 | ／60 | 7／60 | 10／45 | 11／70 |

## (2) スズヒメの育成

スズヒメはダイズシストセンチュウ抵抗性品種の育成を目標として，1960年に北海道立十勝農業試験場でPI84751を母とし，コガネジロを父として人工交配を行い，$F_2$世代以降線虫選抜圃場において系統選抜を続け，育成したものである（図3-8-1，表3-8-1）．1968年，$F_8$世代で長葉，中生，白目小粒の系統に十系421号の番号を付した（表3-8-1）．1975年，納豆用白目小粒品種の育成を目標に再度選抜を開始し，1977年以降十育182号の系統名で生産力検定試験，奨励品種決定調査，各種特性検定試験等に供試した．1980年に北海道の優良品種に決定した．1982年に新品種としてスズヒメ（だいず農林71号）と命名登録された[1]．

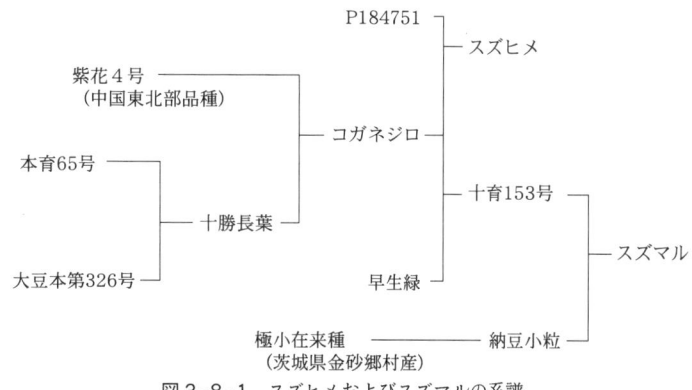

図3-8-1 スズヒメおよびスズマルの系譜

表3-8-2 スズヒメの多肥，密植適応性検定試験成績（1981，砂田ら）

| 品種名 | 施肥量 | 栽植密度 | 倒伏程度 | 子実重 (kg/10a) | 対標準比 | 百粒重 (g) |
|---|---|---|---|---|---|---|
| スズヒメ | 標準 | 標準 | 0.0 | 282 | 100 | 13.0 |
| | | 密植 | 0.2 | 313 | 111 | 12.0 |
| | 多肥 | 標準 | 0.0 | 299 | 106 | 12.6 |
| | | 密植 | 0.3 | 298 | 106 | 12.3 |

（注）1. 北海道立十勝農試，1978～1979年の2カ年平均．
2. 施肥量（kg/10a）標準：N；1.5，$P_2O_5$；14.5，$K_2O$；5.0，MgO；1.4，多肥：標肥の2倍量施肥．
3. 栽植密度 畦間60 cm，標準：株間20 cm，密植：株間10 cm，1株2本立て．

スズヒメの熟期は中生の早に属する．百粒重は12～13 gの小粒種で，粒形は扁球である．収量は大粒種より劣るが，密植による増収効果が期待できる（表3-8-2）．

スズヒメのダイズシストセンチュウ抵抗性は"極強"である．わい化病抵抗性は"弱"である．

## (3) スズマルの育成

スズマルは納豆用小粒種の育成を目標として，1975年に北海道立中央農業試験場で十育153号を母とし，納豆小粒を父として人工交配し，以降選抜・固定を図ってきた（図3-8-1）．1982年に中系108号として系統適応性検定試験に供試し，1984年から中育19号の地方名を付して生産力検定試験，奨励品種決定調査，各種特性検定試験等を行うと同時に納豆加工適性試験に供試し，1988年

表3-8-3 スズマルおよびスズヒメの特性

| 品種名 | 早晩性 | わい化病 | ダイズシストセンチュウ | 倒伏抵抗性 | 最下着莢節位高* (cm) | 裂莢性 | 収量* (kg/10a) | 百粒重* (g) | 粒形 | 子実成分** (乾物当たり%) | |
|---|---|---|---|---|---|---|---|---|---|---|---|
| | | | | | | | | | | 粗タンパク | 粗脂肪 |
| スズマル | 中 | 中 | 弱 | 強 | 16.6 | 中 | 370 | 14.9 | 球 | 41.9 | 17.5 |
| スズヒメ | 中の早 | 弱 | 極強 | 強 | 13.5 | 中 | 261 | 13.4 | 扁球 | 38.5 | 18.9 |

（注）1. 北海道立中央農試における値．
2. *は平成1994～1997年の4カ年平均．**は平成1995～1997年の3カ年平均．

優良品種に決定し，スズマル（だいず農林89号）と命名登録された[2]．

　成熟期はスズヒメより4日程度遅い中生種に属する．百粒重はスズヒメよりやや重い約14gの小粒種で，粒形は球である．子実収量はスズヒメより優り，小粒種としては多収である．裂莢性はスズヒメ並の"中"，耐倒伏性はスズヒメ並の"強"であり，後述するように密植による増収効果も期待できる．最下着莢位置が高く，倒伏しにくいためコンバイン収穫にも適している（表3-8-3）．ダイズわい化病抵抗性は"中"，ダイズシストセンチュウ抵抗性は"弱"である．耐湿性に劣るため，排水不良地での作付には適さない．

（4）スズヒメおよびスズマルの加工適性

　スズヒメ，スズマルの子実の粗タンパク含有率はともに"中"であるが，スズマルの方がやや含有率が高い．粗脂肪含有率はスズヒメ，スズマルともに同程度の"中"である（表3-8-2）．農林水産省食品総合研究所による納豆加工適性試験の結果によると，全糖含有率はスズマルの方がスズヒメ（中国産小粒）より高く，溶出固形物率は中国産小粒より低かった．スズマル，スズヒメの蒸煮ダイズについては，中国産小粒に比べて皮うきくずれが少なく，特にスズマルは少なかった．蒸煮ダイズの硬さはスズマルがスズヒメより柔らかい．色調はスズマルのY値（明るさ）がスズヒメ，中国産小粒に比べて大きく，x値（赤色のさえ），y値（黄色のさえ）は小さいことから，スズマルはスズヒメに比べて白っぽい色調であった（表3-8-4）．青森県十和田市T社による納豆試作試験および官

表3-8-4　原料ダイズの成分，加工適性試験成績（1988，番場ら）
（農林水産省食品総合研究所利用部蛋白素材研究室　1985～1986年）

| 品種名 | 原料ダイズ | | | | | | 蒸煮ダイズ | | | | 色調 | | |
|---|---|---|---|---|---|---|---|---|---|---|---|---|---|
| | 水分 (%) | 浸漬ダイズ重量増加比 (倍) | 硬実粒率 (%) | 発芽率 (%) | 全糖 (%) | 溶出固形物率 (%) | 乾物当たり重量増加比 (倍) | 水分 (%) | 皮うきくずれ (%) | 硬さ (g) | Y (%) | x | y |
| スズマル | 12.39 | 2.48 | 0 | 98 | 22.1 | 0.87 | 2.41 | 59.1 | 1.5 | 251 | 41.7 | 0.369 | 0.369 |
| スズヒメ | 12.04 | 2.54 | 0 | 100 | 21.3 | 0.64 | 2.46 | 60.5 | 6.0 | 331 | 39.7 | 0.374 | 0.374 |
| 中国産小粒 | 9.89 | 2.58 | 0 | 96 | 21.6 | 1.12 | 2.47 | 61.0 | 11.0 | 302 | 39.9 | 0.374 | 0.372 |

（注）1．スズマル，スズヒメは北海道立中央農試産．
　　　2．試験期間は1985年産：1986年2月，1986年産：1987年3月．
　　　3．中国産小粒の1985年はアメリカ産小粒を用いた．
　　　4．色調はY%：明るさ，x値：赤色の鮮やかさ，y値：黄色の鮮やかさ，冴えを示す．

表3-8-5　納豆製造試験（1988番場ら，青森県十和田市T食品　1985～1987年）

| 品種名 | 硬さ (g) | | 成分 (%) | | | | 盛り込み数量 (個/60g) |
|---|---|---|---|---|---|---|---|
| | 蒸煮大豆 | 納豆 | 全窒素 | 水溶性窒素 | アミノ態窒素 | アンモニア態窒素 | |
| スズマル | 331 | 409 | 7.01 | 73.8 | 8.0 | 4.1 | 1,104 |
| スズヒメ | 362 | 462 | 7.21 | 68.0 | 8.0 | 4.6 | 1,100 |
| 中国産小粒 | 310 | 387 | 6.99 | 72.1 | 9.3 | 4.8 | 1,127 |

（注）1．硬さ：自動天秤上で，蒸煮大豆および納豆を指で押し，豆がつぶれた時のg数，40粒平均．
　　　2．全窒素：ミクロケルダール法．
　　　3．水溶性窒素：試料約5gに熱湯30 mlを加え，ミキサーにかけて，濾液中の窒素をミクロケルダールで測定．
　　　4．アミノ態窒素：水溶性窒素の濾液20 mlを2倍希釈し，ホルモン法により定量．
　　　5．アンモニア態窒素：Folin法により測定．
　　　6．スズマル，スズヒメは北海道立中央農試産．ただし，1987年スズヒメは十勝農試産．
　　　7．試験時期は1985年産：1986年2月，1986年産：1987年3月，1987年産：1988年1月．
　　　8．中国産小粒の1985年はアメリカ産小粒を用いた．

8. 納豆用ダイズの育種

表 3-8-6 納豆の官能試験成績（1988 番場ら，青森十和田市 T 食品 1986〜1987年）

| 品種名 | 品種特性 | | | | | | | | | 嗜好特性 | | | | | 総合評価 |
|---|---|---|---|---|---|---|---|---|---|---|---|---|---|---|---|
| | 色調 | ハナのかかり | 香り | 異臭 | 粘り | 柔らかさ | 旨味 | 甘味 | 苦味 | 外観 | 香り | 食感 | 硬さ | 味 | |
| スズマル | −0.28 | −0.10 | −0.10 | −0.71 | 0.82 | 0.47 | 0.13 | −0.05 | −0.23 | 0.77 | 0.32 | 0.22 | −0.13 | 0.15 | 0.11 |
| スズヒメ | 0.51 | 0.13 | −0.12 | −0.26 | 0.90 | 1.09 | −0.36 | 0.14 | 0.05 | −0.49 | −0.01 | −1.21 | −0.77 | −0.54 | −1.01 |
| 中国産小粒 | −0.13 | −0.17 | −0.20 | −0.26 | 0.54 | −0.37 | 0.02 | −0.15 | −0.32 | −0.43 | −0.03 | 0.17 | 0.17 | −0.25 | −0.16 |

(注) 1. スズマルは北海道立中央農試産．スズヒメは1986年は中央農試産，1987年は十勝農試産．
2. 評価は5段階評価（−2，−1，0，1，2）の平均値で，値の大きい方が良い．パネラーは1986年は7名，1987年は10名による．
3. 納豆は5〜8℃，2日間貯蔵したもの．

表 3-8-7 スズマルの収量および子実重に対する栽植密度，窒素増肥および播種期の効果
（1995，鴻坂ら）（他の処理をこみにした平均値）

| 効果 | 年次 | 処理 | 稔実莢数 (莢/m²) | 子実重 (kg/a) | 子実重対標準比 | 百粒重 (g) | 百粒重対標準比 |
|---|---|---|---|---|---|---|---|
| 栽植密度 | 1992 | 標準 | 986 | 313 | 100 | 14.1 | 100 |
| | | 2倍 | 1106 | 340 | 109 | 14.2 | 101 |
| | | 4倍 | 1789 | 485 | 155 | 14.3 | 101 |
| | 1993 | 標準 | 950 | 274 | 100 | 13.0 | 100 |
| | | 2倍 | 1075 | 291 | 106 | 13.1 | 101 |
| | | 4倍 | 1258 | 300 | 109 | 13.5 | 104 |
| | 1994 | 標準 | 970 | 406 | 100 | 14.7 | 100 |
| | | 2倍 | 1143 | 429 | 106 | 15.0 | 102 |
| | | 4倍 | 1486 | 384 | 95 | 15.0 | 102 |
| | 1995 | 標準 | 1041 | 329 | 100 | 13.5 | 100 |
| | | 2倍 | 1136 | 361 | 110 | 13.7 | 101 |
| | | 4倍 | 1391 | 319 | 97 | 14.5 | 107 |
| 窒素増肥 | 1992 | 標準 | 1278 | 347 | 100 | 14.0 | 100 |
| | | 標準+LP30 | 1403 | 397 | 115 | 14.4 | 103 |
| | 1993 | 標準 | 1112 | 285 | 100 | 13.1 | 100 |
| | | 標準+LP30 | 1080 | 291 | 102 | 13.3 | 102 |
| | 1994 | 標準 | 1198 | 409 | 100 | 14.8 | 100 |
| | | 標準+LP30 | 1203 | 404 | 99 | 15.0 | 101 |
| | 1995 | 標準 | 1192 | 326 | 100 | 13.7 | 100 |
| | | 標準+LP30 | 1161 | 320 | 98 | 14.3 | 104 |
| | | 標準+追肥 | 1216 | 363 | 111 | 13.5 | 99 |
| 播種期 | 1992 | 標準 | 950 | 305 | 100 | 13.3 | 100 |
| | | 10日晩播 | 783 | 230 | 75 | 12.6 | 95 |
| | | 30日晩播 | 800 | 199 | 65 | 12.0 | 90 |
| | 1993 | 標準 | 1092 | 297 | 100 | 13.3 | 100 |
| | | 10日晩播 | 1133 | 195 | 99 | 12.6 | 95 |
| | | 20日晩播 | 1050 | 274 | 92 | 13.7 | 103 |
| | 1994 | 標準 | 1192 | 400 | 100 | 15.3 | 100 |
| | | 10日晩播 | 1161 | 413 | 103 | 14.4 | 94 |

(注) 1. 栽植密度　畦幅60 cm，標準：株間20 cm，2倍：株間10 cm，4倍：株間5 cm，1株2本立て．
2. 施肥量（kg/10 a）標準：N；1.5，$P_2O_5$；11.0，$K_2O$；7.5，MgO；3.5
　標準+緩効性窒素肥料LPコート30播種時施肥：N；10
　標準+開花期追肥　硫安N；10．
3. 標準播種期は1992：5/18，1993：5/17，1994：5/20．

能試験によると，スズマルの納豆の硬さは中国産小粒より硬く，スズヒメより柔らかかった（表3-8-5）．納豆の官能試験結果はスズマルは嗜好特性においておおむねスズヒメより優り，外観や食感などの項目で特に勝る（表3-8-6）．これらのことから，スズヒメ，スズマルともに納豆の加工適性は良いが，スズマルは特に良好で，納豆の官能評価に優れることが示された．

### (5) スズマルの栽培法

小粒種は多収であると同時に小粒を維持することが必要である．そのため，北海道立中央農試ではスズマルの育成後，播種期，栽植密度および窒素増肥が収量と粒大に与える影響を試験した[3]．その結果，栽植密度については2倍密植で安定して増収が得られ，百粒重の増大が少ない．また，緩効性窒素増肥については増収効果に安定性がなく，緩効性窒素増肥により粒大が大きくなる傾向にあった．開花期追肥区は莢数が増加したが，粒大は増加しなかった．播種期については10日～20,30日晩播の処理で試験を行ったが，小粒化する一方，かなり減収する年もあり，メリットは少ないと考えられた（表3-8-7）．

### (6) 今後の方向性

スズヒメはスズマルに比して収量性に劣り，低温年にはへそ周辺着色が発生し，外観品質を落とす．スズマルは近年産地で広がりを見せているダイズシストセンチュウに対する抵抗性がない．また，スズマル，スズヒメともダイズわい化病抵抗性を持たない．

これらのことから，スズマル並以上の収量性，加工適性を有し，ダイズシストセンチュウ・ダイズわい化病抵抗性を複合的に有する品種育成が求められている．北海道立農試ではこれらの改善のため，さらなる品種開発を進めている．使用している母本としては，ダイズわい化病抵抗性素材として小粒の吉林15号やL251および大粒の中育36号，ダイズシストセンチュウ抵抗性素材としてはスズヒメを親に持つ十勝農試の育成系統十育229号，十育234号等，高品質の小粒素材として茨城県育成の小粒選抜系，東北農試育成の刈系449号，東北115号（鈴の音）等を用いて交配を行い，現在集団・系統選抜を進めている．

表3-8-8 ユキシズカ（十育234号）の特性（2002, 十勝農試）

| 調査場所 | | 系統・品種名 | 成熟期 (月/日) | 主茎長 (cm) | 倒伏程度 | 子実重 (kg/a) | 対標準比 (%) | 百粒重 (g) | 品質（検査等級） | 粗タンパク | 粗脂肪 | 遊離型全 |
|---|---|---|---|---|---|---|---|---|---|---|---|---|
| | | | | | | | | | | (乾燥当たり%) | | |
| 育成地 | 十勝農試 | ユキシズカ | 9/30 | 60 | 0.1 | 36.1 | 99 | 13.2 | 2中 | 40.2 | 19.2 | 9.0 |
| | | スズマル | 10/6 | 80 | 0.8 | 36.4 | 100 | 14.9 | 2上 | 41.6 | 18.9 | 9.4 |
| 農試および現地試験 | I 網走支庁 | ユキシズカ | 10/6 | 68 | 1.3 | 31.7 | 118 | 12.3 | 3中 | - | - | - |
| | | スズマル | 10/12 | 90 | 3.1 | 26.8 | 100 | 14.8 | 3上 | - | - | - |
| | II 十勝・上川・網走支庁 | ユキシズカ | 10/4 | 52 | 0.2 | 28.4 | 103 | 12.7 | 2下 | - | - | - |
| | | スズマル | 10/7 | 72 | 0.5 | 27.7 | 100 | 13.5 | 2下 | - | - | - |
| | III 十勝・上川支庁 | ユキシズカ | 9/29 | 61 | 0.7 | 35.5 | 108 | 13.2 | 2中 | - | - | - |
| | | スズマル | 10/6 | 86 | 1.6 | 33.0 | 100 | 14.7 | 2中 | - | - | - |
| | IV 石狩・空知支庁 | ユキシズカ | 9/26 | 53 | 0.4 | 32.0 | 100 | 12.3 | 3中 | - | - | - |
| | | スズマル | 10/1 | 70 | 1.3 | 31.9 | 100 | 13.2 | 3上 | - | - | - |

（注）1. 1999～2002の3カ年平均．
2. 調査場所のI～IVは「道産豆類地帯別栽培指針（1994北海道農政部）」による地帯区分を示す．
3. 倒伏程度：0（無）～4（甚）

表 3-8-9　ユキシズカ（十育234号）の納豆試作試験および官能評価成績（2002，十勝農試）

| 試作条件 | 浸漬時間 | 20℃ 20時間 | | | | | |
| --- | --- | --- | --- | --- | --- | --- | --- |
| | 蒸煮 | 2.0〜2.2 kg/cm$^2$，18分 | | | | | |
| | 発酵 | 50℃ 7.5時間 | | | | | |
| | 熟成 | 5℃ | | | | | |

| | 品種・系統名 | ユキシズカ | | スズマル | | スズヒメ | |
| --- | --- | --- | --- | --- | --- | --- | --- |
| | 保存後日数 | 3日目 | 7日目 | 3日目 | 7日目 | 3日目 | 7日目 |
| 性状 | 硬さ (g) | 71.0 | 62.9 | 83.7 | 76.4 | 78.9 | 71.9 |
| | L | 60.2 | 57.6 | 54.1 | 57.0 | 51.0 | 52.1 |
| | a | 7.7 | 6.6 | 8.8 | 6.8 | 8.6 | 6.6 |
| | b | 6.3 | 10.3 | 12.5 | 14.2 | 12.9 | 10.4 |
| 官能評価 | 色 | −0.6 | −0.5 | −0.4 | −0.2 | 1.0 | 1.1 |
| | ハナの掛かり | 0.2 | 0.4 | 0.1 | 0.0 | −0.2 | −0.3 |
| | 硬さ | 0.2 | −0.2 | 0.5 | 0.5 | 0.8 | 0.6 |
| | アンモニア臭 | −0.3 | −0.5 | −0.5 | −1.4 | −0.3 | −0.5 |
| | ハナの溶け | 3.4 | 3.6 | 3.3 | 3.6 | 3.0 | 3.1 |
| | 粘り | 3.6 | 3.4 | 3.9 | 3.6 | 3.7 | 3.4 |
| | 旨味 | 3.4 | 3.1 | 2.8 | 2.5 | 3.0 | 2.7 |
| | 雑味 | 3.2 | 3.4 | 3.0 | 3.2 | 3.1 | 3.6 |
| | チロシン析出 | 4.5 | 4.6 | 4.4 | 4.5 | 3.5 | 3.6 |
| | 総合評価 | 3.3 | 3.1 | 3.0 | 2.8 | 2.9 | 2.8 |

評価：硬さの測定結果では全系統・品種についてやや硬めとなったがこれは品種の問題というよりも蒸煮，熟成などの製造方法に由来するものと考えられた．
　色の測定結果では全系統・品種とも特に問題になる点は見られなかった．
　官能評価結果ではユキシズカはスズマル，スズヒメよりもやや旨味の評価が高かった．以上より，今回の加工適性試験結果ではユキシズカはスズマル，スズヒメと比較して同等の加工適性を持つと考えられる．

(注) 1. 原料ダイズは1998年十勝農試験，北海道豆類種子対策協議会　T社により1999年に試験．
　　 2. 硬さはレオメーターによる測定．
　　 3. L：明度，a：赤味，b：黄身を示す．
　　 4. 色，ハナの掛かり，硬さ，アンモニア臭は−2〜+2までの評価で0に近いほど良好．
　　 5. ハナの溶け，粘り，旨味，雑味，チロシン析出および総合評価は0〜5までの評価で5に近いほど良好．

　これらのうち，北海道立十勝農試において吉林15号×スズヒメの組み合わせにより育成された十育234号が2002年優良品種に決定し，ユキシズカ（だいず農林124号）として命名登録された[4]．ユキシズカは熟期は中生の早でスズマルより3〜7日程度早く，対倒伏性に優れる．子実収量はスズマル並〜やや優り，百粒重はスズマルより軽い12〜13 gの小粒種で（表3-8-8），粒形は"球"である．へそ周辺着色抵抗性は"強"，ダイズシストセンチュウ抵抗性は"強"，ダイズわい化病抵抗性は"中"である．納豆加工適性試験では納豆の性状，官能評価はスズマルと同程度であった（表3-8-9）．

　また，北海道立中央農試において，十育229号×中育36号の組み合わせにより育成された中育49号，中育50号が，初のダイズシストセンチュウ・ダイズわい化病複合抵抗性の有望系統として奨励品種決定試験および各特性検定試験を実施中である．

(鴻坂　扶美子)

## 引用文献

1) 砂田喜与志ほか．だいず新品種「スズヒメ」の育成について．北海道立農試集報，45, 89-100 (1981)
2) 番場宏治ほか．だいず新品種「スズマル」の育成について．北海道立農試集報，58, 55-69 (1988)
3) 鴻坂扶美子・白井和栄・高宮泰宏．納豆用小粒大豆品種「スズマル」の収量及び粒大に及ぼす播種期，栽植

密度，窒素施肥の影響．育種・作物学会北海道談話会報，112-113, 36 (1995)
4) 北海道立十勝農業試験場．新品種決定に関する参考成績書．だいず「十育234号」(2002)

## 2) 寒冷地における小粒納豆用育種

### (1) 緒 言

　従来，東北地域では岩手県の一関在来，遠野在来等にみられる在来品種，もしくはより粒大の大きい品種を篩別したものが用いられていた．しかし，在来品種は概して成熟期が遅く，倒伏し易い等，栽培・品質の面で課題が多かった．1983〜85年に宮城県農業研究センターで，1984〜85年に山形県立農業試験場最北支場において納豆用品種として高い評価を得ていた納豆小粒[3]の栽培試験が行われたが，成熟期が遅く，蔓化倒伏し易い傾向にあった[5,9]．また，既に北海道立十勝農業試験場で育成されていたスズヒメ[8]は，東北地域で多発するダイズモザイクウイルス病（以下 SMV）に対し抵抗性を持たないため，両品種とも東北地域での栽培には適さなかった．収益性の高い特殊用途ダイズとして納豆用品種育成の要望は高く，東北農業試験場刈和野試験地では1970年代後半以降，主に早生化，耐倒伏性および SMV 抵抗性の付与を育種目標に納豆用極小粒・小粒品種の育成を進めてきた．ここでは現在までに育成したコスズ，鈴の音の2品種を紹介する．

### (2) コスズの育成[1]

　i) 育成経過（図3-8-2）　コスズは茨城県の納豆小粒の早生化と耐倒伏性の改善を目標に，突然変異育種法を用いて育成された．1979年，農業技術研究所放射線育種場にて $\gamma$ 線 10 kR 照射した納豆小粒の気乾種子 7,500 粒から，一株一粒法[12]を用いて $M_2$ 種子 6,700 粒を採種した．$M_2$ 世代で納豆小粒より成熟期が7日以上早い82個体を選抜し，それ以後は系統育種法による選抜・固定を進めた．$M_5$ 世代で刈系221号とし，生産力検定予備試験および系統適応性検定試験を経て，$M_7$ 世代で東北85号の地方番号を付した．以降，東北85号の奨励品種決定基本調査，特性検定試験等を行い，1987年にだいず農林87号として登録，コスズと命名された．現在，宮城，秋田，福島，新潟各県で奨励品種に採用され，1998年の栽培普及面積は 920 ha に達する東北地域の納豆用主力品種である[7]．

図3-8-2　コスズおよび鈴の音の育成系譜

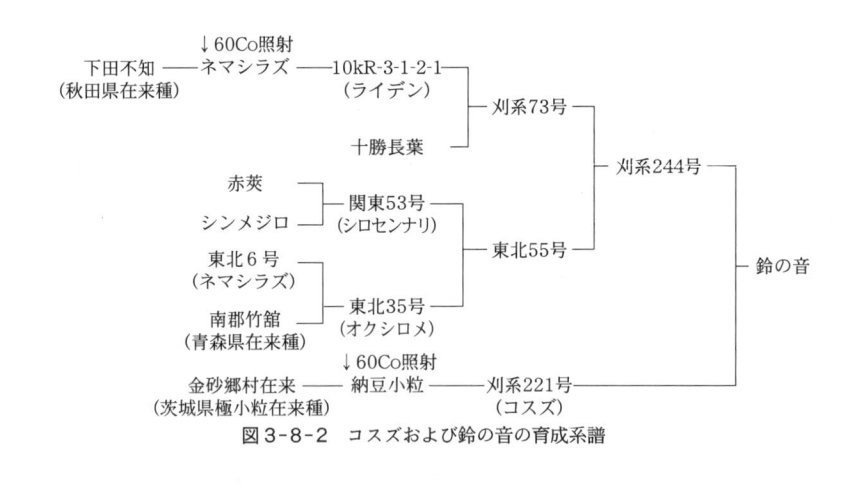

　ii) 特性の概要（表3-8-10）　百粒重は播種密度より時期の影響が大きく，晩播で小粒化傾向を示すが，標準播きの場合，普通畑で 8.1 g，転換畑で 8.5 g で原品種と同様かやや小さく"極小"に属する．収量は原品種対比で普通畑 95% とやや劣るが，転換畑では 101% であった．成熟期は"中"に分類され原品種より19日早い．また，主茎長は 10〜20 cm 短く，耐倒伏性について改善されたことで，ほぼ東北全域で栽培可能となった．しかし，多肥条件下で倒伏し易く，ダイズシストセンチュウ（以下センチュウ）抵抗性を持たないため発生圃場での作付けおよび連作を避ける点に留意する必

表 3-8-10 納豆用育成品種の諸特性

| 品種名 | 小葉形 | 花色 | 主茎長 | 主茎節数 | 分枝数 | 伸育型 | 成熟期 | 粒大 | 粒形 | 種皮色 | 倒伏抵抗性 | 粗タンパク質含有率 | 粗脂肪含有率 |
|---|---|---|---|---|---|---|---|---|---|---|---|---|---|
| コスズ[1] | 円葉 | 紫 | 長 | 多 | 中 | 有限 | 中 | 極小 | 球 | 黄白 | 中 | 中 | 低 |
| 鈴の音[6] | 長葉 | 紫 | 中 | 中 | 中 | 有限 | 早の晩 | 極小[10] | 球 | 黄 | 強 | 中 | 中 |
| 納豆小粒[1] | 円葉 | 紫 | 長 | 多 | 中 | 有限 | 晩 | 極小 | 球 | 黄白 | 弱 | 中 | 低 |

(注) だいず品種特性分類審査基準[4]による.

表 3-8-11 納豆加工適性試験成績（食品総合研究所利用部蛋白素材研究室，太子食品）

| 生産地 | 品種 | 蒸煮ダイズ | | | 品質特性 | | | 嗜好特性 | | | | | 総合評価 |
|---|---|---|---|---|---|---|---|---|---|---|---|---|---|
| | | 重量増加比（倍） | 皮うきくずれ（%） | 硬実粒（石豆）（%） | 色調 | 香り | 旨味 | 外観 | 香り | 食感 | 硬さ | 味 | |
| 岩手農試 | コスズ | 2.46 | 0.0 | 0.0 | 0.2 | -0.2 | 0.0 | 0.4 | 0.8 | 0.8 | 0.2 | 0.6 | 0.8 |
| | 納豆小粒（比較） | 2.41 | 0.0 | 0.0 | 0.2 | -0.2 | 0.0 | -0.6 | 0.0 | -0.8 | 0.6 | -0.8 | 0.0 |

(注) 1. 試験年次：1986年（供試材料；1985年産）.
2. 熟練したパネラーによる5段階評価（-2，-1，0，1，2）の平均値.

要がある.

　粗タンパク質含有率は43.9%，粗脂肪含有率は16.0%で原品種とほぼ同等であった．食品総合研究所および実需者による加工適性試験では，納豆の特性は原品種に比べてやや硬いものの相対的に評価が高かった（表3-8-11）．しかし，比較に用いた納豆小粒は栽培北限である岩手県で生産されており，適地産のものについては同等の評価であろうと推察された.

(3) 鈴の音の育成[6]

i) 育成経過（図3-8-2）　コスズは東北中北部以北では熟期が遅く，倒伏によるコンバイン収穫適性が劣るため，収量低下・汚損粒発生による収益性の低下が問題であった．鈴の音はコスズの早生化・耐倒伏性向上を目標に，交配育種で育成した東北向けの品種である．1983年，センチュウ抵抗性が強で小粒早生系統の刈系244号を母に，刈系221号（のちにコスズ）を父に用いて人工交配を行い，$F_2$, $F_3$世代は高生息密度センチュウ圃場で集団選抜を行った．$F_4$世代以降は系統育種法を用い，$F_8$世代で刈系449号として生産力検定予備試験および系統適応性検定試験，$F_8$世代で東北115号の地方番号を付して奨励品種決定基本調査，各種特性検定試験に供試した．1995年に鈴の音（だいず農林101号）として農林登録され，岩手県で奨励品種に採用された.

表 3-8-12 納豆加工適性試験成績（YK食品株式会社）

| 生産地 | 品種 | 原料ダイズ | | | 蒸煮ダイズ | | 納豆官能評価 | | | |
|---|---|---|---|---|---|---|---|---|---|---|
| | | 百粒重（g） | 吸水率（倍） | 溶出固形物量（%） | 重量増加比（倍） | 皮うき | 色 | 硬さ | 納豆臭 | 旨味 |
| 育成地 | 鈴の音 | 8.38 | 2.32 | 0.4 | 2.25 | 0.0 | やや濃い | やや柔らか | 強い | やや強い |
| | コスズ（比較） | 7.21 | 2.36 | 0.6 | 2.25 | 0.0 | やや薄い | 柔らか | 少ない | 普通 |
| 岩手農試 | 鈴の音 | 8.99 | 2.34 | 0.5 | 2.28 | 0.0 | 普通 | 普通 | やや強い | やや強い |
| | コスズ（比較） | 7.98 | 2.36 | 0.4 | 2.18 | 0.0 | やや薄い | やや柔らか | 少ない | やや少ない |

(注) 試験年次：1994年（供試材料；1993年産）．

ii) **特性の概要**（表3-8-10） コスズと比べ成熟期は17日早いワセシロゲ並の"早の晩"で，耐倒伏性は"強"に分類される．また，最下着莢位置はコスズより約5 cm高いため機械化収穫に適し，省力化が期待できる．百粒重はコスズよりやや大きいが，9.9 gで"極小"に分類される．栽培適地は東北中北部以北であるが，センチュウ抵抗性を持たないためコスズ同様，耕種的防除に努める必要がある．

粗タンパク質含有率は43.1 %，粗脂肪含有率は19.7 %でコスズよりやや低タンパク・高脂肪含量傾向にある．実需者による加工適性試験では，官能評価においてうまみ・香りに優れ，総合的にコスズ並に優れるとの評価を得ている（表3-8-12）．

**(4) まとめ**

これまで東北地域向け極小粒および小粒納豆用品種育成開始から約20年間でコスズ，鈴の音の2品種が育成されたに過ぎない．耐倒伏性については改善傾向にあるが，両品種ともにセンチュウ抵抗性は"弱"で，SMV-A，B以外の病原系統に対して抵抗性を持たないため，それらの発生が懸念される地域での作付けが制限されている．近年の国産ダイズを用いた納豆製品の需要の高まりから，栽培面積の拡大による原料ダイズの供給力向上のため，高度病虫害抵抗性品種の育成が急がれる．すでにスズユタカ，新3号等の持つ高度SMV抵抗性を備えた有望系統が育成途上にあり，その品種登録が待たれる．また現在，加工適性の面から実需者の多くが石豆の許容水準は混入率1 %以下が望ましいとしているため，生産力検定予備試験の段階で吸水試験による選抜も併せて行っている．石豆の発生には遺伝的要因の関与についての報告もあり[2,11]，交配親の選定もこの点に留意して品種育成を進める必要がある．

（境　哲文）

## 引用文献

1) 橋本鋼二ほか．ダイズ新品種「コスズ」の育成．東北農試研報，77, 45-61 (1988)
2) Kilen, T. C., and E. E. Hartwing. An inheritance study of impermeable seed in soybeans. Field Crop Res., 1 (1), 65-70 (1978)
3) 窪田　満・鯉渕　登．極小粒ダイズ「納豆小粒」について．茨城県農試研報，19, 19-24 (1978)
4) 豆類種苗特性分類調査委員会．1979. 種苗特性分類調査報告書　だいず・いんげんまめ．日本特産農作物種苗協会. p. 3-14.
5) 水多昭雄・柳原元一．宮城県における大豆「納豆小粒」の播種期と栽植密度．東北農業研究，39, 113-114 (1986)
6) 中村茂樹ほか．ダイズ新品種「鈴の音」の育成．東北農試研報，91, 13-23 (1996)
7) 農水省農産園芸局畑作振興課編．大豆に関する資料，172 p. (1999)
8) 砂田喜与志ほか．だいず新品種「スズヒメ」の育成について．北海道立農試集報，45, 89-100 (1981)
9) 鈴木　泉ほか．特殊用途大豆の品種選定と栽培法 (3) 納豆用小粒大豆の品種と栽培法．東北農業研究，39, 111-112 (1986)
10) 高橋浩司ほか．大豆新品種「鈴の音」の特性．東北農業研究，48, 119-120 (1995)
11) Ting, C. L. Genetic studies of the wild and cultivated soybean. J. Am. Soc. Agron., 38, 381-393 (1946)
12) 吉田美夫．自殖性作物の種子照射後における放射線育種の方式に関する理論的研究．九州農試彙報，13, 207-270 (1968)

## 3) 暖地における納豆用小粒育種

### (1) 緒 言

九州地方では豆腐用品種として評価の高いフクユタカの生産が主流であり，小粒納豆用品種の生産はほとんどない．しかしながら，九州地方での納豆の消費額は全国の約10％ほどもあり，九州地方で栽培できる納豆用小粒品種の育成・普及は重要な課題となっている．このような背景のもと，九州農業試験場では暖地向けとしては初めての納豆用小粒品種であるすずおとめ[2]を育成した．

### (2) 納豆用小粒品種すずおとめの育成

i) 育成の経過　すずおとめは農林水産省九州農業試験場作物開発部において，西日本での機械栽培に適した納豆用小粒品種を目標として育成された品種である．本品種は1987年に九系50を母親に，納豆小粒を父親に交雑して得られた品種である．九系50はHillを母親に，みさおを父親に交雑して得られた系統である．納豆原料として定評のある納豆小粒を暖地で栽培すると最下着莢節位が低くまた裂莢し易いため，収穫ロスが問題となる．そこで，Hillの持っているコンバイン収穫適性（最下着莢節位の適性化，難裂莢性）を導入した九系50を交配親とすることで納豆小粒のコンバイン収穫適性の改善を試みた品種である．

ii) 特性の概要　すずおとめの主要な栽培特性は表3-8-13の通りである[2]．九州の主要品種であるフクユタカに比べ，開花期で3日早く成熟期では17日も早い．一方，納豆小粒に比べると開花期では3日遅くなったが，成熟期では逆に4日早く生態型は中間型に属している．さらに，百粒重は10.8gで最も小さく小粒品種としての特長を有している．主茎長はフクユタカ，納豆小粒に比べかなり長くなったが，倒伏程度はフクユタカ，納豆小粒と同程度である．育種目標としたコンバイン刈り取り適性についてみると，最下着莢高は最も高く，裂莢性程度は明らかに改善されている．子実収量は納豆小粒と同程度で，フクユタカより明らかに低いが，子実の品質は"上下"であり，最も高かった．以上，すずおとめはその生態型がフクユタカより早生で納豆小粒と同じ中間型に属し，機械化適性が改善された良質の小粒品種であることがわかる．

iii) 納豆加工適性の概要　すずおとめの納豆加工適性試験[1]は複数の納豆製造会社によって複数年実施されている．実際の評価結果をみると（表3-8-14），すずおとめの蒸煮大豆は納豆小粒のそれに比べ皮浮き・煮崩れ少なく，硬さも納豆小粒に比べると柔らかくなっている．納豆とした場合も硬さは納豆小粒よりも柔らかいが，5段階の絶対評価では必ずしも柔らかい納豆とは評価されなかった．しかし，他の項目では良好な評価となっている．

さらに，すずおとめを原料とした納豆の試作を熊本県内の納豆製造会社に依頼し，この試作納豆をもとにアンケート調査を実施した[2]．表3-8-15はすずおとめを原料とした納豆の官能評価結果を

表3-8-13　すずおとめの主要な栽培特性（九州農業試験場1998～2000年*）

| 品種名 | 開花期 (月日) | 成熟期 (月日) | 主茎長 (cm) | 倒伏程度 | 最下着莢高 (cm) | 裂莢程度60℃ | | 子実重 (kg/a) | 百粒重 (g) | 子実品質 |
| --- | --- | --- | --- | --- | --- | --- | --- | --- | --- | --- |
| | | | | | | 1 hr. (個) | 3 hrs. (個) | | | |
| すずおとめ | 8.14 | 10.11 | 62.2 | 微 | 15.5 | 91 | 101 | 33.8 | 10.8 | 上下 |
| 納豆小粒 | 8.11 | 10.15 | 50.6 | 微 | 9.3 | 194 | 232 | 34.9 | 11.3 | 中上 |
| フクユタカ | 8.17 | 10.28 | 57.3 | 微 | 13.5 | 108 | 232 | 37.9 | 31.3 | 中上 |

(注) 1. 気象災害が激しかった1999年を除く．
2. 裂莢程度：250莢のうち，当該条件下で裂莢した個数（2000年産のみ）
3. 倒伏程度：6段階（無，微，少，中，多，甚）
4. 子実品質：7段階（上上，上中，上下，中上，中中，中下，下）

表3-8-14 納豆加工適性試験結果
(熊本県M社, 平成8年育成地産)

|  | 項目 | すずおとめ | 納豆小粒 |
|---|---|---|---|
| 浸漬 | 重量増加比(乾物当たり) | 2.44 | 2.45 |
|  | 溶出固形物率(%) | 0.70 | 0.97 |
| 蒸煮 | 重量増加比(乾物当たり) | 2.34 | 2.34 |
|  | 皮浮き・煮崩れ(%) | 4.0 | 7.0 |
|  | 硬さ(g) | 107 | 130 |
| 納豆 | 硬さ(g) | 100 | 132 |
|  | 菌の被り* | 4 | 4 |
|  | 溶菌状態* | 4 | 4 |
|  | 割れ・つぶれ* | 4 | 4 |
|  | 豆の色* | 4 | 4 |
|  | 香り* | 4 | 3 |
|  | 硬さ* | 2 | 1 |
|  | 味* | 4 | 4 |
|  | 糸引き* | 3 | 3 |

(注) 硬さ:レオメーターで測定(レンジ200g, テスト速度5cm/min)
* 官能:5段階評価(1~5)で値の大きい方がよい.

表3-8-15 すずおとめを原料とした試作納豆の官能評価

| 1.評価程度 | 男性回答者数 | 女性回答者数 |
|---|---|---|
| とても美味しい | 39 (32.8) | 75 (36.2) |
| 美味しい | 59 (49.6) | 106 (51.2) |
| 普通 | 17 (14.3) | 23 (11.1) |
| まずい | 3 ( 2.5) | 2 ( 1.0) |
| とてもまずい | 1 ( 0.8) | 0 ( 0.0) |
| 不明 | 0 ( 0) | 1 ( 0.3) |

2. "とても美味しい"または"美味しい"と回答した人が良いと評価した点(複数回答)

|  | | |
|---|---|---|
| 味 | 81 | 143 |
| 色調 | 22 | 44 |
| 香り | 38 | 69 |
| 硬さ | 40 | 95 |
| 糸引き | 28 | 56 |
| 何となく | 9 | 15 |

(注) 326名(男119人, 女207人)によるアンケート調査結果に基づく(松永ら2001).
カッコ内の数字は各評価程度を回答した人の男女別の全回答者数に対する割合(%)

示している. 回答者のうち"とても美味しい","美味しい"と答えた人は男性で82.5%,女性では87.4%と大部分の回答者から良好な評価を得ることができた. さらにどのような点が良かったかを選択してもらったところ,多くの人が,"味"と答え,次いで,"硬さ","香り","糸引き"の順で評価された. アンケートの結果は既に納豆製造会社より得られていた良好な評価を裏付けるものであった.

(3) 納豆用小粒育種の方向

すずおとめは暖地向けに始めて育成された納豆用小粒品種であり,コンバイン収穫適性に優れ,納豆加工適性にも問題ないことが明らかにされているが,早播き適性に欠けること,収量性が普及品種フクユタカに比べ劣っているなど改良すべき特性も多い. また,九州地方では現在でも,百粒重が15g前後の粒大の納豆が好まれており,将来もこの傾向が続くと予想されることから,これ以上の小粒化は進めず,収量性の向上に重点を置いた納豆用小粒育成を進めていく必要がある.

(松永 亮一)

## 引用文献

1) 松永亮一. 大豆生産拡大を目指した育種の現状と展望. 九州農政局編, 大豆産地形成確立九州地域検討会報告, 18-23(1999)

2) 松永亮一・高橋将一・小松邦彦. 暖地向き納豆用小粒大豆品種「すずおとめ」の栽培特性と納豆の官能評価. 日本作物学会九州支部会報. 67, 62-64(2001)

## 9. アズキ

### 1) 北海道におけるアズキ栽培と品種育成の概括[3]

北海道におけるアズキの栽培は17世紀末に松前で栽培された記録があり[10]，統計資料では1886年の全道作付面積1,710 haの記載が最初である．1900年には30,100 haとなり，当時の栽培の中心は開拓の進んでいた空知，上川地方であった．この頃，北海道各地に設置された農事試作場で，在来種の選定試験が行われ，1905年に円葉，剣先が最初の優良品種に決定された．この頃から，本州へ重要移出作物として道内のアズキの面積は急増し，1910年には5万haを越え，1921年に全道のアズキの栽培面積は68,000 haを記録し，1935年頃まで4～5万haで推移した．また，この間，品種育成では北海道農事試験場本場（以下本場）で，高橋良直が1909年におこなった交配実験の後代から高橋早生（1924年）が育成され，道東の冷涼な地方に適する早生品種として，十勝，北見地方の在来種，中国東北部（満州）から持ち帰られた品種等の比較試験の結果から，1914年に茶殻早生，早生円葉，早生大粒が選定された．さらに，1921年頃から十勝支場等で選定品種の純系選抜が実施され，早生大粒1号（1930年），円葉1号（1937年）が育成された．

道東の開発が進むに従いアズキ栽培の中心は道央から十勝地方に移り，品種育成も本場から十勝支場（現北海道立十勝農業試験場）に移された．十勝農業試験場では1927～28年に本場より移管された品種を含め200近い収集品種を調査し，1930年から品種選抜試験として積極的に品種の選定に取り組んだ．また，1931年から早生大粒の大粒，多収化と草型の改良を育種目標に交雑育種を開始した．しかし，第二次世界大戦の激化とともに，主要農作物の作付が奨励され，アズキの作付面積は激減し，十勝農業試験場におけるアズキの品種選抜試験は1943年に中止された．

1945年には全道で8,720 haまで減少したアズキの作付面積は戦後，急速に回復し，1951年には3万haを越えた．1952年には十勝農業試験場ではアズキ品種育成試験が，保存品種または在来種からの品種選抜試験として再開され，さらに1954年からは交雑育種に着手し，品種選抜試験の結果から1959年に十勝農試で保存されていた北海道の在来種より宝小豆が選定された．また，交雑育種は当初，育種目標を小粒の普通小豆では早生・良質・多収，大粒の大納言小豆では早生大粒1号の改良を目的に早生・大粒・良質・多収と定め，保存品種を母本に年15～20組合せを行い，1962年に最初の中生，良質品種の光小豆が育成された．

全道の作付面積は，1961年には，68,000 haまで増加し，その後，1960代後半で，4万ha台に減少したが，1970年代前半には道央で稲作転換畑での作付増加により再び6万ha台に増加した．このため，十勝地方では，アズキの過作により土壌病害のアズキ落葉病の発生が顕在化し，上川，道央地方の稲作転換畑では1970年代中頃よりアズキ茎疫病，アズキ萎凋病が多発し，減収および品質低下の大きな要因となった．この後，北海道における農業団体は1985年から「北海道農業基本構想」を策定し，その中で，① 合理的な輪作体系の確立，② 需要動向に即応した計画的生産による安定供給の実現，③ 各種農業諸制度の適正な運用等を目標に，毎年，北海道が作成する作付指針に対応した各畑作物の作付指標面積を設定し，指導している．アズキの作付面積も3万5千ha前後に設定され，時々の価格変動に影響されるものの，作付指標面積の85～105％の面積で推移している．

十勝農業試験場のアズキ育種は1973年に農林省育種育種指定試験地として強化され，当初育種目標を「良質多収耐冷性，早生多収および大粒多収品種育成」に定めたが，その後，1976年からアズキ落葉病，さらに1978年からアズキ茎疫病，1988年から萎凋病に対する抵抗性育種を開始した．現在は農林水産省の作物育種研究・技術開発戦略に従い，多収，耐冷性，耐病性，機械収穫適性，高

表3-9-1 十勝農試のアズキの新品種育成における育種目標別組合せ数の推移

| 年次 | 組合せ数 | 普通小豆 | 大納言小豆 大粒 | 大納言小豆 (極大粒) | 白小豆 | 耐冷性 | 耐病性 落葉病 | 耐病性 茎疫病 | 耐病性 萎凋病 | 耐病性 3病害 | 耐病性 ウイルス病 | 機械化適性 | エリモショウズ |
|---|---|---|---|---|---|---|---|---|---|---|---|---|---|
| '54−60 | 57 | 23 | 26 | 0 | 8 | 2 | 0 | 0 | 0 | 0 | 0 | 0 | 0 |
| '61−65 | 99 | 57 | 32 | 0 | 10 | 16 | 0 | 0 | 0 | 0 | 0 | 0 | 0 |
| '66−70 | 60 | 37 | 19 | 0 | 4 | 9 | 0 | 0 | 0 | 0 | 0 | 0 | 0 |
| '71−75 | 71 | 47 | 17 | 0 | 3 | 2 | 0 | 0 | 0 | 0 | 1 | 11 | 0 |
| '76−80 | 74 | 45 | 18 | 0 | 1 | 22 | 18 | 7 | 0 | 0 | 1 | 5 | 10 |
| '81−85 | 94 | 66 | 22 | 0 | 3 | 28 | 46 | 19 | 0 | 0 | 9 | 0 | 26 |
| '86−90 | 124 | 72 | 40 | 1 | 7 | 1 | 82 | 41 | 50 | 18 | 9 | 10 | 61 |
| '91−95 | 145 | 103 | 29 | 5 | 9 | 15 | 107 | 43 | 96 | 26 | 5 | 7 | 93 |
| '96−00 | 151 | 114 | 28 | 27 | 5 | 42 | 136 | 91 | 129 | 88 | 7 | 49 | 137 |
| 計 | 875 | 564 | 231 | 33 | 50 | 137 | 389 | 201 | 275 | 132 | 32 | 82 | 327 |

(注) 1. 耐病性・3病害は落葉病, 茎疫病, 萎凋病の複合抵抗性.
2. エリモショウズは系譜に本品種を含む組合せ.

表3-9-2 普通小豆, 大納言小豆の育成に使用された交配母本 (1954−2000)

| 普通小豆 特性 | 普通小豆 母本 (品種名) | 普通小豆 組み合わせ数 | 大納言小豆 特性 | 大納言小豆 母本 (品種名) | 大納言小豆 組み合わせ数 |
|---|---|---|---|---|---|
| 良質・多収・耐冷性等 | 早生大粒1号 | 402 | 大粒 | 早生大粒1号 | 188 |
| | 宝小豆 | 325 | | 清原春小豆 | 109 |
| | 蔓小豆 | 308 | | 早生大納言 | 8 |
| | 剣−3 | 308 | | 大納言 (W71) | 7 |
| | 茶殻早生 | 263 | | 岩手大納言 | 5 |
| | 斑小粒系−1 | 235 | | (他9品種) | |
| | 清原春小豆 | 74 | 極大粒 | 美甘大納言 | 61 |
| | 美甘大納言 | 40 | | Acc1490 | 7 |
| | 紅 (M14) | 31 | | 京都大納言 | 7 |
| | 中国在来1 | 21 | | Acc1507 | 6 |
| | (他92品種) | | | (他9品種) | |
| 落葉病抵抗性 | 円葉 (刈63) | 166 | 良質多収耐冷性等 | 宝小豆 | 133 |
| | 黒小豆 (岡山) | 96 | | 斑小粒系−1 | 121 |
| | 丸葉 (刈68) | 57 | | 茶殻早生 | 84 |
| | 小長品−10 | 52 | | 剣−3 | 55 |
| | 赤豆 | 44 | | 蔓小豆 | 55 |
| | Acc86 | 22 | | (他29品種) | |
| | Acc1238 | 12 | 落葉病抵抗性 | 小長品−10 | 27 |
| | (他16品種) | | | 円葉 (刈63) | 23 |
| 茎疫病抵抗性 | 能登小豆 | 322 | | 黒小豆 (岡山) | 11 |
| | 浦佐 (島根) | 109 | | 丸葉 (刈68) | 4 |
| | Acc787 | 20 | | (他2品種) | |
| | Acc830 | 9 | 茎疫病抵抗性 | 能登小豆 | 98 |
| | Acc820 | 2 | | 浦佐 (島根) | 3 |
| | (他3品種) | | | (他2品種) | |
| 合計 | | 133品種 | 合計 | | 71品種 |

(注) 組み合わせ数は母本品種が系譜に含まれる交配組み合わせである.

品質化を育種目標としている．

## 2）北海道におけるアズキ育種の現状[6,9]

### (1) 育種目標と交配母本

十勝農業試験場でアズキの交雑育種が1954年に開始されてから，2000年までの交配組み合わせ数は875で，毎年の組み合わせ数は1977年以降は交配方法の改良により交配成功率が向上し，現在は30組み合わせ前後となっている．表13-9-1に育種目標別組み合わせ数の推移を示すとともに，2000年までのすべての交配組み合わせについて系譜を作成し，使用されている交配母本を集計し，表3-9-2に示した．また，図3-9-1に主要品種の系譜を示した．

アズキは種子の大きさで普通小豆，大納言小豆に区別されるが，普通小豆を育種目標とした組み合わせは564で全体の約65％を占め，大納言小豆の育成を目的とした組み合わせは231で，白小豆は50組み合わせである．

普通小豆の母本となっているのは早生大粒1号，能登小豆，蔓小豆，剣-3，宝小豆，茶殻早生，斑小粒系-1が大部分を占めている．前4品種はエリモショウズの母本で，図3-9-1に示すように，最近の組み合わせはエリモショウズを母本に含む組み合わせが8割以上を占める．これはエリモショウズが育成品種のなかでもっとも良質，多収，耐冷性品種であることによるが，今後，保存品種から新たな多収性，耐冷性の母本を探索し，遺伝的背景の拡大を図る必要がある．

図3-9-1 小豆の主な品種の系譜（注：括弧内数字は交配年次）

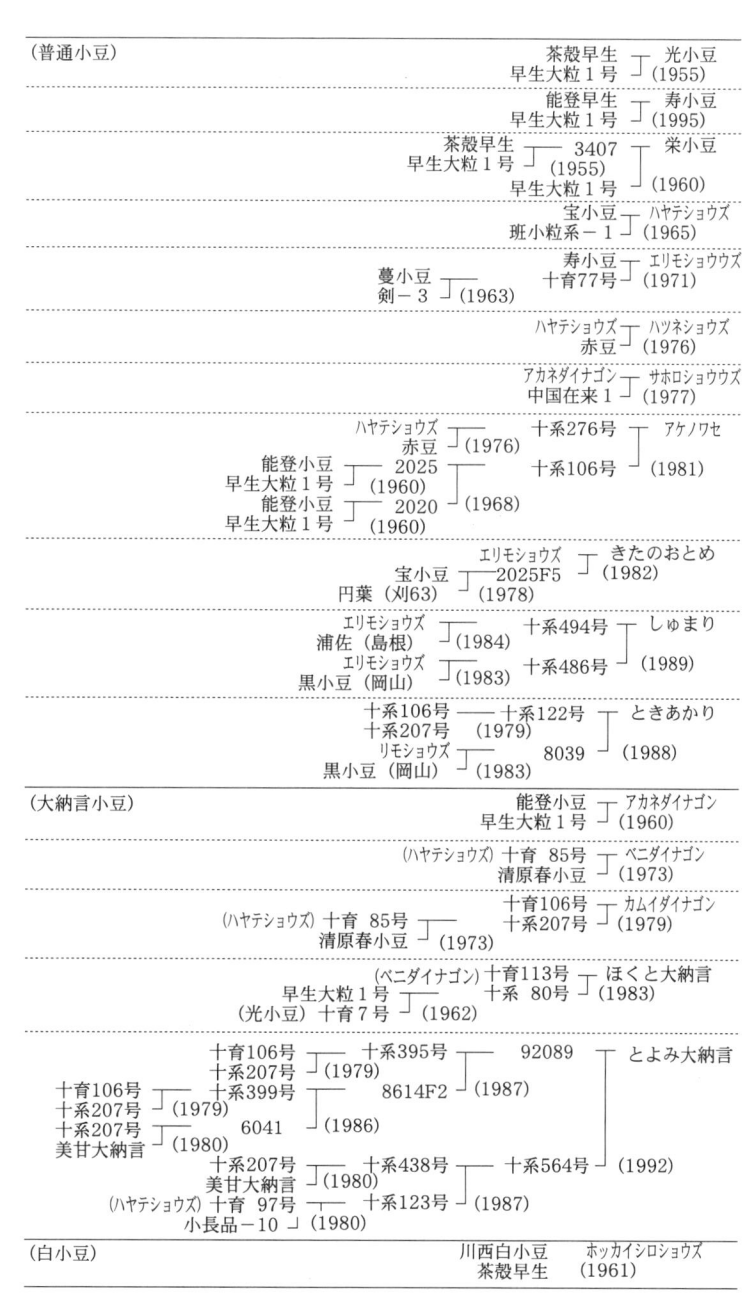

大納言小豆の育成品種の母本にはほとんど早生大粒1号が使われている．他に大粒因子の集積を図る目的で韓国の清原春小豆および本州より収集された百粒重が30g近い丹波大納言系の品種を使っている．

耐病性育種では，1976年から開始した落葉病抵抗性は389の組み合わせである．1986年以降は落葉病，茎疫病，萎凋病などそれぞれの抵抗性の系統が育成されたことから，3病害複合抵抗性を育種目標とする組み合わせが増加し，2000年の交配組み合わせの約8割が3病害抵抗性品種育成を目的としている．

ウイルス病抵抗性については，北海道ではほとんど発生を見ないことから，寒冷地向き品種育成として毎年1～2組み合わせ取り組まれている．

### (2) 耐冷性育種

北海道十勝地方は，本州に比べてアズキの虫害は少なく，秋の天候も良好なことから，現在は北海道のアズキ作付面積の約40％を占めている．しかし，十勝地方は夏季にオホーツク海高気圧が長期に停滞した場合，地勢的に偏東風の影響を強く受け，約4年に1回の冷害，10年に1回の大冷害に見舞われる．

表3-9-3に過去の十勝地方のアズキの収量が対平年比の70％以下の年次とその時の帯広市の6～9月の平均気温を示した．これから，十勝地方における冷害年でのアズキの収量の減収が大きく，最近では，1983年，1993年の平年比が僅か14％，または44％であった．また，冷害年の帯広市の6～9月の平均気温はほとんどが17℃以下であり，特に16℃前後となった場合，壊滅的な被害となることが分かる．

十勝農業試験場におけるアズキの耐冷性研究は1964年の大冷害後，1966年に設置された「低温育種実験室」を使って，① 耐冷性検定方法，② 耐冷性の母本の探索と品種間差異，③ 冷害機構の解明と冷害防止技術，④ 育種選抜等の試験が実施された[5]．この結果，選抜された耐冷性母本の斑小粒系-1，蔓小豆を使い，早生品種のハヤテショウズ，中生品種のエリモショウズが育成された．

表3-9-4に十勝農業試験場の生産力検定試験のハヤテショウズ，エリモショウズとそれぞれの対照品種である茶殻早生，宝小豆が共通して供試されたの13カ年平均値を示した．この2品種は対照

表3-9-3 十勝地方の冷害年の小豆収量，対平年比と帯広市の6～9月の平均気温

| 年次 | 当年収量 (kg/10a) | 平年収量 (kg/10a) | 対平年比 (%) | 帯広市の6～9月平均気温 (℃) | 年次 | 当年収量 (kg/10a) | 平年収量 (kg/10a) | 対平年比 (%) | 帯広市の6～9月平均気温 (℃) |
|---|---|---|---|---|---|---|---|---|---|
| 1902 | 56 | 122 | 46 | 15.8 | 1945 | 47 | 113 | 42 | 16.0 |
| 1912 | 65 | 116 | 56 | 16.2 | 1947 | 58 | 95 | 61 | 17.4 |
| **1913** | **20** | **115** | **17** | **15.3** | 1953 | 75 | 123 | 61 | 17.7 |
| 1920 | 85 | 127 | 67 | 18.5 | **1954** | **34** | **116** | **29** | **16.4** |
| 1923 | 69 | 117 | 59 | 17.1 | 1956 | 45 | 127 | 35 | 17.1 |
| 1926 | 42 | 106 | 40 | 16.8 | **1964** | **18** | **145** | **12** | **16.1** |
| **1931** | **46** | **129** | **36** | **16.9** | 1966 | 36 | 140 | 26 | 16.8 |
| **1932** | **29** | **114** | **25** | **16.7** | 1971 | 51 | 109 | 47 | 16.7 |
| 1934 | 53 | 116 | 46 | 17.0 | 1976 | 86 | 146 | 59 | 17.0 |
| **1935** | **23** | **98** | **23** | **16.7** | 1980 | 94 | 166 | 56 | 16.9 |
| 1940 | 56 | 108 | 52 | 17.0 | **1983** | **14** | **155** | **9** | **15.8** |
| **1941** | **4** | **87** | **5** | **16.4** | 1993 | 44 | 202 | 22 | 16.1 |

(注) 1. 平年収量は前7カ年中最高と最低収量を除いた5カ年平均．
2. 対平年比70％以下を列挙した．太字は大冷害年を示す．
3. 帯広市の6～9月の平均気温は (日最高気温＋日最低気温)/2．

表3-9-4 ハヤテショウズ，エリモショウズの生産力検定試験成績（十勝農試：1977～1989年）

| 品種名 | 開花期 (月日) | 成熟期 (月日) | 倒伏程度 | 主茎長 (cm) | 主茎節数 | 莢数 (/株) | 一莢粒数 | 子実重 (kg/10a) | 比較比 (%) | 百粒重 (g) | 品質 (検査) |
|---|---|---|---|---|---|---|---|---|---|---|---|
| ハヤテショウズ | 7.29 | 9.14 | 1.2 | 51 | 12.2 | 45 | 6.20 | 260 | 110 | 12.5 | 3下 |
| 茶殻早生 | 8.1 | 9.13 | 0.4 | 41 | 11.7 | 40 | 6.66 | 237 | 100 | 12.1 | 3中 |
| エリモショウズ | 8.1 | 9.19 | 1.5 | 54 | 12.6 | 43 | 6.35 | 287 | 112 | 13.6 | 3中 |
| 宝小豆 | 8.2 | 9.20 | 1.7 | 59 | 13.3 | 41 | 6.63 | 257 | 100 | 12.3 | 3中 |

（注）成熟期，品質は未成熟年を除く10カ年平均値で示す．

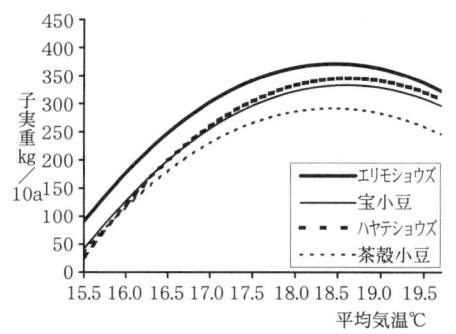

図3-9-2 平均気温と小豆品種の子実収量の関係（関係式）
（気温は帯広市の6～9月の平均気温）

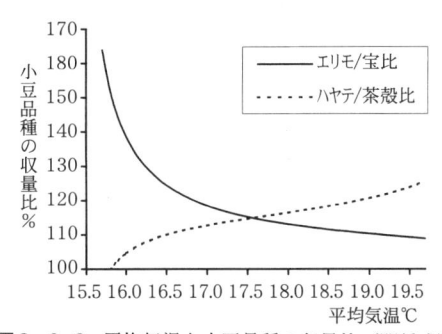

図3-9-3 平均気温と小豆品種の収量比（関係式）
（気温は帯広市の6～9月の平均気温）

品種の茶殻早生，宝小豆より約10％の多収で，これを収量構成要素（莢数，一莢粒数，百粒重）でみるとハヤテショウズは莢数の増加，エリモショウズは莢数，特に百粒重の増加によっている．多収性を耐冷性の向上として把握するため，帯広市の6～9月の平均気温と十勝農業試験場での生産力検定試験成績の子実収量の関係を二次曲線で近似し（図3-9-2），さらに，図3-9-2で示した関係式を使ってハヤテショウズ/茶殻早生，エリモショズ/宝小豆の収量比を図3-9-3に示した．これから，ハヤテショウズは平均気温が高いほど収量比が大きく，図3-9-3より17℃では収量比は112％であるが16℃では104％と減少する．一方，エリモショウズでは17℃で119％，16℃で139％と低温で収量比が高く，耐冷性がハヤテショウズより，向上しているといえる．エリモショウズは冷害年では莢数と一莢内粒数の低下が少なく，未成熟となる場合でも子実の充実度が高い．これは，生育後半，登熟期の子実への転流が効率良く行われているためと考えられる．

ハヤテショウズは早生，多収品種であったことから1976年の育成後，茶殻早生，宝小豆の一部に置き替り，一時アズキ栽培面積の33％以上を占めた．しかし夏季高温であった1978，79年に小粒化し，種皮色が濃赤化した過熟粒も多発して，外観品質が劣ったため，その後栽培は激減した．

エリモショウズは多収で従来の品種より耐冷性が強く，品質が優れることから，急速に普及し，普及3年目で作付面積が全道1位となり，1995年における普及率は全道の87％，十勝地方では98％を占めた．現在は耐冷，良質，落葉病・萎凋病抵抗性・中生品種きたのおとめ（1994年），加工適性に優れる落葉病・萎凋病・茎疫病抵抗性・中生品種しゅまり（2000年）の普及に伴い作付面積は減少している．

十勝地方ではエリモショウズの普及により，収量性が大きく向上した．図3-9-4に示すように十勝地方のアズキの収量と帯広市の6～9月の平均気温の関係をみると1945年以降を大きく3期に分けることができる．エリモショウズの普及が進んだ1983年以降は，平均収量（kg/10a）が50％以

上増加している．この要因はエリモショウズの耐冷，多収性と多くのアズキ栽培農家が落葉病の発生を押さえるためアズキを長期輪作で栽培するようになったことによると推察される．

#### (3) 大納言小豆品種の育成

アズキの子実が大きい大納言小豆は子実の小さい普通アズキより高価格で流通している．北海道で最初の大納言小豆品種は早生大粒であり，日露戦争の時，中国東北部から持ち帰られたものとされている．したがって，従来の北海道の大納言小豆品種は京都府，兵庫県等で丹波大納言の銘柄で栽培され，北海道産大納言小豆より高価で流通している品種群とは由来が異なり，子実の大きさは丹波大納言の約2/3であり，種皮色は丹波大納言より濃く，粒形は烏帽子形で丹波大納言の円筒形と異なる．しかも，丹波大納言は感光性が強く，北海道での栽培は不可能である．十勝農業試験場のアズキ育種においても，北海道で栽培可能な丹波大納言並の品質，粒大の品種を育成することが大きな目標であった．

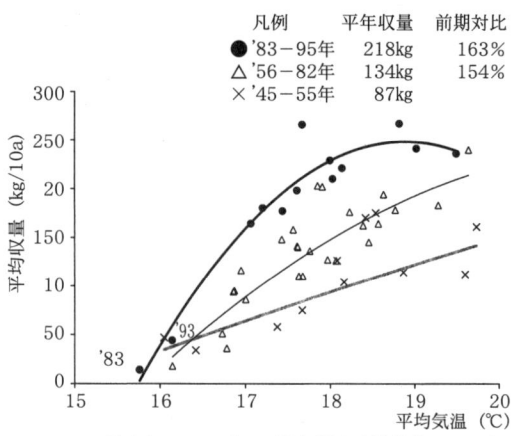

図3-9-4 帯広市の6～9月の平均気温と十勝地方のアズキの平均収量（1945-1995年）

1954年の交雑育種が開始された当初は早生大粒1号（早生大粒の純系選抜）の改良を目的に育成が進められ，同じ組み合わせから暁大納言，アカネダイナゴン（1975）が育成された．これらは早生大粒と粒大はほぼ同じで大粒（百粒重17.1～21.0 g）に分類され，やや多収化または早生化した品種であった．一方，早生大粒とは遺伝的背景が異なる韓国より導入した晩生で大粒の在来種清原春小豆からベニダイナゴンが育成され，さらに，1989年にこれらの大粒因子を集積したカムイダイナゴンが育成された．ベニダイナゴン，カムイダイナゴンは粒大が極大粒（百粒重21.1 g以上）であったが，種皮色が濃く，丹波大納言と子実の外観が異なることから，実需者に受け入れられなかった．そこで，粒色の改善をはかる目的で交配された十育113号（ベニダイナゴン）×十育80号の後代から1996年にほくと大納言が育成された．しかし，ほくと大納言は成熟期の降雨による品質劣化が問題となったため，2001年にはカムイダイナゴンと姉妹系統と岡山県在来の大納言小豆の美甘大納言の組み合わせでさらに大粒因子を集積し，百粒重が25～30 gの極大粒で落葉病・萎凋病抵抗性品種とよみ大納言が育成されている．

#### (4) 加工適性

アズキは主に和菓子の餡原料として使用され，製餡，和菓子等の加工業者では独自の評価基準が設定され，育種の選抜に取り入れる加工適性の評価法は確立されていない．一方，原料として流通する段階で粒大，粒揃い，粒色等が品質評価の大きな要素になる．このため，アズキ育種では生産力検定予備試験系統まではこれらの外観品質で選抜し，生産力検定試験2年目から中央農業試験場での成分分析および加工試験（タンパク含量，煮熟増加比，餡粒子粒径，生餡色）を実施するとともに，加工業者数社での製餡試験に供試している．表3-9-5に2001年に優良品種となったしゅまりの加工業者による試作試験を示した．しゅまりの加工製品については，エリモショウズより餡色が赤紫系で風味が強いと高い評価をする業者が多かった．しゅまりの育成では，地方番号を付す段階での少量試料による加工業者による試験から，その優良性が認められ，選抜された．今後，しゅまりの加工適性が北海道産アズキの標準となることが考えられることから，餡色，風味に関する成分を特

表3-9-5　しゅまりの加工業者による評価

| 業者 | 製品名 | 十勝農試 | | | | 川上農試 | | | |
| --- | --- | --- | --- | --- | --- | --- | --- | --- | --- |
| | | 平成10年産 | | 平成9年産 | | 平成10年産 | | 平成9年産 | |
| | | 色沢 | 風味 | 色沢 | 風味 | 色沢 | 風味 | 色沢 | 風味 |
| 兵庫A社 | つぶし餡 | ◎ | □ | ◎ | □ | ◎ | □ | ◎ | □ |
| 愛知B社 | こし餡 | ◎ | □ | □ | ○ | − | − | − | − |
| 京都C社 | 小倉餡 | ○ | ○ | − | − | ○ | ○ | ○ | ◎ |
| 〃 | こし餡 | □ | △ | − | − | − | − | □ | □ |
| 東京D社 | こし餡 | △ | △ | − | − | □ | □ | − | − |
| 千葉E社 | 小倉餡 | △ | ◎ | − | − | ○ | △ | ○ | ◎ |
| 北海道F社 | つぶねり餡 | − | − | − | − | □ | ○ | − | − |

(注) エリモショウズと比較して，◎：優る，○：やや優る，□：並み，△：やや劣る，−：未供試．
(業者の しまゆり 製品に対するコメント
・「最良品」，・「上品な香りあり美味」，・「餡色が良い」，・「赤みある個性的な濃い色．香り，風味は非常に強い．小豆の味を存分に堪能できる」，・「煮ている時から良い香りあり，小豆独特のこくを強くした感じで，その美味しさに驚く」

定し，中期世代から少量試料での検定が可能な体制を構築することが必要である．

### (5) コンバイン収穫適性

北海道のアズキの収穫体系はニオ積み脱穀から省力的なピックアップ収穫またはコンバインによるダイレクト収穫へと移りつつある．アズキの収穫適性に関する育種は1970〜80年代に長稈，耐倒伏性等の形質について取り組まれたが，新品種の育成に至らなかった（表3-9-1）．これに対して，1990年代以降の機械収穫に適した草型を育種目標とした組み合わせは保存遺伝資源から見出された長胚軸，ヤブツルアズキの特性の長花柄の形質を栽培品種に導入することにより着莢位置を高くすることで，コンバイン収穫によるヘッドロスを少なくする草型品種の育成を目標としている（図3-9-5）．

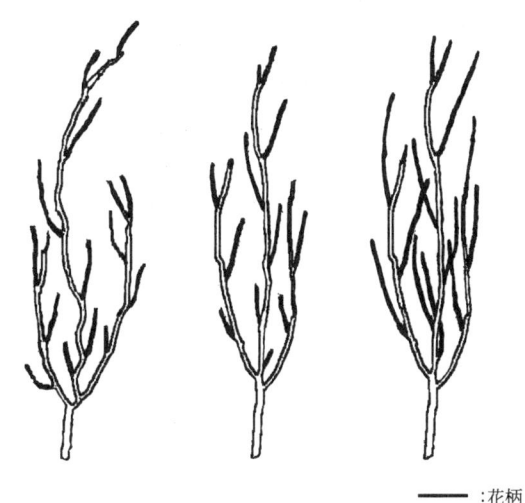

現行品種　　長胚軸品種　　長胚軸・長花柄品種
―：花柄
図3-9-5　機械収穫適性品種の草型

### (6) 遺伝資源収集と利用[8]

十勝農試におけるアズキの品種改良は試験場設立の翌年1896年に始まり，当初は在来種の品種選定試験または純系選抜で品種が育成された．アズキの遺伝資源としては，十勝農試では1910年から，種苗輸入台帳に記載があり，1927，28年には，200近い北海道の在来種が収集され，品種選抜試験に供試され，さらに，中国，韓国の在来種を含め1938年まで390点が収集導入されている．第二次世界大戦中はアズキの品種改良は中止されたが「主トシテ将来ニ於ケル育種試験ノ材料トス」として，品種保存試験は継続された．1952年に品種改良が再開されるが，その時，保存点数は137点であった．この保存品種から，1959年に宝小豆が育成されている．その後，戦前からの保存品種およびその後の国内収集品種を母本として，現在の主要品種であるエリモショウズが育成された．1973年に農林省のアズキ育種指定試験地として体制が強化されるが，当時の保存品種数はわずか

表3-9-6 十勝農試における小豆遺伝資源収集

| 期間 | 収集地 | 収集地点 |
|---|---|---|
| 1984. 9.25 – 10.20 | 青森，秋田，岩手，新潟，福島，山形 | 408 |
| 10.7 – 11.2 | 韓国 | 291 |
| 1985. 3.29 – 4.4 | 徳島，高知 | 34 |
| 10.21 – 11.1 | 奈良，和歌山，三重，京都，岡山，広島，鳥取 | 193 |
| 1986. 10.13 – 11.3 | 長野，群馬，愛知，岐阜，滋賀，福井，石川，富山,新潟，大阪，京都，兵庫 | 387 |
| 1988. 10.24 – 11.4 | 福岡，佐賀，長崎，熊本，大分，宮崎，熊本，鹿児島 | 238 |
| 1992. 11.1 – 11.14 | 台湾 | 53 |
| 1994. 10.17 – 11.10 | ネパール，ブータン | 39 |
| 1996. 11.5 – 11.13 | 栃木，群馬，埼玉，長野，静岡，山梨，神奈川 | 106 |
| 合計 | | 1,749 |

308品種で，1982年には453品種であった．その内訳は，早生種の北海道の在来種が半数以上で，府県の品種も圃場で採種可能なものに限られていた．

しかし，1976年には新たに耐病性（当初は落葉病，その後，茎疫病，萎凋病が追加）品種育成が育種目標となり，抵抗性の母本の探索，収集が急務となった．また，1983年には短日処理装置を持つ温室が整備され，極晩生品種の少量増殖が

表3-9-7 十勝農試が保存する小豆遺伝資源の来歴

| 地域名等 | 点数 | 地域名等 | 点数 |
|---|---|---|---|
| 北海道 | 216 | 韓国 | 501 |
| 東北 | 686 | 台湾 | 36 |
| 関東 | 70 | ブータン・ネパール | 73 |
| 北陸 | 261 | その他 | 176 |
| 中部・東海 | 217 | 育成系統・品種等 | 250 |
| 近畿 | 299 | | |
| 中国 | 282 | 総計 | 3457 |
| 四国 | 66 | | |
| 九州・沖縄 | 324 | | |

可能となった．このため，1984年から1996年まで，積極的に内外の遺伝資源収集が実施されてきた．

表3-9-6に収集期間と収集都府県，国名を示した．また，表3-9-7に十勝農試で現在までの収集導入遺伝資源の導入地域別点数を示した．集計点数にはヤブツルアズキ，ヒナアズキ，ヒメツルアズキのアズキの近縁野生種等，国内外の農業試験場または大学から移譲されたものも含み，3,200点余りである．十勝農試のアズキ育種では1954年に交雑育種を開始し，現在まで875組み合わせの交配が行われ，母本として使用した遺伝資源数は173点で，これは現在保存している遺伝資源の5.4％である．

品種改良を行う上で，遺伝資源の収集，増殖，保存および特性調査は不可欠である．特性調査は北海道の主要病害であるアズキ落葉病，茎疫病について，ほぼ1/3について終了し，抵抗性母本を見出している．

### 3）アズキ育種の今後の課題

現在のわが国におけるアズキの年間消費量は約11万tで，北海道産は4～9万tで変動が大きい．1993年の北海道でのアズキの不作に伴う価格の暴騰とガットウルグアイラウンド合意に基くアズキの輸入関税化により，実需者間ではアズキの供給基地を海外に求める動きが強まっている．一方，近年，中国から加糖餡の輸入が急増し，原料輸入と併せて国内消費の半分が輸入品に置き換わっている．今後，国内のアズキの作付が増えることが期待できないことから，北海道での高品質アズキの安定供給が強く要望されている．このため，アズキの新品種育成では現在の高品質を維持しつつ，耐冷性を一層向上させ，北海道での減収要因となっているアズキの土壌病害（落葉病，茎疫病，萎凋病）

抵抗性を併せ持つ品種の育成が必要である．

　耐冷性については，アズキの良質，多収，耐冷性品種エリモショウズの普及により，冷害年の収量性が110～120％向上した．しかし，1983年，1993年の極低温年では減収程度が大きい．アズキの低温による障害には，① 出芽直後の長期低温日照不足による枯死，② 開花前の生育初期の低温による主茎伸長，主茎節数の停止（芯止り），③ 開花期頃の低温による花粉不稔による着莢障害の3つがこれまでに観察されており[1,2,7]，それぞれに品種間差が認められる．現在十勝農試で耐冷性の選抜として実施しているのは，開花前の生育初期の低温による生育不良を想定した冷涼地での現地選抜と，地方番号を付した系統の低温育種実験室での開花期間中の低温に対する抵抗性検定だけである．

　2000年に新築された短日処理装置付きの低温育種実験室は，上記三つの低温障害を冷害年に類似した気象条件を再現できる機能を具備している．この施設を使用して，それぞれの冷害タイプに対する耐冷性検定を極晩生品種まで含めて広く行い，既存の耐冷性品種以上の抵抗性母本の探索を進め，十勝地方で今日まで経験された大冷害でも平年比50～60％の収量性を持つ耐冷性品種の育成を重点課題としている．

　また，冷害年には生育遅延が伴い，初霜害で減収する場合が多いことから，耐冷，耐病性を具備した早生品種の育成も必要である．

　耐病性育種についてはしゅまりの育成で落葉病，茎疫病，萎凋病の3病害に抵抗性を有する耐病性品種の育成で第1段階は達成された．しかし，しゅまりは耐冷性がエリモショウズより劣ることから，当面はエリモショウズに耐病性を付加した3病害抵抗性品種の育成が主で，これによって土壌病害による減収はほとんど抑えることが可能となろう．また，落葉病，茎疫病については新レースの存在が明らかになったことからこれらの耐病性品種育成を進めていく必要がある．

　大納言小豆については，粒大ではほぼ目標の丹波大納言と同等の極大粒品種育成が可能となった．今後はそれぞれの耐病性の大納言小豆系統を育成し，その組み合わせで3病害に対する複合抵抗性を具備した大納言小豆品種を10年以内に育成することを目標としている．一方，大納言小豆には子実の大きさに応じた加工品（粒あん，甘納豆等）があり，極大粒品種と同様に良質な複合抵抗性を持つ大粒品種育成も必要である．

（村田　吉平）

## 引用文献

1) 島田尚典・村田吉平．小豆の耐冷性に関する研究 第2報 開花期間の低温が受粉・受精に及ぼす影響．日本育種学会・作物学会北海道談話会会報，35，110-111（1994）
2) 十勝支庁・北海道立十勝農業試験場編．'93異常気象と十勝の畑作物（1994）
3) 成河智明・千葉一美．北海道における豆類の品種．"アズキ"．日本豆類基金協会，159-205（1991）
4) 藤田正平・村田吉平・島田尚典・青山　聡・千葉一美・松川　勲・白井滋久・三浦豊雄・越智弘明・近藤則夫．アズキ新品種「しゅまり」の育成．北海道立農試集報，82，31-40（2002）．
5) 北海道立十勝農業試験場．豆類の耐冷性に関する試験成績集．北海道立十勝農業試験場資料5号（1978）
6) 村田吉平．北海道における作物育種．"アズキ"．北海道共同組合通信社，139-155（1987）
7) 村田吉平．"アズキの耐冷性育種"．わが国におけるマメ類育種．小島睦夫編．農林水産省農業研究センター．明文書房，364-389（1998）．
8) 村田吉平．十勝農試における小豆の遺伝資源収集と特性調査．十勝農学談話会．36，46-59（1995）
9) 村田吉平．エリモショウズおよび大粒・耐病性アズキ品種群の育成．育種研究1，173-179（1999）．
10) 山本　正．近世蝦夷地農作物年表．北海道大学図書刊行会（1996）

## 4）耐病性育種

### (1) 緒 言

　北海道のアズキ栽培における重要病害は，アズキ落葉病〔*Phialophora gregata* (Allington et Chamberlain) Gams f. sp. *adzukicola* Kobayashi *et al.*：以下「落葉病」と略す〕，アズキ茎疫病（*Phytophthora vignae* Purss f. sp. *adzukicola* Tsuchiya, Yanagawa et Ogoshi：以下「茎疫病」と略す）およびアズキ萎凋病（*Fusarium oxysporum* Schlechtendehl f. sp. *adzukicola* Kitagawa et Yanagita：以下「萎凋病」と略す）である．これらは糸状菌による土壌伝染性病害で耕種的，化学的防除が難しく，耐病性品種が必要とされている．北海道立十勝農業試験場（以下「十勝農試」と略す）では，1976年に落葉病，1978年に茎疫病，1986年に萎凋病に対する抵抗性育種を開始した．本節では，これら土壌病害に対するアズキの耐病性育種を紹介する．

### (2) アズキの土壌病害の発生状況

　図3-9-6に各病害の発生年次，面積を示す．落葉病は1970年に十勝地方で大発生し，現在，道内の10～30％のアズキ圃場で発生する．初生葉展開期の6月中旬に根部から病原菌が侵入し，葉柄の維管束細胞を壊死させ，8月下旬頃より順次下位葉から落葉する．また，冷害年に多発して被害を拡大する[11]．

　茎疫病は，1977年から上川，道央部の水田転換畑を中心に発生し，近年，多発傾向にある（図3-9-6）．水媒伝染し，病徴は幼苗期には根部，胚軸が侵され立枯症状となり，生育中期以降は主茎および下位分枝節に水浸状病斑が生じる．

　萎凋病は1980年代前半から道央部を中心に発生し，1989年の発生面積は6,065 haに達した（図3-9-6）．幼苗期から葉部に葉脈えそ，縮み症状が現れ，最終的に落葉，枯死する．

　これらの病害が発生した場合，早期発病株は枯死し，また生育中期以降の発病でも，着莢数の減少，子実肥大の阻害をもたらし，大きく減収する．

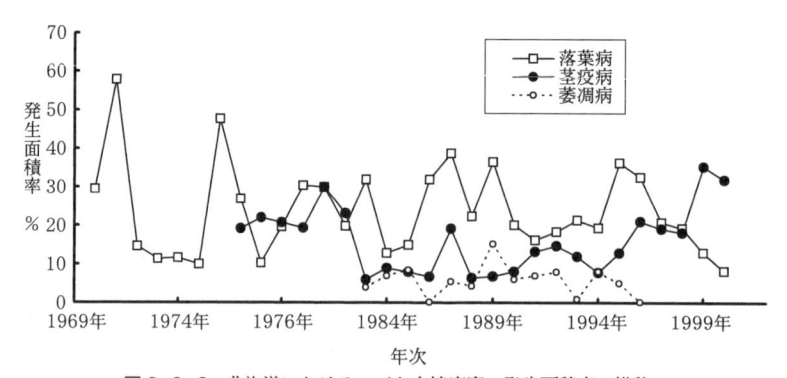

図3-9-6　北海道におけるアズキ土壌病害の発生面積率の推移
（注）農作物有害動植物発生予察事業年報（北海道立中央農業試験場）による．ただし1983～1985年の萎凋病は立枯病のデータを引用．

### (3) 各病害抵抗性の検定方法

　各病害抵抗性の選抜，検定は，大量の材料を扱うことができる圃場検定を中心に行っている．これらの土壌病害は，罹病残さ，病土を無病圃に投入し，極短期輪作することで発病の助長，均一化が図られる．$F_5$以降系統の抵抗性検定あるいは抵抗性母本の探索試験では，おおむね1.2～2.4 m$^2$に20～40個体を栽植して表3-9-8の発病度を調査するが，系統の発病程度を達観で0（無）～4（甚）

で評価し，簡便に調査する場合も多い．各病害とも，その年の気象により発生程度が変動するため，必ず比較となる品種を同時に供試し，それとの比較で各系統の抵抗性を判定する必要がある．

落葉病は，十勝農試場内に造成した多発圃あるいは現地選抜圃で抵抗性選抜を行っている．病徴が明確になる9月上～中旬に発病度を調査するとともに，子実重あるいは総重の無病圃との対比を用い

表3-9-8 圃場検定におけるアズキ落葉病，茎疫病の発病度調査方法

| 発病程度<br>(指数) | アズキ落葉病 | アズキ茎疫病 |
|---|---|---|
| 無 (0) | 発病が認められない | 発病が認められない |
| 少 (1) | 軽い発病がみられる | 病斑が認められる |
| 中 (2) | 病徴が下位葉に留まっている | 病斑が明瞭に認められる |
| 多 (3) | 病徴が全体に及んでいる | 病斑が進んでいる |
| 甚 (4) | 枯死している | 枯死している |

(注) 個体毎の発病程度を本表の基準により分類し，発病度を下記の式で算出.

$$発病度 = \frac{\Sigma(各指数 \times 当該個体数)}{(4 \times 調査個体数)} \times 100$$

発病度0：無病～100：全個体枯死

て抵抗性を判定する[11]．初期世代の個体選抜では，圃場で外見無病の個体を収穫し，さらに地際～主茎第1節間を切断して維管束系の褐変程度を調査し，選抜精度の向上を図る．

茎疫病は上川農試の協力のもと，上川地方の水田転換畑で選抜，検定を行っている．開花始前後の7月中～下旬に罹病株を感染源として散布し，3日間程度の湛水処理を行うことで，発病の均一化が図られる[10]．8月中～下旬に，病斑の大きさにより発病度を調査し，抵抗性の判定を行う．

萎凋病は道央部で多発したため，中央農試の協力で道央部に現地選抜圃を設け，抵抗性選抜，検定を開始した．調査は7月下旬～8月中旬頃に行い，葉部の萎凋，維管束の褐変程度により抵抗性を判定する．萎凋病抵抗性は落葉病抵抗性と強連鎖あるいは多面発現である可能性が高く[7]，現在では，$F_6$代までは萎凋病抵抗性選抜を行わず，$F_7$代から幼苗接種による萎凋病抵抗性検定を北海道大学で実施している．

各病害とも，レース×品種間の抵抗性検定を行う場合は，幼苗検定法が用いられる．落葉病と萎凋病は浸根接種法，茎疫病は土壌接種法が主に用いられるが，具体的手法は落葉病[8]，萎凋病[7]が近藤らの，茎疫病が土屋[13]の手法を参考にされたい．

(4) 耐病性遺伝資源の探索

十勝農試が耐病性育種を開始した当時，栽培品種の中には茎疫病抵抗性寿小豆（十勝農試交配，中央農試育成）[6]以外に耐病性品種が無かった．このため，保有する国内外のアズキ在来種等の耐病性を検定し，耐病性母本の探索を行ってきた．これまでの結果を導入先，抵抗性別に表3-9-9に示す．本表は，近縁野生種および北海道育成品種，系統は除き，また発病無～少の品種は複数年の試験に供試されたものに限った．落葉病，茎疫病抵抗性は，各1,000点以上を検定した．萎凋病については，落葉病抵抗性品種のほとんどが萎凋病抵抗性も同時に持っており，試験開始後，速やかに抵抗性母本が見つかったため，その後試験を縮小した．発病無～極微と強い抵抗性を示した品種が，落葉病は67点と多く，茎疫病は20点，萎凋病が18点（発生微も含む）である．これら抵抗性品種数を導入地別にみると，北海道在来種には3病害に抵抗性のものは無く，全て本州，国外から導入された品種である．落葉病抵抗性は東北地方（特に岩手県）と韓国，茎疫病抵抗性は韓国（特に慶尚北道）[17]に集中していた．抵抗性品種が，地理的に偏って分布している原因は明らかでない．岩手県は古くからアズキを広く栽培しており，落葉病が発生して無意識に罹病性品種が淘汰された可能性もある[4]．茎疫病についても韓国での発生例が報告されているが[3]，この原因究明のためには，これらの地域の病原菌レースの分布といった植物病理学的な調査が必要であろう．

表3-9-9 導入地域別アズキ遺伝資源の3病害に対する抵抗性遺伝資源数

| 病害名 | アズキ落葉病 | | | | アズキ茎疫病 | | | | アズキ萎凋病 | | |
|---|---|---|---|---|---|---|---|---|---|---|---|
| 抵抗性 * | 強 | | 中～弱 | 計 | かなり強 | 強 | 中～弱 | 計 | 強 | 中～弱 | 計 |
| 発病程度 | 無～極微 | 微～少 | 中～甚 | | 無～極微 | 微～少 | 中～甚 | | 無～微 | 少～甚 | |
| (国内) | | | | | | | | | | | |
| 北海道 | 0 | 0 | 157 | 157 | 0 | 0 | 70 | 70 | 0 | 26 | 26 |
| 東北 | 50 | 27 | 414 | 491 | 0 | 5 | 537 | 542 | 11 | 14 | 25 |
| | (岩手県28) | | | | | | | | | | |
| 中部・関東 | 2 | 3 | 90 | 95 | 2 | 4 | 92 | 98 | 2 | 4 | 6 |
| 近畿・中国 | 5 | 5 | 64 | 74 | 2 | 1 | 143 | 146 | 3 | 9 | 12 |
| 四国・九州 | 3 | 0 | 9 | 12 | 0 | 5 | 27 | 32 | 0 | 1 | 1 |
| (国外) | | | | | | | | | | | |
| 韓国 | 6 | 11 | 145 | 162 | 16 | 30 | 133 | 179 | 2 | 3 | 5 |
| | | | | | (慶尚北道9) | | | | | | |
| 中国・旧ソ連・台湾 | 0 | 0 | 55 | 55 | 0 | 0 | 23 | 23 | 0 | 3 | 3 |
| その他 | 1 | 3 | 3 | 7 | 0 | 0 | 0 | 0 | 0 | 1 | 1 |
| 不明 | 0 | 0 | 3 | 3 | 0 | 0 | 0 | 0 | 0 | 0 | 0 |
| 合計 | 67 | 49 | 940 | 1,056 | 20 | 45 | 1,025 | 1,090 | 18 | 61 | 79 |

(注) 1. 北海道育成品種，系統およびアズキ近縁野生種は除く．
2. 発病無～少の品種は複数年の試験結果に基づく．
3. ＊：あずき品種特性分類審査基準(1981年3月)に対応させた．

表3-9-10 これまでに3病害抵抗性育種に利用した耐病性品種

| 育種目標 | 導入時品種名または十勝農試保存番号 | 導入先 | 交配利用開始年(年次順) | 育成した耐病性品種(育成年) |
|---|---|---|---|---|
| 落葉病・(萎凋病)抵抗性 | 赤豆 | 韓国 | 1976 | ハツネショウズ(1986)，アケノワセ(1992) |
| | 小納言(刈57号) | 東北地方 | 1977 | |
| | 円葉(刈63号) | 東北地方 | 1978 | きたのおとめ(1994) |
| | 黒小豆(岡山) | 東北地方 | 1978 | しゅまり(2000)，ときあかり(2001) |
| | 丸葉(刈68号) | 東北地方 | 1978 | |
| | 小長品-10 | 東北地方 | 1980 | とよみ大納言(2001) |
| | Acc86 | 岩手 | 1984 | |
| | Acc1238（ヤブツルアズキ）* | 新潟 | 1986 | |
| | Acc951（ヒメツルアズキ）* | 韓国 | 1986 | |
| | Acc259 | 愛媛 | 1997 | |
| | Acc2266 | ブータン | 1997 | |
| | Acc2515（ヤブツルアズキ）* | 石川 | 1997 | |
| | そのほか11品種 | | | |
| 茎疫病抵抗性 | 能登小豆 | 石川 | 1978 | アケノワセ(1992)，寿小豆(1971) |
| | 浦佐(島根) | 島根 | 1983 | しゅまり(2000) |
| | Acc787 | 韓国 | 1989 | |
| | Acc830 | 韓国 | 1992 | |
| | Acc820 | 韓国 | 1993 | |
| | Acc826 | 韓国 | 1993 | |
| | そのほか2品種 | | | |

(注) 1. "Acc"は十勝農試整理番号を示す．
2. ＊：アズキ近縁野生種．

## （5）耐病性母本の育種への利用

ⅰ）これまで利用した耐病性交配母本　落葉病抵抗性母本として，近縁野生種も含め23品種を交配に用いた（表3-9-10）．現在，ほとんどの育成系統は，円葉（刈63号），黒小豆（岡山），小長品-10由来の抵抗性を持ち，これらは萎凋病抵抗性も同時に持つ．

茎疫病抵抗性については，8品種を利用した．能登小豆を母本に持つ寿小豆を交配に利用して抵抗性育種を開始したが，浦佐（島根）が能登小豆より強い抵抗性を持つことが明らかになり[13]，その後は本品種が交配母本として多用された．

ⅱ）**抵抗性の遺伝様式**　落葉病[12]，萎凋病[7]はいずれも，抵抗性が罹病性に対して優性の一遺伝子座の支配が大きいとされている．また落葉病抵抗性系統，品種のほとんどが萎凋病抵抗性であり，両病害の抵抗性が強連鎖あるいは多面発現である可能性が示唆されている[7]．茎疫病抵抗性は調査中であるが，初期世代で抵抗性個体の頻度が高く，抵抗性が優性である少数遺伝子座が関与している可能性が高い．

落葉病，萎凋病，茎疫病はこのような遺伝様式であり，抵抗性の差が明確に表れるため選抜は容易であった．落葉病抵抗性選抜の1事例として，表3-9-11に（十育135号×十育136号）$F_4$の$F_3$個体からの落葉病発病程度別個体数を示す．十育135号は罹病性，十育136号は小長品-10由来の落葉病抵抗性を持つ系統である．$F_3$代で外見無病であった47個体からの$F_4$集団では，約90％が抵抗性であった．なお，$F_3$代で発病中～甚であった個体から抵抗性が出現しているが，これは$F_3$代で発病中～甚と判定された個体の中に，湿害等で枯死した個体が含まれていたと考えられる．

ⅲ）**耐病性品種の育成**　表3-9-12にこれまで育成したアズキ耐病性品種を示す．十勝農試では検索された耐病性母本を北海道栽培種と交配し，北海道で栽培可能な耐病性品種の育成を目指した．

落葉病抵抗性育種開始から10年後に，抵抗性母本として韓国在来赤豆を父親に持つ，北海道で初めての落葉病抵抗性品種ハツネショウズ[1]を育成した（図3-9-7）．しかし本品種は，収量性，耐冷性，品質が劣った．抵抗性母本が全て本州，国外の在来種であり，北海道品種と遺伝的に遠縁であるため，これらを直接交配した組み合わせの後代には，耐病性以外の農業形質が優れる系統は少なかった．ハツネショウズ育成以後，農業形質の向上を目標に耐冷，多収，良質のエリモショウズ[19]

表3-9-11　（十育135号×十育136号）$F_4$代におけるアズキ落葉病発病程度別個体数（1998年　藤田）

| $F_3$代での発病程度と収穫個体数／$F_4$代での発病程度 | 発病程度0 (29個体) | 1 (18個体) | 2 (12個体) | 3 (33個体) | 合計 | 比較品種の発病程度別個体数 十育123号 | エリモショウズ |
|---|---|---|---|---|---|---|---|
| 発病程度　0 | 232 | 134 | 89 | 37 | 492 | 56 | 0 |
| 〃　　　 1 | 7 | 8 | 7 | 2 | 24 | | |
| 〃　　　 2 | 2 | 3 | 0 | 0 | 5 | 0 | 0 |
| 〃　　　 3 | 21 | 11 | 35 | 283 | 350 | 0 | 56 |
| 合　　計 | 262 | 156 | 131 | 322 | 871 | 56 | 56 |

（注）1. 落葉病抵抗性現地選抜圃（芽室町：レース1優占圃）での試験成績
　　　2. $F_3$代で無作為に収穫して発病程度別に分類し，$F_4$代で前年の発病程度別に栽植
　　　3. 発病程度0：外見発病無，維管束褐変無，発病程度1：外見発病無，維管束褐変少～中，
　　　　　〃　　2：外見発病少，　　　　　　　　　〃　　　3：外見発病中～甚．
　　　4. 十育135号：罹病性，十育136号：小長品-10由来の落葉病抵抗性を持つ．
　　　5. 比較品種　エリモショウズ：罹病性，
　　　　　　　　　十育123号：十育136号と同じ小長品-10由来の落葉病抵抗性を持つ．
　　　　　　　　　比較品種は，維管束の褐変程度を調査していない．

表3-9-12 これまで育成したアズキ耐病性品種

| 品種名 | 組合せ 母 | 組合せ 父 | 交配年次 | 育成年次 | 病害抵抗性* 落葉病 | 病害抵抗性* 茎疫病 | 病害抵抗性* 萎凋病 | その他の特性 | 2000年全道栽培面積 ha | 2000年全道栽培面積 (%) |
|---|---|---|---|---|---|---|---|---|---|---|
| ハツネショウズ | ハヤテショウズ | 赤豆 | 1976 | 1986 | 強 | 中 | 中 | 中生 | 0 | (0) |
| アケノワセ | 十系276号 | 十育106号 | 1981 | 1992 | 強 | 強 | 弱 | 早生 | 46 | (0.2) |
| きたのおとめ | エリモショウズ | 2025 (F$_5$) | 1982 | 1994 | 強 | 弱 | 強 | 中生, 良質, 耐冷 | 7,718 | (25.7) |
| しゅまり | 十系494号 | 十系486号 | 1989 | 2000 | かなり強 | 強 | 強 | 中生, 良質 | — | — |
| とよみ大納言 | 92089 (F$_6$) | 十系564号 | 1992 | 2001 | 強 | 弱 | 強 | 中生の晩, 極大粒, 良質 | — | — |
| ときあかり | 十育122号 | 8039 (F$_6$) | 1988 | 2001 | 強 | 弱 | 強 | 晩生の早, 大粒, 良質 (新潟県で優良品種に採用) | — | — |

(注) 1. *：あずき品種特性分類審査基準(1981年3月)による．ただし萎凋病抵抗性は審査基準に含まれない．
　　 2. 栽培面積は北海道農政部調べ．

を積極的に交配に利用するとともに[20]，落葉病，茎疫病および萎凋病抵抗性の複合化を目指した．抵抗性の育成系統同士を交配することで，北海道に適応した優良遺伝子が集積し，有望系統が多数育成された．これらの中から，耐冷，良質の落葉病，萎凋病抵抗性品種きたのおとめ[15]（図3-9-8），初めての落葉病，茎疫病，萎凋病複合抵抗性を持つ良質品種しゅまり[16]（図3-9-9）が育成された．

図3-9-7 ハツネショウズの系譜
(注) 1. ( )内は各組み合わせの交配年次(以下の図，同じ)
　　 2. B：アズキ落葉病抵抗性，W：アズキ萎凋病抵抗性
　　 3. 赤豆：韓国在来種，1966年農林水産省北海道農業試験場から導入

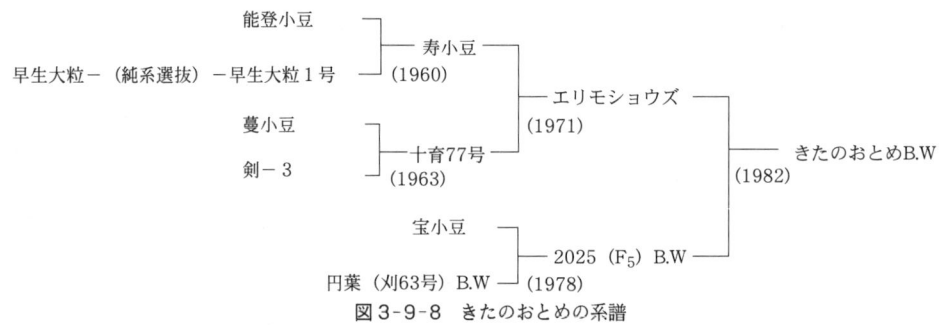

図3-9-8 きたのおとめの系譜
(注) 1. B：アズキ落葉病抵抗性，W：アズキ萎凋病抵抗性
　　 2. 円葉(刈63号)：東北地方在来種，1961年農林水産省東北農業試験場刈和野試験地から導入

iv）耐病性の導入効果　表3-9-13に落葉病あるいは茎疫病の多発圃場における，抵抗性と罹病性品種の発病度，子実重を示した．罹病性のエリモショウズで発病度80以上となる激発圃において，アケノワセ[9]，ハツネショウズ，寿小豆は発病度20〜30程度であり，きたのおとめ，しゅまり，十系494号（品種保存）ではほとんど発病が認められなかった．十系494号はしゅまりの母親であり（図3-9-9），しゅまりも同等の茎疫病抵抗性を持つ（表3-9-12）．子実重はエリモショウズが68〜119 kg/10 a と低収であったのに対し，きたのおとめ，しゅまり，十系494号では250 kg/10 a以上の多収を示した．また，きたのおとめ，しゅまりの落葉病抵抗性，茎疫病抵抗性は，それ以前のハツネショウズ，アケノワセ等より強いが，これは抵抗性母本の違いによると考えられる．落葉病，茎疫病，萎凋病抵抗性の複合化とともに，各病害に対する抵抗性の向上は，大きな育種目標である．

```
早生大粒-（純系選抜）-早生大粒1号 ─┐
                                    ├─ 能登小豆 ─┐
                                                 ├─ 寿小豆 ──┐
                                                   (1960)    │
                                                             ├─ エリモショウズ ─┐
蔓小豆 ─┐                                                        (1971)         │
         ├─ 十育77号 ─────────────────────────┘                                   │
剣-3 ───┘   (1963)                                                               ├─ きたのおとめB.W
                                                                                 │   (1982)
宝小豆 ─┐                                                                        │
         ├─ 2025（F₅）B.W ─────────────────────────────────────────────────────┘
円葉（刈63号）B.W ┘  (1978)
```

図3-9-9　しゅまりの系譜

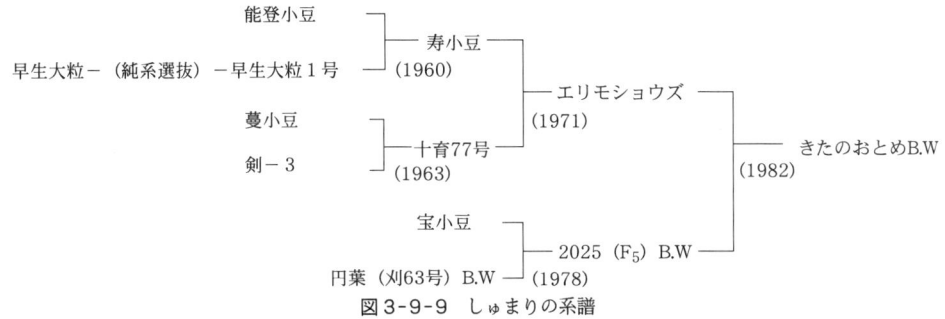

(注) 1. B：アズキ落葉病抵抗性，W：アズキ萎凋病抵抗性，P：アズキ茎疫病抵抗性
2. 浦佐（島根）：島根県在来種，1961年島根県立農業試験場から導入
　 黒小豆（岡山）：岡山県在来種，1973年岡山県立農業試験場から導入

表3-9-13　育成品種しゅまり，きたのおとめのアズキ落葉病あるいは茎疫病多発圃場での発病度および子実重

| 試験場所 | 品種・系統名 | 抵抗性母本 | 発病度 | 子実重 (kg/10a) | 対エリモ比 (%) | 抵抗性* |
|---|---|---|---|---|---|---|
| 落葉病抵抗性検定圃 (北海道立十勝農業試験場) | しゅまり | 黒小豆（岡山） | 0.3 | 251 | 211 | 強 |
| | きたのおとめ | 円葉（刈63号） | 0.3 | 264 | 222 | 強 |
| | アケノワセ | 赤豆 | 20.0 | 241 | 203 | 強 |
| | ハツネショウズ | 赤豆 | 31.5 | 197 | 166 | 強 |
| | エリモショウズ（比較） | ― | 86.8 | 119 | 100 | 弱 |
| 茎疫病抵抗性特性検定圃 (北海道立上川農業試験場) | 十系494号 | 浦佐（島根） | 1.8 | 262 | 385 | かなり強 |
| | アケノワセ | 能登小豆 | 34.7 | 179 | 263 | 強 |
| | 寿小豆 | 能登小豆 | 33.2 | 188 | 276 | 強 |
| | エリモショウズ（比較） | ― | 82.5 | 68 | 100 | 弱 |

(注) 1. 十系494号：しゅまりの茎疫病抵抗性母本．しゅまりも同等の茎疫病抵抗性を持つ．
2. *：あずき品種特性分類審査基準（1981年3月）による．
3. 発病度：0（無病）～100（全個体枯死）．
4. 落葉病抵抗性検定圃：1997～1999年3カ年平均，茎疫病抵抗性検定圃：1989～1991年3カ年平均．

落葉病の発生が多い十勝，胆振，後志地方等では，きたのおとめがすでに40％近く栽培されている．この結果，落葉病の発生面積は減少傾向にある（図3-9-6）．また，萎凋病に対してきたのおとめ，しゅまりは圃場栽培でほとんど発生しない．きたのおとめが上川地方の萎凋病常発地帯で広く栽培された結果，萎凋病の発生は1996年以降，皆無となった（図3-9-6）．

(6) 各病害のレース分化とその育種的対応

きたのおとめ，しゅまりは，それ以前に育成された耐病性品種より強い抵抗性を持ち，農家栽培ではほとんど罹病しないと予想していた．しかし近年，これらの品種を侵す落葉病，茎疫病のレースが確認されている．本項では各病害のレースに関する知見をまとめた．

i) 落葉病のレース分化と育種対応　きたのおとめの育成中に，本品種が十勝農試の落葉病抵抗性選抜圃で落葉病に大きく罹病する事例が認められた．きたのおとめを判別品種として落葉病菌系のレース判定を行った結果，本品種に対して病原性を持たないものと，病原性を持つものが認められ，それぞれレース1，レース2と報告された[8]．十勝，上川，胆振，後志地方の農家圃の土壌，罹病個体から落葉病菌を分離し，レース検定を行った結果，菌密度は低いものの34圃場中20圃場でレース2が確認された[5]．

表3-9-14 アズキ耐病性品種等の各病害のレースに対する抵抗性

| 品種名 | 育成年 | アズキ落葉病 | | アズキ萎凋病 | | | 抵抗性母本 | アズキ茎疫病 | | | 抵抗性母本 |
| --- | --- | --- | --- | --- | --- | --- | --- | --- | --- | --- | --- |
| | | レース1 | レース2 | レース1 | レース2 | レース3 | | レース1 | レース3 | レース4 | |
| 十育149号 | | R | S | (R) | (R) | R | 円葉（刈63号） | R | R | R | Acc787 |
| とよみ大納言 | 2001 | R | S | (R) | (R) | R | 小長品-10 | − | − | − | − |
| しゅまり | 2000 | R | S | (R) | (R) | R | 黒小豆（岡山） | R | R | S | 浦佐（島根） |
| きたのおとめ | 1994 | R | S | R | R | R | 円葉（刈63号） | − | − | − | − |
| 十育132号 | | R | I | R | R | R | Acc86 | − | − | − | − |
| アケノワセ | 1992 | I | I | − | − | S | 赤豆 | R | S | S | 能登小豆 |
| ハツネショウズ | 1986 | I | I | R | R | S | 赤豆 | − | − | − | − |
| 寿小豆 | 1971 | S | S | S | S | S | − | R | S | S | 能登小豆 |
| エリモショウズ | 1981 | S | S | S | S | S | − | S | S | S | − |

（注）1. R：抵抗性，I：中間的，S：罹病性．
2. 十育132号：育成系統（現在は品種保存）．十育149号：現在品種化に向けて試験中．
3. −：未検定．（ ）：未検定であるが母本の抵抗性から推定できる．

表3-9-14に主な耐病性品種等のレースに対する抵抗性反応を示す．きたのおとめ育成以後の品種は全てレース1に抵抗性，レース2に罹病性である．赤豆を抵抗性母本に持つハツネショウズ，アケノワセは両レースに中間的な抵抗性を持つ．また「Acc86」（岩手県在来種）を抵抗性母本に持つ十育132号（品種保存）は，レース1には抵抗性，レース2に中間的な抵抗性を持つ[8]．このように三つのタイプが確認されたが，育成品種中にレース2に抵抗性のものは無かった．このため十勝農試では，アズキ遺伝資源の抵抗性検定を行い，現在までに両レースに抵抗性のアズキ在来種3点を検索した．また近縁野生種からも抵抗性母本を見出し，これらを用いた戻し交配で両レースに強い抵抗性を持った優良系統の作出を急いでいる．

ii）茎疫病のレース分化と育種対応 茎疫病について土屋[13]は，判別品種として6品種を用い三つのレースを報告した．牧野ら[18]が，1994〜1995年に北海道内から茎疫病菌を収集してレース検定を行った結果，その78％がレース3，22％がレース1であり，レース2は確認されず，地域的あるいは同一圃場でレース1，3が同時に検出される場合があった．能登小豆を抵抗性母本に持つ寿小豆，アケノワセがレース1だけに抵抗性であるのに対し，浦佐（島根），しゅまりはレース1，レース3の両方に抵抗性である（表3-9-14）[16,18]．しかし，しゅまりの育成中に奨励品種決定現地調査の1カ所で本品種が大きく茎疫病に罹病した．本菌系はしゅまりのほか，能登小豆，浦佐（島根）等にも病原性を持つことが明らかになり，新レース（レース4）として報告された[14]．

十勝農試では北海道大学と共同で速やかにレース4に対する抵抗性母本探索試験を開始し，現在，すでにレース4に対して抵抗性を示す17品種を見出した．このうち2品種はレース3に対する抵抗性を目的に，過去に交配に利用されたが，これらの後代系統の大半がレース4に抵抗性であることが明らかになり，この中から良質，多収系統「十育149号」が選抜され，品種化に向けて試験を行っている．

iii）萎凋病のレース分化と育種対応 萎凋病では三つのレースが報告され，道内での分布はレース1が最も多く，レース2と3はほぼ同数であり，調査37圃場のうち21圃場では同一圃場から複数のレースが分離された[7]．レース3を用いた幼苗接種の発病程度と圃場での発病程度が概ね一致することから，本レースが最も病原性が強く，圃場での被害はほとんどレース3によると推察できる[7]．

9. アズキ

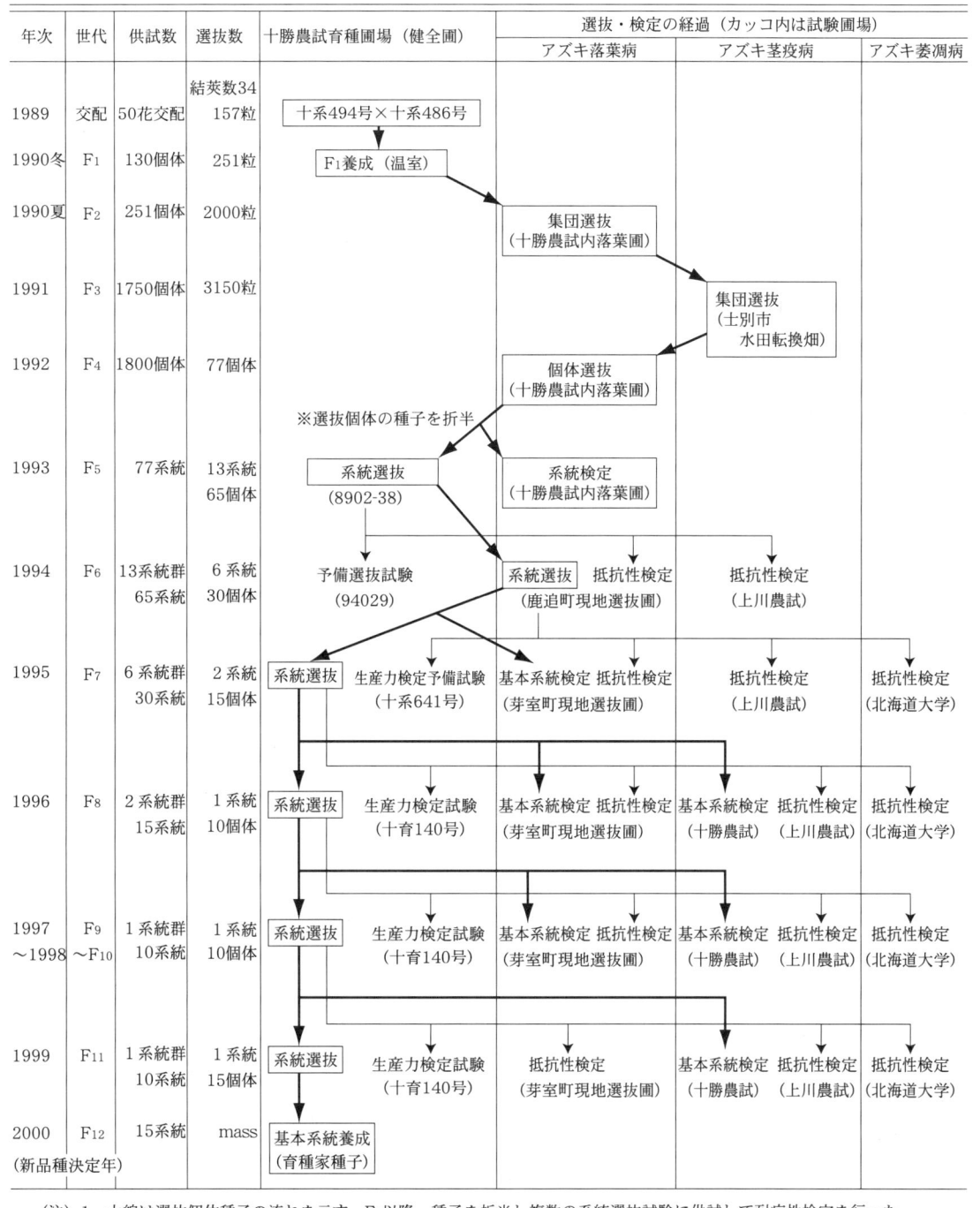

表3-9-15　しゅまりの耐病性選抜，検定経過の概略

| 年次 | 世代 | 供試数 | 選抜数 | 十勝農試育種圃場（健全圃） | 選抜・検定の経過（カッコ内は試験圃場） | | |
|---|---|---|---|---|---|---|---|
| | | | | | アズキ落葉病 | アズキ茎疫病 | アズキ萎凋病 |
| 1989 | 交配 | 50花交配 | 結莢数34<br>157粒 | 十系494号×十系486号 | | | |
| 1990冬 | F$_1$ | 130個体 | 251粒 | F$_1$養成（温室） | | | |
| 1990夏 | F$_2$ | 251個体 | 2000粒 | | 集団選抜<br>（十勝農試内落葉圃） | | |
| 1991 | F$_3$ | 1750個体 | 3150粒 | | | 集団選抜<br>（士別市<br>水田転換畑） | |
| 1992 | F$_4$ | 1800個体 | 77個体 | | 個体選抜<br>（十勝農試内落葉圃） | | |
| | | | | ※選抜個体の種子を折半 | | | |
| 1993 | F$_5$ | 77系統 | 13系統<br>65個体 | 系統選抜<br>(8902-38) | 系統検定<br>（十勝農試内落葉圃） | | |
| 1994 | F$_6$ | 13系統群<br>65系統 | 6系統<br>30個体 | 予備選抜試験<br>(94029) | 系統選抜<br>（鹿追町現地選抜圃）　抵抗性検定 | 抵抗性検定<br>（上川農試） | |
| 1995 | F$_7$ | 6系統群<br>30系統 | 2系統<br>15個体 | 系統選抜 | 生産力検定予備試験<br>（十系641号）　　基本系統検定　抵抗性検定<br>（芽室町現地選抜圃） | 抵抗性検定<br>（上川農試） | 抵抗性検定<br>（北海道大学） |
| 1996 | F$_8$ | 2系統群<br>15系統 | 1系統<br>10個体 | 系統選抜 | 生産力検定試験<br>（十育140号）　　基本系統検定　抵抗性検定<br>（芽室町現地選抜圃） | 基本系統検定　抵抗性検定<br>（十勝農試）　（上川農試） | 抵抗性検定<br>（北海道大学） |
| 1997<br>〜1998 | F$_9$<br>〜F$_{10}$ | 1系統群<br>10系統 | 1系統<br>10個体 | 系統選抜 | 生産力検定試験<br>（十育140号）　　基本系統検定　抵抗性検定<br>（芽室町現地選抜圃） | 基本系統検定　抵抗性検定<br>（十勝農試）　（上川農試） | 抵抗性検定<br>（北海道大学） |
| 1999 | F$_{11}$ | 1系統群<br>10系統 | 1系統<br>15個体 | 系統選抜 | 生産力検定試験<br>（十育140号）　　抵抗性検定<br>（芽室町現地選抜圃） | 基本系統検定　抵抗性検定<br>（十勝農試）　（上川農試） | 抵抗性検定<br>（北海道大学） |
| 2000<br>(新品種決定年) | F$_{12}$ | 15系統 | mass | 基本系統養成<br>（育種家種子） | | | |

（注）1. 太線は選抜個体種子の流れを示す．F$_5$以降，種子を折半し複数の系統選抜試験に供試して耐病性検定を行った．
　　　2. 細線は選抜個体以外の系統派生種子の流れ．
　　　3. しゅまり系統番号：8902−P2〜P4−38−2−1−4−5−7−1．
　　　4. 十勝農試内落葉圃：十勝農試内に造成した落葉病多発圃．1990年頃から落葉病菌レース2がまん延．

ハツネショウズはレース1, 2に抵抗性, きたのおとめが全レースに抵抗性である（表3-9-14）[7].「ハツネショウズ」の抵抗性は1対の劣性遺伝子に, また小長品-10の全レースに対する抵抗性は1対の優性遺伝子の支配が大きい[7]. また, 落葉病と萎凋病抵抗性の関係をレース別に見ると, 落葉病レース1と萎凋病レース3に対する抵抗性を同時に持つ品種, 系統が多く, ハツネショウズ, アケノワセ以外の落葉病抵抗性品種は, 同時に萎凋病抵抗性も持つ（表3-9-14）. なお, 現在のところきたのおとめ, しゅまりを侵す萎凋病レースは確認されていない.

落葉病, 茎疫病の新レースは, 抵抗性品種が育成された結果, それを侵すレースが確認できたともいえる. 耐病性育種は, 常に新しいレースとの闘いであり, 新レースの出現を念頭におき, 複数の耐病性遺伝資源を用意し, 積極的に交配に利用する必要がある.

**(7) 落葉病, 茎疫病, 萎凋病複合抵抗性品種しゅまりの育成[16]**

実際の耐病性品種育成の例として, しゅまりの育成経過を紹介する. しゅまりは, 落葉病, 茎疫病, 萎凋病全てに抵抗性を持つ初めての品種である. また加工適性に優れ, 餡色, 風味がエリモショウズに優ると高い評価をする加工業者が多く, 上川, 空知地方の水田転換畑を中心に大きく普及することが期待されている.

i) 育成の経過　本品種は母親の十系494号が茎疫病抵抗性を持ち, 父親の十系486号は落葉病, 萎凋病抵抗性を持つ（図3-9-9）. 表3-9-15にしゅまりの耐病性選抜, 検定経過を示す. 本品種の育成では, 両親の耐病性を複合化するため, $F_3$代を除く全ての世代で落葉病抵抗性の選抜, 検定を行い, さらに茎疫病抵抗性は$F_3$代で選抜を加えた後, $F_6$代から抵抗性検定試験に供試した. 萎凋病抵抗性は$F_6$代まで選抜を行わなかったが, これは本病の抵抗性が落葉病抵抗性と強連鎖あるいは多面発現である可能性が高く[7], 落葉病抵抗性選抜を行うことで同時に萎凋病抵抗性の選抜が可能と判断したためである. この結果, 後にしゅまりとなった系統は, $F_7$代で落葉病, 茎疫病, 萎凋病全てに強い抵抗性を持つことが明らかになった. $F_8$代以降, 十育140号の地方番号で生産力検定試験を行うとともに, 各種試験に供試して特性を調査した. この結果十育140号は, 加工適性が優れる中生の落葉病, 茎疫病, 萎凋病抵抗性系統として, 北海道の奨励品種に採用されるとともに, 農林水産省の新品種（あずき農林12号）として認定され, 2000年10月にしゅまりと命名登録された.

ii) 考察　十勝農試では1,000点以上のアズキ遺伝資源の耐病性を検定したが, 落葉病, 茎疫病, 萎凋病全てに抵抗性の遺伝資源は見つかっていない. しゅまりは, 落葉病, 茎疫病, 萎凋病に対して複合的に抵抗性を持つ, 初めての品種である. しかし, 本品種を侵すレースが, 落葉病, 茎疫病ですでに見つかっている. 落葉病レース2については, きたのおとめが広く一般栽培されている中で, 本品種が落葉病に大きく罹病した報告事例がないことから, 北海道の広域に存在するが菌密度が低く, 適正な輪作年数を維持すればしゅまりが急激に罹病化することはないと思われる. 一方, 茎疫病は, 同じ *Phytophthora* 属菌によるダイズの root rot で, 世界的に多数

表3-9-16　温度, 湛水期間を変えた場合のアズキ茎疫病発病度（1999年　藤田）

| 温度 | 湛水期間 | 品種名 | | |
|---|---|---|---|---|
| | | しゅまり | 寿小豆 | エリモショウズ |
| 昼25－夜20℃ | 無処理 | 0 | 16.7 | 8.3 |
| | 2日間 | 0 | 37.5 | 55.0 |
| | 4日間 | 37.5 | 91.7 | 100 |
| 昼30－夜25℃<br>（高温区） | 無処理 | 0 | 8.3 | 25.0 |
| | 2日間 | 4.2 | 95.8 | 95.8 |
| | 4日間 | 100 | 100 | 91.7 |

（注）1. 各区5～6個体.
2. 試験方法：レース1および3に汚染されている茎疫病土を1/5,000aポットに充填, 第5本葉展開期頃まで育苗しその後湛水処理. 湛水開始8日後に各区の発病度を調査した.
3. 発病度：0（無病）～100（全個体枯死）.

のレースが確認され[21]，抵抗性品種の普及で，その品種が罹病性を示すレースが増加した事例が報告されている[2]．さらにアズキ茎疫病の発生には，ダイズの root rot と同様に[21]，環境条件が大きく影響し，従来レースによる試験においてしゅまりは，これらレースに抵抗性であるにもかかわらず，高温，長期湛水条件で大きく罹病した（表3-9-16）．このように茎疫病に対しては，新レースによる抵抗性の崩壊や，環境条件による抵抗性品種の罹病化という問題があり，その解決のためには育種的アプローチのほか，化学的，耕種的防除法を含んだ総合的対策の検討が不可欠である．

### (8) 今後のアズキ耐病性育種の課題

十勝農試では現在，年間25〜30組み合わせの交配を行い，そのほとんどが3病害抵抗性を目標にする．しゅまりは，その耐病性，良質性から大きく普及すると考えられるが，収量性，耐冷性の点でエリモショウズにやや劣る．今後はエリモショウズ並み以上の収量性，耐冷性を持った3病害抵抗品種の育成が目標になる．農業形質が優れる耐病性品種の育成のためには，耐病性選抜の精度および効率を向上させ，中期世代における3病害抵抗性系統の頻度を高め，その中から収量性，耐冷性，品質に優れる系統を選抜する必要がある．そのためには，抵抗性の遺伝様式を精査するとともに，選抜法の検討が重要である．遺伝様式はレース別に現在調査中である．また，選抜法については茎疫病菌と萎凋病菌を同時に圃場接種して，2病害抵抗性を同一世代で選抜する手法を試している．萎凋病抵抗性と落葉病抵抗性が強連鎖あるいは多面発現である可能性が高いことから[7]，この手法により3病害抵抗性を一世代で選抜することを目指している．また近年，落葉病，茎疫病の抵抗性選抜圃で，優占レースが変化し，既存レースに対する選抜精度が低下する問題が発生している．耐病性選抜圃は一般栽培と異なり，抵抗性品種，系統を極短期輪作するため，それを侵すレースが急激にまん延しやすい．このようなレース変化の問題は，耐病性育種に常に付随するものである．このため，高い選抜精度を長期間維持でき，大量の材料を扱える選抜法の開発も必要であり，今後，DNAマーカーによる耐病性選抜の可能性を視野に入れ，検討していく予定である．

（藤田　正平）

### 引用文献

1) 足立大山・成河智明・千葉一美・村田吉平・原　正紀・島田尚典．あずき新品種「ハツネショウズ」の育成について．北海道立農試集報，57, 13-24 (1988)

2) Anderson, T. R., Buzzell, R. I. Diversity and frequency of races of *Phytophthora megasperma* f. sp. *glycinea* in soybean fields in Essex Country, Ontario, 1980-1989. Plant Dis., 76, 587-589 (1992)

3) Han, E. H., C. H. Lee, C. S. Sin and E. K. Lee. An investigation on the Stem Rot Red-bean caused by *Phytophthora vignae* Purss. Res. Rep., ORD 24 (S・P・M・U), 69-71 (1982)

4) 小嶋睦男編．"アズキ落葉病耐病性育種"．総合農業研究叢書第10号 わが国におけるマメ類の育種，農林水産省農業研究センター，389-413 (1987)

5) 小林由紀・近藤則夫・藤田正平・村田吉平・生越　明．北海道におけるアズキ落葉病菌のレース分布．日本植物病理学会報，65, 699 (1999)

6) 小山八十八・野村信史・森　義雄・旭川清一．小豆新品種「寿小豆」の育成について．北海道立農試集報，25, 81-91 (1972)

7) 近藤則夫．アズキ萎凋病に関する研究．北海道大学農学部邦文紀要，19 (5), 411-472 (1995)

8) Kondo, N., S. Fujita, K. Murata and A. Ogoshi. Detection of two races of *Phialophora gregata* f. sp. *adzukicola*, the causal agent of adzuki bean brown stem rot. Plant Dis., 82, 928-930 (1998)

9) 島田尚典・藤田正平・千葉一美・村田吉平・原　正紀・白井滋久・成河智明・土屋武彦・三浦豊雄．あず

10) 田引　正・土屋武彦．湛水処理によるアズキ茎疫病抵抗性の検定と品種間差異．北海道立農試集報, 60, 133-142 (1990)
11) 千葉一美．アズキ落葉病抵抗性の育種学的研究, I 抵抗性の品種間差異．北海道立農試集報, 48, 56-63 (1982)
12) 千葉一美．アズキ落葉病抵抗性の育種学的研究, III 抵抗性の遺伝様式とその導入効果．北海道立農試集報, 56, 1-7 (1987)
13) 土屋貞夫．北海道立農業試験場報告第72号 アズキ茎疫病とその防除に関する研究．北海道立上川農業試験場, 76 p. (1989)
14) 野津あゆみ・近藤則夫・藤田正平・村田吉平・内藤繁男．アズキ茎疫病菌 (*Phytophthora vignae* f. sp. *adzukicola*) の新レース．日本植物病理学会報, 67, 197 (2001)
15) 藤田正平・島田尚典・村田吉平・白井滋久・原　正紀・足立大山・千葉一美．あずき新品種「きたのおとめ」の育成について．北海道立農試集報, 68, 17-31 (1995)
16) 藤田正平・村田吉平・島田尚典・青山　聡・千葉一美・松川　勲・白井滋久・三浦豊雄・越智弘明・近藤則夫．あずき新品種「しゅまり」の育成について．北海道立農試集報, 82, 31-40 (2002)
17) 藤田正平・島田尚典・村田吉平・田引　正・三浦豊雄．アズキ茎疫病抵抗性品種の地理的分布について．日本育種学会・日本作物学会北海道談話会会報, 36, 118-119 (1995)
18) 牧野華・藤田正平・村田吉平・近藤則夫・生越明．北海道内で分離されたアズキ茎疫病菌 (*Phytophthora vignae*) の諸特性．日本植物病理学会報, 63, 530 (1997)
19) 村田吉平・成河智明・千葉一美・佐藤久泰・足立大山・松川　勲．あずき新品種「エリモショウズ」の育成について．北海道立農試集報, 53, 103-113 (1985)
20) 村田吉平・松川　勲・藤田正平．系譜作成ソフトによる十勝農試の小豆育種における交配組合せの解析．日本育種学会・日本作物学会北海道談話会会報, 39, 121-122 (1998)
21) Ward, E. W. B. "The interaction of soya beans with *Phytophthora megasperma* f. sp. *glycinea* : Pathogenicity". in: Biological Control of Soil-borne Plant Pathogens. D. Hornby, ed. Wallingford, U. K., C. A. B. International, 1990, p. 311-327.

## 10．インゲンマメ

### 1）北海道におけるインゲンマメ栽培と品種育成の概括[3,5]

　北海道におけるインゲンマメ栽培は18世紀初頭に厚岸（国泰寺）で栽培された記録があり[6]，1886年の最初の統計では全道の作付面積はわずか160 haであった．1907年には11,500 haになり，栽培の中心は石狩地方で，欧米に輸出されるようになると急増し，1913年には26,000 haが作付けされた．この間の品種育成試験では北海道庁十勝農事試作場で1895年から2カ年に大福豆他3品種の品種比較試験がおこなわれた．1901年に北海道農事試験場（以下，本場）が札幌市に設置されてからインゲンマメの品種試験が再開され，開拓使，札幌農学校を通じてアメリカから導入された品種や和名がついた農家で栽培されていた在来種が供試された．その結果，1905年に金時，大福，デトロイトワックスが最初の優良品種に認定された．第一次世界大戦（1914～18年）ではインゲンマメの輸出価格が高騰したため，北海道の作付面積が急増し，1918年には136,000 haを記録した．この時の地方別作付面積は十勝地方が35,200 haで全道の26％を占め，十勝地方がインゲンマメの

主産地となった．輸出されたインゲンマメの銘柄は鶉，手亡が多く，他の銘柄もすべてが輸出された．大戦後1920年では作付面積は半減したが，1929年より増加し，1940年まで8〜9万haあった．この間，品種育成は品種比較試験が続けられ，手無長鶉，中福（1914年，本場），ビルマ（1918年，本場），中長鶉（1924年，十勝支場），大手亡（1927年，十勝支場），紅金時（1927年，根室支場），丸長鶉（1939年，十勝支場），早生大福，虎豆（1939年，本場）他8品種が選定された．一方，このころの十勝地方の農家による炭そ病抵抗性個体の選抜により常富長鶉，菊地長鶉（1934年）等が選抜され，農家自身が交配選抜した品種の手無中長鶉が1939年に優良品種になっている．十勝支場では1927年より交雑育種が試みられたが品種育成に至らず，第二次世界大戦中は作付制限で面積が約12,000 haに激減し，1943年には品種試験は中断された．

　第二次世界大戦後は，作付面積は増加し，1951年には3万haを越えた．十勝農試では1946年に品種比較試験，純系分離試験が再開され，在来種より大正金時（1957年），白金時（1958年），大正白金時（1960年）が優良品種に認定された．このうち，大正金時は1935年に十勝地方の農家が選抜したもので，現在も金時の主要品種となっている．1954年から交雑育種が開始されるが，育種では手亡，金時，長鶉，中長鶉，白金時および軟莢種（サヤインゲン）を対象として始められ，1955年に最初の交配品種の新金時が育成された．その後の栽培面積の減少などから，長鶉，軟莢種を中止し，現在は，手亡，金時を中心に育種を進めている．現在の育種目標は，多収耐病良質である．また，中央農業試験場では，胆振，網走地方で特産化しているつる性インゲンマメ（ベニバナインゲンを含む）について，早生，大粒多収，インゲンモザイク病抵抗性を目標とした交雑育種を1971年から進めていたが，栽培面積の減少と安価な白花豆が中国から大量に輸入されることから，2001年で中止された．

　インゲンマメの作付面積は1958年に92,800 haを記録したあと1967年頃までは7〜8万haの作付けされたが，その後，消費の減退と関税割当制度（TQ）により5〜10万tが輸入されたため，安価な輸入品に置き換わり，作付面積が漸減した．さらに1994年以降はウルグアイ・ラウンド合意により，輸入割当制度（IQ）で5〜6万t輸入され，手亡ではカナダ，アメリカ，中国で栽培輸入されていることから，価格が低迷するとともに収穫の省力化が進んでいないことから，2000年の作付面積は11,300 ha（金時7,280 ha，手亡2,640 ha，中長鶉310 ha，その他1,120 ha）である．

## 2）北海道におけるインゲンマメ育種の現状

### (1) 育種目標と交配母本

　十勝農業試験場のインゲンマメ育種での育種目標別組み合わせ数の推移を表3-10-1に示した．2000年までの交配組み合わせ数は830である．インゲンマメ育種で採用されている育種方法は集団育種法である．毎年の組み合わせ数は6〜51で，1960〜61年の2カ年は50組み合わせ前後交配し，同種類の集団を混合する方法が取られている．交配は1984年までは交配は夏季圃場で行われていたが，1985年からは冬季に多湿条件が保てる温室を利用して約30組み合わせ効率良く行っている．

　インゲンマメの種類は種子の大きさ，種皮色，形により金時，手亡，中長鶉，長鶉，白金時等に分類され，流通銘柄が設定されている．種類別組合せでは金時331，手亡272で全体の73%を占めている．また，交配育種が開始された当初は長鶉の組み合わせが多く，その後，長鶉の栽培が減少したため，1968年以降は取り組んでいない．現在は手亡，金時を中心に中長鶉，白金時の組み合わせを進めている．

　次に組み合わせ毎にどのような交配母本が使われているか2000年までのすべての交配組み合わ

表3-10-1 十勝農試のインゲンマメ新品種育成における育種目標別組み合わせ数の推移

| 年次 | 組み合わせ数 | 種類 | | | | | | 耐病性他 | | | | |
|---|---|---|---|---|---|---|---|---|---|---|---|---|
| | | 金時 | 手亡 | 中長 | 長鶉 | 白金時 | その他 | 炭そ病 | 黄化病 | かさ枯病 | 耐冷性 | 草型等 |
| '54–60 | 134 | 28 | 20 | 4 | 57 | 22 | 23 | 12 | 0 | 0 | 0 | 19 |
| '61–65 | 131 | 32 | 21 | 2 | 47 | 30 | 8 | 18 | 0 | 0 | 0 | 5 |
| '66–70 | 50 | 10 | 15 | 3 | 3 | 17 | 2 | 7 | 0 | 0 | 2 | 13 |
| '71–75 | 59 | 30 | 25 | 5 | 2 | 7 | 0 | 0 | 0 | 0 | 2 | 58 |
| '76–80 | 63 | 31 | 30 | 6 | 0 | 4 | 0 | 10 | 0 | 0 | 7 | 44 |
| '81–85 | 65 | 33 | 23 | 5 | 0 | 6 | 0 | 16 | 0 | 0 | 11 | 65 |
| '86–90 | 100 | 52 | 41 | 4 | 0 | 4 | 0 | 23 | 0 | 28 | 7 | 34 |
| '91–95 | 87 | 43 | 34 | 1 | 0 | 11 | 0 | 33 | 5 | 1 | 1 | 17 |
| '96–00 | 141 | 72 | 63 | 2 | 0 | 10 | 1 | 63 | 47 | 0 | 0 | 39 |
| 計 | 830 | 331 | 272 | 32 | 111 | 111 | 34 | 182 | 52 | 29 | 30 | 294 |

(注) 種類のその他は虎豆,軟莢（サヤインゲン）等である.

表3-10-2 金時，手亡の育成に使用された交配母本（1954－2000）

| 種類 | 金時 母本（品種名） | 組み合わせ数 | 種類 | 手亡 母本（品種名） | 組み合わせ数 |
|---|---|---|---|---|---|
| 金時 | 大正金時 | 317 | 手亡 | 改良大手亡 | 189 |
| | 紅金時 | 260 | | Sanilac Pea Bean | 179 |
| | 前川金時 | 53 | | 大手亡 | 172 |
| | 鶴金時 | 52 | | Anth Resist 22 | 165 |
| | 大正金時（多節） | 47 | | Improved White Navy | 164 |
| | ほか14品種 | | | 大手亡（幕別） | 150 |
| | | | | Chillean Arrowz Bean | 138 |
| 白金時 | 大正白金時 | 190 | | Navy Beans | 96 |
| | 白金時 | 3 | | Widusa (Holland) | 95 |
| | | | | 大手亡（清水） | 89 |
| 手亡 | 改良大手亡 | 3 | | 大手亡（網走） | 88 |
| | 大手亡 | 2 | | 大手亡（芽室） | 56 |
| | Sanilac Pea Bear | 2 | | A 55 | 43 |
| | 大手亡（網走） | | | ほか10品種 | |
| | ほか7品種 | | | | |
| 鶉類 | 白丸鶉 | 110 | 金時 | 大正金時 | 54 |
| | 中長鶉 | 49 | | 大正白金時 | 23 |
| | 常富長鶉 | 40 | | 紅金時 | 10 |
| | 白長鶉 | 21 | | 白金時 | 7 |
| | ほか12品種 | | | | |
| その他 | 虎豆 | 185 | その他 | Canellini | 11 |
| | 紅絞 | 39 | | 虎豆 | 11 |
| | 雉豆-1 | 7 | | 白丸鶉 | 11 |
| | W-1 | 7 | | RAO 21 | 8 |
| | 紫花豆 | 5 | | 中長鶉 | 8 |
| | ほか31品種 | | | ほか43品種 | |
| 合計 | 84品種 | | 合計 | 75品種 | |

(注) 組み合わせ数は母本品種が系譜に含まれる交配組み合わせである.

## 図3-10-1 十勝農試育成のインゲンマメ品種の系譜

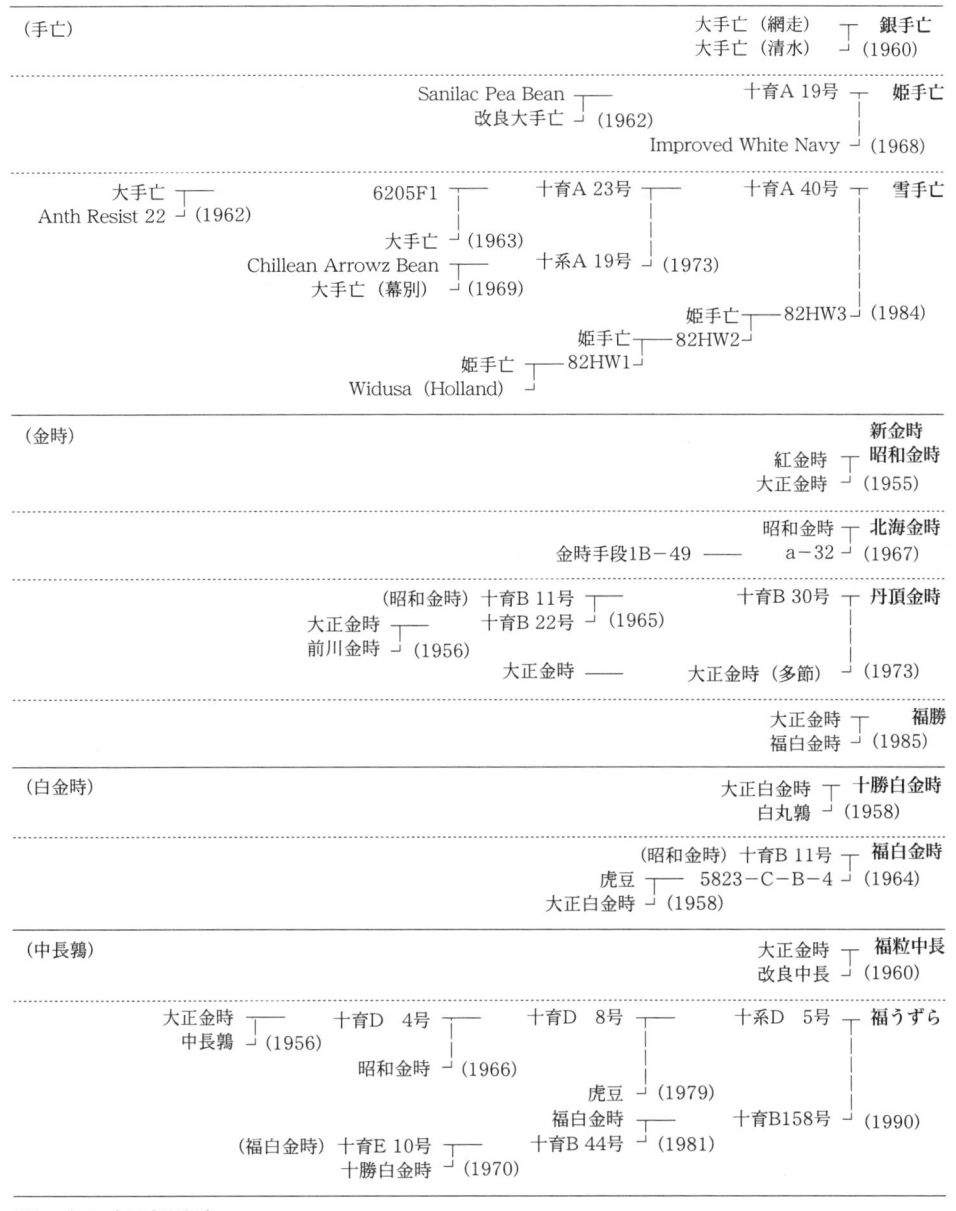

```
(手亡)                                              大手亡（網走）┐ 銀手亡
                                                    大手亡（清水）┘ (1960)

                    Sanilac Pea Bean ┐ 十育A 19号 ┐ 姫手亡
                    改良大手亡       ┘ (1962)    │
                                     Improved White Navy ┘ (1968)

大手亡          ┐ 6205F1        ┐ 十育A 23号 ┐ 十育A 40号 ┐ 雪手亡
Anth Resist 22  ┘ (1962) 大手亡 ┘ (1963)    │             │
                Chillean Arrowz Bean ┐ 十系A 19号 ┘ (1973)│
                大手亡（幕別）       ┘ (1969)              │
                                                   姫手亡 ┐ 82HW3 ┘ (1984)
                                                   82HW2 ┘
                                     姫手亡      ┐ 82HW1 ┘
                                     Widusa (Holland) ┘

(金時)                                              新金時
                                         紅金時   ┐ 昭和金時
                                         大正金時 ┘ (1955)

                              金時手段1B-49 ─── 昭和金時 ┐ 北海金時
                                                a-32    ┘ (1967)

              (昭和金時) 十育B 11号 ┐          十育B 30号 ┐ 丹頂金時
大正金時 ┐ 十育B 22号 ┘ (1965)     │                     │
前川金時 ┘ (1956)       大正金時 ──── 大正金時（多節）┘ (1973)

                                              大正金時 ┐ 福勝
                                              福白金時 ┘ (1985)

(白金時)                                       大正白金時 ┐ 十勝白金時
                                               白丸鶉    ┘ (1958)

                    (昭和金時) 十育B 11号 ┐ 福白金時
                    虎豆 ┐ 5823-C-B-4 ┘ (1964)
                    大正白金時 ┘ (1958)

(中長鶉)                                       大正金時 ┐ 福粒中長
                                               改良中長 ┘ (1960)

大正金時 ┐ 十育D 4号 ┐ 十育D 8号 ┐ 十系D 5号 ┐ 福うずら
中長鶉   ┘ (1956)   │           │           │
        昭和金時 ┘ (1966)       │           │
                    虎豆 ┘ (1979)           │
                    福白金時 ┐              │
       (福白金時) 十育E 10号 ┐ 十育B 44号 ┘ (1981) 十育B158号 ┘ (1990)
       十勝白金時 ┘ (1970)
```

（注）（ ）内は交配年次

せ830について系譜を作成し，金時，手亡別に集計した結果を表3-10-2に，育成品種の系譜を図3-10-1に示した．表3-10-2の組み合わせ数は，母本品種が含まれる組み合わせ数を示す．十勝農業試験場における現在の品種保存数は約2,000点であるが，これまで交配に使用された品種数は156である．

　インゲンマメでは子実の大きさ，種皮色，形で銘柄が設定されているため，同類の子実の形態を持つ母本の組み合わせが多く，金時の組み合わせのほとんどに大正金時が含まれ，育成品種もほとんどが金時同士の組み合わせから育成されている．金時類など大粒系では，海外の品種を用いて品種を育成した例はない．これは，大粒系では特に粒の特性が商品流通上重要視されるため，類似した

粒特性がない海外の品種を利用しにくかったこと，早生が重要な育種目標であった金時類では早生の交配母本が極めて少なかったことによる．また，かさ枯病抵抗性導入を目的に中南米の赤色粒品種 Red Mexican などや大福類のウイルス病（BYMV-N）抵抗性遺伝資源として中南米の黒色粒品種 Bo 19 を母本として利用したが抵抗性品種育成には至ってない．

　手亡では大手亡の在来種または雪手亡，姫手亡を使った組み合わせが多く，また，子実の形態が手亡に類似する外国から導入品種が耐病性，耐冷性育種の母本として利用されている．外国から導入品種は，アメリカの有限伸育性の品種 Sanilac Pea Beans，耐冷性品種 Improved White Navy を有限叢性型品種育成の交配母本に用いた．また，手亡類では炭そ病抵抗性の付与が重要であり，当初戻交配による金時類からの抵抗性遺伝子導入を試みたが，草型や子実の外観特性などが異なり手亡型の抵抗性個体を得ることができなかった．導入品種では Anth Resist 22，Widusa（Holland）等が炭そ病抵抗性品種育成の母本として利用されている．近年，機械収穫適性を付与するため，立ち性が極めて強く少分枝草型の CIAT 育成系統 A-55 を母本として利用している．

　インゲンマメの品種育成では遺伝的変異が小さくなり，金時類では 66 組み合わせ，手亡類では 90 組み合わせに 1 品種の割合での品種育成となっている．

(2) インゲンマメの種類別品種育成

　i) **手亡類の育成**　手亡類の品種育成では，当初，大手亡の育種目標を「良質．多収」または「良質，多収，炭そ病抵抗性」に設定され，大手亡（網走）×大手亡（清水）の後代より，1972 年に銀手亡が育成された．本品種は大手亡に比べ，多収，大粒で，かつ種皮色が白く外観品質に勝るものの，成熟期が遅く収量が不安定であった．また，当時，ビーンハーベスタが開発され，銀手亡は大手亡と同様の半蔓性であることから農作業上敬遠された．このため，作付は伸びず，最大普及面積は 2,340 ha（1974 年，手亡作付けの 14 %）で，1976 年に有限叢性のビーンハーベスタ適性の姫手亡が育成されると激減した．姫手亡は，有限叢性で耐冷，多収の手亡品種の育成を目標に 1968 年に有限叢性で早生の十育 A 19 号を母，耐冷性の Improved White Navy を父とした後代より育成されたものである（図 3-10-1）．本品種の両親に使われている Sanilac Pea Bean と Improved White Navy は低温育種実験室での検定結果，低温条件下でも生育が良好で，光合成の低下が少ないことから，耐冷性が強いと判定された．姫手亡は草型が有限叢性，草丈が 50 cm 程度で，無限半蔓性品種より分枝数，莢数が多く，成熟期は 9 月中旬で銀手亡より 3〜4 日早い中生種である．子実収量は，半蔓性品種に比べ 30 % 程度高かった．また，低温下の光合成能力が高く，耐冷性が強い．このため，急速に普及し，半蔓性の在来種にほとんど置き換わり，1989 年には 6,850 ha の最大普及面積を記録した．

　一方，手亡類では，常発する種子伝染性の炭そ病について，育種開始当初から抵抗性の付与を目標に金時類および導入品種の特性を基に品種育成が進められたが品種育成に至らなかった．そのため，1977 年より道内から収集した菌株の同定・分類，新たに抵抗性品種の探索および接種，検定，選抜法の試験を開始した．1969 年にオランダから導入した抵抗性の

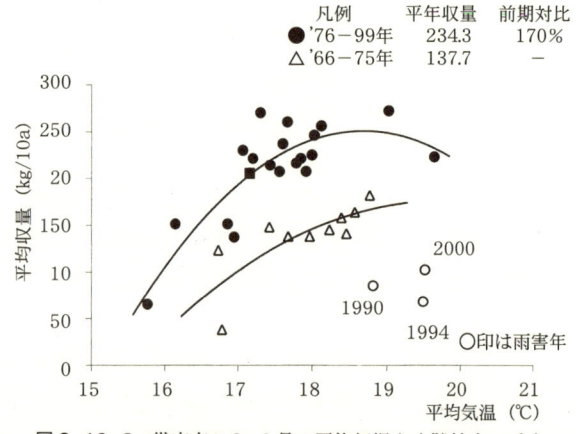

図 3-10-2　帯広市の 6〜9 月の平均気温と十勝地方の手亡の平均収量（1966-2000 年）

遺伝資源 Widusa を利用し，姫手亡に比べやや多収で外観品質に勝る炭そ病抵抗性の雪手亡（1992年）が育成された[1,4]．本品種は炭そ病抵抗性で良質，多収の手亡類の育成を目標に 1983 年に良質の十育 A40 号を母，Widusa に姫手亡を戻し交配した 82HW・BIF1 を父とした後代より育成されたものである（図 3-10-1）．現在北海道で知られている炭そ病菌株すべてに抵抗性である．草型は姫手亡と同じ有限叢性で成熟期は 1～2 日遅いがやや多収で粒白度は姫手亡より高く，検査等級は優れることから，現在，手亡類の約 60 % の普及となっている．姫手亡，雪手亡の普及により，多収安定化に大きく貢献し，図 3-10-2 に示した帯広市の 6～9 月の平均気温と十勝の手亡の平均収量の関係から姫手亡が普及した 1976 年以降はそれ以前に比較して，十勝管内の手亡の収量性は栽培技術の向上と相まって約 70 % 向上している．

　ⅱ）金時類の育成　金時類では大正金時の多収，大粒化を目標に育種の組み合わせが設定された．その中から新金時（1964 年）や昭和金時（1966 年）が品種となったが，晩生であったことや銘柄設定ができず価格が低かったことなどから，ほとんど普及しなかった．1979 年に育成された北海金時は大正金時よりやや晩生ではあるが，多収であることや大粒でかつ煮崩れが少ないことなどが評価された．しかし，粒形，種皮色が大正金時と異なることから金時類の 10 % 程度しか普及しなかった．また，1986 年に育成された丹頂金時は茎の折損などの発生が見られたことから普及はわずかであった．これらのことから，大正金時銘柄で流通・加工する品種育成をめざして，初期世代から大正金時類似の粒大・粒形および粒色での選抜と子実重率の向上や葉落ちの良さにも着目して選抜した結果，1994 年に大正金時並みの早生で，多収大粒良質の福勝（ふくまさり）が育成された[2]．本品種は早生，大粒良質，多収の金時類品種の育成を目標に 1985 年に大正金時を母，福白金時を父とした後代より育成されたものである．草型はわい性で，成熟期の葉落ちは大正金時より良好である．成熟期は，大正金時より 1～2 日遅い早生種で，子実収量は大正金時より 10 % 以上の多収である．百粒重は約 20 % 大きく，外観品質は大正金時に類似している．このことから，福勝は急速に普及し，現在は金時類の約 50 % を占めている．

　ⅲ）中鶉類の育成　中長鶉類では，1972 年に半蔓性で大粒良質な福粒中長が育成され，従来の中長鶉類はほとんど福粒中長に置き換わった．中長鶉類は 1960 年代には 7,000～10,000 ha 栽培されていたが，需要の減退と類似品の輸入増加により作付面積が激減し，現在は九州，中国地方の一部の地域の小袋食材として約 300 ha 程度栽培されているに過ぎない．1999 年には福粒中長より多収，大粒でわい性の福うずらが育成されている．

　ⅳ）白金時類　白金時類は，金時の突然変異として農家が発見し，栽培されていた在来品種を白金時（1958 年），大正白金時（1960 年）として優良品種に認定され，大正白金時は 1960，70 年代に 2～3,000 ha 栽培された．交雑品種としては 1970 年に十勝白金時が育成されたが晩生で半蔓性のため，作付けが少なく，1973 年育成の福白金時はわい性，大粒良質，多収であったので一時，煮豆，甘納豆，白餡原料として 2,000 ha 以上栽培された．しかし，現在は輸入白インゲンマメに置き換わり，栽培面積はわずか 100 ha 足らずである．

　ⅴ）高級インゲンマメ類　高級インゲンマメと称されているつる性インゲンマメとベニバナインゲンの育種は中央農業試験場は 1971 年から実施されている．つる性インゲンマメの大福類，虎豆類は，当初は在来種の収集と純系選抜を行い，1977 年に晩生で良質，多収の改良虎豆，1980 年に中生で多収の改良早生大福が育成された．その後，早生化，大粒・良質化およびインゲンモザイク病抵抗性の付与を目標に交雑育種を開始し，1989 年に晩生の中では早熟で良質，多収の福虎豆，1992 年に中生で大粒，良質の洞爺大福が育成された．

　ベニバナインゲンについても純系分離を行い，1976 年に晩生で極大粒，多収の大白花が育成され，

白花豆の栽培の大部分を占めている．

### （3）インゲンマメ育種の今後の課題

　北海道におけるインゲンマメの栽培は明治時代に輸出用として栽培が拡大し，第一次世界大戦では価格の高騰で「豆成金」が生まれた．第二次世界大戦では一時作付が制限され減少し，戦後一時期

表3-10-3　十勝農試育成のインゲンマメ品種の生産力検定試験成績（十勝農試）

| 種類 | 草型 | 品種名 | 開花期（月日） | 倒伏程度 | 葉落良否 | 成熟期（月日） | 草丈（cm） | 主茎節数 |
|---|---|---|---|---|---|---|---|---|
| 手亡 | 半蔓性 | 大手亡* | 7.25 | 3.0 | — | 9.24 | 153 | — |
|  | 半蔓性 | 銀手亡* | 7.22 | 2.7 | — | 9.22 | 156 | — |
|  | そう性 | 姫手亡* | 7.25 | 1.7 | — | 9.16 | 57 | — |
|  | そう性 | 姫手亡 | 7.25 | 1.9 | 2.9 | 9.23 | 47 | 9.1 |
|  | そう性 | 雪手亡 | 7.25 | 1.7 | 2.7 | 9.26 | 52 | 9.5 |
| 金時 | わい性 | 大正金時 | 7.15 | 0.1 | 3.5 | 9.7 | 34 | 5.0 |
|  | わい性 | 福勝 | 7.16 | 0.2 | 2.6 | 9.10 | 35 | 5.2 |
|  | わい性 | 北海金時 | 7.15 | 0.1 | 4.0 | 9.12 | 38 | 5.2 |
| 中長 | わい性 | 福うずら | 7.16 | 0.1 | 1.9 | 9.14 | 36 | 5.5 |
|  | 半蔓性 | 福粒中長 | 7.18 | 2.1 | 3.6 | 9.18 | 99 | 13.1 |
| 白金時 | わい性 | 福白金時 | 7.16 | 0.5 | 2.9 | 9.14 | 38 | 5.4 |

| 種類 | 分枝数 | 莢数（/株） | 一莢内粒数 | 総重（kg/10a） | 子実重（kg/10a） | 子実重率 | 百粒重（g） | 品質（等級） |
|---|---|---|---|---|---|---|---|---|
| 手亡 | 4.0 | 22.3 | 4.30 | 461 | 226 | 49 | 30.8 | 2下 |
|  | 3.1 | 20.5 | 4.20 | 493 | 260 | 53 | 36.8 | 2中 |
|  | 6.2 | 28.3 | 3.90 | 484 | 285 | 59 | 34.7 | 2中 |
|  | 6.7 | 28.0 | 4.10 | 494 | 311 | 63 | 33.9 | 2中 |
|  | 6.5 | 28.5 | 4.21 | 531 | 341 | 64 | 34.5 | 2中 |
| 金時 | 4.1 | 14.4 | 2.76 | 386 | 227 | 59 | 74.4 | 3下 |
|  | 3.4 | 13.1 | 2.73 | 403 | 252 | 63 | 88.1 | 2下 |
|  | 4.1 | 13.5 | 2.89 | 459 | 275 | 60 | 86.6 | 2下 |
| 中長 | 4.2 | 15.8 | 2.91 | 438 | 298 | 68 | 80.7 | 2上 |
|  | 2.8 | 16.2 | 2.89 | 493 | 279 | 57 | 75.6 | 2中 |
| 白金時 | 4.0 | 16.0 | 2.60 | 450 | 267 | 59 | 83.9 | 2中 |

（注）＊印は1974，1975，1977の3カ年平均．他は1995～98年の4カ年平均で示す．

増加したが，消費の減退と輸入の増加で1970年代から漸減し，現在の作付面積は明治時代の拡大当初の水準となっている．また，栽培される種類も煮豆用の金時類，白餡原料の手亡類が大部分となっている．金時類は北海道で栽培されるマメ類では最も生育期間が短いことから，秋播コムギの前作と位置づけられているが，生育期間が短いことから，他のマメ類に比べ，収量性

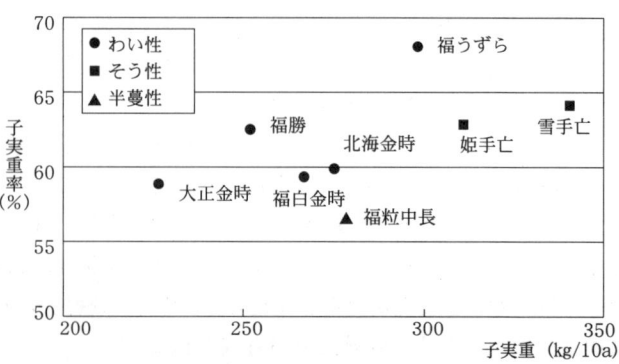

図3-10-3　インゲンマメ品種の子実重と子実重率の関係（十勝農試）

が低い．このため，十勝農試の金時類の育成では多収性育種として，1990年代より成熟期の葉落ちの改善と子実重率の向上を育種目標としている．成熟期の葉落ちの良否は生育後期の同化産物転流率の多少に関連し，葉落ちが良好であれば子実重率の向上，多収となると推測される．この結果，葉落ち，子実重が向上した福勝，福うずらが育成された（表3-10-3，図3-10-3）．

しかし，福勝は多肥条件で栽培される農家圃場や年次によっては葉落ちが不良となり，機械収穫が困難となる．また，成熟期が大正金時より2〜4日遅いことから，地域的にはコムギの前作とならない場合があり，金時類の栽培の大部分を占めるまでには至っていない．このため，今後の金時類の育種では葉落ち子実重率の改善で大正金時並の成熟期で多収品種育成を目指す．また，十勝地方の金時類の収穫期の9月上旬は降雨に見舞われる場合が多く，降雨で種皮色は淡くなる「色流れ粒」が発生し，品質低下となる．色流れに対する抵抗性母本は無いことから，降雨期を避ける成熟期の遅い品種の育成も必要であろう．また，金時の耐病性育種ではジャガイモヒゲナガアブラムシによって伝搬するインゲン黄化病抵抗性品種の育成が進められている．なお，金時の育種では大正金時と同じ加工適性を有することが必要条件である．

手亡類は北海道で育成した品種がカナダ，アメリカ，中国で栽培輸入され，価格が低迷し，栽培面積は減少している．姫手亡，雪手亡の収量性，耐冷性は北海道で栽培されるマメ類では最も高いことから，十勝地方では今後とも必要な作物の一つである．今後，雪手亡と同等の炭そ病抵抗性を持ち，白餡適性が優れるとされる銀手亡と類似の加工適性を持つ品種の育成が急務である．

なお，金時，手亡とも育成品種の加工適性は加工業者により判定され，関連する成分等は特定されていない．

（村田　吉平）

## 引用文献

1) 飯田修三．インゲンマメの炭そ病抵抗性育種・我が国におけるマメ類の育種・小島睦男編．441-455（1987）
2) 佐藤　仁・品田裕二・飯田修三・原　正紀・千葉一美．莱豆新品種「福勝」の育成について．北海道立農試集報，70, 37-48（1996）
3) 品田裕二．北海道における作物育種．インゲンマメ．156-175. 北海道共同組合通信社（1987）
4) 品田裕二・飯田修三・千葉一美・原　正紀・佐藤　仁・中野雅章．莱豆新品種「雪手亡」の育成について．北海道立農試集報，66, 25-34（1994）
5) 成河智明・千葉一美北海道における豆類の品種（インゲンマメ）．297-276. 日本豆類基金協会（1991）
6) 山本　正．近世蝦夷地農作物年表．北海道大学図書刊行会（1996）

### 3）耐病性育種

(1) インゲンマメの炭そ病抵抗性育種

i) 緒　言

インゲン炭そ病（以下，炭そ病と略す）の病原菌は糸状菌の一種である *Colletotrichum lindemuthianum* (Saccardo et Magnus) Briosi et Cavara である．発芽時から収穫期まで全生育期間を通じて発生し，地上部のあらゆる部位で発病し，子実収量，品質を著しく低下させる．病原菌は主に罹病種子で越年し，翌年の第一次発生源となる．まん延は発病株を中心に分生胞子が風雨により周辺株に飛散して起こるため，多湿な天候が続くと多発生となり，甚だしい被害となる[28]．

本病の対策としては，種子更新を行い，健全種子を使用することが最も有効である．しかし，自家採種した種子を用いる場合には，感染を防ぎきれない．また，薬剤による防除が行われているが，多

発年には十分な効果が得られていない．そこで，北海道立十勝農試では1975年から炭そ病抵抗性品種の育成に取り組んだ．

1991年までの試験成績に基づき，1992年，十勝地方でみられる炭そ病の主要な3菌株全てに抵抗性を有する雪手亡が北海道の奨励品種となったので，本品種の育成経過および特性について報告する．本品種は，十勝地方を中心に，炭そ病抵抗性のない姫手亡に代わって普及が進んでいる．

また，炭そ病のレースは，世界各地で多数報告されているが[24]，北海道で見いだされた菌株と世界に分布するレースとの関係を明らかにするため，レース判定を行った結果について述べる．

ii) **インゲン炭そ病抵抗性品種雪手亡の育成**[22]

(i) **雪手亡育成までの炭そ病に関する研究**[15] 炭そ病は，北海道のインゲンマメ栽培に影響の大きい病害の一つであるが，古くから金時類と手亡類で炭そ病に対する反応が異なる報告がある[27]．

そこで，炭そ病菌を十勝管内各地より収集し，C1からC25の菌株番号を付して，その病原性を検討した結果，北海道には異なる病原性を示す複数の炭そ病菌株が存在することが明らかになった．十勝地方での炭そ病の被害は手亡類に多くみられており，手亡類より分離された菌株群は，C5菌株を除き，全てC3菌株と同じ病原性を持っていた．このことから，手亡類については，C3菌株抵抗性の品種育成が必要と判断された．その他の菌株は，主として鶉類に病原性を示すC1菌株と，主に金時類に病原性を示すC13を始めとする菌株群に区別された．また同時期に，大量の材料について抵抗性を効率的に選抜するため，圃場での人工接種による抵抗性検定法を確立した．次いで，それぞれの病原性を代表するC1，C3およびC13菌株を用いて，国内外より集めたインゲンマメ品種について母本探索を行った（表3-10-4）．

(ii) **育種目標および両親の特性** 雪手亡は，炭そ病抵抗性で良質，多収の手亡類品種の育成を目標とし，1983年に十勝農試において，十育A40号を母，82HWB$_1$F$_1$を父として人工交配し，以後，選抜，固定を行った．

母本の十育A40号は，成熟期および収量性は姫手亡並みであるが，外観品質が同品種より優る特性がある．一方，父本の82HWB$_1$F$_1$は，炭そ病抵抗性を付与する目的で，オランダから導入した抵抗性品種Widusaを姫手亡に2回戻し交配して得られた雑種第1代であり，粒大はやや小さく，外観品質は劣るが，炭そ病抵抗性である．Widusaは，C1，C3およびC13菌株全てに抵抗性を持っており，雪手亡の炭そ病抵抗性はWidusaに由来する．雪手亡の系譜は図3-10-4のとおりである．

表3-10-4 抵抗性の分布と代表的品種

| 抵抗性 | | | 品種数 | 同百分率 (%) | 代表的な品種 |
|---|---|---|---|---|---|
| 対C1 | C3 | C13 | | | |
| R | R | R | 12 | 7 | Widusa, Cornell 49 = 242, Navy Beans |
| R | R | − | 8 | 4 | 大正金時，北海金時，福白金時，新金時，福粒中長 |
| R | − | R | 32 | 17 | 銀手亡，大手亡（芽室），Chillean Arrowz Bean |
| − | R | R | 27 | 15 | 常富長鶉，紅金時，十勝白金時，白長鶉 |
| R | − | − | 11 | 6 | 姫手亡，Pea Bean, Michelite, 衣笠菜豆 |
| − | R | − | 27 | 15 | 本金時，虎豆，改良中長，Kidney Bean |
| − | − | R | 26 | 14 | 手無中長，菊池長鶉，中長鶉，熊本隠元，白丸鶉 |
| − | − | − | 40 | 22 | 中長鶉，手無鶴金時，Kievska ja5 |
| 合計 | | | 183 | (100) | |

(注) 1. R：抵抗性，−：中間型（M）および羅病性（S）
2. 飯田（1987）[15]より一部改変して掲載

10. インゲンマメ （253）

図3-10-4 雪手亡の系譜
（注）＊はインゲン炭そ病（C3菌株）抵抗性

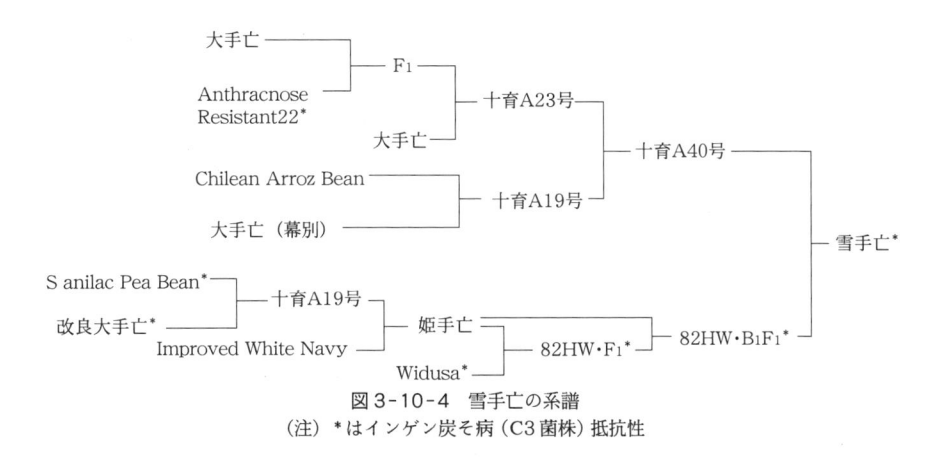

表3-10-5 雪手亡の育成経過

| 年　　次 | 1983 | 1984 | | 1985 | 1986 | 1987 | 1988 | 1989 | 1990 | 1991 |
|---|---|---|---|---|---|---|---|---|---|---|
| 世　　代 | 交配 | $F_1$ | $F_2$ | $F_3$ | $F_4$ | $F_5$ | $F_6$ | $F_7$ | $F_8$ | $F_9$ | $F_{10}$ |
| 系　統　名 | | | | | | | 十系A154号 | | 十育A52号 | | |
| 十育A40号 × 82HW・$B_1F_1$ | 83IW | | ①2 3 | 1 ③ ・ 8 | 1 ② ・ ・ 46 | ① ・ ・ 14 | ① ・ ・ 10 | ① ・ ・ 5 | 1 ・ ④ 5 | 1 ・ ・ ⑧ 10 | 1 ・ ④ ・ 10 |
| 供試　系統群数 | | | | 3 | 8 | 7 | 2 | 1 | 1 | 1 | 1 |
| 　　　系統数 | | | 3 | 8 | 46 | 14 | 10 | 5 | 5 | 10 | 10 |
| 　　　個体数 | | 27 | 18 | 95 | ×10 | ×10 | ×15 | ×15 | ×15 | ×30 | ×30 |
| 選抜　系統群数 | | | | 3 | 2 | 2 | 1 | 1 | 1 | 1 | 1 |
| 　　　系統数 | | | 3 | 8 | 7 | 2 | 1 | 1 | 1 | 1 | 1 |
| 　　　個体数 | 27粒 | 3 | 8 | 46 | 14 | 10 | 5 | 5 | 10 | 10 | 10 |

（注）1．交配および$F_2$系統選抜は冬季に温室で行った．
　　　2．$F_1$〜$F_4$では炭そ病菌の人工接種により抵抗性個体を選抜採取した．

　(iii) **育成経過**　雪手亡の育成経過を表3-10-5に示した．$F_1$世代から$F_4$世代まで，隔離圃場または温室において炭そ病菌人工接種により抵抗性個体を選抜した．$F_6$世代には十系A154号の系統番号で生産力系統予備試験に供試し，$F_8$世代から十育A52号の地方番号を付して，生産力検定試験，道内各試験場での地域適応性検定試験および特性検定試験等に供試し，さらに$F_9$世代から道内各地の現地試験に供してきた．なお，炭そ病抵抗性の検定は，$F_5$以降の世代においても全ての基本系統について行った．育成最終年である1991年における世代は$F_{10}$代であった．

　各種検定試験ならびに現地試験の成績から，十育A52号は，①炭そ病のC1，C3およびC13の各菌株に対し，全て抵抗性である．②成熟期は姫手亡並みで，子実収量は姫手亡に優る，③粒色が白く，外観品質も優る等の優点が認められ，1992年1月の北海道農業試験会議，同年2月の北海道種苗審議会を経て，北海道の奨励品種に認定され，雪手亡と命名された．

　以上のように，雪手亡の抵抗性の選抜においては，初期世代からの抵抗性検定が極めて有効であり，その結果，育種規模は小さかったものの，交配開始から9年で抵抗性品種を育成することができた．

　(iv) **雪手亡の特性**　雪手亡は表3-10-6に示したように姫手亡に比べ，草丈はやや高く，主茎節数はやや多いが，倒伏程度は同じである．開花期，成熟期は，ともに姫手亡と同程度である．子

表 3-10-6 十勝農試における雪手亡の生育，収量調査成績（1989～1991年平均）

| 品種名 | 開花期 (月日) | 成熟期 (月日) | 倒伏程度 | 葉落良否 | 草丈 (cm) | 主茎節数 | 分枝数 (本/株) | 莢数 (莢/株) | 一莢内粒数 | 収量 (kg/10a) 総重 | 収量 (kg/10a) 子実重 | 子実重対比 (%) | 百粒重 (g) | 屑粒率 (%) | 品質 (等級) |
|---|---|---|---|---|---|---|---|---|---|---|---|---|---|---|---|
| 雪手亡 | 7.22 | 9.13 | 1.9 | 1.7 | 58 | 9.8 | 5.5 | 28.6 | 4.55 | 595 | 362 | 105 | 32.7 | 0.9 | 1 |
| 姫手亡 | 7.22 | 9.13 | 2.0 | 2.7 | 53 | 9.4 | 5.7 | 29.6 | 4.39 | 582 | 344 | 100 | 32.7 | 2.0 | 2下 |

(注) 1. 播種日は，5月24～25日．
2. 栽植密度は，畦幅60cm，株間20cmで1株2本立て．
3. 施肥要素量はN：4.0, $P_2O_5$：20.0, $K_2O$：11.2, MgO：4.0 kg/10a．
4. 倒伏程度：0（無）～4（甚）．
5. 落葉良否：成熟期における葉落ちの良否，1（良）～5（不良）．
6. 品質は検査等級．

実の形，大きさはほぼ同じだが，粒色がより白いことから，子実の外観品質，検査等級は優る．人工気象室を用いて検定した開花期の低温抵抗性は，大手亡（芽室）よりも強く，姫手亡と同じ"やや強"である（表3-10-7）．

炭そ病の人工接種による抵抗性および菌株の病原性検定試験成績を表3-10-8に示した．雪手亡は，十勝地方に広く分布し姫手亡に病原性を持つC3菌株に対し抵抗性を示した．さらに，姫手亡には病原性はないが，鶉類に病原性を持つC1菌株，および，金時類に病原性を持つC13菌株に対しても抵抗性を示した．このことから，雪手亡の炭そ病抵抗性は，現在，十勝地方でみられる炭そ病の主要な3菌株全てに対し，"強"と判定された（表3-10-8）．また，C3菌株を生育時期別に3回接種した圃

表 3-10-7 低温抵抗性検定試験成績（1989～1991年平均）

| 品種名 | 対照区対比（%） 莢数 | 一莢内粒数 | 百粒重 | 総重 | 子実重 | 抵抗性判定 |
|---|---|---|---|---|---|---|
| 雪手亡 | 98 | 106 | 101 | 101 | 100 | やや強 |
| 姫手亡 | 93 | 105 | 100 | 101 | 99 | やや強 |
| 大手亡（芽室） | 77 | 109 | 105 | 91 | 89 | 中 |

(注) 1. 低温処理区は開花始から1989年は20日間，1990～1991年は30日間，昼間18℃および夜間13℃の処理を行った．
2. 対照区は低温処理期間中，平年気温に合わせて変温した人工気象室で栽培した．
3. 供試個体 1/2000a ポット2本立てで栽培した8～12個体である．

表 3-10-8 インゲン炭そ病抵抗性および菌株の病原性検定試験成績

| 品種名 | 菌株 年次 | 発病程度 C1 1991 | C1 1992 | C3 1989 | C3 1990 | C3 1991 | C13 1989 | C13 1991 | 抵抗性判定 C1 | C3 | C13 |
|---|---|---|---|---|---|---|---|---|---|---|---|
| 雪手亡 | | 0 | 0 | 0 | 0 | 0 | 0 | 0 | 強 | 強 | 強 |
| 姫手亡 | | 0 | 0 | 3 | 4 | 4 | 0 | 0 | 強 | 弱 | 強 |
| 大正金時 | | 0 | 0 | - | - | - | 3 | 2 | 強 | - | 弱 |
| 常富長鶉 | | 4 | 2 | - | - | - | - | - | 弱 | - | - |

(注) 1. 品田ら（1994）[22]（C3およびC13菌株試験結果）にC1菌株の試験結果を追記．
2. 分生胞子の懸濁液（$10^{5～7}$個/cc）を噴霧接種し，発病程度を0：(無)～4：(甚) の5段階に評価した．
3. 1区5個体，2～3反復の平均値．

表 3-10-9　インゲン炭そ病菌接種圃場における子実重および品質調査成績（1991年）

| 接種時期 \ 項目 \ 品種名 | 雪手亡 | | | | | 姫手亡 | | | | |
|---|---|---|---|---|---|---|---|---|---|---|
| | 子実重 (kg/10a) | 無接種区比 (%) | 姫手亡比 (%) | 屑粒率 (%) | 検査等級 | 子実重 (kg/10a) | 無接種区比 (%) | 姫手亡比 (%) | 屑粒率 (%) | 検査等級 |
| 無接種 | 328 | 100 | 103 | 3.1 | 2中 | 317 | 100 | 100 | 6.4 | 2下 |
| 初生葉展開期 | 327 | 100 | 187 | 4.7 | 2中 | 175 | 55 | 100 | 29.9 | 外 |
| 栄養生長期 | 345 | 105 | 419 | 3.1 | 2下 | 82 | 26 | 100 | 34.8 | 外 |
| 開花期 | 361 | 110 | 185 | 4.2 | 2中 | 195 | 62 | 100 | 10.0 | 外 |

（注）1. C3菌株分生胞子の懸濁液（$10^{5\sim7}$個/cc）を噴霧接種した．
　　　2. 栽培方法は表3-10-7と同様．
　　　3. 各区の接種日は初生葉展開期：6月7日，栄養生長期：7月1日，開花期：7月20日．

場での生育，収量調査成績によると，抵抗性"弱"の姫手亡はいずれの時期においても接種区は無接種区に比べ，子実収量，品質とも大きく低下するのに対し，雪手亡は全ての接種区が無接種区と同等の子実収量，品質であった（表3-10-9）．

雪手亡は，育成2年目に栽培面積が姫手亡とほぼ同じとなり，加工適性についても，実需者から姫手亡とほぼ同様の評価を得ている．

　iii）インゲン炭そ病菌レースの分類
　（i）**国際的な分類**　炭そ病の病原性については，1911年にBarrus[4]によって最初に調査され，後に彼は病原性の異なる二つのレース，AlphaおよびBetaを報告した[5]．その後も，これらとは病原性が異なるレースが次々に発見され，Gamma, Delta, Epsilonなど，ギリシャ文字を付して命名されたレースが1979年までに11報告されている．この他にも，各地で多数のレースが発見，同定されているが，多くは地域特異的な品種に対する反応に基づいた報告であり，罹病程度による抵抗性の判定基準も様々であった．したがって，これらの試験結果もまた限定された地域でのみ利用されるにとどまり，異なった地域で報告されたレースの比較，同定は困難であった．

　近年になって，CIAT（国際熱帯農業研究所，コロンビア）から炭そ病のレースを判別する12の品種が発表された．これらの判定品種には各品種固有の固有値（Binary value）が与えられており，炭そ病菌を判定品種に接種し，罹病した品種についてその品種の固有値を合計した値がレース名となる[6]．以後の炭そ病菌レースの病原性に関する報告の多くは，CIATの判定品種を用いた結果に基づいて報告されている．

　（ii）**北海道におけるレース判別**　北海道立十勝農試では，1983年に飯田ら[14]によって主要3菌株の病原性についての報告があるが，外国で報告されている多数のレースとの関係は不明であった．そこで，CIATの判別品種を用いてC1，C3およびC13菌株についてレースの判定を行った[21]．

　① **材料および方法**　供試材料は，北海道における炭そ病抵抗性判定品種として，雪手亡，大正金時，銀手亡，常富長鶉，姫手亡，本金時および熊本隠元の7品種，CIATより分与された炭そ病レース判定品種，Michelite, Michigan Dark Red Kidney（M. D. R. K.），Perry Marrow, Cornell 49-242, Widusa（雪手亡の炭そ病抵抗性母本となったWidusaとは異なる品種である），Kaboon, Mexico 222, P. I. 207262, TO, TU, AB 136およびG 2333の12品種である．

　接種は，3菌株をそれぞれGP培地（グルコース-ポリペプトン　寒天培地：日本製薬）上で20℃，3週間培養後，分生胞子を$10^{4\sim5}$/mlの水懸濁液とし，接種は圃場にて植物体が第1～2本葉展開期に，個体当たり1～2 ml噴霧した．

　② **検定方法**　1品種当たり5個体3反復の試験を行い，接種後3週間目に以下の基準により罹病

程度を調査した．抵抗性の判定は3反復の平均値により，0を抵抗性，2～4を罹病性，1を中間とした．

罹病程度
  0：罹病しなかったもの
  1：病斑が小さく，病徴の進展が停止しているもの
  2：罹病程度の軽いもの
  3：罹病程度の中程度のもの
  4：罹病程度の激しいもの

③ **試験結果および考察** 北海道における判定品種の病原性検定結果は，飯田らの報告[14]と一致していた（表3-10-10）．一方，CIATの判定品種による病原性の検定では，C1菌については，M. D. R. K., Perry Marrow, Kaboonの3品種が罹病した．C3菌株については，Michelite, Widusa, Mexico 222の3品種が罹病した．これら2菌株について罹病した品種の罹病程度はどの区においても激しかった．C13菌株についてはM. D. R. K.の罹病程度が激しく，MicheliteとPerry Marrowも軽度であったが罹病した．したがって，罹病品種の固有値の合計により，C1菌株はレース38，C3菌株はレース81，C13菌株はレース7と判定された．

レース7についてはM. A. Paster Corralesら[20]がコロンビアで収集した炭そ病菌について，またJ. D. Kellyら[16]がアメリカで収集した炭そ病菌について，それぞれCIATの判定品種を用いてレース判定を行った際に，収集された菌群の一部に存在していることが報告されている．レース38についても，ドミニカ共和国[3]やスペイン[8]で収集された炭そ病菌の中に存在していた．レース38は，

表3-10-10 北海道におけるインゲン炭そ病3菌株の判定品種に対する反応

| 品種名 | 固有値[*1] | C1 | | C3 | | C13 | | レース[*2*3] | |
|---|---|---|---|---|---|---|---|---|---|
| | | 発病程度 | 判定 | 発病程度 | 判定 | 発病程度 | 判定 | Gamma | Eta |
| 雪手亡 | | 0.0 | − | 0.0 | − | 0.0 | − | | |
| 大正金時 | | 0.0 | − | 0.0 | − | 4.0 | + | | |
| 銀手亡 | | 0.0 | − | 4.0 | + | 0.0 | − | | |
| 常富長鶉 | | 4.0 | + | 0.0 | − | 0.0 | − | | |
| 姫手亡 | | 0.0 | − | 4.0 | + | 4.0 | + | | |
| 本金時 | | 3.0 | + | 0.0 | − | 4.0 | + | | |
| 熊本隠元 | | 4.0 | + | 2.0 | + | 0.0 | − | | |
| Michelite | 1 | 0.0 | − | 4.0 | + | 2.7 | + | − | + |
| M.D.R.K. | 2 | 4.0 | + | 0.0 | − | 4.0 | + | + | − |
| Perry Marrow | 4 | 4.0 | + | 0.0 | − | 2.0 | + | + | − |
| Cornell 49 − 242 | 8 | 0.0 | − | 0.0 | − | 0.0 | − | − | − |
| Widusa | 16 | 0.0 | − | 3.0 | + | 0.0 | − | − | + |
| Kaboon | 32 | 4.0 | + | 0.0 | − | 0.0 | − | + | − |
| Mexico 222 | 64 | 0.0 | − | 3.0 | + | 0.0 | − | + | + |
| P.I. 207262 | 128 | 0.0 | − | 0.0 | − | 0.0 | − | − | − |
| TO | 256 | 0.0 | − | 0.0 | − | 0.0 | − | − | − |
| TU | 512 | 0.0 | − | 0.0 | − | 0.0 | − | − | − |
| AB 136 | 1024 | 0.0 | − | 0.0 | − | 0.0 | − | − | − |
| G 2333 | 2048 | 0.0 | − | 0.0 | − | 0.0 | − | − | − |
| 合計 | | | 38 | | 81 | | 7 | 102 | 81 |

（注）[*1]：未知のレースは，病原性を示した判別品種の持つ固有値の合計の値がレース名となる．
　　　[*2]：既知のレースの反応は，R. S. Balardin and J. D. Kelly (1997) の報告に基づく．
　　　[*3]：+は罹病，−は無病徴，空欄は未供試．

当初レース Gamma の病原性と類似しているとされたが，その後の研究でレース 38 とレース Gamma（＝レース 102）では Mexico 222 に対する反応が異なることが判明した[2]．またレース 81 は，レース Eta の反応[2]と同一であった．これらの結果から，北海道の炭そ病の 3 菌株は既知のレースであると判定された．

### iv）インゲン炭そ病抵抗性育種の今後

雪手亡は，1992 年に北海道の優良品種に認定されて以来，順調に作付け面積を拡大し，2000 年では北海道の手亡類作付け面積の約 6 割を占める．また，これまで雪手亡における炭そ病の発生報告例は無く，レース 38（C1），レース 81（C3）およびレース 7（C13）に対する抵抗性を付与したことによって，北海道の手亡類安定生産に貢献できたものと考えている．現在，北海道立十勝農試の育成系統および交配母本として用いている系統の多くは，これら三つのレース全てに対する抵抗性を有しており，今後育成される手亡類品種についても全て，三つのレースに対する抵抗性が必須となっている．しかし，外国では日本において確認されていない多数のレースが存在するため，いずれは雪手亡の抵抗性では対応できなくなる可能性は否定できない．そのため，CIAT の判定品種と判定品種に存在することが確認されている種々の抵抗性遺伝子を利用して，より強い抵抗性品種の育成が必要となる．

一方，金時類については，現在の優良品種はレース 38 およびレース 81 については抵抗性を有するが，レース 7 に対する抵抗性は持っていない．金時類では，大正金時が基幹品種となって以来，厳密な種子生産体系の確立とも相まって，炭そ病が多発することはほとんどなかったため，これまではレース 7 に対する選抜は行っていない．しかし，まれに発生報告があることから，今後は金時類についても三つのレース全てに対する抵抗性が必要となるかもしれない．

現在の炭そ病抵抗性の選抜法は，$F_3$ 集団から病原菌の人工接種による抵抗性の選抜と検定を繰り返し，抵抗性のものだけを選抜している．分生胞子の水懸濁液を検定個体に噴霧接種する方法は，炭そ病菌の培養が容易であること，短期間で大量の検定個体に接種できることから比較的簡便な手法である．しかし，年によっては接種時期が高温乾燥条件であるため，接種を数回繰り返しても精度の高い選抜ができない．近年になって，炭そ病抵抗性遺伝子の分子マーカーが相次いで発見されている[9]．将来的には分子マーカーによる検定と人工接種検定を組み合わせることにより，選抜の効率化や新しいレースに対する迅速な抵抗性母本の探索が可能になると思われる．

## （2）インゲンマメの黄化病抵抗性育種

### i）緒　言

インゲン黄化病はダイズわい化病ウイルス（*Soybean Dwarf Virus*）の黄化系統（SbDV-Y）が病原で，汁液伝染，種子伝染はせず，ジャガイモヒゲナガアブラムシ *Aulacorthum solani*（Kaltenbach）によって媒介される．保毒源はダイズわい化病ウイルス黄化系統（以下，黄化系統と略す）を保毒したシロクローバである．シロクローバはジャガイモヒゲナガアブラムシの越冬植物であり，牧草地などで越冬，増殖したジャガイモヒゲナガアブラムシの保毒有翅虫がインゲン圃場へ飛来し，植物体を吸汁することで感染し，発病する．発病した個体は 7 月下旬頃から上位葉がやや退緑黄化し，次第に株全体が黄化する．病勢が進むと葉は顕著な黄化症状を呈し，葉肉部が褐変した後，枯死脱落する．罹病した株では，ほとんど着莢しないため，多発した場合には著しく減収する[11]．

本病は，1973 年に玉田ら[25]によってインゲン黄化病と命名され，黄化系統によって生じることが明らかにされて以来，発生の地帯間差，アブラムシの生態や吸汁行動，感染・発病時期などの調査，研究がなされてきた[12,17,18]．また，現在，北海道で栽培されているインゲンマメ類の中では金時，白金時，中長鶉類は感受性であるが，手亡類での発生率は低く，白花豆および大福類では発病しな

いなど，抵抗性に品種間差があることも報告されている[26]．本病の防除は，大豆わい化病と同様にエチルチオメトン剤による播溝施用，および，有機リン系やピレスロイド系などの殺虫剤を茎葉散布することによって，媒介虫であるアブラムシを防除しているのが現状であるが，その効果は十分ではない．本病は海外での報告例がほとんど無く，抵抗性の機作については不明である．

インゲン黄化病は，近年，主産地である十勝地方を含む北海道の金時類栽培地帯全域で多発する傾向にあり，金時類の安定生産を阻害する要因となっている．北海道立十勝農試では，1994年より菜豆黄化病抵抗性遺伝資源の探索試験を実施し，1996年から菜豆黄化病抵抗性品種の育成に取り組んでいる．

ⅱ) 抵抗性遺伝資源の探索[7]

(ⅰ) 供試材料　北海道立十勝農試および北海道立植物遺伝資源センターにおいて，国内外から収集したインゲンマメの遺伝資源および育成系統について，抵抗性の交配母本を得るために，1994～1997年まで草型，子実の外観品質，成熟期等の形質について，現行の金時類品種になるべく近い216品種・系統を供試した．

(ⅱ) 抵抗性の検定方法　十勝農試場内隔離圃場およびインゲン黄化病多発地帯である十勝管内鹿追町の農家圃場にて自然感染による抵抗性検定を実施した．一般に，十勝農試場内隔離圃場では，鹿追町の農家圃場よりも発生率は劣るが，距離的に近いため利便性が高い．そこで，供試初年目は，隔離圃場にて種子の増殖を図りながら，抵抗性の大まかなスクリーニングを行い，有望なものについて2年目以降農家圃場に供試した．栽植様式は，畦間60 cm，株間15 cmで，1区面積は，3.0～6.0 m$^2$，3～9反復とした．抵抗性の検定は，発病個体の病徴が最も顕著となる7月下旬～8月上旬に発病個体率を調査することによって行った．ダイズでは，発病個体率に加え，発病指数の調査基準を設けて抵抗性の判定を行っている．しかし，インゲンマメの場合，発病した個体ではほとんど例外なく健全粒が得られず，収量はほぼ皆無となるため，発病個体率の調査による判定のみで十分としている．検定法としては，媒介虫であるジャガイモヒゲナガアブラムシの放飼なども考えられ，ダイズではわい化病抵抗性検定試験で実際に行われているが，ダイズと異なり，金時類の植物体上では本アブラムシはほとんど増殖しない[10]．これは，マメ類では一般に葉の裏に毛茸と呼ばれる微細な毛が密生しており，ダイズの毛茸はほぼ直状であるためアブラムシはひっかからないが，金時類では鉤状を呈しているため，足や触覚がからまり，疲弊して死亡するアブラムシが多いことが主たる要因と考えられている[19]．このため，感染は外部から飛来してきた有翅虫による一次感染がほとんどである．したがって，インゲンマメの本病に対する抵抗性を，自然感染で検定するためには，ウイルスを保毒したアブラムシが連続して圃場に多数飛来侵入することが必要である．

(ⅲ) 試験結果　姫手亡並みまたはそれ以下の発病個体率を示すものとして，外国品種9，在来品種7，十勝農試育成系統2を見いだした（表3-10-11）．また，4カ年の発病率調査に基づいて，6階級に分類した抵抗性判定基準を作成し，基準品種を設定した（表3-10-12）．本病の発生報告例が，近年の北海道[25]とオーストラリアおよびニュージーランド[1]に限られているにも関わらず，抵抗性"強"の品種が国内外から広く見いだされていることは興味深い．しかし，ダイズわい化ウイルスの存在が最も早く報告された日本とオーストラリアでも，発病が記録され始めたのは第二次世界大戦後であり，黄化系統の発生起源は明らかになっていない[13]．抵抗性品種と黄化系統の分布との関係は不明であり，今後この分野の研究の進展が期待される．一方，北海道のかつての奨励品種や在来種においても抵抗性を有するものを見いだした．さらに，これらはすべてインゲン黄化病の発生報告以前に交配・選抜された品種・系統であるにもかかわらず，抵抗性を保持していることを認めた．例えば，常富長鶉は，在来種の手無長鶉から純系分離して得られた品種である（同じく手無長

表 3-10-11 多発圃場（鹿追町）におけるインゲン黄化病抵抗性品種探索試験成績
（1994～1998年の結果より抜粋）

| 品種名 | 年次 | | | | |
|---|---|---|---|---|---|
| | 1994 | 1995 | 1996 | 1997 | 1998 |
| **大正金時** | 9.3 | 49.7 | 96.1 | 7.8 | 35.1 |
| **福白金時** | 11.9 | 45.8 | 95.8 | − | − |
| **北海金時** | 4.1 | 29.9 | 71.2 | 7.3 | 17.7 |
| **姫手亡** | 1.3 | 5.2 | 20.5 | 0.5 | 6.6 |
| 北原紅長 | 0.0 | 0.6 | 1.3 | 0.5 | 1.0 |
| 白長鶉 | − | 0.0 | 0.3 | − | − |
| White Kidney（アメリカ） | − | 0.0 | 0.0 | − | − |
| Tref Hatif de Massy（フランス） | − | − | 0.2 | 0.0 | − |
| Ligot Branc（ブラジル） | − | 0.0 | 0.0 | − | − |
| Alubia（パラグアイ） | − | 0.0 | 0.0 | − | − |
| 大正長 | − | − | 0.0 | 0.0 | − |
| 豊山黄金（朝鮮半島） | − | − | 0.0 | 0.0 | − |
| Early Bountiful Bush（アメリカ） | − | − | 0.3 | 0.0 | − |
| ST Andreas M.F.（ドイツ） | − | − | 0.0 | 0.0 | − |
| 常富長鶉 | − | 0.0 | 0.3 | − | − |
| 手無長鶉 | − | − | 0.3 | 0.0 | − |
| Fig Bean（コロンビア） | − | 0.0 | 4.5 | − | − |
| Carob（コロンビア） | − | 1.0 | 2.7 | − | − |
| 長金時1号 | − | − | − | 0.0 | 0.0 |
| 西根9 | − | − | − | 0.0 | 1.1 |
| 十系B58号（十勝農試育成系統） | 1.0 | 7.0 | 15.8 | − | − |
| 十系B59号（十勝農試育成系統） | − | 0.9 | 1.1 | − | − |
| 十系B103号（十勝農試育成系統） | 2.9 | 5.3 | 59.9 | 1.6 | − |

（注）1. 数字は，発病個体率（％）．
2. 発病個体率は，1区34～68個体について調査し，3～9反復の平均値を記載した．但し，調査個体数，反復は年次によって異なる．
3. 太字は現在の奨励品種．

表 3-10-12 インゲン黄化病抵抗性の判定

| 弱 | やや弱 | 中 | やや強 | 強 | | 極強 |
|---|---|---|---|---|---|---|
| **大正金時**<br>福白金時 | 北海金時 | 十系B103号 | **姫手亡**<br>十系B58号 | **北原紅長**<br>常富長鶉<br>白長鶉<br>長鶉<br>大正長<br>長金時1号<br>西根9<br>十系B59号 | White Kidney<br>Ligot Branc<br>Alubia<br>Fig Bean<br>Carob<br>豊山黄金<br>Early Bountiful Bush<br>ST Andreas M.F.<br>Tres Hatif de Massey | |

（注）1. 太字は，基準品種．
2. 極強のランクは，真性抵抗性品種が見いだされた場合，これを当てる．

鶉から純系分離された品種菊池長鶉は罹病性である）．また，北原紅長は，一般農家圃場にて常富長鶉と大正金時が自然交雑して得られた後代から選抜された品種であるし，姫手亡と同程度しか発病しない十系B58号も，常富長鶉と大正金時の1回の交配から選抜された系統である（図3-10-5）．インゲン黄化病抵抗性の遺伝様式は不明であるが，本結果から国内品種・系統のいくつかは交配によって抵抗性を獲得したことが明らかとなった．また，無選抜で抵抗性を維持してきたことから，抵

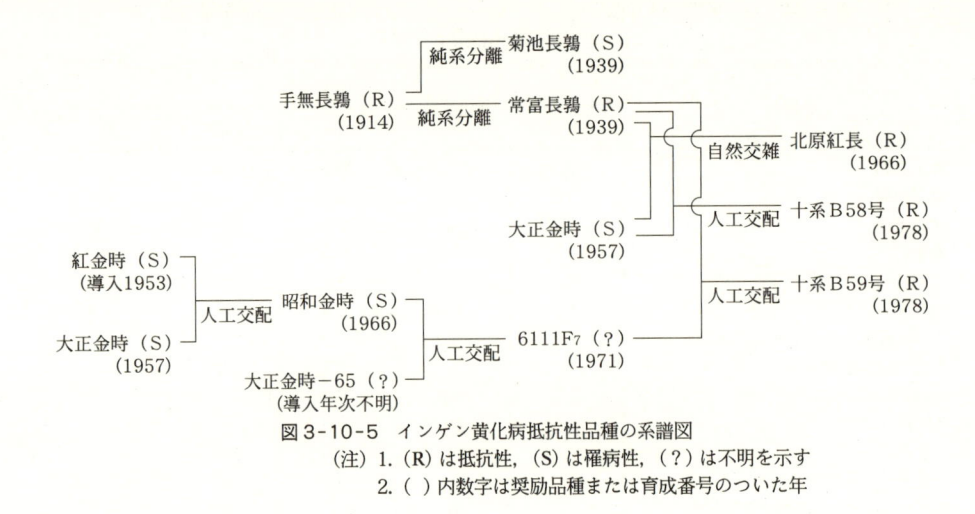

図3-10-5 インゲン黄化病抵抗性品種の系譜図
(注) 1. (R) は抵抗性, (S) は罹病性, (?) は不明を示す
2. ( ) 内数字は奨励品種または育成番号のついた年

抗性に関わる遺伝子は比較的少数であることが推察される.

### iii) 抵抗性系統の選抜

(i) 多発圃場による選抜　探索試験で得られた抵抗品種・系統と, 北海道の奨励品種や有望育成系統との間で1996年から単交配を行っている. また抵抗性を持つ母本の一般的形質が劣るために, 現在の基幹品種である大正金時, 福勝等を戻し親として, $F_1$ 世代に戻し交配も行っている. これまでの交配組み合わせ数は戻し交配を含め54組み合わせである.

十勝農試におけるインゲンマメの品種改良は, 初期世代を集団で採種する集団育種法を基本とし, $F_4$ 世代で個体選抜を行っている[23]. 交配は冬季温室にて行っており, 組み合わせ数は20～25程度で, このうち1/4～1/3がインゲン黄化病抵抗性を目的としたものである. $F_1$ 世代を十勝農試圃場で養成し, $F_2$ 世代は翌年春季に鹿児島県にて集団採種を行い, 世代促進を図っている. $F_3$～$F_4$ 世代で, 十勝管内鹿追町に設置した多発圃場に栽植し, 無病徴個体を選抜する. $F_5$ 世代で系統とし, 十勝農試隔離圃に栽植し, 系統選抜を行う. $F_6$ 世代以降は種子を折半し, 十勝農試にて系統育成と生産力検定を行い, 多発圃場にて抵抗性の検定を実施している.

母本として用いている抵抗性品種は, そのほぼ全てが現行の金時品種よりも粒形がかなり長く小粒である. 主として用いているのは, 北原紅長, 常富長鶉, 白長鶉などの在来種や, かつて奨励品種であったものが多い. 外国からの導入品種の中にも優れた抵抗性を

表3-10-13　十勝農試における十系系統 ($F_7$ 世代以降) の生育, 収量およびインゲン黄化病抵抗性検定試験成績 (2000年)

| 品種名 系統番号 | 成熟期 (月/日) | 子実重 (kg/10a) | 大正金時対比 (%) | 百粒重 (g) | 黄化病個体率 (%) | |
|---|---|---|---|---|---|---|
| | | | | | 鹿追町 | 隔離圃 |
| 大正金時 | 8.24 | 288 | 100 | 64.9 | 44.1 | 27.3 |
| 福勝 | 8.29 | 341 | 119 | 77.6 | 61.1 | 25.5 |
| 北海金時 | 8.31 | 338 | 118 | 78.5 | 27.5 | (8.6) |
| 姫手亡 | − | − | − | − | 3.0 | 1.5 |
| 北原紅長 | − | − | − | − | 3.0 | 1.5 |
| 十系B289号 | 8.31 | 343 | 119 | 64.0 | 10.8 | 4.5 |
| 十系B312号 | 9.4 | 387 | 134 | 71.2 | 17.8 | 18.1 |
| 十系B313号 | 8.26 | 352 | 122 | 69.7 | 17.8 | 13.6 |
| 十系B314号 | 8.31 | 376 | 131 | 68.3 | 9.2 | 5.9 |
| 十系B315号 | 8.31 | 352 | 123 | 68.0 | 5.9 | 12.6 |
| 十系B316号 | 9.1 | 359 | 125 | 66.7 | 5.1 | 4.6 |
| 十系B317号 | 8.31 | 345 | 120 | 66.1 | 5.1 | 8.1 |

(注) 黄化病個体率は1区当たり34個体を供試し, 鹿追町は3反復, 隔離圃は2反復の平均値である.
ただし, 隔離圃の北海金時は反復なしの数字.

示すものがあるが，現在の金時品種に比べ，粒形が著しく異なっていることや，成熟期が著しく遅いことなどからほとんど利用していない．金時類では，子実の外観品質（粒形，粒色，粒大）の違いが，流通・加工上の大きな問題となるため，母本の選定には，子実の外観品質も重要である．

現在，最も世代が進んでいる系統は $F_7 \sim F_8$ 世代であり，これらの系統の2000年度における検定結果および栽培諸特性について表3-10-13に示した．これまでに十系系統19を作出し，幾つかの系統については現行品種より明らかに発病率が低く，姫手亡に近い抵抗性を示した．

(ii) **人工接種法の利用**　規模の大きい育成集団や系統を供試するには，多発圃場での自然感染による検定方法が労力もかからず有効であるが，アブラムシをコントロールすることはできないため，年次によって発病率に差が生じてしまう．そこで，抵抗性個体を高精度に選抜するためには，個体単位で強制的にウイルスを接種することが必要である．ダイズわい化病ウイルスは *luteo virus* 属に属し，汁液接種では感染せず，媒介虫を利用しなければならないという特徴を持つ．そこで十勝農試では，ジャガイモヒゲナガアブラムシと黄化系統を十勝管内の各地域で採取し，最も感染力の高い組み合わせを検討している．また，インゲンマメの場合は，外部から飛来した有翅虫による一時感染によってのみ発病するが，玉田[26]はダイズにおけるわい化病人工接種試験で，成虫よりも幼虫を用いた方が発病率が高いことを指摘している．そのため，インゲンマメにおいても，接種時の虫齢や接種頭数に関する試験を実施し，発病率の品種間差が最も明確になる接種条件について調査している．接種操作については，恒温器内で検定個体に保毒アブラムシを接種し，ガラス管を被せ一定期間吸汁させた後，温室にて病徴を観察する例[26]がある．定温に保つことによってアブラムシの生育が安定する利点があるが，多数の個体を検定するには不向きである．そこで，紙筒を用いた播種床に検定個体を播種し，出芽後，室温条件下で保毒アブラムシを接種し，ガラス管を被せ一定期間吸汁させた後，圃場に移植して病徴を観察する方法を検討している．これにより，数百の検定個体を同時に取り扱うことができるが，実用可能な検定精度を確保できるか調査中である．

人工接種法は，同一時期に検定個体にウイルスを感染させることができるので，均一で確実な発病が期待できる効果的な検定法である．しかし，集約的な労力を要するため，一組み合わせ当たり数千個体を供試する初期世代集団での適用は難しい．したがって，交配初期世代の集団や系統については，黄化病多発圃場にて自然感染による大まかな選抜を行い，後期世代で収量や品質を検討しながら，人工接種によって確実な抵抗性個体の選抜を行うことを考えている．

iv）**インゲン黄化病抵抗性育種の今後**

インゲン黄化病の発症例はほぼ国内に限られ，海外での報告は少ない．また，被害が深刻化したのは近年になってからで，抵抗性の機作や遺伝様式についての知見はほとんどない．しかしながら，実用的なある程度の抵抗性を導入した品種の育成は，前述した方法を用いて可能であると考える．

一方，主に道央地域で栽培されている大福類のうち，1905年に北海道の奨励品種となった大福は，これまで本病の発生報告が無く，またウイルス保毒アブラムシを人工接種した場合も病徴を示さず，ウイルスも検出されないことから[26]，インゲン黄化病に対して真性抵抗性を持っている可能性が高い．しかし，わい性の金時類に対し，大福はつる性で，成熟期や子実の形状も金時類とは著しく異なることから，これまで金時類の抵抗性品種育成のための交配母本としては使われなかった．一方，最近では，インゲンマメにおいても炭そ病を含む多くの病虫害抵抗性について，RFLPやRAPD，AFLP等を用いた分子マーカーが見いだされて育種に利用されつつある[9]．北海道立農試では，2000年から大福を用いたインゲン黄化病抵抗性に関わるDNAマーカーの探索試験に着手し，大福の持つ抵抗性を，DNAマーカーを用いた効率的な選抜によって金時類に取り込む方法を検討している．

第3章 育　種

　十勝農試では，近い将来の目標として北原紅長や姫手亡並みの抵抗性を有する金時類の実用品種の育成を目指し，次いで大福の持つ高度抵抗性を導入した品種の育成を実施する予定である。

（江部　成彦）

## 引用文献

1) Ashby, J. W. and Johnstone Legume luteovirus taxonomy and current research. Australasian Plant Pathology, 14, 2-7 (1985)
2) Balardin, R. S. and Kelly, J. D. Re-characterization of *Colletotrichum lindemuthianum* races. Annual Report of The Bean Improvement Cooperative, 40, 126-127 (1997)
3) Balardin, R. S. and Kelly, J. D. Effect of *P. vugaris* gene pool on *C. lindemuthianum* variability. Annual Report of The Bean Improvement Cooperative, 41, 62-63 (1998)
4) Barrus, M. F. Variation of varieties of beans in their susceptibility to anthracnose. Phytopathology, 1, 190-195 (1911)
5) Barrus, M. F. Varietal susceptibility of beans to strains of *Colletotrichum lindemuthianum* ( Sacc. & Magn.) B. & C. Phytopathology, 8 (12), 589-614 (1918)
6) CIAT. Annual Report of Bean Program. CIAT. 173-175 (1988)
7) 江部成彦・古川勝弘・佐藤　仁・村田吉平．1996年の十勝地方における菜豆黄化病の発生状況と菜豆黄化病抵抗性の品種間差異．育種・作物学会北海道談話会会報，37, 136-137 (1996)
8) Ferreira, J. J., Fueyo, M. A. Gonzalez, A. J. and Giraldez, R. Pathogenic variability within *Colletotrichum lindemuthianum* in Northern Spain. Annual Report of The Bean Improvement Cooperative, 41, 163-164 (1998)
9) Gepts, P. Development of an integrated linkage map : Common bean improvement in the twenty-first century. Singh, S. P., ed. Kluwer Academic Publishers. 53-91 (1999)
10) 花田　勉．ジャガイモヒゲナガアブラムシのダイズ，インゲン上での生育の違いについて．北日本病害虫研究会報，25, 66 (1974)
11) 花田　勉．黄化病, 畑作物の病害虫．高橋廣治・持田　作編．423-424 (1992)
12) 北海道立十勝農業試験場．インゲン黄化病の多発要因解明とその防除法確立に関する試験．平成元年度北海道農業試験会議資料，(1990)
13) 本多健一郎．ダイズわい化病の発生生態と防除に関する最近の研究動向．植物防疫，55 (5), 206-210 (2001)
14) 飯田修三・成河智明．菜豆の炭そ病抵抗性に関する研究（第2報）．育種・作物学会北海道談話会会報，23, 3 (1983)
15) 飯田修三．インゲンマメの炭そ病抵抗性育種：わが国におけるマメ類の育種．小島睦男編．441-455 (1987)
16) Kelly, J. D., Afanador, L. and Cameron, L. S. New races of *Colletotrichum lindemuthianum* in Michigan and Implications in dry bean resistance breeding. Plant Disease, 78 (9), 892-894 (1994)
17) 水越　亨・花田　勉・橋本庸三．十勝地方でのジャガイモヒゲナガアブラムシによるインゲン黄化病の感染時期．北日本病害虫研究会報，42, 42-44 (1991)
18) 水越　亨．越冬地から飛来したジャガイモヒゲナガアブラムシ有翅胎生雌虫のインゲン圃場における圃場内分布．北日本病害虫研究会報，46, 138-141 (1995)
19) 水越　亨・柿崎昌志．ジャガイモヒゲナガアブラムシの発育に及ぼすインゲン葉面の毛茸の影響．北日本

病害虫研究会報，46, 142-146 (1995)
20) Pastor-Corrales, M. A., Otoya, M. M., Molina, A. and Singh, S. P. Resistance to *Colletotrichum lindemuthianum* isolates from Middle America and Andean South America in different common bean races. Plant Disease, 79 (1), 63-67 (1995)
21) 佐藤　仁・江部成彦・村田吉平．判定品種による北海道のインゲン炭そ病レースの判別について．育種・作物学会北海道談話会会報，37, 134-135 (1996)
22) 品田裕二・飯田修三・千葉一美・原　正紀・佐藤　仁・中野雅章．菜豆新品種「雪手亡」の育成について．北海道立農試集報，66, 25-34 (1994)
23) 品田裕二．インゲンマメ：北海道における作物育種．土屋武彦・佐々木宏編．156-175 (1998)
24) Singh, S. P. Bean Genetics : Common bean research for crop improvement. van Schoonhoven, A. and Voysest, O., eds. CIAT, CAB. 199-286 (1991)
25) 玉田哲男・馬場徹代・村山大記．ダイズ矮化ウイルス黄化系統によるインゲン黄化病．日本植物病理学会報，39 (2), 152 (1973)
26) 玉田哲男．ダイズ矮化病に関する研究．北海道立農業試験場報告，25, 1-144 (1975)
27) 栃内吉彦・沢田啓司．北海道における菜豆炭そ病の分布及び病原性を異にする病原菌の生態系について．北海道農試彙報，63, 78-83 (1952)
28) 坪木和男．炭そ病：畑作物の病害虫．高橋廣治・持田　作 編．433-434 (1992)

# 11. ラッカセイ

## 1) 歴史と現状

### (1) はじめに

　ラッカセイは，関東，九州，東海地域を中心に主要畑作物として，また野菜等の輪作作物として栽培されており，地域特産物としても定着している．輸入品の増加や連作障害の発生，収益性の低迷等で国内生産は厳しい状況にあるが，今後も栄養価の高い重要なマメ類の一つとして，生産と消費の維持・発展が望まれる．

　試験研究分野においては，栽培技術の改善に取り組むとともに，栽培特性の向上と良質・良食味を目標に育種が進められてきた．生産と消費の維持・発展には，新規用途の開発等による需要の多様化とそれに適した品種育成が重要であり，今後は従来の目標に加えて新形質品種の育成等，高付加価値化・差別化を目指した育種を行っていく必要がある．

### (2) 育種の実際[1,3]

　育種組織や品種の変遷，および遺伝資源の収集・評価・保存については，第1章の「ラッカセイの起源と品種分化」の項に記載した．

　i) **育種目標**　世界的には油脂原料や調理素材としての消費が多いが，日本では嗜好品として，煎莢を中心にバターピーナッツや味付豆等が消費されてきた．煎莢では子実のみならず莢の品質も重要とされ，また香ばしく食味の良い大粒種が好まれる傾向にある．

　そのため，小粒種も目標の一つとなった時期もあるが，育種指定試験での主目標は多収性や病害抵抗性といった良好な栽培特性を備えた，良質・良食味の煎莢用大粒品種の育成であった．また，品種の生態的特性等をもとに，暖地（九州）では早生〜中生，温暖地（関東・東海）では中生〜晩生，寒冷地（東北）では早生の品種を対象として育種を行った．

平成に入ってからは，ゆで豆用品種の育成も主要目標の一つとなり，ユデラッカ（ゆでまさり）や郷の香といった早生の新品種が，神奈川県や千葉県などの温暖地でも奨励品種に採用されるようになった．また，ゆでた状態での常温流通を可能にしたレトルトラッカセイの製造技術も開発され，ラッカセイの新しい生産・消費のあり方として注目を集めている．それに伴い，外観品質上問題となる莢褐斑症の克服等，新たな育種目標も視野に入りつつある．

また，新規需要開拓のため，特異的な莢実形状や機能性を有する新形質品種の育成も目標にあげ，取り組みが始められている．

ii) **育種方法**　指定試験開始時は系統育種法であったが，1959年交配のものから集団育種法を取り入れた．現在，交配後 $F_4$～$F_5$ 世代までは集団採種とし，$F_5$～$F_6$ 世代で個体選抜，$F_6$～$F_7$ 世代以後は系統選抜を行っている．

未熟種子の早期休眠覚醒法が確立できたのを契機に，昭和43年からは世代短縮用ガラス温室を新設して，耐病性品種の育成を中心に育種期間の短縮を試みた．また，突然変異による新品種の作出のため，軟X線等を用いた放射線育種も行っている．

## (3) 育種の成果と今後の方向

指定試験事業によって，これまで14品種が育成され，命名登録されている（表3-11-1）．

育成品種は，多収・良食味のバージニアタイプ（大粒種）と早熟で良質のスパニッシュタイプ（小粒種）とのタイプ間交雑（亜種間交雑）に由来するものが多い点が特徴となっている．これらの品種育成がもたらした効果と今後の研究方向は，次のように集約される．

i) **作付けの増大と新産地の育成**　ワセダイリュウは，タイプ間交雑により育成された，早生では初めての大粒の実用品種である．この品種をきっかけに，輪作に好適で収益性の高い作物として，大粒の早生品種が九州地域で栽培されるようになった．タチマサリ等の利用では，作期の前進化とさび病等の病害の回避が図られ，産地が確立・発展する契機ともなった．

また，極早生のタチマサリの育成とマルチ栽培の普及により，ラッカセイの栽培が困難であった東北北部地域にも，新産地が形成された．当該地域での作付けは，その後灰色かび病の多発，園芸作物への転換や高齢化の進行等で減少しているが，高い積算温度を必要とするラッカセイが高緯度地域でも作付け可能であることを示した意義は大きい．

表3-11-1　ラッカセイ命名登録品種

| 育成年 | 登録番号* | 品種名 | 両親名 | | 主な普及県 |
| --- | --- | --- | --- | --- | --- |
| | | | 母 | 父 | |
| 1960 | 1号 | アズマハンダチ | 千葉43号 | 誉田変種 | 埼玉 |
| 1970 | 2 | テコナ | 千葉半立 | スペイン | 千葉 |
| 1972 | 3 | ワセダイリュウ | 改良和田岡 | 白油7-3 | 大分，鹿児島 |
| 1972 | 4 | ベニハンダチ | 千葉半立 | スペイン | 静岡 |
| 1974 | 5 | サチホマレ | 334-A | わかみのり | 茨城 |
| 1974 | 6 | タチマサリ | 八系20号 | 八系8号 | 青森，岩手，宮崎 |
| 1976 | 7 | アズマユタカ | 富士2号 | 関東8号 | 千葉 |
| 1979 | 8 | ナカテユタカ | 関東8号 | 334-A | 茨城，栃木，神奈川，千葉，宮崎，鹿児島 |
| 1989 | 9 | ダイチ | R1726 | 関東36号 | 千葉 |
| 1991 | 10 | サヤカ | 関東36号 | 関東34号 | 茨城 |
| 1991 | 11 | ユデラッカ | タチマサリ | 八系161 | 神奈川 |
| 1992 | 12 | 土の香 | R1621 | サチホマレ | 宮崎 |
| 1995 | 13 | 郷の香 | 関東42号 | 八系192 | 鹿児島，千葉，神奈川 |
| 2000 | 14 | ふくまさり | 関東41号 | 関東48号 | 鹿児島 |

（注）＊登録番号は，農林登録番号を表す．

ラッカセイは輪作作物としての能力に優れ，また環境にやさしく省エネルギーにも役立つ特性を有しているが，今後はその利点を伸ばし多様な場面での活用を図るため，耐病虫性や耐肥性の向上をめざした育種を行う．また，耐冷性，極早生性と良質・良食味を備えた品種を育成することで，寒冷地での栽培の維持・拡大を図ることも重要である．

ⅱ）**需要の拡大** ワセダイリュウ以降，ユデラッカ（ゆでまさり）や郷の香等の早生の良質・良食味・多収品種が育成され，ゆで豆やレトルトラッカセイという新規用途の開発もあいまって，新たな需要を喚起して，消費の拡大につながっている．

また，ナカテユタカやベニハンダチといった中～晩生の良食味・良質の多収品種が育成され，煎莢用ラッカセイの安定供給と質の向上をもたらし，需要の拡大に貢献した．

ラッカセイは栄養価が高く，多くの機能性成分を含んでいるとされている．今後は，一層の良食味化とともに，オレイン酸等の機能性成分を多く含んだ品種の提供が消費拡大にとって有用であり，そのような品種についても育成が行われている．

ⅲ）**収益の向上と安定化** ナカテユタカや郷の香等の広域適応性品種を育成し，土壌や気象に左右されにくく，高収量で品質の安定した生産を実現することで，収益性の向上と安定化に貢献した．今後は，耐病性等の付与により，より低コストで安定性・安全性の向上した生産の実現を目指す必要がある．現在までに，さび病およびそうか病の耐病性系統が複数育成されており，母本としての利用が図られている．

また，ゆで豆・レトルト用を中心に省力・低コスト化や作付けの拡大の観点から，収穫・調製作業の機械化が指向されている．機械化適性の向上を図るため，草型・草勢や着莢位置を考慮した品種の育成を行っていくことも重要である．

ⅳ）**地域特産化の推進** 育成品種を利用することでラッカセイが各地域での特産品として定着化した．関東地域では煎莢や味付豆等が中心であったが，早生品種を使ったゆで豆が九州地域と同様に生産販売されるようになり，ラッカセイ豆腐やラッカセイしょう油等の新たなメニューも増えている．

今後は，極大莢や有色豆等の莢実形状の特異的な品種も含め，用途開発を行いながら，各地域での特産需要に応えうる高付加価値品種の開発を進める必要がある．また，中国産を中心とした安価な輸入ラッカセイとの差別化も重要で，その観点からも特産落花生用品種の育成を目指したい．

ⅴ）**育種技術の向上** 早生品種の育成に当たっては，育成地で晩播栽培を行い，短期間で成熟する系統を優良系統として評価し，九州を中心とした各地域に配布して奨励品種決定試験等で地域適応性を検討している．多くの品種が育成されてきた実績からは，この方法が適していると思われるが，今後はその生理・生態的な解析が必要である．

その他，① 未熟種子の発芽促進による育種年限の短縮手法の確立[4]，② 耐病性の早期検定法，③ 近赤外分光分析計による食味の簡易検定法，④ 葉形判別による早生個体・集団の効率的育成法[2] 等が育種に役立つ技術開発となっている．

② でのそうか病とさび病についての成果と ③ および ④ については，近年の実用化技術として実際の育種に適用されている．

今後は，耐病性を中心とした遺伝様式の解明，外観品質の簡易機器判定法，子実成分の迅速測定法，遺伝資源画像データベースの構築等が育種の効率化に必要と考えられる．さらに現在，他の研究組織とともに，バイオテクノロジーを利用した新しい育種技術を検討中である．野生種からの有用形質の導入等，技術確立の効果は大きいと考えられる．

（曽良　久男）

## 引用文献

1) 千葉県農業試験場．試験研究と技術開発－85年の歩み－．205-214（1995）
2) 曽良久男・鈴木一男．葉形判別による落花生の品種群分類と交雑育種における利用．育雑，45（別2），161（1995）
3) 農林水産技術会議事務局．指定試験事業70周年記念誌 資料編．117-121（1996）．東京
4) 竹内重之・石田康幸・亀倉 寿・高橋芳雄．落花生育種における世代促進法に関する研究 第1報 未熟種子の休眠覚醒法．千葉農試研報，18, 12-18（1977）

### 2） 耐病性

#### (1) はじめに

　関東地域や九州地域を中心に，ラッカセイは地力維持や線虫害等の軽減に役立つ特産作物として重要な位置を占めてきた．しかし，近年，産地では茎腐病，そうか病，さび病の他，根腐病，白絹病などの病害が目立つようになり，生産阻害要因の一つとして適切な解決策が求められており，抵抗性品種への期待が高まっている．

#### (2) 病害抵抗性検定法および抵抗性の品種間差異

　i) 茎腐病抵抗性検定試験　ラッカセイの茎腐病は関東地域の主要病害の一つである．抵抗性検定試験は茨城県農業総合センター農業研究所で，以下のとおり実施されている．ビニールパイプ雨よけハウス内の圃場をクロールピクリンで土壌消毒する．その後，7月下旬に畦間20 cm，株間15 cm，1粒播き，1区14株を3区制で播種する．ジャーファーメンター（実験室的な小規模発酵槽）で培養した茎腐病の培養液3lをバーミキュライト20lに混和し，播種後，覆土前に散布する．発病の判定は主茎頂葉の萎凋とし，最終的な病気の判定は柄子殻の形成による．発病の調査は8月下旬から9月上旬までに行う．発病株率により抵抗性を判定する．指標品種として，334-A（抵抗性：強～やや強），関東2号（抵抗性：中），関東4号（抵抗性：弱）の3系統を供試している．茎腐病の発生は気象条件により変動が見られるが，指標品種の抵抗性の差異は明らかに認められる．茎腐病抵抗性の334-Aを交配親とする交配系統の後代から，1991年に抵抗性が強のユデラッカ（ユデマサリ），1992年に抵抗性がやや強の土の香が育成された．

　ii) 汚斑病抵抗性検定試験　ラッカセイの汚斑病は東北・北関東地域の主要病害の一つである．抵抗性検定試験は千葉県農試で，以下のとおり実施されている．8月下旬から9月上旬に毎年固定した検定圃場に播種する．栽培法はトンネルマルチ栽培で，ベット幅100 cm，6条播き，条間15 cm，株間15 cmで7個体を栽植し，2区制で行う．播種後，小型のビニールトンネルで被覆して生育の促進を図る．接種法は罹病葉を水道水に1時間浸漬し，その懸濁液を12l/a噴霧接種する．低温，多湿で発病が促進されるため，播種翌日から5日間，午前中に1回12l/aの水道水を噴霧してヨシズ等で覆い，低温，多湿を保つ．調査法は1区5個体の主茎着生葉の上部展開葉2葉を除く，3葉から7葉まで複葉単位で罹病程度を調査し，次式により罹病度を算出する．罹病程度の指数は病斑面積により，0（無）：病斑なし，1（微）：病斑面積10％以下，2（小）：同11～20％，3（中）：同21～40％，4（多）：同41～60％，5（甚）：同61％以上とする．

$$罹病度 = \frac{\Sigma（罹病程度の指数 \times 頻度数）}{調査葉数 \times 5} \times 100$$

　現在までの検定試験では，調査品種の罹病度はいずれも高く，抵抗性の強い品種は発見されていな

い．
　iii）根腐病抵抗性検定試験　ラッカセイの根腐病は関東地域で発生が多い．抵抗性検定試験は千葉県農試で，以下のとおり実施されている．6月下旬に毎年固定した根腐病の菌密度の高い検定圃場に播種する．栽培法はマルチ栽培で，汚斑病抵抗性検定試験に準ずる．調査法は8月下旬に，1区5個体の罹病程度を調査し，次式により罹病度を算出する．罹病程度の指数は，0（無），1（微），2（少），3（中），4（多），5（甚）とする．

$$罹病度 = \frac{\Sigma(罹病程度の指数 \times 頻度数)}{調査株数 \times 5} \times 100$$

　指標品種として，根腐病に類似した黒根腐病の抵抗性品種（アメリカより導入）の VA751908，VA7329017，VGP-1 の3品種を供試している．現在までの検定試験では，罹病性は品種により差異が認められるが，特に，抵抗性が強い品種はない．

　iv）さび病抵抗性検定試験　ラッカセイのさび病は九州・関東地域の主要病害の一つである．抵抗性検定試験は鹿児島県農試大隅支場で，以下の通り実施されている．栽培法は露地栽培で，6月上旬に畦間 60 cm，株間 20 cm で播種し，1区（1畦）3 m$^2$（0.6×5 m），3区制で実施している．接種法は，人工接種せずに，自然発病による．調査はさび病の発生を見て，9月中旬頃行っている．各区の中央付近から5株をランダムに選び，主茎の上位 3～7 番目の着生複葉について，小葉ごとに発病程度を調べ，次式により発病度を算出する．発病程度の指数は，0（無），1（微），2（少），3（中），4（多），5（甚）とする．

$$発病度 = \frac{\Sigma(罹病程度の指数 \times 同小葉数)}{総調査小葉数 \times 5} \times 100$$

　指標品種として，PI315608（抵抗性：強），PI314817・Tarapoto（抵抗性：やや強），Starr（抵抗性：中），の3系統を供試して，抵抗性を判定する．
　さび病の発生は気象条件により変動が見られるが，指標品種の抵抗性の差異は明らかに認められる．

(3) 病害抵抗性育種
　i）さび病抵抗性育種
　（i）抵抗性育種素材の選定　千葉県農試では 1971～1975 年にかけて，各系統のほ場抵抗性を調査した．その結果，抵抗性育種素材とし，バージニアタイプの PI315608 を選定した．
　（ii）育成経過　① 1974～1978 年にかけて，PI315608 を交配親として5組み合わせの人工交配を実施した．その結果，ハ系263，271，371 等がさび病抵抗性系統として育成された．これらの系統は中生から晩生系統で収量や品質などの実用形質が不十分であった．② 1984～1989 年にかけて，これらのさび病抵抗性育成系統を交配父本として早生の多収・良質化を目標として6組み合わせの人工交配が実施され，17系統が育成された．現在，これらの系統のさび病抵抗性検定試験を実施中であるが，今までのところ，さび病抵抗性系統は見いだされていない．③ 1993 年に場内で，比較的初期世代の検定を目標として，簡易なさび病抵抗性検定法の検討を開始した．その結果，石田[1]の研究を参考として，中苗検定法を開発し，場内でも施設内で簡易な検定が可能となった．概略は以下のとおりである．供試材料をセルトレイ（8×16 穴）に8月上旬に播種して，第 3～4 葉期に生育が均一な苗を選び，ポリポット（7.5 cm）に移植して検定苗を育成する．9月中旬にさび病の発病葉（鹿児島農試提供）を水中で揺すって胞子を分離し，ろ過した懸濁液（胞子濃度 $1.0 \times 10^5$/m$l$ 程度）

表3-11-2 ラッカセイのさび病抵抗性検定結果

| 千交番号 | 組合せ | 系統名 | 羅病度（第6葉） | 備考 |
|---|---|---|---|---|
| 千交310 | 八系408×八系371 | 抵抗性系統 | 0.0～3.3 | 3系統 |
| 〃 | 〃　〃 | 感受性系統 | 9.2～28.7 | 20系統 |
| 指標 | （抵抗性系統） | PI315608 | 2.5 | |
| 品種 | （感受性品種） | タチマサリ | 21.7 | |

を第8葉期前後の検定苗に噴霧する．接種後，検定苗を温室内に置き多湿を保ち落葉を防ぐ．約2週間後，主茎の第4～6葉の小葉裏面の発病程度を調査して抵抗性を判定する．

1999年にこの中苗検定法により1992年交配の八系408×八系371の交配系統から抵抗性系統を3系統選抜した（表3-11-2）．

ii) そうか病抵抗性育種

(i) 抵抗性育種素材の選定　ラッカセイのそうか病は関東地域の主要な病害の一つである．千葉県農試では1980～1983年にかけて，保存中の野生種を含む1,137系統の抵抗性を調査した．その結果，バージニアタイプの中で，抵抗性が強いGuay cuŕu 1およびGranos ṕalidos 1を抵抗性育種素材として選定した．

(ii) 育成経過　① 1981～1983年にかけて，Guay cuŕu 1およびGranos ṕalidos 1を交配親として11組み合わせの人工交配を実施した．当時はそうか病が多発していたため，短期間の品種育成を目的として，系統育種を温室を利用した世代促進法で実施した．しかし，Guay cuŕu 1やGranos ṕalidos 1は極晩生系統で，その交配系統も極晩生系統が多く，世代促進法では種子が未熟のため発芽が著しく不良で，系統の維持が困難であった．また，1984～1985年はそうか病の発生が温室内および圃場とも極めて少なく，抵抗性による選抜が困難であった．1986年からは世代促進を中止して，そうか病汚染現地圃場における選抜を実施した．選抜系統の中にはそうか病の病斑の拡大が少ない個体が含まれていたが実用形質が不十分であり，1989年に選抜試験を中止した．② 1990～1991年にかけて，Granos ṕalidos 1を父本として，そうか病抵抗性を目標とした4組み合わせの人工交配を実施した．③ 1993年に場内で簡易なそうか病抵抗性検定法の検討を開始した．その結果，長井ら[2]の研究を参考として，簡易検定法を開発した．概略は以下のとおりである．接種源株育成法：前年のそうか病発病茎葉を混和した土壌を詰めたプランターにナカテユタカを4月下旬に播種する．5月中旬の幼苗期（第3～4葉期）から黒色寒冷紗により遮光し散水する．さらに，ポリフィルムで被覆して多湿・低温条件下で発病を促進させる．幼苗検定法：供試材料をセルトレイ（8×16穴）に10株播種して，第3～4葉期に生育が均一な5株を選び，ポリポット（7.5 cm）に移植して検定苗を育成する．そうか病発病株の病斑部を水中で削り取りミキサーで撹拌後，ろ過した懸濁液（菌濃度は$1.5×10^5$/m$l$程度）を第4～5葉展開始期の検定苗に噴霧する．接種後は検定苗を遮光した人工気象室内（23℃）の湿室で多湿を保つ．約1週間後，小葉の発病程度を調査し，次式により発病度を算出する．発病程度の指数は小葉当たりの病斑数により20個以上を3，19～6

表3-11-3 ラッカセイのそうか病抵抗性検定結果

| 千交番号 | 組合せ | 系統名 | 病斑数 | 羅病度 |
|---|---|---|---|---|
| 千交301 | 関東54号×G. ṕalidos | R6385 | 1.0 | 4.2 |
| 〃 | 〃　〃 | R6386 | 0.5 | 4.2 |
| 千交302 | 関東62号×G. ṕalidos | R6387 | 2.4 | 8.3 |
| 千交304 | 関東66号×G. ṕalidos | R6389 | 0.4 | 2.5 |
| 指標 | （抵抗性品種） | G. ṕalidos | 1.6 | 9.2 |
| 品種 | （感受性品種） | ナカテユタカ | 12.7 | 34.2 |

（注）G. ṕalidosはGranos ṕalidossの略．

個を2,5個以下を1,健全を0とする.

$$発病度 = \frac{\Sigma(発病程度の指数 \times 同小葉数)}{総調査小葉数 \times 3} \times 100$$

1998年に簡易検定法を実施し,1990～1991年交配系統の中から抵抗性系統を4系統選抜した(表3-11-3).

**(4) 今後の問題点**

さび病およびそうか病について抵抗性の中間母本を育成し,さらに実用品種の育成を図る.

（松田　隆志）

### 引用文献

1) 石田康幸. 落花生さび病抵抗性育種に関する研究（第1報）圃場抵抗性の検定方法並びに品種間差異. 埼玉大紀要, 教育学部（数学・自然科学）, 29, 101-115（1980）
2) 長井雄治・深井正信・竹内妙子. ラッカセイそうか病の発生生態と防除に関する研究（第1報）発生生態. 千葉農試研報, 26, 101-111（1985）

### 3) 多収性

**(1) はじめに**

多収性は品質・食味の向上とともに収益性の増大に不可欠であり,育種の重点目標として取り組んできた.その結果,ナカテユタカを始めとした多くの多収品種が育成された.育種方法は交雑育種を主体とし,立性・小粒で早熟の亜種 *fastigiata* と,立性～伏性・大粒で晩生の亜種 *hypogaea* および育成された亜種間交雑品種を育種素材としてきた.今後はより安定的な多収を目指し,多様な遺伝資源を活用した交雑育種に加えて,バイテクや放射線照射等の手法も取り入れた育種を行っていく必要がある.

**(2) 収量性を追求する上で考慮すべき特性**

ⅰ) **分枝構成**　ラッカセイの着花習性は亜種 *fastigiata* と亜種 *hypogaea* で違いがある.子葉節分枝における各節は,栄養枝が伸長する節と結果枝が伸長する節とに分かれるが,通常亜種 *fastigiata* は各節から結果枝が伸長し,亜種 *hypogaea* は栄養枝と結果枝が2節ずつ交互に伸長する.（図3-11-1）.亜種 *fastigiata* の結果枝の

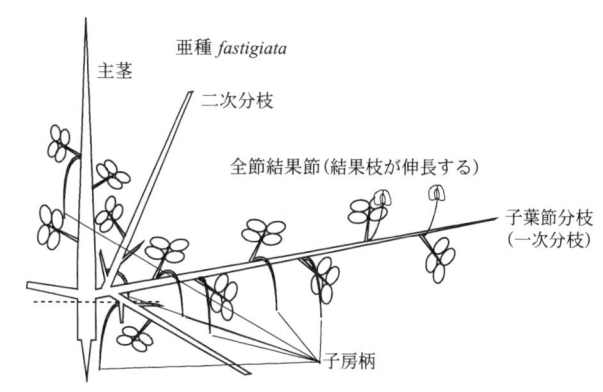

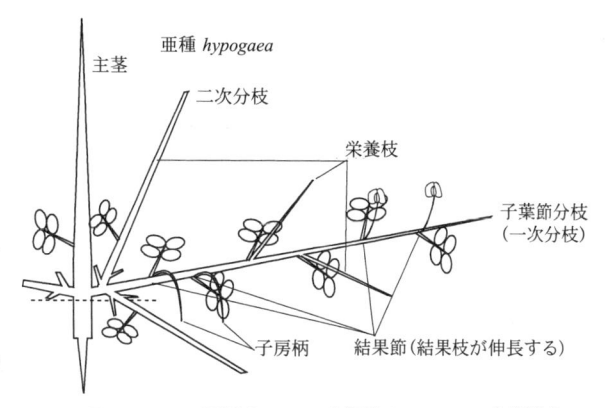

図3-11-1　亜種 *fastigiata* と亜種 *hypogaea* の分枝構成

中には伸長後栄養枝と同様な形態を示すものがあるが，分枝基部からの開花順序を調査し，栄養枝のように見える分枝も結果枝であるという見解が示された[9]．また，亜種間交雑品種の中には両亜種の中間的な形態を示す結果節の連続性が高い品種が作出されており，初期開花数の確保が多収性につながっている．

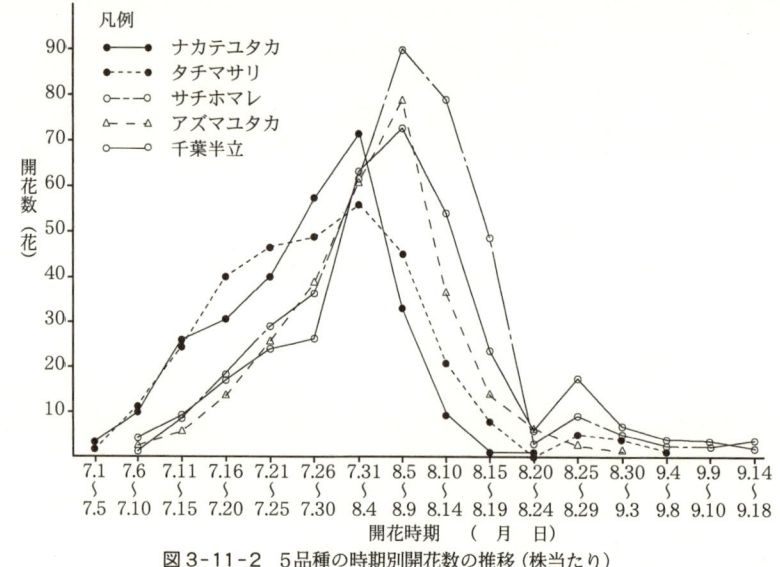

図3-11-2 5品種の時期別開花数の推移（株当たり）

ii) **有効開花** ラッカセイは栄養生長と生殖生長を同時に行いながら株が成長するため，開花期間が長くなる．早期に咲いた花ほど成熟した莢実になる割合が高く，開花最盛期を過ぎてからの花は，花だけまたは子房柄や未熟さやのままで収穫期に至ってしまう．千葉県の普通栽培における有効開花期は8月上旬頃までであり，中旬以降の花は完熟莢まで登熟しない無効花になる[10]．

多収性の付与には有効開花数を多くする必要があり，初期開花数が多く結果節の連続性が高いナカテユタカやタチマサリのような亜種間交雑品種にこの特性が備わっている（図3-11-2）．

iii) **温度反応** ラッカセイの生育最適温度は島野ら[5]によれば，少なくとも33℃以上であるとし，川延[1]はラッカセイ栽培に必要な積算温度は亜種 *fastigiata* のスパニッシュタイプで2,850℃，亜種 *hypogaea* のバージニアタイプで3,300～3,400℃であろうとした．

また，小野ら[3,4]は莢実の発育におよぼす土壌温度を最適で31～33℃，最低限界で15～17℃，最高限界で37～39℃と推定した．さらに体内要因が充足している場合に，莢実の十分な発育が確保される温度条件を子房柄の地下侵入期以降における日平均気温の15℃以上を積算した有効積算温度で，約450℃と判断した．

ラッカセイは生育・開花に高温を必要とする作物であるが，亜種間差があり亜種 *fastigiata* の積算温度要求量は亜種 *hypogaea* より少ない．亜種 *fastigiata* の早熟性を交雑により亜種 *hypogaea* に導入したことによって，タチマサリのように南紀州のさび病回避のための早期栽培や東北地方での栽培が可能になり，多収を示したと同時にラッカセイの栽培可能地域の広がりにつながった．

また，栽培技術としてのマルチ栽培の普及は早期の地温上昇による生育促進と初期開花数の増大により，多収をもたらした．

iv) **草型** ラッカセイは地上で莢を形成することはなく，子房柄の地下侵入は結実に不可欠である．草型は子房柄の地下侵入に深く関係する．すなわち伏性種は分枝と地面との間があまり離れないので，地下侵入が容易である．他方，立性種は株元の子房柄の侵入は良いが，分子先端にいくに従って分枝の位置と地面からの距離が大きくなり，子房柄が地下侵入できにくくなっていく．また，草型は作業性とも関連が深く，伏性種は管理作業や収穫作業がしづらい．この作業性の向上や生殖節連続配列性の付与による初期開花数の確保に，亜種 *fastigiata* の形質を導入し，立性のタチマサ

リ，ナカテユタカや中間型のサチホマレ等の優良な亜種間交雑品種を選抜していった．

立性の草型は密植することによって，株元のみの結莢数を増やすことから，単位面積当たりの収量を上げることができ，多収に結びついている．

(3) まとめ

育種指定試験事業では，亜種間交雑で多くの多収性品種が育成されている．

前田[2]は2亜種間交雑の反復により育成された，わが国の品種タチマサリ，ナカテユタカ，ワセダイリュウなどでは，亜種 *fastigiata* の立性の草型と少分枝性，そして早生性等の形質が大粒性の亜種 *hypogaea* に反復導入され，多収性が実現されたとした．

タチマサリ，ナカテユタカ，郷の香は初期開花数の多さや結果節の連続性，登熟の早さ，立性の草型といった *fastigiata* の性質を *hypogaea* に取り入れた傑作品種といっても過言ではない．

今後交雑育種の中でこれらの品種を越える多収性品種を作出するには，多収性の要因解析による理想的な形態・生態的特性の解明が必要である．一方，遺伝因子を解析し既存の多収品種にバイオテクノロジーによりその因子を導入することにより，病害・虫害抵抗性，機能性の付与が期待される．

(岩田　義治)

## 引用文献

1) 川延謹造．落花生の高原地に対する適応性と栽培限界．農及園，26, 890 (1951)
2) 前田和美．落花生の"Ideotype"の特性—多収化における亜種 *fastigiata* の寄与．日作紀，62, 211-221 (1993)
3) 小野良孝・尾崎　薫．落花生の莢実の発育および収量におよぼす気温の影響．日作紀，43, 242-246 (1974)
4) 小野良孝・中山兼徳・窪田　満．落花生の莢実の発育におよぼす土壌温度および土壌水分の影響．日作紀，43, 247-251 (1974)
5) 島野　至・村木　清．落花生の生長に及ぼす温度の影響（予報）．日作九支報，29, 47-48 (1967)
6) 鈴木　茂・中西建男・石井良助・岩田義治．ラッカセイの多収性育種．小島睦男編，わが国におけるマメ類の育種．明文書房，東京．492-505 (1987)
7) 高橋芳雄．育種及び品種の変遷．千葉県落花生導入百年記念事業実行委員会編．千葉県らっかせい百年誌．千葉県農林部農産課，28-34 (1976)
8) 高橋芳雄・竹内重之・亀倉　寿・斉藤省三・石井良助・石田康幸・長澤　上・曽良久男．落花生新品種「ナカテユタカ」について．千葉農試研報，22, 57-69 (1981)
9) 高橋芳雄・岩田義治・鈴木一男．ラッカセイにおける生殖枝の特異性について—特にスパニッシュ・バレンシア type 品種の開花中期以降に着目して—．日作紀，64 (別号) 1, 36-37 (1995)
10) 竹内重之・芦谷　治・亀倉　寿．落花生「千葉半立」の開花・結実習性に関する調査．千葉農試研報，5, 113-121 (1964)

### 4) 高品質化と用途拡大

(1) はじめに

わが国では育種に関連したラッカセイの高品質化研究は，外観品質と食味を主体に展開されてきたが，近年，子実成分についても考慮されるようになり，また一層の需要増大を図るため，用途拡大や新形質品種の育成による高付加価値化・差別化を目指した研究が実施されている．

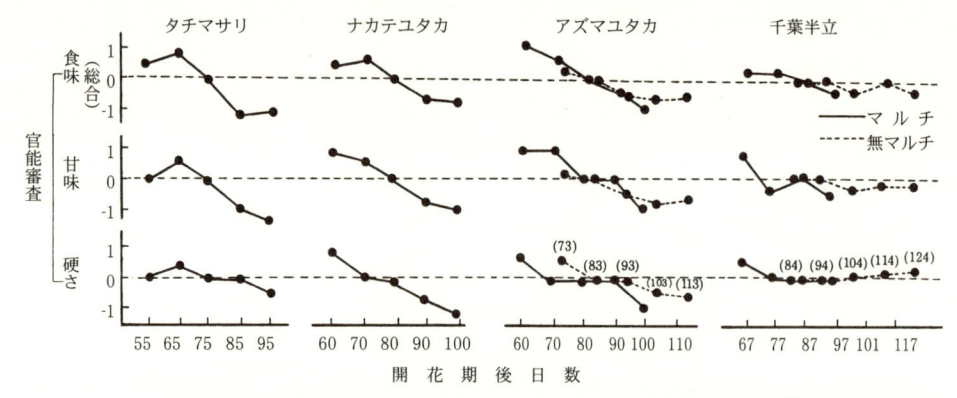

図3-11-3 開花期後日数と食味およびその要因の変化（屋敷ら，1980）[15]

(注) 1. 食味・甘味・硬さはアズマユタカでは開花期後80日（マルチ）・84日（無マルチ）・94日（無マルチ）を基準（0）とする．
2. （ ）内無マルチの日数

## （2）外観品質

外観品質は，①莢では莢色，莢型，網目の深浅，嘴の大小，くびれの程度，亀裂の多少，病害莢の多少および莢の大きさ，②子実では種皮色および色沢，種皮色の均一性，粒形，圧平粒・扁平粒の多少，亀裂・種皮割れの多少，褐斑粒や病害粒の多少および粒の大きさ等が評価対象となっている．各評価項目ともほぼ5段階の基準で調査を行い，最終的に総合的な外観品質を判定する．

外観品質は分類学上のグループ間で差があり，亜種 *fastigiata* に属するスパニッシュタイプ（変種 *vulgaris*）に莢が白く揃いの良好な品種が多い．そこで，多収・良食味のバージニアタイプ（変種 *hypogaea*）の品種にスパニッシュタイプの品種を交雑することで，外観品質を向上させる育種を行ってきた．近年の育成品種は，莢実の外観品質は高いものの，収穫時期が遅れると食味や外観品質の低下するものが多い（図3-11-3）．収穫適期の幅が広く，品質低下の少ない品種の育成が重要である．

また，さび病やそうか病の耐病性系統では，劣悪な外観品質が耐病性母本から持ち込まれることが多い．これらの系統では戻し交雑により耐病性を保ったまま，外観品質を向上させることが課題となっている．

一方，莢褐斑症に加え，白絹病等の土壌病害やコガネムシ類の食害が莢実の外観品質に影響を与えて問題化している．これらに対する抵抗性の付与も品質保持のためには重要な育種目標となる．莢褐斑症については品種により発生の多少が認められ，これを選抜指標としたことから，近年の優良品種・系統では弱いものは少ない．しかし，多犯性の白絹病やコガネムシ類については，抵抗性素材の探索や効率的な抵抗性検定法の確立等が当面の課題である．

## （3）食　味

食味調査は煎豆官能審査が中心だが，機器による食味構成要素の分析も行われるようになった．

i）甘み・堅さ　甘みは甘いほど，堅さはある程度堅いほど食味が優るとされ，甘みはショ糖含量の多少で，堅さは挫折剛度で測定・評価できるとされている．その結果をもとに，官能検査に頼らず機器測定で食味評価する方法が検討され，堅さは木屋式の硬度計で判定できることが明らかになった[14]．

また，ショ糖含量は高速液体クロマトグラフィーに替えて，近赤外分光分析計による簡便な測定法が，他の子実成分も含めて検討された．その結果，水分，粗脂肪，タンパクについては，高い精度

で含量を推定できることが明らかになったが，ショ糖含量については3段階程度の推定にとどまっている．今後，検量線の精度向上を図るとともに，固定化酵素を利用した測定法等についても検討する必要がある．

ⅱ）風味　風味については，国外でピーナッツバター製造に関連して研究され，官能審査と機器分析の結果から，ピラジン類等の成分が風味に関与していることが明らかにされている[12]．国内の煎莢用途においても，風味向上育種への期待は高く，その効率化は重要な課題の一つである．今後，成分分析による選抜の可能性について，関係機関の協力のもとに，検討する必要があろう．

(4) 栽培法と品質および選抜

育種で信頼性の高い選抜を行うためには，供試株の適正な栽培法やサンプリングの標準化技術を確立する必要がある．

屋敷らは，タチマサリ等を用いて，収穫期や莢実重が食味に与える影響を調査した．その結果，収穫期が遅れるほど甘みや硬さが低下し[15]，また莢実重が重いほど食味が低下する傾向にある[14]が，その程度は品種間で異なっていた．また，早晩性に基づいて開花後日数による適期収穫を行いサンプリングすることが，系統選抜の適正化に必要なことを認めた[15]．高収量と良食味の両立は大きな課題だが，適切な交配親の選定と適期のサンプリング・選抜で，実現が可能であることを示した研究と評価される．

また，鈴木[8]はナカテユタカを用い，播種期の早晩と外観品質，食味との関係を検討した．その結果，晩播区では標準播種区より外観品質はやや低下する傾向にあったが，ショ糖含有率が高く良食味となることを認めた．また，粗脂肪含有率，脂肪酸組成および収穫後のショ糖含量の推移等についても，有用な知見を得ており，高品質化育種や成分育種を実施する場合は，播種期を考慮して検討する必要性を示した．

以上の結果をもとに，高品質化のための育種が行われており，ナカテユタカが良質・良食味（甘み），千葉半立が良食味（風味）の基準品種となっている．

(5) 子実成分と用途拡大

ⅰ）子実成分と成分育種　ラッカセイには，多くの栄養成分や機能性成分が含まれる．マメ類の中では，ダイズと同様にタンパク質と脂肪の含量が高い．タンパク質は総じて良質だが，含硫アミノ酸のメチオニン含量が低いのが問題であり，国外では高含量品種の選抜も行われている[2,3]．

脂肪については，アメリカ合衆国で保存期間を延長させる目的でオレイン酸含量の高い品種が育成された．オレイン酸にはLDL（悪玉コレステロール）を低下させて健康を増進させる機能もあることが知られ，わが国でも交雑育種により高オレイン酸系統が育成されつつある．オレイン酸含量の遺伝様式については，2因子劣性遺伝とされている[5]．脂肪総量は，油脂用としては高含量が望まれるが，利用の多様化を狙ってわが国では低含量の品種育成も行われている．

また，近年，ポリフェノールの1種で抗酸化機能やガン増殖抑制機能があるとされるレスベラトロールが莢実に含まれることが明らかになり，子実の発育や加工法と含量の関係が調査されている[13]．品種間差異の検討についても課題となっており，高含量が育種目標の一つとなる可能性がある．その他の成分としてはビタミン類，食物繊維や亜鉛等のミネラルが注目されるが，品種間差の確認や積極的な育種については行われていない．

ⅱ）新規用途の開発状況　1990年代に入ってから新規用途として確立された主なものには，①主産地でのゆで豆およびレトルト製品，②落花生しょう油の二つがあげられる．

(ⅰ) ゆで豆・レトルト製品　九州・東海地域では以前からゆで豆の生産・販売があったが，主産地の関東ではゆで豆は生産者の自家消費に留まっていた．しかし，1991年に神奈川県でユデラッカ

(ゆでまさり)[7]，1997年に千葉県で郷の香[9]がゆで豆用奨励品種として採用され，生産と出荷が始まった．また，ゆで豆のレトルト製品（生莢から作成）が開発されて[4]，栽培法の開発とも相まって[1,10]消費の定着と高付加価値販売が実現した．

表3-11-4　ゆで豆・レトルトラッカセイとしての優良特性

| 形質 | 優良特性 |
| --- | --- |
| 収量性 | 上莢歩合が高く，多収である． |
| 地上部 | 草型は立性で株元に開花・着莢が集中する．草勢はやや弱～中である． |
| 早晩性 | 当面は早生，需要が拡大する将来は中晩生も必要． |
| 外観品質 | 莢のくびれが浅く，泥付着が少ない． |
| | 莢色が白く，莢は比較的大きく，揃いが良い． |
| 食味 | 苦みが無く，甘くおいしい．子実の堅さは中～やや軟． |
| 子実成分 | 機能性成分（オレイン酸，ポリフェノール等）を多く含む． |

ゆで豆やレトルトラッカセイとして必要な特性については表3-11-4のとおりである．

（ii）**落花生しょう油（しょう油風調味料）**　ラッカセイの搾油は国内でも行われているが，その搾油かすを使ったしょう油が千葉県工業試験場で開発された[6]．落花生しょう油については育種的な取り組みはなされていないが，機能性に関連した成分育種を含めて好適品種等の検討が今後望まれる．

（iii）**用途開発と育種の今後**　中国を始めとして諸外国では，調理素材としての利用が多く，インドでは高タンパク飲料としての利用もなされている．アメリカ合衆国のG. W. Carverは，ラッカセイの茎葉，莢殻，子実から300種類を越えるラッカセイ製品を開発しており，その中には食品のみならず，多数の日用品，医薬品，工業用製品も含まれている[11]．

国内の産地では，その地域に特有の調理素材として利用がなされているが，一般化までは至っておらず，効果的な宣伝や紹介が望まれる．また，地域特産化素材として，極大莢等の特異的な莢実形状を持つ品種の育成が行われているが，その有効性を発揮させるためには新規性・機能性の評価と産地導入法について，十分検討する必要があろう．

ラッカセイが日本で栽培普及された歴史は100年余りと，1,000年以上の歴史を持つダイズに比べてはるかに浅いが，食味，栄養・機能性でのラッカセイの特徴を保持しつつ，ダイズ並の多様な利用法と品種の開発がなされれば，利用価値の高い重要な食材となりうる．今後の展開に期待したい．

（曽良　久男）

## 引用文献

1) 深澤嘉人・岩田義治・松田隆志．不織布べたがけによる8月どりゆで豆用ラッカセイの栽培法．千葉農試研報．37 - 107-115 (1996)

2) Heinis, J. L. Methionine content of 25 peanut selections and effect of molbdenum on methionine and nitrogen in peanut plants. J. Amer. Peanut Res. Educ. Ass., 3 (1), 52-56 (1971)

3) Heinis, J. L. Peanut protein research at Frorida A & M University. Frorida Agric. & Mech. Univ. Res. Bull., 22, 62-67 (1978)

4) 日坂弘行．レトルトラッカセイ製造システムの構築．平成9年度　関東東海の新技術，14, 331-334 (1998)

5) Moore K. M., and D. A. Knault. The inheritance of high oleic acid in peanut. J. Hered., 80, 252-253 (1989)

6) 大垣佳寛・佐川　巌・飯嶋直人．脱脂落花生を主原料とした発酵調味料の簡便な製造方法．千葉工試研報．13, 14-17 (1999)

7) 鈴木一男・中西建夫・高橋芳雄・松田隆志・鈴木　茂・神代三男・石井良助・屋敷隆士・岩田義治・石田康幸・曽良久男・長沢　上．落花生新品種「ユデラッカ」について．千葉農試研報．33, 51-66 (1992)
8) 鈴木一男．落花生の栽培環境が品質，食味に及ぼす影響 第1報 播種期の早晩と品質との関係．千葉農試研報．37, 43-49 (1996)
9) 鈴木一男・中西建夫・高橋芳雄・松田隆志・岩田義治・鈴木　茂・石井良助・神代三男・曽良久男・屋敷隆士．落花生新品種「郷の香（さとのか）」の育成経過とその特性．千葉農試研報．38, 55-66 (1997)
10) 鈴木　茂．ゆで豆・レトルト用らっかせいは7月中旬～10月上旬の出荷が可能．平成9年度 関東東海の新技術，14, 17-20 (1998)
11) Sylvia A. J. "ピーナッツ"．世界を変えた野菜読本．金原瑞人訳．晶文社，123-138 (1999)
12) Timothy, H. S., H. E. Pattee, J. R. Vercellotti, and K. L. Bett . "Advances in peanut flavor quality". Advances in peanut science. Oklahoma, Amer. Peanut Res. Educ. Assoc., Inc., 528-553 (1995)
13) Victor, S. S., and R. J. Cole.t rans-Resveratrol content in commercial peanut products. J. Agric. Food Chem., 47, 1435-1439 (1999)
14) 屋敷隆士・高橋芳雄．落花生の栽培条件と品質 第1報 食味に関する要因及び子実硬度の検定法．千葉農試研報．24, 43-48 (1983)
15) 屋敷隆士・高橋芳雄．落花生の栽培条件と品質 第2報 開花期後日数と品質との関係．千葉農試研報．25, 55-60 (1984)

# 付．わが国マメ類育成品種一覧（1988年以降）

## 1．ダイズ

### 1）育成地：道立十勝農試

| 品種名 | 登録年度 | 来歴 | 主要特性 | 適地 |
|---|---|---|---|---|
| トヨコマチ | 1988 | 樺太1号×トヨスズ | 中生の早，子実はへそ色黄，種皮色黄白，扁球の中の大粒．紫花，白毛，短茎，有限伸育型，円葉，淡褐莢，耐冷性やや強，センチュウ抵抗性強，へそ周辺着色抵抗性強，中タンパク・低脂肪，煮豆に適． | 道中央北部，十勝，網走 |
| カリユタカ | 1991 | ヒメユタカ×ClarkDt2 | 中生，子実はへそ色黄，種皮色黄白，球形の中の大粒．紫花，白毛，短茎，有限伸育型，円葉，淡褐莢，黒根病抵抗性強，耐倒伏強，裂莢性難，中タンパク・低脂肪，煮豆に適，豆腐適性有，コンバイン収穫適 | 十勝，網走内陸および道央 |
| 大袖の舞 | 1992 | 十育186号×トヨスズ | 中生，子実はへそ色黄，種皮色緑，球形の中の大粒．白花，白毛，短茎，有限伸育型，円葉，淡褐莢，センチュウ抵抗性強，耐倒伏強，低タンパク，良質多収，米菓用適，枝豆適． | 十勝，網走 |
| トヨホマレ | 1994 | キタホマレ×十育206号 | 中生，子実はへそ色黄，種皮色黄白，球形の中の大粒．白花，白毛，短茎，有限伸育型，少分枝，淡褐莢，耐冷性強，耐倒伏強，難裂皮，へそ周辺着色抵抗性強，中タンパク・低脂肪，煮豆に適，豆腐加工適． | 網走，十勝の山麓・沿岸，道央の一部 |
| ハヤヒカリ | 1998 | 十系679号×キタホマレ | 中生の早，子実はへそ色暗褐，種皮色黄白，球形の中粒．白花，褐毛，短茎，有限伸育型，褐莢，耐冷性強，耐倒伏強，難裂皮，低タンパク・中脂肪，味噌・もやしに適，コンバイン収穫適 | 十勝山麓・沿岸，網走，上川，留萌 |
| ユキホマレ | 2001 | 十系783号×十系780号 | 中生の早，子実はへそ色黄，種皮色黄白，球形の中の大粒．紫花，白毛，短茎，有限伸育型，淡褐莢，耐冷性強，センチュウ抵抗性強，裂莢性難，耐倒伏強，へそ周辺着色抵抗性強，中タンパク・低脂肪，煮豆・納豆・味噌に適，コンバイン収穫適． | 十勝，網走，道央，上川，留萌 |
| ユキシズカ | 2002 | 吉林15号×スズヒメ | 中生の早，子実はへそ色黄，種皮色黄，球形の小粒．紫花，白毛，短茎，有限伸育型，耐冷性中，センチュウ抵抗性強，裂皮難，中タンパク，納豆用に適， | 十勝，道央 |

### 2）育成地：道立中央農試

| 品種名 | 登録年度 | 来歴 | 主要特性 | 適地 |
|---|---|---|---|---|
| スズマル | 1988 | 十育153号×納豆小粒 | 中生，子実は球形で小粒，シストセンチュウ弱，納豆加工適性有， | 道央および道南部 |
| ツルムスメ | 1990 | 中系67号×中育12号 | 中生，子実は扁球で極大，ダイズわい化病抵抗性やや強，強茎，豆腐加工適性有 | 道央および道南部 |
| いわいくろ | 1998 | 晩生光黒×中育21号 | 中生，子実は扁球で極大，ダイズわい化病抵抗性やや強，種皮色・へそ色とも黒，煮豆加工適性有 | 道央および道南部 |

## 3）育成地：東北農試

| 品種名 | 登録年度 | 来歴 | 主要特性 | 適地 |
|---|---|---|---|---|
| トモユタカ | 1990 | 東北52号×刈系102号 | 中生の早，子実は楕円球で中粒，種皮の色は黄白，へそ色は黄，ダイズモザイクウイルス，ダイズシストセンチュウとも抵抗性強，耐倒伏性，豆腐加工適性良 | 宮城，山形 |
| リュウホウ | 1995 | スズユタカ×刈交343 $F_7$ | 中生，子実は楕円球で中粒，種皮の色は黄白，へそ色は黄，ダイズシストセンチュウ抵抗性強，耐倒伏性やや強，豆腐加工適性有 | 秋田 |
| 鈴の音 | 1995 | 刈系224号×コスズ | 早生，子実は球形で小粒，種皮の色は黄白でへそは黄，耐倒伏性強，納豆加工適性有，コンバイン収穫適性有 | 岩手 |
| おおすず | 1998 | 刈系296号 $F_6$×刈系237号 | 中生の早，子実は球で大粒，種皮の色は黄白，へそ色は黄，ダイズモザイクウイルス抵抗性中，耐倒伏性強，多収，煮豆・豆腐加工適性良 | 青森 |
| たまうらら | 1999 | 刈系296号 $F_6$×刈系237号 | 中生の早，子実は球で大粒，種皮の色は黄白，へそ色は黄，裂皮性やや難，ダイズウイルス圃場抵抗性有，耐倒伏性強，煮豆・豆腐加工適性良 | 栃木 |
| ハタユタカ | 1999 | スズユタカ×エンレイ | 晩の早，子実は扁球で大粒の小，ダイズシストセンチュウ・ダイズモザイクウイルス抵抗性ともに強，多収，煮豆・豆腐加工適性ともに適 | 茨城 |
| ユメミノリ | 2001 | 刈系434号にγ線照射した突然変異品種 | 中生の早，子実は球で中粒，種皮の色は黄白，へそ色は黄，裂莢性強，ダイズシストセンチュウ抵抗性弱，ダイズモザイクウイルス抵抗性強，アレルゲンの一部を欠失，含硫アミノ酸強化，従来法の豆腐加工難 | 東北中南部 |
| ふくいぶき | 2002 | 東北96号×デワムスメ | 中生の晩，子実は楕円体で中粒の大，種皮の色は黄白，へそ色は黄，ダイズシストセンチュウ抵抗性強，ダイズモザイクウイルス抵抗性強，多収，子実中のイソフラボン含量が高，豆腐加工適 | 福島 |
| 青丸くん | 2002 | 赤青D165×タチユタカ | 中生の早，子実は球で中粒，種皮の色は緑，へそ色も緑，子葉の色も緑（核遺伝子支配），裂莢性強，ダイズシストセンチュウ抵抗性弱，ダイズモザイクウイルス抵抗性中，淡緑色の豆腐加工に適 | 岩手 |

## 4）育成地：農研センター

| 品種名 | 登録年度 | 来歴 | 主要特性 | 適地 |
|---|---|---|---|---|
| ゆめゆたか | 1992 | （スズユタカ/PI86023）$BC_3F_4$/(スズユタカ/早生夏）BC4F3 | 中生，子実は扁球で中粒，ダイズモザイクウイルス・ダイズジストセンチュウともに抵抗性強，酵素リポキシゲナーゼのL-2およびL-3を欠失し青臭みが少ない | |

付. わが国マメ類育成品種一覧（1988年以降）

## 5) 育成地：長野県中信農試

| 品種名 | 登録年度 | 来歴 | 主要特性 | 適地 |
|---|---|---|---|---|
| オオツル | 1988 | 東山80号×エンレイ | 中生の晩，子実は扁球で大粒，ダイズシストセンチュウ抵抗性弱，煮豆・味噌加工適性良 | 群馬，山梨，富山，三重，滋賀，京都 |
| アヤヒカリ | 1991 | エンレイ×東北53号 | 中生，子実は楕円体で大粒，ダイズモザイクウイルス抵抗性強，タンパク含量高 | 長野 |
| ギンレイ | 1995 | 東山系N802×スズユタカ | 中生の晩，子実は球で大粒，ダイズモザイクウイルス抵抗性極強，耐倒伏性強，味噌加工適性有 | 長野 |
| さやなみ | 1997 | タマホマレ×エンレイ | 中生の晩，子実は球で大粒，ダイズモザイクウイルス抵抗性極強，耐倒伏性強，味噌加工適性有 | 島根 |
| ほうえん | 1997 | ホウレイ×エンレイ | 中生，子実は球で大粒，ダイズモザイクウイルス抵抗性極強，耐倒伏性強，豆腐加工適性有 | 長野 |
| 玉大黒 | 1997 | 丹波黒×東山140号 | 中生の早，子実は球形で極大粒，種皮色，へそ色とも黒，ダイズモザイクウイルス抵抗性極強，粒大・収量とも信濃早生黒に優る | 群馬，埼玉，長野 |
| タママサリ | 1998 | 小糸在来×東山122号 | 晩生の早，子実は球形で大粒，耐倒伏性強，ダイズモザイクウイルス，立枯性病害，紫斑病に抵抗性強，全糖含有率高，味噌・煮豆加工適性に優れる | 兵庫 |
| あやこがね | 1999 | ホウレイ×エンレイ | 中生の晩，子実は球形で大粒，ダイズモザイクウイルス抵抗性強，耐倒伏性強，豆腐・味噌加工適性有（エンレイ並） | 宮城，新潟，福井 |
| すずこまち | 2001 | 納豆小粒×タチユタカ | 中生，子実は扁球で小粒，裂莢性やや難，ダイズモザイクウイルス，紫斑病ともに抵抗性強，納豆小粒より多収，遊離型全糖高，納豆加工適性良 | 長野 |

## 6) 育成地：九州農試

| 品種名 | 登録年度 | 来歴 | 主要特性 | 適地 |
|---|---|---|---|---|
| ニシムスメ | 1990 | 東山25号×東山95号 | 中生の晩，子実は球形で中粒，ウイルス病抵抗性強，耐倒伏性強，豆腐加工適性良 | 奈良，山口 |
| いちひめ | 1996 | 関係2号×ゆめゆたか | 中生の早，子実は扁球で中粒，ダイズモザイクウイルス抵抗性強，耐倒伏性強，リポキシゲナーゼ全欠失 | |
| エルスター | 2000 | （フクユタカ×九交506）×むらゆたか | 晩の早，子実は扁球で中粒，ダイズウイルス病圃場抵抗性強，紫斑病抵抗性強，粗タンパク含量高，リポキシゲナーゼ全欠失 | 九州および西南暖地 |
| サチユタカ | 2001 | （フクユタカ×エンレイ）×エンレイ | 中生の晩，子実は球形で大粒，耐倒伏性強，紫斑病抵抗性強，粗タンパク含量高，豆腐加工適性良 | 山口，島根，岡山 |
| キヨミドリ | 2002 | 黄粉豆-2×群馬青大豆 | 中生の晩，子実は楕円体で大粒の小，種皮色・へそ色・子葉色とも緑，耐倒伏性強，紫斑病抵抗性強，裂莢性やや強，粗タンパク含量低，淡緑色の豆腐加工に適 | 宮崎 |
| すずおとめ | 2002 | 納豆小粒×九系50 | 中生の晩，子実は球形で小粒，種皮色は黄白・へそ色は黄，耐倒伏性強，紫斑病抵抗性強，裂莢性強，粗タンパク含量高，納豆加工に | 福岡，熊本 |

## 2. アズキ

### 1）育成地：道立十勝農試

| 品種名 | 登録年度 | 来歴 | 主要特性 | 適地 |
|---|---|---|---|---|
| サホロショウズ | 1989 | アカネダイナゴン×中国在来−1 | 早生，子実は円筒形，種皮色は赤，密植適性良 | 道東，道北および道央北部 |
| きたのおとめ | 1994 | エリモショウズ×2025（$F_5$） | 子実の形は円筒形，種皮色は淡赤，落葉病，萎凋病抵抗性ともに強，耐冷性 | 十勝中部，道央および道南部 |
| しゅまり | 2000 | 十系494号×系486号 | 子実の形は円筒形，種皮色は淡赤．落葉病，茎疫病，萎凋病に抵抗性強，開花期低温に弱，餡色が良好で風味が強い． | 道央，道北，道南の病害発生地帯 |
| ほくと大納言 | 1996 | 十育113号×十育80号 | 子実の形は円筒形で極大粒，種皮色は淡赤，耐冷性弱，加工適性良 | 道央，道南部 |
| とよみ大納言 | 2001 | 92089（$F_6$）×十系564号 | 子実の形は短円筒形で極大粒，種皮色は淡赤，雨害による濃赤粒発生少，アズキ落葉病，萎凋病抵抗性強，耐冷性弱 | 道央，道北，道南および十勝 |
| ときあかり | 2001 | 十育122号×8039（$F_6$） | 子実の形は円筒形，種皮色は赤みが強く外観品質が優れる，加工適性良 | 新潟県全域 |

## 3．インゲン

### 1）育成地：道立十勝農試

| 品種名 | 登録年度 | 来歴 | 主要特性 | 適地 |
|---|---|---|---|---|
| 雪手亡 | 1992 | 十育A40号×｛(Widusa×姫手亡)×姫手亡｝ | 草型は有限叢性，インゲン炭疽病抵抗性強，種皮色の白度が姫手亡より強，他の特性は姫手亡に類似 | 北海道 |
| 福勝 | 1994 | 大正金時×福白金時 | 早生，大粒良質 | 北海道 |
| 福うずら | 1999 | 十系D5号×十系B158号 | 福粒中長より4日早，草型はわい性，耐倒伏性，多収，粒形は豊満 | 北海道 |

## 4. ラッカセイ

### 1) 育成地：千葉県農試

| 品種名 | 登録年度 | 来歴 | 主要特性 | 適地 |
|---|---|---|---|---|
| ダイチ | 1989 | R1726×アズマユタカ | 晩性の早，草型は中間型，莢のくびれはやや浅，網目もやや浅，子実は大，耐倒伏性強，多収，煎り豆適性 | 千葉県 |
| サヤカ | 1991 | アズマユタカ×関東34号 | 中生の晩，草型はやや立ち性に近い中間型，莢のくびれ，網目は中，子実は大，耐倒伏性強，多収，煎り豆適性 | 茨城県 |
| ユデラッカ | 1990 | タチマサリ×ナカテユタカ | 晩生，草型は立ち性，莢のくびれはやや浅，網目もやや浅，子実は大，耐倒伏性強，茎腐病抵抗性強，ゆで落花生用として莢色が白く，くびれが浅いため外観品質良，食味も良，高リノール酸 | 神奈川県 |
| 土の香 | 1997 | ナカテユタカ×サチホマレ | 中生の早，草型は立ち性，莢のくびれ，網目は中，子実は大，耐倒伏性強，多収，煎り豆，煎り莢に適，またゆで豆適性も良好 | 宮崎県 |
| 郷の香 | 1995 | ナカテユタカ×八系192号 | 晩生の早，草型は立ち性，莢のくびれは中，網目はやや浅，子実は大，耐倒伏性強，莢が白くゆで豆，煎り豆に適，高リノール酸 | 鹿児島県 |

# 第4章 栽培生理

## はじめに

　二十世紀を振り返ると，アジアにおいては，ダイズの単収増加はイネに比べて緩慢であった．例えば，日本における二十世紀の両者の単収の推移を比較すると，イネは世紀初頭の2.3から5.0 t/haへと約2.2倍の伸びを記録しているのに対して，ダイズは1.0～1.7 t/haと約1.7倍の伸びにとどまっている．この両者の単収の伸びの差異は，品種の能力，栽培管理いずれの面においても，イネの方が格段に向上したことの反映であろう．そしてその背景には，イネに比べてダイズに対する研究や技術開発への投資が格段に少なかったことと，ダイズでは技術開発の成果の実際場面への普及率・実施率が低いという事実がある．このことは言い換えると，技術開発の面でも技術の普及の面においても，ダイズの収量向上の余地はイネに比べ大きいとみなすこともできる．

　ダイズは，受光態勢，ソース-シンク体制，根粒菌との共生，水の利用効率など，収量を規制する重要な生理機能の面において，イネやコムギとは異なる特徴を持っている．このため，ダイズの生理や栽培に関する研究は，多くの場合，イネとの共通点と相違点を認識しながらなされてきた．本章においては，前半の2節では，ダイズの収量性に関する研究の成果に焦点を置き，多収性に関する生理とストレスに対する反応の面から整理してみた．

　ダイズ作に要する労働時間は機械化の進展に伴い軽減され20時間/10 a程度にまで減少しているとはいえ，コムギに比べて約3倍もの時間を要しており，改善の余地は大きい．ダイズ作の労働時間短縮，低コスト化の方策としては，従来必須技術として重視されてきた中耕・培土を省略した栽培法や，播種時の耕起も省略した不耕起栽培法についての研究が多くなされた．本章の第3節ではこれらの研究成果を概観した．

　1970年代以降，ダイズ作は水田での作付け割合が増えている．このため，水田におけるイネとダイズを中心とした作付け体系に関する研究も多く行われた．本章の第4節ではこれらの研究成果を要約した．

（国分　牧衛）

## 1．多収の生理学的機構

### 1）ソース能と収量成立

#### (1) 受光態勢とソース能

　作物の収量を規制する多くの要因のなかで，作物個体群による受光量とその物質への変換効率はもっとも重要なものの一つである．ダイズでは受光量と乾物生産量は直線的な相関関係にあり[77]，莢数，子実数および子実収量は開花期から子実肥大初期にいたるソース能によって規制されていることがソース/シンク比率の調節試験の結果などから指摘された[41]．作物個体群による受光量は，葉面積指数（LAI）と受光態勢によって決定されることから，特にLAIが大きい水準での受光態勢，すなわち草型が収量に及ぼす影響の解析に努力が注がれてきた．個体群のLAIを増加させる有効な手段の一つは多肥・密植であるが，ダイズのように葉が丸くて大きな水平型の葉群では，LAIの増加に伴い下位葉は受光量が減少して枯死する．したがって，高いLAIレベルを生育長期にわたって維持するためには，上位葉が直立した葉群構造により，下位葉が活性を維持するだけの光強度を与える

必要がある．直立葉によりLAIを高い水準に維持することのもう一つの意義は，窒素を多量に貯蔵することである[3,6,64,82,84]．ダイズは子実に多量のタンパク質を含むので，子実に転流しうる窒素を葉に多量に維持することの意義は大きい．

このような考え方から，ダイズの受光態勢の評価が行われた．ダイズは，タンパク質や脂質を多量に蓄積するために光合成の子実生産効率が低いことに加え，受光態勢が悪いために中下位葉の光合成能が十分発揮されておらず[41,44,47,62]，乾物生産能は主要作物に比べて低いことが指摘された[2,49]．ダイズの中下位葉は地下部に光合成産物の多くを供給しており，地下部の生長や根粒菌の活性促進に重要な意味を持っていることから[41]，密植による多収を図るには，受光態勢の改良が必須であることが生理的に裏付けられた．受光態勢改良の方法として，葉群上層が直立する草型を想定し，それが乾物生産・収量に及ぼす影響が解析された．上層直立型の草型により，葉群中下層の受光量が増し，個体群全体としてのLAI増加に対する収量増加の割合が高くなった[41]（図4-1-1）．草型処理の効果は日射量の少ない年次で大きくみられた．既存品種の受光態勢と収量性を数段階の栽植密度条件で比較すると，最大収量を与える最適栽植密度および最適LAIには品種間差異が認められた．そして，多収品種は，上位節の葉柄角度が直立型に近く，前述の上位葉が直立した草型に一部類似するものがあったものの，受光態勢の品種間差異は概して低かった[41]．山形県で多収を記録したダイズは上位葉が直立する草型を示し，調位運動が活発であったとする報告[62]や，タチナガハはエンレイに比べて受光態勢が良く多収であるとの報告[67]は，草型改善の意義を裏付けている．

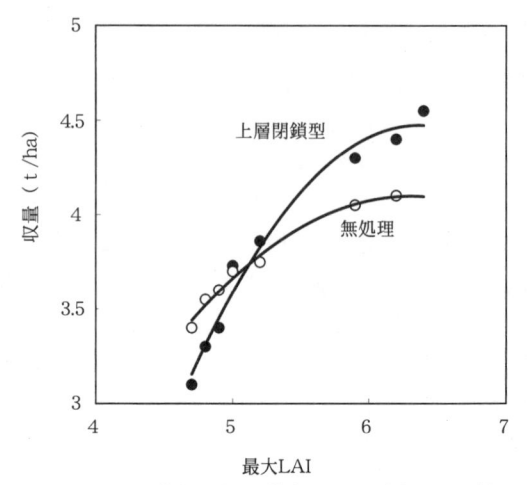

図4-1-1 草型が異なる場合のLAIと収量との関係（国分，1988）

草型を構成する重要な要素である分枝は品種分類上の主要な要素であり[5,29,96,97]，分枝の発生や形態の栽培条件による変動[29,97]等栽培学的意義についても解析がなされた[41,65]．分枝は発育過程において主茎から同化産物の配分を受けること[41]，密植条件では発生が顕著に抑制されることなどから，分枝の無い主茎型の収量性が検討された．その結果，主茎型は密植，狭畝条件のような栄養生長量が増大しやすい条件で安定多収を示すことが実証され[41]，密植適応性の高い主茎型の品種が育成されている[26]．無限伸育型品種の生育特性[60,98,99]についても検討されたが，その収量性における意義についてはなお検討を要する．近年，南北アメリカにおけるダイズ栽培では，畝幅は狭くなる傾向が顕著であり，このことがアメリカにおける収量向上の大きな要因となっている[85]．わが国においても一部では狭畝栽培が試みられており，今後狭畝に適した品種育成が望まれる．なお，東北地域で育成されたダイズ品種の草型を新旧品種間で比較すると，新しい品種は葉身が小型化し，かつ長葉化している傾向が認められた[61]．

#### （2）個葉の光合成能とソース能

個体群の光合成能は，LAI，受光態勢および個葉の光合成能によって発現される．栽培種の個葉の光合成能には品種間差異があり[66]，光合成速度はクロロフィル含有率，窒素濃度，クロロプラスト数およびSLW（比葉重）と正の相関が認められている[17]．高い光合成能を持つ系統の選抜は品種の多収化につながるという見解[66]と，つながらないという見解[18]があり，個葉光合成能が多収化

の有効な選抜指標となりうるかどうかについては意見が分かれているが，個葉の光合成能向上の試みは続けられている．

ダイズは他のマメ科作物同様，調位運動を行うが，その実態と物質生産に及ぼす影響が解析された[32,38,39,71]．調位運動は物質生産上合理的に行われており，調位運動の活発な品種を育成することによってダイズの物質生産能を高めうる可能性が示された[38,39]．この指摘に応え，調位運動の品種間差異が検討された結果，調位運動の活発な品種タマホマレが育成された[57,58,90]．

ダイズ栽培種の個葉光合成速度は近縁野生種よりも低い[40]．すなわち，ダイズは栽培化の過程で，個葉の光合成能を犠牲にしながら葉の展開能を高めてきたと推定される．多肥・密植が可能になった現在では，改めて個葉の光合成能の向上を目指すべきである．

### (3) 水分の供給とソース能

ダイズは $C_3$ 植物に属し要水量が大きいことから，多収には多量の水分吸収が必要である．畑条件に生育しているダイズは，晴天日には日中葉の水ポテンシャルと光合成能が低下し，この低下程度の小さい品種は収量安定性に優れている傾向があった[42,43]．水分吸収力は根系の発達に影響され，生育初期に比較的乾燥した条件で生育したものは土壌下層まで根系が良く発達し，その後の水分不足に耐性を示し，結果的に多収になることが明らかにされた[28]（表4-1-1，4-1-2）．これらの結果は，生育初期に梅雨に当たるわが国では，初期排水により根系の発達を促し，生育中期以降の吸水能を維持することが重要であることを示す．また，出芽時の多湿に伴う土壌中酸素の不足は，ダイズのその後の生育に悪影響を与えることが指摘されている[6]．地下水位を制御しうる条件では，根系による安定的な水分吸収が可能であり，地下水位を一定にした条件[8]，あるいは降雨条件に応じた地下水位の調節[80,81]によって収量が増加することが報告されている．実際，ダイズの多収記録は水分供給能の高い土壌で得られやすいとの指摘がなされている[83]．

1970〜1980年代には，理想的な生育経過の策定[19,20,30,33,34,35,53]あるいは望ましい水分や窒素供給を柱にした栽培条件[63,68,79]により多収を実証・解析する試験が各地で行われ，最高で600 kg/10a台の収量水準が得られている．しかし，1990年代になり，試験研究機関におけるこのような収量水準は報告されていない．

表4-1-1 開花前を湿潤土壌（湿潤区）と低水分土壌（乾燥区）に生育した後，稔実期を低水分条件下で生育したダイズの収量と収量構成要素（平沢，1998）

| 区 | 全莢数 (個体当たり) | 精粒数 (個体当たり) | 百粒重* (g) | 精粒重* (個体当たり) A (g) | 部分刈収量 (Mg/ha) | 茎重 (個体当たり) B (g) | A/B (g/g) |
|---|---|---|---|---|---|---|---|
| 湿潤区 | 35.6 a** | 58.4 a | 26.3 a | 15.4 a | 3.07 a | 6.6 a | 2.3 a |
| 乾燥区 | 39.0 a | 67.0 b | 27.3 a | 18.3 b | 3.55 b | 7.7 a | 2.4 a |

(注) * 含水率15%  ** 異なるアルファベット間には5%水準で有意差がある．

表4-1-2 開花前を湿潤土壌（湿潤区）と低水分土壌（乾燥区）に生育した後，稔実期を湿潤土壌に生育したダイズの収量と収量構成要素（平沢，1998）

| 区 | 全莢数 (/m²) | 着莢率 (%) | 百粒重* (g) | 精粒重* (g/m²) | 部分刈収量 (Mg/ha) | 茎重 (g/m²) | 粒茎比 |
|---|---|---|---|---|---|---|---|
| 湿潤区 | 663.0 a** | 55.5 a | 27.1 a | 292.1 a | 3.04 a | 121.1 a | 2.40 a |
| 乾燥区 | 701.4 a | 64.5 b | 28.2 a | 338.1 b | 3.42 b | 117.2 a | 2.87 b |

(注) * 含水率15%  ** 異なるアルファベット間には5%水準で有意差がある．

## 2）シンク活性と収量成立

### (1) ソース・シンク関係と収量成立

　作物の収量は，光合成器官（ソース）で同化された光合成産物がその受容器官（シンク）に蓄積された量によって決定されることから，作物の収量決定要因をソース能とシンク能に分けて解析することができる．ダイズ個体群においては，収量は莢数，粒数によって強く規制されるとする報告が多く[4,75,89,91]，シンク能が収量を規制していることを示唆する．一方，粒数の人為的増加処理は一粒重の減少に相殺されて収量増加に結びつかないとする報告[25]や，摘莢による莢数制限は収量減を招かないとする報告[27,54]もあり，これらの報告はソース能が収量を規制している可能性を示す．このような相反する結果は，ソース能とシンク能の複雑な相互関係を反映したものであり，両者の相互関係はソースとシンク器官の発育過程や環境条件によって動的なものとして理解する必要がある．生育時期別の遮光処理（ソース能制限，図4-1-2）や摘莢処理・灌水（シンク容調節）により両者の相互関係を解析した結果では，子実肥大初期に至る期間ではソース能が，子実肥大期においてはシンク能が，それぞれより大きく収量を決定する要因であることが示された[41]．

　ダイズ個体内の部位や節位間におけるソース-シンクについても多くの研究がなされた[1,7,31,78,86,87,92,94]．シンク能がソース能に影響していることは，摘莢により葉の光合成能が低下すること[52,59,76]

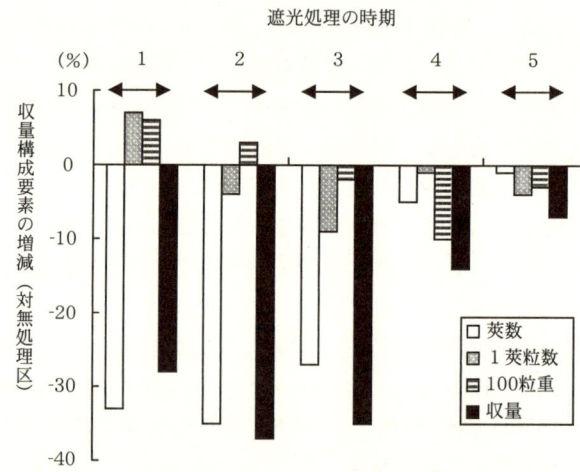

図4-1-2　生育時期別の遮光処理が収量構成要素に及ぼす影響（国分，1988）
遮光処理（遮光率50％，10日間）の時期：1 開花盛期，2 莢伸長期，3 子実肥大初期，4 子実肥大中期，5 子実肥大後期．品種：ライデン．

表4-1-3　草型，葉位および生育時期と $^{14}CO_2$ 同化産物の同化効率，転流率との関係（国分，1988）．

| 草型 | $^{14}CO_2$供与葉* | 同化効率** | | | 転流率** | | |
|---|---|---|---|---|---|---|---|
| | | 開花期 | 莢伸長期 | 粒肥大期 | 開花期 | 莢伸長期 | 粒肥大期 |
| | | ——×10³dpm/cm²—— | | | ——%—— | | |
| 標準型 | L-3 | 48.0 | 125.8 | 68.1 | 70.8 | 68.0 | 74.3 |
| | L-8 | 30.0 | 40.3 | 50.4 | 83.3 | 46.3 | 40.5 |
| | BL-13(8) | 15.7 | 41.1 | 47.5 | 45.1 | 61.9 | 76.7 |
| 主茎型 | L-3 | 60.9 | 124.8 | 84.0 | 69.4 | 60.8 | 66.1 |
| | L-8 | 28.5 | 58.9 | 59.9 | 62.8 | 68.5 | 34.5 |
| | L-12 | − | 37.6 | 11.4 | - - | 39.0 | 68.1 |

\* 葉位は主茎最頂位を1として下方に数えた．BLは分枝葉で，開花期のみ主茎第8葉，他の時期は主茎第13葉に着生した分枝葉に供与した．
\*\* $^{14}CO_2$供与24時間後にサンプリングして，各器官に分けて放射能強度を測定し，以下の計算式から算出した．
　　同化効率＝（全植物体の放射能強度）÷（$^{14}CO_2$供与葉の葉面積）
　　転流率＝（$^{14}CO_2$供与葉を除いた植物体の放射能強度）÷（全植物体の放射能強度）
　　供試品種：ナンブシロメ

や一部の葉の遮光により残りの葉の光合成能が高まること[69,93]から推定された．この反応は短期間に起こるが，長期的にもシンクが形成された生殖生長期には栄養生長期に比べ光合成速度が高まること[9,23,24]や同じ品種でも莢数が多いほど光合成速度が高まること[16]からもシンク能が光合成能を規制していることが裏付けられた．ダイズのシンク能がどのような生理的機構で光合成能を規制するかについては統一的な見解が得られていない[48]．同化産物の移動に関しては，$^{14}C$同化産物の転流の様相などから解析され，葉序による影響が大きいこと[7,86,87,94]，葉の発育時期[92]，葉位やシンクの近接度[7,86,92,94]によって支配されることが明らかにされた．一方個体内のソース－シンク関係について解析がなされ[1,41]，主茎と分枝の関係を個体全体でみた場合，主茎上位節と中位節で一つの，主茎下位節・根と分枝とでもう一つの，計二つの大きなソース－シンク単位が認められた[41]（表4-1-3）．さらに，葉（ソース）に対する莢（シンク）の比率は主茎下位節で小さいのに対して分枝では大きく，このことが葉位による同化能や転流率に影響を与えていることが示唆された[41]．

## （2）シンク容量の決定要因

　シンク能はシンクの容量（数×1個の潜在的な大きさ）や活性に分解して解析することができる．このうち，シンク容量を構成する数や1個重は環境要因の影響を受けやすい．特にシンクの数（莢数，粒数）は水ストレス[37,74]や受光量[41]の低下によって大幅に減少する．最終収量の70％以上が形成される有効開花期間は比較的短く，有限型では10日間，無限でも15日間であった[98,99]．多収には開花期前後の物質生産を促進し[4,46]，総開花数を多くすることが必要であると指摘された[72,73]．シンク容量の変動を花房の次位別に観察すると，低次位では栽植密度や施肥量などの環境要因の影響を受けにくいことが明らかにされている[46,50,51,95]．ダイズの落花・落莢は，茎葉，根粒，花器の間での光合成産物の競合により，花器への光合成産物の供給不足によって生ずると推定されている[36,48]．花房内においては基部に着生した花ほど莢に発達する割合が高く，それにはサイトカイニンの花房内分布が密接に関係していることが示唆された[45]．

　子実収量は子実（シンク）形成期間の長さとその期間における子実形成速度の積として捉えることができることから，両者と収量との関係が解析された．ダイズの子実形成過程は，開花から次の直線的な増加期の開始まで，直線的な増加期間，そして直線的増加期の終了から成熟期までの三つの期間に分けることができる．子実への物質蓄積は直線的な増加期に大部分がなされることから，この期間と収量との関係について多くの検討がなされた．これらの報告の多くは，直線的増加期における増加速度と子実収量とに相関は認められず[10,11,12]，子実収量は増加期間の長さと密接な相関があった[10,11,55]．子実重の増加速度は子葉の細胞数と密接な相関関係にあり[14]，子実重の増加開始後は温度や土壌水分などの環境要因の影響を受けにくい[13,22,56]．これに対し，直線的増加期間の長さはこれらの環境要因の影響を受けて変動しやすく，高温や水ストレスはこの期間を短縮して減収になる[13,55]．このように直線的増加期間の長さが収量と密接な相関にあることから，多収品種の選抜指標としての妥当性が検討された[15,21,70,88]．一方，開花期から直線的増加開始までの期間，すなわちlag phaseは多収品種で長い傾向があることが認められた[41]．lag phaseは莢数が決定される重要な時期であり，この期間が長いほど結莢に要する同化産物の供給が多くなることが考えられる．また，lag phaseにおける花器の養分要求量はその後の直線的増加期に比べて比較的少ないと思われるので，この期間が長ければ直線的増加期以前に作物体内に貯蔵される養分量がそれだけ多くなるものと推定される．この推定を裏付ける報告はないが，lag phaseにおける同化産物の分配，貯蔵及び再利用の実態は，ダイズの収量成立上重要な問題なので，今後さらに検討を要する．

（国分　牧衛）

## 引用文献

1) 赤尾勝一郎ほか．ダイズによる$^{14}$C同化産物の主茎と分枝による転流の差異．土肥誌，53, 319-326 (1982)
2) 秋田重誠．炭水化物の動態．作物の生態生理．佐藤庚ほか共著．文永堂出版, 173-220 (1982)
3) 浅野目謙之・池田　武．ダイズ群落内の光環境が葉の窒素濃度，窒素蓄積量及び莢への窒素分配に及ぼす影響．日作紀, 69, 201-208 (2000)
4) 浅沼興一郎ほか．秋ダイズにおける乾物生産と栽植密度との関係．香川大学農学部学術報告, 28, 11-18 (1977)
5) 有賀武典．草性による大豆品種の分類．農業および園芸, 18, 669-670 (1943)
6) 有原丈二．ダイズ安定多収の革新技術 新しい生育のとらえ方と栽培の基本．農文協, 256 p. (2000)
7) Blomquist, R. V. and C.A. Kust. Translocation pattern of soybeans as affected by growth substances and maturity. Crop Sci., 11, 390-393 (1971)
8) Cooper, R. L. et al. Yield potential of soybean grown under a subirrigation/drainage water management system. Agron. J., 83, 884-887 (1991)
9) Dornoff, G. M. and R. M. Shibles. Varietal differences in net photosynthesis of soybean leaves. Crop Sci., 10, 42-45 (1970)
10) Dunphy, E. et al. Soybean yields in relation to days between specific developmental stages. Agron. J., 71, 917-920 (1979)
11) Egli, D. B. and J. E. Legget. Dry matter accumulation patterns in determinate and indeterminate soybeans. Crop Sci., 13, 220-222 (1973)
12) Egli, D. B. Rate of accumulation of dry weight in seed of soybeans and its relationship to yield. Can. J. Plant Sci., 55, 215-219 (1975)
13) Egli, D. B. and I.F. Wardlaw. Temperature response of seed growth characteristics of soybeans. Agron. J., 72, 560-564 (1980)
14) Egli, D.B. et al. Control of seed growth in soybeans [*Glycine max* (L.) Merrill]. Ann. Bot., 48, 171-176 (1981)
15) Egli, D. B. et al. Genotypic variation for duration of seed fill in soybean. Crop Sci., 24, 587-592 (1984)
16) Enos, W. T. et al. Interactions among leaf photosynthetic rates, flowering and pod set in soybeans. Photosynth. Res. 3, 273-278 (1982)
17) Evans, L. T. Crop evolution, adaptation and yield. Cambridge University Press, Cambridge, UK, 500 p. (1993)
18 Ford, D.M. et al. Growth and yield of soybean lines selected for divergent leaf photosynthetic sbility. Crop Sci., 23, 517-520 (1983)
19) 藤井弘志ほか．大豆多収への挑戦 (1)．農業および園芸, 62, 527-534 (1987)
20) 藤井弘志ほか．大豆多収への挑戦 (2)．農業および園芸, 62, 617-621 (1987)
21) Gay, S. et al. Physiological aspects of yield improvements in soybeans. Agron. J., 72, 387-391 (1980)
22) Gent, M. P. N. Rate of increase in size and dry weight of individual pods of field grown soya bean plants. Ann. Bot., 51, 317-329 (1983)
23) Ghorashy, S. R. et al. Internal water stress and apparent photosynthesis with soybeans differing in pubescence. Agron. J., 63, 674-676 (1971)

24) Gordon, A. J. *et al*. Soybean leaf photosynthesis in relation to maturity classification and stage of growth. Photosynth. Res., 3, 81-93 (1982)
25) Hardman, L. L. and W. A. Brun. Effect of atmospheric carbon dioxide enrichment at different developmental stages on growth and yield components of soybeans. Crop Sci., 11, 886-888 (1971)
26) 橋本鋼二ほか. ダイズ新品種「タチユタカ」の育成. 東北農試研報, 77, 27-44 (1988)
27) Hicks, D. R. and J. W. Pendleton. Effect of floral bud removal on performance of soybeans. Crop Sci., 9, 435-437 (1969)
28) 平沢 正. 湿潤環境における作物の生理生態的特徴と水分欠乏. 日作紀, 67 (別2), 185-186 (1991)
29) 堀江正樹ほか. 作物の諸特性についての統計学的研究. 第10報 大豆諸形質の品種内個体間変異についての考察. 日作紀, 40, 230-236 (1971)
30) 星野四郎・池主俊昭. 大豆の新しい生態型品種の特性と作期別高位生産 新潟農試研報, 33, 1-11 (1984)
31) Hume, D. J. and J. G. Criswell. Distribution and utilization of $^{14}C$-labelled assimilates in soybeans. Crop Sci., 13, 519-524 (1973)
32) 池田 武. ダイズ個体群の純生産に関わる要因. 日作紀, 69, 12-19 (2000)
33) 石井和夫. 東北地域における大豆に対する肥培管理 (1). 農業および園芸, 58, 1394-1398 (1983).
34) 石井和夫. 東北地域における大豆に対する肥培管理 (2). 農業および園芸, 58, 1500-1502 (1983)
35) 石井和夫. 東北地域における大豆に対する肥培管理 (3). 農業および園芸, 59, 51-56 (1984)
36) 石塚潤爾. マメ科穀類. 作物比較栄養生理, 田中 明編, 学会出版センター, 159-175 (1982)
37) 加藤一郎. 大豆における脱落花器及び不稔実粒の組織学的並びに発生学的研究. 東海近畿農試研報, 11, 1-52 (1964)
38) 川嶋良一. 大豆の葉の調位運動に関する研究. 第1報 調位運動と葉面受光. 日作紀, 38, 718-729 (1969)
39) 川嶋良一. 大豆の葉の調位運動に関する研究. 第2報 調位運動の基本型とその物質生産上の意義. 日作紀, 38, 730-742 (1969)
40) Kokubun, M. and I. F. Wardlaw. Temperature adaptation of *Glycine* species as expressed by germination, photosynthesis, photosynthate accumulation and growth. Jpn. J. Crop Sci., 57, 211-219 (1988)
41) 国分牧衛. 大豆の Ideotype の設計と検証. 東北農試研報, 77, 77-142 (1988)
42) Kokubun, M. and S. Shimada. Diurnal change of photosynthesis and its relation to yield in soybean cultivars. Jpn. J. Crop Sci., 63, 305-312 (1994)
43) Kokubun, M. and S. Shimada. Relation between midday depression of photosynthesis and leaf water status in soybean cultivars. Jpn. J. Crop Sci., 63, 643-649 (1994)
44) 国分牧衛. まめ類. 作物学-食用作物編. 石井龍一編, 文永堂出版, 175-207 (2000)
45) Kokubun, M. and I. Honda. Intra-raceme variation in pod-set probability is associated with cytokinin content in soybeans. Plant Prod. Sci., 3, 354-359 (2000)
46) 郡健次ほか. ダイズ収量成立過程における花器の分化と発育について-時期別遮光が花蕾数と結莢率に及ぼす影響-. 日作紀, 67, 79-84 (1998)
47) Kumura, A. Studies on dry matter production in soybean plant. 5. Photosynthetic system of soybean plant population. Proc. Crop Sci. Soc. Japan, 38, 74-90 (1969)
48) 玖村敦彦. 果実・種子の形成, 発育. 作物の生態生理, 佐藤庚ほか共著, 文永堂出版, 269-322 (1984)
49) 黒田栄喜：作物生産と光合成. 植物生産生理学. 石井龍一編, 朝倉書店, 6-34 (1994)
50) 黒田俊郎ほか. ダイズにおける花房次位別の花器脱落習性. 日作紀, 61, 74-79 (1992)
51) 黒田俊郎ほか. ダイズの花房次位別着莢におよぼす栽植密度の影響. 日作紀, 61, 426-432 (1992)

52) Lawn, R. J. and W. A. Brun. Symbiotic nitrogen fixation in soybeans. 1. Effects of photosynthetic source – sink manipulations. Crop Sci., 14, 11-16 (1974)
53) 松本重男・朝日幸光．生育経過型からみた夏大豆の子実生産力向上に関する研究．九州農試報，19, 13-60 (1977)
54) McAlister, D. F. and O. A. Krober. Response of soybeans to leaf and pod removal. Agron. J., 50, 674-677 (1958)
55) McBlain, B. A. and D. J. Hume. Physiological studies of higher yield in new, early-maturing soybean cultivars. Can. J. Plant Sci., 60, 1315-1326 (1980)
56) Meckel, L. *et al*. Effect of moisture stress on seed growth in soybeans. Agron. J., 76, 647-650 (1984)
57) 御子柴公人ほか．大豆新品種「タマホマレ」の育成とその特性について．長野県農試報告，38, 3739 (1984)
58) 御子柴公人監修．写真図解 転作ダイズ400キロどり．農文協，160 p. (1990)
59) Mondal, M. H. *et al*. Effects of sink removal on photosynthesis and senescence in leaves of soybean (*Glycine max* L.) plants. Plant Physiol., 61, 394-397 (1978)
60) 永田忠男．大豆の無限伸育性の育種学的意義．第3報 有限無限伸育性品種の結実過程の差異－a. 莢および種子の生長と成熟．育種学雑誌，17, 25-32 (1967)
61) 中村茂樹ほか．東北地域のダイズ新旧奨励品種の特性比較．東北農試研報，60, 151-160 (1979)
62) 中世古公男．豆類の乾物生産特性に関する研究．北大農邦文紀要，14, 103-158 (1984)．
63) 中世古公男ほか．水田転換畑多収ダイズの乾物生産特性．日作紀，53, 510-518 (1984)
64) 中世古公男．まめ類．作物学各論，石井龍一ほか編，朝倉書店，60-85 (1999)．
65) 大泉久一．大豆の分枝発生機構並びにその栽培学的意義に関する研究．東北農試研報，25, 1-95 (1962)
66) 小島睦男．ダイズ品種における光合成能力の向上に関する研究．農技研報，D 23, 97-154 (1972)
67) 大川泰一郎ほか．ダイズ品種エンレイとタチナガハの収量，乾物生産の異なる要因の生理生態学的解析．日作紀，68, 105-111 (1999)
68) 大沼 彪ほか．水田転換畑だいずの多収実証と生育型について．山形農試研報，9, 12-26 (1975)
69) Peet, M. M. and P. J. Kramer. Effects of decreasing source/sink ratio in soybeans on photosynthesis, photorespiration, transpiration and yield. Plant Cell Environ., 3, 201-206 (1980)
70) Reicosky, D. A. et al. Soybean germplasm evaluation for length of the seed filling period. Crop Sci., 22, 319-322 (1982)
71) 斉藤邦行ほか．ダイズ複葉の運動と環境条件との関係．第3報 イネとダイズ個体群内の微細環境の比較．日作紀，63, 480-488 (1994)
72) 斉藤邦行ほか．ダイズ収量成立過程における花器の分化と発育について－莢数と花蕾数の関係－．日作紀，67, 70-78 (1998)
73) 斉藤邦行ほか．ダイズ花房内位置による開花・結莢の相違．日作紀，68, 396-400 (1999)
74) 斉藤邦行ほか．土壌水分の欠乏がダイズの開花結実に及ぼす影響－エンレイと東山69号の比較－．日作紀，68, 537-544 (1999)
75) Schou, J. B. *et al*. Effects of reflectors, black boards, or shades applied at different stages of plant development on yield of soybeans. Crop Sci., 18, 29-34 (1978)
76) Setter, T. L. *et al*. Stomatal closure and photosynthetic inhibition in soybean leaves induced by petiole girdling and pod removal. Plant Physiol., 65, 884-887 (1980)
77) Shibles, R. M. and C. R. Weber. Leaf area, solar radiation interception and dry matter production by

soybeans. Crop Sci., 5, 575-577 (1965)
78) Shibles, R. M. *et al*. Carbon assimilation and metabolism. Soybeans : Improvement, Production and Uses, 2nd edition, J. R Wilcox ed., ASA, CSSA, SSSA, 535-588 (1987)
79) 島田信二ほか．山陽地域の水田転換畑高収量ダイズに対する播種期および栽植密度の効果．日作紀, 59, 257-264 (1990)
80) Shimada, S. *et al*. Effects of water table on physiological traits and yield of soybean. 1. Effects of water table and rainfall on leaf chlorophyll content, root growth and yield. Jpn. J. Crop Sci., 64, 294-303 (1995)
81) Shimada, S. *et al*. Effects of water table on physiological traits and yield of soybean. 2. Effects of water table and rainfall on leaf water potential and photosynthesis. Jpn. J. Crop Sci., 66, 108-117 (1997)
82) 白岩立彦ほか．ダイズ品種の光エネルギー変換効率と受光態勢ならびに葉身窒素濃度との関係．日作紀, 63, 1-8 (1994)
83) 庄子貞雄・前　忠彦．無機養分と水の動態．作物の生態生理, 佐藤庚ほか共著, 文永堂出版, 97-171 (1984)
84) Sinclair, T. R. and J. E. Sheehy. Erect leaves and photosynthesis in rice. Science, 283, 1456-1457 (1999)
85) Specht, J. E. *et al*. Soybean yield potential-a genetic and physiological perspective. Crop Sci., 39, 1560-1570 (1999)
86) Stephenson, R. A. and G. L. Wilson. Patterns of assimilate distribution in soybeans at maturity. 1. The influence of reproductive developmental stage and leaf position. Aust. J. Agric. Res., 28, 203-209 (1977)
87) Stephenson, R. A. and G. L. Wilson. Patterns of assimilate distribution in soybeans at maturity. 2. The time course of changes in $^{14}$C distribution in pods and stem sections. Aust. J. Agric. Res., 28, 395-400 (1977)
88) Swank, J. C. *et al*. Seed growth characteristics of soybean genotypes differing in duration of seed fill. Crop Sci., 27, 85-89 (1987)
89) 田口啓作・大庭寅雄．大豆の栄養生長と子実収量との関係．東北農試研報, 14, 36-44 (1958)
90) 高橋信夫・御子柴公人．ダイズの多収性育種．わが国におけるマメ類の育種, 小島睦男編, 農業研究センター, 265-285 (1987)
91) Tanaka, A. *et al*. Yield of soybeans as influenced by genetic characteristics, climatic conditions, and nitrogen nutrition. Soil Sci. Plant Nutr., 30, 533-541 (1984)
92) Thaine, R. *et al*. Translocation of labelled assimilates in the soybean. Aust. J. Biol. Sci., 12, 349-372 (1959)
93) Thorne J. H. and H. R. Koller. Influence of assimilate demand on photosynthesis, diffusive resistances, translocation, and carbohydrate levels of soybean leaves. Plant Physiol., 54, 201-207 (1974)
94) Thrower, S. L. Translocation of labelled assimilates in the soybean. 2. The pattern of translocation in intact and defoliated plants. Aust. J. Biol. Sci., 15, 629-649 (1962)
95) 鳥越洋一ほか．ダイズの発育形態と収量成立に関する研究．第2報　花房着生の規則性と次位別花房の開花習性．日作紀, 51, 89-96 (1982)
96) 渡辺　巌ほか．「大豆調査基準」における「草型」の分類について．日作紀, 44, 479-480 (1975)
97) 山内富士雄．大豆の子実生産に関する解析的研究．第2報　栽植密度と収量性の関係．北海道農試研報, 108, 33-44 (1974)
98) 由田宏一ほか．ダイズにおける個体内の開花時期と子実生産．第1報　開花日別にみた莢実の生長経過．日作紀, 52, 555-561 (1983)

99) 由田宏一ほか. ダイズにおける個体内の開花時期と子実生産. 第2報 開花日別にみた着莢率, 着莢相および収量諸形質. 日作紀, 52, 567-573 (1983)

## 2. ストレスに対する反応

### 1) 水ストレス：多湿と乾燥

わが国のダイズ作は，水田転換畑での栽培が約8割（平成13年度）を占めている．そのため，ダイズの水分生理に関する研究は，水田転換畑で多発する湿害と，普通畑，水田転換畑の両方で発生する干害について主に研究が行われてきた．ここでは土壌水分の過多，過少がダイズ植物体へ与える影響と，その対応策に関して概括する．

**（1）湿害**

土壌水分過剰による湿害は，根圏の酸素不足が直接的に，あるいは土壌や土壌微生物の変化を介して間接的に植物体に影響を与えるが[69]，発芽時と生育時ではその発生様相が基本的に異なっている．

**i) 出芽期の湿害** わが国の多くの地域では発芽時が梅雨に重なるため，発芽時の湿害回避が重要となる．種子が吸水し，発芽を始めると貯蔵成分が代謝され，呼吸が急激に増大するが[15]，この時に土壌水分過多や冠水により低酸素条件におかれると発芽不良を起こす．さらに，発芽時の低酸素条件による影響は，トウモロコシでは発芽以降は生育への影響は見られないが，ダイズはたとえ正常に発芽してもその後の生育が大きく抑制されてしまう[3]．

乾燥したダイズ種子が吸水する際，アミノ酸や糖などの種子成分が溶出し，その量には品種間差が認められ[70]，多湿条件下の発芽率は，種子成分の溶出程度と出芽率の間に負の相関が認められている[71]．特に乾燥種子からの急激な吸水は細胞，組織の破壊を引き起こすため[19]，予めダイズ種子の水分を15％程度に調整しておくと，湿害による出芽障害を大幅に軽減できることが明らかになっている（表4-2-1）[40]．

表4-2-1 ダイズ種子の水分調整の有無と湛水処理後の出芽率（長野間2000）．

| 播種前の水分調整 | 播種時の種子水分（％） | 湛水時間（時間） | 播種後日数と出芽率 | | |
|---|---|---|---|---|---|
| | | | 4日 | 5日 | 6日 |
| 無 | 8.9 | 0 | 77.1 | 93.8 | 100.0 |
| | | 48 | 35.4 | 50.0 | 60.4 |
| | | 72 | 22.9 | 35.4 | 43.8 |
| 有 | 15.6 | 0 | 100.0 | 100.0 | 100.0 |
| | | 48 | 87.5 | 97.9 | 100.0 |
| | | 72 | 66.7 | 83.3 | 91.7 |

発芽時の湿害回避には，種子への酸素供給を良好にする排水対策が抜本的な解決策であり，水田に形成されている耕盤の全面破砕による排水改良が，出芽・苗立に顕著な効果を示し[9]，播種可能期間の拡大にも有効であることが検証されている[10]．

発芽時の冠水あるいは多湿条件に対する抵抗性には品種間差がみられ[16,67,71]，黒ダイズが強い傾向にあり[67,71]，さらに2対の遺伝子の関与が示唆されており[16]，それらの知見を元に品種改良による発芽時の冠水抵抗性向上に関する試みも進められている[53]．

**ii) 生育期の湿害** ダイズの生育期においても，ダイズが高地下水位や湛水にさらされると湿害が発生する．

ダイズの生育期に恒常的に高地下水位にさらされると，根の総根長は短くなり，ほとんどが地表部に分布するようになる[50]．さらに好適な土壌水分のダイズに比べ，葉身の葉緑素含量が低くなり，光合成能も低下する[52]．湿害条件下では，植物体や葉身の窒素含有率[28,56]の低下が著しく，マグネ

シウム[56]やカルシウム[28,56]の含有率も低下する．根粒の窒素固定活性は，根圏の酸素濃度に極めて敏感であり[2]，土壌が湛水すると枯死，脱落する根粒が著しく増大し，根粒窒素固定活性はほとんど停止する[56]．一方，急激な湛水などの著しい被害を除き，通常は湿害によって葉の水ポテンシャルの大きな低下は認められないため[52,56]，光合成速度の低下は主に葉の窒素含量の低下による葉緑素含量の減少が原因である[56]．そのため，窒素追肥が湿害条件下の被害軽減に効果的である[39,56]．

18作物の耐湿性を検討したところ，ダイズはトウモロコシと同水準にあり，比較的耐湿性が強い作物に分級される[61]．また，数種のマメ科作物間の比較では，根の二次通気組織の発達が優れている作物ほど耐湿性に優れていることが報告されている[38]．さらにダイズの耐湿性については品種間差の存在も知られている[24,33,37]．高い地下水位や一時的湛水は，ダイズの生育，収量を大きく低下させることは明らかであり[50,56]，水田転換畑における生産性低下の大きな原因と考えられるため，現在，農業技術研究機構では，ダイズの耐湿性の向上に関する試験研究を重要課題として進めている[53]．

(2) 干　害

i) 水分欠乏ストレスの生理　日本は比較的降雨に恵まれている国であるが，多くの地域では降水量の時期的な分布がダイズの水分要求と一致せず，7月中下旬から8月下旬には蒸散量が降水量を上回るので，開花期から登熟期にあたる夏の降水条件は収量に大きく影響している[41,57]．特にこの時期は生殖生長時期と重なるため，水分欠乏ストレスは，花蕾数の減少，花器の脱落および百粒重の減少を引き起こしている[28,44]．落花・落莢によるシンク能の減少は，生育後期の光合成速度も低下させるので[25]，減収の大きな原因になる[44]．また，この落花・落莢は，減収だけでなく"青立ち"の原因ともなって[7]，コンバイン収穫を困難にしてしまうため，十分な対策が必要である．

土壌水分が不足すると，葉ではまず生長が抑制され，ついで気孔伝導度が低下して光合成速度が下位葉から低下する[32]とともに，葉の老化を大きく促進する[49]．ただし，葉の生長は水分欠乏ストレスが著しくない場合は，ある程度，回復できる[23]．また，ダイズの複葉でみられる葉の調位運動は，上層の葉の水分欠乏ストレスを緩和するのに貢献していることが明らかになっている[43]．

ダイズの葉から水が蒸散する際，土壌から葉に至る間に水の移動に対して大きな抵抗が存在しているが[12]，さらに極端な水分不足状態で生育した際には，根のスベリン化，リグニン化が起こり[5]，吸水する際の抵抗が一層増大してしまうため[48]，再度灌水しても吸水が困難になる．

盛夏にはダイズ栽培圃場からの蒸発散量は，関東地方で1日当たり6～7 mm程度に達する[31,54]．このような高い蒸散量に対して，それ以下の水分しかダイズが吸水できない場合，ダイズ植物体は気孔を閉じて蒸散量を減らすが，それと密接に並行して光合成速度が低下するため，収量は吸水量に規制されて葉面積の大きさには影響されなくなる[49]．その際，著しい水分欠乏に陥るまでは，外観上，大きな変化が見られないので留意が必要である．ダイズはイネやトウモロコシよりも要水量の大きい作物であり[11]，蒸散量と乾物生産[4]や収量[49]との間には，このようなメカニズム存在のために密接な関係があるので，蒸散要求量に見合った十分な水分供給が多収化にとって不可欠といえる．

ダイズの根系は土壌水分によって走向角や側根数が大きく左右される[29]．地下水位が低い時には，土壌表層と地下水面上約20 cmの範囲で根量が多くなる2局分布を示す[50]．梅雨時の降雨を回避して開花前まで乾燥条件で育てると，根系が土壌深くまで発達し，盛夏以降，土壌深層水の吸収に寄与して増収することから示されるように[13]，梅雨に遭遇する地方では，生育初期の土壌の多湿条件が根の発達を抑制して梅雨明け後の干害を助長していることに留意しなければならない[14,36,56]．

根粒の着生も土壌水分に大きく影響され，根粒着生に好適な土壌水分は pF 2.2～2.6 程度である[60]．そのため，地下水位面から上方 15～20 cm の範囲に根粒の着生が多く[30]，また，適切な灌水により根粒着生量を増やすことが可能である[58]．

水分欠乏ストレスは，吸収窒素の窒素代謝に関与する葉の硝酸還元酵素活性を低下させるとともに[6]，植物体の窒素含量[28]，リン[28]およびカルシウム含量[28,55]も大きく低下させる．また，根粒活性はダイズ植物体以上に土壌水分の影響が大きいので，土壌水分は根粒活性に大きく影響し[8]，適切な灌水は子実肥大期における根粒窒素固定量の増大に効果がある（図 4-2-1）[58,68]．

ⅱ) **灌水技術** 水田転換畑における灌水方法として，大別すると 3 種類ある．土壌がある程度，乾燥してから灌水する方法としては，水田の灌漑施設を利用し，地表から灌水する畦間灌水法と，暗渠施設を利用して地下から灌水する地下灌水法がある．さらに常時灌水する方法として，地下水位制御法がある．

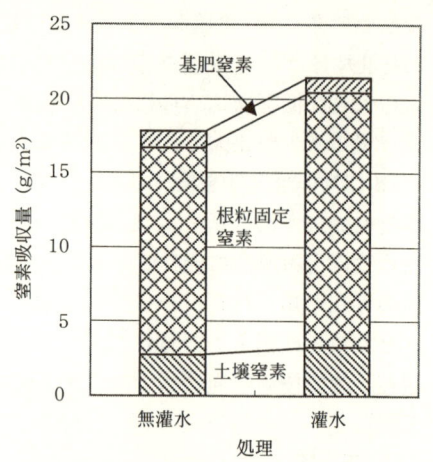

図 4-2-1 灌水が窒素吸収量に及ぼす影響
(高橋 1995)
供試系統：To1-0, To1-1．落葉分は除く．

水田転換畑の畦間灌水では，16 % から 55 % の増収が報告されている[21,34,36,59,65,66]．灌水時期としては開花期から約 2 週間が特に効果的である[58]．灌水を行うタイミングの目安としては，盛夏に無降水日が 7 日以上続き，土壌表面が白く乾いてきたとき[21,36]，あるいはダイズの生体を指標とする場合は，浸潤法[20]による気孔開度測定で指数 4 の液が浸透しない時点[31]が妥当とされている．特に開花後灌水は，徒長を起こさずに窒素追肥効果の発現や土壌窒素吸収量および根粒窒素固定量増大に貢献し，増収をもたらすことが示されている[58,68]．ただし，畦間灌水は，排水不良圃場での実施や，過剰な給水によっては湿害を発生させる危険があるので，圃場条件や灌水量を判断して実施する必要がある[21,58]．

暗渠施設を利用した地下灌水法は，無灌水区に比べ，最大 100 % の増収が図られ[42]，地上からの灌水に比べても 10 % 以上増収し[22]，その効果が高いことが示されている．

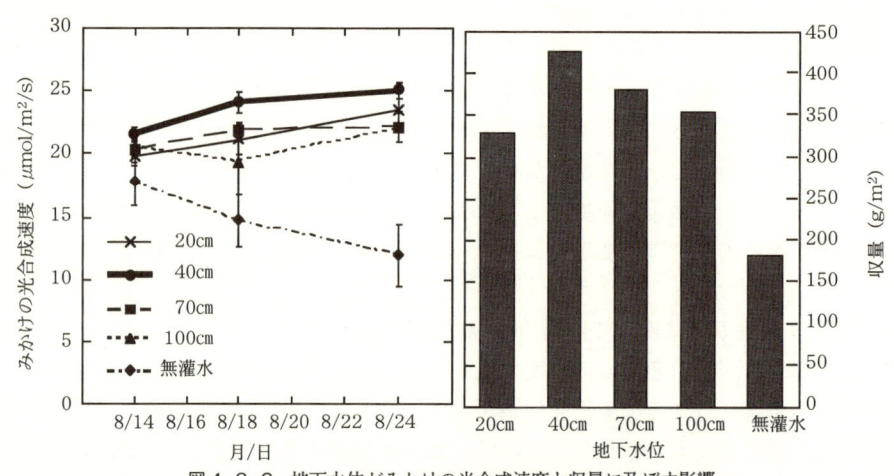

図 4-2-2 地下水位がみかけの光合成速度と収量に及ぼす影響
みかけの光合成速度の縦線は 6 反復の標準誤差を示す．
(Shimada ら 1995, 1997 一部改変)

汎用化水田等における地下水位制御機能を利用した灌水法として，地下水位制御法が検討されている．好適な地下水位の維持により，葉身の水分状態が良好となり，葉の葉緑素含量も増加し，その結果，みかけの光合成速度が向上して[50,52]，増収に大きく貢献することが明らかになっている（図4-2-2）[1,18,35,45,46,50,64]．最多収となる地下水位は20 cm[1]から70 cm[50]と幅が見られたが，40～50 cmを最適とする報告が多く[18,35,45,46,50,64]，好適地下水位が上下する原因として生育期間の降雨量の違いが指摘されている[50]．また，地下水位の変動は減収の大きな原因となるので[45,50]，地下水位の管理には留意が必要である．

ダイズの多収穫は，好適地下水位に維持された圃場において達成された事例が多い[17,47]ことからも，好適地下水位の維持がダイズの多収化に大きく貢献しうることを示している．

iii) **品種の耐干性** 畑作ダイズでは，みかけの光合成速度が午後に低下し始め，その低下が小さい品種では，茎基部からの出液速度が大きく，日中の葉身の水分状態が良好に保たれており[27]，その結果，干ばつ年の収量低下が少ないことが報告されている[26]．さらに，耐干性の強い品種は，土壌深層での根長が大きくて吸水量も多く，干ばつ下での葉面積と乾物生産が比較的高く維持されていることが明らかにされている[62,63]．

## (3) まとめ

ダイズ栽培において，土壌水分の過多の湿害と過少の干害は，異なるストレスであるが，降雨や土壌条件によってはそれらが交互に発生し，被害を助長している場合が多いと想定される．窒素を多量に必要とするダイズでは，根粒による窒素固定機能を活かすことが重要であるが，根粒窒素固定活性は水分欠乏，過湿による酸素欠乏の双方に極めて敏感で，根粒活性を最大にする好適土壌水分の幅はかなり狭いことが想定されるので[51]，今後，根粒の窒素固定を発揮させる栽培技術の開発が必要である．

夏期は，急激な栄養生長の増大と生殖生長が重なる重要な時期であるが，降水量が蒸散要求に見合わない地域が多く，灌水や下層土から相当量の水分供給が行われない限り物質生産は抑制される．多くの地域では初期生育の梅雨により根系が浅く貧弱になり易いため，梅雨時の排水による湿害防止とともに，盛夏の水分欠乏ストレスを回避する対策が重要な管理技術の一つであることを銘記しなければならない．

（島田　信二）

## 引用文献

1) 阿部盟夫・古野昭一郎・内田文雄．火山灰水田における効率的水利用に関する研究　第3報　転換畑における地下水位の高低と導入作物の生育について．栃木農試研報，27, 29-40 (1981)

2) 阿江教治．大豆根系の生理特性と増収問題．農及園，60, 679-683 (1985)

3) 有原丈二．ダイズ安定多収の革新技術－新しい生育のとらえ方と栽培の基本－．農文協，東京．256 p. (2000)

4) 長　智男・黒田正治・星川和俊．ポット栽培実験による土壌水分条件が植物生産に及ぼす影響の解明－農業地域における生産力評価に関する基礎的研究(III)－．農土論集，134, 9-18 (1988)

5) 福井重郎．土壌水分から見た大豆の生理・生態学的研究．農事試研報，9, 1-68 (1965)

6) 福徳康雄．ダイズの葉における硝酸同化に及ぼす水ストレスの影響．佐賀大学農学部彙報，80, 69-76 (1996)

7) 古谷義人・加藤　拡．早期陸稲及び夏大豆の登熟期における干ばつが収量品質に及ぼす影響．九州農試彙報，8, 409-422 (1963)

8) 浜口秀生・桑原真人. 大豆の根機能に及ぼす土壌条件の影響 2. 根粒の窒素固定能に及ぼす土壌水分の影響. 日作紀, 59 (別1), 158-159 (1990)
9) 原口暢朗. 麦わらを被覆した輪換畑大豆播種体系における耕盤全面心土破砕による初期生育安定効果－汎用水田の耕盤管理に関する研究（Ⅰ）－. 農土論集, 171, 145-151 (1994)
10) 原口暢朗. 輪換畑における麦あと大豆出芽時の湿害回避に及ぼす耕盤破砕効果の評価法. 農土論集, 172, 29-38 (1994)
11) 畑地と水編集委員会編. 畑地と水－畑地潅漑技術の進歩－. 農林水産技術会議事務局監修, 社団法人 畑地農業振興会, 東京. 25-72 (1984)
12) Hirasawa, T. and K. Ishihara. On resistance to water transport in crop plants for estimating water uptake ability under intense transpiration. Jpn. J. Crop Sci., 60, 174-183 (1991)
13) Hirasawa, T., K. Tanaka, D. Miyamoto, M. Takei and K. Ishihara. Effects of pre-flowering soil moisture deficits on dry matter production and ecophysiological characteristics in soybean plants under drought conditions during grain filling. Jpn. J. Crop Sci., 63, 721-730 (1994)
14) 平沢 正. 水環境が作物の生理・生態に及ぼす影響. 土壌の物理性, 72, 39-46 (1995)
15) 星川清親. "ダイズ." 新編食用作物. 養賢堂, 東京. 416-459 (1980)
16) Hou, F. F., F. S. Thseng, S. T. Wu and K. Takeda. Varietal differences and diallel analysis of pre-germination flooding tolerance in soybean seed. Bull. Res. Inst. Bioresour. Okayama Univ. 3, 35-41 (1995).
17) 稲垣輝幸・和田亮一・小中伸夫. 大豆・落花生の高位生産事例－昭和59年度全国豆類経営改善共励会－. 農業技術, 40, 260-265 (1985)
18) 石橋祐二・陣野久好・鶴内孝之. 水田転換畑における地下水位の高低と各種畑作物の生育・収量. 日作九支報, 49, 60-65 (1982)
19) 石田信昭・狩野広美・小林登史夫. NMRで見たダイズ種子の出芽阻害 —Soaking Effectの実態を探る—. 化学と生物, 27, 66-68 (1989)
20) 石原 邦・平沢 正. "気孔開度の測定 2 浸潤法". 北條良夫・石塚潤爾編, 最新作物生理実験法. 農業技術協会, 東京. 108-109 (1985)
21) 伊藤邦夫. ダイズ作におけるうね間かん水の効果. 農及園, 62, 299-304 (1987)
22) 伊藤邦夫・大西 将. 大豆作における地下かん水法. 農業技術, 43, 127-129 (1988)
23) 伊藤亮一・玖村敦彦. 水不足に対するダイズの馴化. 第3報 葉の生長の変化と, 葉の"伸長性", 圧ポテンシャルとの関係. 日作紀, 56, 109-114 (1987)
24) 国分喜治郎・村上昭一・長沢次男・橋本鋼二. 多湿な転換畑における大豆適品種の選定試験－3箇年の成績の総括－. 東北農業研究, 31, 89-90 (1982)
25) 国分牧衛. 大豆のIdeotypeの設計と検証. 東北農試研報, 77, 77-142 (1988)
26) Kokubun, M. and S. Shimada. Diurnal change of photosynthesis and its relation to yield in soybean cultivars. Jpn. J. Crop Sci., 63, 305-312 (1994)
27) Kokubun, M. and S. Shimada. Relation between midday depression of photosynthesis and leaf water status in soybean cultivars. Jpn. J. Crop Sci., 63, 643-649 (1994)
28) 昆野昭晨・福井重郎・小島睦男. 土壌水分が大豆の体内成分ならびに結莢におよぼす影響. 農技研報D, 11, 111-149 (1964)
29) Kono, Y., K. Tomida, J. Tatsumi, T. Nonoyama, A. Yamauchi and J. Kitano. Effects of soil moisture conditions on the development of root systems of soybean plants (*Glycine max* Merr.). Jpn. J. Crop Sci.,

56, 597-607 (1987)
30) 桑原真人. 大豆根の伸長・分布および根粒活性と土壌水分. 土壌の物理性, 57, 15-21 (1988)
31) 桑原真人・作山一夫・鈴木良則・工藤康文. 大豆の生体反応を指標にした水ストレス状態の把握. 日作紀, 59 (別1), 154-155 (1990)
32) 李 忠烈・津野幸人・中野淳一・山口武視. ダイズの耐乾性に関する生態生理学的研究 第1報 土壌水分の減少に伴う葉位別蒸散速度と光合成速度および根の呼吸速度の変化. 日作紀, 63, 215-222 (1994)
33) 松川 勲・谷村吉光・寺西 了・馬場宏治. 大豆の耐湿性に関する研究－湛水条件下における品種間差異－. 北海道立農試集報. 49, 32-40 (1983)
34) 松下真一郎・浅生秀孝. 転換畑大豆における畦間かん水の効果. 農業技術, 43, 125-127 (1988)
35) 宮川敏男・石丸治澄. 水田転換畑における大豆の栽培に関する研究 第2報 土壌水分の相違による秋大豆の生態反応. 日作九支報, 42, 40-41 (1979)
36) 三善重信・大賀康之・平野幸二. 転換畑ダイズ栽培におけるかん水時期について. 九州農業研究 48, 57 (1986)
37) 望月俊宏・松本重男. 秋ダイズの耐湿性の品種間差異. 日作紀, 60, 380-384 (1991)
38) 望月俊宏・高橋卯雪・島村 聡・福山正隆. 数種夏作マメ科作物の胚軸における二次通気組織の形成. 日作紀, 69, 69-73 (2000)
39) 村井 隆・山谷正治・土屋一成・金田吉弘・粟崎弘利. 低湿重粘土における大豆の湿害に対する窒素追肥の効果. 東北農業研究. 48, 135-136 (1995)
40) 長野間 宏. 不耕起播種機および栽培技術体系の開発と問題点. 日作紀, 70, 282-286 (2001)
41) 中村茂樹・湯本節三・高橋浩司・高田吉丈. 大豆の生育期間の気象と収量. 東北農業研究, 49, 81-82 (1996)
42) 置塩康之・岸本基男・加護谷栄章・小原敏男・大西隆夫・米谷 正・土肥 誠. 転換畑における地下かんがい技術の開発 第2報 地下かんがいによる土壌水分の分布と大豆の生育収量. 兵庫農総セ研報, 35, 25-32 (1987)
43) 斎藤邦行・菊入 誠・石原 邦. ダイズ複葉の運動と環境条件との関係. 第5報 運動の品種間差異. 日作紀, 64, 259-265 (1995)
44) 斉藤邦行・タリク マハムド・黒田俊郎. 土壌水分の欠乏がダイズの開花結実に及ぼす影響－エンレイと東山69号の比較－. 日作紀, 68, 537-544 (1999)
45) 世古晴美・佐村 薫・加護谷栄章・二見敬三・吉倉惇一郎・沢田富雄・青山喜典. 排水改良転換畑における大豆栽培の多収安定化 第3報 地下水位の高低と潅水の影響. 兵庫農総セ研報, 35, 21-24 (1987)
46) 柴田悖次・遠藤武男. 転換畑における地下水位の相違によるダイズの生育反応. 東北農業研究, 18, 104-107 (1976)
47) 島田信二・広川文彦・宮川敏男. 山陽地域の水田転換畑高収量ダイズに対する播種期および栽植密度の効果. 日作紀, 59, 257-264 (1990)
48) 島田信二・国分牧衛・佐藤允信. ダイズにおける出液速度と通導抵抗の関係. －登熟の進展および潅水量, 摘葉処理による影響－ 日作紀, 61 (別1), 134-135 (1992)
49) Shimada, S., M. Kokubun, H. Shibata and S. Matsui. Effect of water supply and defoliation on photosynthesis, transpiration and yield of soybean. Jpn. J. Crop Sci., 61, 264-270 (1992)
50) Shimada, S., M. Kokubun and S. Matsui. Effects of water table on physiological traits and yield of soybean. Ⅰ. Effects of water table and rainfall on leaf chlorophyll content, root growth and yield. Jpn. J. Crop Sci., 64, 294-303 (1995)
51) 島田信二. 豆科作物の根粒窒素固定能と酸素の関係. 根の研究, 5, 70-73 (1996)

52) Shimada, S., M. Kokubun and S. Matsui. Effects of water table on physiological traits and yield of soybean. II. Effects of water table and rainfall on leaf water potential and photosynthesis. Jpn. J. Crop Sci., 66, 108-117 (1997)
53) 島田信二. ダイズ新品種の開発動向. 今月の農業, 44, 37-42 (2000)
54) 凌 祥之・黒田正治・中野芳輔. 畑地の水消費と土壌中の上向き水分フラックスの解析. 農土論集, 188, 9-16 (1997)
55) Sorooshzadeh, A., N. N. Barthakur, S. Isobe and S. Sase. Water stress and photoperiod during seed-filling affect calcium distribution in soybean. Environ. Control in Biol., 37, 49-56 (1999)
56) 杉本秀樹. 水田転換畑におけるダイズの湿害に関する生理・生態学的研究. 愛媛大学農学部紀要, 39, 75-134 (1994)
57) 鈴木一男・三輪 晋・亀倉 寿. 極晩播大豆の子実収量と諸形質との関係及び気象要因の影響について. 千葉農試研報, 23, 41-47 (1982)
58) 高橋 幹. 北海道における田畑輪換安定のための新技術開発 (4) 灌水と追肥による輪換畑大豆の多収技術. 北海道農試研究資料, 53, 25-33 (1995)
59) 竹之内篤・芝田英明. 水田転換畑における中耕培土と灌水が大豆の生育と子実収量に及ぼす影響. 愛媛農試研報, 31, 73-79 (1992)
60) 田中伸幸・吉田 昭. 大豆生育初期における土壌水分と根粒着生. 山形農試研報, 17, 151-159 (1982)
61) 但野利秋・切本清和・青山 功・田中 明. 耐湿性の作物種間差―比較植物栄養に関する研究―. 土肥誌, 50, 261-269 (1979)
62) 飛田有支・平沢 正・石原 邦. 土壌水分低下に対するダイズの生育反応の品種間差. 日作紀, 64, 565-572 (1995)
63) 飛田有支・平沢 正・石原 邦. 低土壌水分条件におけるダイズの乾物生産と根系発達の品種間の相違. 日作紀, 64, 573-580 (1995)
64) 上野義視. 大豆に対する地下水位の高低とかん水の効果. 近畿中国農研, 58, 42-46 (1979)
65) 渡辺源六・高橋昌明. 大豆に対する畦間灌水の効果について. 東北農業研究, 31, 97-98 (1982)
66) 渡辺源六・遠山勝雄・高橋昌明. 転換畑における大豆の機械化多収栽培法確立に関する研究. 宮城農セ報, 50, 49-66 (1983)
67) 矢ヶ崎和弘・山田直弘・山口光彦・新津綾子. 耐湿性ダイズ品種の育成に関する研究 第1報「アヤヒカリ」,「タマホマレ」および「Peking」の冠水抵抗性. 北陸作物学会報, 29, 80-81 (1994)
68) 山県真人・金森哲夫. 温暖地転換畑におけるダイズの追肥窒素 ($^{15}N$) の吸収・分配に対する灌水の影響. 土肥誌, 61, 61-67 (1990)
69) 山崎 伝. 畑作物の湿害に関する土壌化学的並に植物生理学的研究. 農技研報 B, 1, 1-92 (1952)
70) 鄭 紹輝・川端美保. 浸水によるマメ科作物種子からのアミノ酸および糖の溶出. 日作紀, 69, 380-384 (2000)
71) 鄭 紹輝・綿部隆太. 浸水によるダイズ種子からの糖溶出と出芽の関係. 日作紀, 69, 520-524. (2000).

## 2) 低温ストレス

### (1) 低温による収量の低下

　北海道では,ダイズは約4年に1回冷害に遭遇して収量が減少する (図4-2-3). 冷害および耐冷性はいくつかの型に分類される. 冷害年の1964年度の実態調査により, マメ類の冷害の型として, 節数の減少によって示される生育不良型冷害, 節当たり莢数, 胚珠数, 稔実率の減少で表される障

害型冷害，一粒重の減少によって示される遅延型冷害の三つの型が報告された（農林水産技術会議事務局）[18]．後藤・成河[3]は，開花期や成熟期の反応および着莢障害等の品種間差異から，品種の低温に対する反応を遅延型，障害型，回避型，耐冷性の四つに分類した．黒崎ほか[16]は，甚だしい冷害年であった1993年の耐冷性の品種・系統間差異の解析の結果，障害型冷害抵抗性を真性抵抗性，回避型抵抗性，補償型抵抗性，緩衝型抵抗性の四つに分類した．

ダイズの耐冷性は，生育ステージによって異なる．鳥山・豊川[39]および斎藤・高沢[22]は，ダイズの生育時期別に低温処理を行い，処理の開始時期が開花期に近づくほど開花の遅延や莢数の減少が大きいことを明らかにした．三分一[24,25]は，生育初期からの低温による生理的な機能の低下が着莢および稔実に大きな影響を及ぼし，最終的な収量を左右することを報告した．湯本・土屋[42]は，十勝農試における24年間の気温と収量構成要素との関係を統計的に分析した．その結果，耐冷性の指標となる莢数は開花期後2～5半旬の気温によって年次変動の40～60%が説明され，開花期前7～8半旬の気温も有意な影響を持った．

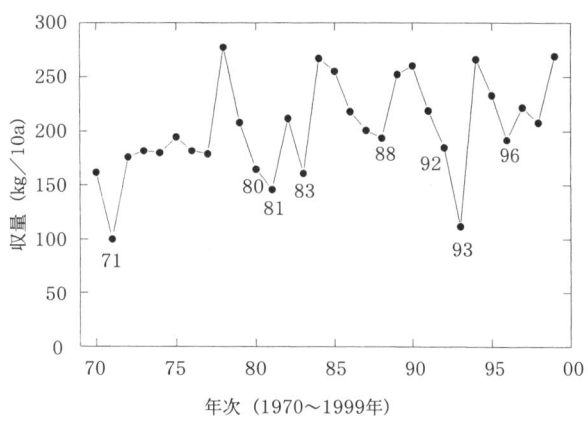

図4-2-3 過去30年の北海道におけるダイズの平均反収
（注）図中の数字は冷害年の年次

ダイズの耐冷性の検定には，①冷害年の生育および収量の解析，②冷害の気象状況に類似した北海道の山麓や沿海地域に設置した現地選抜圃場での解析と③人工気象室（ファイトトロン）での解析がある[24,25]．圃場で生じる冷害をファイトトロンで再現するのは従来困難であったが[24,25]，十勝農試豆類第1科[12]は，50%遮光条件下で開花始より15℃で4週間処理することにより，圃場で観察される耐冷性の品種間差異が再現される精度の高い検定が可能なことを明らかにした．

耐冷性には明らかな品種間差異が認められる[3,13,14,24,25]．後藤・成河[3]は，1964年の冷害年に耐冷性品種カリカチと低温感受性品種コガネジロの交配組み合わせによる$F_4$系統を供試して，耐冷性の遺伝分析を行った．その結果，稔実度，子実重の遺伝力はそれぞれ81.2%と83.1%と高い値を示し，早期選抜が可能なことが明らかになった．低温条件下での結莢能力は2個の主働遺伝子によって支配されているとの報告がある[14]．

耐冷性の生理機構については，明らかになっていない．Saito et al.[21]は，開花期前後の低温処理で花数を3個に制限した場合も結莢率の低下が認められることから，同化産物の供給低下を背景とした花間競合はほとんど考えられないとした．後藤・山本[2]，黒崎[15]は，ダイズの低温による落花，落莢は雌しべ側の受精能力低下によるものではなく，雄しべ側の機能異常によることを明らかにした．三分一[24,25]は，低温条件下での生育初期の茎長や乾物重の増加速度（初期生育力）と耐冷性の品種間差異との間に相関があることを報告した．三分一[24,25]は，生育不良型冷害は単に節数や分枝数の減少等の量的な効果を持つだけでなく，何らかの生理的機能障害をともなって収量にまで影響を及ぼすことを報告したが，その生化学的メカニズムは明らかになっていない．Takahashi and Shimosaka[34]は，耐冷性品種キタムスメの本葉2葉期の葉から低温誘導性遺伝子を2種類単離して解析したが，それらの遺伝子の機能および耐冷性との関わりは明らかになっていない．

耐冷性と他の形質との関連が報告されている．後藤・成河[3]は，無限伸育型の品種は有限伸育型

の品種に比べて開花期間が長く，開花が下位節の花から漸次上位に及ぶため，冷害を軽減できるとして回避型とした．一方，三分一[24,25]は，無限伸育型品種は有限伸育型品種より耐冷性が低く，しかも初期生育が劣るため，耐冷性育種への利用は難しいとした．後藤・成河[3]，三分一[24,25]は，葉形を支配する遺伝子 $Ln$ に関する準同質遺伝子系統や葉形の異なる系統群を調査し，葉形と耐冷性に関連があることを報告した．十勝農試豆類第1科[12]，黒崎[15]は，晩生の系統は早生系統よりも開花期耐冷性が高く，早晩性遺伝子の選抜によって耐冷性を間接的に強化できる可能性があることを明らかにした．また，三分一[24,25]，Singh et al.[28]は，毛茸の有無を支配する遺伝子 $Pl$ に関する準同質遺伝子系統を供試し，無毛系統は有毛系統より初期生育量および収量が低く，耐冷性も低いことを明らかにした．

　一般にへそ色が黄色の白目品種は毛茸が白色で，へそ色が褐色の褐目品種は毛茸が褐色であり，褐目品種は白目品種より耐冷性が高い傾向がある．耐冷性の品種間差異や，毛茸色とへそ色の両者が分離した集団の耐冷性の評価の結果，毛茸色を支配する遺伝子 $T$ が耐冷性と関連していると考えられてきた[3,17,27]．Takahashi and Asanuma[33]は，$T$ に関する準同質遺伝子系統に低温処理を行った結果，褐毛系統（$T$）の低温条件下での莢数，収量，窒素固定能力が白毛系統（$t$）より高いことを明らかにした．$T$ は，フラボノイド3'-ヒドロキシラーゼをコードしており，植物色素の一種のフラボノイドのB環の3'の位置に水酸基を付加する機能を持つ[1]．一般に3'に水酸基が付加されたフラボノイドはそうでないものに比べて抗酸化作用が大きいとされている[20]．また，褐毛品種と白毛品種の耐冷性の差異の原因としては，毛茸色によって微気象が変化して収量性に影響するとする説[17]や，花房内の開花様式の違いによるとする説[27]が提唱されている．Toda et al.[36]は，遺伝子 $T$ をクローニングした．形質転換実験により，遺伝子 $T$ と耐冷性機能との関係が明らかになることが期待される．以上のように，耐冷性の品種間差異を支配する遺伝子と生理的機構は，比較する品種の組み合わせによって様々に異なっていると考えられる．多くの交配組み合わせを供試してDNAマーカー等による詳細な遺伝分析を行うことにより，耐冷性の品種間差異の遺伝および生理機構の一端が明らかになると思われる．

　橋本・山本[5,6,7,8,9,10]は，障害型冷害が多窒素条件下で助長され，リン酸処理により軽減されることを明らかにした．薬剤散布による冷害回避の試みとしては，B-995が低温条件下での結莢率を高めるとのTanaka and Yamamoto[35]の報告がある．

## （2）低温によるへそ周辺着色と裂皮の発生

　開花期の低温によって種子のへそ周辺の褐変と裂皮が発生し，種子の外観品質が低下する（口絵図4-2-4）．1987年には北海道で生産されたダイズの28％にへそ周辺着色が発生した．北海道の基幹品種トヨムスメの抵抗性が不十分なため，十勝農試では1987年に59％，1991年に48％，1995年に85％の種子が着色した（北海道農政部）[11]．砂田・伊藤[29]はファイトトロンでの実験により，開花期前後の低温（15℃前後）によって白目大豆のへそ周辺に着色と裂皮が発生することを明らかにした．また，褐目品種においてはへその色調が濃くなり，へその着色範囲が拡大するのみで，へそ周辺着色は認められない[29]．作山ほか[23]は，東北地方でも着色粒が発生することを報告した．白目品種間にも明確な品種間差異が認められ[29,38,40]，抵抗性品種としてトヨコマチ等が育成されている[26]．岡ほか[19]は，へそ周辺着色は開花始からの低温処理よりも開花後1週間前後からの処理の方が甚だしいことを明らかにした．Takahashi[30]は，低温処理の開始時期を6段階にずらした実験を行うことにより，個々の花の低温感受性は，開花から次第に高まり約20日間持続することを明らかにした．ダイズ個体の開花期間の長さを考慮すると，この結果は砂田・伊藤[29]の圃場での観察と一致した．

Takahashi and Asanuma[33]，Takahashi[30] は，へそ色（種皮における色素の分布）を支配する遺伝子 *I* と毛茸色を支配する遺伝子 *T* に関する準同質遺伝子系統を低温処理し，白目品種と褐目品種の着色抵抗性を支配するのは，遺伝子 *I* ではなく遺伝子 *T* であることを明らかにした．Takahashi and Abe[31,32] は，白目品種間の着色抵抗性は2個程度の主働遺伝子によって支配されていることを明らかにした．そのうちの一つは早晩性を支配する遺伝子と考えられ，早晩性遺伝子 *E1* と *E5* には低温による種皮の着色と裂皮を抑制する機能がある[31,32]．岡ほか[19]，湯本・佐々木[41] は，へそ周辺着色が無リン酸処理によって助長されることを報告した．着色発生の原因は，遺伝子 *I* の機能[37] が低温によって低下するためであると推定されている[30]．また原ほか[4] は，開花期の低温によってへそ周辺着色を伴わない裂皮が発生することを報告した．

（高橋　良二）

## 引用文献

1) Buttery, B. R. and R. I. Buzzell. Varietal differences in leaf flavonoids of soybeans. Crop Sci. 13, 103-106 (1973)
2) 後藤和男・山本　正．豆類の冷害に関する研究．第3報　大豆の開花期低温が花粉の発芽及び受精に及ぼす影響．北海道農試彙報，100，14-19 (1972)
3) 後藤寛治・成河智明．"大豆の耐冷性に関する育種学的研究"．福井重郎編．大豆の育種．ラティス社．80-97 (1968)
4) 原　正紀・林　高見・鈴木健策．開花期の低温処理による大豆裂皮粒の多発とその品種間差異．東北農業研究，46，135-136 (1993)
5) 橋本鋼二・山本　正．豆類の冷害に関する研究．第1報　低温下の窒素供給条件が大豆の結莢，稔実におよぼす影響．日作紀，39，156-163 (1970)
6) 橋本鋼二・山本　正．豆類の冷害に関する研究．第2報　大豆の低温障害に及ぼす窒素供給時期の影響．日作紀，39，164-170 (1970)
7) 橋本鋼二・山本　正．豆類の冷害に関する研究．第4報　大豆の生育・収量におよぼす生殖生長初中期の低温と窒素質肥料との関係．日作紀，42，475-486 (1973)
8) 橋本鋼二・山本　正．豆類の冷害に関する研究．第5報　大豆の生育・収量におよぼす生殖生長初中期の低温と燐酸肥料ならびに施肥水準との関係．日作紀，43，40-46 (1974)
9) Hashimoto, K. and T. Yamamoto. Studies on cool injury in bean plants. VI. Direct and indirect effects of low temperature and levels of nitrogen and phosphorus in the nutrients on the yield components of soybean. Proc. Crop Sci. Soc. Jpn., 43, 52-58 (1974)
10) Hashimoto, K. and T. Yamamoto. Studies on cool injury in bean plants. VII. Sensitive stages to sterile type low temperature injury during floral bud development in relation to nitrogen status of soybean plants. Proc. Crop Sci. Soc. Jpn., 45, 288-297 (1976)
11) 北海道農政部．"平成9年度大豆・小豆の作柄に関する解析"．平成9年気象変動等による水稲・豆類の品質低下要因解析．85-98 (1998)
12) 北海道立十勝農試豆類第1科．大豆における開花期低温抵抗性の機作と検定条件および間接選抜指標（豆類（大豆，小豆）の耐冷性向上試験（1）大豆の着莢障害抵抗性品種の開発）．北海道農業試験会議（成績会議）資料．平成10年度，1-33 (1999)
13) Holmberg, S. A. Soybeans for cool temperate climate. Agric. Hort. Genet. 31, 1-20 (1973)
14) Hume, D. J. and A. K. H. Jackson. Pod formation in soybeans at low temperatures. Crop Sci., 21, 933-

937 (1981)

15) 黒崎英樹. ダイズの開花期抵抗性育種. 農業技術, 55, 446-450 (2000)
16) 黒崎英樹・湯本節三・角田征仁・田中義則・松川 勲. 大豆における1993年冷害の被害状況と今後の育種戦略. 第3報 障害型冷害に対する育種的対応. 育種・作物学会 北海道談話会報, 34, 40-41 (1993)
17) Morrison, M. J., H. D. Voldeng and R. J. D. Guillemette. Soybean pubescence color influences seed yield in cool-season climates. Agron., J. 86, 796-799 (1994)
18) 農林水産技術会議事務局. 昭和39年度北海道冷害調査報告. 165-180 (1966).
19) 岡 啓・高橋 幹・王 連敏. 白目大豆のへそ周辺着色粒の発生に及ぼす低温時期と期間の影響. 育種・作物学会北海道談話会報, 29, 22 (1989).
20) Pratt, D. E. "Role of flavones and related compounds in retarding lipid-oxidative flavor changes in foods". G. Charalambous and I. Katz eds. Phenolic, sulfur, and nitrogen compounds in food flavors. ACS Symposium Series 26. Am. Chem. Soc., Washington, USA. 1-13 (1976)
21) Saito, M., T. Yamamoto, K. Goto and K. Hashimoto. The influence of cool temperature before and after anthesis, on pod-setting and nutrients in soybean plants. Proc. Crop Sci. Soc. Jpn., 39, 511-519 (1970)
22) 斎藤正隆・高沢 寛. 大豆に対する低温の影響について II. 生育時期別の低温処理が生育並びに収量におよぼす影響. 北海道農試彙報, 58, 26-31 (1962)
23) 作山一夫・沼田 聡・高橋良治. 極小粒大豆「コスズ」の晩播における子実の品質特性. 東北農業研究, 42, 107-108 (1989)
24) 三分一敬. 大豆の耐冷性に関する育種学的研究. 道立農試報, 28, 1-57 (1979)
25) 三分一敬. "耐冷性". 小島睦男編. わが国におけるマメ類の育種. 農水省農業研究センター研究叢書 第10号 231-264 (1987)
26) 佐々木紘一・砂田喜與志・紙谷元一・伊藤 武・酒井真次・土屋武彦・白井和栄・湯本節三・三分一敬. だいず新品種「トヨコマチ」の育成について. 北海道立農試集報, 60, 45-58 (1990)
27) Schori, A. and T. Gass. Description of two flowering types and $F_2$ segregation in relation to pubescence color. Soybean Genet. Newsl., 21, 156-160 (1994)
28) Singh, B. B., H. H. Hadley and R. L. Bernard. Morphology of pubescence in soybeans and its relationship to plant vigor. Crop Sci., 11, 13-16 (1971)
29) 砂田喜與志・伊藤 武. 大豆生育期の低温処理が品質に及ぼす影響(臍周辺の着色と種皮の裂皮). 育種・作物学会北海道談話会報, 22, 34 (1982)
30) Takahashi, R. Association of soybean genes *I* and *T* with low-temperature induced seed coat deterioration. Crop Sci., 37, 1755-1759 (1997)
31) Takahashi, R. and J. Abe. Genetic and linkage analysis of low temperature-induced browning in soybean seed coats. J. Hered., 85, 447-450 (1994)
32) Takahashi, R. and J. Abe. Soybean maturity genes associated with seed coat pigmentation and cracking in response to low temperatures. Crop Sci., 39, 1657-1662 (1999)
33) Takahashi, R. and S. Asanuma. Association of *T* gene with chilling tolerance in soybean. Crop Sci., 36, 559-562 (1996)
34) Takahashi, R. and E. Shimosaka. cDNA sequence analysis and expression of two cold-regulated genes in soybean. Plant Sci., 123, 93-104 (1997)
35) Tanaka, S. and T. Yamamoto. Studies on cool injury in bean plants. VIII. The effects of B-995 on the pod-setting of soybeans under the cool temperature condition. Proc. Crop Sci. Soc. Jpn., 49, 120-126

(1980)

36) Toda, K., D. Yang, N. Yamanaka, S. Watanabe, K. Harada and R. Takahashi. A single-base deletion in soybean flavonoid 3'-hydroxylase gene is associated with gray pubescence color. Plant Mol. Biol., 50, 187-196 (2002)
37) Todd, J. J. and L. O. Vodkin. Duplications that suppress and deletions that restore expression from a chalcone synthase multi-gene family. Plant Cell, 8, 687-699 (1996)
38) 土屋武彦・手塚光明・土屋俊雄・服部 洋・鈴木清史. 白目大豆の臍周辺着色粒の発生について. 育種・作物学会北海道談話会報, 28, 18 (1988)
39) 鳥山国士・豊川良一. 大豆の低温障害に関する研究. 日作紀, 25, 197-198 (1957)
40) 湯本節三・伊藤 武. 1987年産白目大豆における臍周辺着色粒発生程度の品種間差異. 育種・作物学会北海道談話会報, 29, 21 (1989)
41) 湯本節三・佐々木紘一. 白目大豆の低温処理による着色粒発生程度の検定. 育種・作物学会北海道談話会報, 30, 39 (1990).
42) 湯本節三・土屋武彦. ダイズ品種における収量構成要素の年次変動と気温との関係. 育種・作物学会北海道談話会報, 32, 6-7 (1991)

## 3. 省力栽培技術

### 1) 不耕起栽培の現状

わが国のダイズ栽培の省力化は, 作業の機械化, 機械化で可能になった施肥・播種など作業の統合, 除草剤の実用化によって省力化が進んだ[27]. 作業の合理化を進めるには作業の機械化, 作業の統合のほかに作業の省略がある[22]. ここでは, 播種前の耕起を省略あるいは簡略化する栽培法と中耕・培土を省略する栽培法について取り上げる.

北海道では明治期から耕起整地後に播種する体系であったが, 府県で全面を耕起・整地後に播種する体系が普遍化するのは昭和40年代後半に水田利用再編対策が始まった後で, それ以前は播種前に全面を耕起・整地することなく手播きする不耕起播きの体系が大部分であった[27]. 1998年に不耕起播種されたダイズは154 haに過ぎない[45].

現在の日本のダイズは主に水田転換畑に作付けられている[45]. 転換畑のダイズ栽培は北海道など一部の地域を除くと収益面からムギ類とダイズの二毛作がすすめられている[18]. ムギとダイズの切り替えが梅雨期にあたるため, 日本のダイズの不耕起栽培や簡易耕栽培の研究の多くは, 水田転換畑を対象とし, 耕起後の降雨で播種作業が遅れることの回避技術, 前後作の作期が重複する場合の作業競合回避による適期播種および作業能率向上の方策として研究されている[18,33,43]. 畑作ダイズでは土壌浸食防止効果等を期待した例[46]や減踏圧作業技術の可能性を検討した例[61,62]がある.

播種前の耕起のほかに耕うんを伴う管理作業として中耕と培土がある. 1998年度における実施率は中耕74%, 培土66%と高いが, 乗用型機械による実施割合は北海道や北陸を除くと低く, 歩行型管理機で実施される場合も多い. 中耕と培土を合わせた労働時間は刈り取り・脱穀の次に多い[45]. 中耕・培土は, 土壌が軽しょうで乾燥した条件では効果が現れにくいが, 土壌が重粘で湿潤な気象

---

注1) 中国農業試験場. 小麦大豆体系を軸とした水田転換省力作業技術の開発. 平成11年度総合農業試験研究成績・計画概要集-作業技術-. 農業研究センター. 136 (2000).

条件の時に効果があり，倒伏防止や除草の効果が大きく，水田転換畑ではこれからも必要であるとされている[4]．しかし，除草剤の実用化，耐倒伏性の品種の開発で中耕・培土の必要性が低くなったことや，コンバイン収穫では円滑な作業と頭部損失や土のかみ込みを防ぐには畦を低くすることが望ましいことから[44]，無中耕・無培土栽培が研究されており，一部の農家では実施している[41]．

## 2）これまでの研究の経過

### (1) 不耕起，部分耕および浅耕播種

これまでに試験された主な不耕起播種，部分耕播種，浅耕播種を表4-3-1に示した．播種部分が不耕起，穴あけ，溝切りのものを不耕起播種とし，他は浅耕，部分耕に分類した．耕うん同時播種機は条件が良ければ一工程で耕起・播種でき一種の簡易耕播種機といえるが，既に普及しているので取り上げていない．散播以外の播種法には専用の播種機が開発されたが，市販化されたのはごく一部であった．初期に広く研究されたムギ収穫同時ダイズ播種機にはオペレータにとってムギ収穫とダイズ播種の同時作業の負担が重いこと，ムギ収穫の効率が悪いこと，使用できるコンバインが自脱型に限られることなどの問題があり[18,43,52]，現在は研究されていない．穴播き式播種機には高速作業時や残さ量が多い時の播種精度の低下が問題点として残されている[58]．現在も研究されているのは不耕起溝切り播種，部分耕播種（立毛間播種も含む），浅耕播種である．近年は稲麦大豆汎用不耕起播種機の開発[33]や水稲乾田直播機[17,注2]の汎用化の試み[注3,注4]が行われている．これらの播種機の総説[18,52]，不耕起播種のマニュアル[43]も報告されている．

表4-3-1に示した播種法の多くは開発と同時に体系化試験が実施されており，それらの一部を表4-3-2に示した．収量は慣行と同等かやや高い傾向があり，播種までの省力化に効果が高かった．

表4-3-1 これまでに研究されたダイズの不耕起播種，簡易耕播種技術

| 播種方法 | ダイズ播種時期 | 特徴 | 研究機関[*1] |
|---|---|---|---|
| 不耕起表面散播<br>不耕起穴播き | 前作収穫直前<br>ムギ収穫後 | 表面散播後，わらで被覆．<br>打ち抜き穴人力播種機．<br>トラクタ装着の接地駆動型穴爪播種機 | 兵庫[12]，高知[67]，秋田[1,2]<br>岡山[47]，農研センター[31,70]<br>生研機構[58] |
| ムギ収穫同時播種 | ムギ収穫同時 | 自脱型コンバインに播種機を装着．播種機の装着位置，播種溝の作溝法は試作機により異なる． | 中国農試[59]，岡山[59]，山口[63]<br>石川[13]，山形[66] など |
| 不耕起溝切り播種 | ムギ収穫後 | トラクタに装着するものが主．乗用管理機，歩行型管理機に装着するものもある．<br>作溝法，前作残さ処理方法，作溝部及び播種部の懸架方法等は試作機により異なる． | 農研センター[31,33]，北農試[46]<br>中国農試[注1]，四国農試[14,53]<br>栃木[64]，愛知[7]，三重[26,40]<br>大分[28]，徳島[65] |
| 不耕起播種＋<br>部分耕覆土 | ムギ収穫後 | 播種部を作溝し，畦間を耕起した時の飛散土で覆土する．畦間を排水溝にする試作機もある． | 農研センター[18]，埼玉[56]<br>香川[16]，長崎[34] |
| ムギ立毛間部分耕播種<br>部分耕播種 | ムギ収穫前<br>ムギ作収穫後 | 播種部分を耕起・播種．間作期期間有り．<br>播種部分を耕起・播種． | 東北農試[3]<br>北農試[54]，埼玉[56]，岡山[48] |
| 散播浅耕<br>浅耕播種 | ムギ収穫後<br>ムギ収穫後 | ダイズを散播後，浅耕．土壌と撹拌し覆土．<br>浅耕し播種する．前作残さ処理方法は試作機により異なる． | 秋田[57]<br>四国農試[14]，農研センター[62]<br>福岡[注5] |

(注) *1 国立の研究機関は略称で公立の機関の場合は県名を示した．生研機構は生物系特定産業技術研究推進機構の略．また，数字は文献および注の番号．

---

注2) 伊藤敏夫．"コシヒカリ"でも倒伏が少ない最も省力的な直播技術．農業機械リポート．JA全農資材・農機部．467, 7-11 (1999). および，大豆の不耕起直播栽培．農業機械リポート．JA全農資材・農機部．473, 9-11. (2000).

表4-3-2 不耕起播種および簡易耕播種したダイズの収量および作業時間

| 圃場条件[*1]<br>および播種法 | 場所 | 文献[*2]<br>番号 | 中耕と<br>培土の<br>有無 | 収量 (kg/10a) | | 作業時間 (h/10a)[*3] | | | |
| --- | --- | --- | --- | --- | --- | --- | --- | --- | --- |
| | | | | | | 播種まで | | 収穫まで | |
| | | | | 不耕起 | 慣行 | 不耕起 | 慣行 | 不耕起 | 慣行 |
| 転換畑<br>不耕起・散播 | 兵庫 | 12 | 無 | 360 | 353 | — | — | — | — |
| ムギ収穫同時播種 | 岡山 | 59 | 有 | 320 | 319 | 0.77 | 1.48 | 12.27 | 12.98 |
| | 山口 | 63 | 有 | 311 | 300 | 1.75 | 2.25 | 5.40 | 5.90 |
| 不耕起溝切り播種 | 茨城 | 23 | 有 | 346 | 329 | 0.80 | 1.64 | 8.60 | 9.30 |
| 〃 | 秋田 | 32 | 有 | 290 | 252 | — | — | — | — |
| 〃 | 滋賀 | 60 | 有 | 333 | 300 | 0.34 | 0.97 | | |
| 〃 (汎用機) | 茨城 | | 無 | 315 | 326 | — | — | — | — |
| 〃 (汎用機) | 〃 | | 無 | 284 | 289 | 0.96 | 1.40 | 3.02 | 4.19 |
| 〃 (汎用機) | 岡山 | | 無 | 322 | 271 | 1.60 | 4.25 | 12.85 | 18.08 |
| 〃 (乾直機) | 佐賀 | 注4 | | 333 | 331 | — | — | — | — |
| 不耕起播種+部分耕 | 茨城 | 20 | 有 | 233 | 246 | 0.91 | 1.66 | 5.82 | 6.64 |
| 部分耕播種 | 北海道 | 54 | | 351 | 346 | 0.18 | 1.06 | | |
| 〃 (乾直機) | 鳥取 | 注3 | | 280 | 219 | — | — | — | — |
| 散播浅耕 | 秋田 | 57 | 無 | 274 | 177 | — | — | — | — |
| 普通畑<br>不耕起溝切り播種 | 栃木 | 64 | 無 | 242 | 234 | — | — | — | — |
| 〃 | 北海道 | 46 | 有 | 213 | 212 | 1.19 | 1.37 | 4.83 | 5.08 |

(注)[*1] 特別な播種機を必要としない散播以外は播種機を使用している．(汎用機)は水稲乾直およびムギ・ダイズの汎用利用を目的に開発された播種機で，(乾直機)は水稲乾直機を汎用利用して播種された．それ以外はダイズ専用機により播種された．
[*2] 引用文献および注の番号．記載のないものは農業研究センター・プロジェクト研究第1チーム(現・中央農業総合研究センター・関東東海総合研究第1チーム)の試験結果．
[*3] ムギ収穫同時播種と慣行との比較の場合は両者ともにムギ収穫の時間も含む．—は作業時間のデータの記載がない．

他に機械の燃料費等が減少すること[46]，シミュレーションから不耕起播種の導入は播種作業の遅れの回避，それによる増収，規模拡大に有効なことが明らかにされた[7,31,35]．一方，不利な点としては慣行に比べ除草の回数や薬剤費が増えること[46]などが明らかになった．

### (2) 無中耕・無培土栽培

無中耕・無培土が前提となる栽培法に散播がある．表4-3-1の不耕起表面散播[1,2,12,67]，散播浅耕播種[57]のほかに，播種前に施肥と耕うんを行う全面全層播き[21,29]や部分全層播き[21,71]があり，古くから研究されている．これら散播は省力，作業競合回避，適期播種を目的に研究された．また，表4-3-2のように不耕起播種だけでは作業体系全体に対する省力効果は小さいので，一層の省力化のために中耕・培土を省略する不耕起栽培が研究されている．最近はコンバイン収穫に適した栽培法として無中耕・無培土栽培が研究されている．

無中耕・無培土栽培では倒伏の増加が懸念されるが，不耕起穴播き[47]，一部の不耕起溝切り播種[31]では，株際の土が固く株を支持するためと初期生育が抑制気味に経過するため倒伏に強いことが報告されている．不耕起散播[12,67]，散播浅耕播種[57]，全面全層播き[21,29]の試験をみると，ムギ跡や

注3) 鳥取県農業試験場経営技術研究室．平成10年度近畿中国農業試験研究成績・計画概要集-作物生産・畑作物-．および，平成12年度近畿中国農業試験研究成績・計画概要集-作物生産・畑作物-．
注4) 佐賀県農業試験研究センター作物研究室．平成11年度九州地域試験研究成績・計画概要集-水田作(水稲・転作大豆)-．および，平成12年度九州地域試験研究成績・計画概要集-水田作(水稲・転作大豆)-．

早期水稲跡の晩播〜極晩播のため個体の生育量が小さく，多肥条件を除くと倒伏は問題となっていない．また，耕起播種でコンバイン収穫のために無中耕・無培土栽培をしている農家の例では，耐倒伏性の弱い品種を早播きするときは栽植密度を下げ，基肥窒素を与えていなかった[41]．

中耕・培土の省略を前提にすると，畦幅が自由に設定できるため，正方形植栽や狭畦栽培が試みられた[10,50]．中耕・培土を省略すると雑草が問題になるが，狭畦栽培では茎葉による畦間の被覆が早いため要除草期間が短縮され，生育期の除草作業の省略[37]や使用する除草剤の数の削減[39]ができる可能性があった．雑草が多発した場合には，狭畦やばら播きでは生育期の除草を薬剤に頼らざるを得ないが，ダイズには生育期の広葉用除草剤がない．そのため普及を土壌処理剤の効果が十分期待できるところや広葉雑草の発生が少ないところに限定してしている場合もある[11]．

### 3) 栽培管理

#### (1) 播　種

不耕起播種の出芽，苗立ち不良の原因として，湿害[8,20,70]，乾燥[12,58,67,68,70]，除草剤の薬害[7,26,36]等が報告されている．

不耕起播種は，耕起を省略するために降雨後の作業開始が早く，出芽を阻害するクラストが形成されにくいため，降雨に強い播種法と考えられている．しかし，平らな田面に播種溝を作り播種するため，排水対策が十分でない場合は溝に水がたまり湿害が生じ易い．湿害対策の基本は明渠と暗渠を組み合わせた徹底した排水である[8,43]．播種と同時に溝掘りを行う試作機もあるが[14,19,34,48]，明渠とつなげ確実に圃場外に排水されるようにすることが必要であり，使用する圃場の排水性が悪い場合には十分な効果が得られない[19]．前作の麦畦を排水対策に利用した例もある[34,注4,注5]．

湿害による出芽不良には，急激な吸水による種子の損傷[7,70]，損傷で漏出した成分を栄養源に増える病害[70]，酸素不足[7]によるものがある．急激な吸水による出芽不良に対しては，播種穴や溝の排水性の改良[7,70]や播種前に種子の水分を高めること[8]，病害に対しては殺菌剤の種子粉衣[70]が有効である．しかし，茎疫病による苗立ち枯れには登録のある主な粉衣剤では防除できない．土壌水分が高い条件や播種直後に継続した降雨が予測される条件での播種は見合わせる方が無難である．

乾燥や除草剤の薬害の原因には種子の播種溝（穴）からのとび出しと覆土不良[23,58]，土壌と種子の間に挟まった麦稈による吸水阻害[33]等がある．茎葉処理除草剤の薬害は土壌処理剤よりも大きいので[7,24,36]，播種後に散布する場合には覆土や麦稈被覆を精度良く行う必要がある．不耕起播種機では作溝器具の形，駆動の有無や回転方向等によって土壌条件や残さの量に対する適応性が異なるので[19,68]，使用する播種機の性能の範囲で丁寧な作業を行う必要がある．不耕起散播を土壌が過乾燥の条件で行う場合，播種前か播種後に灌水を行う[67]．

不耕起播種，簡易耕播種ともに，高い刈り株や多量の麦稈は播種作業の妨げとなので播種作業前に細断し均一に散布する[43]．麦稈の被覆は，土壌水分保持[59]，鳩害防止[5,59]に効果が認められている．厚い被覆や高い刈り株は出芽不良[67]や徒長[7,46]を起こすことがある．ばら播き浅耕播種においても多量の麦稈は苗立ち数を減少させている[57]．

#### (2) 施　肥

不耕起播種では土壌改良資材を前作で施用し，基肥を土壌表面に施用する[43]．土壌表面施用される基肥は肥効発現が遅れるので寒冷地では初期生育を促進するためのスターター的な肥料が必要と

---

注5) 福岡県農業総合試験場農産研究所作物栽培研究室．農林水産技術会議事務局・独立行政法人農業技術研究機構編．「新21世紀プロ」2系平成13年度試験研究成績書及び新規課題計画及び「21世紀プロ」2系完了課題成績書．(2002)．

の指摘がある[43]．基肥を種子の5cm下の土中に条施できる不耕起施肥播種機も試作された[46]が，土中に側条施肥できるものは開発されていない．部分耕施肥播種機には苗立ち不良を起こした例もあるので[54]，施肥播種の同時作業を行う場合には注意が必要である．浅耕播種では肥料を土壌に混和する．不耕起，部分耕では基肥を施用しないことも多い．

不耕起ダイズに対する開花期の窒素追肥の効果も耕起栽培と同程度認められている[30,70]．被覆尿素の様々な施用法が検討されたが[9,25,49]，中耕・培土を行う場合は培土期施用が作業面で問題がなく，効果が安定していた．

無中耕・無培土を前提とした栽培法では，施肥量が多いと倒伏が増える場合があるので注意が必要である．

(3) 中耕・培土

不耕起播種であっても中耕・培土することが多いが，土壌によっては歩行型管理機では作業できない場合があり，乗用型作業機が必要になる[43]．新たな機械装備をさけるために部品交換で中耕・培土ができる播種機も試作された[19,31,34,56]．また，中耕・培土を行うには播種行程の継ぎ目が正確でなければならない．不耕起播種，簡易耕播種ともに播種前に耕起しないため地面を引っ掻くマーカは機能しない[19,33,43,68]．畦あわせに時間がかかり，作業速度が遅くなり，作業能率が低下した例がある[46]．石灰[19,23]や界面活性剤の泡[33]を使うマーカの利用が有効であった．

(4) 雑草防除

耕起や中耕・培土には除草効果があるため[4,69]，耕起を簡略化あるいは省略する栽培法や中耕・培土を省略する栽培法では雑草防除が問題となる．不耕起栽培では多年生雑草を含めた雑草発生の増加[36,38,46]，ムギ跡の不耕起栽培[15,46]と浅耕栽培[57]ではムギの雑草化が報告されている．転換畑におけるコムギ−ダイズの不耕起栽培では特定の雑草種が増えたため3年目には水田に戻す必要があった[15]．わら被覆の雑草抑制効果は高い場合もあったが[37,67]，少量では効果は劣った[7,38]．また，わらや刈り株は地表面および雑草に到達する除草剤の量を減少させ，効果を低下させた[7,24,63]．

不耕起栽培の除草は従来の播種後土壌処理と生育期の除草作業に加え，播種前の茎葉処理剤の散布で対応できる[24,36,38,46]．しかし，ムギ跡ダイズは播種期が梅雨期で，出芽も早いため，茎葉処理剤と土壌処理剤を別々に散布することは難しい．両者の混合散布試験が行われ，効果は認められたが[7,15,24]，除草剤の現地混用は認められていないため，混合剤として製品化が必要である．生育期の除草作業は，ダイズに登録のある茎葉処理剤がイネ科雑草を対象とする剤しかないため，広葉雑草が多い圃場では中耕・培土が必要となる．無中耕・無培土栽培の場合，生育期の除草は除草剤に頼らざるを得ないため，広葉対象の茎葉処理剤ベンタゾンの施用試験が行われたが[51]，登録は取得されてはいない．

立毛間播種法によるムギ−ダイズ体系では，常に作物が存在するため全面耕起や非選択性茎葉処理剤の全面処理ができない．また，畦間の谷に播種される次の作物の湿害を避けるため培土はできない．そのため播種後の土壌処理剤と生育期の選択性除草剤で防除し，畑期間を2,3年とし，水田に戻す[3]．

(5) 病害虫

不耕起栽培では前作の残さが表面に残るため病害虫の発生が多くなる可能性が指摘されている[69]．わが国では立ち枯れ性病害[6,31,42]，タネバエ[46]，ナメクジの害[7]が不耕起で多いことが報告されている．溝切り播種の場合，排水不良条件では播種溝内に水がたまり茎疫病による連続欠株を生じることがある．

## (6) その他

不耕起ダイズの根系は耕起栽培に比べ浅いため旱魃時の灌水が指導されている[12,67]．土壌硬度が大きい条件で不耕起播種すると根系の発達が阻害されることが明らかにされ，根系発達を助長するよう播種溝の作溝法に改良が加えられた[7,55]．

（浜口　秀生）

## 引用文献

1) 明沢誠二・鈴木光喜．寒冷地における小麦後作大豆の立毛間散播・排わら被覆栽培技術．第1報 排わら被覆量と播種密度．東北農業研究，42，115-116（1989）．
2) 明沢誠二・鈴木光喜．寒冷地における小麦後作大豆の立毛間散播・排わら被覆栽培技術．第2報 施肥法と大豆の生育収量．東北農業研究，43，161-162（1990）．
3) 天羽弘一．立毛間播種による寒冷地での大豆・麦二毛作技術．米麦改良，5，18-27（2001）．
4) 有原丈二．中耕培土の効果と実施の判断．ダイズ安定多収の革新技術．農文協．201-221（2000）．
5) 藤岡正博．ハト類によるダイズ食害の実態と対策．植物防疫，55（5），233-236（2001）．
6) 福島県農業試験場．小麦-大豆体系における不耕起大豆の生育特性．東北農業研究成果情報．昭和61年度．107-108（1987）．
7) 濱田千裕・伊藤清一・沢田恭彦・宮下陽里・青木松信・中嶋泰則・野々山利博・青木弘二．ダイズ不耕起播種技術．農及園，63（4），58-64（1988）．
8) 濱田千裕．ダイズ不耕起播種技術の開発と栽培の安定化．日作紀，62（3），470-474（1993）．
9) 浜口秀生・石本政男・吉田 堯．大豆施肥法改善による単収向上技術の確立．日作紀（別1），57-58（1988）．
10) 浜口秀生．不耕起播種，狭畦，無中耕・無培土栽培におけるダイズの生育・収量．農業研究センター研究資料．37，163-166（1998）．
11) 北海道農政部．大豆狭畦幅密植栽培の問題点と省力機械化栽培の可能性．平成8年度普及奨励ならびに指導参考事項．67（1986）．
12) 兵庫県農業総合センター．湿潤転換畑における麦跡大豆の不耕起栽培．水田農業の基礎技術．農林水産技術会議事務局・農業研究センター．308-309（1988）．
13) 石川県農業試験場．麦刈取大豆同時播種機による麦・大豆体系．北陸農業研究成果情報，2，59-60（1986）．
14) 糸川信弘・岡崎紘一郎・宮崎昌宏・川崎健．転換畑の麦跡大豆栽培における出芽安定播種技術の開発．農作業研究，24（1），47-54（1989）．
15) 岩井正志・須藤健一・京 啓一・宮本 誠・米谷 正．大豆-麦連続不耕起栽培における播種量・施肥法ならびに除草剤処理が生育,収量に及ぼす影響．兵庫農技研報（農業），44，9-14（1996）．
16) 香川県農業試験場．麦，大豆に共用できる有心部分耕播種機．四国農業研究成果情報．平成2年度．21-22（1991）．
17) 梶谷恭一．水稲乾田不耕起直播栽培とその播種機．農業機械学会誌，58（6），145-147（1996）．
18) 唐橋 需．大豆不耕起播種技術の研究経過．農業研究センター研究資料，37，153-155（1998）．
19) 唐橋 需．条間作溝・覆土式播種機の開発．農業研究センター研究資料，37，155-163（1998）．
20) 唐橋 需．大豆不耕起播種栽培技術の実証．農業研究センター研究資料，37，170-175（1998）．
21) 加藤一郎・片山正．暖地の水田転作と大豆の全面全層播き．農業技術，26（6），256-259（1971）．
22) 川延重造．農作業合理化の進め方．農業機械化技術．養賢堂，35-66（1968）．
23) 木野内和夫・滑川裕之・狩野幹夫・笠井良雄・間谷敏邦．不耕起播種栽培技術を導入した効能率生産技術

体系. 茨城県農業試験場研究報告, 31, 104-116 (1991)

24) 北野順一・生杉佳弘. 転換畑における麦跡大豆不耕起播種栽培の雑草防除法. 三重県農業技術センター研究報告, 20, 7-22 (1992)

25) 三重県農業技術センター. 大豆不耕起播種栽培における深層施肥の適量. 水田農業技術情報シリーズ. 農林水産技術会議事務局. No.92, (1990)

26) 三重県農業技術センター. 稲麦用削耕・作溝不耕起播種機の大豆への適用. 関東東海農業研究成果情報. 平成10年度, 166-167 (1999)

27) 御子柴公人・橋本鋼二. "ダイズ栽培における技術の発展". 昭和農業技術発達史. 第3巻. 農林水産省農林水産技術会議事務局昭和農業技術発達史編纂委員会編. 農林水産技術情報協会, 202-212 (1995)

28) 三苫功吉・矢野輝人・乙部逸夫. 大豆の麦跡不耕起栽培技術の確立と不耕起播種機の開発. 大分県農業技術センター研究報告, 19, 23-41 (1989)

29) 水島嗣雄. 大熊 靖. 山本史夫. ダイズのばらまき密植栽培に関する試験. 岡山県農業試験場臨時報告, 65, 126-133 (1970)

30) 持田秀之・吉田 堯. 転換畑晩播大豆における窒素追肥効果. 農研センター編. 転換畑研究成果集報, 1, 133-143 (1983)

31) 長野間宏・岡崎紘一郎・吉田 堯・高橋 均. 大豆不耕起播種機の開発. 農研センター編. 転換畑研究成果集報, 2, 161-168 (1989)

32) 長野間宏・児玉 徹・金田吉弘・山谷正治. 耕起方法が低湿重粘土汎用水田の土壌物理性に及ぼす影響. 土壌の物理性, 62, 43-52 (1991)

33) 長野間宏. 不耕起播種機および栽培技術体系の開発と問題点. 日作紀, 69 (別2), 364-368 (2000)

34) 長崎県総合農林試験場. 不耕起栽培用汎用作業機による大豆の安定・省力栽培. 九州農業研究成果情報. 平成5年度, 539-540 (1993)

35) 長崎県総合農林試験場. 転作大豆不耕起栽培技術の経営評価. 九州農業研究成果情報. 平成5年度, 591-592 (1993)

36) 中谷敬子. 雑草の発生動態の解明と効率的制御技術の確立. 研究成果275. 農林水産技術会議事務局, 83-84 (1992)

37) 中谷敬子・野口勝可. 輪換畑大豆の不耕起省力栽培における雑草防除法. 農業研究センター研究資料, 37, 166-170 (1998)

38) 中山壮一. 暖地における雑草制御技術の確立. 研究成果275. 農林水産技術会議事務局, 84-86 (1992)

39) 中山壮一・浜口秀生・渋谷雄二・小野信一. 不耕起無中耕無培土栽培ダイズにおける狭畦化と除草剤による抑草効果・雑草研究, 46 (別), 72-73 (2001)

40) 中西幸峰・横山幸徳. 大豆不耕起播種栽培の機械化にかんする研究 (第1報) 大豆不耕起播種機の開発. 三重県農業技術センター研究報告, 19, 21-31 (1991)

41) 日本農林漁業振興会. 平成11年度 (第38回) 農林水産祭受賞者の業績 (技術と経営). 1-12 (2000)

42) 農業研究センター. 関東平坦地における麦・大豆二毛作生産技術体系. 水田農業の基礎技術. 農林水産技術会議事務局・農業研究センター, 340-343 (1988)

43) 農林水産省. 大豆の不耕起播種技術マニュアル. (1999)

44) 農林水産省. "5収穫". 大豆産地形成確立中央検討会報告書, 52-55 (1999)

45) 農林水産省. 大豆に関する資料, (2000)

46) 農林水産技術会議事務局. スタブルマルチ耕法による寒地豆作の安定多収技術の開発. 研究成果255, (1991)

47) 岡山県農業試験場．転換畑小麦跡大豆の不耕起栽培．近畿中国農業研究成果情報．昭和60年度，101-102 (1986)
48) 岡山県農業試験場．麦跡大豆の中央谷上げ・部分浅耕播種技術．近畿中国農業研究成果情報．昭和62年度，89-90 (1988)
49) 岡山県農業試験場．不耕起栽培大豆における緩効性窒素肥料の6葉期追肥技術．近畿中国農業研究成果情報．昭和62年度．97-98 (1988)
50) 岡山県農業試験場．大豆の無培土正方形植に対する生育・収量反応．近畿中国農業研究成果情報．平成2年度．90-91 (1991)
51) 岡山県農業試験場．大豆生育期の広葉雑草対象除草剤．水田農業技術情報シリーズ．農林水産技術会議事務局．No.228 (1995)
52) 岡崎紘一郎．大豆不耕起播種技術の進展（2）西南暖地における新ティレッジ技術の開発．農業技術，45(3), 11-14 (1990)
53) 岡崎紘一郎・宮崎昌宏・長崎裕司・香西修治．転換畑における麦あと大豆の麦稈マルチ不耕起播種機の開発．農作業研究，29(1), 58-63 (1994)
54) 大谷隆二．田畑一貫ミニマムティレッジ方式の確立．研究成果275．農林水産技術会議事務局．76-78 (1992)
55) 小柳敦史・南石晃明・長野間宏．汎用型不耕起播種機を用いた水田輪作体系における作物根系の特徴 2. ダイズの根の分布に及ぼす播種溝の影響．日作紀，65 (別1), 49-55 (1996)
56) 埼玉県農業試験場．大豆不耕起および部分耕起播種技術．関東東海農業研究成果情報．昭和62年度．169-170 (1988)
57) 佐藤雄幸・明沢誠二・鈴木光喜・島孝之助・五十嵐宏明・井上一博．田畑輪換圃場における麦後作大豆の散播浅耕栽培．秋田農業試験場報告，39, 49-63 (1999)
58) 生物系特定産業技術研究推進機構農業機械化研究所．穴播き式不耕起施肥播種機の開発．研究成績 8-1, (1996)
59) 柴田洋一・田坂幸平・河本恭一・天野憲典・後藤美明・井尻 勉．麦の収穫と同時に大豆を播種する技術の開発研究．農作業研究，24(3), 223-229 (1989)
60) 滋賀県農業試験場．小麦跡大豆の不耕起栽培．近畿中国農業研究成果情報．平成2年度，58-59 (1991)
61) 杉本光穂．高品質・省力化のための減踏圧畑作機械化作業方式の開発．研究成果333．農林水産技術会議事務局，92-94 (1999)
62) 杉本光穂．走行路制限式トラクタによる広幅作業技術の開発．研究成果333．農林水産技術会議事務局，94-98 (1999)
63) 寺山 豊ほか．麦刈取り大豆同時播種作業．山口農試研報，37, 29-34 (1985)
64) 栃木県農業試験場．栃木農試式ディスク駆動式播種機を用いた畑作大豆の不耕起栽培．関東東海農業研究成果情報．平成11年度，60-61 (2000)
65) 徳島県農業試験場．転換畑大豆の不耕起栽培．四国農業研究成果情報．昭和62年度，193-194 (1992)
66) 山形県農業試験場．小麦大豆1年2作体系における大豆不耕起播種技術．東北農業研究成果情報．昭和62年度，335-336 (1988)
67) 山岸 淳・野島 隆・武市雅志．早期水稲あと極晩播大豆の不耕起バラ播栽培法．高知農業の新技術．8, 17-19 (1988)
68) 山川秀人ほか．大豆不耕起播種機の高精度化．農業技術，43(6), 27-30 (1990)
69) 吉田 健．世界におけるミニマム・ティレッジ研究の動向．農業研究センター編．耕耘作業の変遷と技術

開発の方向．総合農業研究叢書・第12号．農業研究センター．50-65 (1988)
70) 吉田 堯・持田秀之・奥田実行．晩播大豆の初期生育促進と不耕起栽培．農業研究センター編．転換畑研究成果集報, 1, 100-107 (1983)
71) 吉本末美・西尾和明．晩播バラマキ大豆の生態について (1) 播種量と生育相．近畿作育会報, 27, 72-75 (1982)

# 4. 作付体系

## 1) 水田輪作

　水田におけるマメ作は，かつては各地で畦豆（あぜまめ）と称して水田の畦畔に自家用のダイズが広く栽培され，また，水稲の前作としてエンドウやソラマメなどのマメ類の作付けも行われていた．マメ類の水田輪作に関しての研究は，昭和20年代に先駆的な田畑輪換試験の中で，コムギ，オオムギ-ダイズ体系，ナタネ-ダイズ体系における生産性の推移やこれら体系の輪換畑と普通畑との生産性の比較などが検討された[16]．しかし，本格的な水田本地へのマメ類の作付けは，昭和40年代後半からの一連のいわゆる減反政策に基づく転作の要請によって生じた新たな課題である．輪換・転換畑へのダイズの導入，栽培に関する試験研究も，これら一連の政策を受けて全国規模で開始された．
　なお，田畑輪換の中で取り上げられたマメ類はその大半がダイズであることから，本稿ではダイズに限定して述べることにする．また，水田輪作という用語は田畑輪換と同意語として使われる[11]が，一般には後者の用例が多いことから，以後は田畑輪換と称すことにする．
　田畑輪換は水田・稲作によってもたらされる各種の機能を畑作物の生産のために活用するとともに，適宜稲作に戻すことによって，安定した作物生産力の維持をはかることに最大の目的，役割がある．すなわち，水田の水および水と土壌との相互作用よって，土壌養分の集積・保持・調整，土壌微生物や土壌病害虫の制御などが行われ，作物の生育・収量が安定する．大久保[11]は，その著書の冒頭で水田における水の機能を畑地の輪作と同様の働きをすると述べている．
　田畑輪換では，一般の水稲単作や水稲二毛作体系と異なり，次の二つの場面から検討する必要があろう．それは，①輪換畑期間における畑作物の作付けをどのようにするのか，②作物の生産力を維持するための輪換水田の期間と輪換畑の期間の組み合わせはどの程度であれば適正なのか，である．そこでまず，輪換畑におけるダイズの作付体系についてみることにしよう．

### (1) 輪換畑におけるダイズの作付体系

　ダイズは転作の基幹作物の一つとして位置づけられていることや畑作物の中では連作障害が発生しやすいとされていることなどから，連作に伴う収量の推移について強い関心が払われ，連作と収量との関係について多くの報告がある．これに対して輪作に関しての取り組みはそれほど多くない．
　ダイズの連作にともなう収量の推移に関しては，花井[3]，佃ら[20]によって各地で実施された試験研究の成果が整理され，類型化が行われている．それによると，連作の収量は，①転作初年目が多収である，②転換後連作年次が進むほど低収となる，③転換後2年目または3年目が多収である，④転換後3, 4年目以降低収となる，⑤連作によって収量の低下は認められない，の五つに仕分けられるという．①から④を通してみると，転換後連作年次の浅い時期は比較的高収（早期高収）が得られ，さらに連作年次が進むと低収になる傾向（後期低収）としてまとめられる．また，連作による収量漸減の傾向に適合しない⑤を詳細に検討すると，転換後の連作年数が浅く，どちらかといえば早期高収に相当する場合が多いことから，ダイズの連作による収量の推移は，全体としてほぼ早期

高収, 後期低収の趨勢と考えて妥当であろう, と結論づけている. 連作による減収の要因として, 土壌窒素生成量の減少（地力の低下）, ダイズ根の活性低下, ダイズシストセンチュウやネコブセンチュウ類などの線虫害, 黒根腐病, 白絹病などの立枯性病害, 出芽率の低下などが指摘されている[22]. しかし, 連作による減収の要因は必ずしも単一とは限らず, いくつかが複合している場合も見受けられる. また, 連作による収量低下の程度は土壌の種類によって相当異なり, 黒ボク土は灰色低地土や重粘土に比べて減収しやすく, また, 粗粒グライ土は細粒グライ土や泥炭土より連作による収量低下は顕著であることが知られている. 連作による収量低下の対策として, 密植栽培, 堆肥の施用, 冬作の導入などが有効とされており, 例えば, 密植は連作による生育量の低下を補って子実粒数が確保できることから, 収量低下の程度が軽減され, 連作年数の1, 2年延長が可能になる. しかし, 連作による収量の全般的な低下は阻止できない[7].

　ダイズの前後作や輪作の試験研究の中で取り上げられる作物は, 一部, キャベツやタマネギなどの冬作野菜やハトムギ, ナタネなどの地域特産的な作物があるものの, 政策的な背景もありムギ類と飼料作物が圧倒的に多い. したがって, 作付体系は比較的単純で, 夏作はダイズやトウモロコシ, ソルガムなどの飼料作物と冬作はムギ類, イタリアンライグラスなどの冬作飼料作物とを組み合わせた体系が主体になっている. ダイズと組み合わされる輪作作物は大多数がトウモロコシであり, この場合ダイズは連作に比べて増収することが明らかになっている[18,19,21]. また, 輪作は連作に比べて過湿条件でのダイズの出芽率向上にも効果が期待できるという[19]. 前後作に関しては, 前作の冬作はムギ類やナタネなどを導入した方が休閑するよりダイズは増収するという[18,19]. また, ムギ類跡は休閑跡に比べてダイズの出芽率が向上するといわれる[19]. これはムギ類の根により土層に亀裂が発達して排水が良好になること, ムギ類跡では土壌の砕土率が高まりダイズの出芽が安定するため, とされている. さらに, ムギ類刈取跡のムギの畦内にダイズを播種する不耕起播栽培は, ムギの畦により土壌構造が保たれているため排水, 保水とも良好になり出芽, 苗立ちが一層安定するといわれている.

　輪換畑におけるダイズの作付体系にはそれぞれの地域の農業事情, 気候条件などを背景にした特徴がみられる. 暖地では秋季温暖な気候をいかして, 早期水稲-ダイズ[1,2], 転換畑タバコ-ダイズ[24], イグサ-ダイズ[12] などの組み合わせが検討されている. これらの体系はダイズ前作の収穫期が7月中・下旬から8月中旬になることから, ダイズにおいては, 晩播適応性品種の選定, 晩播限界, 栽植密度, 不耕起播種や前作の立毛中播栽培などの試験研究が実施されている. また, 暖地においては, 子実害虫の被害を回避するため, 同害虫の発生が多くなる前に栽培する夏ダイズと発生が終息に向かう時期に栽培する秋ダイズとの二期作栽培が試みられている[5]. 二毛作限界地域や2年3作地帯の寒冷地においては, 輪換畑を高度に利用する観点から, 非間作型の早生コムギ-極早生ダイズ体系技術[17] や前作の立毛中に後作物を播種する間作型のダイズ-コムギ体系技術[15], さらに, 機械化一貫作業によるコムギ-ダイズ-ダイズ-コムギ（前作ダイズの立毛間播種）-ダイズ3年5作体系の実証試験[14] などが行われている.

　森下ら[10] は水田の高度利用に資するため, 表4-4-1に示すように, 水稲-ムギ類とダイズ-ムギ類の二毛作体系およびダイズ-ムギ類-ダイズの2年3作体系における春と秋の作物の切り替え期の余裕日数（切替期間）を考慮した栽培北限を推定している. すなわち, 水稲は活着期, 穂ばらみ期および登熟期を, ダイズは播種早限, 成熟晩限の限界温度を既往の研究成果や調査資料から設定し, ムギ類は一般に作期の可動性が極めて小さく, 各地のムギ作はその地域の気象条件に応じてほぼ決定されていることから, 年平均気温と播種期, 出穂期, 成熟期との回帰式をそれぞれ求め, これらの値に基づいて作物の切り替え期の余裕日数を1, 5, 10間とした場合のそれぞれの作付体系の北

限を明らかにしている.

さらに，従来，野菜栽培が盛んな地域においては，広く定着していた水稲-野菜-水稲体系から，水稲を転換畑ダイズに置き換えて野菜-ダイズ-野菜体系を確立し，転換畑ダイズの定着と一層の拡大を目指した取り組みが行われている[4,9]．すなわち，ダイズが後作野菜の生育・収量に及ぼす影響，多肥栽培が行われている野菜跡地におけるダイズの適品種選定や播種期，栽植密度，施肥などの栽培法に関して検討されている．

(2) 適正な田畑輪換年数の設定

作物の高い生産性を維持するための輪換田期間と輪換畑期間との適正な組み合わせ年数（輪換年数）を設定するためには，次のような検討が必要になる．それ

表4-4-1 作付体系別，作物切り替え期間別栽培北限地帯の年平均気温（森下ら1987）

| 作付体系 | | 切り替え期間 | | |
|---|---|---|---|---|
| | | 1日 | 5日 | 10日 |
| 水稲-<br>（二毛作） | 早生コムギ | 12.9℃ | 13.3℃ | 13.7℃ |
| | 中生コムギ | 13.2 | 13.6 | 14.0 |
| | 晩生コムギ | 13.3 | 13.7 | 14.1 |
| | 早生オオムギ | 12.1 | 12.6 | 13.1 |
| | 中生オオムギ | 12.2 | 12.7 | 13.3 |
| ダイズ-<br>（二毛作） | 早生コムギ | 12.3 | 12.9 | 13.5 |
| | 中生コムギ | 12.4 | 13.1 | 13.7 |
| | 晩生コムギ | 12.6 | 13.2 | 13.8 |
| | 早生オオムギ | 11.5 | 12.2 | 12.8 |
| | 中生オオムギ | 11.5 | 12.2 | 13.0 |
| ダイズ-<br>（2年3作） | 早生コムギ | 11.4 | 11.7 | 12.1 |
| | 中生コムギ | 11.6 | 12.0 | 12.3 |
| | 晩生コムギ-ダイズ | 11.8 | 12.2 | 12.5 |
| | 早生オオムギ | 10.2 | 10.6 | 11.0 |
| | 中生オオムギ | 10.3 | 10.7 | 11.1 |

は，①輪換畑における畑作物の安定生産が可能な持続年数，②輪換畑跡の輪換田水稲が多収となるための輪換畑の期間，③畑作物の生産性が回復するのに必要な輪換田の期間，などが明らかにされなければならない．しかし，これらには相当長い年数，大規模の試験圃場および多くの労力などを要することから，①～③の一連の試験研究の事例は少ない[3,21,22]．これらの試験研究の成果を通覧すると，上記①については，輪換畑のダイズ-ムギ類体系の収量は3年間安定していること，②については，ダイズ-ムギ類体系跡の輪換田水稲の多収には畑期間1年では不足で数年を要すること，③については，ダイズ-ムギ類体系の期間に応じた輪換田水稲の期間を設けないと水田から転換した後のダイズ，ムギ類は減収すること，などに要約できる．これらのことから，適正な田畑輪換年数は，一応，輪換畑3年（ダイズ-ムギ類体系）-輪換田2～3年（水稲-ムギ類体系）の組み合わせが一つの目安と考えられている[3,22]．

さらに，適正な田畑輪換年数の設定に関しては，ダイズの連作障害の主因とされている土壌伝染性病害虫の面からも考慮することが重要になる．ダイズ黒根腐病は，水田期間が長くかつ前歴のダイズ栽培の期間が短いほど発病度は低く，水稲を2作以上栽培すると発病軽減効果は少なくとも2年間は持続し，水稲3作跡ではダイズの栽培歴のない輪換畑と同程度に発生は少ない[13,21]．ダイズ白絹病はダイズ作付け前に1カ月間の湛水処理によって顕著に発生を抑制できる[25]．また，ダイズシストセンチュウやネコブセンチュウ類の被害を軽減するためには，水稲1作では不十分で，数年の輪換田期間が必要とされている[6,22]．このように，土壌病害虫の被害を回避するためにも輪換水田の期間は数年が必要になる．

田畑輪換といえども地力の維持に努めることが重要である．特に，乾田タイプの土壌では，輪換畑期間の化学性の消耗が大きいことが知られている．このような土壌の場合は単に輪換畑作物の収穫残さの還元のみでは消耗する土壌有機物の補給は困難であり，畑作物の作付け前に堆きゅう肥などの有機物を施用することが重要である[23]．また，地力維持対策として，輪換田の比率を高くし，かつ残渣量の多いイネ科作物の作付けを多くすることも有効である[8]．

(山本　泰由)

## 引用文献

1) 江畑正之・美園 中．水陸稲早期栽培後地に栽培する秋大豆について（第Ⅰ報）．九州農業研究，23，149-150（1961）
2) 江藤博六．南九州における早期水稲後作物の導入に関する耕種的並びに比較作物学的研究．宮崎総農試研報，19，1-66（1985）
3) 花井雄次．汎用水田における作付体系．研究ジャーナル，10(8)，28-32（1987）
4) 平野隆二ほか．転換畑における「大豆-野菜」体系化技術に関する研究．和歌山農試研報，14，1-8（1989）
5) 異儀田和典・大庭寅雄．ダイズの二期作栽培．九州農業研究，50，61（1988）
6) 小牧孝一ほか．田畑輪換による大豆を基幹とした輪換畑の生産安定．熊本県農研セ研報，2，1-18（1991）
7) 松村 修ほか．大豆・小麦体系における転換畑経過年数と作物生産力の推移．転換畑を主体とする高度畑作技術の確立に関する総合的開発研究 研究成果集報，No.2，農業研究センター編，397-407（1989）
8) 松村 修．水田作付体系における地力維持技術．農業技術，47(11)，488-492（1992）
9) 松下美郎・西垣誠二．転換畑野菜跡における夏大豆の生育，収量および耐倒伏性について．大阪農技セ研報，24，43-48（1987）
10) 森下昌三ほか．わが国の水田における2毛作，2年3作体系の栽培北限に関する研究．農研センター研報，7，83-100（1987）
11) 大久保隆弘．作物輪作技術論．農山漁村文化協会，291 p.（1976）
12) 大隈光善・千蔵昭二．大豆のイグサ跡不耕起播栽培法について．九州農業研究，45，22（1983）
13) 斉藤初雄ほか．田畑輪換によるダイズ黒根腐病発病軽減効果の持続年限．平成8年度総合農業研究成果情報．農業研究センター編，99-100（1997）
14) 斉藤 洋ほか．輪換畑地高度利用作付体系の確立 第2報 小麦-大豆3年5作作付体系組立試験．東北農業研究，40，145-146（1987）
15) 執行盛之ほか．麦・大豆体系における間作技術の開発．転換畑を主体とする高度畑作技術の確立に関する総合的開発研究 研究成果集報，No.2，農業研究センター編，408-419（1989）
16) 高橋浩之ほか．田畑輪換に関する研究 第Ⅰ報 輪換期間に於ける作物の生育並びに収量．関東東山農試研報，6，1-37（1954）
17) 高橋康利ほか．東北2毛作限界地帯における小麦・大豆1年2作体系技術の確立．岩手県立農試研報，25，145-162（1985）
18) 高屋武彦ほか．輪換畑における作付体系と作物生産力－冬作物導入による作物生産力の維持向上．東北農業研究，39，41-42（1986）
19) 佃 和民ほか．転換畑における作付体系による生産力の向上 第1報 トウモロコシ・大豆の連・輪作と収量の経年変化．日作紀，55（別2），53-54（1986）
20) 佃 和民・花井雄次．各地の転換畑大豆連作試験よりみた収量推移．日作紀，57（別1），55-56（1988）
21) 佃 和民ほか．田畑輪換における水田期間・畑期間の組合せと作物生産力．日作紀，58（別1），50-51（1989）
22) 佃 和民．田畑輪換における輪換年数の設定－関東東海地域における試験成績の紹介－．農及園，65(3)，385-388（1990）
23) 渡辺 毅ほか．ムギ・ダイズ体系の導入による田畑輪換に関する研究．福井園試報，3，43-60（1984）
24) 鎗水 寿．たばこ-大豆体系における大豆栽培法．総合野菜・畑作技術事典 Ⅳ 畑作技術編．農林水産技術会議事務局編．農林統計協会，224-227（1977）

25) 山本孝猪・折原詳子. 大豆作付け前の湛水処理によるダイズ白絹病の防除. 平成10年度総合農業研究成果情報. 農業研究センター編, 112-113 (1999)

## 2) 畑輪作

### (1) 主要な畑作地帯と畑作の特徴

わが国の主要な畑作地帯としては，北海道東部，関東中部，九州南部が上げられる．各々の畑作地帯は，気温，降水量などの要因について際だった気象的特徴を持っており，北海道東部は低温で降水量が少なく，関東中部がそれに次ぎ，九州南部は高温で降水量も極めて多い．そうした気象的特徴が，各地域の作付体系を規制しており，北海道東部では1年1作体系で3〜5年の輪作，関東中部では2年3作か1年2作，九州南部では1年2作あるいはそれ以上の集約度を持つ輪作体系を可能にしている．図4-4-1に各地域のマメ科作物の作付面積とその占有割合を示したが，いずれの地域も作付面積，マメ科作物の占有割合がともに低下しており，特に北海道東部で甚だしい．1955年時点では，北海道東部のマメ科作物の作付面積は20万haを越えており，その占有割合も25％以上となっいる．しかしながら，40年後の1995年時点では，10万haを下回り占有割合も5％程度に留まっている．これに比べると，関東中部や九州南部では，1955年時点でもマメ科作物の作付面積は小さく，占有割合も低い．とりわけ九州南部の占有割合は低く，1995年には1％を切る状況となっている．

主要マメ科作物の作付比率をみると，地域によるマメ科作物生産の特徴が明確になる（図4-4-2）．北海道東部では，1955年時点では，インゲン．ダイズ，アズキの順に作付面積が多かったが，この40年間にインゲンとダイズの割合は著しく低下し，アズキの占める割合が増加している．関東中部では，1955年時点ではダイズの占

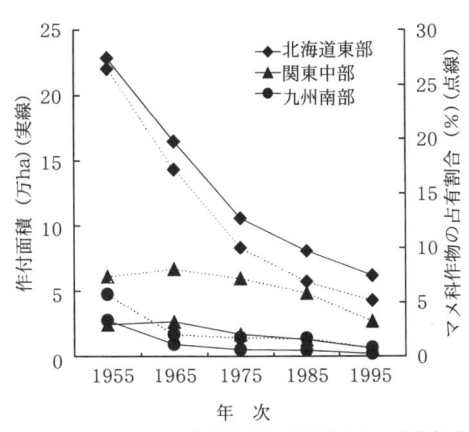

図4-4-1 マメ科作物の作付面積とその占有割合

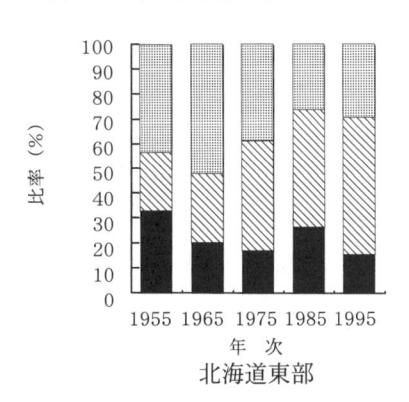

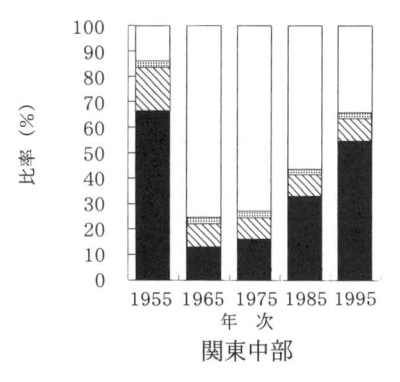

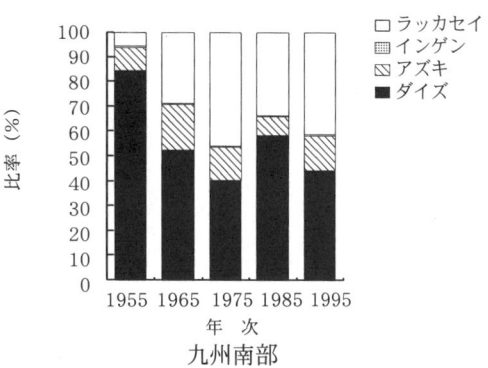

図4-4-2 マメ科作物の作付比率の推移

める面積が大きかったものの，その後ラッカセイの割合が著しく増加し1965年時点では全体の70％を越えている．転換畑におけるダイズの栽培面積が増加するにしたがってラッカセイの占める割合は漸減し，現在はダイズの占める割合が50％を越えている．九州南部では，1955年当時80％を越えていたダイズの占める割合が漸減し，ラッカセイの割合が漸増している．当地域では，この40年間にダイズの栽培体系が夏ダイズの間作栽培から秋ダイズの単作栽培に大きく転換しており，作付面積の顕著な減少は結合する作物種の変化に著しく影響されている．以上のことから，北海道東部は依然として豆作の比率は高いが，その主な作物はアズキであること，関東中部と九州南部では，ダイズの占める割合が大きいものの，ラッカセイの占める位置が比較的高いことがわかる．

(2) 各畑作地帯における作付体系の類型と特徴

　図4-4-3，図4-4-4，図4-4-5に，これまでに収集整理された作付体系の事例[6,8]を基にマメ科作物を含む作付体系の代表的な例を地域ごとに整理した．北海道東部では，いずれの作付体系も1年1作でマメ科，イネ科，イモ類の3者で構成されている．マメ科作物は2～5年の間隔を置いて，連作を避け作付けされており，ダイズでは4～5年の間隔を空けて栽培されている．マメ科作物は，コムギ，テンサイ，牧草と結合しており，養分収支のバランスや土壌病虫害に配慮した形態となっている．北海道東部では地力維持作物として作付けられ，基幹作物の連作障害回避や残肥利用を目的としており，系外からの有機物投入はみられない．

　関東中部では伝統的にムギ類-ダイズの1年2作体系が定着継承されている．以前は，ムギ類-ダイズの間作体系が主体で，作期と作業の競合を回避し作付集約度が高まること，適期播種が行えることなどから，関東中部だけでなく東北，九州の畑作地帯に広く定着していた．1950年代には，主要ダイズ作地帯において作付面積全体の6～7割以上を間作ダイズが占めていたが，現在は，いずれ

図4-4-3　北海道東部におけるマメ科作物を含む畑作付体系

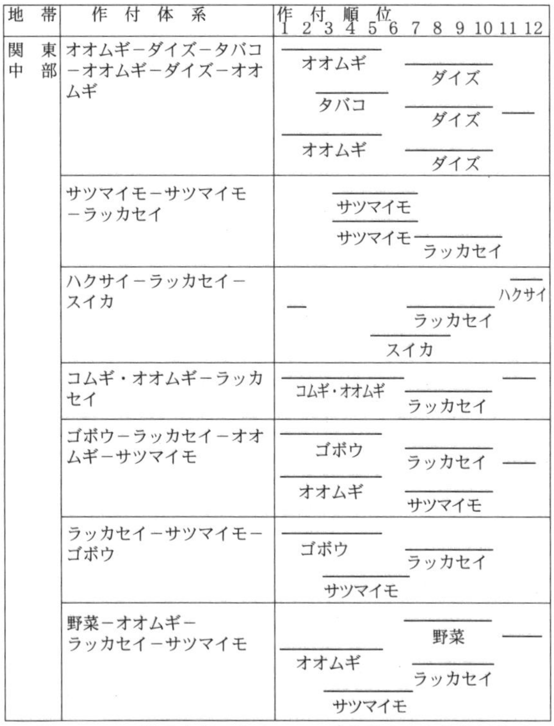

図4-4-4 関東中部におけるマメ科作物を含む畑作付体系

図4-4-5 九州南部におけるマメ科作物を含む畑作付体系

の作物も単作で栽培されている．ラッカセイは，ムギあるいは露地野菜と結合しており，後作物のスイカ，サツマイモではサツマイモネコブセンチュウなどの線虫害を回避できる．九州南部では，ダイズは春バレイショ，タバコ，食用カンショなど高収益作物と結合しており，7月以降に秋ダイズとして播種される．バレイショ跡とタバコ跡のダイズは，肥沃度が高いため無施肥か慣行の3 kg N/10 aより少肥の1 kg N/10 aで栽培される．また，堆肥も無施用か少施用に留まっている．ラッカセイは，関東中部と同様にサツマイモやダイコンなどの露地野菜が後作物として結合しており，線虫害の回避が期待できる．

### (3) 畑作付体系におけるマメ科作物の位置

マメ科作物はイネ科，イモ類に比べてC/N比が小さい易分解性有機物の還元量が多いこと，根が深層まで分布し下層土の理化学性を改善する効果が高いこと，養分吸収量は少ないが，根粒による窒素固定も相まって養分還元割合は高いことなどの特徴がある．こうした特徴を生かしたイネ科，イモ類など異科作物との結合が極めて重要である．大久保によると，作付体系に関連した技術要素は，作付前歴や施肥前歴に規制されるとし，作物の収量水準によってそれらが異なると指摘している[11]．ダイズの場合には，第Ⅰ段階(26 kg/a)はダイズ連作，またはラジノクローバ跡地など前作がマメ科作物で作付前歴が好適でない場合が多く，第Ⅱ段階(26～28 kg/a)ではトウモロコシ跡地が多く，第Ⅲ段階(28～32 kg/a)ではトウモロコシ，ダイズおよびジャガイモの輪作で，リン酸多肥前歴が多い．第Ⅳ段階では堆肥前歴が多く，窒素，塩基などが潤沢な高肥沃度が必要となる．また，第Ⅲ段階の収量水準までは，有機質肥料を含め養分供給で達成できるが，第Ⅳ段階になると養分供給だけでなく作付前歴を考慮する必要がある．また，マメ科作物にとっての輪作の重要性は，VA菌根菌の面からも説明されている[1]．マメ科作物はVA菌根菌の共生率が高く，しかもイネ科などに比べてその依存度が大きい．そのため，前作物のVA菌根菌の共生率が大きく影響し，VA菌根菌と良く共生するヒマワリ，トウモロコシ跡地では，マメ科作物の収量は高く，VA菌根菌と共生しないダイコンやテンサイの跡地では低収であるとしている．VA菌根菌は地下部の表面積を広げるため，土壌中での動きが小さいリン酸などの養分の吸収を助ける働きがあることがわかっている．

マメ科作物は，広葉が水平に配置されるため被度の増加速度が速く抑草効果が大きいことから，制圧作物と呼ばれてきた．野口は，群落構造と照度との関係から各畑作物の雑草抑制力を比較検討し，

ジャガイモ，エンバク畑では8月上旬以前の雑草発生は少ないが，7月中旬以降はダイズ畑の雑草が少なくなるとしている[10]．また，マメ科作物では，土壌病害虫のうち線虫害の影響が大きいことが特徴的である．但し，作物種によって影響の程度は異なり，ダイズはダイズシストセンチュウ，サツマイモネコブセンチュウ，ミナミネグサレセンチュウなどいずれの線虫にも感受性で被害も大きい．しかしながら，ラッカセイはキタネグサレセンチュウには感受性で被害を受けるが，サツマイモネコブセンチュウやミナミネグサレセンチュウの密度は減少させ，被害を受けないことが知られている．

(4) マメ科作物の特性を生かした作付体系

ここでは，線虫害，土壌病害，土地利用率向上の観点から，マメ科作物の特性を生かした作付体系を事例を紹介することとする．

i) ラッカセイによる線虫密度の低減　線虫害は，線虫の種類によって現れ方は異なるが，線虫が形成するゴール，根菜類では形状の劣化，線虫の食痕およびそれに伴う斑点による表皮の褐変などの症状として現れる．こうした症状は，収量品質を著しくて低下させる．

関東中部などでは，ラッカセイとカンショを結合させた輪作体系が定着している．その結合の生産技術上の利点として上がられるのは，ラッカセイの作付けによる線虫害の抑制である．ラッカセイは，サツマイモネコブセンチュウやミナミネグサレセンチュウの密度を低減する効果があり，線虫対抗植物として利用されている．カンショを主軸作物とした輪作体系において線虫密度とカンショの収量との関係をみると，ラッカセイと結合した作付体系では，いずれの線虫密度も低く抑えられており多収が得られている[9]．また，ラッカセイ跡のカンショは皮色が良好で塊根の形状が比較的揃っており，青果用カンショとしての外観品質に優れている．

ラッカセイの線虫密度抑制効果を発揮させるためには，ラッカセイの栽培期間を線虫の活動が盛んな夏期に設定することが大切である．植付時期によるラッカセイとマリーゴールドの線虫密度の推移をみると，5月下旬植えでは，ラッカセイの密度低減効果はマリーゴールドと変わらないが，8月上旬植えでは低減効果が明らかでないことがわかっている[3]．このことは，線虫密度低減の作用機作が両作物で異なることが影響しているとみられ，ラッカセイでは線虫の活動が活発な時期に根系が発達し，根への線虫の侵入が可能な条件にあることが重要であると言える．しかしながら，ラッカセイの作付けはキタネグサレセンチュウの密度を増加させるため，キタネグサレセンチュウの密度抑制を対象とする対抗植物が導入されている．

ii) イネ科作物の導入による土壌病害の低減　北海道東部におけるマメ類の作付間隔については，土壌病害の影響が大きいことがわかっている．インゲンではインゲン根腐病，アズキではアズキ落葉病がそれに当たる．インゲン根腐病はフザリウム菌の1種に起因する病気で，一度汚染されると短期間に病原菌を除去することが極めて困難である．アズキ落葉病も有効な防除手段に乏しく，著しい減収をもたらす．いずれの病気もトウモロコシ，コムギ，オオムギなどイネ科作物との輪作によって被害が軽減され，インゲン根腐病ではイネ科の基質としてのC/N比が病原菌の病原力を弱め，発芽に時間を要するようになる[4]．一方，アズキ落葉病では，病原菌数が低く推移することが病害の抑制に役立っており[7]，抵抗性で良質多収品種のきたのおとめが育成されている[2]．これらの病気を防ぐためには，抵抗性品種を導入したとしても3～4年マメ類の作付けを控え，イネ科作物を導入することが推奨されている．

iii) 立毛間播種による間作ダイズ栽培　東北，関東中部，九州南部の畑作地帯に広く定着していた間作ダイズは，間作作業の労働強度が大きかったこと，効率的な機械化作業体系の開発が行われなかったこと，機械化に適した品種育成がなかったこと，加えてムギ，ダイズの収量や価格が低

迷したことなどの理由で，現在ではそれぞれ単作化している．最近，ダイズを含めた収益性の向上を図る立場から，機械作業を前提とした間作体系が見直されている[5]．東北農業試験場（岩手県盛岡市）の大区画圃場（1区画2ha）において，この立毛間施肥播種技術を軸としたコムギ-ダイズ2年3作体系の実証試験を実施したところ，ダイズおよびコムギの播種作業時間は，ともに0.4～0.6時間/10aで，作業速度は0.4～0.7m/sであった．また，適期播種により収量の向上も期待できる．1990年から1992年まで3ヵ年の10a当たり平均収量は，1作目のダイズ345kg，2作目の間作コムギ498kg，3作目の間作ダイズ263kgであり，コムギの収量は栽植株数の増加によって大幅に増収している．なお，1992年の岩手県の10a当たり平均収量は，ダイズ147kg，コムギ296kgであり，それぞれ県平均を大きく上回っている．

　以上のように，マメ科作物のうちアズキ，インゲンマメ，ラッカセイのように商品性の高いものと畑作ダイズのように自給的生産の色彩の強いものとでは，その生産動向には著しい違いがある．前者は，マメ科作物全体の面積が減少している中でその作付割合は増加しているが，後者では減少している．それを反映して，北海道東部のアズキ，インゲンマメは4～5年を1サイクルとした輪作体系が組まれており，関東中部や九州南部のダイズはタバコ，青果用カンショなど高収益作物との組み合わせで補完作物として栽培されている．畑作ダイズの割合は，水田でのダイズの栽培が増加するにしたがって著しく低下している．しかしながら，水田における畑期間の増加によって，養分のアンバランス，線虫害，土壌病害など水田においても畑と同様の問題が起きつつあり，ダイズの高位安定生産にとって輪作の重要性は失われないと考えられる．

（持田　秀之）

## 引用文献

1) 有原丈二．現代輪作の方法．農文協．86～97（1999）
2) 藤田正平・島田尚典・村田吉平・白井滋久・原　正紀・足立大山・千葉一美．あずき新品種「きたのおとめ」の育成について．北海道立農試集報，68, 17-31（1995）
3) 生駒泰基・須崎睦夫・持田秀之．線虫対抗植物の短期輪作導入による線虫密度抑制効果．九農研，57, 37（1996）
4) 伊藤征男．インゲンマメ根腐病菌の生態と防除．植物防疫，29(9), 366-370（1975）
5) 木村勝一・持田秀之．水田輪作技術と地域営農．農林統計協会，110-124（2001）
6) 栗原　浩．わが国における耕地利用の現状とその地域性．耕地利用研究会．（1982）
7) 小林喜六．アズキ落葉病の生態と防除．植物防疫，47(4), 169-172（1993）
8) 持田秀之．大豆作付体系からみた大豆栽培の現状と課題．大豆産地形成確立九州地域検討会報告書，大豆産地形成確立九州地域検討会，24-30（1999）
9) 持田秀之・小林　透・立石　靖・生駒泰基．前作の違いが青果用カンショの生育・収量に与える影響．日作九支報，62, 71-75（1996）
10) 野口勝可．畑作物と雑草の光競合に関する生態学的研究．農業研究センター報告，1, 37-103（1983）
11) 大久保隆弘．輪作の栽培学的意義に関する研究．東北農試報告，46, 1-61（1973）

# 第5章　病害虫

## はじめに

　わが国のように南北に細長い地形でしかも温暖な気候条件下では，マメ類に発生する病害虫の種類も多種多様である．特にダイズだけでも発生する病害虫は，現在までのところ病害では糸状菌病35種，ウイルス病7種，細菌病2種，ファイトプラズマ病1種，線虫を含む害虫は200種以上が報告されている[1~2,4~6,8~12,16]．本章では紙面の都合上，マメ類に発生する病害虫を網羅して詳細に説明することは困難であるため，ダイズ，アズキ，インゲンマメ等で栽培上問題となっている主要病害虫について各専門家に執筆していただいた．取り上げた主要な病害虫は，細菌病（ダイズ：葉焼病，斑点細菌病；インゲンマメ：かさ枯病），糸状菌病（ダイズ：紫斑病，黒とう病，べと病，さび病，斑点病，うどんこ病，炭疽病，褐色輪紋病，ねむり病，葉腐病，黒根腐病，白絹病，茎疫病，落葉病，炭腐病，リゾクトニア根腐病，立枯病，白紋羽病；アズキ：落葉病，茎疫病，萎凋病；インゲンマメ：菌核病），有害昆虫（ダイズ：カメムシ類，ハスモンヨトウ，ダイズサヤタマバエ，マメシンクイガ；アズキ：マメホソクチゾウムシ；アズキ・インゲンマメ等：マメアブラムシ，ジャガイモヒゲナガアブラムシ，アズキサヤムシガ，マメノメイガ，アズキノメイガ，アズキゾウムシ，タネバエ，マメコガネ；マメ類：ハスモンヨトウ，カブラヤガ，タマナヤガ），ダニ類（マメ類：カンザワハダニ，ナミハダニ），線虫（マメ類：ダイズシストセンチュウ，ネコブセンチュウ，ネグサレセンチュウ），ウイルス病（ダイズ：わい化病，モザイク病，萎縮病；アズキ：インゲンマメモザイク病，キュウリモザイク病；インゲンマメ：インゲンマメモザイク病，黄化病；マメ類：アブラムシ類）である．

　マメ類病害虫の発生様相は経年的変動，気象要因，地域要因，栽培方法，作付体系，作付時期および作付品種等によっても変化している．例えば，1978年，ダイズが水田転換畑の奨励作物に指定されるに伴い，転換畑でのダイズ病害虫の発生様相が異なってきた．従来の普通畑栽培ではあまり問題とされていなかった立枯性病害が1980年代に転換畑栽培の拡大に伴い被害が増大してきた[12]．立枯性病害13種のうち，6種は1978年以降に報告されたものである．転換畑栽培で被害の大きい主要な立枯性病害は黒根腐病（東北地域から九州地域まで発生），茎疫病（北海道を中心に北日本に発生），白絹病（東海以南の西南団地に発生）である．わが国におけるマメ類の病害虫防除対策としては，基本的には防除基準に順じた農薬使用による防除が中心である[4~5,16]．平成11年度農林水産統計によれば，ダイズの生産費に占める農業薬剤費の割合は7％であり，主要病害虫の発生面積（ha）/延防除面積（ha）は，紫斑病：8,800 ha/43,500 ha，菌核病：800 ha/4,000 ha，立枯性病害：1,000 ha/4,500 ha，炭疽病：900 ha/4,000 ha，ハスモンヨトウ：37,700 ha/46,700 ha，アブラムシ類：26,400 ha/45,900 ha，タネバエ：1,800 ha/13,100 ha，マメシンクイガ：8,700 ha/40,000 ha，シロイチモジマダラメイガ：2,800 ha/29,500 ha，吸実性カメムシ類：23,000 ha/46,100 ha，ダイズサヤタマバエ：5,600 ha/19,500 haである[13,14]．平均5~7回農薬（殺虫・殺菌剤）を使用していると推察される．無防除栽培した場合のダイズの減収率は最大49％，平均34％であったとの報告がある．1999年度のダイズ収穫量が187,000 tであるが，2000年3月に決定された「食料・農業・農村基本計画」の中で2010年度のダイズ生産目標は250,000 tである．この生産目標を達成するために，きめ細かな病害虫発生予察・防除要否の判定基準の設定に基づく的確な農薬使用，病害虫抵抗性品種の積極的導入等による防除対策が重要である．また，耕種的防除および生物防除資材等を組

み合わせた環境保全型総合防除技術の確立が必要である[3]．

　アズキ，インゲンマメは北海道，ラッカセイは関東地域に作付けが集中しているが，気象変動により生産が不安定なため，安定生産が望まれている．的確な病害虫防除により安定供給と高品質化を図り，輸入品に対応する必要がある．

### 1) 今後のダイズ病害虫防除対策

#### (1) 抵抗性品種の素材開発と育成[7,8]

　ダイズ栽培における収量および品質低下を防止し，安定生産を確保するためには，各種病害虫に対する抵抗性品種の素材開発と実用的品種育成が重要である．特にウイルス病，糸状菌，線虫，有害昆虫等を対象とした実用的抵抗性品種の育成が喫緊の課題である．例えば，ウイルス病では北海道を対象としたダイズわい化病耐病性品種が育成されているが，これらの耐病性品種だけでは防除が不十分なため，媒介アブラムシ殺虫剤が使用されている[4]．ただし，青森以南の東北地域を対象としたダイズわい化病抵抗性品種はいまだに育成されておらず，今後，北海道および東北地域に適応した抵抗性品種の育成が望まれる[4,8]．ダイズモザイクウイルスはダイズ種子表面に褐斑粒を生じるため，品質低下の大きな原因となっており，本ウイルス病抵抗性ダイズ品種が多数育成されている[8,15]．糸状菌病では，北海道の排水不良な転換畑に発生した立枯性病害の一つである茎疫病抵抗性品種が育成されている．今後は黒根腐病や白絹病に対する抵抗性品種の選抜・育成が望まれる．線虫ではダイズシストセンチュウ抵抗性品種が育成されているが，ダイズシストセンチュウには数種のレースが発生しており，各レースに対応した高度抵抗性品種の育成が望まれている．有害昆虫では，1990年頃から西南暖地で被害の大きいハスモンヨトウの薬剤抵抗性系統個体群（メソミル剤および合成ピレスノイド剤に対する感受性低下）が出現しており，殺虫剤による防除がむつかしくなっている．ハスモンヨトウ抵抗性ダイズ系統が育成されており，実用品種化が有望視されている[8]．しかしながら，抵抗性品種を導入するに当たっては，抵抗性を打破する病害虫の発生に常に留意しておく必要がある．病害虫抵抗性遺伝子の導入は実用形質の劣化を引き起こす場合があり，これを克服するための素材開発が必要である．

　今後，地域に適応したより有効な病害虫抵抗性品種を開発・育成して，作付け拡大を図る必要がある．

#### (2) 発生予察技術および要防除水準による的確な農薬使用

　気象条件および地域に適応した病害虫発生予察技術を精密化し，的確な農薬使用時期を決定する手法を確立する．

#### (3) 輪作栽培体系の確立

　土壌病害の発生を低減するために転換畑期間を2〜3年とする田畑輪換および湛水が実施できる組織体制を確立することが望まれる．線虫汚染圃場では田畑転換での3年以上の湛水または輪作の組み合わせによる線虫密度低減が推奨される．

#### (4) 不耕起播種栽培に適した防除対策技術の開発

　持続的農業および低コスト化を図るための不耕起播種栽培技術を確立するなかで，病害虫の防除策技術としては，茎疫病抵抗性品種の育成および田畑輪換による土壌病害発生の低減化技術の確立等が要望されている．

#### (5) 病害虫の総合防除技術と環境保全型農業の確立

　過度の殺虫・殺菌剤使用は，病害虫の薬剤耐性・抵抗性の発達および潜在昆虫の害虫化を招きやすいため，病害虫の発生予察技術に基づく的確な農薬使用およびローテーションによる計画的な薬剤

散布を行うように努める．化学農薬依存度を下げるための農薬代替技術としては，抵抗性品種の導入，耕種的防除技術（おとり植物あるいは対抗植物等の作付け，田畑転換の湛水処理，輪作等），天敵による害虫生息密度低下および天敵保護農薬の開発，フェロモン剤の有効利用，生物防除資材の利用等が挙げられる．高度発生予察技術に基づく的確な農薬使用と前述した農薬代替技術を体系化し[3]，コスト面を考慮した実用化技術を完成し，減農薬を中心としたダイズ栽培における環境保全型農業を確立する必要がある．

（本田　要八郎）

### 引用文献

1) 藤田佳克．ダイズの主要病害の防除対策．今月の農業，44, 43-48 (2000)
2) 北海道植物防疫協会編．北海道病害虫防除提要．北海道植物防疫協会，770 p. (1995)
3) 本田要八郎．IPM の現状－研究の立場から－．植物防疫，54, 213-216 (2000)
4) 石谷正博．ダイズの虫害対策．今月の農業，44, 49-52 (2000)
5) 菊地淳志．ダイズ病害虫と対策－主要虫害と対策－．今月の農業，43, 57-63 (1999)
6) 岸　國平．日本植物病害大事典．全国農村教育協会，1276 p. (1998)
7) 小島睦男編．わが国におけるマメ類の育種．農業総合研究叢書，第10号．農林水産省農業研究センター，531 p. (1987)
8) 松永亮一ら．特集号：ダイズ病害虫の発生生態と防除．植物防疫，55, 193-236 (2001)
9) 日本応用動物昆虫学会編．農林有害動物・昆虫名鑑．日本植物防疫協会，379 p. (1987)
10) 日本植物防疫協会編．ダイズ病害虫の手引．日本植物防疫協会，222 p. (1979)
11) 日本植物病理学会編．日本植物病名目録（初版）．日本植物防疫協会，858 p. (2000)
12) 西　和文．ダイズ病害虫と対策－主要病害と対策－．今月の農業，43, 54-57 (1999)
13) 農林水産省大臣官房統計情報部編．ポケット農林水産統計－平成13年版－．農林統計協会，465 p. (2001)
14) 農林水産省農産園芸局植物防疫課監修．農薬要覧2000．日本植物防疫協会，737 p. (2000)
15) 重盛　勲．ダイズモザイクウイルス（SMV）によるダイズモザイク病の抵抗性育種に関する研究．長野中信農試報，10, 1-60 (1991)
16) 菖蒲信一郎．佐賀県におけるダイズの虫害対策．今月の農業，4, 53-56 (2000)

## 1．ダイズの主要病害（主要糸状菌・細菌病）

### 1）細菌病

わが国に発生するダイズの細菌病には，葉焼病（病原細菌：*Xanthomonas campestris* pv. *glycines*）と斑点細菌病（病原細菌：*Pseudomonas syringae* pv. *glycinea*）（口絵　図5-1-1）の2種が知られているほか，葉焼病類似症状株から *Pseudomonas cichorii* が分離されたことがある[27]．

葉焼病は，生育期後半に多発する病害である．暖地性の病害であるが，東北地方でも発生することがある．病原細菌は栄養寒天培地上に黄色のコロニーを作る，グラム陰性，好気性で1本のべん毛を有する短桿菌である．

一方，斑点細菌病は冷涼な気候を好み，関東以北の地域で多発しているが，九州においても発生が確認されている．病原細菌は栄養寒天培地上に白色のコロニーを作る，グラム陰性，好気性で短極に数本のべん毛を有する短桿菌である．レースの存在が知られているが，わが国での系統だった調

査は行われていない．病斑から病原菌を分離する場合，しばしば黄色のコロニーを形成する随伴細菌が分離されることがあるので，診断上留意する必要がある．

両病害とも，第一次伝染源は感染種子あるいは罹病茎葉である．したがって健全種子を用いることが防除の基本となると考えられるが，防除対策についての研究はほとんど行われていない．わずかに葉焼病に対する抵抗性について調査された古い研究があるのみである．

### 2）紫斑病

紫斑病は Cercospora kikuchii によって引き起こされる糸状菌病で，ダイズの葉や茎，莢および種子に病斑を形成するが，被害としては種子の品質低下が最も大きい[14]．古くから重要病害の一つとされてきたが，転換畑で多発した．現在でも最も警戒を要する病害の一つである．本病が転換畑で多発したのは，湿潤な土壌条件に関係すると考えられてきたが，転換畑ではダイズの生育が旺盛となり成熟期間が長くなることの影響も大きいと考えられる．

本病の第一次伝染源は，罹病種子と残渣である．病原菌は罹病種子や残渣中で容易に越冬する[3,30]が，積雪下で土と接触した部分では越冬率が大きく低下するので，寒冷地では罹病種子の重要性が高い[3]．罹病した子葉や胚軸部には分生胞子が形成されて，順次上位葉や莢，さらには子実へと感染を繰り返す[3]．紫斑病菌はダイズのほか，ツルマメ，アズキ，インゲンマメにも寄生するので，これらの植物体上で形成された分生胞子も，伝染源となりうると考えられる[3]．未展開の葉や結莢直後の莢などのように未成熟の組織は感染しにくい[3]．

ダイズ茎葉の発病は夏期の高温で抑制されるが，秋期には下位茎葉や落葉上に多数の病斑が形成されるので，再び病勢の進展が起きる[32]．紫斑粒の発生は，黄莢期にはじまり，成熟期が近づくにつれて急増する[3,32]．紫斑粒が最も高率に発生するのは，開花後12〜40日の間に感染した場合で，それ以前の感染では莢組織の抵抗性が強いため，また開花後40日を過ぎて感染した場合には，莢内に進入した菌糸が内表皮に到達する前に成熟を迎えるため，紫斑粒の発生が少なくなる[3]．

紫斑病の発生には，土壌，気温および降雨が大きく影響する[3,31,35]．転換畑や疎植栽培では，ダイズの生育が旺盛となって成熟までの期間が長くなる結果，紫斑粒の発生が多くなることもある[35]．収穫後の乾燥が不十分である場合には，莢から子実への菌糸進展や子実における病斑拡大が進行する[3]．

本病の防除には，健全種子を使用することと罹病残渣を処理することによって，第一次伝染源を少なくすることが基本である．秋耕は罹病残渣を埋没させて病原菌の生存率を低下させる[31]ため重要である．早期収穫と収穫後の早期乾燥も大切である[3]．種子消毒は有効であるが，少しでも残存した罹病種子によってその後の発病が増加するので，茎葉散布との併用が最も効果的となる[35]．防除薬剤として最も広範に使用されてきたチオファネートメチル剤に対し，耐性菌が発生している[5,39]．

### 3）黒とう病

黒とう病は，1947年に長野県で初めて記録された[14]が，実際にはそれ以前から発生していたようである．その後東北地方に広がり，また中国地方や九州地方でも発生した．一時はダイズ栽培の脅威とまで恐れられたが，現在ではほとんど発生がみられない．

病原菌は新種の糸状菌で，Sphaceloma glycines と命名された[14]．寄主範囲は極めて狭く，ダイズ以外の植物での自然感染は報告されていない[14]．罹病残渣中の菌糸で越冬し，翌春分生胞子を形成し，それによって初期感染が生ずると考えられている[14]．種子伝染は，確認されていない．菌体内に多量の赤色色素 elsinochrome A を蓄積する性質がある．

発生は，連作畑や被害残渣をすきこんだ畑に多く，22〜25℃の気温，曇天寡照の天候は，発病を助長する[14]．若い組織ほど感染しやすく，成熟の進んだ組織ほど抵抗性となる．被害は，生育初期に感染した株ほど大きくなり，感染によりダイズは徒長・つる化しやすくなるとともに，分枝数や着莢数が大幅に減少する．抵抗性に関する品種間差異が大きく，抵抗性品種では表皮細胞のみが侵されるのに対し，罹病性品種では柵状組織や海綿状組織まで侵される．初期感染株からの二次伝染は，8月下旬または9月上旬に始まり，初期感染株から周囲の株へと，極めてゆっくりだが連続的に広がり，飛石的な伝染は認められない．

発生当時の長野県や東北各県では，被害株の焼却，連作の回避，種子更新，発病地産種子の移動禁止，水銀剤による種子消毒などが徹底して実施され，局所的な発生にまで押さえ込むことに成功した[2,14]．この時実施された防除対策は，種子消毒を除くと現在でも有効と考えられる．近年育成された品種は，黒とう病に対する抵抗性の検定が行われていないが，抵抗性品種の使用は，本病の防除の基本である．

### 4）葉や茎の病害

主として地上部の葉や茎を侵す糸状菌病としてわが国での発生が記録されている病害は，20種程度である．このうち紫斑病と黒とう病については別項で詳述した．また菌核病については次項で述べるので，本項ではこのほかの病害について記す．

べと病（病原菌：*Peronospora manshurica*）は全国各地に発生し，ダイズ病害の中で最も発生面積の広い病害である．通常被害が問題となることは少ないが，子実に病原菌の卵胞子が固着して，品質上問題となることがある．第一次伝染源は卵胞子固着種子で，多い場合には子実への混入割合が10数％に達する場合もある．罹病残渣中の卵胞子も第一次伝染源となりうると考えられるが，この点については明らかでない．卵胞子固着種子を播種すると，病原菌の菌糸が生長点にまで達している全身発病株が生ずる[10]．全身発病株は低温条件下で発生しやすく[9,21]，播種後10日間の気温が21℃の場合には発生しない[21]．病斑上には多数の分生胞子が形成され，次代の伝染源となる．分生胞子は，卵胞子の形成に先行する．卵胞子は宿主の光合成に依存して形成される．湿潤条件下や葉に散水した場合には，多数の卵胞子が形成される．べと病の防除には，種子消毒，被害茎葉の処分，連作の回避，全身発病株の抜き取り，密植の回避，抵抗性品種の作付け，薬剤散布などを実施する[9]．被害許容水準を減収率2％とした場合の要防除水準は，開花始期の上位葉の病斑面積率2.5％である[29]．抵抗性の品種間差は明らかであるが，検定場所によって検定結果に違いが認められており，病原菌にレースが分化している可能性が示唆されている[9]．

さび病（病原菌：*Phakopsora pachyrhizi*）は関東地方以南の地域に発生しており，稔実莢数，稔実粒数，粒重などが減少して，時に大きな被害をもたらすことがある[11,22]．病原菌はダイズのほか，クズ，ツルマメにも寄生する[11]．播種期が早いほど被害が大きくなる傾向がある[11,22]ほか，抵抗性に品種間差が認められる[11,22]．防除対策としては，抵抗性品種の作付け，晩播，薬剤散布などが有効である[12,22]．

ダイズ斑点病（病原菌：*Cercosporidium sojinum*）はその被害が問題となることはなかった病害であるが，1990年に北海道で突然大発生した[8]．スズヒメ以外の品種での発生がほとんど認められず，レースが存在する可能性がある[8]．また，種子伝染が示唆されている[8]．

1998年に大分県でうどんこ病（病原菌：*Oidium* sp.）が発生した[7]．翌1999年には発生地域はさらに拡大している．発病は，エダマメ用の品種を中心とした数品種に限られている．

ダイズ炭疽病（病原菌：*Colletotrichum truncatum* ほか）は全国的に発生している病害であり，秋

期に湿潤な天候が続くと大きな被害が発生することもあるが，通常それほど問題となる病害ではなかった．ところが初期立ち枯れの原因となることが明らかにされ，転換畑での被害が大きい[6]ことで注目された．播種後に低温や過乾などの条件が続くと，苗立ち枯れが多く発生する．連作により発病が増加し，落葉時期も早まる．防除には，種子消毒や生育期の薬剤散布が有効である．

ダイズ褐色輪紋病（病原菌：*Corynespora cassiicola*）は1949年に記録された[14]．わが国の秋ダイズ地帯に広く発生していた[14]が，現在ではほとんど問題となっていない．ところが，1978年に，従来の葉や莢に赤褐色の輪紋を形成するのとは異なる立ち枯れ症状の原因ともなっていることが明らかにされた[33]．葉や莢の病斑から分離された菌と立ち枯れ症状を示した株の根から分離された菌では，温度反応などが異なっており，菌学的な検討が必要とされている[33]．

ダイズねむり病は，1951年に九州で記録された[28]が，現在では被害が問題となることはない．病原菌は新種の糸状菌で，*Septogloeum sojae*と命名・記載された[28]．第一次伝染源は保菌種子と被害茎葉で，その後は分生胞子による空気伝染を行う．病原菌は水溶性の毒素を生産し，ダイズを萎凋させる．

ダイズ葉腐病（病原菌：*Thanatephorus cucumris*）は北海道で最初に観察された．わが国中部以南の畦畔ダイズに多く発生し，畑ダイズでの発生は少ない[14]．近年，転換畑での発生も確認されている（都崎，1995）．病原菌は菌糸融合群AG-1に属する．ところが，1992年に東北地方で発生したものは，菌糸融合群AG-2-3に属するものであった[18]．AG-2-3の担子胞子は前作コムギの刈り取り前の株に多数形成され，そこから後作のダイズに感染する[15]．コムギの刈り取りが遅れるほど，またダイズの栽植密度が高くなるほど，発病は激しくなる[15]．

このほかの病害についての研究例は少なく，特に転換畑でダイズ栽培が開始されて以降は，研究が行われていない．

### 5）立枯性病害

立枯性病害とは，ダイズに立枯症状を引き起こす土壌伝染性の糸状菌病の総称である．転換畑でのダイズ栽培が始まった頃に全国的に多発し，問題となった．当時は病理学的アプローチが十分でなく，発生病害の種類も明確でなかったが，1980年代を通じ，発生している病害の種類や診断法，発生実態が明らかにされた[25]．この過程で発生が確認された病害は，13種（黒根腐病との異同の検討が必要とされる株枯病を含む．立枯性病害を狭義にとらえる場合には菌核病を除いた12種）である．このうち特に重要なのは，黒根腐病，茎疫病および白絹病である[25]．

黒根腐病（病原菌：*Calonectria ilicicola*）は1968年に千葉県に発生したのが最初の記録である[16]．北海道を除く全国各地に発生しているが，東北地方から中国地方にかけての地域で，被害が大きい[20,24,25]（口絵 図5-1-2）．病原菌は*Calonectria crotalariae*と報告された[16]が，菌学的再検討の結果，現在では*Calonectria ilicicola*が用いられている．第一次伝染源は土壌中の微小菌核で，ダイズの播種とともに根部および地際部組織内に侵入する．微小菌核の寿命は長く，寄主植物が存在しなくとも7年以上の生存が可能である[24]．感染を受けたダイズは根系全体が腐朽し，生育が劣り，成熟が早くなって，収量が低下する．収量の低下は着莢数と粒重の減少によるところが大である．黒根腐病は，排水不良の圃場，地下水位が高い圃場，浅い部分にグライ層が存在する圃場などで大きな問題となっている．また，生育期前半に降雨が多いと，被害が大きくなる．これは，黒根腐病の被害が高土壌水分によって助長される[4,24,34,37]ためと考えられる．黒根腐病の防除には，水田期間を3年以上とした田畑輪換が有効である[24]．しかし，その効果の持続期間は3年程度であるため，水田期間3年以上，ダイズの栽培は3年以内とした輪作を継続的に実施する必要がある．冬

期間の湛水にも，発病抑制効果が認められる．圃場の排水対策，高畦栽培，早期培土などの耕種的対策にも発病抑制効果が認められるが，その程度はあまり高くない．石灰窒素や硝安の施用も同様である．熱水土壌消毒には高い防除効果が認められる[23,24]が，大面積の圃場には適用が困難である．有効薬剤の探索も行われ，クロルピクリンなどの土壌くん蒸剤の有効性が確かめられたが，農薬登録には至っていない．生物防除をめざして拮抗菌のスクリーニングが実施されたが，実用には至っていない．有効な抵抗性品種は確立されていないが，抵抗性検定法の開発や抵抗性育種の努力が続けられている．

白絹病は，多犯性の糸状菌である *Sclerotium rolfsii* によって引き起こされる．転換畑でのダイズ栽培が多くなるとともに，立枯性病害の一つとして注目されるようになった．特に，千葉県以西の地域では主要病害のひとつとなっている[20,25]．転換畑でダイズが栽培されるようになる以前は，主としてやや乾燥しやすい畑圃場で発生していたものの大きな被害を与えることはなかった[14]．また，畦畔ダイズでの発生は少なかった[14]．白絹病は7～8月の高温多湿時に多発し[14,20]，中耕・培土の直後から急激に発生が目立つようになることが多い[40]．麦稈を圃場にすきこんだり，麦稈マルチを行うと，白絹病の発生を助長する[40]．防除対策としては，湛水，薬剤防除，輪作，熱水土壌消毒などがある．また，トリコデルマ菌を用いた生物農薬の開発が行われている．

茎疫病（病原菌：*Phytophthora sojae*）は全国各地に発生するが，北海道での被害が大きい[25]（口絵 図5-1-3）．1977年に北海道に発生したのが，わが国最初の発生記録である[36]．土壌の多湿や灌水，連作は発病を助長する．転換畑での発生が主で，普通畑での発生は例外的である．病原菌には多くのレースが分化しているが，レース分布に関する調査は行われていない．連作の回避，圃場の排水対策，罹病残渣の処理，当該圃場に分布する病原菌レースに抵抗性の品種の作付けなどが，防除対策の基本となる．メタラキシル剤に発病抑制効果があるが，農薬登録は行われていない．

ダイズ落葉病（病原菌：*Phialophora gregata*）は，1984年に北海道に発生し，その後秋田県にも発生した．アズキの落葉病菌とは形態や培養的性質からは区別できないが，病原性がはっきりと分化していることから，分化型の提唱が行われている[13]．ダイズからの分離菌とアズキからの分離菌が遺伝的に分化した系統であることは，アイソザイムパターン，DNAのGC含量や塩基配列の相同性，RFLP解析などからも支持されている．病原菌は，萎凋毒素であるグレガチンを産生する．

ダイズ萎凋病（病原菌：*Verticillium dahliae*）は，1983年に群馬県で発生し，その後岩手県でも記録された．クロルピクリン剤に防除効果のあることが報告されているが，詳細な研究は行われていない．

ダイズ炭腐病（病原菌：*Macrophomina phaseolina*）は，世界各地の熱帯および温帯地域に広く発生している病害であるが，わが国で最初に発生したのは1955年のことである[26]．これまでに発生が確認された地域は限られているが，病原菌の寄主範囲が広いので，全国各地に発生する可能性を秘めていると考えられる．砂質土壌のような乾燥しやすい圃場で，過去に大きな被害が生じた事例がある[25,26]．高温で発生しやすく，夏の終わりから秋の始めに収穫期を迎える品種での発病が激しい[26]．乾燥状態で3年間室内に放置されていた種子や罹病組織から病原菌が分離された事例が報告されているので，病原菌の寿命は長いと考えられる．堆肥や石灰を多く施用すると発病が少なくなる傾向があるが，その効果は十分でない．

ダイズリゾクトニア根腐病（病原菌：*Rhizoctonia solani*）は，1975年に北海道で発生した[17]のが最初の報告である．全国的に発生している可能性はあるが，詳細には研究されていない．

ダイズ菌核病（病原菌：*Sclerotinia sclerotiorum*）は，狭義の立枯性病害には含めないが，立枯性病害を広くとらえる場合には含まれる．北海道の十勝地方で大発生した記録がある[1]．土壌中の菌核

が発芽して生じた子のう盤上に形成された子のう胞子が第一次伝染源で,花弁および落下して茎葉に付着している花弁がまず感染し,そこから植物体の健全部へと広がってゆく[1]. 枯死した子葉などからの感染も認められる[1]. 菌核の土壌中における寿命は,5～6年程度である[1]. 防除対策としては,薬剤散布,被害株の焼却,輪作,多湿地あるいは通風領地での栽培回避,晩播,疎植,中耕培土などがあげられる[1].

立枯病(病原菌:*Fusarium oxysporum* f. sp. *tracheiphilum* および *Gibberella fujikuroi*)は全国的に発生しているようであるが,被害は重要でない[15,25]. このほか褐色輪紋病菌(*Corynespora cassiicola*)による根腐症[33],黒根病(病原菌:*Thielaviopsis* sp.),茎枯病(病原菌:*Phoma* sp.)が報告されているが,詳細な研究は行われていない. 株枯病は,その病原菌 *Ophionectria sojae* そのものが疑問種とされており,黒根腐病との異同を含めた再検討が必要な病害であろう.

このほか土壌伝染性の病害として白紋羽病(病原菌:*Rosellinia necatrix*)と紫紋羽病(病原菌:*Helicobasidium mompa*)の発生が記録されている. また,ダイズの連作障害に *Pythium* 菌が関与しているとの報告があるが,詳細な研究は行われていない.

## 6) 種子の病害

ダイズ種子の病害(糸状菌病)については,系統的な研究は行われておらず,紫斑病の研究にみられるように,病害全体の生態研究の一部として種子病害が取り上げられていることが多い. 子実病害の中では,紫斑病,炭疽病,べと病などのように,収量よりも品質の低下や,次代の種子としての品質に及ぼす影響が大きい(発芽直後の立ち枯れや生育期の感染による生育不良の影響を除く)ものと,腐敗粒のように,品質とともに収量そのものに及ぼす影響が大きいものとがある.

腐敗粒については,その関与菌に関する研究が行われ,フォモプシス腐敗病(病原菌:*Phomopsis longicolla*)などが記録されたが,未検討の糸状菌も数多く分離されている. 特に「鳩の糞」と俗称される腐敗粒からは多数の糸状菌が分離されている.

腐敗粒や汚粒は,子実肥大後期から増加し,子実害虫の食痕の認められる莢で多くなる. 適期収穫,早期乾燥,雨よけ栽培,殺菌剤の散布,殺虫剤の散布などで,少なくすることができる.

(西 和文)

## 引用文献

1) 赤井 純. 豆類菌核病(*Sclerotinia sclerotiorum* (Lib.) De Bary)の発生生態と防除に関する研究. 北海道立農試報告, 36, 1-82 (1981)
2) 遠藤武雄. 大豆黒痘病. 防疫時報, 17, 37-42 (1950)
3) 藤田佳克. ダイズ紫斑病の生態と防除に関する研究. 東北農試研報, 81, 51-109 (1990)
4) 藤田靖久・竹田憲一・佐久間比路子・加藤智弘・佐藤之信. 大豆黒根腐病の発生生態と防除. 山形農試研報, 24, 13-36 (1989)
5) 福西 務・奥村直志・小坂能尚. ダイズ紫斑病菌のチオファネートメチル剤に対する薬剤耐性. 関西病虫研報, 33, 55-56 (1991)
6) 布施 寛・鈴木穂積・石黒清秀・斎藤真弼・斉藤敏一. 庄内地方における転作ダイズの病害虫. Ⅱ. 昭和55年に発生した生育初期の立枯れ症とくに炭疽病とその対策. 北日本病虫研報, 32, 127-129 (1981)
7) 挟間 渉・加藤徳広. 本邦で新たに発生した *Erysiphe polygoni* 型の *Oidium* sp. によるダイズうどんこ病. 九病虫研会報, 46, 18-21 (2000)
8) 堀田治邦・白井佳代・田中文夫. ダイズ斑点病(病原菌 *Cercospora sojae* Hara)の種子伝染. 北日本病虫

研報, 44, 41-42 (1993)
9) 稲葉忠興. ダイズべと病の生態. 今月の農薬, 23 (11), 16-21 (1979)
10) 稲葉忠興・高橋賢司・日野稔彦. ダイズべと病菌の卵胞子および分生胞子の感染による全身発病. 農技研報, C36, 1-17 (1982)
11) 木谷晴美・井上好之利. 大豆銹病とその防除に関する研究 (第1報) 大豆銹病に関する研究. 四国農試研報, 5, 319-342 (1959)
12) 木谷晴美・井上好之利・夏目孝男. 大豆銹病とその防除に関する研究 (第2報) 大豆銹病の防除に関する研究. 四国農試研報, 5, 343-358 (1959)
13) Kobayashi, K., H. Yamamoto, H. Negishi and A. Ogoshi. Formae speciales differentiation of *Phialophora gregata* isolates from adzuki bean and soybean in Japan. Ann. Phytopath. Soc. Jpn., 57, 225-231 (1991)
14) 倉田 浩. ダイズの糸状菌病に関する研究. 農技研報, C12, 1-154 (1960)
15) 松尾卓見・桜井善雄・倉田 浩. 本邦に発生したダイズ立枯病 (新称) とその病原 *Fusarium* 菌について. 信大繊維学部研報, 8, 6-13 (1958)
16) 御園生 尹. *Calonectria crotalariae* によって起こるダイズとナンキンマメの新病害「黒根腐病」. 植物防疫, 27, 77-82 (1973)
17) 内記 隆・宇井格生. *Rhizoctonia solani* Kuhn によるインゲン, ダイズおよびアズキの根腐病. 北大農邦文紀要, 12, 262-269 (1981)
18) Naito, S. and S. Kanematsu. Characterization and Pathogenicity of a new anastomosis subgroup AG 2--3 of *Rhizoctonia solani* Kuhn isolated from leaves of soybean. Ann. Phytopath. Soc. Jpn., 60, 681-690 (1994)
19) Naito, S., T. Nakajima and Y. Ohto. Infection with basidiospores of *Thanatephorus cucumeris* (AG-2-3 of *Rhizoctonia solani*) and development of soybean foliar blight lesions. Ann. Phytopath. Soc. Jpn., 61, 362-368 (1995)
20) 仲川晃生・島田信二. 近畿中国地域におけるダイズ立枯性病害の発生実態. 中国農試研報, 15, 19-27 (1995)
21) 中南 博・高橋廣治・西 和文・赤坂安盛・武田眞一. ダイズべと病の全身発病株の発生と耕種条件. 北日本病虫研報, 43, 48-49 (1992)
22) 中村秀雄. ダイズさび病の発生生態と防除. 植物防疫, 36, 398-402 (1982)
23) 西 和文・国安克人・高橋廣治. 熱水土壌消毒によるダイズ黒根腐病の防除. 菌蕈研究所研報, 28, 321-333 (1990)
24) 西 和文・佐藤文子・唐澤哲二・佐藤 剛・福田徳治・高橋廣治. ダイズ黒根腐病の発生生態と防除. 農研センター研報, 30, 11-109 (1999)
25) 西 和文・高橋廣治. ダイズ立枯性病害の発生実態と診断同定の手引き. 農業研究センター, 32 p. (1990)
26) 西原夏樹. ダイズやアズキの炭腐病. 千葉農試研報, 3, 89-123 (1958)
27) 西山幸司・畔上耕児・長田 茂・中曽根 渡・江塚昭典・渡辺康正. ダイズ細菌病の種類と病原細菌の同定. 農環研報. 1, 83-94 (1986).
28) 西沢正洋・木下末雄・吉井 甫. 大豆新病害ねむり病とその病原菌 *Septogloeum sojae* n. sp. について. 日植病報, 20, 11-15 (1955)
29) 齋藤美奈子・石川岳史・小松 勉. ダイズべと病の要防除水準の設定とそれに基づいた防除. 北日本病虫研報, 51, 33-36 (2000)

30) 酒井泰文. ダイズ紫斑病の伝染まん延に及ぼす罹病種子の影響. 広島農試報, 49, 31-38 (1985)
31) 酒井泰文. ダイズ紫斑病の発生生態と薬剤防除の適期. 植物防疫, 42, 304-308 (1988)
32) 酒井泰文・小川睦男. ダイズ紫斑病の発病過程. 広島農試報, 45, 43-52 (1982)
33) 佐藤倫造・北沢健治. *Corynespora cassiicola* (Berk. & Curt.) Wei によるダイズ根腐症の発生. 日植病報, 46, 193-199 (1980)
34) 角田佳則・杉山正樹・中田栄一郎・大井安夫. 転作大豆の黒根腐病防除. 山口農試研報, 40, 80-88 (1988)
35) 鈴木穂積・藤田佳克. 水田転換畑におけるダイズ子実の病害発生調査. 北陸病虫研報, 28, 87-89 (1980)
36) 土屋貞夫・児玉不二雄. 疫病の生態と防除. —豆類の茎疫病—. 植物防疫, 35, 439-442 (1981)
37) 東海林久雄・竹田富一・荒垣憲一・三浦春夫. 山形県におけるダイズ黒根腐病の発生実態と2, 3の知見. 北日本病虫研報, 35, 46-49 (1984)
38) 都崎芳久・宮下武則・川西健児・鐘江保忠. 香川県におけるダイズ葉腐病の発生について. 四国植防, 30, 33-38 (1995)
39) 山本陽子・本多範行. ダイズ紫斑病のチオファネートメチル剤感受性. 北陸病虫研報, 41, 107 (1993)
40) 安永忠道・青井俊雄・別宮岩義・重松喜昭. ダイズ白絹病の発生生態と防除. 四国植防, 21, 43-48 (1986)

## 2. ダイズの主要害虫

### 1) カメムシ類

ダイズを加害するカメムシ類は, 30種以上にものぼることが報告されている[80]. そのうち子実を吸汁加害する代表的な種は, カメムシ科のイチモンジカメムシ *Piezodorus hybneri* (Gmelin) (口絵 図5-2-1) とヘリカメムシ科のホソヘリカメムシ *Riptortus clavatus* (Thunberg) (口絵 図5-2-2) の2種である[30,31,66,69].

ダイズ被害の様相は, 加害を受けたときの莢や子実の発育程度によって異なる. 伸長初期の莢が吸汁されると, 莢は黄変して脱落することが多い. 莢の伸長中期や後期に吸汁されると落莢は少なくなるが, 莢は黄変し水分を失ってよじれる. 子実の肥大初期に吸汁されると, 子実の種皮だけが残り莢は扁平で板莢になる. この時期に加害が著しいと, 子実に蓄積されるはずの養分が茎葉に蓄積され, 青立ちになることもある. 子実肥大中期または後期に吸汁された子実は, 登熟して奇形粒や変色粒になる. 子実肥大終了後の加害では, 外見的には加害された部分が凹んでいるだけであることが多く, 品質にはほとんど影響しない. しかし, 中の子葉は損傷を受けており, 種子としての利用価値が低くなる[80].

カメムシ類の加害能力は, カメムシの発育態とダイズの生育段階によって異なる. ホソヘリカメムシの場合, 1日1頭当たりの加害粒数は子実肥大初期のダイズで, 雌成虫で1.95～2.07粒, 雄成虫で1.36～1.59粒と推定されている[17,34]. 雌成虫のほうが加害能力は高く, 1頭で1日に2粒程度は加害するものと考えられる. また, 4齢・5齢幼虫も成虫とほぼ同等の加害能力を有している[17,19].

野外ではダイズ株当たり1～3頭という低い成虫の生息密度で, 青立ちを伴うような著しい被害を引き起こす[20]. また, 成虫の密度が株当たり2頭になると吸汁活動に影響が現れ[20,29], 3頭以上の密度では加害能力を十分に発揮できないことが指摘されている[20]. ミナミアオカメムシ *Nezara viridula* (Linnaeus) とホソヘリカメムシ成虫の放飼試験でも, 株当たり密度が4頭を越えると個体当たりの吸汁頻度や吸汁時間は減少し, 成虫個体間に厳しい個体間干渉が生じることが明らかにさ

れている[71]．実際にイチモンジカメムシについてダイズ畑で調べた株当たりの成虫密度は多くても1.3頭前後であり，2頭を越えることはない[6]．

イチモンジカメムシは成虫で越冬する[28]．越冬場所については，ススキの根際[20]，ツツジ，ウバメガシの落葉下[36]で越冬している個体を発見したという報告があるのみで，これらの場所が主たる越冬場所であるかどうかは疑問である．九州では越冬を終了した成虫は4月中旬頃から産卵を開始し，5月下旬まで生存する[11]．春に摂食，産卵のために利用する寄主植物としてシロクローバが考えられ，1世代を経過する可能性が指摘されている[22]．また，5月下旬から6月上旬にかけてレンゲ，アカクローバ，シロクローバで幼虫の生息が確認されている[36]．ダイズ畑での発生は，開花期に成虫が飛来侵入することから始まる[6,7]．開花期から莢伸長期にかけて，最初にダイズ畑に飛来してくる雌成虫の大部分は，産卵前期間を経過し既交尾で成熟卵を持った産卵可能な個体であり，飛来侵入と同時に産卵が行われる[7]．成虫のダイズ畑での滞在日数は3～5日と推定され[6]，侵入し数日で分散するという非常に活発な移動を行っている．卵期の最大の死亡要因はクロタマゴバチ科の卵寄生蜂 Telenomus triptus Nixon による寄生である[9]．この卵寄生蜂はイチモンジカメムシがダイズ畑に侵入を開始すると，その数日後にダイズ畑に侵入し[8]，イチモンジカメムシの卵塊サイズ（卵塊当たり卵数）にかかわらず高い寄生率を達成する[12]．幼虫期の死亡率は低く，幼虫の個体数を大きく制御するような天敵は存在していないと考えられる[12]．九州での年間発生回数は4回であり，8月下旬の産卵に起因する第4世代の羽化成虫は生殖休眠に入る[11]．

ホソヘリカメムシも成虫越冬であり[28]，越冬場所としてはクヌギ，コナラなどの雑木林の落葉下であると考えられている[36]．近畿地方で越冬成虫が出現するのが4月下旬であり[57]，レンゲ，アカクローバ，シロクローバなどのマメ科植物に飛来し吸汁する[36]．越冬成虫による産卵が認められるのは5月中旬以降である[35,61]．越冬成虫は8月頃まで生存するものもあり，第1世代成虫とともにダイズ畑に飛来し産卵を行う[35]．成虫の移動性は高く，産卵を開始した雌成虫も活発に移動する[23]．餌として好適なダイズにも長く滞在することはなく，ダイズ畑に飛来してきた雌成虫の50％が移出する日数は2日と推定されている[57]．年間の発生回数は地域によって相違が見られるが，西日本では年3回である[31,35]．

カメムシ類の防除に関しては，薬剤防除に依存しているのが現状である．薬剤の散布回数を少なくし防除効果を上げるためには，子実肥大初期が重要であり[32]，この時期における2～3回散布でかなりの効果が期待できる[33,77]．

ホソヘリカメムシでは，雄成虫が放出するフェロモンに雌雄成虫[62]と幼虫[37]が誘引される．雄成虫に雌成虫だけでなく雄と幼虫も誘引されることから，このフェロモンは集合フェロモンと考えられている[4]．この集合フェロモンは3物質の混合物から構成されており[37]，このフェロモンの1成分 $(E)$-2-hexenyl-$(Z)$-3-hexenoate (E2HZ3H) は，天敵である卵寄生蜂カメムシタマゴトビコバチ Ooencyrtus nezarae Ishii のみを誘引し，ホソヘリカメムシは誘引しない[46]．そこで，このE2HZ3Hをダイズ畑に処理し，卵寄生蜂の密度とホソヘリカメムシ卵に対する寄生率を高め，ホソヘリカメムシを防除しようという試みがなされている[47]．

### 2) ハスモンヨトウ

ハスモンヨトウ Spodoptera litura (Fabricius) は（口絵 図5-2-3），関東以西の地域で発生が多く，ダイズ（口絵 図5-2-4）ばかりでなく，牧草，野菜，果樹，花きなど広範な種類の植物を食草とする雑食性の害虫である[52]．

毎年の恒常的な発生が見られるようになったのは1960年以降であり[52]，ハウスやガラス室など

の施設が，休眠性を持たず耐寒性の弱いハスモンヨトウに越冬場所を提供したことが，西南暖地の恒常的な発生をもたらす要因になったと考えられている[52]．しかし，施設内での冬期の生息密度だけで毎年の発生を説明することは難しく，海外からの長距離移動の可能性も考えられる[2]．九州で8月中旬以降，台風が接近した時期にフェロモントラップに突発的に沢山の雄成虫が捕獲され，その後野外での発生が顕著に増加することから，台風の接近とともに海外から長距離移動を行う可能性が指摘されている[49]．さらに，越冬についても研究が進められている．野外での越冬の主体は若・中齢幼虫であり[42,43]，越冬地は日射量が多い関東以南の太平洋側の温暖地で，しかも風当たりの弱い日だまりの地形の場所に限定されると考えられている[43,44]．

雌成虫はダイズの葉裏に卵塊を産下する．孵化した幼虫は集団で葉の表皮を残して葉肉を食害し，葉は白くなる（白変葉，白化葉）．中・老齢幼虫になると分散し，葉の表皮も残さずに食害する．老齢幼虫になると昼間は地際部に隠れ，主に夜に活動するようになる．九州の秋ダイズで，見取り法によって調査した産卵消長と幼虫の発生消長の1例を図5-2-5に示した．開花期の開始とともに産卵が始まり，産卵消長は開花期の8月下旬から9月上旬にかけてと，子実肥大期の9月中下旬にピークを形成する2山型となった．1齢幼虫の孵化のピークは9月上旬と10月上旬に見られた．1齢幼虫はピーク時には100株当たり1,000頭を越えたが，2齢幼虫は500頭前後に減少した．この原因については不明な点が多いが，捕食性の天敵であるハナカメムシとハナグモの攻撃によって攪乱され死亡率が高くなったことが考えられる．6齢幼虫が増加するのは9月中旬の子実肥大期の初期であり，これは明らかに開花期に産卵された卵塊に起因するものである．

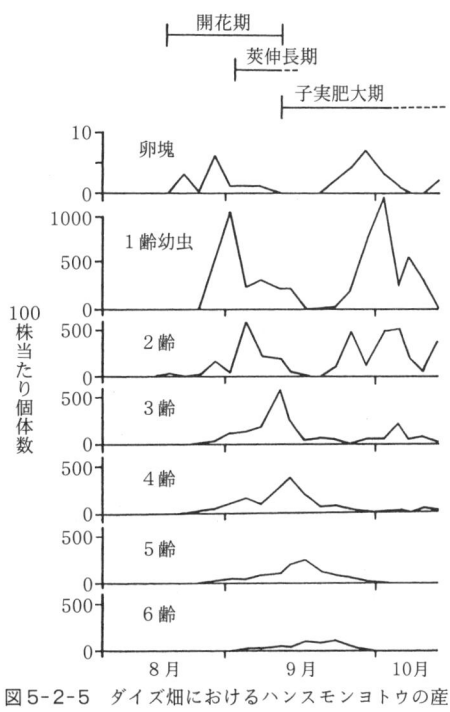

図5-2-5 ダイズ畑におけるハスモンヨトウの産卵消長と幼虫の発生消長（1988）．

ハスモンヨトウのような食葉性害虫の加害が，ダイズの子実収量や品質に与える影響は，加害を受けてから収穫までの期間に，葉面積を回復するなどダイズ自体の補償作用が働くために，加害時期により変動する．ダイズの異なる生育時期に卵塊を接種し，被害解析を行った結果では，開花期や莢伸長期に加害されると，莢数が減少することにより減収し，生育も抑制され，莢伸長期や子実肥大期に加害されると粒の肥大が抑制され減収する[5]．また，収量の減少は，孵化から3齢までの若齢もしくは中齢幼虫が集団で摂食し葉面積を減少させることが主な原因であり[5]，莢伸長期に約23％の葉面積の減少で，25％程度の減収を引き起こす可能性がある[10]．加害能力としては6齢幼虫が最も大きく，幼虫期間の全摂食量の80％以上を摂食するため[24]，5・6齢幼虫の加害も無視できない．しかし，子実肥大期の5・6齢幼虫の加害は葉面積の著しい減少よりも，莢を食害することに起因する変色粒の増加が重要であることが指摘されている[45]．

ハスモンヨトウの防除としては薬剤が主体であり，突発的に異常発生した年以外は薬剤による防除での対応が可能であった．しかし，1989年に静岡県でメソミル剤に対する感受性の低下が[67]，1991年と1994年に高知県でメソミル剤と合成ピレスロイド剤に対する感受性の低下が報告され

た[14,72]．香川県ではペルメトリン剤と合成ピレスロイド剤[79]，徳島県ではメソミル剤，ペルメトリン剤に対する感受性の低下が確認され[54]，栃木県[27]，静岡県[39]でも同様の結果が報告されている．今後予想されるさらなる薬剤抵抗性の発達に対し，薬剤のローテーション散布などの防除対策を確立するためには，抵抗性レベルの地域性や季節変動，抵抗性の安定性の解明[15]，薬剤感受性低下の機構とその遺伝様式の解明が重要な課題となってくる[72]．

薬剤防除に代わる防除技術として，核多角体病ウイルス[3,38,53,64]や微胞子虫[25,78]の利用，性フェロモン剤を利用した大量誘殺法[58,76]や交信攪乱法[16,73]などの技術開発が精力的に進められてきた．しかし，天敵ウイルスや微生物の利用では大量に増殖する技術の確立が困難であり[3,26]，また，性フェロモン剤の利用では多発生年，高密度条件下での防除効果の低下の問題があり[16,73,76]，他の防除技術との併用が必要である[38]．

### 3）ダイズサヤタマバエ

ダイズサヤタマバエ *Asphondylia* sp. は，特に関東以西の暖地におけるダイズの安定的生産を著しく阻害している害虫である．分布が確認されている北限は青森までであり[51]，南限は奄美大島であるが，沖縄から東南アジアまで分布している可能性も指摘されている[83]．日本に広く分布する重要害虫でありながら種の同定もなされておらず，越冬生態など生活史の全貌も不明である[85]．

成虫の活動は夜間であり，雌は莢に産卵管を挿入し1卵ずつ産下する．孵化幼虫は子実の近くに定着し，この頃から幼虫の周辺に白色の菌糸が発生する．この菌糸は幼虫と共生関係にあると考えられているが[28]，この件に関しては不明な点が多い．産卵や幼虫の発育が可能な莢の生育ステージは，着莢直後から子実肥大初期までかなり幅広い[75]．蛹は莢に脱出口をあけ体を半ば突き出したようにして，そこから成虫が羽化するため，加害を受けた莢には蛹の脱出殻が付着している．莢が小さい時に子実全粒が寄生されると莢は小さいままで発育が止まり，子実1粒だけが寄生されるとその部分だけが発育せず，他の部分は発育するため奇形莢となる．莢が伸長した後に寄生されると子実は発育せずに莢は膨らまない．

ダイズサヤタマバエは春から秋にかけてダイズや野生マメ科植物で世代を繰り返し，ダイズさえあれば，かなり早い時期からでも連続して畑に飛来し産卵する[85]．ダイズ畑での季節的な発生消長や被害の様相は品種や地域によって大きく異なってくる．宮城県では[75]7月中下旬に極早生品種で発生がみられるが被害は軽微であり，晩生品種で9月上中旬に発生が著しく増加し，晩生品種ほど被害が大きくなる．関東の発生もこれに類似している[40]．これに対し岡山の調査では[50]，6月中旬から11月中旬までダイズ莢内に寄生が認められるが，莢内密度は7月下旬〜8月上旬に高くなり，開花始めが8月中旬以降になるダイズの栽培方法で被害はかなり回避できると推察されている．薬剤で防除する場合，莢の発育過程と莢への産卵加害に対する防除効率を考慮し，防除適期は開花後1週間から2週間頃までと考えられる[1,48,60]．

ダイズサヤタマバエの翌年の発生を予想するためには，越冬態，越冬のために利用する寄主植物を明らかにしなければならない．10月以降に羽化した成虫の観察結果から成虫越冬の可能性は否定され[70]，また，晩秋期のダイズでの齢構成の調査で蛹態での越冬の可能性も否定されている[63]．晩秋に短日条件により1齢幼虫で発育停止を起こし，休眠現象を示すことが報告されているが[41]，マメ科植物の芽の中で越冬している1齢幼虫が発見された例はない[85]．晩秋に羽化した成虫がマメ科以外の植物に産卵し，マメ科以外の越冬寄主を利用する寄主転換の可能性が高く[81,82]，寄主転換を実証するための実験も行われている[84]．

## 4) マメシンクイガ

マメシンクイガ Leguminivora glycinivorella (Matsumura) は，幼虫がダイズの莢の中に侵入し子実を食害するため，ダイズの品質や収量が著しく低下する．日本全土に分布しているが，特に北日本の寒冷地での発生が多い．

雌成虫は1卵ずつダイズの葉，葉柄，茎に産卵する．孵化幼虫は莢上に小さな白繭を作り，そこから莢内に食入する．幼虫は子実の縫合部から食害するために，被害粒は"口欠豆"となる．幼虫1個体が子実を2粒以上加害することもあるが，1個体当たり子実が1粒確保されれば幼虫は発育を完了できるため，1莢内に幼虫が2個体以上生育していることもある[86]．老熟幼虫は10月から11月にかけて莢から脱出し土繭を作り，次年度の夏までそのまま土中にとどまる[55]．この夏眠状態にある幼虫は，日長が短くなることにより夏眠から覚醒し蛹化し羽化する[21]．

発生時期は，富山県の調査[56]では，8月10日頃から羽化が開始され20日以降急激に羽化個体数が増加し，9月上中旬まで羽化は継続する．産卵は8月下旬～9月上旬から認められ，9月上旬～中旬にピークに達した後，9月下旬に終息する．幼虫は9月上旬から莢の中で発見されるようになり，9月下旬～10月上旬にピークに達した後，10月下旬まで認められる．岩手県[18]，秋田県[68]，宮城県[74]の発生も若干の違いはあるが，これに類似した発生である．北陸地方以北では年1化であるが，神奈川県では2世代を経過する[59]．また，東北地方においても，高温年には2化期に相当する成虫が発生する可能性が指摘されている[13]．

マメシンクイガは幼虫が土繭を作って畑内の土中で越冬するため，ダイズ畑の後に水稲が作付されれば，春の代かき作業を経て湛水状態となるので，幼虫の死亡率を高め，成虫の密度は低く抑えられる．これに対し，ダイズを連作した場合，被害の発生は年々増加し，連作3年目で被害粒率が60％に達したことが報告されている[65]．したがって，被害を少なくするためには，ダイズの連作は避けなければならない．また，ダイズ収穫後に耕うんするだけでも翌年の発生を抑える効果がある．

(樋口　博也)

## 引用文献

1) 阿久津四良．神奈川県平坦地の晩播大豆におけるダイズサヤタマバエおよびカメムシ類の発生と防除に関する研究．神奈川農総研報, 129, 38-49 (1987)

2) 新井　茂・伊賀幹夫．超高層ビル屋上における性フェロモントラップへのハスモンヨトウの飛来について．関東病虫研報, 32, 174-175 (1985)

3) 浅山　哲・天野　隆・滝本雅章・青木弘二・濱田千裕・岡田斉夫．核多角体病ウイルスによるハスモンヨトウの防除．愛知農総試研報, 17, 133-144 (1985)

4) Harris, V. E. and J. W. Todd. Male-mediated aggregation of male, female and 5th-instar southern green stink bugs and concomitant attraction of a tachinid parasite, Trichopoda pennipes. Entomol. exp. appl., 27, 117-126 (1980)

5) 樋口博也．ハスモンヨトウによるダイズの被害解析 I．加害時期と被害の関係．応動昆, 35, 131-135 (1991)

6) Higuchi, H. Population prevalence of occurrence and spatial distribution pattern of Piezodorus hybneri adults (Heteroptera : Pentatomidae) on soybeans. Appl. Entomol. Zool., 27, 363-369 (1992)

7) 樋口博也・水谷信夫．ダイズ畑に飛来侵入したイチモンジカメムシの卵巣発育と産卵特性．応動昆, 37, 5-9 (1993)

8) Higuchi, H. Seasonal prevalence of egg parasitoids attacking *Piezodorus hybneri* (Heteroptera : Pentatomidae) on soybeans. Appl. Entomol. Zool., 28, 347-352 (1993)
9) 樋口博也. ダイズ畑におけるイチモンジカメムシの産卵特性と卵期の死亡要因. 応動昆, 38, 17-21 (1994)
10) 樋口博也・山本晴彦・鈴木義則. ハスモンヨトウによるダイズの被害解析Ⅱ. 分光反射特性を利用した若齢幼虫の加害量の隔測評価. 応動昆, 38, 297-300 (1994)
11) Higuchi, H. Photoperiodic induction of diapause, hibernation and voltinism in *Piezodorus hybneri* (Heteroptera : Pentatomidae). Appl. Entomol. Zool., 29, 585-592 (1994)
12) 樋口博也. ダイズ害虫イチモンジカメムシの発生生態と個体群制御要因としての卵寄生蜂. 九州農試報告, 31, 23-100 (1997)
13) 平井一男. マメシンクイガの発蛾時期の変動に関与する諸要因. 応動昆, 32, 192-197 (1988)
14) 広瀬拓也. 高知県におけるハスモンヨトウの薬剤抵抗性について. 四国植防, 29, 107-112 (1994)
15) 広瀬拓也. ハスモンヨトウの合成ピレスロイド系殺虫剤に対する抵抗性発達. 応動昆, 39, 165-167 (1995)
16) 広瀬拓也・高井幹夫. 高知県の施設栽培葉ジソに発生する主要害虫とその防除Ⅲ. 合成性フェロモン剤の黄色蛍光灯を用いた鱗翅目害虫の防除. 四国植防, 34, 69-75 (1999)
17) 本多健一郎. ホソヘリカメムシの吸汁による大豆加害量の推定. 東北農業研究, 39, 157-158 (1986)
18) 飯村茂之. 岩手県南部地方におけるマメシンクイガの発生消長. 北日本病虫研報, 33, 93-95 (1982)
19) 池田二三高・深沢永光. ホソヘリカメムシによるダイズの被害とその薬剤防除. 静岡農試研報, 28, 25-32 (1983)
20) 石倉秀次・永岡 昇・小林 尚・田村市太郎. 大豆害蟲に関する研究(第3報)カメムシ類による大豆の被害, カメムシ類の生態及び防除法について. 四国農試報, 2, 147-195 (1955)
21) 石谷正博・佐藤信雄. マメシンクイガの幼虫夏休眠覚醒における臨界日長. 北日本病虫研報, 36, 176 (1985)
22) 伊藤清光. ダイズに飛来する以前のイチモンジカメムシの寄主植物の推定. 関東病虫研報, 30, 129-130 (1983)
23) 伊藤清光. ホソヘリカメムシの羽化後日数と飛翔能力. 関東病虫研報, 31, 127-128 (1984)
24) 片山 順・佐野康二. ハスモンヨトウによるアズキの被害解析. 応動昆, 33, 57-62 (1989)
25) 加藤博美・辻 孝子・宮嶌成壽. 微胞子虫による害虫の生物的防除に関する研究(第1報)ハスモンヨトウに対する感染力. 愛知農総試研報, 22, 111-115 (1990)
26) 加藤博美・辻 孝子・鈴木智博. 超遠心法による微胞子虫胞子の純化と純化胞子の性状. 愛知農総試研報, 24, 217-222 (1992)
27) 菊池克利. 栃木県におけるハスモンヨトウの薬剤感受性. 関東病虫研報, 43, 223-225 (1996)
28) 小林 尚. ダイズ害虫の現状と問題点. 植物防疫, 33, 98-103 (1979)
29) 小森隆太郎・高井 昭. ダイズを加害する数種カメムシの加害能力について. 関東病虫研報, 27, 114-115 (1980)
30) 河野 哲・山下優勝・藤本 清. ダイズ害虫の生態と防除に関する研究 第1報 兵庫県のダイズ圃場における小動物相. 兵庫農総セ研報, 33, 27-36 (1985)
31) 河野 哲・山下優勝・広瀬敏晴. ダイズ害虫の生態と防除に関する研究 第2報 ダイズ害虫の発生消長と年次変動について. 兵庫農総セ研報, 34, 17-26 (1986)
32) 河野 哲・山根伸夫. ダイズ害虫の生態と防除に関する研究 第3報 ダイズ子実害虫に対する有効薬剤と

防除時期・回数. 兵庫農総セ研報, 35, 33-38 (1987)
33) 河野　哲・山根伸夫. ダイズ害虫の生態と防除に関する研究 (第4報) 薬剤散布による害虫の密度変化と子実害虫の経済的防除回数. 近畿中国農研, 73, 12-17 (1987)
34) 河野　哲. カメムシ3種によるダイズ子実被害の解析. 応動昆, 33, 128-133 (1989)
35) 河野　哲. ホソヘリカメムシの温度と日長に対する生理的特性から推定した年間発生回数. 応動昆, 33, 198-203 (1989)
36) 河野　哲. ダイズを加害するカメムシ類の発生生態と防除に関する研究. 兵庫中農技特別研究報告, 16, 1-181 (1991)
37) Leal, W. S., H. Higuchi, N. Mizutani, H. Nakamori, T. Kadosawa and M. Ono.Multifunctional communication in *Riptortus clavatus* (Heteroptera : Alydidae) : conspecific nymphs and egg parasitoid *Ooencyrtus nezarae* use the same adult attractant pheromone as chemical cue. J. Chem. Ecol., 21, 973-985 (1995)
38) 増田俊雄・岩花秀典・阿久津喜作. ハスモンヨトウにおける核多角体病ウイルスの経卵伝達に関する研究 Ⅰ. 雄成虫のウイルス汚染処理による次世代幼虫へのウイルス感染. 応動昆, 34, 1-6 (1990)
39) 増井伸一・池田雅則. 静岡県におけるハスモンヨトウに対する殺虫剤の効力. 静岡農試研報, 43, 13-18 (1998)
40) 松井正春・岸本良一. ダイズ子実害虫の発生生態 (Ⅰ) 吸引式捕虫法によるダイズサヤタマバエの飛来消長調査. 関東病虫研報, 29, 131-133 (1982)
41) 松井正春. 晩秋期におけるダイズサヤタマバエ1齢幼虫の休眠現象. 関東病虫研報, 31, 131-133 (1984)
42) 松浦博一・内藤　篤・菊地淳志. ハスモンヨトウの耐寒性と越冬に関する研究 Ⅰ. 各発育段階における低温の影響. 応動昆, 35, 39-44 (1991)
43) 松浦博一. ハスモンヨトウの耐寒性と越冬. 植物防疫, 46, 60-63 (1992)
44) 松浦博一・内藤　篤・菊地淳志・植松清次. ハスモンヨトウの耐寒性と越冬に関する研究 Ⅴ. 南房総における越冬の可能性. 応動昆, 36, 37-43 (1992)
45) 宮下武則・青木　敏. 子実肥大期のダイズにおけるハスモンヨトウの被害. 四国植防, 18, 61-66 (1983)
46) Mizutani, N., T. Wada, H. Higuchi, M. Ono and W. S. Leal. A component of a synthetic aggregation pheromone of *Riptortus clavatus* (Thunberg) (Heteroptera : Alydidae), that attracts an egg parasitoid, *Ooencyrtus nezarae* Ishii (Hymenoptera : Encyrtidae). Appl. Entomol. Zool., 32, 504-507 (1997)
47) 水谷信夫・和田　節・樋口博也・小野幹夫・W. S. Leal. ホソヘリカメムシ合成集合フェロモンがダイズ圃場における天敵卵寄生蜂カメムシタマゴトビコバチの密度および寄生率に及ぼす影響. 応動昆, 43, 195-202 (1999)
48) 村上正雄・石川元一. ダイズサヤタマバエの発生と防除. 関東病虫研報, 28, 87 (1981)
49) Murata, M., T. Etoh, K. Itoyama and S. Tojo.Sudden occurrence of the common cutworm, *Spodoptera litura* (Lepidoptera : Noctuidae) in southern Japan during the typhoon season. Appl. Entomol. Zool., 33, 419-427 (1998)
50) 永井一哉・坪井昭正. 岡山県のダイズにおけるダイズサヤタマバエの発生消長と被害. 近畿中国農研, 65, 23-26 (1983)
51) Naito, A.Distribution of soy bean pod gall fly, *Asphondylia* sp. (Diptera, Cecidomyiidae). Jpn. J. Appl. Entomol. Zool., 8, 300-304 (1964)
52) 内藤　篤・服部伊楚子・五十嵐良造. わが国におけるハスモンヨトウの分布と発生－とくに最近における発生の増大について－. 植物防疫, 25, 475-479 (1971)

53) 中込暉雄・滝本雅章・上林 譲．ダイズ畑におけるハスモンヨトウ核多角体病ウイルス（S*l*NPV）の拡散効果．愛知農総試研報, 20, 128-135 (1988)
54) 中野昭雄・喜田直康．徳島県におけるハスモンヨトウの薬剤感受性について．四国植防, 29, 123-132 (1994)
55) 成瀬博行・新田 朗・中川俊昭・若松俊弘．土繭調査によるマメシンクイガ発生予察法．北陸病虫研報, 34, 56-60 (1986)
56) 成瀬博行・新田 朗．北陸地方におけるマメシンクイガの発生経過．富山県農技セ研報, 10, 1-9 (1991)
57) 夏原由博．ホソヘリカメムシの移動と産卵．植物防疫, 39, 153-156 (1985)
58) 根本 久・高橋兼一・久保田篤男．合成性フェロモンを利用したハスモンヨトウの大量誘殺法による防除 I．サトイモ畑における幼虫コロニー密度の減少効果．応動昆, 24, 211-216 (1980)
59) 二宮 融・竹沢秀夫・秋山武雄．神奈川県に於けるマメシンクヒガの生態的知見．関東病虫研報, 4, 31-32 (1957)
60) 西山芳邦．大豆の収量成立過程からみた害虫防除（第1報）開花・結実習性とダイズサヤタマバエの防除適期．香川農試研報, 37, 43-47 (1985)
61) 沼田英治．ホソヘリカメムシの成虫休眠．植物防疫, 39, 149-152 (1985)
62) Numata, H., M. Kon and T. Hidaka.Male adults attract conspecific adults in the bean bug, *Riptortus clavatus* Thunberg (Heteroptera : Alydidae). Appl. Entomol. Zool., 25, 144-145 (1990)
63) 大迫壮一・湯川淳一・堀切正俊．晩秋期におけるダイズサヤタマバエ（双翅目，タマバエ科）の齢構成と生存率．九病虫研会報, 26, 131-133 (1980)
64) 岡田斉夫．核多角体病ウイルスによるハスモンヨトウの防除に関する研究．中国農試報, E12, 1-66 (1977)
65) 小野塚 清・品田忠昭・池田昭二・阿部徳文．水田転作ダイズの連作に伴うマメシンクイガによる被害発生の変化．北陸病虫研報, 34, 61-64 (1986)
66) 大内義久・瀬戸口 脩．夏大豆及び秋大豆ほ場での害虫の発生相．鹿児島農試研報, 10, 67-73 (1982)
67) 西東 力・小林義明．ハスモンヨトウのメソミル剤に対する感受性．関西病虫研報, 31, 73 (1989)
68) 佐藤正彦．フェンバレレート・MEP剤のマメシンクイガに対する防除効果．北日本病虫研報, 36, 60-62 (1985)
69) 瀬戸口 脩・仲川政市・吉田典夫．鹿児島県における秋大豆のカメムシ類による被害と防除対策．九病虫研会報, 32, 130-133 (1986)
70) 渋谷俊一．ミヤギノハギでのダイズサヤタマバエの発生．北日本病虫研報, 32, 19-20 (1981)
71) Suzuki, N., N. Hokyo and K. Kiritani.Analysis of injury timing and compensatory reaction of soybean to feeding of the southern green stink bug and the bean bug. Appl. Entomol. Zool., 26, 279-287 (1991)
72) 高井幹夫．高知県におけるハスモンヨトウの薬剤感受性について．四国植防, 26, 67-76 (1991)
73) 高井幹夫・広瀬拓也・武井 久．合成性フェロモン剤によるハスモンヨトウの防除（I）露地ネギにおける防除効果．四国植防, 32, 21-33 (1997)
74) 高野俊昭・城所 隆・藤崎祐一郎．宮城県におけるマメシンクイガの発生消長と被害．宮城農セ報, 53, 29-37 (1986)
75) 高野俊昭．東北地方南部におけるダイズサヤタマバエの発生消長．北日本病虫研報, 39, 189-191 (1988)
76) 田中福三郎・矢吹 正．合成性フェロモンを用いたハスモンヨトウの大量誘殺法について．岡山農試研報, 6, 12-19 (1988)
77) 寺本 敏・永井清文．秋ダイズにおけるカメムシ類の発生と防除．九農研, 45, 124 (1983)

78) 辻　孝子・加藤博美・宮嶌成壽. 微胞子虫による害虫の生物的防除に関する研究(第2報)家蚕及び数種の鱗翅目昆虫に対する感染性及び病原性. 愛知農総試研報, 23, 319-324 (1991)
79) 渡邊丈夫・長尾昌人・青木　敏. 香川県におけるハスモンヨトウの殺虫剤感受性の実態とその動態. 四国植防, 29, 113-122 (1994)
80) 山下　泉. "マメ類およびマメ科飼料作物". 日本原色カメムシ図鑑. 友国雅章監修. 全国農村教育協会, 292-294 (1993)
81) 湯川淳一. 日本産 *Asphondylia* 属 (双翅目, タマバエ科) の寄主植物と生活史. 九病虫研会報, 26, 125-127 (1980)
82) 湯川淳一. ダイズサヤタマバエを含む日本産 *Asphondylia* 属タマバエ類 (双翅目, タマバエ科) の分布. 九病虫研会報, 28, 166-169 (1982)
83) 湯川淳一. ダイズサヤタマバエ, *Asphondylia* sp. (双翅目, タマバエ科) の分布南限. 応動昆, 27, 265-269 (1983)
84) 湯川淳一・大谷俊夫・矢沢自明. 野生植物から羽化する *Asphondylia* 属タマバエ類 (双翅目, タマバエ科) のダイズへの寄主転換実験. 九病虫研会報, 29, 115-117 (1983)
85) 湯川淳一. ダイズサヤタマバエの生活史のなぞ. 植物防疫, 38, 458-463 (1984)
86) 湯野一郎・前坂正二. 富山県におけるマメシンクイガの発生消長と加害. 北陸病虫研報, 29, 100-102 (1981)

# 3. アズキ・インゲンマメの主要病害 (糸状菌・細菌)

## はじめに

わが国におけるアズキとインゲンマメの栽培に占める北海道のシェアは, 平成11年度の農林水産統計によると, アズキが面積で68％, 収穫量で85％, インゲンマメが面積で86％, 収穫量で92％となっている. このようなことから, 北海道におけるアズキとインゲンマメの病害防除に関する試験研究のニーズは高い.

### 1) アズキ落葉病

本病は1960年代後半から1970年代にかけて, アズキの主産地である十勝地方で発生・被害が増大したことから注目された. 本病発生の歴史は古く, 1932年に十勝・上川地方で確認されたとされていたが, その後の調査で1904年と1906年に報告されたアズキ細菌病が本病である可能性が指摘されている.

近年, 本病の発生・被害は小康状態を保っているが, 今後とも警戒すべき病害の最右翼である.

(1) 病徴

本病の外観的症状は, 下位葉の萎凋がやがて全体に及び, 葉は下垂し, 葉脈間が灰褐色または灰白色に変じて逐次落葉することである. このため, アズキは坊主状になり, やがて株全体が枯死する. 外観的症状が出現する時期は, 通常8月下旬ころであるが, 9月中旬以降に出現することもある. このような症状を呈する株では, 6月中旬ころから根部が病原菌の侵害を受けている. 根から侵入した病原菌は, 茎の維管束系を通して求頂的に移行し, それに従って症状も上部に進展して株全体に及ぶようになる. そのため, 葉柄基部や茎を切断すると維管束の褐変が認められ, 症状が激しい場合には髄部も褐変する. それらの部位を顕微鏡で観察すると, 菌糸の充満が認められる.

本病の発生圃場では軽症株から重症株までが混在することが多く，重症株では軽症株に比較して約70％の減収が確認されているので，経済的な被害が重大である．

### （2）病原菌

病原菌はアメリカのダイズに発生する Brown stem rot の病原菌と同じ，*Cephalosporium gregatum* Allington & Chamberlain と同定されたが，*Cephalosporium*, *Acremonium*, *Phialophora* 属などの関係が整理された結果，本菌は *Phialophora gregata*（Allington & Chamberlain）Gams と改められた．一方，アメリカの Brown stem rot の病原菌と，その後に北海道で発生が確認されたダイズ落葉病菌は，アズキに病原性を示さないことなどから，アズキ落葉病菌を *P. gregata*（Allington & Chamberlain）Gams f. sp. *adzukicola* Kobayashi, Yamamoto, Negishi & Ogoshi という分化型とする提案がある．

本菌の培地上での発育は極めて緩慢で，気中菌糸も少ない．培地上では，菌糸から単一または分枝した梶棒状の分生子柄を生じ，フィアライド型に分生子を形成する．分生子は帽頭状に集合する特徴があり，その大きさは 3.8～6.2×2.0～3.2 μm である．本菌の培養ろ液から，gregatin（A. B. C. D. E）という毒素が分離されているが，その作用については不明である．

### （3）発生要因

病原菌は土壌中の罹病残渣内で菌糸および分生子の形態で越冬し，翌年の感染源となる．分生子の土壌中での生存期間は長く，分生子の形態での越冬も可能と推定されているが，感染源の多くは越冬した罹病残渣中の菌糸に形成する分生子と考えられる．このため，アズキの連作や交互作などによる土壌中の感染源密度の高まりが，最大の多発要因といえる．また，分生子の単独接種よりも，ダイズシストセンチュウを同時に接種した場合に，感染・発病が多くなることが確認されている．本病の発生は，高温年よりも低温年に多いとされている．

### （4）防除法

発生圃場では収穫作業時に種実が病原菌によって汚染することが確認されているので，健全圃場から採種すべきである．作付け体系として4年以上の輪作が有効で，特にムギ類やトウモロコシなどを積極的に組み入れると，さらに効果的である．ダイズシストセンチュウの防除も必要である．また，伝染源である発生圃場の罹病残渣を放置せず，圃場外に搬出して完熟堆肥とすることも重要である．

本病に対する抵抗性品種を活用することも重要であるが，近年，抵抗性を打破する病原菌レースの分化が確認されたので，新しいレースの分布拡大に注意を要する．

## 2）アズキ茎疫病

本病は1960年代に北海道の一部で発生が確認されて以来，特に水田転換畑を中心に多発しており，2000年の調査結果によれば，発生面積は9,580 ha（面積率31.9％），被害面積は2,816 ha（面積率9.4％）に達している．なお，本病は1983年に秋田県での発生も確認されている．

### （1）病徴

本病の発生はアズキの生育期間全般を通じて認められるが，典型的症状が見られるのは幼苗期から生育中期ころまでである．その症状は，地上部茎葉の萎凋と黄化，それに続く枯死であるが，これらの症状は主茎の地際部や下位分枝の節部などが病原菌の侵害を受け，水分の移行が阻害されることによって生じる．主茎の地際部や下位分枝の節部に生じる病斑は，初め水浸状で次第に赤褐色の条斑となって進展する．病斑の進展は湿潤条件下で急激であるが，乾燥条件下では緩慢である．病斑部に病原菌の遊走子のうが確認されるのは極めてまれで，二次的に着生した糸状菌によって淡

紅色や黒色に着色するのが一般的である．本病の発生は透排水性の悪いほ場で常発的に見られるが，生育中期以降の多雨による浸・冠水を受けた場合に激発するため，収穫皆無になることも珍しくない．

(2) 病原菌

病原菌は，*Phytophthora vignae* Purss f. sp. *adzukicola* Tsuchiya, Yanagawa & Ogoshi である．病斑を切り取って水に浸しておくと多数の遊走子のうを形成する．遊走子のうは亜球形ないし卵形で，乳頭突起はほとんど認められないか目立たない．古い病斑組織には多数の卵胞子が形成される．本菌は雌雄同株性で，蔵卵器内に一個の卵胞子を内蔵する．卵胞子は球形，大きさ 25 μm 前後で，生存期間は不明であるが土壌中で生存する．この卵胞子が好適条件下で発芽し，遊走子のうを形成する．遊走子のうの形成適温は 23～25℃ で，形成後間もなく内部に遊走子が形成されて外部に逸出し，遊泳後に被のう胞子となって寄主体上で発芽して侵入する．

本菌はアズキのみに強い病原性を有するが，アズキ品種には本病菌への感受性程度に差があり，これまでに 4 種類のレースが確認されている．

(3) 発生要因

本病の発生には何よりも土壌水分の高いことが必要で，多量の降雨があった後に急激にまん延する事例がほとんどである．温度的には 15～32℃ が発病適温とされるが，高温時に激しく発病する．卵胞子の土壌中での生存期間は明らかでないが，連作あるいは短期輪作圃場での発生が明らかに多い．

(4) 防除法

本病の発生誘因などから考え，連作を避けること，透排水性を向上すること，培土や高畝栽培による土壌水分の低下などが発病の軽減策として有効であるとされる．抵抗性品種の活用も重要であるが，2000 年に品種登録されたシュマリは，現有の品種の中では最も本病に強いと評価されているが，既に一部地方で本品種を侵す新レースの出現が確認されている．

発病初期からのオキサジキシル・銅水和剤やマンゼブ水和剤の茎葉散布が有効であるとされるが，効果的な薬剤散布時期や方法の検討が不十分であり，さらに，新レースが確認されたことなどから，本病の新たな防除対策の検討が必要となっている．

### 3) アズキ萎凋病

本病は 1983 年に北海道の水田転換畑の一部で初めて発見され，甚だしい場合は 7 月下旬に全株が萎凋・枯死したことから注目された病害である．その後，道央の水田転換畑を中心に発生分布が拡大し，1980 年代後半には発生面積が 2,000 ha に達した．近年の発生は小康状態にあるものの，発生動向には十分な注意が必要である．

(1) 病 徴

発病は 6 月下旬ころから始まり，多発圃場のハヤテショウズや寿小豆などの罹病性品種では，7 月上旬にピークに達する．発病初期には初生葉や本葉が縁から黄化し，次第に葉脈に褐色のえそが出現する．また，本葉には葉脈えそのほかに萎縮症状を生じる．この症状は，症状の出現が遅い品種で顕著で，葉脈のえそが不明瞭なこともある．最終的には株全体の葉が萎れ，枯れ上がってくる．このような株の茎を切断すると維管束が褐変しており，顕微鏡で観察すると導管内に菌糸の充満が認められる．茎や葉柄の維管束の褐変が激しくなると，茎の表面も褐変し，さらに症状が進展すると全体が枯死する．

以上のような病徴は，アズキ落葉病に類似する点があるが，落葉病の場合には葉脈えそが出現しな

い，発病時期が8月下旬と遅く，成熟期ころに急に葉が萎凋し灰白色に乾固して落葉する，などの点で区別される．

本病は発生時期が早いため，発病株ではほとんど収穫皆無になり，遅く発病した株でも登熟が著しく不良になるため，激しく減収する．

### (2) 病原菌

病原菌は，*Fusarium oxysporum* Schlechtendahl : Fries f. sp. *adzukicola* Kitazawa & Yanagita である．本菌は，新月形の大型分生子，長楕円形の小型分生子および楕円形～円形の厚膜胞子を形成する．各胞子の発病に果たす役割は厚膜胞子が重要で，土壌中あるいは地表面の罹病残渣内で223週間も生存し，感染源となることが確認されている．本菌は発芽後間もないアズキの根に侵入し，維管束部や髄部を通して地上部組織に移行する．初生葉が地上に現れるころには，すでに主根まで病原菌が到達している．

本病菌には，アズキ品種に対する病原性を異にする三つのレースが存在する．

### (3) 発生要因

病原菌は，厚膜胞子の形態で土壌中や罹病残渣中で長期間生存し，土壌中における病原菌密度は連作や短期輪作によって急激に増加する．本病の発生は，土壌水分が低い場合に多くなる．

### (4) 防除法

本病防除に有効な薬剤（種子消毒，土壌混和）は認められない．他作物栽培による発病抑制効果は，水稲栽培が最も効果的で，4～5年水田にすると発病がほとんど抑制されるので，田畑輪換が有効と考えられる．本病に抵抗性の品種を栽培する．発生圃場の罹病残渣は圃場外に搬出し，完熟堆肥とする．発生圃場産の種子で病原菌による汚染が確認されたことから，汚染種子による発生分布の拡大の可能性があるので，採種圃の管理を適正に行い健全種子の確保に努める．

## 4) インゲンマメかさ枯病

北海道における本病の発生は古くから（1922年）知られていたが，病原細菌が同定され正式記載となったのは1965年である．本病の発生が注目されたのは1960年代から1970年代の半ばで，近年ではほとんど発生が見られていない．しかし，注意を怠ると突発的に発生するのが本病の特徴なので常に警戒が必要である．

### (1) 病　徴

感染種子や汚染種子を播種すると，子葉に円形～不規則形の水浸状病斑を生ずる．このような株や隣接株の初生葉に，黄色のハローをともない初め水浸状でのち赤褐色の病斑が生じ，これらの株を起点として次々にまん延する．本葉には，黄色のハローを伴う水浸状で葉脈に界されて角状の病斑を形成する．莢では，水浸状の小斑点を生じ，のち拡大して周囲が赤褐色で陥没した大型病斑となる．

本病の発生圃場では，種子伝染によって発病した株を中心に，ズリ込み状にまん延するのが見られ，発病株では登熟が著しく阻害されるため大きく減収する．

### (2) 病原菌

病原細菌は，*Pseudomonas syringae* pv. *phaseolicola* Young, (Burkholder 1926) Dye & Wilkie 1978 で，以前は *Ps. phaseolicola* とされていた．この *Ps. phaseolicola* は，1924年にアメリカで発生を確認した halo blight の病原細菌として，1926年に同定されたものであるが，北海道では1922年の標本が血清学的検査によって本病であることを確認しているので，本病発生の起源はアメリカより古いことになる．本病原細菌は，アズキとダイズにも自然発病が確認されているが極めて稀で

ある．また，北海道で自生するクズからも本病原細菌が分離される．

本病原細菌は，種子内部（感染）や種子表面（汚染）に存在して重要な感染源になることから，健全種子の生産が極めて重要である．そのため，種子の保菌検定法を検討し，増菌法，抗血清による凝集反応，蛍光抗体法を目的に応じて組み合わせることにより，精度の高い種子検定が可能であることが明らかにされた．

### (3) 発生要因

本病の第一次感染源は，感染種子および汚染種子で，種子伝染による発病が最も重要である．種子伝染によって発病した個体の病斑部の病原細菌が，風雨，人間やトラクタによる管理作業，昆虫などによって健全個体に伝播されるが，風雨によるまん延が最も顕著である．本病のまん延速度は，低温・多雨・寡照条件下で急激である．

本病の種子伝染による発病株率は一般に低率であるが，種子を播種前に浸水（特に溜水）すると著しく高率となる．これは，浸水によって種子表面に存在する病原細菌が広く分散するためとされる．したがって，水を使用するような播種前の処理，例えば根粒菌の接種などの際は細心の注意が必要である．

### (4) 防除法

防除対策の第一は健全種子の使用であるが，北海道庁は，先に述べた種子検定法を活用し，1967～1973年にかけて健全種子生産緊急事業を展開した．これは，原原種～原種～採種という採種体系を堅持し，その体系内で徹底した管理下で種子生産を行い，健全種子による種子更新を促進する事業である．この事業の効果は顕著で，1973年ころから本病の発生・被害が激減した．

種子伝染による発病を防止するため，EPC・カスガマイシン・チウラム剤による種子消毒も大切である．また，まん延防止用の茎葉散布剤として，銅水和剤，カスガマイシン・銅水和剤などが有効であるが，いずれの薬剤も高温時の散布は薬害の恐れがあるので注意が必要である．

なお，インゲンマメ各品種には本病に対する明瞭な品種間差が確認されている．

## 5) インゲンマメ菌核病

北海道における本病の発生は，1920年代前半，1930年代，1950～1960年代全般の各年次に多発が記録されている．また，1980年には低温・多雨・寡照に経過したため著しく多発し，発生面積17,965 ha（面積率90％），被害面積8,200 ha（面積率41％）に及んだ．近年は，マメ類の栽培面積が減少したこと，効率的薬剤防除法や有効薬剤が開発されたことなどにより，本病の発生・被害は少なく経過している．

### (1) 病徴

本病の初発は6月下旬～7月上旬であるが，この時期の発病は少なく，枯死した子葉や地表面に接触した初生葉からの発病で，病勢の進展とともに立枯症状となる．一方，発病激増期は7月中旬以降の開花期以降にみられ，この時期の発病はその多くが花弁感染で，病原菌は落下前の花弁や落下後に茎葉に付着した花弁で菌糸繁殖し，これに接した部位を次々に侵害する．病斑は初め水浸状で不定形，のち拡大して軟腐状となり，その部位に白色綿毛状の菌糸を生じる．この症状は，発病部位に関係なくほぼ共通している．病斑上あるいは罹病組織内で増殖した菌糸は，集塊し徐々に黒色となりやがてネズミふん状の大型の菌核となる．

茎葉の発病が激しいと着莢不良となり，また，莢が侵されると子実の形成や登熟が不良になるため，大きく減収する．

## (2) 病原菌

病原菌は *Sclerotinia sclerotiorum* (Libert) de Bary で，インゲンマメのほかダイズ，アズキなどのマメ類，ナス科，アブラナ科，ウリ科など広範な作物に感染して菌核病を起こす．本病の感染源は土壌中で越冬した菌核であるが，越冬した菌核から生じる菌糸の感染例は少なく，感染の多くは菌核から生じた子のう盤に形成される子のう胞子である．子のう盤の形成適温は14～20℃で，通常は6月中旬ころから10月にかけて形成されるが，その盛期は7月中旬～8月中旬である．この盛期がインゲンマメの開花時期と一致すると大発生する．菌核から生じる子のう盤の形成は，地表面近くに位置する菌核ほど多いが，地表下数cmに位置する菌核でも形成可能で，その程度は地表面の被覆度が高く湿度が高く保持される場所で頻繁である．菌核の土壌中での生存期間は4～5年である．

## (3) 発生要因

本病の発生まん延の程度は，主として越冬菌核量の多少，子のう胞子による花弁感染の多少などに左右されるが，最も重要なのは子のう胞子の飛散時期とインゲンマメの開花時期が一致するかどうかである．この時期が一致し，さらにその時期が曇雨天で経過すると本病が多発する可能性が高まる．

## (4) 防除法

密植や窒素質肥料の多施用は，圃場が病原菌子のう盤の形成に好適条件になりやすく，生育が軟弱になるため被害を受けやすくなる．

薬剤散布を開始する目安は，開花始めから3～5日後，つまり発病激増期前が最も効果的で，その後7～10日間隔で2～3回の茎葉散布を行う．本病には，チオファネートメチル剤，ベノミル剤，ジカルボキシイミド系剤，フルアジナム剤，ジエトフェンカルブ・プロシミドン剤，ジエトフェンカルブ・チオファネートメチル剤が有効である．

（尾崎　政春）

## 引用文献

(1) アズキ落葉病
1) 道立十勝農試．昭和52年度普及奨励ならびに指導参考事項．北海道農政部，(1977)
2) 道立十勝・中央農試，昭和59年度普及奨励ならびに指導参考事項，北海道農政部．

(2) アズキ茎疫病
1) 道立上川農試，昭和56年普及奨励ならびに指導参考事項，北海道農政部．
2) 道立上川農試，昭和59年普及奨励ならびに指導参考事項，北海道農政部．
3) 土屋貞夫 (1989)，道立農試報告，72, 1-76.

(3) アズキ萎凋病
1) 道立中央農試，平成5年普及奨励ならびに指導参考事項，北海道農政部．

(4) インゲンマメかさ枯病
1) 道立北見農試，昭和46年普及奨励ならびに指導参考事項，北海道農政部．
2) 道立十勝・北見農試，昭和47年普及奨励ならびに指導参考事項，北海道農政部．
3) 谷井昭夫・他 (1976)，道立十勝農試資料，6, 1-60.

(5) インゲンマメ菌核病
1) 道立十勝・中央農試，昭和46年普及奨励ならびに指導参考事項，北海道農政部．
2) 赤井　純 (1981)，道立農試報告，36, 1-83.

# 4. アズキ・インゲンマメの主要害虫

## 1) マメアブラムシ *Aphis craccivora* Koch　Cowpea aphid

### (1) 加害作物
アズキ，インゲンマメ，ダイズ，ソラマメ，エンドウ，ラッカセイなど．

### (2) 発生生態
北海道で越冬するかは不明であるが，本州では完全生活環と不完全生活環の両生活環が知られている．

卵はコマツナギ，ニセアカシアに産みつけられ，関東では卵越冬（完全生活環）するが，千葉県南部ではソラマメなどに寄生して胎生で越冬（不完全生活環）するものが多い．

北海道においては，6月中旬にすでに有翅胎生雌虫が飛来し，葉裏や若い茎の上で産子する．これらの仔虫からは無翅型と有翅型が生じ，次々と分散して増殖を続ける．アズキが結実して茎が色を失うようになると，アズキ上では見られなくなる．

本州では5月頃ソラマメ上で増殖したのち，エンドウ，インゲン，アズキなどに移動して繁殖するが，夏には減少し秋になっても密度は高くならない[4]．

### (3) 形　態
a) 有翅胎生雌虫：体長約1.8 mmで，体色は褐色で光沢を持ち，頭部と腹部は黒色である．腹部側面に4個の大きい黒点，腹部背面の各節に黒色の横帯がある．

b) 無翅胎生雌虫：体長約1.8 mmで，体色は褐色で光沢を持つ．暗緑褐色と暗赤褐色のものがある．

c) 幼虫：無翅の成虫に似るが，白粉を覆うことが多い．

### (4) 被害状況
若葉，若い茎，花，若い莢など柔軟な生長部に寄生して液汁を吸収する．発生が多い場合，幼虫と成虫の群棲によりすすが付着したように見え，茎葉は排泄物により汚染し，巻縮黄変枯死する．莢は屈曲して結実不十分となって，着莢は不良で粒重も減少する．

### (5) 防除法
乾燥した天候が続くと急激に増加する傾向があるので，早めに防除を実施する．

## 2) ジャガイモヒゲナガアブラムシ　*Aulacorthum solani* (Kaltenbach)
　　　　Foxglove aphid　　Glasshouse-potato aphid

### (1) 加害作物
インゲンマメ，ダイズ，アズキ，エンドウ，ジャガイモ，テンサイ，ナス，トマト，カボチャ，ゴボウ，ナガイモ，イチゴ，ハッカ，クローバなど各種作物

### (2) 発生生態
北海道，東北地方などでは，ギシギシ類，クローバ類，ゴボウ，フキなどの植物上で卵越冬し，融雪期ころふ化するが，暖地では胎生で越冬する[4]．

北海道では融雪後ふ化し，5月上旬くらいに成虫（幹母）となる．この仔虫は大半が有翅胎生雌虫となって，インゲン，ダイズなどに飛来するが，この時期はインゲンやダイズの発芽直後や，初期生育の時期に相当する[3]．

シロクローバは本虫の越冬植物であるが,ダイズわい化ウイルスの保毒源でもあることから,ここから飛翔する有翅虫がウイルスの媒介者となり,特に幹母の次世代の有翅虫が問題となる.

有翅虫はマメ科作物だけでなく,色々な寄主作物へ分散し,秋まで世代を繰り返し,秋に有翅虫がが出現し,越冬植物上にもどり,雌雄が現れ産卵越冬する[2].

### (3) 形 態

a) 無翅胎生雌虫:体長約 2.3 mm,体は淡緑色〜白黄色で光沢がある.触角は長さ約 3.3 mm で体長より長く,暗緑黄色で先端は黒い.角状管は細長く先端部のみが黒い.

b) 有翅胎生雌虫:体長約 2.5 mm,体は緑色〜鮮黄色.触角は長さ 3.6 mm で体長よりも長く,黄色ではあるが先端は黒い.腹部背面に細かい横条があるものが多い.

c) 有翅雄虫:体長約 2 mm,体は黄色で,雌より細身である.触角は長さ約 3.8 mm で体長よりはるかに長い.腹部背面の横条は顕著.

d) 産卵虫:体長約 2.2 mm,体色は汚黄色で,触角は長さ 3.2 mm である.後脚脛節は太い.

e) 幹母:体長約 3.0 mm,若齢のときは暗緑色であるが生長すると鮮緑色となる.無翅胎生雌虫と比較して,触角,角状管,脚は短い.

f) 卵:長径 0.6 mm,産卵直後は白色〜黄色であるが,受精卵の場合,光沢のある黒色となる.

### (4) 被害状況

成虫,幼虫とも一般に葉裏から吸汁し,特に若い葉や柔軟な茎に好んで寄生するので被害部は黄変,巻縮することもある.インゲンマメでは繁殖に好適でないため,直接的な吸汁害は起こらない.

### (5) 防除法

インゲンマメ黄化病の防除対策としては,播種時にエチルチオメトン粒剤などを播溝に施用し,有翅虫の飛来寄生を防ぐ.また,有翅虫の飛来期に茎葉散布を 1 週間間隔で 3 回程度繰り返すと効果が高い.

インゲンマメ上で増殖することはないが,アズキでは生育初期に寄生増殖するので,早めに防除を行う.

## 3) アズキサヤムシガ

*Matsumuraeses azukivora* ( Matsumura ) Adzuki bean podworm (アズキサヤヒメハマキ)

### (1) 加害作物

アズキ,ダイズ,ササゲ,インゲンマメ,ソラマメなど

### (2) 発生生態

北海道から本州まで広く分布する.発生は年 3〜4 回繰り返し,関西では 3〜4 月に成虫が現れるが,この頃アズキが植えられていないため,ソラマメなどの芽部に産卵し,6〜7 月に成虫となる.

第 2 世代幼虫はアズキの芯葉を綴り合わせ,その中で食害し,8〜9 月に成虫となる.

第 3 世代幼虫は莢,茎を食害しその中で蛹化する.そのまま蛹態で越冬する場合と,10 月頃成虫となってソラマメの葉裏に産卵し,ふ化幼虫が芯葉を綴って幼虫態で越冬する場合とがある.

### (3) 形 態

a) 成虫:長さ約 6 mm,翅の開張は 13〜18 mm で,体色は淡黄褐色から暗灰褐色である.

b) 幼虫:若齢時は淡黄色で頭部が黒いが,終齢になると頭部は橙黄色で,体表面に淡褐色の斑点を有す.体長は 13〜19 mm である.

### (4) 防除法

幼虫は最初に芯葉を綴り合わせて食害するので，初期被害に注意を払う．成虫発生最盛期とその10日後に産卵防止と若齢幼虫の莢の中への食入防止を狙って防除する．

### (5) 被害状況

幼虫は芯葉を綴り合わせて，その中で葉や芽部を食害する．被害を受けた葉は大きくなるとしわになり，ところどころに穴があく．食害部は被害が激しい時は褐変枯死する．被害部位から虫ふんを出している．被害葉は長期間展開せず縮んだままである．

## 4) マメホソクチゾウムシ　*Apion collare* Schilsky

### (1) 加害作物

アズキ

### (2) 発生生態

日本全土に分布し，成虫態で越冬する．北海道では成虫は6月頃から活動を始めるが，アズキには7月に飛来し，結蕾前期から開花期にわたって日中に産卵し，7月下旬～8月上旬が最盛期となる．産卵場所は主として花蕾であり，托葉，頂芽にも認められるが，葉，茎，莢には産卵しない．

卵期間は約4日で，ふ化した幼虫は花蕾内で未熟の葯，柱頭，子房などを食害しながら成長し，ついで花托の内部に侵入食害し，老熟するため大きな空洞を作る．幼虫の加害期は8月中，下旬で約2週間で老熟した幼虫は食害部分の上面を軽く閉塞し，その中で蛹化する．蛹期間は約12日間で，8月下旬～9月中旬に羽化した成虫は，年内に産卵することなく葉などを食害し，10月中，下旬に越冬状態に入る．越冬場所は主としてアズキ圃場の落葉の下で，地中には潜入しない．高台地に発生が多く，湿地や沖積地には少ない傾向がある．

### (3) 形　態

a) 成虫：体長雌3mm強，雄約2.6mm．全体黒色で洋梨状を呈し，頭部は細長く口吻状に突き出し，翅鞘には約9本の縦条がある．

b) 卵：長径0.5mm，楕円形で淡黄色．

c) 幼虫：老熟幼虫の体長は約2.7mm，体は乳白色，胴部の中央は太く，脚は無くうじ状である．老熟するとC字状に湾曲する．

d) 蛹：体長約2.2mm，灰白色の裸蛹．口吻を体の表面に接着させ，一対の尾刺がある．

### (4) 防除法

圃場の清掃に努め秋耕を行う．

晩播のものは，早播のものより被害が少なく，耕種上の注意によって被害の軽減を図る．

### (5) 被害状況

成虫は葉に小さな円孔をあけたり，産卵のために花蕾に傷を付け，褐色の小痕を作ったりするが，アズキの生育にはほとんど影響がない．幼虫は花蕾または頂葉を加害し，花蕾が加害を受けた場合は内部の子房が食害され，変色落花する．頂葉部の加害では心葉は正常な発育をしないため，生育を停止して株は側方に伸びる．著しい発生の時は1株で1～2莢しか成熟しないことがある．

## 5) マメノメイガ　*Maruca testulalis* Geyer　Bean pod borer

### (1) 加害植物

アズキ，インゲンマメ

## (2) 発生生態

全国的に分布し，北海道では年1回1部2回の発生であるが，関西では3回発生する．主として幼虫態で越冬するが，成虫はアズキやインゲンが結莢しはじめると，これに飛来して産卵する．

## (3) 形　態

a) 成虫：体長約12 mm，翅を拡げた長さ24 mm内外，頭部と胸部は灰白色，腹部は黄褐色で尾節は灰色である．前翅は黄褐色であるが，外方は広く暗色，中央に白色透明な長楕円紋，その内方に同様な白色2小紋がある．後翅はほとんど半透明で，かすかに小曲線を現し，外縁部は黄褐色を呈する．

b) 幼虫：老熟すると体長21 mm余に達し，頭部は黒褐色，胴部は淡緑色で，各節に10個の暗黒色紋があり，これに1本の黒色の毛が生えている．胸脚は淡黒色である．

c) 蛹：体長12 mm，長紡錘形の被蛹で，暗褐色を呈し，常に薄繭を被っている．

## (4) 被害状況

成虫はアズキの蕾，花または若莢に1粒ずつ産卵し，孵化幼虫は中に食入して加害する．花は食害されることによって虫ふんにより色が薄汚れたようになる．また，葉を綴ることはない．

なお，開花期と成虫飛来最盛期が合致した場合に被害が大きく，ふ化した幼虫は花および若莢を食害して着莢数を減少させる．

## (5) 防除法

被害莢は速やかに摘み取り処分する．

畑の雑草を除去し，清潔にする．

### 6) アズキノメイガ　*Ostrinia scapulalis*（Walker）　Adzuki bean borer

## (1) 加害植物

アズキ，インゲンマメ，ダイズ

## (2) 発生生態

北海道では発生は1回であるが，関西地方で2回，さらに南の地方では3回発生する．

老熟幼虫で，加害作物の茎葉や，雑草の茎，手竹，木材の割れ目などに潜伏し，越冬する．

越冬幼虫は翌春蛹になり，約2週間後に成虫になる．成虫は羽化後数日後から葉裏に鱗状の卵塊を産み付ける．卵期間は5～9日で，ふ化幼虫は頂芽や花を加害し，次に葉柄や茎，莢などに潜入して，ふんを外に排出しながら内部を加害する．

## (3) 形　態

a) 成虫：体長約13 mm，開張約28 mm．雌は体が淡黄褐色で前翅は黄色，これに暗褐色の二つの紋，犬牙状の3本の波線がある．雄は体が暗褐色で，雌に比べて体も翅も細長い．前翅は翅端がやや尖り，紅褐色～暗褐色で，犬牙状の波状線は黄色である．後翅は暗褐色で中央部に黄色の斑紋がある．中脚の脛節が肥大している点が，近縁のアジアアワノメイガとの区別点であるが，近似種が多い．

b) 卵：長径約1 mm，扁平な楕円形で，産付時は淡黄褐色であるが，ふ化期に近づくと暗褐色になる．

c) 幼虫：ふ化当初は体長1.5 mm内外，頭部は黒色で胴部は淡黄色を呈し，各節に数個の小さい黒褐色の斑点がある．老熟すると体長約23 mmに達し，肥大した紡錘状を呈する．頭部は暗褐色～黒褐色で光沢があり，全面に短褐色の毛を疎生している．胴部背面は淡灰褐色であるが，暗褐色～淡紅色を呈することがある．各節に大小数個の褐色～淡褐色の円形あるいは楕円形の扁平瘤起がある．

d) 蛹：体長約 15 mm，淡褐色〜暗褐色．
（4）被害状況
　若齢期の幼虫は頂芽や花を加害し，ついで葉柄や茎を食害するため，被害部から折損したり，枯れたりする．さらには幼虫が莢に潜入して内部を食害することがあるので，口欠粒や変色粒を生じ品質低下の原因となる．幼虫の食入孔からは褐色の虫ふんやのこ屑状の咬み屑が排出される[6]．
（5）防除法
　被害株や茎は放置せずに，堆肥中にすき込むなど，圃場の清掃に努める．
　インゲンマメのつる性品種の場合は手竹の中で幼虫が越冬する場合があるので，手竹の処理を行う．
　産卵最盛期に薬剤散布を行う．

　7）アズキゾウムシ　*Callosobruchus chinensis* Linnaeus　Adzuki bean weevil
（1）加害植物
　アズキ，ササゲ，リョクトウ，インゲンマメ
（2）発生生態
　幼虫態で被害マメ類の中で越冬し，4月下旬頃から蛹化し，まもなく羽化して貯蔵したマメ類の表面に点々と産卵する．雌成虫は 1〜2 週間の寿命を持ち，この間に 50〜60 粒を産卵する．卵は1週間前後でかえって，幼虫は卵の下から豆の中に食い込み，2〜3 週間で発育を終わって，種皮の内側に円く脱出孔を切り込んでから蛹化する．夏期には屋外に脱出した成虫が圃場にも見いだされ，新たに収穫した豆にも幼虫が寄生している可能性がある．
（3）形　態
　a) 成虫：体長雌 3 mm，雄 2 mm 内外．体は卵形で全体黒味を帯びた赤褐色である．頭部は小さくて黒色，触角は雌は鋸歯状，雄は櫛歯状である．翅鞘には 10 本の縦溝があり，ほぼ中央を横断して白色〜灰白色の毛が密生しているので，黄白色の斑紋があるように見える．
　b) 卵：長径 0.3 mm 内外，扁平で一端がやや尖った円形で，乳白色を呈する．
　c) 幼虫：老熟したものは，体長 3.5 mm 余，頭部は小さくて褐色，胴部は肥大して横じわが多く，乳白色で，細い短毛を粗生し常に湾曲している．脚はない．
　d) 蛹：体長約 3 mm，乳白色の裸蛹で豆粒の中にいる．
（4）被害状況
　幼虫が粒の内部を食害し，成虫となって脱出するときに，円い大きな穴をあける．被害粒は食用にならないだけでなく，発芽力を失うので種子としての用をなさない．
（5）防除法
　高温の日に種子を直射日光の下で数日間乾燥させて幼虫を死滅させる．
　65 ℃前後の温湯に 5 分間浸漬する．
　くん蒸剤を使用して 24 時間以上密閉くん蒸する．

　8）タネバエ　*Delia platura* (Meigen)　Bean seed fly　Seed corn maggot
（1）加害植物
　マメ類，ウリ類，トウモロコシ，イネ，ホウレンソウ，キャベツ，ダイコン，ハクサイ，アスパラガスなど

### (2) 発生生態

北海道では蛹越冬であるが，関東より南の地方では，冬でも成虫や幼虫がいて一年中被害を与え，4～6月に最も発生が多い．なお，盛夏にはほとんど姿を消すが，初秋から再び出現する．北海道では，通常年3回発生で，成虫は4月下旬～6月上旬，6月中旬～7月下旬，7月下旬～晩秋に発生する．

成虫は地面の割れ目や，土塊の下など，特に耕起してまだ湿気を含んだ土塊の間に点々と産卵する．卵は初春や晩秋には5～6日，晩春や初秋には3～4日で孵り，幼虫は土中の種子や球根を求めて加害する．老熟幼虫は加害した種子や幼植物の近くで蛹となり，10～20日で成虫となる[5]．

成虫は未熟の堆肥，人ぷん，動植物のかす類の腐敗臭に誘引される．

### (3) 形　態

a) 成虫：体長4～6mm，雄は暗黄褐色～暗褐色，雌は灰色～灰黄色．頭部は半球型，額側，顔側，頬の地色は暗褐色であるが，灰黄色粉で覆われている．触角は黒色．胸部は良く発達し，胸背には球形に隆起して不明瞭な3条の濃色の縦線がある．翅は透明でやや暗色を帯び，翅脈は暗褐色，平均棍は黄色，脚は黒色．

b) 卵：長径0.8～1.0 mm，短径0.24～0.28 mm，表面は6角型の網目で覆われている．

c) 幼虫：白～黄白色で，静止時には長卵形であるが，運動時には後端ほど太い長円錐状をなし，尾端の背面に2個の気門を有す．

d) 囲蛹：長径4.0～5.3 mm，短径1.4～1.9 mm，上下わずかに平たい紡錘形で，はじめは黄褐色であるが，羽化前には黒褐色となる．

### (4) 加害状況

幼虫は出芽前の種子や出芽間もない根茎に食入加害する．このため，出芽不能となったり，出芽しても生育の初期段階で枯死したりして欠株を生じる．

### (5) 防除法

成虫は臭気に誘引されて集まるので，未熟堆肥，鶏ふんなど臭気を出す肥料はできるだけ使用しない．

種子に粉衣剤を処理して播種する．

作条に薬剤を施用して播種する．

### 9) マメコガネ　*Popillia Japonika* Newman　Japanese beetle

#### (1) 加害作物

アズキ，インゲンマメ，ダイズ，テンサイ，アスパラガス，ナガイモ，クローバ，イネ科牧草，リンゴ，オウトウ，バラなど

#### (2) 発生生態

年1世代であるが，北海道では2年1世代，ごく一部が年1世代である．

北海道では7月に発生した成虫は牧草地，芝地，野草地の地中に潜入して地表下3～6cmのところに1～数粒かためて産卵する．卵期間は2～4週間で，ふ化した幼虫は植物の根や腐食物を食べて成育し，中齢幼虫まで発育して越冬する．翌年は春から秋まで根部を食害し続け，ほぼ老熟して2回目の越冬に入る．3年目は5～6月に土中に室を作って蛹化し，2週間内外の蛹期間を経て6月下旬頃羽化し，7月下旬に最盛期に達する．発生の多いときには9月上旬まで成虫が認められる．

#### (3) 形　態

a) 成虫：体長10～12 mm，体幅6 mm内外．頭部は光沢のある濃金緑色，前胸背も同色であるが，

両縁に白色の短毛を生じる．翅鞘は黄褐色〜帯赤褐色で，周辺は黒緑色を呈し，点刻のある縦溝が数本ある．尾端は翅鞘外に突出しており，これに2個の灰白色の毛を密生しているので，背面から見ると側方に毛塊が列生しているように見える．

　b) 卵：長径1.5 mm，短径1 mmの楕円形で，光沢のある乳白色．

　c) 幼虫：老熟幼虫の体長18〜25 mm，頭部は淡褐色，体は円筒状でやや扁平，常に体を湾曲させている．胴部は淡黄白色でその後半は腸を透かして青黒色を帯びることが多い．各節背面には2〜3本の横じわがあり，褐色の毛を疎生させている．

　d) 蛹：体長10 mm内外の裸蛹．はじめ淡褐色，のちに青緑色の部分が現れる．

(4) 被害状況

　成虫はインゲンマメなどの葉肉を食害し，小さな食孔を無数にあけ葉脈を残して，網目状にする．つる性インゲンマメでは頂部の柔軟な葉を好んで食害し，生育阻害を引き起こす．

(5) 防除法

　フェロモントラップを設置して成虫の発生動向を把握し，多発時に殺虫剤を散布する．

　成虫の発生源の一つである芝地で幼虫防除を行う．

### 10) ハダニ類

　カンザワハダニ　　*Tetranychus kanzawai* Kishida　　Kanzawa spider mite
　ナミハダニ　　　　*Tetranychus urticae* Koch　　Two-spotted spider mite

(1) 加害作物

　カンザワハダニ：マメ類，チャ，ナシ，モモ，リンゴ，オウトウ，カンキツ，カキ，ブドウ，クワ，ホップ，ナス，サトイモ，イチゴ，ウリ類など

　ナミハダニ：マメ類を含む極めて多くの作物，樹木，花き類

(2) 発生生態

　カンザワハダニ：休眠状態の雌成虫でナミハダニと同様な場所で越冬する．ただし，施設内など冬季に温暖なところでは休眠に入らないで世代を繰り返す．

　ナミハダニ：年間世代数は北海道では9回程度，暖かい地方や温室などではもっと多くなる．

　休眠雌成虫で樹木の根際，粗皮下，密度が高い時は花梗やがく部，雑草の根元，地表の塵芥の下，石の下などで越冬する．

　北海道では4月下旬から活動を始め，第1世代は雑草で過ごすものが多い．果樹，マメ類などの作物への移動は歩行，風などにより第1世代および第2世代の成虫によって行われる．特に8月以降は高温により成育期間が短縮し，加えて成虫の産卵期間が長いことから，急激に密度が上昇し，世代が複雑に重なり成虫，幼虫，卵の各態が見られる．

　休眠雌成虫は9月中旬頃から出現する．

(3) 形　態

　カンザワハダニ：雌の体長は0.53 mm内外，体色は赤色（休眠雌は朱色）．後体部背面の皮膚条線の葉状構造（夏雌型）は足袋のこはぜ型〜鋭角三角形．背中後毛第3対間と第4対間に縦条を，これらの間に横条を持つ．周気管の末端部はU字型．触肢の端感覚体の長さは幅の約2倍．

　雄の体長は0.41 mm内外，挿入部の末端の拡張部は巨大．

　ナミハダニ：雌の成虫は0.58 mm内外．体色は淡黄〜淡黄緑色．胴部に大きな黒斑が二つある（休眠雌は淡橙色で黒斑を欠く）．色以外でカンザワハダニと異なる点は，夏型雌の後体部背面の条線の葉状構造が一般的に半円形である点．雄の体長は0.45 mm．挿入器末端部の拡張部はカンザワ

ハダニに比べはるかに小さい．

### (4) 加害状況

被害の症状は両種で変わらず，はじめ表面に小さな白斑を生じ，増殖が進むと葉は退緑黄化し，甚だしい場合は萎縮枯死して落葉する．

### (5) 防除法

発生初期の防除が最も重要である．発生回数が多く，発生時期も長いので，観察を十分に行い手遅れとならないよう注意する．

作物周辺の雑草を早期に除去したり，薬剤の散布を行う．

## 11) ネキリムシ類

カブラヤガ　　*Agrotis segetum*（Denis et Schiffermüller）　Cutworm
タマナヤガ　　*Agrotis ipsilon*（Hufnagel）　Black cutworm

### (1) 加害作物

ダイズ，アズキ，インゲンマメ，ナス，キャベツ，レタス，トマト，ピーマン，ハクサイ，ダイコン，テンサイ，チョウセンニンジン，カブ，ジャガイモ，サツマイモ，ネギ，タマネギ，タバコ，ムギ類，ソバ，エンドウ，ミツバ，トウモロコシ，ウリ類など

### (2) 発生生態

カブラヤガ：日本全国で発生する．北海道では年2世代であるが，本州では3世代，四国・九州では4世代を繰り返す．

卵は根際の地表または根元に1～2粒，時には10粒くらい産卵する．卵から4～5日でかえった幼虫は2齢初期までは下葉の裏側や芯部にいるが，その後は老熟するまでほとんど地下3～5 cm の所で生活する．食物が欠乏すると，往々葉に登って加害することもあり，約30日で老熟して蛹化する．

タマナヤガ：日本全国で発生するが，北海道，東北では越冬できず，南方より飛来してきた成虫によるものと考えられている．

食餌食物の根際に主として産卵する．卵期5日内外でかえった幼虫は約1カ月食害し，地中5～6 cm の所で蛹となる．

### (3) 形　態

カブラヤガ

a) 成虫：体長約20 mm，翅を拡げた長さ約40 mm，体は灰褐色．前翅は濃い灰褐色で褐色点を散在させ，腎状紋と円状紋は中央が黒褐色で，暗褐色の鮮明な線で縁取られる．楔状紋は小さくて輪郭だけになっている．外縁には黒点列がある．後翅は灰白色で外縁は暗色を帯びる．雄の触角は両櫛状で，雌は糸状に近い．

b) 卵：径0.9 mm のまんじゅう型．はじめ淡黄色で，次第に茶褐色となり，ふ化直前には紫褐色に変わる．

c) 幼虫：老熟したものは体長約45 mm に達し，頭部は黒褐色で外側に濃色の縦斑がある．胴部背面ほぼ一様に緑を帯びた灰褐色で，各体節に光沢のある黒褐色のいぼ状突起が数個あり，これに毛が生えている．タマナヤガに良く似るが，第1腹節背の皮膚を拡大して見ると，微少な顆粒が密に分布している．

タマナヤガ

a) 成虫：体長約20 mm，翅を拡げた長さ45 mm 内外，体は暗褐色．前翅はやや細長く灰褐色で，

腎状紋と円状紋は暗褐色を呈し，細い黒線で縁取られてる．楔状紋も黒い細い線で縁取られており，内横線，外横線ともはっきりしている．腎状紋の外側中央に1本の黒条が走り，さらにこれと向かい合って2本の黒条がある．腎状，環状両紋の間に1〜2本の剣状の黒色条がある．後翅は少し透き通った感じで，翅脈は淡黒褐色ではっきりしている．雄の触角は両櫛状で，雌は糸状に近い．

　b) 卵：径0.6 mmのまんじゅう型で表面に多数の条がある．はじめ灰白色であるが，のちに赤褐色になる．

　c) 幼虫：老熟したものは体長40〜50 mmに達し，頭部は褐色である．皮膚は光沢がなくサメ肌状であり，胴部背面は灰色〜灰黒色，背線はやや太く褐色である．各体節に大小とりどりの光沢のある突起があり，これに毛が生えている．カブラヤガに良く似るが，体型が細長く，第1腹節背の皮膚を拡大して見ると，大小の顆粒がある[1]．

(4) 加害状況

　被害は発芽期〜初生葉の展開期頃に越冬幼虫により生じることが多い．幼虫はネキリムシとして幼植物の根元を切断したり，切断しないまでも大きくえぐるようにかじり傷を残す．この時期の被害はマメ類にとって致命的で被害株は欠株となる．

(5) 防除法

　雑草でも成育できるので，栽培の10日以前に除草したら，全作物の残渣除去を行う．

　被害がある場合は毒餌（粒状殺虫剤）を撒く．

**12) ハスモンヨトウ** *Spodoptera litura* (Fabricius)　Tabacco cutworm　Claster caterpillar

(1) 加害作物

　マメ類，イモ類，各種野菜など各種作物

(2) 発生生態

　暖地系の害虫で，発生は南にいくほど多くなる．関東以西の暖地では8月頃から幼虫による被害が見られ，9〜10月の被害が大きくなる．

　葉裏に産みつけられた卵塊からふ化した幼虫ははじめ葉裏に群棲し不規則に食害するが，成長すると分散して日中は土塊や下葉の間に潜み，夜間だけ葉を暴食する．多発すると群をなして移動する．幼虫は普通6齢を経て，土中に土窩を作り蛹化する．

(3) 形　態

　a) 成虫：体長20 mm弱，翅を拡げた長さ40 mm位．頭，胸部は灰褐色で，胸部の後方には白色の叢毛がある．腹部は背面が暗褐色，腹面が淡褐色．前翅は灰褐色で，前縁のほぼ2/3のところに後縁に向かって斜めに走る太い白帯がある．後翅は一様に灰褐色．

　b) 卵：2〜3段に重ねた卵塊として産みつけられ，表面に成虫の鱗毛が付く．

　c) 幼虫　体色は若齢期は淡緑色のものが多いが，2齢の後半になると頭部のやや後方に二つの黒紋が目立ち，首輪のように見える．中齢以降は灰褐色から黒色と個体変異が多い．背線と側線は淡黄色，気門線と気門下線との間に太い黄白色の線を有す．老熟幼虫の体長は約40 mm内外．

(4) 被害状況

　卵塊からふ化した幼虫は葉裏に群棲して表皮を残して食害するため，被害葉は白化する．3齢以降になると分散し，食害量も多くなり，葉脈や葉柄を残して暴食するようになる．花や若莢の食害も見られる．老熟幼虫になると昼間は隠れ，夜間に葉を食害する．

(5) 防除法

　ふ化した幼虫の食害による白化した被害葉に注意する．卵塊や分散前の幼虫であれば摘葉を行う．

薬剤による防除は若齢のうちに行う．

### 13）エビカラスズメ　*Agrius convolvuli* (Linnaeus)　Sweet potato hornworm　Convelvulus hawk moth

#### (1) 加害作物
アズキ，フジマメ，サツマイモ，タバコなど

#### (2) 発生生態
全国的に分布する．成虫は5月と9月頃を中心に2回発生する．新葉の裏に卵を1粒ずつ産む．アズキの場合は9，10月の被害が多い．幼虫は発育を完了するまで葉を食害し，地表下数cmの所で蛹化する．

#### (3) 形　態
a) 成虫：翅の開張が80〜105 mmで，前翅は一様に灰色を帯び，斑紋の不鮮明なものから，黒褐色横線の明瞭な個体まで変異がある．胴体は非常に太く，赤色の斑紋が並び，その配列がエビのように見える．

b) 卵：直径約1 mmの楕円形で光沢のある緑色をしている．

c) 幼虫：尾端に角状突起が1本ある．成熟した幼虫は体長80〜90 mm．体色は緑色から黒褐色まで幅広い変異がある．緑色型は白色の縞が気門を斜めに横切るように7本ある．黒褐色型は白色斜めの縞と両側面に1本の白色の側線がある．

#### (4) 被害状況
幼虫が葉を食害して孔をあけるが，被害が進むと葉は次々と食害され，茎のみになることもある．幼虫は日中は葉裏で静止していることが多いが，夕方になると葉を食害する．

#### (5) 防除法
幼虫による葉の食害が圃場に散見される程度ならば，薬剤防除よりもその付近の葉裏を見て幼虫を捕殺するほうが良い．

老熟幼虫になると殺虫剤の効果が落ちるので早期発見に努め，若齢幼虫期に防除する．

〔大久保　利道〕

### 引用文献

1) 一色周知・六浦　晃・山本義丸・服部伊楚子．原色日本蛾類幼虫図鑑（上）．保育社，238 p.（1979）
2) 梶野洋一．植物防疫，30，356-360（1976）
3) 大久保利道．北日本病虫研報，46，133-137（1995）
4) 田中　正．野菜のアブラムシ．日本植物防疫協会，220 p.（1976）
5) 富岡　暢．植物防疫，31，206-209（1977）
6) 松本　蕃・黒沢　強・竹内節二．北日本病虫研報，11，87-89（1960）

その他の参考文献
河田　党編．作物病害虫事典．養賢堂，1968 p.（1975）
持田　作．畑作物の病害虫－診断と防除－．高橋廣治編．全国農村教育協会，779 p.（1992）
北海道植物防疫協会編．北海道病害虫防除提要．北海道植物防疫協会，770 p.（1995）

## 5. 食用マメ類の主要ウイルス病害

### 1) わが国の食用マメ類に発生するウイルス病とその病原ウイルス

わが国でダイズ，アズキ，インゲンマメに発生する病原ウイルスとして，これまでに17種類が報告されてきたが[20]，現在では15種類に整理されている[19]．わが国の食用マメ類に発生しているウイルス病の病原ウイルスの粒子形態および伝染方法について表5-5-1に示した．これらウイルス病の特徴は，その多くがアブラムシで媒介され，また種子伝染する場合が多いことである．したがって，その防除対策としては媒介アブラムシの防除や作期変更による飛来アブラムシの回避，発病株の早期抜き取り除去による二次伝染防止，健全ダイズ個体から採種した健全種子の利用，抵抗性品種の利用等が重要である．発生・被害が大きく問題となっているのは，ダイズではダイズモザイクウイルス（SMV）によるモザイク病，キュウリモザイクウイルス（CMV）-ダイズ系統（＝ダイズ萎縮ウイルス）による萎縮病，ダイズわい化ウイルス（SbDV）によるわい化病，アズキではインゲンマメモザイクウイルス（BCMV）（＝アズキモザイクウイルス）およびCMVによるモザイク病，インゲンマメではBCMVによるモザイク病，クローバ葉脈透化ウイルス（ClYVV）によるつる枯病およびSbDVによる黄化病である．ラッカセイわい化ウイルスについては北海道・東北地方のほか，近年，中部地方[22]や関西地方[13]でも発生が認められているが，今のところ大きな被害には至らず，その他のウイルス病についても少発生あるいは局地的発生に止まっており，全国的な問題にはなっていない．

### 2) ダイズのウイルス病

#### (1) ダイズモザイクウイルス（SMV）によるモザイク病

i) **発生状況** SMVによるモザイク病[14]は全国各地に広く発生し，種子伝染するほか褐斑粒の原因となることから，収量と品質の両面において被害が著しかったが，ダイズ品種に対する病原性によって判別されるSMV系統（A～Eの5系統）が明らかにされ[23]，これに基づいてSMV抵抗性品種の育成・普及および健全無病種子の生産・利用等の防除対策が進められた結果，現在ではこれらの発生は全般的に減少している．

ii) **病徴および被害** 発病株では若葉に葉脈透過病徴を生じた後，濃淡緑斑のモザイク病徴に進展する．その後，葉脈に沿って水疱状の隆起を生じ，葉全体が縮れてやや細長くなり下側に湾曲することが多い．種子伝染株では初生葉にモザイク病徴を生じ，えそ症状を現す場合もある．発病株はやや萎縮する．品種およびウイルス系統の組み合わせによっては種子にへそ部を中心とした放射状，鞍掛状の褐色～黒色の斑紋が現れ，いわゆる褐斑粒となる（口絵 図5-5-1）．またウイルス系統によっては激しい萎縮症状や頂部えそ症状を現すほか，莢にえそ斑を生ずる場合がある[22]．被害程度は品種や発病程度によって異なるが，減収率が75％に達する場合がある[23]．

iii) **伝染環** 伝染源は種子伝染個体と考えられており，すなわち開花期以前にSMVに感染した場合にウイルスを保毒した種子を生じ，この汚染種子に由来する種子伝染株が第一次伝染源となる．種子伝染率は品種，ウイルス系統，および感染時期等により異なるが，一般的には10％前後である．また，SMVはアブラムシ（主としてダイズアブラムシ）により非永続的に媒介されることから，これらのアブラムシの発生が多い場合には種子伝染株や周辺の発病株からの二次伝染によって圃場全体にまん延し，被害が大きくなる[14]．SMVのA，B，C系統はアブラムシ伝染率と種子伝染率が高く，モザイク斑紋症状を現す．一方，D，E系統はアブラムシ伝染率と種子伝染率が低いが，

表5-5-1 わが国の食用マメ類に発生している病原ウイルスの粒子形態と伝染方法（病原ウイルスの異名（Synonym）を脚注に示した）

| 作物名 | 病名 | 病原ウイルス（英名） | 粒子形状（nm） | 媒介者 | 汁液伝染 | 種子伝染 | 土壌伝染 |
|---|---|---|---|---|---|---|---|
| ダイズ | モザイク病 | ダイズモザイクウイルス (Soybean mosaic virus) | 750×13, ひも状 | アブラムシ | + | + | − |
| | | アルファルファモザイクウイルス (Alfalfa mosaic virus) | 30〜56×16, 桿菌状 | アブラムシ | + | + | − |
| | | インゲンマメ黄斑モザイクウイルス (Bean yellow mosaic virus) | 750×13, ひも状 | アブラムシ | + | − | − |
| | 萎縮病 | キュウリモザイクウイルス (Cucumber mosaic virus)*1 | 25〜30, 球状 | アブラムシ | + | + | − |
| | わい化病 | ダイズわい化ウイルス (Soybean dwarf virus) | 25, 球状 | アブラムシ | − | − | − |
| | | レンゲ萎縮ウイルス (Milk vetch dwarf virus) | 25, 球状 | アブラムシ | − | − | − |
| | 退緑斑紋ウイルス病 | ダイズ退緑斑紋ウイルス (Soybean chlorotic mottle virus) | 50, 球状 | ? | + | − | − |
| | 微斑モザイク病 | ダイズ微斑モザイクウイルス (Soybean mild mosaic virus) | 26〜27, 球状 | アブラムシ | + | + | − |
| | 斑紋病 | タバコ茎えそウイルス (Tobacco rattle virus) | 90, 200×20, 棒状 | 線虫 | + | + | + |
| | ウイルス病 | インゲンマメ南部モザイクウイルス (Southern bean mosaic virus) | 25〜30, 球状 | ウリハムシモドキ | + | + | − |
| | | ラッカセイわい化ウイルス (Peanut stunt virus) | 25〜30, 球状 | アブラムシ | + | + | − |
| | | インゲンマメモザイクウイルス (Bean common mosaic virus)*2 | 750×13, ひも状 | アブラムシ | + | − | − |
| | | ソラマメウイルトウイルス (Broad bean wilt virus) | 25, 球状 | アブラムシ | + | − | − |
| アズキ | モザイク病 | アルファルファモザイクウイルス (Alfalfa mosaic virus) | 30〜56×16, 桿菌状 | アブラムシ | + | − | − |
| | | インゲンマメモザイクウイルス (Bean common mosaic virus)*3 | 750×13, ひも状 | アブラムシ | + | + | − |
| | | インゲンマメ黄斑モザイクウイルス (Bean yellow mosaic virus) | 750×13, ひも状 | アブラムシ | + | − | − |
| | | キュウリモザイクウイルス (Cucumber mosaic virus) | 25〜30, 球状 | アブラムシ | + | − | − |
| | ウイルス病 | ラッカセイわい化ウイルス (Peanut stunt virus) | 25〜30, 球状 | アブラムシ | + | − | − |
| インゲンマメ | モザイク病 | インゲンマメモザイクウイルス (Bean common mosaic virus) | 750×13, ひも状 | アブラムシ | + | + | − |
| | | インゲンマメ黄斑モザイクウイルス (Bean yellow mosaic virus) | 750×13, ひも状 | アブラムシ | + | − | − |
| | | クローバ葉脈透化ウイルス (Clover yellow vein virus)*4 | 750×13, ひも状 | アブラムシ | + | − | − |
| | | キュウリモザイクウイルス (Cucumber mosaic virus) | 25〜30, 球状 | アブラムシ | + | − | − |
| | | ラッカセイわい化ウイルス (Peanut stunt virus) | 25〜30, 球状 | アブラムシ | + | − | − |
| | 黄化病 | ダイズわい化ウイルス (Soybean dwarf virus) | 25, 球状 | アブラムシ | − | − | − |
| | つる枯病 | クローバ葉脈透化ウイルス (Clover yellow vein virus) | 750×13, ひも状 | アブラムシ | + | − | − |
| | 縮葉モザイク病 | ソラマメウイルトウイルス (Broad bean wilt virus) | 25, 球状 | アブラムシ | + | − | − |
| | えそ病 | タバコネクロシスウイルス (Tobacco necrosis virus) | 26, 球状 | 土壌菌類 | + | − | + |

病原菌ウイルスの異名（Synonym）
*1：ダイズ萎縮ウイルス (Soybean stunt virus)
*2：アズキモザイクウイルス (Azuki bean mosaic virus)，ササゲモザイクウイルス (Blackeye cowpea mosaic virus)，ラッカセイストライプウイルス (Peanut stripe virus)
*3：アズキモザイクウイルス (Azuki bean mosaic virus)，ササゲモザイクウイルス (Blackeye cowpea mosaic virus)
*4：インゲンマメ黄斑モザイクウイルス−えそ系統 (Bean yellow mosaic virus−N strain)

激しい萎縮・頂部えそ症状を生じる[23].

 iv) **防除対策** 保毒種子が伝染源となることから,健全ダイズ個体から採種した無病種子を確保し栽培することが重要である.また,各地域に適応したSMV抵抗性品種を選定し栽培することが望ましい.生育期においては,種子伝染株などの発病株の抜き取り処分,速効性殺虫剤等の散布による媒介アブラムシの的確な防除が重要である.一方,黒ダイズ栽培では弱毒ウイルス利用による防除が京都府を中心に実用化されている[13].これは圃場へ移植する前のダイズ苗にSMV弱毒株を予め接種しておくことにより,野外の強毒系統の感染を防ぐ方法で,極めて良好な防除効果が得られている.

(2) **キュウリモザイクウイルス-ダイズ系統(CMV-SS)による萎縮病**

 i) **発生状況** キュウリモザイクウイルス-ダイズ系統(CMV-SS)(=ダイズ萎縮ウイルス)による萎縮病は北海道を除く全国各地に発生するが東北および関東地方で発生が多い.SMVによるモザイク病と同様に,種子伝染し褐斑粒の原因となることから全国的に被害が大きかったが,ダイズ品種に対する病原性で判別されるウイルス系統が明らかにされ[23],これに基づいてウイルス抵抗性品種の育成・普及および健全無病種子の生産・利用等が進められた結果,現在ではモザイク病と同様にこれらの発生は全般的に減少している.

 ii) **病徴および被害** 発病初期には葉脈透過病徴を生じ,茎の頂部が曲がって下垂することが多く,その後,葉に細かいモザイク病徴や水疱状の細かい隆起が現れ,葉は小型化し株全体が萎縮する.SMVによるモザイク病のような著しい巻葉症状にはならない.種子伝染株では初生葉にかすり状の不明瞭な斑紋が現れる.これらの病徴は品種によって異なり,ほとんど健全株と区別できない場合もある.感染株では種子にへそ部を中心とした輪紋状の褐色～黒色の斑紋が現れ,いわゆる褐斑粒となる(口絵 図5-5-1).被害程度は品種や発病程度によって異なるが,減収率が90%に及ぶ場合もある[23].

 iii) **伝染環** 本病罹病株から採種された汚染種子に由来する種子伝染株が第一次伝染源となる.種子伝染率は品種,ウイルス系統,および感染時期等により異なるが,一般的には50%以上に達する.CMV-SSは,アブラムシにより非永続的に媒介されることから,アブラムシが多発生した場合には圃場全体にまん延し,被害が大きくなる[23].

 iv) **防除対策** モザイク病と同様に保毒種子が第一次伝染源となり,アブラムシで媒介されまん延することから,健全ダイズ個体から採種した無病種子の確保・栽培,種子伝染株等の発病株の抜き取り処分,速効性殺虫剤散布等による媒介アブラムシの防除等が重要である.また,CMV-SSはA,B,C,D,AEの5系統に分けられているが,この5系統全てに対して抵抗性の品種デワムスメ,ムツメジロ,ナンブシロメ等が育成されていることから,これらの利用・栽培が望ましい.

(3) **ダイズわい化ウイルス(SbDV)によるわい化病**

 i) **発生状況** SbDVによるわい化病[24]は依然として北日本を中心とするダイズ生産に大きな被害を与えて続けているほか,1970年代以降その発生地域は北海道から本州へと拡大し[11],東北地方のほか関東・中部・近畿・中国の各地方でも発生が確認され,その有効な防除対策の確立が課題となっている.

 ii) **病徴および被害** 本病の症状は,わい化型,縮葉型,黄化型の三つの病徴型に大別される.これらの病徴型の違いは病原性で類別されるSbDV系統に起因しており,わい化型病徴はわい化系統の単独感染により,黄化型病徴は黄化系統の単独感染により,縮葉型病徴は両系統の重複感染により発現される[24](口絵 図5-5-2).わい化型では生育初期から葉が小形化するとともに節間が短縮して株全体がわい化し,やがて下葉に脈間黄化病徴が現れる.縮葉型では生育中期から葉がちりめ

ん状に縮葉し，その後下葉から脈間黄化病徴が進展する．黄化型では生育中期〜後期に株全体に脈間黄化病徴が現れる．被害程度は品種によって異なるが，発病株では莢付きが極めて悪くなるほか，莢が着いても十分に稔実しないため，激発した場合にはほとんど収穫皆無となる．また，発病株では登熟期以降の枯れ上がりが悪くなり，収穫期になっても枯れ上がらずに黄化した病葉を付けたまま残っていることが多い．その結果，機械刈りによる収穫では発病株由来の未熟種子が混入し汚粒の原因となり，品質の低下を招く．

なお，低温環境下で生育したダイズにおいて，わい化病に極めて類似した縮葉症状が発生する場合があり[12]，診断に際しては ELISA 法等によるウイルス検定が必要である．

iii) **伝染環および病原ウイルス系統** SbDV の越冬伝染源は牧草地および畦畔のクローバ類である．病徴型で類別されるわい化系統はアカクローバに無病徴感染するがシロクローバには感染せず，逆に黄化系統はシロクローバに無病徴感染するがアカクローバには感染しないことから，各系統の越冬伝染源植物種は異なると考えられる．また SbDV は媒介アブラムシにより永続伝搬されることから，SbDV 感染クローバ上で生育した媒介アブラムシは一生涯 SbDV 媒介能力を保持することとなり，この保毒有翅アブラムシがダイズ圃場へ飛来し，SbDV を媒介する．

一方，SbDV はその発見以来ジャガイモヒゲナガアブラムシ *Aulacorthum solani*（口絵 図5-5-3）のみで永続伝搬されると考えられてきたが，エンドウヒゲナガアブラムシ *Acyrthosiphon pisum* で媒介される新たな系統が東北地方で発見された[17]．この新系統はダイズアブラムシ *Aphis glycines* でも低率ながら媒介されるが，シロクローバ上で増殖するツメクサベニマルアブラムシ *Nearctaphis bakeri* でも媒介されることが明らかになった[6]．さらに，各アブラムシ媒介系統にそれぞれ各病徴型が存在し，すなわちジャガイモヒゲナガアブラムシ媒介性黄化系統（YS 系統），エンドウヒゲナガアブラムシ媒介性黄化系統（YP 系統），ジャガイモヒゲナガアブラムシ媒介性わい化系統（DS 系統），エンドウヒゲナガアブラムシ媒介性わい化系統（DP 系統）の4系統の発生が明らかにされている（表5-5-2）[6]．ジャガイモヒゲナガアブラムシはダイズ上で良好に増殖することから，本アブラムシで媒介される YS 系統および DS 系統は容易にダイズ圃場内で二次伝染しまん延するが，エンドウヒゲナガアブラムシおよびツメクサベニマルアブラムシはダイズ上で生育できないため，これらのアブラムシで媒介される YP 系統および DP 系統はダイズ圃場内で二次伝染しにくいものと推定される．

なお，これらのアブラムシ媒介系統を識別可能なモノクローナル抗体が開発され[15]，全国的な発生調査が実施された結果，ジャガイモヒゲナガアブラムシで媒介される系統は北海道および青森県で，エンドウヒゲナガアブラムシで媒介される系統は岩手県以南の地域で発生していることが明らかになった[16]．

表5-5-2 ダイズわい化ウイルス各系統の病徴型，クローバ類への感染性およびアブラムシ媒介性

| 系統名 | 病徴型 | クローバ類への感染性[*1] | | アブラムシ媒介性[*2] | |
|---|---|---|---|---|---|
| | | シロクローバ | アカクローバ | ジャガイモヒゲナガアブラムシ | エンドウヒゲナガアブラムシ |
| YS 系統 | 黄化型 | + | − | Y | n |
| YP 系統 | 黄化型 | + | − | n | Y |
| DS 系統 | わい化型 | − | + | Y | n |
| DP 系統 | わい化型 | − | + | n | Y |

[*1] ＋：感染，−：非感染
[*2] Y：媒介，n：非媒介

iv）防除対策　浸透性殺虫剤の播種時土壌施用によるアブラムシ防除が発病抑制および発病率の低減に有効である[9]．この方法では，圃場内におけるジャガイモヒゲナガアブラムシの増殖が抑制されることによって，本アブラムシで媒介されるSbDV系統の二次伝染を防止できるが，保毒有翅虫の飛来による一次感染を防ぐことは難しい．有翅虫の飛来による一次感染が主である場合には，その飛来期の茎葉散布剤によるアブラムシ防除が有効であることから[21]，その効率的防除を目的に飛来有翅アブラムシのSDV保毒率のモニタリングの検討，および有翅アブラムシからのSbDV検出法の開発[7,18]が進められた．なお，ツルコガネなどの耐病性品種が開発されており，その利用によって被害を軽減できるが，SbDVに全く感染しない抵抗性品種は育成されていない．

### 3）アズキの主要なウイルス病

**(1) インゲンマメモザイクウイルス（BCMV）によるモザイク病**

i）病原ウイルス　従来，アズキモザイクウイルス（Adzuki bean mosaic virus, ABMV），ササゲモザイクウイルス（Blackeye cowpea mosaic virus, BlCMV）およびインゲンマメモザイクウイルス（BCMV）は各種マメ科作物に対する病原性が大きく異なるため，別種のウイルスとして広く扱われてきたが，現在では1種にまとめられてBCMVとして再分類されている．しかし，ここでは従来の名称に沿って以下解説することとする．

ii）病徴，被害および発生状況　ABMVおよびBlCMVのいずれも発病初期には葉脈透明が，後期には葉脈緑帯を伴うモザイク病徴を呈し，発病株はやや萎縮する．また，ABMVの種子伝染株では初生葉に軽い斑紋やモザイク病徴が現れる．被害程度は品種や発病程度によって異なり，一般的には60～70％に達するが，90％以上に及ぶ場合もある[10]．ABMVは全国的に広く発生しており，またBlCMVは発病関東以西に広く発生しており，いずれも被害は大きい．なお，アズキに無病徴感染するBCMVの場合には被害はない．

iii）伝染環および防除対策　ABMVはアズキで種子伝染（10％以下）し，これに由来する発病株が伝染源となる．BlCMVはアズキでは種子伝染は認められていないことから，圃場周辺の他のマメ科作物などが伝染源と考えられている．いずれもアブラムシで非永続的に伝搬される．したがって本病防除には健全株から採種した無病種子の利用，種子伝染株等の発病株の早期抜き取り，殺虫剤散布等による媒介アブラムシの防除等が重要である．また，抵抗性品種および耐病性品種により被害回避が期待できる[10]．

**(2) キュウリモザイクウイルスによるモザイク病**

i）病徴，被害および発生状況　発病初期には若い葉に退緑斑点や葉脈透明を生じ，その後激しいモザイクおよび縮葉病徴を呈し，発病株全体が萎縮する．CMV単独感染による減収率は約20％であるが，ABMVやBlCMVとの重複感染により病徴および被害はさらに激しくなり，早期に重複感染した場合には約80％，後期の感染でも30％以上に達する[10]．CMVは全国的に広く発生しており，アズキでは最も被害が大きい．

ii）伝染環および防除対策　CMVでは野外に自然感染植物が極めて多く，これらが伝染源となってアブラムシにより非永続的に伝搬される．したがって防除対策としては圃場周辺の雑草の除去，殺虫剤散布によるアブラムシ防除が重要であるほか，抵抗性品種の利用により被害回避が期待できる．

## 4) インゲンマメの主要なウイルス病

### (1) インゲンマメモザイクウイルス（BCMV）によるモザイク病

i) 病徴，被害および発生状況　発病株は一般に葉に濃淡の鮮明なモザイク病徴や葉脈緑帯を呈するが，品種によりその程度は異なり，葉巻症状を伴う場合がある．種子伝染株では初生葉からモザイク病徴が現れる．発病株では総莢数が減少し，子実重は種子伝染株で約60％，自然感染株でも約10～25％減少する[1]．全国的に広く発生している．

ii) 伝染環および防除対策　圃場内外のインゲンマメの種子伝染株が伝染源となり，アブラムシで非永続的に伝搬される．種子伝染率は品種によって異なり，またウイルスの感染時期が早いほど高いが，感受性品種では約10～50％に達する[1]．したがって本病防除には健全株から採種した無病種子の利用が重要である．また，殺虫剤散布等による媒介アブラムシの忌避・防除等が有効と期待されるが，ウイルス病の防除効果が認められなかった例も報告されている[1]．

### (2) クローバ葉脈透化ウイルス（ClYVV）によるつる枯病

i) 病徴，被害および発生状況　葉脈，葉柄，茎，莢にえそ，あるいは巻葉症状を呈し，株全体が萎凋・枯死する．主として北海道・東北地方・関東地方で発生している．病徴が極めて激しく，またその進展も早いため，多発した場合には収穫皆無となり，被害は著しい．

ii) 伝染環および防除対策　発病株は圃場の周辺部に多く，圃場周囲のClYVV感染クローバ類が伝染源である[1]．また，ClYVVはアブラムシ有翅虫で非永続的に圃場内へ伝搬される．したがって本病防除には畦畔クローバ類の除去が重要と考えられるほか，殺虫剤散布等による媒介アブラムシの忌避・防除等も有効と期待される．しかし，浸透性殺虫剤および茎葉散布剤によるアブラムシ防除でもウイルス病防除効果が明瞭ではなかったことから，ウイルス伝染源が圃場外にある場合には圃場内のアブラムシ防除のみでは病原ウイルスの二次伝搬を阻止することは困難と考えられた[1]．

### (3) ダイズわい化ウイルス（SbDV）による黄化病

i) 病徴，被害および発生状況　発病初期には上葉がやや退緑黄化し，次第に株全体が黄化する．下葉が緑色のまま落葉しない場合もある．北海道を中心とする北日本で発生しており，発病株では種子の粒数が著しく減少するため，被害は極めて大きい．

ii) 伝染環および防除対策　牧草地および畦畔のクローバ類が伝染源である．北海道ではジャガイモヒゲナガアブラムシが媒介虫となり，ウイルスを永続的に伝搬する．防除対策としては，浸透性殺虫剤の土壌施用によるアブラムシ防除が有効である[4]．また，殺虫剤の茎葉散布およびアブラムシ忌避資材であるシルバーマルチフィルムにも防除効果が認められたほか，黄化病の発病率には品種間差異があり，姫手亡では極めて低いことが明らかにされている[5]．

## 5) マメ類のウイルス病を媒介するアブラムシ類

### (1) アブラムシによるウイルス媒介様式

数多くの植物ウイルスがアブラムシによって媒介されるが，このうちマメ類に感染してウイルス病を引き起こすものの大半は *Potyvirus, Cucumovirus, Alfamovirus, Fabavirus, Nanovirus, Luteoviridae* などの分類群に属する．アブラムシで媒介されるマメ類の病原ウイルスとその媒介様式を表5-5-3に示した[8]．

一般にアブラムシによるウイルス媒介の様式は非循環型と循環型に大別され，さらに非循環型は非永続型と半永続型に，循環型は非増殖型と増殖型に分けられる[2,3]．各媒介様式の特徴を表5-5-4に示した[8]．

表5-5-3 マメ科作物の主要なウイルス病の病原ウイルスとアブラムシによる媒介様式

| 作物名 | 病名 | 病原ウイルス（略称：分類群） | アブラムシ媒介様式 |
|---|---|---|---|
| ダイズ | モザイク病 | ダイズモザイクウイルス（SMV：*Potyvirus*） | 非循環型−非永続型 |
| | | アルファルファモザイクウイルス（AMV：*Alfamovirus*） | 〃 |
| | | インゲンマメ黄斑モザイクウイルス（BYMV：*Potyvirus*） | 〃 |
| | ウイルス病 | ラッカセイわい化ウイルス（PSV：*Cucumovirus*） | 〃 |
| | 萎縮病 | キュウリモザイクウイルス（CMV-SS：*Cucumovirus*） | 〃 |
| | わい化病 | ダイズわい化ウイルス（SbDV：*Luteoviridae*） | 循環型−非増殖型 |
| | | レンゲ萎縮ウイルス（MDV：*Nanovirus*） | 〃 |
| ソラマメ | 萎黄病 | レンゲ萎縮ウイルス（MDV：*Nanovirus*） | 循環型−非増殖型 |
| | モザイク病 | インゲンマメ黄斑モザイクウイルス（BYMV：*Potyvirus*） | 非循環型−非永続型 |
| | | ソラマメウイルトウイルス（BBWV：*Fabavirus*） | 〃 |
| | | エンドウ種子伝染モザイクウイルス（PSbMV：*Potyvirus*） | 〃 |
| | | カボチャモザイクウイルス（WMV：*Potyvirus*） | 〃 |
| インゲンマメ | モザイク病 | インゲンマメモザイクウイルス（BCMV：*Potyvirus*） | 非循環型−非永続型 |
| | | ラッカセイわい化ウイルス（PSV：*Cucumovirus*） | 〃 |
| | つる枯病 | クローバ葉脈透化ウイルス（ClYVV：*Potyvirus*） | 〃 |
| | 黄化病 | ダイズわい化ウイルス（SbDV：*Luteoviridae*） | 循環型−非増殖型 |
| アズキ | モザイク病 | インゲンマメモザイクウイルス（BCMV：*Potyvirus*） | 非循環型−非永続型 |
| | | キュウリモザイクウイルス（CMV：*Cucumovirus*） | 〃 |
| ラッカセイ | 斑紋病 | ラッカセイ斑紋ウイルス（PMV：*Potyvirus*） | 非循環型−非永続型 |
| | 輪紋モザイク病 | カブモザイクウイルス（TuMV：*Potyvirus*） | 〃 |
| エンドウ | 萎黄病 | レンゲ萎縮ウイルス（MDV：*Nanovirus*） | 循環型−非増殖型 |
| | モザイク病 | ソラマメウイルトウイルス（BBWV：*Fabavirus*） | 非循環型−非永続型 |
| | | キュウリモザイクウイルス（CMV：*Cucumovirus*） | 〃 |
| | | インゲンマメ黄斑モザイクウイルス（BYMV：*Potyvirus*） | 〃 |

表5-5-4 アブラムシによるウイルス媒介様式の特徴（本多（2000）より）

| 媒介様式 | | 獲得・接種吸汁時間 | 獲得吸汁時間が長い場合 | 絶食効果 | 脱皮による媒介性喪失 | 虫体内潜伏期間 | 媒介継続期間 |
|---|---|---|---|---|---|---|---|
| 非循環型 | 非永続型 | 数秒〜数分 | 媒介率低下 | あり | あり | 無し | 数分〜数時間 |
| | 半永続型 | 30分以上 | 媒介率高まる | 無し | あり | 無し | 数時間〜数日 |
| 循環型 | 非増殖型 | 数分〜数時間 | 媒介率高まる | 無し | 無し | あり 2〜3日 | 数日〜2・3週間 |
| | 増殖型 | 数分〜数時間 | 媒介率高まる | 無し | 無し | 長い 7〜10日 | 数週間〜死ぬまで |

i) **非循環型媒介様式** 非循環型媒介では媒介虫がウイルスを獲得した後，虫体内潜伏期間が無く，直ちにウイルスを媒介し，脱皮によって媒介性は失われる．非循環型は媒介虫のウイルス保毒期間（媒介性持続期間）の長さによって非永続型と半永続型に分けられている．

非永続型媒介は口針型媒介ともいわれ，アブラムシによるウイルス媒介の大半を占める．ウイルスの種類としては *Potyvirus, Cucumovirus, Alfamovirus, Fabavirus* などが該当する．*Potyvirus* は1本鎖RNAを持つひも状のウイルスで，インゲンマメモザイクウイルス（BCMV），インゲンマメ黄斑モザイクウイルス（BYMV），エンドウ種子伝染モザイクウイルス（PSbMV），カブモザイクウイルス（TuMV），ダイズモザイクウイルス（SMV）などが含まれる．*Cucumovirus, Alfamovirus, Fabavirus* は1本鎖RNAを持つ球状ウイルスで，このうち *Alfamovirus* は多粒子ウイルスである．

*Cucumovirus* にはキュウリモザイクウイルス（CMV）やラッカセイわい化ウイルス（PSV）が，*Alfamovirus* にはアルファルファモザイクウイルス（AMV）が，そして *Fabavirus* にはソラマメウイルトウイルス（BBWV）が含まれる．

これらのウイルスは口針の食溝に付着して運ばれ，新しい植物で探り挿入を行う際に放出されて感染すると考えられている[25]．同じウイルスが多くのアブラムシによって媒介され，また1種類のアブラムシが多数のウイルスを媒介できる．この媒介様式の特徴は，① アブラムシのウイルス獲得・接種吸汁時間が秒単位で短い，② ウイルス獲得吸汁時間があまり長くなると媒介効率は逆に低下する，③ ウイルスの虫体内潜伏期間はない，④ ウイルス獲得吸汁前に数分～数時間アブラムシを絶食させると媒介効率が高まる（これを絶食効果という），⑤ 脱皮するとウイルス媒介能力を失う，⑥ ウイルス媒介継続期間は短く，数分～数時間，⑦ 健全植物を一度吸汁するとウイルス媒介能力を失うなどである．

なお，マメ類に感染するウイルスで半永続型媒介に属するものはまだ知られていない．

ii）**循環型媒介様式** 循環型は従来永続型といわれていた媒介様式で，ウイルスの虫体内潜伏期間が明確にあり，脱皮によって媒介性は失われない．ウイルスは消化管から血液や唾液腺に取り込まれ，虫体内でウイルスが増殖する増殖型と増殖しない非増殖型に分けられる．

非増殖型媒介のウイルスには *Nanovirus*, *Luteoviridae* などがある．*Nanovirus* は1本鎖DNAを持つ球状ウイルスで，レンゲ萎縮ウイルス（MDV）が含まれる．*Luteoviridae* は1本鎖RNAを持つ球状ウイルスで，ダイズわい化ウイルス（SbDV）が含まれる．

これらのウイルスは植物の篩部に局在し，獲得吸汁されたウイルスは虫体内を循環して唾液付属腺に取り込まれ，唾液とともに排出されて感染する．虫体内では増殖しない．これらの媒介様式の特徴は，① アブラムシの獲得吸汁時間が長く，分～時間単位である，② 長く吸汁するほど媒介効率が高くなる，③ 虫体内潜伏期間がある，④ 絶食効果がない，⑤ 脱皮しても媒介性を失わない，⑥ 媒介継続期間が長く，数日から2～3週間である，⑦ 接種吸汁時間が長くなると，時間の経過とともに媒介効率が下がる．⑧ 汁液で感染しないものが多いなどである（表5-5-4）．

なお，マメ類に感染するウイルスで増殖型媒介に属するものはまだ知られていない．

(4) **マメ類に寄生するアブラムシの種類と媒介ウイルス**

ダイズアブラムシ，ジャガイモヒゲナガアブラムシ，エンドウヒゲナガアブラムシ，ソラマメヒゲナガアブラムシ，マメアブラムシ，ワタアブラムシ，モモアカアブラムシ，マメクロアブラムシなどがマメ類で増殖する．これらのアブラムシは *Potyvirus*, *Cucumovirus*, *Alfamovirus*, *Fabavirus* などの非循環型ウイルスをいずれも非永続的に媒介する．

一般的に各作物上で多数増殖しているアブラムシほど非循環型のウイルスを媒介する可能性は高いが，マメ類で増殖しないアブラムシでも一時的に寄生・吸汁する事によって非循環型ウイルスを媒介する場合もある．

これに対して循環型のウイルスでは限られた種類のアブラムシが媒介者である場合が多い．各作物で増殖する主なアブラムシと永続的に媒介される循環型ウイルスを以下に示す．

i）**ダイズ** ダイズアブラムシ，ジャガイモヒゲナガアブラムシが主に増殖する．ほかにケヤキヒゲマダラアブラムシ，マメアブラムシ，ワタアブラムシ，ツメクサベニマルアブラムシなどが一時的に寄生することもある．

ジャガイモヒゲナガアブラムシとツメクサベニマルアブラムシは，ダイズわい化ウイルス（SbDV：*Luteoviridae*）を永続的に媒介する．SbDVにはアブラムシの種類に応じて特異的に媒介される系統が知られており，ジャガイモヒゲナガアブラムシはYSとDS系統を，ツメクサベニマルア

ブラムシは YP と DP 系統を媒介する．エンドウヒゲナガアブラムシも実験条件下では YP と DP 系統を媒介するが，有翅虫がダイズにほとんど飛来しないため事実上圃場では媒介しない．マメアブラムシは関東地方以西でわい化病の病原となるレンゲ萎縮ウイルスを永続的に媒介する．

ⅱ) ソラマメ　マメアブラムシ，マメクロアブラムシ，エンドウヒゲナガアブラムシ，ソラマメヒゲナガアブラムシが主に増殖する．ジャガイモヒゲナガアブラムシ，モモアカアブラムシ，ワタアブラムシなどが一時的に寄生することもある．

マメアブラムシ，マメクロアブラムシ，エンドウヒゲナガアブラムシ，ソラマメヒゲナガアブラムシなどはソラマメ萎黄病の病原となるレンゲ萎縮ウイルス（MDV : *Nanovirus*）を永続的に媒介する．

ⅲ) インゲンマメ・アズキ・ラッカセイ　マメアブラムシが主に増殖する．ワタアブラムシ，ジャガイモヒゲナガアブラムシなどが一時的に寄生することもある．

ジャガイモヒゲナガアブラムシはインゲンマメでは増殖しないが，インゲンマメ黄化病の病原となる SbDV-YS 系統を永続的に媒介する．

ⅳ) エンドウ　エンドウヒゲナガアブラムシ，ジャガイモヒゲナガアブラムシが主に増殖する．ほかにモモアカアブラムシ，マメアブラムシなどが一時的に寄生することもある．マメアブラムシはエンドウ萎黄病の病原となる MDV を永続的に媒介する．

（御子柴　義郎，本多　健一郎）

## 引用文献

1) 萩田孝志．北海道におけるインゲンマメのウイルス病と病原ウイルスに関する研究．北海道立農試報告，76 : 1-119 (1992)
2) Harris, K. F. Arthropod and nematode vectors of plant viruses. Ann. Rev. Phytopath., 19, 391-426 (1981)
3) Harris, K. F. Sternorrhnchous vectors of plant viruses : Virus-vector interactions and transmission mechanisms. Adv. Virus Res., 28, 113-140 (1983)
4) 北海道立中央農業試験場・北海道立十勝農業試験場．インゲン黄化病の生態と防除に関する研究．昭和50年度北海道農業試験会議普及奨励事項成績．北海道農務部．200-215 (1976)
5) 北海道立十勝農業試験場病虫予察科．インゲン黄化病の多発要因解明とその防除法確立に関する試験．平成元年度北海道農業試験会議資料，1-92 (1990)
6) 本多健一郎・兼松誠司・御子柴義郎．ツメクサベニマルアブラムシによって媒介されるダイズわい化ウイルス（SbDV）のわい化系統．日植病報，65, 387-388 (1999)
7) 本多健一郎・小野寺鶴将・御子柴義郎．北海道のダイズ圃場におけるダイズわい化ウイルス媒介アブラムシの推定保毒率．日植病報，66, 159 (2000)
8) 本多健一郎．"ウイルス媒介性"．アブラムシの生物学．石川　統編，東京大学出版会，181-207 (2000)
9) 堀口治夫．ダイズわい化病に対する土壌施用殺虫剤の防除効果．北日本病虫研報，33, 75-76 (1982)
10) 飯塚典男．アズキのウイルス病に関する研究．東北農試研報，82, 77-113 (1990)
11) 香川　寛・那須曠正・佐藤久六・柳田雅芳．(1975) ダイズ矮化病の発生と減収実態．東北農業研究，16, 112-115.
12) 兼松誠司・本多健一郎・御子柴義郎・宮井俊一・大藤泰雄・内藤繁男．定温条件下でダイズに発生するわい化病類似症状について．北日本病虫研報，45, 49-52 (1994)
13) 小坂能尚．ダイズウイルス病の病原ウイルスと防除法に関する研究．京都農研報，20, 1-100 (1997)

14) 越水幸男・飯塚典男．大豆のウイルス病に関する研究．東北農試報告, 27, 1-103 (1963)
15) 御子柴義郎・兼松誠司・本多健一郎・藤澤一郎．ダイズわい化ウイルスの各アブラムシ伝搬系統のモノクローナル抗体による類別．日植病報, 60, 395 (1994)
16) 御子柴義郎・本多健一郎・兼松誠司・藤澤一郎．ダイズわい化ウイルスの各アブラムシ伝搬系統の発生分布．日植病報, 61, 276 (1995)
17) 御子柴義郎・本多健一郎・内藤繁男．ダイズわい化病罹病株から分離されるSDVのエンドウヒゲナガアブラムシ伝搬系統．北日本病虫研報, 43, 203 (1992)
18) 御子柴義郎・本多健一郎．モノクローナル抗体を利用したTAS-ELISAによるダイズわい化ウイルス (SbDV) 保毒アブラムシの検定．北日本病虫研報, 51, 44~46 (2000)
19) 日本植物病理学会編．日本植物病名目録 (初版)．日本植物防疫協会, 858 p. (2000)
20) 大木 理．日本に発生する植物ウイルス一覧．植物ウイルス同定のテクニックとデザイン．植物防疫特別増刊号．(1992)
21) 大久保利道・橋本庸三．ダイズわい化病伝搬に対する有翅虫の役割．北日本病虫研報, 43, 50-53 (1992)
22) 重盛 勲．ダイズモザイクウイルス (SMV) によるダイズモザイク病の抵抗性育種に関する研究．長野中信農試報, 10, 1-60 (1991)
23) 高橋幸吉・田中敏夫・飯田 格・津田保昭．日本におけるダイズのウイルス病と病原ウイルスに関する研究．東北農試場報告, 62, 1-129 (1980)
24) 玉田哲男．ダイズ矮化病に関する研究．北海道立農試報告, 25, 1-144 (1975)
25) Taylor, C. E. and W. M. Robertson. Electron microscopy evidence for the association of tobacco severe etch virus with the maxillae in *Myzus persicae* (Sulz.). Phytopath. Z., 80, 257-266 (1974)

## 6．食用マメ類の主要線虫害

### はじめに

マメ類は主要な作物のうちで最も植物寄生性線虫の被害を受けやすい作物である．一般にマメ類は連作により大きく収量が低下する傾向があるが，線虫害はその連作障害の主要な要因の一つとなっている．また，各種線虫類の好適な寄主のため極めて増殖率が高く，マメ類の栽培によって後作の作物にも被害が及ぶ例も少なくない．

### 1) ダイズシストセンチュウ

マメ類に寄生するセンチュウの中ではダイズシストセンチュウが極めて重要であり，大きな被害をもたらしている (口絵 図5-6-1)．世界的に見ても，原産地である中国大陸で幅広い発生が見られる他，主要なダイズ生産国である南北アメリカではこの線虫がダイズ生産における最重要障害要因であると言って過言ではない．わが国においても古くからその被害は問題視されていたが，1915年に福島県のダイズの葉に発生する黄化現象や萎縮症状が，テンサイシストセンチュウの近似種によって生ずる事が初めて報告され[7]，その後，1952年に一戸によってダイズシストセンチュウ (*Heterodera glycines* Ichinohe) と命名されて[8]現在に至っている．近年になって転作畑でその発生が見られるなど，その潜在的な被害はかなり大きいと推測され，今なおその重要性は変わっていない．

ダイズシストセンチュウはマメ類に寄生する線虫で，主にダイズ，アズキ，インゲン，ハナマメで被害が見られる．これに対し，同じマメ科でもエンドウ，ソラマメ，ラッカセイにはほとんど寄生

が見られない．また，作物以外のマメ類についてみると，レンゲなどでは非常によく増殖する一方，クローバやクロタラリア，キンギョソウなどではほとんど増殖しないなど，比較的寄主範囲の狭い線虫である．

## (1) 発生生態

わが国においては北海道から九州までほぼ全土に分布しているが，生育に最適な温度は24℃前後とされている[26]など，比較的冷涼な気候を好む線虫であり，特に北海道から本州中部にかけての被害が大きい．一方，西南暖地における甚大な被害の報告はあまりない．これは，温暖な地域では寄主作物が栽培されていない冬季間にもふ化が起きてしまい，その結果，土壌中の卵密度が低下して被害が起きにくくなっているものと推測される．土壌的には火山灰土壌での被害が大きい．

シストセンチュウ類の大きな特徴は，シスト（包嚢）を形成することである．これは胎内に蔵卵した雌成虫が，体外に産卵しないまま表皮を変質させて卵を覆ったものである．このシストによって卵が守られているため，一般にシストセンチュウは環境耐性が高く，このことが防除を困難にしている大きな要因となっている．また，土壌中での生存年限も極めて長く，10年近くも卵の状態で生存し続けた例もある[12]．

このように土壌中では卵の状態で生存しているが，適度な水分，温度，酸素に加え，寄主作物の根から分泌されるふ化促進物質に反応して卵より幼虫がふ化する．このふ化促進物質のうち，正宗らによってインゲン根に含まれる物質が分離・合成されており，「glycinoeclepin A」と命名された[5,19]．

本線虫も他の多くの線虫と同様に卵胚発生を終えた幼虫がふ化前に一度脱皮を済ませているため，2期幼虫の状態でふ化する．ふ化した幼虫はシストを脱出後，土壌中を移動して寄主作物の根に接近する．根表面に達した幼虫は，口針を用いて根先端分裂組織などの表面に穿孔し，そこから皮層に侵入する．その後，組織内を移動分散して定着し，頭部付近の植物細胞に数個の巨大細胞（giant cell）を形成する．これがさらにまわりの細胞を合併して成長するが，その時に核を取り込むため，多核質細胞（syncytium）となる．この細胞は植物体から栄養分を取り込む伝達細胞（trancefer cell）として働き，線虫はここから養分を吸収する．なお，同様に巨大細胞を形成するネコブセンチュウ類と異なり，寄生部位における虫えい（gall）の形成は認められない．また，一度定着した線虫は成虫に達するまでその場所を移動することはない．

根部に定着した幼虫はソーセージ状に肥大し，3度の脱皮を経て成虫になる．なお，第3期幼虫以降は外見上で雌雄の判別が可能となる．雌虫は成虫後も定着部位に留まって摂食を続け，その肥大に伴って虫体周囲の植物皮層細胞組織が崩壊する．そのため雌成虫は頭部を除いた虫体の大部分を根表面に露出させ，外部からも肉眼で確認が可能となる．これに対して雄成虫は第3期幼虫以降は摂食を行わないため，形成された巨大細胞は退化する．その後，第4期幼虫が脱皮して細長い「ウナギ型」の雄成虫となり，根から脱出し，雌成虫に誘引されて交尾を行う．

交尾後の雌成虫は卵を胎内に蔵したまま体表に化学変化が起こってシストを形成する．また，環境によっては一部の卵を体外のゼラチン様卵嚢物質内に産卵する場合もある．一つのシスト内の卵数は個体によって著しい差が見られるが，通常は200〜400卵程度である．

ダイズシストセンチュウの1世代所要日数は温度によって大きく異なる．主要な被害地域である北海道では年2ないし3世代[9,14]，また，関東地域では3ないし4世代[10]を経るものと考えられる．また，休眠に関してはいまだ明らかになっていないが，ふ化率に季節的な変動があったり，様々な温度処理によってふ化率が大きく変動することが知られており，何らかの休眠機構を持っている可能性は高い．

シスト自体には移動能力がないため，土壌中の垂直分布は寄生植物の根の分布に依存するものと

思われる．深度50cmまではシストの存在が確認されるものの，深度20cmまでに全体の60～90％が分布し，30cmを越えるとシストは極端に少なくなる[13,25]．また，伝搬に関しては線虫自身の移動は無視してよいほど小さく，主に人為的要因が大きい．農作業機械に付着した土壌に含まれるシストがそのまま別の圃場に持ち込まれ，そこで増殖するケースが大部分である．また，風や流水等の自然現象によってシストが運ばれて広がって行く場合もある．

この線虫には寄生性の異なるレースの存在が知られており，主にアメリカの4系統の抵抗性ダイズ品種を使用して行うレース判別法[6]が用いられている．4品種に基づく寄生性の違いから理論上16通りの組み合わせが生じるが，現実に確認されているのは12種類であり，そのうち，わが国で発見されているものはレース1，3，5の3レースである．この中では一番寄生性が弱いレース3が最も広く分布しており，検出される割合は1，3，5がそれぞれ13％，85％，2％とされている[30]．

レースは必ずしも固定的なものではない．例えば，高度抵抗性を持つダイズ品種Pekingを寄主にして7世代の継代飼育を行うと，この品種に対する寄生指数が当初の22倍に達するという事例が報告されている[33]．また，圃場より分離したシストの一つから増殖して得られた個体群のレースを検定すると寄生性が分化し，その中にそれまでに発見されていなかった別のレースが出現したという報告がある[22,28]．さらに，このようにして得られた同一の雌成虫起源の個体群から，再度単シストによる増殖を繰り返し，同様にレースの検定を行った場合もやはり寄生性が分化し，複数のレースが出現した[4]ことから考え，圃場内には多様なレースが複雑に混在しているものと思われる．そのため，今後はレースに関して遺伝的な解析を行う事が必要となるであろう．

また，国際判別法によってレース3と判定された個体群の一部は国産の下田不知系抵抗性品種に寄生することが明らかになっている[29]ように，日本国内で主に使用されている抵抗性品種に対する寄生性は上記の国際判別法だけでは判断できない．そのため，日本でのダイズ栽培に適合したレース検定体系を整備することが急務であるといえよう．

(2) 被害

この線虫による被害は，まず根に対する直接的な加害による収量の減少があげられる．その寄生によって最も大きな被害が生じるのはダイズである．寄生を受けたダイズは播種2カ月目頃から茎葉の発育が悪くなり，黄化現象や萎凋症状が見られ始める（口絵 図5-6-2）．健全体に比較すると草丈の低下，落葉の早期化，莢数の減少傾向などが見られる．これらの症状は圃場では部分的に固まっていることが多く，かつては「月夜病」などと呼ばれていたこともある．また，地下部では根自体の発育が劣化するほか，窒素固定を行う根粒の形成に影響を及ぼし，根粒数，根粒重，窒素固定能力などの低下が見られる．その結果，激発圃場では9割近い減収を示す場合もある．なお，被害程度は土壌環境や温度などによって異なるが，5％の減収を被害許容範囲と設定した場合，乾土100gあたり3シストが要防除水準と考えられる[1]．

ダイズ以外のマメ科作物ではアズキやインゲンでシストセンチュウによる被害が見られるが，いずれもダイズに比べて耐性が強い傾向があり，線虫密度が低い場合には直接的な被害は表面化しにくい．また，アズキはインゲンよりも被害を受けやすく，インゲンでも金時は強く，手芒はやや弱いなど，マメの種や品種によって線虫に対する耐性は異なっている．

ただし，直接的な加害による減収が小さくても，本線虫の寄生によって複合的な感染症が引き起こされる事があるため，注意が必要となる．特に問題が大きいのがアズキにおける「アズキ落葉病」である．

アズキ落葉病は*Phialophora gregata*によって土壌感染する病害である．温室内で接種試験を行った場合，菌単独の接種ではあまり病徴を示さないが，ダイズシストセンチュウと同時接種を行っ

た場合は著しい被害を示す[24]．発症機作には線虫の寄生によって根に傷が生じ，そこから病原菌が侵入して感染する経路が考えられている．その他，*Fusarium* 属の病原菌などでダイズシストセンチュウとの複合感染を引き起こす例が知られている．

(3) 防除法

　一般に線虫に対して幅広く用いられている防除法は殺線虫剤の使用である．ダイズシストセンチュウにおいても殺線虫剤の利用は有効であり，D-D剤やEDB剤などで効果が認められる．しかし，この線虫は土壌中ではシスト内の卵として生存していることもあり，薬剤に対する感受性は低い．そのため，通常の薬剤使用量では卵を完全に死滅させることはできずにシスト内に卵が残存し，十分な効果を得ることは難しい．さらに薬剤価格が経済的に見合わないことも障害となり，薬剤のみによる防除は困難といわざるを得ない．

　そのため，この線虫に対する対策は耕種的防除法が中心となっている．中でも重要なものは抵抗性品種の利用であり，これまでにいくつかの抵抗性品種が育種されている．抵抗性品種の場合，感受性品種と同様に幼虫の侵入は認められるものの，その後の巨大細胞の形成は見られず，結果として成虫まで発育できない．この抵抗性機作に関しては，いまだ完全には解明されていないが，幼虫の寄生部位に生じる necrosis が抵抗性品種では感受性品種のそれと比較して著しく大きくなる[11]ことから，この necrosis の形成が関与している可能性が高い．また，抵抗性は温度とも密接な関係があり，下田不知系の抵抗性ダイズ品種は温度上昇に伴って抵抗性が低下し，25℃前後で感受性品種と同等の線虫の増殖を示すようになる[27]．

　なお，抵抗性品種であっても，幼虫の侵入による根のダメージがあるためか，その収量は低下する．しかし減収程度は小さく，感受性品種の減収率のおおよそ5分の1程度である．さらに，土壌中の卵をふ化させて幼虫にするため，卵の密度が低下し，翌年以降の栽培での被害を低減させることができる．

　しかし，抵抗性品種は品質の面で劣る場合があり，またアズキやインゲンではいまだ抵抗性品種が育種されていないため，抵抗性品種のみで被害回避を行うことはできず，他の防除法との組み合わせや総合的な栽培体系に組み込んだ形で使用して行くことが必要である．また，レースによって有効な抵抗性品種は異なってくるため，発生してるレースの把握が抵抗性品種の利用に関しては必要不可欠となる．

　一般に線虫防除の基本は輪作であり，それはダイズシストセンチュウの場合でも同様である．しかし，この線虫の土壌中での生存年限は極めて長いため，短期間の輪作では効果は低い．また，田畑転換による湛水処理は短期間でもある程度の密度低減に効果があるが，1, 2年の湛水処理ではその後のダイズ栽培による線虫密度の復帰が早いため，十分な効果を得るためには3年以上の処理が望ましい．

　しかし，シスト内の卵の生存年限は長いが，卵からふ化した幼虫は1～2カ月程度で寄生活性を失うため，寄主作物が存在しない状態で卵をふ化させ，幼虫を餓死に到らしめる方法は防除法として有効であると考えられる．ふ化促進物質である glycinoeclepin A については，いまだ大量製造法が確立していないために非常に高価であり，現実の防除への応用は現段階では極めて困難であるが，ふ化促進物質は寄主植物以外からも分泌される場合があるため，これを利用した防除法の開発が進められている．このふ化促進効果が高い植物として，クローバやクロタラリアがあり[2]，これらを緑肥として栽培体系に組み込むことによって線虫密度を大きく低下させることが可能である．ただし，クローバはネコブセンチュウやネグサレセンチュウにとっては好適な寄主であるため，これらの線虫密度が増大する危険性があること，またクロタラリアは南方系の植物であるため低温に弱く，ダ

イズシストセンチュウ害が著しい北海道・東北地域での栽培は困難であるなどの問題も抱えており，どのような作物をどのように栽培体系に組み込んで行くのかは，今後の検討が必要である．また，植物が分泌する物質以外にふ化促進効果がある物質がいくつか知られており，牛ふんの持つふ化促進効果[21]を利用し，シストセンチュウ発生圃場に牛ふんを施用して線虫密度を低下させる方法も検討されている．

また，現在世界中で注目されているのが，天敵を利用した生物的防除法である．本線虫の天敵としてはウイルス，細菌，原生動物，糸状菌，線虫，昆虫等が知られているが，中でも最も有望視されているものが *Pasturia* 属の天敵出芽細菌である．この属の細菌ではネコブセンチュウ類に寄生する *P. penetrans* がよく知られており，既に生物農薬として市販されているが，同属の *P. nishizawae* はシストセンチュウ類に特異的に寄生する．この菌は絶対寄生菌であるため，人工培地などによる大量増殖が困難である等の問題もあり，いまだ実用化には到っていない．しかし，*P. penetrans* が既に製剤化されたことから，近い将来の実用化が期待される．

また，卵寄生性糸状菌も有望な天敵と考えられている．シストセンチュウ卵に寄生する糸状菌に *Verticillum chlamydosporium, Paecilomyces* spp., *Fusarium* spp. 等が知られており（図5-6-1），それぞれについて防除への応用の研究が進められている．いまだ実用レベルに達したものはないが，有機物の施用によって天敵微生物の活動が活性化されるという報告もあり[3]，耕種的防除法との組み合わせによる防除法も開発が進められている．

図5-6-1 *V. chlamydosporium* の寄生を受けたダイズシストセンチュウ卵

## 2）ネコブセンチュウ類の被害と防除

北海道・東北地方のダイズシストセンチュウ害に対し，九州ではマメ類ではむしろネコブセンチュウによる被害の方が大きい[18]．これまで，アレナリアネコブセンチュウ，ジャワネコブセンチュウ，キタネコブセンチュウによる被害が知られている．また，北海道ではアズキにおいてダイズシストセンチュウとキタネコブセンチュウの被害が混在する場合もある．

ネコブセンチュウの被害を受けたダイズは葉部が捩れ，脱色したような症状を呈する．これはダイズシストセンチュウによって起きる黄化現象とは明らかに症状が異なっており，地上部の被害によって区別することが可能である．その減収程度はダイズでは30％から激発時には80％[18,20]，アズキでも40％以上に達する[17,32]．

また，ネコブセンチュウ類はシストセンチュウ類と比較すると極めて多犯性であるため，ダイズシストセンチュウが寄生しないマメ類にも被害をもたらす．特に問題となるのはラッカセイである．ラッカセイでは主にキタネコブセンチュウの被害が大きく，また，九州地方でアレナリアネコブセンチュウも検出されている．ただし，一般の畑作物や野菜で被害が大きいサツマイモネコブセンチュウはラッカセイには寄生せず，むしろその密度を低下させる．

キタネコブセンチュウはその名の通り冷涼な気候を好む北方系の線虫であるが，その分布は全国に及んでいる．特にラッカセイは好適な寄主であり，栽培適地である暖地においても被害は大きい．ラッカセイの連作による収量低下の要因の半分はこの線虫の被害であるとされている[31]．しかし，長期間にわたって連作を行うと，減収がおさまり，低水準ながら収量が安定することが多い[23]．これは天敵微生物が定着した結果による可能性が指摘されている．なお，現在のところキタネコブセ

ンチュウに対する抵抗性を持ったラッカセイ品種は発見されていない.

キタネコブセンチュウの寄生を受けたラッカセイは,梅雨明けの7月中下旬頃から葉茎が黄化し始め,全体の生育が停滞する.葉茎の黄化自体は8月に入ると回復する場合も多いが,生育の停滞は収穫期まで続く.その後,根茎の腐敗や褐変などが生じる場合もある.減収程度は線虫接種区でゴール指数が75の場合,無接種区と比較して収量が62%低下するという報告がある[15].

ネコブセンチュウ類の防除対策としては,殺線虫剤の利用や非寄主作物を組み込んだ輪作が中心となるが,対抗作物であるソルゴーやクロタラリアの利用も効果を上げている.また,ネコブセンチュウ類に特異的に寄生する出芽細菌 *P. penetras* が製剤化されており,生物農薬として市販されている.

### 3) ネグサレセンチュウ類による被害

畑作物におけるもう一つの主要な植物寄生性線虫であるネグサレセンチュウも,マメ類を比較的好適な寄主作物としており,その栽培によって密度が増大することが多い.ただし,ダイズはネグサレセンチュウに対しては比較的耐性を示し,重大な被害をもたらす事例はそれほど多くない.これまでに北海道でムギネグサレセンチュウ[34],宮崎でミナミネグサレセンチュウ[16]による被害がそれぞれ報告されている.ただし,北海道でダイズやアズキの栽培後のナガイモ栽培でキタネグサレセンチュウの被害が生じる例があるなど,後作の作物に被害をもたらす場合があるので,直接的な被害が生じていない場合でも注意は必要であろう.

(相場　聡)

## 引用文献

1) 相場　聡.ダイズシストセンチュウ.線虫研究の歩み(中園和年編).125-128 (1992)
2) 相場　聡・三井康.各種マメ科作物のダイズシストセンチュウに対する孵化促進効果.北日本病虫研報,46,197-199 (1995)
3) 相場　聡・松崎守夫.マメ科作物連作圃場におけるダイズシストセンチュウ卵の糸状菌寄生率に及ぼす有機物の影響.北日本病虫研報,46, 194-196 (1995)
4) 相場　聡・清水　啓・三井　康.単シストから増殖したダイズシストセンチュウの個体群の寄生性変異.北海道農試研報,160:75-83 (1995)
5) Fukuzawa, A., A. Furusaki, M. Ikura and T. Masamune. Glycinoeclepin A, a natural hatching stimulus for the soybean cyst nematode. J. Chem. Soc. Chem. Commun., 4, 222-224 (1985)
6) Golden, A. M., J. M. Epps, R. D. Riggs, J. Duclos, A. Fox and R. L.Bernard. Terminology and indentity of infraspecfic forms of the soybean cyst nematode (*Heterodera glycines*). Plant Dis. Reptr., 54, 544-546 (1970)
7) 堀正太郎.病害録.病虫雑,2 (11), 927-932 (1915)
8) Ichinohe, M.. On the soy bean nematode, *Heterodera glychines* n. sp., from Japan. 応動, 17 (1/2), 1-4 (1952)
9) Ichinohe, M.. Study on the Soybean Cyst Nematode. Hokkaido Nat. Agr. Exp. Sta,. Rep. No.56, 1-80 (1961)
10) 井口慶三・百田洋二・稲垣春郎.筑波におけるダイズシストセンチュウの発生消長.関東病虫研報,30, 187-188 (1983)
11) 稲垣春郎・湯原　巌.ダイズシストセンチュウ抵抗性品種における幼虫の侵入と根組織の褐変.北日本病

12) Inagaki, H. and Tsutsumi, M.. Survival of the soybean cyst nematode, *Heterodera glycines* Ichinohe (Tylenchida : Heteroderidae) under certain string conditions. Appl. Ent. Zool., 6 (4), 156-162 (1971)
13) 井上　寿．ダイズシストセンチュウに関する調査　第7報　犁底盤形成土壌におけるシストの分布について．北日本病虫研報，10，110 (1959)
14) 井上　寿．ダイズシストセンチュウに対する試験および調査［謄写］．北海道立農業試験場十勝支場．229 (1962)
15) 石川元一・熊倉喜八郎．落花生の連作におけるキタネコブセンチュウの被害と防除．埼玉農試研報，35，69-81 (1974)
16) 川越　仁・後藤重喜．サツマイモのネグサレセンチュウに関する研究．(4) 大豆の被害様相と被害査定．九州農研，22，113-114 (1960)
17) 氣賀澤和男．牧草跡地における小豆のネコブセンチュウの寄生．北日本病虫研年報，21，50 (1970)
18) 古賀成司．転換ダイズの生育・収量に及ぼすネコブセンチュウの影響．今月の農薬，28，28-33 (1984)
19) Masamune, T., M. Anetai, M. Takasugi and N. Katsui. Isolation of a natural hatching stimulus, glycinoeclepin A, for the soybean cyst nematode. Nature, 297, 495-496 (1982)
20) 松本重男・沢畑　秀．ネコブセンチュウの寄生が大豆の収量におよぼす影響．九州農研，28，82-83 (1966)
21) Matsuo, K., K. Shimizu, H. Yamamoto and H. Tsuji. Effects of application of dried cattle feces on population dynamics of the soybean cyst nematode (*Heterodera glycines* Ichinohe) 1. Number of second stage juveniles in the soil and female adults on the soybean roots. Jpn. J. Nematol., 24 (2), 69-74 (1994)
22) Miller, L. I. Physiologic variation within the Virginia-2 Population of *Heterodera glycines*. J. Nematol., 3, 318 (1971)
23) 三井　康・吉田　猛・岡本好一・石井良助．落花生連作圃場における線虫捕捉菌とキタネコブセンチュウとの関係．日線虫研誌，6，47-55 (1976)
24) 根岸秀明・小林喜六．アズキ落葉病の発病に及ぼすダイズシストセンチュウの影響．日植病報，50，500-50 (1984)
25) 大森秀雄・佐藤昭美．ダイズシストセンチュウに関する研究 (2) ダイズシストセンチュウの水平・垂直分布．北日本病虫研報，13，121-123 (1962)
26) Ross, J. P. Effect of Soil Temperature on Development of *Heterodera glycines* in Soybean Roots. Phytopathology, 54, 1228-1231 (1964)
27) 清水　啓．ダイズシストセンチュウ抵抗性大豆品種の抵抗性に及ぼす温度の影響．日線虫研誌，16，32-34 (1986)
28) 清水　啓・相場　聡・三井　康．ダイズシストセンチュウ単シスト培養個体群のダイズに対する寄生性．北日本病虫研報，42，186-188 (1991)
29) 清水　啓・三井　康．十勝地方におけるダイズシストセンチュウのレースと分布．北海道農試研報，141，65-72 (1985)
30) 清水　啓・百田洋三．シストセンチュウの分類およびレース．線虫研究の歩み．日本線虫研究会，24-28 (1992)
31) 高橋芳雄．落花生の連作障害に関する研究．千葉農試研報，11，1-12 (1971)
32) 手塚　浩・高倉重義．キタネコブセンチュウの防除に関する研究．第3報　キタネコブセンチュウによる小豆の被害解析．北日本病虫研年報，13，123-124 (1962)
33) Triantaphyllou, A. C.. Genetic structure of race of *Heterodera glycines* and Inheritance of ability to

reporoduce on resistant soybeans J. Nematol., 7, 356-363 (1975)
34) 山田英一. ムギネグサレセンチュウの寄主植物について. 北日本病虫研年報, 19, 98 (1968)

# 第6章 土壌肥料

## はじめに

　マメ科作物の生産性はイネ科作物よりかなり低く，油料作物などと比較しても低い．この原因としては，子実のタンパク含有率が高く，その形成にマメ科作物の吸収可能な量以上の窒素を必要とするため，子実肥大期間には茎葉のタンパク質が分解されて子実に供給されるようになり，ダイズの種々の生理的活性を低下させるためであるという「自己破壊説」が有力な考えになりつつある．したがって，マメ科作物の収量性は，イネ科作物で考えられているように光合成の多少ではなく，窒素吸収量の多少で支配されているということになる．すなわち，マメ科作物の収量性は，土壌条件に大きく影響されているといえる．

　また，マメ科作物にとっては土壌の物理性も非常に大事である．ダイズでは発芽の良否がその後の生育を大きく左右することから，通気性や排水性の悪い土壌ではとうてい多収は望めない．また，マメ科作物の根には根粒があり，空中窒素を固定し，その栄養源としているが，その活性を高めるにも良好な土壌物理性が必要である．

　さらにマメ科作物は窒素以外の養分吸収量も多く，根粒もリン酸，カルシウム，あるいは微量要素などが潤沢でなければその活性を維持することができない．このため，窒素以外の土壌肥沃度の維持改善も生産性向上に極めて重要である．

　マメ科作物の養分吸収機構には特異的なものがあることが知られるようになっている．土壌有機物は，土壌肥沃度や物理性の向上を通じて作物の生育を改善するが，ダイズの場合には土壌有機物が他の作物以上に大事なようである．ダイズは土壌有機物が多い土壌ほど多収になる傾向があり，どのような機構であるかは明らかではないが，土壌有機物の利用効率が高いようである．また，マメ科作物の中にはキマメやルーピン，また最近ではラッカセイのように特異なリン酸吸収機構を持つものも報告されている．

　このようにマメ科作物の栽培には土壌条件が非常に大きく関わっており，栽培上の問題の多くが土壌に関連している．この章では，このような観点から，マメ科作物の生産に非常に重要な土壌肥料の問題を，窒素，窒素以外の養分，土壌空気，土壌有機物については，主にダイズを対象として論じ，ダイズ以外のマメ科作物としてはアズキとダイズを取り上げ，アズキについてはその栄養生理，肥培管理を，ラッカセイについては特異的なリン酸吸収機構が論じられている．

（有原　丈二）

## 1. 窒　素

### 1) 窒素代謝

(1) マメ科作物の窒素代謝と生育・収量[2,12,16]

　食用マメ類種子はタンパク質含有量が，ダイズ35％，ソラマメ26％，インゲン，エンドウ，アズキ，ササゲ約20％とイネ科作物種子の10％程度に比べて数倍高いため，生育には多量の窒素を必要とし，窒素同化量と収量は密接な関係がある．一方，マメ科作物の特徴として，土壌中に生息する微生物の根粒菌と共生器官である根粒を形成して空中窒素を固定し，自前で窒素を獲得できるという優れた能力を持っている．通常の畑作物と同様に根からも硝酸やアンモニア態窒素を吸収、

同化できるが，速効性窒素肥料の多施用は根粒形成と窒素固定を強く抑制し，茎葉部の過繁茂や倒伏を引き起こしてむしろ減収に至る場合もある．ダイズなどのマメ科作物では，イネ科作物のように窒素肥料施用量に応答した生育と収量は得られない．ここでは，食用マメ類種子の中で世界的に最も生産量が多く，研究も進んでいるダイズの窒素代謝を解説する．

ダイズの収量を決定する第一の要因は窒素であり，1 t の種子を生産するには約 70〜90 kg の窒素を必要とする．水稲は出穂までに窒素吸収量の約 80 % を集積し，穂へ集積する窒素の多くは出穂以前に茎葉部に蓄積していた窒素の体内再移動によるが，ダイズでは，開花時には最終的な窒素集積量の 20 % 程度しか蓄積しておらず，開花期以降における窒素同化の確保が重要である．ダイズ一作あたりの土壌由来の窒素供給量は，約 50〜100 kg/ha 程度であるため，土壌窒素のみでは種子収量は高々 1 t/ha 程度しか望めない．わが国のダイズ作では，初期生育の確保のためにスターター窒素として 20 kg/ha 程度の窒素肥料が基肥施用される．しかし，スターター肥料由来の窒素量は少なく，ダイズ生産では，全窒素の 50〜80 % を根粒の固定窒素に依存していることから，多収をめざせばめざすほど根粒の窒素固定に依存する割合が高くなる．また，有機物の施用による地力の向上や緩効性肥料の利用による窒素の長期間にわたる補給も有効である．

(2) 根粒における窒素代謝[1,2,4,5,8〜11]

ダイズは，根に根粒菌との共生器官である根粒を形成することにより，効率良く窒素固定をおこなう．ダイズと共生する根粒菌は宿主特異性により特定の菌種に限られる．根粒菌は，土壌中で単独で生活している状態では窒素固定活性を持たず，根粒内に共生してはじめて窒素固定活性が誘導される．根粒の中央，赤色の感染域の感染細胞内に根粒菌が共生し，共生状態の根粒菌は単生根粒菌と区別してバクテロイドと呼ばれる．根粒菌の持つ酵素ニトロゲナーゼにより空中窒素からアンモニアが生成する．ニトロゲナーゼは，$N_2$ を還元するモリブデン鉄（MoFe）タンパク質と，還元型フェレドキシンからモリブデン鉄タンパク質に還元力を受け渡す鉄（Fe）タンパク質の二種類から構成されている．ニトロゲナーゼの酵素反応(1)を示す．

(1) $N_2 + 8\,e^- + 8\,H^+ + 16\,ATP \rightarrow 2\,NH_3 + H_2 + 16\,ADP + 16\,Pi$

1 分子の $N_2$ を 2 分子のアンモニアに固定するために 16 分子の ATP のエネルギー，8 個の電子と 8 水素イオンが必要である．生成物としては，アンモニア 2 分子に加えて水素 1 分子が生成する．ニトロゲナーゼにより発生した $H_2$ を再酸化してエネルギーを回収する取り込み型ヒドロゲナーゼを持つ根粒菌がおり，窒素固定効率が高い．ニトロゲナーゼは，$N_2$ 分子（$N \equiv N$）以外に，アセチレン（$HC \equiv CH$）をエチレン（$H_2C = CH_2$）に還元する性質を持ち，アセチレン還元活性測定法は感度の良い窒素固定活性測定法として用いられている．

窒素固定活性を維持するためのエネルギー生産には多量の酸素を必要とするが，一方，ニトロゲナーゼは酸素濃度が 1 % 程度でも不可逆的に壊れて失活するため，感染細胞には，酸素結合性ヘムタンパク質のレグヘモグロビンが多量に存

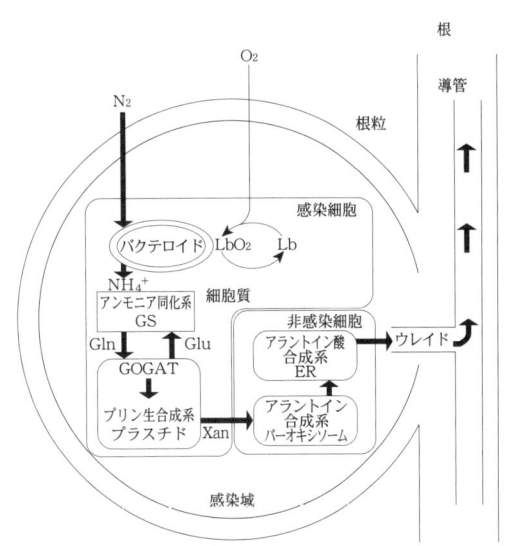

図 6-1-1 ダイズ根粒内における固定窒素の代謝
GS：グルタミン合成酵素　GOGAT：グルタミン酸合成酵素
Glu：グルタミン酸　Gln：グルタミン　Xan：キサンチン
Lb：レグヘモグロビン　ER：小胞体

在し，感染域の酸素濃度を10 nM程度と極めて低く維持し，かつ酸素供給の促進に役立っている．また，根粒内部皮層域には，酸素の透過性を調節する機能があり，外部環境の酸素濃度変化に対応して感染域への酸素の拡散速度を調節できる．このように，根粒はある程度の酸素濃度変化に適応できるが，湛水状態などで極端な酸素欠乏におちいると窒素固定活性は無くなり，根粒の着生も強く抑制される．水耕栽培でも通気を十分に行えば水中にも正常な根粒が多数形成される．ダイズの1日当たり窒素固定量は根粒自身の窒素量に匹敵し，極めて代謝的に活発であるため，その働きを支持するために根粒の光合成産物の利用や呼吸速度は根の4倍程度高い．

図6-1-1に固定窒素の根粒中での代謝過程の概略を示す．バクテロイドが固定したアンモニアは，そのままバクテロイドから植物細胞へ放出される．すなわち，根粒菌は感染細胞内でアンモニア製造器官として働いている．アンモニアは植物における有機窒素化合物合成の出発物質であるが，高濃度に蓄積すると毒性を示すため直ちにグルタミン合成酵素の働き(2)でグルタミンのアミド基に取り込まれ，引き続き，プラスチド内のグルタミン酸合成酵素の働き(3)で2分子のグルタミン酸に変換する．

(2) グルタミン酸 + $NH_4^+$ + ATP → グルタミン + ADP + Pi

(3) グルタミン + 2-オキソグルタル酸 + NADH → 2 グルタミン酸 + $NAD^+$

グルタミン酸からアミノ基転移酵素により，各種アミノ酸が合成される．アスパラギン酸アミノトランスフェラーゼの反応(4)を以下に示す．

(4) グルタミン酸 + オキサロ酢酸 → 2-オキソグルタル酸 + アスパラギン酸

ダイズなど，感染域に感染細胞と非感染細胞を持つ球形の有限伸育型根粒では，固定窒素を主にウレイド（アラントインとアラントイン酸）として運搬するのに対し，インゲン，エンドウなどの円筒形の無限伸育型根粒では，主にアスパラギンとして根の導管に渡される．ダイズでは，感染細胞のプラスチドで，リボース5-リン酸とATPの反応で作られる5-ホスホリボシル1-ピロリン酸(PRPP)を出発物質として，グルタミン，グリシン，$CO_2$，アスパラギン酸などと順次反応して，プリン塩基が合成される．キサンチンが感染細胞から非感染細胞に移動し，パーオキシソーム中のキサンチンデヒドロゲナーゼの作用で尿酸になり，さらに，ウリカーゼの働きで酸化分解を受けてアラントインとなる．さらに，小胞体のアラントイナーゼの作用でアラントイン酸となり，根粒の導管を経て，根から地上部へ運搬される．

ダイズでは，ウレイド（アラントインとアラントイン酸）が根粒からの窒素移動形態の80〜90%を占め，アラントイン酸の割合が高く，残りはアスパラギンなどのアミノ酸類が占める．根から吸収した硝酸やアンモニア同化窒素の移動形態の主成分がアスパラギンであるのに対して根粒からの移動形態がウレイドである理由は明らかになっていないが，図6-1-2に示すようにウレイドは1分子中に炭素原子4個，窒素原子4個と窒素に富む化合物で，合成には複雑な過程が必要であるが，移行に際しては炭素4個に窒素2個のアスパラギンも光合成産物に由来する炭素原子を節約できる利点がある．固定窒素と吸収窒素の移動形態の違いを利用して，圃場栽培ダイズの窒素固定依存率を推定する相対ウレイド法が考案された[6]．

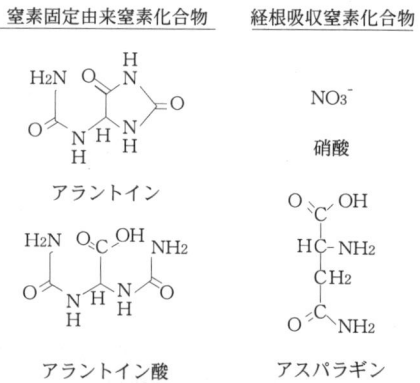

図6-1-2 根粒窒素固定由来窒素と経根吸収窒素由来の主要な化合物

## (3) 根の窒素代謝[2,4〜9]

ダイズの根は，1本の種子根が直根になり主根を形成する．主根からは側根（分枝根）が発生してさらに二次，三次の側根が形成される．根の養水分吸収と葉の光合成は，相互に依存し，根の生長は茎葉部の生長とバランスをとって進行する．土壌溶液中の無機イオンは，濃度勾配による拡散，ならびにマスフローと呼ばれる根の吸水に伴う水の動きにより根に到達する．養分イオンは，表皮の細胞壁や細胞間隙を通り皮層まで入り込む「アポプラスト輸送」と，根毛や表皮，皮層で細胞内に取り込まれたのち細胞から細胞へ原形質連絡を通って移動する「シンプラスト輸送」の二つの経路により運ばれる．ただし，皮層最内層の内皮にはカスパリ線が発達し水を通しにくい構造をしているため，養水分は内皮を通過する際，いったん細胞内に取り込まれる必要がある．中心柱の最外層の内鞘から木部柔細胞へ移動した養分は再度細胞外へ放出され，水とともにアポプラスト輸送で導管へと運ばれ，地上部へ輸送される．

養分イオンの細胞膜透過が養分の選択性や能動的吸収に重要な働きをしている．細胞膜を形成するリン脂質二重層はイオンを通しにくいため，イオン吸収には，細胞膜に埋め込まれたタンパク質の担体（キャリア）が必要で，トランスポーターとも呼ばれる．養分吸収には，細胞内外のエネルギー差（電気化学ポテンシャル勾配）にしたがって取り込まれる受動輸送と，細胞内でATPのエネルギーを用いて電気化学ポテンシャル勾配に逆らって取り込む能動輸送（積極的吸収）がある．

一般に，根が吸収できる土壌中の無機態窒素は，畑では主に硝酸態，水田ではアンモニア態で存在する．ダイズは，障害がでるほど高濃度でなければ，アンモニアも硝酸と同様に窒素源として利用でき，一般にアンモニアと硝酸の共存はむしろ好ましい．図6-1-3に根の細胞における硝酸とアンモニアの代謝の概略を示す．土壌溶液中の硝酸イオン（$NO_3^-$）は，根表皮，根毛，または皮層の細胞膜にある硝酸トランスポーターの働きで細胞内に取り込まれる．この過程は能動輸送であり，ATPを使って細胞内から水素イオン（$H^+$）を放出してpH勾配を作り，硝酸トランスポーターは$H^+$の電気化学ポテンシャル差を利用して2$H^+$と一緒に$NO_3^-$を細胞内に取り込む．最近，植物における硝酸などのトランスポーター遺伝子構造が明らかにされつつある[13]．

ダイズの硝酸吸収能力は高く，$NO_3^-$に対するKm値は約19μモルで低濃度の硝酸も能率的に吸収できる．根に流入（インフラックス）した硝酸

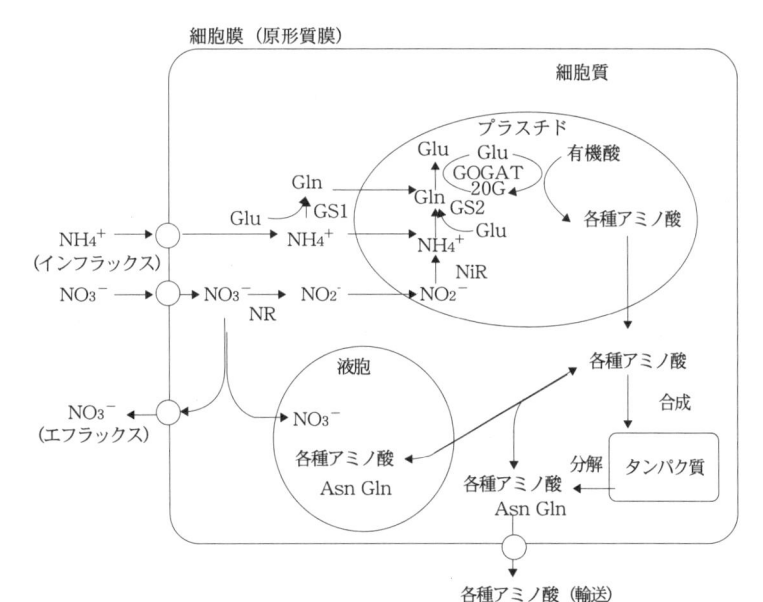

図6-1-3 植物細胞内における窒素代謝の概略図
○は原形質膜の輸送担体（トランスポーターやチャネルを表す）
$NH_4^+$：アンモニウムイオン　$NO_3^-$：硝酸イオン　$NO_2^-$：亜硝酸イオン
Glu：グルタミン酸　Gln：グルタミン　2OG：2-オキソグルタル酸
Asn：アスパラギン　NR：硝酸還元酵素　NiR：亜硝酸還元酵素
GS1：細胞質局在グルタミン合成酵素　GS2：プラスチド局在型グルタミン合成酵素　GOGAT：グルタミン酸合成酵素

の一部は再度外液に流出するエフラックスという過程が存在する．根の細胞内に吸収された$NO_3^-$の一部は，そのまま原形質連絡を通って細胞から細胞へ輸送され，中心柱内で再度細胞外へ放出されて，導管へ入り地上部へ輸送される．また，一部は根の皮層細胞の体積の約90％を占める液胞に一時的に貯蔵される．さらに，一部は，根の硝酸還元酵素，亜硝酸還元酵素の働き[5,6]でアンモニアに還元され，グルタミン合成酵素，グルタミン酸合成酵素の働き[2,3]で，アミノ酸に同化され，最終的には主にアスパラギンとして導管を通って地上部へ運ばれる．

(5) $NO_3^- + NAD(P)H \rightarrow NO_2^- + NAD(P)^+ + H_2O$

(6) $NO_2^- + 6$還元型$Fd + 8H^+ \rightarrow NH_4^+ + 6$酸化型$Fd + 2H_2O$ （Fd：フェレドキシン）

ウレイドも根からの窒素移動形態として常に検出されるが，その割合は約20％程度と根粒（約80％）に比べて少ない．硝酸吸収は昼間に高いが，夜間にも停止しているわけではなく，昼の約2/3程度の速度で硝酸を吸収し続ける．

硝酸の還元同化部位は，葉と根であり，どちらが主な還元部位であるかは，植物種や栽培条件，生育段階などにより異なる．水田転換畑で栽培したダイズの導管液成分を測定した結果では，根粒非着生ダイズの導管窒素成分のうち硝酸の占める割合は，開花期で25％，最頂葉展開期で6％であり，葉よりも根が主な硝酸同化部位であった[15]．

### (4) 葉の窒素同化の働き[4,5]

葉は光合成，蒸散作用とともに窒素同化に重要な役割をはたしている．根から吸収した硝酸の一部は図6-1-3と同様な代謝過程により，葉の硝酸還元酵素，亜硝酸還元酵素でアンモニアに変換され，グルタミン，グルタミン酸を経て各種のアミノ酸になる．ダイズでは，根に与えた硝酸態窒素はアスパラギンや硝酸として運搬され，いったん葉のタンパク質に取り込まれた後，その分解産物がアスパラギンなどのアミノ酸になり，篩管を経由して生長部や莢実に再移行する．また，根粒からの主要な窒素の移動形態であるウレイドも葉で分解されタンパク質に取り込まれた後，硝酸と同様にアスパラギンなどのアミノ酸に変換され篩管に送り込まれる．ダイズの葉には，栄養器官貯蔵タンパク質（VSP）とよばれる一時的に窒素を蓄えるタンパク質が存在し，その合成分解は窒素の同化や転流とも関わりがある．また，ダイズでは，葉だけでなく，葉柄や茎，莢，根，根粒のタンパク質も合成分解が活発であり，動的な状態にある．窒素欠乏や遮光などがおこると容易に下葉が窒素を失い，黄化脱落してその窒素は生長部で利用される．

### (5) 莢と種子の窒素代謝[2,4]

図6-1-4のように，根から吸収した硝酸とアスパラギンは，大部分が蒸散によりいったん葉へ行き，葉のタンパク質合成と分解を経て，再びアスパラギンなどとして篩管を通じて莢へと運び込まれる．莢や種皮でグルタミンその他のアミノ酸に変換され，胚に渡される．一方，根粒で固定したウレイドは莢へも直接送り込まれ，莢または種皮でグルタミン等に変換された後，胚の生長に用いられる．固定窒素と吸収窒素の挙動が異なることは，肥料窒素を多施用すると子実生産よりも茎葉部の繁茂が優先されることと一致する．

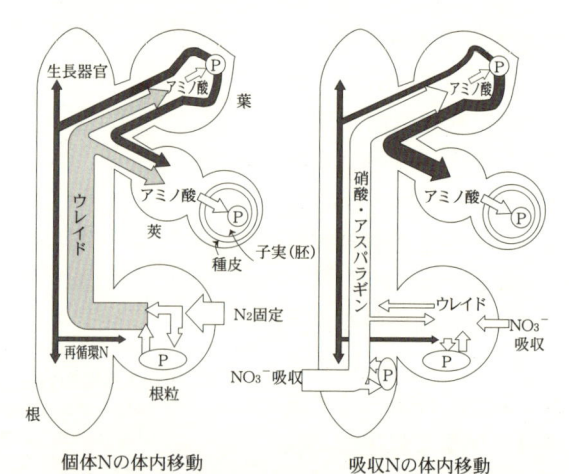

図6-1-4 ダイズにおける固定窒素と吸収硝酸の体内移動
P：タンパク質

ダイズは，開花後，約1カ月程度で莢の伸長が完了し，その後養分が胚に急速に蓄えられ約2カ月間かけて子実を肥大させたのちに登熟する．ダイズでは，種皮と胚（子実）とは維管束でつながっておらず，葉から莢へ転流したショ糖とアミノ酸などの養水分は種皮内部アポプラストに分泌されて胚に吸収される．胚の子葉貯蔵組織に取り込まれたショ糖やアミノ酸は，タンパク質，脂質，糖質などに変換して貯蔵される．

ダイズ種子貯蔵タンパク質の主要形態であるグリシニン，β-コングリシニンは，子葉特異的に転写されて集積する．グリシニンは1本のペプチドとして合成され，切断を受けて酸性サブユニットと塩基性サブユニットに分かれる．β-コングリシニンの，α′，α，β-サブユニットは類似したポリペプチドであるが，別々に合成される．タンパク質はゴルジ体に輸送され糖付加などの修飾を受けてゴルジベシクルに包まれてプロテインボディに運搬され集積する．β-コングリシニンは三量体，グリシニンは酸性，塩基性サブユニット各3個の六量体を形成する．ダイズ種子のタンパク質成分は，窒素や硫黄などの栄養供給により変化する．図6-1-5に窒素供給を変えて栽培したダイズ種子の窒素濃度と各サブユニット濃度の関係を示す[3]．グリシニンは，種子の窒素濃度によらずほぼ一定値を示すが，β-コングリシニン，特にβ-サブユニットは窒素欠乏により集積が著しく抑制され，窒素過剰で多量に集積する．

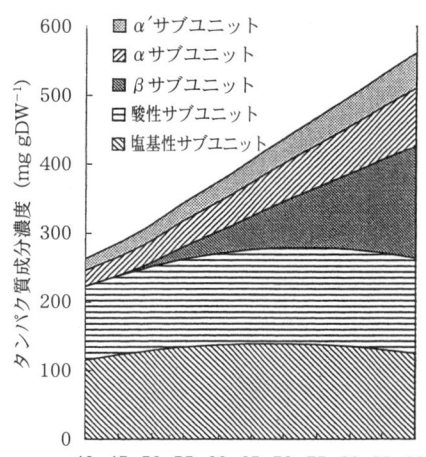

図6-1-5 種々の窒素条件で栽培したダイズ種子の窒素濃度と貯蔵タンパク質成分の関係

(注) 貯蔵タンパク質成分はグリシニン（酸性，塩基性サブユニット）とβ-コングリシニン（α′，α，β-サブユニット）各成分濃度を示す．

（大山　卓爾）

## 引用文献

1) Dennis, D. J., D.H. Turpin. Plant Physiology, Biochemistry and Molecular Biology. Longman Scientific & Technical (1990)
2) 日本土壌肥料学会編．根粒の窒素固定－ダイズの生産性向上のために－博友社 (1982)
3) 大竹憲邦・末吉　邦・大山卓爾・高橋能彦．窒素栄養によるダイズ種子貯蔵タンパク質成分の集積制御, 第21回種子生理生化学研究会講演要旨集, 51-52 (2000)
4) 大山卓爾．ダイズ植物体内における窒素と炭素の動き, 新潟アグロノミー, 22, 3-48 (1986)
5) 大山卓爾．ダイズにおける硝酸吸収と窒素固定．化学と生物. 29, 433-443 (1991)
6) 大山卓爾・高橋能彦・地主俊昭・中野富夫．単純相対ウレイド法による圃場栽培ダイズの窒素固定活性と窒素吸収速度の評価, 農及園, 67, 1157-1164 (1992)
7) 大山卓爾．植物根における窒素の吸収と代謝．根の研究, 4, 85-91 (1995)
8) 大山卓爾．植物の根に関する諸問題－マメ科植物の根粒形成と窒素固定の諸問題, 農及園, 72, 321-324, 427-432 (1997)
9) 大山卓爾．ダイズの共生的窒素固定と化合態窒素の代謝－トレーサー窒素の動きをおいかけて－. 肥料科学. 21, 27-80 (1999)
10) Postgate, J. Nitrogen Fixation, Third Edition, Cambridge University Press (1998)

11) Poulton, J. E. *et al.* ed. Plant nitrogen metabolism. Recent advances in phytochemistry, vol. 23 (1988)
12) 斎藤正隆ら編. 大豆の生態と栽培技術, 農文協 (1980)
13) 末吉 邦・藤原 徹. 無機養分トランスポーター遺伝子群, 土肥誌, 71, 920-926 (2000)
14) 高橋能彦・池主俊昭・中野富夫・大山卓爾. 緩効性窒素肥料（被覆尿素）の深層施肥によるダイズ安定多収技術の植物栄養学的解析. 農園, 282-288 (1993)
15) 高橋能彦・池主俊昭・南雲芳文・中野富夫・大山卓爾. ダイズ根粒着生に関する同質遺伝子系統の導管液中のウレイド態窒素の含有率. 日本土壌肥料学雑誌, 62, 431-433 (1991)
16) Wilcox, J. R. Soybeans. Second edition. ASA, CSSA, SSSA (1987)

## 2) 根 粒

### (1) ダイズ生産における共生根粒菌の窒素固定の役割

ダイズは子実中のタンパク質含有率が高いため，子実100 kg当たり約7～9 kgという多量の窒素を要する．例えば収量400 kg/10 aを得るためには28～36 kgの窒素が必要となる[23]．しかも，ダイズは生育前期の乾物生産量・窒素集積量が小さいため，開花盛期以降に全集積量の7～8割の窒素を集積しなければならない[22,23,25]．

しかし，ダイズは他の多くのマメ科作物と同様に，共生根粒菌が固定する空気中の窒素を利用できる特長を持つ．固定窒素がダイズの全集積窒素に占める割合は，土壌条件，気象条件，その他の条件により大きく異なるが，わが国の場合には概ね2～8割に分布し[26,50,54]，平均すると5割程度とされる[54]．また，10 a当たりの窒素固定量は多い場合には30 kg近くに達する[26,36]．このようにダイズ生産において大きな役割を担う根粒と根粒における窒素固定について，様々な観点から研究が行われてきた．

### (2) 根粒形成

根粒の形成はダイズなどの宿主植物と根粒菌のシグナル交換から始まる[9]．宿主の根からはフラボノイド化合物（ダイズの場合には daidzein, genistein, coumestrol 等のイソフラボン）が分泌され，これを根粒菌が受け取ることが引き金となって，nod遺伝子と呼ばれる根粒を形成するための根粒菌側の遺伝子群が次々に働き始める．その結果，根粒菌は Nod ファクターと呼ばれる物質を合成して分泌する[1,2,9,6,20]．Nodファクターはダイズ側の根粒形成プログラムを始動させるためのシグナル物質であり，その実体はキチンオリゴサッカライドである．

根粒菌には宿主特異性があり[17]，ダイズに根粒形成可能な根粒菌の種は代表的な *Bradyrhizobium japonicum* など少数に限られる．宿主特異性の決定には，宿主から分泌されるフラボノイド化合物や根粒菌から分泌される Nod ファクターがシグナル物質として関与しており，これらの物質は宿主や根粒菌の種によってその構造の細部が異なっている．また，この他に根粒菌が菌体外に分泌するポリサッカライドも宿主と根粒菌の相互認識に関与していると考えられている[21]．

ダイズと根粒菌の相互認識後，ダイズ根毛のカーリング，根粒菌のダイズ根への侵入，感染糸の形成，根粒形成のための皮層細胞の分裂等が生ずる．感染糸が伸長すると，根粒菌はダイズの細胞質中に放出され，宿主由来のペリバクテロイド膜に包まれて，バクテロイドとなる．根粒原基は細胞分裂を繰り返して根粒を形成する．ダイズ側の根粒を形成するための遺伝子は nodulin 遺伝子と呼ばれる．nodulin 遺伝子は50個以上が報告されてそれらの発現時期も推定されており，さらに具体的な機能解明のための研究が進められている[29]．

根粒が形成されても，窒素固定が行われなければ無効根粒となる．根粒菌の窒素固定に関する遺伝子群が nif 遺伝子と fix 遺伝子である．nif 遺伝子としては，窒素固定酵素の構造遺伝子 nif H, D, K

や制御遺伝子の nifA などが知られている．fix 遺伝子は特に共生時に働く遺伝子群で，nif 遺伝子の発現制御に関係する fix J, K, L，呼吸系酵素に関係する遺伝子 fixN, O, P, Q などがある[51]．

(3) 根粒の発達

根粒菌に感染後，7〜9日で根粒が肉眼で見えるようになり，12日目以降，窒素固定が始まる[19]．個体当たりの根粒活性は着蕾・開花から莢伸長期・子実肥大初期にかけてが高く，以後減少するのが典型的なパターンである．このパターンは環境条件や品種により変動する[24,42]．多収のためには，ダイズの窒素要求量が特に高くなる子実肥大期以降の窒素固定量の低下を遅らせることが有利になる．なお，窒素固定を行っている有効な根粒は切断面がピンク色あるいは赤褐色であるが，無効な根粒は白色・緑色などを示すので，簡便な調査にこのことを利用できる．

(4) ダイズ生産における窒素固定利用の得失

ダイズは窒素施肥に対する収量の反応が鈍く，イネ科など他の作物が窒素施肥と耐倒伏性の付与によって，近代以降に収量を伸ばしたのと対照的に収量の伸びが小さい[30]．根粒や窒素固定の存在がダイズの窒素施肥反応を複雑にしている面があるので，ダイズの多収化のために窒素固定に依存すべきか否かという検討がなされてきた．固定窒素と代表的な化合態窒素である硝酸態窒素のエネルギーコストを比較すると，窒素固定に比べて硝酸態窒素の吸収・同化の方がコストが低く，特に培地の硝酸態濃度がある程度高い場合にはその差が大きくなる[52]．また，日射量が十分な条件下では，光合成で生ずる還元力を葉における還元に使う硝酸態窒素がさらに有利になるとの指摘もある[10]．窒素固定がダイズの窒素施肥反応を現れにくくしており，また，そのエネルギーコストが高いのであれば，極端な試みとして窒素固定を無視すれば，ダイズの画期的な収量増が可能であろうか．根粒非着生ダイズ系統を用いて幾つかの試験が行われているが，適切な施肥を行うと根粒着生品種並の収量は得られるものの，それを大幅に上回るような収量は得られていない[16,47]．また，低投入持続可能型農業の観点からは，生物的窒素固定の有効利用が重要であることはいうまでもない．

逆に，集積窒素のほとんどを固定窒素に依存して多収を得られるであろうか．土壌環境，気象条件などが窒素固定に好適に整った場合には[39]，集積窒素の9割を固定窒素に依存して収量 400 kg/10 a を超える例もある[37]．しかし，土壌窒素量が高いほど収量が高まったというデータ[14,38]，あるいは現地調査で収量水準の高い圃場では固定窒素に依存する割合が相対的に低かったといったデータは[33]，わが国の現状では固定窒素のみでは多収を得にくいことを示していると考えられる．窒素固定量あるいは化合態窒素吸収量はそれぞれ単独では収量との高い相関が認められないが，ダイズの窒素全集積量と収量との間には高い正の相関が認められたという報告が北海道でなされており[30]，各地の多くの試験結果も[26,38,55]，由来を問わず総計としての窒素集積量を増やすことが多収化のために重要であることを示している．

(5) 施肥窒素と窒素固定

土壌中の硝酸態窒素などの無機態窒素濃度が高いと，根粒の着生および窒素固定活性は抑制される．土壌中の硝酸態窒素が根粒の着生と窒素固定を阻害する機構については，多くの研究がなされているが完全な解明には至っておらず，複数の機構が関与している可能性が指摘されている[28]．現象的には，ダイズ1個体の根を分けて土壌の硝酸態窒素濃度の高い部分と低い部分に分布させると，高い部分では根粒形成と窒素固定が阻害されるが，低い部分では影響が比較的小さいことが知られている[46,48,49]．

多くの場合，少量の即効性窒素の基肥施用は，ダイズの初期生育量を増加させることにより，その後の生育と窒素固定を活発にする．また，窒素要求量が多い生育後期の発現を狙った追肥や緩効性肥料の使用，根粒着生域とのすみ分けを狙った局所施肥や深層施肥によって，窒素固定への負の影

響を抑えつつ窒素肥料を利用する取り組みが行われている.

(6) 窒素固定のさらなる活用

i) 優良根粒菌の利用　ダイズの多収化を目的として，水素回収系を持つエネルギー利用効率が高い菌株など，窒素固定能力の高い根粒菌の菌株の選抜が行われている[5,11,12,33,34,35,53]．一方，わが国では，ダイズの初作地など，菌密度の低い圃場では接種効果が顕著であるものの[33,36]，既に根粒菌が存在する圃場では土着の根粒菌が優勢で有効菌接種の効果が出にくいという指摘がある[5,53]．優良菌株の活用のためには，他の菌株との競合能力の強化および接種技術の改良などがさらに必要と考えられる[13]．また，根粒菌菌株とダイズ品種との親和性は一様でないことから，理想的にはダイズの各品種に応じた菌株を選抜するか，多くのダイズ品種に高い親和性を持つ菌株が選ばれることが望まれる.

ii) ダイズの品種・系統と根粒着生・窒素固定能　ダイズは品種により根粒着生数や窒素固定能が異なることが知られている[27,42]．また，通常品種の数倍以上の根粒を着生する根粒超着生系統のダイズは[7,8]，過剰な根粒のために生育・収量が劣るのが一般的であったが，窒素固定能が高く収量性が改善された系統も出てきており[45]，今後の研究が待たれる.

iii) ダイズの生育と窒素固定　ダイズ茎葉部は，窒素固定のエネルギー源である光合成産物のソースであるとともに同化した窒素のシンクであるため，その生育程度が窒素固定に影響する．接木によって地上部の量を増大させたダイズは生育後期まで根粒活性が高く維持されるが，これは，多くの光合成産物が根粒に送られ，かつ，窒素固定の生成物である窒素化合物が速やかに地上部に移行するためと考えられる[15].

iv) 窒素固定に好適な環境条件　窒素固定を効果的に利用するためには，環境条件を好適に整えることが重要である．根粒の着生と窒素固定は，土壌中の無機態窒素濃度の他にも，各種の要因の影響を受ける．

酸素と窒素固定には密接な関係がある．土壌の過湿や土壌の緊密化は酸素供給量を減少させるが，根粒は呼吸による酸素消費が多いため，酸素不足は窒素固定活性を著しく減少させる[3]．窒素固定には酸素が必要な一方，窒素固定酵素は酸素によって失活する．このため，根粒の皮層にはガスの透過性を変化させる機構があって，根粒内部の酸素濃度を制御している[40]．暗黒処理，摘葉，地上部切除などによって光合成産物の供給量が減少すると，根粒のガス透過性は速やかに低下する．これは呼吸基質の減少により呼吸による酸素消費が減った場合に，根粒内部の酸素濃度が上昇することを防ぐ機構と考えられている．このような巧妙な制御機構があるので，一般の栽培においては酸素過剰を心配することなく，土壌の通気性を良好にすることが窒素固定活性の向上につながる.

土壌水分の過不足に対して，根粒の形成や窒素固定はダイズ自体より感受的である[31]．容水量の 60～75 % が適当量とされ，不足しても過剰であっても窒素固定は抑制される[19]．顕著な干ばつが生じない北海道においてさえ，開花期間の乾燥時における灌水が，窒素固定量の増加を通じて，増収に結びことが認められている[43]．夏期に高温乾燥になる暖地・温暖地の水利に恵まれた転換畑では，灌漑や地下水位を適切な位置に保つことによって水分欠乏を防止することが[41]，窒素固定を活用して多収を得るための必要条件と考えられる.

土壌 pH については，酸性土壌では石灰などにより 6.0 程度に矯正することが望ましく[55]，十勝農試では 5.5 を 6.4 に矯正することによって，根粒重と根粒の比活性が増大し，株当りの窒素固定活性が 4 倍に高まったという結果を得ている[32]．温度に関しては，窒素固定の最適地温は 24 ℃ 前後であるが，15～30 ℃ がほぼ適温といえる[19]．根域の温度が 35 ℃ になると，28 ℃ の場合に比べて根粒着生と窒素固定が著しく抑制されるが，その際，問題になるのは根域の温度であって，気温が 35

℃でも根域が28℃ならば抑制は生じないことが示されている[44]．日射量は窒素固定の呼吸基質となる光合成産物の供給量を通じて窒素固定に影響する．リン酸は窒素に次いで根粒や窒素固定との関係が深く，欠乏土壌では根粒着生が少なくなることが認められており，施用により根粒着生と窒素固定能が向上することが多い[4,30]．モリブデンは窒素固定酵素の構成元素であるが，酸性が強い土壌や火山灰土壌では可給態モリブデンが少ないため，石灰による土壌pH調整や適切な量のモリブデンの種子粉衣によって，個体当たりの窒素固定活性と収量の増加が期待できる[18]．

以上のように，ダイズ多収化のためには生育後期におけるダイズの窒素集積量を増やすことが必要であるが，その対策の一つの柱として，共生根粒菌による窒素固定を活用することが重要である．また，それは低投入持続可能型農業の観点からも望ましい．① 土壌の通気性確保，灌漑や地下水位の制御による水分欠乏防止など窒素固定に適した栽培環境の整備，② 窒素固定能力に優れ，土着菌との競合力の高い根粒菌の選抜と接種，③ 窒素固定能力の高いダイズ品種の開発などに対する取り組みが，窒素固定の一層の活用のために必要と考えられる．

(高橋　幹)

## 引用文献

1) 阿部美紀子．根粒菌のNodファクター．植物の化学調節，32, 172-185 (1997)
2) 阿部美紀子．生物窒素固定研究における最近の成果 (30) マメ科植物と根粒菌，根粒形成遺伝子における最近の話題 (2)．農園，66, 661-668 (1991)
3) 阿江教治．大豆根系の生理特性と増収問題．農園，60, 679-683 (1985)
4) 赤尾勝一郎・石井和夫．$^{15}N_2$ガス利用による大豆の窒素固定量の推定と固定窒素の体内移行-ようりん施用による影響-．東北農試研報，75, 65-76 (1987)
5) 赤尾勝一郎．共生窒素固定研究の新たな展開．土肥誌，63, 487-494 (1992)
6) 赤尾勝一郎．生物窒素固定研究における最近の成果 (8) 有用根粒菌の接種技術．農園，64, 79-82 (1989)
7) Akao, S. and H. Kouchi. A supernodulating mutant isolated from soybean cultivar Enrei. Soil Sci. Plant Nutr. 38, 183-187 (1992).
8) 赤尾勝一郎ほか．マメ科作物と根粒菌のコミュニケーション．化学と生物，32, 135-140 (1994)
9) 赤尾勝一郎ほか．ダイズの根粒超多量着生ミュータントの特性．Gamma Field Symposia 31, 105-126 (1993)
10) 有原丈二．ダイズ安定多収の革新技術．p.1-256．農文協．東京 (2000).
11) 有馬泰紘ほか．空気中で水素発生を示さないダイズ根粒を形成する根粒菌の探索．土肥誌，52, 114-118 (1981).
12) 有馬泰紘．マメ科作物にとってどのような根粒菌が優良か．化学と生物，22, 681-683 (1984)
13) 浅沼修一．生物窒素固定研究における最近の成果 (8)．国内外における根粒菌利用の現状と問題点 (2)．農園，66, 886-888 (1991)
14) 藤井弘志．大豆の多収理論と施肥法．肥料，69, 13-24 (1994)
15) 藤田耕之輔・田中　明．大豆の窒素固定能支配要因の接木試験による解析．土肥誌，51, 23-26 (1980)
16) 藤田耕之輔・田中　明．ダイズの木部溢泌液の窒素化合物組成に対する化合窒素の影響．土肥誌，53, 519-524 (1982)
17) 蒲生卓磨．生物窒素固定研究における最近の成果 (1) マメ科根粒菌の分類 (1)．農園，63, 769-774 (1988)
18) Hashimoto, K. and S. Yamazaki. Effect of molybdenum application on the yield, nitrogen nutrition and

nodule development of soybeans. Soil Sci. Plant Nutr., 22, 435-443 (1976)
19) 橋本鋼二．"生育の基本"大豆の生態と栽培技術．農文協．東京63-93 (1980)
20) 東　四郎．生物窒素固定における最近の成果 (3) 根粒菌とマメ科植物の共生機構 (1)．農及園, 63, 997-1003 (1988)
21) 東　四郎．生物窒素固定研究における最近の成果 (4) 根粒菌とマメ科植物との共生機構 (2)．農園, 63, 1114-1118 (1988)
22) 平井義孝．大豆無機栄養に関する調査第1報．生育に伴う吸収移動経過について．北海道立農試集報, 7, 47-57 (1961)
23) 星　忍．"ダイズの窒素固定と生育・収量"根粒の窒素固定－ダイズの生産向上のために－．博友社．東京5-33 (1982)
24) 星　忍・桑原真人．"大豆の栄養状態と根粒着生および窒素固定能の関係"ダイズの光合成と窒素代謝の相互作用．農水技会事務局．46-62 (1983)
25) 石井和夫．東北地域におけるダイズに対する肥培管理 (2)．農園, 59, 1500-1502 (1984)
26) 金森哲夫．寒地ダイズ多収の条件 (2)．農園, 61, 1074-1078 (1986)
27) 金森哲夫ほか．北海道の主要なダイズ品種の $^{15}N$ 自然存在比と窒素固定能．北農試研報, 148, 157-167 (1987)
28) 金山喜則．ダイズの生育における窒素固定と窒素施肥のかかわり．根粒菌窒素固定の硝酸態窒素による阻害のメカニズム．農園, 65, 1016-1022 (1990)
29) 河内　宏．根粒形成にかかわる宿主植物側遺伝子．土肥誌, 67, 1077-1081 (1993)
30) 桑原真人．ダイズの多収条件と窒素代謝 (1)．農園, 61, 473-479 (1986)
31) 桑原真人．大豆根の伸長・分布および根粒活性と土壌水分．土壌の物理性, 57, 15-21 (1988)
32) 松代平治．"Ⅵ．根と根圏微生物"根粒菌．農業技術体系土壌施肥編第1巻．農文協．東京, 28-37 (1987)
33) 松代平治．マメ科植物根粒菌技術研究史．p.1-286．十勝農協連．北海道, 286 p. (1997)
34) 南沢　究ほか．水素回収系を持つダイズ根粒菌の接種効果．土肥誌, 56, 292-299 (1985)
35) 南沢　究．優良ダイズ根粒菌に関する研究．土肥誌, 58, 291-292 (1987)
36) 三浦昌司．八郎潟干拓地土壌の理化学的特性と作物生育に関する研究．秋田県農試研報, 26, 85-190 (1984)．
37) 長野間宏．転換畑におけるダイズ多収栽培．農業技術, 42, 501-505 (1987)
38) 大賀康之．大豆における窒素吸収と収量との関係．福岡県農総試研報 (作物), 3, 41-44 (1984)
39) 島田信二．中国地域における転換畑作大豆の多収要因．農業技術, 43, 458-462 (1988)
40) 島田信二．豆科作物の根粒窒素固定能と酸素の関係．根の研究, 5, 70-73 (1996)
41) 島田信二ほか．地下水位がダイズの生理機能と収量に及ぼす影響 (1) 地下水位および降雨条件が葉の葉緑体含量，根の生長および収量に及ぼす影響．日作紀, 64, 294-303 (1995)
42) 白岩立彦ほか．圃場条件におけるダイズの窒素固定活性の品種間差異．日作紀, 63, 111-117 (1994)
43) 高橋　幹．北海道における田畑輪換安定のための新技術開発 (4) 灌水と追肥による輪換畑大豆の多収技術．北農試研資, 53, 25-33 (1995)
44) 高橋　幹ほか．大豆の生理機能に及ぼす影響．「農林水産生態系を利用した地球環境変動要因の制御技術の開発」研究成果．農水技会事務局, 211-214 (1999)
45) 高橋　幹ほか．生育・収量の優れた新しい根粒超着生ダイズ系統「En-b0-1-2」の基本特性の解明．日作紀, 68 (別2) 36-37 (1999)
46) 田村有希博．ダイズの根粒活性制御機構の解明 (1)．ダイズの根粒活性に及ぼす窒素の影響．土肥誌, 68,

301-306 (1997)
47) 田中　明ほか. 大豆および菜豆の窒素施肥反応. 土肥誌, 49, 406-411 (1978)
48) 田中　明・斎藤　豊. 根箱を用いたダイズに対する窒素肥料施肥位置の研究. 土肥誌, 52, 469-474 (1981)
49) Tanaka, A. et al. Growth and dinitrogen fixation of soybean root system affected by partial exposure to nitrate. Soil Sci. Plant Nutr., 31, 637-645 (1985)
50) 田中伸幸ほか. 大豆吸収窒素の内訳試算. 農業技術, 38, 71-72 (1983)
51) 渡辺　巌. 植物の根に共生する微生物. 新・土の微生物 (2) 植物の生育と微生物. 博友社. 東京, 41-74 (1997).
52) 山口淳一. 生物窒素固定研究における最近の成果 (36) 窒素固定のエネルギーコストとダイズの生産性. 農園, 67, 427-433 (1992)
53) 横山　正・蒲生卓磨. 生物窒素固定研究における最近の成果 (19). ダイズの窒素固定能向上に関するUSDAの研究戦略. 農園, 64, 1429-1435 (1989)
54) Yoneyama, T. et al. Natural $^{15}$N abundance of field grown soybean grains harvested in various locations in Japan and estimate of the fractional contribution of nitrogen fixation. Soil Sci. Plant Nutr., 32, 443-449 (1986)
55) 吉田　尭. 水田利用再編のための転作技術 (4). 大豆栽培技術その2. 農業技術, 37, 193-197 (1982)

## 3) 土壌窒素とダイズ収量

### (1) はじめに

　水田土壌は, 沖積土であればリン酸吸収係数が低く塩基に富んでおり, 火山灰土壌であれば地力窒素量が多くリン酸も有効化しやすく, 本来, その生産力はかなり高いはずである. 実際, ダイズの多収記録の多くは転換畑で記録されている. ところが, 水田転換畑では転換後の年数の経過とともにダイズ収量が低下していく現象がみられる. 全国各地の試験から転換畑でのダイズ栽培年数と収量の関係をまとめたものをみると, 転換畑初作でのダイズ収量を100 (平均収量は 314 kg/10 a) とすると, 2作目は92, 3作目は81, 4作目は74, 5作目は64と低下している. 最近, 水田転換畑で以前ほどダイズがとれなくなったという声がよく聞かれる. ここでは地力窒素とダイズ収量の関係について述べてみたい.

### (2) 転換畑での地力窒素の推移

　図6-1-6は山形県農試の最北支場で行った試験のデータ[1]をもとに作図したものである. 転換畑ではダイズの栽培を続けていくと地力窒素が減少していき, それにつれて収量も低下していくことが示されている. この図からは, 地力窒素の多い火山灰土壌の方が沖積土壌よりダイズ収量が常に高く, ダイズが多収となる土壌は地力窒素の多い土壌であることも分かる.

　このように, 転換畑ではダイズの作付で地力窒素は年々減少していくが, それは土壌中の酸素増大に伴う

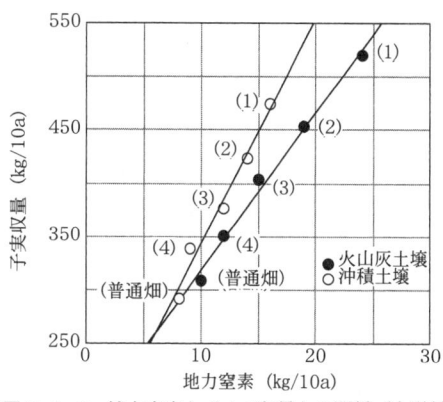

図6-1-6　地力窒素とダイズ収量との関係 (山形県農試最北支場)
(注) 地力窒素は培養で求めた値から作土20cmの土壌量を考慮して求めた. () 内の数字は転換後年数.
普通畑はもともと畑であったところ.

有機物分解の促進によるものと考えられている．ところが，ダイズ自身も土壌有機物を分解することを示唆する結果が得られている．図6-1-7はトウモロコシ，根粒着生および非着生ダイズを栽培した跡地にトウモロコシ（オカホマレ）を栽培して前作の影響をみたものである．トウモロコシの収量は根粒着生，非着生に関わらずダイズ跡地の方がトウモロコシ跡地より高かった．また，トウモロコシは，根粒着生ダイズ跡地はもちろん，非着生ダイズ跡地でも，開花期まで窒素欠乏症状を示さなかった．これらは，ダイズ跡地で窒素肥沃度が高まる原因が，根粒の窒素固定による土壌窒素富化によるものではないことを明確に示している．この結果は，むしろ，ダイズがトウモロコシの利用できない難分解性土壌窒素を分解利用するため，跡地にトウモロコシにも吸収可能な窒素が残り，収量が増大したと考えた方がよい．ダイズ跡地では後作物の収量が高まり，土壌が肥沃化したように見えるが，実際は難分解性の土壌窒素が分解，消費されており，地力窒素のレベルは低下してしまうようである．

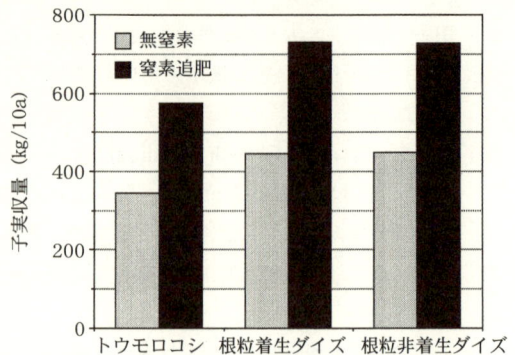

図6-1-7 トウモロコシ，根粒着生および非着生ダイズ跡地のトウモロコシ子実重と窒素施肥の影響（北海道農試，1993）

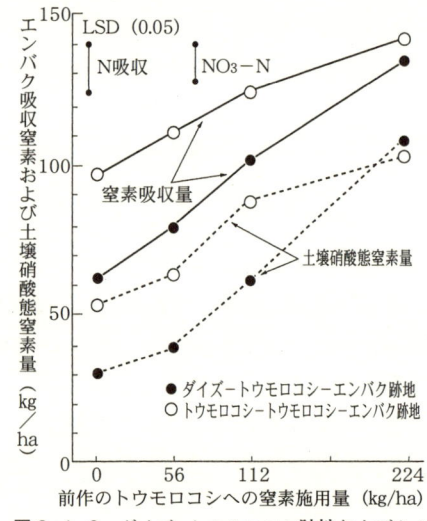

この考えを支持するような結果がアメリカ合衆国から報告されている[4]．ダイズ跡地のトウモロコシは，トウモロコシ跡地のものより無窒素区での収量が高く，窒素施肥反応も顕著でなかった．しかし，その翌年にエンバクを栽培したところ，子実収量は何れの窒素施肥水準でもダイズ-トウモロコシ跡地の方がトウモロコシ連作跡地より低かった（図6-1-8）．また，エンバクの窒素吸収量，表層30cmの硝酸態窒素量のいずれも，やはりダイズ-トウモロコシ跡地でトウモロコシ連作跡地より低くなっていた．Vanottiら（1995）は，この結果はダイズが土壌中の難分解性土壌窒素を分解利用できることを示唆するもので，トウモロコシよりも地力窒素を消耗しやすいと推察している．

図6-1-8 ダイズ-トウモロコシ跡地およびトウモロコシ-トウモロコシ跡地の土壌（0〜30cm）の硝酸態窒素とエンバクの窒素吸収量（1987〜1991年の平均）（Vanottiら，1995）

このように転換畑でのダイズ栽培に伴う地力窒素の消耗には，好気的条件下での有機物分解促進だけではなく，ダイズ自身の難分解性土壌窒素の分解・促進が大きく関与しているようである．しかも転換畑は，水田に復元しても土壌窒素の放出が連作水田よりもかなり多く，放出が連作水田と同じになるには1〜2年が必要といわれている．つまり，水田に復元しても2，3年は地力窒素の蓄積は起こりにくいといえる．現在のように2，3年間ダイズを作ったあと，水田に数年戻す方式では地力窒素の消耗が起こりやすく，ダイズ収量は漸減していく恐れが大きい．

## (3) ダイズの窒素吸収

子実に30〜40％のタンパク質を含むダイズは窒素吸収量がマメ科作物の中でもとくに多い．ダイズは根粒の窒素固定によってかなりの窒素を供給できる．その量は1〜20 kg/10 aほどであり，全窒素吸収量に占める割合は25〜80％程度とされている．しかし，収量水準が上昇するほどその寄与率は低下していき，土壌窒素に依存する割合が高くなる．図6-1-9はダイズの根粒固定窒素への依存度が収量水準でどう変化するかをみたもので，北海道の十勝地方の22カ所の土壌で得られた根粒非着生系統と着生系統の子実収量を，100 kg台，200 kg台，300 kg台の3つの子実収量水準で比較している[2]．収量水準が上がるにつれて根粒固定窒素への依存度が低下していく様子が明確に読みとれる．

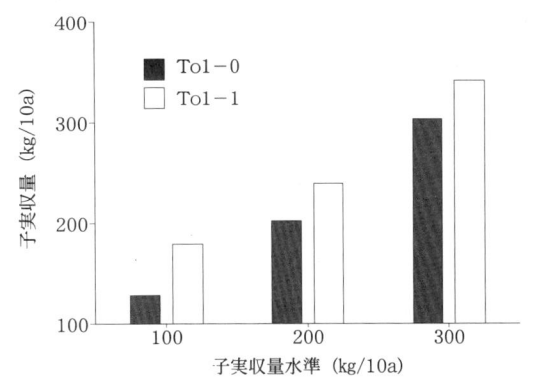

図6-1-9 ダイズ根粒非着生系統To1-0と根粒着生系統の収量差からみた各収量水準土壌におけるTo1-1の根粒菌の固定窒素依存度（松代，1987）

このように，ダイズは収量水準が上がるにつれて根粒固定窒素への依存度が低下し，土壌あるいは施肥窒素の重要性が増していくが，地力窒素の消耗しつつあるような転換畑では，多収に必要な窒素を土壌から供給することは難しい．一方，肥料窒素は基肥として多量に施用すれば栄養生長は促進するものの，往々にして過剰栄養生長により過繁茂，倒伏を引き起こしてしまい，子実生産になかなか結びつかない．このため基肥としての窒素肥料は2, 3 kgN/10 a施用されるにとどまっている．過剰栄養生長を引き起こさないように窒素を施肥するには追肥が考えられるが，収量水準が高くなるにつれて増収効果が低下し，また南に行くほど効果が不安定になる．緩効性窒素肥料の追肥は効果的とされているが，理由は必ずしも明らかではないが，効果の見られない場合もある．

このため地力窒素が消耗しがちな水田転換畑では，ダイズ収量の低下を防ぐことが難しく，これが転換畑のダイズ収量低迷の原因の一つになっているといえよう．

## (4) ダイズ収量と地力窒素

図6-1-6にみられるように，ダイズ収量は転換畑の地力窒素と直線関係にある．このダイズ収量と地力窒素の関係は，東北農試の灰褐色壌土で行われた試験でも認められる（図6-1-10）[3]．この場合，ダイズ収量は地力窒素にほぼ比例して増加しており，施肥した場合にもその関係はくずれていない．また，転換畑と普通畑にみられる収量の差も地力窒素の違いを反映している．これらは，いずれもダイズ収量と地力窒素の密接な関係を示している．

地力窒素は微生物によって土壌の有機物が分解されて放出されてくるものであり，それを増やすには，まず土壌中の有機物を増やし，窒素を有機態として保持でき

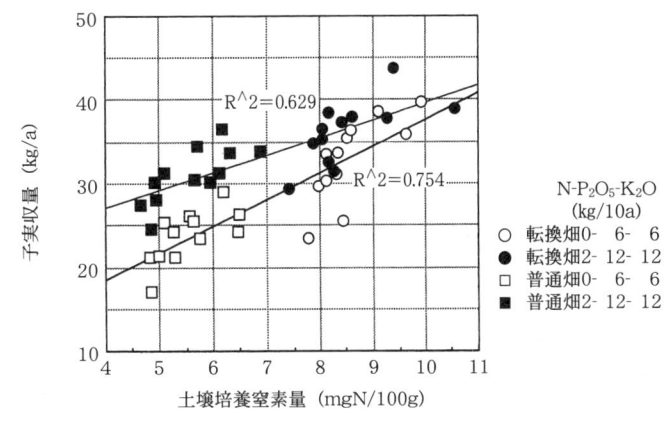

図6-1-10 転換畑と普通畑の培養窒素量（地力窒素）とダイズの子実収量（杉原，1978より作図）

る容量を増大させることが必要である．そして，容量の増大した土壌に窒素を施用すれば，地力窒素は増加していくはずである．地力窒素向上に堆厩肥の投入や緑肥すき込などの有機物の連用，窒素施肥の併用が勧められるのはこのためと思われる．

脇本ら[5]は麦稈800 kg/10 aおよび堆肥2 t/10 a（乾物）施用と窒素施肥を併用し，それがダイズ収量に及ぼす影響を見ている．1982年から1985年までの4年間の平均で，有機物投入と窒素肥料の投入によってダイズ収量は3〜11％向上している（図6-1-11）．図には示していないが，4年目における堆肥施用の効果は大きく，堆肥5 t/10 aの施用と窒素追肥（5あるいは10 kgN/10 a）を組み合わせた場合には，いずれもほぼ600 kg/10 aの収量となり，有機物無施用に比べて20％近い増収効果が得られている．転換畑で地力窒素の消耗が大きいダイズの持続多収のためには，この試験のように有機物と窒素肥料の併用で地力窒素を高く維持していくことが是非とも必要である．

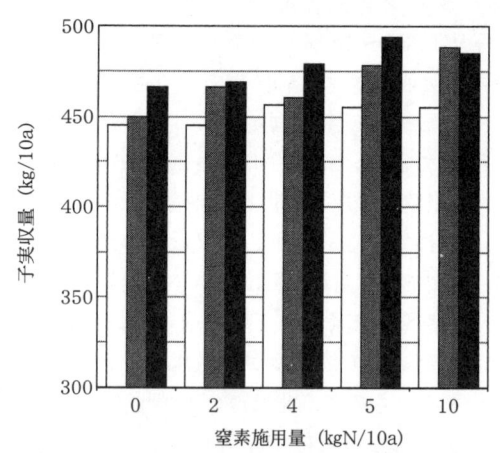

図6-1-11 ダイズに対する有機物施用効果（脇本ら，1989より作図）
注）1982-85年の平均．窒素施用量の5および10 kgN/10 aは開花始期に追肥した．

ところが，有機物は施用しても，窒素放出量が安定せず，ダイズの増収に結びつかないことも多い．ダイズにとって理想的な生育前半から緩やかに放出が起こり，生育の後半にはさらに旺盛な放出が続くというような窒素放出パターンになるには，現在のところ有機物と窒素肥料がある程度の期間投入されることが必要と思われる．脇本らの試験で有機物投入を続けて4年目に極めて大きな増収効果があったのはそのためであろう．

(5) 最後に

ダイズは土壌からの窒素吸収量が多く，しかも難溶性の土壌有機物も分解利用する可能性もあるため地力窒素の消耗は一層激しいと考えられる．このようなダイズの収量を高く維持していくには，転換畑の地力窒素の維持・向上が不可欠であり，そのためには化学肥料中心に考えられてきた作物の肥培管理を見直し，施肥に加えて，田畑輪換，作付体系による有機物投入量の増加，畜産廃棄物の利用などを組み合わせ，一段進んだ肥培管理法を作っていくことが重要になると思われる．

（有原　丈二）

## 引用文献

1) 藤井弘志．大豆の多収理論と施肥法．肥料．69, 13-24 (1994)
2) 松代平治．マメ科植物根粒菌技術研究史．十勝農業協同組合連合会（農産化学研究所）(1997)
3) 杉原　進．基盤整備方式と大豆の生育反応．稲作転換推進対策試験．132-134．農林水産技術会議事務局 (1978)
4) Vanotti, M. B. and Bundy, L. G. Soybean effects on soil nitrogen availability in crop rotation. Agron. J., 87, 676-680 (1995)
5) 脇本賢三・梶本昌子・伊藤　信．研究成果集報 No. 2（転換畑を主体とする高度畑作技術の確立に関する総合的開発研究）．農業研究センター．81-92 (1989)

## 4）窒素施肥

ダイズは空中窒素を固定して吸収利用するという特異な栄養特性を有している．焼き畑農法は原始的な畑作管理の一つであるが，そこでは豆類が選択的に作付けされ，地力維持の役割を果たしてきた．マメ科作物が土地を肥沃にすることは経験的に知られていたが，1886年にドイツ人のヘルリーゲルによって，マメ科作物は土壌の窒素の他に，大気中の窒素を土壌中の微生物との共生で利用することが発見された．現在ではマメ科作物と根粒菌との共生についての研究は大きく発展している．これについては大山によって前項（窒素代謝）で詳述されている．また，実際の営農場面でも根粒菌の接種手法等は大きく進歩している[6]．

わが国のマメ科作物，特にダイズは米食を基調とする食生活の中のタンパク源として非常に重要であり，その栽培法が検討されてきた．ダイズは根粒によって窒素固定をするために痩せ地でも栽培でき，大量の窒素施肥はむしろ収量を減らす．したがって，他の作物に比べて肥培管理法の改善での増収程度は低かった．ダイズは出芽20日後頃から根粒が着生・肥大し，窒素固定活性が誘導されてくる．ダイズに対する窒素施肥は出芽後の初期生育を確保し，光合成産物を根系に供給することにより，速やかに根粒活性を誘導するといういわゆる「スターター」の意味で少量の基肥窒素を施用するというのが一般的である．各都道府県の農業試験研究機関で実施しているダイズ奨励品種決定試験における基肥窒素施用量は10a当り0～5kgであるが，2kg前後が半数を占め，北海道，東北で多肥，西南暖地で少肥の傾向である[9]．

本項ではダイズに対する窒素施肥を論じる．表6-1-1にダイズ子実100kgを収穫する場合に子実として収奪する多量要素の量を示した．コンバイン収穫では茎葉や莢を圃場に全量還元することになるが，それに含まれる養分の全量が可給態として土壌に残るわけではない．作物に対する施肥の考え方は「安定的に高品質な農産物を継続的に収穫」することであり，ダイズにおいても同様である．圃場からの収奪養分を適宜，還元することが施肥の基本的考えである．

ダイズの収量は，通常，窒素集積量に直線的に比例して増加する[10]．従来から子実100kg生産についてダイズ地上部に窒素7～9kg集積させることが必要と報告されている（図6-1-12）．この窒素のうち，実に50～80％が根粒による固定窒素で賄われている[1,16]．新潟県内での調査でもダイズの固定窒素寄与率（地上部に集積する窒素に対する固定窒素の割合）は沖積土壌で46～88％，黒ボク土壌で40～82％，砂質土壌では20～74％であった[18]．

ダイズの子実収量は「子実粒数×粒重」で決定され，粒数は「莢数×1莢内粒数」で決まる．さらに，莢数は「総節数×節当たり莢数」で決定される．総節数を支配するのは主茎節数と分枝節数である．これらの収量構成要素を確保・向上させることが増収の条件であるが，1莢内粒数はほぼ品種に固有の形質であり，肥培管理による

表6-1-1 ダイズ子実100kg収穫時の養分収奪量（kg）

| | 窒素<br>N | リン酸<br>$P_2O_5$ | カリ<br>$K_2O$ | カルシウム<br>CaO | マグネシウム<br>MgO |
|---|---|---|---|---|---|
| 1990年 | 6.53 | 1.11 | 1.85 | 0.22 | 0.40 |
| 1991年 | 6.52 | 1.13 | 1.92 | 0.20 | 0.35 |

（注）新潟農試：品種エンレイ

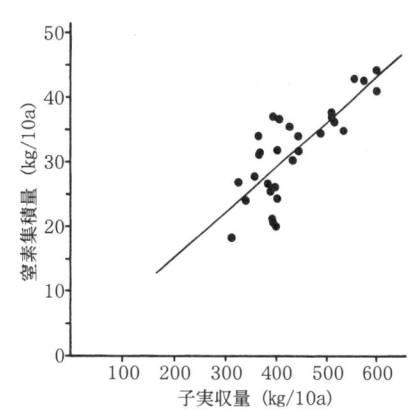

図6-1-12 収量と窒素集積量の関係（1989～1991年，新潟農試）

影響はあまりないとされる．主茎節数についても品種と栄養生長の長短によって固定され，肥培管理の改善による増加は困難である．したがって，分枝数と節当たり莢数および子実粒重を増加させることがダイズ増収のポイントである．山縣・金森[22]は硫安追肥と灌水の効果を検討し，開花後灌水は分枝数の増加で増収したが，追肥の効果は安定しなかったと報告している．

品種特性等を別にすれば，この中で節当たり莢数が最も収量に影響すると考えられる．節当たり莢数には，開花・着莢初期における水分ストレスや栄養状態が影響する．ダイズは湿害に弱い反面，水分要求量が多いという相反した性質があり，湿害や干害の回避が重要である．窒素栄養的には開花期頃から根粒が肥大して窒素固定活性が活発になってくる．肥料や土壌に由来する硝酸態窒素は根系で吸収された後，一部はアミド態窒素に転化し残りは硝酸のまま葉身に転流しアミノ酸に還元されてから各器官に再転流される．これに対して根粒が固定した窒素は，ウレイド態窒素（アラントイン酸およびアラントイン）として生殖生長器官つまり莢に直接転流する傾向がある[11]．莢肥大初期に窒素固定能が高いと節当たり莢数が多くなるが[20]，これは莢に優先的に窒素が供給されることで落莢が抑制されるものと推定される．粒重の増大は生育後半の子実肥大期間の窒素吸収が重要なポイントであり，通常の生育条件ではこの頃から根粒の窒素固定活性が低下するため，土壌からの窒素吸収を増加させることが必要となる．つまり，十分な地力作りも重要である．

(1) 基肥の基本的な考え方

現在，ダイズの施肥は基肥のみの施用が一般的である．これは前述のように開花期頃までの栄養生長量を確保することが目的である．根粒活性は開花期頃から最繁期頃までに最大となる．基肥窒素は開花期までに吸収され，その後いかに効率よく固定窒素にバトンタッチするかが総莢数の増加に関係してくる．

ダイズの速効性基肥窒素の利用率は10％程度と非常に低く，10a当り2kgの窒素を施用しても実際に吸収されるのは0.2kgである．前述したようにダイズの収量は窒素吸収量と高い相関があり，窒素吸収を基準とした場合，基肥窒素は子実2.5kg増の寄与にしかならない．従来の速効性肥料の基肥施用は開花期までの栄養生長量の増進という副次的目的とし，開花期以降はいかに窒素固定活性を高めるかに主眼をおくべきである．通常の生育条件では単に基肥の窒素量を増加させても固定窒素の相殺によって収量の向上は望めない．この現象は早生エダマメの施肥法に見ることができる．新潟県では5月中旬定植を境界として，中旬以降に定植する場合は基肥窒素を3kg/10a程度の施用で栽培しているが，中旬以前の場合は根粒の着生・活性に対する温度的制限もあり5～10kg/10aの基肥窒素を施用している．この窒素量では開花期以降も根粒の着生・活性阻害があるために，さらに5kg程度の窒素追肥を数回実施する体系となっている．これは施肥窒素による固定窒素相殺の典型的事例であり，販売価格の高いエダマメではともかく，ダイズの施肥としては奨励できない．

(2) 基肥施用量

新潟県「大豆栽培の手引き」は全量基肥を基本とし，10a当たり施肥成分量は窒素1.5～2.5kg，リン酸6～8kg，カリ6～8kgを基準とし，火山性土壌ではさらにリン酸の多施用が指導されている．石灰は，土壌酸度の矯正も兼ねて10a当たり消石灰を100kg施用することが一般的である．ムギ栽培後に麦稈を鋤込んだ場合には，麦稈の分解に伴う窒素飢餓によって，初期生育が抑制されることがあるために，鋤込み時に標準施肥量に加えて窒素成分で10a当たり2～3kgの石灰窒素を施用することが望ましいとされている．

基肥の窒素量を変えて栽培した試験事例を表6-1-2に示す．慣行的な対照区，10a当たり窒素1.6kgの施用に対して2,3,4倍と増施した結果，開花期から最繁期にかけて窒素固定が明らかに窒素増施によって抑制された．乾物生産量や窒素吸収量も対照区に及ばず，成熟期での莢実重は対照

表6-1-2 基肥窒素量と生育（1994年エンレイ，新潟農試未発表）

| 基肥窒素<br>(N kg/10 a) | 窒素固定活性[a] | | | 乾物生産量[b] | | 窒素吸収量[b] | |
|---|---|---|---|---|---|---|---|
| | 7/27 | 8/10 | 8/25 | 8/10 | 10/8 | 8/10 | 10/8 |
| 1.6 | 54 | 87 | 81 | 294 | 1006 (615) | 7.42 | 35.0 |
| 3.2 | 49 | 78 | 83 | 155 | 691 (461) | 3.56 | 22.5 |
| 4.8 | 12 | 79 | 77 | 170 | 858 (575) | 3.88 | 30.4 |
| 6.4 | 28 | 68 | 82 | 301 | 866 (534) | 7.20 | 28.3 |

(注) [a]：吸収窒素に占める固定窒素の割合，[b]：kg/10 a （ ）は莢実量

区の75～93％に留まった．「栽培の手引き」どおり10 a当たり2 kg程度が妥当な量といえる．

　水耕栽培でダイズの根を分けて栽培すると，肥料窒素を供給していない側の根では根粒着生が多く，活性阻害が少ない[21]．この現象を圃場で再現しようと側条施肥の効果を試験したが，十分な結果とはいえず，根粒窒素を代替するには10 a当たり18 kg以上の施肥が必要であると結論されている[7]．逆に無窒素での栽培は開花期までの栄養生長量が不足し，光合成産物の根系・根粒への供給が不足するために窒素固定活性の発現も遅延する傾向がある．前述のように国内においても地域別に0～5 kg/10 aと基肥窒素施用量に違いがあり，気象条件等で初期生育の劣る傾向のある寒冷地では基肥窒素の増施で生育量を確保する．

　西尾ら[8]は新潟県内の重粘土圃場で水田転作ダイズの栽培年数に応じた土壌窒素代謝能の経年変化を追跡した．その結果，畑転換初期には窒素の有機化が無機化よりも勝るために肥料の増施が必要であり，転換年数とともに無機化の方向に進み，硝酸化能も増加し土壌由来の硝酸態窒素量が増加すると報告している．転換4年目からは硝酸化のために窒素の溶脱や脱窒の影響から地力窒素は滅耗に進む．これらのことを勘案すると転換初年目は基肥窒素量を50％程度増量させること，連作は3年が限界といえよう．

　従来，ダイズは地力増進作物という考えがあった．しかし，多収条件ではむしろ地力窒素は滅耗へ進む可能性がある．表6-1-3は新潟農総研の水田転換畑での結果を基に試算したダイズの収量性と土壌窒素肥沃化との関係を示している．当該圃場にダイズを栽培した場合，通常では土壌から10 a当たり5 kgの窒素が供給される．子実収量に応じて全吸収窒素は増加するが，土壌窒素からの吸収も増加するために10 a当り250 kgを越える収量では土壌が疲弊するという試算になる．このことは，復元田に水稲を作付けする場合，転作期間でのダイズの収量性や栽培来歴を勘案した肥沃性の評価が必要なことを示唆している．

表6-1-3 ダイズ収量が土壌窒素肥沃化に与える影響（新潟農総研圃場：高橋試算）

| 収量<br>(kg/10 a) | ダイズN吸収量＝固定N＋土壌N＋肥料N<br>(N kg/10 a) | 5－土壌N＝土壌肥沃化N |
|---|---|---|
| 100 | 8.0　＝　6.0　＋1.8　＋0.2 | 5－1.8　＝ 3.2 |
| 150 | 12.0　＝　9.0　＋2.8　＋0.2 | 5－2.8　＝ 2.2 |
| 200 | 16.0　＝12.0　＋3.8　＋0.2 | 5－3.8　＝ 1.2 |
| 250 | 20.0　＝15.0　＋4.8　＋0.2 | 5－4.8　＝ 0.2 |
| 300 | 24.0　＝18.0　＋5.8　＋0.2 | 5－5.8　＝ －0.8 |
| 350 | 28.0　＝21.0　＋6.8　＋0.2 | 5－6.8　＝ －1.8 |

(注) 試算条件：ダイズ収穫100 kgについてN 8.0 kg吸収．全吸収Nにおける固定N寄与率75％．基肥N利用率10％．土壌からの通常供給可能N量は5 kg/10 a（培養N試験及び根粒非着生ダイズのN吸収量から）．

表6-1-4 基肥全層施肥と側条施肥の生育および収量（1993年新潟農試未発表）

| | 窒素吸収量 (g/m²) | | 窒素固定活性 | | | 主茎長 (cm) | 総節数 (/m²) | 莢/節 | 百粒重 (g) | 収量 (kg/10a) |
|---|---|---|---|---|---|---|---|---|---|---|
| | 8/11 | 9/21 | 7/17 | 7/28 | 8/26 | | | | | |
| 全層 | 6.25 | 22.4 | 79.9 | 81.8 | 83.6 | 64 | 272 | 1.62 | 37.9 | 316 |
| 側条 | 5.73 | 27.6 | 74.1 | 79.6 | 76.5 | 63 | 263 | 1.70 | 38.4 | 327 |

（注）窒素固定活性は全吸収窒素に占める固定窒素の割合（％）を示す．
　　　施肥量は両施肥とも窒素1.6 kg/10 a．

### （3）施肥位置

基肥は通常，全層施肥を基本とするが，機械化が進み，砕土・施肥（側条）・播種作業の一括化が普及している．側条施肥は初期の肥効が高く，施肥量の節減も期待される．表6-1-4に全層あるいは側条で施肥した試験結果を示す．側条施肥区は開花期前に若干の窒素固定活性の阻害が観測されたが収量等に大きな差がなく，ほぼ全層施肥区と同等の生育であった．水稲の側条施肥は全層施肥に比べて20～30％程度の減肥が可能とされているが，ダイズの場合は全層と同様の施肥量が妥当と思われる．

ダイズの側条施肥には，播種位置の脇5 cmほどの所に肥料を条施した後に覆土板で覆土する方法と，溝付けしながら肥料を落下させる二つの方法がある．主流である覆土板の方法は条件によっては肥料と種子との接触による発芽障害が問題になることがある．特に十分な砕土率が得られない条件では接触障害の危険性が高くなるため，施肥位置を離すなどの工夫が必要となる．

### （4）追肥の考え方および効果

ダイズは播種時・播種後の土壌条件が出芽・苗立に大きく影響し，その後の栄養生長をも左右する．初期生育が劣る場合は生育量確保のために追肥を検討することが多い．従来からダイズの追肥については，早い時期や大量の追肥ほど根粒の着生や活性を抑制すること，また栄養生長量が大きくなりすぎて倒伏につながることが知られている．ダイズの追肥は培土時に株元や畝間に施肥した後で培土する方法や開花期に株元に施肥する方法が一般的である．しかし，根粒活性が旺盛になるこの時期に速効性の肥料窒素を施用することは窒素固定を抑制するために安定した効果が得られることは少ない．肥料窒素（硝酸窒素）の根粒に対する阻害はダイズの生育ステージと関係があり，生育初期は感受性が強いが後半は鈍感になるようである．子実肥大期の後半で硝酸を吸収できる条件はむしろ根粒活性を向上させる場合がある．これは硝酸に対する感受性の鈍化とともに硝酸吸収によって葉の光合成活性が高まり，合成された光合成産物が篩管経由で根粒にエネルギー源として供給された結果と思われる．星ら[4]も生殖生長期間での硝酸窒素の吸収が増収に効果があることを報告しており，今後は追肥時期の再検討も必要となろう．

### （5）緩効性肥料の追肥

山形県等では被覆尿素の追肥が普及技術として採用されている[2]．これは溶出70日タイプの被覆尿素を培土時に現物25 kg/10 a追肥するものであり，逐次微量溶出する尿素窒素が根粒活性を阻害することなく効率的に吸収されることで増収するとされている．また，肥料窒素の吸収利用率は極めて高い[3]．

現在，被覆尿素は窒素ベースで硫安の1.5～2倍の価格であり，経済性を勘案した効果を予測する必要がある．表6-1-5は収量水準別の効果を試算したものである．このような試算で追肥の必要性を判定することが今後重要になろう．

1. 窒　素　（387）

表6-1-5　収量水準と被覆尿素追肥の効果（高橋，試算）

| 収量水準 (kg/10a) | 全窒素吸収量 (kg/10a) | 給源別窒素吸収量 (kg/10a) | | | 窒素吸収増加量 (kg/10a) | 増収量 (kg/10a) | 販売費増－肥料費＝収益増 (円/10a) |
|---|---|---|---|---|---|---|---|
| | | 固定 | 土壌 | 肥料 | | | |
| 100 | 8.0 | 5.76 | 1.84 | 3.16 | 2.76 | 34.5 | 9,200 － 4,750 ＝ 4,450 |
| 200 | 16.0 | 11.5 | 3.84 | 3.16 | 2.50 | 31.3 | 8,347 － 4,750 ＝ 3,597 |
| 300 | 24.0 | 17.3 | 5.84 | 3.16 | 2.30 | 28.8 | 7,680 － 4,750 ＝ 2,930 |
| 400 | 32.0 | 23.0 | 7.84 | 3.16 | 2.00 | 25.0 | 6,666 － 4,750 ＝ 1,916 |

（注）試算前提：収量100 kgにつき窒素吸収8 kg必要．基肥N 1.6 kg/10aの利用率は10％．
追肥被覆尿素の利用率は30％．追肥の窒素固定抑制は4％．
被覆尿素（1,900円/10 kg）の追肥量は現物25 kg/10a（N 10 kg/10a）．

　従来は生育量や葉色等，主に外観からの生育診断が主流であり，窒素固定活性や立毛圃場での栄養状態をリアルタイムで診断することは困難であった．野菜等に実用化されている葉柄汁の硝酸態窒素等から栄養状態を評価するリアルタイム診断[13]をダイズで検討したところ，硝酸態窒素は硝酸吸収と相応した結果であったが，根粒活性の指標であるウレイド態窒素は導管液成分と葉柄汁成分では逆の関係となった．ウレイドが地上部に旺盛に転流する条件では葉柄のウレイド分解活性も向上するために蓄積より分解の速度が速くなった結果と思われる．

　現在，初期溶出を制限するシグモイドタイプの被覆尿素が開発されており，培土期追肥窒素を最繁期以降に時限的に溶出・吸収させることも可能となってきた．

**（6）被覆尿素の深層施肥法**

　被覆尿素を利用した施肥法としては追肥の他に基肥を深層に施用する方法が提案されている[17]．機械作業的に改良の余地があるが，転換畑でのダイズの栄養特性と施肥という意味からは理想的な技術と考える．

　播種位置の直下20 cmに条施した100日溶出タイプの被覆尿素は根粒の着生部位と離れているために根粒の着生や肥大・活性を阻害しない．被覆膜から溶出した尿素は土壌中のウレアーゼで速やかにアンモニアに分解されるが，深層土では硝酸化成力が弱

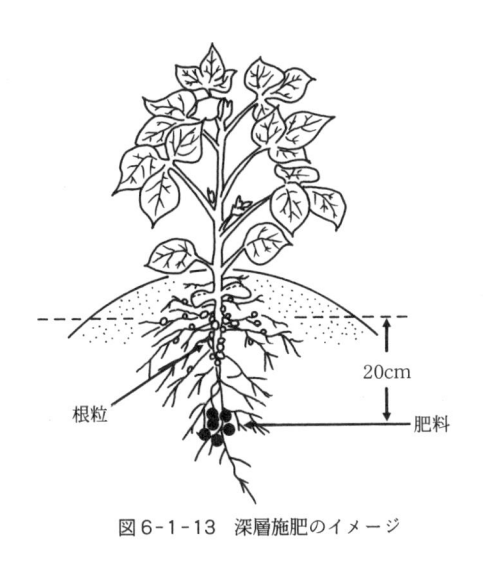

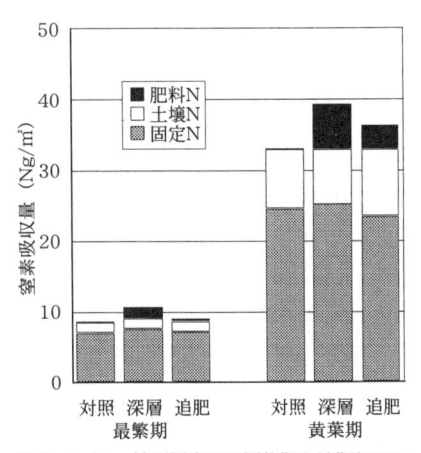

図6-1-13　深層施肥のイメージ

図6-1-14　被覆尿素の深層施肥と追肥処理の給源別窒素吸収量（1990年新潟農試）
（注）供試品種：エンレイ
深層施肥は100日タイプを基肥として，追肥は70日タイプの被覆尿素をそれぞれN 10 kg/10 a施用．

く, アンモニアのまま土壌に吸着されてダイズ根に効率よく吸収される. 初期に溶出してくる窒素は栄養生長の確保に効果があり, 繁茂した葉身から光合成産物が潤沢に供給されて根粒の活性維持にも効果がある. ただし, 埋設回収試験での結果, 大半の肥料窒素が吸収される時期は子実肥大期であった. 前述したようにこの時期は根粒の活性が衰退すると同時にダイズが最も窒素を要求する時期であり, この時期における肥料窒素の供給は増収効果が高い.

速効性肥料の局所施肥は施肥部位への根の伸長を阻害する傾向[5]があるが, 被覆尿素の場合は施肥部位周辺にも根が伸長する. 深層施肥でも深層根の分布が多くなることが確認され[19], 干ばつに対する耐性を高める効果も期待できる. 3カ年の試験の結果, 深層施肥は慣行栽培に比べて10〜23%増収する効果があった[17].

### (7) 追肥効果判定法

ダイズの窒素栄養源は土壌, 肥料, 固定と3種類あり, 一般の作物に比べて格段に複雑な生育診断技術を必要とする. 従来, 窒素固定の評価はアセチレン還元法等[15]で判定されてきたが, 根の回収等の制約があり実用性に問題があった. 筆者らは固定窒素がウレイド態窒素の形態で導管を上昇する現象を利用した「単純相対ウレイド法」を開発し[12], ダイズの栄養診断に適用してきた. 新潟県ではこの手法を応用して追肥実施の要否や効果を判定する診断システムを検討している. これは普及センター等の現場指導機関と研究機関との連係によって, 開花期に当該圃場の根圏土壌とダイズ地上部および地下部の生育を総合的に診断するものである. 土壌分析は抽出法による硝酸窒素とアンモニア窒素の分析で土壌窒素の動態を, 地下部の栄養診断は導管液の採取・分析による窒素固定および硝酸吸収の程度を判定する. キャピラリー電気泳動装置により硝酸, ウレイド (アラントイン・アラントイン酸), アスパラギンの一括分析が可能[14]なので情報を1日以内に返送することができる. ただし, 分析結果はその時点での生育・栄養状態であり, 窒素固定が脆弱であると判定されても, その後に根粒の肥大や活性抑制因子が消滅して急激に固定が旺盛になる場合があり, このような窒素固定能の変化までは予想できない. 現場での根系の掘り取り観察で微小根粒が着生しているかどうか, 出芽からの生育状況等を勘案しての総合的判定が必要である.

(高橋　能彦)

## 引用文献

1) Akao, S. Nitrogen Fixation and Metabolism in Soybean Plants. JARQ, 25, 83-87 (1991)
2) 荒垣憲一. 山形県における沖積土壌水田転換畑大豆の多収要因の解析と窒素施肥法に関する研究. 山形農試特別研究報告. 16, 1-42 (1989)
3) 荒垣憲一・藤井弘志. ダイズに対する培土期被覆尿素追肥について. 土肥誌, 62, 75-78 (1991)
4) 星　忍・石塚潤爾・仁紫宏保. 窒素質肥料の追肥が大豆の生育と子実生産に及ぼす影響. 北海道農試報, 122, 13-54 (1978)
5) 石塚喜明・林　満・尾形昭逸・原田　勇. 畑作物に対する施肥位置に関する研究 (第3報). 土肥誌, 35, 159-164 (1964)
6) 松代平治・源馬琢磨編. 根粒菌. 十勝農協連
7) 中野寛・桑原真人・渡辺　巌・田淵公清・長野間宏・東　孝行・平田　豊. 大豆の窒素追肥技術. 日作紀, 56, 329-336 (1987)
8) 西尾　隆・関矢博幸・古賀野完爾・鳥山和伸. 低湿重粘土水田における大豆作付跡地土壌の窒素代謝能の経年変化. 北陸農業研究成果情報, 11, 78-79 (1995)
9) 大久保隆弘. 大豆の生態と栽培技術. 農文協. 東京. 127p (1980)

10) Osaki, M., Shinano, T. and Tadano, T. Carbon-Nitrogen Interaction in Field Crop Production. Soil Sci. Plant Nutr., 38, 553-564 (1992)

11) Ohyama, T. and Kumazawa, K. Assimilation and Transport of Nitrogenous Compounds Originated from $^{15}N_2$ Fixation and $^{15}NO_3$ Absorption. Soil Sci. Plant Nutr., 25, 9-19 (1979)

12) 大山卓爾・高橋能彦・池主俊昭・中野富夫．単純相対ウレイド法による圃場栽培ダイズの窒素固定活性と窒素吸収速度の評価．農園，67, 1157-1164 (1992)

13) 六本木和夫．リアルタイム診断による施設果菜類の効率的施肥管理技術に関する研究．土肥誌，69, 231-234 (1998)

14) Sato, T., Yashima, H., Ohtake, N., Sueyoshi, K., Akao, S, Harper, J. F,. and Ohyama, T. Determination of Leghemoglobin Components and Xylem Sap Composition by Capillary Electrophoresis in Hypernodulation Soybean Mutants Cultivated in the Field. Soil Sci. Plant Nutr., 44, 635-645 (1998)

15) 植物栄養実験法編集委員会編，植物栄養実験法，東京，博友社，81-83 (1990)

16) 鈴木一男・桑原真人・中野 寛・浅生秀孝．温暖地域における土壌タイプの異なる2圃場で栽培されたダイズの窒素固定量．千葉農試報．28, 109-117 (1987)

17) 高橋能彦．肥効調節型肥料による施肥技術の新展開3 ダイズの深層施肥技術．土肥誌，66, 277-285 (1995)

18) 高橋能彦．水田転換畑におけるダイズの栄養特性と効率的施肥技術の開発．新潟アグロノミー．33, 15-28 (1997)

19) Takahashi, Y., Chinushi, T., Nakano, T., Hagino, K. and Ohyama, T. Effect of Placement of Coated Urea Fertilizer on Root Growth and Rubidium Uptake Activity in Soybean Plant. Soil Sci. Plant Nutr., 37, 735-739 (1991)

20) 高橋能彦・佐藤 孝・星野 卓・土田 徹・大山卓爾．水田転換畑におけるモミ殻施用がエダマメの生育，収量および品質に与える効果．土肥誌，71, 801-808 (2000)

21) 谷田沢道彦・吉田重方．時期別に，また根分け法により硝酸態窒素を与えた試験によるダイズ根粒形成過程の解析．土肥誌．38, 279-282 (1967)

22) 山県真人・金森哲夫．温暖地転換畑におけるダイズの追肥窒素（$^{15}N$）の吸収・分布に対する灌水の影響．土肥誌．61, 61-67 (1990)

## 2．リン酸，カリ，その他

### 1）ダイズの要素研究

　ダイズは古くから重要な作物であったにも関わらず，ダイズの研究は，米麦に比べると遅れていた．戦後，それまで輸入に頼っていたダイズが輸入できなくなり，国内の生産拡大に迫られたことから，1945年に農林省農事試験場に大豆研究室が設けられ，本格的なダイズ研究が始まった[43]．窒素以外の養分の研究は，土壌水分との関係から研究され[8]，カリに比べ，リン酸，カルシウムおよびマグネシウムが水分の影響を受け，生育に影響することを明らかにしている．特に，開花期の土壌水分の過不足が落花・落莢をもたらすのは，カルシウムおよびマグネシウムの吸収阻害であることを明らかにしている[50~53]．また，ダイズの養分吸収特性の研究が盛んとなり，カリ，カルシウムおよびマグネシウムが，相補的であること等を見出している[16~19,85]．また，平井やKatoのリン酸，カリ，カルシウム，マグネシウムのダイズ体内移動についての研究がなされた[22~24,41,42]．野本ら

のリン酸栄養[69,70]，平らの無機養分組成[21,92~94]，田中らの塩基適応性や重金属適応性が他の作物と比較検討されている[97~104]．また，ダイズの養分吸収特性[9~11,21,32]，施肥法[33,36,74,75]や根粒への影響[20,39]も検討されている．これらの研究が基となり，これから記述するダイズの養分特性が明らかとなった．

### 2) 養分の吸収機構

まず，ダイズが土壌中から養分を吸収するメカニズムについて述べる．植物が根から養分を吸収する際には，根の周囲のごく薄い溶液中の養分を外液より養分濃度の高い根細胞液中に濃度勾配に逆らって吸収する．養分は濃度勾配に逆らって移動するわけであるから，化学エネルギーを消費して仕事をしていることになる．すなわち，養分の吸収作用はエネルギー消費を伴う積極吸収である．また，植物がどの養分を吸収するかは，土壌中に存在する成分の存在比とは異なり，選択的に行われる．

養分の吸収過程は，まず，土壌中での水の移動，濃度勾配に伴う拡散などによって根の近傍への物理化学的移動からはじまる．そのため，土壌中での移動の難易によって作物による吸収の仕方が違ってくる．すなわち，アニオンやカリ等は，根から比較的遠いところからも吸収されるが，リン酸や鉄は，根の周辺しか吸われない．そのため，可給態の鉄が欠乏している土壌では，生育初期の根張りが少ない時期に鉄欠乏症状が出る場合があるが，根域の拡大とともに症状が改善されることもある[95]．土壌中で移動可能な成分は水に可溶な形態でなければならないため，養分吸収は養分の可溶性の難易に影響される．養分の溶け安さはpH，酸化還元電位，共存物質の濃度等に影響されるため，養分吸収は土壌pH，土壌水分環境，土壌中の成分バランス等の影響を受ける．また，濃度勾配に伴う拡散移動や土壌粒子との吸着平衡や難溶性形態との化学平衡等に依存する土壌中可溶性形態量は，養分濃度に依存するので，養分濃度が高いほど吸収量は増加する．その傾向は，難溶性形態を作りやすいほど，土壌中での移動性が悪いほど大きく，例えば，リン酸やカルシウムの吸収は，土壌中濃度が高い必要がある．さらに，作物根は水溶性の養分を吸収するだけではなく，不溶性の養分を可溶化して吸収する作用がある．すなわち，根の呼吸で生じる炭酸や有機酸が根から分泌され，土壌に吸着している置換性成分を溶出したり，難溶性成分を可溶化して吸収する．

次に，根の周辺に存在あるいは移動してきた養分はまず，物理化学的に根の表面に置換・吸着される．このとき保持されるカチオンの量，すなわち，置換容量は，ダイズでは65 me/100 g乾物とされており[60]，比較的大きい．このようにして根の表面に置換濃縮された養分は拡散作用によって根内に導かれる．ここまではエネルギーを必要としない非代謝的吸収である．引き続いて養分はエネルギー消費を伴って根の細胞内に取り込まれる．これが代謝的吸収である．これらの一連の養分吸収機構を説明する説は諸説有るが，膜透過の際に養分とある種の坦体が結合して膜を透過するとする坦体説が有力とされている[60]．また，細胞膜に存在しエネルギー依存で物質透過性を制御するイオンチャンネルの存在も知られている．

また，養分によって吸収に際してのエネルギー依存度が異なるため，外的要因による吸収への影響に差が生じる．温度は，一定温度までは温度上昇がエネルギー代謝を促進するため養分吸収能を高めるが[84]，一定温度以上になると酵素が不活化するため，養分吸収能も減少する．すなわち，養分吸収にも最適温度が存在する．光も養分吸収に影響する．すなわち，養分吸収のエネルギー供給源である光合成は光に依存するため，明条件は暗条件より養分吸収が大きい．照度低下の影響が大きいのは窒素，リン酸，マンガンである．逆にカルシウム，マグネシウム吸収への影響は少ない．また，根のエネルギー代謝は，光合成産物の供給だけでなく，酸素の供給も不可欠である．よって，過

湿や土壌の緻密化によって通気性の悪い状態になった場合は，エネルギー依存度の高い養分の吸収量が減少する．加えて，ダイズは根粒の呼吸量が多く，根粒が十分に着生した根では，根粒は根と同程度以上の呼吸量を示す．よって，ダイズの栽培には，適正な水分管理と気相率を確保するための土壌管理が必要となる．

### 3）土壌条件による養分の過不足

前述したとおり，根の養分吸収能は土壌環境に支配され，リン酸，カリ，カルシウム，マグネシウム等のダイズの養分組成は土壌環境によって変化する[92,94]．それは，土壌条件によって，養分量が十分存在しても作物が吸収できないか養分が吸収出来ない形態に変化したり，溶脱したりするからである．作物に効率的に養分を吸収させるためには，土壌中での養分の形態変化を良く知り，土壌中に可給態の養分を多く保ったり，根の養分吸収能を高く保つために土壌環境を制御したり，施用する肥料形態を考慮するなどの対応が必要である．次に，土壌環境が養分の形態に及ぼす影響を述べる．

### （1）土壌水分

土壌水分では，まず過湿に伴うガス交換不良による根の呼吸量低下により動的吸収能が低下し，エネルギー依存度の高い養分の吸収が妨げられる．また，過湿条件では，リン酸の吸収への影響は小さく，一時的であるのに対して，カリは吸収が抑制され，適正水分となっても影響は持続される．その傾向は，開花期以降の過湿で顕著である．また，過湿によりカルシウムの吸収は抑制される．無機成分の吸収が加湿によって阻害された場合，生育初期ほど影響が多い．また，加湿により新根が障害を受け，その後に干ばつがあると被害が拡大する[90]．この加湿時における養分吸収障害は，非代謝的要因であるイオン濃度，共存塩類濃度，根の細胞原形質の物理化学的状態の変化による[49]．次に過湿では酸化還元電位が問題となる．過湿による還元状態の出現は，ある種の成分を不溶化したり，逆に可溶化したりする．例えば，土壌還元がすすむとマンガンやモリブデンが可溶化して吸収が促進される．そのため，転換畑等の排水不良圃場でダイズの生育初期の多雨で圃場に滞水して還元状態となると，マンガンの過剰吸収によるマンガン過剰症が発現する場合がある[93]．

逆に，過乾では，リン酸[86]や亜鉛等の不溶化により[60]，それら養分の欠乏を招く．さらに乾燥すると根の生理活性が低下したり，水を介しての養分吸収ができなくなる．土壌水分が不足した場合，リン酸およびカリの吸収は著しく抑制される[37,58]．

### （2）土壌pH

土壌のpH条件によって土壌に含まれる養分の形態と溶解度がかわり，土壌中の作物根や微生物の生理活性も変わるので，土壌中養分の可給化や作物による養分吸収能に大きく影響する．土壌のpHは，土壌水に溶けている硫酸イオンや有機酸等の酸性物質濃度のほかに，粘土鉱物や腐植に吸着している水素イオンやアルミニウムイオン，すなわち，置換性水素と置換性アルミニウムの量が関係している．すなわち，土壌のpHは，① 土壌水に溶解して解離し，水素イオンを生じる酸性物質量と ② 土壌粒子に吸着している置換性アルミニウムと置換性水素の量によって決まる．置換性アルミニウムと置換性水素は水に溶解するものではないが，土壌水中の酸性物質と平衡を保つことによって酸性を示す[91]．置換性アルミニウムの場合，塩化カリが土壌に加わると，置換性アルミニウムはカリウムイオンと置換して溶出する．アルミニウムはカリウムに比べて塩基性が弱いので，生成した塩化アルミニウムは酸性を示す．このときの酸度を置換酸度という．すなわち，置換酸度とは置換性アルミニウム量の指標である．置換性水素はカリウムイオンで置換されないので，置換酸度は置換性水素量を反映していない．よって，置換性水素と置換性アルミニウムの合量である土壌の全

酸度は，置換性水素と置換性アルミニウムの存在比で異なるが，置換酸度の3から10培以上である.

酸性土壌では置換性アルミニウムが多いので，一部が溶解してアルミニウムイオンとして存在する．アルミニウムイオンは作物および微生物に有害なので，これらの生理活性を減退させる．また，リン酸と結合して不溶化する．また，置換性水素は塩基によって置換され難いため，土壌の塩基保持力を著しく減少させるため，石灰，苦土，カリの溶脱を促進する．また，マンガンを可溶化して過剰害を誘発したり，モリブデンやホウ素を不溶化して欠乏させる作用もある[5,60,91]．なお，ダイズが必要とする主な養分が最も有効化する土壌pHは，6.0～6.5付近である[2]（図6-2-1，6-2-2）．

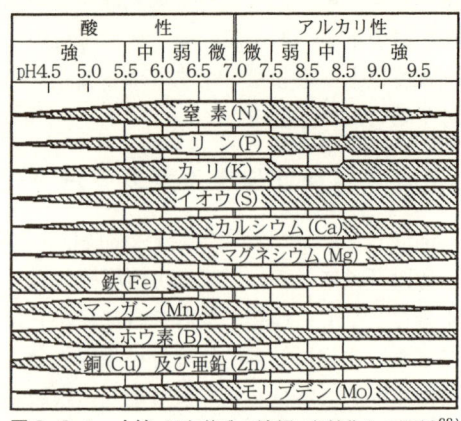

図6-2-1　土壌pHと養分の溶解・有効化との関係[63]

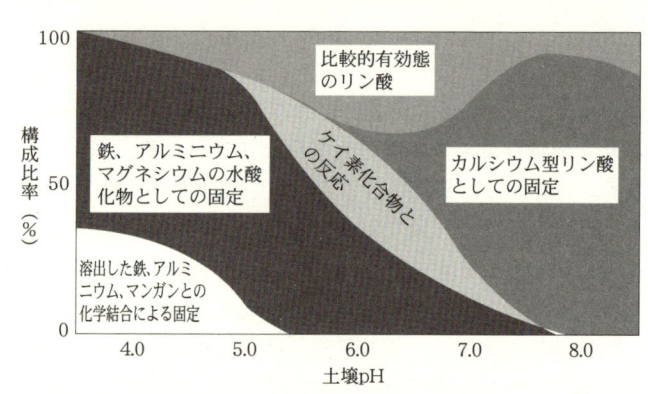

図6-2-2　土壌pHの変化に伴う施肥リン酸の化学固定の違い（Brady, 有原[2] より）

### (3) 陽イオン交換容量（CEC）

陽イオン交換容量，すなわちCECは陽イオンを電気的に吸着しうる粘土鉱物や有機物の表面に存在する陰イオン量の指標であり，CECが大きいことは陽イオンの保持力が大きいことを意味する．すなわち，いわゆる保肥力が大きいことを意味している．CECが小さい土壌では保持している塩基が少なく，溶脱や作物による吸収により塩基を失って土壌が酸性化し易い．すなわち，土壌の緩衝能が低いことを意味し，土壌の酸性化に伴う養分の溶脱が起こり安く，養分の欠乏を招く．

逆に，CECが大きいことは保肥力や緩衝能が大きくて良い反面，一度酸性化すると酸度矯正が困難になったり，大量の置換性アルミニウムによっていろいろな障害が発生する原因にもなるので，適切な土壌管理が重要である[91]．

### 4) 養分の土壌中存在量

ダイズが必要とする養分が，土壌中にどのくらい，どの様な形態で存在するかを知ることは重要である．そこで，各養分の土壌中での存在量および存在形態について，一般論[60]を述べる．

#### (1) リン酸

リン酸は，土壌中に平均0.1％程度含まれており，10a当たり100kgも存在しているが，作物に利用可能な形態で存在する量は極僅かである．大部分はアルミニウムや鉄と結合したり，有機物中に取り込まれたりして不可給化している．特に，日本に多い酸性火山灰土壌は活性なアルミニウムや鉄を多く含むため，施用した肥料のリン酸分もアルミニウムや鉄と結合して不溶化してしまう．そのため，酸性火山灰土壌ではリン酸肥料の施用効果が大きく，過去長らく多量のリン酸が投入されてきた経緯がある[14,31]．そのため，土壌pHを矯正したり，堆肥を施用して活性なアルミニウムの作用を抑制したり，あるいはVA菌根菌を利用したりして蓄積したリン酸の有効化を図ることも

重要である[2,34]．また，固定されにくいク溶性リン酸の施用も有効である．逆に土壌pH 6.5以上になるとカルシウムと結合して難溶性となり，作物に吸収されにくい形態となる．しかし，全く吸収されないわけでは無いので，酸性土壌より深刻ではない．また，土壌が酸化的であると溶け難いリン酸第二鉄として存在するので，還元的な場合よりリン酸は吸収され難くなる．また，リン酸が不溶化しやすい酸性火山灰土壌でのリン酸施用法としては，前述した方法の他に，局所施肥や苦土との併用が有効である．

(2) カ　リ

カリは，長石や雲母のような鉱物として土壌に0.2％程度含まれており，極めて大量に存在するが，鉱物の分解による有効化は極めて遅く，それに比べて溶脱等による損失は極めて早いため，作物に利用可能な形態の土壌中のカリは常に不足している．そのため，作物に必要なカリは常に人為的に供給しなければ，作物生育の制限要因になる．有効態のカリは，土壌中の粘土鉱物や腐植等に吸着保持されているが，雨水や灌漑水によって洗脱されるので，CECの小さい砂質土壌や酸性土壌ではカリが欠乏しやすい．よって，土壌pHの矯正等の土壌改良が必要である．

(3) カルシウム，マグネシウム

カルシウムの土壌中含量はリン酸やカリを上回っている．また，マグネシウムの土壌中含量はさらにカルシウムを上回っているため，これらの養分が欠乏することはあまりない．しかし，カルシウムやマグネシウムはダイズの着莢に重要な役割を果たしており，また，要求量も比較的多い作物であり，持ち出し量も多いので，ダイズを連作する場合は，これらの養分が不足することも考えられるので，施用する必要がある．一般的には，カルシウムやマグネシウムの施用は，土壌の酸度矯正を目的とする場合が多く，土壌の改良目標はpH 6.0～6.5である．この土壌pH範囲でリン酸等の養分が最も可給化する[2,60]．また，土壌の塩基飽和度も考慮する必要がある．カルシウムやマグネシウムの過剰施用によって土壌pHや塩基飽和度が上がり過ぎると，カリの吸収を妨げたり，溶脱を助長する恐れが生じるので，適正施用が必要である．

さらに，土壌中の有効態カルシウムは全カルシウムの半分程度であるが，マグネシウムは全マグネシウムの2～3％に過ぎないので，土壌中に多く存在する割には作物に利用可能な量は少ないので，塩基が流亡しやすい酸性土壌，特に酸性の畑土壌ではマグネシウム欠乏が起こりやすいので，苦土石灰等での土壌の酸度矯正が必要となる．

(4) その他の養分

鉄は，土壌中に大量に存在するが，土壌条件によっては作物に吸収される形態の鉄が不足する場合がある．すなわち，酸性土壌でリン酸の過剰施用は鉄を不溶化するし，土壌が乾燥して酸化がすすめば不可給化が進む．

マンガンの土壌中の存在量は鉄の1/10～1/50で，鉱物成分の他，酸化物や二価イオンとして土壌粒子に吸着しており，土壌pH 6.5以上や酸化的になると不溶化する．逆に還元的になると可溶化し，場合によっては過剰供給となる．有機物の多い土壌では，有機物とマンガンが結合して不溶化するが，有機物の少ない砂質の土壌では可溶性や易還元性のマンガンが少なく，欠乏しやすい[45,54,61]．

ホウ酸は有機・無機の形態で存在する．無機のホウ酸は土壌粒子に吸着あるいは固定されているが，その力は緩やかなため，流亡しやすい．また，土壌がアルカリ性で不溶化する．ホウ酸の少ない土壌では乾燥によって欠乏しやすくなる．

亜鉛は土壌がアルカリ性で難溶性の水酸化物となったり，有機物の多い土壌で不溶化する上，粘土と亜鉛の吸着性は強い．そのため，土壌pHや粘土や有機物含量で亜鉛の有効性は変化する．また，

リン酸の過剰は，リン酸と亜鉛が複合体をつくって不溶化する．

銅は土壌中で，陽イオンとして溶解あるいは粘土に吸着したり，腐植とキレート化合物の形で存在している．そのため，銅の有効性は有機物や粘度鉱物の量や質，土壌pHに左右される．

モリブデンは土壌中で，種々の形態で存在するが，作物に有効なのは水溶性と置換性のモリブデン酸イオンである．土壌pHが高いと溶出するが，酸性土壌で固定化する．

以上のごとく，養分はそれぞれの性質と土壌環境によって土壌中での溶解度を変化させる．また，土壌環境の不良によって養分を不可給化する性質の強い土壌が存在する．次にそのような土壌について述べる．

### 5）養分の供給が問題となる土壌

土壌の物理性や化学性によって，養分を固定化して作物に吸収され難い形態に変化させたり，逆に流亡しやすいため，養分が欠乏し易い土壌が有る反面，特定の養分の異常蓄積による過剰が問題となる土壌が存在する．そこで，養分の供給が問題となる土壌について述べる．

### (1) 酸性土壌

日本は降水量が多いため，養分が溶脱しやすい．また，施肥量が多いため，養分が溶脱し，土壌が酸性化しやすい．まず，土壌が酸性化する仕組み[60]を示す．

土壌中の粘土鉱物や腐植表面はカチオンを吸着する能力がある．どのくらいのカチオンを吸着できるかを表す指標として，陽イオン交換容量（CEC）がある．この交換容量に占める塩基の割合を塩基飽和度と言い，塩基飽和度が高いほど土壌は中性となる．土壌に吸着している養分は，固相と液相で平衡状態にある．そのため，液相の濃度が低下すれば固相から液相に溶出する．降雨などで液相が薄まったり，養分が作物に吸収されて液相濃度が低下すれば，養分は固相から溶出してくる．このとき，大量の降雨によって降下浸透水があれば養分は徐々に洗い流され，土壌に吸着していた養分カチオンは水素イオンと置き換わることになる．そして，塩基飽和度が減少すると，土壌粒子表面に吸着している水素イオン（置換性水素）濃度が高まり，土壌は酸性化する．

また，窒素肥料が施用されると，液相のアンモニア態窒素濃度が高まり，固相のカチオンとの間に吸着平衡が成り立ち，液相濃度の高いアンモニアは，固相のカチオンと置き換わり，塩基は液相に移って作物に吸収されたり流亡したりする．その後，アンモニアは作物に吸収されたり，酸化されて硝酸となり固相から離脱し，作物に吸われるか流亡する．残った土壌粒子表面には水素イオンが置き換わり，土壌は酸性化する．すなわち，雨量や窒素施肥量が多い日本の土壌では，必然的に土壌の酸性化がおこる．よって，酸性土壌は日本の畑地総面積の約半分にも及んでいる．

酸性土壌は例外なく塩基飽和度が低く，置換性カルシウムやマグネシウム含量が少ない．水素イオンは土壌コロイドに最も吸着しやすい陽イオンなので，土壌が酸性化，すなわち，土壌粒子表面の水素イオン量が多いと，施用したアンモニア態窒素，カリ，カルシウム，マグネシウム等の施肥成分が溶脱しやすくなる．また，アルミニウム，鉄，マンガン等が活性化してイオン化するので，それらの過剰害が発生する恐れがでてくるとともに，リン酸を固定し，作物に利用されない形態にしてしまう．また，酸性土壌では微生物活性が抑制され，アンモニア化成，硝酸化成，有機物分解等が妨げられ，有機性の養分の解放が妨げられる．酸性土壌は土壌中の水素イオンやアルミニウムイオン濃度が高いが，極端に高いと作物の根の細胞に直接障害を及ぼすと共に，塩基の吸収を阻害する．ダイズの生育限界pH幅は広く，比較的耐酸性ではあるが[102]，生育の指摘pHは弱酸性から中性である．

酸性土壌はカルシウムが不足しているので，カルシウム資材を施用することによる土壌pHの矯正

が先決である．カルシウム資材としては，炭カル，ケイカル，消石灰，生石灰等が用いられるが，成分量が同じであれば効果は同じである．改良目標はダイズの場合，土壌pH6.0〜6.5であり，施用するカルシウム必要量は緩衝曲線で求められるが，簡単には全酸度（置換酸度の3.5倍）相当量のカルシウムを施用すればよい．ただし，有機物が多かったり，ばん土質土壌ではその数倍量のカルシウムが必要な場合もある．土壌酸度の矯正の他に，酸性土壌ではその他の微量要素の欠乏も伴っているので，それらの成分を含んでいる有機物の施用は，微量要素の補給とともに，土壌の緩衝能の増大にも有効である．

(2) 不良火山灰土壌

火山灰土壌の粘土鉱物は主として非晶質のアロフェンからなり，表土は有機物に富んでいるので，CECは比較的大きい．しかし，その吸着力は極めて弱いため，塩基は溶脱しやすく，土壌は酸性を示す場合が多い．一方，火山灰は，アニオンを吸収しやすい．特に，酸性が強い場合は，活性のアルミニウムが多く，リン酸を強く固定し，いわゆるリン酸吸収係数が高いので，リン酸が欠乏しやすい土壌である．

火山灰土壌のこのような性質の主因は，アロフェン中に土壌コロイドと結合していない遊離のアルミニウムイオンが大量に存在していることである．よって，火山灰土壌の改良は，これを不活性化することである．そのため，置換性の塩基，特にカルシウムを増やすとともに良質の陰性コロイドを増やしてやることが必要である．すなわち，カルシウム資材の投入による置換性カルシウムの増強と土壌酸度の矯正並びに良質の有機物の施用による土壌有機物の安定化である．

(3) 強粘土壌

粘土含量が高く，粘質，緻密で，透水性が著しく不良なため，多雨時には停滞水を生じ，土壌の還元化に伴う養分供給異常を誘発する．強粘土壌は一般に塩基飽和度が低く，酸性になりやすい．そのため，塩基の欠乏を起こしやすい．このことから，土壌改良としては，排水促進，心土破砕や砂客土といった耕種的方法の他に，土壌酸度の矯正や有機物施用が効果的である．

(4) 砂質土壌

砂質土壌は，粘土と腐植が不足しているためCECが小さく，塩基が溶脱し易い．また，マンガン等の微量金属が欠乏している場合が多いため，これらの養分が欠乏する．塩基の溶脱により土壌が酸性化したり，通気性や通水性が過度のため，土壌の乾湿が起こりやすく，それに伴う養分供給異常も起こりやすい．砂質土壌の改良は，乏しい粘土と腐植を増加させることにあり，粘土の客土や有機物施用が最も効果的である．

6) ダイズが必要とする養分

ダイズの生育に必要な養分は17種であるといわれている（表6-2-1）[82]．その他に，Ni[87]やSiも養分とする考え方もあり，ケイ素の施用で花芽の稔性に効果があるとの報告[115]もあるが，一般的ではない．ここでは，これらの養分の内，炭素，酸素，水素，窒素以外の養分について述べる．

ダイズが必要とする養分は土壌等からの自然供給もあるが，不足するものについては肥料，有機物や土壌改良資材の施用によって人為的に供給する必要がある．どの程度供給するかはそれぞれの養分の必要量を把握しておく必要がある．多量要素であるリン酸およびカリについては，植物の要求量と持ち出し量が多く，自然供給量を上回っているため，施肥が必須である．どの程度の施用量が必要かは，収量水準によって異なるが，乾物生産量と養分吸収量との関係から（図6-2-3）子実収量100 kg/10 aを得るのに必要なリン酸，カリおよびカルシウムは，それぞれ1.45 kg/10 a, 4.21 kg/10 aおよび3.98 kg/10 aとしている[32]．

第6章 土壌肥料

表6-2-1 ダイズの収量400kg/10a水準での養分吸収量 (kg/10a)[82]

| 炭素 (C) | 390 | カリ (K) | 12.3 | 鉄 (Fe) | 0.2 |
|---|---|---|---|---|---|
| 酸素 (O) | 370 | 石灰 (Ca) | 9 | マンガン (Mn) | 0.067 |
| 水素 (H) | 51 | 苦土 (Mg) | 3.9 | 亜鉛 (Zn) | 0.022 |
| 窒素 (N) | 36 | リン (P) | 3.4 | 銅 (Cu) | 0.011 |
|  |  | 硫黄 (S) | 2.8 | ホウ素 (B) | 0.011 |
|  |  | 塩素 (Cl) | 1.1 | モリブデン (Mo) | 0.0011 |
|  |  |  |  | コバルト (Co) | 0.0006 |

これらの養分の過不足は，それぞれの養分の機能に応じて症状が現れるが，次に養分毎にダイズで果たす役割と過不足で現れる症状を示す．

(1) リン酸

リン酸はリン脂質，核酸および核タンパク質等細胞の生存に必須な成分であり，ATPやNADH等エネルギー代謝や酸化還元反応等の基本的な役割を演じる．特に，ダイズでは，根粒における窒素固定で大量のエネルギーを消費して窒素分子をアンモニアに還元しているため，リン酸の役割は大きい[60,82,95]．よって，ダイズのリン酸要求量は高く，リン酸が不足すると根粒の着生・肥大が妨げられ，窒素固定量も減少する．また，タンパク代謝が阻害されるとされている[87,90]．外観的な欠乏症が顕著に現れることはないが，著しく不足すると葉色が暗緑色から青緑色を呈することもある[98]．リン酸は生命活動の基本的役割を果たしているため，それが制限因子となって欠乏症状が現れなくても生育が劣るので収量を減じる[62〜64,89]．よって，リン酸吸収係数の高い火山灰土等では，リン酸多肥によるダイズ増収効果が高い[12,31,60,68〜70,82]．また，リン酸は土壌pH6.0〜6.5で有効態が多くなるため (図6-2-1, 6-2-2)，土壌pHの矯正が重要である[2,5]．逆に，リン酸の直接的な過剰害は無いものの，リン酸の過剰施用は，土壌pHが高い場合はカルシウムを，低い場合は鉄，マンガン，銅等を固定し，それらの養分の欠乏症を誘発する恐れがある[60]．その他，リン酸施用によって低温障害を受けた後の回復が早まるとの報告[14,46,76]やリン酸の過剰施用は糖代謝を阻害し，生育を抑制するとの報告もある[25]．

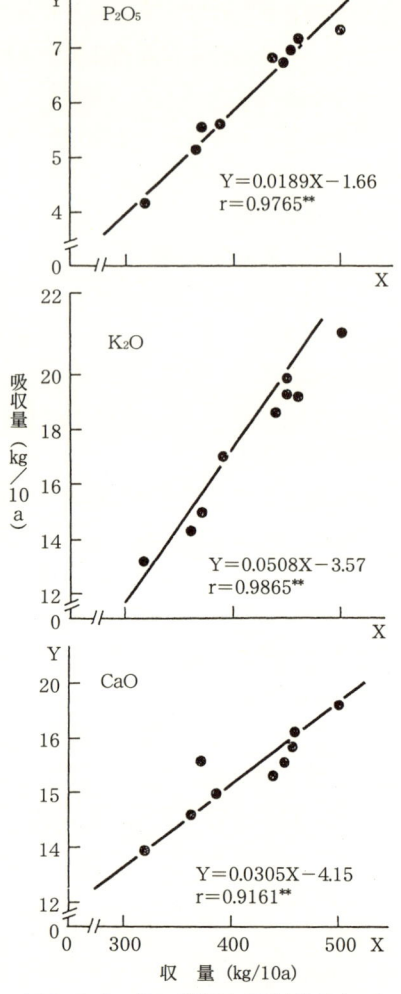

図6-2-3 ダイズ収量と収量を確保するために必要なリン酸，カリ，カルシウムの吸収量との関係[31]

(2) カリ

カリは，生理作用の調節，細胞液の浸透圧維持，pH調整，酵素作用の調整に役立っているとされている[38,56,60,79,80,82]．この内，酵素作用の調整作用はNa，Rbで代替えできるとされるが，カリ以外は毒性があり，作物内に大量に存在するカリの役割は大きい[60,86]．また，窒素化合物や糖代謝と関係しているともされている．

ダイズ子実はカリにすこぶる富み，カリ，マグネシウム含量やMg/K比は品種毎に一定であり[26]，ダイズの吸収量は窒素について多くて (図6-2-4) 地上部集積量の60%が子実に移行して持ち出される[32]．また，土壌からの自然供給をあまり期待できない養分であり，酸性土壌では溶脱されやすいので，ダイズは欠乏を起こしやすい．顕著に不足すると子葉や初生葉が早々と黄化して

落葉する．症状は下位葉から上位葉へと移行する．植物体は矮小化，着花・着莢数減少，稔実不良で減収する[44,81,86,107,108,117]．多収を目指した場合，現在の基準施肥量[4,5]では吸収量をまかなえない．カリは，当該年に吸収される量については有機物を含めた施肥でまかなう必要がある．溶液栽培におけるカリ欠大豆幼植物では，何種類かのイオン，糖，アミノ酸が増大し，カリ濃度の低下を9割強補っており，葉の伸長抑制はあるものの，葉の水ポテンシャルは維持されるとの報告もある[79]．また，茎と根はカリの貯蔵所であり，水不足が長く続くと茎と根のカリを使うことにより葉のカリ濃度を適正に保つことも知られている[79,113]．このため，カリの欠乏は外見的には現れ難いが，生育が遅れて減収につながるので注意を要する．カリの供給は不可欠であるが，カリはカルシウムやマグネシウムと吸収で拮抗するので，カリを過剰に施用すると，これらの養分の吸収を妨げて欠乏症を誘発する[95]．

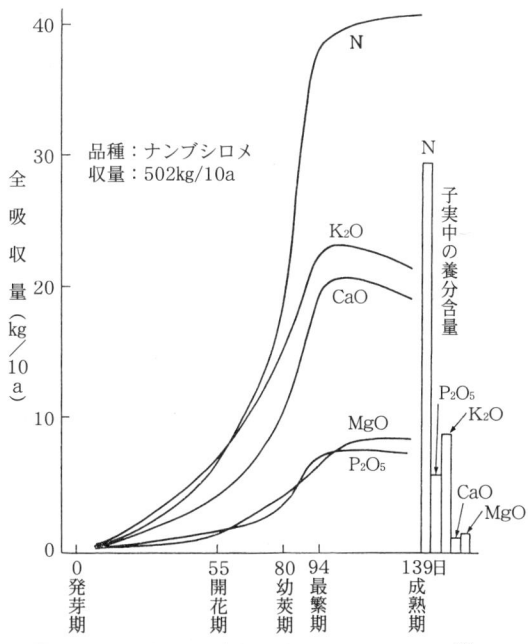

図6-2-4 ダイズの養分吸収経過と子実養分含量[32]
(注) 曲線は，全養分吸収の吸収経過
棒グラフは，収穫期の子実中養分吸収量
品種：ナンブシロメ，収量：502kg/10a

### (3) カルシウム

カルシウムはタンパク質の存在する部分に偏在し，ペクチン酸と結合して難溶解性の組織を作る[106]．細胞膜伸長調整，原形質構造の保持，コロイド機能の継続作用が有るとされており，マメ科の吸収量は多い．そのため，不足すると組織の脆弱化を招く[59,97]．また，マグネシウムの莢形成機能を代替えする役割を持っているうえ[8,16,17,18,82,83]，葉や葉柄には多いが，体内での移動性が低いので子実への転流が少なく[85]，子実の含有率は少ないため，開花期中にカルシウムの供給が中断すると落花・落莢が増え[8,85]，減収する．また，カルシウムが欠乏すると根粒の着生が不良となるとの報告もある[1,35,44,55]．土壌pHが高い状態でのリン酸過剰施用はカルシウムの固定化を招き，吸収を阻害する[57,60,98,114]．また，植物による吸収過程でカリと拮抗するので，カリの過剰施用はカルシウム欠乏を誘発する[78]．また，顕著なカルシウム不足で葉の白化を呈する[119]．

カルシウムの過剰施用は土壌pHを高め，リン酸やマンガンの不可給化を招き，それらの養分の欠乏を誘発する[2,60]．

### (4) マグネシウム

マグネシウムは葉緑素や酵素の構成成分として，光合成，リン酸代謝に関与している．そのため，多くの光合成産物の供給を必要とする根粒形成にも必要である．また，油脂の生成やデンプン合成に関与しており，子実の肥大に重要な役割を果たしている[66,67]．ダイズの茎葉のマグネシウム含量は着莢期に急減して莢に移行し，莢の形成に関与している[16〜18]．この機能はペクチン態のマグネシウムとカルシウムは代替可能であるが，マグネシウムはカルシウムに比べ体内移動しやすいため，茎葉に蓄積したマグネシウムが機能する[82,83]．

マグネシウムが不足すると軽度の欠乏症状では開花期頃から始まり，下位葉の周辺部が黄化し，次

第に葉脈間に広がって褐変する．欠乏が著しい場合は生育初期から始まり，葉脈間に薄い緑色の部分ができ，これが白色からだんだん褐色斑点となり，葉縁が外に巻いて下葉全体が黄化して枯死する[72]．また，根粒の着生不良や落花・落莢のため，著しく減収する[8,16〜18,90]．CECが小さい土壌や強酸性土壌では溶脱や吸収阻害が起こるため，土壌中の置換性マグネシウムが10 mg/100 g 土以下では欠乏症状が激発する[82]．また，乾燥状態では不溶化し，欠乏症を発症する場合がある[95]．逆にマグネシウム過剰の報告もある[78]．

### (5) イオウ

イオウは，アミノ酸（シスチン，システイン，メチオニン）の構成成分であり，補酵素構成成分として脱炭酸，酸化還元反応と関係しており，炭水化物代謝に関与している[6,116]．また，葉緑素の生成に間接的に関与しているため，欠乏症状は上位葉身から現れクロロシスとなる．窒素欠乏で起こるクロロシスに類似しているが，イオウ欠乏では欠乏症発症以前の葉は緑色を保つのに対して，窒素欠乏では葉全体に及び，下位葉も黄化するのと異なる．これは，イオウが転流し難いためである[82,95]．

イオウによる植物自体の過剰障害はみられない．有機物の少ない砂質土壌で養分の溶脱が起きやすい条件では欠乏に注意を要する．硫酸根肥料や有機物施用が有効である[60,82]．

### (6) 塩 素

塩素は，葉緑素の光合成に係わる酵素反応に関与しており，不足すると光合成能が低下する．また，デンプン，セルロース，リグニン等の植物体構成成分の合成に関与しており，耐病性や耐倒伏性を高める[82]．逆に，過剰害としては，ダイズの初期生育と根粒着生を阻害する．これらの症状は，塩害としてナトリウムの過剰害とされているが[27〜30]，実際は塩素の過剰害と考えられ，塩化カリの過剰施用でも同様な症状が認められる[105,111,116]．また，塩化ナトリウムは，カリ，カルシウムやマグネシウムの吸収を妨げ[99]，さらにカルシウムやマグネシウムの体内移動に影響するとされている[112,113]．

### (7) 鉄

鉄は酸化還元反応に関与し，光合成における酸化還元反応，TCAサイクルでの脱水素酵素，クロロフィルの形成に関与している．そのため，不足すると葉緑素の形成が抑制され，クロロシスが発生して上位葉から黄化が始まる．これは，鉄が体内移動性が低いため，新生部位で発症するためである．症状は葉肉から始まり，葉脈を残して黄化するので網目状となり，激発の場合は白化して枯死して生育が停止する．軽度の場合は生育初期に発症しても根域の発達とともに軽減する[82,95,118]．

土壌中には鉄が多く存在するが，畑では難溶性の3価鉄として存在するため，土壌pHが高いと植物に吸収され難くなる[48]．よって，排水が良くてpHの高い土壌では鉄欠乏が発生する可能性がある．また，マンガン，銅，コバルト，ニッケル等の重金属の過剰は鉄吸収を阻害する[60]．また，土壌pHが低い圃場にリン酸を過剰施用すると鉄が不溶化するうえ，体内リン酸濃度が高いと鉄の体内移動を阻害するので，鉄欠乏を誘発する恐れがある[96]．また，鉄過剰で葉に褐色斑点を生じる[89]．

### (8) マンガン

マンガンは，酸化還元，転移反応，脱炭酸反応，加水分解反応を行う酵素を賦活する役割を担っている[82]．また，クロロフィル形成に関与しており，不足すると葉緑素形成が阻害されクロロシスを起こす．そのため，生育が旺盛になる時期に葉脈間が黄化して褐色斑点が出現し，生育不良となる[82,95]．また，マンガン欠乏は鉄の過剰吸収を起こし，作物体内のリン酸の移動を妨げる[82]．逆に，過剰では開花期頃から生育が悪くなり，葉がちぢれ，葉色が黄化し，葉裏の葉脈が褐色化する[72,95]．

初年目の転換畑等の排水不良田で長雨などで部分的還元状態の発生で可溶性マンガンが増えるため[7,88,100]，排水不良から湿害を起こした圃場では，生育初期にマンガン過剰症状を呈する場合がある[93]．このようなマンガン過剰症は土壌の酸性化で置換性マンガンや易還元性マンガン量の多い土壌で起こりうる[5]．逆に，置換性マンガンや易還元性マンガン量がもともと少ない土壌では，土壌のpHが6.5以上でマンガンが不溶化し，欠乏症が発現する[45,54,61]．

(9) 亜　鉛

亜鉛は，葉緑素の形成や成長ホルモンであるIAA生成に関与し，炭酸脱水素酵素の構成成分でもある[60,82]．また，水分平衡にも関与している．そのため，不足するとクロロシスが発症し，節間伸長が阻害されるため，生育不良となる[95,108]．逆に，過剰では，先端葉が黄化し，褐色の斑点が出現する[72,95]．先端から3～4枚目の葉はあまり黄化しないが，葉柄と葉の裏側の葉脈が褐色になり，鉄錆が付着したようになる[72,88,95,103]．

(10) 銅

銅は，酵素の構成成分として酸化還元反応に関与し，タンパク質代謝や光合成に関与している．そのため，不足するとクロロシスを起こしたり，不稔を起こして減収となる[82,95,108]．銅は，体内での移動性が低いので新生部位で発症する[60]．

(11) ホウ素

ホウ素は，リグニンやペクチンの形成，糖の移行，細胞壁や花粉・花芽等の形成，水分代謝，炭水化物代謝，タンパク質代謝活性の増進に関与しているため[60]，不足すると先端葉が黄化し，葉がゆがんだり，縞模様ができ，先端が枯死する[40,72,95,114]．また，生殖成長に影響し，開花数や結莢率を低下させて減収となる．ホウ素の必要量は少なく，一般的にホウ素の適正範囲は狭い上[73,88,109,110]，ダイズのホウ素過剰耐性は弱いので過剰害が出やすい．例えば，前作（ダイコン等で施用する場合がある）にホウ素材を施用した場合などに過剰害が発症する例がある[114]．症状として発芽後子葉の葉縁に褐色の斑点ができ，その部分が壊死する．生育初期に症状が出やすく，本葉が大きく成らず，葉脈だけが緑色を残し，黄白色となる．

(12) モリブデン

モリブデンは，硝酸還元酵素の構成成分として硝酸還元作用に関与し，根粒形成に重要な役割を果たす[13,15,47,77]．そのため，不足すると根粒の着生が劣り，着生しても小さく，内肉が白緑色を呈して窒素固定能が著しく低いため，窒素欠乏と同じ症状を呈する[95]．酸性土壌では欠乏する恐れがある[5]．

(13) コバルト

コバルトは，根粒菌の窒素固定に関与しており，不足すると窒素固定能が減退する．逆に，過剰害として軽症では，初生葉先端の葉縁部の黄化程度で実害はない．重症になると第1,2本葉まで黄化が広がり，葉が矮小化し，初期生育と根粒着生阻害が起こる．CECが低く有機物含量の少ない土壌や蛇紋岩質土壌にコバルト資材を施用した場合などに希に発症する[60,82,95]．

(14) その他

養分ではないが，土壌汚染に関連してニッケル過剰が報告されている[60]．軽度では生育初期から葉脈間にクロロシスが現れ，次第に斑点状のネクロシスを生じる．重症の場合は，発芽不良や生育不良，葉にクロロシス，ネクロシスが激発し，枯死する．酸性土壌や蛇紋岩質土壌で発症する可能性がある[82]．ニッケル過剰では土壌pHの矯正．汚染土壌の場合は，汚染除去作業が必要である．また，重金属で汚染されている土壌では，同様な障害が発生する可能性もある[82]．

### 7) 欠乏症状・過剰症状の現れ方

　養分の欠乏や過剰では，共通に葉のクロロシスが発症する場合が多い．機作としては，葉緑素の構成成分や葉緑素形成に必要な養分の欠乏による場合とこれらの養分の吸収，移動や機能を阻害する養分の過剰に伴う葉緑素形成阻害の二つがある．後者の場合は，クロロシスの他に褐色斑点等の発症が認められ，前者に比べて汚い症状となる場合が多い．また，欠乏症状の場合，欠乏した養分の体内移動性の難易によって，発症部位に違いが認められる．すなわち，転流しやすい養分が欠乏した場合は新生部位に養分が持ち去られるため，比較的古い葉に症状が出やすい．逆に，転流しにくい養分の欠乏では新生部位に欠乏症状が出やすい．すなわち，転流しやすい窒素，リン酸[32,85]，カリ，マグネシウムでは植物全体が黄化するが，転流し難い，カルシウム，鉄，銅，イオウの欠乏症状は上位葉に症状が出やすい．例えば，窒素欠乏とイオウ欠乏のクロロシス症状は極似しているが，前者は転流しやすく，作物全体が黄化するのに対して，イオウ欠乏では上位葉のみが黄化し，両者は区別できる[60,72,82,95]．

### 8) 養分の分析による栄養診断

　各養分の欠乏や過剰症状の外観を示したカラー写真等の診断指標[72,95]は示されているが，ダイズが必要とする養分の過不足を外観だけで判断することは欠乏症状や過剰障害が現れない限り容易ではない．すなわち，養分が不足したり過剰で生育には影響しているが外観的症状として現れないレベルの過不足は有り得る．例えば，リン酸は生命活動に重要な基本的な養分なので，例え不足しても顕著な欠乏症状が現れるというより，生育の制限因子となって減収を招くことになるので注意を要する．よって，ダイズが必要とする養分の過不足を判断する方法として，植物体分析に基づくダイズの栄養診断が有効である．例えば，開花期後期の最上位成熟葉の成分含有率でみた栄養状態の判断基準は，表6-2-2の通りである[82]．

表6-2-2　ダイズの開花期に於ける栄養診断基準[82]

|  | 欠乏 | 適正範囲 | 過剰 |
|---|---|---|---|
| リン酸 | < | 0.16 % ～ 0.8 % | < |
| カリ | < | 1.26 % ～ 2.75 % | < |
| カルシウム | < | 0.21 % ～ 3.00 % | < |
| マグネシウム | < | 0.11 % ～ 1.51 % | < |
| マンガン | < | 15 ppm ～ 250 ppm | < |
| 鉄 | < | 31 ppm ～ 500 ppm | < |
| ホウ素 | < | 15 ppm ～ 250 ppm | < |
| 銅 | < | 5 ppm ～ 50 ppm | < |
| 亜鉛 | < | 11 ppm ～ 75 ppm | < |
| モリブデン | < | 0.5 ppm ～ 10.0 ppm | < |

### 9) 養分の施用方法

　次に，ダイズが必要とする養分の施用方法を述べる．まず，施用する肥料について記述する．

(1) 施肥

ⅰ) リン酸肥料　リン酸は，米ぬか，骨粉類，グアノ等の有機質肥料でも供給でき，作物は有機リン化合物も吸収できるが，吸収後直ちに肥効が現れるのは，オルトリン酸に限られ，植物に無機リン酸として吸収されるのは，$H_2PO_4^-$ と $HPO_4^{2-}$ の2種類のイオン形態である．そのため，リン酸肥料のほとんどはリン酸成分をオルトリン酸の形態で含有している．肥料中の有効なリン酸の形態として，日本では，水溶性，可溶性およびク溶性リン酸を認めている．肥効は水溶性，可溶性，ク溶性の順に遅くなり，それらの含有率の違いにより速効性か緩効性かの違いが現れ，必要に応じて肥料の選択ができる．リン酸肥料は，もっぱらリン鉱石を硫酸，リン酸，硝酸等の鉱酸で分解する湿式法と，アルカリ塩，ケイ酸塩等を加えて加熱焼成または溶融する乾式法がある．前者には過リン酸石灰，重過リン酸石灰，リン安等があり，後者には焼成リン肥，溶成リン肥等がある．また，オ

ルトリン酸2分子以上を縮合させた縮合リン酸またはその塩を含有する肥料もある[60].

リン酸肥料には速効性の成分と緩効性の成分が混在しており，基本的には基肥として1回施用すれば良い．リン酸吸収係数の高い酸性火山灰土壌では，リン酸が土壌に固定化されるので，作物の必要量以上に施用する必要がある[82,114]．しかし，近年，過去のリン酸施用に伴う土壌へのリン酸の蓄積があることから，以前ほどリン酸の施用効果は現れない．リン酸は過剰害が現れにくいので，過剰施肥にならないよう土壌中の有効態リン酸量を勘案して施肥する必要がある．また，土壌に蓄積したリン酸の有効利用を図るため，VA菌根菌の活用が試みられている．VA菌根菌の感染は出芽後50日目のダイズのリン酸吸収量を増加させるが，過リン酸石灰の施用による有効態リン酸の増加は感染率を低下させるため[3,34]，日本のようにリン酸施肥量の多い土壌ではVA菌根菌の効果は得にくいようである．

ⅱ) **カリ肥料** 現在の公定規格では，水溶性とク溶性が保証されているが，肥料に含まれるカリはほとんどが水溶性である．そのため，全てのカリ肥料は速効性である．よって，基肥としてカリ肥料，特に塩化カリを過剰施用すると，カルシウムやマグネシウムの吸収を阻害するばかりでなく，生育初期のカリのぜいたく吸収は，生育後期にカリの不足を招く恐れがある．そのため，基肥としてのカリ肥料の施用量には自ずから限界がある．また，酸性土壌等ではカリの溶脱があるので，ダイズの生育が旺盛な場合は，生育後期にカリが不足する可能性があるので，生育途中でのカリの追肥が必要となると考えられるがカリ追肥は一般的ではない．そのため，緩効性のカリ肥料の使用も考慮する必要がある．

肥料中のカリは大部分が水溶性であり，肥料の種類によってその肥効に差は無いはずであるが，随伴イオンや副成分の影響で肥効に差が出る場合がある．すなわち，塩化カリや硫酸カリは硝酸カリ，炭酸カリやケイ酸カリに比べ，① 土壌を酸性化する[60]．② 濃度障害の危険性が高い[60]．③ 塩素はダイズの初期生育や根粒着生を妨げる[105]．等の影響があるので，肥料の形態を考慮する必要がある．

ⅲ) **石灰（カルシウム）肥料** 降雨量が多く，施肥量の多い日本では塩基の流亡が激しく，土壌が酸性化しやすい．このような酸性土壌では，カルシウムを始め，リン酸，マグネシウム，カリ，モリブデン，マンガン等が欠乏しやすい．そのため，石灰施用による土壌の酸性矯正が必要となる．また，ダイズはカルシウム要求量も高いので，単に石灰を土壌改良資材としてだけでなく，カルシウム肥料としての意義も大きい[60,82]．

石灰肥料の原料はほとんど石灰岩かドロマイトである．また，種類としては，生石灰，消石灰並びに炭酸カルシウム，苦土石灰等があり，前2品の土壌酸性矯正の効果は即効的である．苦土石灰はク溶性マグネシウムを3.5%以上含有する[60]．

ⅳ) **苦土（マグネシウム）肥料** 日本のような多雨条件では，酸性・砂質土壌でマグネシウムの流亡が激しく[5]，作物のマグネシウム欠乏が出やすい潜在的な欠乏土壌は多いと考えられ，カルシウムとともにマグネシウムの恒常的な施用が必要な土壌も多い[60]．マグネシウム肥料としては，硫酸苦土と水酸化苦土がほとんどであるが，マグネシウムを含有する肥料は，溶性リン肥，苦土過石，混合リン肥，硫酸カリ苦土，苦汁カリ塩，苦土石灰，苦土けいカル等多数ある．また，マグネシウム肥料を施用する場合は，土壌pHを考慮して選択する必要がある．すなわち，土壌pHが低い場合は苦土石灰，高い場合は硫酸マグネシウムを施用する．

ⅴ) **マンガン肥料** 砂質強酸性水田土壌や老朽化水田ではマンガンが溶脱して水溶性マンガンや易還元性マンガンが少なくなっている．このような水田を畑転換した場合，酸化的になり，さらに土壌pHが高いとマンガンが不溶化してダイズのマンガン欠乏が現れる[45,54,61]．日本ではマンガン欠

乏が発生しやすい土壌が多い．マンガン肥料としては，硫酸マンガン，硫酸苦土マンガンや鉱滓マンガン肥料等のマンガンを主体とするものの他に，ケイ酸肥料，溶性リン肥やケイカル肥料等にも含まれ，水溶性とク溶性の形態が保証されている．

一般に，作物のマンガン要求量は少ないので，過剰施用はマンガン過剰症を引き起こす恐れがあるので，適正施用が肝心である[60]．

vi）その他の成分肥料　ホウ素肥料は，根菜類等への施用実績があるが，ダイズはホウ素耐性が低いので，ホウ素肥料の施用は危険である[73,88,109,110]．

微量要素として，鉄，銅，亜鉛，モリブデン，コバルト等があるが，日本では肥料の主成分としては認められていないが，肥料への混入は許可されている．これらの成分が含まれる肥料としては，尿素，混合尿素肥料，液体複合肥料，微量要素混合肥料，液体微量要素複合肥料等が有るが，主として葉面散布を目的とした肥料が多い．ダイズでは，モリブデン入り肥料が根粒着生を促進するとされている[13,15,47,77]．コバルトは過剰害が懸念されるため，コバルト資材を施用しないことが無難である[83]．

(2) 葉面散布

欠乏症状が発症した場合，土壌への追肥対応では速効性に乏しく，手遅れになる場合もある．要素欠乏症状が現れてからの対策としては，養分欠如作物への欠如養分の葉面散布が有効である[51,60,85]．作物は養分を根からだけでなく葉からも吸収する．葉面吸収された養分の体内挙動は根からのものと多少異なるとされている．窒素，リン酸やカリの葉面散布も行われるが，効果的なのは微量要素の葉面散布である．濃度の高い養分溶液を葉面散布すると葉に障害が現れるため，葉面散布する溶液濃度には限界があるため，必要量の多い養分では，葉面散布だけでは十分量を供給できないが，必要量の少ない微量要素では葉面散布で必要量を供給できるためである．その他，葉面散布の利点としては，少量の施用で即効的に効果が得られる．また，土壌への施肥と違って，土壌による不可給化が起こらないため，利用率が高い等が上げられる[60]．逆に，雨水などによる流亡があるので，散布後の天気には注意を要する．

10）ダイズの養分吸収と養分必要量

リン酸およびカリの吸収・集積経過は乾物生産や窒素の集積と似ており，開花期以降の集積量が多く，莢伸長から粒肥大期に最大となって，生育終期に葉などから子実へ転流し，その量も多い．石灰や苦土も開花期以降の集積が多い（図6-2-4）．リン酸，カリ，石灰，苦土等主要無機養分は生育後期まで吸収され，体内移動が少ない石灰の後期の供給が制限されると著しく減収する[82]．生育前半では，リン酸は窒素と同様に葉身の含有率が高く，カリは，葉柄，茎および根の含有率が高く，生育がすすむにつれて低下する．リン酸は窒素と同様に，子実の肥大に伴って葉から子実へ転流して子実へ集積する．石灰は葉身と葉柄，苦土は葉身，葉柄および莢殻に集積するが，子実への転流は少ない[32,82]．

ダイズは，収量500 kg/10 aのとき，子実中に含まれる成分は，リン酸5.7 kg/10 a，カリ8.8 kg/10 a，カルシウム1.2 kg/10 a，マグネシウム1.7 kg/10 aである[32]．子実だけを持ち出すとすれば，最低限これだけの量を施肥などによって補給する必要がある．

現在の，ダイズに対する標準的な施肥量[4,5,65,71,82]は，リン酸は，6～12 kg/10 a程度で，火山灰土で多い．カリは，6～10 kg/10 a程度が多い．しかし，多収事例や，吸収量および持ち出し量が多いことから考えると，標準的な施肥量では，多収を目指した場合，カリが制限養分となる可能性がある．ただし，堆きゅう肥を施用した場合，カリを多く含む資材もあるので，堆肥に含まれる養分

も考慮する必要がある．また，土壌pHを矯正するために石灰や苦土を施用するが，これにより，カルシウムやマグネシウムの補給は十分である．また，これらの土壌中の蓄積量や土壌pHによっては，施用形態を考慮する必要がある．

**11）施肥基準**

ダイズの施肥量は，大豆高位生産技術研究報告書の全国の大豆標準技術体系[4,5]によれば，地域によって多少の違いはあるものの，化成肥料の成分比は共通で（$N-P_2O_5-K_2O = 3-10-10$）であり，土壌窒素肥沃度に応じて施肥量を60～100 kg/10 aの範囲で施用することとしている．この施用量ではリン酸成分およびカリ成分として6～10 kg/10 aを施用することとなる．

土壌改良資材として土壌の物理性，化学性および微生物性を改良するため，堆肥を1～2 t/10 a施用する．また，土壌pHを6.0～6.5に矯正するため，石灰あるいは苦土石灰を100～150 kg/10 a施用する．さらに，有効態リン酸が10 mg以下の火山灰土壌では溶リンを30～100 kg/10 a施用することが示されている．しかし，前述したとおり，この施用基準は，大豆収量が230 kg/10 a（リン酸吸収量3.34 kg/10 a，カリ吸収量9.68 kg/10 a，カルシウム吸収量9.15 kg/10 a）であれば良いが，それ以上の多収，例えば，400 kg/10 aの収量を望むのであれば，リン酸吸収量は5.8 kg/10 a，カリ吸収量は16.8 kg/10 a，カルシウム吸収量は15.9 kg/10 aとなり，特にカリが不足することになる．しかし，既に述べたとおり，カリの過剰施肥は，①カルシウム，マグネシウムの吸収を阻害する，②生育初期のカリのぜいたく吸収は生育後期のカリ吸収を減少させる，③カリの溶脱により，生育後期まで必要量が保たれない．④塩化カリの過剰施用は，初期生育と根粒着生を阻害する等の弊害があり，基肥として多収に必要な量を一度に施用することは好ましくない．そこで，カリの追肥や緩効性のカリの施用等カリの供給方法を考える必要がある．また，堆肥等有機物施用は，カリの補給に有益である．

逆にリン酸やカリを過剰施用すると，リン酸やカリは欠乏症状が現れ難いとともに，過剰症状も現れないので，作物は必要以上にそれらを吸収して体内濃度を上げる．しかし，一定以上の体内濃度の上昇は生育収量に反映されない場合があり，これをぜいたく吸収という．ぜいたく吸収が起こるほどの過剰施用は資源の無駄遣いで有るばかりでなく，養分の溶脱を促進したり，生育収量には直接影響していないが，子実の品質に影響する場合もあるので，注意を要する．

同一の作物を連続して栽培すると次第に生育収量が低下する現象を連作障害というが，その原因は，①土壌養分の消耗，②土壌の化学性の悪化，③土壌の物理性の悪化，④土壌の微生物性の悪化（病原菌の増加，害虫の増加），⑤毒素の増加等がいわれている．この内，肥培管理で克服可能なのは①～③である．ダイズはカリ，カルシウム，マグネシウムの吸収量が多く，特に，カリは多収を得た場合では施肥量を持ち出し量が上回って養分が消耗しやすいと考えられるので，土壌診断に基ずく，適正な資材投入が必要である．また，ダイズは塩基を多く吸収するので，土壌の酸性化にも配慮する必要がある．このようにダイズ特有の養分吸収特性があるため，ダイズを連作する場合は，塩基の補給と土壌pHの変化に注意する必要がある．

以上のようにその収量レベルでも異なるが，ダイズの養分要求量は，リン酸や塩基が多いので，窒素以上に適切な肥培管理が求められる．また，土壌の状態によって養分吸収が影響を受けるので，適切な土壌管理も必要となる．養分の過剰や欠乏を防止する基本的な方法は，土壌pHを矯正したり，有機物施用や排水対策や灌漑等土壌環境を整える（土づくり）が重要であるといえる．このとき，施用される資材や有機物に含まれる養分量を考慮して施肥設計する必要がある．

（田村　有希博）

## 引用文献

1) 青木弘三．大豆の生育収量に及ぼす燐酸・加里・石灰の量的関係，農園，25, 786 (1950)
2) 有原丈二．自然と科学技術シリーズ 現代輪作の方法 多収と環境保全を両立させる，農文協（東京）(1999)
3) 有原丈二．ダイズ安定多収の革新技術 新しい生育のとらえ方と栽培の基本，農文協（東京）(2000)
4) 大豆高位生産技術研究会．大豆高位生産技術研究会報告書（昭和58年度案）－大豆高位生産のための標準新技術体系－，日豆類基金協（東京）(1984)
5) 大豆高位生産技術研究会．大豆高位生産技術研究会報告書，日豆類基金協（東京）(1985)
6) 藤原 徹．ダイズ種子貯蔵タンパク質遺伝子の硫黄栄養条件に応じた発現調節機構の解明，土肥誌，69, 247-248 (1998)
7) 藤井弘志・荒垣憲一・中西政則・佐藤俊夫．ダイズ多収への挑戦〔1〕，農園，62, 527-534 (1987)
8) 福井重郎．土壌水分から見た大豆の生理・生態学的研究，農事試研報，9, 1-68 (1965)
9) Gates, C. T. and W. J. Muller. Nodule and plant development in the soybeans, *Glycine max* (L.) Merr. Growth response to nitrogen, phosphorus and sulfer. Aust. J. Bot., 27, 203-213 (1979)
10) Hammond, I. C., C. A. Black, & A. G. Norman. Nutrient uptake by soybeans on two Iowa soils. Iowa Agr. Exp. Sa. Res. Bull., 384 (1951)
11) Hanway, J. J. & C. R. Weber. Accumulation of N, P and K by soybean plants. Agron. J., 63, 406-408 (1971)
12) 長谷川進．北海道における豆類に関する研究集録，北海道農試研究成果集，2, 47-59 (1980)
13) Hashimoto, K. & S. Yamasaki. Effects of molybdenum application on the yield, nitrogen nutrition and nodule development of soybeans. Soil Sci. Plant Nutr., 22, 435-443 (1976)
14) 橋本鋼二・山本 正．豆類の冷害に関する研究 第5報 大豆の生育・収量におよばす生殖生長初中期の低温と燐酸肥料ならびに施肥水準との関係，日作紀，43, 40-46 (1974)
15) 橋本鋼二．大豆に対するモリブデン施与の増収効果，農園，52, 1049-1050 (1977)
16) 橋本 武．作物のマグネシウム栄養に関する研究 第1報 大豆の茎葉の形態別マグネシウム代謝，土肥誌，24, 51-55 (1953)
17) 橋本 武・岡本 守．作物のマグネシウム栄養に関する研究 第2報 マグネシウム欠乏大豆に於けるカルシウムの含量，土肥誌，24, 231-234 (1953)
18) 橋本 武・岡本 守．作物のマグネシウム栄養に関する研究 第3報 大豆の葉及び種実におけるマグネシウムとカルシウム含量，土肥誌，24, 281-282 (1954)
19) 橋本 武．作物のマグネシウム栄養に関する研究 第4報 作物のMg, Ca, Kの関係，土肥誌，26, 139-142 (1955)
20) Helz, G. E. and A. L. Whiting. Effect of fertilizer treatment on the formation of nodules on the soybean. J. Amer. Soc. Agron., 20, 975-981 (1928)
21) Henderson, J. B. & E. J. Kamprath. Nutrient and dry matter accumulation in soybeans. N. Carolina Agr. Exp. Sta. Tech. Bull., 197 (1970)
22) 平井義孝．大豆の無機栄養に関する調査 第1報 生育に伴なう吸収移動経過について，北海道立農試集報，7, 47-57 (1961)
23) 平井義孝．大豆の無機栄養に関する調査 第2報 葉位別葉における窒素,燐酸,加里および石灰の行動について，北海道立農試集報，8, 24-36 (1961)

24) 平井義孝. 大豆の土壌無機燐の利用からみた燐酸施肥の一考察, 北海道立農試集報, 14, 80-89 (1964)
25) 平岡潔志・米山忠克. 農業資材多投に伴う作物栄養学的諸問題3, 窒素, リン, カリウムの過剰と生理機能, 土肥誌, 61, 315-322 (1990)
26) 堀野俊郎・福岡忠彦・萩尾高志. イネ科, タデ科, マメ科作物の穀粒の窒素およびミネラル含量とその変異, 日作紀, 61, 28-33 (1992)
27) 池田順一・小林達治・高橋英一. 共生窒素固定および土壌中でのアンモニア化成・硝酸化成に及ぼす塩類ストレスの影響, 土肥誌, 58, 53-57 (1987)
28) 池田順一・小林達治・高橋英一. 根粒菌の増殖, IAA生産能, 菌体外多糖生産能におよぼす塩類ストレスの影響, 土肥誌, 60, 41-46 (1989)
29) 池田順一・小林達治・高橋英一. アルファルファ根粒の窒素固定と呼吸に及ぼす塩類濃度の影響, 土肥誌, 60, 313-317 (1989)
30) 池田順一・小林達治・高橋英一. 塩類ストレスがシロクローバーの根粒着生に及ぼす影響, 土肥誌, 61, 302-303 (1990)
31) 石井和夫. (2) 地力と施肥－子実収量600キロの実例から－, 東北農試たより, 21, 10-12 (1980)
32) 石井和夫. 東北地域におけるダイズに対する肥培管理〔3〕－生育特性－, 農及園 58, 1500-1502 (1983)
33) 石塚喜明・田中 明・林 満. 畑作物に対する施肥位置に関する研究 第2報 施肥位置及び肥料濃度と根の張り方との関係. 土肥誌, 34, 44-48, (1963)
34) 磯部勝考・藤井秀昭・坪木良雄. ダイズ栽培におけるVA菌根菌の動態に関する研究, 日作紀, 62, 351-358 (1993)
35) 礒井俊行・山本幸男. ダイズの初期生育, 根粒形成, 窒素固定能に及ぼすカルシウムの影響, 土肥誌, 58, 405-409 (1987)
36) 糸原 貞他. 大豆の生育に及ぼす窒素追肥と燐酸・加里・石灰施用との関係. 東北農研, 2, 92-93 (1960)
37) 伊藤亮一・玖村敦彦. 水不足に対するダイズの馴化 第6報 葉と茎におけるカリウム濃度の変化とその解析, 日作紀, 59, 824-829 (1990)
38) 伊藤亮一・山岸順子・石井龍一. カリウム欠乏がダイズの葉の成長, 水分生理と溶質の蓄積におよぼす影響, 日作紀, 66, 691-697 (1997)
39) Jones, G. D., J. A. Lutz, Jr. and T. J. Smith. Effect of phosphorus and potassium on soybean nodules and seed yield. Agron. J., 69, 1003-1006 (1977)
40) 鎌田悦男. 大豆の生育に及ぼすマンガン及びホウソの影響, 日作紀, 21, 131-133 (1952)
41) Kato, Y. Studies on the Import and Re-export of Minerals by Foliage Leaves of Soybean Plant. 1. A demonstration of the simultaneous import and re-export of phosphorus, potassium, Calcium and nitrogen and the effect of topping on the withdrawal of these minerals from the leaves. JPN. J. Crop Sci., 35, 195-204 (1966)
42) Kato, Y. Studies on the Import and Re-export of Minerals by Foliage Leaves of Soybean Plant. 2. Changes in daily import and export of Phosphorus, potassium and calcium during the development of a single leaf. JPN. J. Crop Sci., 36, 414-421 (1967)
43) 川島良一他. 「大豆研究室長 福井重郎－その業績と回顧－」, デイ・エム・ピー (東京) (1998)
44) 小林政明. 産業選書 豆類, 産業図書 (東京) (1948)
45) 小池 潤. 輪換畑における大豆のマンガン欠乏の発生と対策, 北陸農業の新技術, 6, 29-31 (1993)
46) Hasimoto, K. and T. Yamamoto. Studies on Cool Injury in Bean Plants, VI. Direct and indirect effects of Iow temperature and levels of nitrogen and phosphorus in the nutrients on the yield componens of

soyheans. Proc. Crop Sci. Soc., JPN 43,52-58 (1974)
47) Hashimoto, K. and S. Yamasaki. Effects of molybdenum application on the yield, nitrogen nutrition and nodule development of soybeans, Soil Sci. Plant Nutr., 22, 435-443 (1976)
48) 小島邦彦・大平幸次．水稲およびダイズ培養細胞による培地3価鉄ゲルの可溶化現象について，土肥誌，48, 96-100 (1977)
49) 昆野昭長・福井重郎・小島睦男．土壌水分が大豆の体内成分および結莢におよぼす影響，農技研報，D11, 111-149 (1964)
50) 昆野昭長．ダイズの子実生産機構の生理学的研究，農事研報，D27, 139-295 (1976)
51) 昆野昭長．ダイズの子実生産機構の生理学的研究 第1報 開花期間中の肥料要素欠如が体内成分ならびに子実生産におよぼす影響，日作紀，36, 238-247 (1967)
52) 昆野昭長．これからのダイズ作に関する諸問題－生理生態を中心に－〔1〕，農園，54, 249-255 (1979)
53) 昆野昭長．これからのダイズ作に関する諸問題－生理生態を中心に－〔2〕，農園，54, 374-380 (1979)
54) 琴寄 融・松本泰彦・岩田正久・高橋英二・只木正之・蜂岸恵夫．転換畑におけるダイズのマンガン欠乏とその対策，群馬農業研究A総合，4, 27-34 (1987)
55) Lpwther, W. L. and J. F. Loneragan. Calcium and Nodulation in Subterranean Clover. Plant Physiol., 43, 1362-1366 (1908)
56) 間藤 徹．農業資材多投に伴う作物栄養学的諸問題4 カルシウム，マグネシウム，微量要素などの過剰と生理機能，土肥誌，61, 417-422 (1990)
57) 増島 博．畑の土壌水分系と作物の生育に関する研究，(Ⅲ)土壌水分状態が大豆のカルシウム吸収におよぼす影響，北海道農試集報，81, 22-26 (1963)
58) Masujima, H. Effect of soil moisture level on utilization of calcium by soybean plant. Soil Sci. & Plant Nutr., 9, 127-131 (1963)
59) 松代平治．豆類の栄養特性と施肥，農園，48, 167-171 (1971)
60) 三井進午 監修．最新 土壌・肥料・植物栄養事典，博友社（東京）(1951)
61) 三宅 信・岩崎秀穂．転換畑におけるダイズのマンガン欠乏について，栃木農試研報，28, 41-46 (1982)
62) Chaudhary M. I. and K. Fujita. Comparison of Phosphorus Deficiency Effects on the Growth Parameters of Mashbean, Mungbean, and Soybean, Soil Sci. Plant Nutr., 44, 19-30 (1998)
63) 村山 登・川原崎裕司．大豆の燐酸栄養に関する研究 (Ⅰ)燐酸の供給時期が生育・収量に及ぼす影響．土肥誌 28, 191-198 (1957)
64) 村山 登・川原崎裕司・吉野 実．大豆の燐酸栄養に関する研究（Ⅱ）燐酸の生産能率について，土肥誌，28, 247-249 (1957)
65) 永田忠男．農学大系＝作物部門 大豆編，養賢堂（東京）(1956)
66) 日本豆類基金協会．北海道豆類生産事情（上），日豆類基金協（東京）(1981)
67) 日本豆類基金協会．北海道豆類生産事情（下），日豆類基金協（東京）(1981)
68) 西入恵二・工藤壮六・木根渕旨光．寒冷地新規開墾火山灰土壌における堆肥ならびに三要素の有無が大豆の生育相に及ぼす影響．日作紀，32, 213-216 (1964)
69) 野本亀雄・石川昌男．畑作物の栄養に関する研究（Ⅰ）大豆の燐酸栄養とくに燐酸の施用量が大豆の生育及び燐酸の形態に及ぼす影響に就いて，日作紀，27, 379-380 (1956)
70) 野本亀雄・石川昌男．畑作物の栄養に関する研究（Ⅰ）大豆の燐酸栄養,特に燐酸の施用量が大豆の生育及び体内に於ける燐酸の形態に及ぼす影響について，東北農試研報，10, 185-197 (1957)
71) 農林省農林水産技術会議監修．水田大豆 理論と実際，雑穀奨励会（東京）(1971)

72) 農林水産省農産園芸局農産課監修. 「作物診断カードⅠ」, 農教協 (東京) (1963)
73) Oertli, J. J. & J. A. Roth. Boron nutrition of sugar beet, cotton, and soybean. Agron. J., - 61, 191-195 (1969)
74) Ohlrogge, A. J. Mineral nutrition of soybeans. Advances in Agronomy 12, 229-263 (1960)
75) Ohlrogge, & E. J. Kamprath. Fertilizer use on soybeans "Changing patterns in fertilizer use" Proc. Symp. Soil Sci. Am., 273-295 (1968)
76) 岡島秀夫・石渡輝夫. 土壌温度と作物生育-とくにリン酸肥効との関連について-その1 大豆幼植物の生育と地温, 土肥誌, 50, 334-338 (1979)
77) Parker, M. B. & H. B. Harris. Soybean response to molybdenum and lime and the relationship between yield and chemical composition. Agron. J., 54, 480-483 (1962)
78) Parker, M. B. & H. B. Harris, H. D. Morris, & H. F. Perkins. Manganese toxicity of soybeans as related to soil and fertility treatments. Agron. J., 51, 515-518 (1969)
79) Ryoichi Itoh & Atsuhiko Kimura. Acclimation Plants to Water Deficit. JPN. J. Crop Sci., 59, 824-829 (1990)
80) Ryoichi Itoh and Atsuhiko Kumura. Acclimation of Soybean Plants to Water Deficit V. Contribution of potassium and sugar to osmotic concentration in leaves. JPN. J. Crop Sci., 56, 678-684 (1987)
81) Ryoichi Itoh, Junko Yamagishi and Ryuichi Ishii. Effects of Potassium Deficiency on Leaf Growth, Related Water Relations and Accumulation of Solutes in Leaves of Soybean Plants. JPN. J. Crop Sci., 66, 691-697 (1997)
82) 斎藤正隆・大久保隆弘 編著. 大豆の生態と栽培技術, 農文協 (東京) (1986)
83) 斎藤正隆・山本 正・後藤和男・橋本鋼二. 大豆の低温障害とくに開花期前後の低温と着莢との関係, 日作紀, 39, 511-519 (1970)
84) Shirasawa, Y. Effects of varied chemical components as affected by soil temperature upon flowering and fruiting of the soybean plant grown under difference of soil moisture content. Res. Bull. Tyokyo Gakugei Univ., 15, 11-27 (1964)
85) Shoshin Konno. Physiological Study on the Mechanism of Seed Production of Soybean Plant. 1. Influence on the chemical composition and seed production of nutrient element deficiency during the flowering stage JPN. J. Crop Sci., 36, 238-247 (1967)
86) Shoshin Konno. Physiological Study on the Mechanism of Seed Production of Soybean Plant. Ⅲ Effect of nutrient element deficiency during the early plant growth stage on the chemical composition of soybeans and the seed production. Proc. Crop Sci. Soc. JPN. 40, 150-159 (1971)
87) 嶋田典司・安藤孝之・富山みち子・加来久子. トマト, ダイズの生育に及ぼすニッケルの影響, 土肥誌, 51, 487-492 (1980)
88) 清水 武. 農業資材多投に伴う作物栄養学的諸問題5 要素過剰の診断技術, 土肥誌, 61, 531-537 (1990)
89) 白沢義信. 豆類の開花結実に関する研究. (Ⅵ) 燐酸の時期的欠除による大豆の生育, 収量と体内成分の推移について, 日作紀, 27, 379-380 (1959)
90) 杉本秀樹・雨宮 昭・佐藤 亨・竹之内篤. 水田転換畑におけるダイズの過湿障害 第2報 土壌の過湿処理が出液, 気孔開度ならびに無機成分の吸収に及ぼす影響, 日作紀, 57, 77-82 (1988)
91) 植物栄養・土壌・肥料大辞典編集委員会. 植物栄養・土壌・肥料大辞典, 養賢堂 (東京) (1976)
92) 平 春枝・平 宏和. 大豆の化学成分組成と栽培地の関係について. 第5報 品種および栽培地の影響, 食総研報, 29, 21-26 (1974)

93) 平 春枝・平 宏和・小林栄二・佐々木邦年. 水田転換畑栽培による大豆種子の一化学成分組成, 日作紀, 46, 103-110 (1977)
94) 平 春枝・平 宏和・海妻矩彦・福井重郎. ダイズ属植物種子の一般成分および無機成分組成, 日作紀, 47, 365-374 (1978)
95) 高橋英一・吉野 実・前田正男. 原色作物の要素欠乏・過剰症, 農文協 (1984)
96) 武長 宏・麻生末雄・駒井知好. フミン酸の肥効発現に関する研究 (第8報) ダイズによる標識ニトロフミン酸キレート鉄の吸収・移行について, 土肥誌 44, 101-106 (1973)
97) 田中 明・但野利秋・山田三樹夫. 塩基適応性の作物種間差, 第1報 カルシウム適応性, 土肥誌, 44, 334-339 (1973)
98) 田中 明・但野利秋. 塩基適応性の作物種間差 (第2報) カルシウム欠乏症発現限界培地濃度の種間差を生ぜしめる作物の属性－比較植物栄養に関する研究－, 土肥誌, 44, 372-376 (1973)
99) 田中 明・但野利秋・多田洋司. 塩基適応性の作物種間差 (第3報) ナトリウム適応性－比較植物栄養に関する研究－, 土肥誌, 45, 285-292 (1974)
100) 田中 明・但野利秋・藤山英保. 重金属適応性の作物種間差 (第1報) マンガン適応性－比較植物栄養に関する研究－, 土肥誌, 46, 425-430 (1975)
101) 田中 明・早川嘉彦. 耐酸性の作物種間差 第2報 耐Al性および耐Mn性の種間差－比較植物栄養に関する研究－, 土肥誌, 46, 19-25 (1975)
102) 田中 明・早川嘉彦. 耐酸性の作物種間差 第3報 耐酸性の種間差－比較植物栄養に関する研究－, 土肥誌, 46, 26-32 (1975)
103) 田中 明・但野利秋・武藤和夫. 重金属適応性の作物種間差 (第2報) 亜鉛, カドミウム, 水銀適応性－比較植物栄養に関する研究－, 土肥誌, 46, 431-436 (1975)
104) 田中 明・但野利秋・櫃田末世子. 塩基適応性の作物種間差, 第5報 マグネシウム適応性－比較植物栄養に関する研究－, 土肥誌, 47, 361-366 (1976)
105) 田村有希博. 塩化ナトリウム由来塩素がダイズの初期生育と根粒着生に及ぼす影響, 土肥誌, 63, 684-689 (1992)
106) 橘 泰憲. 各植物のカルシウム吸収・移行特性, 植物と金属元素－その吸収と体内挙動, 博友社 (東京) (1982)
107) 戸苅義次・加藤秦正・江幡守衛. 大豆の増収機構に関する研究 I. 大豆の生育に伴う植物体各部の成分の消長, 日作紀, 24, 103-107 (1955)
108) 土山和英・市倉恒七. ダイズの生育と体内成分におよぼす銅および亜鉛の影響, 大阪農技センター研報, 9, 29-33 (1972)
109) 山内益夫. ホウ素適応性の作物種間差, 土肥誌, 47, 281-286 (1976)
110) 山内益夫. ホウ素に関する作物栄養学的研究, 鳥取大農研報, 31, 37-91 (1979)
111) 山内益夫・藤山英保・小山泰裕・長井武雄. ダイズにおける耐塩性の品種間差の発現機構, 土肥誌 60, 437-442 (1989)
112) 山内益夫・藤山英保・木村嘉孝・長井武雄. テンサイ, イネ, ダイズ, アズキとインゲンにおける各種無機要素の吸収・移行に及ぼす塩化ナトリウム添加の影響, 土肥誌, 61, 173-176 (1990)
113) 山内益夫・小吉 亮・長井武雄. ダイズとイネにおけるカリウム, カルシウム, マグネシウムの吸収・移行に及ぼす塩化ナトリウム添加効果の比較, 土肥誌, 66, 32-38 (1995)
114) 山崎 伝. 微量要素と多量要素 土壌・作物の診断・対策, 博友社 (東京) (1986)
115) Yasuto Miyake and Eiichi Takahashi. Effect of silicon on the growth of soybean plants in a solution

culture, Soil Sci. Plant Nutr. 31, 625-636 (1985)
116) 横畑 明. 大豆葉における炭水化物代謝におよぼす硫黄・塩素の影響, 特に酵素との関係について. 土肥誌, 31, 83-86 (1960)
117) 吉田 稔・中館興一・亀井 茂. ダイズのカリウム欠乏とその土壌条件, 土肥誌, 40, 43-44 (1969)
118) 吉田重方. ダイズの鉄欠乏症とその発現要因, 農園, 48, 91-92 (1973)
119) 渡辺和彦. 生理障害の診断法, 農文協 (1986)

# 3. 土壌物理性

## 1) 土壌通気とダイズの生育

### (1) 生産性の高い畦畔ダイズ

　水田ダイズの本作化によって, その栽培面積は急激に拡大してきている. 転換畑における大豆生産で懸念される問題は, 周囲の水田の影響で地下水位が高くなるために起きる「湿害」問題である. 水田はその機能からすき床がつくられており, そのため雨水の地下浸透は抑制され,「湿害」は助長される.

　ダイズは古くから水田畦畔に広く栽培されていた. 水のそばで生育する畦ダイズは生育期間中の乾燥ストレスがなく, また田面水よりも高い畦で, これから論議する通気性のある状態で生育する. また, 光の競合がないため, 生産性は高い. そのため, 湿害に関してあまり意識されなかった.

　しかし, 大規模な転換畑でダイズを栽培するようになると, 湿害によって低い収量しか得られなかったという例が多くみられた. 湿害の発生するような転換畑では, 当然のことながら土壌空気が不足する. ダイズは根粒によって窒素固定を行っており, 窒素固定量を増やすにはその周囲に空気があることが前提条件である. ここでは, ダイズ根系の酸素要求特性の観点から, 転換畑におけるダイズ生産に求められる土壌物理条件を, 主に土壌通気性の観点から検討したい.

　i) ダイズ根の酸素消費 (呼吸)　ダイズ種子のタンパク含有率はあらゆるマメ科作物の中でも飛び抜けて高く, 30～50 % の範囲にある. 総窒素吸収量の 50～60 % が根粒による窒素固定でまかなわれているといわれるダイズの生産には, 根粒の働きは欠かせない. この重要な窒素固定を十分に活用するには, ダイズ根系に大量の酸素を供給する必要がある. すなわち, 根粒はその呼吸量が非常に多いのである.

　ダイズの根粒と根の酸素消費量をトウモロコシやソルガムのそれと比較したのが表 6-3-1 である[1]. まず根自身をみると, ダイズ根組織の呼吸量は新鮮重当たり 2.0～4.3 $\mu l\, O_2$ g/min であり, 他の 3 作物の呼吸量 (0.8～2.8 $\mu l\, O_2$ g/min) と比較して若干高い値を示したが, 大差はなかった. ところが根粒の酸素消費量は 10～30 $\mu l\, O_2$ g/min と, 根組織の 5～7 倍もの高い値を示した. 根粒の酸素消費量が著しく高いことは, 窒素固定と関係するが, これについては後に詳しく説明する.

　発芽後約 1 カ月ごろからダイズ根粒は着生を始め, 生育に伴い根粒の数も増大する. この時期からのダイズ根系の呼吸量がイネ科作物と比べてどのようなものかを見るために, 同じような生育期間のソルガムとダイズをポットに栽培し, その全根系の酸素消費量と根粒の着生状況を比較した (図 6-3-1)[1].

　7 月上旬に播種したダイズ (アキシロメ) は 8 月 15 日前後に開花期を迎えた. 開花期以降, 根粒の着生は急速に増加し, 登熟期には根粒重は最大に達した. 全根系の酸素消費量はダイズ根の総重量よりも, むしろ根粒重の増加とともに増大し, 登熟後期にはポット当たり 11.3 $ml\, O_2$/hr になっ

表6-3-1 代表的な転換畑作物の酸素消費量

| 作物 | 20～30℃での酸素消費量 ($\mu l\,O_2/g/min$) |
|---|---|
| ダイズ　根 | 2～4.3 |
| 　　　　根粒 | 10～30 |
| トウモロコシ | 0.8～1.8 |
| ソルガム | 1.4～2.4 |
| ハトムギ | 1.6～2.8 |

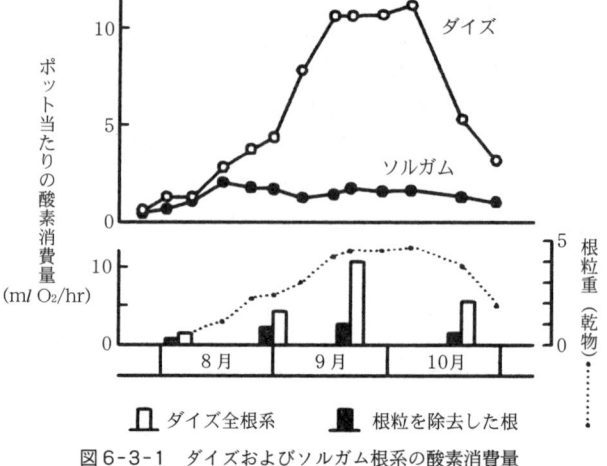

図6-3-1 ダイズおよびソルガム根系の酸素消費量
(注)根粒が酸素消費量に及ぼす影響も示してある

た．根粒を除去した根を用いて酸素消費量を調査したが，根量がもっとも多い登熟前期でも 2.9 ml $O_2$/hr であり，これはダイズ根系の酸素消費量の約 1/4 にすぎなかった．したがって，ダイズ根系の酸素消費量のうち，大部分が根粒によって占められている．一方，ソルガムでは，幼穂形成期に酸素消費量は最大になったが，その値は 2.7 ml $O_2$/hr であり，ダイズと比較して著しく少ない．

以上から，ダイズが正常に生育するためには，トウモロコシやソルガムと比べて土壌中での酸素供給量（土壌の通気性）を確保することが非常に大事であることがわかる．

ii) **酸素濃度と窒素固定との関係**　酸素濃度の変化が根粒の窒素固定に及ぼす影響を検討するため，根粒をさまざまな酸素分圧条件下に置いたとき，その酸素消費量と窒素固定量がどのように変化するかをみた（図6-3-2)[2]．

大気の酸素分圧（濃度）は 20％ 程度であるが，酸素濃度が 40％ になると，根粒の呼吸量は 70％ 増大し，しかも窒素固定量は 2 倍以上も上昇した．酸素濃度を 10％ に低下させたとき，呼吸量は通常の酸素濃度（20％の酸素濃度）と比較してわずかしか低下しないが，窒素固定量はほぼ皆無となった．このように，ダイズでは酸素濃度が 20％ 以下になると根粒の窒素固定は大きく阻害されるようで，10％ で窒素固定はほぼ完全に停止してしまう．10％ の酸素濃度でも根粒の呼吸量は維持されるが，それは根粒自身の維持のために使われているようである．一方，根自身の機能は酸素濃度の低下に対しては根粒より鈍感なようで，Tjepkema ら[5]の報告によれば，ダイズ根自身の呼吸は酸素濃度が 10％ 以下になって初めて低下し，養分吸収に悪い影響を及ぼすようになるという．

したがって，土壌空気の酸素濃度の低下に対しては根粒の窒素固定能が最も強く影響され，根自身の養分吸収機能は酸素濃度が低下しても影響を受けにくいといえる．しかし，酸素濃度が 10％ 以下になるまでは根自身も根粒も盛んに呼吸するため，土壌空気中の酸素濃度が低下するものと考えられる．

実際のダイズ転換畑で土壌中の酸素濃度はどのようになるのか，ソルガムの転換畑と比較した（6-3-3図)[2]．

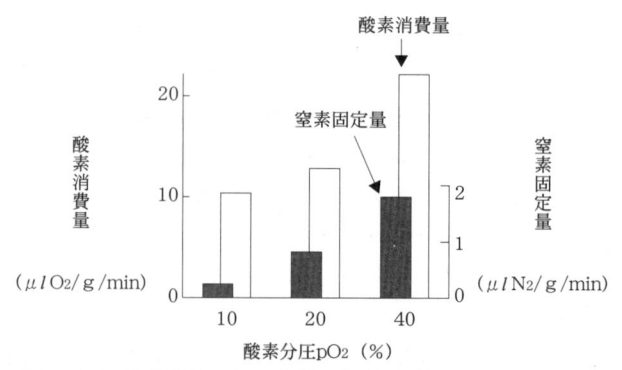

図6-3-2 酸素分圧がダイズ根粒の酸素消費量および窒素固定量に及ぼす影響

土壌酸素濃度の測定は表層から 8〜14 cm の根系に採気管を挿入し，土壌空気を測定することによって行なった．ソルガム畑と比べて，ダイズ作付け土壌中の酸素濃度は低く経過し，9 月下旬の強い降雨の 2 日後にはダイズ畑では 17 % まで酸素濃度は低下していた．降雨後は土壌の気相率が低下し，土壌中の孔隙が水でふさがれて通気性も悪化したところに，ダイズ転換畑では根系の酸素消費量が多く，酸素濃度の低下に拍車をかけたと考えられる．これまでの実験結果からみると，窒素固定量は 30 % 以上も阻害されたと推定される．一方，ソルガム畑の土壌中酸素濃度は 19 % 程度で，根の呼吸阻害は認められなかった．

iii）**土壌の締め固めが根粒の着生に及ぼす影響**
根粒による窒素固定には酸素の莫大な消費が必要なことから，ダイズの栽培には土壌物理性（排水性）が非常に重要であることが理解できよう．土壌物理性は，根粒の着生にも影響を及ぼす．農作業機械の大型化に伴い，踏圧による締め固めが問題となっていて，そのような圃場では透水性や通気性の不良による障害がみられる．

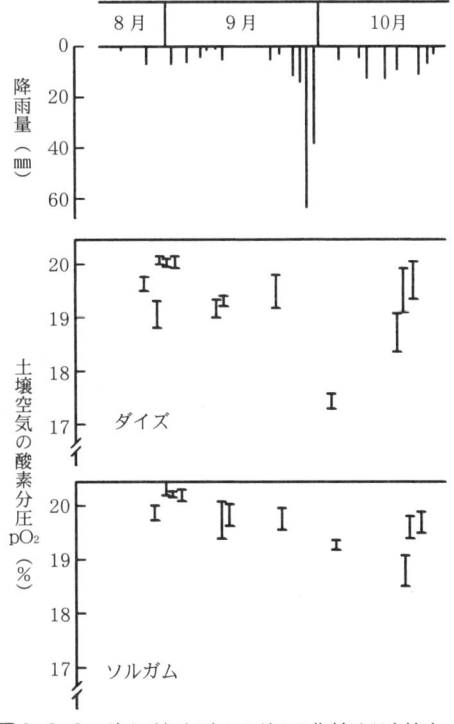

図 6-3-3　ダイズおよびソルガムの作付けが土壌中の酸素濃度に及ぼす影響
（注）地表から 8〜14 cm の土壌空気を採取

トラクタの車輪による土壌の締め固めが根粒の着生や根粒数に及ぼす影響が Voorhees ら[6] によって検討されている．それによると，トラクタの踏圧がないところと比べて，轍がダイズのうねの両側に通ったところでは，根粒数や根粒重は 60 % 以上も低下した．

土壌の締め固めがダイズの生育や窒素固定量にどのような影響を与えるか，これをモデル実験で示すことにする．1/5,000 a ポットに水田土壌を 3 kg 充填した（粗充填区），もう一方のポットには 4 kg の土壌を充填して粗充填区と同じ容積になるまで人工的に締め固めた（密充填区）．粗充填区は密充填区よりも粗孔隙率が高く，透水性もよい．これらのポットに，ダイズ品種アキシロメと根粒非着生系統の T201 を栽培した[3]．

T201 の生育を観察すると，土壌量が多く，土壌中の有効態窒素量も多い密充填区では，粗充填区よりも乾物重や窒素吸収量が多かった．例えば窒素吸収量は粗充填区では 73 mg，密充填区では 92 mg であり，窒素吸収量について土壌量が多く締め固めした区ではむしろプラスの影響を与えている．一方，根粒による窒素固定が期待されるアキシロメについては，粗充填区の窒素の獲得量は 2,430 mg であったが，有効態窒素量の多い密充填区では逆に 2,058 mg に低下していた．この結果は，土壌の締め固めはダイズの根そのものの養分吸収は全く阻害しないが，根粒による窒素固定量を大きく低下させ，生育の低下をもたらすことを明確に示している．

iv）**根粒による光合成産物の浪費**　根粒による窒素固定が呼吸（酸素消費）に大きく依存していること，そのため転換畑での土壌物理性（通気性）がいかに重要であるかを論じてきた．しかし，ダイズの収量と，窒素固定量や根粒重との間に必ずしも高い相関関係が認められているわけではない．

根粒重と窒素固定比活性（単位根粒重当たりの窒素固定量，あるいは窒素吸収量）を全生育期間にわたって調査した結果が図 6-3-4 である[3]．窒素固定比活性は開花期を過ぎると急速に低下し，こ

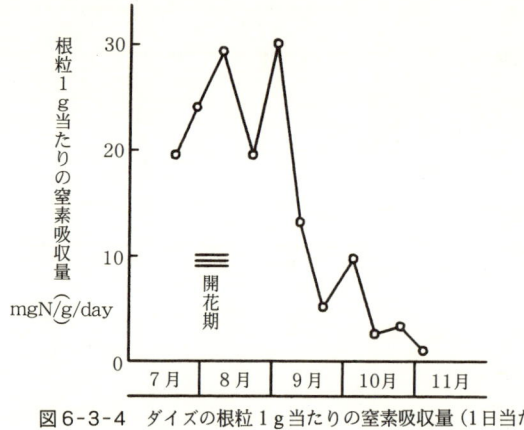

図6-3-4 ダイズの根粒1g当たりの窒素吸収量（1日当たり）

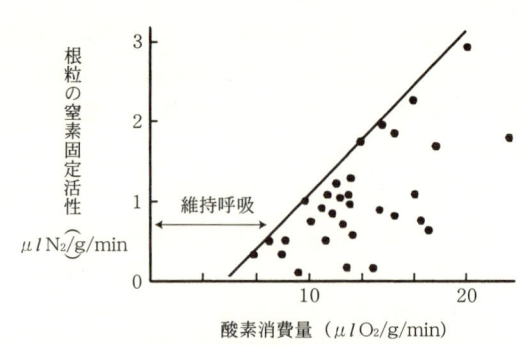

図6-3-5 ダイズの根粒の酸素消費量と窒素固定活性
（注）ダイズ生育期間中さまざまな根粒を無差別に採取して測定した

の低下傾向は収穫期まで続いている．すなわち，根粒数は開花期以降増大するが，個々の根粒の窒素固定能力は低下してしまう．さらに悪いことには，窒素固定の低下した根粒は自らの生存のために大量の酸素を消費する．言い換えれば，酸素の消費分だけダイズの体内に蓄積した光合成産物を浪費することである．

ダイズの生育期間中，無差別に採取した根粒の呼吸と窒素固定との間の関係をみると（図6-3-5）[3]，もっとも効率的な窒素固定を示す直線の下側に大部分の根粒は点在していることがわかる．しかも，根粒1g当たり$5\mu lO_2$/minの酸素は窒素固定を伴わずに消費される（維持呼吸）ので，そのぶん光合成産物が浪費されることになる．すなわち，生育の後期まで大量の根粒が着生することは，光合成産物を利用するうえで根粒間の競合が起こり，窒素固定の効率をいっそう悪くさせる．

根粒に効率的に窒素固定を行わせるためには，土壌の保水性を考慮しつつ通気性を獲得するほかに方法はなく，根系を深く保つことである．しかし，これはダイズ以外の作物にも共通するところであり，何ら新味はない．光合成産物を効率的に利用して窒素固定を行なうために，根粒の着生状況をどのように制御すべきかについては，基本的な考え方は無かったといってよい．

最近，ダイズ根粒超着生系統で収量性に優れた系統が育成されている．この系統はこれまでのダイズ系統より根粒の窒素固定能力が2倍以上高く，しかも開花期から登熟期間を通じて窒素固定能力が低下しないといわれている[4]．この系統の根粒の呼吸量は普通の品種より高いようであるが，生育後半に呼吸が無駄にならず，窒素固定があまり低下しないのは不思議である．この系統の窒素固定の生理を究明することで，新たな根粒の活用法が生まれるものと期待される．

（阿江　教治）

## 引用文献

1) 阿江教治・仁紫宏保．ダイズ根系の酸素要求特性および水田転換畑における意義．土肥誌，54, 453-459（1983）
2) 阿江教治．土壌空気．土壌の物理性．50, 81-88（1984）
3) 阿江教治．大豆根系の生理特性と増収問題．農園，60, 679-683（1985）
4) 高橋　幹・有原丈二・中山則和．根粒超着生ダイズ系統の利用によるダイズと根粒菌の共生窒素固定のさらなる活用．日作紀，70. 別号1. 292-293.
5) Tjepkem, J. D. and C. S. Yocum. Respiration and oxygen transport in soybean nodules. Planta (Berl.).

115, 59-72 (1973)
6) Voorhees, W. B., V. A. Carlson and C, G, Sebst, soybean nodulation as affected by wheel traffic. Agron. J. 68, 976-979 (1976)

## 2) 基盤整備

### (1) はじめに

水田におけるダイズの収量水準が低い要因の一つに湿害がある．水田は表土層下に耕盤層が形成されており，灌漑水の降下浸透を抑制して水を貯める機能を持っている．したがって，畑作物の生育環境とするためには，排水性と透水性を向上させる必要がある．1963年から始まった圃場整備事業は汎用耕地化を前提としており，用排水路の分離，排水路底および水位の低下，暗渠，客土等を実施してきている．

基盤整備水準を高めるとともに，営農土木技術を活かすことが重要である．しかし，これらを実施しても適切な維持管理を図らなければ，用排水路では汚泥の堆積，明渠では泥の堆積や浸食，崩壊，暗渠では泥や酸化鉄の付着・堆積が発生し機能低下を起こす．

湿害の原因には降雨時の排水不良のみならず，隣接の水稲栽培水田からの漏水や高標高地からの湧水等があり，これを防止するためには，畦畔下における水移動の遮断や湧水を明渠や暗渠で集水するなどの対策を必要とする（図6-3-6）．

図6-3-6 明渠による隣接圃場からの漏水防止対策

一方，ソフト対応として農区（周辺を道路または幹支線用排水路等によって囲まれた区画）単位における集団栽培を行い，周辺の水環境との遮断を図る方法がある．

作物栽培の基本は，先ず発芽率を高めることであり，そのためには砕土率と田面均平度の向上を必要とする．ダイズ栽培では発芽や開花時の土壌水分不足は発芽不良や収量減，品質悪化につながることから，用水を短時間に圃場の隅々まで行き渡らせるとともに，速やかに排水できる圃場とする必要があり，このためには一時に大量の用水を供給できる用水施設とすることや，田面均平度の向上，圃場面傾斜化等を検討すべきである．

### (2) 湿害対策

田面均平度が悪いと凹部において降雨湛水による湿害が発生する．田畑輪換を実施している圃場は，農業機械の走行・旋回や畑地利用時の畝立て，乾湿の繰り返しによる不等沈下等が原因して田面の凹凸が顕著となる．これを営農段階で修復する方法として，代かきやトラクタによるバケット運土整地が用いられてきたが，土の移動量は少なく，また均平度に限界がある．

一方，田面に一時的に湛水した降雨の大部分は均平度の向上や明渠掘削によって排水できるが，レーザー均平を行ったとしても1cm程度の起伏はあり，凹部分の残水は蒸発と降下浸透を期待することになる．しかし，粘質な土壌は透水性が悪いため過湿状態が継続し，根腐れの原因となるばかりか，中耕や培土，除草剤・病害虫防除作業等の機械作業が適期に行えないことがある．これを解決する手段としては，従来から心土破砕や暗渠，土壌改良等が行われてきた．

表面排水の迅速化を図る方法として明渠は効果的であるが，溝の存在は機械作業効率の低下や雑

草繁茂等の原因となる．新しい圃場面排水技術として，レーザーを用いたトラクタとプラウ，レベラーによる整地均平，および圃場面傾斜化がある．

 i) 田面の均平度向上と傾斜化による排水性の向上

（i）レーザープラウ・レベラーの活用　アメリカやイタリア等では，従来からレーザーレベラーを用いて田面の均平および傾斜化を図っている．わが国においても，これら技術による排水促進効果は理論的に整理されていたが，対応する機械の開発・普及が遅れていた．

一方，高生産性水田農業を実現するため，大規模生産組織等において自らが隣接水田との統合によって区画を拡大する機運が高まり，これに合わせてわが国の農地に適合したレーザープラウやレベラーが1996年に開発された．また，同機械を応用した「反転均平工法」[1]が開発され，大区画化が低コストに実現できることから，すでに北海道をはじめ各地で採用されている．本工法は従来のブルドーザ工法でみられた表土の過転圧が発生しにくいため透水性が良好である（図6-3-7）．

図6-3-7　透・排水性の差によるダイズ生育状況
農道より左側は従来工法，右側は反転均平工法

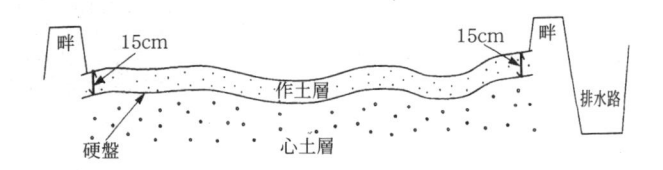

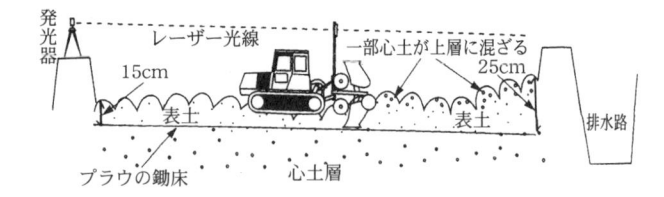

（ii）田面および耕盤の傾斜化　傾斜化はレーザー発光角度を調整することで自由に設定できる．表土厚を15cmと仮定し，排水路方向に1/1000の傾斜をつけた場合，排水路側では田面から25cmの耕起となるため，整地・均平後には表土に心土が1/3混じることになる（図6-3-8）．したがって，表土層が薄い場合や心土層が耕作に適さない土壌の場合には，傾斜度を小さくする等の検討が必要である．

ii) 漏水防止対策　畦畔の漏水防止と草刈作業の軽減を図るために，畦畔ブロックやコンクリート現場打ちを採用している地区もみられるが，農業機械の

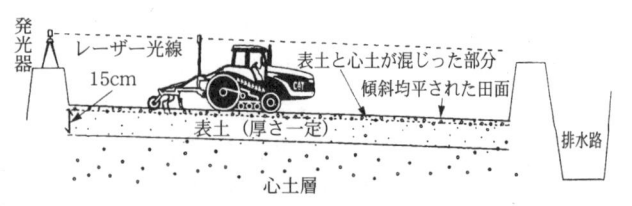

図6-3-8　傾斜水田の造成方法

接触による機械側の破損や不等沈下による目地外れ，区画拡大時に撤去が困難であるなどの問題を含んでいる．また，畦畔全体を覆うプラスチックやビニール製シートも採用されているが，太陽光による素材の劣化や表面が濡れた場合に滑るなどの点で問題を持っていた．そこで，高強度プラスチック製不織布をベースに，その上に遮水，遮光層として弾性モルタル表皮層を形成することで従来の問題点を解決するとともに，雑草の繁茂を抑制するシート[2]が開発されている．

一方，畦畔漏水は泥炭や砂質など透水性に富む土壌では畦畔下で発生する．また，ザリガニ，モグラ，ネズミ，ケラなどの小動物による掘削抗も無視できない．この対策としては田面下60 cm程度まで硬質塩ビやプラスチックシートを埋設する方法がある．これらのシートは柔軟性があるため施工性がよい．また，セメント系固化材と畦畔造成機などを利用して畦畔および畦畔下を適度な堅さに成型する方法がある[3]．しかし，畦畔造成機では固化材と現地土の十分な混合が困難なことや区画拡大などで壊した際に固化物の処理に困ること，固化が困難な土壌が存在するなどの課題がある．

そこで，鉱物質である軽焼マグネシアとリン酸肥料等を主成分とする新たな土壌硬化剤を開発した[4]．成分は肥料として従来から利用されいるものであり，固化した土は弱アルカリ性で生態系に対する影響が少ない．また，固化した畦畔を壊した場合には土に帰すことができる．国内のほぼ全ての土を固化することが可能で，かつ添加量の調整等によって強度の調節も可能である．畦畔シートやコンクリートで畦畔を造成した場合に景観との調和が課題となるが，本法では違和感を生じない．また，雑草の繁茂が防止され草刈りの必要がなくなる．生態系や景観など自然環境を守るために畦畔は草が生えていなければという意見もあり，この場合には窪みをつけたり穴を空けて景観植物を植えることによる対応も可能である．

東北タイの砂質土壌地帯の天水田で，本資材を用いて現地試験を行った．整備前は200 mmを湛水しても1日で無くなったが，畦畔の表層10 cmに重量比で10％程度混合して転圧成型を行った結果，1日の減水深を20 mmに抑制することができた（図6-3-9）．

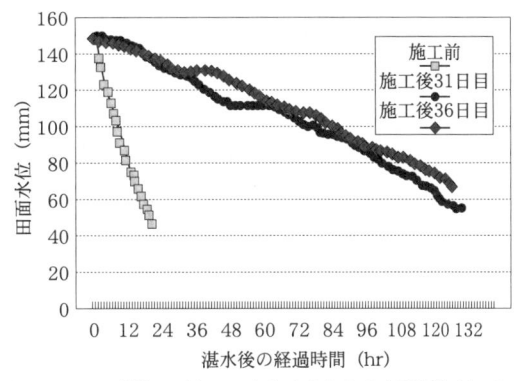

図6-3-9 軽焼マグネシアを主成分とする土壌硬化剤による畦畔改良効果
（注）東北タイの天水田における調査

### (3) 土壌水分管理

透・排水性の向上が最重要事項と考えられているが，一方では灌水を行い土壌水分を適正に管理することが，安定多収，高品質化につながる．しかし，ダイズに用水が必要な時期は，水稲では必要水量が少なかったり，ポンプ揚水地区では稼働時間が限定されたりする．灌水のためには，まず用水を確保しておくことが大事である．

水分調節方法は，用水口からかけ流して圃場全面に水が乗ったら落水する表面灌漑が，新たな整備を必要としないこともあり主流となっている．田面均平度が悪い場合や給水口からの吐出量が少ない場合には，給水時間が長引き，用水側で湿害が発生する危険性がある（図6-3-10）．用水を圃場全面に速やかに導く手段として明渠が設けられてきたが，明渠掘削土の処理や農作業上の障害となるなどの問題もある．短時間に圃場全面に用水を導く方法としては，明渠以外に圃場面を傾斜化する技術があり，水平圃場と比較して給・排水時間が大幅に短縮できる（図6-3-11）．

本暗渠と弾丸暗渠やもみがら暗渠，サブソイラ深耕等を組み合わせ，用水を本暗渠に注水すること

で，田面下からの用水補給が可能となる．土壌によって差はあるが，地下水位を－40 cm程度にすれば，毛管上昇で作物に水分補給ができる．地下灌漑方式には，排水路堰上げ，用水直結，調節タンク接続の各方式があり，用水路が開水路か管水路かによって接続・管理方法が異なる．表層および下層土壌の透水性が暗渠への送水量と水圧の決定要因である．粘質土壌の場合には，暗渠埋設深を浅くしたり，補助暗渠間隔を密にするなどの検討を要し，また，下層土が砂礫層等で透水が大きい場合には，深さ1 m程度の位置に止水層を形成する必要がある．農区単位の集団栽培が実施されている場合には，排水路水位を上昇させ地下水位を底上げすることで，降下浸透を防止する方法も考えられる．

農工研の関東ローム土壌の1 ha区画水田においてタチ赤ナガハを栽培した．地下灌漑で播種時から落葉前まで安定的に－40 cm程度の地下水位を維持した．これに要した水量は15 mm/dayであり，また，坪刈り収量は400 kg/10 a以上となった．

図6-3-10 干魃時の用水供給に伴う用水側枕地の湿害発生

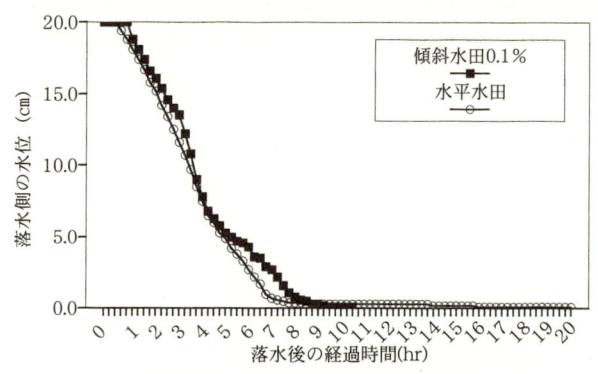

図6-3-11 傾斜水田と水平水田の表面排水時間の比較
(注) 落水口側の水位を20 cmに設定した後排水した結果，ゼロ水位になるまでの時間は傾斜水田は10時間45分，水平水田は20時間であった．

(4) 大規模経営に対応した基盤整備

i) 大区画化による機械作業時間の短縮　長辺長の長い大区画水田ほど機械作業時間の短縮を図れるが，水稲移植栽培では田植機の苗補給までの距離が制約条件となる．しかし，ロングマット移植方式や直播を導入した場合にはこの限りでなく，長辺長が200 mを越える区画も各地で造成されてきており，また，レーザーレベラーを利用して営農段階で区画拡大を図っている事例もある．ダイズ栽培でも，排水性の問題が暗渠や明渠，傾斜化等で解決できるのであれば，大区画が望ましい．

ii) 農道幅員の拡大　農業機械の大型化による作業時間短縮は，経営規模拡大や天候が不安定な時期の播種，防除，収穫等において必要条件である．幅が2.5 mを越える作業機も多く，今後の道路幅員は5.0 m以上が望ましい．また，田面と農道の標高差が小さいほど補給や搬出作業が容易となり，さらに農道ターン方式を採用し枕地を無くせば（図6-3-12），作業性向上以外に過転圧や用排水時の通水障害を防止できる．なお，農道沿いの電柱等は機械の

図6-3-12 ターン農道を利用した乗用管理機による除草剤散布

移動や道路と農地間における補給，収穫物搬出作業等の障害となることからできる限りなくすことが望ましい．

（藤森　新作）

## 引用文献

1) 藤森新作・千葉佳彦・小澤良夫．大区画ほ場整備におけるレーザープラウとレベラーを用いた低コスト整地工法，建設の機械化，600号，23-30 (2000)
2) 藤森新作・長野間宏・屋代幹雄・森田弘彦．水田畦畔の整備技術，平成8年度農業土木学会関東支部大会講演要旨集10，45-48 (1996)
3) 屋代幹雄・藤森新作．水田畦畔管理技術の開発（第1報）畦畔漏水防止作業技術，農作業研究，第31巻・別号1，4，45-48 (1996)
4) 藤森新作・小堀茂次．自然環境に優しい土壌硬化剤マグホワイトの開発，農業土木学会誌，第68巻，12，1297-1300 (2000)

## 4．有機物

### 1) 有機物施用

　ダイズは根粒による固定窒素を利用する作物であるため，ダイズの肥培管理では特に窒素肥料を供与しなくても生育が大きく抑制されることはない．したがって従来のダイズ栽培では窒素施用に重きが置かれず，無窒素栽培とするか基肥として10a当たり2kg前後の窒素施肥を行うのが一般的である．ダイズの平均収量をみると他作物より低く，200 kg/10 a以下の場合が多い．このような収量レベルでは窒素施肥を行わなくても収量確保に支障はないと思われる．

　しかし，ダイズの窒素要求量は他作物よりはるかに多く，多収のためには積極的に窒素を吸収させることが重要と考えられ，窒素施用の意義が大きいことが指摘されてきた[8,10]．

　子実の窒素含有率は通常6.5％程度と非常に高く，子実重で500 kg/10 a（水分含有率15％）を得た場合を想定すれば，子実中の窒素量だけで28 kg/10 a程度となり，落葉や茎・莢中の窒素量を合わせると30 kg/10 a以上となる．これまでの多収事例には700 kg/10 aを越えているものもあり，その場合は植物体全窒素量はおよそ40 kg/10 aと見積もることができる．

　ダイズは植物体全窒素量の70％程度が根粒による固定窒素に依存しているといわれている．これに従えば，500 kg/10 aのダイズを生産するためには根粒由来の窒素量が約20 kg/10 a，残りの約10 kg/10 aを施肥などの方法で外部から供与する必要があることになる．

　これまでの研究をみると，窒素施肥試験例[1〜5,7,9,12,16]が非常に多いことがわかる．ただし，試験では必ずしも増収事例となるのではなく，効果が見られなかったり，茎長が伸びすぎて倒伏し，減収する事例も多い．つまりダイズは窒素の要求量は多い作物であるが窒素供給の方法によっては減収につながる場合も出てくる．そこで，茎長をあまり伸ばさず，かつ根粒着生を阻害しない窒素追肥技術が検討されてきた．これらの試験結果の全国的なとりまとめ[17]をみると，全事例中約2/3に追肥効果が確認されている．ただし細かくみれば，収量水準が高くなると追肥効果はあまり上がらないようである．

　化学肥料による窒素施肥では肥料による濃度障害の点からみて多量の窒素を供与するには限界がある．窒素施肥の意義は大きいがやはり根粒による固定窒素を利用する方が窒素を多量に吸収させ

る上で最も効率的と思われる．すなわち根粒依存度は多収するにつれてますます大きくなるものと思われる．この根粒着生を良好にし，活性向上を主目的として有機物施用による土壌改良が検討されてきた．どの作物でも土壌環境を改善するのは生産力向上の基本であるが，特にダイズ栽培では根粒による窒素固定との関係からみてその施用意義は大きいものと思われる．

以上から，ダイズ多収を達成するためには，窒素施肥と有機物施用による土壌改良の二つが大きな要因としてあげられる．ここでは筆者の試験例[19]を中心に，窒素施肥との関連での有機物施用の意義を述べる．

試験は排水の良好な細粒灰色低地土の水田転換畑で行った．品種はタマホマレである．条間70 cm，株間20 cm，1株2本仕立てとし，6月下旬に播種した．作付け体系はダイズ-コムギの一貫栽培とし，ダイズ作には前作小麦稈または稲わら堆肥を連用した．肥料は基肥の場合は播種溝直下に条施し，追肥は開花期に表面に全面施用した．

### (1) 生育量

表6-4-1は地上部全重および根粒重である．結莢期および子実肥大期のいずれも，無窒素に比べ窒素施肥の方が地上部重は大きい．また，有機物の影響を見ると，有機物無施用と麦稈800 kg施用との間に生育量の差はほとんど見られず，一方堆肥2 t施用では他より地上部重が大きい．時期別にみると，有機物無施用に対して堆肥施用による地上部重の増加率は結莢期が最も大きく，次いで成熟期であり，子実肥大期では大きな差は見られない．このように時期でやや傾向が異なるが，一般に堆肥施用は地上部重の増加に効果的に働いている．

表6-4-1 地上部重および根粒重

| 試験区 | 地上部全重 (kg/10a) | | | 根粒重 (kg/10a) | |
|---|---|---|---|---|---|
| | 結莢期 | 子実肥大期 | 成熟期 | 結莢期 | 子実肥大期 |
| 有機物無施用 | | | | | |
| 　無窒素 | 319 | 726 | 746 | 4.85 | 4.00 |
| 　基肥 2 kg | 373 | 760 | 777 | 3.00 | 4.45 |
| 　基肥 4 kg | 369 | 831 | 795 | 3.24 | 4.62 |
| 　追肥 5 kg | 381 | 784 | 788 | 3.33 | 5.47 |
| 　追肥 10 kg | 348 | 850 | 781 | 2.88 | 2.44 |
| 　平均 | 358 | 790 | 777 | 3.46 | 4.20 |
| 麦稈 800 kg | | | | | |
| 　無窒素 | 300 | 790 | 765 | 4.00 | 3.90 |
| 　基肥 2 kg | 348 | 767 | 792 | 5.31 | － |
| 　基肥 4 kg | 391 | 802 | 795 | 4.74 | 4.19 |
| 　追肥 5 kg | 400 | 800 | 801 | 3.85 | 4.10 |
| 　追肥 10 kg | 313 | 768 | 817 | 3.42 | 3.56 |
| 　平均 | 350 | 785 | 794 | 4.26 | 3.94 |
| 堆肥 2t | | | | | |
| 　無窒素 | 383 | 756 | 804 | 2.94 | 3.55 |
| 　基肥 2 kg | 422 | 843 | 826 | 3.44 | 3.29 |
| 　基肥 4 kg | 397 | 796 | 849 | 2.67 | 3.71 |
| 　追肥 5 kg | 370 | 828 | 867 | 1.60 | 2.49 |
| 　追肥 10 kg | 426 | 833 | 852 | 2.05 | 1.78 |
| 　平均 | 400 | 811 | 840 | 2.54 | 2.96 |

(注) 1.表中の数値は4年間の試験結果の平均値，ただし結莢期の数値は2年目を除いた3年間の平均値 2.成熟期の地上部重には落葉重は含まれていない，3.施用量は10 a当たり．

## （2）根粒着生量

　根粒重の調査結果をみると，追肥窒素10 kg施用では明らかに根粒重が低下することが分かる．また有機物無施用と麦稈800 kg施用とを比べると，結莢期の根粒重は麦稈800 kg施用が優っている．堆肥2 t施用は他の処理に比べ窒素施肥の有無にかかわらず根粒重は大きく低下しており，中でも追肥窒素10 kg施用では最も着生が抑制される．このように窒素追肥は施用量が多くなると根粒着生を強く抑制し，抑制程度は有機物無施用および堆肥2 t施用に比べ麦稈800 kg施用で小さい．したがって根粒着生に関しては麦稈施用が有利と考えられる．

## （3）収 量

　図6-4-1は有機物施用と窒素施肥が収量に及ぼす影響を見たもので，4年平均で示した．無窒素に比べ窒素追肥で収量は向上することが認められ，また収量向上に及ぼす影響は有機物無施用に比べ麦稈800 kg施用および堆肥2 t施用で明らかに大きい．また，麦稈800 kg施用の窒素追肥では施用量が5 kgから10 kgに増加すると増収効果も高まった．有機物無施用および堆肥2 t施用の場合に追肥窒素量が5 kgで頭打ちになることを考えると注目すべき点である．

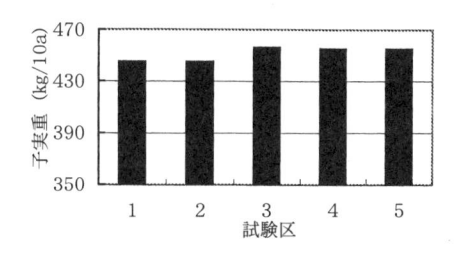

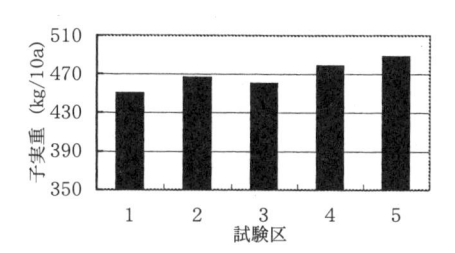

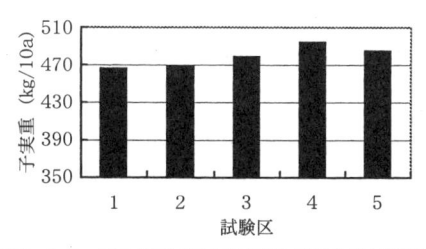

図6-4-1　窒素施肥が収量に及ぼす影響（4年平均）
(注) 1：無窒素，2：基肥2 kg，3：基肥4 kg，4：開花期追肥5 kg，5：開花期追肥10 kg
上図：有機物無施用，中図：麦稈800 kg施用，下図：堆肥2 t施用
施用量は10 a当たり．

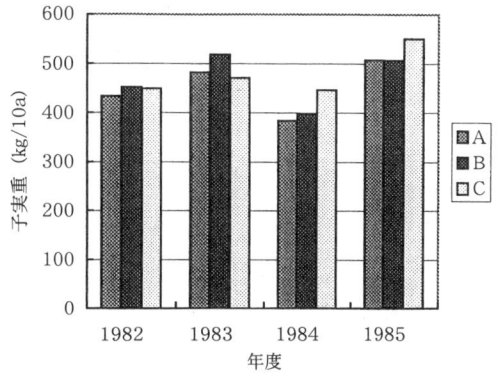

図6-4-2　有機物施用が子実重に及ぼす影響
(注) A：有機物無，B：麦稈800 kg/10 a，C：堆肥乾物2 t/10 a
1982年から有機物施用を開始した．

　一方，年次毎の収量性を比較すると（図6-4-2），1982年（有機物施用開始年）では有機物無施用と施用との収量差は小さく，1983年では麦稈800 kg施用が，1985年では堆肥2 t施用が有機物無施用より優っている．また，収量水準の低い1984年と高収年であった1985年のいずれも堆肥2 t施用の増収効果が高く，堆肥施用は収量の安定化と同時に高位生産にとって効果的であることが窺われる．

## （4）子実の粒径分布

　表6-4-2は有機物連用と子実の粒径との関係を調査したものである．麦稈800 kg施用では有機物無施用に比べ大粒割合が減少する傾向，堆肥2 t施用では増加する傾向が認められる．このように有機物施用は収量面だけでなく品質への影響もあることが分かる．麦稈800 kg施用による小粒化の原因の一つは土壌水分の低下が考えられる．主茎長も短くなることから土壌水分状態を適切に維持

することが小粒化防止対策としては必要と思われる．

### (5) 土壌の理化学性

表6-4-3は有機物を連用した場合の土壌の理化学性の推移を示したものである．3年目における孔隙率は有

表6-4-2 有機物連用が大粒割合に及ぼす影響

| 有機物 | 大粒の割合（%） | | | |
|---|---|---|---|---|
| | 1982年 | 1983年 | 1984年 | 1985年 |
| 有機物無施用 | 36.8 | 35.8 | 53.8 | 34.2 |
| 麦桿 800 kg | 36.8 | 30.0 | 37.2 | 35.8 |
| 堆肥乾物 2 t | 36.6 | 30.4 | 63.0 | 40.4 |

表6-4-3 有機物施用が土壌の理化学性に及ぼす影響

| 有機物 | 層位(cm) | 初年目 | | 3年目 | | 土壌全窒素含有率（%） | | |
|---|---|---|---|---|---|---|---|---|
| | | 孔隙率(%) | 土壌水分(%) | 孔隙率(%) | 土壌水分(%) | 初年目 | 4年目 | 5年目 |
| 無 | 2-7 | 56.5 | 21.1 | 51.2 | 15.9 | 0.115 | 0.106 | 0.118 |
| 〃 | 10-15 | 53.1 | 21.9 | 49.1 | 18.9 | − | − | − |
| 麦桿 800 kg | 2-7 | 55.9 | 21.7 | 52.1 | 17.6 | 0.115 | 0.132 | 0.123 |
| 〃 | 10-15 | 52.5 | 22.6 | 52.7 | 18.4 | − | − | − |
| 堆肥 2 t | 2-7 | 58.5 | 23.2 | 55.2 | 18.4 | 0.115 | 0.157 | 0.162 |
| 〃 | 10-15 | 55.3 | 24.5 | 52.8 | 20.2 | − | − | − |

（注）物理性はダイズ収穫後にコムギを作付けした圃場の土壌について，1月～2月に測定した．施用量は10 a 当たり．

機物無施用に比べて有機物施用の方が大きく，また土壌水分含有率も有機物施用で高い．土壌の全窒素含有率は有機物施用で高まりその程度は堆肥2 t施用で特に大きい．このように有機物施用は連用により土壌の孔隙率を高め，土壌水分の保持量を向上させる．根の生育条件としては明らかに改善効果が高いことがうかがわれる．根粒の窒素固定能については測定していないが，根圏環境の改善は根粒活性の維持あるいは向上に対しても好条件になっているものと推察される．

### (6) 多収ダイズの収量および収量構成要素などの諸形質

表6-4-4は多収ダイズの収量および収量構成要素等の諸形質を示したものである．約600 kg/10 aの収量が得られた堆肥2 t施用の場合を見ると，全重は約1300 kg/10 a（落葉重を含む）となり，全重に対する子実重の割合が約45 %程度となっている．堆肥2 t施用は有機物無施用の無窒素に比べ主茎長は24 %増，茎の太さは20 %増，窒素吸収量は12 %増となっている．やはり高収を得るためには全重を大きくし，窒素吸収量を高めることが必要であり，窒素吸収量を大幅に高めるためには開花期等における適量の窒素追肥と堆肥等の有機物の多量連用の二つの技術がそれぞれ単独ではなく，組み合わされた場合に特に有効に働くことがうかがわれる．

有機物の中で堆肥は製造や施用に多くの労力がかかること，また家畜ふん堆肥などでは窒素含有率が一定しないため施用量の決定が難しいことなどの理由であまり施用されていないが，土壌改良効果や窒素等の養分供給には効果が高い[6,11,20]．堆肥は生わら施用の場合のように作物に生育障害

表6-4-4 多収ダイズの収量および収量構成要素など

| 有機物 | 窒素施肥 | 全重(kg/10a) | 子実重(kg/10a) | 総粒数(個/m²) | 100粒重(g) | 主茎長(cm) | 茎の太さ(mm) | N吸収量(kg/10a) |
|---|---|---|---|---|---|---|---|---|
| 無 | 無 | 1130 | 528 | 1874 | 28.2 | 52.2 | 7.20 | 31.94 |
| 〃 | 追肥N 5 kg | 1079 | 505 | 1696 | 29.8 | 57.8 | 7.84 | 31.41 |
| 堆肥 2 t | 無 | 1133 | 500 | 1729 | 28.8 | 62.4 | 7.71 | 31.00 |
| 〃 | 追肥N 5 kg | 1308 | 597 | 2004 | 29.8 | 64.9 | 8.61 | 35.62 |

（注）1. 品種：タマホマレ，2. 6月下旬播種，3. 全重：落葉重を含む，4. N吸収量：落葉中の窒素を含む．施用量は10 a 当たり．

を引き起こす危険性はないが，含有されている硝酸態窒素成分が根粒着生を抑制するため，施用量には注意する必要がある．

ダイズ-コムギ作付け体系では麦稈をムギ収穫と同時に圃場へ還元しそのまま鋤込めば，排出されるわらの搬出や焼却にかける労力を省略できるし，焼却による大気汚染等の環境への影響もなくなるので鋤き込むのが望ましい．

一般的には生わらなどの粗大有機物を作付けの直前に土壌に鋤き込むのは窒素飢餓や生成する有機酸等による根系障害を引き起こすため作物栽培上は推奨しにくい技術であるが，ダイズ栽培では出芽への悪影響はみられない．わらの分解に伴い土壌中の無機態窒素含有率は低下し初期の作物体窒素含有率が低く推移し，生育がやや抑制されることはしばしば経験され，また盛夏には土壌が乾きやすいことなど注意すべき点はあるが，基肥窒素施肥や乾燥が強い時期に灌水を行う等の対策を施せば窒素追肥効果の向上や根粒着生を促進するための有効な有機物給源として十分活用できる．

ダイズ-ムギ体系における麦稈施用効果については近年検討事例[11,13,14,18]が増えている．省力性や生育障害軽減対策としてムギ収穫同時ダイズ播種技術[15]が検討されており，麦稈の表面施用で障害が回避されている．今後の研究方向としては，麦稈施用条件下における窒素施肥技術および土壌水分管理技術等の検討により追肥窒素の吸収効率を向上させ，また追肥窒素の根粒着生障害を軽減し，窒素吸収を促進するための技術を検討する必要がある．

(脇本　賢三)

## 引用文献

1) 星　忍・石塚潤爾・仁紫宏保．窒素質肥料の追肥がダイズの生育と子実生産に及ぼす影響．北農試研報，122, 13-54 (1978)
2) 石井和夫．東北地域におけるダイズに対する肥培管理 (1) 生育特性．農園，58 (11), 1394-1398 (1983)
3) 市田俊一．大豆に対する窒素施肥法．青森農試研報，29, 47-69 (1986)
4) 市田俊一・蜂ケ崎君男・相馬駛春．大豆に対する窒素施肥反応．東北農業研究，31, 101-102 (1982)
5) 飯塚文男・尾川文朗．土壌窒素及び施与窒素と大豆の生育．東北農業研究，33, 109-110 (1983)
6) 柏倉康光・栗原久義・峯岸恵夫・只木正之・松本泰彦・神保吉春．転換畑における大豆の生育に対するりん酸, 窒素, 堆厩肥の影響．群馬農試報，23, 41-52 (1983)
7) 宮川英雄・鈴木光喜・高橋英一・畠山順三．大豆連作における減収軽減に関する研究 第2報 窒素の追肥効果．東北農業研究，35, 85-86 (1984)
8) 持田秀文・吉田　堯．大豆の収量構成要素を規制する要因について．3報 固定態Nと化合態N．日作紀，52 (別1), 39-40 (1983)
9) 中野　寛・桑原真人・渡辺　巌・田渕公清・長野間宏・東孝幸行・平田　豊．ダイズの窒素追肥技術．日作紀，56 (3), 329-336 (1987)
10) 大沼　彪・阿部吉克・今野　周・桃谷　英・吉田　昭・藤井　弘．水田転換畑大豆の多収実証．山形農試研報，15, 27-38 (1981)
11) 角　治夫・山根忠昭．山陰地方における極晩播大豆の窒素施肥法及び有機物施用法．近畿中国農研，73, 7-11 (1987)
12) 世古晴美・曳野亥三夫・二見敬三・佐村　薫・吉倉惇一郎．転換畑における大豆の安定多収栽培 第1報 窒素施肥について．兵庫県農総セ研報，32, 75-79 (1984)
13) 清水豊弘・渡辺　毅．麦あと大豆作の麦かんすき込みに伴う窒素施肥法．福井園試報，4, 41-49 (1985)
14) 千葉　智．転換畑大豆生育に及ぼす麦わら施用の影響に関する二, 三の考察．四国農試報，47, 40-53

(1986)

15) 田渕公清・石田良作．第1報 麦稈マルチと基肥の施用の有無が大豆の生育・収量におよぼす影響．北陸作物学会報，19, 55-56 (1984)
16) 渡辺源六・高橋昌明．転換畑における大豆の施肥法．窒素の追肥による増収効果について．東北農業研究，29, 125-126 (1981)
17) 渡辺 巌．大豆に窒素追肥は必要か．昭和54～56年各県農試の成績概要から．農業技術，37 (11)，491-495 (1982)
18) 脇本賢三・内田好哉．大豆・小麦一貫栽培における麦稈・窒素施用の初年目の効果．九州農業研究，44, 74 (1982)
19) 脇本賢三・梶本晶子・伊藤 信．温暖地における転換畑のダイズに対する有機物施用と窒素施肥．土肥誌，58 (3), 334-342 (1987)
20) 吉田重方．ダイズの窒素栄養におよぼす堆肥施用の影響．日作紀，48 (1), 17-24 (1979)

## 2) 土壌有機物とマメ科作物の生育

ダイズの収量変化要因として，窒素施用，リン酸施用，施肥位置，有機物施用，深耕，培土，灌水，そのほか転換畑ダイズでは転換年数などが考えられる．四国農業試験場におけるダイズの栽培試験から，窒素では10 kg/10 a以上，有機物では2 t/10 a程度以上入れると収量への効果がみられ (図6-4-3)，このほか，灌水，転換年数によっても収量変化がみられたが，これ以外の処理については収量に対する影響は判然としなかった[8]．ここでは，これらの要因の中で，有機物に焦点を絞る．

図6-4-4に，淡色黒ボク土 (乾性黒ボク土) 圃場における，コムギ，バレイショ，トウモロコシ，ダイズ，テンサイの牛ふん堆肥連用圃場での収量を示した[2,5]．各作物とも，おおむね堆肥の施用量が増すにしたがって収量が増え，コムギ，バレイショに対しては最も高い効果があったが，ダイズ，トウモロコシの増収は小さかった．窒素の吸収量は各作物とも同じ様な傾向を示し，堆肥の量が増

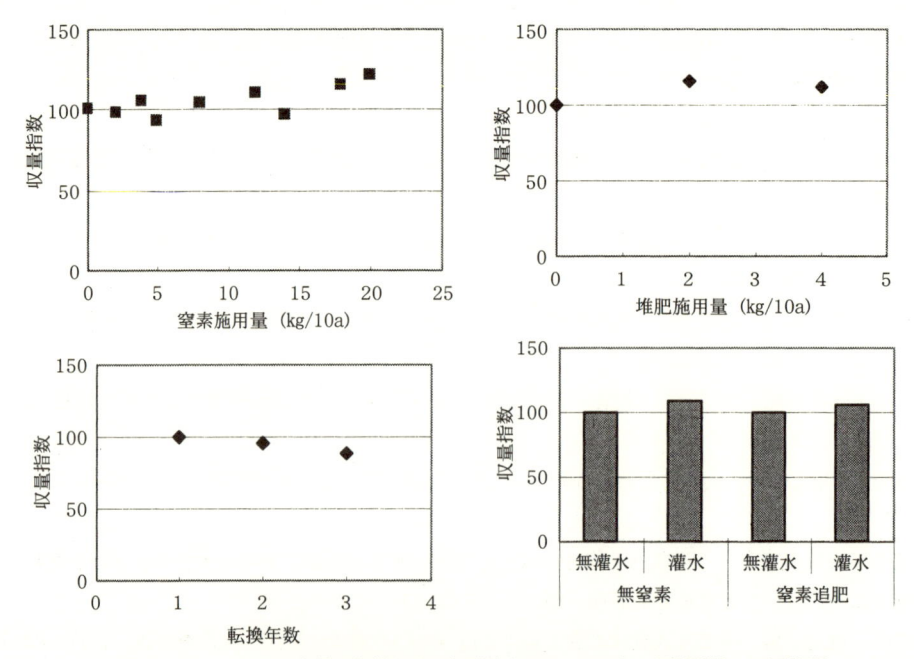

図6-4-3 ダイズの収量に影響を及ぼす要因 (1980～1982年，圃場試験，四国農試)

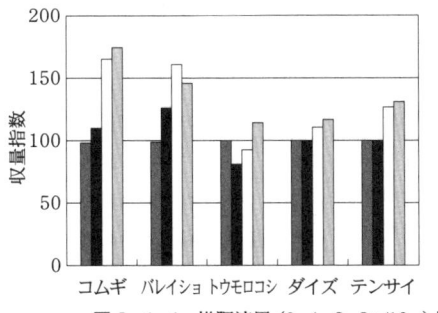

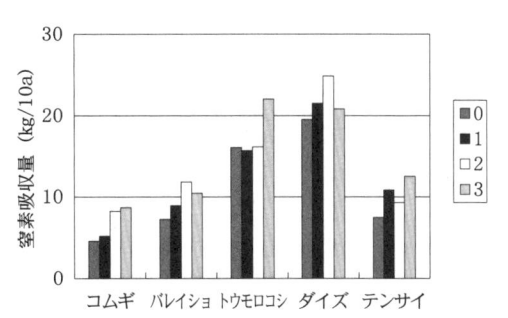

図6-4-4 堆肥連用 (0, 1, 2, 3 t/10 a) 圃場における作物の収量および窒素吸収量 (1999年, 圃場試験, 北農試)

すとともに窒素吸収量が増加した．ダイズはその窒素固定能のため，無堆肥においても20 kg/10 a 近くの窒素を吸収したが，堆肥を入れることにより窒素吸収が5.5 kg/10 a 増えた．トウモロコシでは吸収窒素増加量は6 kg/10 a と大幅で，テンサイ，コムギにおいても5 kg/10 a の吸収増であった．このように，ダイズは，堆肥施用によりその窒素吸収量が増加したがその量は他の作物と大きな違いはなく，また，収量については窒素含有率が高い分，他の作物よりもその増分は小さかった．

ここで，マメ科作物についてその有機物の効果を検証してみる．図6-4-5は，16年間にわたって実施された堆肥連用に関する試験結果である[2,5]．使われた堆肥は麦稈きゅう肥とバークきゅう肥で，1.5, 3, 5 t/10 a の施用量に対するダイズとアズキの収量を無堆肥区との収量比で表した．ダイズ，アズキともこれらの有機物施用により，おおむね，有機物量が増えるにしたがい，また，年次を追うにしたがって増収効果が大きくなる傾向にあり，ダイズにおいてはその傾向がより明瞭であった．北海道の栽培実態から見て，十勝はこれらの作物の実質的な北限に近いと思われる．その収量は温度との相関が非常に高い[3]（図6-4-6）ので，気温や日照が年によって大きく異なると，堆肥

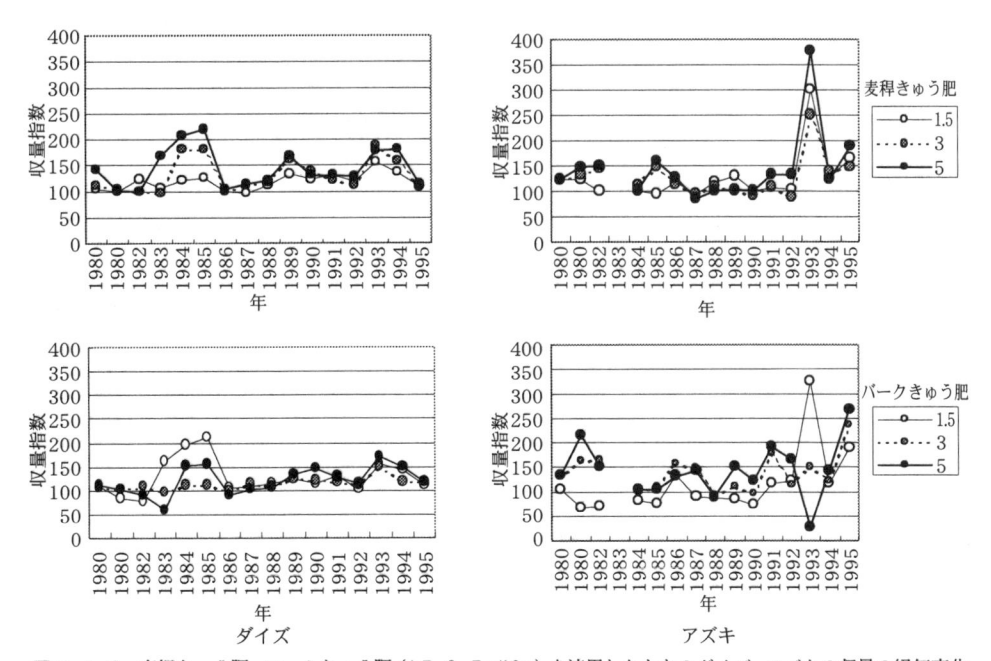

図6-4-5 麦稈きゅう肥，バークきゅう肥 (1.5, 3, 5 t/10 a) を連用したときのダイズ，アズキの収量の経年変化 (1980～1995年, 圃場試験, 北農試)

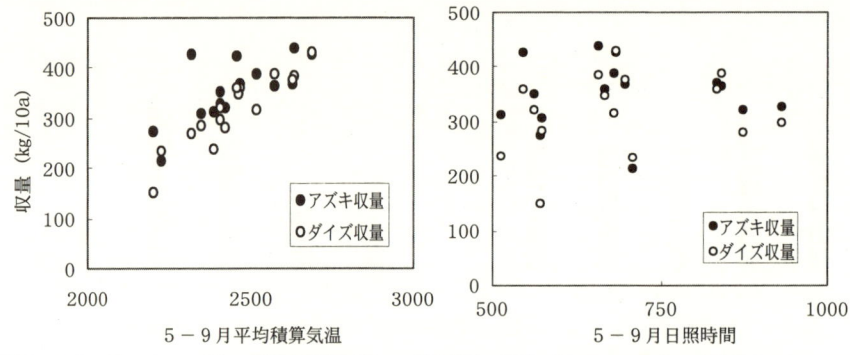

図6-4-6 ダイズ，アズキの収量と積算気温，日照時間との関係（1983-1998年，十勝増収記録会より）

の効果もそのときの収量レベルの影響を受けて，その効果の程度が異なると考えられる．また，気象のみならず土壌の種類によっても有機物に対する効果は異なった．図6-4-7は乾性黒ボク土，湿性黒ボク土，沖積土でのインゲンに関する牛ふん堆肥施用試験の結果である．十勝の畑作地帯のかなりの部分を占める乾性黒ボク土では有機物施用によりインゲンの収量が増加したが，湿性黒ボク土，沖積土においてはその効果はほとんどみられな

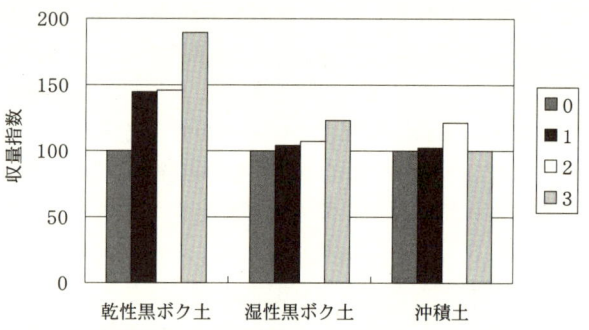

図6-4-7 異なる土壌におけるインゲン収量に対する有機物（0～3 t/10 a）の効果（1979年，圃場試験，北農試）

かった．湿性黒ボク土や沖積土にはすでに堆肥に相当する有機物を含み，インゲンに利用されうる有機物含量が土壌の種類により異なることに起因するのではないかと思われる．

　これまで触れた結果は，麦稈きゅう肥，バークきゅう肥などの完熟した堆肥を施用した試験についてであった．これらの堆肥は完熟しているため，C/N比は20以下程度に下がっており，土壌中では窒素飢餓を起こすことなく分解して窒素無機化が進行すると考えられる．これに対して，セルロースなど易分解性の炭素化合物が残っている新鮮有機物を施用した場合は，施用直後に土壌中の無機態窒素濃度が低下するなど，状況が異なる．十勝の酪農地帯から生じた麦稈入りの生牛ふん（牛舎から排出されて数日以内の新鮮なもので，そのC/N比は26前後）を使って作物に対する施用試験を行った[9]．トウモロコシ，テンサイ，カブ，ダイズ，アズキの5作物を用いて各作物の生育，窒素吸収量について検討すると，テンサイ，カブにおいては，化成肥料を施用した区と比較して，麦稈入り生牛ふんの施用により窒素吸収量が5 kg/10 a程度増加したが，トウモロコシ，ダイズ，アズキにおいては窒素吸収量は増加

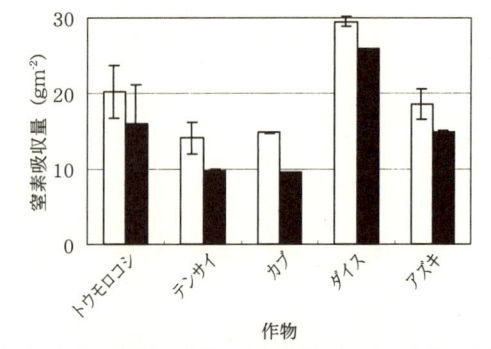

図6-4-8 麦稈入り生牛ふんを施用したときの作物の窒素吸収量
（植付け後120日，2000年，圃場試験）
□麦稈入り生牛ふん　■化成窒素

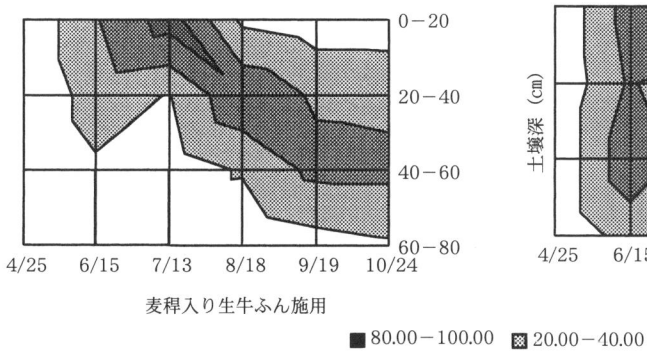

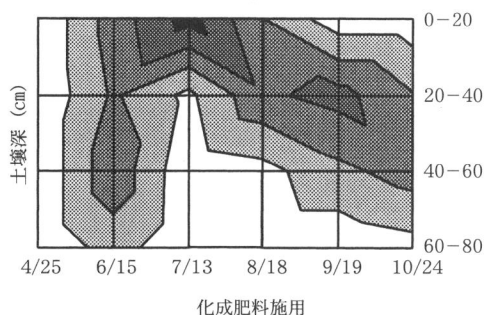

4. 有機物

麦稈入り生牛ふん施用　　　　　　　　　化成肥料施用

■ 80.00–100.00　▩ 20.00–40.00
▩ 60.00–80.00　□ 0.00–20.00
▩ 40.00–60.00

図6-4-9　時期別，深さ (cm) 別の土壌中の硝酸態窒素濃度 (mg kg$^{-1}$ 乾土) (2000年, 圃場試験, 北農試)

したが，テンサイ，カブほどには至らなかった（図6-4-8）．このときの無作付土壌の80 cm深までの硝酸態窒素の動態をみると，図6-4-9のように，麦稈入り生牛ふんを入れた区のほうが化成肥料を入れた区よりも，硝酸態窒素濃度が全生育ステージで低く推移した．このようにC/N比の比較的高い新鮮有機物を施用した場合に，土壌中の硝酸態窒素濃度は化成肥料を施用した場合より低いにもかかわらず，作付けた作物の窒素吸収量は新鮮有機物区でかえって多くなるという現象がしばしばみられる．この場合にも，麦稈入り生牛ふんを施用した土壌の硝酸態窒素濃度は低かったが，作物による窒素吸収は，作物により程度の差はあるものの，化成肥料を施用した区よりも多かった．

新鮮有機物として稲わら入り米ぬかを用いた圃場試験では，イネ（リクトウ），バレイショとともにダイズの窒素吸収量が稲わら入り米ぬかの施用により増加した一方，トウモロコシ，テンサイでは全く効果がなかった[7]（表6-4-5）．ポット試験で作物の窒素吸収量を検討し，トウモロコシ，イネ（リクトウ），ダイズ（根粒非着生系統T201）で，硫安施用を対照に稲わら入り米ぬかの施用量に対する各作物の窒素吸収量の変化を図6-4-10に示した[7]．リクトウとト

表6-4-5　稲わら・米ぬか施用による作物の窒素吸収量への影響
（kg ha$^{-1}$, 1992年, 圃場試験, 農環研）

| | 播種後日数 | 稲わら・米ぬか 施用 | 稲わら・米ぬか 無施用 | t検定 |
|---|---|---|---|---|
| トウモロコシ | 70 | 99 ± 18 | 105 ± 11 | |
| | 85 | 107 ± 14 | 122 ± 10 | |
| イネ | 69 | 105 ± 38 | 50 ± 20 | * |
| | 97 | 86 ± 16 | 54 ± 15 | * |
| ダイズ | 41 | 12 ± 2 | 11 ± 1 | |
| | 97 | 179 ± 12 | 145 ± 9 | * |
| バレイショ | 85 | 103 ± 19 | 81 ± 13 | * |
| ビート | 97 | 109 ± 17 | 104 ± 35 | |

（注）平均±標準偏差 (n = 4)
＊5％有意（稲わら・米ぬか施用，無施用区それぞれの中の四つの硫安施用レベルを対応のある2試料と見なしてt検定を行った）

表6-4-6　稲わら・米ぬかまたは塩安を施用したときのイネ，トウモロコシ，ダイズの吸収窒素（1995年, ポット試験）

| 作物吸収窒素 | | 播種後日数 56 | 69 | 82 |
|---|---|---|---|---|
| 稲わら・米ぬか区 | イネ | 1.44 ± 0.04 | 1.53 ± 0.01 | 1.54 ± 0.02 |
| | トウモロコシ | 1.39 ± 0.06 | 1.36 ± 0.01 | 1.38 ± 0.03 |
| | ダイズ | 1.26 ± 0.03 | 1.33 ± 0.03 | 1.38 ± 0.01 |
| 塩安区 | イネ | 3.11 ± 0.10 | 3.05 ± 0.02 | 3.02 ± 0.04 |
| | トウモロコシ | 3.06 ± 0.06 | 3.09 ± 0.03 | 2.90 ± 0.04 |
| | ダイズ | 2.80 ± 0.06 | 2.90 ± 0.02 | 2.89 ± 0.02 |

表6-4-7 稲わら・米ぬか区の実測土壌pHにおける各作物栽培土壌のプロテアーゼ活性 ($\mu mol\ h^{-1}\ g^{-1}$ 乾土)

| | カゼイン法 | | ZFL法 | |
| --- | --- | --- | --- | --- |
| | 26日 | 34日 | 26日 | 34日 |
| イネ | 1.62 | 1.64 | 1.57 | 1.78 |
| トウモロコシ | 2.67 | 2.11 | 1.56 | 1.96 |
| ダイズ | 1.52 | 1.78 | 1.71 | 1.90 |
| 無作付 | 2.19 | 1.31 | 1.48 | 1.67 |

(注) 育苗用ポットの根圏，非根圏土壌における活性の加重平均値

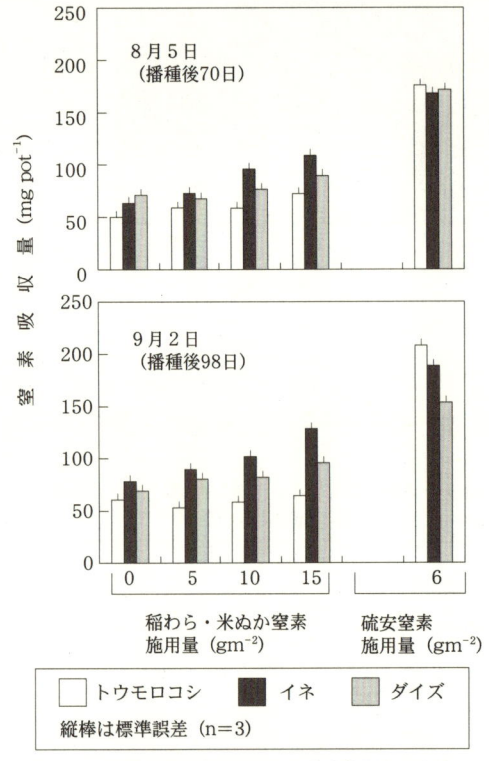

図6-4-10 稲わら・米ぬかまたは硫安施用したときの作物の窒素吸収量（1992年，ポット試験）

ウモロコシは対照的な反応を示し，リクトウによる窒素吸収量は稲わら入り米ぬか量に応じて増加したが，トウモロコシの窒素吸収量はリクトウに比べて少なく，しかも稲わら入り米ぬか施用量に対してほとんど一定であった．逆に，硫安窒素を施用した場合にはトウモロコシのほうがリクトウよりも窒素吸収量が多かった．ダイズはどちらの窒素源を施用した場合においてもリクトウとトウモロコシの中間の窒素吸収反応を示した．このように，根域の異なる作物の窒素吸収量を比較するには，ポットで栽培することにより各作物の根域をそろえた方が，無制限に根が伸長できる圃場試験に比べて，根域の大きさの違いによる要因を排除できるため，有機物施用による作物の窒素吸収の特徴を明確にとらえることができた．

次に，重窒素標識[6]した稲わら入り米ぬかと塩安を施用して，これらの有機物と無機態窒素が各作物の吸収窒素にどの程度寄与するかを調べた[7]．作物体中の重窒素濃度は，稲わら入り米ぬかを施用した場合にはリクトウが最も高く，ダイズはトウモロコシと同程度であった（表6-4-6）．塩安を施用した場合にはダイズが低い傾向にあった．このことより，ダイズは，稲わら入り米ぬか中の窒素を吸収する能力が，リクトウより少し低くてトウモロコシと同程度であり，また，塩安窒素の吸収に関してはリクトウ，トウモロコシに比べてやや劣るように思われた．これら作物の根圏土壌のプロテアーゼ活性[4]をはかってみると，表6-4-7のように，ダイズの場合はトウモロコシよりも低いか同程度で，リクトウよりもやや高かった[2]．土壌プロテアーゼは土壌中の有機物分解すなわち窒素無機化に関与するが，これらの結果からみて，ダイズにおいては根圏微生物もしくは根分泌物による窒素無機化の促進，いわゆる"根圏効果"[1]が機能した可能性は低いと考えられる．さらに，これら作物の作付土壌の窒素分析をしたところ，無

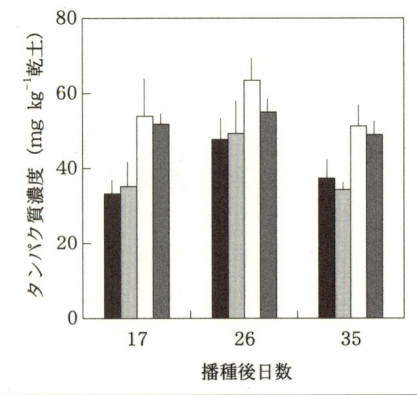

図6-4-11 稲わら・米ぬか施用区におけるイネ，ダイズ，トウモロコシ栽培根圏土壌中のタンパク質濃度（1996年，育苗用ポット試験）

機態窒素濃度についてはどの作物においても僅少であり，アミノ酸濃度については無作付土壌より多く，タンパク質濃度については大豆，リクトウで低かった（図6-4-11）．このような窒素吸収に関する実験結果は，ダイズの窒素吸収機構に一つの示唆を与えるものとして興味深い．

おわりに，図6-4-4などで示したように，圃場での完熟有機物施用によるダイズの窒素吸収に対する効果は，ほかの作物と同程度であったことから，完熟有機物の施用による窒素吸収に関する実際的な意義は他の作物の場合と変わりがないと考えられる．しかし，未熟有機物を施用した場合は，窒素吸収の増加程度が，図6-4-8や表6-4-5で示したように，他の作物よりも大きかったり同じとなる場合があったりするなど反応が一定せず，さらに検討の余地がある．

（山縣　真人）

### 引用文献

1) Clarholm M., Interaction of bacteria, protozoa and plants leading to mineralization of soil nitrogen. Soil Biol. Biochem., 17, 181-187 (1985)
2) 古賀伸久・A. Palacios・山縣真人．長期三要素試験圃場からの各種畑作物の養分吸収，土肥学会講要，46, 145 (2000)
3) 十勝農作物増収記録審議委員会．十勝農作物増収記録会審査報告，十勝農協連，(1983-1998)
4) 早野恒一．土壌酵素活性の測定，土壌微生物実験法，土壌微生物研究会編，371-372 (1993)，養賢堂
5) 松崎守夫・濱口秀生・下名迫寛．普通畑作物の連作におけるきゅう肥施用・土壌薫蒸の効果，北農試報告 166, 1-65 (1998)
6) 三井進午・吉川春寿・中根良平・熊沢喜久雄．重窒素利用研究法，学会出版センター，17-45 (1980)
7) 山縣真人．有機態窒素に対する陸稲の窒素吸収特性とその機構，農環研報告18, 1-31 (2000)
8) 山縣真人・金森哲夫．温暖地転換畑におけるダイズの追肥窒素，土肥誌，61, 61-67 (1990)
9) 山縣真人．Effect of fresh cattle feces on nitrogen uptake by crops, バイオリサイクル・コンポスト国際会議プロシーディングス，59-62 (1999)

## 5．アズキの土壌肥料

### 1）生育特性と生育期節の設定

アズキを含めたマメ類に共通した生育の特徴として，初期生育の緩慢さがあげられる．その中でも，アズキの初期生育が最も悪く，生育期間のほぼ中間に当たる播種後60日ごろ（7月下旬）の開花始めの時期における乾物重は，成熟期の20％前後に過ぎない（図6-5-1）．開花始め以降の生育は急激であり，1日当たりの生長速度（CGR）は急上昇し，播種後80日前後（8月中旬）の莢実肥大始期にピークに達して以後は低下する．栄養生長部位である茎葉の乾物重が最大に達する（生育最大期）のは播種後90日前後（8月下旬）で，この時期は子実肥大始めの時期に相当する．その後，茎葉重は低下し，一方，莢の伸長，子実の肥大は急激に増して，総乾物重は播種後120日前後で最大になり，収穫に至る．

アズキの栄養生長期間は出芽後から生育最大期までであり，一方，7月上旬の播種後45日前後の花芽分化期（第3本葉展開期）から収穫期までが生殖生長期間となり，40～50日の長期間にわたって栄養，生殖生長が重複して進行する．このように，アズキの生育特性として，非常に緩慢な初期生育，開花始め以後の急激な生長と長期にわたる栄養・生殖両生長の重複があげられる．

第6章　土壌肥料

これら生育経過と作物体の炭水化物集積との関連を各部位の全糖濃度の推移でみると（図6-5-2），濃度のピークに達する時期が部位によって異なり，集積部位が移動することが認められる．すなわち，開花始めまでの初期生育の段階では葉身で高く，葉で生産された光合成産物が初期生育の緩慢な特性から生長増進に積極的に利用されず，葉中に集積していると考えられる．開花始めでは各部位とも濃度が低下する現象がみられ，生殖生長が活発になる時点で一時的に体内の栄養バランスがくずれるものと推定される．開花始め以後は葉の光合成活動が最も盛んになる時期で，莢実肥大始めごろの葉柄中全糖濃度は15％程度にも達し，葉柄が急激な栄養生長と生殖生長のための糖の一時的貯留場所になっている．これ以後，最大生育期まで栄養生長がさらに進むとともに生殖生長も一層進行し，葉柄中の全糖濃度は急激に低下して集積部位は茎および莢殻へ移動する．最大生育期は栄養生長の終止期であり，重複期間の終わる時期でもある．この時期以降は生殖生長だけが進行し，炭水化物は莢殻を通って逐次子実中にデンプンとして蓄積する．

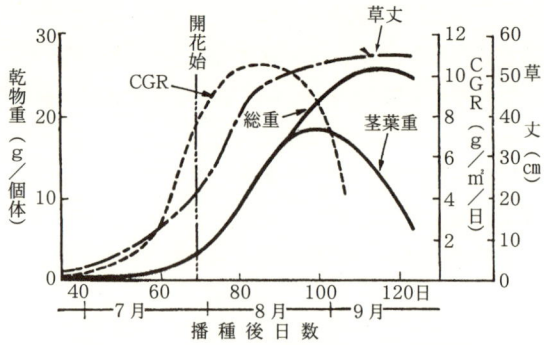

図6-5-1　アズキの生育量推移（沢口，1985）

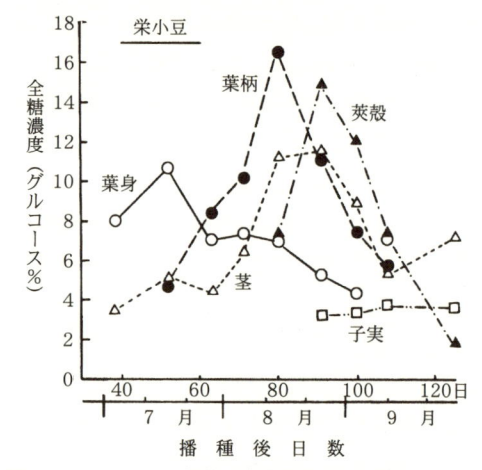

図6-5-2　アズキの部位別全糖濃度の推移（沢口，1986）

このように，炭水化物の動きを生育と関連づけてみると，栄養生理面からみたアズキの生育期節として，出芽後，花芽分化始め（第三本葉展開期），開花始め，莢実肥大始め，最大生育期，成熟期があげられる．アズキの生育期間をこれらの時期を中心に5生育期に分けて解析することが栄養状態と収量形成を考察する上で有効と考えられる．

## 2）栄養条件と生育，収量

収量は生育量と密接な関係にあることは当然である．アズキについて，各生育期の生育状況と収量との関係をみたのが表6-5-1である．各生育期における生長速度（CGR）と子実収量との間には，最大生育期までの各生育期とも高い相関関係がみられ，各生育期の生長程度がそれぞれ子実形成と密接に関係していることは明らかである．特に，早い生育期ほど係数が高く，緩慢であるとはいえ生育初期段階における生育も大きく収量に影響しており，収量向上のための要因の一つとしてこの初期生育の増進があげられる．

これら各生育期における栄養状態と生育との関係をみる．まず，生育，収量に最も関係の深い窒素の集積経過についてみると（図6-5-3），乾物重の推移と同様に，開花始め以降に急激な集積量の増加がみられ，茎葉部では最大生育期をピークに低下するが，莢実部でさらに増加が続いて，総集積量としては成熟期の10日ほど前から成熟期にかけて最大に達している．

各生育期節における窒素集積量とその後の生育期の生長速度および子実収量との関係をみたのが表6-5-2である．表6-5-2より，花芽分化期，開花始めおよび莢実肥大始めにおける窒素集積量

表6-5-1 アズキ各生育期のCGRと子実収量との関係（沢口，1986）

| 時期 | 相関係数 |
|---|---|
| I'～I | 0.854** |
| I～II | 0.888** |
| II～III | 0.876** |
| III～IV | 0.823** |
| IV～V | 0.177 |

（注）I'：出芽期，I：花芽分化期
　　II：開花始め，III：莢実肥大始め
　　IV：最大生育期，V：登熟期
　　**：1％水準で有意

表6-5-2 アズキの各生育時期の窒素集積量とその後の生育（CGR）および子実収量との関係（沢口，1986）

| 窒素集積量 | 相関係数 | | |
|---|---|---|---|
| | CGR | | 子実収量 |
| 時期 | 時期 | 係数 | |
| I | I～II | 0.949** | 0.914** |
| II | II～III | 0.867** | 0.910** |
| III | III～IV | 0.859** | 0.897** |
| IV | IV～V | 0.006 | 0.881** |
| V | V～VI | − | 0.881** |

（注）I：花芽分化期，II：開花始め，III：莢実肥大始め
　　IV：最大生育期，V：登熟期，VI：成熟期
　　**：1％水準で有意

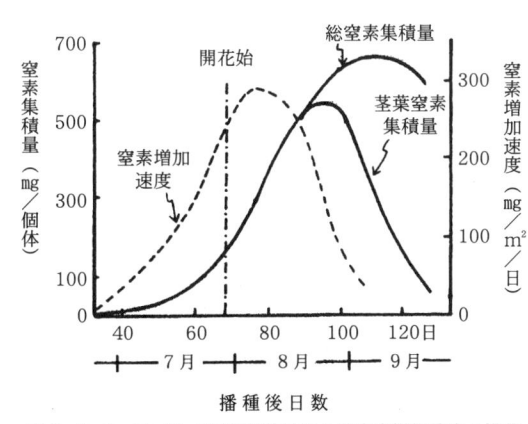

図6-5-3 アズキの窒素集積量および窒素増加速度の推移

表6-5-3 アズキ各生育時期のリン酸集積量とその後の生育（CGR）および子実収量との関係（沢口，1986）

| リン酸集積量 | 相関係数 | | |
|---|---|---|---|
| | CGR | | 子実収量 |
| 時期 | 時期 | 係数 | |
| I | I～II | 0.872** | 0.758** |
| II | II～III | 0.781** | 0.897** |
| III | III～IV | 0.887** | 0.935** |
| IV | IV～V | −0.021 | 0.871** |
| V | V～VI | − | 0.796** |

（注）I：花芽分化期，II：開花始め，III：莢実肥大始め
　　IV：最大生育期，V：登熟期，VI：成熟期
　　**：1％水準で有意

がその後の生育程度と高い相関関係にあり，また，子実収量とは全生育期節とも密接な関係がみられている．しかも，生育，収量ともに時期が早いほど相関係数が高い値を示しており，初期の窒素集積ほど生育，収量に関係が深いといえる．

さらに，リン酸についてみると（表6-5-3），窒素と同様に莢実肥大期までリン酸集積量とその後の生長速度との間には有意の関係がみられ，子実収量とは全生育期節とも高い相関関係にある．リン酸からみても初期段階における養分集積程度が収量向上に対して重要であることは明らかである．

### 3）アズキにおける窒素固定作用

マメ類作物は根粒菌と共生関係があり，根に形成された根粒内で窒素固定作用が営まれる．マメ類における窒素固定能はダイズが最も高いとされているが，アズキも比較的高い部類に属している．根粒菌は宿主作物より光合成産物を受けて増殖し，一方で，固定した窒素を宿主作物に供給する．この固定窒素をいかに利用するかがマメ類作物への窒素養分供給で重要になる．

アズキの根粒形成は初葉展開時（播種後20日ごろ）には明らかに認められ，生育が進むにしたがって数，重量は増大し，窒素固定能（アセチレン還元能）も高まっていく（図6-5-4）．この窒素固定能（株当たり）は8月中旬の莢実肥大始めごろに最大に達して以後は成熟期まで低下する[2]．前述したように，莢実肥大始め以降は生殖生長が盛んとなり，莢実の伸長，肥大に伴う光合成産物の要

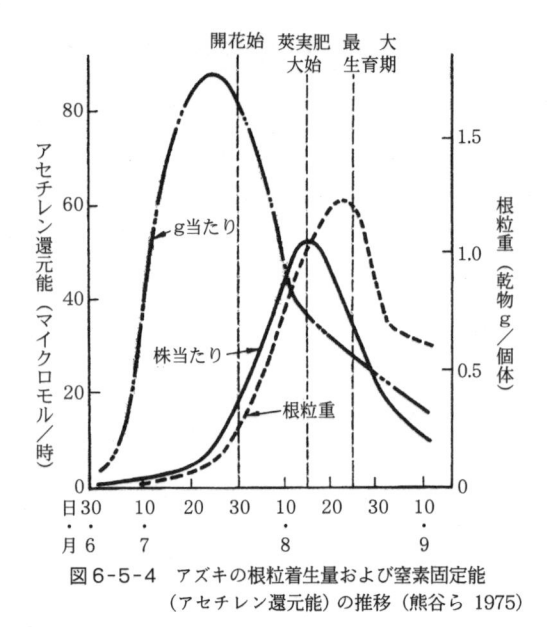

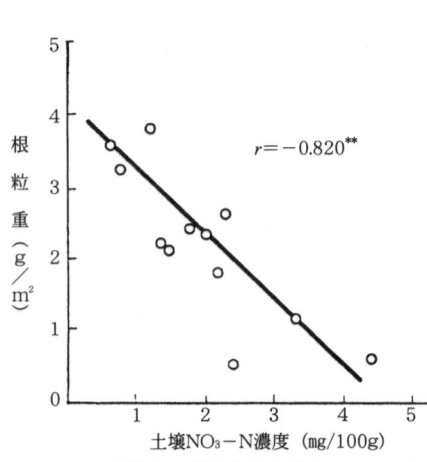

図6-5-4 アズキの根粒着生量および窒素固定能
(アセチレン還元能)の推移(熊谷ら 1975)

図6-5-5 土壌中の硝酸態窒素濃度がアズキ根粒形成に及ぼす影響(沢口, 1978)

求量が増大し，根粒への供給が減少するため，窒素固定能も減退するものと考えられている．

アセチレン還元能などから推定したアズキにおける窒素固定量は一般的条件では10a当たり5kg前後とされ，総窒素集積量中で固定窒素の占める割合は最大50～60％になり，かなりの部分を占めているといえる．しかし，図6-5-4に示したように，莢実肥大始め以後の窒素がさらに要求される時期に窒素固定能が低下することは，収量向上のためにはこの時期の窒素供給を固定窒素以外にも求める必要があることを示している．

いずれにしても，アズキの窒素供給のかなりの部分を固定窒素に求めることは有効であり，収量向上のためには根粒着生量の増加を図ることも重要である．根粒菌の活動は気象，土壌条件など環境に大きく支配される．低温，過湿条件は根粒菌活動を鈍くし，根粒形成，窒素固定能を減退させる．土壌の化学性も影響し，酸性化や窒素施肥は根粒形成を阻害する方向に働く．図6-5-5より，土壌中の硝酸態窒素濃度が高いほどアズキの根粒重は減少している．固定窒素を活用しようとするためには根粒形成をなるべく阻害させない肥培管理が求められる．一方，土壌中の石灰，リン酸含量を高めることは根粒重増加に働く(図6-5-6)．同様に，堆肥を加えることによってさらに根粒重が増加しており，堆肥が根粒菌増殖に作用したと推定される．ただし，図6-5-6の結果は火山性土壌で得られたものであり，石灰施用の効果は酸性改良の結果とも考えられる．

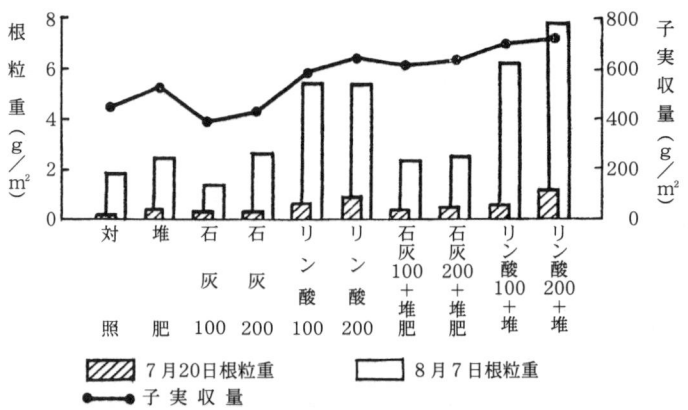

図6-5-6 各種土壌処理がアズキの根粒形成に及ぼす影響(沢口ら, 1978)
(注) 石灰，リン酸の数字は施用量(kg/10a)
堆肥施用量：2t/10a

## 4) 施肥と出芽時の濃度障害

アズキは出芽時に濃度障害が生じやすい作物である[4]．特に，窒素の影響が大きく，窒素多肥に伴う出芽率の低下が危惧される．作条（帯状）施肥で，窒素施肥量を多くするにしたがって土壌ECは高まり，出芽率が低下する．5 kg/10 a 以上では 80 % 以下の出芽率となっており，出芽率の低下は減収につながっている（図6-5-7）．

出芽率に対する窒素施肥の影響には，施肥量以外にも施肥位置も関係

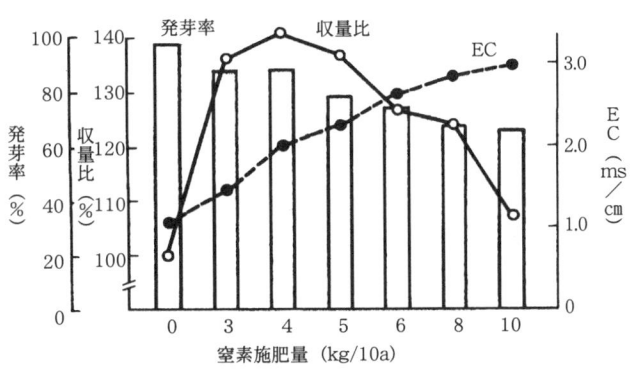

図6-5-7 窒素（作条）施肥量がアズキの出芽，収量に及ぼす影響（沢口ら，1982）

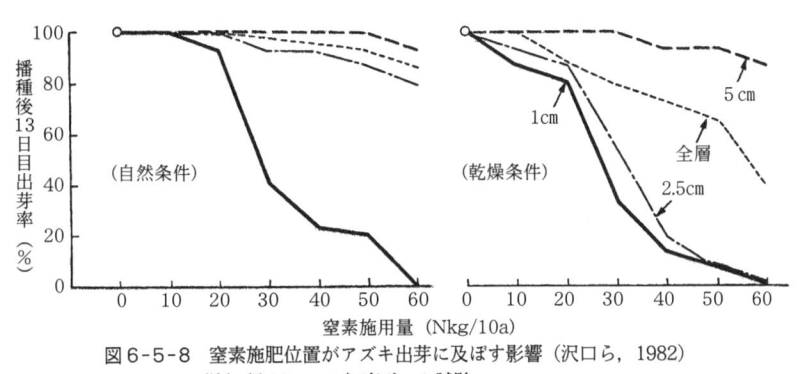

図6-5-8 窒素施肥位置がアズキ出芽に及ぼす影響（沢口ら，1982）
（注）径 10 cm の無底ポット試験
図中 cm は種子と施用肥料（硫安）との間隔
全層は作土 10 cm に肥料を混合施用
自然条件の試験期間中降水量は 59 mm，乾燥条件はビニール被覆

してくる[8]．図6-5-8 は，アズキ種子と施肥層（硫安）との間隔をいろいろ変え，さらに，自然条件（試験期間中降水量 59 mm）と乾燥条件（ビニール被覆により降水を遮断）を設定して出芽率をみたものである．窒素施肥量が増加するにしたがって，また，種子と施肥層の間隔が近いほど出芽率は低下している．しかも，低下の程度は乾燥条件ほど激しく，乾燥条件では 5 cm 間隔以外は少ない施肥量でも出芽率は低い．このことから，種子と施肥層の間隔は 5 cm 以上にする必要があるとみられるが，間隔が開きすぎると発芽後肥料成分を利用するのに時間がかかり，初期生育の遅延をもたらすことが考えられるので 4～5 cm にとどめるのが妥当であろう．

## 5) 初期生育に及ぼすリン酸の意義

アズキは低温条件で生育が抑制され，いわゆる，冷害に弱い作物の一つである．特に，冷害年には初期段階での生育抑制が強く働くため，初期生育を高めることが求められる．前述したように，初期生育の向上にはリン酸の効果が高い．

リン酸施肥量と生育量との関係を図6-5-9に示した．リン酸増肥に伴う各時期の作物体乾物重

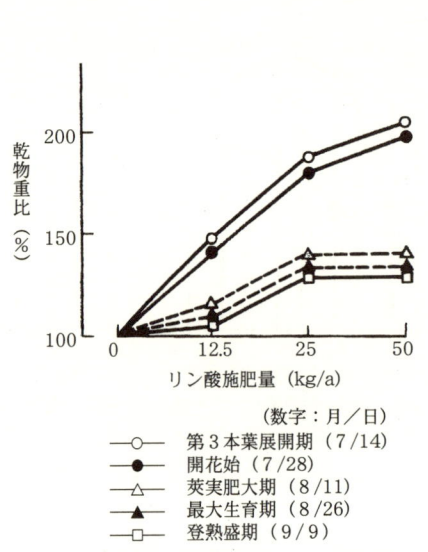

図6-5-9 リン酸施肥量とアズキの各生育期節における生育反応（沢口，1986）

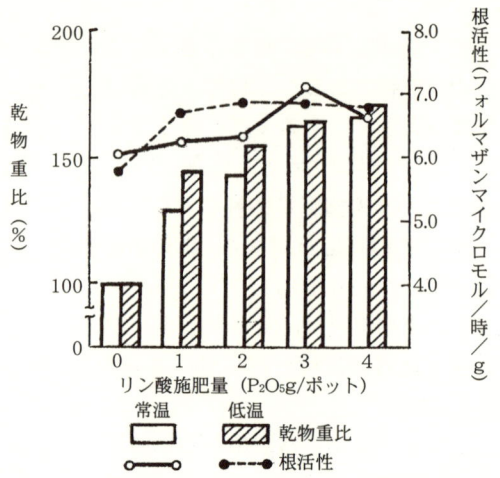

図6-5-10 温度条件を変えた場合のアズキ初期生育，根活性に対するリン酸施肥効果の比較（沢口，1983）
（注）温度処理：常温-自然温度，低温-昼18～20℃，夜13-15℃
　　　施用リン酸：過リン酸石灰

増加の程度は，生育初期ほど高く，時期が進むにつれて増加程度が低くなる．この初期生育に対するリン酸増肥効果を常温，低温条件で比較したのが図6-5-10である．図より，低温条件における生育量（乾物重）は常温条件に比べ1/6程度の低さであるが，リン酸増肥に伴う乾物重の増加程度は低温条件＞常温条件で，根の活性の上昇程度も同様の傾向である．これらのことから，リン酸がアズキの根の活性を高め，ひいては生育増進に働いたことが推察される．

一方，作物の初期生育にリン酸を効かせるためには速効性のリン酸成分が有効である[9,10,12]．施肥リン酸には水溶性，可溶性，ク溶性の区別があり，それぞれのアズキ初期生育に対する肥効を比較してみたのが表6-5-4である．すなわち，水溶性リン酸として過リン酸石灰を，ク溶性リン酸として熔成リン肥を用い，全量水溶性リン酸区，水溶性とク溶性リン酸を半量ずつ混合した区，全量ク溶性リン酸区の3処理を設けて検討した．その結果，出芽直後から水溶性リン酸区の生育は旺盛

表6-5-4 リン酸形態がアズキの初期生育およびリン酸集積に及ぼす影響（沢口，1984）

| リン酸形態 | リン酸施用量 ($gP_2O_5$/ポット) | 地上部生育量 (DM g/ポット) | | | リン酸集積量 ($mgP_2O_5$/ポット) | |
|---|---|---|---|---|---|---|
| | | 10日目 | 22日目 | 38日目 | 22日目 | 38日目 |
| | 0 | 0.15 | 0.75 | 2.03 | 2.2 | 4.9 |
| WP | 1 | 0.16 | 0.96 | 3.88 | 3.8 | 9.3 |
| 〃 | 2 | 0.18 | 1.07 | 5.10 | 7.7 | 14.3 |
| 〃 | 3 | 0.18 | 1.29 | 6.25 | 11.1 | 20.0 |
| 〃 | 4 | 0.20 | 1.25 | 7.55 | 10.5 | 30.9 |
| WP/CP | 1 | 0.16 | 0.90 | 3.29 | 4.0 | 7.2 |
| 〃 | 2 | 0.17 | 1.05 | 4.11 | 4.6 | 10.7 |
| CP | 1 | 0.12 | 0.89 | 2.50 | 3.3 | 5.2 |
| 〃 | 2 | 0.13 | 1.01 | 3.00 | 4.1 | 6.3 |

（注）WP：水溶性リン酸（過リン酸石灰），CP：ク溶性リン酸（熔リン）
　　　WP/CP：WPとCPを1:1で混合．

で，播種後38日目ではその差が一層明瞭となり，水溶性リン酸区の生育量はク溶性の2倍以上となっていた．また，リン酸施用量増加に伴う生育量増加の程度も水溶性リン酸区が大きかった．これらのことは，アズキの初期生育増進に対しては水溶性リン酸を主体にした施肥が有効であることを示している．

前述したように，リン酸は根粒形成に対しても有効であり，初期生育の増進と併せて，アズキに対してはリン酸を十分施用することが重要となる．

## 6) アズキへの窒素供給

### (1) 地力と窒素供給

アズキの各養分吸収量を収量水準別に示したのが表6-5-5である．240 kg/10 aの収量をあげようとするならば，窒素は10 kg以上を必要とする．この窒素を基肥として作条に全量施肥窒素で供給することは，前述したように，出芽時に濃度障害を引き起こす恐れが多分にある．現在，アズキの窒素施肥量は3～4 kg/10 aが標準とされている[1]（表6-5-6）．アズキにおける固定窒素供給量は5 kg程度とされており，これに施肥窒素量を加えて総窒素供給量は10 kg近くになるが，肥料の利用率や固定窒素供給の不安定性を考慮すれば要求窒素量を充足することは困難である．しかも，窒素供給は生育後期まで必要であるにもかかわらず固定窒素の供給は莢実肥大始め期を境に低下することはすでに述べた．

表6-5-5 アズキにおける収量水準別各養分の最大集積量（沢口，1987）

| 収量水準 (kg/10 a) | 養分集積量 (kg/10 a) | | |
|---|---|---|---|
| | 窒素 (N) | リン酸 ($P_2O_5$) | カリ ($K_2O$) |
| 180 | 8.3 | 1.7 | 5.2 |
| 240 | 10.9 | 2.4 | 6.7 |
| 300 | 14.2 | 3.0 | 9.3 |

表6-5-6 北海道におけるアズキの施肥標準（北海道農政部 1995）　(kg/10 a)

| 土壌区分 | 目標収量 | 窒素 (N) | リン酸 ($P_2O_5$) | カリ ($K_2O$) |
|---|---|---|---|---|
| 沖積土 | 220～300 | 3.0 | 10.0～13.0 | 7.0 |
| 泥炭土 | 200～270 | 2.0 | 12.0～15.0 | 10.0 |
| 火山性土 | 210～280 | 3.0～4.0 | 15.0～20.0 | 8.0 |
| 洪積土 | 210～240 | 3.0～4.0 | 15.0～18.0 | 8.0 |

(留意事項)
1. 根粒菌を接種する．
2. N施肥量はスターター的な対応であり，土壌診断および有機物施用に伴う施肥対応に際しての減肥の対象としない．
3. 追肥が必要な場合は7月中旬ころ（第3本葉展開期）にN 5 kg/10 a程度を施用する．

発芽障害を回避し，不足する窒素，特に生育後半の窒素を供給する方法として，有機物などによる土壌窒素の富化，根粒からの固定窒素の増強，あるいは施肥改善としての窒素追肥法や作条施肥以外の施肥法が考えられる．

従来，アズキは地力でとるものといわれてきた．有機物を十分に投入することは，土壌肥沃度を高めて作物に窒素を供給するのみならず，根粒形成にも有効である．表6-5-7は，牧草の栽培年数を変えた処理を設け，後作アズキの反応をみたものである[17]．牧草栽培年数が増すほどアズキの生育後期の乾物重，窒素吸収量は増加し，増収している．また，堆肥施用量と堆肥施用を作条（植え溝）と全面全層にした処理を組み合わせてアズキの収量・品質をみたところ（表6-5-8），施用法の違いに関わらず堆肥施用量の増加に伴って収量は高まり，粒重・アン粒径なども増加し，品質変化がみられている[16]．

この有機物施用による増収効果は，有機物分解に伴って放出される窒素効果が大きいと考えられている．しかも，分解に伴う窒素供給は生育後期ほど活発であり，アズキが必要とする生育後半の窒素を供給する上からも有効とされる．また，表6-5-8より，堆肥は局所的（植え溝）に施用する

表6-5-7 栽培年数の異なる牧草跡地におけるアズキの生育・収量（渡辺ら，1969）

| 牧草の栽培年数 | 乾物重 (g/株) | | 窒素吸収量 (Ng/株) | | 子実収量 (kg/10 a) | 粒重 (mg/粒) |
|---|---|---|---|---|---|---|
| | 7月16日 | 9月9日 | 7月16日 | 9月9日 | | |
| 対照 | 0.93 | 35.11 | 0.05 | 1.24 | 181 | 103 |
| 1年 | 1.02 | 49.00 | 0.06 | 1.69 | 238 | 113 |
| 2年 | 0.99 | 51.31 | 0.06 | 1.82 | 250 | 119 |
| 3年 | 0.96 | 58.22 | 0.06 | 2.10 | 266 | 121 |
| 4年 | 0.96 | 59.26 | 0.06 | 2.10 | 249 | 122 |

表6-5-8 アズキに対する堆肥施用効果（十勝農試，1994）

| 処理区別 | 窒素吸収量 (kg/10 a) | | 子実収量 (kg/10 a) | 子実収量比 (%) | 千粒重 (g) | 原粒種皮色 | |
|---|---|---|---|---|---|---|---|
| | 8月26日 | 成熟期 | | | | 明度 (L*) | 赤味 (a*) |
| 堆肥無施用 | 10.3 | 10.1 | 309 | 100 | 145 | 33.3 | 28.1 |
| 堆肥0.5 t・作条 | 10.8 | 11.4 | 323 | 105 | 148 | 34.0 | 27.4 |
| 堆肥1 t ・作条 | 11.4 | 12.9 | 354 | 115 | 150 | 32.6 | 27.0 |
| 堆肥2 t ・作条 | 11.4 | 13.6 | 345 | 112 | 151 | 31.8 | 27.1 |
| 堆肥1 t ・全層 | 13.4 | 12.2 | 329 | 106 | 147 | 32.6 | 28.3 |
| 堆肥2 t ・全層 | 13.2 | 12.4 | 343 | 111 | 149 | 32.8 | 26.5 |
| 堆肥4 t ・全層 | 13.0 | 13.1 | 361 | 117 | 150 | 32.7 | 27.7 |
| 堆肥6 t ・全層 | 12.8 | 12.8 | 351 | 114 | 146 | 32.5 | 26.3 |

（注）作条：堆肥0.5～2 t/10 aを播種溝の種子下5 cmに作条に施用．
　　　全層：堆肥1～6 t/10 aを全面全層施用．
　　　種皮色は色彩色差計（日本電色1001 PP）による値．

方が全層施用の半量で同等の効果がみられ，効率のよいことが認められている．

(2) 窒素追肥

施肥で後期窒素を供給する方法に追肥がある．施肥窒素量を増やすことに伴う根粒形成の阻害を軽減し，かつ，開花始め以降に急増する窒素要求を補給する技術として考えられる[15]．

表6-5-9にアズキに対する窒素追肥の生育・収量へ及ぼす影響を示した．追肥を検討する場合，その時期と施肥量がポイントとなる．表6-5-9より，追肥効果は2カ年を通して認められるものの，追肥時期間の差は年次によって違った傾向がみられる．すなわち，やや高温年であった1979年

表6-5-9 アズキに対する窒素追肥効果（沢口，1986）

| 年次 | 処理 | 成熟期 (月日) | 成熟期調査 | | 収量 (kg/10 a) | | 子実収量比 (%) | 子実重歩合 (%) | 千粒重 (g) |
|---|---|---|---|---|---|---|---|---|---|
| | | | 草丈 (cm) | 着莢数 (莢/株) | 総重 | 子実重 | | | |
| 1979 | 無追肥 | 9.11 | 36.0 | 53.8 | 398 | 263 | 100 | 66.1 | 100 |
| | 追肥Ⅰ | 9.11 | 42.6 | 56.7 | 433 | 268 | 102 | 61.9 | 100 |
| | 追肥Ⅱ | 9.12 | 46.7 | 56.8 | 421 | 276 | 105 | 65.6 | 102 |
| | 追肥Ⅲ | 9.11 | 46.5 | 53.7 | 410 | 264 | 100 | 64.4 | 101 |
| 1980 | 無追肥 | 9.23 | 25.9 | 32.5 | 321 | 196 | 100 | 61.1 | 151 |
| | 追肥Ⅰ | 9.25 | 29.1 | 34.9 | 390 | 223 | 114 | 57.2 | 150 |
| | 追肥Ⅱ | 9.26 | 30.9 | 37.6 | 361 | 225 | 115 | 62.3 | 151 |
| | 追肥Ⅲ | 9.25 | 30.3 | 38.4 | 380 | 236 | 120 | 62.1 | 156 |

（注）追肥時期：1979年-Ⅰ；7月3日，Ⅱ；7月12日，Ⅲ；7月26日
　　　　　　　 1980年-Ⅰ；7月1日，Ⅱ；7月15日，Ⅲ；7月30日
　　　追肥量：10 kgN/10 a（硫安）

は早い時期の追肥効果が高く現れ、一方、比較的低温年であった1980年は追肥効果がより高く発現し、さらに、むしろ時期が遅くなるほど追肥効果が高まった。前述したように、アズキの生育時期別窒素集積量と生育・収量との間には初期生育段階から密接な関係が認められており、早い時期の窒素供給も重要である。要は、集積した窒素が如何に生育増進に作用し、さらに収量向上に結びつくかということであり、その年の気象条件も密接に関わってくる。高温の場合は、集積窒素が積極的に生育増進に働き、低温の場合は、窒素以外の要因によって生育増進が進まなかったことが考えられる。いずれにしても、あまり早めの追肥は根粒へのダメージが大きく、気象条件による効果発現の不安定性もあり、また実際面での作業性も考慮して、アズキに対する追肥時期としては7月中旬の第3本葉展開期が妥当とされている。追肥窒素量としては、一連の試験から窒素5および10 kg/10 a 施用間でほとんど差がみられず、5 kg/10 a で十分である。

(3) その他の方法による窒素供給

追肥以外の施肥法が検討されている。その一つに、基肥を作条でなく全面全層に施肥する方法が検討された[6]（図6-5-11）。この方法によれば、土壌による希釈でかなり多量の窒素を施用することができる。しかし、図からも分かるように、全層施肥の肥効率は低く、作条施肥の1/2程度である。しかも、より多量に窒素を施肥すると、根粒形成を阻害し、過度の栄養生長をもたらし、子実生産効率も悪く、倒伏など弊害が生じる。また、実際の施肥では、窒素以外の要素も同時に施用するのが一般的であり、それら要素の肥効も考慮しなければならない。特に、リン酸を全層施肥するとその施肥効率は極めて悪くなり、多量のリン酸を必要とすることになる。これらのことから、アズキに対して全面全層施肥は適当でないとされている。

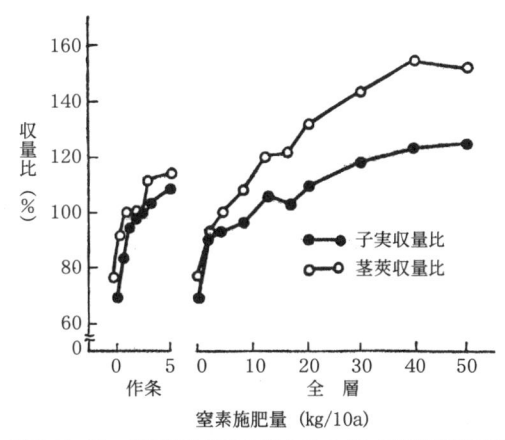

図6-5-11 施肥法を変えた場合のアズキの窒素施肥反応（佐藤ら 1975）
（注）収量比は、標準施肥量2.5 kg/10 a に対する比率。

もちろん、リン酸を主体とした作条施肥を組み合わせた全層施肥体系が考えられるが、施肥作業が2工程となることから実際面での作業量の評価が必要となる。

追肥の代替として緩効性窒素肥料の利用も考えられる。アズキに対する緩効性窒素肥料の肥効検討は、CDU, SCU についてなされている。表6-5-10 に CDU の肥効試験結果を示した。CDU について追肥代替としての効果が認められ、窒素として4 kg/10 a 程度を基肥標準窒素量に上積みした処理の収量が最も優った。根粒形成状況についても調査され、緩効性窒素肥料利用に伴い根粒形成量は約40%減少するが、全層施肥など窒素多量施肥に比べると減少程度は低く、固定窒素利用もそれなりに図られるとしている。

現在、被覆肥料を初めとして多くの緩効性窒素肥料が出回っており、それぞれの窒素溶出パターンは異なっている。アズキの場合、追肥の代替を期待するならば、7月中旬の第3本葉展開期を中心に窒素溶出が図られる形態の肥料を選択するのが妥当であろう。

7) カリ、微量要素について

カリの栄養状態と生育、収量との関係はあまり検討されていない。アズキの開花始めごろにおける各部位のカリ濃度は、葉身が3%前後、葉柄が7〜8%、茎6%前後で、葉柄、茎中の濃度が高い。土壌中のカリ水準が高まるとこれらの値は急激に高まるが、生育、収量への影響はほとんどみ

表6-5-10 アズキに対する緩効性窒素肥料（CDU）の肥効（沢口，1987）

| 試験区別 | 7月29日 草丈 (cm) | 成熟期調査 | | 収量 (kg/10 a) | | 子実重比 (%) | 千粒重 (g) |
|---|---|---|---|---|---|---|---|
| | | 草丈 (cm) | 着莢数 (莢/株) | 総重 | 子実重 | | |
| 対照（AN 3） | 20.5 | 48.5 | 39.9 | 371 | 231 | 100 | 127 |
| AN 3 + CDUN 4 | 22.0 | 55.8 | 41.9 | 426 | 261 | 113 | 137 |
| AN 3 + CDUN 6 | 21.9 | 55.5 | 41.7 | 439 | 262 | 113 | 137 |
| AN 1 + CDUN 5 | 20.3 | 53.5 | 41.8 | 414 | 251 | 109 | 132 |

（注） AN：硫安
　　　 CDU：硫安とともに基肥施用．
　　　 試験区別中の数値は窒素施肥量（N kg/10 a）．

られない．現在の畑土壌ではカリ欠乏がほとんど発生しておらず，むしろ，過剰が危惧されている．ただ，過剰害も認知されていないため大きな問題とはなっていない．このため，表6-5-6に示した施肥標準を基本に土壌診断に基づいた適正な施肥量を維持することが指導されている．

　アズキは6～7月の初期生育段階で微量要素の欠乏，過剰障害が発生しやすい．この時期は根系の発達が悪く，吸肥力も弱いため，生理障害が生じやすいとされている．アズキの生理障害の一つにホウ素過剰障害がある．輪作体系の中で，テンサイに対してホウ素を施用するのが一般的に行われており，アズキの前作にテンサイがきた場合，過剰障害を引き起こす恐れが多分にある[5]．症状は，初生葉，第1本葉の葉縁部が上方に巻き上がってスプーン状となり，この部分からクロロシスあるいは褐変が生じ，葉全体がやや固く，もろい感触となって，早期に落葉することが多い．アズキのホウ素適量は，6月下旬の茎葉中ホウ素（B）濃度が15～20 ppmの範囲内とされている．また，畑作物全般に対する土壌診断基準として，熱水可溶性ホウ素（B）濃度0.5～1.0 ppmが設定されている．

　アズキの銅過剰障害も報告[3]されている．果樹園跡地など銅が過剰に集積した土壌にアズキを栽培したとき発生がみられる．過剰症状は，出芽後間もなく葉面に褐色の小斑点が生じ，さらに進むと斑点を除いて葉が黄化し，甚だしい場合は葉が裏側に巻いて生育不良となり，落葉し，枯死に至るものもある．銅過剰障害について作物の銅濃度基準は設定されていないが，土壌診断では0.1 N塩酸可溶性銅（Cu）0.5～0.8 ppmが基準値とされている．

　さらに，亜鉛を主とした総合的栄養不足とみられる生理障害がアズキでみられるようになってきた．症状としては，6月下旬から7月中旬にかけて，アズキの初生葉，第1, 2本葉の葉脈間が黄白化あるいは褐変し，葉縁部も内側に巻いてカップ状となり，生育は停止し，さらに進むと葉の脱落，葉の枯死に至る現象がみられている．原因として，農業機械の大型化に伴い耕起深が大きくなり，肥沃度の低い下層土が作土層に混入する割合が高まったり，基盤整備などで一時的に肥沃度が低下したことなどが考えられている．硫酸亜鉛溶液の散布で葉色が回復したとの報告[18]があるが，生育回復までには至っておらず，リン酸多施のみでも生育が回復する現象がみられている．対策として，亜鉛入り肥料が出回っており，土壌診断に基づく施肥対応が指導されている．要は，土壌診断を基本とした適正な肥培管理で解決可能と考えられる．

（沢口　正利）

## 引用文献

1) 北海道農政部. 北海道施肥標準. 22 (1995)
2) 熊谷秀行・長谷川進・沢口正利・野村 琥. 豆類増収技術の確立に関する試験, 第3報 生育時期別根粒活性について. 土肥学会要旨集, 21 (Ⅱ), 4-5 (1975)
3) 水野直治・後藤計二・平井義孝. 有珠地方における小豆の生育障害に関する研究, 第1報 障害の症状と発生分布地域. 北農, 37 (7), 23-28 (1970)
4) 森 哲郎・渡辺公吉・藤田 勇. 十勝火山性高丘地土壌における施肥法に関する研究, 第1報 肥料の発芽に及ぼす影響. 北農, 28 (12), 6-8 (1961)
5) 森 哲郎・渡辺公吉・藤田 勇. 十勝火山灰土壌におけるほう素のてんさいに対する施用効果と豆類に対する障害. 北海道農試彙報, 90, 61-74 (1966)
6) 佐藤辰四郎・野村 琥. 豆類増収技術の確立に関する試験, 第2報 十勝地方火山性土壌における小豆の施肥反応について. 北農, 42 (11), 1-10 (1975)
7) 沢口正利・野村 琥. 豆類増収技術の確立に関する試験, 第4報 各種土壌処理が小豆の根粒着生および生育・収量におよぼす影響. 北農, 45 (11), 1-12 (1978)
8) 沢口正利・大崎亥佐雄. 小豆の収量水準向上に関する土壌肥料学的考察, 第9報 発芽に及ぼす施肥窒素の影響. 土肥学会要旨集, 28 (Ⅱ), 213 (1982)
9) 沢口正利・大崎亥佐雄. 小豆の収量水準向上に関する土壌肥料学的考察, 第12報 初期生育に対する燐酸効果. 土肥学会要旨集, 29 (Ⅰ), 128 (1983)
10) 沢口正利. 小豆の収量水準向上に関する土壌肥料学的考察, 第13報 燐酸施肥形態の生育, 収量に及ぼす影響. 土肥学会要旨集, 30 (Ⅰ), 144 (1984)
11) 沢口正利. "畑作物の施肥技術. アズキ". 農業技術体系. 土壌施肥編. 6. 作物別施肥技術. 農文協, 350-354 (1985)
12) 沢口正利. 北海道における小豆の栄養生理的特性と施肥法に関する研究. 北海道立農試報告, 54, 1-87 (1986)
13) 沢口正利. "畑作物の栄養生理と施肥. マメ類". 北海道農業と土壌肥料 1987. 北農会, 232-239 (1987)
14) 沢口正利. "アズキの栄養診断". 北海道における土壌・作物栄養診断の現状と問題点. 推進会議研究成果, 4, 203-208 (1988)
15) 十勝農業試験場. "小豆に対する窒素供給法 (窒素追肥法試験)". 昭和56年普及奨励ならびに指導参考事項. 北海道農務部編, 365-372 (1981)
16) 十勝農業試験場. "小豆の収量・品質に対する各種有機物施用の影響". 平成6年普及奨励ならびに指導参考事項. 北海道農務部編, 337-340 (1994)
17) 渡辺 泰・沢田泰男・広川文男. 栽培年数の異なる牧草跡地の小豆の生育収量. 北海道農試彙報, 95, 64-74 (1969)
18) 横井義雄・大崎亥佐雄. 十勝地方における豆類の生育異常について. 土肥学会要旨集, 29, 130 (1983)

## 6. ラッカセイのリン酸吸収

### 1）はじめに

アメリカの作物の教科書には「落花生は施肥に対して奇妙な反応をする」という記述がある．さらに，「トウモロコシやワタなどの作物と異なり，ラッカセイは輪作体系で前作に施肥された肥料を効率よく利用できる性質がある．すなわち，他の作物が利用できないミネラルを利用できる能力がある」とあり，最後に，肥料を大量に投入するトウモロコシの後作にはラッカセイを無肥料で栽培することが勧められている[4]．

わが国では第二次大戦後に食糧増産政策に沿って，関東の火山灰大地への入植が勧められ，そこでは様々な作物の作付けが試みられた．当時はリン酸肥料の大量施用による火山灰土壌改良技術が未だ確立されていなかった時である．その低リン酸肥沃度の火山灰土壌においても確実な収量が期待できた作物の一つにラッカセイがあったという．そして現在，千葉県と茨城県が，わが国のラッカセイの主産地となっているが，それには土壌がラッカセイの生育に好適していたことが大きく影響していたと考えられる．

また，ラッカセイは，東南アジア，インド，南米，東および西アフリカなどの熱帯性の低リン酸肥沃土壌でも広く栽培されている．なかでも半乾燥熱帯地域の代表的な土壌の一つであるアルフィソル（Alfisol）では，リン酸肥料が十分施用されていないにも関わらず良く生育するため，盛んに栽培され，極めて重要なマメ科作物となっている．

茨城と千葉の火山灰土壌においても，アフィソルにおいても主要なリン酸の形態は難溶性の鉄型リン酸である．アルフィソルではキマメ（pigeonpea）が根からキレート物質を分泌することによって鉄型リン酸を溶解できることは良く知られている[1,7]．この同じアルフィソルでラッカセイもまたリン酸肥料が無くても良く生育できるのであるが，キマメと異なりキレート物質を分泌しないため，そのリン酸吸収機構については不明であった．

われわれはこのラッカセイのリン酸吸収機構の研究を進めてきたが，最近，ようやくそれを明らかにできるようになった．ラッカセイの土壌肥料というにはあまりにもトピック的ではあるが，ラッカセイのリン酸吸収機構に焦点を絞って話を進めたい．このリン酸吸収機構こそが，わが国では千葉県や茨城県に，そして海外では半乾燥熱帯のアルフィソルで広く栽培される大きな理由となっていると考えているからである．

### 2）低リン酸土壌におけるラッカセイのリン酸吸収能力

わが国で熱帯性の土壌が見られる地域はかなり限られている．石垣島は亜熱帯気候下にあるため土壌の風化が進み，土壌は熱帯のものにかなり近くなっている．そこの自然土壌は無機態リン酸はトータルでも 109 mgP kg$^{-1}$ とかなり少なく，カルシウム型としては存在せず，アルミ型と鉄型が主体となっているが，鉄型リン酸が圧倒的に多い．トルオーグ法やブレイ No.2 法で測定された可給態リン酸量は 0.9 mgP kg$^{-1}$ と非常に少なく，むしろ無いといってよい．その土壌にリン酸無施肥でダイズ，ソルガム，トウモロコシ，およびラッカセイを栽培し，そのリン酸吸収量を示したのが表 6-6-1 である．ここでのリン酸吸収量は，種子中のリン酸量を差し引いた正味のものである．この 4 作物はリン酸吸収の違いが顕著な作物[5]として選抜したものである．

石垣土壌ではダイズ，ソルガム，およびトウモロコシはリン酸欠乏で枯死して，リン酸吸収量はゼロとなったが，ラッカセイは順調に生育しポット当たり 2.0 mgP の吸収を示した．土壌 pH を 4.5 か

ら 6.5 に炭酸カルシウムで調整した土壌でも，ラッカセイのリン酸吸収量は最も高かった．この結果は，リン酸肥沃度の著しく低い石垣土壌からリン酸を吸収できる作物はラッカセイであり，無機態リン酸の主体をなす鉄型リン酸の吸収能力が高いことが明らかである[2]．

表6-6-1 石垣土壌で栽培したラッカセイ，ソルガム，トウモロコシ，ダイズのリン酸吸収量（ポット実験，1996）

| 土壌 | リン吸収量（mgP/ポット）*** | | | |
|---|---|---|---|---|
| | ラッカセイ | ダイズ | ソルガム | トウモロコシ |
| 石垣（JIRCAS） | 2.0 ± 0.22 | 0.0 ± 0.05* | 0.0 ± 0.01* | 0.0 ± 0.01* |

（注）* 播種後，2ヵ月でリン酸欠乏のため枯死した．養分としてリン酸を除く水耕栽培液を施用した．
*** 正味のリン酸吸収量を示す（種子中のリン酸含量は差し引いてある）

### 3）鉄型リン酸の吸収・利用能力の要因解析[5]

ラッカセイが土壌中の鉄型リン酸を溶解・利用できる要因として，① 根長，② リン酸吸収パラメータ，③ 鉄還元能，④ 根分泌物などが考えられる．そこでそれらについてここに検討してみることにする．

① 根　長　ポットの土壌を制限した条件（1 kg ポット）で栽培すると，ラッカセイの根長は 194 m で，ソルガムの 148 m より長いが，単位根長当たりのリン酸吸収能力をみると，ラッカセイは 0.08 mg m$^{-1}$ でソルガムの 0.019 mg m$^{-1}$ より著しく高く[6]，ラッカセイのリン酸吸収能力が優れていることがわかる．これからラッカセイのリン酸吸収能力が高いのは，根長が長いためではない．

② リン酸吸収パラメーター　土壌溶液中のリン酸を植物が吸収するには限界があり，その最小濃度を $C_{min}$ と表現する．したがって，低リン酸土壌で生育するには $C_{mini}$（最小リン酸吸収濃度）が低いほどよいと考えられている．そこでイネ，ソルガム，キマメ，ダイズ，ラッカセイの5作物の $C_{min}$ と，最大リン酸吸収速度の半分に相当する値のリン酸濃度 Km（ミカエルス定数）を表 6-6-2 に示した．これをみると，ラッカセイは他のマメ科作物（キマメ，ダイズ）と比較して，特に著しく低い $C_{min}$ や Km を示すことはなかった．しがって，この $C_{min}$ からもラッカセイの鉄型リン酸溶解能を説明することはできなかった．

表6-6-2 各種作物のリン酸吸収に関するパラメーター

| 作物 | km（μMP） | | Cmin（μMP） | |
|---|---|---|---|---|
| | 6週間* | 8週間 | 6週間 | 8週間 |
| イネ（陸稲） | 14.4 | 19.5 | 1.95 | ― |
| ソルガム | 13.7 | 21.3 | 1.70 | 1.85 |
| キマメ | 4.4 | 6.9 | 1.03 | 0.82 |
| ラッカセイ | 2.5 | 8.2 | 1.06 | 0.64 |
| ダイズ | 2.1 | 6.3 | 0.76 | 0.75 |
| LSD（5 %） | 6.7 | 4.2 | 0.54 | 0.57 |

（注）Km：ミカエルス定数，Cmin：最低養分吸収濃度
* 播種後の日数

③ 鉄還元能　鉄型リン酸の溶解は鉄の還元（$Fe^{3+} \rightarrow Fe^{2+}$）によっても進み，リン酸が遊離する．そこで根の鉄還元能をイ）と同じ5作物間で比較検討した．鉄還元能の測定にはあらかじめ作物をリン酸の有無（+P，-P）あるいは鉄の有無（+Fe，-Fe）に放置してから測定した．その結果，マメ科作物のラッカセイ，キマメ，ダイズの鉄還元能は総じてイネ科作物よりも高い傾向にあった．マメ科作物の鉄還元能は鉄欠乏条件（-Fe）で増加した．リン酸欠乏（-P）では反対に，リン酸鉄還元能が低下した．これはリン酸欠乏条件では鉄還元能が低下して鉄型リン酸を溶解できないことを意味している．また，植物のリン酸要求量は鉄要領量よりも多い．これにより，鉄還元能によっては鉄型リン酸の溶解吸収は説明できない．

④ 根分泌物　キマメは鉄型リン酸を溶解できるピシジン酸やリンゴ酸などのキレート性有機酸を分泌するとされている．そこでキマメとラッカセイの根からの有機酸（ピシジン酸以外にマロン

酸やシュウ酸など）の分泌を比較したところ，キマメ根からはかなりの量の有機酸が分泌されていたが，ラッカセイ根からはリン酸欠乏条件の有無に関わらず有機酸あるいはキレート作用を持つ物質は検出されなかった．

### 4）細胞壁の鉄型リン酸溶解機能[2]

土壌表面のリン酸が作物根面へ移動していくのは主に「拡散」よっているが，土壌中でのリン酸の拡散係数は非常に小さい．石垣土壌でトウモロコシやダイズがリン酸欠乏で枯死したという事実は，拡散によって根面に到達する土壌溶液中のリン酸濃度が無視できるほど低いものであることを示している．ラッカセイが石垣土壌でも正常な生育を示したことは，土壌粒子表面と根表面との接触部位で，鉄型リン酸を溶解するなんらかの反応が起こっていたことを予想させる．

### 5）細胞壁表面のCEC

この仮説を証明するために，ラッカセイ，ダイズ，ソルガム，トウモロコシを水耕栽培し，根を塩酸で洗浄したあと粗細胞壁と見なせる細片を得た．土壌中に存在するゲータイト，ヘマタイト，アロフェンなどの鉱物とリン酸との反応で生じるものを，鉄型リン酸やアルミ型リン酸とした．また，天然に存在するリン酸鉱物であるバリサイト，ストレンジャサイトの粉砕物も利用した．この鉱物と根細胞壁の細片を酢酸緩衝液（pH 5.0）に懸濁させたもの，及び鉱物のみを酢酸緩衝液に懸濁させたものを用意し，一定時間振盪した．そして前者と後者の緩衝液中のリン酸濃度の差を，粗根細胞壁によるリン酸溶解能力とした（表6-6-3）．その結果，ラッカセイの根細胞壁はバリサイトを除く5種類のリン酸（吸着）鉱物からのリン酸溶解能はラッカセイが最も高かった．これは，ラッカセイ根細胞壁は鉄型リン酸やアルミ型リン酸を溶解できることを示すものであった．

細胞壁にあるリン酸溶解活性に関しては，根表面にあるCEC（陽イオン交換容量）との関係が想定される．そのため，ソルガム，ラッカセイ，ダイズ，トウモロコシ根表面のCECと鉄リン酸（$FePO_4$）の溶解との関係を様々なpHの条件下で検討した（図6-6-1）．植物根のCECは細胞壁の構成成分であるポロガラクツロン酸のカルボシル基に由来するものであり，pHの上昇にともなってCECが増大する．実際，pHの上昇に伴いCECは増大するが，どの作物根もpHが上昇するにつれ

表6-6-3 ラッカセイ，ソルガム，ダイズ根から調製した細胞壁がアルミニウム型リン酸および鉄型リン酸鉱物の溶解に及ぼす影響

| リン酸の形態 鉱物 | リン含有量 (mgP/g) | 根細胞壁によるリン酸の溶解 ($\mu$gP/g細胞壁) | | | リン酸の溶解率（%）* | | |
|---|---|---|---|---|---|---|---|
| | | ソルガム | ダイズ | ラッカセイ | ソルガム | ダイズ | ラッカセイ |
| Fe-P | | | | | | | |
| $FePO_4$ | 164.630 | 273 | 247.1 | 382.2 | 0.36 | 0.33 | 0.50 |
| ストレンジャイト | 32.290 | 46.7 | 47.1 | 81.6 | 0.28 | 0.29 | 0.50 |
| ゲータイト-P | 2.950 | 26.4 | 32.8 | 58.1 | 1.79 | 2.22 | 3.94 |
| ヘマタイト-P | 0.290 | 2.6 | 7.8 | 12.1 | 1.78 | 5.35 | 8.33 |
| Al-P | | | | | | | |
| $AlPO_4$ | 241.09 | 103.4 | 123.5 | 201.1 | 0.12 | 0.14 | 0.23 |
| バリサイト | 49.81 | 112.1 | 140.2 | 135.6 | 0.45 | 0.56 | 0.54 |
| Si/Alゲル-P | 160.76 | 123.6 | 126.4 | 229.9 | 0.15 | 0.16 | 0.29 |
| アロフェン-P | 87.81 | 94.8 | 117.8 | 232.7 | 0.22 | 0.27 | 0.53 |

（注）* リン酸の溶解率は添加リン酸鉱物に対する溶解したリン酸の割合を示す．

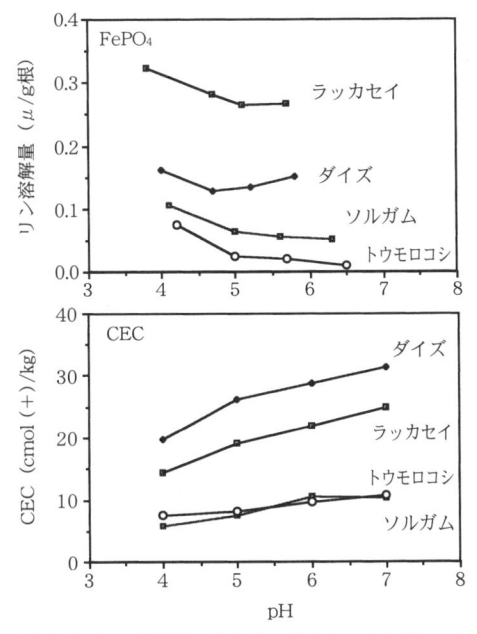

図6-6-1 pHがラッカセイ，ダイズ，ソルガム，トウモロコシ根のリン酸鉄（上：FePO₄）溶解能およびCEC（下：陽イオン交換容量）に及ぼす影響

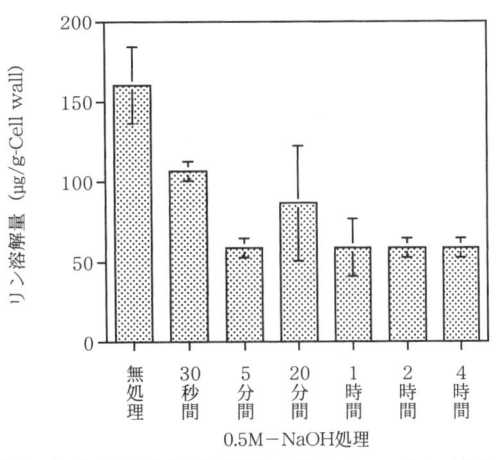

図6-6-2 0.5 M-NaOH 溶液で処理したラッカセイ細胞壁のリン酸鉄（FePO₄）溶解能

て鉄リン酸の溶解能は減少していた．ダイズのCECは最も大きく，次にラッカセイで，イネ科のトウモロコシやソルガムのCECは最も小さかった．この結果はリン酸鉄の溶解はCECによるものではないことを示す．

## 6）鉄型リン酸の溶解活性部位の存在[3]

　土壌中の Fe-P あるいは Al-P は，鉄やアルミニウムが根表面に存在する溶解活性部位と結合し，その結果，リン酸が溶解する．その前提条件となるのは，根表面における溶解活性部位の存在である．これを確認するため，砂耕で栽培したラッカセイの根を30秒から4時間にわたって0.5 M-NaOH溶液に浸漬した後，根を洗浄し，細胞壁票品を得て，そのリン酸鉄（FePO₄）の溶解反応を測定した（図6-6-2）．それをみると，30秒の浸漬でリン酸鉄の溶解活性は無処理の細胞壁と比べて30％低下していた．これから，少なくとも鉄型リン酸の全溶解活性のうち，少なくとも30％程度は根表面に存在するすると思われる．

　また一方では，NaOH溶液に浸漬，洗浄した後，水に浸しラッカセイの回復状況を観察した．その結果，0.5 M-NaOH溶液にラッカセイ根を20分以上浸漬するとラッカセイは萎凋し，その後，枯死した．しかし，20分以内の浸漬では萎凋したものの，12時間後には回復した．このことは，根をNaOH溶液に浸漬しても20分以内であれば，その障害は根表面の細胞壁のみに限られるため回復できたことを示している．

　以上の結果は，ラッカセイ根表面の細胞壁が土壌粒子と接触することにより，鉄型あるいはアルミニウム型リン酸からリン酸が溶解することを証明するものである．これを「接触溶解反応」と呼ぶこととしたい．この反応式は以下の通りである．

$$CW + FePO_4 = CW : FeFe^{+3} + PO_4^{-3}$$

　この根細胞壁に存在する溶解活性部位は鉄型リン酸やアルミニウム型リン酸とどのような反応をするのであろうか？ラッカセイ根の「粗細胞壁（＝根表面を塩酸で洗浄した根粉砕物）」をデオキシコール酸で処理したあと，細胞内容物を除去して精製細胞壁を調整した．この精製細胞壁をあらか

じめ様々な塩溶液に浸漬し，それを水で洗浄し，前処理した細胞壁と呼ぶこととした．その後，この前処理した細胞壁とリン酸鉄（$FePO_4$）との反応からリン酸の溶解量を測定した．その結果を図6-6-3に示す．これによると，1価や2価の陽イオンが吸着していても，細胞壁の活性部位は次に添加されたリン酸鉄の鉄によって弛緩されリン酸が遊離する．一方，$Al^{3+}$ が吸着した場合はリン酸鉄は溶解されない．すなわち，溶解活性の反応部位は3価の陽イオンとのみ，特異的に結合することが明らかとなった．

### 7）根表面細胞壁の脱落

一度 Fe や Al が結合した細胞壁はリン酸溶解能が無くなると予想される．マメ科植物の根の鉄還元能はイネ科作物より高いことはすでに述べたが，この細胞壁に結合した鉄（$Fe^{+3}$）が還元され細胞壁から $Fe^{+2}$ が遊離すると，，再び溶解活性が現れる．しかし，鉄還元能は鉄欠乏条件で反応するため，ラッカセイのリン酸欠乏には対応できない．また，アルミニウム型リン酸が主体の火山灰土壌では，このような溶解活性の再生は期待できない．

全根系リン酸溶解活性でラッカセイのリン酸吸収量をすべて説明可能なのであろうか？ 石垣土壌で栽培されたラッカセイのリン酸吸収量と鉄型リン酸溶解能との関連を計算したが，最大効率で見積もっても全リン酸吸収量の半分程度しか説明できなかった．しかし，ラッカセイは他のマメ科植物と異なって，根の表面が脱落するという際だった特徴を持っている．根の表面の脱落現象はすでに Yorbrough ら[9]によって報告されており，その報告で「根表面の脱落は養分吸収に関連するものではないか」と予想されている．Ueda ら[8]は，この脱落現象の細胞組織的解析のなかで，発芽後7日目ですでに脱落が起こり，これがラッカセイの成育中に絶えず起こっていることを観察している．この根表面の脱落で絶えず新しい溶解活性が部位が表面に生成されることで，つねに高いリン酸溶解能力が維持されているものと予想される．

以上，ラッカセイの根系の持つユニークな難溶性リン酸吸収機構について述べた．このような根系の性質がラッカセイの土壌への適応性，生産性，輪作特性などに大きく関わっているはずである．このリン酸吸収機構がラッカセイを考える上で新たな視点を与えるものとなれば何よりである．

（阿江　教治）

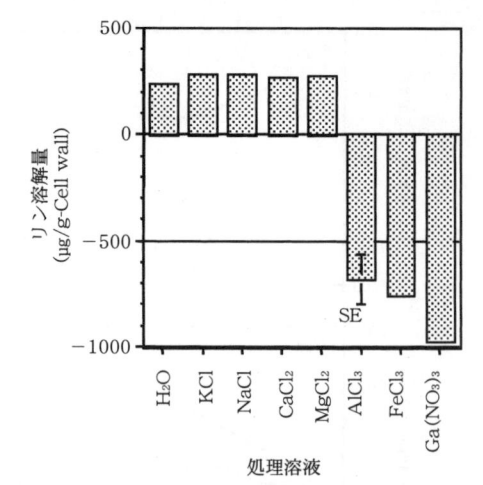

図6-6-3　様々な塩溶液で前処理したラッカセイ細胞壁によるリン酸鉄（$FePO_4$）溶解活性

## 引用文献

1) Ae, N., J. Arihara, K. Okada, T. Yoshihara and C. Johansen. Phosphorus uptake by pigeon pea and its role in cropping systems of Indian subcontinent. Science. 248, 477-480 (1990)

2) Ae, N., T. Otani, T. Makino and J. Tazawa. Role of cell wall of groundnut roots in solubilizing sparingly soluble phosphorus in low fertility soils. Plant Soil. 186, 197-204 (1996)

3) Ae, N. and T. Otani. The role of cell wall components from groundnut roots in solubilizing sparingly soluble phosphorus in low fertility soils. Plant Soil. 196, 2650270 (1997)

4) Chapman, S. R. and L.P. Carter. Crop production, principles and practices. W. H. Freeman and Company, San Francisco, USA. (1976)

5) Otani, T. and N. Ae. Phosphorus (P) uptake mechanisms of crops grown in soils with low Pstatus. I. Screening crops for efficient P uptake. Soil Sci. Plant Nutr. 42, 155-163 (1996 a)

6) Otani, T. and N. Ae. Sensitivity of phosphorus utake to changes in root length and soil volume. Soil Sci. Agron. J. 88, 329-337 (1996 b)

7) Otani, T., N. Ae. and H. Tanaka. Phosphorus (P) uptake mechanisms of crops grown in soils with low P status. II. Significance of organic acids in root exudates of pigeonpea. Soil Sci. Plant Nutr. 42, 553-560. (1996)

8) Ueda, E. Y. Akasaka and H. Daimon. Morphological aspects of the shedding of surface layers from eanut roots. Can. J. Bot. 75, 607-611 (1997)

9) Yorbrough, J. A. Arachis hypogaea. The seedling, its cotyledones, hypocotyl and roots. Am. J. Bot. 36, 758-772 (1949)

# 第7章 農業機械・施設

## はじめに

　ダイズを主な対象として，作業工程別にわが国における農業機械・施設の開発およびその利用に関する研究の概要並びに実際の営農場面における機械利用の現状を理解できるように解説した．その概要は以下の通りである．

　100万ha余りの水田が生産調整を行っている状況から，コメに代わる作物として水田転作ダイズの重要性がますます高まっている．水田転作ダイズの栽培においては，土壌の排水・透水性改善が苗立ち・生育確保に必須となっている．そのため，本暗渠の施工に加えて圃場周囲に明渠をめぐらし補助暗渠として浅層に弾丸暗渠が掘削される．比較的小馬力のトラクタが利用できる振動式弾丸暗渠せん孔機が使用されるが，振動速度を高めることによって高速作業が可能となった．明渠の掘削にはスクリューオーガ式トレンチャが使用される．水田土壌では砕土不良による播種作業や播種後の苗立ち不良が問題になりやすい．レーキ付アップカットロータリは，表層の砕土性能が著しく高く同時に切り株わら等の埋没性能も高い．不耕起または簡易耕播種機は，作業工程の省略による省力・低コスト化とともに天候による播種作業の制約が少ない．中耕培土は，雑草管理に有効であり乗用管理機やトラクタ搭載型のものが使用される．生育初期の株間除草機構も数多く開発されている．収穫については，引き抜き，にお積み乾燥・脱穀に代わって大部分が機械収穫されるようになり，最近ではコンバイン収穫の割合が約40％にもなっている．マメ類の収穫に用いられるコンバインは，普通型コンバインで比較的小型のダイズ専用のものと水稲等も収穫可能な大型の汎用型がある．乾燥調製については，コンバイン収穫の高まりとともに汚粒や裂皮・しわ粒等の損傷粒発生が大きな問題となっている．そこで，各種乾燥機の利用条件の解明や損傷粒発生と乾燥条件についての基礎的研究が行われている．水田転作ダイズの作業体系および畑作ダイズやアズキ・インゲンマメ類の機械化体系について典型的なケースの解説とともに，各体系組立上のキーポイントが述べられている．

（澤村　宣志）

## 1．播種床造成・施肥播種機械

### 1）排水・透水性改善技術

　北海道を主とする畑地においては，大形トラクタ等の車輪踏圧により耕盤が発達した場合に，排水・透水性改善のためにサブソイラが使用される．畑地は一般に排水性が比較的良好であるが，各種作業時に回行のために頻繁な踏圧を受ける圃場両端の枕地は極端な透水性の低下を起こして作業にも支障をきたすことがあるので，枕地のサブソイラ処理が有効な場合がある．

　わが国では，毎年約100万haに及ぶ水田がコメの生産調整を受けており，水田への畑作物の導入・定着が喫緊の課題となっている．ダイズ等の畑作物を作付けする場合には，排水・透水性の改善が前提条件と言い得る程に重要である．ダイズ転作田の調査時に，段々状の水田を転換畑にする場合は，一番下の水田にはダイズを作らないことにしているということを聞き，排水・透水性の大切さを改めて知ったことがある．

　水田の排水・透水性改善は，基本的には組み合わせ暗渠によって行われる．これは，圃場の長辺方

向に本暗渠を施工し，それに直交する方向に簡易暗渠を通す方法である．本暗渠とは，主としてバックホーやトレンチャで深い溝を掘削し，この溝の中に素焼き土管等の吸水管を籾殻等の副資材で被覆して埋設し（標準深さ60 cm程度），作土を埋め戻すことにより，半永久的な排水路とする工法である．簡易暗渠は，水田の耕盤層より下部（深さ30～40 cm程度）に弾丸暗渠を通す方法である．水田を畑とする場合には，この弾丸暗渠を施工して透水性を確保し，さらに，圃場の内周に簡易明渠を掘削して地表面排水を容易にすることが望ましい．実際の施工方法は，最初に圃場周辺に簡易な明渠を掘削してその一端を排水路に連結し，この明渠につなぐ形で弾丸暗渠を間隔1～3 m程度で掘削する．これらの簡易明渠と弾丸暗渠の施工は農家が所有するトラクタで作業することができるので，営農作業として行われている．したがって，圃場の排水・透水性の良否に応じて適時施工されることが望ましい．

### (1) 簡易明渠の掘削

明渠の掘削は通常トレンチャで行われ，水田では，その中でも粘質な土壌に対して強いスクリューオーガー形トレンチャ（図7-1-1）が多く使用される．図のものは溝の幅が地表部で21.5 cm，溝底で15 cm，掘削深25～65 cm，質量240 kgで適応トラクタが22 kW (30 PS)程度という設計値で，作業速度は0.3～1 km/h程度であり，微速装置付きトラクタを必要とする．

水田転換畑における簡易明渠は，可能な限り畦畔に近接させることが雑草対策など空地の管理の問題からも有利であるため，トラクタ後方から見て右側車輪の直後を掘削するようにトレンチャの掘削部をオフセットしたものが多い．しかし，それでもなお，進行方向に直交する畦畔にトラクタが到達したところで，それ以上の前進掘削はできなくなる（図7-1-2 a参照）．この部分（L=4 m程度）は鋤などを使用して人力で掘り上げねばならないが，1枚の圃場で4箇所生ずる隅部分の人力掘削作業は結構大変な仕事である．これが簡易明渠掘削の機械化に残された主要な問題の一つであるため，農業機械化研究所では1981年度にプッシュプルトレンチャを開発した[12]．これは，図7-1-2の構造のもので，トラクタ車輪の外側を掘る位置までオフセット量を大きくして，後進掘りができるようにすることによって隅迄の機械掘りを可能にした．すなわち，直交する畦畔にトラクタが行き着いたところでトラクタとトレンチャを切り離し，動力取り入れ軸の向きを変えた後，トレンチャの後ろ側にトラクタを付け直し，トラクタを後進させて圃場の端まで掘り進む（図7-1-2 b参照）．オフセット量が大きい

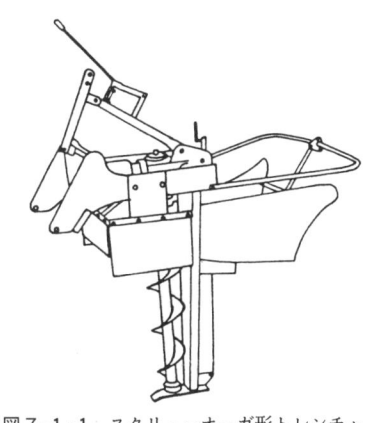

図7-1-1 スクリューオーガ形トレンチャ

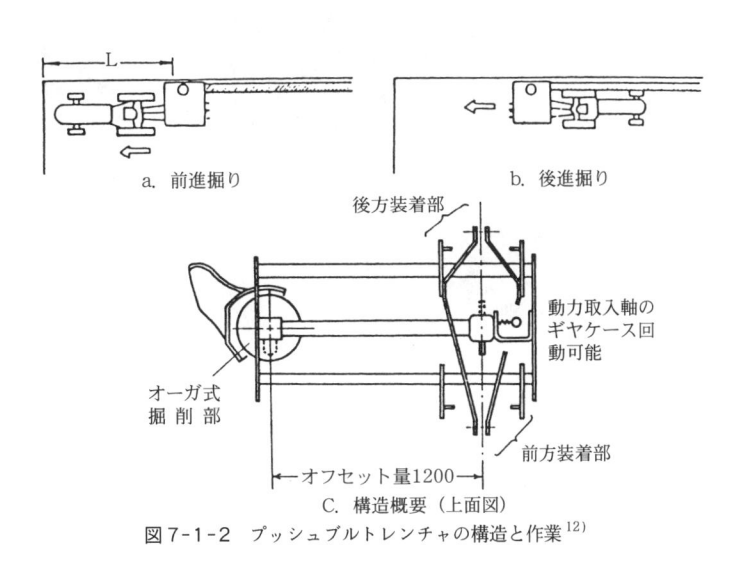

図7-1-2 プッシュプルトレンチャの構造と作業[12]
a. 前進掘り
b. 後進掘り
c. 構造概要（上面図）

ためトラクタの進行方向が曲げられようとするが，近年のトラクタは4輪駆動でパワーステアリングを装備するので，大き目のトラクタを使用すれば，前進掘削時の進路を直線に保つことには問題ない．後進の場合は，トラクタの前輪が既に掘った溝と隣接するので慎重な運転が必要になるが，著しい低速で距離も短いため作業可能である．水田転換畑の周囲の簡易明渠掘削をオペレータ1人で行える．ただし，この試作機は掘削深30 cmの設計で，強度面でフレームに更に改良を加えること等，市販化に際しては改良すべき点があった．

その後，トレンチャの一つの形式であり土質を問わないで作業できるロータリディッチャの構造を応用して，図7-1-3のリターンディッチャという簡易明渠掘機が市販され，注目されている．この機械であれば，図7-1-3cに示されるように，1,100 mmオフセットされた掘削部を180°ターンさせるだけで前進と後進による掘削作業に使い分けることができ，トラクタへの機械の脱着を行わなくて済む．また，掘削部をトラクタの真後ろに置けば，移動走行時に作業機がトラクタより外に出ない状態になる．先ず後進作業で圃場の四隅を掘削し，掘削部をリターンして前進作業を行うことにより全周機械掘削が行える．図7-1-3aのように掘削部は4本の溝掘り爪と4枚の跳ね出し板で構成された軽量構造とされており（機械の全質量145 kg），図7-1-3bのように片側（溝の内側）へ掘削土を飛散させるので，作業後に溝の側方に盛り上げられた土壌を崩す作業も省略できる．図7-1-3aのように標準掘削深は25 cmで若干浅いが，トラクタの適応馬力が15～22 kW（20～30 PS），作業速度が1.5～3.0 km/hとなっており，2000年4月25日の鳥取県農業試験場経営技術研究室による24 kW（33 PS）トラクタを使用した全周機械掘り作業の公開試験で0.7 km/hの作業性能が実証された．

(2) 簡易暗渠の掘削

弾丸暗渠の掘削は，1960年頃から行われた振動式心土破砕機の開発研究により，振動が著しいけん引抵抗の減少をもたらすことが明らかにされ，その後実用化された振動式弾丸暗渠せん孔機によって行われている．振動による効果的なけん引抵抗低減の方法については，走行速度に対する振動

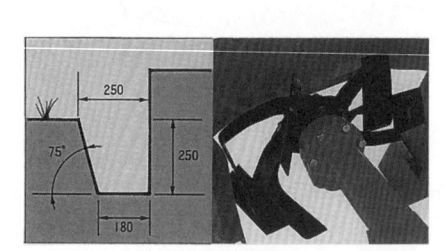

a) 掘削溝の形状（左）と掘削部の構造（右）　　　　　　b) 作業状況

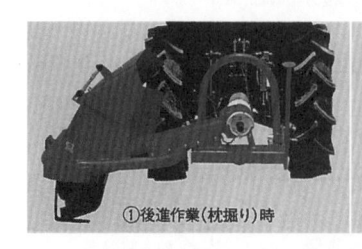

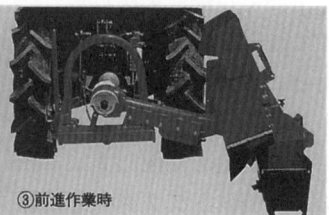

①後進作業（枕掘り）時　　②移動走行時（中間位置）　　③前進作業時

c) リターン機構

図7-1-3 リターンディッチャ
出典：松山株式会社カタログ

速度の比だけでなく，振幅と振動数の双方，特に振幅の効果が大きいこと，振動方向を多少斜め上にするのが良いこと等が明らかにされてきたが，一般的な作業条件では，走行速度に対する平均振動速度の比が 2.5 程度の時に効果が最大でけん引抵抗が 30～60 % の減少になり，また，1 以下ではほとんど減少しなくなるようである．例えば，普通の市販機では振幅 32 mm × 2（往復）× 9 Hz（540 rpm）= 0.58 m/s の平均振動速度であるから，走行速度はこの 2.5 分の 1，すなわち 0.23 m/s（約 0.8 km/h）とする時に振動の効果を大きくすることができる．その結果，微速走行装置と PTO 軸 540 rpm の回転速度により 10 PS（7.4 kW）級の乗用トラクタで作業可能となって，振動式弾丸暗渠せん孔機が全国に普及した．このため，振動式は小形トラクタによる低速作業用であって，トラクタを大形化して高速化しようとしても，けん引抵抗が急激に増大するので意味がなくなると考えられてきた．しかし，現在ではトラクタは 20 PS 級～30 PS（14.7～22.1 kW）程度まで大形化してきており，PTO 軸回転速度も 1,000 ～1,350 rpm の高速化が行われているので，振動式弾丸暗渠せん孔機の作業を飛躍的に高速化する技術の開発が求められている．

そこで，1982 年に試作開発された爪打ち込みタイミング調節式溝切りロータリ付き振

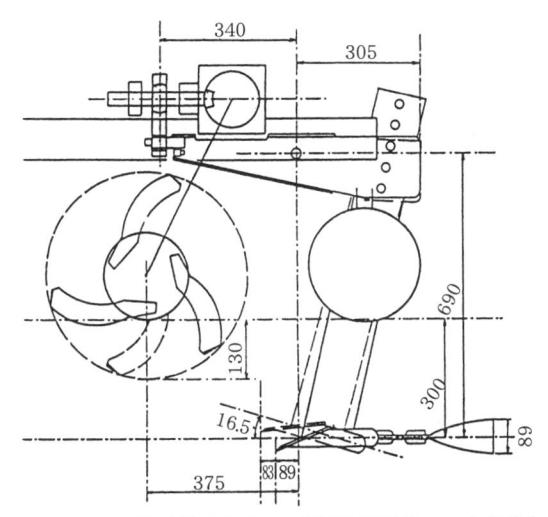

図 7-1-4　爪打ち込みタイミング調節式溝切りロータリ付き振動弾丸暗渠せん孔機
（3 本爪，爪幅 50 mm，全質量 158 kg）

表 7-1-1　供試トラクタの概要

| MT 285 H | 21.0 kW（28.5 PS），1280 kg<br>4 輪駆動，前後進 16 段<br>PTO 560・800・1000・1310 rpm |
|---|---|
| L 240 | 17.7 kW（24 PS），1060 kg<br>2 輪駆動，前進 8 段・後進 2 段<br>PTO 580・740・1040・1340 rpm |

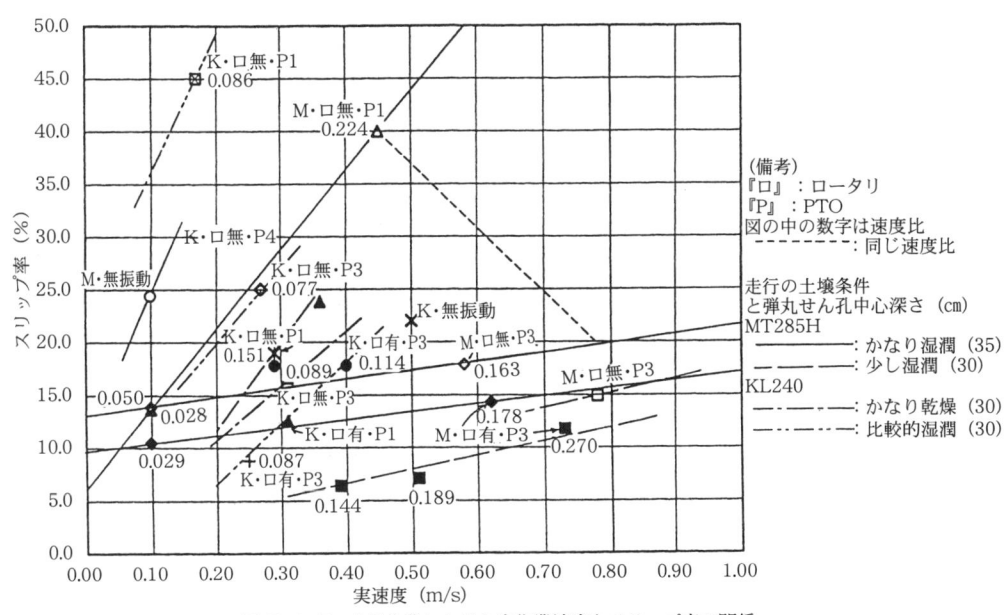

図 7-1-5　水田作業における実作業速度とスリップ率の関係

動弾丸暗渠せん孔機[7]をPTO軸高速回転用に改良して（図7-1-4，試作：松山株式会社），トラクタ2機種（表7-1-1）と水田および畑における作業実験で，以下の結果を得た（図7-1-5参照）[6]．
① 溝切りロータリを無使用でもPTO軸変速を1速（560〜580 rpm）から3速（1,000〜1,040 rpm）に上げることにより，滑り率から見た作業速度の限界を高めることができる．
② なた刃の打ち込みタイミングをシャンクの前進開始位置に合わせた溝切りロータリは，作業速度の一層の増大を可能にする．
③ 滑り率16％を作業限界とすると，かなり湿潤な水田におけるハイラグタイヤ装着の21.0 kW（28.5 PS）4輪駆動トラクタによる弾丸せん孔中心深さ35 cmの作業で，溝切りロータリ無使用のPTO軸1速では0.13 m/s，PTO軸3速では0.30 m/s，溝切りロータリを使用してPTO軸3速では0.80 m/s程度が限界の作業速度であった．
④ 無振動から振動速度を増大するに伴って圧縮せん断破壊の発生が少なくなり，切削破壊の様相が増大する傾向であると観察された．即ち，走行速度に対して振動速度を増大させると，チゼルによる土層の破壊・亀裂の発生が減少してけん引抵抗が低減すると同時に，弾丸暗渠孔の維持期間の拡大につながることになる．

この作業実験では，PTO軸4速（約1,310 rpm）は機械的振動が発生したため使用できなかったが，2000年4月25日に鳥取県農業試験場経営技術研究室により31.6 kW（43 PS）トラクタを使用して行われた公開試験では，PTO軸4速を使用して0.85 m/s（3.1 km/h）の高速作業が，ほとんどシャンク近傍の地表面が盛り上がることなく，軽快なエンジン音で行われ，PTO軸3速にすると地表面の多少の盛り上がりと作業音が若干重くなる状況が観察された．

以上により，一般に使用される振動式弾丸暗渠せん孔機をトラクタのPTO軸高速回転に耐えられるようにするだけでも作業速度の限界をかなり高めることができ，さらに，駆動式コールタに代えて，シャンクの前進時に狭幅のなた刃を1本だけ打ち込むようにタイミング合わせをした溝切りロータリを設けると，作業速度の限界を一層向上できることが明らかになった．同時に，爪打ち込みタイミング調節式の溝切りロータリがあると，作業速度が増大してもトラクタの振動は増大しない効果のあることは既に知られており[7]，また，オペレータは高速振動よりもむしろ低速で揺さぶられる方が不快に感じる．さらに，溝切りロータリは，わら等前作物の残渣が相当多量にある場合にも十分処理できる．市販のリターンディッチャとこの溝切りロータリ付き振動式弾丸暗渠せん孔機を22.1 kW（30 PS）前後のトラクタ2台による組作業によって行うと，1日に3 ha程度の明渠・弾丸暗渠施工が十分可能なことが公開試験で実証されており，これら技術の適用効果は大きい．また，明渠・弾丸暗渠を利用した簡易地下灌漑法[9]が用いられると，少雨年のダイズ栽培の安定化・収量の向上が期待できる．

以上のほか，重粘土水田のような排水不良土壌にあっては，サブソイラによる心土破砕と籾殻補助暗渠を施工する重粘土層改良機[27]や籾殻充てんトレンチャによる営農補助暗渠施工法[26]，暗渠疎水材料としての団粒化促進剤[11]の利用効果が大きい．

## 2）耕うん整地機械

耕うん作業には，一般的にはロータリが使用されるが，一部では水田用プラウも使用されている．ロータリには適用するトラクタの大きさに合わせて各種の大きさ（作業幅）のものが用意されているが，トラクタの大形化に合わせて，耕うん作業用としては作業速度が0.4〜0.6 m/sでは少々低すぎると思われるようになった．そこで，0.7 m/s以上の水田耕うん作業を可能にする高速耕うんロータリが1996年度から市販されている．これは，図7-1-6に示したように，湾曲部の曲率半径を約2

# 1. 播種床造成・施肥播種機械

図7-1-6 高速耕うんロータリの側面図[2]

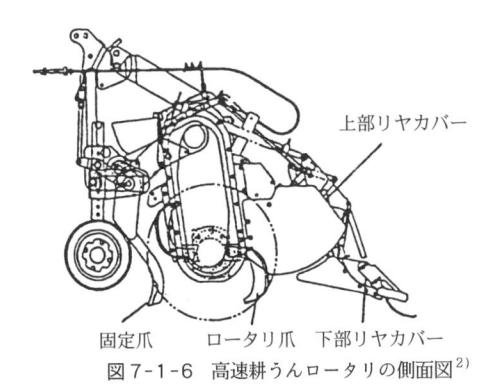

図7-1-7 斜めロータリ
(注) 初期の試作機（後に4本爪に改良，スクレーパは不要）.

倍に拡大したなた刃，横方向取り付け間隔を約1割増しとしたロータリ爪配置および，リヤーカバーのスペースを拡大して揺動可能としたことにより20～30％の高速化が可能となり，固定爪の採用等により安定した高速作業が可能になった[2]．さらに，切削角可変式ロータリ[3]で得られた知見を活用して高速ロータリ用なた刃の条件解明を行い，PTO軸回転速度の高速化にも対応し得る高速耕うんロータリの一層の高速化技術の開発につなげていくことが望まれる．また，これまでにない耕うん特性を示す，駆動ディスクのディスクを4本爪に変えた斜めロータリ（図7-1-7）の性能[4]を生かす方法についての検討も必要である．また，圃場全面の無人耕うん作業を有人の場合と同程度に行うことのできる耕うんロボットが開発されており[30]，これを用いればオペレータ1人によるトラクタ2台の組作業を可能にすることになるので，効果的利用法とコストについての実証的研究の推進が必要である．

水田用プラウには多連のトラクタ用双用犂が使われることがあるが，最近のゴム履帯式トラクタの市販・導入方向に合わせて，枕地の耕起作業時には機体を進行方向に直角にできるようにした多連の小形はつ土板プラウが使われることもある．

一方，畑用としては北海道を中心にしてリバーシブルプラウが使用されることも多い．このプラウは重量が著しく大きくなる問題があるので，国内メーカにより軽量化と油圧操作の容易化が図られている．このようなプラウによる深耕方法に対して，二段施肥用心土破砕爪付きロータリ（図7-1-8, 9）が根圏の拡大と緩効性肥料の深層施肥効果により，とりわけダイズの増収に効果の大きいことが知られた[20]．また，振動式全層破砕機（図7-1-10）は，2本のカーブドシャンクとその中心に位置するチゼル付きストレートシャンクをほぼ上下方向に振動させて土層を破砕することにより全層深耕を行う機械で[13]，省エネルギー的な深耕を行うことができる[17]．これを用いてトラクタ車輪の通過跡を残して内側だけを耕うんし，以後栽培期間中は一切内側には車輪を入れないというコントロールドトラフィックシステム

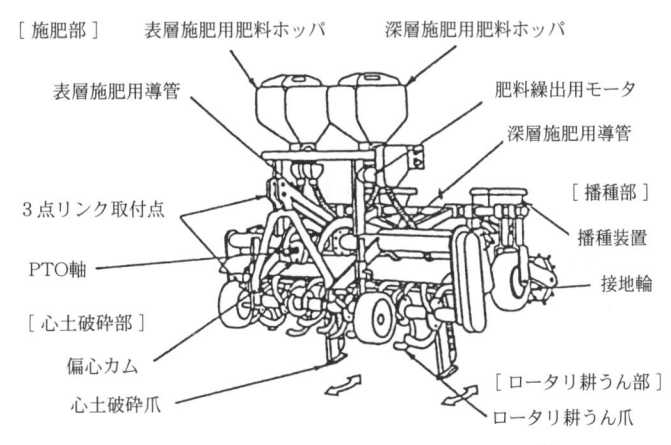

図7-1-8 二段施肥用心土破砕爪付ロータリ[20]

図7-1-9 二段施肥方式[20]

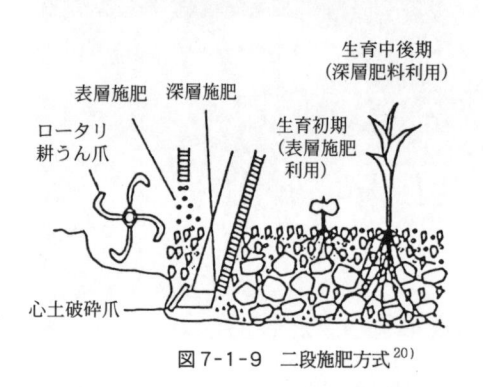

図7-1-10 振動式全層破砕機[13]

で栽培すると，ダイズ・コムギの収量の向上が明らかに認められており（農業研究センター機械作業部畑作機械化研究室1992～1993年度成績），ダイズのようにトラクタ車輪通過部（制限走路）の確保による土地利用率の低下の起こらない畦立て栽培方式の作付けに対しては，トラクタの安定した走行が確保されることからも，有望な作業システムであると思われる．

このような耕うん作業後に多量の降雨があると，次作業のために圃場に入れない日数が大きいという問題があるが，これは換言すれば，耕うん作業によって圃場の保水能力が極めて高くなるということでもある．したがって，わが国のように降雨の多い条件では，組作業等によって耕うんから播種までの作業を完了するシステムが採れれば，適合能力の高い作業方法であると考えられる．同時に，降雨が多いということは雑草の生育が旺盛であるということであり，除草剤の散布時期を逸したり効果を下げたりすることが少なからず起こるということとも併せて，耕うんはわが国では雑草対策上不可欠とさえ思える作業である．刈り株，わらおよび雑草の埋没性の点ではプラウや犂が優れているが，農業機械化研究所で1983年頃に開発されたレーキ付きアップカットロータリもけん引抵抗は多少大きいが藁稈類の埋没性が極めて高く，表層砕土性も著しく高いことから，北海道の乾田直播用に揺動スクリーン式アップカットロータリが実用されたり，水田の野菜作用に見直されているように，トラクタの大形化に応じてムギ・ダイズ作でも見直すべきところがあると思われる．即ち，ムギ・ダイズに対して，アップカットロータリシーダによる1回耕うん・施肥・播種の可能性はあると思われる．

### 3）施肥播種機

播種作業では，ムギにはロール式，ダイズには傾斜目皿式種子繰り出し装置をロータリに搭載するロータリシーダが使用されることが多く，軽量化と作業幅の拡大を狙ってロータリハローシーダも使用されている．ダイズの集団転作地では，ロータリの両端なた刃を内向きとしてダイズ2条毎に排水用の溝をつけておく方法が最良であると聞かされた．研究の成果では，ムギ・ダイズに対して片培土方式のロータリシーダ（ダイズでは往復4条で両端に排水用小溝を作る作業様式）が推奨されている[19]．これらは通常施肥播種機となっているが，肥料施用パイプおよび種子導管の吐出口への耕うん土壌の付着・詰りを起こすことがあるため，機体後方で監視する作業者を必要とすることが多い．これに対して，欧米で使用される吸引式繰り出し装置で空気圧送式の大形施肥播種機は，超高速・高精度で詰りを起こすことがない．わが国でもムギに対してアップカット（逆転）ロータリと吸引式種子繰り出し機構を組み合わせた精密播種の研究が行われたが[16]，空気圧送式施肥播種機構の検討も望まれる．

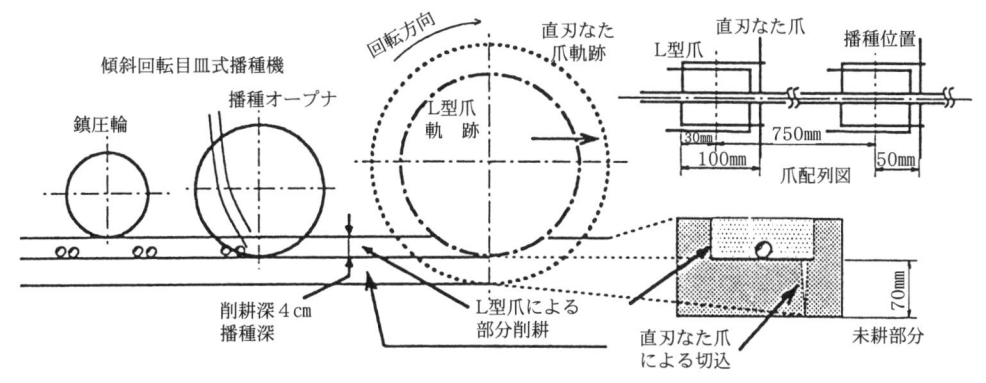

図7-1-11 ダイズ播種様式[21)]

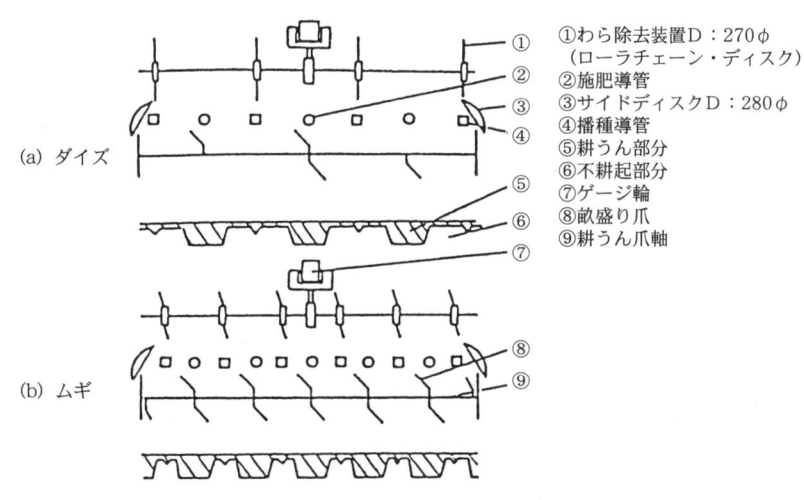

図7-1-12 部分浅耕播種機の概略[28)]

 ダイズ用播種機においては，3条用は播種条がトラクタの車輪跡に重なりやすいので望ましくない．また，3条用は，後の3連中耕・培土機により高い作業精度を維持する作業方法にも適合しない．このため，2条および4条用が研究・開発されてきた．ロータリシーダは一般にダイズでは2条用であるが，4条用としてはロータリハローを用いたものがあり，なた刃の形状と配置に工夫が施されている．その一つが三重県科学技術振興センターによる「稲麦用削耕・作溝不耕起播種機のダイズへの適用」技術であり，作業幅3m（条間75cm）の4条播種で，削耕部は幅14cmの部分削耕とし，爪軸へ75cm間隔でL形爪と直刃なた爪を組み合わせて取り付け，根系の発達を目的に直刃なた爪で播種位置に切込みを入れる（図7-1-11)[21)]．25.7kW（35PS）以上のトラクタを使用して作業速度0.85m/s，苗立率98.4％が得られたが，コンバイン跡等田面の凹凸がある場合は，ワンタッチ式のL形爪を全面に装着し事前に田面の均平を図ることとされている[21)]．もう一つは，香川県農業試験場による「ムギ，ダイズに共用できる有芯部分耕播種機」で，代かき専用ロータリとドリル播種機，わら部分除去装置から成り，前作のわらを除去した部分に播種すると同時に，施肥した条間部をはつ土性に優れた畝盛り爪で耕うんして播種部を覆土・鎮圧する作業機である（図7-1-12)[28)]．畝盛り爪はムギ30cm，ダイズ60cmの間欠配置で，ワンタッチ式のものとし，わら部分除去装置はローラチェーン・ディスク式で2.9kW（4PS）の補助エンジンにより駆動される[28)]．代かき専用ロータ

リの大きさは 14.7 kW (20 PS) トラクタ用の場合は 1.8 m で, ダイズの場合で出芽率 95% が得られている[28].

今後, ダイズ作の大幅な規模拡大を目指すためには, 4 条用播種機の実用化が望まれる. なお, 播種後に行われる土壌処理用除草剤の散布を同時作業化して省力化を図るものが多いが, 播種作業で作った排水用小溝を明渠と連結する作業は人力で行うことにならざるを得ない.

一方, アメリカ等における不耕起栽培法の進展を受けて, わが国でもダイズを中心にして不耕起播種技術の研究が数多く行われた. しかし, V 字形溝に挟まれた種子が土壌から水分を吸収するのに適していることから, 不耕起法は本来比較的乾燥地帯に適した農法であり, わが国の場合には V 字形溝中の滞水によってむしろ湿害を発生しやすくなるので, 排水に対する種々の工夫が必要になる. さらに, わが国では前作物残渣の被覆程度では, むしろ除草剤の効果を不十分にして雑草の生育を阻止しきれないことも問題である. アメリカにおいて, 除草剤耐性ダイズが普及する動向にあるが, わが国では, 雑草問題は不耕起法の大きな障害である.

このため, 数多くの不耕起播種機の開発が行われたが, その多くは簡易耕播種機とみなせるものである. 本来的な不耕起播種機の場合には, 明渠と弾丸暗渠による十分な圃場排水性の確保と接触除草剤による播種前雑草防除が利用の前提条件であり, その上, 栽培期間中に中耕・培土を加えるので厳密には不耕起栽培とはいえないことになる. ダイズの不耕起平畦栽培を可能とするためには, 乾田直播を 2 作連続して水田の畑地化を進めておくことが必要とされるという研究結果がある[10]. また, 播種条の中央に排水溝を作出していく岡山農試開発の播種機を利用した不耕起播種が普及しつつあり, 耐倒伏性からみた播種量と除草剤による雑草防除並びに湿害対策技術によりムギ跡ダイズ不耕起無培土栽培技術を確立できたとする研究成果もある[14]. 播種条の側方を浅耕して不耕起の播種条に覆土するという, 有芯部分耕的ともいえる多様な作業法が研究された. しかし, これでも圃場の排水性を高めておくことは必要であり, さらに, 通常は前作のコンバイン収穫時に枕地だけでなく圃場中央部にも生じる轍が害をもたらすことを避けられないので, ロータリハローで少なくとも浅耕しておくことが望ましいことになる. これらのことから, わが国では不耕起にこだわることなく, 播種前にロータリまたはロータリハローで浅耕して, その後に不耕起または簡易耕播種機を使用する作業システムが水田転換畑で一般的に適合する方法と考えられる. 裸地で比較的もろい地表面状態である場合に, 不耕起または簡易耕播種機の作業性能が優れることはよく経験することである. この他, いわゆる不耕起播種作業の場合には, 次作業行程を見分けるのに特殊なマーカが必要になるなど, 意外と高価な播種機になりやすいことも問題の一つである.

本来的なダイズの不耕起播種技術を二つあげる. その一つは, 四国農業試験場による「ダイズの麦稈マルチ不耕起播種機」で, 狭幅大径車輪とフロント PTO を装備した小形トラクタの前方部に麦稈を排除する牧草用ベルト式レーキを装着し, 後部にロータリカルチベータを改造した溝切り機と播種機および除草剤散布機を装着したものである (図 7-1-13)[18]. この機械では, 単円板を駆動して麦稈を排除した裸地に深さ約 7 cm, 幅約 1 cm の溝を作り, 複円板形の溝切り器で押し広げた溝の中に播種した後, 次行程で排除された

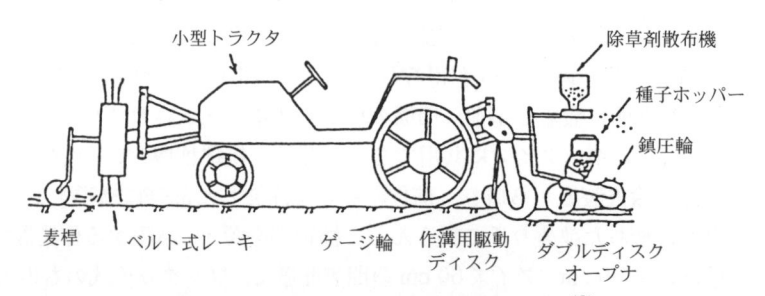

図 7-1-13 麦稈マルチ不耕起播種機の概略図[18]

麦稈でマルチする[18]．この方法では，麦稈が排除されているので作溝・播種を円滑に行うことができること，レーキで表層土を浅く攪拌するので除草剤の施用効果が高まること，播種後に麦稈をマルチするので出芽・苗立に好適な条件が保たれること等の長所があるが，田面の排水対策は必要である[18]．

他の一つは，農業研究センターによる「汎用型不耕起播種機の開発と水稲・コムギ・ダイズの不耕起播種技術」で，ロータリカルチベータ用のチェーンケースで独立懸架され，逆回転する切り欠き付き作溝ディスクで前作物残渣を排除しつつ深いY字形の溝を切り，この溝のV字形部分にロール式種子繰り出し装置からダブルディスクを介して播種し，覆土チェーンを引っ張る[1]．ダイズの播種では4条用で，安定して作業できる速度は36.8 kW (50 PS) 以上のトラクタで0.7 m/s程度であり，ムギ・ダイズ作では播種溝に直交する弾丸暗渠を施工して，Y字形の深さ10 cmに達する切込み部分を通して播種溝内の排水を促進することが必要である[1]．

簡易耕播種機とも言い得るものとしては，農業研究センターによる「ダイズ用条間作溝・覆土式不耕起播種機」[8]（図7-1-14）をあげておく．これは，ロータリカルチベータ用のチェーンケースで独立懸架された逆回転播種溝切りディスクの間（1条おき）にロータリカルチを装備し，播種溝切りディスクの後方にダブルディスク形の導種装置と覆土ディスクを，また，ダブルディスクの上方に傾斜目皿式種子繰り出し装置を，そしてロータリカルチベータ用フレーム上に肥料ホッパを，それぞれ配置したものである[8]．4条用で33.1 kW (45 PS) 程度以上のトラクタを必要とし，0.6 m/s前後の作業速度が可能であり，図7-1-14に示すような作業状態となるので，条間溝と明渠を連結すれば高い排水効果が発揮されて平均90%以上の高い出芽率が得られるとともに，播種直後の除草剤散布に対して薬害を防止できると同時に雑草抑制効果の点でも優れ，また，側条施肥が覆土されるので施肥状態も良好である[8]．しかし，このような地表面排水機能を備えた播種作業方法を用いても，地下排水機能の劣悪な圃場条件では，播種後8～10日間の積算降水量が約65～90 mmに達する多雨年にはかなりの湿害が発生するとともに（出芽率約60%程度），雑草防除が不十分になって人力除草にかなりの時間を要した[5]．

図7-1-14 ダイズ用条間作溝・覆土式不耕起播種機の作業状況（両側に電動式石灰落下マーカを装備，1992年6月18日農業研究センター内畑圃場）

わが国の水田における安定・確実なダイズ栽培技術を確立するために，かつて移植栽培方式が研究されたことがあり，コスト的に適用できるものとしてエダマメ[22,23]および丹波黒[15,24,25,29]のセル成型育苗法と機械移植技術が確立され，普及している．

（唐橋 需）

## 引用文献

1) 深澤秀夫・長野間宏・田坂幸平・南石晃明・小柳敦史．"汎用型不耕起播種機の開発と水稲・小麦・ダイズの不耕起播種技術"．平成6年度研究成果情報（総合農業）．農業研究センター．301-302 (1995)

2) 後藤隆志・堀尾光広・市川友彦・西村 洋・ヤンマー農機（株）．"高速耕うんロータリ"．平成8年度研究成果情

報（総合農業）．農業研究センター．229-230（1997）
3) 後藤隆志・堀尾光広・西村 洋．"切削角可変式ロータリ"．平成9年度研究成果情報（総合農業）．農業研究センター．342-343（1998）
4) 市来秀之・森本國夫・後藤隆志・唐橋 需．"斜めロータリ"．平成元年度研究成果情報（総合農業）．農業研究センター．213-214（1990）
5) 唐橋 需．ダイズ不耕起播種栽培技術体系の実証．農業研究センター研究資料，37，170-173（1998）
6) 唐橋 需・三竿善明・松尾健太郎・朝木幸子．振動式弾丸暗渠せん孔機の高速化技術の検討．第59回農業機械学会年次大会講演要旨，9-10（2000）
7) 唐橋 需・森本國夫・瀬山健次．"振動サブソイラに関する研究"．水田利用再編対策に係る畑作物用機械の開発改良に関する研究（第4報）．農業機械化研究所．1-9（1983）
8) 唐橋 需・渡辺輝夫．"ダイズ用条間作溝・覆土式不耕起播種機"．平成3年度研究成果情報（総合農業）．農業研究センター．161-162（1992）
9) 北出一郎・宮下高夫・吉田紘一・前松 伸．"明渠・弾丸暗渠を利用したダイズの簡易地下かんがい法"．北陸農業研究成果情報 No.10．北陸農業試験研究推進会議・北陸農業試験場．68-69（1994）
10) 北倉芳忠・佐藤 勉・井上健一・田中英典・岩泉俊雄・朝日泰蔵．"水稲乾田直播による転換畑作（麦・ダイズ）の生産性向上"．北陸農業研究成果情報 No.9．北陸農業試験研究推進会議・北陸農業試験場．64-65（1994）
11) 真野勝也・春日健一・高橋 豊・上原 修．"暗渠疎水材料としての団粒化促進剤の効果"．北陸農業研究成果情報 No.6．北陸農業試験研究推進会議・北陸農業試験場．63-64（1991）
12) 三浦恭志郎・森本國夫・瀬山健次．"プッシュプル・トレンチャの開発"．水田利用再編対策に係る畑作物用機械の開発改良に関する研究（第3報）．農業機械化研究所．13-16（1982）
13) 長崎祐司・岡崎紘一郎・宮崎昌宏．傾斜耕地の生産性向上のための効率的耕土管理技術の開発（1）振動式全層破砕機の性能及び利用法の検討．第49回農業機械学会年次大会講演要旨．1-2（1990）
14) 中野尚夫・河本恭一・岡武三郎．"麦跡ダイズ不耕起無培土栽培の技術体系"．平成5年度近畿・中国農業研究成果情報．近畿・中国農業試験研究推進会議・中国農業試験場．89-90（1994）
15) 並河陽・稲葉幸司・松尾嘉重．"全自動野菜移植機を改造した丹波黒移植機"．平成6年度近畿・中国農業研究成果情報．近畿・中国農業研究推進会議・中国農業試験場．33-34（1995）
16) 西村融典・山浦浩二．"麦の均等播種機"．四国農業研究成果情報1992．四国農業試験場．19-20（1993）
17) 岡崎紘一郎．"土中破砕耕うん"．生物生産機械ハンドブック．農業機械学会編．コロナ社，425-427（1996）
18) 岡崎紘一郎・宮崎昌宏・長崎祐司・香西修治．"ダイズの麦かんマルチ不耕起播種機"．平成2年度研究成果情報（総合農業）．農業研究センター．185-186（1991）
19) 大野高資・杉山英治・竹内浩二．"小型複合作業機によるダイズ・エダマメ・裸麦の播種関連作業の省力化"．四国農業研究成果情報1993．四国農業試験場．43-44（1994）
20) 大下泰生・持田秀之・伊澤敏彦・屋代幹雄・雁野勝宣．"二段施肥用心土破砕爪付ロータリ"．平成5年度研究成果情報（総合農業）．農業研究センター．239-240（1994）
21) 杉本彰揮・中西幸峰．"稲麦用削耕・作溝不耕起播種機のダイズへの適用"．平成10年度研究成果情報〔水田―畑作物・経営・作業技術・流通―加工・情報研究（関東東海農業）〕．農業研究センター．166-167（1999）
22) 高浦祐司．"エダマメの機械移植に適したセル成型苗育苗法"．平成7年度近畿・中国農業研究成果情報．近畿・中国農業試験研究推進会議・中国農業試験場．43-44（1996）
23) 高浦祐司・森川信也．"エダマメセル成型苗の機械移植栽培"．平成9年度近畿・中国農業研究成果情報．近畿・中国農業試験研究推進会議・中国農業試験場．47-48（1998）
24) 谷川賢剛・杉本好弘．"全自動移植機利用のための黒ダイズ（丹波黒）の根鉢形成法"．平成10年度近畿・中国農

業研究成果情報．近畿・中国農業試験研究推進会議・中国農業試験場．65-66(1998)
25) 谷川賢剛・杉本好弘．"全自動移植機利用のための黒ダイズの育苗技術"．平成11年度近畿・中国農業研究成果情報．近畿・中国農業試験研究推進会議・中国農業試験場．43-44(1999)
26) 田村良浩・溝口英一・桜井公夫・斉藤裕幸・岩津雅和・中村恭子・伊藤浩一．"大麦の安定栽培のための営農補助暗渠の施工法"．北陸農業研究成果情報 No.10．北陸農業試験研究推進会議・北陸農業試験場．54-55(1994)
27) 八重樫耕一・鶴田正明・小野剛志・伊藤公成・多田勝郎・千葉行雄・及川一也．"排水不良土壌における重粘土層改良機の性能と効果"．平成4年度研究成果情報（東北農業）．東北農業試験場．103-104(1993)
28) 山浦浩二．"麦，ダイズに共用できる有心部分耕播種機"．四国農業研究成果情報1990．四国農業試験場．21-22(1990)
29) 米谷 正．"ダイズ「丹波黒」のセル成型育苗法と機械移植"．平成4年度近畿・中国農業研究成果情報．近畿・中国農業試験研究推進会議・中国農業試験場．51-52(1993)
30) 行本 修・松尾陽介・油田克也・小林達也・鈴木正肚・鷹尾宏之進・(株)クボタ・日本航空電子工業(株)・北海道大学．"耕うんロボット"．平成10年度研究成果情報（総合農業）．農業研究センター．364-365(1999)

## 2．管理作業機械

### 1) 中耕培土機

中耕・培土作業は通称カルチ作業とも呼ばれ機械除草を兼ねて行われることが多い．中耕は排水性の向上と，根の活性化，土壌微生物や根粒菌の活性を高め，締まった土壌構造を膨軟にする目的で行われる．ダイズの場合，作業は，第1〜2本葉が展開する時期と，第5〜7本葉が展開する時期に

表7-2-1 株間除草機構の種類と特徴

| 株間除草機構 | 作用の特徴と除草方式 |
|---|---|
| A 転動タイン型 | 株間輪の撹土効果とタインの速度差により株間雑草を畦間方向へ引き出す |
| B 強制タイン駆動型 | 左右の畦間から株方向へ向かって地表を金属タインが作用し株間雑草を株上方向へ引き上げる |
| C 固定タイン型 | 左右側方または上方より2〜数本の金属タインを株周辺に作用させて雑草根部の切断や引き抜きを行う |

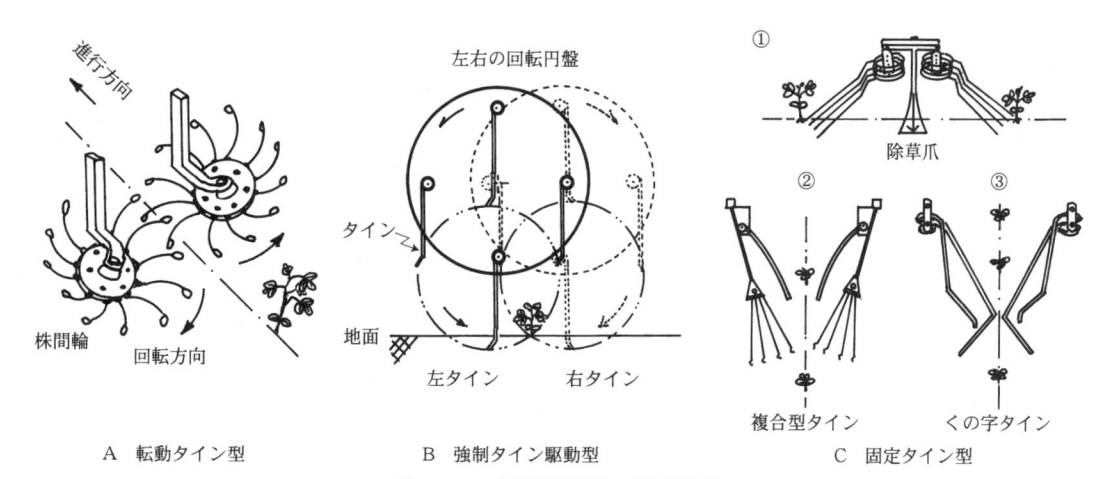

図7-2-1 株間除草機構の種類と特徴

行われる．開花期以降に中耕作業を行うと，カルチ爪により断根が生じ生育停滞をきたすので中耕作業は開花始めまでとされている[1]．培土作業は，カルチ爪を培土刃に交換して行い，雑草の埋没と倒伏防止に効果が高いとされている．

### (1) 株間の機械除草機の特徴

　播種あるいは移植直後の土壌処理除草剤使用を前提として，生育期除草剤への依存度をなるべく減らすためトラクタ装着型の中耕除草機による体系処理が試みられている．ホー除草のねらいは畦間より株間の除草にあることから，既存のカルチベータ本体に多様な株間除草機構を単体あるいは他の除草機構と組み合わせた除草機が普及している（表7-2-1）．株間除草機構は転動タイン型，強制タイン駆動型，固定タイン型の3タイプに大別され，それぞれの特徴を以下に示す（図7-2-1）．

トラクタ前装型　　　　　　　　　　　乗用管理機　中装型

トラクタ後装型
図7-2-2　株間除草機の種類と作業風景

表7-2-2 中耕除草機の作業能率

| 作業幅 (m) | 作業速度 (m/s) | 圃場作業能率 (ha/h) | 実作業率 (%) | 適応トラクタ (PS) | 備考 |
|---|---|---|---|---|---|
| 2.6 | 0.7〜1.1 | 0.60〜0.72 | 80 | 30 | 爪カルチ |
| 2.6 | 1.1〜1.4 | 0.70〜0.82 | 80 | 50 | ロータリカルチ |
| 3.0 | 1.1〜1.4 | 0.95〜1.08 | 80 | 50 | |

i）転動タイン型　線径4.5 mmの金属タイン12本を放射状に配置した構造で株間輪と称される．直径は26 cmで金属タインの先端は作物に損傷を与えないように曲げられている．株間輪は土壌との抵抗により回転し，タイン先端部と中心部の周速度差により土壌表面を攪土すると同時に株間雑草を畦間方向へ引き出す作用がある（図7-2-1-A）．作業速度は0.8 m/s前後である．

ii）強制タイン駆動型　直径40 cmの回転円盤上の4カ所に取り付けられた線径2.5 mm，長さ20 cmの金属タインが常に下向きに保持された状態で回転運動を行う機構で，左右の畦間から株方向へ向かって地表を金属タインが作用し株間の雑草を株上方向へ引き上げる．タインの作用深や左右の回転円盤の間隔等の作用強度は調節可能である（図7-2-1 B）．作業速度は0.7 m/s前後である．

iii）固定タイン型　左右側方または上方より2〜数本で構成される直径4 cm前後の金属タインを株周辺に作用させて雑草根部の切断や引き抜きを行う．タインの作用深や作用角度あるいは進行方向に対する左右の重なり等の作用強度は任意に調節可能である（図7-2-1 C）．作業速度は1 m/s前後である．

また，中耕除草機には，トラクタへの装着様式によりトラクタ前装型，トラクタ後装型，乗用管理機に見られる中装型などがある（図7-2-2）．株間除草装置を装着した場合の作業能率は，0.6〜0.7 ha/hで，ロータリカルチで0.7〜0.8 ha/h，爪カルチでは1 ha/h前後である（表7-2-2）．

(2) 株間除草クリーナの作用強度と作業性

株間クリーナは，一対の金属タイン（アタッチメント）を株の両サイドから作用させるもので，左右アタッチメントの作用角度，金属タイン先端部の間隔や重なり程度で作用強度を調整する（表7-2-3）．

標準設定時の作業速度は0.90 m/sで，両除草クリーナとも土寄せがなく処理後の作物は直立であった（表7-2-4）．タインの重なりを12 cmとした強株間除草設定時は，作業速度0.90 m/sにおいて土寄せ現象が甚だしく，作物が進行方向に倒され埋没株も発生した．作業速度0.74 m/sにおいても作用中央部に土壌が若干寄せられたが，左右タインの重なりが大きいことから作物が進行方向に倒され，その上をタインが通過することになり，倒された側の地際が機械処理されない（図7-2-3）．除草タインは作物を倒さない程度に左右の重なりを調整する必要がある[3]．

表7-2-3 除草クリーナの調節

| 名称 | 金属タイン設定間隔 | | 備考 |
|---|---|---|---|
| | 標準設定 (cm) | 強株間除草設定 (cm) | |
| 刃付き株間タイン | 3 (0〜6) | -12 | 助っ人君 |
| 除草クリーナ | 0 (-5〜10) | -12 | まもる君 |

表7-2-4 除草クリーナの作業特性

| 設定条件 | 土茎長 (cm) | 作業速度 (m/s) | 作業状況 |
|---|---|---|---|
| 標準 | 11.5 | 0.90 | 地際部にタインが作用し作物は直立状態 |
| 強株間除草 | 11.5 | 0.74 | 作用中央部に土壌が寄りタインが進行方向に作物を倒す |

(注) 供試トラクタ：井関6500

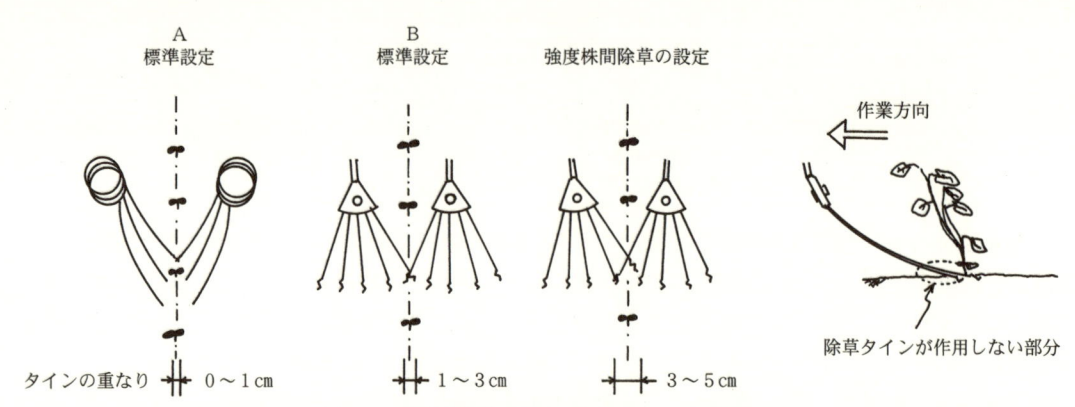

図7-2-3 作用強度の調節と除草タインの作用状況

表7-2-5 子葉脱落強度

| 項目 | 葉令<br>(葉) | 子葉付け根からの脱落 (kgf) | | 子葉の半割れ (kgf) | | 本葉の付け根からの脱落 (kgf) | |
|---|---|---|---|---|---|---|---|
| | | 下向き | 上向き | 下向き | 上向き | 下向き | 上向き |
| 平均 | 4.9 | 0.7 | 1.1 | 2.5 | 0.6 | 2.4 | 5.0 |
| 偏差 | 0.4 | 0.3 | 0.4 | | | | |
| 最小値 | 4.2 | 0.2 | 0.6 | | | 本葉の葉切れ強度：2.2 kgf | |
| 最大値 | 5.2 | 1.4 | 1.9 | | | | |

細い金属製タインを株間に作用させる方式の除草機では作業速度とタインの物性とで作物の進行方向近傍には作用されない部分が生ずる．4畦用カルチベータや株間除草機を用いる場合は作業方向（進行方向）が同一方向からの繰り返しにならぬよう4畦毎交互に代えることで，根際部の取り残し雑草部に効果的に作用させることが可能である．

(3) 作用強度と作物への影響

ダイズでは，第一本葉展開期から機械除草を行うが，作用強度が強すぎると子葉，本葉，生長点などを損傷するので過度な調節や掛けすぎには注意を要する．葉齢4.9葉のトヨムスメを供試して子葉に上向き，下向き力を緩やかに作用させて脱落強度を計測した結果，子葉の付け根からの脱落強度は下向きで6.9 N (0.7 kgf)，上向きで10.8 N (1.1 kgf) であった．子葉の付け根を固定し，子葉が半割れする強度は上向きに作用する場合が5.9 N (0.6 kgf) と小さく，下向きに作用させる力の1/4程度であった（表7-2-5）．

(4) 機械除草の開始時期と機械除草回数が雑草制御および生育・収量に及ぼす影響

図7-2-4に示したように，雑草量は機械除草回数とともに減少傾向にあり，雑草量が多いと莢数

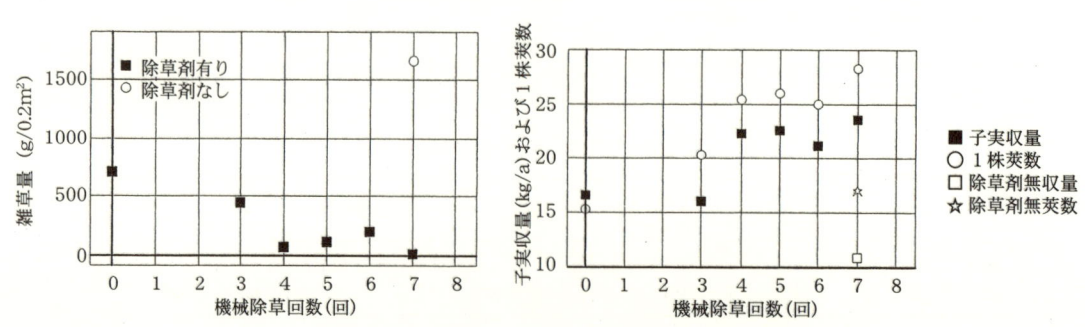

図7-2-4 機械除草回数と雑草量，1株莢数，子実収量との関係（幕別町，1996）

2. 管理作業機械　(459)

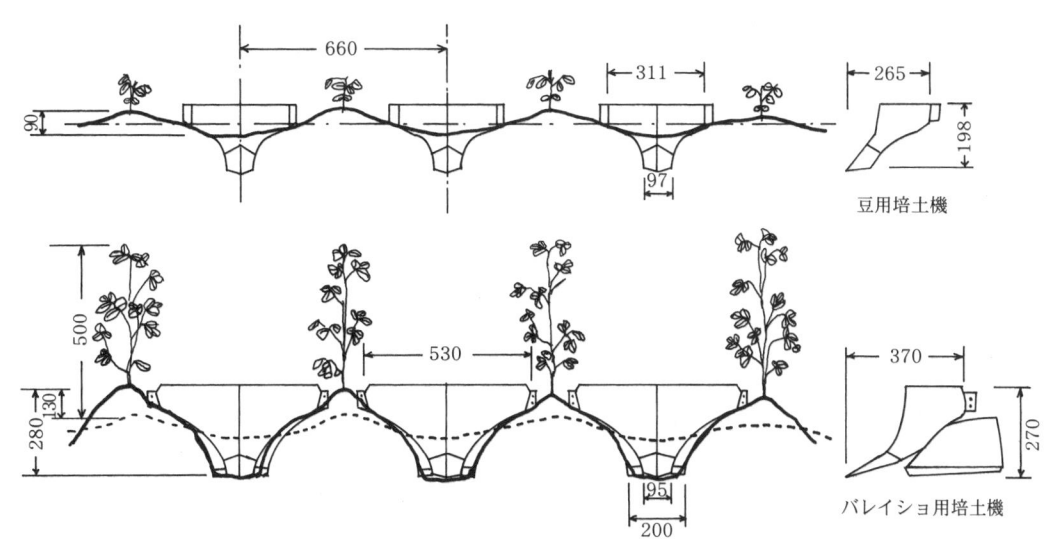

図 7-2-5　培土作業後の圃場プロフィール

表 7-2-6　培土作業能率

| 区分 | 面積 (a) | 作業速度 (m/s) | 時間 (min) | 直進 (%) | 回行 (%) | 作業能率 (ha/h) | (h/ha) | 培土高さ（半培土面から） (cm) |
|---|---|---|---|---|---|---|---|---|
| ① 半培土 | 34.8 | 1.5 | 18.8 | 77.9 | 22.1 | 1.11 | 0.90 | 8～10 |
| ② 本培土* | 34.8 | 0.9～1.1 | 25.9 | 84.9 | 15.1 | 0.81 | 1.24 | 27～29 (12～15) |

（注）* : 主茎長 50 cm，分枝数 5，供試トラクタ：60 PS

が少なくなる傾向にあった．4回以降の1株当莢数は25莢以上を示し，莢数および子実収量横這いとなることから，少なくとも4回の機械除草が必要と考えられる[3]．

(5) 培土作業機

マメ用培土機とバレイショ用成畦培土機および作業後の状態を図 7-2-5 に示した．いずれも爪カルチに装着して使用されるが，固結しやすい土壌ではロータリカルチに装着して使用される．播種後3～4週後（6月下旬）にマメ用培土機により株上地上高8～10 cmに培土処理する．作業速度は 1.5 m/s で，作業能率は 0.56 ha/h である（表 7-2-6）．バレイショ用成畦培土機を用いた本培土は半培土の2週間後（7/中）のリン酸追肥後に行った結果を示した．作業後の培土高さは 27～29 cm で，ダイズの畦中心部の覆土厚さは，半培土後の地表面から 12～15 cm であった．作業速度は 0.9～1.1 m/s で，作業能率は 0.81 ha/h である．土壌が湿潤であったり，培土時期が若干遅くなった場合などは，土塊が作物を倒さないよう，作業速度は 0.6 m/s 程度で行う．なお，中耕カルチおよびバレイショ用成畦培土機を用いるときは開花期までに作業を終わらせる．

2) 追肥・防除用機械

マメ類に対し，基肥として多量の窒素施用は，発芽障害や根粒菌の活動が抑制される等の悪影響があるため，これらの回避対策と増収をねらいとして追肥技術がある．北海道におけるマメ類に対する追肥の目安を表 7-2-7 に示した．

(1) 追肥機械

ⅰ) 施肥カルチの構造と特徴　トラクタ装着用では4畦用が一般的で，カルチベータのツールバー

表7-2-7 マメ類の追肥技術(昭和62,沢口)

| 作目 | 追肥時期<br>(月/旬) | 追肥量<br>(窒素 kg/10 a) | 備考 |
|---|---|---|---|
| ダイズ | 開花始め頃(7/中〜下) | 5 kg 程度 | 基肥窒素量は1〜2 kg/10 a程度<br>リン酸は多め |
| アズキ | 第3〜5本葉展開期(7/上〜下) | 5 kg 程度 | 基肥窒素量は3〜4 kg/10 a程度<br>リン酸は増肥 |
| インゲンマメ | 第2葉展開期(6/下)〜開花始め(7/上)<br>開花始め〜10日後 | 10.0<br>5.0 | 基肥窒素量は4 kg/10 a程度 |

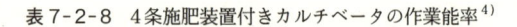

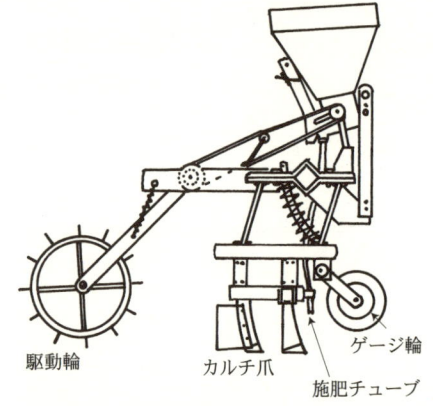

図7-2-6 施肥装置付カルチベータの外観図

表7-2-8 4条施肥装置付きカルチベータの作業能率[4]

| 作業幅<br>(m) | 作業速度<br>(m/s) | 圃場作業能率<br>(ha/h) | 実作業率<br>(%) | 適応トラクタ<br>(PS) |
|---|---|---|---|---|
| 2.4 | 1.1〜1.4 | 0.76〜0.86 | 80 | 30〜40 |
| 2.8 | 1.1〜1.4 | 0.88〜1.01 | 80 | 40〜50 |

上に施肥タンクを搭載し,中耕・除草作業と同時に追肥を行う(図7-2-6).繰り出し部はインペラ回転式が多く,動力は接地輪駆動で畦間に所定量の肥料を施用する.作業速度は1.2 m/s前後で,作業能率は0.9 ha/h前後である[2](表7-2-8).

ii) 肥料散布機(ブロードキャスタ) トラクタPTO駆動式の肥料散布機で,肥料ホッパ底部に取り付けられた回転円盤の遠心力で肥料を散布する羽根車形と散布筒を左右に振りながら散布する筒揺動形がある[4](図7-2-7).散布作業幅は粒状肥料で4〜6 m程度である.作業速度は1.4 m/s前後で,作業能率は1〜2 ha/h前後である[2](表7-2-9).

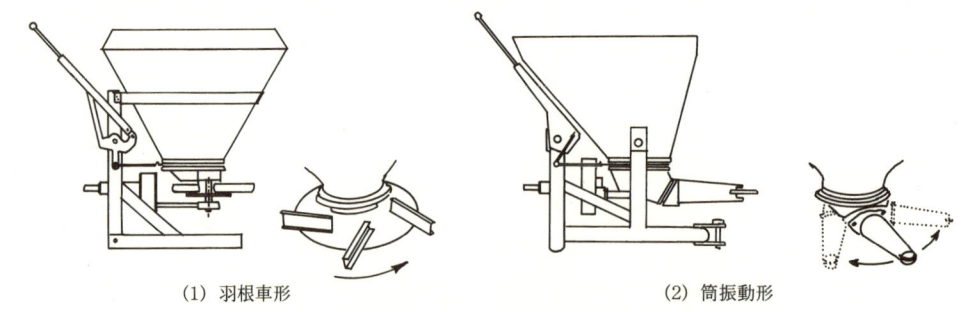

(1) 羽根車形　　(2) 筒振動形

図7-2-7 ブロードキャスタ(肥料散布機)の外観図

表7-2-9 肥料散布機(ブロードキャスタ)による追肥作業能率[4]

| ホッパ容量<br>(l) | 作業幅<br>(m) | 作業速度<br>(m/s) | 圃場作業能率<br>(ha/h) | 実作業率<br>(%) | 適応トラクタ<br>(PS) |
|---|---|---|---|---|---|
| 200 | 4 | 1.1〜1.7 | 0.90〜1.30 | 80 | 30 |
| 600 | 5 | 1.1〜1.7 | 1.13〜1.63 | 80 | 50 |
| 1,000 | 6 | 1.1〜1.7 | 1.35〜1.95 | 80 | 80 |

## （2）防除用機械

防除はブームスプレーヤによる液剤散布が一般的である．ブームスプレーヤにはトラクタ直装形や大容量のけん引形があり，最低地上高が 40 cm 以上ある乗用管理機に搭載されたタイプも使用されている．ブームスプレーヤは，播種後の土壌処理剤および生育期の除草剤散布にも使用される．一般に畑用スプレーヤの散布幅は 16 m 以上で，散布用ノズルは 30 cm 間隔で取り付けられている．作業速度は 1 m/s 前後で，作業能率は散布幅 16.5 m のブームスプレーヤで 5 ha/h 前後である（表 7-2-9）．農薬の散布量は 100 $l$/10 a で，散布圧力は 15～30 kg/cm$^2$ で行われているが，近年，散布圧力が 3～5 kg/cm$^2$ と低圧でノズル間隔が 50 cm の輸入スプレーヤも使用され始めてきた．

（桃野　寛）

## 引用文献

1) 財団法人 日本豆類基金協会．明日の豆作り．91-92（2001）
2) 北海道農政部農業改良課．農業機械導入計画策定の手引き．86-90（1999）
3) 北海道立農業試験場．大豆の省力・多収栽培技術．16-74（1999）
4) （社）北海道農業機械工業会．図で見る農業機械用語（訳）．

## 3．収穫機

ダイズ等のマメ類の主な収穫方法としては，ビーンハーベスタ（マメ用刈取機）-自然乾燥-ビーンスレッシャ（マメ用脱粒機）による方式とコンバインによる方式の 2 種類の方式がある．

1998 年におけるダイズの機械収穫は図 7-3-1 に示したように約 76 % であり，増加傾向にある[5]．機械収穫の中で最も多いのは，コンバイン収穫の約 38 % であり，次いでカッタ等の草刈機，ビーンハーベスタ，バインダである[5]．特に，コンバイン収穫の増加は目覚しく，1990 年の 12 % に対して 1998 年では約 3 倍の 38 % となっている[5]．

ここでは，マメ類の主要な収穫用機械であるビーンハーベスタ，ビーンスレッシャ，コンバインの構造と性能を解説する．

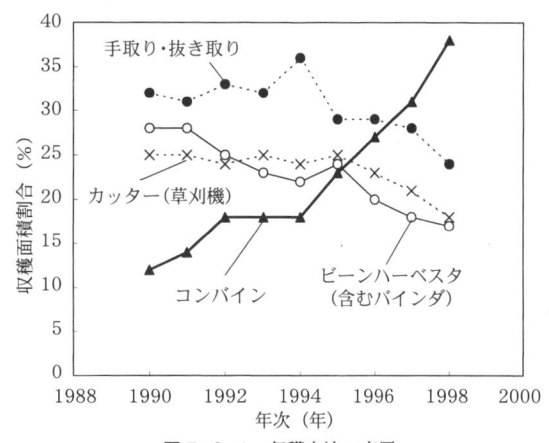

図 7-3-1　収穫方法の変遷
資料：農林水産省の統計より作図

### 1）ビーンハーベスタ

#### （1）構造と作用

ビーンハーベスタは，図 7-3-2[3] に示したようにダイズを刈り取りながら集束バケットまで搬送し，一定量集束した後圃場に放出する方式のマメ専用収穫機である．市販されているビーンハーベスタは，1～2 条用であり，いずれも自走式である．ダイズは，まず回転刃で刈り取られ，その後突起付きチェーンや突起付きベルトで挟持されながら集束バケットへ搬送される．集束バケットにダイズが一定量たまると，オペレータのレバー操作によってバケットが開閉され，ダイズの束は，集

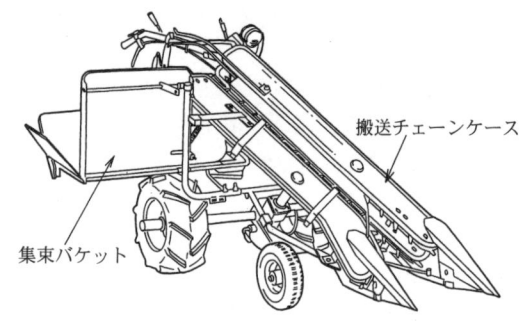

図7-3-2　歩行用1条刈ビーンハーベスタの一例

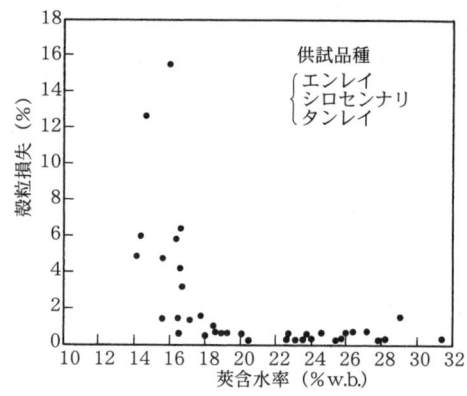

図7-3-3　ビーンハーベスタの作業精度
資料：「1条刈ビーンハーベスタ」型式検査の結果から作図

束バケットの機体取り付け位置によって機体の左右および後方へ排出されるようになっている．

(2) 作業性能

図7-3-3[3]に1981年から1988年に実施されたビーンハーベスタの型式検査の精度試験結果を示す．作業速度を一定とし，莢含水率を変えて試験した結果，莢含水率が低くなると穀粒損失が増加する傾向であったが，莢含水率が18％以上であれば，穀粒損失は2％以内に収まっている．

作業能率は，型式検査の結果によれば，1条刈りでは作業速度0.6～1.0 m/sで11～17 a/h程度である．

(3) 作業上の留意点

ビーンハーベスタの性能に最も影響を及ぼすダイズの莢含水率は日変化が激しいので，穀粒損失を抑えるためには各機種の性能を把握して作業計画を立てる必要がある．

また，図7-3-3に示したように，収穫作業時の莢含水率は，18％以上が望ましい．なお，ビーンハーベスタはアズキやインゲンマメの収穫にも利用されている．

### 2) ビーンスレッシャー（マメ用脱粒機）

(1) 構造と作用

マメ用脱粒機は，脱粒後の排稈方式により，連続排稈形と間欠排稈形の2方式に分けることができる．また，作業方式で分類すると，定置式と自走式，トラクタ搭載式，トラクタけん引式および可搬式がある．さらに，脱粒方式では，こぎ胴に対する稈の流れによって，軸流形と直流形に分けられる．ここでは，図7-3-4[3]に示す直流形で連続排稈形の脱粒機を例に，構造および作用について概説する．こぎ室に供給された材料はこぎ胴で脱穀され，大部分の茎と莢は排塵胴によって機外に排出される．一方，こぎ室受け網から漏下した穀粒と小さな茎などは，揺動板上に落下する．揺動板およびふるい線によって選別された茎や莢は，搬送されて機外に出るが，穀粒と細かな夾雑物は揺動板から漏下し，風選される．風選された穀粒は，一番

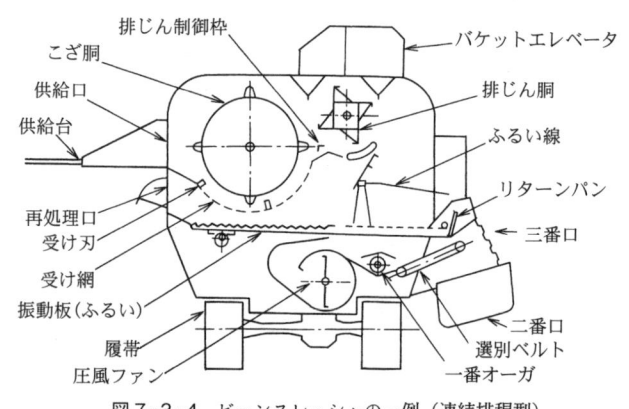

図7-3-4　ビーンスレッシャの一例（連続排稈型）

オーガ，バケットエレベータを経て，一番口の袋に集められる．

供給部には，供給コンベヤを持つ自動供給式と，手で押し込む手動式がある．大形の機械では，地上に集積させたダイズを拾い上げる装置を持つものもある．自動供給式には，ベルト式とタイン式があるが，いずれも供給時には軽く手で押し込む必要がある．

脱穀部には，軸流形と直流形がある．まず軸流形であるが，過去にスクリュー羽根をこぎ胴に巻き付けた方式があったが，現在では線材歯をこぎ胴にらせん状に配置する方式となっている．なお，軸流形はすべて連続排稈形である．

次に直流形であるが，こぎ胴に線材歯や板状のこぎ歯を取り付けた方式と，くし状のこぎ歯や棒状の脱粒稈を持つ方式がある．前者には連続排稈形と間欠排稈形があるが，後者は連続排稈形である．連続排稈形のこぎ歯先端周速度は，7.4〜12 m/sである．また，こぎ胴の長さは，軸流形が直流形に比べてやや長い．受け網には，打抜き鋼板（$\phi$ 18〜25 mm）やクリンプ網（15.4〜25 mm）が用いられているが，直流形には受け網を持たないものもある．

選別部には，圧風ファンに加えて，穀粒の選別用に揺動板（グレーンシーブ）と選別ベルトを持つもの，揺動板か選別ベルトのいずれかを持つものがあり，こぎ胴では脱粒された後の材料中から，穀粒を回収するのにストロラックを用いているものもある．

脱穀された穀粒は，バケットエレベータによって搬送し，袋詰めされる．なかには，圧送ファンで搬送する方式もある．

### (2) 作業性能

図7-3-5[3]に連続排稈形の穀粒流量と穀粒損失割合を示したように，穀粒流量および穀粒損失割合とも，脱粒機によって差がある．穀粒口の損失粒割合については，大半の脱粒機が0.5％以下である．なお，脱粒機はアズキやインゲンマメの脱穀も可能である．

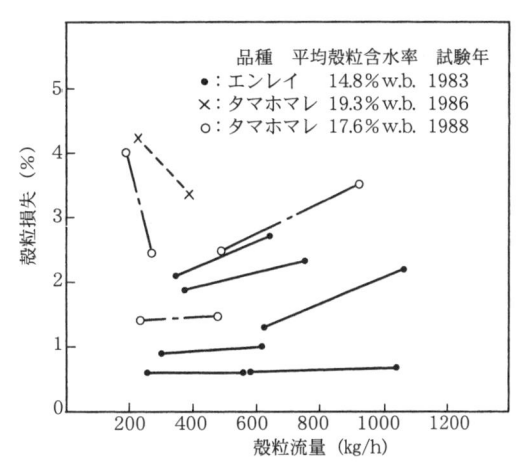

図7-3-5 ビーンスレッシャの作業精度
資料：総合鑑定成績より作図

### 3) コンバイン [4,6,7]

#### (1) ダイズ収穫に利用されている主なコンバイン

ダイズ収穫にコンバインを利用する事例が年々増加しており，ダイズ生産の効率化に大きく貢献している．その主なコンバインを分類すると，① ダイズ用コンバイン（図7-3-6），② 汎用コンバイン（図7-3-7），③ 外国製普通型コンバインに分けられる．ここでは，ダイズ用コンバインと汎用コンバインについて概説する．

i) ダイズ用コンバイン　ダイズ収穫のために開発された普通型コンバインであり，この中には，ダイズ専用コンバインとダイズだけでなく，そばも収穫できるダイズ・そば用コンバインがある．

市販機は，いずれも2条刈で，刈取方式から，条刈り式とリール式に，また脱穀方式から直流式と軸流式に分類することができる．なお，搭載エンジン出力は，11〜24 kW（15〜32 PS）である．

ii) 汎用コンバイン　水稲，ムギ，ダイズなど複数の作物に利用することを前提に開発された普通型コンバインである．市販機は，いずれも軸流式のスクリュー型脱穀機構を搭載している．ヘッダ部は刃幅が2 mクラス（2〜2.5 m）のものと3.5 mクラス（2.9〜3.5 m）のものがあり，リール式が

図7-3-6 ダイズ用コンバインの一例

図7-3-7 汎用コンバインの一例

基本となっているが，北海道仕様として　ダイズ用ヘッダ（ロークロップヘッダ）に交換できる機種もある．搭載エンジン出力は，刃幅が2mクラスのもので44～74 kW（60～100 PS），3.5 mクラスのもので88～103 kW（120～140 PS）である．

#### （2） ダイズ収穫時の性能

ダイズに対する性能は，品種，作物条件，栽培条件はもちろんのことヘッダ部の運転条件，収穫時期・時刻のみならず，オペレータの技術水準によっても大きく変動する．

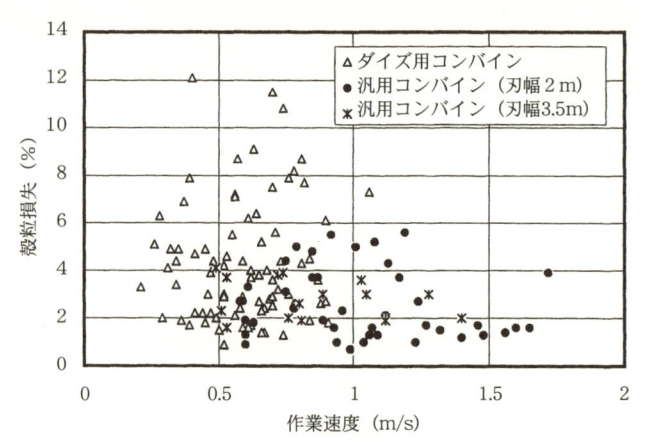

図7-3-8 ダイズ用コンバイン，汎用コンバインの作業精度

市販されている主なダイズ用コンバイン，汎用コンバインについて，生研機構や都道府県農試の試験成績をとりまとめると（図7-3-8）[5]，次のとおりである．

i）**ダイズ用コンバイン** ダイズ用コンバインの作業能率は，20～25 a/h程度であり，頭部損失と脱穀選別損失を加えた穀粒損失は条件が良ければ5％以下で作業が可能であり，損傷粒割合も0.7％以下であった．

現在，市販されているダイズ用コンバインは，前記試験時に比べて高馬力化が進んでいることから，さらに高性能な結果が期待できる．

ii）**汎用コンバイン** 汎用コンバインの作業能率は，刃幅2mで40～60 a/h程度，同3.5 mで

表7-3-1 コンバインの作業可能面積（試算）

|  | ダイズ用コンバイン（刃幅1.4 m程度） | 汎用コンバイン 刃幅2 m程度 | 汎用コンバイン 刃幅3.5 m程度 |
|---|---|---|---|
| 作業能率 | 20～25 a/h程度 | 40～60 a/h程度 | 100 a/h程度 |
| 作業可能日数** | 9日 | 9日 | |
| 1日の作業時間** | 6時間 | 6時間 | |
| 実作業率** | 0.7 | 0.7 | |
| 作業可能面積 | 7.6～9.5 a/h | 15.1～22.7 a/h | 37.8 a/h |

**：高性能農業機械の試験研究，実用化促進及び導入に関する基本方針参考資料より引用

100 a/h 程度であった．頭部損失と脱穀選別損失を加えた穀粒損失は 3 % 程度，損傷粒割合も 0.6 % 以下であった．

### (3) 作業可能面積

ダイズ用コンバインや汎用コンバインについて，各地の試験例等から作業可能面積を試算すると，ダイズ用コンバインについては，8～10 ha 程度，汎用コンバインについては，刈幅 2 m クラスで 15～23 ha 程度，3.5 m クラスで 38 ha 程度である（表 7-3-1）[5]．

### (4) 作業上の留意点

順調で，高精度高能率なダイズのコンバイン収穫作業を行うためには，作業条件や栽培条件についても十分注意を払う必要がある．ここでは，ダイズ収穫におけるコンバイン利用上の留意点について述べる．

a) ダイズ用コンバインは，一般にダイズ仕様となっているため，部品交換を必要としないが，汎用コンバインについては，こぎ胴の回転速度や送塵弁の角度等の調整をダイズ用にするとともに，ダイズ用部品（受け網や土抜き板，リールゴム板等）に交換する必要がある．

b) ダイズ収穫時の穀粒損失の大半は頭部損失であるので，収穫するダイズ条件に合わせて，リールの前後・上下位置，周速度等の運転条件を調整する必要がある．特にリール周速度については，図 7-3-9[1] の生研機構の試作汎用コンバインの試験結果が示すようにリール速度がコンバイン速度に対して遅くても，また速くても損失が多くなるので，リール速度と作業速度の比が 1.2～1.6 程度で作業すれば，頭部損失は少ない．機種やダイズ条件によっても異なるが，この値を目安に，各コンバインの特性を最初に把握する必要がある．

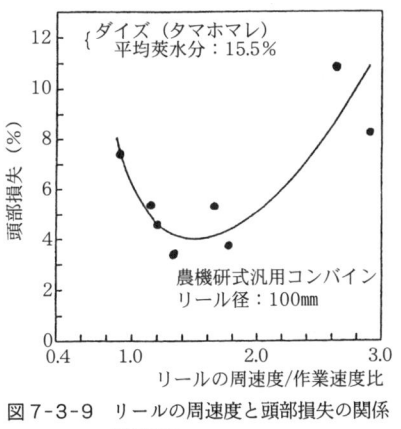

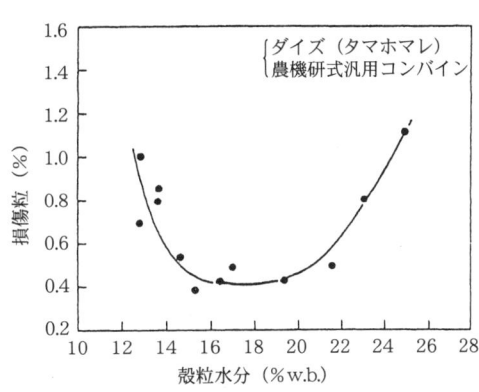

図 7-3-9　リールの周速度と頭部損失の関係（市川ら）

図 7-3-10　コンバイン収穫における穀粒水分と損傷粒の関係（市川ら）

c) 損傷粒は，図 7-3-10[2] に示すように収穫時の穀粒水分が低くても，高くても増加する．そのため，穀粒水分が 15～18 % 程度の時に収穫することが望ましい．

d) 汚粒の発生を防ぐたには，次の点に留意する必要がある．

① 栽培地区，品種等によっても異なるが，茎水分が約 50 % 以下，理想的には 40 % 以下になってから収穫すること．茎水分が測れない場合は，従来のビーンハーベスタの収穫時期より 1 週間程度経過した時期をコンバイン収穫の開始時期の目安にするか，あるいは茎が折れ易くなった時期や茎の表皮が乾燥した時期を目安にする必要がある．

② 茎水分が下がった収穫適期であっても朝露が残っている時刻（天候条件，地域にもよるがおおよそ午前 10 時以前）の収穫は避けること．

③ コンバイン収穫に適した栽植条間・畦高さによる栽培，熟期の斉一化，防除や雑草処理を徹底すること．

④ コンバイン収穫期間を延長するため，熟期の異なる2品種以上のダイズを組み合わせた栽培計画を立てること．

⑤ コンバインの汚粒発生の原因は，1990年度の生研機構の調査によると，土のかみ込みが1位を占めている．そこで汚粒発生を防ぐためには，土がヘッダ部に入らないよう十分注意して収穫を行う必要があるが，万一土がヘッダ部に入ったら，速やかに作業を停止し，ヘッダ部等の掃除を行い，土を除去すること．また，コンバイン収穫前および収穫後の掃除を励行する．特に，コンバインをダイズ収穫に使う前にソバの収穫を行った場合は，念入りに掃除する必要がある．

（杉山　隆夫）

## 引用文献

1) 市川友彦．大豆収穫調製用機械の開発改良の現状と課題について．大豆省力機械化体系推進資料．日本農業機械化協会．75-82（1988）
2) 市川友彦．コンバインに関する研究．平成63年度生研機構研究報告会資料．1-17（1989）
3) 市川友彦．豆類収穫機．生物生産機械ハンドブック．コロナ社．633-640（1996）
4) 市川友彦．普通コンバイン．生物生産機械ハンドブック．コロナ社．611-629（1996）
5) 農林水産省農産園芸局畑策振興課編．大豆に関する資料．269（2000）
6) 杉山隆夫他．大豆のコンバイン収穫に関する調査研究（第2報）．受託研究成績．生研機構．1-13（1990）
7) 杉山隆夫．大豆のコンバイン収穫マニュアル．1. 機械，大豆の機械化栽培とコンバイン収穫事例集．（社）全国農業改良普及協会．5-19（1999）

## 4．乾燥調製機械施設

### 1) マメ類乾燥基礎理論

　収穫直後の農産物は水分が高く，非常に変質しやすいため，速やかに水分を除去し，貯蔵性を向上させるとともに品質を維持する乾燥技術は非常に重要である．ダイズの場合でも，コンバイン収穫が普及するのに伴って，高水分状態でダイズの刈り取り・脱粒が行われることが多くなり，乾燥により，できる限り早くダイズ内の水分を蒸発させ，排除する必要がある．しかし，コンバイン収穫されたダイズは米麦と比較して，①粒が大きい，②殻がない，③水分による変形量が大きい，等の外観的な特徴があり，そのため，薄層乾燥特性，堆積乾燥特性，容器充てん特性等が米麦と異なり，基礎的な研究が進められてきた．また，ダイズの急激な乾燥はかえって品質を低下させ，裂皮，しわ等の被害粒が発生するため，被害粒の発生実態，被害粒発生機構の推定と解析，被害粒の発生を抑制する乾燥方法についても，実験的研究が活発に行われている．

　本項では，マメ類を代表して，上述のようにダイズ乾燥に関する基礎研究を解説する．

(1) ダイズの薄層乾燥特性

　ダイズの薄層乾燥特性を正確に把握することは，実際の循環乾燥や堆積乾燥における水分変化をシミュレーションにより推定することができるので，ダイズ乾燥システムを設計するために非常に重要である．一般に，穀類の薄層乾燥曲線は以下の乾燥方程式で示される．

$$(M-Me)/(Mo-Me) = A \cdot \exp(-Kt)$$

$M$：ダイズ水分（% d.b.），$Me$：ダイズ平衡水分（% d.b.），$Mo$：ダイズ初期水分（% d.b.），$K$：乾燥速度定数，$t$：時間（h）

村田ら[7]は，ダイズの乾燥速度定数を求めるため，初期水分35% w.b.の超高水分，温度30～60℃，相対湿度20～70% RHで薄層乾燥を行い，その乾燥モデルが，平板モデル，球モデル，円筒モデルのいずれに適するかを試験した．その結果，図7-4-1に示すように，各モデルの漸近直線の計算値は円筒モデルが最も一致することが明らかになった．さらに，ダイズの乾燥モデルを無限円筒モデルとして，以下のようにアレニウス式（Arrhenius equation）により乾燥速度係数を求めた．

$$K = 482.48 \exp(-2583.6/T)$$

$T$：温度（K）

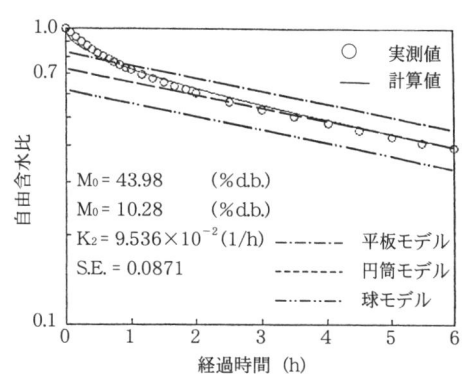

図7-4-1　円筒モデルによる計算値と比較したダイズの乾燥特性[7]（30℃-50% R.H.）

また，平衡水分を求めるため，30～60℃の温度領域において，10～60% RHのほぼ全域にわたる相対湿度が密閉容器内の各飽和塩溶液の雰囲気から得られることを利用し，送風することなく静的に平衡に達した水分を測定した．その値を以下の広い温度範囲で様々な穀物に対して適合度が高いとされるChen-Clayton式

$$h = \exp(-f_1 T^{g_1} \cdot \exp(-f_2 T^{g_2} \cdot Me))\quad h：相対湿度（decimal）$$

にあてはめ，非線形最小二乗法を用いて係数を同定した．その結果，$f_1：0.1715\text{E}02$，$g_1：-0.26541$，$f_2：0.1443\text{E-4}$，$g_2：1.5856$を得た[6]．

一方，大黒ら[1]はエンレイを供試し，実際の乾燥時の送風温度，送風湿度を考慮し，送風温度25～40℃，送風湿度20～60% RHの範囲で乾燥曲線を求め，有限要素逆解析を用いて，表7-4-1に示したように水分拡散係数，平衡水分，水分移動係数を求めた．平衡水分については，ダイズに対して適合度が高く，ダイズの乾燥温度とほぼ等しい25～40℃に対して精度が高いHalsey式を採用した．

表7-4-1　有限要素逆解析より求めたダイズの乾燥特性（品種：エンレイ）[1]

| | |
|---|---|
| 水分拡散係数（m²/h） | $7.6514 \times \exp(-5757.49/T)$ |
| 水分移動係数（m/h） | $1.5 \times 10^{-3}$ |
| 平衡水分（% db） | $(-\exp(-0.04589 \times T) + 19.13/\ln(RH/100))(1/2.676)$ |

（注）$T$：絶対温度（°K），$RH$：相対湿度（% RH）．

(2) 堆積乾燥シミュレーションのためのダイズの物性値

i) 見かけ体積，空隙率（充てん率）　ダイズの堆積乾燥において，送風空気がダイズの堆積層を通過する際の圧力損失を計算によって求め，風量を予測することは，安全風量域を確保するためにも重要である．井上[3]は，送風空気の圧力損失を計算するためのダイズ物性値として，ダイズの比容積，見かけ体積，充てん率を水分の関数として表した．調査したダイズは，タチナガハ，タマホマレ，フクユタカ，スズユタカ，エンレイの5品種である．その結果，5品種平均の比容積と水分の関係は，以下のように表せることを明らかにした．

$$V_m = 0.771 + 0.956 m$$

$V_m$：比容積（$10^{-3}$ m³/kg），$m$：水分（d.b. decimal）

図7-4-2にタマホマレ，フクユタカの比容積と含水比との関係，および近似式の比較の結果を示

す．上式の回帰直線式は一点鎖線で示され，実測値の傾向と一致した．この傾向は，タチナガハ，エンレイ，スズユタカでも同様であった．

また，見かけ体積については，ダイズの3軸の長さを平均化し，均等に向き合いながら立方充てんすると仮定して，以下のような水分との関係式で表した．

$$V_m' = 6 \cdot V_m / (1 - 0.029m) \pi$$

さらに，比容積および見かけ体積と空隙率 $\varepsilon$ は，

$$1 - \varepsilon = V_m / V_m'$$

の関係があることから，空隙率も水分の関数として表せる．

ii) 圧力損失　井上ら[4]は，堆積通風乾燥における圧力損失を計算によって求めるため，材料の抗力係数と摩擦係数をレイノルズ数の関数として表し，通常の堆積通風乾燥で用いられる $40 < Re < 200$ の範囲において，ダイズに一般的に成立する実験式を得た．この実験式を利用し，さらに通風圧力損失特性を精度よく近似できる実験式を求めた．

まず，調査した材料の通風圧力損失特性から抗力係数 $C_D$ と堆積層におけるレイノルズ数 $Re$ の関係を調べた結果，図7-4-3に示すように $C_D = a \cdot Re^{-b}$ の指数関係で表された．係数の $a, b$ は材料の種類と形状，水分によって若干異なったが，$80 < Re < 200$ においては水分や形状，大きさの違いによらずほぼ以下の近似式で表された．

$$C_D = 17.4 / Re^{-0.683} \quad (80 < Re < 200)$$

$C_D$：抗力係数，$Re$：レイノルズ数
また，これを用いて摩擦係数を

$$C_f = 25(1 - \varepsilon) C_D / 18 \quad C_f: 摩擦係数$$

と求めた．

以上の結果から，通風圧力損失特性は，抗力係数を用いて以下のように材料の体積比表面積，堆積層の空隙率，風速の関数として表すことができた．これを実際の測定結果と比較したところ，かなり高い精度で圧力損失特性を近似することができた．

$$\Delta P / L = 25 \cdot C_D \cdot (1 - \varepsilon) 2 a_p \rho u^2 / 24 \varepsilon^3$$

$\Delta P$：圧力損失（Pa），$L$：堆積高さ（m），

図7-4-2　ダイズ（タマホマレ，フクユタカ）の比容積と含水比との関係，および近似式との比較[3]

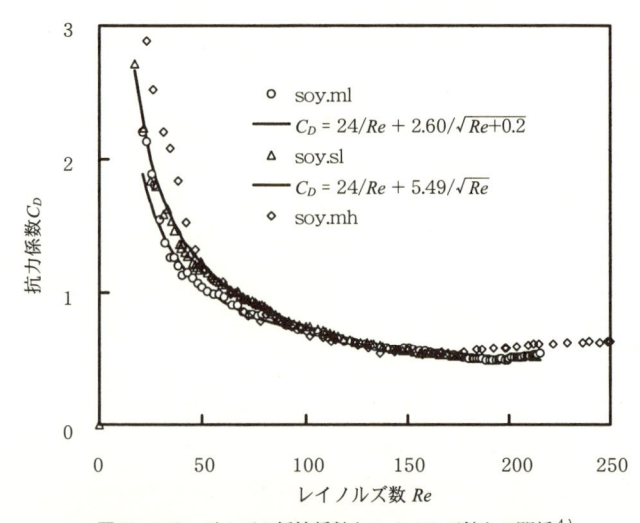

図7-4-3　ダイズの抵抗係数とレイノルズ数との関係[4]

$a_p$：ダイズの体積比表面積（$m^{-1}$），$\rho$：空気の密度（$kg/m^3$），

$u$：空塔速度（m/s），$\varepsilon$：空隙率

ⅲ）ダイズの搬送工程における裂傷粒の発生とその防止方法　大黒ら[2)]は，ダイズを循環乾燥機で乾燥する際の穀粒循環速度を決定するため，インバータによりバケットエレベータ速度を1.03 m/s（米麦用循環乾燥機の一般的速度）と0.62 m/sの2段階に変えて，被害粒の発生状況を比較した．供試したダイズは，水分14.5 % w.b.のエンレイである．図7-4-4に穀粒循環回数と被害粒発生割合の関係

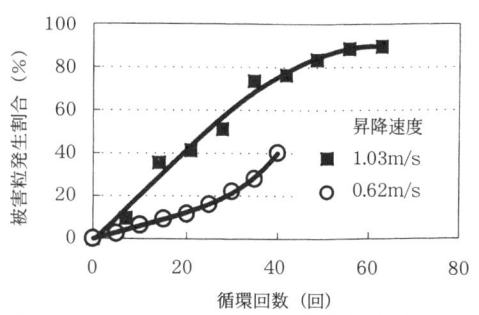

図7-4-4　バケットエレベータ昇降速度と被害粒発生割合の関係[2)]

を示す．1.03 m/sでは，穀粒循環回数が40回までほぼ直線的に20 %/10回の割合で裂傷粒が増加した．それに対し，昇降速度を40 %減少させた0.62 m/sの場合には，循環回数10回程度で被害粒の発生が約5 %にとどまった．しかし，この速度でも連続循環すると裂傷粒の発生が甚大になるため，間欠的に循環する必要性が認められた．

(4) ダイズ乾燥における被害粒発生の実態と発生機構の推定及び解析

ⅰ）乾燥時に発生する被害粒の発生機構　大黒らは，口絵 図7-4-1に示す裂皮粒やしわ粒が乾燥中のいつ発生するかを確認するために，乾燥中のダイズを70～100粒無作為に採取し，乾燥開始72時間後に被害粒の発生状況を調査した．その結果，裂皮粒は乾燥開始約1時間で発生し，その後ほとんど変化ないが，しわは，乾燥中および乾燥直後には現れず，乾燥終了後に徐々に増加することが明らかになった．しかし，しわ粒の原因を作った時間帯は，裂皮粒の発生の時間帯と一致し，その要因も同様であると考えられた．

これらのことから，裂皮粒やしわ粒は，図7-4-5に示すような過程を経て発生すると推定された．すなわち，①粒内の水分分布が均一な高水分を乾燥すると，乾燥初期には表面からの水分移動が大きくなり，表面近くの水分が低く粒中心部の水分が高い状態が続き，乾燥開始一定時間後にその差は最大になる．②ダイズ表面の水分が低くなるとその部分のダイズはほぼ水分に比例して収縮しようとするが，中心部の水分は高い状態にあるので，自由に収縮できず，粒表面に（表皮）に引張応力が発生する．その引張応力が表皮の引張破壊限界を超えたとき「裂皮」が生じる．③乾燥が進行するとダイズの中心部から粒表面に向かって水分移動が起こる．乾燥初期に大きな引張応力を受け，破壊しないまでも変形を起こした表皮は，逆に圧縮応力を受け，座屈が生じ「しわ」が発生する．

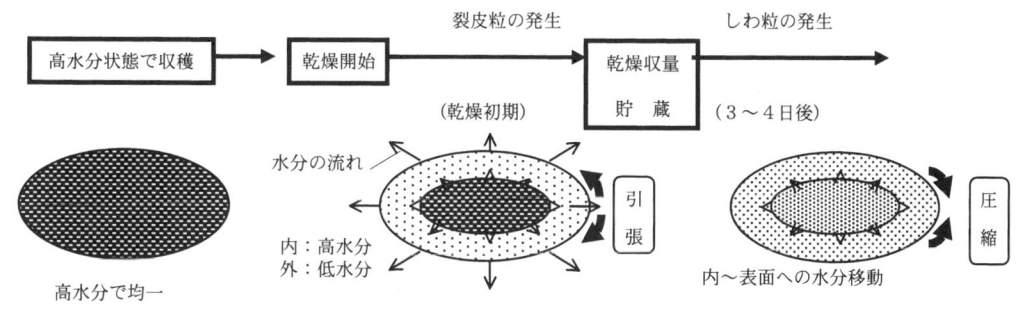

図7-4-5　ダイズ乾燥における被害粒発生機構[1)]

つまり，裂皮粒もしわ粒もその発生要因は乾燥初期の粒内部と粒表面の間の水分勾配であると考え

表7-4-2 ダイズ乾燥における送風温湿度条件と被害粒発生割合との関係[1] (単位:%)

| 送風温度 (℃) | 送風湿度 (% RH) | エンレイ しわ | エンレイ 裂皮 | タチナガハ しわ | タチナガハ 裂皮 | フクシロメ しわ | フクシロメ 裂皮 | スズユタカ しわ | スズユタカ 裂皮 | ワセシロゲ しわ | ワセシロゲ 裂皮 |
|---|---|---|---|---|---|---|---|---|---|---|---|
| 25 | 20 | 0 | 97.0 | 2.7 | 47.7 | — | — | — | — | — | — |
|  | 40 | 1.2 | 41.7 | 0.3 | 9.2 | — | — | 0 | 0 | 0 | 5.0 |
|  | 60 | 6.1 | 4.9 | 0 | 0 | — | — | 0 | 0 | 0 | 0 |
| 30 | 20 | 0.3 | 93.4 | 5.1 | 27.6 | — | — | 0 | 28.1 | 0 | 43.2 |
|  | 40 | 3.6 | 16.2 | 16.8 | 1.6 | 0 | 1.4 | 0 | 0.8 | 0 | 5.4 |
|  | 60 | 0.6 | 0 | 0.5 | 0.5 | 0 | 0 | 0 | 0 | 0 | 0.2 |
| 35 | 20 | 0 | 97.8 | 3.9 | 59.6 | 0.2 | 49.0 | 0 | 19.4 | 0 | 45.2 |
|  | 40 | 6.9 | 19.6 | 15.9 | 1.7 | 0 | 0.6 | 0 | 0.2 | 0 | 10.2 |
|  | 60 | 0 | 0.5 | 2.1 | 0.5 | 0.2 | 1.2 | 0 | 0 | 0 | 0 |
| 40 | 20 | 0 | 98.0 | 2.8 | 83.0 | — | — | 0 | 16.9 | 0 | 59.6 |
|  | 40 | 1.4 | 46.1 | 8.5 | 5.7 | — | — | 0 | 2.0 | 0 | 11.4 |
|  | 60 | 2.5 | 14.1 | 0.5 | 1.3 | — | — | 0 | 0 | 1.1 | 1.2 |

(注) ダイズ初期水分:19〜20% w.b.

られる.

ii) **乾燥条件と被害粒発生の関係** 大黒ら[1]は,ダイズ5品種について乾燥中の送風温湿度条件と被害粒発生の関係を検討した.供試したダイズの品種は,エンレイ,タチナガハ,フクシロメ,スズユタカ,ワセシロゲである.乾燥試験における送風温度は,25,30,35,40℃の4水準,送風湿度は20,40,60% RHの3水準に設定した.表7-4-2に示すように,被害粒発生割合は品種間で有意な差が認められ,供試5品種の中で被害粒が発生しやすい順は,エンレイ>タチナガハ>ワセシロゲ>フクシロメ>スズユタカであった.エンレイ,タチナガハで発生が多かった理由として,この2品種は比較的粒が大きく,粒の中心部の水分が低下しにくいため,乾燥中の水分勾配が大きくなり,大きな水分応力が表皮に働いたためと考えられた.

乾燥速度がほぼ等しいことを確認した送風温湿度条件30℃-40% RHと35℃-60% RHでの被害粒発生割合を比較した結果,30℃-40% RH,初期水分約20% w.b.のエンレイやタチナガハでは被害粒の発生が約20%に達しているのに対し,35℃-60% RHではどの品種でも被害粒発生割合を5%以内に抑えることができた.したがって,送風温度,送風湿度ともに高く維持することにより,乾燥速度を低下させることなく,裂皮,しわ等の被害粒の発生も抑制できることが確認された.高温・調湿が被害粒の発生を抑制できる理由としては,穀温を比較的高温に維持することによりダイズ粒内の水分移動速度が高くなるとともに,送風湿度を高くすることにより粒表面からの水分移動が抑えられ,結果として乾燥中の粒内の水分勾配が小さくなったためと考えられる.

iii) **乾燥中のダイズの粒内水分分布と発生応力の解析** 高水分ダイズを乾燥速度の低下させることなく,被害粒の発生も抑える乾燥方法として送風温湿度を比較的高温高湿状態に維持して乾燥する「調湿乾燥」が適することを実験的に示した.大黒ら[1]は,調湿乾燥の被害粒発生の抑制効果を実験的に把握するばかりでなく,有限要素法を用いて理論的に解明した.

(i) **適用する有限要素モデルの概要** ダイズの表皮に発生する応力は,粒内に生じている水分勾配に起因していると考えられるため,拡散理論を用いてその水分の動態を把握し,応力については前述のように粒内部と粒表面の水分の差によって生じるとして水分差応力理論を展開した.さらに,これらの理論を有限要素法の中で統合し,応力解析を行った.この有限要素法を適用するに当たり,上述のダイズの水分拡散係数,平衡水分の他,縦弾性係数,線膨張係数を把握し,さらに裂皮現象

を説明するため，ダイズ種皮の引張破壊応力を測定した．

(ii) **縦弾性係数** エンレイを供試し，圧縮試験を行い，水分別・方向別の縦弾性係数を測定した．図7-4-6に圧縮方向別に水分と縦弾性係数の関係を示す．縦弾性係数は，短軸($Ez$)＞長軸($Ex$)＞中軸($Ey$)の順で大きくなり，異方性が強く現れた．また，各圧縮方向ともにダイズ水分が低下するに従い，二次関数的に縦弾性係数が増大した．

(iii) **線膨張係数** エンレイ，タチナガハ，フクシロメ，スズユタカの各水分における長軸方向長さ，中軸方向長さ，短軸方向長さを測定した．また，各軸方向長さと水分の関係を一次式で表し，その傾きにより水分による線膨張係数を計算した．供試した4品種の各軸方向の線膨張係数を表7-4-3に示す．各品種とも長軸＞中軸＞短軸の順で線膨張係数は大きかった．また，被害粒発生に最も大きく影響する長軸方向の線膨張係数はタチナガハ＞エンレイ＞スズユタカ＞フクシロメの順で高かった．

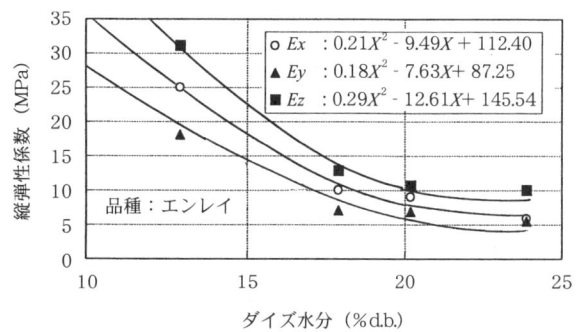

図7-4-6 ダイズ水分と測定した縦弾性係数の関係[1]

表7-4-3 品種による線膨張係数の違い[1]

| 品種 | 長軸方向 (% d.b.)$^{-1}$ | 短軸方向 (% d.b.)$^{-1}$ | 鉛直方向 (% d.b.)$^{-1}$ |
|---|---|---|---|
| エンレイ | $5.972 \times 10^{-3}$ | $2.529 \times 10^{-3}$ | $2.186 \times 10^{-3}$ |
| タチナガハ | $6.488 \times 10^{-3}$ | $2.353 \times 10^{-3}$ | $1.775 \times 10^{-3}$ |
| フクシロメ | $4.365 \times 10^{-3}$ | $9.910 \times 10^{-3}$ | $1.171 \times 10^{-3}$ |
| スズユタカ | $5.947 \times 10^{-3}$ | $2.117 \times 10^{-3}$ | $1.946 \times 10^{-3}$ |

(iv) **ダイズ表皮の引張破壊応力** ダイズの表皮を約3.0 mm幅で切り出し，表皮水分6.5, 11.4, 18.4 % w.b.の3水準について引張試験を行い，表皮の破壊応力を測定した．また，引張方向は裂皮の生じる長軸方向にした．供試5品種の引張破壊応力は，タチナガハ：10.77 MPa，スズユタカ：9.46 MPa，エンレイ：9.14 MPa，トモユタカ：8.73 MPa，ワセシロゲ：7.38 MPaの順であった．

(v) **有限要素モデルによる粒内水分分布と発生応力の計算** 乾燥中ダイズの粒内水分分布を推定するにあたり，フィックの第2式による3次元拡散方程式を用いた．また，水分拡散係数は水分の移動方向によらず一定とした．また，縦弾性係数は異方性を大きく示すことが明らかになったため，$x$, $y$, $z$それぞれの方向に対して縦弾性係数を設定した．図7-4-7に有限要素法における要素分割図を示す．要素の形状は基本的に三次元8面体形状とし，ダイズ形状の対称性を利用して楕円球を各軸方向に8分割した三次元形状を用い，接点数469要素数396に分割した．

図7-4-8に35℃-60％RHにおける乾燥2時間後の粒内水分の主応力分布を示す．断面は図7-4-7のABOである．粒内の等水分曲線は同心円状を示し，表面に近づくに従い，同心円の間隔が小さくなり，水分変化が大きくなることがわかった．しかし，水分の主応力は，等水分曲線のように同心円状にはならず，B点で最大値を示した．また，この計算結果は実際に乾燥裂皮が発生する場所，方向と

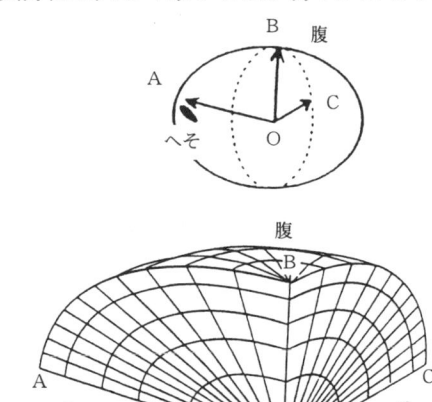

注) OA：長軸，OC：中軸，OB：短軸
図7-4-7 ダイズの有限要素分割図[1]
(注) OA：長軸，OC：中軸，OB：短軸

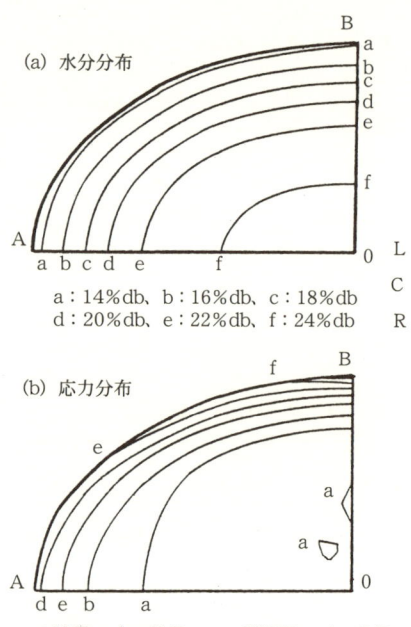

(a) 水分分布
a : 14%db, b : 16%db, c : 18%db
d : 20%db, e : 22%db, f : 24%db

(b) 応力分布
a : 1MPa, b : 2MPa, c : 3%MPa, d : 4MPa
e : 5MPa, f : 6MPa, g : 7MPa

図7-4-8 乾燥開始2時間後の水分分布と応力分布の計算例[1]

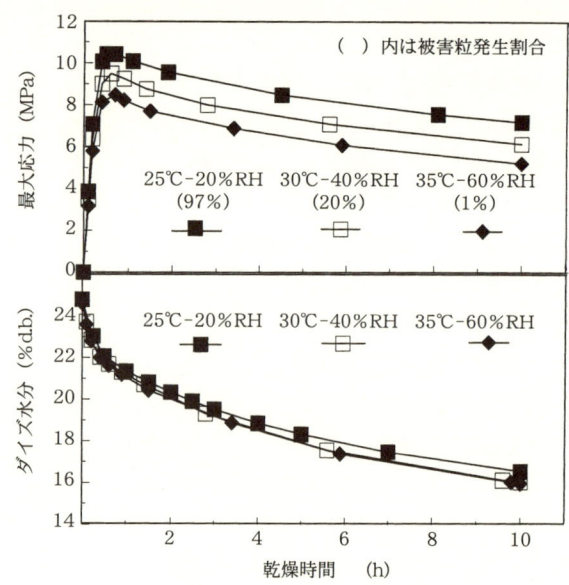

図7-4-9 送風温湿度による最大応力推定値の違い[1]

もに一致した．最大応力推定値はダイズ表皮の引張破壊応力とほぼ等しい9MPa以上になると被害粒が徐々に増加する傾向にあった．

図7-4-9にほぼ乾燥速度が等しい25℃-20%RH，30℃-40%RH，35℃-60%RHについて最大応力推定値及び被害粒発生割合を示す．3試験区の中で最も高温高湿の35℃-60%RHの送風条件が最も被害粒の発生が少なく，最大応力も小さくなると計算された．これは，湿度を高くすることにより平衡水分が上昇し，粒表面からの水分の移動が抑えられるとともに，穀温が上昇し，粒内の水分拡散係数が大きくなり，粒内の水分移動速度が高まり，水分勾配が小さくなったことがその原因と考えられる．

(5) 被害粒の発生を抑制するダイズ乾燥方法

ⅰ) 送風温湿度条件の最適化　前述のように送風空気が定常な状態では，表皮に発生する引張応力は乾燥開始後約1時間で最大値を示し，その後，徐々に低下していくと推測された．しかし，表皮に発生する引張応力が，表皮の引張破壊限界を超えなければ裂皮などは生じないので，表皮に発生する引張応力が引張破壊限界を超えない程度に送風湿度を徐々に低下させていけば，乾燥速度を高く維持できるはずである．また，この方法を採用することにより，加湿に要するエネルギーを抑えることができると考えられる．大黒ら[1]は，図7-4-10に示すように，送

図7-4-10 調湿乾燥と湿度を一定とした乾燥との比較[1]

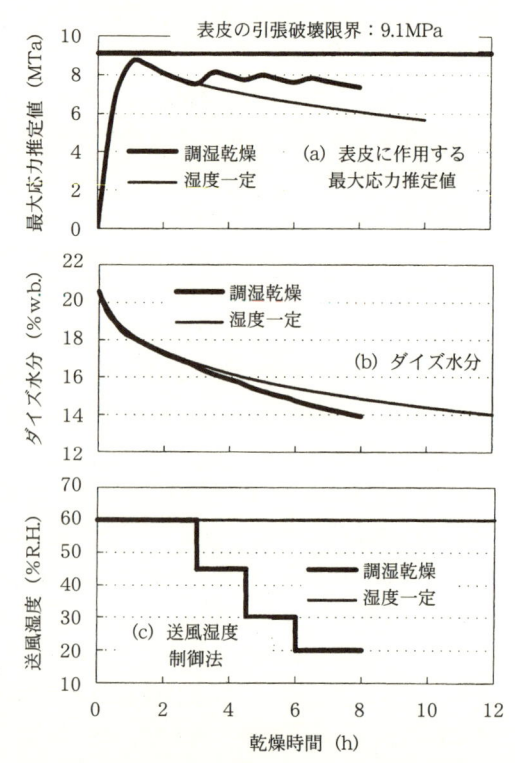

風温度を35℃一定にし，送風湿度を60％RHから20％RHまで徐々に低下させることにより，被害粒を発生させずに，乾燥速度を1.5倍に上げることができることを示した．また，実際に薄層で乾燥実験を行い，計算どおりの結果を得た．

井上ら[5]は，実験によりダイズの限界乾燥速度を3.0％d.b./hとし，それをもとに，送風温度20℃の場合，ダイズ水分とダイズ平衡水分が13.6％d.b.以下であれば裂皮の発生を10％以下に抑えることができることを示した．また，堆積乾燥における層内の蒸れと温湿度変化を調査し，図7-4-11のような湿り空気線図上に平衡水分曲線をプロットしたダイズ乾燥用の空気線図を用いて送風温度，送風湿度を制御できれば，品質を劣化させることなく，最高の乾燥速度が得られることを示した．

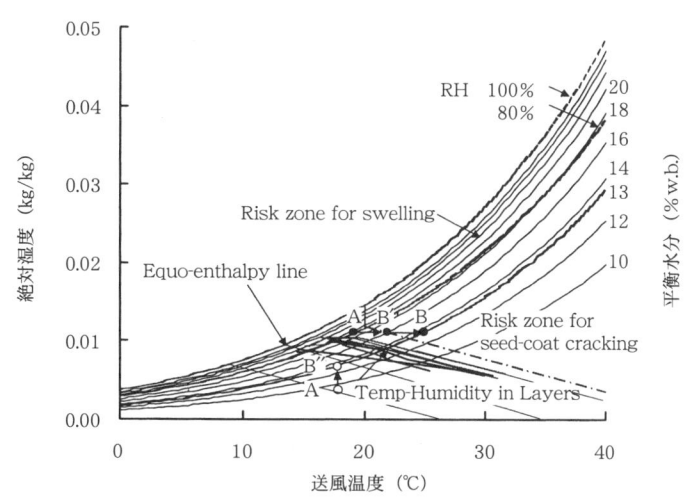

図7-4-11 湿り空気線図上に表した子実粒水分に平衡する相対湿度曲線，および蒸れと裂皮の危険領域[5]

ⅱ）ダイズ用調湿乾燥機　大黒ら[2]は，高水分ダイズの乾燥において，被害粒の発生割合を抑え，通常の熱風乾燥と比較して乾燥速度が低下せず，ランニングコストを低く抑えることをめざした調湿乾燥機を試作し，その乾燥方法について検討した．図7-4-12に試作したダイズ用調湿乾燥機の構造と外観を示す．本乾燥機は，米麦用循環乾燥機を基に小型化し，以下のように改良した．① 吸気口に超音波加湿器を装備し，乾燥機内に温湿度センサーおよび制御器により送風湿度制御を可能にしたこと，② 排気の温度と湿度を有効に利用するために，排気口と吸気口をダクトで連結し送風空気を循環利用することとし，また，吸気口面積の10％からは，外気の新鮮空気を一部取り入れる構造としたこと，③ 送風空気循環ダクトの途中に除塵装置を設けたこと，④ 穀粒循環速度を可変できる構造としたこと，⑤ ダイズ用の水分計として高周波抵抗式水分計を装備したこと，⑥ 衝撃などでダイズが裂傷しそうな個所にゴム板等の緩衝材を取り付けたこと，等である．

この乾燥機を用いて，水分17～29％w.b.のダイズを供試し，熱風乾燥と調湿乾燥を比較した．そ

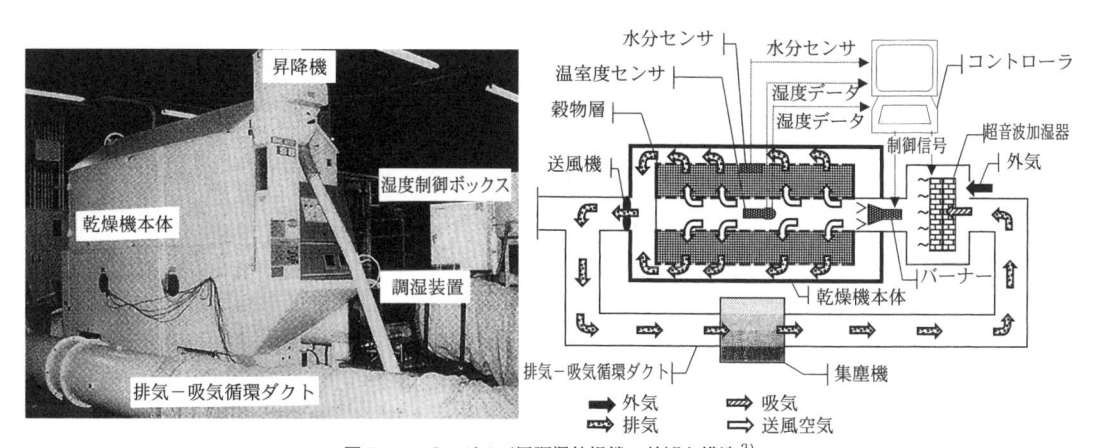

図7-4-12 ダイズ用調湿乾燥機の外観と構造[2]

表7-4-4 熱風乾燥と調湿乾燥の乾燥特性および被害粒発生割合の比較[1]

| | 試験区名 | | 低水分（約17%） | | 中水分（約19%） | | 高水分（約21%） | | 超高水分（約29%） | |
|---|---|---|---|---|---|---|---|---|---|---|
| | | | 熱風 | 調湿 | 熱風 | 調湿 | 熱風 | 調湿 | 熱風 | 調湿 |
| 初期条件等 | 品種 | | エンレイ | エンレイ | エンレイ | エンレイ | エンレイ | エンレイ | エンレイ | エンレイ |
| | 張込量 | (kg) | 170.0 | 170.0 | 180.7 | 180.6 | 137.0 | 137.8 | 92.0 | 92.9 |
| | 初期水分 | (%) | 16.4 | 17.0 | 18.7 | 18.4 | 21.0 | 21.5 | 29.4 | 29.3 |
| | 終了水分 | (%) | 14.0 | 14.4 | 14.7 | 14.4 | 14.4 | 14.1 | 14.8 | 14.5 |
| 乾燥時の風量・温湿度等 | 風量 | (m³/s) | 0.405 | 0.385 | 0.393 | 0.379 | 0.398 | 0.391 | 0.410 | 0.405 |
| | 乾燥部風速 | (m/s) | 0.873 | 0.830 | 0.847 | 0.817 | 0.858 | 0.843 | 0.884 | 0.873 |
| | 平均送風温度 | (℃) | 26.7 | 30.2 | 29.7 | 31.0 | 25.0 | 30.1 | 24.9 | 30.1 |
| | 平均送風湿度 | (%) | 43.5 | 38.2 | 28.3 | 38.2 | 38.7 | 42.1 | 34.4 | 43.7 |
| | 送風比エンタルピ | (kJ/kg') | 50.65 | 55.25 | 49.40 | 58.60 | 44.79 | 59.02 | 42.69 | 60.27 |
| | 平衡水分 | (%) | 7.40 | 6.65 | 6.10 | 6.57 | 7.26 | 6.91 | 6.98 | 7.02 |
| | 平均吸気温度 | (℃) | 21.5 | 23.8 | — | — | 17.0 | 22.3 | 17.4 | 23.0 |
| | 平均吸気湿度 | (%) | 58.0 | 59.0 | — | — | 63.5 | 61.4 | 55.0 | 67.2 |
| | 吸気比エンタルピ | (kJ/kg') | 45.62 | 48.55 | — | — | 36.83 | 48.97 | 35.16 | 51.90 |
| | 平均排気温度 | (℃) | 24.8 | 25.2 | — | — | 20.6 | 24.2 | 20.8 | 24.5 |
| | 平均外気温度 | (℃) | 21.3 | 16.3 | 14.6 | 14.3 | 16.7 | 13.3 | 16.8 | 13.7 |
| | 平均穀物温度 | (℃) | 22.2 | 24.2 | — | — | 20.5 | 24.2 | 19.6 | 24.7 |
| 熱量 | 比エンタルピ差 | (kJ/kg') | 5.03 | 6.70 | — | — | 7.96 | 10.05 | 7.53 | 8.37 |
| | 比重量 | (m³/kg) | 0.863 | 0.874 | — | — | 0.855 | 0.875 | 0.854 | 0.876 |
| | 時間当たり必要熱量 | (MJ/h) | 8.50 | 10.63 | — | — | 13.34 | 16.17 | 13.01 | 13.93 |
| | 総必要熱量 | (MJ) | 44.61 | 52.28 | — | — | 265.71 | 258.67 | 327.95 | 256.05 |
| 燃料消費量等乾燥試験結果 | 乾燥時間 | (h) | 5.25 | 4.92 | 7.03 | 10.30 | 19.92 | 16.00 | 25.20 | 18.38 |
| | 乾燥速度 | (%/h) | 0.46 | 0.53 | 0.57 | 0.39 | 0.33 | 0.46 | 0.58 | 0.81 |
| | 灯油消費量 | (l) | 1.88 | 1.55 | 6.30 | 3.25 | 8.35 | 5.53 | 9.86 | 5.86 |
| | 電力消費量 | (kWh) | 3.97 | 3.49 | 5.36 | 7.20 | 10.13 | 8.19 | 12.56 | 9.37 |
| | 除水率（熱量） | (kg) | 0.106 | 0.099 | — | — | 0.040 | 0.046 | 0.048 | 0.063 |
| | 除水率（灯油） | (kg) | 2.52 | 3.33 | 1.35 | 2.60 | 1.27 | 2.15 | 1.60 | 2.74 |
| | 除水率（電気） | (kg) | 1.20 | 1.48 | 1.58 | 1.17 | 1.04 | 1.45 | 1.26 | 1.72 |
| | 光熱費 | (円) | 134.8 | 114.4 | 332.4 | 238.0 | 486.0 | 344.1 | 582.8 | 375.0 |
| | 除去水分1kg当り光熱費 (円) | | 28.4 | 22.1 | 39.2 | 28.2 | 46.0 | 29.0 | 37.0 | 23.3 |
| 被害粒 | 全被害粒発生割合 | (%) | 0.8 | 0.8 | 7.5 | 0.7 | 6.8 | 2.8 | 45.8 | 9.2 |
| | 乾燥起因 裂皮粒 | (%) | 0.3 | 0.0 | 6.2 | 0.0 | 6.5 | 1.6 | 36.4 | 6.6 |
| | しわ粒 | (%) | 0.0 | 0.0 | 0.0 | 0.0 | 0.0 | 0.0 | 5.8 | 0.8 |
| | 穀粒循環起因 | (%) | 0.5 | 0.8 | 1.3 | 0.7 | 0.3 | 1.2 | 3.6 | 1.8 |

(注)・平衡水分は，平均送風温度，平均送風湿度における動的平衡水分．
・比エンタルピ差とは，送風比エンタルピと吸気比エンタルピの差．
・光熱費は，灯油：40円/l，電力：15円/kWhで計算した．
・除水率は，熱量1MJ，灯油1l，電力1kWh当たりの除去水分量．

の結果を表7-4-4に示す．調湿乾燥では，初期水分21% w.b.の高水分であっても，乾燥に起因する被害粒は2%以内に抑えられ，調湿制御の効果が認められた．熱量，燃料消費量，ランニングコスト等を比較した結果，初期水分21% w.b.，29% w.b.では調湿乾燥が，送風温度を高く設定し，なおかつ，加湿操作を行っているにもかかわらず灯油消費量は約40%，電力消費量は約20%減少した．調湿乾燥では，排気-吸気循環ダクトにより排気熱を有効利用し，吸気温度を熱風乾燥と比較して5K上げることができたことにより，送風温度を5K高く設定したにもかかわらず，送風温度と

吸気温度の差は，熱風乾燥と同程度であった．しかし，調湿操作をしているため，送風比エンタルピと吸気比エンタルピの差に送風空気質量流量（風量を比重量で除した値）を掛けた，単位時間当たり必要熱量は，調湿乾燥のほうが大きくなると計算されたが，乾燥時間が短くなったため，総必要熱量は調湿乾燥が少なく，灯油消費量，電力消費量の大幅な低下に結びついたものと予想された．また，調湿乾燥では除水率が向上し，乾燥に要する光熱費を70％以下にできることが明らかになった．

（大黒　正道）

## 引用文献

1) 大黒正道・澤村宣志・佐々木豊．高水分大豆の品質保持乾燥技術に関する研究．北陸農業試験場報告，39，1-21 (1997)
2) 大黒正道・澤村宣志・小林　恭・帖佐　直・佐々木豊．循環乾燥機を用いた高水分大豆の調湿乾燥．農業機械学会誌，62 (3)，140-148 (2000)
3) 井上慶一．大豆の体積，見かけ体積，充てん率と水分の関係．農業機械学会誌，60 (1)，27-36 (1998)
4) 井上慶一・大塚寛治・杉本光穂・村上則幸・黎　文．無次元数による穀類の通風圧力損失の解析（第1報）．農業機械学会誌，61 (1)，81-89 (1999)
5) 井上慶一・大塚寛治・杉本光穂・村上則幸・黎　文．大豆の通風乾燥における通風温・湿度について（第1報）．農業機械学会誌，62 (3)，60-67 (2000)
6) 村田　敏・田川彰男・石橋貞人．穀物水分蒸発潜熱の計算式について．農業機械学会誌，50 (3)，85-93 (1988)
7) 村田　敏・河野俊夫・榎本敏夫．単層大豆の乾燥特性．農業機械学会誌，55 (1)，51-56 (1993)

## 2）マメ類乾燥調製

### (1) 自然乾燥（にお積み）

　ダイズの子実水分が15％以下で収穫ができれば，貯蔵中にダイズが変質する危険性は少ない．このため慣行作業ではダイズを刈り取った後，地干しによる自然乾燥を行い，さらに，にお積み乾燥により水分低下を図っている．秋期の天候が良好であれば，にお積みダイズの子実水分は15％程度まで低下するが，秋期の天候が不安定で降雨が多い時には，この水分まで低下させることは難しい．にお積みの乾燥を円滑に行うには，子実水分が低下した日中に刈り取り，速やかににお積みを行うことが望ましい．しかし，刈り取り時やにお積みのハンドリング時に裂莢による損失が増加するため，莢水分の高い早朝に刈り取りが行われている．

　刈り取ったダイズは人力でにお積みを行っているが，作業者は裂莢による損失に注意しながら，拾い上げ，運搬，にお積みの作業を行うため労働負担は極めて大きい．また，にお積みの個数は5～8個/10aと多く，作業時間も26人・時/haと慣行作業の60％を占めている．この労働負担の軽減や作業能率の向上を目的に，にお積み機が開発された．

　にお積み機は刈り取り後，地干しされた列をピックアップ装置で拾い上げ，搬送されてくるダイズを回転テーブルの上に置かれたにお台に人力で積み上げる方式である．ダイズでは裂莢による損失が多いため，にお積み機の利用は僅かであるが，アズキやインゲンマメでの利用が多い[32,36～39]．にお積み機の作業能率はアズキやインゲンマメの例では0.2 ha/h程度である．にお積み機では処理量を高くしようとすると取り扱いによる裂莢損失の発生，労働負担の増加，茎の整列が不十分となり，にお乾燥が円滑に進まないことなどが生じる．におを大きくすると面積当たりのにお個数は減少

するが，乾燥が不安定であることが指摘されている．にお積み乾燥を円滑に行うには底面にすのこなどを設置して通風を良くし，におの大きさは底面が $1.8 \times 1.2$ m，高さ 1.6 m 程度であれば乾燥が良好となる[57]．

にお積み労力の軽減，裂莢による損失防止，乾燥促進をねらいに，にお積みを行わず刈り取ったダイズをコンテナに投入し，自然乾燥あるいは通風乾燥の検討が行われている．コンテナの大きさは種々であるが概ね底面 $1.5 \times 1.5$ m，高さ 1.3 m 程度であり，コンテナに詰め過ぎると自然乾燥が不十分となること，メッシュサイズ大きいと損失が発生することなどが明らかになっている．コンテナの自然乾燥の乾減率は 0.5 %/日程度である．また，コンテナ乾燥は脱粒した子実の乾燥にも利用され，常温通風時の乾減率は 0.2〜0.7 %/h 程度である[33,35,40,49〜50]．

(2) 乾燥機

　i) **静置型乾燥機**　静置型乾燥機は個別農家利用が多く，床面積が $3.3$ m$^2$ あるいは $6.6$ m$^2$ の平置き式の乾燥機であるため，タンクへのダイズの搬入や搬出に労力を必要とする．タンク内に収穫したダイズをバラ堆積あるいはメッシュサイズの大きい袋に入れたダイズを隙間なく積み，通風により乾燥を行う．乾燥は常温通風が多く，加温する場合でも外気温度プラス 5 ℃ 程度である．堆積高さは通常 30 cm 程度であるが，堆積高さが高い時は上下の水分ムラが発生するため，ローテーションが必要である．平形静置乾燥機により常温通風乾燥行う場合，しわ粒や陥没粒の発生を 5 % 以下にするには，堆積高さを 30〜40 cm とし，穀粒水分 30〜35 % に対する乾燥速度は 0.4 %/h 以下にする必要がある[45]．また，ダイズの仕上げ乾燥において品質を低下させない乾燥温度は外気の温度 20 ℃，湿度 65 % の場合，子実水分が 18 %，22 %，26 % に対し，各々プラス 15 ℃，8 ℃，0 ℃ が上限であることされている[47]．極大粒で穀粒水分が 48 % の黒ダイズを常温定湿乾燥機により莢実乾燥を行った結果，乾燥速度は 0.14 %/h で均一な乾燥が得られた．乾燥期間は，自然乾燥品より 7〜9 日間短縮されたが，皮付粒や裂皮粒がやや増え，しわ粒は約 4 % 増となり，風量および温湿度条件の検討が必要である[48]．乾燥調製施設で利用している床面 $1.15 \times 3.6$ m の平置きビンでは，堆積高さ 80 cm，通風温度 25 ℃，風量比 0.86 m$^3$/s・t で乾燥した時の乾減率は 0.34 %/h，上下の水分差は 2 % 程度となる[1]．米麦の乾燥貯蔵に利用している床面直径 3 m の円形ビンでは，スクリューオーガやバケットエレベータをダイズ用に改良し乾燥を行っている．堆積高さ 90 cm，通風温度 22 ℃，風量比 0.4 m$^3$/s・t で乾燥した時の乾減率は 0.27 %/h であり，ダイズの損傷は僅かである[3]．

　ii) **循環型乾燥機**　循環型乾燥機によるダイズの乾燥ではバケットエレベータの材質や速度，循環するダイズの落下などにより皮切れ粒や割れ粒などの損傷粒が発生しやすい．バケットエレベータの上下内面に厚さ 30 mm のウレタンゴムを張り，エレベータの周速度が 2.4 m/s 以下になるような改造を行えば，損傷粒の発生が大幅に低減する．循環型乾燥機で穀粒水分 19 % のダイズを循環速度 1.7 t/h，通風温度 37〜45 ℃，穀温 29 ℃ で水分 13.7 % まで乾燥を行った結果，乾減率は 0.71 %/h，皮切れ粒および破砕粒は各々 0.5 %，1.5 % の増加であった[55]．バケットエレベータの搬送速度を通常より 40 % 低下することで損傷粒の発生を 4 % 程度軽減できる．また，ダイズ 1 t に対しもみ殻 80 kg を加え，乾燥を行うと損傷粒の発生を 1 % 程度にすることが可能で，またダイズ表面の汚れの除去が可能である[43,44,56]．しわ粒，裂皮粒などの発生を防止する循環型乾燥機の通風温度は常温あるいは外気温＋5 ℃ と低くし，乾減率は 0.3 %/h 程度が目安となっている．

　iii) **交互通風型乾燥機**　静置乾燥では穀層の上下で子実水分差が生じ，穀層が厚くなるほど水分差が増加するため，ローテーションにより水分の均一化を図る必要がある．水分差の発生解消，水分の均一やローテーション作業の省略を狙いにした交互通風型乾燥機が検討されている．原料水分 21 %，穀層厚 75 cm，送風温度 20 ℃ の交互乾燥では，終了水分 16 % 時の水分差は 1 % 程度，乾

減率は 0.25 %/h であり,しわ粒や裂皮粒は増加しない[4]. また,高さ 20 cm の乾燥ビンを 5 段使用し,ビンを下から上へと順次積み替える乾燥法では,通風温度 35～45 ℃,通風時間は 1～2 時間で積み替えを行うと水分差が少なくなった[46].

  iv) **連続送り式乾燥機(カスケードドライヤ)** バケットエレベータや子実の落下による損傷を低減し,乾燥効率の向上を狙いに自然流下式で連続送り式乾燥機によるダイズの乾燥が検討されている. カスケードドライヤによる乾燥では初期水分 20 % のコンバイン収穫ダイズ 4.3 t,穀層厚 30 cm 前後,通風温度を 20 ℃,風量比 2 m$^3$/s・t,乾燥機内滞留時間 30～40 分では,1 回目の乾減率は 1.8 %/パス (0.7 %/h) であった. 仕上がり水分まで乾燥させるには 3 パスを要し,平均乾減率は 1.2 %/パス (0.67 %/h) であり,しわ粒や裂皮粒などの損傷粒の増加は僅かである. 乾燥機の床面積を小さくする目的で開発されたダブルフロー方式では傾斜通風床を 2 段とし,穀粒がスイッチバックするコンベヤ方式の構造である. 初期水分 15.4 % のコンバイン収穫ダイズの乾燥を行い,裂皮粒や破砕粒などの損傷粒の発生は僅かである[2,51～52].

(3) **調 製**

  i) **粗選機** コンバイン収穫やにお脱穀で脱粒したダイズには折れた茎,莢,小石,土砂などの夾雑物が多く混入している. 茎や莢などの夾雑物はバケットエレベータやスクリューオーガなどで搬送する時に詰まりが発生するため,農家では唐箕,乾燥調施設では粗選機により夾雑物の除去を行っている. 粗選機は風選による選別が主で,夾雑物の割合が概ね 3 %,処理能力 5～10 t/h での選別では夾雑物の除去率は 50～60 % である[5,9,21]. また,乾燥調製施設に設置されているスカルパリール,風選機,粒選機を組み合わせた流量 3.5 t/h の粗選機による選別では原料の整粒率 95 % から 98 % 程度まで向上し,付随して設置されている籾殻混合式汚れ除去装置による汚れ指数の低下は 0.2 である[41].

  ii) **石抜き機** 収穫後のマメには小石が混入しており,粗選機や粒選機での除去は不可能であるため,石抜き機により小石の除去が行われている. 製品に混入する石が皆無にすることが必要であり,軽石のようにマメの比重に近い石ほど除去が困難である. 石抜きには比重差により選別を行う比重選別機や揺動選別機,色彩の差により選別を行う色彩選別機,軟 X 線の映像による選別機,石に含まれている鉄分により選別を行う磁力選別機など,多くの石抜き方式がある. 石抜きは石の大きさ,色,比重,目標とする処理量に合わせ,数種類の石抜き機を組み合わせて除去を行っており,処理量は数 t から数百 kg/h である[8,17,22,23,29,30,34,53].

  iii) **選別機** 未熟粒,割れ粒,圧ぺん粒や夾雑物の除去に比重選別機や揺動選別機などが使用されている. 比重選別機の処理量は 1～3 t/h,原料の整粒割合が 63～94 % と異なっても選別後の整粒割合は 95 % 程度である[10,18,24]. 揺動選別機の処理量は 5 t/h 程度で,原料の整粒割合 75 % の選別を行い,選別後の整粒割合 85 % である[11].

  粒径が同じであってもダイズ中には変色粒,着色粒,茶豆などが含まれており,これらの除去に色彩選別機が使用されている. 色彩選別機はアズキやインゲンマメでの利用が多く,アズキの試験例では処理能力は 1 チャンネル当たり 100 kg/h 程度,選別精度は流量や感度調整により異なり,不良品除去率は 11～62 %,整粒割合は 90 % 程度である[14,19]. へそ周辺に着色したダイズの選別に使用した例では,原料の整粒率が 40～50 % の場合,選別後の整粒率は 48～63 %,処理量 50 kg/h であることが報告されている[25]. 一部が着色したダイズではセンサによる感知が困難なため選別精度が低くなっているが,全体に色の着いた茶豆では完全に除去することが可能である[29].

  粒径選別ではゴムベルトにより破砕粒や夾雑物を除去し,その後多孔円筒篩により粒径選別を行う粒径選別機が使用されている. 傾斜ベルトでは整粒率 93 % の原料を供試し,処理量は 600 kg/h

程度で, 整粒率はほぼ 100 % に選別可能であった[6]. 多孔円筒篩の処理量は 600 kg/h 程度であり, 粒径区分の精度は篩目 7.9 mm 以上では 98〜99 %, 7.3〜7.9 mm では 80 %, 7.3 mm 以下では 70 % 程度であり, 篩目が小さい方が粒径の異なるダイズが混入する[7,12].

iv) **ダイズクリーナ** コンバイン収穫等で発生したダイズの汚れ除去にはダイズクリーナが使用されており, 水を使う湿式方式ではモップ, 籾殻, ベルト, コーンコブなどの資材を使用し, 乾式方式は特殊研布を使用している.

モップを使用するダイズクリーナの汚れ除去は, 搬送するダイズにアルコール濃度 10 % の水を噴霧し, その後モップ (湿り綿布) で汚れを拭き取る方式である. このクリーナは処理量が 600 kg/h, 水の噴霧量が 50 cc/min で, モップの交換サイクルは 30 分程度である. ダイズに水を噴霧するため, しわ粒が増加しやすい[15,16,20].

籾殻を使用するダイズクリーナは直径 1 m, 高さ 0.6 m の円筒容器内にダイズと籾殻を投入し, 中央に設置されている縦軸ロータの回転により, ダイズと籾殻を混合撹拌し, 汚れを除去する方式で, 処理量は 600 kg/h 程度である. ホッパに投入するダイズは 120 kg, 籾殻は 10 kg, 加水量は 2 $l$ 程度である. 6 分程度の混合撹拌により, 汚れ指数 1.6〜1.8 の原料は処理後には 0.8 程度まで低下するが, しわ粒が発生しやすいため, 加水量に注意が必要である[27,28,54].

ベルトを使用するダイズクリーナは正転する下ベルトと逆転する上ベルトの間にダイズを通し, 通過中に汚れを除去する方式である. ベルトに付着した汚れは洗浄ブラシで洗い, ダイズは水切り乾燥装置で乾燥を行う. クリーナの処理量は 600 kg/h 程度, 処理後のダイズの等級は 1 ランク上に格付けされるが, しわ粒がやや増加する. また, 2 回処理を行うときは 1 回目の処理後, 数時間おいて処理することが必要である[26,42].

コーンコブを使用するダイズクリーナではバケットコンベヤでダイズとコーンコブを同時に投入し, スクリューオーガで搬送中に混合撹拌により汚れを除去する方式である. クリーナ処理後, コーンコブとダイズはスクリーンで分離され, コーンコブは再度クリーナに投入されるが, コーンコブの汚れが大きくなると交換が必要である. 初回の運転にはコーンコブ約 20 kg が必要で, 加水量は 6〜8 $l$ で, 処理量は 600 kg/h 程度である. 処理後のダイズの汚れ指数は原料の汚れ指数のほぼ 1/2 となるが, 汚れ指数が 1.0 を越えると等外となる可能性が高いため, コンバイン収穫では汚れ指数 2.0 以下で収穫することが必要である[28,31].

特殊研布による汚れ除去を行う乾式のダイズクリーナの処理方式は「ダイズ投入→クリーニング→排出」のサイクルで汚れ除去を行う連続バッチ式であるため, クリーニング時間により汚れ除去程度が異なる. クリーニング時間を 7 分程度とした時, 処理量は約 400 kg/h である. 処理後のダイズの汚れ指数は原料の汚れ指数のほぼ 1/2 となる. 水分 16 % 以下では損傷粒の増加はなく, 処理後の外観品質も良好であるが, 16 % 以上では除去した汚れが再度子実表面に付着することも認められるため, 16 % 以下で使用する方が望ましい[28,31].

〈原 令幸〉

## 引用文献

1) 北海道立中央農業試験場農業機械部. 静置型乾燥機による大豆の乾燥特性. 昭和54年度農業機械・施設試験成績書, 77-79 (1979)

2) 北海道立中央農業試験場農業機械部. カスケード・ドライヤによる大豆の乾燥性能. 昭和54年度農業機械・施設試験成績書, 75-77 (1979)

3) 北海道立中央農業試験場農業機械部. ドライデポ SBD-3 による大豆の乾燥特性. 昭和55年度農業機械・

施設試験成績書, 176-178 (1980)
4) 北海道立中央農業試験場農業機械部. 交互通風による大豆の乾燥. 昭和55年度農業機械・施設試験成績書, 174-175 (1980)
5) 北海道立中央農業試験場農業機械部. 粗選機による大豆の選別. 昭和55年度農業機械・施設試験成績書, 183-184 (1980)
6) 北海道立中央農業試験場農業機械部. 施設用大豆選別機. 昭和55年度農業機械・施設試験成績書, 179-180 (1980)
7) 北海道立中央農業試験場農業機械部. 大豆選別機の性能. 昭和55年度農業機械・施設試験成績書, 181-183 (1980)
8) 北海道立中央農業試験場農業機械部. 豆類石抜機の改良試験. 昭和56年度農業機械・施設試験成績書, 210-212 (1981)
9) 北海道立中央農業試験場農業機械部. 粗選機の性能. 昭和58年度農業機械・施設試験成績書, 22-24 (1983)
10) 北海道立中央農業試験場農業機械部. 比重選別機の性能(1). 昭和58年度農業機械・施設試験成績書, 25-29 (1983)
11) 北海道立中央農業試験場農業機械部. 比重選別機の性能(2). 昭和58年度農業機械・施設試験成績書, 30-32 (1983)
12) 北海道立中央農業試験場農業機械部. 豆類選別機の性能. 昭和58年度農業機械・施設試験成績書, 17-21 (1983)
13) 北海道立中央農業試験場農業機械部. 豆類の乾燥. 昭和59年度農業機械・施設試験成績書, 29-32 (1984)
14) 北海道立中央農業試験場農業機械部. 色彩選別機の性能. 昭和59年度農業機械・施設試験成績書, 41-43 (1984)
15) 北海道立中央農業試験場農業機械部. ビーンクリーナ. 昭和59年度農業機械・施設試験成績書, 32-37 (1984)
16) 北海道立中央農業試験場農業機械部. ウエットビーンクリーナに関する試験. 昭和60年度農業機械・施設試験成績書, 41-43 (1985)
17) 北海道立中央農業試験場農業機械部. 豆用色彩選別機の性能に関する試験. 昭和61年度農業機械・施設試験成績書, 69-77 (1986)
18) 北海道立中央農業試験場農業機械部. 豆用比重選別機の性能に関する試験. 昭和61年度農業機械・施設試験成績書, 65-68 (1986)
19) 北海道立中央農業試験場農業機械部. 豆用色彩選別機の性能に関する試験. 昭和61年度農業機械・施設試験成績書, 75-77 (1986)
20) 北海道立中央農業試験場農業機械部. ウエットビーンクリーナに関する試験. 昭和61年度農業機械・施設試験成績書, 59-64 (1986)
21) 北海道立中央農業試験場農業機械部. 粗選別機(小豆)の性能に関する試験. 昭和62年度農業機械・施設試験成績書, 63-66 (1987)
22) 北海道立中央農業試験場農業機械部. 豆類用異物選別機(石抜)に関する試験. 昭和62年度農業機械・施設試験成績書, 45-47 (1987)
23) 北海道立中央農業試験場農業機械部. 豆類用異物選別機(石抜)に関する試験. 昭和62年度農業機械・施設試験成績書, 38-44 (1987)
24) 北海道立中央農業試験場農業機械部. 穀物比重選別機(小麦・小豆)の性能に関する試験. 昭和62年度農

業機械・施設試験成績書, 112-116 (1987)
25) 北海道立中央農業試験場農業機械部. 大豆の臍色流れ流除去に関する試験. 昭和62年度農業機械・施設試験成績書, 48-50 (1987)
26) 北海道立中央農業試験場農業機械部. ソイビーンクリーナ（連続式）に関する試験. 昭和62年度農業機械・施設試験成績書, 32-37 (1987)
27) 北海道立中央農業試験場農業機械部. 大豆クリーナの性能. 平成元年度農業機械・施設試験成績書, 168-175 (1989)
28) 北海道立中央農業試験場農業機械部. 大豆の省力・多収栽培技術. 平成10年度農業機械・施設試験成績書, 63-103 (1998)
29) 北海道立中央農業試験場農業機械部. 大豆の選別に関する予備試験 (1). 平成11年度農業機械試験成績書, 192-197 (1999.
30) 北海道立中央農業試験場農業機械部. 大豆の選別に関する予備試験 (2). 平成11年度農業機械試験成績書, 198-207 (1999)
31) 北海道立中央農業試験場農業機械部. 道央・上川にける大豆の高品質コンバイン収穫技術. 平成11年度農業機械・施設試験成績書, 55-78 (1999)
32) 北海道立十勝農業試験場農業機械科. 豆類のにお積み機に関する性能試験. 昭和50年度試験成績, 87-89 (1975)
33) 北海道立十勝農業試験場農業機械科. 莢実乾燥法関連機械の開発と体系化に関する試験. 昭和54年度農業機械試験成績書, 105-106 (1980)
34) 北海道立十勝農業試験場農業機械科. 豆類の異物（小砂利）混入防止に関する試験. 昭和54年度農業機械試験成績書, 107-112 (1980)
35) 北海道立十勝農業試験場農業機械科. 莢実乾燥法関連機械の開発と体系化に関する試験. 昭和55年度農業機械試験成績書, 130-135 (1981)
36) 北海道立十勝農業試験場農業機械科. ニオ積み機の性能（菜豆）. 平成6年度農業機械試験成績書, 118-120 (1994)
37) 北海道立十勝農業試験場農業機械科. ニオ積み機の性能（小豆）. 平成6年度農業機械試験成績書, 121-123 (1994)
38) 北海道立十勝農業試験場農業機械科. ニオ積み機の性能（菜豆）. 平成7年度農業機械試験成績書, 124-126 (1995)
39) 北海道立十勝農業試験場農業機械科. ニオ積み機の性能（小豆）. 平成7年度農業機械試験成績書, 127-129 (1995)
40) 北海道立十勝農業試験場農業機械科. 多目的乾燥システム. 平成9年度農業機械試験成績書, 153-161 (1997)
41) 樋元淳一ほか. 大豆調製施設における調整機械の性能調査. 農機北支報, 31, 96-102 (1990)
42) 稲野一郎ほか. ソイルビーンクリーナの開発に関する研究. 農機北支報, 29, 68-75 (1988)
43) 井上慶一. 米麦用循環型乾燥機を利用したモミガラ混合大豆乾燥調整法. 関東東海の新技術13号, 72-78 (1997)
44) 井上慶一. 米麦用循環型乾燥機を利用したモミガラ混合大豆乾燥法. 現代農業9月, 190-195 (1998)
45) 金子均ほか. 不良気象条件下における大豆の収穫乾燥技術農業技術, 43 (9), 401-406 (1988)
46) 嘉納百樹ほか. 通風交互変換法による大豆粒乾燥の有効性. 農機北支報, 20, 146-149 (1979)
47) 笠原正行ほか. 大豆乾燥に関する研究Ⅰ, 脱粒大豆の品質について. 富山農試研報, 16, 1-5 (1985)

48) 河瀬弘一. 黒大豆乾燥機. 農機誌, 60 (6), 161-162 (1998)
49) 桐山優光ほか. 前面刈ビーンハーベスタの性能とコンテナ乾燥. 農機北支報, 25, 51-56 (1984)
50) 松山善之助. 大豆用コンテナ型乾燥施設程およびさや付 (丹波黒) 乾燥. 農機誌, 45 (2), 257-260 (1984)
51) 桃野寛ほか. カスケード・ドライヤによる穀物の乾燥 (第1報). 農機北支報, 22, 121-127 (1981)
52) 桃野寛ほか. カスケード・ドライヤによる穀物の乾燥 (第2報). 農機北支報, 22, 129-134 (1981)
53) 桃野寛ほか. 豆類の石抜機に関する研究. 農機北支報, 27, 54-59 (1986)
54) 桃野寛ほか. 加湿籾殻による大豆子実の汚れ除去法. 北農, 第58巻第2号, 57-60 (1991)
55) 岡崎紘一郎ほか. 循環式乾燥機によるコンバイン収穫大豆の乾燥. 農機北支報, 25, 62-66 (1984)
56) 大塚寛治. 米麦用循環型乾燥機を利用したモミガラ混合大豆乾燥調整法. 機械化農業, 10月, 9-12 (1999)
57) 塩谷哲夫ほか. 茎莢付き大豆のにお積み貯蔵乾燥法の開発. 農作業研究, 5, 15-23 (1985)

## 5. 機械化作業体系

### 1) 水田転作ダイズの機械化作業体系

　水田における本格的なダイズ生産は，1971年の稲作転換とともに始まり，ダイズ生産における田作の割合は79％，97,000 ha (2000年産) に達し，わが国のダイズ生産の大部分を占め，特に都府県においてはほとんどが田作ダイズとなっている．このような背景から，田作ダイズはイネ・ムギ・ダイズの輪作体系の一環として作付けされることが多く，生産の安定および生産規模拡大によるコスト低減の視点から集団転作や団地化した生産が強く指向されている．

　ダイズ作の基本的な作業体系は，耕起・整地→作畦→施肥→播種→管理作業 (培土・除草・病害虫防除)→収穫→脱粒→乾燥・調製であるが，田作ダイズではこのほか弾丸暗渠の施工や溝切り等の排水対策が生産の安定に極めて重要となっている．個々の工程で使用される機械や作業方法の詳細は前節までに述べられているので，ここでは代表的な作業体系を示すにとどめる．

　転換畑では，前後作との作業競合や播種時が梅雨にかかる等の作業上の制約が多いので，これらを避けるためしばしば作業工程の省略や同時化がなされている．耕起から播種に至る工程を1工程化する不耕起播種技術もこのような背景で導入されることが多い．また，排水対策としての溝切り等も麦作後では麦作時に実施されている場合が多いので省略される．

　管理作業は，他の畑作物と同様な除草剤散布および病害虫防除作業以外に倒伏防止と中耕除草を兼ねた培土作業がダイズ作の特徴となっているが，密植栽培で培土を省略した栽培法も一部で行われている．防除作業では，長いホースを引き回す動力噴霧機に替わり，10 m程度のブームスプレーヤを搭載したハイクリアランス型の4輪乗用管理機の利用が多くなっている．

　収穫調製作業は手刈りまたはビーンハーベスタで刈り取り，島立て乾燥，脱粒機による脱粒がまだまだ多いが，低コスト化の視点からコンバイン収穫，乾燥機の利用も増加しており今後益々加速されるものと思われる．コンバインは，ダイズ専用に開発された普通型コンバインもしくは汎用コンバインが使用されている．汎用コンバインは，普通型コンバインの1種で水稲，ムギ，ダイズなど多くの作物に利用することを前提に開発されスクリュー型脱穀機構を持つことが特徴である．コンバイン収穫の場合は，乾燥作業が必須となり，平型あるいは縦型の静置式乾燥機が一般に使用されるが，乾燥ムラが生じやすく労力や乾燥能力の点で欠点がある．一方，循環式乾燥機は循環に伴う裂皮粒や破砕粒が生じやすい欠点があるのでこれまで実用化されていなかったが，バケットコンベヤやスクリューコンベヤの改良等により実用機が市販されるようになった．

表7-5-1 1工程施肥播種機を用いたオオムギ後ダイズの機械化作業体系[3]

| 作業名 | 使用農業機械等 | 作業能率 (h/ha) | 人員 (人) | ha当たり労力 (人・ha/ha) |
|---|---|---|---|---|
| 土壌改良材散布 | ライムソーワ,24kWトラクタ | 2.14 | 2 | 4.28 |
| 耕起砕土施肥播種 | ロータリシーダ6条,24kWトラクタ | 5.67 | 2 | 11.34 |
| 除草剤散布 | 動力噴霧機,24kWトラクタ | 2.63 | 3 | 7.89 |
| 中耕培土 | ロータリカルチベータ | 7.14 | 1 | 7.14 |
| 手取り除草 | | 15 | 2 | (30.00) |
| 病虫害防除 (3回) | 動力噴霧機,24kWトラクタ | 2.63 | 3 | 23.67 |
| 収穫 | 汎用コンバイン (2.1 m) | 4.86 | 2 | 9.72 |
| 運搬 | 2tトラック | 4.7 | 1 | 4.70 |
| 乾燥 | ダイズ用静置型乾燥機 (1.8 t) | 25 | 1 | (25.00) |
| 調製 | ダイズ粒選機 (300〜400 kg/h) | 6 | 2 | (12.00) |
| 合計 | | | | 68.74 |

(注) ( ) は合計値に含めず.各作業能率は現地実証農家の実測値または作業機から見て適当な数値

表7-5-2 コムギ後不耕起栽培大豆の機械化作業体系[2]

| 作業名 | 使用農業機械等 | 作業能率 (h/ha) | 人員 (人) | ha当たり労力 (人・ha/ha) |
|---|---|---|---|---|
| 除草剤散布 | 乗用総合散布機 (10 m ブームスプレーヤ) | 0.7 | 1 | 0.7 |
| 施肥・播種 | 不耕起播種機 (4条) | 4.2 | 2 | 8.4 |
| 排水溝掘削 | 溝上げロータ | 1.1 | 3 | 3.3 |
| 除草剤散布 | 乗用総合散布機 (10 m ブームスプレーヤ) | 0.7 | 1 | 0.7 |
| 中耕培土 | ロータリカルチベータ (3条) | 2.7 | 1 | 2.7 |
| 病虫害防除 (3回) | 乗用総合散布機 (10 m ブームスプレーヤ) | 1.5 | 1 | 4.5 |
| 収穫 | 汎用コンバイン | 3.7 | 1 | 3.7 |
| 運搬 | トレーラ | 3.8 | 2 | 7.6 |
| 乾燥・調製 | 平型乾燥機 | 13.3 | 2 | (26.6) |
| 合計 | | | | 31.6 |

(注) ( ) 内は合計値に含めず.1989〜5年間の平均,作業時間は一応の目安.

表7-5-1に1工程施肥播種機を用いたオオムギ後ダイズの機械化作業体系を,表7-5-2に不耕起播種機を用いたコムギ後ダイズの機械化作業体系を例示した.表7-5-1の体系では,排水対策としてオオムギ作で圃場周辺明渠が掘削されているので ダイズ作ではこれを省略している.防除については,表7-5-1ではトラクタ搭載型動力噴霧機(カーペットスプレーヤ)を利用しているのに対して表7-5-2では軽労・省人化を図るため1人作業が可能な乗用型総合散布機(10mブームスプレーヤ)を利用している.培土・収穫・乾燥についてはそれぞれ同様の3条ロータリカルチベータ,汎用コンバイン(2m),および静置型乾燥機を使用している.

(澤村 宣志)

### 引用・参考文献

1) 鹿子嶋力."田作大豆栽培".農作業学.日本農作業学会編.農林統計協会,194-196 (1999)
2) 唐橋 需."大豆不耕起播種栽培技術体系の実証".水稲・麦・大豆の多収・省力生産をねらいとした水田輪作技術の体系化.高橋 均編,農業研究センター研究資料,37, 173 (1998)
3) 八巻正・澤村宣志・桃木信幸."北陸平坦(中蒲原)水田地域(新潟県)".水田作(水稲作・麦・大豆作)低コスト生産技術体系モデルとその指標.農林水産技術情報協会,108-109 (1993)

## 2）大規模畑作ダイズの機械化作業体系

北海道の十勝，網走，上川地方の畑作地帯では大規模なダイズ作が行われている．現在の標準作業体系[1])を表7-5-3に示した．ダイズの機械化作業体系の成立には，播種技術，人力作業である除草作業の機械化や除草剤の利用法，コンバイン収穫技術などの向上が不可欠である．耕起，砕土・整地作業はトラクタの高出力化に伴い作業機も大型化し，プラウ耕では作業幅1.2 m，砕土・整地作業では作業幅2.6～3.0 m程度のロータリハロー，あるいは作業幅3.5 mのコンビネーションハローが利用され，作業能率の飛躍的な向上が図られている．播種作業は播種部が傾斜目皿式の4畦用総合施肥播種機が利用されており，畦間60 cm，株間20 cm，2粒播が標準である．株間7 cm，1粒播の密植栽培も試みられており，密植栽培では最下着莢位置が高くなりコンバイン収穫適性が高まる反面，倒伏の危険性が高まる．播種作業の高速化を狙いに真空播種機も利用されているが，種子粉衣薬剤への対策が必要である．除草剤散布や病害虫防除回数は年間4～6回程度であり，散布幅16～30 m程度のブームスプレーヤで行われている．作業能率や作業精度に不十分な点は認められないが，希釈水の運搬が作業能率の低下要因となっており，作業能率の向上を図るため少量散布の検討が必要となっている．

ホーによる手取り除草や種草の抜き取り作業は，全作業時間の約2/3を占め，ダイズの機械化栽

表7-5-3 北海道の畑作地帯におけるダイズの作業体系

| 作業名 | 作業時期 | 栽培技術の内容 | 作業機名 | 規格 | 作業 | 時間(h) 機械 | 時間(h) 人力 | 積算参考 作業幅(m) | 積算参考 速度(km/h) |
|---|---|---|---|---|---|---|---|---|---|
| 堆肥散布 | 前年秋 | | マニュアスプレッダ フロントローダ | 横軸ビータ | 1 1 | 2.1 0.2 | 2.1 0.2 | | 4.0 |
| 種子・予措 | 冬期間 | 種子選別（自家種子） | （手選別） | | 1 | | (4) | | |
| 耕起 | 5/中～5/下または前年秋 | 耕深20 cm | リバーシブルプラウ | 16インチ3連 | 1 | 1.7 | 1.7 | 1.2 | 6.0 |
| 砕土・整地 | 5/中～5/下 | 2回掛け，砕土率70%以上 | ロータリーハロー | 2.6 m | 1 | 2.2 | 2.2 | 2.6 | 4.0 |
| 施肥・播種 | 5/中～5/下 | 畦幅60 cm×株間20 cm 2粒播，種子粉衣 | 総合施肥播種機 トラック | 4畦 4t | 2 1 | 1.7 0.1 | 3.4 0.1 | 2.4 | 4.0 |
| 除草剤散布 | 5/中～6/上 | 広葉雑草対象（土壌処理）（播種後～出芽揃） | スプレーヤ（直装） トラック | 1,300 l 4 t | 1 1 | 0.3 0.1 | 0.3 0.1 | 16.0 | 4.0 |
| 病害虫防除 | 6/上～6/下 | アブラムシ防除（わい化病対策），茎葉散布2回 | スプレーヤ（直装） トラック | 1,300 l 4 t | 1 1 | 0.6 0.2 | 0.6 0.2 | 16.0 | 4.0 |
| 中耕・除草 | 6/下～7/中 | 生育初期と中期に計3回 | カルチベータ（株間除草付） | 4畦 | 1 | 2.7 | 2.7 | 2.4 | 5.0 |
| 手取り除草 | 6/下～7/中 | 種草取り，わい化病株の抜き取り，株間除草 | | | 2 | | 30.0 | | |
| 病害虫防除 | 8/上～8/下 | 菌核病・灰色かび病など開花後2回 | スプレーヤ（直装） トラック | 1,300 l 4 t | 1 1 | 0.6 0.2 | 0.6 0.2 | 16.0 | 4.0 |
| 収穫 | 10/中～11/上 | コンバイン収穫 | 汎用コンバイン | 4畦 | 1 | 1.5 | 1.5 | 2.4 | 4.0 |
| 運搬 | 10/中～11/上 | 受入施設へ搬入 | トラック | 4 t | 1 | 0.5 | 0.5 | | |
| （汚粒対策） | 10/中～11/上 | 汚粒発生時のみ | ビーンクリーナ | | | | | | |
| 合計 | | | | | | 14.7 | 46.4 | | |

培で解決すべき重要な課題である．除草は播種後，出芽前に施用する除草剤により初期雑草の抑制が行われている．生育期にはカルチベータによる機械除草が行われているが，株間雑草の除草は不十分である．

慣行収穫法は，ビーンハーベスタまたはビーンカッタで裂莢損失が発生しない早朝に刈り取り，地干しにより自然乾燥を行った後，人力によりにお積みを行っている．にお積み作業は労働負荷が大きく，かつ作業能率も低いので，トラクタけん引式のにお積み機が開発されている．にお積み作業は地干し列を突起付きのチェーンコンベヤで拾い上げ・搬送を行い，回転するにお成形台の底に置いたにお台の上にダイズを人力で積み上げ，所定の大きさになったにおを地上に排出する方式である[4〜6,10]．にお積み機の利用により労力軽減が図られたものの，地干し列の拾い上げ時や搬送時あるいは搬送されてきたダイズをにお積む際に裂莢による損失が発生すること，作業能率が期待するほど高くないため，ダイズでの利用は僅かで，アズキ，金時や手亡などインゲンマメ類での利用が多い．

ダイズ作における労働時間は，1975年頃は416 h/ha程度であったが，機械化が進展した1990年頃には172 h/ha程度に減少している．労働時間の内訳は管理作業に30％，収穫作業は60％程度となっている[9]．コンバイン収穫は，労働時間を慣行の132人時/haから64人時/haに半減させる[2,3,7]．さらに，コンバインの利用が増加するに伴い，事業導入におけるコンバインの利用下限面積の試算もなされている[8]．

（原　令幸）

### 引用文献

1) 北海道農政部農業改良課．北海道農業生産技術体系　第2版，32-33（2000）
2) 北海道立中央農業試験場農業機械部．大豆の省力・多収栽培技術．平成10年度農業機械・施設試験成績書，63-103（1998）
3) 北海道立中央農業試験場農業機械部．道央・上川にける大豆の高品質コンバイン収穫技術．平成11年度農業機械・施設試験成績書，55-78（1999）
4) 北海道立十勝農業試験場農業機械科．豆類のにお積み機に関する性能試験．昭和50年度農業機械試験成績，87-89（1975）
5) 北海道立十勝農業試験場農業機械科．ニオ積み機の性能（小豆）．平成6年度農業機械試験成績書，121-123（1994）
6) 北海道立十勝農業試験場農業機械科．ニオ積み機の性能（菜豆）．平成7
7) 研究成果情報　北海道農業．大豆の省力・多収栽培技術．94-95（1999）
8) 來島孝泰．収穫-汎用コンバインの改善．機械化農業，8月，4-8（2000）
9) 農林水産省農林水産技術会議編．第3節　ダイズ栽培における新しい技術の普及．昭和農業発達史第3巻，197-213（1995）
10) 鈴木　剛．技術特集　豆類の機械化収穫のコツ（労力不足に一役買う最新のニオ積み機）．ニューカントリー，545，63-65（1999）

## 3）アズキ・インゲンマメ類その他マメ類の機械化作業体系

アズキその他のインゲンマメ類の機械化栽培体系は，ダイズ作とほぼ同様である．北海道におけるマメ類の作業体系を表7-5-4～7に示した[2]．以下，機械作業別の特徴について解説する．

### （1）耕起・砕土整地

ダイズと同様に極端な酸性土以外の滞水しない畑に，前年中に堆肥散布を行い，翌春にプラウで耕深20cm程度に反転耕起を行う．砕土・整地は播種精度や初期生育の良否に係るので，プラウ耕起

表7-5-4 アズキの機械化作業体系[2]

| 作業名 | 栽培技術の内容 | 作業技術 | | | | | | |
|---|---|---|---|---|---|---|---|---|
| | | 作業機名 | 規格 | 作業人員 | 時間 (h/ha) 機械 | 時間 (h/ha) 人力 | 作業幅 (m) | 作業速度 (km/h) |
| 堆肥散布 | 前年秋散布 | マニュアスプレッダ<br>フロントローダ | 横軸ビータ | 1<br>1 | 2.1<br>0.2 | 2.1<br>0.2 | 3.0 | 4.0 |
| 種子・予措 | 種子選別（自家種子の場合） | （手選別） | | 1 | | (4) | | |
| 耕起 | 耕深20cm | リバーシブルプラウ | 16インチ×3連 | 1 | 1.7 | 1.7 | 1.2 | 6.0 |
| 砕土・整地 | 砕土率70％以上<br>2回掛け | ロータリハロー（正転） | 2.6 m | 1 | 2.2 | 2.2 | 2.6 | 4.0 |
| 施肥・播種 | 畦間60cm×株間20cm<br>2.5粒点播・種子粉衣 | 総合施肥播種機<br>トラック | 4畦<br>4t | 2<br>1 | 1.7<br>0.1 | 3.4<br>0.1 | 2.4 | 4.0 |
| 除草剤散布 | 広葉雑草対象（土壌処理）<br>（播種後～出芽揃い） | スプレーヤ（直装）<br>トラック | 16 m, 1,300ℓ<br>4t | 1<br>1 | 0.3<br>0.1 | 0.3<br>0.1 | 16.0 | 4.0 |
| | イネ科雑草対象<br>（イネ科雑草が3～5葉期） | スプレーヤ（直装）<br>トラック | 16 m, 1,300ℓ<br>4t | 1<br>1 | 0.3<br>0.1 | 0.3<br>0.1 | 16.0 | 4.0 |
| 中耕・除草 | 生育初期～中期に計3回 | カルチベータ<br>（株間除草機付） | 4畦 | 1 | 2.7 | 2.7 | 2.4 | 5.0 |
| 手取り除草 | 株間除草，種草取り | | | 2 | | 30.0 | | |
| 追肥 | 第3～5本葉展開期 | 施肥カルチ<br>トラック | 4畦<br>4t | 1<br>1 | 1.2<br>0.1 | 1.2<br>0.1 | 2.4 | 5.0 |
| 病害虫防除 | アズキノメイガ防除 | スプレーヤ（直装）<br>トラック | 16 m, 1,300ℓ<br>4t | 1<br>1 | 0.3<br>0.1 | 0.3<br>0.1 | 16.0 | 4.0 |
| | 菌核・灰色かび病など<br>開花後3回 | スプレーヤ（直装）<br>トラック | 16 m, 1,300ℓ<br>4t | 1<br>1 | 0.9<br>0.3 | 0.9<br>0.3 | 16.0 | 4.0 |
| 収穫<br>（予乾体系） | 刈倒し（成熟期～完熟期）<br>にお積み（手作業）<br>にお脱穀（子実水分16％） | ビーンハーベスタ<br><br>ビーンスレッシャ | 2畦 | 1<br>3<br>2 | 2.6<br><br>4.5 | 2.6<br>24.0<br>9.0 | 1.2 | 4.0 |
| | 刈倒し（完熟期以降）<br>拾上げ脱穀①<br>拾上げ脱穀② | ビーンハーベスタ<br>ピックアップスレッシャ<br>ピックアップコンバイン | 2畦<br>2畦<br>4畦 | 1<br>1<br>1 | 2.6<br>3.0<br>1.4 | 2.6<br>3.0<br>1.4 | 1.2<br>1.2<br>2.4 | 4.0<br>4.0<br>3.2 | ①<br>② |
| 運搬 | 受入れ施設へ搬入 | トラック | 4t | 1 | 0.5 | 0.5 | | |
| 残さ処理 | 圃場外搬出 | トラック<br>フロントローダ | 4t | 1<br>1 | 0.1<br>0.2 | 0.1<br>0.2 | | | 落葉病対策 |
| 合計 | | | | | 22.3<br>20.8<br>19.2 | 82.5<br>52.5<br>50.9 | | | にお積み脱穀<br>拾上げ脱穀①<br>拾上げ脱穀② |

（注）拾上げ脱穀①，②は完熟期まで霜害のない地域に適応

表 7-5-5 金時・菜豆類の機械化作業体系[2]

| 作業名 | 栽培技術の内容 | 作業技術 ||||||| |
|---|---|---|---|---|---|---|---|---|---|
| | | 作業機名 | 規格 | 作業人員 | 時間 (h/ha) || 作業幅 (m) | 作業速度 (km/h) | |
| | | | | | 機械 | 人力 | | | |
| 堆肥散布 | 前年秋散布 | マニュアスプレッダ<br>フロントローダ | 横軸ビータ | 1<br>1 | 2.1<br>0.2 | 2.1<br>0.2 | 3.0 | 4.0 | |
| 種子・予措 | 種子選別（自家種子の場合） | （手選別） | | 1 | | (4) | | | |
| 耕起 | 耕深20cm | リバーシブルプラウ | 16インチ×3連 | 1 | 1.7 | 1.7 | 1.2 | 6.0 | |
| 砕土・整地 | 砕土率70％以上<br>2回掛け | ロータリハロー（正転） | 2.6 m | 1 | 2.2 | 2.2 | 2.6 | 4.0 | |
| 施肥・播種 | 畦間60 cm×株間20 cm<br>2.5粒点播・種子粉衣 | 総合施肥播種機<br>トラック | 4畦<br>4t | 2<br>1 | 1.7<br>0.1 | 3.4<br>0.1 | 2.4 | 4.0 | |
| 除草剤散布 | 広葉雑草対象（土壌処理）<br>（播種後～出芽揃い） | スプレーヤ（直装）<br>トラック | 16 m, 1,300 l<br>4t | 1<br>1 | 0.3<br>0.1 | 0.3<br>0.1 | 16.0 | 4.0 | |
| | イネ科雑草対象<br>（イネ科雑草が3～5葉期） | スプレーヤ（直装）<br>トラック | 16 m, 1,300 l<br>4t | 1<br>1 | 0.3<br>0.1 | 0.3<br>0.1 | 16.0 | 4.0 | |
| 病害虫防除 | アブラムシ防除<br>茎葉散布2回 | スプレーヤ（直装）<br>トラック | 16 m, 1,300 l<br>4t | 1<br>1 | 0.6<br>0.2 | 0.6<br>0.2 | 16.0 | 4.0 | |
| 中耕・除草 | 生育初期～中期に計3回 | カルチベータ<br>（株間除草機付） | 4畦 | 1 | 2.7 | 2.7 | 2.4 | 5.0 | |
| 手取り除草 | 株間除草, 種草取り | | | 2 | | 30.0 | | | |
| 追肥 | 着蕾期 | 施肥カルチ<br>トラック | 4畦<br>4t | 1<br>1 | 1.2<br>0.1 | 1.2<br>0.1 | 2.4 | 5.0 | |
| 病害虫防除 | 菌核・灰色かび病など<br>開花後3回 | スプレーヤ（直装）<br>トラック | 16 m, 1,300 l<br>4t | 1<br>1 | 0.9<br>0.3 | 0.9<br>0.3 | 16.0 | 4.0 | |
| 収穫<br>（予乾体系） | 刈倒し（成熟期）<br>にお積み（手作業）<br>にお脱穀（子実水分16%） | ビーンハーベスタ<br><br>ビーンスレッシャ | 2畦 | 1<br>3<br>2 | 2.6<br><br>4.5 | 2.6<br>24.0<br>9.0 | 1.2 | 4.0 | 手積み① |
| | 刈倒し（成熟期）<br>にお積み（機械作業）<br>にお脱穀（子実水分16%） | ビーンハーベスタ<br>にお積み機<br>ビーンスレッシャ | 2畦<br>2畦 | 1<br>3<br>2 | 2.6<br>3.0<br>4.5 | 2.6<br>3.0<br>9.0 | 1.2<br>1.2 | 4.0<br>4.0 | 機械積み② |
| | 刈倒し（完熟期以降）<br>拾上げ脱穀 | ビーンハーベスタ<br>ピックアップスレッシャ | 2畦<br>2畦 | 1<br>2 | 2.6<br>3.0 | 2.6<br>3.0 | 1.2<br>1.2 | 4.0<br>4.0 | 拾上げ③ |
| 運搬 | 受入れ施設へ搬入 | トラック | 4t | 1 | 0.5 | 0.5 | | | |
| 残さ処理 | 圃場外搬出 | トラック<br>フロントローダ | 4t | 1<br>1 | 0.1<br>0.2 | 0.1<br>0.2 | | | |
| 合計 | | | | | 22.7<br>25.7<br>21.2 | 82.9<br>61.9<br>52.9 | | | 手積み①<br>機械積み②<br>拾上げ③ |

（注）拾上げ脱穀は, 平型乾燥機による常温乾燥調製が必要な場合がある.

跡では砕土と均平を兼ねてロータリハローによる攪拌耕を行う. 土質によっては1～2回掛けを行う. 過膨軟になりやすい土壌ではディスクハローと組み合わせで1回で仕上げる. 砕土は, 発芽揃いや除草剤の効果を高めるため表層部を細かくし, 下層部は直径2 cm以下の土塊径が70％以上になるようにする.

表 7-5-6　手亡の機械化作業体系[2]

| 作業名 | 栽培技術の内容 | 作業技術 | | | | | | |
|---|---|---|---|---|---|---|---|---|
| | | 作業機名 | 規格 | 作業人員 | 時間 (h/ha) 機械 | 時間 (h/ha) 人力 | 作業幅 (m) | 作業速度 (km/h) |
| 堆肥散布 | 前年秋散布 | マニュアスプレッダ<br>フロントローダ | 横軸ビータ | 1<br>1 | 2.1<br>0.2 | 2.1<br>0.2 | 3.0 | 4.0 |
| 種子・予措 | 種子選別（自家種子の場合） | （手選別） | | 1 | | (4) | | |
| 耕起 | 耕深20 cm | リバーシブルプラウ | 16インチ×3連 | 1 | 1.7 | 1.7 | 1.2 | 6.0 |
| 砕土・整地 | 砕土率70％以上<br>2回掛け | ロータリハロー（正転） | 2.6 m | 1 | 2.2 | 2.2 | 2.6 | 4.0 |
| 施肥・播種 | 畦間60 cm×株間20 cm<br>2.5粒点播・種子粉衣 | 総合施肥播種機<br>トラック | 4畦<br>4t | 2<br>1 | 1.7<br>0.1 | 3.4<br>0.1 | 2.4 | 4.0 |
| 除草剤散布 | 広葉雑草対象（土壌処理）<br>（播種後〜出芽揃い） | スプレーヤ（直装）<br>トラック | 16 m, 1,300 l<br>4t | 1<br>1 | 0.3<br>0.1 | 0.3<br>0.1 | 16.0 | 4.0 |
| | イネ科雑草対象<br>（イネ科雑草が3〜5葉期） | スプレーヤ（直装）<br>トラック | 16 m, 1,300 l<br>4t | 1<br>1 | 0.3<br>0.1 | 0.3<br>0.1 | 16.0 | 4.0 |
| 中耕・除草 | 生育初期〜中期に計3回 | カルチベータ<br>（株間除草機付） | 4畦 | 1 | 2.7 | 2.7 | 2.4 | 5.0 |
| 手取り除草 | 株間除草，種草取り | | | 2 | | 30.0 | | |
| 病害虫防除 | 菌核・灰色かび病など<br>開花後3回 | スプレーヤ（直装）<br>トラック | 16 m, 1,300 l<br>4t | 1<br>1 | 0.9<br>0.3 | 0.9<br>0.3 | 16.0 | 4.0 |
| 収穫<br>（予乾体系） | 刈倒し（成熟期）<br>にお積み（手作業）<br>にお脱穀（子実水分16％） | ビーンハーベスタ<br><br>ビーンスレッシャ | 2畦 | 1<br>3<br>2 | 2.6<br><br>4.5 | 2.6<br>24.0<br>9.0 | 1.2 | 4.0 | 手積み① |
| | 刈倒し（成熟期）<br>にお積み（機械作業）<br>にお脱穀（子実水分16％） | ビーンハーベスタ<br>にお積み機<br>ビーンスレッシャ | 2畦<br>2畦 | 1<br>3<br>2 | 2.6<br>3.0<br>4.5 | 2.6<br>3.0<br>9.0 | 1.2<br>1.2 | 4.0<br>4.0 | 機械積み② |
| 運搬 | 受入れ施設へ搬入 | トラック | 4t | 1 | 0.5 | 0.5 | | |
| 残さ処理 | 圃場外搬出 | トラック<br>フロントローダ | 4t | 1<br>1 | 0.1<br>0.2 | 0.1<br>0.2 | | |
| 合計 | | | | | 20.6<br>23.6 | 80.8<br>59.8 | | 手積み①<br>機械積み② |

## （2）施肥・播種

　傾斜播種板方式の総合施肥播種機（施肥プランタ）が一般的に使用されている．播種板は，ベニヤ板あるいは樹脂製で目皿とも呼ばれ，播種間隔や播種粒数を設定する．円周方向に1粒ずつ入る種子穴が開けられており，2粒まきの場合は同心円状に2重の穴がある目皿を用いる．品種により種子の直径が異なるので，篩を通した後，試し播きを行って播種間隔，播種深さを確認する．なお，播種密度は10 a 当たり8,300株が標準で，畦幅60 cm では株間20 cm の2〜3粒播となる．近年，増収効果と成熟揃いを向上させるため，密植栽培も検討されている．

## （3）除草剤散布および中耕除草

　播種後から出芽揃いまでに広葉雑草を対象として，ブームスプレーヤにより土壌処理剤を散布する．除草剤の効果を高めるため，播種後に表層を均平にする．出芽後はイネ科雑草が3〜5葉期頃になった時点でイネ科雑草用の除草剤を散布する．除草剤の効果が低下する7〜10日後頃から株間除草装

表7-5-7 白花豆の機械化作業体系

| 作業名 | 栽培技術の内容 | 作業機名 | 規格 | 作業人員 | 時間(h/ha) 機械 | 時間(h/ha) 人力 | 作業幅(m) | 作業速度(km/h) |
|---|---|---|---|---|---|---|---|---|
| 堆肥散布 | 前年秋散布 | マニュアスプレッダ<br>フロントローダ | 横軸ビータ | 1<br>1 | 2.1<br>0.2 | 2.1<br>0.2 | 3.0 | 4.0 |
| 種子・予措 | 種子選別(自家種子の場合) | (手選別) | | 1 | | (4) | | |
| 耕起 | 耕深20 cm | リバーシブルプラウ | 16インチ×3連 | 1 | 1.7 | 1.7 | 1.2 | 6.0 |
| 砕土・整地 | 砕土率70％以上<br>2回掛け | ロータリハロー(正転) | 2.6 m | 1 | 2.2 | 2.2 | 2.6 | 4.0 |
| 施肥 | 施肥と同時に播種位置のマーキング | 施肥機(マーカ付)<br>トラック | 4畦<br>4t | 2<br>1 | 0.9<br>0.1 | 1.8<br>0.1 | 3.0 | 6.0 |
| 播種 | 畦間72 cm×株間75 cm<br>2.0粒点播・種子粉衣 | | | 2 | | 20.0 | | |
| 除草剤散布 | 広葉雑草対象(土壌処理)<br>(播種後〜出芽揃い) | スプレーヤ(直装)<br>トラック | 16 m, 1,300 l<br>4t | 1<br>1 | 0.3<br>0.1 | 0.3<br>0.1 | 16.0 | 4.0 |
| 支柱立て | 機械作業<br><br>(手作業時) | 支柱立機<br>トラック | | 3<br>1<br>(2) | 6.0<br>0.1 | 18.0<br>6.0<br>(60.0) | 1.5 | 2.0 |
| 竹しばり<br>つる上げ | 4本1しばり<br>つる誘引 | | | 2<br>2 | | 32.0<br>20.0 | | |
| 手取り除草 | ホー除草 | | | 2 | | 30.0 | | |
| 追肥 | 人力(開花始期) | トラック | | 1 | | 7.5 | | |
| 病害虫防除 | 菌核病など<br>開花後3回 | スプレーヤ(ジェット)<br>トラック | 20 m, 1,300 l<br>4t | 1<br>1 | 0.9<br>0.3 | 0.9<br>0.3 | 20.0 | 3.0 |
| 根切り | 地際から切断・風乾 | | | 2 | | 16.0 | | |
| にお積み | 茎葉を支柱から抜きにおに積む | | | 5 | | 80.0 | | |
| 脱穀 | 投げ込み脱穀 | ビーンスレッシャ | | 2 | 4.5 | 9.0 | | |
| 運搬 | 受入れ施設へ搬入 | トラック | 4t | 1 | 0.5 | 0.5 | | |
| 残さ処理 | 圃場外搬出(堆肥化) | トラック<br>フロントローダ | 4t | 1<br>1 | 0.1<br>0.2 | 0.1<br>0.2 | | |
| 合計 | | | | | 20.2 | 253.0 | | |

置を装着した中耕カルチ作業を行う.

　手取り除草(種草取り)に要した時間と,土壌処理除草剤を使用し株間除草を一切行わなかった区との関係を図7-5-1に示した.除草剤施用効果の良否と土中雑草種子の繁茂能力にもよるが,株間除草を的確に行って雑草量を減らすことが手取り除草時間を減らすことにつながる.

(4) 追肥および病害虫防除

　追肥は開花10日前の第3〜5本葉展開期頃までに,車輪幅が10 cm程度の乗用管理機に装着した施肥カルチを用いてカルチ爪または走行車輪などで根や葉に損傷を与えないよう注意深く行う[1].アズキは病害虫の種類が少ないが,開花期以降に発生する灰色かび病と菌核病は多湿条件下で発生しやすく,開花始め後3〜5日目から2〜3回薬剤散布を行う.

## (5) 収穫・脱穀・調製

i) にお積み　にお積み予乾体系におけるアズキの収穫適期は,熟莢率が70～80％の成熟期以降でビーンハーベスタまたはビーンカッタで刈り払う（図7-5-2）.葉が残っていても刈り遅れると雨害粒の発生につながるので,2～3日島立て地干しを行ってにお積みする.にお積みには雨よけのシートを被せ,2～3週間乾燥を行う.

ii) にお積み機　刈り払い後,風乾された地干し列を,拾い上げ集積するにお積み機は,にお整形ドラム,積込み作業の高さ制御

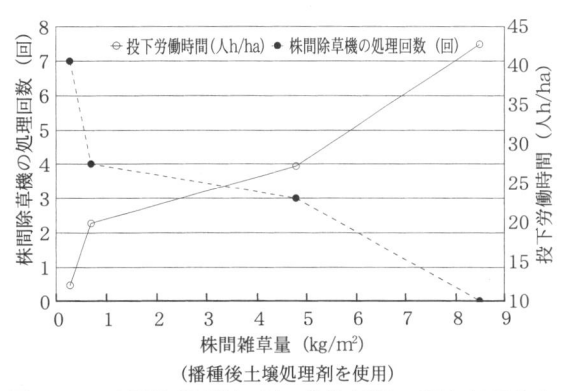

図7-5-1　株間除草回数と手取り労働時間との関係（十勝農試,1999）
（注）播種後土壌処理剤を使用

ビーンハーベスタ（自走式）　　　　　ビーンカッタ（トラクタ前装式）
図7-5-2　ビーンハーベスタ（自走式）とビーンカッタ（トラクタ前装式）

用フォーク（電動シリンダ駆動）,ターンテーブル,荷下ろし装備等から構成されている（図7-5-3）.一般に2人組作業で,10a当たり個数は「手積み時」の約3倍である.

大正金時を成熟期以降にビーンカッタあるいはビーンハーベスタで刈取り,地干し後に積み上げたにおの形態と10a当たり数量を表7-5-8に示した.「手積み」に対し「機械積み」は,省力効果は高いものの,葉落ち不良時には,集積後の乾燥が不良でカビや腐れが発生する場合があり,積み替えができないことが問題となる.このため,「にお台A」,「にお台B」は機械積みはするが,にお積み機に変形を防ぐため集積下部開放型の架台（にお台：A）をセットし,1回の集積量は少なくなるが,自然乾燥途中のにお自重による圧密化を少なくする工夫を施した「にお台A」と,集積乾燥時のにお下部への圧密を軽減させ,乾燥効果の向上をねい,中心部に塩ビパイプを直立させ,2本の角材を交差して下部にかかる圧密を分散させた架台（にお台：B）等を用いた「にお台B」等が使用されている（図7-5-4）.

図7-5-3　にお積み機と集積にお

にお積み機の作業能率は23.5a/hと手積み作業の約6倍である.ただし,にお台を使用する場合

表7-5-8 におの10a当たり個数と集積時形状（十勝農試, 2000）

| 種類 | 作業幅 (m) | 1集積長 (m/個) | 集積面積 (m²/個) | 10a当たり個数 (個/10a) | におの形状 (m)* | |
|---|---|---|---|---|---|---|
| | | | | | 集積直後 | 脱穀時 |
| 手積み | 1.2 | 42 | 50 | 19.8 | 1.34/0.97 | 1.36/0.87 |
| 機械積み | 1.2 | 123 | 148 | 6.8 | 1.36/1.33 | 1.30/1.19 |
| にお台A | 1.2 | 80 | 96 | 10.4 | 1.34/1.18 | 1.28/1.14 |
| にお台B | 1.2 | 108 | 130 | 7.7 | 1.36/1.28 | 1.32/1.26 |

（注）＊：におの形状；直径/高さ

表7-5-9 にお積み作業能率（十勝農試, 2000）

| 種類 | 作業幅 (m) | 作業速度 (m/s) | 作業能率 (a/h) | 集積 | 作業内訳（％） | | |
|---|---|---|---|---|---|---|---|
| | | | | | 荷下し | 旋回 | 停止・調整 |
| 手積み | | | 4.2* | | | | |
| 機械積み | 1.2 | 0.80 | 23.5 | 61.9 | 5.1 | 29.0 | 4.0 |
| にお台A | 1.2 | 0.43 | 14.6 | 73.5 | 5.4 | 18.5 | 2.6 |
| にお台B | 1.2 | 0.43 | 14.8 | 74.6 | 4.0 | 18.8 | 2.6 |

（注）＊手積み作業は3人作業時の値

は145a/hと能率は1/2となるが，積み替え作業が省略される（表7-5-9）.

iii）におの脱穀　圃場でにお中央部の莢が手で裂ける程度に乾いたらビーンスレッシャで脱穀するが，スレッシャのドラム回転数は砕粒の発生を防ぐため350〜400 rpmとされている．

iv）地干し収穫体系　近年，十勝管内では高齢化と労働力不足から多労なにお積み体系がとりにくくなってきたため，熟莢率が100％の完熟期以降のアズキをビーンハーベスタまたはビーンカッタで刈取り，地干し後直ちにピックアップスレッシャやピックアップコンバインにより拾上げ脱穀する収穫体系が試みられている（図7-5-5）．生育が揃った畑で完熟期までに降霜害の心配のない地帯が対象である．

参考として作業幅1.2mのチェーンコンベヤで拾い上げるピックアップ・ヘッドを装着した普通型コンバインによるアズキの収穫特性を示す[4]．

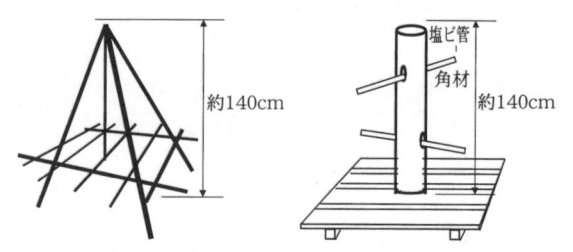

図7-5-4　にお形状の変形を防ぐ架台（にお台）
A. 農家が考案した4脚にお台　B. 塩ビ管と角材によるにお台

図7-5-5　ピックアップスレッシャとピックアップコンバイン

試験当日の早朝に収穫されたエリモショウズの地干し列を供試し，ピックアップ収穫を行った結果，拾上げ損失は0.3〜1.5％で，脱穀・選別部損失は未脱0.3〜0.5％，ささり・飛散0.4〜0.6％で，頭部損失を加算した収穫総損失では1.2〜2.1％であった（表7-5-10）．なお，子実収量は431 kg/10aで子実平均水分は16.1％，茎平均水分は48.2％であった．

表7-5-10 作業精度[4]

| 試験番号 | | 1 | 2 | 3 |
|---|---|---|---|---|
| 作業速度 (m/s) | | 0.26 | 0.30 | 0.44 |
| 子実収量 (kg/10 a) | | 385 | 436 | 421 |
| 穀粒流量 (kg/h) | | 463 | 620 | 856 |
| わら流量 (kg/h) | | 545 | 518 | 868 |
| 総流量 (kg/h) | | 1,008 | 1,138 | 1,724 |
| ピックアップ部損失 | 落粒 (%) | 0.1 | 0.1 | 0.7 |
| | 落莢 (%) | 0.1 | 0.3 | 0.4 |
| | 枝落ち (%) | 0.1 | 0.1 | 0.4 |
| ①頭部損失計 (%) | | 0.3 | 0.5 | 1.5 |
| 脱穀選別部損失 | 未脱 (%) | 0.5 | 0.4 | 0.2 |
| | ササリ・飛散 (%) | 0.6 | 0.3 | 0.4 |
| ②脱穀選別部計 (%) | | 1.1 | 0.7 | 0.6 |
| 収穫総損失 ①+② (%) | | 1.4 | 1.2 | 2.1 |
| 穀粒口 | 莢殻物混入率 (%) | 0.2 | 0.1 | 0.3 |
| | 破砕・半割れ (%) | 0.6 | 0.2 | 0.4 |
| | つぶれ (%) | 0.3 | 0.0 | 0.5 |
| 表皮および臍の汚れ (整粒中%) | | 0.1 | 0.1 | 0.0 |
| 気温 (℃) | | 21.9 | 22.6 | 22.4 |
| 湿度 (%) | | 59 | 52 | 59 |

表7-5-11 作業能率[4]

| 作業面積 (ha) | 作業幅 (m) | 速度 (m/s) | 作業時間 (min) | 作業時間内訳（%） | | | | 作業能率 (ha/h) | 燃料消費量 (l/h) |
|---|---|---|---|---|---|---|---|---|---|
| | | | | 実作業 | 旋回・移動 | 調整 | 排出 | | |
| 0.14 | 1.32 | 0.42 | 46.1 | 85.4 | 8.6 | 1.7 | 4.3 | 0.19 | 4.3 |

(注) 圃場区画は270 m×5.3 m, 作業人員：1人
　　 穀粒タンク内のアズキはフレコンバックへ自然流下により排出

　平均作業速度0.42 m/sで，作業能率は0.19 ha/hであった．穀粒タンクは圃場長さ270 mを1往復すると満杯となり，その都度フレコンバッグに排出した．排出所要時間は1回につき約1分で，全作業時間に対する割合は4.3 % であった．時間当たりの燃料消費量は4.3 l/hであった（表7-5-11）．

### (6) 残さ処理

　脱穀後の排わらは圃場外へ搬出して堆肥化されるが，アズキの場合は落葉病対策として集積した後焼却される．排わらは収穫後にレーキで集めるが，作業工程がふえることもあり，コンバインの排わら口にシートを取り付け，一定量集稈したところで圃場内に堆積する工夫もされている．なお，スレッシャやコンバイン装着用として収穫と同時に排わらを集積する装置も使用されている．排わら集稈シートを取り付けることで4～5人h/haに省力化される[3]．

(桃野　寛)

## 引用文献

1) 北海道みのる販売（株）．RT30カタログ，3 p.（1996）
2) 北海道農政部編．北海道農業生産技術体系，32-45（2000）
3) 北海道立十勝農業試験場．農業機械試験成績書，（1997-2000）
4) （社）北海道農業機械工業会．平成12年度性能試験成績書 No.002（2001）

# 第8章　流通加工

## はじめに（ダイズ関係）

　ダイズは古来から東アジア地域で色々な食品に加工されて日常的な食べ物として利用されてきた．これはダイズの原産地が中国であることと，硬い組織をもつダイズを美味しくて消化の良い食品に変えようとした古人の知恵が伝承され，定着したためと考えられる．今日わが国で作られている伝統的ダイズ加工食品には，豆腐，煮豆，油揚げ，味噌，醤油，納豆の他，豆乳，凍り豆腐，ゆば，きな粉，ダイズモヤシなどがある．加工法としては，ダイズに含まれるタンパク質を取り出して食品にする方法（豆腐等）と，微生物の力を借りてダイズを加工する方法（味噌，醤油，納豆等）とに大別される．そこで本章前半では，日本型食生活の基盤となり，日本人の長寿に大きく貢献してきたダイズ加工食品の中から，国内産ダイズ使用量の多い食品である豆腐・納豆・煮豆・味噌を取り上げ，それらの利用の現状と適する品種条件等について解説する．

　第1節（豆腐への利用）では，豆腐市場動向の現状と国産ダイズの抱える問題について解析する．また豆腐カード形成機構に関する新理論を紹介し，美味しい豆腐を作るための要因およびメカニズムについて説明する．第2節（納豆への利用）では，ダイズ成分と納豆加工適性との関係を中心に説明する．第3節（煮豆への利用）では，煮豆に適する国産主要品種とその適性条件（外観品質，糖含量，テクスチャー特性など），海外産ダイズに比べた国産ダイズの優位性，うま味成分を煮豆に保持しつつ機能性成分であるイソフラボンを効率よく回収できる新製法について概説してある．第4節（味噌への利用）では，味噌・味噌用原料ダイズの使用状況と推移を示すとともに，味噌用ダイズとして好適な品種および加工法等の条件を提示する．

　本章後半では，ダイズ加工食品に関するトピックス的研究を取り上げた．まず第5節および6節では，リポキシゲナーゼ欠失ダイズの加工利用特性をまとめた．リポキシゲナーゼ欠失品種では，普通品種に比べて豆乳・豆腐の揮発性成分構成が異なることおよびそのリポ欠特性を利用すると従来製品の改善のみならず新規ダイズ加工食品も製造可能なことが示されている．第7節では極大粒の黒ダイズとして人気の高い丹波黒について，そのルーツ，大粒化の歴史，人気の秘密等について触れる．本ダイズは輸入ダイズにはない優れた品質特性を持つがゆえに高価格取引が成立している国産ダイズであり，価格的に圧倒的な差のある輸入ダイズに対抗して国産ダイズの需要促進を図る上での貴重な参考例になると考える．第8節では，加工利用新技術のうちジュール加熱法を取り上げた．3色豆腐の製造成功例が記述されている．また近年では大腸菌O-157による食中毒，黄色ブドウ球菌毒素エンテロトキシンによる食中毒事件が相次ぎ，食の安全性が問題になっている．このような社会的状況を考えると，ダイズ加工食品製造業でも危害分析重点管理点（HACCP）方式による衛生管理の導入が必要と考えられる．そこで第9節では，HACCP方式によるモヤシの製造について解説する．

　上記以外にも，ダイズ加工食品製造例が多数ある．ダイズにはダイズオリゴ糖やイソフラボン，サポニン等の機能性成分が含まれているため，それら成分に着目した製品が続々誕生している[3,4]．またダイズの用途は広く，分離ダイズタンパク質，濃縮ダイズタンパク質のハム・ソーセージ等の食肉製品への利用[2]，沖縄特産品である豆腐ようの製造[5]，骨粗鬆症予防を目的とした納豆由来ビタミン$K_2$含有素材[1]の開発事例等もある．これらについては，他の成書，論文等を参照されたい．

（須田　郁夫）

## 引用文献

1) ホーネンコーポレーション．"天然ビタミン$K_2$含有素材の開発と利用"．食品素材の機能性創造・制御技術．恒星社厚生閣，167-185 pp（1999）
2) 森松文毅．"大豆タンパク質加工食品とその栄養特性"．大豆タンパク質の加工適性と生理機能．菅野道廣ほか編，建帛社，105-131 pp（1999）
3) 中川邦男．日本の健康機能性食品　トクホ「特定保健用食品」．ブックマン社（1999）
4) 戸田登志也・奥平武則・家森幸男．大豆イソフラボンのその応用，食品と開発，31（6），44-47（1996）
5) 安田正昭．"大豆タンパク質発酵食品とその機能性"．大豆タンパク質の加工適性と生理機能．菅野道廣ほか編，建帛社，65-103 pp（1999）

## 1．豆腐への利用

### 1）豆腐市場動向の現状

　国内の豆腐市場ではこれまで以上に，「消費者（生活者）の求める商品つくり」が求められるようになってきた．しかも消費者の要求は多岐に渡り，味，便利さ，低価格，高品質などの基本的要求に加え，安全，安心，健康増進等を追求した高付加価値商品を求める動きも広がっている．これらの要求に応え市場競争に勝ち残るために，小売り（スーパー・コンビニ等），加工（豆腐製造メーカー等），流通（商社・経済連等）の各分野で，現在，熾烈な企業戦争が繰り広げられている．また，大豆交付金制度の改革により，今後はこの競争が生産者（農家・農協等）間でも起こる時代に突入した．
　各分野の経営者は，競争に勝ち残るためにそれぞれ独自の経営戦略を実行しているが，その戦略の多くは，国産ダイズに関する次のような共通認識の下で立案されている．すなわち，「国産ダイズは生産コストが高く，価格では外国産に勝てない．また，生産ロットが小さいことから，生産者（産地）ごとのバラツキが大きく，豆腐加工業者が大量生産用に使う場合に多くの不都合を生じる」という認識である．
　現在は，この欠点を克服して生産コストを低減し，安定した品質で供給し，国産ダイズ使用量を増大させようとする生産者側の動きがある一方で，国産ダイズのこのような欠点を利用し，価格以外の価値（美味・安全・安心など）や小規模生産（手作り）により差別化商品として生産販売する加工・小売り側の動きがあり，それらが同時進行している．さらに最近では，県や市町村が音頭をとり，生産から小売りまでの各分野が一致協力して目標を立て商品つくりを進める例も増えてきた．
　以上のように，豆腐市場は，生産から小売りまでの様々な思惑や戦略の中で動いているが，その本質は「消費者（生活者）の求める商品つくり」を目指すことに他ならない．

### 2）豆腐用ダイズの研究課題

　これまでの豆腐用ダイズは，大粒，白目，高タンパク質，裂皮・傷等が少ないなどが良い品質とされてきた．また，豆腐の凝固特性と物性（品質）に影響を及ぼす要因として，タンパク質の7S/11S成分比率や$A_4$・$A_5$サブユニットの有無等も考慮されてきた．ところが，実際の豆腐製造現場においては，原料ダイズの成分分析結果から豆腐の品質を予想することが難しく，ダイズタンパク質の組成や含量，あるいは豆乳のpHや固形分濃度等では説明しきれない種々の問題が生じる．
　したがって，豆腐の美味しさを決める要因の解明，豆腐カード形成機構の解明，ダイズ成分と豆腐

製造条件の因果関係の解明等の研究課題は，消費者の基本的要求（美味，便利さ，低価格，高品質など）を満たす上で育種・生産・加工の全ての分野に関係するものであり，早急に解決しなければならない．

このような状況の中，豆腐カード形成を脂質タンパク質複合体の変化としてとらえることにより，実際の豆腐製造現場で起きている現象がうまく説明できるようになってきた．そこで，筆者らの研究結果とそれに基づく豆腐カード形成機構に関する新しい理論を紹介する．

### 3）豆腐カード形成機構－脂質タンパク質複合体の役割－

豆腐の美味しさは，その風味と硬さや弾力性などの物性に依存するところが大きい．風味はその成分組成，特に味や香りに関与する成分に依存するであろう．また豆腐の物性はカードがどのような構造であるかによって規定される．ここでは，豆腐の物性とダイズの関係について解説する．

豆腐カードの構造は透過型や走査型の電子顕微鏡写真から類推されているものの，はっきりした形はわかっていない．ましてやカード中の分子同士の結合についてはほとんどわかっていない．豆腐の美味しさは，ダイズ品種や，同じ品種でも貯蔵期間によって影響されることが知られている．これらのことはダイズの成分的な違い，あるいは同じ成分組成でも存在状態の違いによって分子同士の結合が異なり，カード構造に変化が生じ，物性が変化するためと考えられる．そのため，豆腐の美味しさとダイズとの関係を明らかにするには，ダイズからどのようにして豆腐カードができるかを分子レベルで明らかにする必要がある．すなわち，ダイズから豆乳，豆乳から豆腐への各成分の存在状態およびその変化を明らかにし，成分間の結合，さらにカード形成について明らかにする必要がある．これらの解明によって，美味しい豆腐のためのダイズ成分と豆腐製造条件の因果関係が明らかにされると考えられる．

#### （1）豆乳の構造

ダイズを水に浸漬し膨潤後磨砕したものを90℃以上（98～100℃）で加熱し，オカラを除いたものが豆乳である．磨砕後ろ過したものを加熱する生絞り法もあるが，いずれにしろ豆乳はすべて加熱してあり，タンパク質のほとんどは加熱変性を受けている．ダイズ中にはタンパク質，脂質，糖質が3：2：2の割合で含まれ，そのタンパク質のほとんどはグリシニンおよびβ-コングリシニンで水可溶性のグロブリンである．脂質のほとんどは中性脂質で少量（2～3％）の極性脂質（リン脂質）を含んでいる．糖はショ糖，スタキオース，ラフィノースなどのオリゴ糖で水溶性である．これら成分のほとんどは豆乳中に移行し，牛乳とよく似た乳白濁状を呈している．

水溶液中でダイズタンパク質のグリシニンは11S，β-コングリシニンは7Sと呼ばれる会合体を形成することが知られている．11SはS-S結合で結合したアシデック，ベーシックペプチドが3組集まったものが2段に重なった構造をとり，7Sは糖タンパク質で$\alpha$, $\alpha'$, $\beta$サブユニットからなり，それらが適当な組み合わせで3個会合したものである．

豆乳はすでに加熱された乳白濁状の液体であり，タンパク質は加熱変性していて，必ずしも7S，11S会合体からなるとは限らない．山岸ら[9]はグリシニン溶液を加熱した場合アシデックの遊離とベーシックの会合体の生成を認めている．混合系ではグリシニンのベーシックとコングリシニンのβが会合体を形成することが指摘されている[7]．豆乳が白濁しているのはタンパク質によるのかそれとも脂質によるであろうか．Onoら[3]は超遠心分離を用いて分画し，豆乳中ではタンパク質会合体の他に，直径50～100 nmのタンパク質コロイド粒子が全タンパク質の約50％を占めることを見いだした．加熱後できた粒子のタンパク質組成は11Sのベーシックサブユニットと7Sのβサブユニットが多く，タンパク質混合系で内海ら[7]が指摘したそれらサブユニットの結合が豆乳中でも起こ

っていることがわかる．一方脂質のほとんどは豆乳中で遊離した状態で存在し，安定に分散していて浮上分離することはない．豆乳を粒度分布計により測定すると直径 70 nm と 360 nm 付近にピークを持ち，前者はタンパク質粒子で，後者は脂質粒子であることがわかった[6]．

### (2) 豆乳より豆腐カードの形成

豆乳はカルシウム・マグネシウムイオンの添加やpH低下により凝集し，豆腐カードを作る．豆乳中タンパク質のグリシニンおよび β-コングリシニンはカルシウム・マグネシウムイオンおよびpH低下により凝集することから，この凝集はタンパク質によるとされてきた[8]．豆腐は加熱された豆乳からしかできないことから，加熱変性したグロブリンが疎水性残基を表面に露出させカルシウム・マグネシウムイオンおよびpH低下によりその疎水面を互いに結合し，ネットワークを作っていくと考えられていた．しかし，豆乳中タンパク質に粒子性のものと可溶性のものとが約 1:1 で含まれていること[3]は考慮されていなかった．Onoら[4]は粒子性のタンパク質が可溶性のタンパク質よりも凝集に敏感で，低濃度のカルシウム，マグネシウムイオン（図 8-1-1）および高いpHで凝集することを見いだした．タンパク質の半量は先んじて凝集を開始する粒子であり，残り半量はまだ凝集しない可溶性タンパク質である．豆乳全体で行うと，粒子タンパク質と可溶性タンパク質のみで行った場合の中間で凝集している．いち早く凝集するはずの粒子が沈殿していないことから，豆乳ではタンパク質の他に何か別のファクター，例えば多量に存在する脂質等が関係すると考えられる．

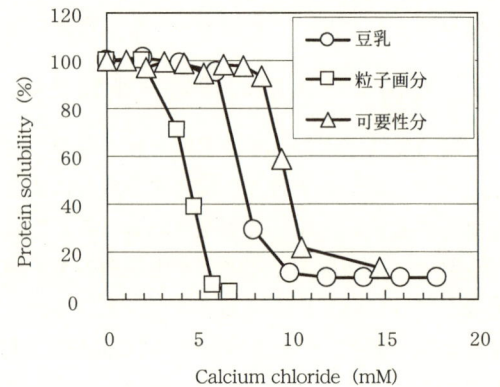

図 8-1-1　豆乳中タンパク質のカルシウムイオンによる凝集

脂質はダイズ中ではオイルボディの形で存在し，周囲をオレオシンという特異なタンパク質が取り巻いた水に安定な構造をとっていることが知られている[2]．豆乳においても直径約 360 nm のオイルボディ様粒子を形成し，極めて安定な形をとっている[6]．

豆腐中の脂質は，豆腐を煮たり焼いたりしても滲出することがないことから，極めて安定にタンパク質凝集体に取り込まれていると推測される．Guo ら[1]は豆乳中の脂質画分が超遠心により浮上することを利用して，塩化カルシウム添加による浮上画分の変化を見た．図 8-1-2 に示すように，2 から 8 mM で浮上画分は減少したが，タンパク質はその半量が凝集したにすぎなかった．豆乳中タンパク質を粒子画分と可溶性画分に分け検討した結果では図 8-1-3a に示すように，粒子画分との混合系では，カルシウムの添加による浮上画分の減少とタンパク質粒子の凝集が平行して起こり，可溶性タンパク質との混合系（図 8-1-3b）では，カルシウムイオンの増加につれて可溶性タンパク質から新たなタンパク質粒子の形成が見られ，その後に浮上画分の減少が起こっている．これはカルシウム添加により

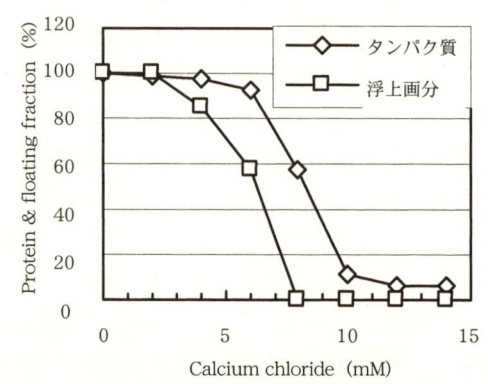

図 8-1-2　豆乳タンパク質および脂質（浮上画分）のカルシウムイオンによる凝集

タンパク質粒子が脂質（オイルボディ様粒子）に結合し，タンパク質粒子は沈殿が阻まれ，オイルボディ様粒子は浮上が阻まれることになる．さらに可溶性タンパク質から粒子の形成が起こるとそれもオイルボディ様粒子に結合することで可溶性タンパク質の凝集体への捕捉が起こると考えられる．

以上のことから，豆腐カード形成時には，先ず脂質とタンパク質粒子の結合があり，次にその複合体にタンパク質がさらに結合するものと考えられる．そのため脂質はタンパク質粒子に取り囲まれ，豆腐カード形成材料の中心に固定され，さらにタンパク質によって包み込まれる形でカード形成が起こるため極めて安定な形態になると考えられる．

### (3) 豆腐カード形成時のフィチンの役割

カルシウム・マグネシウムイオンを豆乳に添加するとpH低下が起こる．pH低下は豆腐カード形成の重要なファクターであるので，pH低下について考えてみる．このpH低下は，プラスイオンがタンパク質に結合すると水素イオンが放出されるためと考えられていた．豆乳中で水素イオンを放出するのは，タンパク質のカルボキシル基だけでなくフィチン（イノシトール6リン酸）のリン酸基も関与すると考えられる．筆者らの研究を次に示す．アニオン交換樹脂を用いて脱フィチンタンパク質を調製し，カルシウムイオンを

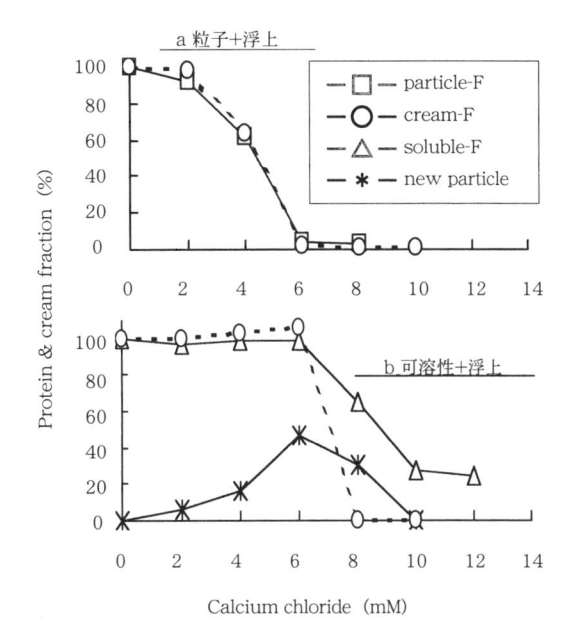

図8-1-3 豆乳の粒子および可溶性タンパク質と脂質（浮上）画分混合液にカルシウムイオンを添加した際の変化

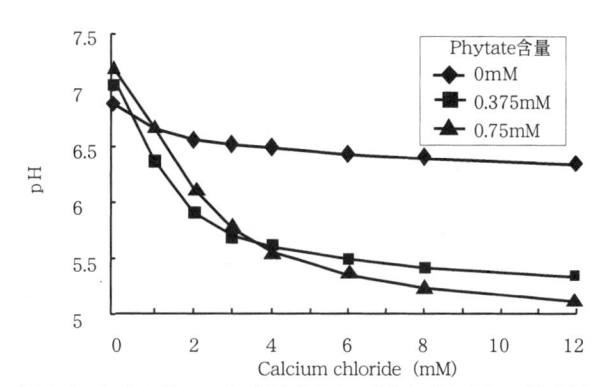

図8-1-4 異なるフィチン酸ナトリウムを含むダイズタンパク質溶液にカルシウムを添加した場合のpH変化

添加したところ図8-1-4に示すようにフィチンを豆乳同様に含むダイズタンパク質ではpHが7.5から6まで低下したのに対して脱フィチンタンパク質では7までしか低下しなかった．また，フィチンはカルシウム・マグネシウムイオンの添加でタンパク質に結合することもゲルろ過等で明らかになった．これらのことから豆乳にカルシウム・マグネシウムイオンを添加した場合，pH低下にはタンパク質よりもフィチンの寄与が大きく，タンパク質にフィチンも結合することが分かった．そのため，豆腐カード形成においてカルシウム・マグネシウムイオンがタンパク質とフィチンに結合しpHが低下すると同時に互いに結合し形成されることが分かった．

以上のことから豆乳へのカルシウム・マグネシウムイオン添加による豆腐カード形成について，タンパク質および脂質がどのように変化するかを考察し，口絵 図8-1-5にこれらの機構についてのモデルを示す．ダイズを水で膨潤させ磨砕後加熱すると，タンパク質はサブユニットレベルの再構成が起こりタンパク質粒子と可溶性画分が，脂質では安定なオイルボディ様粒子が生じ，豆乳となる．豆腐カードの形成では，カルシウム・マグネシウムイオンの添加で先ずタンパク質粒子がオイ

ルボディ様粒子を取り囲こむように結合し，それらの上にフィチン酸カルシウムが結合する．次にこの表面に結合したフィチン酸カルシウムが手となって可溶性タンパク質溶液を抱き込みネットワーク状に会合する．さらにフィチン酸カルシウムを結合した可溶性のタンパク質がそのネットワークに漆喰のように結合し骨格を覆う．そして，フィチン等から放出された水素イオンでpHが低下し，カードの凝集はよりしっかりしたものになる．以上が，上記のデータ等から考察される，豆乳から豆腐カード形成の機構である．

### 4）新理論の意義と今後の展開

豆腐カード形成における脂質やフィチン等の役割が明確になるに従い，豆腐製造工程の注意点やダイズの品質評価基準，さらには育種目標等も変わってくるものと予想される．最後に，豆腐用ダイズについて，新理論から予想される今後の展開について簡単に述べる．

(1) 豆腐製造工程での注意点

豆腐カードの均一性や保水性，滑らかさ等を高め，高品質な豆腐を製造しようとする場合，個々の油滴球（オイルボディ様粒子）が豆乳中で均一に分散していることが重要と推定される．

油滴球は，その表面をオレオシンタンパク質とリン脂質の親水性領域で覆われているため，水（豆乳）中で安定に分散している．豆腐製造過程で油滴球に強い物理的な力（激しい摩砕処理や豆乳のホモジナイズなど）を加えると，周辺に存在していたタンパク質（主として7S・11Sタンパク質）が無秩序に油滴球に取り込まれ，豆乳中の油滴球表面にそれらタンパク質の疎水性部分が露出することになる．その結果，油滴球は会合体を形成し不ぞろいな大きさとなるため豆腐カードのネットワークが不均一となり，カードの物性を低品質へと向かわせるものと考えられる．

(2) 原料ダイズの品質評価

劣化ダイズから豆腐を作ると，保水性が悪く歩留まりが低下する．原料ダイズ劣化の指標として一般的に，溶出固形分，発芽率，豆乳の回収率やpH，粘度等が用いられているが，明確な基準とはなっていない．

高温多湿状態に長時間放置した劣化ダイズ種子では，オイルボディの一部破壊[5]やタンパク質の変性などによってオイルボディどうしの結合が生じる．また，劣化ダイズから製造した豆乳では，カード形成時に重要な役割を演じるタンパク質粒子生成が不十分であったり，油滴球の分散状態が悪くなり，しっかりした豆腐カードを形成し難くなると考えられる．したがって，豆乳の乳化安定性や粒度分布測定は，ダイズ品質評価の指標として検討する価値がある．

豆腐カード形成において，凝固剤添加量とフィチン含量との関係も重要である．特に，ニガリやスマシコによる豆腐とGDLによる豆腐との物性の違いは，フィチンによる架橋生成が大きく関係していると考えられる．このことから，フィチン含量測定も原料品質評価の重要な要素になると考えられ，ダイズ種子中フィチン含量を簡便に定量する方法が必要とされている．

(3) 育種目標

豆腐加工適性を考えた場合，種子中の$\beta$-コングリシニン（$\alpha$，$\alpha'$，$\beta$サブユニット）とグリシニンの比率をどれくらいにするかは，豆腐の用途等も考えに入れて検討していく必要がある．

糖タンパク質である$\alpha$，$\alpha'$サブユニットを欠失したダイズ（低7S・高11S）を浸漬・摩砕すると，油滴球は巨大な会合体を形成して沈殿し，固形分回収率が低下する．豆乳調製のために加熱すると油滴球は分散するが，糖タンパク質の少ないタンパク質粒子が多量に生成する．豆腐カード形成時には油滴球の周りにタンパク質粒子が結合するため，糖タンパク質が少ないタンパク質粒子が多いと，水を抱き込む前に油滴球の会合が急速に進行し，その結果，カードの保水性が弱く，含まれる

水の体積も小さく，柔軟性の乏しいものになると考えられる．

一方，グリシニンを欠失したダイズ（高7S・低11S）の場合は，豆乳中のタンパク質粒子が少なく，豆腐カードの核となる油滴球をしっかりと取り囲むことができないため，ネットワークの骨格が細くなる．糖タンパク質が豊富なため水はしっかりと抱え込めるが，非常に柔らかい豆腐となる．

今後，種々の特性を持った豆腐を開発する場合，原料ダイズの脂質とタンパク質の含量比率や，最近育成された高機能性ダイズ（7Sグロブリン欠失，高イソフラボン含量，リポキシゲナーゼ欠失ダイズ等）をどのように使っていくか等，さらに研究する必要がある．また，現在の豆腐製造工程に最も適した品種の作出も，これらの研究から明らかにされると考えられる．

以上は，豆腐カード形成機構に関するこれまでの結果から導かれた考察であるが，新しい理論そのものも今後さらなる検討が必要であり，まだ不明な部分が数多く残されている．

(小野　伴忠・塚本　知玄)

## 引用文献

1) Guo, S. T., T. Ono and M. Mikami. Incorporation of Soy Milk Lipid into Protein Coagulum by Addition of Calcium Chloride. J. Agric. Food Chem., 47, 901-905 (1999)
2) Huang, Anthony H.C. Oil Bodies and Oleosins in Seeds. Annu. Rev. Plant Physiol. Plant Mol. Biol., 43, 177-200 (1992)
3) Ono, T., M.R. Choi, A. Ikeda and S. Odagiri. Changes in the Composition and Size Distribution of Soymilk Protein Particles by Heating. Agric. Biol. Chem., 55, 2291-2297 (1991)
4) Ono, T., S. Katho and K. Mothizuki. Influences of Calcium and pH on Protein Solubility in Soybean Milk. Biosci. Biotech. Biochem., 57, 24-28 (1993)
5) 斎尾恭子・馬場啓子．食品の組織構造－大豆貯蔵中の変化－．日食工誌, 27, 343-347 (1980)
6) Tsukamoto, C., K. Abe, T. Yoshida and T. Ono. Characteristics of Lipid/Protein Complexes After Different Methods of Soymilk Production. Proceedings of The Third International Soybean Processing and Utilization Conference, October 15-20, 2000, Tsukuba. 321-322 (2000).
7) Utsumi, S., S. Damadoranand, and J. E. Kinsella. Heat-Induced Interactions between Soybean Proteins: Preferential Association of 11S Basic Subunits and b-Subunits of 7S. J. Agric. Food Chem., 32, 1406-1410 (1984)
8) 山内文男．食品タンパク質の科学．食品資材研究会. 8-26 (1983)
9) 山岸辰則・山内文男．"大豆グリシニンの加熱ゲル化機構"．食品の物性　第12集．松本幸男・山野善正編．食品資材研究会, 117-134 (1986)

## 2．納豆への利用

### 1）納豆製造用ダイズに求められる特性

日本において納豆製造に使用されるダイズは，国産がわずか4％前後，中国産が約12％，残りがアメリカ産やカナダ産である（2000年）．外国でも納豆の加工特性を考慮したダイズの選抜が進められている．国産ダイズは，主に美味しく売れ行きが良いという理由で，一方の輸入ダイズは，価格，量，品質面の安定性を重視して利用されている[32]．

納豆製造に適したダイズとして，粗脂肪が少ない，全糖が多い，発芽率が高い，溶出固形分が少な

いものが良いとされている[9,10]．表8-2-1に，納豆を製造した際の，評価上位7種と下位19種のダイズの性状を比較した結果を示す．糖に関しては，遊離型全糖とスクロース含量の高いマメで作成した納豆でアンモニア含量が低くなったことが報告されている[47]．また，小粒ダイズと大粒ダイズとで作成した納豆の品質を比較した場合，納豆のアンモニア態窒素，ホルモール態窒素については，小粒ダイズの方が大粒ダイズよりも多くなったが，大粒ダイズの方がダイズ本来の味も生きていたという報告もある[42]．納豆菌は糖類を速やかに利用して増殖し，産生するプロテアーゼによって発酵開始数時間後から水溶性窒素，アミノ態窒素が増加し始める．発酵が進みすぎるとアミノ酸の分解が進んでアンモニアなどの産生につながり，風味・品質を落とす．概して糖分の多いダイズが，風味や甘みの点で納豆製造に適していると考えられるが，それを生かすためには，納豆菌の接種量[2,3,42]を含めた，適切な発酵制御が不可欠といえる．

表8-2-1 納豆加工適性の異なるダイズの性状[9]

|  | 上位7試料平均 | 下位19試料平均 |
| --- | --- | --- |
| 発芽率（%） | 96.43 | 95.42 |
| 水分（%） | 11.71 | 11.09 |
| タンパク質（%） | 37.03 | 36.91 |
| 脂肪（%） | 19.66 | 20.32 |
| 全糖（%） | 20.35 | 19.67 |
| 灰分（%） | 5.27 | 5.31 |
| 全リン（%） | 0.623 | 0.609 |
| 浸漬時溶出固形分（%） | 1.537 | 1.995 |

（一部抜粋・改変）

製品中のアンモニアおよびアンモニア態窒素に関して，蒸煮ダイズや製品が固いもの[36,39,47]，そのpH値が高いもの[36]ほど，含量が高くなったことが報告されている（図8-2-1）．前者の原因としては，蒸煮ダイズが硬い場合には納豆菌によるダイズ成分の分解が蒸煮ダイズの表層近くで行われ，内部の分解が遅れる．そのため，表層近くに存在する発酵性の糖が消費されると，早い時期からタンパク質の分解が始まって過分解を起こし，アンモニア臭が発生しやすい状態になると考えられている．反対に，柔らかな蒸煮ダイズを用いた場合には，発酵期間を通じて糖質の供給とタンパク質の適度な分解により，旨みの生成が進むとされている[36,39]．

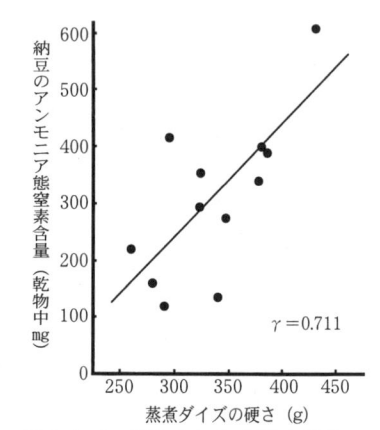

図8-2-1 蒸煮ダイズの硬さと納豆のアンモニア態窒素含量との相関関係[36]

ダイズの糖質に関しては，単に全糖が多いだけでなく，遊離糖組成のうちラフィノース・スタキオース含量の高いダイズが納豆製造に適していると報告されている[37,38]．スクロースはラフィノースやスタキオースより速やかに納豆菌に資化される．スクロース含量の高いダイズは，発酵初期に品温が上昇するため，納豆製造に好ましくないと指摘されている[38]．

全糖，遊離型全糖，遊離糖類に対する品種，粒大，栽培年次の影響も検討されている．ダイズの小粒化に伴い，ショ糖のわずかな減少を除き全糖，遊離型全糖共に2～3%の増加傾向がみられた[37]．またラフィノース，スタキオースに関しては，粒大最小ランクのダイズに10%前後の増加が認められた．しかしながらラフィノース，スタキオース含量に関しては，粒大よりも品種の方が著しく大きな影響を与え，高い寄与率を示した．他の報告[5]でも，納豆用ダイズの品質特性（小粒種子率や硬実率と種子の吸水量，形状，成分量）におよぼす環境効果と遺伝子型×環境効果を調べたところ，大部分の形質について遺伝子型は有意な影響を示し，どの形質についても環境の影響は認められなかったという．遺伝子型×環境効果の交互作用はしばしば認められたが，これらの分散成分は遺伝子型の主効果のそれよりも1オーダ低かったと報告されている．

貯蔵によるダイズの成分変化に関しては，アメリカ産，中国産および国産ダイズを 15, 25, 35 ℃，相対湿度 60, 70, 90 % RH の 9 区で貯蔵した際の，貯蔵中の糖類変化が報告されている[4]．15 ℃，60 および 70 % RH ではいずれも 1 年間貯蔵で変化なく，25 ℃，80 % ではラフィノースが増し，スタキオースが減少した．25, 35 ℃ では低分子糖が著しく増え，デンプンは一部を除き変化しなかった．

ダイズ中の生理作用を有する物質として，イソフラボンが心臓病，乳がん，骨粗鬆症発症のリスクを下げるなどの効果を有するとして高い関心を集めている[18,21,22]．ダイズの品種やダイズ製品の種類[8]によりその含量も異なり，イソフラボン含量の多いダイズを用いたダイズ製品開発の動きもみられる．またダイズ中のアレルゲン[30]は，納豆中では納豆菌の働きによりほぼ分解されるようである．単に良好な納豆の製造に適するというだけではなく，生理作用や性質改善[31]も視野に入れた品種の開発と選択が今後とも進むであろう．

### 2）国産ダイズの納豆加工適性

以下，各種国産ダイズの納豆加工適性に関する報告を紹介する．

(1) 鈴の音（大豆東北 115 号，農林 101 号）[15,24〜27,29,33,41]

黄色小粒白目．東北農試で育種され，岩手県において平成 10 年度の奨励品種に採用された．納豆加工適性はコスズ並に優れていた[24,25,27]．蒸煮で柔らかく，食味・香りとも良く，納豆適性が優れていた[26]．コスズと比較してやや歯ごたえのある納豆ができたという[29]．

(2) コスズ（大豆東北 85 号，だいず農林 87 号）[1,11,13,14,20,28,29,33,40]

黄色小粒白目．納豆小粒の突然変異種で東北農試で育種された．小振りで耐倒伏性が強く，しかも収量・品質は納豆小粒並みであった[28]．岩手，宮城，秋田，福島，茨城などで栽培．

(3) 納豆用小粒ダイズ[35]

黄色小粒白目．納豆小粒を早生化した系統で東北農試で育成された．

(4) 納豆小粒[1,12,17,29,33,40]

黄色小粒白目．金砂郷村の在来種から選抜した納豆用の極小粒ダイズで，茨城県農試で育種された．納豆にした際には，赤みが強くて柔らかく，糸引きは良好で，臭いも少なかった[1]．

(5) スズマル（大豆中育 19 号，だいず農林 89 号）[6,7,29,33,45]

黄色小粒白目．北海道立中央農試で育成され，道央中・南部，羊蹄山麓などで栽培．青森県でも 1990 年に奨励品種に採用された[6,7]．

(6) スズユタカ[29,33,34,43,44]

黄色中粒白目．東北地方で栽培．豆腐製造によく使用される．

(7) 小粒選抜系[16]

1992 年に茨城県において準奨励品種として採用され，粒大は納豆小粒よりやや大きく，納豆加工適性は納豆小粒とほぼ同等であった．

(8) 青臭みのないダイズ[19]

リポキシゲナーゼアイソザイム 2（L-2）・L-3 および L-1・L-3 同時欠失ダイズは青臭みがなく納豆の優れた原料となるとされた．

(9) アキシロメ[23,29,33]

黄色中粒白目．関東南部から九州地方で栽培．アキシロメ，トヨシロメなど 10 品種の性質を分析し，味噌・納豆・煮豆の加工適性があると判断された[23]．豆腐製造によく使用される．

**（10） ハヤヒカリ（十育227号）**[29,33,46,48]

黄色中粒褐目．北海道立十勝農試が選抜育種したもので，1998年に北海道の奨励品種となった．美味で遊離型全糖含量が高く，納豆，煮豆，味噌，豆腐の加工適性で高い評価を得た．

**（11） エンレイ小粒**[45]

黄色小粒白目．蒸煮ダイズの溶出糖はスズマル極小および米国極小など極小品種よりもエンレイ小粒および秋田中粒の方が少なかった．溶出アミノ酸量はこれら品種間で差がなかった．納豆発酵後におけるエンレイ小粒の溶出タンパク質は2倍，アミノ酸は10倍，アンモニア態窒素は20倍に増加した．

**（12） スズヒメ（大豆中育182号，だいず農林71号）**[27,33]

黄色小粒白目．北海道立十勝農試で育成され，主に十勝中央部で栽培．納豆にした際は，淡白で良い風味，やや硬いが食感は良いとされた[29]．

**（13） スズオトメ**[33]

九州農試で育成され，暖地での栽培に適した良質小粒種とされた．納豆加工適性に優れ，納豆小粒による納豆に比べ，香り，味が良いとされた．

このほかに，キタムスメ（大豆十育122号，だいず農林49号，黄色中粒褐目，栽培地は上川・十勝・後志地方）や秋田（黄色中粒褐目），振袖（黄色小粒褐目），大振袖（黄色大粒褐目），フクユタカ（大豆九州86号，だいず農林73号，黄色中粒褐目，九州・東海地方），タマホマレ（黄色中粒白目，近畿・中国地方），ライデン（黄色中粒白目，秋田），トヨムスメ（大豆十育191号，だいず農林81号，黄色大粒白目，十勝・石狩・空知・後志・胆振地方），エンレイ（大豆東山191号，だいず農林57号，黄色大粒白目，東北南部から中国地方），オオツル（大豆東山149号，だいず農林96号，黄色大粒白目），タチナガハ（大豆東山85号，だいず農林85号，黄色大粒白目），つるの子（黄色極大粒白目），黒ダイズの丹波黒（黒色大粒黒目，近畿・中国・四国地方）などが，納豆製造に使用されている[29,32,33]．

納豆の品質に関しては，ダイズの品質だけでなく，ダイズの洗浄，浸漬，蒸煮，納豆菌の種類と接種濃度，容器中の酸素濃度と水分，発酵温度と時間，熟成など多くの要因が関連する．したがって，ダイズの納豆加工適性を検討する際は，製造法の検討もあわせて行うことが重要である．

なお，独立行政法人食品総合研究所のウェブサイトに，納豆関連文献データベースが開設されているので，そちらもあわせて参照されたい．

（細井　知弘）

## 引用文献

1) 秋本隆司・楠正　敏・松本伊佐尾．新潟県産大豆「コスズ」の納豆への加工適性．新潟県食品研究所報告，24, 45-48（1989）

2) 秋本隆司・松本伊左尾・今井誠一．室温及び接種菌数が納豆発酵中の外貌，納豆菌数，硬度，色調の変化に及ぼす影響．食工誌，40, 75-82（1993）

3) 秋本隆司・松本伊左尾・今井誠一．室温及び接種菌数が納豆発酵中の酵素活性と成分に及ぼす影響．食工誌，40, 83-90（1993）

4) 長谷　幸・安井　健・長島　秀・太田輝夫．大豆貯蔵中の品質変化について/糖類およびでん粉の動向．食総研報，36, 7-13（1980）

5) Cober, E. R. *et al*. Genotype and environmental effects on natto soybean quality traits. Crop. Sci., 37 (4), 1151-1154 (1997)

6) 藤田政男・熊谷憲治・平井輝悦・森行勝也．小粒大豆「スズマル」の栽培特性（第1報）播種期と収量・品質．東北農業研究，44, 109-110 (1991)

7) 藤田政男・熊谷憲治・平井輝悦・森行勝也．小粒大豆「スズマル」の栽培特性（第2報）栽植密度と収量・品質．東北農業研究，44, 111-112 (1991)

8) Fukutake, M. et al. Quantification of genistein and genistin in soybeans and soybean products. Food Chem. Toxicol., 34 (5), 457-461 (1998)

9) 橋本俊郎・鈴木英子・長谷川裕正・大竹よし尚・木村宏忠・田谷直俊・水野昇．品種別大豆の納豆加工適性．茨城県食品試験所報告，28, 1-23 (1985)

10) 橋本俊郎・他．大豆の利用加工／品種別大豆の納豆加工適性．食品の試験と研究，20, 19-20 (1985)

11) 服部信次．大豆育種への要望．水田輪作，4, 9-10 (1995)

12) 林　幹夫．茨城の「納豆小粒」．大豆月報，201, 14-19 (1995)

13) 井村裕一・及川一也・藤原　敏．大豆「コスズ」の栽培特性（第1報）粒の大きさの地域及び年次による変動．東北農業研究，46, 123-124 (1993)

14) 井村裕一・沼田　聡．大豆「コスズ」の栽培特性（第3報）岩手県における地帯別栽培法と経済評価．東北農業研究，47, 155-156 (1994)

15) 井村裕一・高橋昭喜・及川一也・荻原武雄．白目・小粒・納豆用だいず「鈴の音」の栽培法．東北農業研究成果情報，1994, 61-62 (1995)

16) 樫村英一・窪田　満・中川悦男・石原正敏．大豆準奨励品種「小粒選抜系」（仮称）について．茨城県農業総合センター農業研究所　研究報告，1, 35-44 (1994)

17) 河野　隆・伏谷勇次郎・上田康郎・酒井　一．極小粒ダイズ「納豆小粒」の増収栽培法について．茨城県農業試験場研究報告，30, 25-31 (1990)

18) Kim, H., T. G. Peterson and S. Barnes. Mechanisms of action of the soy isoflavone genistein: emerging role for its effects via transforming growth factor beta signaling pathways. Am. J. Clin. Nutr., 1418S-1425S (1998)

19) 喜多村啓介・菊地彰夫．青臭みのない大豆の育種．醸協，82 (2), 76-79 (1987)

20) 小林佑一・齋藤弘文．福島県相双地方における大豆品種「コスズ」の小粒化技術．東北農業研究，47, 153-154 (1994)

21) Lamartiniere, C. A. Protection against breast cancer with genistein: a component of soy. Am. J. Clin. Nutr., 1705S-1707S and discussion 1708S-1709S (2000)

22) Lichtenstein, A. H. Soy protein, isoflavones and cardiovascular disease risk. J. Nutr., 128 (10), 1589-1592 (1998)

23) 宮崎芳郎・徳田正樹．県産大豆の加工利用／大豆の品種別加工適性．大分県農水産物加工総合指導センター，農水産物の加工に関する試験研究成績集，1巻，63-69 (1997)

24) 中村茂樹・湯本節蔵・高橋浩司・小綿美環子・番場宏治・高橋信夫・橋本鋼二・酒井真次・異儀田和典．白目・小粒・納豆用だいず新品種「鈴の音」．東北農業研究成果情報，1994, 59-60 (1995)

25) 中村茂樹・湯本節三・高橋浩司．納豆用大豆新品種「鈴の音」の育成．東北農業試験場年報，1994, 61-63 (1995)

26) 中村茂樹．だいず新品種「だいず東北115号」だいず農林101号．総合農業の新技術．農研センター，8, 19-22 (1995)

27) 中村茂樹・番場宏治・高橋信夫・岡部昭典・渡辺　巌・長沢次男・橋本鋼二・酒井真次・異儀田和典．ダイズ新品種「鈴の音」の育成．東北農業試験場研究報告，91, 13-23 (1996)

28) 中川悦夫・笠井良雄・石原正敏. 大豆新準奨励品種「コスズ」について. 茨城県農業試験場研究報告, 28, 47-57 (1988)
29) 農林水産省. 国産大豆品種の事典. 農林水産省 URL
  (http://www.maff.go.jp/soshiki/nousan/hatashin/jiten/sakuin.htm)
30) Ogawa, T., et al. Investigation of the IgE-binding proteins in soybean by immunoblotting with the sera of the soybean-sensitive patients with atopic dermatitis. J. Nutr, Sci. Vitaminol., 37 (6), 555-565 (1991)
31) 酒井真次. 用途別高品質の品種育成の方向. 東北農業研究, 別号3, 29-39 (1990)
32) (財) 食品産業センター. "納豆製造業生産・流通実態調査結果". 平成10年度国産大豆利用促進支援事業報告, 37-67 p. (1999)
33) 相馬 暁・松川 勲. "だいず". 豆の事典－その加工と利用. 渡辺篤二監修, 幸書房, 東京, 47-59 p. (2000)
34) 宗村洋一・酒井孝雄・服部 実. 「スズユタカ」「ホウレイ」の晩播限界. 東北農業研究, 44, 113-114 (1991)
35) 鈴木 泉・今野 周・大沼たけし. 特殊用途大豆の品種選定と栽培法 (第3報) 納豆用小粒大豆の品種と栽培法. 東北農業研究, 39, 111-112 (1986)
36) 平 春枝・鈴木典男・塚本知玄・海沼洋一・田中弘美・斎藤昌義. 国産大豆の品質 (第15報) 納豆用大豆の加工適性と納豆の品質. 食総研報, 51, 48-58 (1987)
37) 平 春枝・田中弘美・斎藤昌義・斉藤正隆. 国産大豆の品質 (第19報) 大豆の全糖・遊離糖類含量におよぼす品種・粒栽培年次の影響. 食工誌, 37, 203-213 (1990)
38) Taira, H. Quality of soybeans for processed foods in Japan. Japan Agriculture Research Quarterly, 24 (3), 224-230 (1990)
39) 平 春枝. 納豆・煮豆大豆の品質評価法. 食糧 (農林水産省食品総合研究所), 30, 153-163 (1992)
40) 高橋順子・古口久美子・菊地恭二. 納豆の品質保持技術の改善 (第8報) 県産納豆用大豆の納豆加工適性. 栃木県食品工業指導所研究報告, 4, 24-30 (1990)
41) 高橋浩司・湯本節三・中村茂樹. 大豆新品種「鈴の音」の特性. 東北農業研究, 48, 119-120 (1995)
42) 高橋淳一郎・古口久美子・宮間浩一・菊地恭二. 納豆菌の接種量と納豆の品質. 栃木県食品工業指導所研究報告, 10 : 17-18 (1996)
43) 高取 寛. 産地形成を目指した特定用途大豆の品種検索. 水田輪作, 4, 17-18 (1995)
44) 栃木県食品工業指導所. 大豆の品質性状の解明と利用技術の開発/栃木県産大豆の栽培品種の納豆加工適性について. 栃木県食品工業指導所業務成績書, 1984, 21-24 (1985)
45) 坪内 均. 地場産小粒大豆を用いた納豆の高品質化技術の確立/エンレイ小粒の納豆の高品質化技術の確立. 食品加工に関する試験成績, 1998, 8-9 (1999)
46) 土屋武彦. 北国で花開いた南国大豆の難裂きょう性遺伝子/コンバイン収穫向き品種誕生までの30年. 北農, 66 (3), 289-293 (1999)
47) Wei, Q. et al. Characteristics of natto made from four American soybean cultivars. The Third International Soybean Processing and Utilization Conference. Proceeding, 337-338 (2000)
48) 湯本節三・松川 勲・土屋武彦・酒井真次・紙谷元一・伊藤 武・白井和栄・冨田謙一・折原千賀. 耐冷性強のコンバイン収穫向きだいず新品種「ハヤヒカリ」(十育227号). 新しい研究成果北海道地域1997, 27-30 (1998)

## 3. 煮豆への利用

### 1) 煮豆用ダイズの市場

平成10年度の国内産煮豆用ダイズ流通量[4]は約1.2万tであり，これは国内産ダイズ流通量合計7.3万tの16.4％に当たる．産地別では，全国農業協同組合連合会が行っているダイズ集荷販売計画（平成12年）[17]から推計すると，北海道産が65.1％（黒ダイズを除く）を占めており，圧倒的に多い．元来地場産業であり，その地域の特産ダイズが使われていた煮豆は，食品保蔵技術の発達により広く流通するに従い原料ダイズも特化されてきた．そのなかで大粒で高品質な北海道産のダイズが選択されてきたことが，占有率の高い理由であろう．原料ダイズのうち，煮豆製造業者へ安定的に供給が行われている主な品種を（表8-3-1）に示した．なお現在，大粒ダイズの産地品種銘柄は27銘柄である[14]．

表8-3-1 煮豆用ダイズの主要品種，生産地および流通量

| ダイズ | 主要品種 | 生産地 | 流通量(t)[a] | 備考 |
|---|---|---|---|---|
| 黄色ダイズ | ツルムスメ | 北海道 | 810 | |
| | ユウヅル | 北海道 | 400 | 鶴の子銘柄の流通量（ツルムスメを除く） |
| | トヨムスメ | 北海道 | 6,540 | とよまさり銘柄の流通量 |
| | トヨコマチ | 北海道 | | |
| | カリユタカ | 北海道 | | |
| | トヨホマレ | 北海道 | | |
| | ミヤギシロメ | 宮城 | 960 | |
| | オオツル | 滋賀他 | 870 | |
| | タチナガハ | 栃木他 | 450 | |
| | エンレイ | 富山他 | 1,620 | |
| 緑色ダイズ | 音更大袖 | 北海道 | 1,740 | |
| 黒ダイズ | 丹波黒 | 岡山他 | 3,500 | 煮豆用途以外も含む |
| | 中生光黒 | 北海道 | 4,300 | 光黒銘柄の流通量 煮豆用途以外も含む |
| | トカチクロ | 北海道 | | |

(注) [a] 黄色ダイズ・緑色ダイズは全国農業協同組合連合会，黒ダイズはフジッコ（株）調査による平成12年度見込み数量

### 2) 煮豆用ダイズの品質評価

#### (1) 国産ダイズの煮豆品質適性

i) **外観品質** 煮豆はダイズ子実の原形をとどめる食品であり，原料ダイズの外観品質は製品の品質に大きく影響する．外観品質の望ましい条件については平ら[9]は黄色ダイズ・黒ダイズの検討を行っており，その結果を（表8-3-2）にまとめた．

特に煮豆にしたときの外観品質では種皮色・へその色・粒大が重要である．大粒で裂皮が少なく，黄色ダイズではへその色が白目であることが必須である．障害粒（裂皮・割れ豆）は皮うき・煮崩れ

の原因となり，取り除く必要があるとしている．

ii) **成分組成** 平[9]は国内産ダイズの加工適性試験を行った結果，煮豆用として好ましいダイズの成分組成は水分12〜14％，タンパク質42％程度，脂質20％程度，全糖27％以上，遊離型全糖11％以上，全カロチノイド1.2 mg％以上であるとしている．全糖含量の高いことは煮豆をふっくら仕上げるために必要であり，遊離型全糖の中でもショ糖含量は煮豆のうま味に大きな影響を持つことが明らかにされている．平ら[11]は，国産ダイズについては遊離型全糖含量とショ糖含量間に高い正の相関関係があり，ショ糖含量は遊離型全糖含量より算出できるとしている．香西ら[2]が行った煮豆製品の官能試験では，遊離型全糖含量の高いダイズ（オオツル）が，低いダイズ（エンレイ・タマホマレ・秋田産大粒ダイズ）より味の評価が高いという結果を得ている（表8-3-3）．

全カロチノイド含量は煮豆の色調と関係があり，多いものほど製品の黄色味が強く，評価も高い[2,10]．

表8-3-2 煮豆用ダイズの外観品質[a]

| 外観品質項目 | 黄色ダイズ | 黒ダイズ |
|---|---|---|
| 種皮色 | 黄色 | 黒色 |
| へその色 | 黄〜黄白色 | 黒色 |
| 粒大 | 極大粒〜大粒[b] | 極大粒〜大粒[b] |
| 百粒重 | 30g以上 | 30 g以上 |
| 障害粒（裂皮，割れ，汚れ，石豆） | なし | なし |

(注) [a] 平らの評価記述[9]を表にしたもの
[b] 農産物規格規定のダイズ検査規格 (8) によるふるい目7.9 mm (2.8分) 以上が粒度分布70％以上であること

表8-3-3 煮豆製品の官能試験[2]

| 項目 | 評価法[a] 1〜5 | 平均値 | | | |
|---|---|---|---|---|---|
| | | オオツル | エンレイ | タマホマレ | 秋田産大粒ダイズ |
| 見栄え | (悪い-良い) | 2.7 | 2.3 | 3.0 | 2.8 |
| かたさ | (悪い-良い) | 3.3 | 2.9 | 2.5 | 3.0 |
| 香り | (悪い-良い) | 3.0 | 3.0 | 3.0 | 2.9 |
| 味 | (悪い-良い) | 3.3 | 2.7 | 2.6 | 2.9 |
| 総合[b] | (まずい-おいしい) | 3.1 | 2.4 | 2.6 | 2.7 |
| どれが最も好ましいか[c] | | 8 : | 1 : | 0 : | 3 |

(注) 専門パネル：12名，於　フジッコ（株）
[a] 評価法：5段階評価法で，自分の持つイメージで普通を3とする．数字の小さいほうが劣る．
[b] 5％水準でオオツルと秋田産大粒ダイズに有意差あり
1％水準でオオツルとエンレイ・タマホマレに有意差あり
[c] 人数

iii) **加工適性** 平[9]の行った国内産ダイズの煮豆加工適性試験について品質評価を行った結果，煮豆用ダイズの好ましい加工適性の評価として，浸漬ダイズ重量増加比（吸水率）は2.2〜2.3倍程度，石豆はないこと，発芽率は80％以上が良いとしている．蒸煮ダイズの固さ（指圧重）は平均500 g程度であり，ばらつきの少ないものが良い．これら蒸煮ダイズは糖煮熟により組織がしまって固くなるが，煮豆にしたときの固さは平均700 g程度（製品Bx55〜58）が目安であるとしている．著者らの経験では平均1,000 gを超えると固さが目立ってくると思われる．また平[9]は蒸煮後ダイズの糖煮熟による固さの変化は品種間によって差が大きく，したがって煮豆製造において異なる品種と混合することは好ましくないと指摘している．

平[9]は，煮豆製品に好ましい原料ダイズの品質として，蒸煮ダイズの皮が柔らかく，皮うき・煮くずれがなく，固さが適当であり，調味液が入りやすく，煮えむらの無いことが大切であり，黄色

ダイズは鮮明な黄色を持ち，口どけ良好で，もっちりしたテクスチャーを持ち，うま味の強いことにあると要約している．また中川[3]は，最初の噛み応えに瞬間的な抵抗があり，続いて適度な抵抗感が持続するものは評価が高く，これは大粒ダイズであるほどこの傾向があるとしている．このことは見栄えの良さと合わせて大粒品種が好まれる理由であろうと考えられる．

## (2) 海外産ダイズとの比較

海外産ダイズの主な生産地としてはアメリカおよび中国があげられる．アメリカは油脂原料獲得のためにダイズの増産を推進した背景があり，したがってアメリカ産ダイズは脂質含量が高い[16]．平ら[12]はダイズ中の脂質含量と，うま味に重要な遊離型全糖・ショ糖含量間において負の相関があることを明らかにしている．また，中国産では味噌用ダイズとして利用されている品種のなかに遊離型全糖量が高い品種もあるが[13]，前述の外観品質（粒大・障害粒など）とあわせた条件を満たす品種はほとんどない．また，長谷ら[1]は，納豆用ダイズではあるが国産ダイズとアメリカ・中国産ダイズの遊離型全糖中のショ糖含量を分析し，海外産ダイズがショ糖含量の低い傾向にあることを見出している（表8-3-4）．これらのことにより，海外産ダイズは煮豆にあまり使用されていない．

表8-3-4 ダイズの炭水化物含量[1] （単位：%）

| 炭水化物の種類<br>試料 | シュクロース | ラフィノース | スタキオース | デンプン |
|---|---|---|---|---|
| アメリカ産（IMO） | 6.60 | 1.03 | 5.99 | 0.68 |
| 中国産 | 5.60 | 0.92 | 4.43 | 0.31 |
| 国産182 | 6.71 | 0.66 | 3.48 | 0.51 |
| 国産153 | 7.23 | 0.62 | 2.94 | 0.52 |

## 3）煮豆製造方法と新規製造技術の開発

### (1) 煮豆の製造方法

煮豆は原料マメを水浸漬して吸水膨潤させ，水煮（必要によりその後蒸煮したあと）味付けを行ったもの，もしくは味付け後パック詰めし，加熱殺菌したものである[5]．煮豆の場合，製品にした時のマメの固さは重要な品質のひとつであり，水煮または蒸煮後ダイズの固さは味噌や納豆などの他用途のダイズに比べ固めとし，各製造業者によって水浸漬や水煮・蒸煮条件に工夫が行われている．

黄色ダイズにおける煮豆の工業的製造方法の一例を（図8-3-1）に示す．まず，選別された原料ダイズの洗浄を行う（A：水洗工程）．ついで，所定時間水に浸漬し，その重量が水浸漬前の2.0〜2.3倍になるまで吸水させる（B：水浸漬工程）．浸漬水温は微生物汚染防止のため25℃以下とし，浸漬時間は12時間以上必要である．次に吸水したダイズを水煮を行うことにより，ダイズを軟化させるとともに，得られる煮豆に苦味や渋味を与えるあく成分や，酸化による褐変現象を発生させる成分などの不要成分を除去する（C：水煮工程）．水煮工程だけでは軟化が不十分な場合，ダイズを加圧蒸煮釜に入れ蒸気加熱を行う（D：蒸煮工程）．このようにして膨潤・軟化したダイズは，味をつける調味工程を経由して殺菌処理することにより，煮豆が製造される（E：調味工程およびF：殺菌工程）．

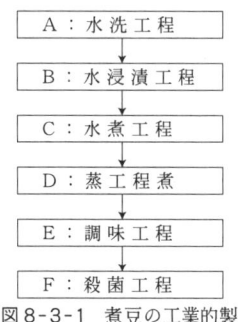

```
A：水洗工程
   ↓
B：水浸漬工程
   ↓
C：水煮工程
   ↓
D：蒸煮工程
   ↓
E：調味工程
   ↓
F：殺菌工程
```

図8-3-1 煮豆の工業的製造方法

### (2) 煮豆製造方法の現状問題点と新規製造技術の開発

前述の水煮工程は，ダイズを軟化させ，かつあく成分等の不要成分を除去できる有効手段ではあるものの，同時に呈味成分である遊離型全糖やアミノ酸を溶出させて，ダイズ独特の風味やうま味を

損なってしまうという問題がある．山口ら[15]がスナック菓子の製造試験において福岡産フクユタカを用いた加工方法を検討した結果において，水煮処理は溶出成分量が多く，アミノ酸やショ糖など有用成分を減少させ，不利な面が多いことを指摘している．そこで，製造工程中のダイズのうま味成分（遊離型全糖やアミノ酸）を保持し，煮豆の品質向上を図るとともに，製造所要時間の短縮により生産コストが削減できる新しい製造技術の検討を行った．

うま味成分の溶出抑制方法として，ダイズの前処理工程（水浸漬工程・水煮工程）に関するテストを行った．試験用ダイズは平成7年北海道産のユウヅルおよびとよまさりを用いた．テスト製法1では水浸漬工程での浸漬水への成分の溶出を抑えるためダイズの吸水可能な水量だけ供給した（限定吸水）．また，テスト製法2として限定吸水後，水煮をせず，あく抜きのために熱湯で豆表面を洗い流したあと蒸煮を行った．従来製法・テスト製法1およびテスト製法2の製造フローを（図8-3-2）に示す．

製造工程中の溶出固形量（原料ダイズ比％）を測定した結果，テスト製法1では従来製法とほぼ同

図8-3-2 各製造フローおよび条件

図8-3-3 従来製法およびテスト製法の工程別ダイズ溶出固形量

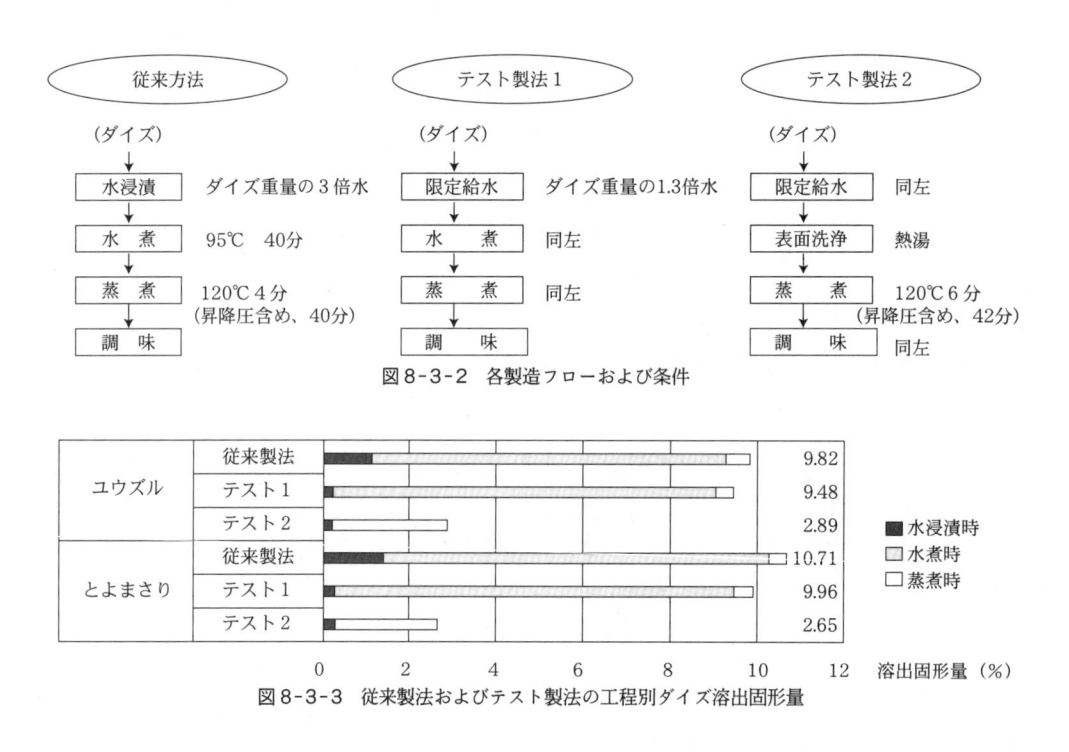

表8-3-5 煮豆の製法別官能試験

| 項目 | 評価法[a] | ユウヅル | | | とよまさり | | |
|---|---|---|---|---|---|---|---|
| | | 従来法 | テスト1 | テスト2 | 従来法 | テスト1 | テスト2 |
| 見栄え | （悪い1-5良い） | 3.5 | 3.7 | 4.0 | 3.2 | 3.3 | 4.1 |
| かたさ | （悪い1-5良い） | 3.5 | 3.5 | 3.7 | 3.3 | 3.3 | 3.7 |
| 香り | （悪い1-5良い） | 3.4 | 3.4 | 4.3 | 3.4 | 3.5 | 4.2 |
| 味 | （悪い1-5良い） | 3.6 | 3.6 | 4.1 | 3.2 | 3.3 | 3.9 |
| 総合[b] | （まずい1-5おいしい） | 3.5 | 3.5 | 4.2 | 3.3 | 3.4 | 4.2 |

（注）専門パネル：18名，於 フジッコ（株）
　　[a] 評価法：5段階評価法で，自分の持つイメージで普通を3とする．数字の小さいほうが劣る
　　[b] 1％水準で従来製法およびテスト製法1と，テスト製法2の間にそれぞれ有意差あり

じであったが，テスト製法2では従来製法の25～29％に低減された（図8-3-3）．調味後の官能評価は，従来製法とテスト製法1は総合評価に有意差が見られなかったが，従来製法とテスト製法2の間ではユウヅル・とよまさりともに有意差が見られ，テスト製法2が好まれた（表8-3-5）．

表8-3-6 各製法前処理後のダイズ成分分析結果

| 原料 | 製法 | 全窒素（％） | アミノ態窒素（mg％） | 遊離糖（％） |
|---|---|---|---|---|
| ユウヅル | 従来方法 | 2.71 | 62.2 | 1.10 |
|  | テスト製法2 | 2.81 | 79.7 | 1.50 |
| とよまさり | 従来方法 | 2.76 | 58.2 | 1.03 |
|  | テスト製法2 | 2.72 | 79.4 | 1.37 |

テスト製法2は従来製法に比べ，マメのうま味・風味良好，色つやが良い，歯切れが良いとの評価を得た．従来製法とテスト製法2の蒸煮ダイズの呈味成分量（アミノ態窒素含量および遊離型全糖含量）を分析した結果（表8-3-6），いずれの含量もテスト製法2が多く残っていた．

また，官能試験ではいずれの製法も，苦味や渋味等の不快味については特に感じられないとの評価であった．しかしながら溶出固形量から考えると，テスト製法2の煮豆には従来製法に比べてあく成分も多く残っていると思われる．別途試験として，テスト製法2の表面洗浄を行わない製法にて煮豆を作成したところ，明らかに苦味が感じられた．大久保ら[6,7]は，ダイズの不快味であるあく成分がサポニン，イソフラボノイドなどの配糖体であり，それらの閾値の低い成分が胚軸に集中していることを明らかにしている．このことからテスト製法2の煮豆が不快味を感じなかった理由として，閾値の低い胚軸中の不快味成分が表面洗浄によって優先的に流出した事によるものと推察される．これについては，煮豆部位別（胚軸および子葉部分）での不快味成分の種類とその挙動の解析が今後の課題である．

本研究において，テスト製法2を煮豆製造に応用することにより，①うま味保持，不快味除去による煮豆品質の向上，②製造工程中の節水，および溶出固形量減少による排水量，排水負荷の低減，③水煮工程省略による製造工程の簡素化・製造コスト削減のメリットが想定された．

また，最近注目されているダイズイソフラボンの回収を目的として，従来製法およびテスト製法2の加工工程中の溶出液についてイソフラボン含有量を調べた．その結果，テスト製法2の溶出液のイソフラボン濃度は，従来製法の2.98倍であった（表8-3-7）．テスト製法2では溶出して排出される総イソフラボン量は従来製法に比べ56.5％となり少なくなるが，高濃度であるため効率的なイソフラボンの回収が可能であると考えられ，資源再利用において有効な製法であることが想定された．

本研究は，平成8～10年度農林水産省のプロジェクト研究「麦等の新用途・高品質畑作物品種と利用技術の開発」で実施した．

表8-3-7 加工中溶出液量およびイソフラボン含有量

|  |  | 従来製法 | テスト製法2 |
|---|---|---|---|
| 溶出液量（l/ダイズ kg） |  | 5.81 | 1.11 |
| 溶出液 Bx |  | 1.1 | 2.6 |
| イソフラボン含有量（mg/溶出液 l） | ダイズイン | 29.4 | 238.7 |
|  | グリシチン | 5.4 | 24.1 |
|  | ゲニスチン | 23.9 | 187.9 |
|  | マロニルダイズイン | 66.8 | 67.1 |
|  | マロニルグリシチン | 15.5 | 7.6 |
|  | マロニルゲニスチン | 51.5 | 58.3 |
|  | ダイゼイン | 3.5 | 2.2 |
|  | ゲニステイン | 1.1 | 1.6 |
|  | 総イソフラボン | 197.1 | 587.6 |
| 全溶出液中の総イソフラボン量（mg） |  | 1143.2 | 646.4 |

おわりに，本項執筆にあたり資料をご提供いただいた農業研究センター喜多村氏，農林水産省農産園芸局畑作振興課，全国農業協同組合連合会の方々に深く感謝いたします．

(掛田　博之)

## 引用文献

1) 長谷　幸・安井　健・長島　秀・太田輝夫．大豆貯蔵中の品質変化について．食総研報, 36, 7-13 (1980)
2) 香西由紀夫・平　春枝・田中弘美・斎藤昌義・宗形豊喜．国産大豆の品質（第17報）煮豆用原料大豆の評価．日食工誌, 36 (2), 132-141 (1989)
3) 中川勝也．"丹波黒のおいしさのHIMITU". 丹波黒．兵庫県農林水産部農産園芸課編．23-30 (1998)
4) 農林水産省農産園芸局畑作振興課．大豆に関する資料．(2000)
5) 農林省農蚕園芸局畑作振興課・食品流通局食品油脂課．日本の大豆．348 p (1977)
6) 大久保一良・高橋勝美．大豆配糖体成分の化学と生理作用：サポニンとイソフラボノイド配糖体を中心に．食品開発, 17 (7), 30-42 (1982)
7) 大久保一良・古林祐三・高橋勝美．豆乳の配糖体成分に基づいた呈味性について．食品開発, 18 (6), 16-21 (1983)
8) 食糧庁管理部検査課．検査必携：大豆編．(財) 全国食糧検査協会, 7-8 p (1989)
9) 平　春枝．納豆・煮豆用大豆の品質評価法．食糧その科学と技術, 30, 153-168 (1992)
10) 平　春枝・平　宏和・田中弘美・御子柴公人．国産大豆の品質（第10報）長野農試保存品種の全カロチノイド含量および大豆の色調．食総研報, 47, 92-104 (1985)
11) 平　春枝・田中弘美・斎藤昌義．国産大豆の品質（第21報）大豆遊離型全糖含量を用いたオリゴ糖含量計算式の検討．日食工誌, 38 (2), 144-152 (1991)
12) 平　春枝．国産大豆の品質特性とその変動要因の解明．日食工誌, 39 (1), 122-133 (1992)
13) 平　春枝．輸入大豆の味噌加工適性（その1）味噌用中国およびカナダ産大豆．日本醸造協会誌, 92 (1), 15-21 (1997)
14) 渡辺篤二．豆の事典－その加工と利用．幸書房, 238 p (2000)
15) 山口　剛・徳山孝子．九州産大豆による新食品の開発．福岡県福岡工業試験場研究報告, 1987, 94-101 (1988)
16) 全国農業協同組合中央会資料．とっておき！大豆レシピ．(2000)
17) 全国農業協同組合連合会資料．(2000)

## 4. 味噌への利用

### 1) 味噌の種類について

　味噌の種類はきわめて多く，分類もいろいろ行われている．味噌品質表示基準によれば，味噌とは「大豆若しくは大豆及び米，麦等の穀類を蒸煮したものに，米，麦等の穀類を蒸煮して麹菌を培養したものを加え食塩を混合し，発酵・熟成させた半個体状のものをいう」と定義されている．この基準の中で，使用する麹原料の違いによって米味噌，麦味噌，豆味噌および調合味噌に分類される．米味噌はコメを麹にして煮たり蒸したりして軟らかくしたダイズと食塩とを混合してこれを発酵・熟成させたものをいい，全国各地で一番多く生産されている．また食塩濃度やダイズに対するコメ（またはムギ）の割合の違い（麹歩合）によって甘味噌，甘口味噌および辛口味噌に分けられる．一般的

4. 味噌への利用

表8-4-1 味噌の分類

| 種類<br>(生産比率) | 味・色による分類 | | 通称 | 産地 | 醸造期間 |
|---|---|---|---|---|---|
| 米味噌<br>(78.6%) | 甘味噌 | 白 | 白味噌, 西京味噌,<br>府中味噌, 讃岐味噌 | 近畿, 広島, 山口, 香川 | 5〜20日 |
| | | 赤 | 江戸甘味噌 | 東京 | 5〜20日 |
| | 甘口味噌 | 淡色 | 相白味噌 | 静岡, 九州 | 5〜20日 |
| | | 赤 | 御膳味噌 | 徳島 | 3〜6ヵ月 |
| | 甘口味噌 | 淡色 | 白から味噌, 信州味噌 | 長野, 関東 | |
| | | 赤 | 赤味噌, 津軽味噌,<br>仙台味噌, 佐渡味噌,<br>越後味噌 | 北海道, 東北, 新潟,<br>北陸, 中国 | 3〜12ヵ月 |
| 麦味噌<br>(7.3%) | 甘口味噌 | | 麦味噌 | 中国, 四国, 九州 | 1〜3ヵ月 |
| | 辛口味噌 | | 麦味噌 | 埼玉, 九州 | 3〜12ヵ月 |
| 豆味噌 (4.8%) | | | 豆味噌, 八丁味噌,<br>三州味噌, 伊勢味噌 | 愛知, 三重, 岐阜 | 5〜20ヵ月 |
| 調合味噌 (9.3%) | | | 赤だし味噌,<br>あわせ味噌 | 愛知, 三重,<br>岐阜, 九州 | |

(注) 中央味噌研究所による.

に甘味噌は食塩濃度が低く (食塩濃度5〜%) 麹の使用量が多い. 辛口味噌は食塩濃度が比較的高く (12〜13%) 麹の使用量が少ない. この食塩と麹歩合の関係は単に甘口, 辛口を決めるだけではなく, 味噌の特徴を生み出す大きな要素となっている. その他, 信州味噌, 仙台味噌, 越後味噌, 赤味噌, 白味噌といったように産地や色により, あるいは製造工程の条件によって細かく分類されている. これらを整理すると表8-4-1のようになる[3].

## 2) 味噌の生産状況

1930年 (昭和5年) 当時, 工業生産量が約59万t, 農家自家醸造が13万tで合わせて72万tの味噌が生産され, 国民1人当たり1年間に約11 kgの味噌を消費している. 味噌の工業生産は, 戦争直後の落ち込みから急速に回復し, 1955年代にはほぼ戦前の水準となった. 一方, 農家自家醸造味噌はその頃から減少しはじめ, 最近では2万t弱まで減少している. 国民1人当たりの1年間の消費量は経済成長による国民所得の向上に伴う食生活の洋風化, 多様化によって減少傾向を示し, 最近では4.5 kgまで減少している. 工業生産の味噌は農家自家醸造の減少と

表8-4-2 味噌の生産量と国民1人当たり消費量

| 年度 | 味噌生産量 (1,000 t) | | | 国民1人当たり<br>年間消費量 (kg) |
|---|---|---|---|---|
| | 工業 | 農家 | 計 | |
| 1930 | 589 | 129 | 718 | 10.7 |
| 1935 | 601 | 182 | 783 | 10.9 |
| 1940 | 563 | 241 | 804 | 7.1 |
| 1945 | 291 | 351 | 642 | 6.9 |
| 1950 | 274 | 280 | 554 | 6.7 |
| 1955 | 575 | 346 | 921 | 9.9 |
| 1960 | 555 | 283 | 838 | 8.8 |
| 1965 | 571 | 207 | 778 | 7.8 |
| 1970 | 606 | 165 | 771 | 7.3 |
| 1975 | 618 | 96 | 714 | 6.4 |
| 1980 | 631 | 77 | 708 | 6.0 |
| 1985 | 601 | 57 | 658 | 5.4 |
| 1990 | 577 | 31 | 608 | 4.9 |
| 1995 | 552 | 20 | 573 | 4.6 |
| 1998 | 554 | 16 | 570 | 4.5 |

(注) 1. 生産量計および農家自家醸造及び国民1人当りの消費量は「食糧バランスシート」および「食糧需給表」による.
2. 工業生産量, 農家自家醸造量は全国味噌工業協同組合連合会および食糧庁の資料より推定したものである.

表8-4-3 味噌の種類別出荷数量 （単位：t）

| 年度 | 出荷総量 | 種類別出荷数量 | | | |
|---|---|---|---|---|---|
| | | 米味噌<br>比率（％） | 麦味噌<br>比率（％） | 豆味噌<br>比率（％） | 調合味噌<br>比率（％） |
| 1975 | 561,462 | 458,166 (81.6) | 61,501 (11.0) | 41,795 (7.4) | — |
| 1980 | 599,200 | 474,124 (79.1) | 65,977 (11.0) | 35,019 (5.8) | 24,080 (4.0) |
| 1985 | 588,400 | 462,251 (78.6) | 59,427 (10.1) | 32,614 (5.5) | 34,108 (5.8) |
| 1990 | 570,745 | 451,356 (79.1) | 49,972 (8.8) | 27,211 (4.8) | 42,206 (7.4) |
| 1995 | 555,954 | 436,251 (78.5) | 44,446 (8.0) | 27,010 (5.0) | 47,247 (8.5) |
| 1999 | 558,768 | 439,507 (78.6) | 40,691 (7.3) | 26,735 (4.8) | 51,835 (9.3) |

人口の増加に支えられて順調な伸びを示してきたが，石油ショック以降は，低成長経済の影響を受け，60万t弱で横ばいに推移している（表8-4-2参照）[3]．

種類別には米味噌が最も多く生産され，その生産量は約45万tで全工業生産量の約80％を占めている．次いで麦味噌，豆味噌の順であるが最近は麦味噌，豆味噌の生産量は減少し，替わりに米味噌と麦味噌と合わせたものや，米味噌と豆味噌を合わせた調合味噌が増加している（表8-4-3参照）[3]．

また地域別にみると，米味噌は関東，甲信越地方を中心に全国各地で生産されているが，麦味噌は主として九州に多く，豆味噌は東海地方に限られている．

### 3）味噌用原料ダイズの使用状況と推移

ダイズの総生産量は約1億5,000万t（表8-4-4参照）あり，主要生産国の生産量をみると，最も多いアメリカは約7,300万t，次いでブラジル3,100万tである[2]．このうち食品用ダイズとしてアメリカ，カナダおよび中国から年間約100万t輸入される．

味噌用原料ダイズとして1年間に約17万t使用されるが，その多くは輸入ダイズで賄われている．輸入ダイズの中で中国産ダイズは戦前から満州ダイズとして味噌用に使用されているが，1991年には約28万t輸入され，そのうち15万4千tが味噌用原料ダイズとして使用され，味噌に使用される量の90％を占めている（表8-4-5参照）．中国産ダイズの使用量も1992年の15万5千tをピークにその後減少傾向にあり，アメリカ・カナダ産ダイズが増加してきている．その要因としては中国国内での消費量も年々増加傾向にあって，輸出量も年ごとに減少し最近では日本向け輸出量

表8-4-4 ダイズの主要生産国統計 （単位：1000t）

| 年度 | アメリカ | ブラジル | アルゼンチン | 中国 | その他 | 合計 |
|---|---|---|---|---|---|---|
| 90/91 | 52,420 | 15,500 | 11,000 | 11,000 | 13,290 | 103,210 |
| 91/92 | 54,070 | 19,300 | 11,150 | 9,710 | 13,150 | 107,380 |
| 92/93 | 59,610 | 22,500 | 11,350 | 10,300 | 13,570 | 117,340 |
| 93/94 | 50,920 | 24,700 | 12,400 | 15,310 | 14,500 | 117,830 |
| 94/95 | 68,440 | 25,900 | 12,500 | 16,000 | 14,840 | 137,680 |
| 95/96 | 59,170 | 24,150 | 12,430 | 13,500 | 15,640 | 142,890 |
| 96/97 | 64,780 | 27,300 | 11,200 | 13,220 | 15,690 | 132,190 |
| 97/98 | 73,180 | 32,500 | 19,500 | 14,730 | 18,160 | 158,070 |
| 98/99 | 74,600 | 31,000 | 19,900 | 15,000 | 18,430 | 158,930 |
| 99/00 | 72,750 | 31,000 | 18,500 | 14,000 | 18,100 | 154,350 |

資料：USDA [Oilseeds : World Msrkets and Trade]

表8-4-5 各国産別ダイズの使用量 (単位：t)

| 年度 | 中国産ダイズ | 国内産ダイズ | アメリカ・カナダ | 合計 |
| --- | --- | --- | --- | --- |
| 1991 | 153,800 | 12,200 | 5,000 | 171,000 |
| 1992 | 155,000 | 10,000 | 5,000 | 170,000 |
| 1993 | 128,000 | 5,000 | 40,000 | 173,000 |
| 1994 | 139,000 | 6,000 | 20,000 | 165,000 |
| 1995 | 127,000 | 4,800 | 30,000 | 161,800 |
| 1996 | 120,000 | 6,300 | 40,000 | 166,300 |
| 1997 | 110,000 | 5,000 | 50,000 | 165,000 |
| 1998 | 103,700 | 8,300 | 50,000 | 162,000 |
| 1999 | 100,000 | 8,000 | 54,000 | 162,000 |
| 2000（見込み） | 80,000 | 8,000 | 80,000 | 168,000 |

資料：食品産業新聞社大豆油糧日報推定による

は15万t程度となっている．1999年の中国産ダイズの味噌への使用量は10万tで全使用量の61.7％まで低下している．一方，アメリカ・カナダ産ダイズの味噌への使用量は10年前（1991年）はわずか5千tであったものが1999年では約11倍の5万4千tにまで増加し，全使用量の33.3％を占めるまでになった．アメリカダイズの中で主にイリノイ，アイオワ，オハイオ，ミシガン州で収穫されたNonGMOの白目ダイズが味噌用ダイズとして使用されている．

国内産ダイズの味噌への使用状況をみると過去10年間の中では1992年の1万tをピークに，その後減少し5千～6千t程度の使用量に過ぎなかったが最近はやや増加傾向にある．

2000年の各国産別使用量（見込み）をみると，中国産8万t, アメリカ・カナダ産ダイズ8万t, 国内産ダイズは8千t位ではないかと推定される．

### 4） 味噌用ダイズとしての好適品種とは

#### (1) 好適品種の条件

味噌に使用するダイズの具備すべき条件として，① 大粒種であること，② 種皮が薄く黄白色であること，③ へその色が淡いこと，④ 吸水率が高く蒸煮が容易であること（このようなダイズは一般的に炭水化物含有量が多く，脂肪含有量が少ない），⑤ 蒸煮ダイズの色が明るく鮮やかに仕上がること，⑥ 蒸煮ダイズに食塩を加えても硬くしまらないこと，⑦ 保水性が高いこと，などが各種の試験結果より明らかとなっており，事実，生産現場においても確認されている．国内産ダイズは味噌用原料としてこのような条件を満たしているものが多く，蒸煮したダイズに食塩を加えても組織が硬くなりにくく味噌の仕上がりもよい．しかし生産量は少なく，価格が高い．また同一品種でも産地により品質が異なるなどの問題があること，必要量が集荷できないことなどもあって高級品志向の味噌を中心に使用されているにすぎない．

中国産ダイズはもともと満州ダイズとして味噌用に使用された歴史があるが，輸入ダイズの中では国内産ダイズに近い性状で黄色味の強いダイズである．

アメリカ産ダイズの加工適性は，一般的に蒸煮ダイズの硬さが均一性に欠け，保水性の面などから味噌の組成はパサパサした感じになりやすい．こうしたことから，近年アメリカの生産者は味噌用に向くダイズの品種改良に取り組んでいる．またカナダ産ダイズについて，日本女子大学平春枝元教授は中国産ダイズと比較して，次のように報告している．

① 蒸煮ダイズの軟らかさを左右する全糖量は中国産ダイズよりカナダ産ダイズの方が低い．
② 蒸煮ダイズの美味しさを表すショ糖含有量は中国産ダイズのほうが高い．

表 8-4-6 鑑評会の味噌とダイズ産地

(1) 味噌全体

| 種類 | 標本数 | 国内産ダイズ | | | 中国産ダイズ | | | 米国産ダイズ（含むカナダ産） | | | 併用 | | | その他 | 不明 |
|---|---|---|---|---|---|---|---|---|---|---|---|---|---|---|---|
| | | 脱皮有 | 脱皮無 | 不明 | 脱皮有 | 脱皮無 | 不明 | 脱皮有 | 脱皮無 | 不明 | 脱皮有 | 脱皮無 | 不明 | | |
| 甘味噌 | 36 | 19 (52.8) | | | 9 (25.0) | 4 (11.1) | 1 (2.8) | | 2 ( 5.5) | 1 (2.8) | | | | | |
| 甘口味噌 | 33 | 10 (30.3) | 4 (12.1) | | 5 (15.2) | 7 (21.2) | | 2 ( 6.0) | 5 (15.2) | | | | | | |
| 淡色・からロ・漉 | 42 | 25 (59.5) | | | 8 (19.0) | 3 ( 7.2) | | 4 ( 9.5) | | | | | | | |
| 淡色・からロ・粒 | 45 | 18 (40.0) | 1 ( 2.2) | 2 (4.8) | 6 (13.3) | 8 (17.8) | | 6 (13.3) | 5 (11.2) | | | | | | |
| 赤色・からロ・こうじ粒 | 60 | 44 (73.4) | 2 ( 3.3) | 1 (2.2) | 6 (10.0) | 3 ( 5.0) | | 3 ( 5.0) | | | | | | | |
| 赤色・からロ・漉 | 67 | 33 (49.2) | 6 ( 9.0) | 2 (3.3) | 7 (10.4) | 3 ( 4.5) | 1 ( 1.5) | 10 (14.9) | 4 ( 3.4) | 3 (4.5) | | | | | |
| 赤色・からロ・粒 | 179 | 93 (52.0) | 17 ( 9.5) | 4 (6.0) | 25 (14.0) | 13 ( 7.3) | 3 ( 1.7) | 9 ( 5.0) | 4 ( 3.4) | | 2 (1.1) | | 1 (0.5) | | 1 (0.5) |
| 豆味噌 | 29 | | 3 (10.4) | 9 (5.0) | | 15 (51.8) | 1 ( 3.4) | | 8 (27.6) | | | | | | |
| 麦味噌・淡色系 | 21 | 3 (14.3) | 4 (19.0) | 1 (3.4) | 2 ( 9.5) | 8 (38.1) | 3 (14.3) | | 1 ( 2.8) | | | 1 (2.8) | | 1 (3.4) | |
| 麦味噌・赤色系 | 36 | 8 (22.2) | 8 (22.2) | 1 (2.8) | 1 ( 2.8) | 14 (38.9) | 2 ( 5.5) | | | | | 2 (6.9) | | 1 (4.8) | |
| 米と麦の調合味噌 | 29 | 7 (24.1) | 2 ( 6.9) | 2 (6.9) | 5 (17.3) | 11 (37.9) | | | | | | | | | |
| 合計 | 577 | 260 (45.1) | 47 (8.2) | 22 (3.8) | 74 (12.8) | 89 (15.4) | 11 (1.9) | 34 (5.9) | 27 (4.7) | 4 (0.7) | 2 (0.3) | 3 (0.5) | 1 (0.2) | 2 (0.3) | 1 (0.2) |
| | | 329 (57.0) | | | 174 (30.2) | | | 65 (11.3) | | | 6 (1.0) | | | | |

(2) 格付秀の味噌

| 種類 | 標本数 | 国内産ダイズ | | | 中国産ダイズ | | | 米国産ダイズ（含むカナダ産） | | | 併用 | | | その他 | 不明 |
|---|---|---|---|---|---|---|---|---|---|---|---|---|---|---|---|
| | | 脱皮有 | 脱皮無 | 不明 | 脱皮有 | 脱皮無 | 不明 | 脱皮有 | 脱皮無 | 不明 | 脱皮有 | 脱皮無 | 不明 | | |
| 甘味噌 | 8 | 7 (87.5) | | | | 1 (12.5) | | | | | | | | | |
| 甘口味噌 | 12 | 6 (50.0) | 1 ( 8.3) | | 3 (25.0) | 2 (16.7) | | | | | | | | | |
| 米・からロ・漉 | 49 | 31 (63.3) | 1 ( 2.0) | 3 ( 6.1) | 3 ( 6.1) | | | 9 (18.4) | | 2 (4.1) | | | | | |
| 米・からロ・粒 | 107 | 77 (71.9) | 3 ( 2.8) | 5 ( 4.7) | 11 (10.3) | | | 8 ( 7.5) | 2 (18.2) | | 2 (1.9) | | 1 (0.9) | | |
| 豆味噌 | 11 | | 2 (18.2) | 1 ( 9.1) | 1 ( 7.7) | 6 (54.5) | | | | | | | | | |
| 麦味噌 | 13 | 3 (23.1) | 3 (23.1) | | | 6 (46.1) | | | | | | | | | |
| 米と麦の調合味噌 | 7 | 2 (28.6) | 1 (14.3) | 1 (14.3) | | 2 (28.6) | | | | | | | | | |
| 合計 | 207 | 126 (60.8) | 11 (5.3) | 10 (4.8) | 19 (9.2) | 17 (8.2) | 0 (0.0) | 17 (8.2) | 2 (1.0) | 2 (1.0) | 2 (1.0) | 0 (0.0) | 0 (0.0) | 0 (0.0) | 0 (0.0) |
| | | 147 (71.0) | | | 36 (17.4) | | | 21 (10.1) | | | 3 (1.5) | | | | |

③ 中国産ダイズのカロチノイド含有量はカナダ産ダイズに比べて著しく高く，味噌用原料として製品の色調の面で優位性を示している．

カナダ産ダイズはアメリカ産ダイズと同様に好適品種とはいい難い．

(2) 全国味噌鑑評会審査結果から見た大豆の品質評価

　毎年秋に開催される全国味噌鑑評会に全国各地より約600点の味噌が出品されるが，出品申込書に記載されている事項からダイズの使用状況を整理すると表8-4-6のようになる[1]．試料数577点のうち一番多く使用されていたのは国内産ダイズの329点で全出品数の57.0％を占める．次いで中国産174点(30.2％)，アメリカ・カナダ産65点(11.3％)の順である．官能審査の結果，製造技術の格差を考慮しなければ国内産ダイズを脱皮して使用したものが高い評価を受けている．しかし，味噌の種類により好まれるダイズの種類や産地は異なり，最近では白味噌はムラユタカ，アキシロメ，タマホマレ，淡色系味噌はタチナガハ，トヨマサリ，赤色系ではナカセンナリ，エンレイなどが使用されていることが多く，評価も高い．アメリカ産ダイズはビントン，中国産ダイズは白眉が高い評価を受けている．

## 5) 適性試験とダイズの評価

　味噌用原料としての適性評価は，原料の購入，入庫時などに各々の工場規格によって現場的に行うものと，一定の基準によりダイズの品種や産地ごとの適性試験がある．一般的な評価基準を次に記す．

① 100粒重，100 m$l$ 重：粒の大小を100粒の重さ，100 m$l$ 当たりの重さを測定し，100粒の重さが25 g 前後，またはそれ以上の値を示すものがよい．

② 浸漬後の重量増加比，蒸煮後の重量増加比：浸漬後の重量および蒸煮後の重量を測定し数値の大きいものが吸水率，保水性が高い．

③ 成分分析：炭水化物含有量は脂質，タンパク質量より判定し，脂質は20％以下，タンパク質は35％前後を良とし，結果として炭水化物含有量の多いものと表現している．

④ 蒸煮試験：一定条件で蒸煮したときの処理ダイズの軟らかさを上皿バネ秤を用いて，ダイズ1粒1粒を人差し指で押しつぶし，つぶれた時の圧力を重量目盛りの数値で表している．同一条件による蒸煮であるから数値が小さくバラつきのないものが良いとされ，好適なものは設定された条件の中では秤の目盛りが500 g 前後を示す．

⑤ 処理ダイズの色調：蒸煮後の色調は測色計により測定し，Y％（明るさ）の大きい数値のものを好適と評価している．

## 6) おわりに

　ダイズを中心とした豆類の加工食品は「日本型食生活」の中心的存在である．味噌，豆腐，納豆，煮豆などは日本各地の地域の食生活に深く根をおろした伝統的食品であり，それらは地方色豊かである．文部省，厚生省，農林水産省の三省共同で提案し閣議決定された「食生活指針」に示された「望ましい食料消費」を推進するためには欠かせない食品である．それぞれの加工食品に適した，実需者に望まれる品質を有する国産ダイズの生産振興を期待したい．

（藤波　博子）

## 引用文献

1) 中央味噌研究所研究報告, 第25号, 社団法人中央味噌研究所 (2000)
2) USDA [Oilseeds : World Markets and Trade]
3) 全味工連2000〜2001, 全国味噌工業協同組合連合会編, (2000)

## 5. ダイズ加工食品（豆乳・豆腐等）の風味成分

### 1) 研究の目的

ダイズ加工食品の多くは, ダイズの優れたタンパク質組成を利用したものが多い. 特にわが国の伝統的ダイズ食品である豆乳・豆腐においては, 原料ダイズの持つ風味特性が製品の嗜好性を左右する. 豆乳の場合には, いわゆる青臭さや豆臭がマイナスの要因となるが, これらは不飽和脂肪酸のリポキシゲナーゼ (LOと略記) による酸化生成物から生じる $C_6$ アルコール, アルデヒドが主要な成分であることが明らかにされている[4]. 最近, LO欠失ダイズの育成（本書3章5.「成分・品質の遺伝的改良」参照）により豆乳の品質改善は著しく進んだ. 本節では, はじめにLO欠失ダイズと従来の豆乳の風味成分を比較することにより豆乳の香気成分の単離同定とともに欠失ダイズによる嗜好性の改善について化学的に検証する. さらにわが国の伝統食品である豆腐の風味がダイズの品種や製造条件によってどのように変化するかを同様に香気成分の変化から考察する.

### 2) 標準ダイズとLO欠失ダイズより調製した豆乳の香気成分比較[1]

(1) 方 法

<ダイズ試料> a) 標準ダイズフクユタカ (LOアイソザイム1, 2, 3を全て含む, ＋LO1, 2, 3と略記), b) LOアイソザイム2, 3を欠くもの (-LO2, 3), c) LOアイソザイム1, 2, 3全てを欠くもの (-LO1, 2, 3)

<豆乳の調製> ダイズ55 gを1夜300 mlの水に浸漬し, 3分間ミキサーで破砕する. Likenson-Nickerson型連続蒸留抽出装置によって香気成分をエーテルで抽出する. エーテル溶液を脱水・濃縮して分析試料とする.

<分析条件> ガスクロマトグラフィー/質量分析計システムで行った. 詳細な条件は参考文献[1]の通りである.

(2) 結果と考察

サンプルa) ＋LO1, 2, 3　b) -LO2, 3　c) -LO1, 2, 3より調製した豆乳の香気成分のガスクロマトグラムを図8-5-1に示す. 化合物の同定は標準化合物との一致, マスクロマトグラムの解析により, 各流出ピークの匂いかぎから香気に寄与する成分を次のごとく定めた (No.は図8-5-1のピークNo.に対応する).

No. 5 : Hexanal, No. 7 : 1-Penten-3-ol,

No. 10 : (E)-2-Hexenal, No. 11 : 2-Pentylfuran,

No. 12 : Pentanol, No. 17 : (Z)-2-Pentenol,

No. 18 : (E)-2-Heptenol, No. 19 : Hexanol,

No. 22 : Nonanal, No. 26 : 1-Octen-3-ol,

No. 35 : (E, E)-3, 5-Decadienal

上記の化合物はいずれも不飽和脂肪酸のリポキシゲナーゼ，リアーゼによる酸化，分解生成物であるので，リポキシゲナーゼの欠失によってこれらの特異成分が急激に減少することが期待される．事実図8-5-1のb），c）のガスクロマトグラムはa）に比べて著しくシンプルとなりb）のピーク面積比はa）の5分の1となりLO2，3が豆乳の香りに大きく関わっていることが判る．−LO1，2，3ではピーク面積比はa）の6分の1以下となり香気の一層の減少が説明される．豆乳の青臭さの主原因である$C_6$−アルコール，アルデヒドはLO2，LO3の欠失によって大きく減少する．

図8-5-1のa），b），c）を通じて生成量に変化の見られない唯一の成分は1−octen−3−ol（peak No. 26）であった．同じく不飽和脂肪酸からの生成物であるが異なる形成機構が示唆される．1−octen−3−olには構造上光学異性体が存在し[2]，R型はカビ臭，S型は青臭さが加わるが，豆乳中の1−octen−3−olは100％R型であった．

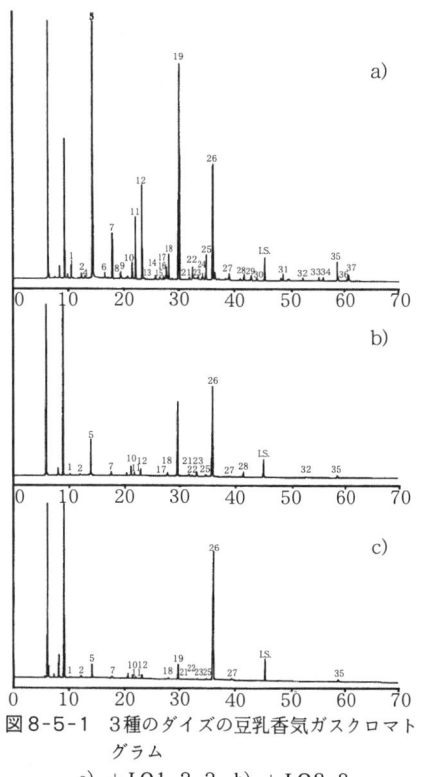

以上得られた結果を要約すれば，① 豆乳のoff-flavorの原因物質は$C_6$−アルコール，アルデヒドのほかにも$C_8$，$C_9$，$C_{10}$化合物が存在しこれらはいずれもLOによる不飽和脂肪酸からの酸化生成物である．② LO欠失ダイズではこれらの成分は著しく減少し，嗜好性は向上する．③ LO欠失においても変化のない1−octen−3−olは，光学異性体で匂いの劣化には関係しない．

図8-5-1 3種のダイズの豆乳香気ガスクロマトグラム
a) + LO1, 2, 3  b) + LO2, 3
c) − LO1, 2, 3

## 3) 各種ダイズより調製した豆腐の風味比較[3]

### (1) 方法

豆腐は味も香りも淡泊であるうえ熱変化しやすいため，微量成分を加熱の少ない条件で捕集しなければならない．液体−固相抽出法はこの目的に適当であり図8-5-2にフローチャートで調製法を示した．成分の分離・同定は第2)項と同様に行った．詳細な実験条件は文献[3]と同様である．ダイズ試料としては，豆腐製造に利用される代表的な国産品種として，エンレイ，フクユタカ，タチナガハおよび比較のため米国産のビントン81を用いた．

### (2) 結果と考察

第2)項の豆乳香気の結果を参考にして豆腐香気に寄与すると思われる成分をa) $C_5$−アルコール，ケトン類，b) $C_6$−アルコー

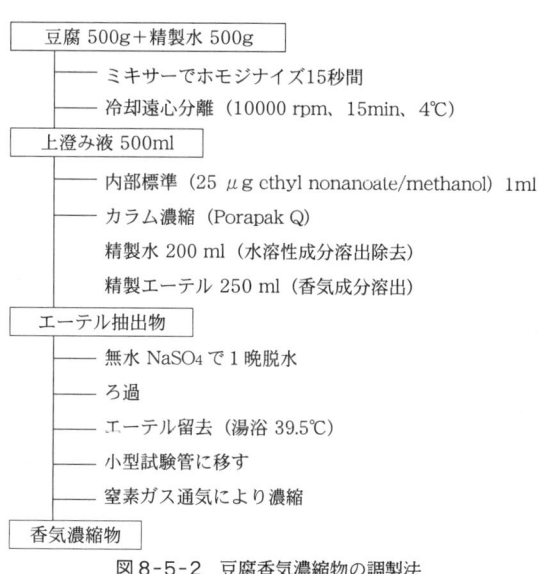

図8-5-2 豆腐香気濃縮物の調製法

ル，アルデヒド類，c) マルトールの3グループにまとめ品種別の変化を図8-5-3に示した．各成分量をガスクラマトグラム上で内部標準として加えた ethyl nonanoate を100とした面積比で示した．a) グループではエンレイとビントン81, フクユタカとタチナガハの量比パターンが類似していた．b) グループは青臭さを示す化合物群であるがここでもエンレイとビントン81, フクユタカとタチナガハの間に類似性が認められた．一方，これらの豆腐の官能評価を行ったところビントンの評価が低く，図8-5-3からはヘキサノール，ヘキサナールの量が高く他の成分とのバランスが

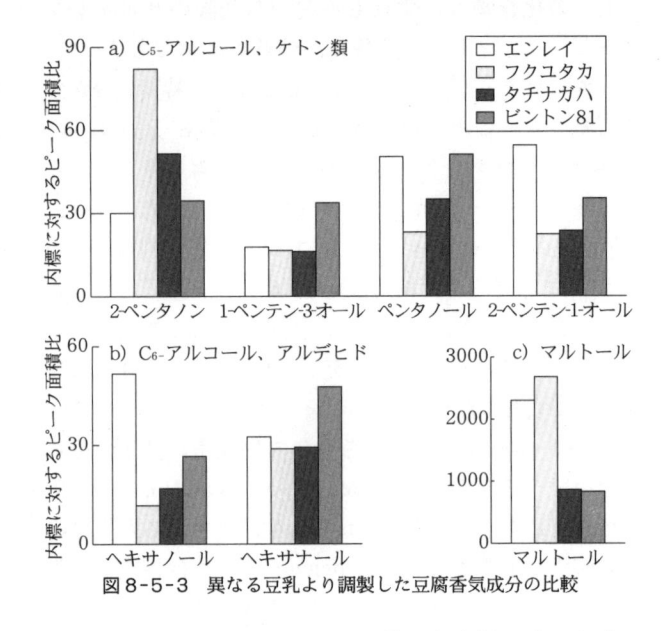

図8-5-3 異なる豆乳より調製した豆腐香気成分の比較

悪いことが評価を低くした原因ではないかと思われる．c) のマルトールは特に存在量が高いが中でもエンレイとフクユタカでは他の3倍近い含量である．官能評価の結果，甘味，こくで両者に高い評価が与えられていることからマルトールの寄与が大きいと考えられる．

### 4) 豆腐製造中の加熱条件による風味の変化[3]

　呉汁の加熱における温度変化を検討した．20℃の呉汁を3分間で100℃まで加温し3分間同温に保持した後固形分の分離を行う急速加熱法と，15分間で100℃まで上昇させた後同様な条件で製造した（長時間加熱）豆腐の香気成分を比較したところ，後者においてヘキサノール，マルトールの有意な増加が認められた．緩慢な温度の上昇の間に酵素的あるいは非酵素的な反応が進行した結果，主要な香気である2成分が増加したものと思われる．官能評価の結果からも後者の「こく」，「香り」の項が有意に高かった．したがって豆乳の香りで感じられたヘキサノールの青臭さや，マルトールのコゲ臭も豆腐のレベルで存在するとその嗜好性に寄与するものと思われる．

　　　　　　　　　　　　　　　　　　　　　　　　　　　　　　　　　　　　　　　　（小林　彰夫）

### 引用文献

1) Kobayashi, A., Y. Tsuda., N. Hirata., K. Kubota and K. Kitamura. Aroma Constituents of Soy Bean (*Glycin max* (L.) Merril) Milk Lacking Lipoxygenase Isozymes. J. Agric. Food Chem., 2449-2452 (1995)

2) 小林彰夫．「食品香気の形成と発現」．味とにおいの分子認識，日本化学会編，学会出版センター，166-167 (1999)

3) 小林彰夫・王　冬梅・山崎美保・巽　規子・久保田紀久枝．豆腐の風味形成に関与する香気成分．日本食品科学工学会誌，47 (8), 613-618 (2000)

4) Rackis, J. J., D. J. Sessa. and D.H. Honig. Flavor Problems of Vegetable Food Proteins. J. Am. Oil. Chem. Soc., 262-271 (1979)

## 6. リポキシゲナーゼ完全欠失ダイズの加工利用上のメリット

### 1) リポキシゲナーゼ完全欠失特性の活かされる加工利用法

ダイズ加工食品の利用範囲を狭めている要因の一つに，ダイズリポキシゲナーゼの作用による青臭みの発生の問題がある[1]．ダイズ子実中にはL-1，L-2，L-3と呼ばれるリポキシゲナーゼアイソザイムが含まれており，特にL-2が主となって青臭みの原因物質となるn-ヘキサナールなどの不快臭を発生させる（図8-6-1）．リポキシゲナーゼ完全欠失ダイズとは，そのリポキシゲナーゼアイソザイムを3種とも欠失した青臭み発生の少ないダイズのことであり，実用品種として，東北南部から関東北部向けのスズユタカ戻し交雑品種いちひめ，四国・九州地域向けのフクユタカ戻し交雑品種エルスターがある．

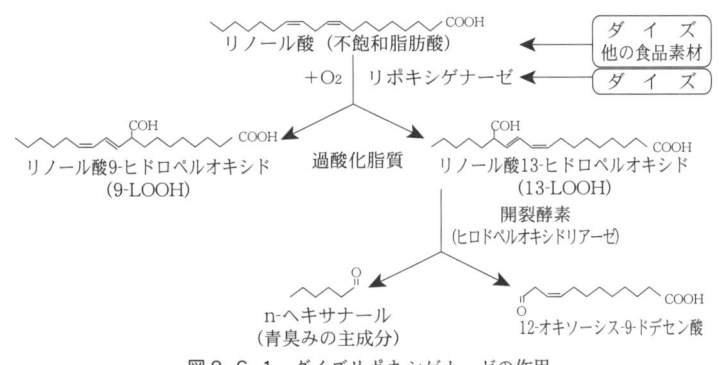

酵素リポキシゲナーゼの反応はダイズ組織の破壊（例えば浸漬ダイズの磨砕）とともに始まり，中間代謝産物である過酸化脂質を生成，さらにヒドロペルオキシドリアーゼが作用してn-ヘキサナールなどの中鎖アルデヒド類に変化し，青臭みを発生する（図8-6-1および本章前節参照）．そのため，リポキシゲナーゼ完全欠失ダイズを利用する場合，採用する工程により，リポキシゲナーゼ欠失特性が活かされ難い製品と活かされる製品とがある[3]．活かされ難い製品は，「浸漬ダイズを煮熟する」，「ダイズあるいはダイズ粉を炒る」工程を経た製品である．一方，活かされる製品は，「浸漬ダイズを磨砕する」工程を経た製品である．この工程を経る代表製品例が豆乳であり，リポキシゲナーゼ完全欠失ダイズを利用すると，青臭みの主成分であるn-ヘキサナールやその前駆物質である過酸化脂質の生成量の少ない，風味・食味に優れた豆乳（図8-6-2，図8-6-3），およびその豆乳を使っ

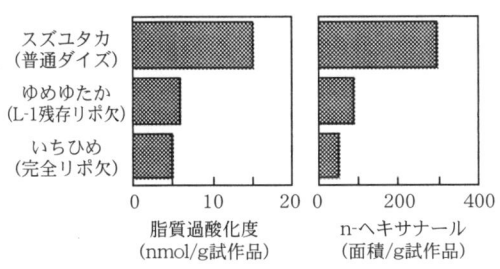

図8-6-1　ダイズリポキシゲナーゼの作用

図8-6-2　「豆乳」試作品の脂質過酸化度とn-ヘキサナール生成量

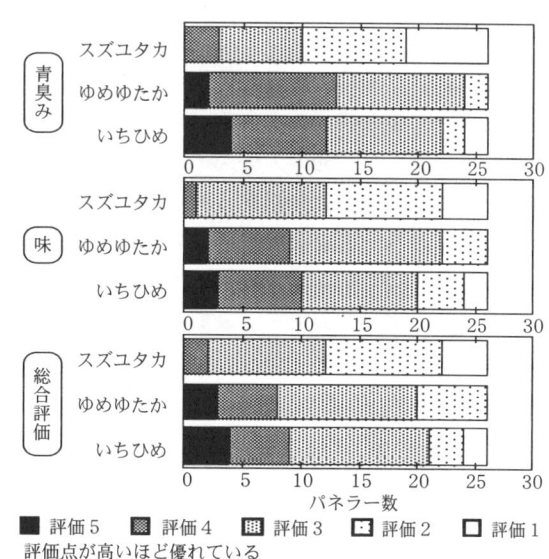

図8-6-3　「豆乳」試作品の食味評価試験の結果

た豆乳関連食品（豆腐・プリンなど）が製造できる（口絵 図8-6-4）[3~5]．さらにリポキシゲナーゼ完全欠失の浸漬ダイズを脱皮・脱胚軸処理し，得られた豆乳にβ-サイクロデキストリンを添加すると，青臭みだけでなく苦渋味もほとんどない豆乳を製造できる[6]．なお豆乳および豆乳関連食品製造に限定するならば，L-1のみが残っているスズユタカ戻し交雑品種ゆめゆたかでも代替できる（図8-6-2，図8-6-3）．リポキシゲナーゼ完全欠失ダイズで製造した豆腐は，無味無臭となり従来のコク味を好む人には物足りない食感となるが，味付けが容易であるため，味付け豆腐やデザート類の素材として利用できる特徴をもつ[1]．

リポキシゲナーゼ完全欠失ダイズを利用すると，ダイズと他の食品素材（小麦粉，卵，食用油など）とを組み合わせた新規ダイズ加工食品も製造できる[3~5]．ダイズクッキー，ダイズハンバーグ，スポンジケーキ，パンなどではその使用メリットが認められている（図8-6-4口絵）．また小麦粉加工食品製造の際には，老化（パサつき）防止，乳化性の促進，食感改善の目的でダイズ粉末を添加する場面が多いが，リポキシゲナーゼ活性型のダイズ粉使用時では青臭みを発生するためその使用量は制限されていた．しかし，リポキシゲナーゼ完全欠失のダイズ粉末では多量使用が可能であるため，食パン，スポンジケーキ，素麺では風味・食感に優れた製品となっている[3~5]．

## 2）リポキシゲナーゼ完全欠失大豆のその他の有用特性

ダイズリポキシゲナーゼは，青臭みを発生させるだけではなく，ビタミンEやルテインなどの内在性抗酸化性分にも作用する．そのため，普通ダイズから作った豆乳に比べて，リポキシゲナーゼ完全欠失ダイズから作った豆乳は，ビタミンE力価が高く，ラジカル消去活性（≒抗酸化活性）が高く，栄養性，機能性にも優れている（図8-6-5）[6,7]．

また，リポキシゲナーゼ完全欠失ダイズで作った豆乳は，部分欠失ダイズおよび普通ダイズから作った豆乳に比べて，黄色味が保持され，またSH基含量も高くなっている[2,7]．これもダイズ磨砕時にリポキシゲナーゼの作用が生じないためと推測されている．脱皮・脱胚軸したリポキシゲナーゼ完全欠失ダイズの子実部のみを利用すると，鮮明な黄色味が保持された豆乳およびオカラを得ることができる．

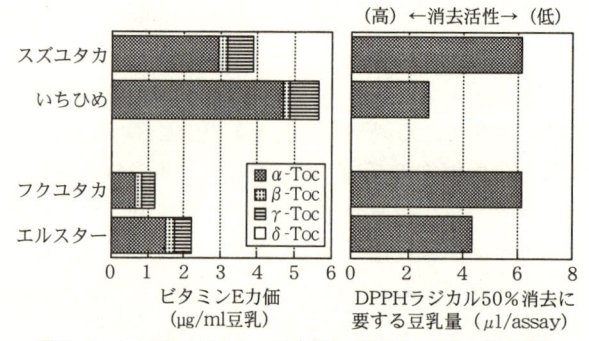

図8-6-5 豆乳のビタミンE力価とDPPHラジカル消去活性

リポキシゲナーゼ完全欠失ダイズは貯蔵性にも優れている．普通ダイズおよび部分欠失ダイズでは，古ダイズになるほど，脂質過酸化物は上昇，SH基含量は減少，酸化タンパク質は増加するが，リポキシゲナーゼ完全欠失ダイズでは，その変動は小さく，貯蔵中の品質劣化が低く抑えられている[7]．

以上述べたように，リポキシゲナーゼ完全欠失ダイズは，従来の需要の枠を越えた新規加工食品の製造が可能であり，嗜好性・栄養性・機能性にも優れたダイズである．実用品種も開発されており，大いに利用して頂きたい．

（須田　郁夫）

## 引用文献

1) 喜多村啓介：大豆の加工適性向上及び新用途開発育種, 農業技術, 45, 297-303 (1990)
2) Obata, A., M. Matsuura and K. Kitamura: Degradation of Sulfhydryl Groups in Soymilk by Lipoxygenases during Soybean Grinding, Biosci. Biotech. Biochem., 60, 1229-1232 (1996)
3) 須田郁夫：交流共同研究成果報告書「過酸化脂質の少ない健全性に優れた大豆加工食品の開発」, 九州農業試験場 (1995)
4) 須田郁夫・西場洋一・古田 收・羽鹿牧太・異儀田和典・酒井真次：栄養性・嗜好性・機能性に優れた食品素材となるリポキシゲナーゼ完全欠失大豆 "九州111号", 農業技術, 50, 289-293 (1995)
5) 須田郁夫：リポキシゲナーゼ完全欠失大豆の機能性と新規加工食品創出, 豆類時報, 14, 32-38 (1999)
6) 須田郁夫：リポキシゲナーゼ完全欠失大豆：美味しくて健康機能性のある豆乳ができる, 技術会議だより, 219, 1 & 3 (2000)
7) 須田郁夫：大豆の過酸化脂質含量に対する流通・貯蔵条件の解明と制御技術の開発, 研究成果349「農林水産物の健康に寄与する機能の評価・活用技術の開発」, 農林水産技術会議事務局編, 191-199 (2000)

## 7. ダイズ丹波黒の産地形成

　ダイズ丹波黒は兵庫県篠山市あるいは京都府下に起源する在来種で，その前身と考えられる黒ダイズは，江戸時代まで丹波地域の限られた地区で小規模に生産されていた．20世紀の初頭から徐々に生産および他地域への流通が増えたので，これに対応し兵庫県が丹波黒と命名した．1970年代中頃からの稲作転換政策，また1990年代からの転作の強化に対応して，それぞれ県外を含む地域にまで飛躍的に生産面積が増加し，今や国産ダイズの代表的な品種の一つの地位を占めるに至った．本項では主に兵庫県で得られた資料をもとに，その生産，産地増加の経緯などについて紹介する．

### 1) 丹波黒生産小史

　兵庫県内の文献によれば，すでに江戸時代中期（1797年「丹波国大絵図」）に丹波地方の名産として黒ダイズが紹介されている[2]．また京都府では平安時代の「倭名類聚抄」（935年）に黒ダイズの記載がある[4]．しかし古い時代のものは，現在の丹波黒の前身といえるのかどうか明らかでない．江戸時代には南河内村川北（現在の兵庫県篠山市川北）の黒ダイズ（図8-7-1，口絵 図8-7-2）は川北黒大豆と呼ばれ，幕府への献上によって声価を高めた．江戸時代の後期から明治年代初期にかけて，川北から約10km東方の日置村曾地（現在の篠山市日置）にも黒ダイズの産地が形成された．この黒ダイズは，その導入に際して大粒の原原種を選抜し，定着に尽力した農家の名を取って，波部黒と呼ばれた．その後波部黒は宮内省への納入によって名声を得た．

　明治後期から大正前期にかけて，両者が併存する形で生産が続きつつ，大阪，京都，東京に販路が広がった．そうなると，上記

図8-7-1　丹波黒の生産地（兵庫県篠山市川北）

表 8-7-1 丹波黒の府県別生産面積（ha）と価格の推移[1,3]

| 府県名 | 年次 1978 | 1980 | 1985 | 1990 | 1995 | 1999 |
|---|---|---|---|---|---|---|
| 滋賀 | - | - | - | 74 | 253 | 440 |
| 京都 | 188 | 139 | 153 | 310 | 392 | 485 |
| 兵庫 | 272 | 256 | 377 | 590 | 817 | 1,290 |
| 岡山 | - | - | - | 770 | 900 | 1,850 |
| 島根 | - | - | 40 | 0 | 36 | 80 |
| 広島 | - | - | - | 110 | 18 | 68 |
| 徳島 | - | - | - | - | - | 60 |
| 香川 | - | - | - | 230 | 250 | 345 |
| 愛媛 | - | - | 0 | 40 | 11 | 30 |
| 宮崎 | - | - | - | - | - | 0.2 |
| 価格（円/kg） | 631 | 1,449 | 1,229 | 2,085 | 2,004 | 1,793 |

（注）1. 近畿農政局，兵庫県農林水産部調べ
2. 2000年には上表以外に鳥取（30 ha）福岡（7 ha），大分（4 ha），鹿児島（1 ha），熊本（20 ha），長崎（1 ha）の営利生産の情報がある．
3. 価格は兵庫県の期間内平均を示す．

のような小地域に由来した名称では対全国の流通取り扱いに支障がある．そこで1934年に多紀郡農会の斡旋により「丹波黒大豆生産出荷組合」が組織され，黒ダイズの名称を丹波黒大豆に統一した．また1941年に兵庫県農事試験場が波部黒の系統比較を行い，その結果優良なものを選定して丹波黒と命名し，県奨励品種とした[2]．

県奨励品種としての丹波黒は1969年まで続いたが，ダイズ生産の衰退に伴って廃止され，丹波黒の名称はいつしか当初の波部黒の選抜系統ではなく，丹波地域内で生産される大粒黒ダイズの総体を指す内容に移行した．

丹波黒またはその前身の栽培面積は，1920年代から60年代ころまで10～20 haの範囲で，その地域は概ね川北，日置に限られていた．コメの生産調整の政策が1970年代に始まると，小規模経営でもかなりの高収益（普通ダイズの数倍から10倍程度まで）を期待できる丹波黒を導入する地域が多くなった．当初は多紀郡（現在の篠山市）内，その後宍粟郡，朝来郡，加西市などに産地が形成された．また兵庫県中～北部の平坦地の全域から近畿中国地域の府県，さらに四国，九州にも産地が増加し，近年は滋賀県から鹿児島県までの間のほとんどすべての府県で生産が行われるに至った（表8-7-1）．この中で特に岡山県の増加が著しく，兵庫県の1.5倍の栽培面積を有し全国第1位を続けている．

### 2）丹波黒の特性

丹波黒は秋ダイズ型で，徒長，倒伏しやすく，病害に弱く，結莢率が低く，収量が低い．また遺伝的な純度が低く，熟期や粒大，粒形などの変異が多い．その中で現在は，比較的晩生で大粒のものが中心に生産されている．子実はダイズとしては群を抜いた極大粒であり，丹波地域では百粒重80 g以上になる．粒形は球形で，種皮の表面に白い「ろう粉」を生じる．これに対して他地域の黒ダイズは扁平で光沢がある（ろう粉がない）ものが多い．以前はろう粉が理解されず，関東の出荷先でその拭き取りを指示されたという話もある．

遺伝的均一化と品質水準の向上のため，京都府では1981年に府内在来系統から新丹波黒を，兵庫県では1989年に篠山町（当時）在来系統から大豆兵系黒3号を，いずれも純系選抜により育成した．

一方，丹波黒には「早生」と呼ばれる系統群が含まれる．「早生」群は極大粒の丹波黒が後述の選抜

を経て今日のようになる以前に，一般的に生産されていた．成熟期が晩生より最大1カ月程度早く，子実はやや扁平で，百粒重は最小40g台であるが，晩生系統に比較的近いものもある．また点状裂皮が多いものがある．「早生」系統群は，大粒志向の強まった1970年代ごろには評価が低かったが，近年は乾燥ダイズ用として収穫・乾燥作業のしやすさ，枝豆用としては収穫時期幅の拡大に利用価値が高まっている．

### 3）丹波黒の大粒化の歴史

兵庫県または京都府での丹波黒の百粒重にふれた文献は，おそらく1944年のものが最初で，そこでは京都で40gと記載している（表8-7-2）．その後次第に大粒化し，1970年代に特に顕著で，1990年に至り85g（和田山）に達した．これと並行して成熟期が11月上旬から1カ月遅くなった．40gでもダイズの中では最大級であるが，同じ品種名のままそれがさらに2倍以上に大粒化したことになる．水稲やダイズの種子の常識から見てかなり珍しい事例といえる．しかし一般的には体系的，継続的な原種管理の行われない期間の長かった本品種のような場合は，社会の要求に従って品種特性が変化する方がむしろ自然というべきであろう．

表8-7-2 丹波黒百粒重の推移

| 年次 | 文献 | 生産地 | 百粒重（g） |
| --- | --- | --- | --- |
| 1944 | 永田「大豆品種の特性に関する研究」 | 京都 | 40.0 |
| 1950 | 農林省「大豆品種特性表」 | 兵庫 | 47.3 |
| 1950 | 永田「兵庫農科大学紀要」 | 篠山 | 45〜66 |
| 1953 | 兵庫県立農業試験場但馬分場成績書 | 和田山 | 41.8 |
| 1960 | 川上「農業及園芸」 | 篠山 | 60.0 |
| 1976 | 兵庫県立農業試験場但馬分場成績書 | 和田山 | 60 |
| 1978 | 兵庫県立農業試験場但馬分場成績書 | 和田山 | 50〜60 |
| 1979 | 全国大豆経営改善共励会調書 | 多紀郡 | 65.9, 63.8 |
| 1985 | 兵庫県立農業試験場但馬分場成績書 | 篠山 | 75.3 |
| 1987 | 兵庫県立農業試験場但馬分場成績書 | 篠山 | 86.4 |
| 1988 | 兵庫県立農業試験場但馬分場成績書 | 和田山 | 79.3（兵系黒3号） |
| 1994 | 兵庫県立北部農業技術センター成績書 | 和田山 | 77.5（兵系黒3号） |
| 1997 | 兵庫県立北部農業技術センター成績書 | 和田山 | 77.9（兵系黒3号） |
| 1998 | 兵庫県立北部農業技術センター成績書 | 和田山 | 84.9（兵系黒3号） |

大粒化の原因については，およそ以下の事項が考えられる．

第一に丹波黒は原種管理の行われない在来種で，遺伝的変異が多い．

第二に新興産地の急増により，旧来の産地では大粒品の生産により伝統産地の優位性を強調するため，大粒系統の選抜が盛んに行われた．選抜の結果大粒化はしたが熟期も約1カ月遅くなった．熟期については栽培上は早いものが望まれていたが，大粒志向の影響力が上回った．

第三に丹波黒は絶対的な商品性によって100年以上も栽培され続け，選抜の成立に必要な期間が確保された．通常，ある程度の期間栽培が続くと，何らかの欠点が問題となり，品種交替となることが多いが丹波黒は例外であった．

第四は栽培方法の変化である．1970年代までは丹波黒に限らず近畿中国地域のダイズは，水利上水稲の作れない畑地か，畦畔で栽培されていた．転作政策に伴ってダイズの栽培の場所が水田転換畑に移るとともに，生育や登熟に関する生理が研究され，生産技術の顕著な進歩があった．その影響は丹波黒にも大きく及び，過繁茂を強く恐れ生育抑制に努めていたものが，大きな立毛を育てそこに登熟を確保する発想に変化した．

以前の丹波黒は畑地か畦畔に遅播き（6月下旬〜7月上旬）で，超疎植（播）され，肥料も制限したが，近年は肥沃な水田において土づくりや施肥を十分に行い，播種期は以前より約1カ月前進した．さらに着莢数を確保するため登熟期の土壌水分保持と虫害防除を入念に実施するようになった．ただし栽植密度だけは，大粒を得たいため低いまま（$m^2$当たり2本前後）が続いている．

丹波地域の自然環境は，ダイズの生育適温期間が長く，内陸部で昼夜の温度較差が大きく，秋以降は深い霧や時雨などのため比較的多湿に推移するとともに，圃場の耕土は粘土質で土壌水分や地力窒素の急激な低下が起こりにくい．これらの，生長に量的に影響する要因と，栄養生長から生殖生長への転換時期を決定する日長条件が好都合に組み合わされて，大粒が得られやすいといえる．

丹波黒の百粒重は1990年代に80gを超える段階に達したが，その後は年次変動はあっても，長期的には増加する傾向が認められない．その理由は，感光性の強い丹波黒においては花芽分化，開花と登熟開始が夏至の長日に抑制され，現状より生殖生長の開始を早めることができず，しかも成熟期は初冬に入るので，登熟期間を現状より延長する余地は前にも後ろにも残されていないことによる．粒の肥大速度が早い変異系統は発見されていないので，この面からの大粒化の可能性もさしあたり期待できない．

### 4）丹波黒の利用

丹波黒は成分的にはダイズ品種の中では低タンパク質，高糖分に分類される．その結果煮豆が軟らかく，風味が優れる．このことは枝豆での特徴にもつながっている．

丹波黒の利用形態は元来，正月の「おせち料理」の煮豆の材料としての乾燥ダイズが主体であった．その後上記のように生産量が急増したので，供給過剰の危機を感じた産地の関係者は新たな用途の開発に多大な努力を費やした．

さらにダイズ食品の栄養評価の高まり，黒ダイズ特有の機能性成分への期待，消費者の高級食品志向，マスメディアによる食品情報の増加などの社会的背景が追い風となり，丹波黒の消費は増加および周年化した．

丹波黒の利用法の拡大は，乾燥ダイズとしては正月以外の時期にも煮豆を食べることが多くなるとともに，味噌，飲料，菓子その他の加工食品が多数開発されたことなどである．また枝豆の丹波黒は，乾燥ダイズ用と同一の作期，管理で栽培したものを粒肥大期の10月に収穫するもので，極大粒で独特の優れた食感，食味が評価される．普通の枝豆の品質の観点からは異質であり，収穫時期も限定されるため，1970年代までは産地周辺で小規模に流通していた．1980年ごろから都市部の消費者に知られるようになり，人気を得て生産・消費が急増した．枝豆は乾燥ダイズに比べて集中的な労力を要するが，収益性は高い（表8-7-3）．

表8-7-3 丹波黒ダイズの乾燥ダイズと枝豆生産の収益性[3]

| 区分 | 収量<br>(kg/10 a) | 粗利益<br>(円) | 経営費<br>(円) | 所得<br>(円) | 労働時間<br>(時間) | 1時間当たり所得<br>(円) |
|---|---|---|---|---|---|---|
| 乾燥ダイズ | 180 | 343 | 131 | 212 | 86 | 2,470 |
| 枝豆 | 2,000 | 600 | 138 | 462 | 148 | 3,121 |

（注）1. 平成6年版地域農業経営指導ハンドブック（兵庫県）および篠山農業改良普及センター資料に基づく試算．
　　　2. 枝豆の労働時間は収穫までの栽培管理は乾燥ダイズと同一，収穫と調製は収穫量1,000束，収穫能率10束/時とした．

### 5）丹波黒の位置づけと今後の取り組み

今日の国産ダイズは，価格的に圧倒的な差のある輸入ダイズに対抗して生き延びるために明確な性格付けを求められている．すなわち輸入ダイズにない優れた品質特性のゆえに高価でも需要が成立し，そのためにはある程度まで栽培特性が劣るようなことがあっても止むを得ないとさえ考えら

れるようになってきている．今日の丹波黒はその方向の一つの極に位置し，全国的な目標にもなっている．しかし丹波黒については特にその生産面での研究の遅れが目立ち，多くの問題が露呈してきている．今後は，現在の丹波黒の位置をふまえ，国産ダイズの主要な課題の一つとして，丹波黒の研究解析を進め，それに立脚した安定生産技術の確立を急ぐ必要がある．

(曳野　亥三夫)

### 引用文献

1) 中国四国農政局蚕糸園芸課．黒大豆等に係る資料(1998)
2) 兵庫県農林水産部．丹波黒(1998)
3) 兵庫県農林水産部．黒大豆をめぐる事情(1999)
4) 日本豆類基金協会．府県産雑豆生産流通実態調査報告書第1年次報告(1988)

## 8．ジュール加熱技術による豆腐製造

　ジュール加熱法の加熱原理は対象とする食品材料に直接電流(通常は50～200ボルトの交流)を流し，その電気抵抗によって食品材料を発熱(ジュール発熱)させるものである．加熱のための熱媒体が不要であり，熱エネルギーのロスも小さいため経済的な加熱技術である．食品加工において加熱操作は極めて基本的かつ重要な技術である．加熱の目的は殺菌，調理，濃縮，溶解等様々であり，食品材料の特性と加熱の目的に合わせて様々な加熱用機器・装置が用いられている．しかしながら，従来の加熱法は直火，蒸気等の熱を加熱容器を介して食品に伝える方法(伝熱加熱)であるため，焦げや過加熱などを起こしやすいという内在的な欠点を有していた．これに対してジュール加熱法は食品に直接電気を流し，その電気抵抗によって食品自体を発熱させる加熱法であるため，均一でムダのない加熱が可能となり，加熱容器等への焦げ付きも全く生じない[1]．

　ジュール加熱法の特徴をまとめると次のようになる．
・食品が焦げない(糖やタンパク質を含む食品の加熱に最適)
・温度制御精度が高い(熱に弱い成分の変化を最小限にとどめる)
・加熱応答が早い(任意の昇温速度で加熱できる)
・撹拌の必要がない(壊れやすい食品の加熱に最適)

　一方，油脂や乾燥食品など，極端に水分の低い食品には適用できないという欠点がある．

　ジュール加熱法の豆腐製造への応用は比較的早く行われ，現在は国内の数社から装置が市販されている．図8-8-1にジュール式豆腐凝固装置の概念図を示す．電源制御部と凝固箱からなり，凝固箱の両端には電極板が取り付けられている．豆乳の温度は熱電対により測定され，その信号が電源制御部の出力コントローラーへ送られ電極への電気出力がコントロールされる．

　ジュール加熱法を豆腐製造に応用する第一の利点

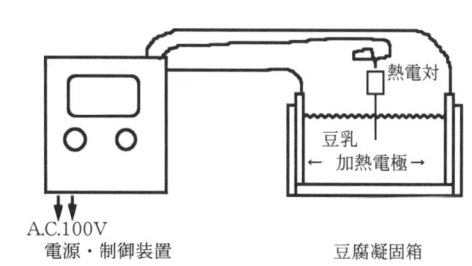

図8-8-1　ジュール式豆腐凝固システム

1. 豆乳を10℃前後に冷却し，ニガリを添加・混合する．(豆乳は冷却されているためニガリを添加しても凝固反応はおこらない)
2. 豆腐凝固箱に入れ，電源・制御装置により通電加熱する．豆乳の温度は熱電対により測定され電源制御装置の出力を制御する．
3. 80～85℃まで加熱されたのち20～30分間保持し，冷却槽に移す．
＊従来は職人技を必要としたニガリ100％の豆腐が簡単に安定的に生産できる．

はニガリ豆腐を簡単かつ安定的に製造できる点にある．一般にニガリ（塩化マグネシウム）を使用した豆腐は甘みがあり，おいしい豆腐を作るには不可欠な凝固剤であるが，凝固操作に熟練技を要するため，機械化が望まれていた．ジュール加熱技術の応用により高品質なニガリ豆腐を安定的に製造できるようになった．また，従来法では困難であった極めて小ロット（1丁単位）での製造もジュール法の得意とするところで，1丁から数10丁まで任意のロットサイズで生産できる．

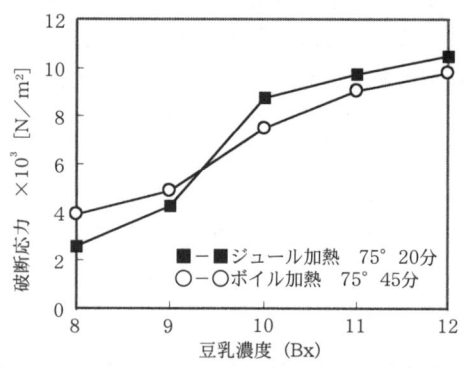

図8-8-2に豆乳濃度と加熱法の違いによる豆腐ゲル強度の変化を示す．一般的な充填豆腐を製造する際の標準豆乳濃度および凝固剤配合（Bx 10, GDL 0.35％）ではジュール加熱によって凝固させた豆腐の方が高いゲル強度を示した．これは，ジュール加熱法によれば同じゲル強度の豆腐をより薄い豆乳で作れることを意味しており，製造歩留まりの向上にも貢献する．

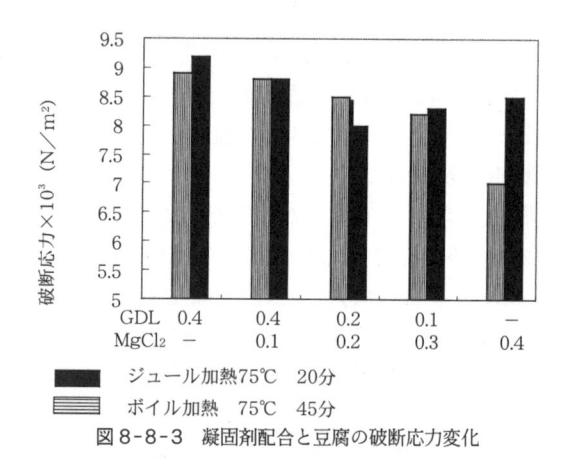

図8-8-3に凝固剤の組成を変えた場合の豆腐のゲル強度の変化を示す．従来法であるボイル加熱によって作った豆腐はGDLの組成比が増えるほどゲル強度は増加している．一方，ジュール加熱法により製造した豆腐はGDL 0.2％＋塩化マグネシウム0.2％の凝固剤配合において最小のゲル強度を示した．このようにジュール加熱法では同じ豆乳濃度でも凝固剤配合によってゲル強度が変化することに注意する必要がある．これは，凝固剤配合の違いが凝固剤添加後の豆乳の電気インピーダンス（交流抵抗）を変えるために起こるものと考えられるが詳しいことは判っていない．ジュール加熱技術はニガリ豆腐の安定生産や小ロット生産に威力を発揮することはすでに述べたが，さらに付加価値を高めた商品の製造例を紹介する．

口絵図8-8-4にジュール加熱法によって製造した多層構造を有する豆腐（三色豆腐）を示す．この豆腐は緑色部は青ダイズ豆乳を使用し，赤色部はシソの色素で着色してある．このような多層構造を有する豆腐をジュール加熱法を用いずに作ろうとすると，別々に凝固させた豆腐を接着するか，1色ずつ凝固させ積層させる方法が考えられる．しかしながら接着法にしても個別凝固積層法にしても，極めて煩雑かつデリケートな作業が要求される．また，接着法では接着面の異物感を生じやすく，個別凝固積層法では最初に凝固させた層と最後に凝固させた層で加熱回数が異なるため，ゲル強度の違いが生じたり，豆腐にスが入るなどの欠点を有している．

図8-8-5に三色豆腐の製造装置と製造方法を示す．基本的な構造は図8-8-1に示したニガリ豆腐の製造装置と同じであるが，凝固箱が板状の電極によって3室に仕切られている．色や味の異なる3種の豆乳に凝固剤を加えた後，凝固箱に入れ通電する．豆乳温度が60℃前後になると凝固が始まり柔らかなおぼろ豆腐の状態になる．この状態になったら仕切板電極を引き上げる．半ゲル状の豆腐は相互に混合することはないのでさらに通電して完全に凝固させる．各層間は後半の電極引

き抜き後のゲル化工程によって完全に結着し3層構造の豆腐ができ上がる．この方法は原理的には何層でも多層構造の豆腐を作ることができるが，商品性や作業性を考慮すれば2〜4層が適当だと思われる．ジュール加熱による凝固法は豆腐に限らず卵加工品などの熱凝固性の食品にはすべて適用が可能である[2]．

実際に食品の加熱や殺菌をジュール加熱で行う場合には次のことが重要である．
・食品の交流電気抵抗値（インピーダンス）
・電極面積と電極間距離
・加熱容器の断熱特性

乾燥食品や油脂食品を除けば大半の食品材料のインピーダンス値はジュール加熱が可能な範囲に入っているが，味噌やしょう油などの高塩分食品ではインピーダンスが低いため大きな電流が流れようとして電源制御装置のリミッターが作動して事実上加熱ができなくなることがある．このような場合には電極面積と電極間距離の変更が必要になる．インピーダンス（$I$）と電極面積（$S$），電極間距離（$L$），食品の固有電気抵抗率（$\rho$）の間には，$I=\rho L/S$の関係がある．これよりインピーダンス値は電極の

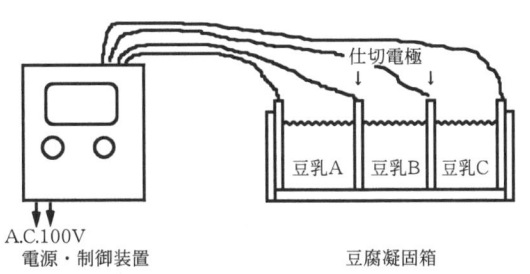

図 8-8-5 ジュール式多層構造豆腐製造システム
1. 凝固箱は仕切電極によって3室に仕切られている．
2. 各室のそれぞれに色や味の異なる豆乳を入れる．（低温で凝固剤混合済み）
3. 電源・制御装置により通電し豆乳 A, B, C を半凝固の状態まで加熱する．
4. 半分凝固して流動性がなくなった時点で，仕切電極2枚を上方に引き抜く．
5. 更に通電して完全に凝固させる．豆乳 A, B, C の境目はゲル化により接着する．

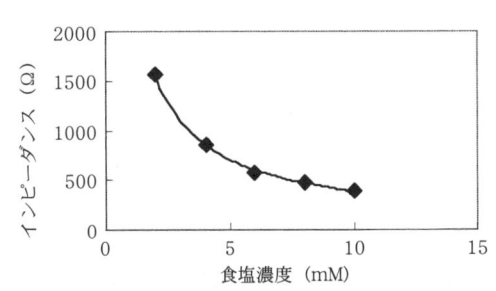

図 8-8-6 食塩濃度とインピーダンス
電極面積：2 cm$^2$　電極間距離：1 cm
測定温度：25 ℃

食品との接触面積に反比例し，電極間距離に比例することがわかる．したがって，低インピーダンス食品の加熱を行う場合は電極間距離を大きくとればよいことになる．接触電極面積を小さくしてもよいが，そうすると1回の処理量が小さくなってしまうため現実的ではない．図 8-8-6 に食塩濃度（$C$）とインピーダンス（$I$）の関係を示す．$I=1/C$ の関係がある．インピーダンスはまた温度の影響も受け，高温になるほど低下する．

一般に伝熱加熱で食品を加熱する場合の食品の冷点（温度最低点）は食品の中心付近になる．ジュール加熱は内部発熱であるため，加熱中の冷点は食品の中心ではなく加熱容器や電極との接触面になる．特に電極は金属であるため熱伝導性に優れており食品の熱を奪う．これはジュール加熱法の発熱原理を考えれば当然のことであるが，精密な温度制御を必要とするような殺菌処理を行う場合は注意が必要である．解決法としては加熱容器の断熱性を高めることと，電源制御用の熱電対の設置位置を予想される冷点付近にすることである．

（秋山　美展）

## 引用文献

1) 秋山美展. 先端技術による食品素材の特性の改変と開発. 秋田県総合食品 研究所試験研究成果概要, 15-16 (1997)
2) 秋山美展. 先端技術による食品素材の特性の改変と開発. 秋田県総合食品 研究所試験研究成果概要, 17-18 (1998)

## 9. 危害分析重要管理点方式によるモヤシの製造

### 1) はじめに

わが国の食料品製造業に関係する日付表示制度の改正および製造物責任法（PL法）が1995年に施行された．これを契機に食品業界では，工場の自主衛生管理の向上・強化による食中毒の発生防止，異物混入防止，品質保証対策，PL保険の加入等を図ってきた．

しかし，1996年の病原大腸菌O157による食中毒，2000年には黄色ブドウ球菌の産生したエンテロトキシンによる食中毒の発生・製品回収事故が発生した．このような社会的状況を踏まえ，食料品製造業は国際的に認められた衛生管理システムである危害分析・重要管理点（以下，HACCPと略す）方式による衛生管理の導入，厳格な実施を図り，食品の摂取によって起こる危害を未然に防止する対策がさらに必要である．

モヤシ生産衛生管理マニュアル必要文書事例集[3]（以下，事例集と略す）に基づいて作成したダイズ，リョクトウおよびケツルアズキモヤシ生産における危害リストを表8-9-1に示した．これに沿ってダイズモヤシ（以下，モヤシと略す）の製造法を工程順に紹介する．

### 2) 原料の管理点・保管・処理方法

モヤシの生産量は年間5,000t程度と推定され，その原料は主に輸入ダイズを使用している．しかし，農林物資の規格化および品質表示の適正化に関する法律の一部改正に伴い，国産原料を使用する企業が増加している．

モヤシの製造にあたって，事例集に定められた重要管理点（以下，CCPと略す）である，原材料受け入れ基準および種子管理手順によって，モニタリングの実施を行い生物・化学・物理的危害の発生が生じない原料であることを確認および記録し使用する必要がある．

この原料の保管条件と浸種工程管理は重要である．表8-9-2のように保管温度が高いとダイズの発芽率，生育に影響を与えることから10℃以下に保管使用することが必要である．一般的なモヤシの製造は原料の大粒または小粒ダイズの洗浄・浸種・塩素殺菌工程から始める．この工程と栽培を同じ容器で行う直漬け方式を採用している企業が多い．この時の使用機器，容器，用具類は，一般衛生管理プログラム（以下，PPと略す）に基づく標準衛生作業手順書（以下，SSOPと略す）および標準点検作業手順書（以下，SCOPと略す）に従って洗浄・殺菌・点検したものを使用する．あわせて，この洗浄から以後の散水，製品の洗浄出荷までの使用水は，水道法および水質基準に関する省令に掲げる要件を備えた水（PP）を用いる．

モヤシの製造は，他のリョクトウモヤシ，ケツルアズキモヤシと異なり，表8-9-3のように長時間の浸種は悪影響が生じることから30分以内に終了し，この間に次亜塩素酸ナトリウムまたは高度サラシ粉（塩素濃度200〜300ppm程度）を加え殺菌する必要がある．

表 8-9-1 モヤシ生産における危害リスト

| 行程 | 危害原因 | 発生要因 | 防止措置 |
|---|---|---|---|
| 使用水<br>（洗浄）<br>（浸種）<br>（散水） | 生物的危害<br>　E. coli<br>　病原大腸菌（O 157, H 7）<br>　サルモネラ<br>化学的危害<br>　洗浄・殺菌・殺虫剤混入 | 殺菌装置の管理不適<br><br><br><br>給水設備の管理不適<br>薬剤の管理不適 | 残留塩素濃度の確認<br><br><br><br>給水設備の保守点検<br>従業員の教育・指導 |
| 原料種子<br>（ダイズ）<br>（リョクトウ）<br>（ケツルアズキ） | 生物的危害<br>　腐敗微生物<br>　E. coli<br>　病原大腸菌（O 157, H 7）<br>　サルモネラ<br>化学的危害<br>　カビ毒<br>　農薬の混入<br>物理的危害<br>　小石, 土塊<br>　ガラス片・木片・金属片<br>　プラスチック片<br>　従事者由来物質<br>　糸・ワイヤ・クリップ<br>　ネズミ・昆虫等 | 原料からの汚染<br><br><br><br><br>原料からの汚染<br><br><br>原料からの混入<br>従業者からの混入 | SSOP に従った手順<br>PP の実施（加熱殺菌）<br>CCP の実施（購入業者からの検査結果の提出・連絡. 当該原料の返品・廃棄）<br><br>PP の実施（加熱殺菌）<br><br><br>受入検査<br>（目視, 金属検知機） |
| 洗浄<br>浸種<br>殺菌<br>静置<br>発芽<br>栽培 | 生物的危害<br>　腐敗微生物<br>　E. coli<br>　病原大腸菌（O 157, H 7）<br>　サルモネラ<br>物理的危害<br>　ネズミ・昆虫等 | 原料からの汚染<br>落下菌からの汚染<br>従業者からの汚染<br>生産施設からの汚染<br><br>侵入 | PP の実施<br>PP の実施<br>CCP の実施<br>CCP の実施<br>CCP の実施<br>侵入・生息監視<br>トラップの設置 |
| 収穫<br>洗浄<br>計量<br>充填 | 生物的危害<br>　腐敗微生物<br>　E. coli<br>　病原大腸菌（O 157, H 7）<br>　サルモネラ<br>化学的危害<br>　カビ毒<br>物理的危害<br>　小石, 土塊<br>　ガラス片・木片・金属片<br>　プラスチック片<br>　従事者由来物質・毛髪<br>　糸・ワイヤ・クリップ<br>　ネズミ・アズキゾウムシ | 原料からの汚染<br>落下菌からの汚染<br>従業者からの汚染<br>生産施設からの汚染<br><br>原料からの汚染<br>落下菌からの汚染<br>生産施設からの汚染<br>従業者からの混入<br>生産施設からの混入 | PP の実施<br>PP の実施<br>CCP の実施<br>CCP の実施<br>CCP の実施<br><br>PP の実施（加熱殺菌）<br><br>検査<br>（目視） |
| 金属検査 | 物理的危害<br>　金属片 | 従業者からの混入<br>生産施設からの混入 | 受入検査<br>（目視, 金属検知機） |

表8-9-2 原料ダイズの保管条件とモヤシの生育

| 原料ダイズ | 項目日数 | 発芽率 (%) | | | | 収量倍率 | | | | 子葉不良 (%) | | | |
|---|---|---|---|---|---|---|---|---|---|---|---|---|---|
| | | 0 | 10 | 20 | 100 | 0 | 10 | 20 | 100 | 0 | 10 | 20 | 100 |
| 中国産中粒<br>(61年産) | 30℃ | 80 | 82 | 54 | - | 6.7 | 6.3 | 6.0 | - | 38 | 31 | 60 | - |
| | 20℃ | 80 | - | - | 84 | 6.7 | - | - | 6.6 | 38 | - | - | 52 |
| | 10℃ | 80 | - | - | 84 | 6.7 | - | - | 7.0 | 38 | - | - | 42 |
| 青森オクシロメ<br>(61年産) | 30℃ | 98 | 90 | 80 | - | 6.1 | 5.8 | 4.3 | - | 30 | 33 | 61 | - |
| | 20℃ | 98 | - | - | 94 | 6.1 | - | - | 4.7 | 30 | - | - | 58 |
| | 10℃ | 98 | - | - | 100 | 6.1 | - | - | 5.6 | 30 | - | - | 38 |
| 北海道キタムスメ<br>(61年産) | 30℃ | 100 | 100 | 96 | - | 6.1 | 6.0 | 5.7 | - | 13 | 10 | 23 | - |
| | 20℃ | 100 | - | - | 100 | 6.1 | - | - | 6.3 | 13 | - | - | 20 |
| | 10℃ | 100 | - | - | 98 | 6.1 | - | - | 6.1 | 13 | - | - | 15 |
| 北海道ツルコガネ<br>(61年産) | 30℃ | 100 | 100 | 99 | - | 7.2 | 6.4 | 6.0 | - | 1 | 5 | 10 | - |
| | 20℃ | 100 | - | - | 94 | 7.2 | - | - | 4.9 | 1 | - | - | 18 |
| | 10℃ | 100 | - | - | 100 | 7.2 | - | - | 6.9 | 1 | - | - | 6 |
| 秋田ライデン<br>(61年産) | 30℃ | 99 | 99 | 98 | - | 7.3 | 6.3 | 6.3 | - | 10 | 11 | 23 | - |
| | 20℃ | 99 | - | - | 96 | 7.3 | - | - | 6.8 | 10 | - | - | 35 |
| | 10℃ | 99 | - | - | 99 | 7.3 | - | - | 7.4 | 10 | - | - | 17 |

(注) 製造温度25℃, 日数7日間, -印は測定せず

ただし, この方法ではダイズから溶出した有機質による塩素消費が早く, 種子内部に達しているモヤシの腐敗病原微生物を殺菌することはできない.

近年では, 製造中に発生する腐敗防止を図るために, 原料の殺菌法として乾熱殺菌法, 湿熱殺菌法が普及しつつある. 前者は長時間加熱することから発芽率, 発芽勢に問題が生じる場合がある. 後者には高温の熱湯に短時間浸漬する方法がある. この方法は原料に水が付着するので, 処理現場で用いる必要がある. 著者らは, これらを解消するマイクロ波および過熱蒸気併用による殺菌機を共同開発し図8-9-1に示した. この殺菌機は最初に原料をホッパーに投入, 次に厚さを一定に調整しながら搬送コンベアーにて加熱炉内を通過させる.

さらに, これを冷却装置内を通過させ, 風力によって強制冷却後に排出計量コンベアーから, 当日使用するモヤシ製造用と一時保管用に分別する.

この殺菌機の稼動条件を検討するに当たり, 腐敗原因カビおよび使用量の多いアメリカ産小粒ダイズの耐熱性を見た. モヤシ製造中に発生する主な腐敗は, 大豆子葉黒点病菌 (*Alternaria alternata*) および大豆根腐病菌 (*Fusarium graminearum shwabe*) による場合が多く[2], これらの耐熱性は60℃, 21〜15秒間程度である.

小粒ダイズは発芽勢の関係から加熱時間は60℃, 60秒間[1]までであるので, これ以内が被加熱

表8-9-3 原料ダイズの浸種とモヤシの生育

| 原料ダイズ | 浸種時間 | 発芽率 (%) | 収量倍率 | 生育不良率 (%) |
|---|---|---|---|---|
| 中国産中粒<br>(60年産) | 3 | 96 | 7.1 | 39 |
| | 1 | 98 | 8.1 | 16 |
| | 0 | 97 | 7.6 | 17 |
| 栃木タチスズナリ<br>(59年産) | 3 | 89 | 5.0 | 27 |
| | 1 | 96 | 6.0 | 15 |
| | 0 | 99 | 6.3 | 13 |
| 岩手ナンブシロメ<br>(59年産) | 3 | 61 | 4.5 | 64 |
| | 1 | 86 | 5.4 | 38 |
| | 0 | 94 | 6.4 | 29 |
| 北海道ツルコガネ<br>(61年産) | 3 | 99 | 6.4 | - |
| | 1 | 100 | 6.4 | - |
| | 0 | 100 | 6.6 | - |

図8-9-1　マイクロ波加熱蒸気併用殺菌機

図8-9-2　保管30日後の生育状況

表8-9-4　小粒ダイズの加熱処理条件と状況

| 速度 | 蒸気温度<br>(℃) | マイクロ波<br>(Kw) | 種子の厚さ<br>(mm) | 発芽率<br>(%) | カビ発生率<br>(%) | 胚軸長<br>(cm) |
|---|---|---|---|---|---|---|
| 未処理 | - | - | - | 99 | 12 | 18.93 |
| 1.3 m/分 | 140 | 3.0 | 17 | 96 | 10 | 19.17 |
| 1.2 m/分 | 140 | 3.0 | 17 | 96 | 4 | 17.44 |
| 1.0 m/分 | 140 | 3.0 | 17 | 96 | 2 | 18.20 |

(注) 1. 室温19.6℃，加熱前種子温度5.7℃
　　 2. 発芽率は，ダイズ100粒をシャーレ上に置き（ポテトデキストロース培地），カビ発生率と同時に測定した．
　　 3. 生育は，プラスチック製容器の高さ140 mm×間口70 mm×70 mm，底口60 mm×60 mmにウレタンマットを引き，室温で8日間行った．

種子が受ける必須の条件として加熱殺菌処理を表8-9-4のように試み，この条件ではコンベアー速度が毎分1 m程度が発芽率，カビ発生率，胚軸長などから見て良好な結果を示した．

本機の特徴である処理原料の保管性を処理後30日間冷蔵保管した，ダイズの生育状況から検討した．加熱処理後において水分含有量の上昇が生じない，本機による加熱殺菌処理は図8-9-2のように保管性は高いものと思われる．

### 3) 播種・栽培・収穫

洗浄から殺菌処理まで終了した原料は容器ごと暗くした栽培室に運び8～10日間定期的に散水しながら生育させる．この時の容器として，従来は底部に排水口のあるプラスチック製の樽やコンテナーを使用し，製品の重量が45～90 kg程度入るものであった．今日では，キャスターが付いて容器の移動に便利な繊維強化プラスチック製の大型容器を用いている企業が多くなっている．これは容器の底近くに排水・通気性に富んだステンレス製の多孔板が敷かれ，底部には貯・排水用のバルブが付いているものである．製品の重量が160 kg～2 t程度まで入るものがあり大量生産ができる．

栽培温度はモヤシの収量や形状に大きな影響を及ぼす．同様に原料の品種間差による場合もあると思われる．表8-9-5のような設定条件と7品種のダイズを用いて，これらについて比較検討した．

一般にモヤシは，胚軸が長く，太いものが好まれる点から見て栽培を15～20℃の温度で行ったも

表8-9-5 栽培温度とモヤシの生育

| 原料 | 重量（g） | | | | 全長（mm） | | | |
|---|---|---|---|---|---|---|---|---|
| | 15℃ | 20℃ | 25℃ | 30℃ | 15℃ | 20℃ | 25℃ | 30℃ |
| 中国産中粒 | 280 | 255 | 245 | 260 | 195 | 175 | 171 | 203 |
| 秋田シロセンナリ | 345 | 335 | 310 | 330 | 211 | 241 | 207 | 221 |
| 秋田スズユタカ | 355 | 315 | 340 | 325 | 238 | 211 | 227 | 222 |
| 秋田ライデン | 380 | 370 | 375 | 358 | 257 | 250 | 277 | 239 |
| 北海道ツルコガネ | 480 | 410 | 420 | 388 | 281 | 235 | 259 | 249 |
| 北海道キタムスメ | 455 | 405 | 410 | 375 | 289 | 270 | 262 | 233 |
| 北海道トヨスズ | 320 | 320 | 315 | 305 | 223 | 220 | 250 | 211 |

| 原料 | 胚軸長（mm） | | | | 胚軸径（mm） | | | |
|---|---|---|---|---|---|---|---|---|
| | 15℃ | 20℃ | 25℃ | 30℃ | 15℃ | 20℃ | 25℃ | 30℃ |
| 中国産中粒 | 129 | 117 | 100 | 98 | 2.2 | 2.2 | 2.3 | 2.3 |
| 秋田シロセンナリ | 128 | 137 | 110 | 97 | 2.4 | 2.4 | 2.3 | 2.6 |
| 秋田スズユタカ | 143 | 123 | 122 | 103 | 2.3 | 2.2 | 2.3 | 2.5 |
| 秋田ライデン | 156 | 155 | 159 | 116 | 2.3 | 2.4 | 2.3 | 2.5 |
| 北海道ツルコガネ | 165 | 136 | 132 | 99 | 2.5 | 2.6 | 2.5 | 2.6 |
| 北海道キタムスメ | 177 | 150 | 133 | 99 | 2.4 | 2.3 | 2.5 | 2.6 |
| 北海道トヨスズ | 125 | 134 | 134 | 104 | 2.1 | 2.2 | 2.3 | 2.4 |

（注）
1. 設定温度15℃は水温23℃～25℃，同様に20℃，25℃，30℃は20℃～23℃の水を散水した
2. 15℃・14日，20℃・9日，25℃・7日，30℃・6日目に調査した
3. 重量は正常生育，成育不良，不発芽粒を含めた200本を調査した
4. 全長は胚軸長，根長100本の平均値
5. 胚軸径は正常生育10本の平均値

のがこの点に沿ったものである．しかし，栽培日数が長くなる経済的な問題と30℃のような高温栽培によく発生する腐敗問題から見て，栽培温度20～25℃が適温である．

水温，散水方法もモヤシの収量や形状に大きな影響を及ぼす．18℃の水を1日2～8回散水し結果を図8-9-3に示した．散水回数が2回では生育不良である．4回以上で順調に生育し，これ以上の散水で収量が増加する品種も見られ

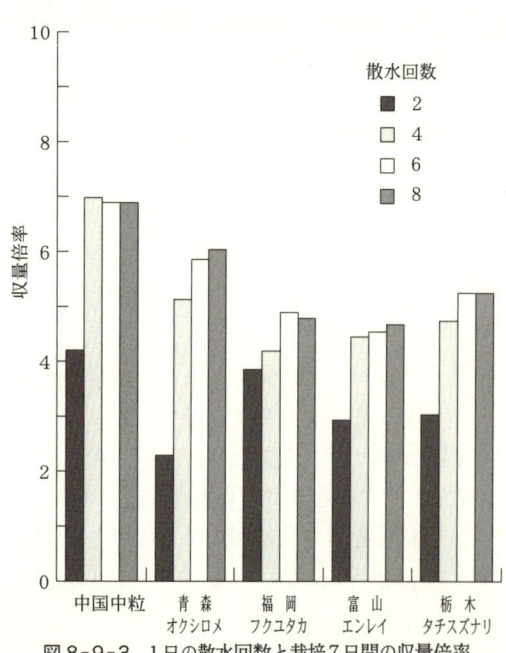

図8-9-3 1日の散水回数と栽培7日間の収量倍率

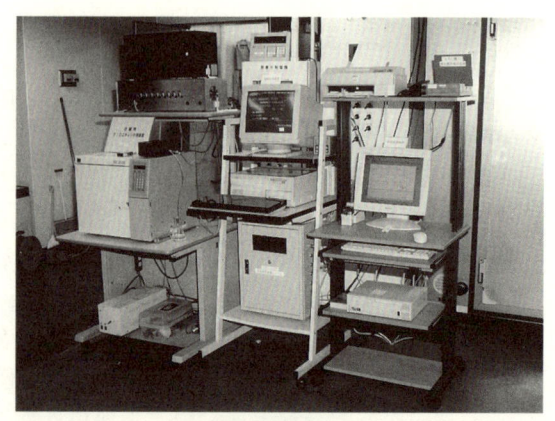

図8-9-4 モヤシ製造用制御・監視システム
（東京都立食品技術センター設置）

たが，節水型栽培を行う点から，散水回数は1日5〜6回が適切である．

その他に，栽培条件やダイズの品種によって胚軸が長くなり過ぎる場合がある．この胚軸の太さを調整する方法として栽培をエチレン濃度1〜2ppm程度に保った栽培室の中で行う．以上のことから，各企業はモヤシの製造に当たって，使用する原料ダイズの品種，それの最適栽培条件を把握して各地域の消費者ニーズに応えたモヤシを提供する必要がある．

現在，これまでの製造工程をパーソナルコンピュータによって，制御・遠隔監視する図8-9-4に示したシステムが開発されている．このシステムはHACCP関連では使用水の塩素濃度をモニター上に表示するとともに記録する．栽培関係では栽培室温湿度，モヤシの品温，散水方法，水温，エチレン・二酸化炭素濃度，換気などの設定・制御および携帯電話，人工衛星を利用した遠隔監視機能を有し，モヤシの安定生産・供給および安全性の向上に寄与している．

### 4）製品の洗浄・包装・冷蔵出荷

収穫したモヤシは，事前に使用機器（SSOP）および（SCOP）に従って洗浄・殺菌・点検した，機器類の冷水槽に入れ洗浄機によって，モヤシを水洗いし表皮などの夾雑物を除く．次に洗浄したモヤシを搬送コンベアーによって計量，包装ラインに運び家庭用および業務用に包装し，一定の出荷用容器に入れ市場出荷，飲食店へ配送が終わるまで製品管理（PP）に従って7℃以下に保った冷蔵庫中に保管する．同時に，このモヤシを製品管理（CCP）に従って，外部の指定検査機関に（CCP）に定めた表8-9-1の危害リストにある生物的危害発生要因である，$E. coli$，病原性大腸菌（O157，H7），サルモネラ有無の検査依頼をする必要があり，検査結果による措置は製品管理（CCP）に従って行う．

しかし，この方法では検査結果の判明までに時間がかかることから，アメリカ食品医薬品庁が発行したモヤシに関する2件のガイダンスに示された，原料の発芽開始48時間後以降に，散水後，モヤシ栽培容器の下から流れ出た水を検査用試料とする方法が望ましいと思われる．これによればモヤシの収穫までに結果がわかり，危害発生微生物に汚染されたモヤシの市場流通を未然に，防止するより確率の高い方法であり，本事例集の改訂が必要と思われる．

### 5）モヤシ製造業の今後

HACCPを考慮したモヤシの製造から出荷までの概要を述べてきた．モヤシの安全性と安定供給の向上を図る上で，HACCPを考慮した工程の確立は必要である．しかし，実施に当たって生産者自身が行う諸規定事項，原材料の販売関係者である倉庫業者，商社は納入時に指定検査機関の検査結果の添付，殺菌済み原料の供給が必要になり経済的および人的にも負担が大きい．

現在，モヤシは諸外国で製造されている．国内においてもさまざまな人々が食している．この状況から見てモヤシ業界もPL法，包装容器リサイクル法など各種社会的要請に応えてきたが，さらにHACCPの導入と購入者の立場から供給者に要求する品質管理システム，ISO 9000シリーズの認証取得をすることが同時に求められていると思われる．

〔青木　睦夫〕

## 引用文献

1) 青木睦夫・美濃部富男・宮尾茂雄・丹後修一.エレクトロヒート,日本電熱協会機関誌,114,27 p(2000)
2) テクニカルガイド2(もやしの腐敗と防止法),東京都立食品技センター,17-18 p(1997)
3) 青木睦夫編.もやし生産衛生管理マニュアル必要文書事例集,システムテクニカル(株)257-258(2001)

## はじめに(雑豆関係)

　わが国でダイズ以外の国内生産が多いマメ類にはアズキ,インゲンマメ,ラッカセイ等があり,その作付面積は2000年ではアズキ43,600 ha,インゲンマメ12,900 ha,ラッカセイ10,800 haである.アズキは縄文時代から日本で栽培され,儀礼・習俗に利用されるとともに,和菓子の餡原料として,また,インゲンマメ,ラッカセイは江戸時代中期から明治初期にわが国に導入され,インゲンマメでは煮豆,餡原料,ラッカセイは煎り豆や豆菓子としてわが国独自の食文化が形成されている.これらマメ類の加工適性は国産が最良とされ,50%以上を国産が占める用途もある.

　アズキ,インゲンマメ,ラッカセイでは,従来,収穫・乾燥には手作業による「ニオ積み」,「ボッチ」という独特な体系が取られていたが,近年,省力機械化体系の採用が進んでいる.この収穫体系の変化に伴うそれぞれのマメ類の加工適性等とそれぞれのマメ類に独特な食材用途に要求される加工特性について解説する.第10節では,アズキ,インゲンマメの収穫乾燥,調製技術と合わせて試験結果に基づき説明し,第11節では(アズキ,インゲンマメの加工適性)として解説し,第12節では新しい展開方向として,アズキとインゲンマメの機能性のうち食物繊維(レジスタントスターチ)について詳細な実験結果に基づき解説する.第13節では,ラッカセイの乾燥,貯蔵および調製として成分変化などについて記述するとともに,従来のラッカセイの利用形態の煎り豆,ピーナツオイル等について含有成分を含め説明し,ゆでラッカセイ,レトルトラッカセイ等の新しい生莢加工についても解説する.

(村田　吉平)

## 10.アズキ,インゲンマメの収穫乾燥・調製技術

### 1)アズキ

#### (1) 機械収穫特性

　完熟期に達したアズキは,収穫前日までにビーンハーベスタまたはビーンカッタにより,地表下1〜2 cmに回転刃を作用させて刈り払い,若干地干しした後にピックアップコンバインやピックアップスレッシャで拾い上げ脱穀する.

　i) 刈り取り損失　ビーンハーベスタおよびビーンカッタによる収穫作業は,一般に莢が露で湿っている早朝に行う.作業速度は1〜1.2 m/sで,作業能率は2条用で0.45 ha/hである.収穫時の茎水分は50%,子実水分は16%であるが,午後や夕方に収穫を行うと莢が乾燥しすぎて,落粒損失が増大する傾向にある.特に,2条の莢を挟んで収穫し,刈り株を一方向に揃えて1列に集列するビーンハーベスタでは,倒伏が少ない圃場であっても莢割れが多く発生し,落粒損失が6%程度にもなる.一方,2条を刈り払いと同時に先端を合わせて地干し列とするビーンカッタでは,落粒損失は1%以下である.なお,成熟期から完熟期のアズキの場合,朝露のある早朝であれば,ビーンハーベスタでも収穫総損失は1%以下である[2].

表8-10-1 供試試料の収穫作業特性（ピックアップ収穫作業性能）

| 区 | 刈払い月日 | 収穫月日 | 子実収量(kg/10 a) | 作業速度(m/s) | 収穫損失 (%) | | | | | | 水分（%） | |
|---|---|---|---|---|---|---|---|---|---|---|---|---|
| | | | | | 未脱 | ササリ・飛散 | 落莢 | 落粒 | 枝落ち | 総損失 | 茎 | 子実 |
| I | 10/4 | 10/5 | 298 | 0.79 | 0.26 | 0.34 | 0.07 | 3.51 | 0.02 | 4.19 | 49.5 | 16.2 |
| II | 10/5 | 10/5 | 295 | 0.74 | 0.07 | 0.37 | 0.19 | 1.25 | 0.09 | 1.97 | 49.7 | 16.6 |

(注) Iは，10/4の14:00〜ビーンハーベスタで刈り払い，10/5の13:45〜ピックアップ収穫 気温18.2℃，湿度52％
IIは，10/5の5:30〜ビーンハーベスタで刈り払い，10/5の14:00〜ピックアップ収穫 気温18.2℃，湿度52％

表8-10-2 収穫品の水分

| 作業日時 | | 収穫直後 (%) | | 常温貯蔵後（水分） | | | | | 乾燥速度(%/日) | 産地 |
|---|---|---|---|---|---|---|---|---|---|---|
| 刈払い | 収穫 | 平均 | 変動率 | 日数 | 平均 | 変動率 | 最小 | 最大 | | |
| 10/4 | 10/5 | 16.2 | 2.2 | 70 | 13.3 | 0.6 | 10.5 | 15.9 | 0.04 | 芽室 |
| 10/5 | 10/5 | 16.6 | 5.0 | 70 | 13.3 | 0.7 | 9.2 | 16.7 | 0.05 | |
| 11/10 | 11/10 | 17.0 | 0.5 | 60 | 13.6 | 1.8 | 9.8 | 16.5 | 0.06 | 帯広 |

(注) 水分：105℃，24時間絶乾法にて算出

ii) 拾上げ収穫損失　ピックアップコンバインで拾い上げ収穫を行った時の収穫損失を表8-10-1に示した．前日午後に刈り払ったアズキの場合，収穫時の茎水分は50％以下，子実水分は16％程度である．莢割れ状態で集列した場合は，落粒損失が3.5％発生する．これに対し，収穫当日の早朝に刈り払い，午後，ピックアップ収穫した区の総損失は2％以下であった．このように，完熟期以降に地干し予乾・拾い上げ収穫を行う場合は，莢の状態をよく観察して作業手順を決める必要がある．

(2) 乾燥調製

i) 常温貯留時の乾燥速度　ピックアップ収穫後のアズキ品種エリモショウズの子実水分は16〜17％で，樹脂袋に入れ60〜70日間常温貯留した後の子実水分は14％以下に乾燥したことから，常温貯留時の乾燥速度は0.04〜0.06％/日となる．水分経過を表8-10-2に示した．

ii) 加温乾燥時の乾燥速度　コンバイン収穫したアズキを30, 40, 60℃の通風温度および風量比を変えて子実水分14％以下まで乾燥させた．乾燥経過を図8-10-1に，乾燥結果の集約を表8-10-3に，加工特性を表8-10-4に示した．乾燥速度は0.06〜1.37％/hであったが，通風温度が高温であるほど吸水不良，餡色の劣化，煮えむら等の原因になりやすい．特に乾燥後の子実水分が14％以下になると吸水率が低下し（図8-10-2），10％以下になると石豆と呼ばれる未吸水豆が増加する．以上の結果より，加温通風乾燥を行う場合は，通風温度は30℃を上限として長時間通風を避け，放

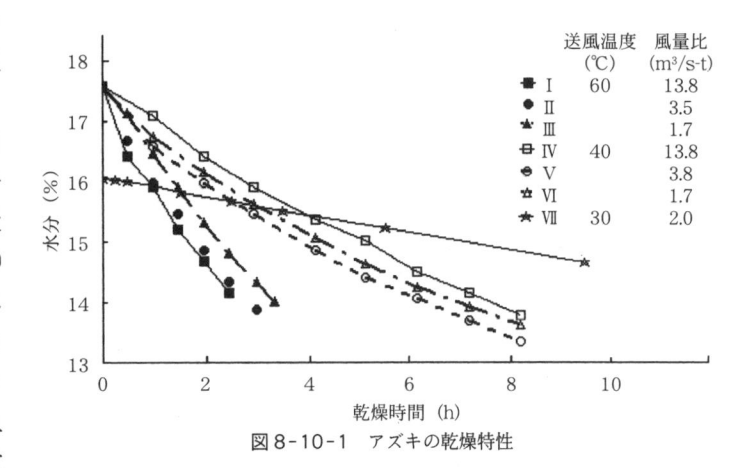

図8-10-1 アズキの乾燥特性

| | 送風温度(℃) | 風量比(m³/s・t) |
|---|---|---|
| I | 60 | 13.8 |
| II | | 3.5 |
| III | | 1.7 |
| IV | 40 | 13.8 |
| V | | 3.8 |
| VI | | 1.7 |
| VII | 30 | 2.0 |

表 8-10-3 人工通風乾燥機のアズキ特性と加工適性

| 試料番号 | | 風乾 | I | II | III | IV | V | VI | VII | | | |
|---|---|---|---|---|---|---|---|---|---|---|---|---|
| 通風温度 (℃) | | - | 60 | | | 40 | | | 30 | | | |
| 通風湿度 (%) | | - | - | | | - | | | 30 | | | |
| 風量比 (m³/s・t) | | - | 13.8 | 3.5 | 1.7 | 13.8 | 3.5 | 1.7 | - | 2.0 | | |
| 水分 | 原料 (%) | 17.6 | 17.6 | | | 17.6 | | | 16.1 | 16.1 | | |
| | 仕上り (%) | - | 14.2 | 13.9 | 14.0 | 13.8 | 13.4 | 13.6 | - | 8.9 | 11.0 | 13.0 | 15.0 |
| 乾燥速度 (%/h) | | - | 1.37 | 1.22 | 1.06 | 0.46 | 0.52 | 0.48 | - | 0.06 | 0.11 | 0.13 | 0.16 |
| 種皮色 | L* | 30.6 | 31.2 | 30.8 | 31.2 | 32.3 | 31.2 | 31.0 | 31.1 | 32.2 | 33.1 | 31.7 | 31.5 |
| | a* | 15.7 | 18.7 | 18.0 | 16.4 | 18.4 | 17.5 | 17.9 | 18.2 | 16.8 | 18.5 | 17.3 | 17.7 |
| | b* | 8.4 | 8.1 | 8.3 | 8.1 | 9.1 | 9.8 | 8.9 | 11.2 | 10.5 | 10.0 | 10.1 | 11.9 |
| 餡色 | L* | 62.0 | 58.4 | 58.4 | 57.8 | 60.4 | 60.5 | 60.7 | - | - | - | 62.3 | - |
| | a* | 7.9 | 8.6 | 8.9 | 8.8 | 8.1 | 8.1 | 7.8 | - | - | - | 7.9 | - |
| | b* | 7.9 | 8.4 | 8.4 | 8.2 | 8.2 | 7.4 | 7.3 | - | - | - | 7.3 | - |
| 重量増加比 | | 2.10 | 1.76 | 1.70 | 1.81 | 1.96 | 1.98 | 2.00 | 2.01 | 1.84 | 2.03 | 2.05 | 2.03 |
| 煮熟60分後 | | 2.79 | 3.01 | 2.89 | 2.97 | 2.97 | 2.89 | 2.90 | 2.75 | 2.97 | 2.87 | 2.89 | 2.75 |
| 石豆率 (%) | | 0 | 21 | 24 | 17 | 7 | 9 | 5 | 0 | 4 | 0 | 0 | 0 |
| 吸水不良豆率 (%) | | 1 | 19 | 29 | 22 | 18 | 24 | 17 | 3 | 66 | 31 | 10 | 2 |

冷後の水分が 14 % 以下の過乾燥にならないよう配慮する[3]．

iii）**通風温度と乾燥特性との関係** 恒温恒湿器内で，通風量（風量比 1 m³/s・t）を変えずに通風温度を 20～40 ℃ とし，通風湿度を 2～3 水準変化させて 14 % 水分まで乾燥させた結果を表 8-10-5 に示した．乾燥速度は 0.05～0.31 %/h と低いが，通風温度 40 ℃ 区では未吸水率が 30 % 以上発現し，20 ℃ で長時間風に曝された試料も未吸水率は 13～18 % と少なくない．この結果からも，通風温度は 30 ℃ を上限とし，乾燥になりやすい長時間通風の弊害が確

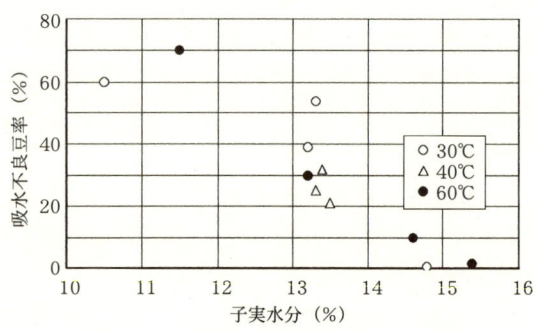

図 8-10-2 通風温度と吸水不良豆率との関係

表 8-10-4 乾燥条件と品質特性

| 乾燥温度 (℃) | 風量比 (m³/s・t) | 渋切時流失タンニン相当量 (mg/300 g) | 生餡水分 (%) | 餡平均粒子径 (μm) | テクスチャピーク (g) | テスクチャエリア (gmm) | 生餡色 | | |
|---|---|---|---|---|---|---|---|---|---|
| | | | | | | | L* | a* | b* |
| 60 | 13.8 | 854 | 56.6 | 93 | 771 | 5669 | 58.40 | 8.57 | 8.38 |
| | 3.5 | 1269 | 56.9 | 85 | 632 | 4409 | 58.44 | 8.85 | 8.39 |
| | 1.7 | 1006 | 56.2 | 104 | 921 | 6216 | 57.84 | 8.75 | 8.19 |
| 40 | 13.8 | 912 | 57.1 | 99 | 611 | 4296 | 60.44 | 8.14 | 8.15 |
| | 3.8 | 1125 | 57.7 | 95 | 535 | 3863 | 60.46 | 8.10 | 7.38 |
| | 1.7 | 1032 | 53.2 | 98 | 616 | 4729 | 60.65 | 7.78 | 7.26 |
| 30 | 2.0 | 842 | 56.3 | 103 | 665 | 4098 | 62.31 | 7.90 | 7.33 |
| 風乾 | - | 889 | 54.5 | 111 | 678 | 4012 | 61.98 | 7.89 | 7.88 |

表8-10-5　コンバイン収穫直後の乾燥特性

| 乾球温度（℃） | 20 | | 25 | | 30 | | 40 | | |
|---|---|---|---|---|---|---|---|---|---|
| 相対湿度（％） | 30 | 40 | 35 | 40 | 30 | 40 | 20 | 30 | 40 |
| 初期水分（％） | 15.0 | 15.0 | 14.9 | 15.1 | 15.8 | 15.9 | 15.2 | 15.1 | 15.2 |
| 乾燥速度（％/h） | 0.07 | 0.05 | 0.14 | 0.13 | 0.22 | 0.14 | 0.31 | 0.27 | 0.33 |
| 未吸水率（％） | 18 | 13 | 1 | 13 | 10 | 15 | 35 | 37 | 39 |

（注）風量比（1 m³/s-t）
未吸水率；24時間浸漬前後に単粒質量を100粒計量し，未吸水粒の個数割合で算出

認された．

## 2）金時

### （1）にお積みの乾燥特性

にお全体の乾燥特性について，慣行の「手積み」とにお積み機を用いた「機械積み」の他に，堆積時の変形を防ぐ木製ピラミッド形の架台「改良1」，パレット上に内筒と変形防止の横木で構成される架台「改良2」の4種のにおについて調査を行った．におの形状は表8-10-6に

表8-10-6　にお積みの種類と形状

| 種類 | 集積面積 (m²/個) | 個数 (個/10 a) | におの形状（直径 m：高さ m） | |
|---|---|---|---|---|
| | | | 集積時 | 集積20日後 |
| 手積み | 50.4 | 19.8 | 1.34：0.97 | 1.36：0.87 |
| 機械積み | 147.6 | 6.8 | 1.36：1.33 | 1.30：1.19 |
| 改良1 | 96.0 | 10.4 | 1.34：1.18 | 1.28：1.14 |
| 改良2 | 129.6 | 7.7 | 1.36：1.28 | 1.32：1.26 |

示すが，葉落ちが不十分で，残葉量が多く茎水分が高かったこともあり「手積み」，「機械慣行」では内部で「むれ」が発生した．これに対し，内部空間が確保されている「改良1」，「改良2」のにおでは悪条件にもかかわらず，外気温との差が小さく，通気性は良好で「むれ」は認められなく，脱穀後のにお上下部の子実水分の差も小さかった[1]．

「手積み」や「機械積み」のように，におの内部と表面に差があると積み替えが必要となるが，「改良1」「改良2」では積み替えの必要はない．乾燥速度は，子実が1日当たり0.2～0.3％，茎葉水分は1日当たり1.2％であった．集積期間が長すぎると子実が18％以下の過乾燥になるので，注意が必要である．

### （2）収穫条件と損失，被害粒発生との関係

にお積み体系の場合は成熟期にビーンハーベスタで刈り払い，数日間地干し後ににお積みされるが，ピックアップ体系では，完熟期以降に，収穫前日および当日にビーンハーベスタで刈り払い，1～2日地干ししてピックアップスレッシャまたはピックアップコンバインで拾い上げ脱穀される．

大正金時，福勝の収穫時，予乾後のにお集積時の各部水分を表8-10-7に示した．供試した大正金時は子実重量が249.9 kg/10 a，子実水分は前日刈り倒しのものが18.4％，当日刈り倒しのものが26.1％であった．スレッシャ収穫では，未脱損失がやや多いが，

表8-10-7　作物条件（十勝農試，1997～1998）

| 品種 | 総重量 (kg/10 a) | 子実重量 (kg/10 a) | 含水率（％ w.b.） | | | 備考 |
|---|---|---|---|---|---|---|
| | | | 茎 | 莢 | 子実 | |
| 大正金時 | 570 | 236 | 73.0 | 25.1 | 26.7 | 刈倒し時 |
| | | | 61.0 | 24.5 | 21.7 | 集積時 |
| 大正金時 | 631 | 203 | 74.3 | 16.3 | 17.8 | 集積時 |
| 福勝 | － | 281 | 43.7 | 26.4 | 21.0 | 集積時 |

表8-10-8 ピックアップ収穫試験

| 収穫条件 | | スレッシャ | コンバイン | | コンバイン | | にお |
|---|---|---|---|---|---|---|---|
| 圃場予乾（子実水分） | | 1.5日 | 1.5日 (18.4%) | | 0.5日 (26.4%) | | 1.5日 |
| 作業速度 | (m/s) | 0.62 | 0.96 | | 0.70 | | - |
| 排わら流量 | (kg/h) | 1655 | 2904 | | 4513 | | - |
| 子実流量 | (kg/h) | 618 | 1966 | | 1423 | | - |
| 総流量 | (kg/h) | 2274 | 4870 | | 5937 | | - |
| 頭部損失 | (%) | 0.9 | 0.6 | | 0.6 | | - |
| 脱穀選別部損失 | (%) | 2.0 | 0.7 | | 1.7 | | - |
| 損失合計 | (%) | 2.9 | 1.3 | | 2.3 | | - |
| サンプリング位置 | | タンク | オーガ | タンク | オーガ | タンク | - |
| 砕け | (%) | 0.2 | 0.4 | 0.8 | 2.5 | 0.9 | 0.8 |
| 押し傷 | (%) | 0.6 | 2.2 | 0 | 2.1 | 1.3 | 0 |
| 擦り傷 | (%) | 0 | 2.9 | 0.3 | 3.5 | 0.4 | 0.1 |
| へこみ | (%) | 0 | 0.2 | 0 | 0.2 | 0.1 | 0 |
| 裂皮 | (%) | 3.3 | 3.0 | 2.8 | 0.8 | 0.7 | 0.8 |
| 割れ | (%) | 0.5 | 1.1 | 0.8 | 1.5 | 1.0 | 0.1 |
| 被害粒合計 (%) | | 4.6 | 9.8 | 4.6 | 10.5 | 4.3 | 1.8 |

（注）スレッシャ：MHR-2PAOT, コンバイン：CA750

損失割合の合計は3%以下であった．コンバイン収穫では頭部損失に差はなかったが，脱穀選別部では圃場予乾0.5日区の未脱割合が多い．被害粒の発生について，サンプリング位置を排出オーガの通過前後で調査した結果，オーガ通過後の試料に擦り傷・押し傷が増加し，損失合計は通過前と比較して5~6%増加した（表8-10-8）．コンバイン収穫時にはオーガ排出を避け，タンクからの落下排出構造とすべきである．

**(3) 通風乾燥特性**

ⅰ) **収穫直後の子実条件** 乾燥試験には，大正金時をビーンハーベスタで刈り払い後直ちにピックアップ収穫した原料（図10-8-3の試料1）と刈り払い後1.5日地干しを行ってピックアップコンバインで収穫した原料（図10-8-3の試料2）を供試した．子実水分の分布は，子実200粒の質量を個々に計測して番号を記し，絶乾法（105℃24時間）にて算出した．いずれの試料も15%以上の水分で構成されていた．平均子実水分は，1.5日地干し区が3%程度低くなっていたが，穀粒中に混在する高水分子実の水分値は，地干し予乾が必ずしも低いとはいえない（図8-10-3）．

ⅱ) **乾燥処理後の子実水分** 通風温度と風量比を組み合わせて乾燥速度および水分分布などを調査した．対象区として風乾を想定し，通風温度20℃, 湿度40%区における乾燥特性も調査した（表8-10-9）．乾燥速度は通風温度や風量比が高いほど大きい[5]．蒸発水量および乾燥仕上がりの判定は，仕上がり水分を16%として質量の減少量から算出したものである．通風温度が

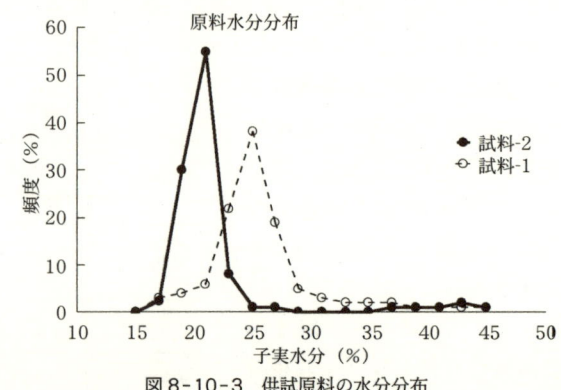

図8-10-3 供試原料の水分分布

表8-10-9 乾燥特性（乾燥条件と組成）

| 通風温度（℃） | 20 | | | 25 | | | 30 | | | 35 | | |
|---|---|---|---|---|---|---|---|---|---|---|---|---|
| 区分 | I | II | III | I | II | III | I | II | III | I | II | III |
| 原料水分（%） | 25.4±2.7 | | | 25.4±2.7 | | | 25.4±2.7 | | | 25.4±2.7 | | |
| 風量比（m³/s-t） | 10.7 | 5.6 | 2.1 | 10.7 | 5.6 | 2.1 | 10.7 | 5.6 | 2.1 | 10.7 | 5.6 | 2.1 |
| 乾燥時間　　（h） | 25.0 | 25.0 | 25.0 | 8.1 | 8.1 | 8.1 | 6.6 | 6.6 | 6.6 | 3.0 | 3.0 | 3.0 |
| 乾燥速度　（%/h） | 0.34 | 0.33 | 0.32 | 1.15 | 1.04 | 1.15 | 1.18 | 1.17 | 1.12 | 2.10 | 1.97 | 1.83 |
| 乾後水分　平均（%） | 16.1 | 17.1 | 17.3 | 16.1 | 17.0 | 16.1 | 17.6 | 17.7 | 18.0 | 19.1 | 19.5 | 19.9 |
| 　　　　　偏差（%） | 8.9 | 0.9 | 1.1 | 1.4 | 1.1 | 1.1 | 1.0 | 1.0 | 0.9 | 0.8 | 1.7 | 0.6 |
| 　　　　　max（%） | 18.4 | 18.8 | 19.1 | 18.4 | 19.9 | 18.1 | 19.5 | 20.1 | 20.0 | 21.9 | 21.6 | 21.0 |
| 　　　　　min（%） | 14.0 | 14.3 | 11.0 | 13.3 | 14.4 | 13.4 | 13.9 | 14.8 | 15.8 | 16.9 | 17.5 | 18.1 |
| 整粒無傷　　　（%） | 47.4 | 55.7 | 56.6 | 61.5 | 63.4 | 72.3 | 59.3 | 63.7 | 62.6 | 56.3 | 65.6 | 73.1 |
| 皮切れ　背ヒビ（%） | 23.5 | 18.6 | 15.3 | 11.5 | 9.7 | 6.3 | 15.2 | 15.1 | 8.4 | 16.8 | 10.8 | 5.6 |
| 　　　　腹切れ（%） | 8.7 | 6.9 | 7.0 | 5.5 | 4.1 | 2.5 | 6.4 | 4.6 | 8.1 | 7.7 | 7.3 | 4.9 |
| へこみ　　　　（%） | 0.3 | 0.0 | 0.0 | 0.0 | 0.7 | 0.0 | 0.0 | 0.0 | 0.0 | 0.0 | 0.0 | 0.4 |
| すり傷　　　　（%） | 7.5 | 5.0 | 3.6 | 7.7 | 5.7 | 4.2 | 2.1 | 4.4 | 4.8 | 5.7 | 5.9 | 6.2 |
| 機械痕　　　　（%） | 8.1 | 4.9 | 9.8 | 8.1 | 9.1 | 10.8 | 8.1 | 5.4 | 7.5 | 5.2 | 5.8 | 3.7 |
| 半割れ・破砕　（%） | 0.7 | 0.2 | 0.3 | 0.0 | 0.2 | 0.0 | 0.4 | 0.0 | 0.0 | 0.0 | 0.0 | 0.0 |
| しわ粒　　　　（%） | 0.0 | 0.0 | 0.0 | 0.0 | 0.0 | 0.0 | 0.0 | 0.0 | 0.0 | 0.0 | 0.0 | 0.0 |
| 変色・その他　（%） | 2.1 | 7.9 | 6.0 | 3.3 | 6.0 | 3.0 | 6.8 | 5.9 | 7.3 | 7.7 | 3.8 | 5.7 |
| 裂開粒　　　　（%） | 0.8 | 0.4 | 0.0 | 0.0 | 0.6 | 0.0 | 0.7 | 0.3 | 0.3 | 0.0 | 0.3 | 0.0 |
| 未熟粒　　　　（%） | 1.0 | 0.6 | 1.4 | 2.3 | 0.4 | 0.8 | 0.9 | 0.7 | 1.0 | 0.6 | 0.4 | 0.4 |
| 200粒重　　　（g） | 125 | 127 | 125 | 127 | 131 | 129 | 130 | 129 | 123 | 131 | 127 | 131 |

高い場合は，混在している未熟粒が急激に乾くため水分計の読値が実際より低い値を示す傾向がある．このため，高温・急速乾燥を行った場合，冷却後の子実水分は高めとなるので注意を要する．なお穀温は通風温度と同程度であった．

iii) **人工乾燥による組成変化**　収穫時の機械損傷の多くは加温通風乾燥により皮切れと粒の背に縦状にヒビ割れとして表出する．また，通風温度が30℃以上になると通風開始から30分程度で背ヒビの発現や収穫時の機械痕等が確認される．通風温度が20℃であっても乾燥した温風では長時間の通風で背ヒビが15〜20%になることから，連続通風が好ましくないことが確認された（表8-10-9）．

iv) **常温通風乾燥**　風乾を想定し，通風温度20℃，湿度40%区における乾燥特性を調査した．原料子実水分が22%と少ない材料を供試したこともあり，常温通風時の仕上がり水分は10%と低水分となった（表8-10-10）．乾燥速度は毎時0.25%で，風量比別の水分差は少なく，背

表8-10-10 乾燥特性

| 通風温湿度 | 温度；20℃，湿度40% | | |
|---|---|---|---|
| 区分 | I | II | III |
| 原料水分　　　（%） | 22.2±4.1 | | |
| 風量比（m³/s-t） | 21.6 | 8.2 | 4.9 |
| 乾燥時間　　　（h） | 46.9 | 46.9 | 46.9 |
| 乾燥速度　　（%/h） | 0.25 | 0.25 | 0.25 |
| 乾後水分　平均（%） | 10.5 | 10.3 | 10.4 |
| 　　　　　偏差（%） | 0.5 | 0.4 | 0.4 |
| 　　　　　max（%） | 11.6 | 11.3 | 11.5 |
| 　　　　　min（%） | 9.4 | 9.3 | 9.0 |
| 整粒無傷　　　（%） | 83.0 | 83.6 | 82.6 |
| 皮切れ　背ヒビ（%） | 1.4 | 3.2 | 1.3 |
| 　　　　腹切れ（%） | 3.6 | 2.8 | 4.7 |
| へこみ　　　　（%） | 0.0 | 0.3 | 0.0 |
| すり傷　　　　（%） | 2.0 | 1.7 | 1.4 |
| 機械痕　　　　（%） | 3.5 | 5.4 | 6.4 |
| 半割れ・破砕　（%） | 0.6 | 0.0 | 0.0 |
| しわ粒　　　　（%） | 0.0 | 0.0 | 0.0 |
| 変色・その他　（%） | 2.5 | 2.3 | 2.9 |
| 裂開粒　　　　（%） | 0.5 | 0.3 | 0.3 |
| 未熟粒　　　　（%） | 2.9 | 0.4 | 0.4 |
| 200粒重（g） | 120 | 125 | 131 |

ヒビ割れや腹切れは 20 ℃ 加温通風時の 1/2～1/10 程度と少なかった．

　静置乾燥機で通風乾燥を行う場合は，堆積厚さを 20～30 cm とし堆積高さ間の乾燥むらに注意する．また，床面に近い部分は過乾燥になりやすいので，数時間ごとの攪拌が必要である．

### 3) インゲンマメ (菜豆)

　コンテナに張り込んだ農産物の乾燥・調製用に開発された，風温や風量調節が可能な乾燥装置（ラック乾燥装置：VDR 3 A 型）による高級菜豆（大福，虎豆，花豆等のツル性インゲンマメの呼称）の乾燥特性を述べる[4]．

#### (1) 構造および特徴

　マメ類を充填した内網付きハードコンテナを架台（ラック）に収納し，コンテナの側面にエアーバッグを密着させて上部から底部に向かって通風する通風乾燥装置である（図 8-10-4，表 8-10-11）．通風部には温湿度調整装置があり，除湿，冷却，加温（灯油バーナの熱交換）が可能である．風量は送風側と排風側ブロアーのモータ回転数で調節される．

#### (2) 供試材料

　供試した高級インゲンマメの品種は大福，白花豆，虎豆で，子実水分はそれぞれ 17.0, 19.0, 18.9 ％ であった（表 8-10-12）．北海道では高級インゲンマメ類は収穫後 10 日間のにお積み乾

図 8-10-4　供試乾燥装置 VDR 3 A 概略図

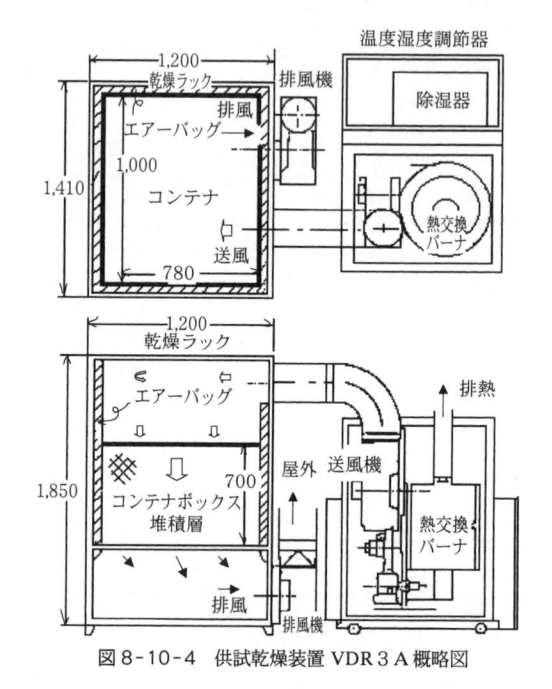

表 8-10-11　乾燥装置の仕様

| 型　式 | | VDR3A | 送風機 | 型式 | 遠心多翼送風機 | |
|---|---|---|---|---|---|---|
| 除湿機 | 除湿能力 (L/h) | 5.9 | | 送風量 (m³/min) | 32 | |
| | 圧縮機出力 (kw) | 2.2 | | 静圧　(mmAq) | 17 | |
| バーナ | 型式 | 熱交換バーナ | | 電源 | 三相 AC 200 V | 0.36 kw |
| | 点火方法 | マイコン自動運転式 | 排風機 | 型式 | 遠心多翼送風機 | |
| | 燃焼量 (kcal/h) | 1.5～3.0 | | 送風量 (m³/min) | 40 | |
| | 使用燃料 | 白灯油 | | 電源 | 三相 AC 200 V | |
| | 熱交換方式 | 煙管方式 | | 所要動力　(kw) | 5.6 | |

表 8-10-12　供試マメ類の組成

| 種類 | | 大福 | 白花豆 | 虎豆 |
|---|---|---|---|---|
| 水分 | (w.b. %) | 17.0 | 19.0 | 18.9 |
| 整粒 | (%) | 91.9 | 89.7 | 86.7 |
| 病害 | (%) | 8.1 | 10.3 | 12.9 |
| 半割れ | (%) | 0 | 0 | 0.4 |
| 粒径　長径 | (mm) | 18.3 | 21.5 | 14.1 |
| 短径 | (mm) | 10.2 | 13.8 | 10.3 |
| 粒厚 | (mm) | 6.0 | 8.3 | 8.5 |
| 100粒 | (g) | 76.2 | 152.9 | 81.1 |
| 容積重 | (kg/l) | 0.77 | 0.71 | 0.82 |

図 8-10-5　高級インゲンマメの収穫・調製

燥後に脱穀する．脱穀時期は虎豆で10/中旬，大福が10/中〜下旬，白花豆が10/下旬〜11月上旬である．脱穀後，唐箕により未熟粒や夾雑物を粗選別した原料は農協に搬入され，子実水分が17〜18％の原料はそのまま調製工程に送られ，水分26〜18％の未乾燥原料については貯留ビン（長さ3m，奥行き3.6m，高さ2.5m）に堆積高さ1m程度に張り込まれ，通風を行って水分調製した後，調製ラインに送られる（図8-10-5）．

### (3) 乾燥条件

通風乾燥時の温度湿度は，通常年の平均気温が9.2±3.0℃，平均湿度は86.1±5.6％であったことから，入気温度は10℃，湿度は85％に設定した．

i) **大福の乾燥特性** 初期水分17.0％の素原料300kgを供試し通風時間10時間で15.4％に乾減した．送風温度は入気温度+20℃，風量比を1.0 m³/s-tとした．水分むら防止のため5時間通風（一次乾燥）後，約12時間休止し材料を反転して再度5時間通風（二次乾燥）を行った．一次乾燥および反転後の二次乾燥の乾燥速度は0.15％/hで，平均乾燥速度は同一風量比の無加温通風と比較して約5倍の0.15％/hであった．乾燥後の子実水分は，変動率（標準偏差/平均値×100）で4.1％と分布幅が狭く，損傷発生程度は無加温通風時と同程度であった（表8-10-13，表8-10-14）．

ii) **白花豆の乾燥特性** 初期水分19.0％の素原料262kgを供試し，通風時間10時間で16.2％に乾減した．送風温度は入気温度+10℃，風量比を1.0 m³/s-tとした．水分むら防止のため5時

表8-10-13 乾燥結果の集約

| 供試マメ種類 | | | 大福 | | 白花豆 | | 虎豆 | |
|---|---|---|---|---|---|---|---|---|
| 試験条件 | 設定温度 | (℃) | 30 | 常温 | 20 | 常温 | 15 | 常温 |
| | 湿度 | (%) | 30 | | 50 | | 50 | |
| | 反転前乾燥時間 | (h) | 5 | - | 5 | - | - | - |
| | 放冷時間 | (h) | 11.8 | - | 16.5 | - | - | - |
| | 反転後乾燥時間 | (h) | 5 | - | 5 | - | - | - |
| | 総乾燥時間 | (h) | 10 | 34.5 | 10 | 25.1 | 27 | 31.3 |
| 原料質量 | | (kg) | 300.0 | 30.0 | 261.9 | 30.0 | 507.8 | 167.0 |
| 水分 | 原料 | (%) | 17.0 | 17.0 | 19.0 | 18.8 | 18.9 | 18.9 |
| | 反転前 | (%) | 16.3 | - | 17.4 | - | - | - |
| | 放冷後 | (%) | 16.2 | - | 17.9 | - | - | - |
| | 乾燥後 | (%) | 15.4 | 15.9 | 16.2 | 16.9 | 16.0 | 16.0 |
| 乾燥速度 | 開始〜反転前 (%/h) | | 0.15 | - | 0.32 | - | - | - |
| | 反転後〜終了 (%/h) | | 0.15 | - | 0.35 | - | - | - |
| | 平均乾燥速度 (%/h) | | 0.15 | 0.03 | 0.34 | 0.07 | 0.11 | 0.09 |
| 入気 | 温度 | (℃) | 9.4〜12.5 | | 8.9〜11.3 | | 6.4〜12.0 | |
| | 湿度 | (%) | 53.0〜74.0 | | 69.0〜87.0 | | 55.5〜63.0 | |
| 送気 | 温度 | (℃) | 28.8〜30.3 | | 14.0〜19.7 | | 13.9 | |
| | 湿度 | (%) | 18.0〜35.8 | | 47.3〜58.4 | | 49.8 | |
| 排気 | 温度 | (℃) | 16.6〜25.4 | | 13.6〜16.5 | | 12.1 | |
| | 湿度 (%) | | 21.5〜58.3 | | 54.9〜66.3 | | 52.3 | |
| 穀温 | 原料 | (℃) | 10.2 | 9.4 | 8.9 | 8.9 | 9.8 | 9.8 |
| | 最高 | (℃) | 29.3 | - | 18.5 | - | 15.9 | - |
| | 放冷後 | (℃) | 7.6 | - | 6.9 | - | - | - |
| | 乾燥終了時 | (℃) | 28.1 | - | 16.5 | - | 12.8 | - |
| 風量比 | | (m³/s-t) | 1.0 | 1.0 | 1.0 | 1.0 | 0.6 | 0.6 |
| 穀層厚 | | (cm) | 54 | 54 | 48 | 48 | 80 | 10 |
| 穀層圧損 | | (mmAq) | 6.5 | - | 6.5 | - | 6.0 | - |

表8-10-14 組成損傷

| 種類 | 損傷区分 | | 原料 | 乾燥後 | 層別内訳 | | | 無加湿 |
|---|---|---|---|---|---|---|---|---|
| | | | | 平均 | 上層 | 中層 | 下層 | |
| 大福 | ① ひび割れ粒 | (%) | 0.2 | 0.4 | 0.7 | 0.3 | 0.3 | 0.4 |
| | ② 半割れ粒 | (%) | 0.0 | 0.1 | 0.0 | 0.2 | 0.1 | 0.1 |
| | ③ 皮切れ粒 | (%) | 0.1 | 0.5 | 0.3 | 0.4 | 0.6 | 0.3 |
| | ①+② | (%) | 0.2 | 0.5 | 0.7 | 0.5 | 0.4 | 0.5 |
| | ①+②+③ | (%) | 0.3 | 1.0 | 1.0 | 0.9 | 1.0 | 0.8 |
| 白花豆 | ① ひび割れ粒 | (%) | 0.5 | 0.8 | 0.6 | 0.6 | 1.2 | 0.7 |
| | ② 半割れ粒 | (%) | 0.5 | 0.2 | 0.2 | 0.3 | 0.2 | 0.1 |
| | ③ 皮切れ粒 | (%) | 1.8 | 2.1 | 2.4 | 1.9 | 2.0 | 1.5 |
| | ①+② | (%) | 0.9 | 1.0 | 0.7 | 0.9 | 1.4 | 0.8 |
| | ①+②+③ | (%) | 2.8 | 3.1 | 3.2 | 2.7 | 3.4 | 2.3 |
| 虎豆 | ① ひび割れ粒 | (%) | 0.0 | 1.3 | 3.1 | 0.6 | 0.2 | 0.2 |
| | ② 半割れ粒 | (%) | 0.2 | 0.1 | 0.0 | 0.1 | 0.2 | 0.2 |
| | ③ 皮切れ粒 | (%) | 2.0 | 1.2 | 1.7 | 1.0 | 0.9 | 1.1 |
| | ①+② | (%) | 0.2 | 1.4 | 3.1 | 0.7 | 0.4 | 0.4 |
| | ①+②+③ | (%) | 2.2 | 2.6 | 4.8 | 1.7 | 1.3 | 1.5 |

間通風（一次乾燥）後, 16.5時間休止し材料を反転して再度5時間通風（二次乾燥）を行った. 一次乾燥の乾燥速度は0.32％/hおよび反転後の二次乾燥の乾燥速度は0.35％/hであった. 平均乾燥速度は同一風量比の無加温通風と比較して約5倍の0.34％/hであった. 乾燥後の子実水分は, 変動率で5.0％と分布幅が狭く, 損傷発生程度は無加温通風時と同程度であった（表8-10-13, 表8-10-14）.

iii）虎豆の乾燥特性　初期水分18.9％の素原料508kg（堆積高さ80cm）を供試し, 連続27時間通風で16.0％に乾減した. 送風温度は裂皮防止のため入気温度＋5℃, 風量比は0.55 m³/s-tとした. 乾燥速度は同一風量比の無加温通風と比較して約1.2倍の0.11％/hであった. 加温乾燥後の水分変動率は7.6％と分布幅が若干広く, 損傷発生程度も無加温通風時と比較して皮切れ粒の切れ箇所が拡大して, ひび割れ粒が増加する傾向にあった（表8-10-13, 表8-10-14）. 虎豆の場合は乾燥速度に大きな差がないことから, 無加温常温通風乾燥が望ましい.

(4) 工程能力

コンテナ荷役, エアーバック密着および反転作業等に1時間を要する. 800kg収納の内網付きハードコンテナを使用し, 風量比を1.0 m³/s-tとする複数ラック乾燥を想定する場合の処理能力は1ラック1日当たり, 大福で1.1 t (24/(16.7＋1.0)×0.8 t), 白花豆で2.3 t (24/(7.4＋1.0)×0.8 t), 虎豆で0.6 t (24/(33.3＋1.0)×0.8 t) と試算される（表8-10-15）.

（桃野　寛）

表8-10-15　工程能力試算

| 項目 | 所要時間 (h) | 算出基礎 |
|---|---|---|
| 大福　19.0％→16.5％ | 16.7 | (19.0％－16.5％)/0.15％/h |
| 白花豆　18.0％→15.5％ | 7.4 | (18.0％－15.5％)/0.34％/h |
| 虎豆　19.0％→16.0％ | 33.3 | (19.0％－16.0％)/0.09％/h |
| ① コンテナ荷役 | 0.3 | フォークリフト荷役 |
| ② エアーバック密着 | 0.2 | タイマー設定 |
| ③ 反転所要時間 | 0.5 | 反転フォークまたはコンテナ排出機を利用 |

(注) 容量800kgの大型コンテナを利用する事例

## 引用文献

1) 北海道立十勝農業試験場. 菜豆 (金時類) の高品質収穫乾燥体系. 平成11年度北海道農業試験会議資料 (2000)
2) 北海道立十勝農業試験場研究部農業機械科. 農業機械試験成績書 (1996～2000)
3) 桃野 寛・村田吉平・白旗雅樹・鈴木 剛. 小豆の乾燥調製に関する諸特性 (1). 第48回農機北海道支部誌 (1997)
4) 桃野 寛・鈴木 剛・白旗雅樹. 高級菜豆の乾燥特性. 第49回農機北海道支部誌, 28-29 (1998)
5) 桃野 寛・鈴木 剛・村田吉平. 菜豆 (金時類) の貯蔵・乾燥法と被害粒との関係. 第50回農機北海道支部誌, 6-7 (1999)

## 11. アズキ, インゲンマメの加工適性

### 1) アズキ

わが国のアズキ栽培は全国でみられるが, 北海道が最大の生産地であり, 他生産地産に比較して, 色沢と加工特性に優れていることから銘柄品となっている. 北海道以外の生産地では各地に特有の品種が栽培されている. 最近は国内生産量の不足と価格の高騰により, 安価な中国産の輸入が増加している. さらにはアメリカ合衆国, オーストラリア, アルゼンチンでもわが国への輸出を目的に栽培が行われている[6,10].

アズキの加工は製餡が70％を占めており, 最も重要な加工製品である. それに煮豆, ゆでアズキ, 甘納豆, 赤飯などにも加工されるが, ここでは餡, ゆでアズキ, 甘納豆, 赤飯の加工特性について述べることにする.

#### (1) 餡

i) **餡の種類** アズキの製餡は水浸漬処理, 水煮・蒸煮処理後, 磨砕し, 生つぶし餡が得られる. それは餡粒子と種皮断片から成り立っており, 前者は水煮・蒸煮処理により子葉細胞が解離して形成される[17]. 生つぶし餡から種皮断片を除去し, 水さらしを行ったものが生こし餡である. さらに水分含量が4～5％まで乾燥したものが乾燥餡で, 長期間の保存と利用に耐える. しかし, 保存中の脂肪酸酸化による異臭の発生が問題となり[11], 利用は一時減少したが, この問題は急速乾燥法の開発によって解決されて再び利用されるようになった. また, 生こし餡の冷凍保存法も試みられたが, 解凍時における餡粒子の崩壊による品質低下がみられるので, 利用は普及していない. 練り餡は生こし餡に砂糖を加え, 加熱・練り上げたものであり, 種々の和菓子に利用されるが, 加糖量, 加熱・練りあげ程度が異なっている. 練り餡の加糖・加熱時点に油脂を添加した製品もあり, 中華菓子に利用される[2].

ii) **原料アズキの煮熟性** 餡加工では餡の加工歩留りが最も重要視される. それに関与する要因は水煮・蒸煮時間である. すなわち, 餡の加工歩留まりは水煮時間の初期には低く, 時間とともに上昇し, 最高に達した後, 低下する. 前述のような原料アズキと餡加工歩留りと水煮・蒸煮時間との関係は調理・加工分野では煮熟という用語で表現されており, 煮熟不足, 煮熟適性, 煮熟過多とそれぞれ判断される. それは食品組織上からは子葉細胞の解離程度, 解離子葉細胞 (餡粒子) の崩壊が, それぞれ原因であると考えられている (図8-11-1)[3].

iii) **原料アズキの餡加工法と煮熟性の向上法** アズキ種子は後述するように吸水が遅く, 飽和

吸水量に達するためには長時間の水浸漬処理を必要とし[7],そのような処理を欠くと煮熟が劣るために,餡の歩留まりが低下するという問題がある.したがって,伝統的な餡の調理・加工では水浸漬処理後に水煮・蒸煮処理を行い,煮熟性を向上させている[4].水浸漬処理における吸水は高水温が低水温よりも早いが,異臭の発生,種皮の裂開の多発生により餡の品質と歩留まりに悪影響を与えることがある.

水煮・蒸煮処理には常圧加熱と加圧加熱があるが,伝統的な調理・加工では常圧加熱が一般的である.加圧加熱は煮熟性の向上に有効であるとされており,汎用品の餡加工に利用されている.加圧加熱は煮熟性の向上と加熱時間の短縮に有効であるが,適性煮熟状態の制御には経験が必要であり,煮熟過多による製品の色調劣化,餡粒子の崩壊による品質の劣化が問題となる.大規模な加工場では水浸漬処理を省略し,原料アズキを直接圧力釜で加熱を行い,餡加工を行っている例もみられる.

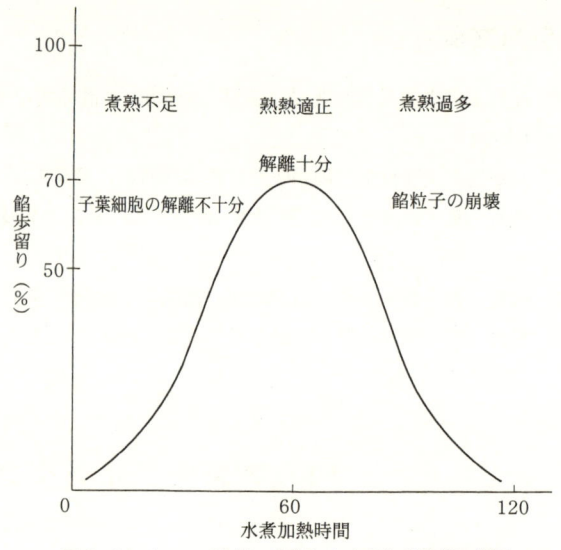

図8-11-1 アズキ餡の歩留りと水煮加熱時間の関係

アズキの煮熟性は食塩(0.7%),あるいは重曹(0.3%)などの添加により向上し,適性煮熟に必要な時間が短縮されるとされている.それらの添加は水浸漬処理と水煮加熱処理のいずれでも行われている[9].

iv) 石豆　原料アズキの中には煮熟が極端に劣るものがあり,餡の歩留まりが低いので,調理・加工分野では石豆と称して区別している.その原因は生物学的観点から硬粒と古豆の2種類がある[3].硬粒は種子休眠の一種で,収穫直後から吸水しないものである.休眠覚醒後は正常粒と同様に吸水・発芽する.硬粒の発生率は品種間差異が大きく,品種によっては70〜80%に達する品種もあるが,北海道のアズキ品種では5〜10%である.硬粒は種子吸水がみられないので,水浸漬処理により正常種子と区別できる.アズキ種子の吸水は種皮全体からではなく,種瘤という特殊な器官から行われ[11],しかも吸水速度が遅く,飽和吸水量が低いという特徴がある[7].硬粒の吸水を種瘤除去処理した種子を用いて調査した結果では,正常種子と差がない吸水を示しており,このことから,その原因は種瘤の透水阻害にあり,子葉部の吸水力には問題がないものと考えられている[3].

古豆は不適条件下における長期間貯蔵によって発生する.5〜25℃における貯蔵試験では9カ月から吸水の低下がみられ,その程度は高温ほど著しく,また,35℃における貯蔵では吸水は3カ月から急激に低下し,煮熟性の劣化も著しい[3].前述のような古豆は輸入アズキの品質上重要な問題であるが,その判定法は現在のところ開発されていない.種子吸水と煮熟は硬粒と同様,正常種子よりも劣るが,それらの特徴は前述のような種瘤除去処理によっても回復がみられず,したがって,古豆の吸水・煮熟の劣化の原因は子葉部にあることになる[3].

v) 餡粒子形成と種皮成分との関係　アズキの子実は種皮部と子葉部から成り立っており,それらの割合は前者が約90%,後者が約10%である.子葉細胞はペクチン物質により相互に結合しており,その中にはタンパク質に包まれたデンプン粒が存在している[1,12].種皮はポリフェノール成分含量が高く,赤アズキでは全粒の約90%が種皮に含まれている[3].子葉細胞は煮熟中に解離し,

種皮成分と反応して餡粒子が形成され，特有の色調，物性，風味が生じる．赤アズキにはアントシアニン色素が存在しており，餡の色調はアントシアニン色素によるとする記述がみられる[15]．しかし，最近の研究によると未熟種子の種皮にはシアニジン-3-グルコサイドとシアニジン-3-ガラクトサイドの2種類のアントシアニン色素が検出されるが，完熟種皮にはアントシアニン色素が検出されないことが明らかにされている[18]．さらにアズキの種皮色には赤，黒，赤斑，褐，緑，白などがあるが[10]，白アズキ以外の品種から得られる餡はいずれも特有の色調を示すこともあって[3]，餡の色調はアントシアニン色素によるとは考えられない．

アズキ種皮にはポリフェノール成分が局在しており，その中の可溶性プロアントシアニジンの約99%が種皮に含まれている[3]．種皮を含まない試料から抽出・分離したタンパク質は白色であったが，種皮を含む試料から得られたタンパク質は紅色であったとする報告があり[14]，餡の色調は子葉細胞のタンパク質と可溶性プロアントシアニジンが反応した結果による可能性が考えられる[3]．種皮を含む全粒試料と種皮除去した試料から調製した餡の色調の比較では，前者は特有の小豆色を呈し，後者は白色であり，さらに餡のプロアントシアニジン含量は前者が極めて高いが，後者は微量である事実から，餡の色調はタンパク質にプロアントシアニジンが吸着・反応した結果によると考えられている[3]．

アズキ品種エリモショウズでは総タンパク質含量は23.7%で可溶性タンパク質が大部分を占め，グロブリンが46.1%，アルブミンが16.6%，プロラミンが1.18%，グルテリンが0.464%である．プロアントシアニジンの吸着はアルブミンがグロブリンより強く，このことは牛血清タンパク質でも確認された[3]．アルブミンのような水溶性タンパク質はプロアントシアニジンと反応して餡粒子の物性に影響を与えていることが示唆される．

赤アズキの餡は特有の風味をもっている．その風味は種皮を除去したアズキから得られた餡には感じられないので，風味形成に関与している成分は種皮に存在していると考えられるが，その成分は特定されていない[16]．

vi）生産地土壌の種類　北海道十勝地方管内のアズキ生産地の土壌は作付け面積の多い順にみると，褐色火山性土，黒色火山性土，沖積土，泥炭土の4種類である．それらの土壌で栽培されたエリモショウズの煮熟性は沖積土産が最もすぐれ，褐色火山性土産が最も劣り，黒色火山性土産と泥炭土産は中間であり，生産地土壌の種類も原料アズキの煮熟性に影響を与える一要因であることが明らかにされている[3]．

(2) ゆでアズキ

色調が最も重要視され，子実のへそ部分からの種皮裂開（腹切れ粒）の多寡も問題になる．

ゆでアズキの色調形成は前述の餡の色調と同様な機構によると考えられ，一般には加熱前の水浸漬処理により淡色となり，その効果は処理時間が長いほど，浸漬水温が高いほど著しくなる傾向がみられる．したがって，水浸漬時間と水温は目的とする製品の品質によって考慮する必要がある．さらに水加熱中に換水処理を行い，色調と風味の調整に利用しており，渋切り処理と称している．渋切り処理は種皮の可溶性成分を除去することになり，製品の色調と風味に影響を与える[4]．

水加熱に用いる容器の材質もゆでアズキの色調に影響を与える．鉄鍋はゆでアズキの色調を暗色化するが，この事実は鉄鍋から溶出する鉄イオンとアズキのポリフェノール成分との反応による[5]．原料アズキの貯蔵条件もゆでアズキの色調に影響を与える．長期間の貯蔵，高温貯蔵はいずれも製品の色調が暗色化する傾向がある．

ゆでアズキは腹切れ粒発生の多寡が品質評価の対象となる．腹切れ粒の発生には品種間差異があり，さらに，水浸漬条件，水加熱条件，渋切り処理などの調理・加工手法にも影響されるが，そこ

には種皮の強度，子葉細胞の膨潤程度が関与している[4]．

## (3) 甘納豆

煮熟アズキに砂糖液を浸透させたものである．品質評価は煮熟程度と腹切れ粒の発生が対象となる．前者は餡加工で述べたような適正煮熟が得られるように水浸漬処理条件，水加熱条件が，また後者ではゆでアズキと同様に発生を少なくするような調理・加工条件が問題となる[4]．腹切れ粒の発生は水加熱処理中の差し水（びっくり水ともいう）によりある程度防止できるとされており，このことは水加熱処理における急速な水温上昇の防止効果である．

煮熟アズキへの砂糖の浸透は高濃度の砂糖液で行うと砂糖の内部組織への浸透が不十分となりやすい．そこで最初は比較的低糖液で浸漬・加熱処理を行い，以後順次砂糖濃度を上昇させて浸漬・加熱処理を繰り返し，内部組織へ砂糖を浸透させる．砂糖の浸透処理が終了後は表面に砂糖をまぶして仕上げる[4]．

## (4) 赤 飯

アズキの水加熱液によりもち米を染色し，煮熟アズキとともに蒸したものである．またうるち米にアズキを炊き込んだものがアズキ飯である．品質評価は米飯の色調と腹切れ粒の発生が対象になる．赤飯の色調も餡粒子と同様にアズキ種子の成分，特にプロアントシアニジンによることが推察されるが，この点については明らかにされていない．水加熱中の渋切り処理は赤飯の色調を鮮麗にする効果がある[4]．腹切れ粒の発生はゆでアズキと同様な関係にあるが，赤飯のアズキの煮熟程度はさらに蒸し加熱を行うのでゆでアズキより低くても良い．

（畑井　朝子）

## 引用文献

1) Engquist, A. and Swanson, B. G. Microstructural differences among adzuki beans cultivars, Food Structure. 11, 171-179 (1992)
2) 畑井朝子．小豆の調理特性に関する研究（第7報）油脂添加量・添加時間がねりあんの品質に及ぼす影響．北海道教育大学紀要（第2部C）．31 (1), 11-20 (1980)
3) 畑井朝子．小豆あん粒子形成に関する調理科学的研究．函館短期大学紀要　第28号，1-73 (2001)
4) 早川幸男・的場研二．主にでんぷんを利用する豆（あん）．渡辺篤二監修．豆の事典．幸書房，76-86 (2000)
5) 河村フジ子ら．調理食品の品質におよぼす金属器具の影響（第1報）．家政学雑誌．26, 182-186 (1975)
6) Lumpkin, T. A. and McClary, D. C. Azuki Bean Botany, Production and Uses. CAB international, Wallingford, UK. (1994)
7) 松元文子・吉松藤子．四訂　調理実験．74．柴田書店 (1994)
8) 中林敏郎．ポリフェノール成分と変色．木村進・中林敏郎・加藤博通編著．食品の変色の化学．光琳書院．1-157 (1995)
9) 中村康彦．豆の煮熟硬度に及ぼす塩の影響．日本家政学会誌．42, 427-433 (1991)
10) Rubatzky, V. and Yamaguchi, M.  World Vegetables, 2nd ed. 523-524.  Chapman and Hall,  New York. (1997)
11) 佐藤次郎．小豆の吸水．日本作物学会記事．25, 180 (1957)
12) Sefa-dedeh, S. and Stanley, D. W.Textural immplication of the microstructure of legumes. Food Technology. 33, 77-83 (1979)
13) 塩田芳之・佐々木喆哉．あんに関する研究（第3報）乾燥あん保存中の脂質の変化．家政誌．8, 127-130

(1975)

14) Tjahjadi, C. and Breene, W. M. Isolation and characterization of Adzuki bean (*Vigna angularis* cv Takara) starch. J.Food Sci. 49, 558-562 (1984)
15) 津久井亜紀夫・林 一也. アントシアニンの原料および食品加工利用. 大庭理一郎・五十嵐喜治・津久井亜紀夫編著. アントシアニン. 95. 建帛社 (2000)
16) 時友裕紀子・小林彰夫. 国産アズキの煮熟臭に関する研究. 日農化誌. 62, 17-22 (1988)
17) 谷地田武男・田巻欣二. 餡に関する研究 (第1報) 製餡原料の澱粉及び粒子の性状について. 新潟県食品研究所研究報告 (6), 21-29 (1961)
18) 吉田久美・亀田 清・近藤忠雄・村田吉平. 小豆種皮および餡の色素分析. 日本家政学会第52回大会研究発表要旨集. 69 (2000)

## 2) インゲンマメ

### (1) 原料豆の特性

　インゲンマメの利用方法は子実用と莢用がある. 子実は乾燥子実用と未熟生子実に分けられる. 前者の利用目的は炭水化物とタンパク質であり, 世界的に重要視され最も広く利用される[1]. 後者はフランス, ポルトガル, スペインにみられ, 野菜用である. 莢はアメリカ合衆国でヨーロッパからの移住者に盛んに利用されたといわれ, 現在では青果, 冷凍用に広く利用されている. 日本では莢用品種は全国で栽培され野菜として利用されており, 子実用品種は主に北海道で栽培され, 煮豆と餡の原料に利用されている.

　乾燥子実用の品種は, 草型によってわい性とつる性とに分けられ, この性状は栽培上重要である. また種皮の色調は白色, 黄色, 淡褐色, 褐色, 淡赤色, 紫色, 黒色などがあり, それに着色様式も一様, 斑点, 縞様の区別もあり, 極めて変異に富んでいる. 種皮の色調は, 国によって嗜好が異なっており, メキシコ, ベネズエラ, エルサルバドル, ブラジルでは黒色が, コロンビアとホンジュラスでは赤色が, ペルーでは黄色が, チリでは白色がそれぞれ好まれるとされている[18]. わが国でも種皮色が異なる品種が栽培されており, その特徴と用途を表8-11-1に示した.

　インゲンマメは収穫後, 貯蔵中に種子発芽率が低下し, 栽培上問題となるが, 栄養特性と加工特性も変化し, 特にマメの硬度が上昇し, 難調理性の劣化したマメ (Hard to cook beans) が増加することが知られている[4,5,6,7,10,13,15].

　インゲンマメには糖質が約60%, タンパク質が約20%含まれており, 脂質含量は2%以下で少ない[9]. コメやムギ類と比べるとエネルギー量はほぼ同様であるが, タンパク質, 脂質, ビタミン類, 灰分がかなり多く含まれ, インゲンマメを常食としているラテンアメリカ諸国では重要な食品である. インゲンマメタンパク質の消化率は52〜60%であり, その他の種子タンパク質 (80〜90%) よりも低いとされているが, それにはトリプシンインヒビターが関与している[2,17]. さらに貯蔵による栄養的特性の変化がみられ, 特にタンパク質消化率との関係が注目されている[5,15]. それは種皮のタンニン物質含量と関係があるとされている[3]. また, タンパク質の消化率は種皮色によっても異なり, 種皮の暗色品種が白色品種よりも低いとされているが,

表8-11-1 わが国のインゲンマメの特徴と用途

| 分類 | 粒形 | 種皮の色調 | 主な用途 |
| --- | --- | --- | --- |
| 手亡 | 小 | 白色 | 白餡 |
| 金時 | 中 | 赤紫色 | 煮豆, 甘納豆, 餡 |
| 白金時 | 中 | 白色 | 煮豆, 甘納豆, 餡 |
| 大福 | 中 | 白色 | 煮豆, 甘納豆, 餡 |
| 鶉 | 中 | 淡褐地に赤褐斑 | 煮豆 |
| 虎豆 | 中 | 白地に赤褐斑 | 煮豆 |
| 花豆 | 大 | 白, 淡赤紫地に黒色斑 | 煮豆, 甘納豆 |

それには前述したように種皮中のタンニン物質含量が関与しているとされている[3]．

一般に種皮の色調は高温・高湿度条件下の長期貯蔵により暗色化し，子実の硬度も上昇するために，調理特性は劣化する．それが軽度の場合には水浸漬処理時に食塩を添加することにより，ある程度改善できる．一方，金時品種では加工中の割れと亀裂粒が問題となるために収穫，脱穀，調整には細心の注意が必要である．インゲンマメの貯蔵中の品質低下は5℃，湿度50％条件下の貯蔵により，最小に止めることができるとされている[15]．また，インゲンマメの貯蔵中にみられる硬度の上昇と貯蔵中の成分変化の相互関係，さらにその機構に関しても報告されている[10]．

## (2) 加工品の特性

食用目的は，炭水化物とタンパク質の給源，惣菜，菓子の3種類に区分される．炭水化物とタンパク質の給源はラテンアメリカと発展途上国において重要な用途である．惣菜利用は世界各地で多様な方法で広く行われており，わが国の煮豆もこれに入る．また，菓子類への利用は甘納豆，餡があげられるが，利用地域はわが国に限られており，わが国のインゲンマメの利用は世界全体からみると非常に特殊である．

i) **炭水化物とタンパク質の給源** インゲンマメの煮込み料理があり，調理方法は国と地域によって多種多様である．インゲンマメの煮込み料理は世界各国で行われており，これらはインゲンマメと鳥獣肉，魚貝類，野菜類との煮込みである．メキシコのチリコンカン，ブラジルの黒インゲンマメシチュウ，ナイジェリアのエバア，アメリカ合衆国のカリフォルニア風シチュウなどがあげられる．

ii) **惣菜，特に煮豆ときんとん** 調理品と方法は国によって多様である．ラテンアメリカ諸国のピューレ，ナイジェリアのスープ，インドのひき割りインゲンマメのスープなどがあり，その他にゆで物（サラダ利用を含む），揚げ物，炒め物などもあるが，それらの詳細については既刊書を参照されたい[8,18]．

わが国ではインゲンマメは煮豆ときんとんが主な利用方法であり，煮豆の原料はインゲンマメが最も多く，その他ダイズ，エンドウマメなども利用される．以下煮豆の一般的な手法を述べる．

水浸漬の処理時間は冷水中では5〜6時間，熱水中では2時間が目安である．その後，煮熟，砂糖の添加，煮含め（10〜20分），煮汁浸漬などの過程を経て製品を得る．砂糖濃度は15〜20％が，煮熟時間は約60分が適当である．砂糖の添加は浸漬後の加熱前に行った方が色調，嗜好が優れる[11]．なお，煮熟中の火力が強い場合には種皮の破裂がみられ，また糖添加後の高温加熱は煮汁の浸透圧が急激に上昇し，煮豆が硬化しやすいので，中火以下で行うようにする．煮豆の加熱には圧力鍋も利用できる．その場合には常圧加熱よりも加熱時間が短縮されることに加えて，製品の風味が優れ，それに糖の添加が加熱初期に行える利点もある[12,14,16]．

きんとんもわが国特有のインゲンマメ惣菜であり，インゲンマメを甘煮後，その一部を裏ごしして甘煮豆と混合したものである．正月料理に用いられる．

iii) **菓子類，特に甘納豆と餡** インゲンマメの菓子類への利用は，海外では，ブラジルのピューレケーキが知られている程度である．わが国では甘納豆，餡に広く利用されており，以下甘納豆と餡について説明する．

甘納豆はインゲンマメの煮豆を高濃度のショ糖液に浸漬し，マメに浸透させた後，乾燥させたものである．その後表面にショ糖をまぶしたものが甘納豆，その処理をしないものがぬれ甘納豆である．

インゲンマメ餡はわが国では白色インゲンマメの手亡，大福が用いられており，アズキと同様に和菓子，餡パンに利用される．その加工方法は前述のアズキの場合とほぼ同様である．

〈畑井　朝子〉

## 引用文献

1) Bressani, R. Legumes in human diets and how they might be improved. Miler, B., Ed., Jhon Wiley & Sons, Inc., New York. (1975)
2) Bressani, R., Elias, L. G. and Braham, J. E. Reduction of digestibility of legume proteins by tannins. J. Plant foods. 4, 43 (1982)
3) Deshpande, S. K., Sathe, S. K., Salunkhe, D. K. and Cornforth, D. P. Effects of dehulling on phytic acid, polyphenols, and enzyme inhibitors of dry beans (*Phaseolus vulgaris* L.). J. Food Sci., 47, 1846 (1982)
4) Garruti and M. C. Bourne. Effect of storage conditions of dry bean seeds (*Phaseolus vulgaris* L.) on texture profile parameters after cooking. J. Food Sci., 50, 1067 (1985)
5) Hussain, B. M. Watts and W. Bushuk. Hard-to-cook phenomenon in beans. Changes in protein electrophoretic patterns during storage. J. Food Sci., 54, No.5 (1989)
6) Jones, P. M. B. and Boulter, D. The analysis of developmemt of hardbean during storage of black beans (*Phaseolus vulgaris* L.). Plant Foods Hum. Nutr., 33, 77 (1983 a)
7) Jones, P. M. B. and Boulter, D. The cause of reduced cooking rate in Phaseolus vulgaris following diverse storage conditions. J. Food Sci., 48, 623 (1983 b)
8) 前田和美. マメと人間. 古今書院 (1987)
9) 松元文子ら. 調理と食生活のための食品成分表. 柴田書店 (1997)
10) Moscoso, M. C. Bourne, and L. F. Hood. Relationships between the hard-to-cook phenomenon in red kidney beans and water absorption, puncture force, pectin, phytic acid minerals. J. Food Sci., 49, 1577 (1984)
11) 中里トシ子ら. 乾燥豆類の調理方法について. 家政学雑誌. 21, 4 (1970)
12) 中里トシ子ら. 圧力鍋による乾燥豆の煮方 (第1報). 家政学雑誌. 35, 11 (1984)
13) Reddy, N. R., Pierson, M. D., Sathe, S. K., Salunkhe, D. K. Dry bean tannins. A review of nutritional implications. J. Am. Oil Chem. Soc. 62, 541 (1985)
14) 渋川祥子. 圧力鍋による煮豆の特性について. 家政学雑誌. 30, 7 (1979)
15) Sievwright, C. A. and Shipe, W. F. Effect of storage conditions and chemical treatments on firmness, *in vitro* protein digestibility, condensed tannins, phytic acid and divalent cations of cooked black beans (*Phaseolus vulgaris*). J. Food Sci., 51, No. 4 (1986)
16) 鈴木咲枝・渋川祥子. 圧力鍋による煮豆に関する研究. 神奈川栄短紀要. 14 (1982)
17) 渡辺篤二・大久保一良監訳. FAO豆類の栄養と加工. 建帛社 (1997)
18) Yamaguchi, M. 世界の野菜 (高橋和彦ら訳 1985). 養賢堂. 262-265 (1983)

## 12. アズキ, インゲンマメの機能性

### 1) はじめに

マメ類には, デンプンを多く含むタイプとタンパク質や脂質を多く含むタイプがあり, 前者はアズキやインゲンマメなど, 後者はダイズやラッカセイなどが相当する. マメ類に含まれる機能性物質 (生体調節機能性物質) については様々な報告がなされているが, ほとんどがダイズを中心とした報告であり, アズキやインゲンマメに関しては数えるほどしか報告されていないのが現状である. 一

般に,「豆は健康に良い」,「豆にはこんな機能性が含まれています」とよくいわれる.この場合,根拠となるデーターはほとんどがダイズに関する報告であるにもかかわらず,マメ類全般がそうであるかのような印象を与えている例が数多く見受けられる.同じマメ類でも,それぞれ独自の特徴を有している.

現代は飽食の時代といわれ,おいしい食品,珍しい食品というように今の日本で手に入らない食品はないという時代である.その中で注目を集めているのが機能性成分を含んだ食品である.おいしい食品でありなおかつ健康志向を訴求している食品が,今後の高齢化社会に向けて一番求められている食品と考えられる.

本章では,日本人になじみが深い食品であるアズキおよびインゲンマメについて,それらに含まれる機能性因子,特に食物繊維を中心とした筆者らの研究を紹介するとともに,その他の機能性因子についても若干の紹介をする.

## 2) アズキおよびインゲンマメの食物繊維含量

食物繊維は,人に対して生理機能的に優れた役割を示し,大腸がん,虚血性疾患,胆石症,糖尿病などのいわゆる生活習慣病に対して予防効果がある[1]ことが認められつつある.食物繊維は,① 非デンプン性多糖類とリグニン,② 難消化性デンプンおよびその関連化合物,③ その他の難消化性物質に分類することができる[2].この ② に分類されるものとしてレジスタントスターチ,難消化性デキストリン,ポリデキストロースなどがある.

アズキ,インゲンマメ(手亡および金時)の乾豆の一般成分を表8-12-1に示した.また,乾豆およびそれらを煮豆にした場合の食物繊維含量を図8-12-1に示した.それぞれの測定値は乾量基準で表した.乾豆の食物繊維含量は,アズキ,手亡および金時の順にそれぞれ 13.5 %,15.5 % および 15.4 % であったのに対し,煮豆のそれは 20.3 %,34.5 % および 28.2 % であった.すなわち,これらのマメ類は煮豆にすることにより食物繊維含量が 7〜19 % 高くなることが認められた.同様の結果が池上ら[3]によっても,マメ類およびその加工品の食物繊維含量に関する検討を行い,デンプン含量の多いマメ類は加熱により食物繊維含量の測定値が高くなることを報告されている.その原因として,加熱によりレジスタントスターチが生成するためであろうと推論される.

もともとデンプン含量の多いマメ類は,図8-12-2の走査型電子顕微鏡の写真でわかるように子葉細胞中に複数個のデンプン粒子が貯蔵タンパク質とともに存在しており,それを機械的に粉砕すると左上の写真のような状態になる.また,加熱処理を行うことにより,子葉細胞中のデンプン粒子は膨潤化し,熱凝固したタンパク質とともに子葉細胞単位で,右下のようないわゆる餡粒子を形成する.左下の煮豆乾燥粉砕物においても同様な粒子が認められる.したがって,煮豆における食物繊維含量の増加要因の一つ

表8-12-1 乾豆の一般成分

|  | アズキ (%) | 手亡 (%) | 金時 (%) |
|---|---|---|---|
| タンパク質 | 23.1 | 27.6 | 23.1 |
| 脂質 | 2.4 | 3.5 | 3.7 |
| 灰分 | 3.4 | 3.9 | 3.5 |
| 炭水化物 | 71.1 | 65.0 | 69.7 |
| 食物繊維 | 13.5 | 15.5 | 15.4 |
| 糖質 | 57.6 | 49.5 | 54.3 |

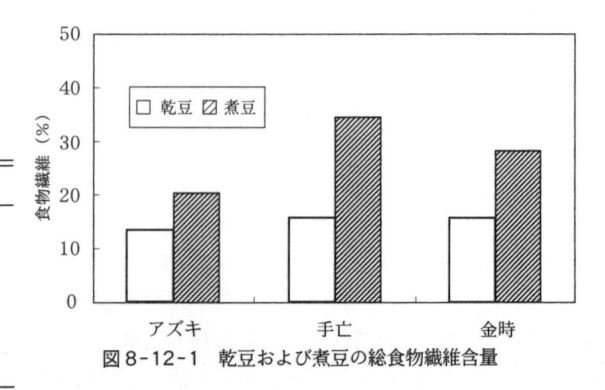

図8-12-1 乾豆および煮豆の総食物繊維含量

12. アズキ，インゲンマメの機能性　( 551 )

乾豆粉砕物　　　　　　　　　　乾豆粉砕物

煮豆粉砕物　　　　　　　　　　　　　　　　餡粒子

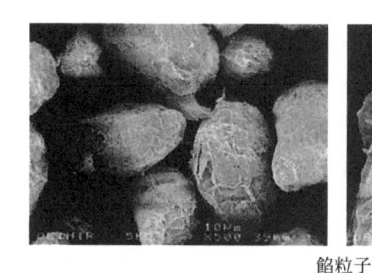

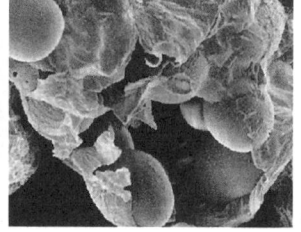

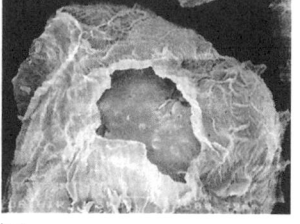

図 8-12-2　アズキ乾豆および煮豆の SEM 観察写真

としては，加熱によるデンプン自体でのレジスタントスターチの生成の他，餡粒子状のものに消化酵素が作用しにくくなり，それが食物繊維含量の増加につながっていることも一つの要因として考えられる．

### 3) 単離デンプンおよび加工処理デンプンの物理化学的特性

　従来よりデンプンは小腸内で完全に消化され，グルコースとして吸収されるものとして考えられていた．しかし，1980年代に入って食物繊維の研究が進むに伴い，消化されにくいデンプン，いわゆるレジスタントスターチの存在が注目されるようになってきた．

　一般に，レジスタントスターチとは，アミラーゼの作用を受けにくく，2N 水酸化カリウムで可溶化した後にはじめてグルコースとして定量されるデンプンに対して与えられた名称であり[4]，「健常人の小腸管腔内において消化吸収されることのないデンプンおよびデンプンの部分水解物の総称」と定義されている．レジスタントスターチは物理化学特性の違いからいくつかの種類に分けることができるが，小腸で消化酵素の作用を受けずに大腸に達して腸内微生物により短鎖脂肪酸を生産するなどの生理作用を示すものもある．不破は，ハイアミロースコーンスターチや市販のデンプン粒を種々の加工処理，例えば湿熱処理やオートクレーブ処理などを行うことにより，レジスタントスターチ含量が増加することを報告している[5]．また，湿熱処理されたハイアミロースコーンスターチの生理機能が検討され，消化吸収特性など食物繊維様の作用を示すことが報告されている[6]．

　本項では，煮豆における食物繊維含量の増加要因を検討するため，デンプン含量の高いアズキ，手亡，金時に着目して，それらから単離したデンプンおよびそれらに種々の加熱加工処理を行って，物理化学的性質およびレジスタントスターチの生成に関する検討を行った．

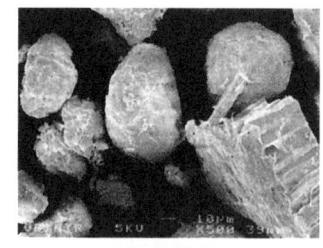

### (1) 走査型電子顕微鏡による観察

　図 8-12-3 に単離デンプンおよび加工処理デンプンの走査型電子顕微鏡の写真を示した．3種のマメから単離したデンプンの粒子形状は，いずれも球形または楕円形であり，粒子中央にくびれのようなものが多く存在することが観察された．また粒度分布測定による平均粒径は，アズキデンプ

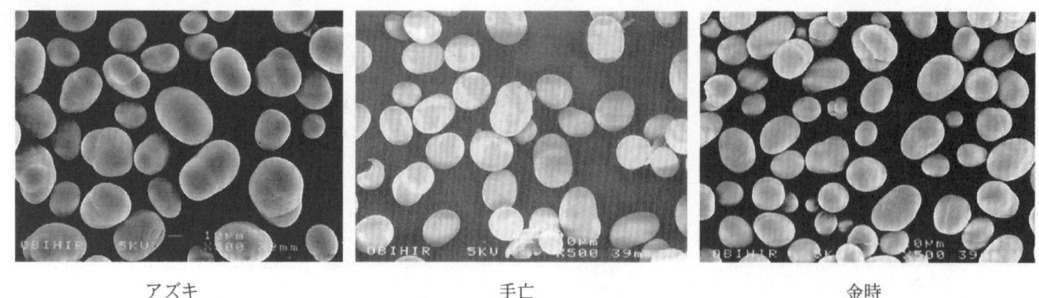

アズキ　　　　　　　　　　手亡　　　　　　　　　　金時
図 8-12-3　単離デンプンの SEM による観察結果

ンが 40 μm，手亡デンプンが 31 μm および金時デンプンが 34 μm であった．さらに加工処理後のアズキデンプンを図 8-12-4 に示した．脱脂処理では粒子に割れやひびが認められ，温水処理および湿熱処理では粒子がわずかに膨潤していた．また，糊化凍結融解処理では糊化によって粒子が膨潤溶解しているため，粒子形状は認められず，粉砕による不定形の粒子形状を示した．

(2) X 線回折パターンによる比較

図 8-12-5 には単離デンプンの X 線回折パターンを示した．一般にデンプン粒の結晶形は X 線回折パターンのピーク位置およびその強度から 3 種類

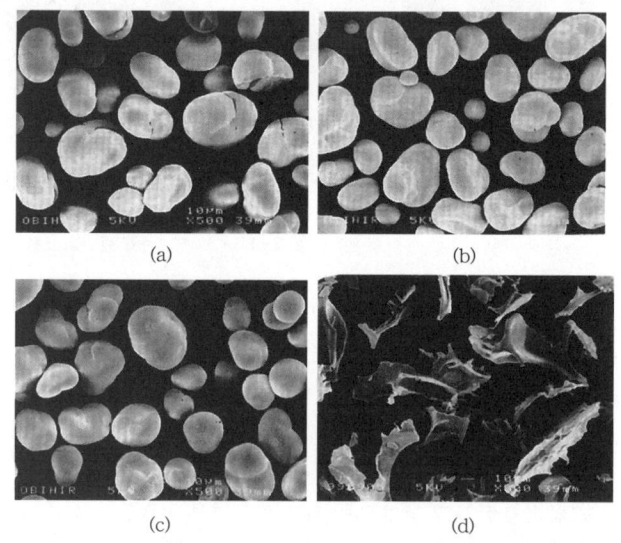

図 8-12-4　加工処理後における小豆デンプンの走査型電子顕微鏡写真
(a) 脱脂処理，(b) 温水処理，(c) 湿熱処理，(d) 糊化凍結融解処理

に分類される．市販のバレイショデンプンおよびコーンスターチを比較のために示したが，コーンスターチのようなパターンを示すものは A 形，バレイショデンプンのようなパターンを示すものは B 形，A 形と B 形の中間のパターンを示すものは C 形と呼ばれている．3 種のマメから調製した単離デンプンは，いずれもコーンスターチおよびバレイショデンプンの中間のパターンを示していることから，その結晶形は C 形と考えられた．また，加工処理を行ったアズキデンプンの X 線回折パターンを図 8-12-6 に示した．温水処理デンプンは単離デンプンと類似したパターンを示したが，その他の加工処理デンプンの回折パターンは，単離デンプンのそれとは明らかに異なっていた．すなわち，脱脂処理デンプンおよび湿熱処理デンプンでは，単離デンプンに見られた第 1 環のピークが消失するとともに，第 4 b 環にピークがみられるなど，A 形に近いパターンを示した．これらの回折パターンの変化は，湿熱処理などの処理過程において高分子球晶であるデンプン粒子の分子配向などが変化し，未処理のデンプンと異なった結晶構造に変化したことを示すものと考えられる．また，糊化凍結融解処理デンプンは，一度糊化しているために回折ピークはみられず非結晶パターンを示した．

(3) 溶解度および膨潤度の変動

単離デンプンおよび加工処理デンプンの溶解度を図 8-12-7 に，膨潤力を図 8-12-8 にそれぞれ示した．いずれの試料も加熱温度の上昇に伴い溶解度および膨潤力が増加した．また，糊化凍結融

解処理デンプンは，50℃における溶解度が約2％，膨潤力が8前後と他の試料に比べ高い値を示したが，加熱温度の上昇に伴う増加率は溶解度および膨潤力ともに低く，特に90℃における溶解度は6〜7％と他の試料より著しく低い値を示した．また，他の試料は50℃における溶解度が約0％，膨潤力が2〜3と低い値を示したが，加熱温度の上昇に伴う増加率に違いが認められた．すなわち，溶解度に関しては，脱脂処理デンプンが70℃および90℃のいずれの温度においても一番高い値（70℃では8〜10％，90℃では16〜18％）を示した．温水処理および湿熱処理デンプンのそれは，70℃において未処理より低い値（1〜3％）を示したが，90℃ではその傾向は認められなかった．また，膨潤力は，各処理を行うことにより明らかに低下し，その傾向は湿熱処理（120℃，130℃）＞温水処理＞湿熱処理（100℃）＞脱脂処理の順に顕著であった．また，マメの種類別に比較した場合，溶解度に大きな差はみられなかったが，膨潤力はアズキデンプンが手亡および金時デンプンに比べて高いことが認められた．

(4) デンプンの加工処理によるレジスタントスターチ含量の比較

加工処理デンプンのレジスタントスターチ含量を，不破ら[7]の方法に従って測定した（図8-12-9）．数値

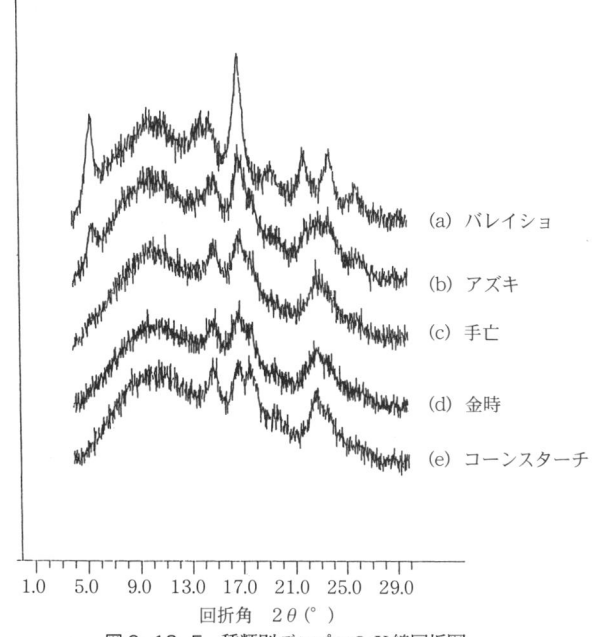

図8-12-5 種類別デンプンのX線回折図

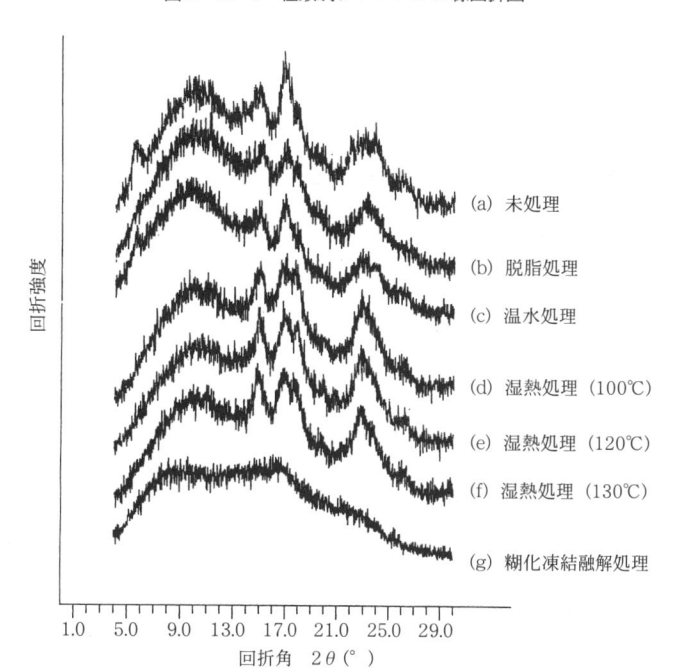

図8-12-6 アズキ湿熱処理デンプンのX線回折図

は乾量基準で表した．アズキ，手亡および金時未処理デンプンに含まれるレジスタントスターチ含量はいずれも1％前後であった．また，脱脂処理および温水処理デンプンのレジスタントスターチ含量は，未処理デンプンのそれとほとんど変わらなかったが，湿熱処理デンプンのそれは2.5〜4.2％と少し高い値を示した．なお，湿熱処理の条件を変えた場合のレジスタントスターチ含量の変動には一定の傾向は認められなかった．また，糊化凍結融解処理デンプンのレジスタントスターチ含量は，各種の加工処理デンプンの中で最も高い値を示し，アズキデンプンで約4％，手亡デンプン

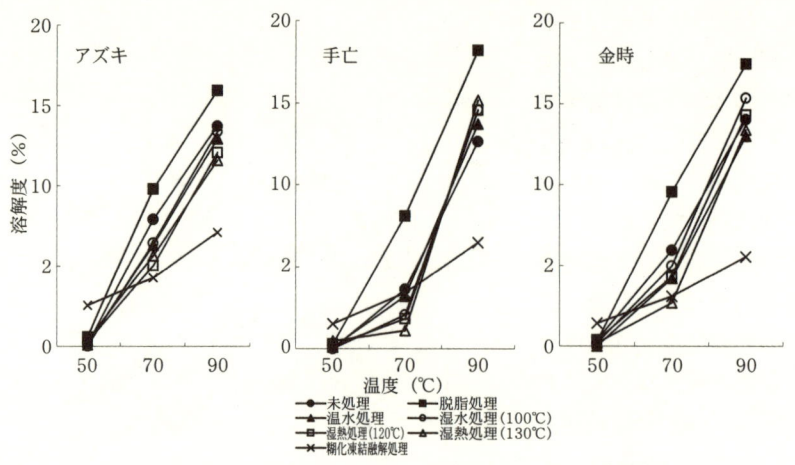

図8-12-7 単離デンプンおよび加工処理デンプンの溶解度

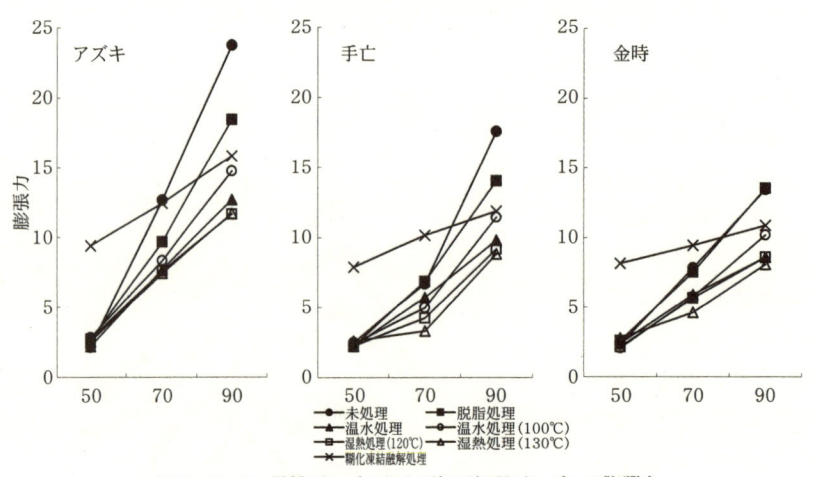

図8-12-8 単離デンプンおよび加工処理デンプンの膨潤力

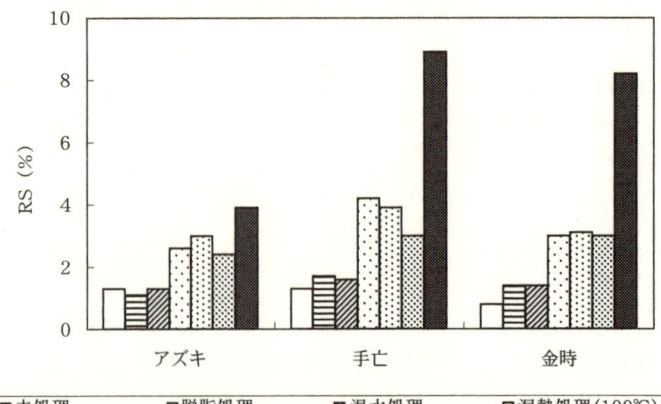

図8-12-9 加工処理デンプンのレジスタントスターチ（RS）含量

で約9％，金時デンプンで約8％であった．レジスタントスターチの物理化学的性質における分類で，老化デンプンもレジスタントスターチの一つとされているが，糊化凍結融解処理デンプンにおけるマメデンプンのレジスタントスターチ含量の増加は老化デンプンの生成によることが推察された．

以上のことから，単離したデンプンを加熱加工処理することにより，デンプン自体にも数％のレジスタントスターチが生成することを明らかにしたが，煮豆における食物繊維定量値の増加は，加熱によるデンプン自体のレジスタントスターチへの移行のほかに，餡粒子の形成が関与しているものと推察されることから，その食物繊維定量値と粒子形態との関係についても検討を行った．

### (5) 餡の食物繊維定量値

餡の食物繊維定量値を図8-12-10に示した．IDFは不溶性食物繊維，SDFは水溶性食物繊維，TDFは総食物繊維を示す．TDF値は，手亡，金時，アズキの順にそれぞれ43〜53％，44〜51％，28〜43％と高い値を示し，それらの値は煮熟時間が長くなるにつれ低下した．SDF値は，煮熟時間によらずほぼ一定で，金時，手亡，アズキの順にそれぞれ約5％，約4％，約2％であることから，煮熟時間の増加にともなうTDF値の低下は，IDFの減少に起因していると考えられる．

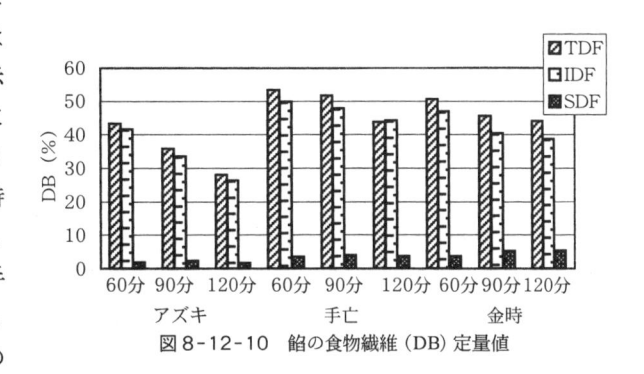

図8-12-10 餡の食物繊維（DB）定量値

### (6) 餡粒子の形態と完全粒子，損傷粒子および崩壊粒子組成

釘宮らは，餡が以下の3種類の粒子から構成されているとし，アミラーゼを用いた酵素処理によるそれらの定量法を報告している．

①完全粒子：デンプンがタンパク質や細胞壁によって完全に覆われており，酵素処理によってデンプンがほとんど溶解しないもので，また，水さらし操作によって流出しないもの．

②損傷粒子：細胞壁の一部が損傷しているために，酵素と接触できる一部のデンプンが溶解するが，このデンプンが溶解した後，酵素処理を繰り返し行うと残りのデンプンも溶解するようになるもので，また，粒子の形態を有し，完全粒子と同様に水さらしによって流出しないもの．

③崩壊粒子：細胞壁の崩壊によってすべてのデンプンが露出し，酵素処理によってほとんどのデンプンが溶解し，また，餡粒子の形態をほとんど失っていて水さらしによって容易に流出するもの．

プロスキー法は，α-アミラーゼ，プロテアーゼおよびグルコアミラーゼによる酵素処理後の残渣重量を測定して食物繊維を求める方法である．餡の場合，釘宮らが示したように粒子の存在割合が違うと，プロスキー法においても酵素分解性が異なり，食物繊維定量値が変動することが想定される．これらを明らかにするために，煮熟時間を変えて調製した餡の粒度分布測定，顕微鏡観察および完全，損傷，崩壊粒子の定量を行うことにより，それぞれの粒子形態を比較した．

粒度分布測定結果を表8-12-2に示したが煮熟時間の違いによる差は認められなかった．また，アズキ餡（煮熟時間60分および120分）を例にとり，SEMによる粒子の表面状態を観察した（図8-12-11）．煮熟時間の異なる餡を比較すると，粒子の大きさはほとんど変わらないが，煮熟時間120分の餡のほうが，粒子表面（おそらく細胞壁と思われる）が一部はがれたり，破裂した粒子が多くみられた．これらは手亡餡および金時餡でも同様に観察された．

次に，餡の崩壊粒子，損傷粒子および完全粒子組成を求めた（図8-12-12）．崩壊粒子は1％前

表8-12-2 餡の粒度分布（μm）

| 煮熟時間 (分) | アズキ | | | 手亡 | | | 金時 | | |
|---|---|---|---|---|---|---|---|---|---|
| | 60 | 90 | 120 | 60 | 90 | 120 | 60 | 90 | 120 |
| 10％D | 89.40 | 88.79 | 94.36 | 96.53 | 96.66 | 96.47 | 97.34 | 98.03 | 97.62 |
| 50％D | 121.73 | 120.90 | 122.80 | 124.38 | 124.47 | 124.31 | 126.80 | 127.58 | 127.34 |
| 90％D | 162.67 | 160.52 | 161.02 | 161.00 | 159.96 | 160.59 | 163.46 | 163.88 | 164.55 |

後と低く，水さらし工程で除去されていると考えられた．損傷粒子および完全粒子の割合は，煮熟時間が長くなると損傷粒子が増加し，完全粒子が減少した．また，食物繊維含量との関係を考えると，完全粒子の割合が少ない（すなわち損傷粒子の割合が多い）ほど食物繊維定量値が低下することが明らかとなった．以上のことから，餡では完全粒子がレジスタントスターチ様の作用を示している主体であり，それが食物繊維定量値を増加させる主要因であると推察された．

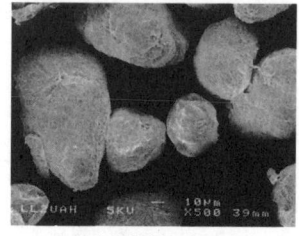

一般に餡粒子は，数個から十数個のデンプン粒子がそれぞれ加熱凝固したタンパク質で覆われ，これがさらに強靭な細胞壁で包まれているといわれている．実際に，クライオSEMによって，未加熱のアズキ子葉細胞内部および煮豆の子葉細胞内部を観察した（図8-12-13）．未加熱の子葉細胞では，複数個のデンプン粒子とそれらを包み込んでいる貯蔵タンパク質などが細胞壁に覆われて存在している．一方，煮豆では，細胞内部のデンプン粒は崩壊せずに膨潤し，周辺の熱変性したタンパク質などを押し出すように広がっている．

(a) 餡粒子表面（煮熟60分）×500
(b) 餡粒子表面（煮熟120分）×500
(c) 餡粒子表面（煮熟60分）×3300
(d) 餡粒子表面（煮熟120分）×3300

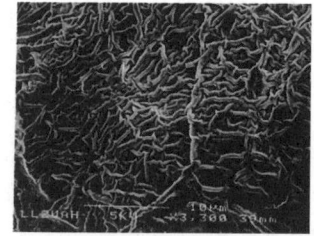

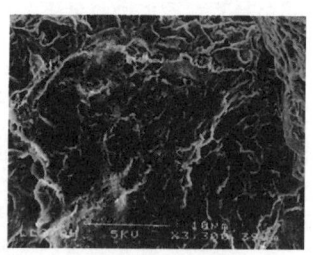

図8-12-11 アズキ餡粒子表面の電子顕微鏡写真

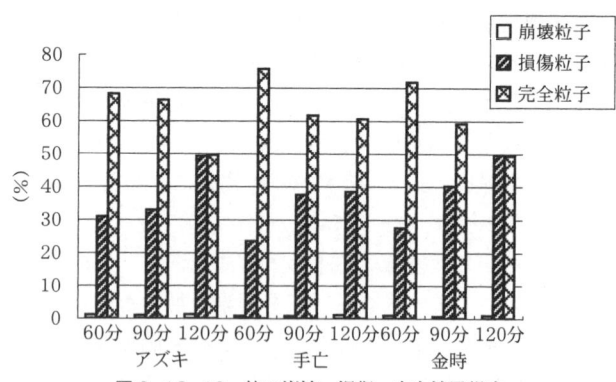

図8-12-12 餡の崩壊・損傷・完全粒子組成

る．その広がり方は煮熟時間の長い方が大きいことから，煮熟時間の増加によって細胞内のデンプンがより一層膨潤して膨潤圧が高くなり，細胞壁の損傷を生じたと推測された．また，細胞壁構成成分であるペクチンやヘミセルロースが，過度の加熱によって低分子化して可溶化することも，損傷粒子の増加要因として考えられた．さらに，実際の製餡工程では，煮熟後の磨砕工程や練り工程など，餡粒子に対して物理的圧迫や摩擦力が加わる工程もあり，それらの粒子組成に対する影響も

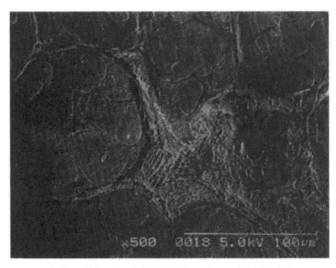

(a) 乾燥豆子葉細胞　　　(b) 煮豆子葉細胞（60分乾燥）　　　(c) 煮豆子葉細胞（120分加熱）

図8-12-13　クライオー電子顕微鏡によるアズキ子葉細胞内部および煮豆子葉細胞内部

検討する必要があると考えられる．

　食物繊維の一つに分類されている難消化性デンプンは，物理化学特性の違いからいくつかの種類に分類されており，「食品のマトリクス構造中に包み込まれているため，消化酵素が作用できないデンプン」がその一つとされている．餡粒子の構造は，これに該当するものであり，餡粒子自体がレジスタントスターチと考えられる．また，その含量は，調製条件によって異なるが可溶性が非常に多く，それが食物繊維と類似した生理作用を示すものであれば，煮豆または餡として日常摂取する機会の多い食品であることからその意義は大きいと考えられる．

### 4) アズキおよびインゲンマメの機能性

#### (1) 食物繊維の機能性

　食物繊維は機能性成分の一つとして，様々な種類が知られている．同時に，その生理的効果も血清中のコレステロールの低減化，腸内での有用菌の増殖，有害物質の排泄促進というように様々なことが研究されている．

　実際，われわれが調製したマメ類（アズキ，手亡および金時）をラットに摂取させたところ，どの種類のマメ類においても水煮マメ類粉末にすることにより血清中の総コレステロール濃度の低下が観察された．さらに，水煮したマメ類には，デンプンが主成分の子葉部位と食物繊維が豊富な種皮が混在していることから，3種のマメ類から餡を調製することによって，餡（子葉部位）と餡残渣（種皮が主体）を分離し，それぞれをラットに摂取させることによる血中脂質濃度への影響についても検討を行った．

　（なお，本動物試験は帯広畜産大学生物資源科学科福島道広助教授のところで行われたものである[8])．

#### (2) アズキ，手亡および金時から調製した餡および餡残渣粉末摂取によるラットの血中脂質濃度への影響

　飼育期間中における血清中のコレステロールおよびトリアシルグリセロール濃度の変化を図8-12-14に示した．総コレステロールおよび VLDL＋IDL＋LDL-コレステロール濃度は，すべての餡投与区（アズキ餡（AS），手亡餡（TS），金時餡（KS））とビートファイバー投与区（BF）において，コントロール区（CP）および餡残渣投与区（AF, TF, KF）よりも有意に低値を示した．また，餡残渣投与区においても，総コレステロール濃度はCP区よりも低い傾向を示した．また，トリアシルグリセロール濃度は，AS投与区，TS投与区およびKS投与区において，CP区および全ての餡残渣投与区よりも有意に低値を示した．なお，飼育4週後における肝臓中コレステロール濃度は，AF投与区においてTF投与区およびすべての餡投与区よりも有意に低値を示した（図8-12-15）．

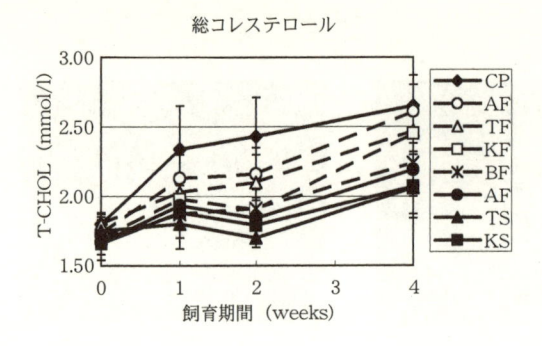

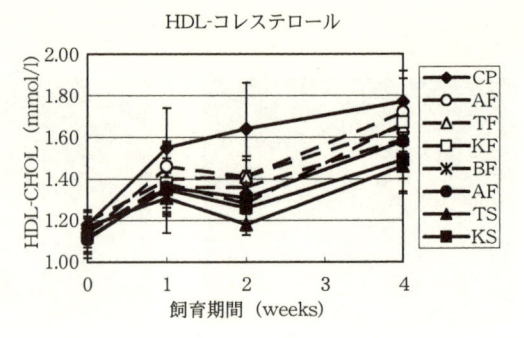

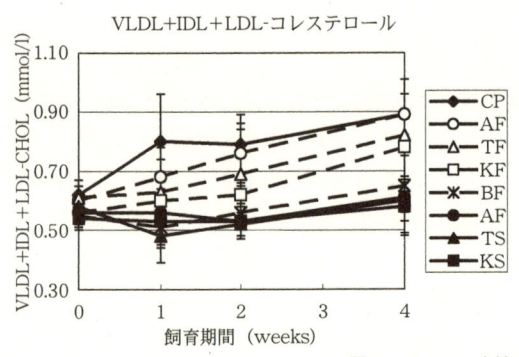

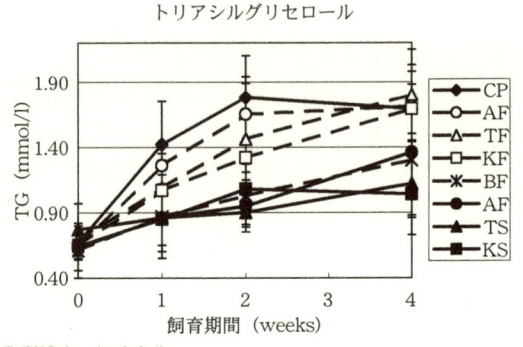

図8-12-14 血清中脂質濃度の経時変化

以上のことから，アズキ，金時および手亡を煮豆あるいは餡に加工することにより生理活性が付与されることが示された．今後，この生理活性がどのような成分により影響を受けるのか，あるいはこれらマメ類のどの加工段階で発生するのかを今後より詳細に解明する必要があると考えられる．

### (3) 抗酸化・ラジカル消去活性

抗酸化成分の多くは，5大栄養素すなわちタンパク質，脂質，糖質，ビタミンおよびミネラルとともに第6の栄養素と呼ばれる食物繊維を除いた非栄養素と呼ばれるポリフェノール類やイオウ化合物などの物質群に属している．しかし，これらの化合物はこれまでわれわれ人間の食品中では苦味や渋味を伴うことから，加工工程でできるだけ排除することに力が注がれていた．しかし，昨今のワインを代表とするポリフェノール類の抗酸化活性に関する研究が進展するにつれ，これらの第6の栄養素が注目されるようになってきた．アズキに含まれる色素成分はフラボノイドや縮合タンニンなどが主であり，苦味や渋味成分でもある．これまで，色素成分に関する研究は加工食品への応用[9]さらにはこれら色素の化学構造の解明[10]等の研究が中心であり，その生理機能や体内動態に関しては，あまり話題にされなかった．しかし，近年大いにその機能について注目されるようになってきた．小嶋ら[11]は様々なマメ類の種類および品種の色素成分を使用してポリフェノール含量と抗酸化・ラジカル消去活性について比較検討を行っている．さらに，加熱・加工処理時のマメ類の抗酸化・ラジカ

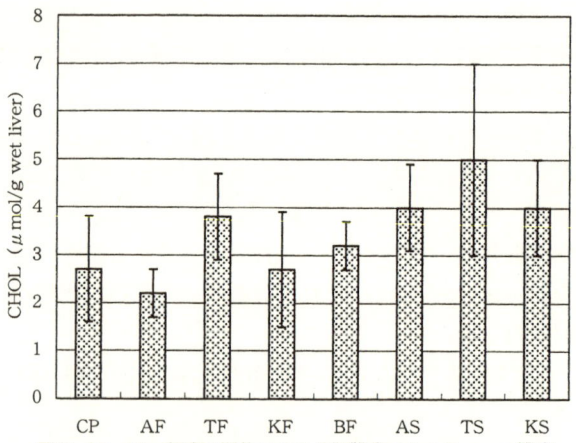

図8-12-15 飼育4週後における肝臓中コレステロール濃度

ル消去活性の変動についても併せて検討を行っている．その結果，いろいろなマメ類種子抽出液の一定濃度での抗酸化・ラジカル消去活性は，ポリフェノール量と正の相関があることを報告している．また，得られた抽出液の抗酸化・ラジカル消去活性は，中性から酸性域で安定であり，塩基性域では不安定であることを報告している．さらに，加熱・加工処理したアズキ等の全粒粉や餡にも，熱に安定な抗酸化・ラジカル消去活性を有する化合物の存在を示唆している．今後，物質の特定さらには in vivo 系での抗酸化活性について様々な試験が計画されており，マメ類の新しい機能性因子として早期解明が待たれる．

### 5) おわりに

本書では，アズキを含むインゲンマメにおける機能性成分として食物繊維（レジスタントスターチ）を中心に筆者らの研究成果を紹介した．アズキ，インゲンマメは日本の食生活に非常に密着したものであるが，これまでに科学的に解明されることが少ない素材であったことは否めない．特に，機能性成分についての研究はまだまだ緒に着いた段階である．今後これら機能性物質の構造解析さらには in vivo 系における解析方法等を検討していく必要がある．また，これらの物質が食品として摂取された場合における代謝機構の解明，さらには食品加工を行う上でのこれら機能性物質を最適に利用できる条件の開発が重要となってくる．最近これらのマメ類に対して様々な分野の研究機関が様々なアプローチを始めるようになってきた．これらの成果が今後少しずつ生まれることにより，アズキを含むインゲンマメのさらなる普及併せて様々な加工食品への普及を期待したい．

（大庭　潔・清水　英樹）

### 引用文献

1) 印南　敏・桐山修八．改訂新版食物繊維（第一出版，東京），287 (1995)
2) 印南　敏・桐山修八．改訂新版食物繊維（第一出版，東京），8 (1995)
3) 本田千代・難波豊彦・浅岡　修・湯本邦子・林　敏夫・池上幸江・高居百合子．食衛誌，33, 46 (1992)
4) Englyst, H. N., Wiggins, H. S. and Cum-Mings, J. H., Analyst, 107, 307 (1982)
5) 不破英次．日本食品素材研究会誌，1, 1 (1998)
6) 森田達也・大橋　晃・猪飼利圭・森岡　保・桐山修八．食品と開発，31, 34 (1996)
7) 井ノ内直良・白井哲夫・渡辺基弘・不破英次．応用糖質学会誌，41, 384 (1994)
8) M. Fukushima, T. Ohashi, M. Kojima, K. Ohba, H. Shimizu, K. Sonoyama and M. Nakano. Lipids, 36 (2), 129 (2001)
9) 村上知子・伊藤裕三．北海道教育大学紀要，33 (2), 33 (1983)
10) K. Yoshida, Y. Sato, R. Okuno, K. Kameda, M. Isobe and T. Kondo. Biosci.Biotech.Biochem., 60 (4), 589 (1996)
11) 小嶋道之・森田武志・大橋美穂・清水英樹・大庭　潔・伊藤精亮．日本農芸化学会誌講演要旨集，73 (1999)

## 13．ラッカセイの乾燥，調製および加工

アンデスの麓に起源を持つラッカセイは，揺籃の地では保存食の一つであったが，伝播したアメリカや中国では油糧種子として用いられるだけでなく，ピーナツバターに加工されたり料理にも利用されている．

わが国ではラッカセイは嗜好品として利用されることが多く，煎り豆や様々な豆菓子などに加工

されてきた．とりわけ，煎り豆では日本人の食文化ともいえる微妙な風味が追求され，品種や乾燥法などに改良が加えられてきた．また，最近では掘りたての生の莢実をレトルト処理する方法も開発され，加工のバリエーションも広がっている．

### 1）ラッカセイの乾燥，貯蔵および調製

#### (1) 乾　燥

ラッカセイは畑で掘り取ってから反転させて莢実を上に向ける．このまま約2週間放置することにより，掘り取り時には約50％ある子実水分が15～20％にまで減少する．これは"地干し"と通称されている．地干し乾燥だけでは乾燥莢実製品の水分としてはまだ多いので，この後さらにボッチとよばれる積み方によって畑で乾燥させる（野積み乾燥）か機械によって火力乾燥し，6～8％の水分とする．

ボッチは莢実を内側に，茎葉を外側にしてラッカセイを1.5～2mの高さに積み重ねるものであり，わらなどで作った通気性のある帽子状の蓋をかぶせて雨滴の浸入を防ぎ，秋から初冬の寒風に2カ月程度さらすことによって乾燥を促進するものである（図8-13-1）．ボッチ積み乾燥時におけるボッチ内と外気の温湿度の変化を図8-13-2に示したが，ボッチ内の温湿度は外気に追随して変動していた．とりわけ湿度は，夜間には100％RHまで高まるが昼間は50％RH程度となるなど，変化が大きかった．

地干し乾燥による子実成分の変化を表8-13-1に示した．水分以外で大きく変化する成分はショ糖とデンプンであり，国内の主要品種である千葉半立やナカテユタカではショ糖は大幅に増加して乾燥重当たり6％前後になるが，デンプンは半分程度にまで減少する．また，遊離アミノ酸は乾燥中にグルタミン酸やアルギニンはやや減少してアスパラギン酸やプロリンが増加するが，総量としては大きな変化がない．なお，地干し後のボッチ積みなどによる乾燥では，水分を除けば子実成分はほとんど変化しない．

図8-13-1　地干ししたラッカセイのボッチ積み（野積み）乾燥（著者原図）

表8-13-1　地干しによるラッカセイ品種ナカテユタカ子実の成分変化（千葉農試，1994）

| 調査時期 | 水分(%) | ショ糖 | デンプン | 遊離アミノ酸 |
|---|---|---|---|---|
| | | (g/100 gDW) | | |
| 掘り取り時 | 50.9 | 2.6 | 9.9 | 0.48 |
| 地干し終了時 | 20.2 | 6.5 | 5.0 | 0.42 |

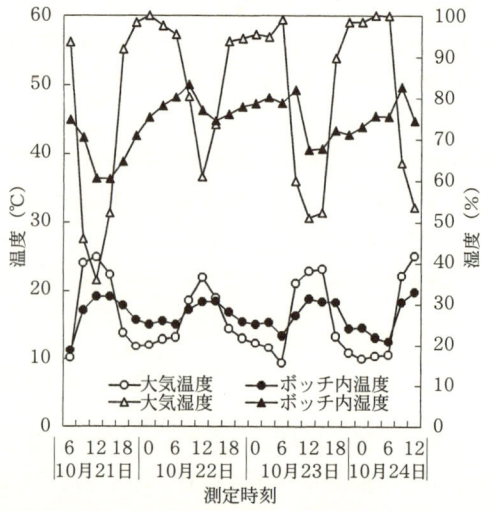

図8-13-2　ラッカセイのボッチ積み乾燥におけるボッチ内温湿度の変化（千葉農試，1995）

## (2) 貯蔵

十分乾燥した莢実は機械で脱莢した後，30 kg 入りの麻袋や合繊袋に入れて運搬・貯蔵される．乾燥した莢実は高温下と高湿度下では品質が低下する．とりわけ，両者が併存するような条件下では莢にカビが発生しやすい．

貯蔵温度としては莢実が変質しない低い温度が望ましいが，経済性や作業性を考慮して常温，低温，冷凍などの温度帯が使い分けられている．一方，子実脂質の変質を抑制する観点からは貯蔵温度を 5 ℃ 以下とすることが望ましい[5]ので，わが国の気候では 2 月頃までは冷凍設備のない貯蔵倉庫でもよいが，3 月以降は低温庫（1～5 ℃），さらに 1 年以上の長期保存の場合には冷凍庫（−18 ℃以下）で貯蔵することが推奨される．実際，通年でラッカセイを加工する業者のほとんどは貯蔵に冷蔵庫や冷凍庫を利用している．また，貯蔵施設の湿度条件は 60～70 % RH とすることが適切であり，これ以上の高い湿度は避けなければならない[2]．

## (3) 選別・洗浄

加工するためには，畑で脱莢しただけの土莢から上莢実を選別し，さらにこれを洗浄しなければならない．選別には茎や下莢実などをより分ける専用の機械が用いられるが，洗浄はニンジン洗浄機を改良した装置の利用が多い．洗浄後の乾燥は火力温風で行うことがほとんどであるが，洗った莢実を屋外に広げて天日乾燥するものもある．

## (4) むき実調製

煎り莢への加工は莢実をそのまま利用するが，それ以外は莢から実を取り出して子実だけの状態にする（むき実，豆）．殻を割ってむき実とするためには機械による方法と手で一つずつ割る方法がある．手むきは豆に傷をつけないが，手間がかかるためにコストは高くなる．このため，手むき豆は高級な塩味付けや素煎りへの加工あるいは種子などに用いられる．一方，機械むき実は殻を叩き割るようにして行うので，豆が損傷しやすい．傷のついた豆を用いると製品の品質に影響することもあるが，コストや能率が考慮され，様々な加工にはほとんど機械むき実が使われている．

## 2) 乾燥莢実の加工

わが国でのラッカセイの需要は約 12 万 t あるが，国産品はこのうちの約 20 % を満たしているにすぎず，輸入品が 80 % 近くを占めている．輸入品に占める未加工品と加工製品の割合は半々である．なお，加工製品中には殻付き煎りラッカセイ（煎り莢）などが含まれている．

未加工の乾燥ラッカセイの用途を表 8-13-2 に示した．国産品は約 5 割が煎り莢に利用され，そのほかはバターピーナツと味付けラッカセイの加工に使われている．これらは，いずれも素材の良否が品質に大きな影響を及ぼす製品である．一方，輸入品は豆菓子や製菓原料への利用が多くなっている．

## (1) 煎りラッカセイ

莢のまま煎って製品とする煎り莢と，渋皮（種皮）を付けたままのむき実を煎った製品とがある．ラッカセイを焙煎すると水分は 2 % 程度まで減少し，独特の香味成分や着色物質が生成して食感も向上する．煎る

表 8-13-2　ラッカセイの用途別消費割合

| 種類 | 用途別の消費割合（%） | | | | | |
|---|---|---|---|---|---|---|
| | 殻付き | バタピー | 味付け | 製菓原料 | 豆菓子 | その他 |
| 国産品 | 53 | 32 | 13 | 2 | - | - |
| 輸入品[注] | | 45 | 14 | 20 | 13 | 7 |

（注）加工製品（煎り莢など）を除く　（農林水産省畑作振興課推定）

ことによって乾燥子実におよそ6％含まれるショ糖や50％を占める脂質および25％を占めるタンパク質に大きな量的変化はない．しかし，タンパク質ではメチオニンリッチなタンパク質や分子量7万のペプチドの減少，主要なタンパク質であるアラシンの会合などの変化が生じている[4]．一方，表8-13-3に見られるように，遊離アミノ酸ではグルタミン酸，アスパラギン，アルギニンなどの主要なアミノ酸の減少が認められる．

表8-13-3 煎り加工によるラッカセイ品種ナカテユタカ乾燥子実の主要な遊離アミノ酸含量の変化（千葉農試，1994）

| 成分名 | 子実成分含量 (mg/100 gDW) | |
|---|---|---|
| | 煎り前 | 煎り後 |
| アルギニン | 25 | 11 |
| アスパラギン | 32 | 18 |
| アスパラギン酸 | 32 | 30 |
| グルタミン酸 | 109 | 61 |
| アラニン | 22 | 17 |
| プロリン | 20 | 17 |
| フェニルアラニン | 15 | 16 |

煎りラッカセイは甘味の強いものが好まれる傾向があり，図8-13-3のように，食味の良否にはショ糖含量の影響が大きい[7]．脂質含量については少ないほど味が良いといわれるが，これはショ糖含量と脂質含量が反比例する傾向にあるためであり，脂質含量そのものの味に及ぼす影響は十分な検討がなされていない．また，

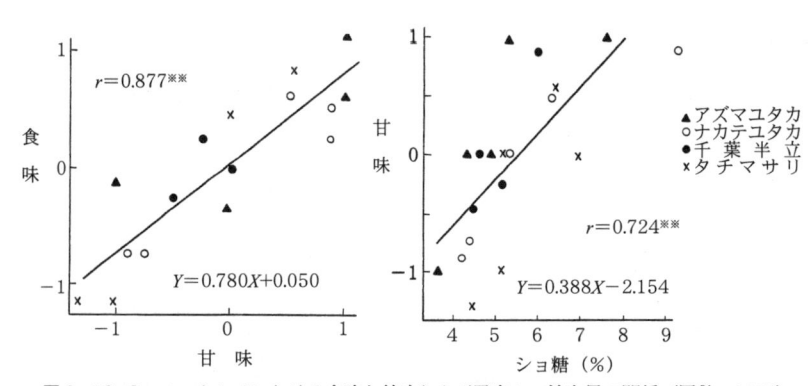

図8-13-3 ラッカセイにおける食味と甘味および子実ショ糖含量の関係（屋敷，1982）

遊離アミノ酸は煎り加工によって生成する様々な成分の素になる物質とされているが，各種アミノ酸の存在比や量が食味に及ぼす影響についても研究は少ない．

煎り加工は独特の香気成分を生成する．香気成分の生成には遊離アミノ酸と糖が大きく関与し，加熱によって引き起こされるメイラード反応などが複雑な過程を経て様々な物質群を生成している[1]．香気はピラノン，フラン，アルデヒド，アルコールなど，数十種類の様々な香りを呈する揮発性物質が作り出しているものと考えられるが，ベンゼンアセトアルデヒドのような特定の物質の多さと好ましい香気との関係に注目した研究もある[4]．

煎りラッカセイ用の品種としては，高級製品には香りと味の良い千葉半立や甘味の強いナカテユタカが使用される．また，製品は水分の戻りによる食感の悪化や酸化による食味の低下があるため，製造後はすみやかにバリアー性の高いプラスチックフィルム袋に密封されるが，さらに酸化を抑制するためには酸素除去剤や減圧包装も利用される．

(2) バターピーナツ

バターピーナツの製造にはラッカセイのむき実（豆）を用いる．製造工程は，豆の渋皮を脱皮機で取り除いた後にヤシ油で揚げ，これに塩とバターを絡めて味付けをする．バターピーナツの製造にはラッカセイの約4割が使われており，高級品には千葉半立やナカテユタカなどの国産豆が用いられる．

(3) 豆菓子，甘納豆

i) 豆菓子　ラッカセイを使った豆菓子には渋皮を除去した豆を用いる．豆菓子は，豆を回転釜に入れ，暖めながら砂糖と水を加熱して作った糖蜜にコーヒー味などを混ぜた液を少しずつ絡めてつ

くる．豆菓子には，ほとんど小粒の輸入豆が使用されている．

ⅱ) **甘納豆** 甘納豆の製造には乾燥豆を水漬けして水分を戻した豆を用いる．これを煮たものを糖蜜に何度か漬け込んで蜜を十分中心部までしみ込ませ，最後に砂糖をまぶす．甘納豆製造には大粒の豆が多く使用される．

## (4) ピーナツオイル，その他

ⅰ) **ピーナツオイル** ピーナツオイルは独特の風味を持つオイルとして中華料理になどに重用されている．オイルを得るには，渋皮付きの豆をローラーで押し潰した後に抽出を容易にするために90℃程度で蒸す．これを圧搾してオイルを取り出した後，ろ過，精製，脱色などを行って製品とする．ピーナツオイルは輸入製品が多くを占めるが，国産豆を原料とするピーナツオイルも需要量全体の3割程度（約400 t）ある．

ⅱ) **ピーナツバター** ピーナツバターやペーストはパン食の普及とともに利用されるようになったが，わが国での消費量はアメリカに比べればかなり少ない．製造方法は，豆を素煎りした後，渋皮を取り除いてローラーなどで細かくすり潰し，砂糖や油脂，あるいは粉乳などを加えてよく混ぜる．口当たりの良さやクリーミーさを特徴としているが，粒を残した製品もある．国内での製造量は少なく，多くは加糖あるいは無糖の製品としてアメリカなどから輸入されている．

ⅲ) **ラッカセイしょう油** ラッカセイを原料としたしょう油には，蒸煮した豆をダイズの代わりに使用してしょう油とするものと，脱脂した粉状のラッカセイを従来の麹に混合することによってラッカセイの風味を付加したしょう油とがあり，後者は千葉県工業試験場が1998年に開発した[3]．製法の違いを図8-13-4に示す．工場規模での製造は以下のような配合割合と工程で行われる：蒸した脱脂ラッカセイ50 kgに等量のしょう油用麹を加え，さらにこれに150 kgの食塩水を加える．これを6カ月間発酵・熟成させた後にもろみを搾り，火入れを行って製品とする．こうして作られたラッカセイしょう油はマイルドな香りと透明感のある明るい淡い色調を併せ持っている．

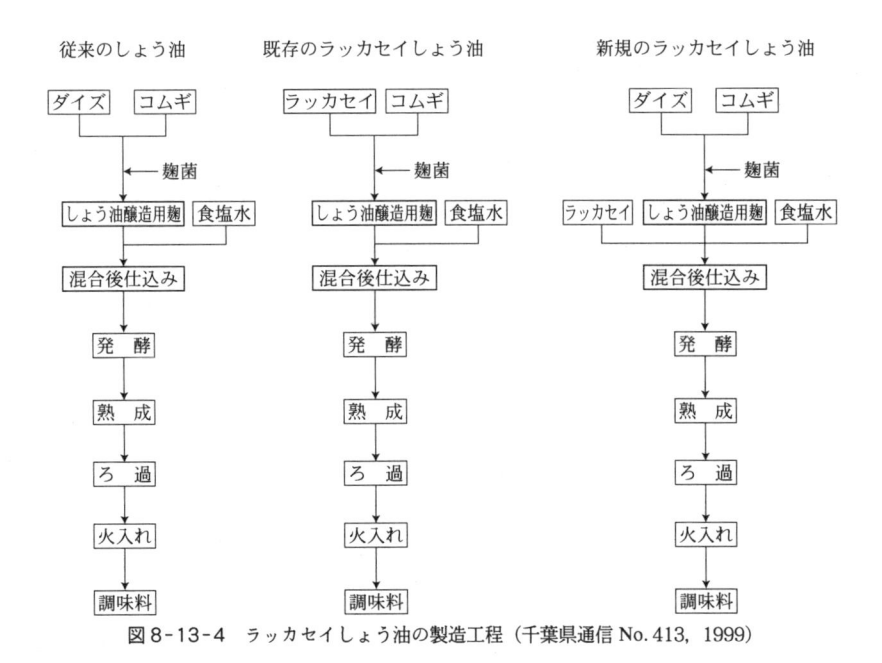

図8-13-4 ラッカセイしょう油の製造工程（千葉県通信 No.413, 1999）

### 3）生莢実の加工

　掘り取ったラッカセイの莢実を乾燥せずに加熱処理するゆでラッカセイは各地で製造されているが，商品としての生産量はきわめて少ない．これには，市場ルートを通じては生莢実がほとんど流通しないこと，ゆでラッカセイは日持ちしないために流通は冷凍に限定されること，あるいはゆでラッカセイの食習慣が全国的にはないこと，などが影響している．最近では常温でも保存が可能なレトルトラッカセイが製品化され，こうした点が改善されつつある．

**(1) 生莢実の収穫および調製**

　ゆでラッカセイやレトルトラッカセイは子実の軟らかな食感や甘味を賞味するため，生莢実用のラッカセイは乾燥莢実用よりもやや早い時期に掘り取る．掘り取りは，乗用トラクタに簡単な根切り機を装着して直根を切れば容易に引き抜くことができるので，ほとんどは人手で行われている．

　脱莢は手もぎあるいは機械で行う．莢実をもぐ機械を利用すると10a分を約5時間で処理できる．機械利用脱莢後に風力選別すると，莢実に混じった茎葉はほとんどなくなるが，子房柄は莢実に付いたままである．このため，子房柄除去と莢洗浄を兼ねた，図8-13-5のような機械も開発されている．また，子房柄除去のための廉価な機械として，神奈川県農業総合研究所と農機メーカーが共同開発（1999年）した調製機もある．生莢実の洗浄には乾燥莢実と同様にニンジン洗浄機を利用することができる．洗浄莢の選別は人手によって行われるが，将来的にはCCDカメラなどを利用した莢の形状や着色程度による選別の可能性も展望されている．

図8-13-5　ラッカセイ生莢の子房柄除去・洗浄機（文明農機（株）製，著者原図）

　未乾燥の生莢実は高温環境下では食味の低下が速い．これは図8-13-6に示すように，子実のショ糖や遊離アミノ酸が急激に減少するためであるが，掘り取ってから加熱処理するまでの間を低温環境下で保管すると，これを顕著に抑制できる．このため，乾燥莢実とは異なり，食味の良い生莢実の加工品を製造するためには低温管理が必須である．

**(2) 生莢実の加工**

　i）ゆでラッカセイ　ゆでラッカセイは，生莢実を常圧下の沸騰水中あるいは加圧下の高温蒸気中で加熱処理したものである．大量に生産する場合には莢色の仕上がりの良好さなどから加圧蒸煮機が用いられることが多い．処理時間は子実の熟度によって異なるが，30～50分間である．ゆでラッカセイは日持ちがしないために，流通・販売に際しては冷凍状態とする必要がある．

　神奈川県で開発されたゆでラッカセイの製造工程は，収穫→選別→洗浄→塩水漬け→加圧蒸煮→

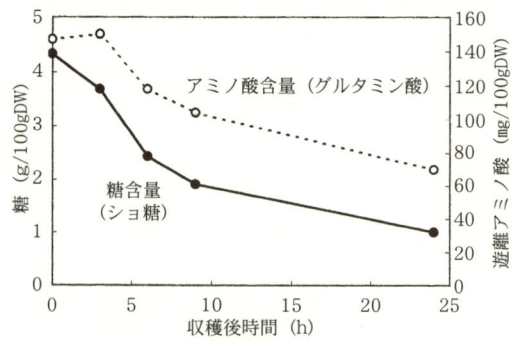

図8-13-6　ラッカセイ郷の香未乾燥子実の30℃における食味関連成分の変化（千葉農試，1996）

送風冷却→包装→冷凍となっている．同県では，莢のくびれが少なく洗浄しやすいことや早く収穫できることなどから，ゆでまさりをゆでラッカセイ用に推奨した．ゆでラッカセイの製造は神奈川，千葉，静岡，鹿児島などの各県で行われており，ゆでラッカセイ用のラッカセイ栽培面積はおよそ100 ha と推定される．品種としてはゆでまさりのほかにナカテユタカや郷の香が使用されている．

ⅱ）レトルトラッカセイ　レトルトラッカセイは生莢実をレトルトパウチに包装し，加熱殺菌することによって常温流通を可能にしたものである．千葉県農業試験場は1995～1999年までの研究により，これまでにない食味と商品性を持った新しいレトルトラッカセイを開発した[6]．その製造法を図8-13-7に示したが，従来法が一度ゆでラッカセイとしたものをパウチに詰めてレトルト処理するものであるのに対して，新製法は生莢実をパウチに詰めて減圧窒素ガス置換包装した後にレトルト処理することによって殺菌と調理を同時に行うものである．この減圧窒素ガス置換包装により，121℃13分程度の加熱で十分な殺菌効果（$F_0$ 値：8～10）が得られ，過加熱による食味の低下が抑制されるとともに処理時間の大幅な短縮が可能となった．また，レトルトラッカセイの包装に使用した透明パウチは，三層構造を持つラミネートフィルムであり，塩素系物質を含まない．したがって，商品の見栄えを改善しただけではなく，環境問題にも配慮されている．さらに，酸素透過度は $0.2\ cc/m^2\cdot atm\cdot 24\ hr$ とアルミに匹敵するほど小さいために莢色や味の変化が長期間抑制され，製品の保存期間を1～5℃で1年間，常温下でも3カ月とすることができた．本方法によって製造された製品は，ゆでラッカセイよりも軟らかくて甘味が強く感じられるために，ゆでラッカセイとは異なる商品と認められ，本製品と製造法は1999年に特許を取得した．

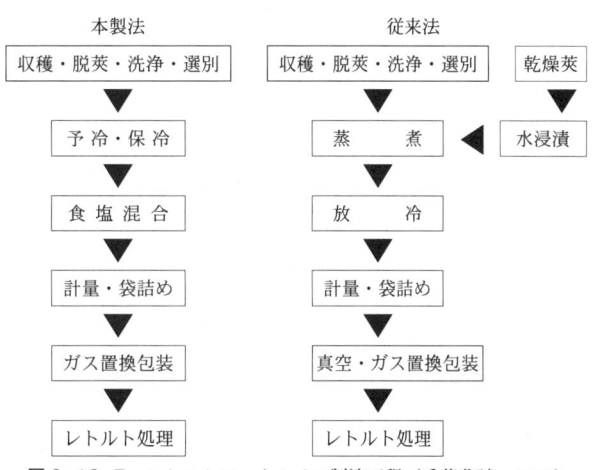

図8-13-7　レトルトラッカセイの製造工程（千葉農試，1998）

レトルトラッカセイの製造には早掘りに適し，品質も良好な郷の香が用いられている．製品作りは，生産サイドがラッカセイの収穫から選別までを担当し，製造サイドが塩味付け・包装処理して専門会社にレトルト処理委託するシステムで行われている．製品化は1998年に始まり，生産量は年間15～20万袋にのぼっている．生産サイドと製造サイドを直結したレトルトラッカセイの製造システムは，契約栽培も取り入れて農工の提携を強化するなど，地域におけるラッカセイ生産の新たな展開を可能にしている．

（宮崎　丈史）

## 引用文献

1) Ahmed. E. M. *et al.*, "17. Composition, quality, and flavor of peanuts". Peanut Science and Technology. Pattee, H. E. and C. T. Young eds. Texas, American Peanut Research and Education Society, Inc., 655-688（1982）
2) 福田稔夫・前沢辰雄．ラッカセイの貯蔵および加工に関する研究．日食工誌，12，476-481（1965）
3) 大垣佳寛・佐川　巌・飯島直人．脱脂落花生を主原料とした発酵調味料の簡便な製造方法．千葉工試研報，13，14-17（1999）

4) Sanders, T. H. *et al.*, "16. Advances in peanut flavor quality". Advances in Peanut Science. Pattee, H. E. and H. T. Stalker eds. OK, American Peanut Research and Education Society, Inc., 528-553 (1995)
5) Smith. J. S. *et al.*, "15. Advances in peanut handling, shelling and storage from farmer stock to processing". Advances in Peanut Science. Pattee, H. E. and H. T. Stalker eds. OK, American Peanut Research and Education Society, Inc., 523 (1995)
6) 特許第2981995号. 未乾燥の莢付き落花生を原料としたレトルト落花生及びその製造方法 (1999)
7) 屋敷隆士. "ラッカセイの品質育種". わが国におけるマメ類の育種. 小島睦男編. 農林水産省農業研究センター, 505-514 (1985)

# 第9章　栄養生理機能

## はじめに

　地球的規模で食糧不足が現実のものと予想される近い将来において，マメ類の食糧資源に占める重要性は増加するものと考えられる．その中でもダイズは，栽培特性と加工性にすぐれ，最も重要な作物である．また，食糧源としてのダイズには，その成分組成からみて三つの大きな特徴がある．それらは，マメ類の中ではタンパク質含量が高いこと，ダイズ油の脂肪酸組成が不飽和脂肪酸（特にリノール酸）に富むこと，特徴的なフラボノイドを有することである．これらの特徴は，直接的間接的に食品として摂取された時に生活習慣病の予防に関係している．表9-0-1に現在認められているダイズの成分の生理機能について簡単にまとめた．一方，現在消費量がダイズほど大きくないマメ類にあっても，貯蔵性や成分特性から特徴的なマメ類は，今後その有用性から需要が増加すると思われる．

表9-0-1　ダイズの成分とその生理機能

| | |
|---|---|
| コレステロール低下作用 | ダイズタンパク質/ペプチド[1～4,26,27] |
| 抗高脂血症 | ダイズ油（不飽和脂肪酸） |
| 抗高血圧症 | ダイズタンパク質，ペプチド[9～11] |
| 抗ガン作用 | フラボノイド/カロチノイド[5～7,30] |
| 細胞増殖作用 | ダイズタンパク質 |
| 抗酸化作用 | ペプチド，ビタミンE[7,8,23～25] |
| 活性酸素除去 | フラボノイド/ペプチド[7,8,28,29] |
| 抗アレルギー | アレルゲンペプチド（除去）[12～22] |
| 整腸作用 | 食物繊維 |

　近年，食品の生理機能の研究が進展してきている．その背景には，世界的に見て先進諸国の疾病構造が類似している事にある．先進国では，死亡原因の上位は，悪性腫瘍，脳血管系障害，心臓疾患であり，罹病率の上位三者は，高血圧症，脳心臓血管機能異常，感染症となっている．これは，衣食住環境の整備，社会の成熟に伴う長寿化による成人病の顕在化が大きな理由であるが，老年のみならず壮若年層における疾病構造が同傾向である事は，単純にその様には解釈できないことを示している．また，開発途上国において，伝統的な食事や生活の欧風化により，同じ様な傾向の認められることは，生活習慣が疾病に及ぼす影響の大きさを示しているといえる．高血圧症や糖尿病の発症基礎に高脂血症や肥満があり，それらは食習慣，生活習慣に大きく影響を受けることは良く知られている．このように，食（習慣）が単なる栄養という意味だけでなく体の機能と深く関わることから，より積極的な食品の体調調節機能に関する研究が進展しているのは周知のことである．食品の生理機能という観点からマメ類がどのような特質を持つかということは，実証段階に入りつつある食品の生理機能研究において，重大な意味を持つと考えられる．

　本章では，マメあるいはその成分が消化管機能，脂質代謝，血圧，がん，アレルギー，あるいはその根底にある活性酸素の消去といった基本的な機能に対してどのような影響を与えうるかという観点から，個体レベル，細胞レベル，酵素や分子レベルでの研究が概観されている．

　これまで，結果の明快さ，簡便さ，操作性などから，また，分子レベルや細胞レベルでの作用機構の解析との関連から，化学的，酵素的，あるいは株化培養細胞を使った *in vitro*（試験管内）の生理機能検証系が用いられてきた．しかしこれらの手法は，生理生化学的あるいは細胞生物学的に普遍性や妥当性があっても，経口経腸という食品の特質を必ずしも考慮あるいは反映できていないため，試験管内での現象を単純に生体に応用することができるのかという根本的な問題が存在していた．特に，高血圧やアレルギー症状は細胞や組織にはない高次の応答すなわち個体レベルで初めて発症するため，研究の遅れていた分野である．しかしこの方面でも，近年，酵素レベルおよび細胞レベル

での結果と in vivo での結果を包括的に解釈することにより，実際に動物やヒトに適用しうる結論が導き出せる様になってきている．例えば，最も消費量の多いダイズについて見れば，ダイズを原材料とする食品が特定保健用食品として認可されてきている事にそのことが反映されている．

今後の食糧としてのマメ類の研究に必要とされる分野は，この様な生理機能研究の成果を，育種栽培分野にどのように効率よく反映させていくことができるかという点にあると考えられる．その意味では，本叢書の各章の研究分野の研究者との連携が今後の課題であると考えられる．

（河村　幸雄）

## 1．ダイズタンパク質のコレステロール低下作用

### 1）はじめに

植物タンパク質の血清コレステロール濃度改善作用に関する研究には半世紀以上もの歴史があるが，そこでは主としてダイズタンパク質が植物タンパク質の代表として検討されてきている．

1975年，Carroll と Hamilton がウサギの血清コレステロール濃度に及ぼす各種タンパク質の影響を系統的に検討し，植物性タンパク質摂取で動物タンパク質摂取より血清コレステロール濃度は低くなることが集大成された（図9-1-1 A）．その後，Sirtori らが通常の食事療法では改善が見られない強度の高コレステロール血症患者について，ダイズタンパク質の優れたコレステロール濃度低下作用を観察し（図9-1-1 B），ダイズタンパク質のコレステロール低下作用がヒトでも確かめられた．これらの報告が引き金となって，種々の病態のヒトにおけるダイズタンパク質のコレステロール低下効果が調べられ，一方では動物実験による作用機構の検討や摂食条件の影響などが研究されてきた[1]．

ダイズタンパク質の血清コレステロール濃度低下作用は日本人でも確認されている．現在わが国では，ダイズタンパク質は特定保健用食品として認可され，から揚げ，がんもどき，ソーセージ，ミートボール，ハンバーグ，清涼飲料水および豆乳ヨーグルトなどとして商品化されている．さらに，ビスケットやスープなど，食べやすい製品もつくられている．これらの食品では，1食当たり

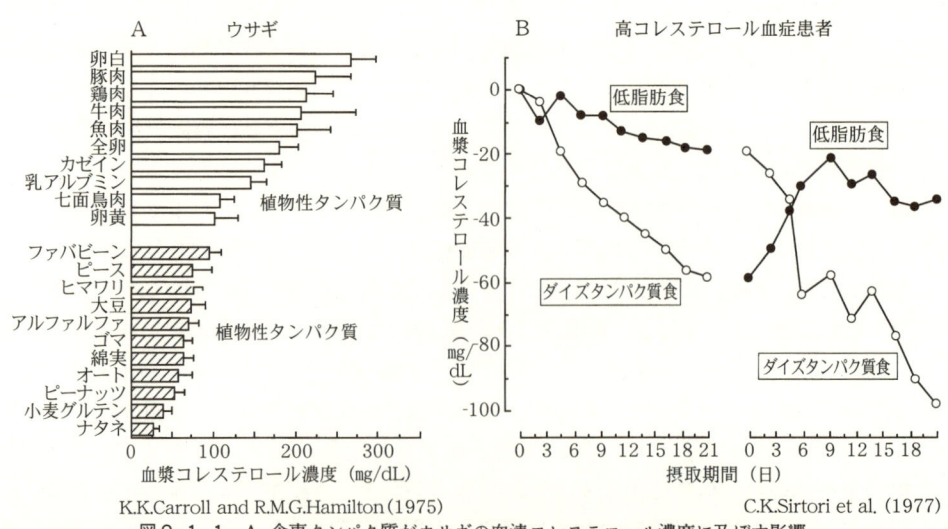

図9-1-1　A．食事タンパク質がウサギの血清コレステロール濃度に及ぼす影響．
　　　　　B．ダイズタンパク質のヒトの血漿コレステロール濃度低下作用．

6～9g程度のダイズタンパク質の摂取が目安とされている.

なお,市販のダイズタンパク質標品のタンパク質としての純度はせいぜい90％程度であり,最近,降コレステロール作用に対する非タンパク質成分,とくにイソフラボンの共同作用が注目を集めてきている.

## 2) ダイズタンパク質のコレステロール低下作用

### (1) 動物実験

種々の動物を用いて数多くの飼育実験が行われ,程度の差はあれダイズタンパク質の血清コレステロール濃度低下効果が観察されている.一般に,コレステロール添加食での実験が多いが,低脂肪の条件下ではコレステロール無添加食でも効果を再現できる.ダイズタンパク質は血清コレステロール濃度だけでなく,肝臓コレステロール,そして血清,肝臓のトリグリセリド濃度をも低下させる.ダイズタンパク質の効果は,摂取開始数日後で既に観察される迅速な応答である.

なお,これまでの動物実験では,安価で成分一定の製品がいつでも得られるという理由から,ダイズタンパク質とカゼインがそれぞれ植物性および動物性タンパク質の代表として汎用されている.しかし,カゼインは特殊なリンタンパク質であるので,必ずしも動物性タンパク質の代表と見なしてよいかどうか問題がある.事実,魚肉や豚肉タンパク質,牛乳ホエイタンパク質などに降コレステロール作用があるとする報告もある.

### (2) ヒトでの臨床試験と疫学調査

Sirtoriらの報告以来,高コレステロール血症者を中心に研究が行われ,ほとんどの実験でダイズタンパク質の有効性が観察されている.コレステロール値が高いほど低下効果は大きい.わが国でも多くの実験が行われている[2].特定保健用食品としての認可資料となった実験では,コレステロール値が正常域の被験者でも低下効果が認められている(表9-1-1).外国の実験では,コレステロール値正常者では効果は認められていないが,正常域以下に低下させないという点では,安全性は高いことになる.

高コレステロール血症を起因とする心臓病の多発に悩むアメリカでは,食事による一次予防に多くの努力が傾注されてきている.そして,これまでの信頼できるヒトを対象とした38例の臨床試験の成績をもとにしたダイズタンパク質の有用性評価の結果から(図9-1-2)[3],動物性タンパク質をダイズタンパク質に置き換え,1日当たり25g(1食当たり6.25g)の摂取で血清総およびLDLコレステロール濃度が低下し(HDLコレステロールは低下しない),心臓病の発症を20％低減できるとして,FDAから栄養表示が認可されている[4].アメリカ心臓学会でもお墨付きを出している[5].なお,最近の研究では,1日20gの摂取でも,一定期間摂取すれば有意な低下があることが認められている(図9-1-3)[6].

大豆タンパク質の血清コレステロール濃

表9-1-1 エクストルーダー処理ダイズタンパク質(ESP)が健常な成人ボランティアの血漿コレステロール濃度に及ぼす影響

|  | 血漿濃度 (mg/dl) | |
| --- | --- | --- |
|  | 対照食 (n=9) | ESP食 (n=8) |
| 総コレステロール | | |
| 第1期 | 183 ± 19 | 186 ± 16 |
| 第2期 | 181 ± 17 | 175 ± 17 |
| 変化量 | -2 ± 9 | -11 ± 7[a] |
| HDL-コレステロール | | |
| 第1期 | 70 ± 9 | 60 ± 9[a] |
| 第2期 | 66 ± 7 | 59 ± 11 |
| 変化量 | 14 ± 3 | -1 ± 4 |
| β-リポタンパク質 | | |
| 第1期 | 285 ± 40 | 320 ± 54 |
| 第2期 | 309 ± 39 | 320 ± 54 |
| 変化量 | 24 ± 18 | -23 ± 12[b] |

(注) 各期1週間のクロスオーバーデザイン.ESP摂取量:1日当たり20g. [a] $p<005$, [b] $p<0.01$. M. Kito et al. (1993).

度低下効果は図9-1-4に示すように，かなり強いものであり，胆汁酸捕捉剤よりも優れている[3]．

一方，疫学調査でもダイズの摂取量と血清総およびLDLコレステロール濃度との間に負の相関が認められている．そして，ダイズの摂取量が多いほど血清脂質像は好ましいレベルにある[3,7]．

### 3) 作用機構と有効成分

#### (1) 作用機構

ダイズタンパク質がどのようなメカニズムで血清コレステロール濃度低下作用を発現するかは関心の深い問題であるが，腸管内あるいは生体内で起こるメカニズムに大別される．いずれにしても，ダイズタンパク質の摂取による冠動脈性疾患に対するリスクの低下は，多様なメカニズムの複合効果と理解される（表9-1-2）[5,8]．

i) 消化管内での作用　コレステロールや胆汁酸の吸収阻害が，血清コレステロール濃度低下に対し第一義的な役割を果たすことは確かである．動物実験において，ダイズタンパク質食ではカゼイン食よりふん便中へのステロイド排泄が増加することは古くから観察されてきた．この排泄増加が血清コレステロール濃度低下に関わっていることは間違いない[9]．

ダイズタンパク質中には，胆汁酸に結合する性質をもつペプチド構造が含まれており，それが消化の過程で遊離して胆汁酸と結合してミセルを形成する胆汁酸の有効濃度を下げ，その結果コレステロールの吸収も阻害される．このペプチド画分がペプシン，トリプシンなどの種々のプロテアーゼに対し抵抗性を示す非消化性の画分中に含まれることが知られている．ダイズ由来のこの画分の胆汁酸結合能は，他の種々のタンパク質から調製した非消化性画分と比較して，明らかに強い[10]．そして，実際にこの画分を動物に与えると，ふん便中へのステロイド排泄の著増を伴って，血清および肝臓のコレステロール濃度をダイズ

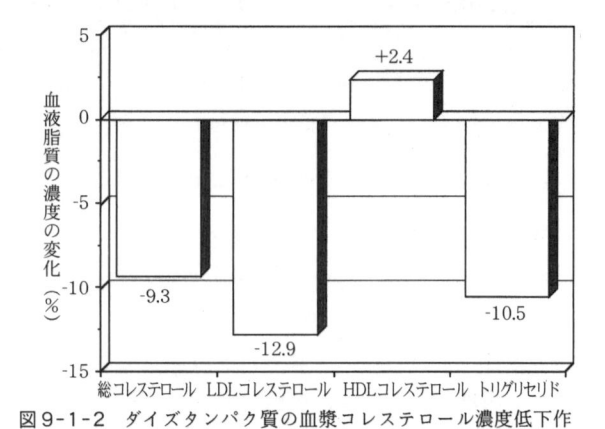

図9-1-2　ダイズタンパク質の血漿コレステロール濃度低下作用．
ヒトを対象に行われた摂食実験38例についての解析の結果．文献3)．

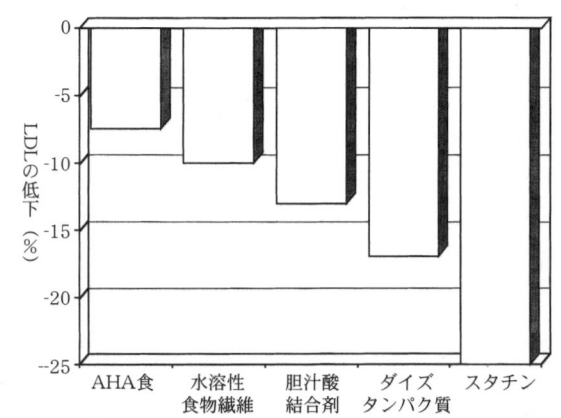

図9-1-3　ダイズタンパク質のLDL血漿コレステロール濃度低下作用の比較．
AHA食：アメリカ心臓学会が高コレステロール血症の治療に推奨している食事．胆汁酸結合剤：小腸内で胆汁酸と結合し，その利用性を抑え，結果的にコレステロールの吸収もよく制する薬剤．陰イオン交換樹脂であるコレスチラミンがよく知られている．スタチン：肝臓でのコレステロール合成を抑える薬剤で，現在高コレステロール血症の治療薬としてもっとも広く使われている．文献3)．

表9-1-2　ダイズタンパク質の冠動脈性疾患リスク低下作用のメカニズム[8]

---
1. 血清コレステロール濃度の低下
　胆汁酸排泄の増加
　LDL受容体活性の上昇
　チロキシンおよび甲状腺刺激ホルモン分泌の増加
　コレステロール吸収の低下
2. LDLの酸化性の低下
3. 動脈の柔らかさ（弾性）の向上
4. ダイズイソフラボンの女性ホルモン活性

タンパク質そのものを摂取した場合より劇的に低下させた．さらに，マイルドな高コレステロール血症の若い女性での摂取実験の結果，この画分はヒトでも有効であることが確かめられた[10]．現在，非消化性画分は粉末状の製品として商品化されている．いずれにしても，ステロイド排泄促進作用は腸管内での事象であるため，効果の限定性，ひいては安全性の面で大きな意義がある．

この非消化性画分のアレルゲン性はダイズタンパク質よりも明らかに低く，アレルギー患者にも適用できる可能性がある[10]．なお，種々のダイズ栽培種について検討したところ，胆汁酸結合能に大きな種間差があることがわかり，適当な品種を選ぶことで結合能が強い，すなわち，血清コレステロール濃度低下作用の強い標品が得られるであろう[10,11]．

なお，ダイズタンパク質の降コレステロール作用を高める試みもある．ダイズタンパク質とダイズレシチンの混合物，ダイズタンパク質と酵素分解レシチンとの混合物をプロテアーゼ処理したものなどの有用性についての報告がある．

ii）体内での作用[5,10]　この場合，ダイズタンパク質の効果は，そのアミノ酸組成と共存成分に帰せられる．

カゼインと比較して，含量やバランスが異なるアミノ酸について多くの研究がある．アルギニン，リジン（あるいは両者の比），グリシン，メチオニンなどが研究の対象となっているが，結果は普遍性に欠け，ヒトでの成績も十分ではない．これらアミノ酸組成の違いが，甲状腺ホルモン，グルカゴンなどの分泌変化を介して効果を発現する可能性が指摘されている．

ダイズタンパク質製品中に含まれるイソフラボン類のエストロゲン活性の関与も考えられる．また，トリプシンインヒビター，フィチン酸，サポニン，食物繊維などの関与も指摘されている．イソフラボンはLDLの過酸化を抑え，動脈硬化を抑制する可能性も示されている．サポニンも降コレステロール作用だけでなく，抗酸化機能を示す．

**（2）有効成分**

ダイズタンパク質そのものが降コレステロール作用の中心成分である．しかし，通常のダイズタンパク質製品中には，種々の非タンパク質成分が比較的多く含まれてい

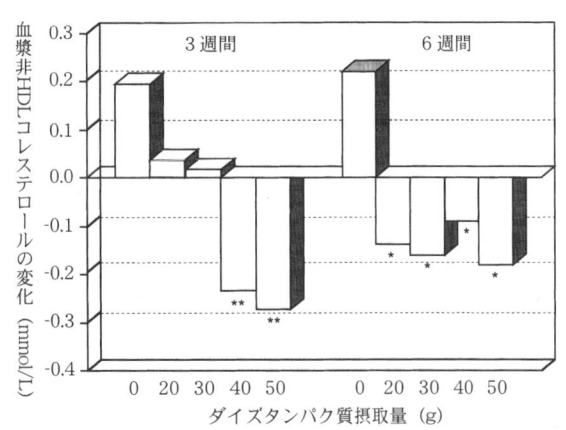

図9-1-4　血漿コレステロール濃度に及ぼすダイズタンパク質の摂取量の影響．
各群15〜18人の平均値．ダイズタンパク質0g群と比較しそれぞれ * $0.01 < p < 0.05$, ** $p < 0.01$．文献6)．

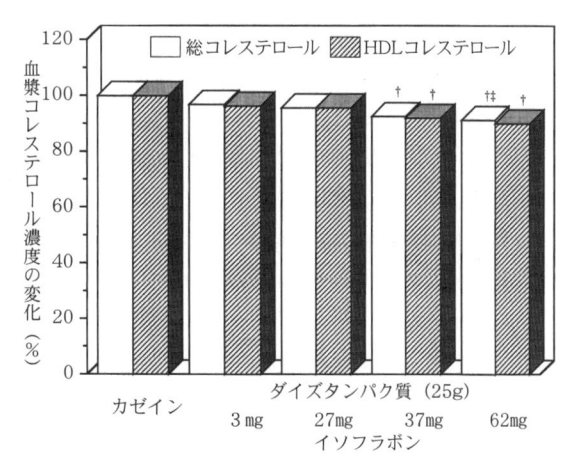

図9-1-5　高コレステロール血症者の総コレステロールおよびLDLコレステロール濃度に及ぼすイソフラボン含量の異なるダイズタンパク質あるいはカゼイン摂取（共に1日当たり25g）の影響．
各群12〜16人の平均値．† カゼイン群に対し $p < 0.03$, ‡ 3mgイソフラボン群に対し $p < 0.05$．文献13)．

て，それらのうち，イソフラボンやサポニンに血清コレステロール濃度低下作用があり，ダイズタンパク質標品の効果に関わっているといわれている[5,12,13]．図9-1-5に示すように，ダイズタンパク質中のイソフラボン含量に依存して血清コレステロール濃度は低下する．イソフラボン含量が低いダイズタンパク質製品（アルコール処理製品）では，降コレステロール効果は低下するが，抽出したイソフラボンだけでは明確な効果がないとの観察が多く，タンパク質とイソフラボンとの共同作用であると理解されている．イソフラボンはLDL-レセプターの活性化を介して降コレステロール作用を発現するようである．

いずれにしても，ダイズタンパク質として利用するなら，これらの成分の共存はむしろ好ましいことであろう．

### 4）おわりに

ダイズは機能性成分の宝庫である．機能性成分の生理活性は非常に多様であり，それらを上手に活用することが健康のためのダイズ利用の方向性であろう[11]．ダイズタンパク質による高コレステロール血症の改善は，日本人にとっては実効性の面で有用な対応法である．それは，長年にわたっていろんなダイズ加工食品を食べてきた経験から，食生活への適用が比較的容易であるからである．そして，脂質とは異なり，通常の食生活ではタンパク質の摂取が過剰になる可能性はほとんどない．さらに，高品質の種々のダイズタンパク質製品を容易に利用でき，現代の多様な食生活を満足させるだけでなく，栄養的にも嗜好の面でも申し分がない．なお，ダイズタンパク質の降コレステロール効果は，低脂肪・低コレステロール食でより顕著であり，動物性タンパク質をダイズタンパク質で置き換えることにより，このような食環境を構築できる．

これまで，ダイズを主として飼料として使ってきたアメリカにおいても，ダイズの健康効果，とくに動脈硬化予防食品としての有効性が認められ，ダイズはすべてのヒトの食事に組み込むことができると結論されている[4,5]．ダイズの有効性が，世界中であらためて注目されているのである[14,15]．

（菅野　道廣）

### 引用文献

1) Messina, M. and J. W. Erdman, Jr., eds. J. Nutr., 125 (Suppl.), 567S-685 S (1995)
2) Nagata, C., N. Takatsuka, Y. Kurisu and H. Shimizu. J. Nutr., 128 (1), 209-103 (1998)
3) Anderson, J. W., B. M. Johnstone and M.E. Cook-Newell. New Engl. J. Mcd., 333 (5), 276-282 (1995)
4) Food and Drug Administration. Food Iabeling, health claims, soy protein, and coronary heart disease. Fed. Reg., 64 (206), 57699-57733 (1999)
5) Erdman, J. W. Soy protein and cardiovascular disesase. A statement for health care professionals from the nutrition committee of the AHA. Circulation, 102 (20), 2555-2559 (2000)
6) Teixeira, S. R., S. M. Potter, R. Weigel, S. Hannum, J. W. Erdman, Jr. and C. M. Hasler. Am. J. Clin. Nutr., 71 (5), 1077-1084 (2000)
7) Smit, E., F. J. Nieto and C. J. Crespo. Brit. J. Nutr., 82 (1), 193-201 (1999)
8) Lichtenstein, A. H. J. Nutr., 128 (10),1589-1592 (1998)
9) Duane, W. C. Metabolism. 48 (4), 489-494 (1999)
10) 菅野道廣．ダイズのヘルシーテクノロジー．河村幸雄・大久保一良編．光琳，59-72 (1998)
11) 菅野道廣．大豆タンパク質の加工特性と生理機能．菅野道廣・尚　弘子編，建帛社，1-16 (1999)
12) Jenkins, D. J. A, C. W. C. Kendall, E. Vidgen, V. Vukasan, C. J. Jackson, L. S. A. Augustin, B. Lee, M.

Garsetti, S. Agarwal, A. V. Rao, C. B. Capampang and V. Fulogoni. Metabolism, 49 (11), 1496-1500 (2000)

13) Crouse, J. R., T. Norgan, J. G. Terry, J. Ellis, M. Vitolins and G. L. Burke. Arch. Intern. Med., 159 (9), 2070-2076 (1999)
14) Ho, S. C., J. L. F. Woo, S. S. F. Leung, A. L. K. Sham, T. H. Lam and E. D. Janus. J. Nutr., 130 (10), 2590-2593 (2000)
15) Teixeira, S. R., S. Hannum, J. W. Erdman, S. M. Potter and C. M. Hasler. Am. J. Clin. Nur., 72 (6), 1588-1589 (2000)

## 2. ダイズのアレルゲンタンパク質の同定と構造

わが国における国民の食生活において,ダイズは日本型食生活を構築する上でコメとともに最も主要な食品素材であり,成人1日当たりの総摂取タンパク質約80gの内,コメの約13%について約10%前後を占める主要タンパク質源でもある.したがって,タンパク質摂取源として重要な卵,牛乳,コメ,コムギとともに日本人の主要5大アレルギー食品となっている.それにも関わらずダイズアレルギーに関する研究は,1980年代に至るまでほとんど行われておらず報告も限られている.一部の例外はあるが,ダイズに起因するアレルギーがアナフラキシーショックを伴う劇的な症状を示す場合が少なく,また,欧米においてはダイズは油料種子であり,脱脂粕は家畜飼料として利用されてきたことにもよる.ちなみにアメリカではピーナッツが食用に広く利用されており,日本とは逆にピーナッツアレルギー患者が問題になっている.また,20世紀初頭から豆乳が一部の牛乳アレルギーの乳幼児に対する安全な代替ミルクとして利用されてきたこともあり,アレルギー食品としてはあまり注目されなかったことにもよる.1943年 Duke[1] により豆乳を利用する乳幼児においてダイズはアレルギーを起こしうる可能性が指摘され,ダイズアレルギーとして注目されるようになったのが最初である.その後,試薬としてのダイズクニッツ型トリプシンインヒビター(KSTI)の粉末を吸引したことにより感作され,喘息を伴うアレルギー症状を示した患者の血清より,IgE抗体の認識するタンパク質として1985年に Morot[2] らによって同定されたのがアレルゲンに関する最初の報告である.その後,日本人研究者によるダイズタンパク質の研究が進展してアレルゲンの解析が可能になり多くの情報が蓄積されるようになった.

### 1) ダイズアレルゲンタンパク質のスクリーニング

本論では食物アレルギーを考える上で最も重要な IgE 抗体の関与するI型アレルギーを中心に,そのアレルギー惹起因子としてのアレルゲンタンパク質について解説する.ダイズアレルゲンタンパク質の検出は,ダイズを構成するタンパク質成分の中から,患者の血清中に存

表 9-2-1 ダイズアレルギー患者 IgE 結合性タンパク質

| Protein (Mass, kDa) | Assignment (Fraction) | Frequency[a] (%) |
|---|---|---|
| 70-68 | 7S ($\alpha$ subunit) | <u>23.2</u>* |
| 67-63 | 7S | 18.8 |
| 55-52 | 7S | 14.5 |
| 50-47 | 7S | 13.0 |
| 45-43 | 7S ($\beta$ subunit) | 10.1 |
| 41-40 | 7S | 7.2 |
| 38-35 | 7S | 7.2 |
| 35 | 11S (acidic subunit) | 1.4 |
| 35-33 | 7S | 15.9 |
| 31-29 | Whey (HMW)[b] | 4.3 |
| 30 | 7S (Gly m Bd 30 k) | <u>65.2</u>* |
| 28 | 7S (Gly m Bd 28 k) | <u>23.2</u>* |
| 21-18 | Whey (LMW)[b] | 7.2 |
| 20 | 2S (KSTI) | 2.9 |
| 17 | 2S | 1.4 |
| 15-14 | 2S | 2.9 |

[a] Among the 69 patients with AD
[b] HMW : high molecular weight
    LMW : low molecular weight
* : major allergen

在する特異 IgE 抗体によって認識される成分を特定することにある．ダイズアレルゲンの検出についての最初の報告は Shibasaki ら[3]により，常法によって分画されたダイズタンパク質画分についての酵素免疫測定法（ELISA）法を用いて系統的な解析が行われたのが最初である．2S-，7S-，11S-いずれの画分にもアレルゲン性（IgE 結合能）は認められるが，特に 2S-グロブリン画分のトリプシンインヒビターと推定されるタンパク質が特徴的に反応すると報告している．筆者らは，ダイズ抽出タンパク質を SDS-ゲル電気泳動により分離し，ニトロセルロース膜上に転写した後，これを患者 IgE 抗体で免疫染色・検出するイッムノブロット法（ウェスタンブロット）を用いてできるだけ多くの患者血清によるスクリーニングを行った[4]．図 9-2-2 は，病院外来を訪れたアトピー性皮膚炎患者の病歴・主訴から，医師によりダイズが原因の食物アレルギーと判定された患者の血清によるダイズ抽出タンパク質のイムノブロットの結果である．69 人の患者血清により約 15 種類の IgE 認識タンパク質が検出された（表 9-2-1）[4]．この表には，各タンパク質を認識する IgE 抗体の保有者の全患者中の割合が頻度として示されているが，この比率の高い成分，すなわち感作率の高いものを主要なアレルゲンと認定した．その結果，検出率 20 % 以上の主要な 3 種のタンパク質成分をダイズアレルゲン同定した．

A
```
                                               ↓
 1   KKMKKEQYSCDHPPASWDWRKKGVITQVKYQGGCGRGWAF
1
2        TNACSINGNAPAEIDLRQMRTVTPIRMQGGCGSCWAF
3        YPQSIDWRAKGAVTPVKNQGACGSCWAF

     SATGAIEPAHAIATGDLVSLSEQELVDCVEESEGCYNGWH
     SGVAATESAYLAHRNQSLDLAEQELVDCASQ-HGCHGDTI
     STIATVEGINKIVTGVLLELSEQELVDCDKHSYGCKGGYQ

     YQSFEWVLEHGGIATDDDYPYRAKEGRCKA-NKIQDKVTI
     PRGIEYI-QHNGVVQESYYRYVAREQSCRR-PNAQ-RFGI
     TTSLQYV-ANNGVHTSKVYPYQAKQYKCRATDKPGPKVKI

     DGYETVIMSDESTESETEQAFLSAILEQPISVSIDA--KD
     SNYCQIYPPNANKIREALAQ--PQRYCRHYWTIKDL--DA
     TGY-------KRVPSNCETSFLGALANQPLSVLVEAGGKP

     FHLYTG-GIYDGENCTSPYGINHFVLLVGYGSADGVDYWI
     FRHYDGRTIIQRDNGYQP--NYHAVNIVGYSNAQGVDYWI
     FQLYKS-GVFDG-PCGTK--LDHAVTAVGYGTSDGKNYII

     AKNSWGEDWGEDGYIWIQRNTGNLLGVCGMNYFASYPTKE
     VRNSWDTNWGDNGYGYFAANIDLMMIEEYPYVVIL
     IKNSWGPNWGEKGYMRLKRQSGNSQGTCGVYKSSYYPFKG
                         257
     ESETLVSARVKGHRRVDHSPL
```

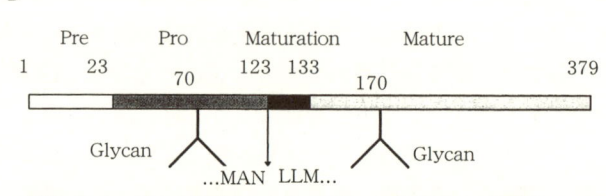

B
```
         Pre      Pro      Maturation    Mature
     1    23      70      123  133              170          379
     ┌─────────────────────────────────────────────────────────┐
     │                                                         │
     └─────────────────────────────────────────────────────────┘
             Glycan                            Glycan
                      ...MAN↓LLM...
```

図 9-2-1　ダイズ主要アレルゲン Gly m Bd 30 K の一次構造
A：パパインスーパーファミリーに属する類似タンパク質の比較
　1. Gly m Bd 30 K；2. Der p 1（ダニアレルゲン）；3. キモパパイン
　↓矢印はシステインプロテアーゼとしての活性中心（システイン残基）部位を示す．
B：P 34（oil-body-associated protein）のプロセッシング：前駆体（Pro-P 34）から 123-124 で切断を受けて成熟アレルゲンが生成する．

## 2）ダイズ主要アレルゲンタンパク質

### (1) Gly m Bd 30K

ダイズ陽性のアトピー性皮膚炎患者において検出率 65 % と最も主要なアレルゲン成分として同定し，アレルゲンの命名法に従って，学名 *Glycin max* から Gly m をとり，SDS-PAGE における泳動位置（質量約 30 kDa）に現れたタンパク質バンドであることから Bd 30 K，すなわち Gly m Bd 30 K と命名した[4]．単離したタンパク質の N-末端アミノ酸配列の判定結果をコンピュータ検索する

2. ダイズのアレルゲンタンパク質の同定と構造 ( 575 )

ことにより，Kalinskiら[5]によりダイズ貯蔵油脂球の膜タンパク質に付随して単離された，ダイズ34 kDa-oil-body-associated proteinと同定した[6]．彼らはさらにこのタンパク質のクローニングを行い，液胞に蓄積される貯蔵タンパク質（P 34と命名）であり，全アミノ酸の一次構造からチオールプロテイナーゼであるパパインスーパーファミリーを構成するタンパク質に分類されることを明らかにした．この事実から，Gly m Bd 30 Kはダニアレルギーの主要アレルゲンとして知られる，Der p 1やDer f 1と約30％の相同性，54％の類似性を持つことが判明した．ダニアレルゲン Der p 1 は，ダニ腸管内でタンパク質分解に関与する活性プロテアーゼであるが，Gly m Bd 30 K（Gm 30 K）は図9-2-1 Aに Der p 1 と比較して示されるように，チオールプロテアーゼの活性中心である保存領域中のシステイン残基（矢印）がグリシンに変化しており，われわれの分析ではプロテアーゼ活性は全く示さないことが明らかになっている．Gm 30 K は257アミノ酸残基からなり，液胞における成熟過程で分子量約47,000の前駆体からプロセッシングを受けて生成する（図9-2-1 B）．170番目のアスパラギン残基に典型的な高マンノース型糖鎖（キシロースおよびフコースの分枝を持つ）を有している．子葉では，Gly m Bd 30 Kは液胞で合成され，ここに局在することが明らかにされた[7]．一方，Jiら[8]はダイズ葉において，Gm 30 Kがダイズ特異的感染菌 Pseudomonas syringe の産生するエリシター（Syringolide）の結合タンパク質（レセプター）となっている可能性

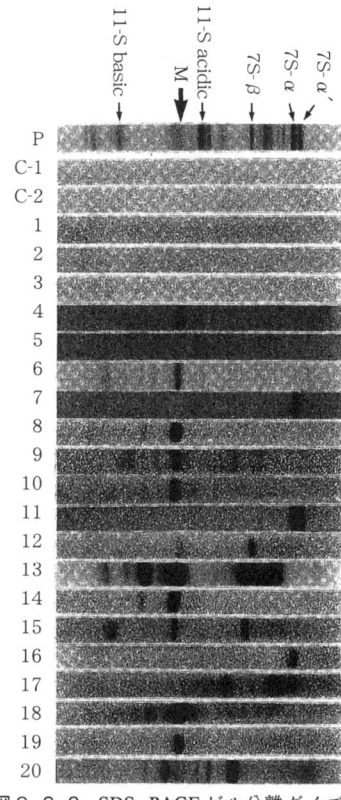

図9-2-2 SDS-PAGEゲル分離ダイズタンパク質のダイズアレルギー患者血清による免疫染色
P：タンパク質のCBB染色；C-1, 2 非患者血清；1-20, 患者血清
M, Gly m Bd 30 K

を示しており，われわれも本タンパク質が植物体の葉部にも存在することをモノクローナル抗体によるイムノブロットで確認した[9]．Helmら[10]はアメリカでの複数のダイズアレルギー患者（臨床的にダイズ摂取でアトピー性皮膚炎などの症状を確認できて，イムノブロットにおいて Gm 30 K を特異的に認識する抗体を有する）のプール血清を用いて，オーバーラッピング・部分ペプチド合成法（10残基）による IgE 抗体認識部位の測定から，6カ所（ペプチド残基領域3-12, 100-109, 229-238, 299-308, 381-340）のエピトープ部位を確定している．これらは興味深いことにダニアレルゲンのエピトープ部位とは全く関連性がないことが判明している．なお，本アレルゲンタンパク質のモノクローナル抗体を用いた約5,000品種に及ぶダイズ保存株のスクリーニングにおいて，全てに本アレルゲンタンパク質が見いだされることからその植物生理学上の重要性に興味が持たれている（喜多村・高橋私信）．

(2) Gly m Bd 28K

約25％の検出率で患者血清により認識されるダイズ種子微量タンパク質成分は，イムノブロットのゲル電気泳動位置（質量28 kDa）から Gly m Bd 28 K と命名した[11]．このタンパク質は最初アメリカ産ダイズ（Indiana-Ohaio-Michigan州産出のIOMダイズ）の脱脂粕より調製された分離ダイズタンパク質（SPI）の7S-グロブリン画分より単離された．精製されたタンパク質は分子量約26,000，等電点6.1の糖タンパク質であり，N-末端アミノ酸分析の結果，20番目のアスパラギン残基に典型的なオリゴマンノース型（フコース・キシロース分枝）糖鎖を持つ．N-末端アミノ酸配列

は，FHDDEGGDKKSPKSLFLMSDX*STRVFK-（＊が糖鎖結合部位）と解読されたが，コンピューターホモロジー検索の結果からは既報の該当するタンパク質には帰属されなかった[12]．これらのアミノ酸より翻訳した核酸配列を基にコンピュータ検索を行い，ダイズにおいて既にクローニングされているゲノムDNAの部分配列から，他のマメ類に存在する類似タンパク質としてビシリン様タンパク質と同定された（Genbank Accession No. AI 16520）．このタンパク質は，アメリカにおいて多くのアレルギー患者をだしているピーナッツの主要アレルゲンと同じ仲間と推定される[13]．このアレルゲンタンパク質は国産ダイズにおいてはほとんど検出されず，約8割のダイズが欠失株であると推定される．この事実は，Gm 30 K欠失株が見いだせないのと対照的である．

### (3) Gly m Bd 60K

ダイズ陽性のアトピー性皮膚炎患者の約25％が保有する特異抗体が認識するタンパク質として，7S-グロブリン画分に見いだされた主要アレルゲンは，二次元電気泳動による分離後，N-末端アミノ酸配列分析による解析から，β-コングリシニンのα-サブユニットであることが明らかにされた．本タンパク質は分子量約57,000，等電点4.9の糖タンパク質である．α-サブユニットはα'-サブユニットやβ-サブユニットと非常に高い相同性を持つにも関わらず，アトピー性皮膚炎患者の血清はα-サブユニットに特異的に反応する．α-サブユニット唯一のメチオニン残基のカルボキシル側をBrCN切断し，さらにゲル電気泳動上でキモトリプシンによる限定加水分解を行って得たペプチド断片のIgE結合能をもとにエピトープ解析を行ったところ，全ての患者IgE抗体の認識部位はTyr 232-Met 383のペプチド間に存在することが明らかになった．この部位に相同なα'サブユニットペプチド領域とインゲンマメの貯蔵タンパク質，ファゼオリンの相同性の高い領域を図9-2-3に示した．α，α'間には約90％以上の相同性があるにも関わらず，これらのペプチド間にはIgE抗体の交差性は認められない[14]．

```
A) 232  YVVNPDNNENLRLITLAIPVNKPGRFESFFLSSTEAQQSYL
B) 268  YVVNPDNDENLRMITLAIPVNKPGRFESFFLSSTQAQQSYL
C) 125  YLVNPDPKEDLRIIQLAMPVNNPQ-IHEFFLSSTEKQQSYL

        QGFSRNILEASYDTKFEE-INKVLFSREEGQQQGEQRLQES
        QGFSKNILEASYDTKFEE-INKVLFGREEGQQQGEERLQES
        QEFSKHILEASFNSKFEEEINRVLFE-EEGQQ-------EG

        VIVEISKEQIRQLSKRAKSSSRKTISSEDKPFNLRSRDPIY
        VIVEISKKQIRELSKHAKSSSRKTISSEHKPFNLGSRDPIY
        VIVNIDSEQIKELSKHAKSSSRKSLSKQDNTIGNEFGNLTE

        SNKLGKFFEITPEKNPQLRDLDIFLSIVDM  383
        SNKLGKLFEIT-QRNPQLRDLDVFLSVVDM  417
        RTDN---------------SLNVLISSIEM  276
```

図9-2-3 Gly m Bd 60 K（β-conglycininのα-subunit）上のエピトープ領域の（A）α'，(B) β，(C) Phaseolinの相同領域の比較（太字は非共通アミノ酸残基）

### (4) その他のダイズタンパク質アレルゲン

ダイズタンパク質が関与するアレルギーはいわゆる経口的な摂取による感作に基づく食物アレルギー以外に，皮膚からの感作による接触アレルギー，喘息に代表される気道粘膜感作によるアレルギー等が知られている．

i) ダイズ種子外皮由来タンパク質　スペインのバルセロナ喘息[15]として知られていたアレルギー疾患の原因究明が行われた結果，種子外皮由来の2種の低分子量タンパク質がアレルゲンとして同

定され，分子量7,500のGly m 1.0101 (Gly m 1 A) および分子量7,000のGly m 1.0102 (Gly m 1 B) と命名された[16]．Odaniら[17]によって報告されている疎水性タンパク質と一致することが示された．inner overy wall上のendocarpにおいて合成され，登熟期にseed surfaceにdepositされる[18]．バルセロナ喘息患者の血清にはGly m 1 A, B以外の外皮中のタンパク質を認識するIgE抗体が存在する．本アレルゲンはGly m 2と命名された分子量8,000，等電点6.0の新規な喘息の原因アレルゲンであり，cow pea (*Vigna radiata*) の子葉中の貯蔵タンパク質やエンドウの病原タンパク質と相同性が示されている[19]．しかしこれらのタンパク質間の免疫交差性は明らかにされていない．また，その他のアレルゲンとして分子量14,000，等電点4.4のダイズプロフィリンがアレルゲンとして同定されている．このタンパク質は広く植物界に分布し，シラカバ花粉症の原因タンパク質 Bet v 2 と73％の相同性があり，また，11種類の植物には69〜88％の相同性を有するプロフィリンタンパク質の分布が明らかにされている[20]．以上3種のアレルゲンはバルセロナ喘息の原因タンパク質であり，バルセロナ港にダイズのバラ積船が入港して，荷揚げをげを開始すると喘息発作を起こす患者が発生することから，事前の予報処置として，ダイズ粉末の飛散に伴う大気中のフィトステロール類の空気中濃度変動をGC-Massを用いてモニターし，警報を出そうとする試みも報告されている．

ii）11S-グロブリン由来タンパク質　グリシニンのある種のサブユニットがアレルゲンとして報告されている．酸性サブユニットのA1 a, A2, A3, A4がアレルゲン性を示す[21]．グリシニンG1上の192-306ペプチド鎖上にエピトープは分布している[22]．

iii）クニッツ型トリプシンインヒビター（KSTI）　KSTIを試薬として取り扱っていた研究者が，KSTI粉末を吸入したことにより，気道において感作され，喘息に至った例が報告されている[2]．これらは職業病としてのアレルギー感作の例であり，花粉などと同じ環境アレルゲンと云えるものである．一方KSTIを認識する特異IgE抗体を保有する患者は，ダイズ陽性患者中約1.5％であり，食物アレルギー（経口感作）における主要アレルゲンにはなっていない．

### 3）ダイズ中のタンパク質以外のアレルゲン分子

最近，ダイズアレルギー患者血清中のIgE抗体が種々の植物性食品素材抽出タンパク質を認識する，いわゆる抗原交差性が広く認められるようになった．その原因として，筆者らは植物性タンパク質に特有のアスパラギン-N結合型糖鎖を認識するIgE抗体が患者において産生されることを，糖鎖を糖鎖特異的抗体を用いてマスクする方法を用いて立証した（図9-2-4）[12]．IgE産生誘導能を有する糖鎖は高マンノース型のフコースまたはキシロース（あるいは両方）の分枝を持つのが特徴である（図9-2-5）．患者血清は糖鎖をマスクする事で反応しなくなる．レーン1のGly m Bd 28 Kが糖鎖マスク後も少し認識されるのは，患者血清中にはGly m Bd 28 Kのペプチド鎖認識IgE抗体が7：3の割合で存在するからである．この現象は糖タンパク質糖鎖が共通抗原として作用し，いわゆるRAST法による患者のスクリーニングに誤った判定を与える可能性を示すものとして注目されている．この糖鎖とそ

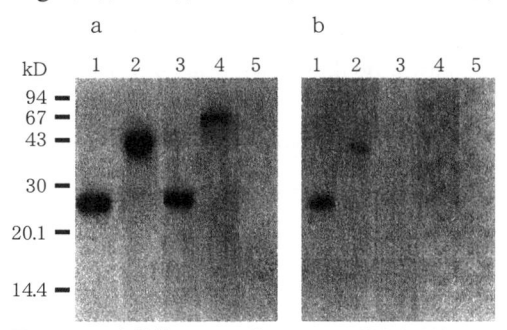

図9-2-4　各種糖タンパク質のダイズ陽性患者血清によるイムノブロット
a. 患者血清のみのイムノブロット，b. 糖鎖認識抗体による前処理（糖鎖の保護）を行った後のイムノブロット
1. Gly m Bd 28 K ; 2. horse radish peroxidase ; 3. bromeline (BL) ; 4. ascorbate oxidase ; 5. ovalbumin (negative control)

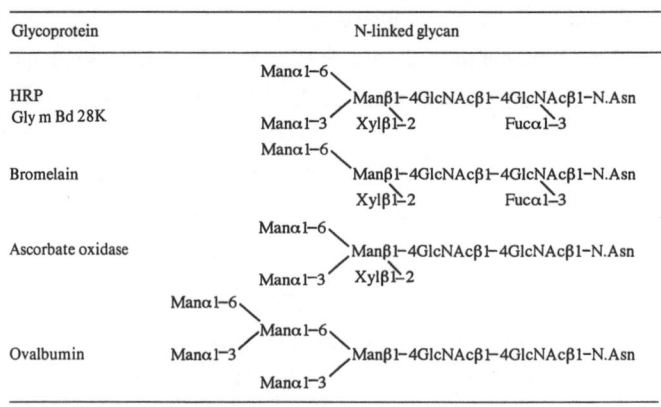

図9-2-5 代表的植物性糖タンパク質および比較のためのオボムアルブミンのアスパラギン-N結合型糖鎖の構造 (図9-2-4参照)

の特異的 IgE 抗体が関与する免疫反応ではアナフラキシーやアトピー性皮膚炎などの臨床症状が現れないか,あるいは極弱い反応と考えられているが,その実態はまだ明らかになっていない.抗体の存在は,本糖鎖による免疫感作 (IgE 抗体の産生誘導) が起こっている事実を示している.

### 4) アレルゲン欠失ダイズ

高橋ら[23]は,分子育種法 (交配と放射線照射) によってダイズ主要アレルゲンの一つ,β-コングリシニンのα-サブユニット (Gly m Bd 60 K) を欠失した変異株,東北124号 (ゆめみのり) を創出する事に成功した (図9-2-6).本変異株は,もう一つの主要 Gly m Bd 28 K をも欠失している.しかし,前述したように,Gly m Bd 30 K に関しては変化がない.この品種は低アレルゲン化ダイズ加工食品の調製に応用されることが期待されている[24].

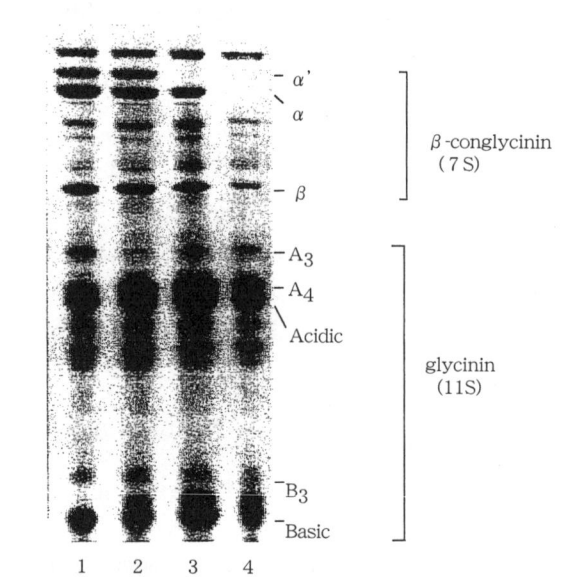

図9-2-6 低アレルゲン化変異ダイズ (東北124号:ゆめみのり) およびその育種親株のタンパク質 SDS-PAGEパターンの比較
1. ケブリ;2. タチユタカ;3. 刈系434号;4. 東北124号 (ゆめみのり)

ダイズアレルギーの臨床,アレルゲンについての詳細は,食物アレルゲンに関するデータベース,http://www.food-allergens.de を参照されたい.なお,最近になって辻らは Gly m Bd 28 K のクローニングに成功した[25].

(小川　正)

## 引用文献

1) Duke, W. W. J Allergy 5, 300-305 (1934)
2) Morot, L. A., Yang, W. H. New Eng. J. Med., 302, 1126-1128 (1980)
3) Shibasaki, M., Suzuki, S., Tajima, S., Nemoto, H., Kuroume, T. Int. Arch. Allergy Appl. Immunol., 61,

441-448 (1980)
4) Ogawa, T., Bando, N., Tsuji, H., Okajima, H., Nishikawa, K., Sasaoka, K. J. Nutr. Sci. Vitaminol., 37, 555-565 (1991)
5) Kalinski, A., Weisemann, J. M., Matthews, B. F., Herman, E. M. J. Biol. Chem., 265, 13843-13848 (1990)
6) Ogawa, T., Bando, N., Tsuji, H., Nishikawa, K., Kitamura, K. Biosci. Biotech. Biochem., 57, 1030-1033 (1995)
7) Kalinski, A., Merroy, D. L., Dwivedi, R. S., Herman, E. M. J. Biol. Chem., 267, 12068-12067 (1992)
8) Ji, C., Boyd, C., Slymaker, D., Okinaka, Y., Takeuchi, Y., Midland, S. L., Sims, J. J., Herman, E. and Keen, N. T. Proc. Natl. Acad. Sci. USA, 95, 3306-3311 (1998)
9) 小川 正・森山達哉・藤田千鶴子・上杉太郎. 大豆たん白質研究, 3, 67-72 (2000)
10) Helm, R. M., Cockrell, G., Herman, E., Burks, A. W., Sampson, H. A., Bannon, G. A. Int. Arch. Allergy Immunol., 117, 29-37 (1998)
11) Tsuji, H., Bando, N., Hiemori, M., Yamanishi, R., Kimoto, M., Ogawa, T. Biosci. Biotech. Biochem., 61, 942-947 (1997)
12) Hiemori, M., Bando, N., Ogawa, T., Shimada, H., Tsuji, H., Yamanishi, R., Terao, J. Int. Arch. Allergy Immunol., 122, 238-245 (2000).
13) Burks, A. W., Shin, D., Cockrell, G., Stanley, J. S., Helm, R. M., Bannon, G. A. Eur. J. Biochem., 245, 334-339 (1997).
14) Ogawa, T., Bando, N., Tsuji, H., Nishikawa, K., Kitamura, K. Biosci. Biotech. Biochem., 59, 831-833 (1995)
15) Rodorigo, M. J., Morell, F., Helm, R. M., Swanson, M., Greif, A., Antonio, J. M., Sunyer, J., Reed, C. E. J. Allergy Clin. Immunol., 85, 778-784 (1990)
16) Gonzalez, R., Polo, F., Zapatero, L., Caravaca, F., Carreira, J. Clin. Exp. Allergy 22, 748-755 (1992)
17) Odani, S., Koide, T., Ono, T., Seto, Y., Tanaka, T. Eur. J. Biochem., 162, 485-491 (1987)
18) Gijzen, M., Miller, S. S., Kufku, K., Buzzelul, R. I., Miki, B. L. Plant Physiol., 120, 951-959 (1999)
19) Codina, R., Lockey, R. F., Fernandez-Caldas, E., Rama, R. Clin. Exp. Allergy 27, 424-430 (1997)
20) Rihs, H. P., Chen, Z., Rueff, F., Petersen, A., Royznek, R., Heimann, H., Baur, X. J. Allergy Clinc. Immunol., 1293-1301 (1999)
21) Djurtoft, R., Pedersen, H. S., Aabin, B., Barkholt, V. Adv. Exp. Med. Biol., 289, 281-293 (1991)
22) Zeece, M. G., Beardslee, T. A., Markwell, J. P., Sarath, G. Food Agric. Immunol., 11, 83-90 (1999)
23) Takahashi, K., Banba, H., Kikuchi, A., Ito, M., Nakamura, S. Breeding Sci., 44, 65-66 (1994)
24) Ogawa, T., Samoto, M., Takahashi, K. J. Nutr. Sci. Vitaminol., 46, 271-279 (2000)
25) Tsuji, H., Hiemori, M., Kimoto, M., Yamashita, H., Kobatake, R., Adachi, M., Fukuda, T., Bando, N., Okita, M., Utsumu, S., Biochem. Biophys. Acta. 1518, 178-182 (2001)

## 3. 物理的除去手法によるダイズ低アレルゲンタンパク質の調製

### はじめに

アトピー性皮膚炎を含むアレルギーは近年著しく増加している．その原因を解明するためには，反応するヒト側の免疫病理学的研究とアレルゲンの特定研究が必要である．これまでアレルゲンとして食品・花粉・ダニ・薬剤などが主要なものと考えられてきている[1]．その内，食物アレルギーは患者数の増加が著しいことから，その原因究明と予防に対する社会的な関心は高い．食物アレルギーの原因となっている食物は，必ずしも特殊な食品ではなく日常的によく摂取されるタンパク栄養価の高いものが多い．それだけに摂取制限を行うと栄養的な問題を生じる．特に小児アレルギーの場合には，成長に必要なタンパク源を確保できない事態が起きる．したがってこのような事態を回避するためには，医学的見地だけでなく，食品科学的見地，すなわちアレルギーを予防または軽減するために，アレルゲンを含む食物を摂取しないのではなく，その食物中に含まれるアレルゲンを消失または低減させる前処理を行って，摂取するといった考え方ができる．ダイズタンパク質に対するアレルギーは，主要食品タンパク質の中では少ないといえる．しかし，ダイズタンパク質は，日本人1日1人当たりのタンパク質摂取量約80gの内，約10gを占めている栄養価の高いタンパク質であること，また近年では，世界的にダイズ加工食品が利用されていることから，ダイズアレルギー患者はダイズおよびダイズ加工食品による豊かな食生活を享受できないことになる．したがって，ダイズのアレルゲンを含む食品を摂取しない除去食療法を避けるためには，ダイズのアレルゲンを特定し，そのアレルゲンの低減化を検討し，低（理想的には無）アレルゲンのダイズ食品を調製する必要がある．

### 1）ダイズアレルゲンタンパク質の特定

ダイズのアレルゲンについてはアレルギー患者の血清のサンプル数が少ないことや年齢・習慣等の違いにより，個々人で強く反応する成分が異なるために特定されにくい[2〜5]状況にあった．また，酸化ダイズ油と反応させたダイズタンパク質がダイズアレルギー患者血清中のIgE抗体と反応性が強いという報告[6]があり，酸化ダイズ油のようなタンパク質以外の二次的因子の影響がアレルゲン性を増加させる可能性も考慮されなければならないこともわかってきた．このような状況の中で，ダイズ中のアレルゲンについては研究が進展していなかったが，小川らは，多人数の血清を使用してダイズアレルゲンの特定に成功した．その結果，このアレルゲン性の非常に強かった質量30 kDaのタンパク質はGly m Bd 30 Kと命名され，他の二つのタンパク質［αサブユニット（Gly m Bd 60 K）と28 kDaタンパク質（Gly m Bd 28 K）］と合わせて，これら三つのタンパク質が主要なダイズアレルゲンとされた[7]．

### 2）ダイズアレルゲンの低減化法

ダイズから最も主要なアレルゲンタンパク質であるGly m Bd 30 Kを除去あるいは低減化する手段として，大きく分けて三つの方法が考えられる．

#### (1) 酵素化学的方法

発酵食品においてIgE抗体反応性が低下している事実は，低アレルゲン化にとって酵素処理が有効であることを示唆している．すなわち，発酵に用いられた微生物が生産するプロテアーゼによって，アレルゲンタンパク質が分解され，アレルゲン性が低下したと考えられる．AFT研究所の細山・

小幡ら[8]は，しょう油醸造の際に利用される麹菌のプロテアーゼを用いて低減化に成功している．また，小川らは，日本の伝統的加工食品の味噌の熟成過程において，Gly m Bd 30 K に対するモノクローナル抗体との反応性が失われることを示した．このように，プロテアーゼによる食品タンパク質の分解は，アレルゲンタンパク質が分解を受けて確実に低アレルゲン化される有効な方法[9]であり，低アレルゲン化を目的としたダイズペプチド等も市販されている[10]．しかしながら，一方では無差別なタンパク質の分解は，ダイズまたはダイズタンパク質の加工特性（保水性，ゲル形成性，結着性，乳化性等）や風味を損なう場合もある．こういった問題を鑑み，最近，津村らは主要アレルゲンの選択的分解を試み，11Sグロブリンの分解を抑制させつつ Gly m Bd 30 K を分解することに成功している[11]．いずれにしても，加工特性を利用した食品においては，その特性を温存した状態でこうした処理が低アレルゲン化に有効であるかどうかが問題であろう．

(2) 育種学的，遺伝子工学的方法

Gly m Bd 30 K はもともとダイズ中に10％未満しか含まれないマイナーな成分であることから，この成分を選択的に除去することができれば，大部分のダイズタンパク質を失ったり，その加工特性を失うことなく利用できると考えられる．育種学的なアプローチから，農水省・農研センターの喜多村らは，1,200品種・系統の遺伝資源ダイズについて，Gly m Bd 30 K の欠損種を検索した．その結果，Gly m Bd 30 K が最大4分の1程度に低下した系統を分離したが，完全に欠失するものはまだ認められていない[12]．また，最近 Gly m Bd 30 K の cDNA がクローニング[13,14]され，遺伝子工学的手法によるアレルゲンの低減化が試みられている．一方，Gly m Bd 30 K に次いで強いアレルゲンであることが示された7Sグロブリンの$\alpha$サブユニット（Gly m Bd 60 K）及び28 kDa タンパク質（Gly m Bd 28 K）に関しては，欠失品種の報告がある．$\alpha$サブユニットの欠失品種（東北124号）が高橋らによって創出されている[15]．また，この品種はこれら三つの主要なダイズアレルゲンの内，さらにもう一つの Gly m Bd 28 K をも欠失していることが判明した[16]．この品種については後で述べることになるが，アレルゲン低減化の有力品種になることが期待されている．

(3) 物理化学的方法

AFT研究所の小幡・細山らは，豆乳の状態から遠心分離によって，上層部の脂質層に吸着される90％以上の Gly m Bd 30 K を除去する方法を提唱している[17]．また，筆者ら[18,19]は脱脂豆乳を原料とし，Gly m Bd 30 K を1 M 硫酸ナトリウム，pH 4.5 の条件下で不溶化させ，ダイズの主要タンパク質から選択的に遠心分離除去することを検討した結果，100％に近い除去率を示した．この方法では，1回の遠心操作で豆乳の全タンパク質の内，7Sおよび11Sグロブリンを含む70％のタンパク質が上清に回収され，アレルゲンタンパク質の Gly m Bd 30 K やトリプシンインヒビターなどを含むいわゆる抗栄養タンパク質は沈殿として分離除去された．このような物理手法によりアレルゲンが除去されたタンパク質は，酵素分解などの破壊処理を受けていない．従って，食品素材としての加工特性は維持され，また風味も損なわれないため，幅広い利用が期待される．以下この Gly m Bd 30 K の物理的手法による低アレルゲン化方法の開発経緯と三つの主要なダイズアレルゲンをほぼ完全に除去したダイズ低アレルゲンタンパク質の調製方法について述べる．

3） Gly m Bd 30 K の溶解挙動を利用した除去方法の開発[18]

(1) 脱脂豆乳中のタンパク質の粒子径

脱脂豆乳から調製された Gly m Bd 30 K は凝集しやすい性質をもっていることが知られている[20]．脱脂ダイズから抽出して得られる脱脂豆乳は通常濁度がある．油分は非常に少なく乳化によるものというより，コロイド状態で分散していてその分散状態は必ずしも均一系でない可能性があ

る．したがって，その粒子サイズの分布を検討し，分子サイズに基づいて分画した後に Gly m Bd 30 K 局在の有無を確認した．ダイズ中の約 80％ のタンパク質が抽出された抽出液を光散乱法にて解析した結果，分散粒子は 2 相性のサイズ分布を示した．これら 2 分布のタンパク質は，超遠心（20 万 x g, 50 分）によって分画することができた．この粒子径の大きな分布を示す画分のタンパク質組成を SDS 電気泳動（SDS-PAGE）で調べた結果，粒子径の小さな分布を示す画分のものに比べて，Gly m Bd 30 K と同一と考えられる 34 kDa タンパク質の含量がかなり高かった．このことから，条件を選べば通常の遠心分離でこのタンパク質を沈殿として除ける可能性のあることが考えられた．

(2) 34 kDa タンパク質は Gly m Bd 30 K と同一である

　超遠心処理で沈降した画分を溶解後，還元剤の存在下で硫安分画を行うことにより，飽和濃度が 30％ から 40％ の画分には 34 kDa タンパク質が，一方，ダイズの主要貯蔵タンパク質である 7 S, 11 S グロブリンは 50～100％ の画分に濃縮された（図 9-3-1）．この結果は，塩析と遠心分離の組み合わされた方法により，34 kDa タンパク質が主要貯蔵タンパク質から選択的に除去される可能性を示唆している．この画分を SDS-PAGE 後，ウエスタンブロッティングし，ペプチドシーケンサーによって 34 kDa タンパク質の N-末端アミノ酸配列を分析した．その結果，決定できた N-末端から 18 残基までのアミノ酸配列が Gly m Bd 30 K のそれらと完全に一致した．したがって，34 kDa タンパク質は Gly m Bd 30 K そのものであることが判明した．

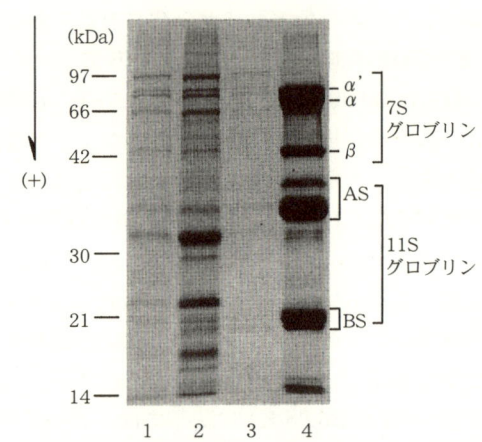

図 9-3-1　硫安で分画された超遠心沈降タンパク質の SDS-電気泳動パターン
飽和硫安濃度　レーン 1：0％～30％, 2：30％～40％, 3：40％～50％, 4：50％～100％
AS：酸性サブユニット，BS：塩基性サブユニット

(3) Gly m Bd 30 K の溶解挙動

　タンパク質はイオン強度・pH 変化によってその溶解度が変化する．Gly m Bd 30 K の粗精製画分を用いて溶解挙動を調べた．対照として精製したダイズの主要タンパク質である 7 S, 11 S グロブリンの溶解挙動も同様に調べた．各タンパク質の 1％ 溶液について，イオン強度と pH を室温で調整後，遠心（10,000 x g, 10 分）して上清に残るタンパク質の残存率を溶解率とした．その結果，高イオン強度（1 M NaCl 存在下）では，7 S, 11 S グロブリンはすべての pH 域で高い溶解度を示すのに対し，Gly m Bd 30 K は pH 4.5 付近以下の酸

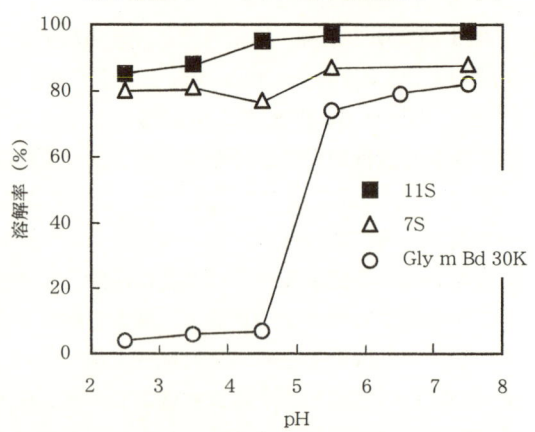

図 9-3-2　7 S, 11 S グロブリンおよび Gly m Bd 30 K 画分の pH に対する溶解挙動（1 M NaCl 存在下）

性域で著しく溶解性が低下し，両者間で溶解挙動の顕著な差を認めた（図 9-3-2）．このことは，脱脂豆乳のイオン強度と pH を適切に調節すれば，簡単な操作で Gly m Bd 30 K が 7 S, 11 S グロブリンから除去できることを示唆している．

(4) 遠心分離による Gly m Bd 30 K の除去

　高イオン強度，酸性域という環境下では Gly m Bd 30 K の溶解度が著しく低下するという特性が

認められた．そこで，本環境下にて脱脂豆乳を遠心分離し，大豆の主要貯蔵タンパク質からこれを選択的に沈殿除去することを試みた．脱脂豆乳に還元剤（食品添加物用）を添加し，NaClを1Mになるように加え，塩酸でpH 4.5に調整した後，遠心分離（10,000 x g, 10分）によって上清と沈殿に分離した．両画分をSDS-PAGEにかけた後，これをGly m Bd 30 Kのモノクローナル抗体を用いたイムノブロット法によって染色し，デンシトメトリーによって除去率を求めた．その結果，脱脂豆乳中に含まれていたGly m Bd 30 Kの80～60%は沈殿側に移行した．しかし，多くのダイズ主要貯蔵タンパク質が存在する上清側にも依然としてGly m Bd 30 Kの20～40%は残存しており，さらなる除去効率の改善が必要であった．

(5) 塩の種類と除去効率の向上

Gly m Bd 30 Kは7S, 11Sグロブリンに比べて，塩析されやすい性質を持っていると考えられる．一般的にタンパク質の塩析効果はホフマイスター順列（離液順列）に従って異なることが示されている．カチオンの検討においては，2価のカルシウム，マグネシウムイオンは7S, 11Sグロブリンの溶解度の低下も引き起こすので望ましくないことがわかった．一方，アニオンの種類を変えて除去効果を検討した結果，硫酸ナトリウム，クエン酸ナトリウム，酢酸ナトリウム等については，イオン強度を1.0付近にすることによって，脱脂豆乳から90%以上のGly m Bd 30 Kを除去することが可能で，同程度のイオン強度下では，塩化ナトリウムの場合より高い除去効果が得られた．さらに，硫酸ナトリウムを1Mになるように脱脂豆乳に加え，塩酸でpHを4.5に調整したものを遠心分離した場合，その上清からは，100%に近いGly m Bd 30 Kが除去された（図9-3-3）．このときのタンパク質量の移行バランスは，豆乳タンパク質の全量を100%とすると上清に70%が，沈殿に30%がそれぞれ回収され，SDS-PAGEのタンパク質染色の結果から，上清側には，7S, 11Sグロブリンが，沈殿側にはアレルゲンタンパク質Gly m Bd 30 Kの他，24 kDa, 18 kDaの質量を示す膜タンパク質とknitz型のトリプシンインヒビターがそれぞれ確認された．以上のことから，脱脂豆乳を用い，酸性下の塩析処理により脱脂豆乳に含まれるGly m Bd 30 Kの90～100%に近い量を1回の遠

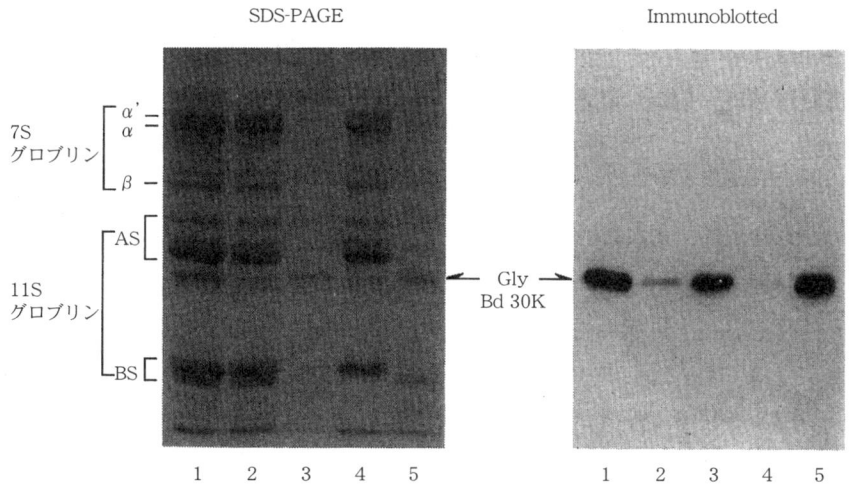

図9-3-3 硫酸ナトリウムを添加後，pH 4.5で遠心分離した脱脂豆乳の上清と沈殿に含まれるGly m Bd 30 Kの検出
左図：SDS電気泳動後，CBBによるタンパク質染色
右図：泳動ゲルをウススタンブロッティング後，Gly m Bd 30 Kのモノクローナル抗体による免疫染色
レーン1：脱脂豆乳，レーン2：遠心上清（0.3 Mの硫酸ナトリウム含有），レーン3：遠心沈殿
レーン4：遠心上清（1 Mの硫酸ナトリウム含有），レーン5：遠心沈殿

第9章 栄養生理機能

表9-3-1 三つの主要ダイズアレルゲンの除去率およびタンパク質回収率

| ダイズ品種 | 豆乳のNa$_2$SO$_4$(還元剤)の濃度 | 上清へのタンパク質回収率 | 除去率(%) | | |
|---|---|---|---|---|---|
| | | | Gly m Bd 30 K | Gly m Bd 28 K | $\alpha$-subunit |
| I.O.M.(アメリカ産ダイズ) | 0mM | 70% | 90.5[a] | 50-30[a] | 10-20[b] |
| I.O.M.(アメリカ産ダイズ) | 10mM | 70% | 97.4[a] | 50-30[a] | 10-20[b] |
| 東北124号ダイズ | 0mM | 65% | 99.8[a] | 100[a] | 100 |

[a] 蛍光発色→X線フィルム感光→デンシトメトリー測定(3検体平均)
[b] SDS電気泳動グループ→CBBタンパク質染色→デンシトメトリー測定

心操作で沈殿側に除去でき,しかも上清側にはほとんどの7S,11Sグロブリンが残ることが見いだされた.しかしながら,依然として数%のGly m Bd 30 Kは上清に存在していた.これが低アレルゲン化食品として十分かどうかは現時点では判別できないが,除去率が高い方が好ましいことは明らかである.除去率に影響を与える因子は,アニオンの種類だけではない.この実験において,脱脂豆乳には食品添加物用の還元剤(亜硫酸ナトリウム等)が10mM相当の濃度で添加されており,実はこの還元効果がなければ,除去率は10%程度減少してしまう(表9-3-1を参照).さらなる除去率向上を目指し,次に脱脂豆乳中におけるGly m Bd 30 Kの存在状態について検討した.

4) Gly m Bd 30 Kのα',αサブユニットとの特異的な結合[21]

(1) アレルゲンタンパク質Gly m Bd 30 Kの除去と還元剤

Gly m Bd 30 Kの分離に,還元剤が必要であることから異種タンパク質とのジスルフィド結合形成がその原因である可能性がある.Gly m Bd 30 Kの一次構造はすでに明らかにされていて,1分子中に6個のシステイン残基が存在している[22].それらの結合状態は明らかではないが,システイン残基が数個存在することから,分子間でジスルフィド結合を形成する可能性も考えられる.

(2) 脱脂豆乳中における分子間ジスルフィド結合の解析

脱脂豆乳中に分散しているタンパク質の内,先に述べたような比較的粒子径の大きなタンパク質の中には,Gly m Bd 30 Kが多く含まれている事はすでに述べた.Gly m Bd 30 Kが多いこの画分を試料として,脱脂豆乳中におけるGly m Bd 30 Kの分子間ジスルフィド結合を調べた.解析は,二次元SDS電気泳動(一次元目:還元剤無しのSDS-PAGE,二次元目:還元剤有りのSDS-PAGE)で行った.その結果を図9-3-4に示す.二次元電

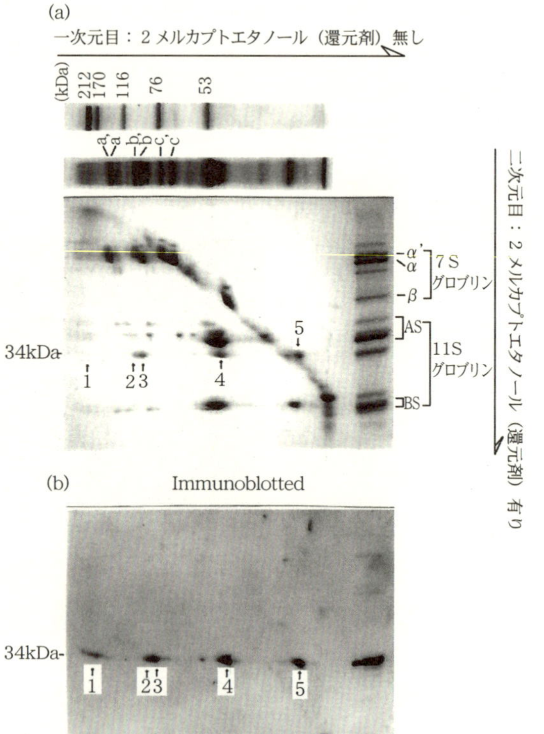

図9-3-4 脱脂豆乳のタンパク質ジスルフィド結合の二次元電気泳動による検出
(a):タンパク質染色,(b):Gly m Bd 30 Kの免疫染色

気泳動ゲルをタンパク質染色したものが図9-3-4a,それをエレクトロブロッティング後,Gly m Bd 30 K に対するモノクローナル抗体で免疫染色したものが図9-3-4b である.タンパク質染色した泳動パターンから,ジスルフィド結合をしていないタンパク質(一部の α', α サブユニットや遊離の SH 基を持たない β サブユニット)は,左上から右下に伸びる対角線上に位置し,ジスルフィド結合を形成していたタンパク質(典型的なものは,11S グロブリンの酸性サブユニットと塩基性サブユニット)は,その対角線よりも下の位置に泳動されていることが理論上確認できる.一方,二次元電気泳動で展開された Gly m Bd 30 K の位置が,免疫染色されたパターンから5つのスポット(No.1～No.5)として示された.5つのスポットの内,No.5だけがタンパク質間でジスルフィド結合が形成されていないものである.No.1 はジスルフィド結合で巨大化しているものであるが,量的にはわずかであることが確認された.No.2 と No.3 スポットについては,一次元目の展開パターンにおいてそれらの帰属するの各バンド(バンド b, b')の質量,および,それらバンドが二次元目の展開パターンにおいてバンド b は α' サブユニット,またバンド b' は α サブユニット以外に他のタンパク質を認めないこと等から考えて次のことが示唆された.つまり,No.2 は α' サブユニットと,No.3 は α サブユニットとそれぞれ1分子同士がジスルフィド結合によって結合していたと考えられる.一次元目において,No.4 付近に展開されるタンパク質は,二次元目の展開パターンから,質量の大きい方からそれぞれ 11S グロブリン,Gly m Bd 30 K の2量体,7S グロブリンの β サブユニットであり,No.4 は Gly m Bd 30 K の2量体であることが確認された.以上の結果から,脱脂豆乳中における Gly m Bd 30 K は,遊離 SH 基を多く持つ 11S グロブリンとはジスルフィド結合を形成せず,むしろ遊離 SH 基の少ない 7S グロブリンの α', α サブユニットと結合すること,また,Gly m Bd 30 K 自身で2量体を形成することが認められ(図9-3-5),異種タンパク質とのジスルフィド結合はかなり特異的であることが明らかとなった.

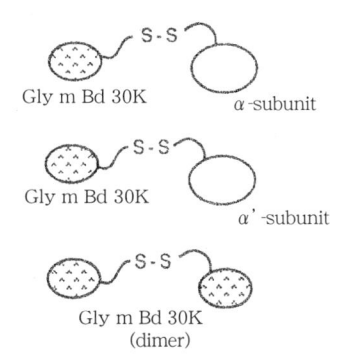

図9-3-5 脱脂豆乳中の Gly m Bd 30 K が形成するジスルフィド結合

## 5) 特定品種ダイズの利用による Gly m Bd 30 K の除去率向上

7S グロブリンの α', α サブユニットと Gly m Bd 30 K との間にジスルフィド結合を形成している複合体の存在が脱脂豆乳中に認められた.このような異種タンパク質間の複合体形成は,タンパク質固有の溶解挙動を変化させると考えられる.すなわち,7S グロブリンはもともと塩析されにくい性質を持っていることから,この 7S グロブリンに結合したアレルゲンタンパク質は高塩濃度下でも塩析されにくい状態になり,沈降性が低下した可能性が考えられる.このような特異的結合が Gly m Bd 30 K の除去率向上の障害となっているなら,これらサブユニットを欠失するダイズを使用することによって,より効率良く Gly m Bd 30 K を除去することが期待できる.Gly m Bd 30 K の完全欠失ダイズの選抜が成功していない現在,理論的には最善の方法の一つであろう.

(1) α', α サブユニット欠失ダイズ(東北124号)の育種

農水省・東北農業試験場の高橋ら[15]は,α サブユニットを欠失し,α と β サブユニット含有量が低いダイズ(刈系434)に γ 線を照射することによって,α サブユニットも欠失した東北124号の育種に成功した.この品種から調製した脱脂豆乳中には,Gly m Bd 30 K がジスルフィド結合を形成する相手となる α' および α サブユニットが存在しないため,Gly m Bd 30 K の塩析除去が妨害されないと考えられる.そこで,この品種から調製した脱脂豆乳を用いて,前に述べた酸性下における

塩析処理を実施した場合のGly m Bd 30 Kの除去率向上を検討した.

**(2) 東北124号を使用した場合のGly m Bd 30Kの除去率**[23]

　東北124号およびアメリカ産ダイズI.O.M.からそれぞれ調製した脱脂豆乳に対して，上述の物理化学的アレルゲン除去法を適用し，上清側のアレルゲン除去率を求めた．脱脂豆乳とそれをアレルゲン除去条件下で遠心処理した上清豆乳について，試料の量を変えてSDS-PAGE後，タンパク質染色した結果を図9-3-6（上段）に示した．そのゲルをエレクトロブロッティング後，Gly m Bd 30 Kのモノクローナル抗体を用いて免疫染色した結果を図9-3-6（下段）に示した．Gly m Bd 30 Kの除去率は，脱脂豆乳対する脱アレルゲン処理豆乳（上清豆乳）のX線フィルムの感光強度から計算した．その結果を表9-3-1に示した．I.O.M.の場合，還元剤を豆乳にあらかじめ10 mMの濃度で加えることによって除去率が向上し，97 %程度となる．一方，東北124号の場合は還元剤をまったく添加しなくても，99.7 %程度の除去率を示し，I.O.M.に比べて1オーダー除去率が高まった．調製された低アレルゲン豆乳へのタンパク質回収率は，それぞれI.O.M.で70 %程度，東北124号で65 %程度であった．以上のように，α'，αサブユニットを欠失した品種を原料にし，酸性下の塩析沈降という物理的手法を利用することによって，ほぼ完全にGly m Bd 30 Kが脱脂豆乳から除去され

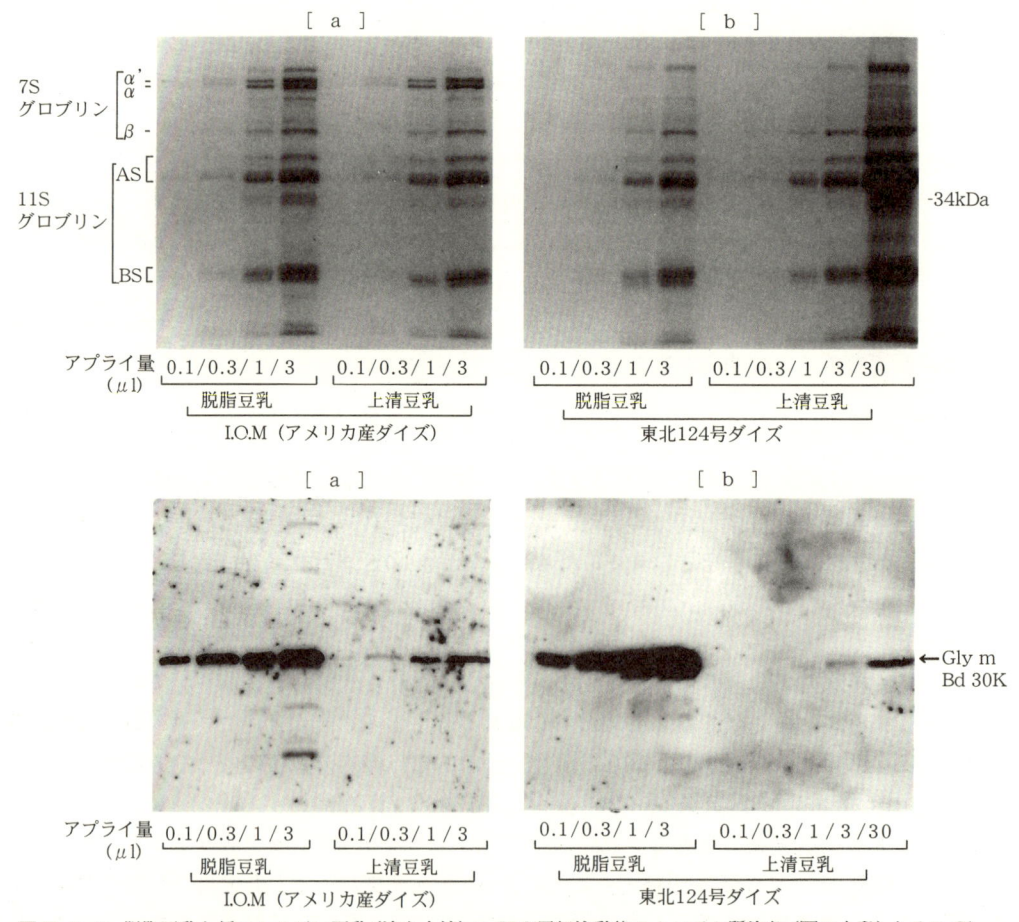

図9-3-6　脱脂豆乳と低アレルゲン豆乳（遠心上清）のSDS電気泳動後のタンパク質染色（図の上段）とそのGly m Bd 30 K免疫染色（図の下段）
　　　　［a］：I.O.M.（アメリカ産ダイズ），［b］：東北124号　ダイズ

ることが示された．還元剤を使用することなくこの除去レベルが達成された事実は，前に述べた特異的なジスルフィド結合が除去を妨害していたことを間接的に実証している．

### 6）低アレルゲンダイズタンパク質の応用

小川らの報告では，最もアレルゲン性の高い順は，Gly m Bd 30 K，αサブユニット（Gly m Bd 60 K）と Gly m Bd 28 Kで，これら三つのタンパク質が主要なダイズアレルゲンとされる．東北124号はαサブユニットを欠失していることは述べたが，実はこの品種は Gly m Bd 28 Kをも欠失している（図9-3-7）ことが判明した[16]．したがって，この東北124号を原料にして，ほぼ完全に Gly m Bd 30 Kを除去した脱脂豆乳は，三つの主要なダイズアレルゲンをほとんど含まないことになる（表9-3-1）．この低アレルゲン化された脱脂豆乳上清に含まれるタンパク質は，脱塩・回収・中和処理され，低アレルゲンダイズタンパク質として利用することができる．この品種は実用化されつつあり，低アレルゲン化されたダイズ素材の実現が今後期待される．このような調製品は，三つの主要なダイズアレルゲンをほとんど含まず，しかも物理的手法と育種的手法を利用して調製したものであるので，酵素によるタンパク質の無差別な分解処理とは異なり，11Sグロブリンなどのダイズ貯蔵タンパク質の加工特性であるゲル化，組織化および乳化等の性質を生かせる食品素材として，幅広い加工特性が発揮できると考えられる．現在，ダイズタンパク質はさまざまな食品の形で摂取されている．伝統的な食品では豆腐，湯葉，味噌，しょう油，納豆等が，また最近では畜肉，水産加工品や育児粉乳の一部代替としても使用されている．特に豆腐や加工練り製品では11Sあるいは7Sグロブリンのゲル形成能や乳化性等の機能性が重要である．低アレルゲンダイズタンパク質を利用することによって，これら加工食品の低アレルゲン化が可能になってくると考えられる．実際に，本低アレルゲン化ダイズタンパク質を利用して，パーム油などをダイズ油の代わりに組み立てた豆腐やがんもどきなどの食品が遜色なく調製できた．また，健康補助食品や乳幼児向けの低アレルゲン製品への応用においては，ペプチドでは欠点となっている味の面でも優れている．このように食品としての加工特性を維持しながら低アレルゲン性である特徴を持つ本素材は様々な食品に形を変えて提供できる．さらに世界的には，先進国において動物性タンパク質の摂取に伴う脂肪の取りすぎによる弊害の軽減のために，植物性タンパク質の摂取が推奨されている．これに伴って，分離ダイズタンパク質の利用の増加が見込まれる現在，低アレルゲンダイズタンパク質の開発は，栄養的，味覚的にも優れ，血圧調節やコレステロール低下能のあるといわれるダイズタンパク質をダイズアレルギー症の人々にも提供できる道を拓くものである．

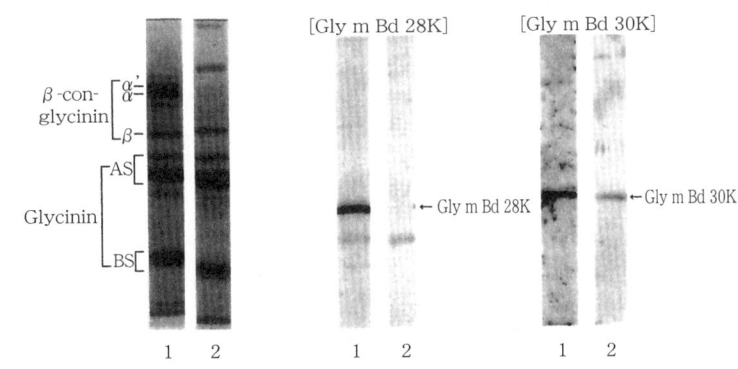

図9-3-7　I.O.M.アメリカ産ダイズと東北124号から調製した低アレルゲン豆乳のSDS電気泳動後のタンパク質染色と免疫染色
　　　　左図：タンパク質染色（試料の量10 μl）
　　　　中図：Gly m Bd 28 Kの免疫染色（試料の量5 μl）
　　　　右図：Gly m Bd 30 Kの免疫染色（試料の量3 μl）
　　　　レーン1：I.O.M.（アメリカ産ダイズ）
　　　　レーン2：東北124号ダイズ

## 7) おわりに

ダイズアレルギーは確率的に高くはなく，したがって総数としてもそれほど多くはないが，ダイズタンパク質にアレルギーを示す人々のいることも確かである．植物性タンパク質の消費の多くを占めるダイズタンパク質は世界的にも種々の加工食品に用いられており，低（理想的には無）アレルゲンダイズタンパク質の開発はダイズタンパク質製造メーカーの社会的使命の一つといえる．その意味で，今回，効率的かつ簡便な低アレルゲン大豆タンパク質の開発は，意義のあるものと考えている．しかし，アレルギー患者の抗原に対する感度は様々であるため，筆者らの低アレルゲンダイズタンパク質の有効性については，現在さらなる検討を行っている．

（佐本　将彦・河村　幸雄）

## 引用文献

1) 小林節雄：科学と生物，25，540（1987）
2) M. Shibasaki, S. Suzuki, S. Tajima, H. Nemoto and T. Kuroume. Int. Arch. Allergy Appl. Immunol., 61, 441 (1980)
3) L. A. Moroz, and W. H. Yang. New England J. Med., 302, 1126 (1980)
4) A.W. Burks, J. R. Brooks, and H. A. Sampson. J. Allergy Clin. Immunol., 81, 1135 (1988)
5) A. M. Herian, S. L. Taylor, and K. B. Robert. Int. Arch. Allergy Appl. Immunol., 92, 193 (1990)
6) S. Doke, R. Nakamura, and S. Torii. Agric. Biol. Chem., 53, 1231 (1989)
7) T. Ogawa, N. Bando, H. Tsuji, H. Okajima, K. Nishikawa, and K. Sasaoka. J. Nutr. Sci. Vitaminol., 37, 555 (1991)
8) 細山　浩・小幡明雄・辻　英明・小川　正．日本農芸化学会誌（大会講演要旨集），68，(3) 9 (1994)
9) 荒井綜一．大豆たん白質栄養研究会誌，11，60 (1990)
10) 橋本征雄．食品アレルギー対策ハンドブック，サイエンスフォーラム
11) K. Tumura, W. Kugimiya, N. Bando, M. Hiemori, and T. Ogawa. Food Sci. Technol. Res. 5, 171 (1999)
12) 喜多村啓介．農水省平成4年度単年度試験研究成績 (1993)
13) 高野哲夫・李　陶・喜多村啓介．育種学雑誌，45（別冊1），27 (1995)
14) 李　陶・高野哲夫・喜多村啓介．育種学雑誌，45（別冊2），241 (1995)
15) K. Takahashi, H. Banba, A. Kikuchi, M. Ito, and S. Nakamura. Breeding Science, 44, 65～66 (1994)
16) M. Samoto, Y. Fukuda, K. Takahashi, K. Tabuchi, M. Hiemori, H. Tsuji, T. Ogawa, and Y. Kawamura. Biosci. Biotech. Biochem., 61, 2148 (1997)
17) 小幡明雄・細山　浩・辻　英明・小川　正．日本農芸化学会誌（大会講演要旨集），68，(3) 9 (1994)
18) M. Samoto, T. Akasaka, H. Mori, M. Manabe, T. Ookura, and Y. Kawamura. Biosci. Biotech. Biochem., 58 (11), 2123 (1994)
19) 佐本将彦・河村幸雄．バイオインダストリー，12，34 (1995)
20) T. Ogawa, H. Tsuji, N. Bando, K. Kitamura, Y. L. Zhu, H. Hirano, and K. Nishikawa. Biosci. Biotech. Biochem., 57 (6), 1030 (1993)
21) M. Samoto, C. Miyazaki, T. Akasaka, H. Mori, and Y. Kawamura. Biosci. Biotech. Biochem., 60, 1006 (1996)
22) A. Kalinski, J. M. Weisemann, B. F. Matthews, E. M. Herman, J. Biol. Chem., 265, 13843 (1990)
23) M. Samoto, K. Takahashi, Y. Fukuda, S. Nakamura, and Y. Kawamura. Biosci. Biotech. Biochem., 60,

## 4. ダイズタンパク質の抗血圧上昇作用

　高血圧は，いろいろな循環系の組織や臓器に機能障害を引き起こす重大なリスクファクターである．血管系の障害を通して全身の臓器に影響を与えるが，特に心臓や脳機能にたいする影響は生命に重大な影響を与える．一方，慢性疾患として生活の質（Quolity of Life, QOL）にも大きく影響する．したがって，その予防は重要である．

　食糧源としてのダイズには，その成分組成からみて三つの大きな特徴がある．それらは，マメ類の中ではタンパク質含量が高いこと，ダイズ油の脂肪酸組成が不飽和脂肪酸（特にリノール酸）に富むこと，特徴的なフラボノイドを有することである．これらの特徴は，直接的間接的に食品として摂取された時に血圧に関係している．

　生体において，血圧は種々の系で調節され，それらの調節系に対応した血圧調節作用を有する薬が開発されている．抗高血圧薬はその作用機作から，① 利尿剤，② 交感神経神経遮断剤，③ 血管拡張剤，④ アンギオテンシン変換酵素阻害剤，⑤ 5-HT2受容体遮断剤，⑥ カルシウム拮抗剤，⑦ AII受容体拮抗薬剤などに分類される．このうち食品成分と最も関係の深いのは，①の利尿作用と④のアンギオテンシン変換酵素阻害作用である．本項では，アンギオテンシン変換酵素阻害を通しての血圧上昇抑制についてのべる．初めに，血圧調節系としてのレニン・アンギオテンシン系について簡単に概説する．

### 1）レニン・アンギオテンシン系による血圧制御系

　アンギオテンシン変換酵素（Angiotensin Converting Enzyme, ACE）は，腎臓から放出された特異的なプロテアーゼ・レニンが，血流中の分子量約57,000の糖タンパク質であるアンギオテンシノーゲンに作用して生成するアミノ酸10個からなるデカペプチド（DRVYI HPFHL）のアンギオテンシンIに作用し昇圧ホルモンであるアンギオテンシンII（DRVYIHPF）を生成する反応を触媒する酵素である．アンギオテンシンIIは，直接作用として抹消毛細血管を収縮させ交感神経や副腎を刺激しカテコールアミンの放出を促進するため血圧を上昇させる．さらに副腎皮質ホルモンのアルドステロンの分泌を高め，Naの再吸収促進，水の貯留，循環血流量の増大をもたらし，血圧を上昇させる（図9-4-1）．また，ACEは，血管拡張作用を示すブラジキニンを分解するキニナーゼでもあるので，相乗的な血圧上昇作用を示すこととなる．

　このように，レニン，アンギオテンシン系は循環血液動態・血圧の安定性の維持に中心的な役割を果たしている．このような点から，現在ではACEにとってアンギオテンシンIの拮抗性誘導体であるカプトプリルやリナラプリルのような経口のACE阻害剤が高血圧治療薬の第一選択肢の中に入れられている．したがって，食

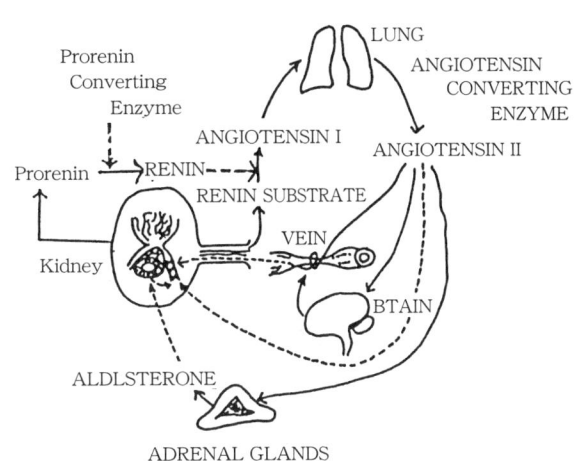

図9-4-1　レニン・アンギオテンシン系による血圧制御系

品成分で治療薬ほどでなくとも ACE 阻害作用を示すものは，抗血圧上昇作用を示す可能性がある．

### 2）ダイズタンパク質から派生するアンギオテンシン変換酵素阻害ペプチド

生体内の血圧調節系において，重要な働きをしているアンギオテンシン変換酵素（ACE）は，反応の特性からいうとプロテアーゼ（ペプチダーゼ）の1種である．したがって，タンパク質やペプチドに対して親和性を持ち，タンパク質の中には分解性が悪い基質（阻害剤）となるものや阻害作用を持つペプチドが遊離される可能性がある．すなわち，胃や小腸などで食品タンパク質が分解される途上でアンギオテンシン変換酵素の阻害作用をするペプチドが遊離してくることは十分に考えられる．

これまで，in vitro でのアンギオテンシン変換酵素阻害活性を指標に種々の食品タンパク質のプロテアーゼ分解物の ACE 阻害強度が測定されて来ている．消化管での消化モデルとして胃のプロテアーゼであるペプシンで脱脂分離ダイズタンパク質を分解し，分解程度と ACE の阻害程度を調らべられた．その結果，ダイズタンパク質の分解が進行すると伴に ACE 阻害活性が上昇する事が示された（図9-4-2）．このことは，タンパク質の分解に伴い ACE 阻害活性を有するペプチドが遊離してきたことを示唆していると考えられる．最も高い ACE 阻害活性の認められた分解物から，分離原理の異なる種々のクロマトグラフィーにより，ACE 変換酵素の阻害活性を指標にペプチドが分離され，最終的に 4 種の ACE 阻害ペプチドが純粋に単離されている．ペプチドシーケンサにてそれらの一次構造（アミノ酸配列）が決定され，最終精製標品の IC50 が測定されている．その一次構造に基づき化学合成されたペプチドは，単離されたペプチドと同じ強度の ACE 阻害を示したことから，このアミノ酸配列を示すペプチドが ACE 阻害の本態であることが確認されている．この ACE 阻害ペプチドのアミノ酸配列をホモロジー検索した結果は，これらと同一のアミノ酸配列がダイズグリシニンとコングリシニンの一次構造中に存在することを示していた（図9-4-3, 4）．このことは，分離ダイズタンパク質中のグ

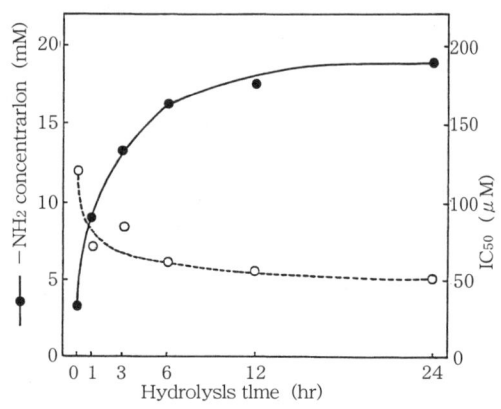

図9-4-2 分離ダイズタンパク質の加水分解に伴うアンギオテンシン変換酵素阻害活性の生成
（●）アミノ基の定量による加水分解の程度
（○）アンギオテンシン変換酵素阻害能（IC50）

```
MGKPFTLSLS SLCLLLLSSA CFAISSSKLN ECQLNNLNAL EPDHRVESEG GLIQTWNSQH
PELKCAGVTV SKLTLNRNGL HSPSYSPYPR MIIIAQGKGA LGVAIPGCPE TFEEPQEQSN
PRGSRSQKQQ LQDSHQKIRH FNEGDVLVIP PSVPYWTYNT GDEPVVAISL LDTSNFNNQL
DQTPRVFYLA GNPDIEYPET MQQQQQQKSH GGRKQGQHQQ EEEEEGGSVL SGFSKHFLAQ
SFNTNEDIAE KLESPDDERK QIVTVEGGLS VISPKWQEQQ DEDEDEDEDD EDEQIPSHPP
RRPSHGKREQ DEDEDEDEDK PRPSRPSQGK RNKTGQDEDE DEDEDPRKS REWRSKKTQP
RRPRQEEPRE RGCETRNGVE ENICTLKLHE NIARPSRADF YNPKAGRIST LNSLTLPALR
QFQLSAQYVV LYKNGIYSPH WNLNANSVIY VTRGQGKVRV VNCQGNAVFD GELRRGQLLV
VPQNFVVAEQ AGEQGFEYIV FKTHHNAVTS YLKDVFRAIP SEVLAHSYNL RQSQVSELKY
EGNWGPLVNP ESQQGSPRVK VA
```

図9-4-3 ダイズタンパク質グリシニンの一次構造と ACE 阻害ペプチドの存在位置（下線部，II-B2）

```
VRVLQRFNKR SQQLQNLRDY RILEFNSKPN TLLLPHHADA DYLIVILNGT
AILTLVNNDD RDSYNLQS-G DALRVPAGTT FYVVNPDNDE NLRMIAGTTF
YVVNPDNDEN LRMITLAIPV NKP-EAFESF FLSSTQAQQS YLQGFSKNIL
EASYDTKFEE INKVLFGREE GQQQGEERLQ --------ES VIVEISKKQI
RELSKHAKSS SRKTISSEDK PFNL--GSRD PITSNKLGKL FEITQR-NPQ
RDLDVFLSVV DHNEGALFLF PHFNSKAIVV LVINEGEANI ELVGIKEQQQ
---R------ -QQ-QEEQPL EVRKYRAELS EQDIFVIPAG YPVMVNATSD
LNFFAFGINA ENNQRNFLAG SKDNVISQIP SQ-----VQE LAFPRSAKDI
ENLIKSQSES YFVDAQPQQK EEGNKCR--- ------KGPL SSILRAF-Y
```

図9-4-4 ダイズタンパク質コングリシニンの一次構造と ACE 阻害ペプチドの存在位置（下線部）

リシニンとコングリシニンからこれらのACE阻害ペプチドが生成したことを強く示唆している．グリシニンとコングリシニンはダイズ中に微量にしか存在しないタンパク質ではなく，ダイズの主要な貯蔵タンパク質である．したがって，グリシニンとコングリシニン中にこの様なペプチド配列が存在することは，ダイズ（タンパク質）を食べた時に消化管内で量的に多くのペプチドが生成する可能性を示している．

### 3）経口投与ダイズタンパク質の経口投与による血圧低下とACE阻害ペプチド

高血圧ネズミSHR (Spontaneous Hypertension Rat) やSHRSP(Stroke Prone Spontaneous Hypertennsion Rat) は，成長とともに高血圧症状を呈して，収縮期血圧220～250に達し，SHRSPにおいては，ほとんどが脳卒中で死亡する自然発症ヒト本態性高血圧症のモデル動物である．これまで，餌のタンパク質としてダイズタンパク質のような植物性タンパク質を添加した食餌で飼育した高血圧ラットで有意に血圧上昇が抑制されることが報告されてきたが，摂取量の正確な把握が困難なことと成長（体重増加）の抑制が同時に認められたため結果の判定が難しい面があった．

そこで，定量的に経口投与した食品（タンパク質）が高血圧ラット（SHR）の血圧に及ぼす影響が調べられた．すなわち，胃ゾンデによるダイズタンパク質の定量的投与による高血圧制御の検討が行われた．同時期に研究室に到着したSHRを，ゾンデによる経口投与操作に対する慣らし飼育を行い，操作自体が血圧変動の原因とならない様にした後，溶媒（水）投与の対照区とラット1匹当たり2gのタンパク質（1回投与）の投与区に分け血圧の変動を1週間測定した．試料は，脱脂ダイズ分離タンパク質，ミルクカゼイン，卵アルブミン，グルコース，グルコース＋卵アルブミン，を用いた．その結果，投与後24時間の時点で，分離ダイズタンパク質投与区において28 mmHg（p＜0.01）の血圧低下が認められた．一方，カゼイン，卵アルブミン，および非タンパク質のグルコース投与区では若干の血圧低下が認められたが統計的に有意でなかった（図9-4-5）．1週間の間をおいて生理食塩水と投与タンパク質を入れ替えた群においても場合でもタンパク質群で効果が認められたことから，経口投与されたダイズタンパク質そのものあるいは胃および腸管で消化酵素で分解されたダイズタンパク質由来のペプチドやアミノ酸が血圧低下に関わっていると推定された．

この研究で用いられたカゼイン，卵アルブミン，ダイズタンパク質にはいずれも，アミノ酸配列は異なっているがプロテアーゼ消化で遊離するACE阻害ペプチド配列の存在することが判明しているタンパク質である．このことを考え合わせると，投与量の問題が残るが，この結果は，ACE阻害ペプチド配列を有するタンパク質，あるいはin vitroでACE阻害ペプチドを遊離することの示されたタンパク質であっても，必ずしも経口投与で（in vivo）血圧降下をもたらすとはいえないことを示してい

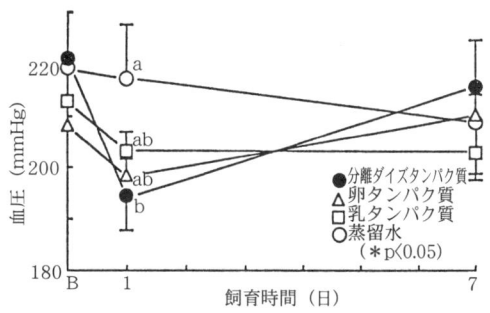

図9-4-5 分離ダイズタンパク質の経口摂取による高血圧ネズミ（SHR）の血圧低下[10]

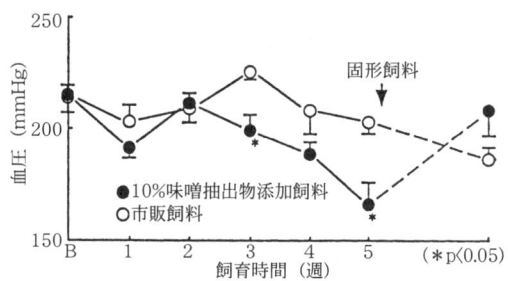

図9-4-6 脱塩味噌抽出物の経口投与による高血圧ネズミ（SHR）の血圧低下[10]

る．同様な経口投与実験で，大豆製品である味噌の水抽出物（脱塩後）には，ダイズタンパク質と同じ程度の血圧低下作用のあることが示された（図9-4-6）．この抽出物からその配列がダイズ11Sグロブリン（グリシニン）中に認められるACE阻害活性を示すジペプチドが分離された．抽出物は混合物であるため，血圧低下作用がこのペプチドによるのかどうかはさらに検討が必要である．

### 4）ダイズタンパク質と血漿脂質代謝・血圧

高血圧症は，閉鎖系の血液循環系をもつ個体レベルで認められるが，細胞あるいは組織では認められない病態である．従って，多様な要因がその発症に関わってくると考えられる．ダイズの場合，常時タンパク質だけを食べるのではなく脂質も同時に摂取あるいはダイズ油を使った食品を摂る場合が多いと考えられる．したがって，ダイズの脂質の脂肪酸組成の特性や成分間の相互作用を考慮する必要がある．

ダイズ油は，多価不飽和脂肪酸リノール酸に富み，細胞膜脂質の脂肪酸組成に影響するが，そのリノール酸のアラキドン酸への代謝，ひいてはエイコサノイド産生に対してダイズタンパク質は動物性タンパク質より大きな影響を与える．この効果は，ダイズタンパク質の不消化性画分とよばれる画分によることが示されている．この画分は，ラットでは血小板の凝集能も低減するほかコレステロール低減化作用も大きく，全体として血圧の低下に機能している可能性がある．

作用機構については依然として多くの論議があるが，ダイズタンパク質によるコレステロールや胆汁酸の吸収阻害が第一義的な役割を果たすことは確かである．もちろん，アミノ酸組成に起因する作用機作もあるが，ステロイド排泄促進作用は腸管内での事象であるため，効果の限定性と安全性の両面で意義がある．

ダイズタンパク質を各種のプロテーゼを用いてかなり強く消化し，水洗を繰り返して可溶成分を除去して調製した非消化画分は，実験動物に与えた場合，ダイズタンパク質そのものよりもふん便中へのコレステロールおよび胆汁酸の排泄を著しく促進させ，著しいコレステロール低下作用を発現する．溶媒抽出あるいはプロテアーゼ処理をした非消化画分のゲルろ過パターンとラットにおける血漿コレステロール濃度への影響との関係解析から，有効成分は分子量5,000～10,000程度の数種のペプチドであると推定されている．

非消化画分を唯一の食餌タンパク質源とした場合には，高コレステロール食による血漿コレステロール濃度の上昇のみならず肝臓への沈着も抑制された．このような効果はラット，マウスだけでなくハムスターでも認められ，動物実験で強い血漿コレステロール低下作用を示すα-リノレン酸とは，相加的であることから，異なった機作によると考えられている．

ダイズタンパク質の消化によって生成し，胆汁酸と結合し，胆汁酸の腸管再吸収を阻害することにより降コレステロール作用を発揮するペプチドの存在が指摘されている．さらに，カゼイン，卵アルブミン，グルテン等の食品タンパク質の酵素分解生成物と比較し，ダイズタンパク質の分解生成物中には胆汁酸結合能の高い疎水性ペプチドが多量存在することが観察されている．また，ダイズタンパク質の摂取により脂質代謝関連ホルモンであるインスリンやグルカゴンの血漿中の濃度が変

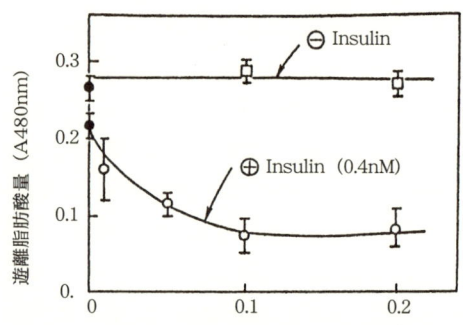

図9-4-7 ダイズタンパク質，グリシニン酸性サブユニットのインスリン応答に及ぼす影響[4]

動することも観察されている．このようなダイズタンパク質のもつ生理機能に関する報告に基づき，ダイズタンパク質中から胆汁酸結合能を有する成分およびホルモン代謝に変動をもたらす成分の検索を行った．その結果，グリシニン酸性サブユニット A1a が上記の二つの機能を合わせ持つタンパク質成分であることを認めた（図9-4-7）．A1a は細胞膜と相互作用することから，直接的証拠はないがこれらの機能が相互に関与している可能性が提出されている．とくに，11S グリシニンと 7S コングリシニンは，ダイズタンパク質の主要な貯蔵タンパク質で全タンパク質の約 80 % をしめる．この 11S グリシニンと 7S コングリシニンには合計 4 カ所に ACE 阻害ペプチド配列も存在していた．また，卵白アルブミンは，卵の主要タンパク質であり，いずれも食卓で最もありふれたタンパク質である．これらのタンパク質がこのような血圧降下作用を示すペプチド配列を豊富にもつことは興味深いことである．

現在，この様な抗血圧上昇性ペプチドの構造と活性相関の研究に加えて，種々のタンパク質に富む食品から，種々の ACE 阻害ペプチドが工業的に製造することが可能か，また実際にヒトが口からこれらを摂取したときに効果が認められるかどうかの研究が進展している．

5）おわりに

今後ダイズに限ったことではないが，生育地あるいは生育条件によりその成分およびそれらの含量にばらつきのあることと遺伝子組換えダイズの問題がある．すでに，ACE 阻害ペプチド配列をダイズに組み込む試みがなされているが，育種上また食品の安全性との関連から今後の解決の必要な問題である．

（河村　幸雄）

## 引用文献

1) K. K. Carroll and R. M. G. Hamilton. J. Food Sci., 40, 18-23 (1975)
2) J. W. Anderson et. al., New Eng. J. Med., 333, 276-282 (1995)
3) M. Sugano, J. Jpn. Soc. Nutr. Food Sci., 40, 93-102 (1987)
4) S. Makino et.al., Agric. Biol. Chem., 52, 803 (1988)
5) 伊藤明弘・後藤孝彦．ダイズのヘルシーテクノロジー，河村幸雄．大久保一良編 光琳 167 (1998)
6) A. Ito et al., Int. J. Oncology, 2, 773-776 (1993)
7) Y. Yoshiki, et al., Phytochem., 39, 225 (1995)
8) 村本光二・陳　華敏．食品工業, 40, 69 (1997)
9) Y. Kawamura, Farming Japan, 31, 14-19 (1997)
10) 岩下敦子・高橋祐司・河村幸雄．日本醸造協会誌, 89, 869-872 (1994)
11) A. Okamoto. Biosci. Biotech. Biochem., 59, 1147 (1995)
12) T.Ogawa et al., J. Nutr. Sci. Vitaminol., 37, 555 (1991)
13) 小川　正．ダイズのヘルシーテクノロジー，河村幸雄・大久保一良編 光琳 21 (1998)
14) T. Ogawa et al., Biosci. Biotech. Biochem., 57, 1030 (1993)
15) H. Tsuji et al., Biosci. Biotech. Biochem., 59, 150 (1995)
16) M.Samoto et al., Biosci.Biotech.Biochem., 58, 2123-2125 (1994)
17) M. Samoto et al., Biosci.Biotech.Biochem., 60, 1006-10101 (1996)
18) 喜多村啓介．バイオルネッサンス, p.15, 29 農林水産省技術会議事務局編 (1995)
19) 高野哲夫他．大豆タンパク質研究会誌, 16, 58-61 (1995)

20) K.Takahashi et al., Breeding Science, 44, 65-66 (1994)
21) M. Samoto et al., Biosci. Biotech. Biochem., 61 (12) 2148-2150 (1997)
22) M.Samoto et al., Biosci. Biotech. Biochem., 62 (5) 935-940 (1998)
23) T. Tsuda et al., Biosci. Biotech. Biochem., 57, 1606-1608 (1993)
24) H.Esaki et al. J.Agric.Food Chem., 44, 696-700 (1996)
25) H. Esaki et al. Biosci. Biotech.Biochem., 63, 851-858 (1999)
26) S.R.Teixeira et al. Am. J. Clin. Nutr., 71, 1077-1084 (2000)
27) J. R. Crouse et al., Arch. Intern. Med., 159, 2070-2076 (2000)
28) Y.Yoshiki et al., Biosci. Biotech. Biochem., 59,1556-1557 (1995)
29) H.Yamasaki et al., Plant Phys., 115, 1405-1412 (1997)
30) T. Goto et al., Jpn. J. Cancer Res., 89, 487-495 (1998)

## 5．マメ科種子の活性酸素消去成分

### 1）はじめに

　マメ類あるいは単にマメとよんでいる植物は世界中に600属13,000種あり，食用として用いられるものはその中のほんの一握りにすぎない．しかしながら，マメ類の農業上，食用上の有用性はイネ科植物に次いで高く，特に貯蔵性にすぐれた完熟種子は様々な加工を施され食事の中で重要な役割を担っている．

　近年，活性酸素が消去される際のエネルギー放出（フォトン）現象をみいだし，発光検出による活性酸素消去物質の視覚検出法を開発した．本項ではこの発光検出法による活性酸素消去物質の検索とその消去機構についてダイズを中心に述べる．

### 2）発光検出

　活性酸素存在下における活性酸素消去物質の発光現象（フォトン）は reactive oxygen species (X), hydrogen donor (Y), mediator (Z) の3種存在下において生じる[1〜5]．その発光強度がXYZ種のそれぞれの濃度に対し高い依存性を示すことから，発光を測定することにより活性酸素（X種）および活性酸素消去物質（Y, Z種）の検出が可能である．すなわち，ある物質のX, Y, Z効力を調べるためには Y, Z種の固定（X効力の測定），X, Z種の固定（Y効力の測定），X, Y種の固定（Z効力の測定）を行い，そこに試料を加えることにより理論上可能となる．これまで明らかにしたX, Y, Z種の中で，①化学構造が明らかである．②発光が安定している．③入手が容易である．などの条件を満たす物質の選択を行い，最終的に，過酸化水素をX種，没食子酸をY種，$KHCO_3$/アセトアルデヒド系をZ種の標準液としてダイズの発光を調べた．この発光はいずれも可視領域に波長があり，1重項酸素の特徴的波長である1,270 nmの発光が検出されないことから励起カルボニルによって生じる電子移動に基づく発光と考えられる．

### 3）マメ類の活性酸素消去物質

#### (1) ダイズ配糖体成分

　ダイズは良質のタンパク質と脂質に富み，他のマメ類と比較しエネルギー効率が高いことから，将来の人口増加と環境悪化に対応できる食糧資源として期待される食品の一つである．特にダイズ配

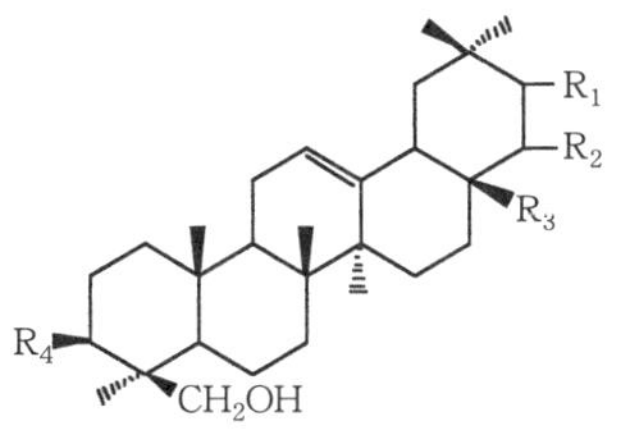

|  | $R_1$ | $R_2$ | $R_3$ | $R_4$ |
|---|---|---|---|---|
| グループAサポニン* | OH | OH | H | O-糖鎖 |
| グループBサポニン | H | OH | H | O-糖鎖 |
| グループEサポニン | H | O | H | O-糖鎖 |
| DDMPサポニン | H | DDMP | H | O-糖鎖 |
| DDMPサポニン | H | DDMP | CHO | O-糖鎖 |

トリテルペン　　DDMP部位 (2,3dihydro-2,5-dihydroxy-6-methy-4H-pyran-4one)

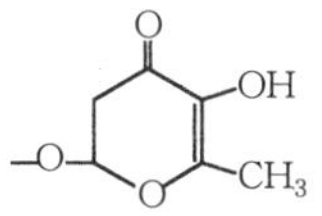

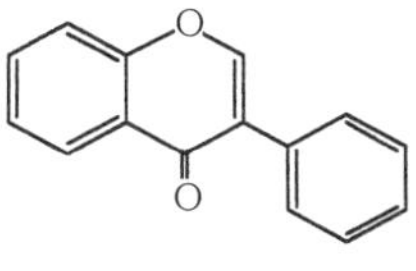

イソフラボン* 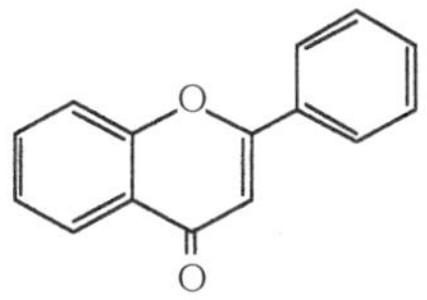　　フラボン 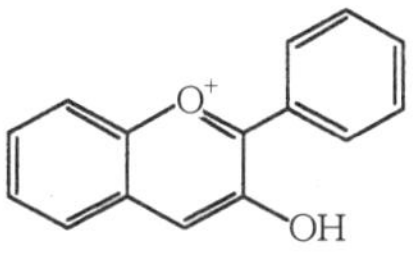　　アントシアニジン

図9-5-1　マメ類の活性酸素消去能を有する主な二次代謝産物のアグリコン構造
　　＊ ダイズのみに存在

糖体成分（サポニン，イソフラボン）は抗高脂血症作用，抗酸化作用，抗HIV作用，抗がん作用を示し，食品の三次機能成分として注目が集まっている．ダイズサポニンは化学構造上グループA，B，E，DDMP（2,3-dihydro-2,5-dihydroxy-6-methyl-4H-pyran-4-one）サポニンの4グループに大別できるが（図9-5-1），DDMPサポニンが加熱，アルカリ条件下，鉄イオンの存在下で容易にグループB，Eサポニンに変化することから，グループB，Eサポニンの真正サポニンであると考えられる[6]．実際，中性pH，40℃以下の温和な条件下でマメ類の配糖体成分を抽出・分画し調べると，DDMPサポニンがマメ科種子に広く分布している[7]．DDMP部位はC-6位，C-4位とケトン基に電子が局在しており，特にC-6位での局在性が高い．DDMP部位の不対電子の存在確立はDDMPサポニンの不安定性を反映しており，この実験が本稿で述べている活性酸素消去機構の一つと考えられる発光系を見いだす発端となった．

　DDMPサポニン自体のスーパーオキシド（$O_2^-$）消去能はそれほど高いものではなく，電子磁気共鳴（ESR）法によると，1 mM DDMPサポニンは17.1 U/m$l$ SODに相当する[8]．これは一般に活性酸素消去物質として知られているgallic acidの$O_2^-$消去能と比較すると約1/100程度である．しかしながら，さらにDDMPサポニンの$O_2^-$消去能を調べることで特筆すべき作用が明らかになった．すなわちDDMPサポニンとgallic acidを混合した場合に見られる協奏効果である．特に1 mM DDMPサポニンと0.01 mM gallic acidの組み合わせでその効果は顕著に現れ，$O_2^-$消去能は4倍に増大する．同様の結果はDPPHラジカル消去能，抗酸化作用でも見られる（図9-5-2）[9]．DDMPサポニン自体はリノール酸に対し酸化促進作用を示すが，これはDDMP部位に局在する電子がリノール酸から水素を引き抜くことに起因すると考えられる．一方，$O_2^-$消去能はDDMPサポニンが電子供与体として作用することを示し，DDMPサポニンが　水素引き抜きと電子供与の二面性のあることを示している．

## （2）ダイズタンパク質

　DDMPサポニン同様，二面性の反応を示すものにヘムタンパクなどある種の金属タンパクがある．ホースラディシュペルオキシダーゼ，ラクトペルオキシダーゼ，チトクロームc，ヘモグロビンなどは活性酸素消去能や抗酸化作用に対しDDMPサポニンと同様に挙動し，gallic acidとの協奏効果

図9-5-2 抗酸化作用，スーパーオキシド消去能，DPPHラジカル消去能におよぼすDDMPサポニンの協奏効果
抗酸化作用はロダン鉄法で，$O_2^-$ 消去能は亜硝酸Na法で，DPPHラジカル消去は比色法で測定した．

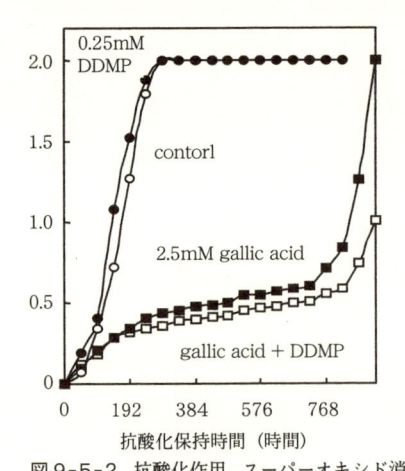

| | Inhibitory ratio of $O_2$ (%) | with 1.0 mM $Bg$ |
|---|---|---|
| | | 8.0 |
| 1.0 mM GA | 66.5 | 59.8 |
| 0.1 | 39.4 | 45.2 |
| 0.01 | 11.1 | 36.8 |

| | Inhibitory ratio of DPPH(%) | with 1.0 mM $Bg$ |
|---|---|---|
| | | 20.9 |
| 25 $\mu$M GA | 34.5 | 50.7 |
| 10 | 26.7 | 46.8 |
| 5 | 7.0 | 44.9 |

を示す[10]．さらに，これらの物質が活性酸素存在下で発光することを明らかにし，新規活性酸素消去機構として注目している．この結果は生体中に発光で測定できる活性酸素消去機構の存在を示している．そこで，この活性酸素存在下における発光検出を利用しダイズタンパク画分の発光を調べた．その結果，顕著なZ発光がダイズホエー画分から検出でき，活性酸素消去物質としてリポキシゲナーゼの関与が示唆された[11]．リポキシゲナーゼは不飽和脂肪酸を基質とする2原子酸素添加酵素であり一般には活性酸素（脂質 hydroperoxide）発生源として知られている．したがって，ここで述べるリポキシゲナーゼの作用はいささか逆説的な感がある．しかしながら，ここでの作用はZ種としての作用であり（上述した通りZ種である金属タンパクはそれ自体が酸化促進作用を示す），従来報告された作用と矛盾するものではない．リポキシゲナーゼの gallic acid 共存下における活性酸素消去能はリポキシゲナーゼの新たな側面といえよう．

### (3) その他のマメ類

ダイズにはZ発光物質の他，Y発光物質も同時に存在している．マメ類のY発光強度はソラマメ（800 counts/s）＞黒ダイズ（253 cps）＞ダイズ（221 cps）＞大福豆（10 cps）＝花畑豆（10 cps）であり，特にソラマメで高いY発光が検出される．最も強い発光を示したソラマメを莢，子葉，種皮に分けCCDカメラで部位別に発光を検出すると特に種皮で強いY発光が観察される（口絵図9-5-3口絵）．このようにCCDカメラによる発光検出が可能となったことで植物体そのもののX, Y, Z発光を直接調べることができる[12]．ソラマメの部位別 $O_2^-$ 消去能を調べると，ソラマメの $O_2^-$ 消去能は発光強度と同様，種皮（6.2 U/m$l$）＞子葉（5.1 U/m$l$）＞莢（3.3 U/m$l$）の順となり，発光検出による活性酸素消去物質検索の正確さを示す結果となった（口絵 図9-5-3）．

Yamasaki らはフラボノイドの植物内における抗酸化剤としての役割について検討し，フラボノイドがペルオキシダーゼの電子供与体として働くこと，フラボノイド-ペルオキシダーゼ系が過酸化水素消去系として機能することを明らかにした[13]．またTakahama らはソラマメの塩基性ペルオキシダーゼを単離し同様の知見を報告している[14]．ソラマメのY発光波長はフラボノイド，カテキン類の発光波長と同様の 610 nm 付近にあり，またZ発光波長はヘムタンパクの発光波長と同様の 520 nm 付近にあることから，Yamasakiらによって示唆されたフラボノイド-ペルオキシダーゼ系による過酸化水素消去系がソラマメにも存在していると考えられる．アズキ，インゲン，ダイズなどの

食用マメ種皮にはペラルゴニジン，シアニジン，デルフィニジンなどを母核としたアントシアニン系列の色素（Y種）が含まれている．それらが種子内部ペルオキシダーゼ（Z種）と協奏的に活性酸素を消去する防御機構を担っている可能性が非常に高い．

### 4）ダイズ食品の活性酸素消去物質

#### (1) ダイズ食品

マメ類は生食されることはほとんどなく，主に炒る，煮る，発酵，発芽などの加工工程を経て食品となる．ダイズの場合，炒ることによりきな粉が，煮ることにより豆乳，豆腐，湯葉が，また発酵することで納豆，味噌，しょう油など，1種類のマメから多彩な食品へと変わる．活性酸素消去発光法に基づき約50種類の市販ダイズ食品を選びその発光を調べると，ダイズ食品はいずれも抗酸化性あるいは活性酸素消去能に直接通じるY発光を示し，しかもそのY発光は生ダイズで観察されるよりも強い発光であることがわかった[15]．幾種類かのダイズ食品ではY発光の他に，X発光，Z発光も同時に観察されるが，これら発光はY発光と比較すると，例えばしょう油では約1/50程度であり，誤差範囲として無視できる値である．しょう油の活性酸素種として過酸化水素や pyrone hydroperoxide の低分子物質が報告されているが[16]，しょう油の活性酸素消去能の大きさと総合的に照らし合わせるとほとんど問題にならない量であると考えられる．

ダイズ食品のY発光輝度を表9-5-1にまとめた．ダイズ食品50 mg当たりの平均Y発光強度はしょう油（360輝度）＞味噌（303輝度）＞納豆（120輝度）＞油揚げ（107輝度）＞豆腐（92輝度）＞豆乳（9輝度）の順であり，特にダイズ発酵食品の活性酸素消去能がすぐれていた．

#### (2) ダイズ発酵食品

ダイズ食品のなかで最も強いY発光を示したしょう油を例にとり，その原料と各発酵段階にある生しょう油のY発光について比較した．しょう油の原料であるダイズ，たね麹，コムギ自体の発光は50輝度前後である．それに対し，Y発光は発酵工程を経ることにより徐々に増加し，われわれの

表9-5-1 ダイズ食品の発光

| 豆乳 | | 納豆 | | 豆腐 | |
|---|---|---|---|---|---|
| 豆乳 | 4-12 | 納豆 | 60-160 | 豆腐 | 47-115 |
| 豆乳飲料 | 5-2300 | ひきわり納豆 | 60 | 絹ごし豆腐 | 60-85 |
| 牛豆乳 | 5 | 青豆納豆 | 140 | 木綿豆腐 | 85-115 |
| きな粉豆乳 | 32 | 黒豆納豆 | 170-210 | | |
| 黒豆豆乳 | 50 | | | | |
| コーヒー豆乳 | 56 | | | | |
| バナナ豆乳 | 715 | | | | |
| 抹茶豆乳 | 2300 | | | | |
| 味噌 | | しょう油 | | 油揚げ | |
| 味噌 | 100-720 | しょう油 | 220-520 | 油揚げ | 100-120 |
| 越後味噌 | 240 | さしみしょう油 | 300 | 絹揚げ | 120 |
| 信濃味噌 | 100 | 生しょう油 | 500 | 京揚げ | 100 |
| 信州味噌 | 110 | 仙台しょう油 | 220 | 梶尾揚げ | 100 |
| 仙台味噌 | 150 | 出雲しょう油 | 300 | | |
| 新庄味噌 | 450 | | | | |
| 八丁味噌 | 720 | | | | |
| 麦味噌 | 250 | | | | |

（注）Y発光は196 mM $H_2O_2$ と satd. $KHCO_3$ in 356 mM MeCHO 存在下で測定し，ダイズ食品50 mg当たりの輝度（$cd/m^2$）で表した．

食卓にのぼる段階まで発酵させることで(約6カ月), 1,500 輝度に増加する. つまり, 原料にはなかった, あるいはわずかしか存在していなかった活性酸素消去物質が発酵という加工工程を経ることにより急激に増加したといえる. さらに, しょう油のY発光物質をPhoton-HPLC分析することで, 原料(ダイズおよびコムギ)由来のものと発酵工程で生成するしょう油の活性酸素消去物質とを明確にわけることに成功した. しょう油のY発光には原料由来よりも発酵過程で生成される物質の寄与が大きい.

発酵過程で生じるメイラード反応物質を, アミノ酸–単糖モデルシステムで作り調べた. メイラード反応物質はアミノ酸と単糖の混合液を煮沸することにより容易に生成する. そのメイラード反応物質生成量と発光強度は煮沸時間に依存して増加し, さらに $O_2^-$ 消去, 抗酸化作用といったY発光に通じる活性酸素消去能も同時に増加した(口絵 図9-5-4). また, しょう油のY発光物質とHPLCパターンを比較すると, 幾種かのモデルシステムで生成するメイラード反応物質がしょう油の発酵工程で生成する活性酸素消去物質と全く同一のピークを示すことから, メイラード反応物質がしょう油の活性酸素消去能に大きく関与していると考えられる. メイラード反応物質は一般にリジン, ヒスチジン, アルギニンなどの塩基性アミノ酸で褐変化と抗酸化性に相関性があるといわれている[17]. そこで, 様々なアミノ酸とグルコースを煮沸して得られるメイラード反応物質のY発光を調べた結果, リジン, ヒスチジン, フェニルアラニン, チロシンで強い発光を観察できた. ダイズは他の植物性タンパク摂取源となるコメやコムギと異なり, リジンに富んでいる. こういったダイズのアミノ酸組成がメイラード反応を伴うダイズ発酵食品の活性酸素消去に対する有益性を高めていると考えられる.

(3) 食品素材との組み合わせ

ダイズの水抽出によって得られる豆乳は食品成分組成が牛乳と類似していることから, 肥満, 栄養不良時の食改善策の一つとして用いられる場合も多い. しかしながら, 豆乳にはダイズ独特の青くさ味, 臭いがあり, またサポニンやイソフラボンなどの配糖体成分からくる収斂味が豆乳消費を低減させている[18]. 日本では豆乳普及率拡大のため様々な試みがなされており, 豆乳に他の食品, 食品素材を添加することで豆乳の不快味を軽減した多彩な豆乳飲料が市販されるようになった. これら豆乳飲料のY発光を比較すると, 豆乳Y発光が9輝度と極めて低いのに対し, きな粉豆乳で豆乳の3倍, 黒ダイズ豆乳で5倍, コーヒー豆乳で6倍, そしてバナナ豆乳で80倍, 抹茶豆乳で250倍と豆乳のY効力を飛躍的に改善できることがわかった(表9-5-1). 豆乳自体がすでに牛乳同様, 完全食品に近い食品である. したがって, 豆乳にある種の食品, 食品素材を添加し活性酸素消去能を改善することは単なる栄養改善の面からだけではなく, 食品の機能的な意味においても非常に有益であると考える.

ダイズ食品はこれら活性酸素を消去する物質(Y種)を多量に含んでいる. 食品素材として広く用いられ, また多年にわたり摂取することのできるダイズ食品は, 老化とともに罹患率の増加するがん, 動脈硬化, 糖尿病の予防に対し, 即効性のある薬剤より, その貢献度ははるかに大きいと考えられる.

5) おわりに

活性酸素のもたらす様々な弊害が明らかにされるに従い, 活性酸素消去物質の検索が盛んに行われている. また健康増進物質を薬品としてではなく, 食品として摂取する医食同源の考えかたも浸透しつつある. マメ類は食糧資源として世界的に用いられており, 摂取することにより健康を維持, 増強する医食同源的な作用を有する代表的な食品素材である. 植物としてのマメ類には抗酸化物質,

活性酸素消去物質と共存することにより協奏的に活性酸素を消去するDDMPサポニンやある種の金属タンパク（Z種）が含まれており，イソフラボン，アントシアニン，フラボノイドなどの二次代謝産物（Y種）とともに活性酸素を効率良く消去する機構がすでに存在している．一方，ダイズ食品はY効力に優れているが，Z種としての活性はほとんどない．したがって，効率的な活性酸素消去が行われるためにはZ食品との組み合わせが必然である．植物としてのマメ類の活性酸素消去機構および活性酸素消去機構に基づいた発光検出法はそのことを如実に物語っている．

(吉城　由美子・大久保　一良)

## 引用文献

1) Yoshiki, Y., K. Okubo, M. Onuma and K. Igarashi. Phytochemistry 39, 225-229 (1995)
2) Yoshiki, Y., K. Okubo and K. Igarashi. J. Biolumin. Chemilumin. 10, 335-338 (1995)
3) Yoshiki, Y., T. Kahara, K. Okubo, K. Igarashi and K. Yotsuhashi. J. Biolumin. Chemilumin. 11, 131-136 (1996)
4) Yoshiki, Y., H. Yuan, T. Iida, M. Kawane, K. Okubo, T. Ishizawa and S. Kawabata. Photochem. Photobiol. 68, 802-808 (1998)
5) Yoshiki, Y., K. Okubo, Y. Akiyama, K. Sato and M. Kawanari. Luminescence 15, 183-187 (2000)
6) Kudou, S., M. Tonomura, T. Uchida, T. Sakabe, N. Tamura and K. Okubo. Biosci. Biotechnol. Biochem., 57, 546-550 (1993)
7) Yoshiki, Y., S. Kudou and K. Okubo. Biosci. Biotechnol. Biochem., 62, 2291-2299 (1998)
8) Yoshiki, Y. and K. Okubo. Biosci. Biotechnol. Biochem., 59, 1556-1557 (1995)
9) Yohiski, Y., K. Okubo and K. Igarashi. Food Factors for Cancer Prevention, ed. Ohigashi, H. *et al.*, Springer-Verlag, Tokyo, pp. 313-317 (1997)
10) Yoshiki, Y., M. Kawane, T. Iida, H. Yuan, K. Okubo, T. Ishizawa and S. Kawabata. Functional Foods for Disease Prevention II, ed. Shibamoto, T. *et al.*, American Chemical Society, Washington, DC, pp. 256-265 (1997)
11) Yoshiki, Y., T. Yamanaka, K. Satake and K. Okubo. Luminescence, 14, 315-319 (1999)
12) 大久保一良・吉城由美子．ジャパンフードサイエンス，日本食品出版，38(8)-39(12) (1999-2000)
13) Yamasaki, H., Y. Sakihama and N. Ikehara. Plant Phys. 115, 1405-1412 (1997)
14) Takahama, U. Phytochemistry, 31, 1127-1133 (1992)
15) Yoshiki, Y., T. Kikuchi, K. Okubo and K. Otomo. Prodeedings, The Third International Soybean Prodssing and Utilization Conference, Korin Publishing, pp. 169-170 (2000)
16) Sittiwat, L., K. Fujimoto and T. Miyazawa. Biochim. Biophys. Acta, 1245, 278-284 (1995)
17) Namiki, M. and T. Hayashi. J. Agric. Food Chem., 23, 487-491 (1975)
18) Okubo, K., M. Iijima, Y. Kobayashi, M. Yoshikoshi, T. Uchida and S. Kudou. Biosci. Biotechnol. Biochem., 56, 99-103 (1992)

## 6. 味噌およびダイズの生理機能と生体予防効果

### はじめに

　味噌の研究は1986年のチェルノブイリ原発事故が契機で始まった．この事故による放射性物質を含んだ灰は北欧全体を覆ったというニュースが報じられ，その防護策としてヨードが周辺住民に支給され，同時に味噌の現物支給が行われたというニュースが入った[1]．味噌は，広島，長崎の被爆者の健康回復に役立ったという記録があり，マウスを用いて早速味噌の放射線防護の実験を行った．長崎の医師・秋月辰一郎氏は「体質と食べ物」の中で自らの被爆体験からコメ，ムギ，ダイズなどの五穀が日本人の食生活のルーツであるとし[2]，広島でも被爆直後に民間療法として味噌やしょう油が用いられたと伝えている．がんの治療には従来から，手術，放射線，免疫，ホルモンおよび化学療法などがあり，近年は個々のがんに応じてこれらを適宜組み合わせた複合治療が行われている．一方，本項で述べようとする「がんの化学予防」はがん発生の段階から対応していくものであり，したがって10年，20年と長期間取り組んでいく必要があり，がんにあまり関心がない若年期から日常生活の中で実行していく必要がある．がんは大別して，①原因が全くわからないで自然に発生するもの，②食べ物や薬品など環境因子が影響するもの，③家族性，遺伝性要因で発生するもの，この三つのパターンに分けられる[10]．この中で②の環境因子に影響を受けるものが最も頻発するもので，胃，大腸，肺，肝，乳腺などに発生するがんが入る．したがって，そのコントロールが大きな課題である[21,27]．早期がんを組織・遺伝子診断でみると，がんの発生は1個の細胞からスタートし，2倍，4倍と増加してやがて数万以上の細胞になると肉眼や内視鏡で観察可能となる．この過程は多段階であり，その各段階にRas，p53など多くのがん関連遺伝子の関与が明らかにされている（図9-6-1）[25]．一方，これらの各段階に対応して外的因子として食べ物，化学物質，医薬品，放射線，タバコ，生活習慣などの原因因子が関わっていることが明かにされている（図9-6-2）．

　さて，がんの一次予防に関しては，幾つかの方法があり，その重要なものの一つとして食生活の関与がある．先進国で難病とされているがん，糖尿病，高血圧，心臓病の四大疾患は食べ物が主要な原因である．先進国での乳がん，大腸がん，膵がんなど栄養と関係の深いものが多くを占めているが，発展途上国では肝がん，子宮がん，口腔内がん，頚部がんなど感染症と関係ある疾患が多発している．この観点から医薬品や食べ物などの経口摂取は，抗がん剤や放射線治療などと異なり，遺伝毒性をもたず，したがって正常組織に対し殺細胞効果を示さない物質であることが必要であり，その効果は即時に現れるものではなく長期間持続的に摂取することにより効果が現れるのである．さ

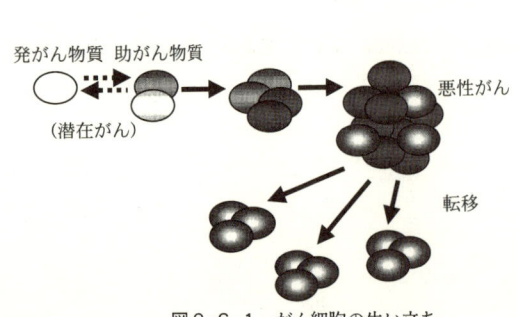

図9-6-1　がん細胞の生い立ち

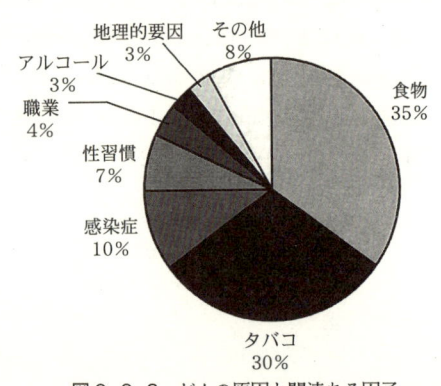

図9-6-2　がんの原因と関連ある因子

らにはがん細胞を正常細胞に逆分化させる効果も期待されている．その中でも，ニンジンなどに含まれるカロテン，お茶の主成分であるカテキンなどががんの一次予防の突破口となった[20,21,27]．

## 1）フラボン体

広く植物界に分布しており，二つのフェニル基がピラン環あるいはそれに近い構造の3個の炭素原子をはさんで結合している，いわゆる $C_6-C_3-C_6$ 炭素骨格から成る化合物である．中央の3個の炭素の構造により種々の群に分類される．これらの化合物群はA環はマロニルCoA，中央の3個の炭素とB環はフェニルアラニン由来のケイ皮酸類から生合成される．各化合物群に含まれる化合物は配糖体が多く，現在まで約2,000種以上の化合物が知られている．この中でGenistein, Genistin, Biochanin A, Daizeinなどはその有効成分とともに製品として抽出されている．

これらの化合物の役割は花や果実の色素，苦味成分，ホルモン作用物質，酵素阻害効果，種子の発芽や成長の調節作用などが知られている[6,7]．

われわれの研究室ではIsoflavone体であるBiochanin A, Daizein, Genistein, Genistin, Prunectin, Puerarin, Pseudobaptigeninの7種類のダイズ抽出物についてヒト胃がん細胞，食道がん細胞，大腸がん細胞および線維芽細胞について，それらの細胞死，細胞増殖能（ID50）についての研究を行った[28]．その中で細胞増殖抑制効果を最も強く示したのはBiochanin AとGenisteinであり，Puerarinは著効を示さなかった．Biochanin Aを例にとると，0〜40 $\mu$g/mlの範囲でヒト胃がん細胞に容量相関性に細胞生存率の抑制がみられた．Ginisteinでは0〜20 $\mu$g/mlでBiochanin Aとほぼ同程度の効果が得られた．次にID50値について同じくヒト胃がん細胞を用いて，Biochanin AとGenisteinについて実験を行った．*In vitro*で2.5, 5, 10, 20, 40 $\mu$g/mlのBiochanin Aと2時間培養し，これをwash outして以降の増殖を調べた．その結果，20 $\mu$g以下の濃度では全ての細胞増殖に回復がみられ，Biochanin Aによる細胞増殖抑制は，①容量相関性があること，②20 $\mu$g以下では薬物除去により細胞増殖能が回復したことにより遺伝子毒性でなくepigenetic（傍遺伝子効果）な現象であること，などが明らかになった．

## 2）抗酸化作用

味噌の抗酸化作用は古くより知られ，この利点を利用して脂肪の多い食飼である魚介類・肉類などを味噌漬けにして食する習慣は韓国や日本で伝統的に行われている．文献的にはダイズ・味噌は強力な抗酸化性を示すことも知られている[17]．これらの強力な抗酸化性はダイズのサポニン，イソフラボンおよびメラノイジン，トコフェロール，ペプチドなどのアグリコンに由来するものであり，単一物質ではなくその総合効果によると考えられている．

この抗酸化作用は多くの疾病の予防や治療にとって大変重要である．われわれの研究室では，1980年代に過酸化水素経口投与により胃・十二指腸に腺腫，腺がんの発生することを報告し，世界中の注目を浴びることになった[14]．この研究から発展して，カタラーゼ欠損マウスを導入し $H_2O_2$ の投与を行うとさらに高い頻度で腫瘍が発生し，逆に高カタラーゼマウスを用いると腫瘍発生は強く抑制された[15]．

このように酸化反応は直接発がんに結びつくが，放射線によるDNA損傷，発がんなどもラジカル（$O_2^-$, $H^3$, $OH^-$）の関与が強く関与していることが明らかにされており，したがって，抗酸化食品を摂ることはがん，動脈硬化などの代表的生活習慣病の対策として重要である．

## 3）性ホルモン様作用

Our stolen future（奪われし未来）は欧米で1996年度のベストセラーにあげられた著書である[3]．この本で著者らは，内分泌攪乱物質（環境ホルモン）の自然界，とりわけ野生動物への被害を訴え，日本でのダイオキシン問題の爆発的混乱や問題提起を引き起こした．しかし，その後冷静にこの問題を分析すると多くの問題点や矛盾が発生してくる．その一つは，これから述べる植物性エストロゲンである．内分泌攪乱問題で提起された物質は，その多くは合成エストロゲン即ち農薬，医薬品などであり，同じく性ホルモン様効果を示す植物性エストロゲンは有害リストに載っていない．本の中では，オーストラリアの羊の話が出ており，牧草を食べ過ぎた羊の中に明らかに卵巣機能不全によると考えられる不妊羊の発現を報じている．これは，クローバに含まれる植物エストロゲンの過剰摂取による性機能障害と考えられている．したがって，植物エストロゲンも合成エストロゲンと同様内分泌攪乱作用のあることは明らかである．

われわれの味噌およびバイオカニンA（イソフラボンの一種）を用いてのニトロソ化合物の（MNU）誘発ラット乳がんの実験では乳がんの発生率，平均発生個数ともに対照群に比べ有意に減少することを明らかにした．一方，味噌やバイオカニンAのエストロゲン受容体（ER）への影響が示唆され，それが乳がん発生率の減少につながったと考えられた[9]．

植物エストロゲン，特にゲニスタインを用いた研究ではLamartiniereらの研究が最も出色である[19]．彼らは新生児期のラットを用い，これらにゲニスタン5mg/ラットを生後2,4,6日目の3回皮下投与し，性腺や乳がんの発達について対照の雌と比較した．その結果，ゲニスタイン投与50日目の乳がんは終末腺胞の減少，分裂細胞の低下，S期の細胞の減少などがみられた．一方，膣開口は早く，性周期の乱れ，卵巣の卵胞，黄体形成の不完全と血中プロゲステロン値の減少がみられた．このように，ゲニスタインは雌の性成熟や乳腺の発育，分化に障害をもたらすことが明らかにされている．

## 4）肝がんおよび乳がんの化学予防

がんの化学予防の研究は近年のトピックスである．長いがん治療の歴史の中で，手術と抗がん剤が主役を占めてきたが，一方では先進国を中心に肺がん，大腸がん，乳がんなど環境や食生活と深く関係のあるがんが急増してきた．この原因として肺がんでは大気汚染やタバコ，大腸，乳がんでは高タンパク，肉類やその製品の多用が原因と考えられている[4,5]．これらの現象を背景にがんができあがる前の段階，即ち，潜伏病変（臨床的に診断可能な前の段階）の時期からライフスタイル，食生活などを正して発がんの多段階を止めようとする試みが研究者，市民の間に出てきた．がんの潜伏期は数10年の単位であり，その結果は直ちに判定するのは困難であるが個々人の問題であるから今後益々重要なテーマとなる．

肝腫瘍は東南アジア，インド，パキスタンなど亜熱帯，温帯を中心に多発するがんである．その原因の一つに肝炎ウイルス（A, B, C型）があげられているが，食生活も重要な因子の一つである．

われわれの研究グループはマウス肝腫瘍の系を用いて研究を行った．雄C3Hマウスは高い自然発生の肝腫瘍がみられる．同様に$C_{57}BL$とそれらの$F_1$である$B_6C_3F_1$でも高い発生率を示す．これらに$^{60}Co$ガンマー線$^{252}Cf$核分裂中性子線あるいはdiethyl-nitrosamine（DEN）を投与すると1年以内に高い頻度で肝腫瘍が得られる．この実験系を用いて，①10％の味噌飼を投与する，②普通食を投与する，の2群のエサを14カ月間連続投与して肝腫瘍発生率を調べた．なお，発がん処置は，a）雄自然発生のC3Hの系，b）雌雄両性$B_6C_3F_1$マウスに$^{252}Cf$ 2Gy 1回全身照射，c）雄

$B_6C_3F_1$ を用いて DEN $5\mu g/g$ 体重1回投与の三つの実験系について実験を行った．その結果，a, b, c いずれの実験系でも肝腫瘍発生率は対照群の普通食に比べて有意に低下した[16]．

乳がんについてはわれわれはラットを用いて数回の実験を行った．実験はメチルニトロソウレア（MNU）を雌 F344 ラットに1回静脈内に投与して誘発した乳癌について検討した．実験に用いた飼料は，a) 10% 味噌含有飼料，b) 2%，10% ダイズ混入飼料，c) 10 ppm，50 ppm のバイオカニンA（イソフラボンの一種）含有飼料を作成した．これら種々の検体含有飼料を MNU 投与後 18 週間にわたって観察し，乳がんの発生率を調べた．その結果，いずれの実験群でも乳がん発生率は低下した[8]．さらに一部の実験では乳がんの抗ホルモン療法剤として用いられているタモキシフェン（TAM）の味噌との併用投与を行った[8]．その結果，乳がんの発生はほぼ完全に抑制された（図9-6-3）．これらの結果は，ダイズ，味噌，バイオカニンAが抗エストロゲン効果を増すと同時に一方ではホルモン系を介さない情報伝達系の制御も考えられ，今後の検討が必要である．

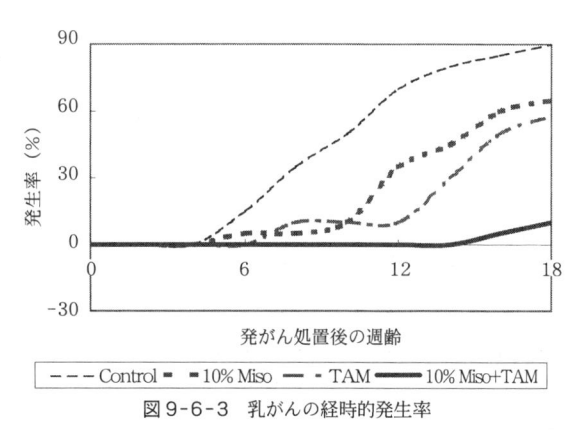

図9-6-3 乳がんの経時的発生率

### 5) 抗放射線療法

「はじめに」の項で述べたごとく，研究の取っかかりは原爆や放射線障害の防衛であった．これらの一連の研究で，① 放射性物質（アイソトープ）の体外排泄作用の促進，② 準致死線量のX線照射マウスの生存率の延長，③ 小腸粘膜の放射線障害による幹細胞の再生過程において，放射線照射の前からの味噌投与により幹細胞の再生の促進効果がみられること，などが明らかになった．これらの種々の作用について共通しているのは，生体の障害からの再生に対し味噌あるいはその成分が強力な促進効果をもっていることを示している．

そこでわれわれは，最近次のような実験を行った．実験は，放射線生物学の研究で有名な脾コロニー法の導入である．準致死線量の放射線照射を受けたマウスに同系マウスの骨髄細胞を一定量移入すると，7〜10日目に脾に骨髄幹細胞由来のコロニーが形成され，これを算定する方法である．実験ではあらかじめ 2Gy の軽度の放射線照射マウスに正常食，ダイズ抽出アグリコンの入った Agryl Max と Imm Soy（いずれもニチモウ株式会社，製造）を約1カ月間経口投与した．これら，3種類の飼料で飼育されたマウスの骨髄細胞を 8Gy のガンマー線照射されたマウスに $\times 10^4$/マウスの骨髄細胞を静脈内投与し，7日目に全マウスを屠殺して脾のコロニーを観察した．その結果，これらのコロニーは Agryl Max, Imm Soy 群ともに正常食群に比べ有意に脾重量および脾コロニーの数の増加を認めた（図9-6-4）．これら脾コロニーは，主として赤芽球，巨核球細胞より成り，白脾髄の形成も照射群に比べより腫大の傾向を示した[23]．

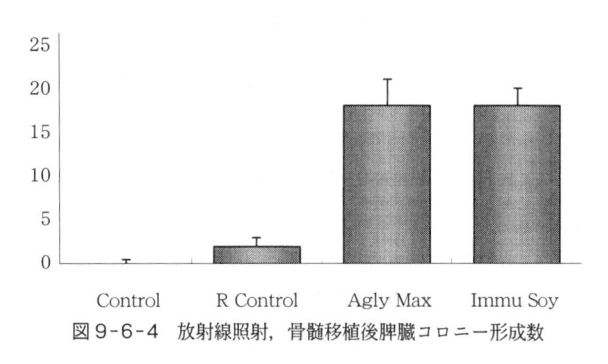

図9-6-4 放射線照射，骨髄移植後脾臓コロニー形成数

## 6) ヒトへの効果

　長崎市の原爆投下後，広島と同様多くの被爆者が原爆症で苦しんだことは多くの記録に残されている．自らが被爆体験者であり，虚弱体質でもあった医師・秋月辰一郎氏は自らの経験に基づき味噌を用いての原爆症の治療法を多くの被爆者に施したことを記載されている．その根拠として日本人には五穀，味噌類などの食品が原点であることを訴え，今日のような科学的根拠はなくとも自ら信ずるところによりその意志をつらぬかれた．

　一方，日本の代表的疫学者の一人，故・平山雄博士は味噌汁の摂取量と胃がんによる死亡率について男女別に統計調査を行った．調査は，①味噌汁を毎日飲む人，②味噌汁を時々飲む人，③ほとんど飲まない人，の3群に分けて死亡率を調べた結果，男女ともに①に比べ③で有意に死亡率は増加していた．したがって，疫学的に味噌汁の摂取が胃がん死亡率を抑制していることが明らかとなった[11]．

　また，古くは戦国時代の武将達が戦時に味噌を常用していたという話が戦国武将の食生活に述べられている（永山久夫著，河出文庫）．東北の雄，伊達政宗，長野の武田信玄，名古屋の徳川家康，岐阜の織田信長，大阪の豊臣秀吉などいずれもその地は現在でも味噌の重要な産地である．

## 7) おわりに

　著者らがダイズ，味噌の生物効果についての研究を開始して10年余を経た．最初は放射線の防衛効果について研究を進めていたが，途中から発がんの研究の中にこれらを取り入れた．その結果，複数の実験で予想以上にがんの発生を防ぐ効果を示すことに気付いた．丁度，その頃よりアメリカ，ヨーロッパ，日本でもがんの化学予防の研究が始まり，われわれの研究もこの流れに沿って研究が進んできた．

　このようにして基礎研究としては，かなりのデータが蓄積されてきたが，臨床データは未だ満足すべきものが出ていない．われわれのデータの中にタモキシフェンと味噌の併用によるラット乳がんの抑制という成果を発表した．これらのデータは是非，臨床応用されることを願っている．

（伊藤　明弘・藤本　成明・後藤　孝彦）

## 引用文献

1) 著者不詳．がんに効くのがみそ，放射線障害の予防に．東京新聞夕刊（1986年10月3日）
2) 秋月辰一郎．体質と食物「健康への道」．クエリー出版（昭和39年）
3) Colborn, T., D. Dumanovski and J. P. Myers. Our stolen future. USA, A Dutton Book (1996)
4) Death rates for malignant neoplasms for selected sites by sex and five-year age group in 33 countries. Ed. by K. Aoki, M. Kurihara, N. Hayakawa and S. Suzuki. Lyon (France). International Union against Cancer (1992)
5) Doll, R. and R. Peto. J. Natl. Cancer Inst., 66, 1191-1380 (1981)
6) 海老根英雄・千葉秀雄．味噌，醤油入門．日本食糧新聞社（昭和56年）
7) 海老根英雄．味噌の科学と技術．43, 339～361 (1995)
8) Goto, T., K. Yamada, H. Yin, A. Ito, T. Kataoka and K. Dohi. Jpn. J. Cancer Res., 89, 487-495 (1998)
9) Goto, T., K. Yamada, H. Yin, A. Ito, T. Kataoka and K. Dohi. A. Jpn. J. Cancer Res., 89, 137-142 (1998)
10) 桶野興夫．放射線生物研究．30, 129-141 (1995)
11) Hirayama, T. A large scale cohort study on cancer risks by diet with special reference to the risk reducing

12) 伊藤明弘. 病気の一次予防と機能食品性. 温故知新. 29, 18～23 (1992)
13) 伊藤明弘. みそサイエンス. 1-6 (1993)
14) Ito, A., H. Watanabe and B. Nilay. Int. J. Oncology, 2, 773-776 (1993)
15) Ito, A., H. Watanabe, M. Naito, Y. Naito and K. Kawashima. Gann 75, 17-21 (1984)
16) Ito, A., M. Naito, Y. Naito and H. Watanabe. Gann 73, 315-322 (1982)
17) 伊藤明弘. 広島医学. 47 (1), 5-9 (1994)
18) 伊東信行. 発がん物質について－がんから身を守るために－. 第10回日本毒性病理学会. 広島 (1994)
19) Lamartiniere, C., J. B. Moore, N. M. Brown, R. Thompson, M. J. Hardin and S. Barnes. Carcinogenesis 16, 2833-40 (1995)
20) Moon, R. C. and L. M. Itric. Retinoids and cancer, In ; M. B. Sporn, A. B. Roberts, and D. S. Goodman (eds.) The Retinoides 2, Orlando, Academic Press, p. 327-371 (1984)
21) 西野輔翼. 法研. p.150-155 (1994)
22) Norse, A. M. and G. D. Stoner. Carcinogenesis, 14, 1737-1746 (1993)
23) 潘　偉軍・武部　実・殷　宏・伊東明弘. 医学のあゆみ. 196, 169-170 (2001)
24) 杉村　隆. 発がん物質. 中公新書. (1982)
25) Vogelstein, B., E. R. Fearon. et. al. New Eng. J. Med., 319, 529-532 (1988)
26) 渡邊敦光・高橋忠照・他. 味噌の科学と技術. 39, 29-32 (1991)
27) Wattenberg, L. W. Cancer Res., 48, 1-8 (1985)
28) Yanagihara, K., A. Ito, T. Toge and M. Numoto. Cancer Res., 53, 5815-21 (1993)

# 7. マメ類およびその発酵食品中のポリフェノール類の抗酸化作用

## 1) はじめに

　マメ類は古くから食用作物として世界各地で栽培されてきた．その適応気象条件もマメの種類によって様々である．温暖な地域から，高温多湿，あるいは乾燥した熱帯の地域でも各種マメ類が栽培されている．これらマメ類の強い生命力には，多くの「マメ類のもつ生理作用」が関わっていると考えられる．マメ類も穀類等と同様に，多くの酸素を大気中より取り入れてその生命活動を維持し，また豊かな太陽光を浴びてその種実を肥大させることを考慮すると，これらの植物体あるいはその種実（種子）中にも酸素ストレスに対する防御機構が存在していると推測される．特に，熱帯地域での植物体の呼吸作用は活発であり，また紫外線の被曝量も多大である．他方，われわれが日常摂取しているマメ類の多くは完熟した種子であり，これらは次世代に生命を継承するため，また来るべき発芽に備えて，その細胞や成長のための貯蔵物質を酸化的障害から保護する必要がある．すなわち，これらのマメ類には種々の抗酸化的防御機構が存在しており，ポリフェノール類もその役割を十分に担っていると考えられる[1]．ところで，マメ類は通常加熱・調理したり，また多くの加工食品として流通・利用されているが，これらに含まれる抗酸化成分は，不飽和脂質の過酸化抑制や活性酸素種の捕捉・消去に関与し，食品の酸化的劣化を防止することによりその保存性向上に貢献している．また，最近ある種のポリフェノール類は，生体内に取り込まれた後，細胞レベルで脂質過酸化の阻害や活性酸素の消去を通して生体の酸素ストレスを抑制し，発がん，虚血性疾患，動脈硬化，

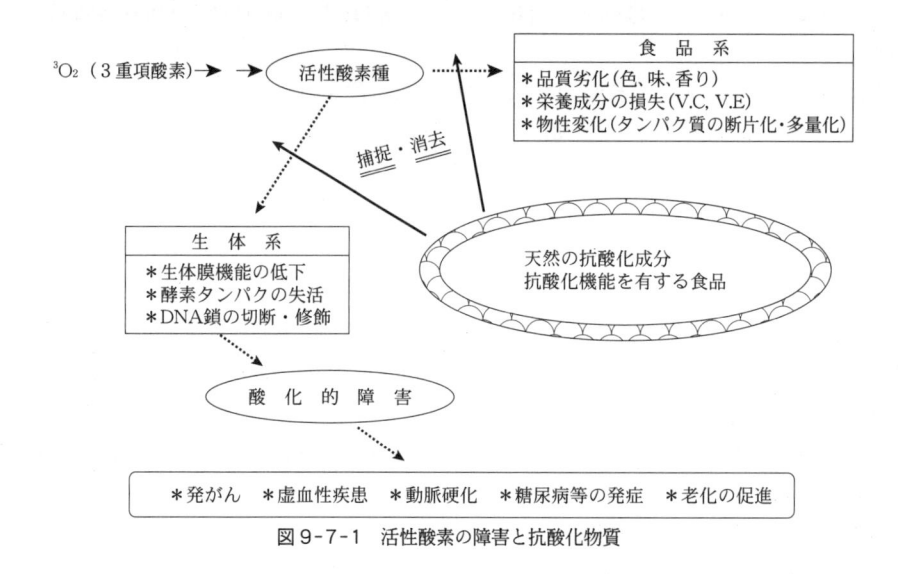

図9-7-1 活性酸素の障害と抗酸化物質

糖尿病等の生活習慣病の予防に役立つことが明らかにされてきた[2〜5]．このような意味においても，食品中に含まれる抗酸化成分，あるいは高い抗酸化能を有する食品への期待が大となっている（図9-7-1）．本節では，これらマメ類中のポリフェノール類を概説するとともに，特に，筆者らがここ数年来研究を進めてきたダイズ発酵食品の抗酸化性について解説する．

## 2) マメ類中のポリフェノール類とその抗酸化作用

### (1) フェノールカルボン酸類

食用作物に存在するフェノールカルボン酸（PC）には，$C_6$-$C_1$ の安息香酸系と $C_6$-$C_3$ 系の桂皮酸系のものがあるが，マメ類においてもこれらの存在が報告されている[6,7]．通常は遊離型，あるいはキナ酸等とエステル結合した縮合型として存在するが，細胞壁多糖類に結合したものもある．荒井ら[6]はダイズ種子中にシリンガ酸，フェルラ酸，バニリン酸，ゲンチジン酸，サリチル酸，$p$-クマール酸，$p$-ヒドロキシル安息香酸およびクロロゲン酸を同定した．Sosulski ら[7]はリョクトウ，エンドウ，ヒラマメ等の10種マメ類の子葉および種皮中の PC の種類とその含有量を明らかにした．マメの種類や部位により，PC の種類および含有量に差異が認められたが，ソラマメ，リョクトウ等の全粒に対する種皮中の総 PC 含有率は高い値（65〜29 %）を示した．PC の抗酸化性については，リノール酸を基質とした $\beta$-カロテン退色法（水系）にて，カフェ酸およびクロロゲン酸が強い活性を示す報告がある[8]．筆者らもリノール酸メチルを用いた油系で抗酸化性を検討し，水系と同様にオルトジヒドロキシ構造を有するこれらの PC 類が強い活性を示すことを確認した．

### (2) アントシアニン類

マメ類のなかには赤色〜黒色を有するものもある．これらの色素はアントシアニンと呼ばれる配糖体である．アグリコン部分のアントシアニジンは，オキソニウムカチオン構造（フラビリウム塩）をもつため，不安定であり，加熱等により容易に変色する．アグリコンとして通常6種類のものが知られている[9]が，一般には B 環の水酸基の数が少ないものは赤色に富み，逆に多いものは青色（紫色）を呈する．黒ダイズやアズキの種皮中には，色素成分としてシアニジン 3-O-$\beta$-D-グルコシド（Cy 3-glc）やデルフィニジン 3-O-$\beta$-D-グルコシド（Dp 3-glc）の存在が知られている[10]．津田ら[1]は 35 種類の食用マメ類を用いて，その抗酸化性についてスクリーニング試験を行い，イン

ゲンマメが強い活性を有することを報告した．特に，赤色や黒色を呈する種皮部分が強い抗酸化性を示し（図9-7-2），その活性成分としてCy 3-glc, Dp 3-glc およびペラルゴニジン 3-O-β-D-グルコシド（Pg 3-glc）を同定した[11]．さらにこれらのアントシアニンの抗酸化性を各種モデル系（in vitro）で調べるとともに，ラットを用いた動物個体レベルでの有効性を確認した[4]．また彼ら[12]はCy 3-glcの体内動態についても検討を行い，宮澤ら[13]の報告と同様に，アントシアニンが他のフラボノイドと異なり配糖体のまま腸管から吸収されることを明らかにした．

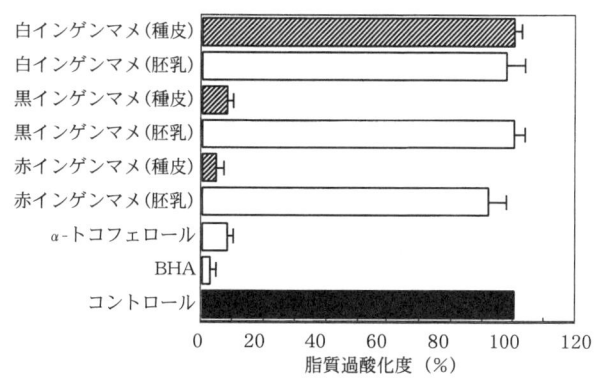

図9-7-2 色の異なるインゲンマメの種皮および胚乳部の抽出物の抗酸化性

### （3）イソフラボン類

穀類，野菜類，果実類等には種々のフラボノイドが存在し，これらは抗酸化性を示すのみならず，抗発がん，抗アレルギー作用等の多様な生理的機能を有する[14]．マメ類においてはイソフラボン類の存在が特徴となる．通常は配糖体の型で存在するが，品種，栽培環境，部位（胚軸，子葉，種皮）等の差異により，その種類および含量も変動する[15]．ダイズ種子中では，イソフラボン骨格の7位にグルコースをもつダイジン，グリシチン，ゲニスチン，またこれら配糖体の糖残基の6位にマロニル基やアセチル基をもつものが多く含まれる[16]．しかし，マロニル基やアセチル基は加熱により容易に脱離する[16]ので，日常食するダイズあるいはその加工食品中には，イソフラボン配糖体およびそのアグリコンが多く含まれる．これらのイソフラボン類は抗酸化性や抗溶血性を示すが，その活性はケルセチン等のフラボノールより一般的に低い[17]．最近，これらのイソフラボン類の乳がんをはじめとする各種がん，虚血性心疾患，骨粗鬆症等に対する予防効果が期待されている[18]．

### （4）プロアントシアニジン類

タンニン類のなかには，フラバノールタンニンとも呼ばれ，主にカテキン類が縮合したプロアントシアニジン（PA）がある[10]．PAはブドウ，イチゴ，オオムギ等に存在するが，塩酸酸性で加熱するとカテキン分子間のC-C結合が開裂し，アントシアニジンを生成し赤色を呈する．有賀ら[19]は，アズキよりカテキン2分子が$C_4$-$C_8$結合したB型プロシアニジン2量体（6種類），またPA3量体〜6量体および高分子縮合体を分離した．総PA含量はアズキが最も高い値（119 mg/100 g）を示し，これに次いでリョクトウ（65 mg/100 g），黒ダイズ（41 mg/100 g）の順であった．普通ダイズ中のPA含量は極めて低かった．いずれのマメ類においても，高分子縮合体の占める割合が最も大であった．PAは強い抗酸化性を示し，その活性は重合度の大きいものほど強かった．抗酸化力の比較的弱いPA2量体においても，その活性は，天然の抗酸化剤として利用されるアスコルビン酸，没食子酸，α-トコフェロール，カテキン等を上回った．さらにプロシアニジン2量体を用いてそのラジカル捕捉作用を調べたところ，PAは特に親水性ペルオキシラジカルに対して強い捕捉活性を示し，1分子当たり8個のラジカルを捕捉することが可能であった[20]．また，このプロシアニジン2量体は一重項酸素消去作用をも示した．

## 3) ダイズ発酵食品の抗酸化性

### (1) 納豆，テンペ，味噌の脂質安定性

東アジアの国々にはダイズを原料とした様々なダイズ発酵食品がある．筆者ら[21]は，納豆，テンペ（インドネシアの伝統的なダイズ発酵食品），豆味噌の凍結乾燥粉末を40℃，暗所に貯蔵し，生成する脂質過酸化物量を経日的に測定した．いずれのダイズ発酵食品も，原料の蒸煮ダイズより強い抗酸化性を示した（図9-7-3）．特に，テンペおよび味噌の過酸化物生成の抑制効果は大きかった．すなわち，発酵という工程を経て，いずれのダイズ食品においても抗酸化力の増大がみられた．ところで，これまでにもこのダイズ発酵食品の脂質安定性に関わるいくつかの抗酸化物質が報告されている．テンペや味噌においては，原料ダイズ中のイソフラボン配糖体であるダイジンやゲニスチンが微生物の生産するβ-グルコシダーゼによって分解され，この時生成するダイゼインやゲニステインが抗酸化力の増強に関与するといわれている[22,23]．また，発酵・熟成中にプロテアーゼの作用によって生成するペプチドやアミノ酸も抗酸化物質として報告されている[24]．さらには，しょう油や味噌においてはその醸造過程でメラノイジンが生成されるが，この褐変物質が抗酸化性を示すことも報告されている[24]．しかし，これらの抗酸化物質が実際のダイズ発酵食品の中で，例えば味噌のような油滴/水系ペースト状でどの程度の抗酸化性を発揮するかについては疑問も残る．

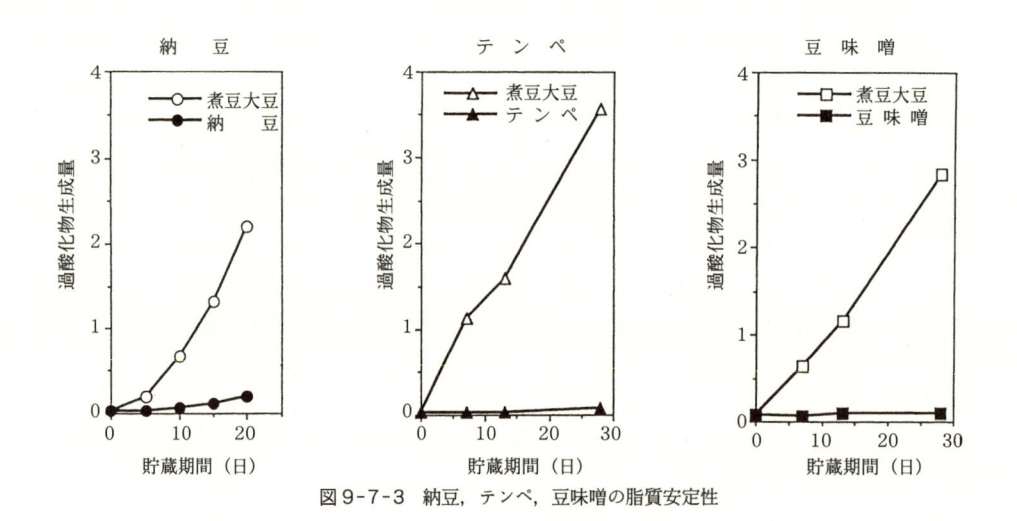

図9-7-3 納豆，テンペ，豆味噌の脂質安定性

### (2) イソフラボンの抗酸化性

ダイゼインおよびゲニステイン，またこれらの配糖体を用いて油系および水系にて抗酸化力を測定したが，いずれの系においてもその活性は極めて微弱であった．また，蒸煮ダイズをβ-グルコシダーゼ処理することにより，イソフラボン配糖体をすべてダイゼインおよびゲニステインに変換させた酵素処理物を調製し，その脂質安定性を無処理の蒸煮ダイズと比較したが，顕著な抗酸化力の増大効果は認められなかった．

### (3) テンペ中の抗酸化物質

テンペ中の抗酸化物質として，6,7,4'-トリヒドロキシイソフラボンが知られている[25]．この物質は，水系では抗酸化性を示すが，ダイズ油やダイズ粉末中ではこれら脂質の過酸化を全く抑制しない[26]．またその後の研究において，このイソフラボンをテンペ中に見いだした例はない．筆者らも種々の*Rhizopus*菌を用いてテンペを調製し，この物質の検索を行ったが，これを見いだすことは

できなかった．他方，テンペより抗酸化物質の分離・精製を行い，新たに3-ヒドロキシアントラニル酸（HAA）を単離・同定した（図9-7-4）[27]．この物質は，ダイズ油および水/エタノール系においてゲニステインやα-トコフェロールより強い抗酸化性を示し，またダイズ粉末中においても脂質の過酸化を抑制した．この HAA はテンペのもつ強い抗酸化性に寄与する主要な活性物質であり，テンペ菌の発酵により新たに生成する物質であった．

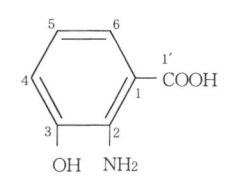

3-Hydroxyanthranilic Acid (HAA)

図9-7-4 テンペより単離された新規抗酸化物質

### （4）麹菌を用いたダイズ発酵物中の抗酸化物質

わが国には古くから麹菌（*Aspergillus* 属）を利用した様々な発酵食品がある．筆者らは，味噌やしょう油，さらには清酒，甘酒，焼酎等に利用される種々の麹菌を用いてダイズ麹を調製し，その抗酸化力を調べた．ほとんどの麹において抗酸化力の増大が認められたが，特に泡盛醸造用の *Aspergillus saitoi* を用いたもののその効果は，最も大であった．このダイズ麹より抗酸化物質の分離・精製を行い，2,3-ジヒドロキシ安息香酸[28]とともに，新たな2種のイソフラボン化合物を単離した．各種機器分析の結果，これらの物質を8-ヒドロキシダイゼイン（8-OHD）および8-ヒドロキシゲニステイン（8-OHG）と構造決定した[29]．これらのオルトジヒドロキシイソフラボン（ODI）は，7, 8位に隣接した2個の水酸基をもつため，油系および水系においてダイゼインやゲニステインより有意に強い抗酸化性を示した（図9-7-5）．他方これらの ODI の生成機構についても検討を行った（図9-7-6）[30]．その結果，まず，原料ダイズ中のイソフラボン配糖体であるダイジンおよびゲニスチンは，*A. saitoi* の生産するβ-グルコシダーゼの作用により，ダイゼインおよびゲニステインを生成した．そして，これらの遊離型イソフラボンは，胞子形成とともに生産される水酸化酵素によりその8位に特異的に水酸基が導入され，8-OHD および8-OHG に変換したと考察された．

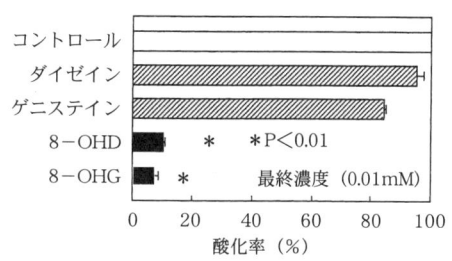

図9-7-5 リポソームを用いた水系での8-OHD および8-OHG の抗酸化性

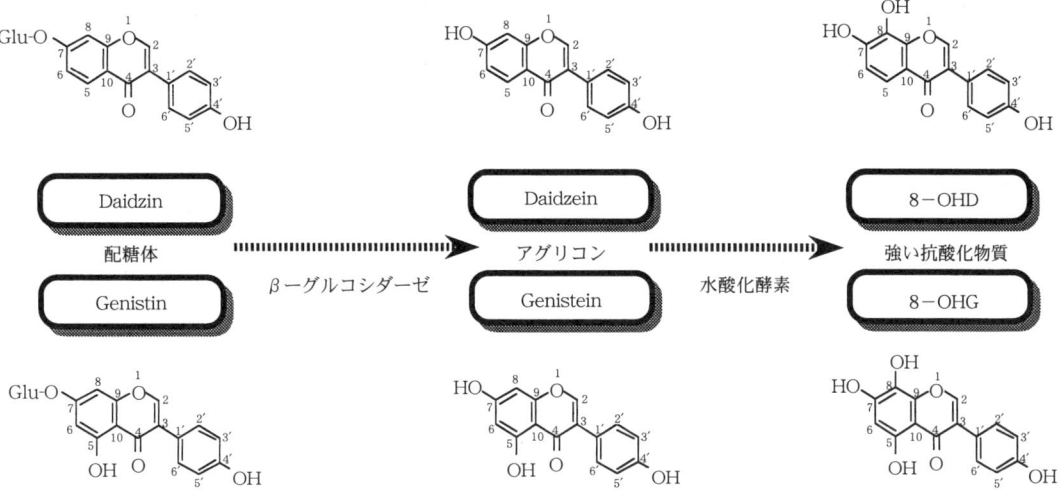

図9-7-6 ダイジンおよびゲニスチンの麹菌によるオルトジヒドロキシイソフラボンへの変換

### (5) 各種味噌およびしょう油中のオルトジヒドロキシイソフラボン

8-OHDおよび8-OHGは，同じ*Aspergillus*属で製麹した味噌やしょう油用麹にも存在する可能性は大きい．実際にマメ味噌醸造メーカーより味噌玉麹を入手し，抗酸化成分の分離を行った[31]．主要な活性成分としてこれら2種のODIを単離するとともに，新たにダイゼインの6位が水酸化された6-ヒドロキシダイゼイン（6-OHD）を同定した．この6-OHDも強い抗酸化性を示した．これらのODIは，他の醸造メーカーのマメ味噌用麹，また，たまりやしょう油用の麹中にも存在した．他方，各味噌メーカーよりマメ味噌，コメ味噌，ムギ味噌を入手し，8-OHD，8-OHGおよび6-OHD含量を測定するとともに，その抗酸化力を調べた[32]．いずれのマメ味噌においても3種のODIが含有されていた（図9-7-7）．しかし，コメ麹やムギ麹を用いて蒸煮ダイズとともに仕込みを行ったコメ味噌やムギ味噌中には，いずれのODIも全く検出されなかった．すなわち，味噌醸造における8-OHD，8-OHGおよび6-OHDの生成には，蒸煮ダイズに直接に麹菌を接種して製麹することが重要であると考察された．マメ味噌中の総ODIモル濃度は約0.6～1.2 mMを示したが，この値はODIの強い抗酸化力[29,31]を考慮すると，味噌中の脂質の酸化的劣化を抑制するのに十分な濃度であると推察された．各種味噌の抗酸化力とODI含量との間には正の高い相関（r = 0.81）が認められた．他方，製麹日数の異なる味噌玉麹を用いて豆味噌の仕込みを行い，熟成期間中のODIの変動と味噌の抗酸化性を検討した[33]．製麹中に生成したODIは，熟成中に減少することはなかった．製麹日数4日間の麹を使用したマメ味噌は，通常のマメ味噌の約2倍のODI含量を示し，その抗酸化力も有意に強かった．

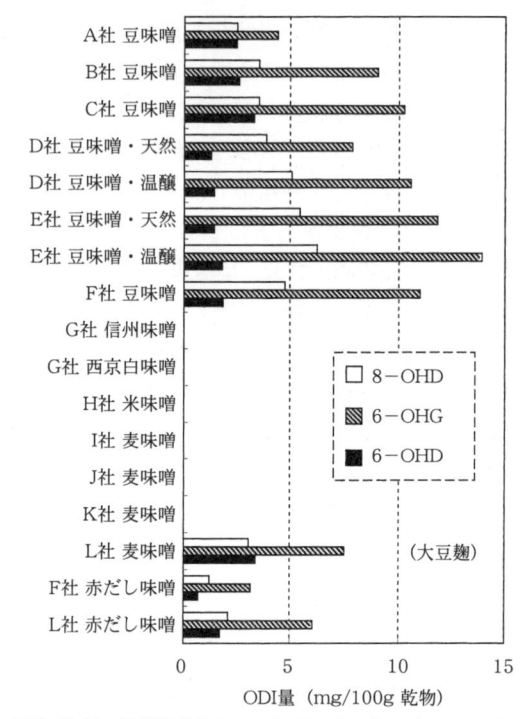

図9-7-7 各種味噌中のオルトジヒドロキシイソフラボン

8-OHDおよび8-OHGはたまりやしょう油中にも存在したが，その含量は仕込み時の加水量，あるいはダイズの混合割合の影響を大きくうけていた．ダイズの使用割合の少ない白しょう油ではODIが検出されないものもあった．しょう油類のODI含量はマメ味噌に比較して少なかったが，抗酸化活性との相関性は味噌以上に高かった（r = 0.96）．

これらの結果より，ODIは味噌やしょ油等の発酵・熟成過程，また保蔵時において，脂質等の酸化的劣化の抑制に大いに貢献していると考察される．

### 4）おわりに

現在地球上に生存する生物の多くは，酸素より生成する活性酸素に絶えずさらされてきた．多くの植物，またヒトをはじめとする哺乳動物についても同様であるが，これらの生物には，この有害な活性酸素を捕捉・消去する抗酸化的防御機構が備わっていたと考えられる．マメ類には，これまで概説してきたように種々のポリフェノール類が含有される．これらの抗酸化物質は，マメ類の収穫前においては種実を健全に完熟させるために，また収穫後も次世代へ種を継承するために，大い

に役立っている．これらのポリフェノール類はマメ加工食品の酸化的劣化の抑制に寄与するのも事実である．

　ヒトもまた，健康な体を維持するためには，生体代謝の様々な過程で発生する活性酸素やフリーラジカルを的確に捕捉・消去し，無毒化する必要がある．マメ類中の抗酸化物質も，この活性酸素の無毒化に寄与する可能性は大きい．今後，これら抗酸化物質の生体内における代謝特性等を明らかにする必要がある．

　ダイズは古くから種々の発酵食品としても利用されてきた．これらの食品中には，発酵・熟成という過程において，原料ダイズには存在しない新たな機能性因子が生産される可能性も大きい．ここで紹介した抗酸化成分もその一例であり，ダイズ発酵食品の酸化的劣化を抑制するのみならず，生体内においてもその生理機能を発現することが期待される．ここではふれなかったが，テンペ中のHAAが，ラット体内において抗酸化性を発現することを確認している．ダイズには他の食用作物にはみられないイソフラボン化合物が存在し，これらは，抗がん，骨粗鬆症予防等の生理機能を示すことが報告されている．今後，豆味噌や醤油中に見い出された強い抗酸化性を示すODIが，生体内においてどのような生理機能を発揮するかを検討していきたい．

（江崎　秀男）

## 引用文献

1) Tsuda, T., Y. Makino, H. Kato, T. Osawa and S. Kawakishi.Biosci. Biotech. Biochem., 57, 1606-1608 (1993)
2) Ames, B. N., M. K. Shigenaga and T. M. Hagen. Proc. Natl. Acad. Sci. U.S.A., 90, 7915-7922 (1993)
3) Osawa, T. Food Factors for Cancer Prevention. Ohigashi H. et al., eds. Tokyo, Springer, 39-46 (1997)
4) 津田孝範．食科工, 46, 621-626 (1999)
5) 吉城由美子・大久保一良．"ダイズサポニンの活性酸素消去機能：活性酸素と医食同源"．井上正康編．共立出版, 233-239 (1996)
6) Arai, S., H. Suzuki, M. Fujimaki and Y. Sakurai. Agric. Biol. Chem., 30, 364-369 (1966)
7) Sosulski, F. W. and K. J. Dabrowski. J. Agric. Food Chem., 32, 131-133 (1984)
8) Pratt, D. E. and P. M. Birac. J. Food Sci., 44, 1720-1722 (1979)
9) 寺原典彦・太田英明・吉玉国二郎．"アントシアニンの性質：アントシアニン－食品の色と健康－"．大庭理一郎・五十嵐喜治・津久井亜紀夫編．建帛社, 1-38 (2000)
10) 中林敏郎．"ポリフェノール成分と変色：食品の変色の化学"．木村　進・中林敏郎・加藤博通編．光琳, 1-157 (1995)
11) Tsuda, T., K. Ohshima, S. Kawakishi and T. Osawa. J. Agric. Food Chem., 42, 248-251 (1994)
12) Tsuda, T., F. Horio and T. Osawa. FEBS Lett., 449, 179-182 (1999)
13) Miyazawa, T., K. Nakagawa, M. Kudo, K. Muraishi and K. Someya. J. Agric. Food Chem., 47, 1083-1091 (1999)
14) 吉川敏一編．"フラボノイドの構造と機能"．フラボノイドの医学．講談社サイエンティフィク, 7-17 (1998)
15) Eldridge, A. C. and W. F. Kwolek. J. Agric. Food Chem., 31, 394-396 (1983)
16) Kudou, S., Y. Fleury, D. Welti, D. Magnolato, T. Uchida, K. Kitamura and K. Okubo. Agric. Biol. Chem., 55, 2227-2233 (1991)
17) Naim, M., B. Gestetner, A. Bondi and Y. Dirk. J. Agric. Food Chem., 24, 1174-1177 (1976)

18) 石見佳子. 食品と開発, 34 (7), 5-7 (1999)
19) 有賀敏明・細山 浩. "プロアントシアニジン：成人病予防食品の開発". 二木鋭雄・吉川敏一・大澤俊彦編. シーエムシー, 189-194 (1998)
20) Ariga, T. and M. Hamano. Agric. Biol. Chem., 54, 2499-2504 (1990)
21) Esaki, H., H. Onozaki and T. Osawa. Food Phytochemicals for Cancer Prevention I. Huang, M.-T. et al., eds. Washington DC, ACS, 353-360 (1994)
22) Murakami, H., T. Asakawa, J. Terao and S. Matsushita. Agric. Biol. Chem., 48, 2971-2975 (1984)
23) 池田稜子・太田直一・渡辺忠雄. 食科工, 42, 322-327 (1995)
24) 山口直彦. 醸協, 87, 721-725 (1992)
25) Gyögy, P., K. Murata and H. Ikehata. Nature, 203, 870-872 (1964)
26) Ikehata, H., M. Wakaizumi and K. Murata. Agric. Biol. Chem., 32, 740-746 (1968)
27) Esaki, H., H. Onozaki, S. Kawakishi and T. Osawa. J. Agric. Food Chem., 44, 696-700 (1996)
28) Esaki, H., H. Onozaki, S. Kawakishi and T. Osawa. J. Agric. Food Chem., 45, 2020-2024 (1997)
29) Esaki, H., H. Onozaki, Y. Morimitsu, S. Kawakishi and T. Osawa. Biosci. Biotechnol. Biochem., 62, 740-746 (1998)
30) Esaki, H., R. Watanabe, H. Onozaki, S. Kawakishi and T. Osawa. Biosci. Biotechnol. Biochem., 63, 851-858 (1999)
31) Esaki, H., S. Kawakishi, Y. Morimitsu and T. Osawa. Biosci. Biotechnol. Biochem., 63, 1637-1639 (1999)
32) 江崎秀男・川岸舜朗・井上 昂・大澤俊彦. 食科工, 48, 51-57 (2001)
33) 江崎秀男・渡部綾子・増田 均・大澤俊彦・川岸舜朗. 食科工, 48, 189-195 (2001)

## 8. コーヒー豆の抗腫瘍性

### 1) はじめに

　焙煎豆を用いるコーヒー飲用のはじまりは14世紀頃といわれ，コーヒーは少なくとも600年の飲用歴を持つ食品といえる．日本では1888年（明治21年）に本格的なコーヒー店が東京に開店したという[1]．当初，コーヒー飲用は一部の上流階級に限定され消費は伸びなかったが，その後，食文化の多様化と国民所得の増大につれて伸び，1999年現在，アメリカ，ドイツに次いでわが国のコーヒー消費量は世界第三位となっている[2]．

　コーヒーにはともすると健康によくないイメージがあるが，研究の進展に伴いその誤解が解けた例がある．それはコーヒーと血清コレステロールとの関係である[3]．ことの発端は，北欧のノルウェーで行われた研究でコーヒー摂取と血清コレステロール濃度との間に正の相関が認められたことである．しかし，アメリカや西欧諸国で行われた同様の研究ではそのような関係が見いだされなかった．北欧ではコーヒーをボイルしたあとフィルターを通さないのに対しアメリカや西欧諸国では通す（ろ過する），とい

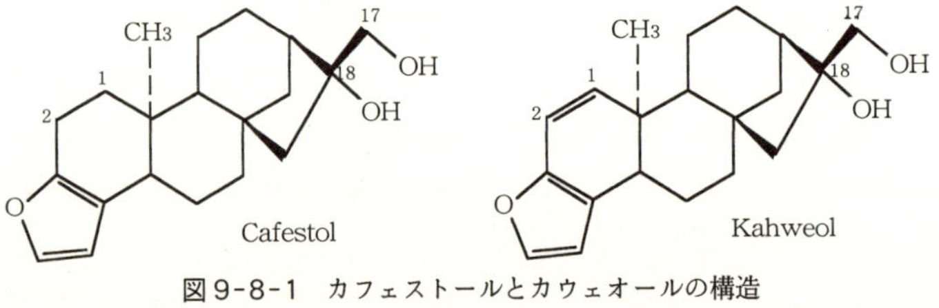

図9-8-1 カフェストールとカウェオールの構造

うコーヒーの入れ方の違いがこのような不一致の原因と考えられ検討が進められた．その結果，コーヒーオイルであるカフェストール（cafestol）とカウェオール（kahweol），特にカフェストールが血清コレステロール上昇因子であることがわかった（図9-8-1）．しかし，これらのジテルペンはろ過操作で取り除かれることが明らかとなった[3]．わが国では通常フィルターを使うこと，よく飲用されるインスタントコーヒー中ではこれらのジテルペンは低濃度であることから，あまり問題はないだろうと考えられる．

その一方，面白いことにコレステロール上昇因子であるカフェストールとカウェオールには発がん抑制という好ましい作用のあることが動物実験で報告されている[4]．上に述べたように，通常のコーヒー飲用ではこれらのジテルペン摂取量は少量であるので，もしヒトでも同様な効果があるとしても，実際的にはそれらの発がん抑制作用は発揮されにくいであろう．では，他のコーヒー成分あるいはコーヒーそのもののがんに対する効果はどのようであろうか．本項では，コーヒーの化学発がん抑制作用およびがん細胞の増殖・浸潤・転移に対する作用について概説する．

## 2）がんの発生と進行

正常細胞にはもともとがん遺伝子とがん抑制遺伝子があり，これらの遺伝子に何らかの原因で損傷が起こって活性化したり不活性化するとその細胞はがん化するものと考えられている[5]．がん遺伝子は，本来は細胞増殖を進行させるように働き，正常時にはその機能は精緻に制御されているが，何らかの原因で異常が生じるとその制御からはずれ，細胞増殖シグナルが恒常的に活性化し細胞をがん化させる．

正常細胞はDNAの損傷により変異が生じる初期段階（イニシエーション）とそれにつづく促進段階（プロモーション）を経てがん細胞化し，さらに浸潤・転移能を獲得する進行段階（プログレッション）を通って悪性化するものと考えられる．これらの段階に酸化ストレスの関与することが明らかとなり，食品中の抗酸化因子の抗がん作用に期待が寄せられている[5,6]．ここでは，細胞ががん化する過程（イニシエーション，プロモーション）と悪性化する過程（プログレッション）のうち，後者の悪性化に比重をおいて，コーヒー（豆）とその成分の作用について述べることとする．

## 3）コーヒーの成分と発がん抑制作用

### (1) コーヒー豆の成分

われわれが飲んでいるコーヒーは，焙煎した豆を粉砕し熱水で抽出したものであるが，その色，味，香りは生豆成分の熱変化によって生じたものである．生豆と焙煎豆の成分の一例[7]を表9-8-1に示す．焙煎により遊離アミノ酸が消失し，少糖類，クロロゲン酸，トリゴネリンが大幅に減少する．焙煎コーヒー抽出液中には，カフェイン（10〜20 g/l）をはじめ，図9-8-2に示したようなキナ酸（3.2〜8.7 g/l），トリゴネリン（3〜10 g/l），クロロゲン酸（0.02〜0.1 g/l），カフェ酸などのほか，フルフリルアルコールなどメイラード反応産物が苦味成分として含まれている[8]．

### (2) コーヒーの発がん抑制作用

これまでに発がんを抑制する可能性のあることが実験的に示唆されている食品因子として，野菜や甲殻類のカロテノイド，茶のカテキン類，ダイズイソフラボン，ターメリック中のクルクミン，ブドウ果皮のレスベラトロールなどがある[6]．これらの因子はいずれも抗酸化機能を有している点は注目に値する．では，上記のコーヒー成分についてはどうであろうか．

ジテルペンであるカフェストールとカウェオールに発がん抑制作用のあることはすでに述べた．これらの抑制効果は，グルタチオン-S-トランスフェラーゼの誘導・活性促進[4,9]などによる発がん

表9-8-1 コーヒー生豆と焙煎豆の一般成分（%，無水物中）

| 成分 | アラビカ種 | | ロブスタ種 | |
|---|---|---|---|---|
| | 生豆 | 焙煎豆 | 生豆 | 焙煎豆 |
| 全多糖類 | 50.0-55.0 | 24.0-39.0 | 37.0-47.0 | - |
| 少糖類 | 6.0- 8.0 | 0- 3.5 | 5.0- 7.0 | 0-3.0 |
| 脂質 | 12.0-18.0 | 14.5-20.0 | 9.0-13.0 | 11.0-16.0 |
| 遊離アミノ酸 | 2.0 | 0 | 2.0 | 0 |
| タンパク質 | 11.0-13.0 | 13.0-15.0 | 11.0-13.0 | 13.0-15.0 |
| 全クロロゲン酸類 | 5.5- 8.0 | 1.2- 2.3 | 7.0-10.0 | 3.9- 4.6 |
| カフェイン | 0.9- 1.2 | 〜 1.0 | 1.6- 2.4 | 〜 2.0 |
| トリゴネリン | 1.0- 1.2 | 0.5- 1.0 | 0.6- 0.75 | 0.3- 0.6 |
| 脂肪族酸 | 1.5- 2.0 | 1.0- 1.5 | 1.5- 2.0 | 1.0- 1.5 |
| 無機成分 | 3.0- 4.2 | 3.5- 4.5 | 4.0- 4.5 | 4.6- 5.6 |
| 褐色色素（メラノイジン） | - | 16.0-17.0 | - | 16.0-17.0 |

(文献7) より改変)

物質の解毒によるものと考えられている．

クロロゲン酸（5-カフェイルキナ酸）は，コーヒーはじめ双子葉植物の果実や葉にも含まれている．このフェノール性物質は，カフェ酸とキナ酸がエステル結合したものである（図9-8-2）．ハムスターにメチルアゾキシメタノール投与で惹起した結腸がん，肝臓がんの発生をクロロゲン酸が抑制すること，ラットに4-ニトロキノリン-1-オキサイド投与で惹起した舌がんの発生をクロロゲン酸とカフェ酸が有意に抑制することが報告されている[10]．なお，クロロゲン酸とカフェ酸には抗酸化機能のあることが知られている[11]．また，カフェ酸関連物質のエステルであるphenylethyl-3-methylcaffeateがアゾキシメタン投与で誘発される結腸がんの発生を抑制することがラットで報告されている[12]．

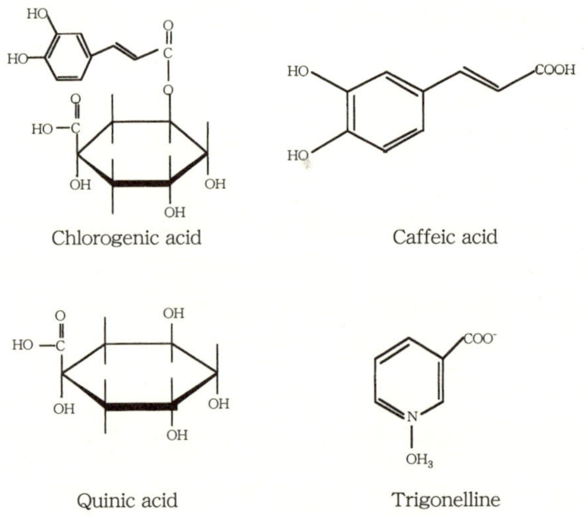

図9-8-2 クロロゲン酸，カフェ酸，キナ酸，トリゴネリンの構造

コーヒーチェリー（コーヒー果実から中心部のマメを取ったあとの残滓）からの熱水抽出物を飲料水に0.5%となるように溶解してマウスに摂取させると，自然発症乳がんの発生[13]が著明に抑制されることが報告されている．

### 4) がん細胞の増殖・浸潤・転移と食品因子について

#### (1) がん細胞の無限増殖性と転移性

がん化した細胞には正常細胞にはない二大生物学的特性がある．一つは無限増殖性でありもう一つは転移性である．がん細胞が原発巣の構造的ネットワークの制約から逃れて自由に動き，別の組織や臓器に移動してそこで再び増殖できればがん転移が成立する．

がん細胞は原発巣で増殖しその一部はそこから離脱して周辺の組織へ浸潤し，脈管系へ進入してその中を移動する．そして遠隔臓器・組織の脈管で捕捉されそこから組織へ浸潤し，転移先臓器・組

織で再増殖するものと考えられている[14]．転移には，移動するルートによって，①血行性転移，②リンパ行性転移および③体腔内に直接広がる播種性転移がある[15]．多段階にわたるがん転移成立過程のなかで，浸潤が最も重要かつ特徴的な段階である．血行性転移の場合，浸潤は基底膜への接着，基底膜基質の分解，がん細胞の移動（運動）の三ステップを経るものと考えられており，それらのうちの一つを阻害すればがん細胞の浸潤そしてがん転移を防ぎうることが理論的に考えられる．

### （2）がん細胞の増殖・浸潤・転移を抑制する機構

がん細胞の増殖を抑制するためには，細胞周期の抑制によるがん細胞の分裂抑制，がん細胞に対するアポトーシス（プログラム細胞死）や分化の誘導，がん組織の血管新生の阻害などが考えられる[6]．また，がん細胞の浸潤・転移を抑制するためには，がん細胞の接着と運動の阻止，基質分解酵素（マトリックスメタロプロテイナーゼ，MMPs）の発現と活性の阻止，そして血管新生阻止による転移先での増殖阻止による間接的な転移抑制作用が理論的に考えられる[6]．

### （3）細胞培養系におけるがん細胞の増殖能および浸潤能の検定法

細胞培養系は，食品や天然物のなかから特定の機能をもつものを一次スクリーニングしたり作用機構を解析したりするのに有効なことがある．われわれは，ラット腹水肝がん細胞AH109Aを用いて in vitro の増殖能検定系と浸潤能検定系を作製した[14,16]（図9-8-3）．このがん細胞はラットの腹腔でよく増殖するが，皮下移植しても増殖でき固型がんを形成するとともに転移も起こす．この時，血清脂質濃度も上昇して高脂血症を呈し[17,18]，がん性悪液質状態となる．

増殖能は，AH109A細胞を検体と培養後，MTT試薬またはWST-1試薬を添加し，生細胞によって産生される色素の吸光度を測定するか，あるいはこれらの試薬の代わりに[³H]チミジンを添加し冷酸不溶性画分（DNA画分）への放射能の取り込みを測定することにより評価した[14,16]．浸潤能は，ラット腸間膜から初代培養した中皮細胞がグリッド付き培養ディッシュ中でコンフルエントになったところで検体の入った実験培地に変え，中皮細胞層上へAH109Aを重層し一定時間培養した後，中皮細胞層下に潜り込んでいるAH109Aの細胞数およびコロニー数を位相差顕微鏡下で計測し，単位面積当たりの値に換算して評価した[14,16]．

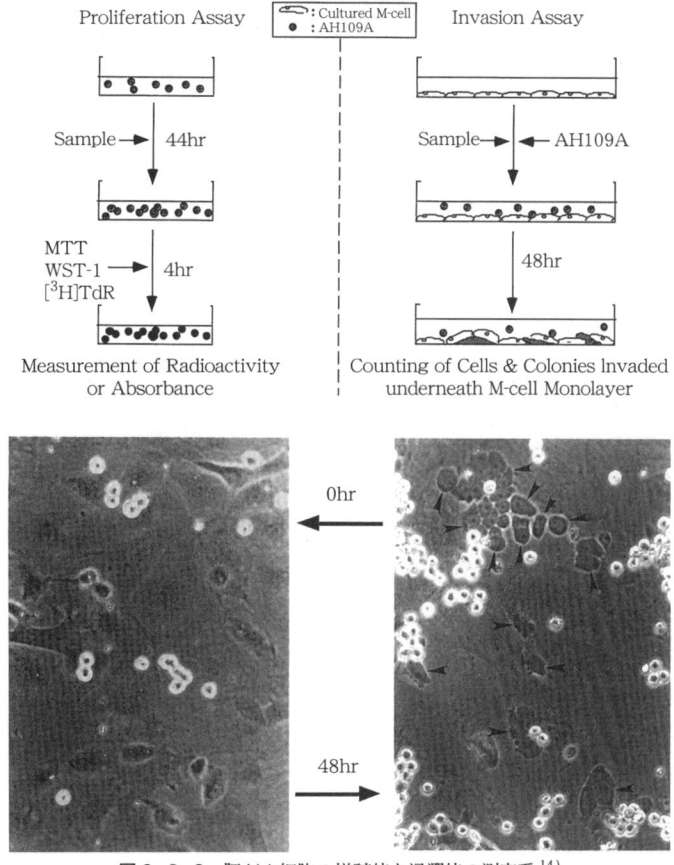

**図9-8-3** 肝がん細胞の増殖能と浸潤能の測定系[14]

## (4) 肝がん細胞の増殖と浸潤に対する各種食品の作用

このような in vitro 機能検定系を用いて様々な食品を一次選別したところ，有効成分を含むと期待される食品は以下のように分類できた[19〜22]．すなわち，①増殖と浸潤の両者を抑制するもの（コーヒー，お茶類，キャベツなど），②増殖を抑制するもの（ニラ，ニンニクなど），③浸潤を抑制するもの（ホウレンソウ，カニ甲羅など）に大別できた．このように，コーヒーはお茶類と同様に肝がん細胞の増殖と浸潤の両者を抑制しうることが明らかとなった．

コーヒーについて述べる前に，他の食品や食品因子の作用について若干述べておく．

エビやカニなど甲殻類の甲羅からの色素抽出物が AH 109 A の浸潤を抑制することを見いだした[23]．それらはカロテノイドであるので，$\beta$-カロテン，アスタキサンチンなど 8 種のカロテノイドの効果を検討したところ，いずれも $5\,\mu M$ という低濃度で浸潤を抑制した．次に，その作用機構を探った．AH 109 A 細胞をあらかじめヒポキサンチン―キサンチンオキシダーゼ系で発生させた活性酸素種（ROS）の中で培養すると，浸潤能が高まることが認められた[24]．そこで，AH 109 A 細胞を ROS にさらすときに $\beta$-カロテンあるいはアスタキサンチンを共存させたところ浸潤能の亢進は無くなった[24]．すなわち，これらのカロテノイドは，少なくとも一部はその抗酸化機能によってがん細胞の浸潤を抑制するものと考えられた．カレーやたくあんの黄色色素であるクルクミンもカロテノイドとよく似た作用と作用機構を示した[25]．そのほか，お茶のカテキン類[26〜29]，ブドウ果皮に存在するレスベラトロール[30]は強い抗酸化能を示すが，これらのポリフェノールは増殖と浸潤を抑制した．このように，抗酸化機能を有する食品因子は少なくとも肝がん細胞の浸潤を抑制するものと帰納法的には考えられた．

## 5）コーヒーのがん細胞増殖・浸潤抑制作用とその機構

### (1) コーヒーチェリー抽出物の増殖抑制作用

コーヒーチェリーからの熱水抽出物を飲料水に 0.5 % となるように溶解してマウスに摂取させると，自然発症乳がんの発生[13]のみならず，増殖[31]も著明に抑制されることが報告されている．これは通常飲用することはないが，もし効果的となれば未利用資源の有効活用の道が開けよう．

### (2) コーヒー豆抽出物の作用

i）がん細胞への直接作用　通常，口にする焙煎豆粉末抽出物（浸出液）の効果はどうであろうか．われわれは，焙煎豆粉末抽出物を培地に直接添加すると，AH 109 A 細胞の浸潤が抑制されることをまず見いだした[19,32,33]．市販のインスタントコーヒー粉末（ICP）を培地に添加すると，浸潤ばかりでなく AH 109 A の増殖も強く抑制された[34]．ICP から各種溶媒で抽出したとき，増殖，浸潤ともに強く抑制する成分を含むのはブタノール画分であった[21]．

ii）コーヒー抽出物有効成分の消化管吸収性　消化管の細胞は別として，通常はわれわれの飲んだコーヒーが体内の細胞に直接触れることはない．すなわち，コーヒー中の有効成分が消化管から吸収され血液中へ移行し，標的であるがん細胞に到達しなければ作用は発揮されない．有効成分が消化管から吸収されなかったり，たとえ吸収されてもがん細胞に到達する前に代謝されて無効になることはあり得ることであり，このような場合には細胞培養系で得られた成果は無意味となってしまう[22]．こうしたリスクを避ける方法として，検体溶液（この場合コーヒー）をラットにゾンデで胃内投与し，一定時間後に得られた血清を増殖能と浸潤能測定系に供して有効性を確認する方法が考えられる．われわれはこの方法で，ICP 水溶液を飲用させたラットの血清が AH 109 A の増殖と浸潤を抑制することを見いだした[34]．すなわち，一夜絶食させたラットへ ICP 水溶液を 100 mg/ml/100 g 体重となるようにゾンデで経口投与後，0, 0.5, 1, 2, 3 および 5 時間後に採血し血清を調製し

**図9-8-4** コーヒー飲用後ラット血清の肝がん細胞増殖と浸潤能に及ぼす投与後時間（A）と投与量（B）の影響[34]

それぞれの数値は，平均値±標準誤差（A：n＝4，B：n＝10）で示してある．異なるアルファベットが付いている数値間では有意差（$P<0.05$）のあることを示している．

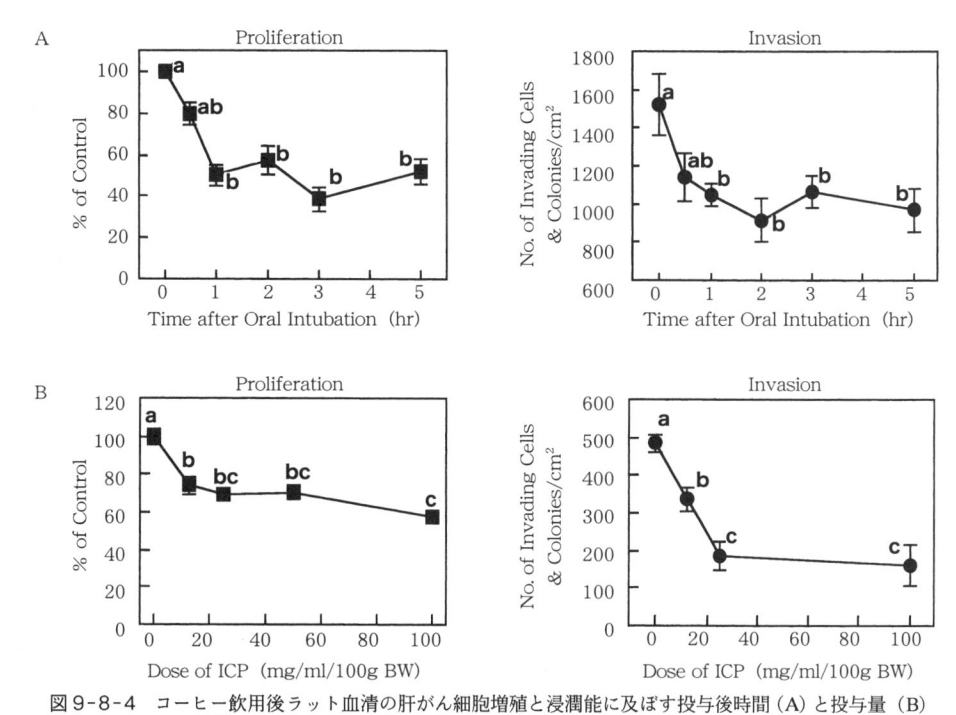

て機能検定した．図9-8-4Aに示すように，増殖・浸潤ともに投与30分後から抑制されはじめ，1時間後には有意に抑制され，以後5時間目まで有意な抑制作用が持続した．次に，ICP投与量を変え投与2時間後に血清を得て用量—作用反応を調べると，増殖・浸潤ともに12.5 mg/m$l$/100 g体重から有意に抑制されはじめ，25 mg/m$l$/100 g体重まで用量依存的に抑制された（図9-8-4B）．ヒトにこのまま外挿できると仮定した場合，体重60 kgのヒトでは7.5 g（＝0.125 g/kg×60 kg）のICP，すなわち，コーヒー2杯分の飲用に相当し，日常的に摂取可能な量といえる．

ⅲ）**コーヒー抽出物の肝がん細胞増殖抑制機構** がん細胞の増殖を抑制する機構として，すでに述べたようにいくつかのことが考えられる．それらのうちで，ICPは肝がん細胞にアポトーシスを誘導できることをいくつかの異なる方法で見いだしているが，それほど強い作用ではない（未発表）．したがって他の作用機構も検討すべきである．

### （3）コーヒー豆抽出物成分の浸潤抑制作用

ⅰ）**浸潤抑制成分** コーヒー抽出物やICPおよびICPを経口投与したラット血清は肝がん細胞の増殖と浸潤の両者を抑制することを述べてきた．次に，コーヒーのどのような成分が作用本体であるかを検討した．現在までのところ，増殖抑制成分は同定されていないが，浸潤抑制成分はいくつか同定されている[35,36]．これまでに明らかになった有効成分は，トリゴネリン，キナ酸，クロロゲン酸およびカフェ酸である．

図9-8-5に，クロロゲン酸，カフェ酸およびキナ酸を培地に添加したときの肝がん細胞の浸潤能の変化を示した．いずれのコーヒー成分も5〜10 μMという低濃度で浸潤を抑制したが，同一濃度で増殖をまったく抑制しなかった[35]．トリゴネリンもほぼ同様な結果を示した[36]．

ⅱ）**有効成分の消化管吸収性** あらかじめ合成標準20％タンパク食で飼育しておいたラットを

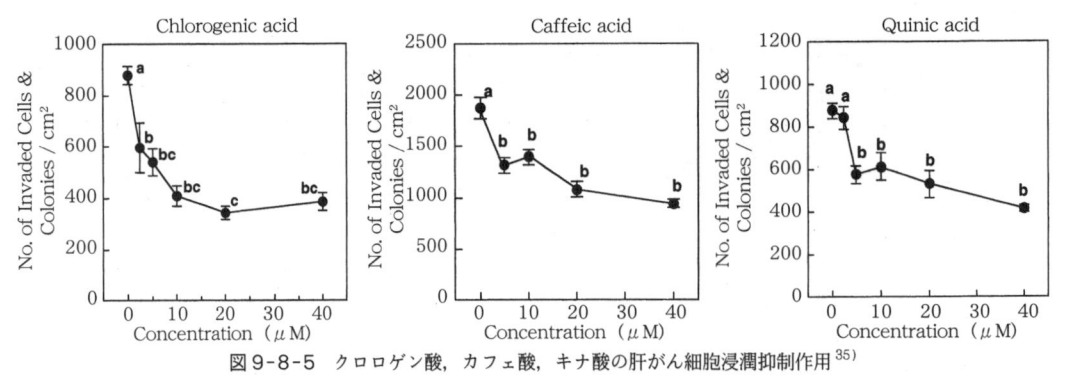

図9-8-5 クロロゲン酸，カフェ酸，キナ酸の肝がん細胞浸潤抑制作用[35]
それぞれの数値は，平均値±標準誤差（n=10）で示してある．異なるアルファベットが付いている数値間では有意差（$P<0.05$）のあることを示している．

16時間絶食させ，これらの有効成分を$100\,\mu mol/ml/100\,g$体重となるように経口投与し，0，0.5，1，2，3，6，12時間後に採血し血清を得た．このようにして得られた血清をAH 109 A細胞の増殖能と浸潤能検定系に供した[37]．その結果，クロロゲン酸，カフェ酸，キナ酸，トリゴネリンはそれぞれ経口投与2，0.5，1，2時間後に最大の浸潤抑制効果を示した．また抑制効果が消失するのはそれぞれ経口投与6，2～3，3，6時間後であった．このように時間が異なるのは，それぞれの成分の吸収・代謝様式の差に起因すると考えられる．なお，AH 109 A細胞の増殖に対してはいずれの血清も影響をおよぼさなかった．

(4) コーヒー豆抽出物成分の浸潤抑制機構

i) 抗酸化機能の関与　AH 109 A細胞をあらかじめヒポキサンチン―キサンチンオキシダーゼ系で発生させた活性酸素種（ROS）の中で培養すると，浸潤能が高まることが認められている[24]．そこで，この肝がん細胞をROSにさらすときにクロロゲン酸，カフェ酸，キナ酸ないしトリゴネリンを培地中に共存させたところ，カフェ酸とトリゴネリンは浸潤能の亢進を抑制し，キナ酸は抑制傾向を示した．一方，クロロゲン酸はROSによる浸潤能亢進をまったく抑制しなかった[36,37]．

次に，これらを胃内投与したラット血清（最大の浸潤抑制効果を示す投与後時間に採血して調製した）について同様の検討を行ったところ，今度はカフェ酸とトリゴネリン投与後血清のみならず，キナ酸とクロロゲン酸投与後血清もROS誘発性浸潤能亢進を完全に抑制した[36,37]．

すなわち，カフェ酸とトリゴネリンそしてキナ酸は，少なくとも一部はその抗酸化機能によってがん細胞の浸潤を抑制し，その作用は体内へ移行しても維持されているものと考えられた．

キナ酸をラットへ経口的に投与すると尿中にカテコールが排泄される[38,39]．このことはキナ酸は体内で芳香環化（aromatization）されることを示している．キナ酸が芳香環形成を経てできたこのカテコール構造に基づく抗酸化機能が，ROS誘発性肝がん細胞浸潤能亢進を防いだものと考えられる．なお，キナ酸が培地へ添加されたときは，肝がん細胞によってカテコール構造に変換されて浸潤抑制作用を発揮したのではないかと推察される．

ii) その他の作用機構　以上の作用機構に関する研究は，細胞の外で活性酸素（ROS）を発生させることにより浸潤活性を高めた状態で検討したものである．したがって，発生したROS捕捉作用ばかりでなく，活性酸素発生に用いたキサンチンオキシダーゼを直接阻害しても浸潤は抑制されるはずである．実際，カフェ酸とクロロゲン酸にはキサンチンオキシダーゼ阻害作用があり，その作用はカフェ酸のほうが強いことが報告されている[40]．一方，カフェ酸とクロロゲン酸の抗酸化能は同程度である[41]．このことから，培地へ直接添加した場合，クロロゲン酸が前処理のみでAH 109 A

の浸潤能を抑制できなかったのは，ROS 発生量がクロロゲン酸のラジカル捕捉能を上回っていたためであり，これに対しカフェ酸はキサンチンオキシダーゼ阻害効果も強く，発生する ROS 量も少なくなっていたために前処理のみで浸潤が抑制された可能性もある．なお，がん細胞自体が ROS を発生する[42]ので，このように外因的に ROS を発生させなくても，がん細胞は浸潤することができる．もし，AH 109 A も ROS を自ら生産しているのであれば，自発的浸潤はクロロゲン酸でも抑制できるはずである．実際，クロロゲン酸は自発的浸潤を抑制しているので，その効果の少なくとも一部はこのような機構によるものと考えられる．

　MMPs を産生するようながん細胞では，プロスタグランジンやロイコトリエンといったアラキドン酸代謝物が MMPs の発現や活性を上昇させがん細胞の浸潤を刺激することが報告されている[43]．したがって，その産生に関与する酵素シクロオキシゲナーゼやリポキシゲナーゼの阻害作用を有する物質は浸潤抑制的に作用する．カフェ酸は 5-リポキシゲナーゼの阻害作用を有する[44]ので，この作用が AH 109 A 浸潤抑制作用にかかわっている可能性もある．しかし，AH 109 A 自身は MMPs を産生していない[6]ので直接かかわるかどうかは現時点では不明であり，今後の検討課題の一つである．この他，ROS の解毒に関与する酵素の遺伝子発現や活性発現を誘導することもがん浸潤抑制に貢献するものと考えられるが，これも今後の検討課題である．なお，がん細胞の増殖抑制の観点からは，スーパーオキサイドアニオン（$\cdot O_2^-$）を分解し過酸化水素（$H_2O_2$）を産生する酵素であるスーパーオキサイドディスムターゼ（SOD）を阻害することによって $\cdot O_2^-$ を細胞内に蓄積させ，アポトーシスを誘導して癌細胞を死滅させるという考え方も提唱されている[45]．

## 6）おわりに

　以上，主として肝がん細胞の増殖と浸潤に対するコーヒーないしその成分の効能について述べてきた．その多くは細胞レベルまでの研究であり，今後は *in vivo* すなわち個体（全身）レベルの研究でがんの増殖や転移がコーヒー関連因子によって抑制されることを検証しなくてはならない．もし，コーヒーをはじめとする日常食品にがん細胞の増殖・浸潤・転移阻止作用があるならば，たとえがん細胞が発生しても顕在化することなく，広い意味での予防効果が期待出来るかも知れない．このようないわば「食の薬理科学／food pharmacology」あるいは「食理学／*bromacology*」研究[46]は，超高齢社会を目前にしてその重要性はますます高まっている．

（矢ヶ崎　一三）

## 引用文献

1) 中林敏郎・簑島　豊・本間清一・中林義晴・和田浩二．コーヒー焙煎の化学と技術．弘学出版，196 p.（1995）
2) International Coffee Organization コーヒー関係統計．全日本コーヒー協会，p. 105（2000）
3) Urgert, R. and M. B. Katan. Annu. Rev. Nutr., 17, 305-324（1997）
4) Clarke, R. J. and R. Macrae. コーヒーの生理学．藤田　哲訳，吉田　昭監修．めいらくグループ，349 p.（1995）
5) 大澤俊彦・大東　肇・吉川敏一編．がん予防食品．シーエムシー，298 p.（1999）
6) 矢ヶ崎一三・三浦　豊．臨床栄養，97, 831-839（2000）
7) Clifford, M. N. and A. W. Smith. "Coffee, Vol.1, Chemistry," Clarke, R. J. and R. Marcae, eds. London and New York, Elsevier Applied Science, 1-41（1985）
8) McCamey, D. A., T. M. Thorpe and J. P. McCarthy. Coffee Bitterness. Bitterness in Foods and Beverages. Rouseff, R. L., ed. Elsevier, 169-182（1990）

9) Schilter, B., I. Perrin, C. Cavin and A. C. Huggett. Carcinogenesis 17, 2377-2384 (1996)
10) Tanaka, T. and H. Mori. Proceedings of 16th International Scientific Colloquium on Coffee, Vol. I, Paris, Association Scientifique Internationale du Café, 79-87 (1995)
11) Morishita, H. and R. Kido. Proceedings of 16th International Scientific Colloquium on Coffee, Vol. I, Paris, Association Scientifique Internationale du Cafe, 119-124 (1995)
12) Rao, C. V., D. Desai. A. Rivenson. B. Simi, S. Amin and B. S. Reddy. Caner Res., 55, 2310-2315 (1995)
13) Nagasawa, H., M. Yasuda and H. Inatomi. Proceedings of 16th International Scientific Colloquium on Coffee, Vol. I, Paris, Association Scientifiquc Internationale du Cafe, 125-130 (1995)
14) 矢ヶ崎一三・三浦　豊．がん細胞の増殖・浸潤・転移抑制機能評価．食品機能検定法．上野川修一・篠原和毅・鈴木建夫編．光琳，279-285 (2000)
15) 渡邊　寛・清木元治編．がん転移－転移の分子メカニズムと臨床展望．医薬ジャーナル社，351 p. (1998)
16) Miura, Y., H. Shiomi, F. Sakai and K. Yagasaki. Cytotechnology, 23, 127-132 (1997)
17) Kawasaki, M., R. Funabiki and K. Yagasaki. Lipids, 33, 905-911 (1998)
18) Komatsu, W., Y. Miura and K.Yagasaki. Lipids, 33, 499-503 (1998)
19) 矢ヶ崎一三．食品のがん増殖・転移抑制機能－インビトロ機能検定を中心に．機能性食品の研究．荒井綜一監修．学会出版センター，175-179 (1995)
20) Yagasaki, K. and Y. Miura. Animal Cell Technology : Basic and Applied Aspects, Vol. 10, Kitagawa, Y., T. Matsuda and S. Iijma, eds. Dordrecht, Kluwer Academic Publishers, 107-111 (1999)
21) Yagasaki, K. and Y. Miura. Recent Research Developments in Agricultural & Biological Chemistry,Vol. 3, Pandalai, S. G., ed. Trivandrum, Research Signpost, 91-96 (1999)
22) 矢ヶ崎一三．日本栄養・食糧学会誌，53, 123-129 (2000)
23) Nakahara, S.,Y. Miura and K. Yagasaki. Animal Cell Technology : Challenges for the 21st Century, Ikura, K., M. Nagao, S. Masuda and R. Sasaki, eds. Dordrecht, Kluwer Academic Publishers, 409-413 (1999)
24) Kozuki, Y., Y. Miura and K. Yagasaki. Cancer Lett., 151, 111-115 (2000)
25) Kozuki, Y., Y. Miura and K. Yagasaki. Cytotechnology 35, 57-63 (2001)
26) Zhang, G. Y., Y. Miura and K. Yagasaki. Cytotechnology 31, 37-44 (1999)
27) Zhang, G. Y., Y. Miura and K. Yagasaki. Nutr. Cancer 38, 265-273 (2000)
28) Zhang, G. Y., Y. Miura and K. Yagasaki. Cancer Lett. 159, 169-173 (2000)
29) Zhang, G. Y., Y. Miura and K. Yagasaki. :Cytotechnology 36, 187-193 (2001)
30) Kozuki, Y., Y. Miura and K. Yagasaki. Cancer Lett., 167, 151-156 (2001)
31) Nagasawa, H., M. Yasuda, S. Sakamoto and H. Inatomi. Anticaner Res., 16, 151-153 (1996)
32) Furuse, T., H.Shiomi, Y. Miura and K. Yagasaki. Animal Cell Technology : Basic & Applied Aspects., Vol. 9, Nagai, K. and M. Wachi, eds. Dordrecht, Kluwer Academic Publishers, 127-130 (1998)
33) Yagasaki, K. and Y. Miura. Proceeings of 16th International Scientific Colloquium on Coffee, VoL. I, Paris, Association Scientifiquc Internationale du Café, 141-145 (1995)
34) Miura, Y., T. Furuse and K. Yagasaki. Cytotechnology 25, 221-225 (1997)
35) Yagasaki, K., Y. Miura, R. Okauchi and T. Furuse. Cytotechnology 33, 229-235 (2000)
36) 矢ヶ崎一三・岡内理恵子・三浦　豊．必須アミノ酸研究，No.158, 78-82 (2000)
37) Yagasaki, K., R. Okauchi and Y. Mura. Animal Cell Tecnology : Basic&Applied Aspects, Vol. 12,

Shirahata, S., K. Teruya and Y. Katakura, Kluwer Academic Publishers, Dordrecht, 421-425 (2002)
38) Booth, A. N., D. J. Robbins, M. S. Masri and F. DeEds. Nature 187, 691 (1960)
39) Indahl, S. R. and R. R. Scheline. Xenobiotica 3, 549-556 (1973)
40) Chan, W. S., P.-C. Wen, H. C. Chiang. Anticancer Res., 15, 703-708 (1995)
41) Castelluccio, C., G. Paganga, N. Melikian, G. P. Bolwell, J. Pridham and J. Sampson. FEBS Lett., 368, 188-192 (1995)
42) Szatrowski, T. P. and C. F. Nathan. Cancer Res., 50, 2018-2021 (1990)
43) Liu, X.-H., J. M. Connolly and D. P. Rose. Clin. Exp. Metastasis 14, 145-152 (1996)
44) Koshihara, Y., T. Neichi, S. Murota, A. Lao, Y. Fujimoto and T. Tatsuno. FEBS Lett. 158, 41-44 (1983)
45) Huang, P., L. Feng, E. A. Oldham, M. J. Keating and W. Plunkett. Nature 407, 390-395 (2000)
46) 矢ヶ崎一三. 食を探る－食理学 ⑥ 珈琲. 食品と科学, 40 (11), 46-47 (1998)

## 9. 納豆（マメ発酵食品）の生理機能

### 1) はじめに

　わが国のマメ類の研究において生理機能を語る際，やはり忘れてはならないのは，マメ類，特にダイズを使って製造する発酵食品に関することであろう．わが国には，納豆・味噌・しょう油などのダイズを使った主要な伝統的発酵食品がある．これらの食品は，いずれも蒸煮ダイズを微生物により発酵させて製造するもので，ダイズが本来有している成分に加えて，加工・発酵過程で新たに生じる成分も含んでおり，それらの成分が様々な機能を発現することが考えられる．

　中でも納豆は，比較的単純な工程で製造される食品であり，発酵由来の因子とともにダイズが本来持っている様々な機能性成分を比較的そのままの形で含有している．納豆製造の概略は以下のようなものである[1]．原料ダイズを水に浸漬した後蒸煮し，その蒸煮ダイズに $10^5$ CFU/m$l$ の濃度の納豆菌（*Bacillus natto*）胞子懸濁液を，原料ダイズ 60 kg 当たり 2$l$ の割合で接種し混合する．この納豆菌接種蒸煮ダイズの温度を 50℃ 以上に保った状態で発酵室に入れ，室温 35～40℃，湿度 90 % の環境で約 16 時間主発酵を行う．その後，過剰発酵による品質劣化を防ぐため，品温を 50℃ 以下に抑えるよう室温・湿度ともに下げて後熟発酵を行い，最終的に 20～24 時間で発酵を終え出荷となる．

　このように，納豆はダイズの単純な発酵食品であるうえに，発酵後加熱殺菌等の処理を一切行わず，納豆菌の生菌ごと発酵ダイズを丸のまま摂食するもので，このことに伴う様々な生理機能が報告されている．本項では，これら納豆の機能性について総説的に解説する．

### 2) 抗菌性

　納豆および納豆菌の抗菌性に関しては，古くから多くの研究がなされており，戦前にすでに納豆菌の病原菌に対する拮抗作用が報告されている．それらによると，納豆菌を予め経口投与あるいは腹腔内投与したマウスは，チフス菌や赤痢菌の感染に対して強い抵抗力を示し，またその効果は死菌投与では観察されなかった[2,3]．このことは納豆菌の増殖に伴い，何らかの抗菌性物質が生産されていることを示唆している．このような抗菌活性の本体は，その後の研究でピリジンカルボン酸の一種であるジピコリン酸や[4]，種々の抗生物質であることが推測されている．分類学的には納豆菌と同一と考えられている枯草菌（*Bacillus subtilis*）からは，15 種類の抗生物質が報告されており[5]，納豆菌もそのような物質を生産している可能性が高い．須見らは，市販納豆のエーテル抽出物が，広

範囲の微生物に対して抗菌効果を示したと報告している[6]．

いわゆる抗菌ではないが，それに類する働きとしては，納豆菌の生産する種々のプロテアーゼによる，ポリペプチド性毒素の分解がある．Osawaら[7]によると，蒸煮米g当たり$1.6 \times 10^4$個の割合で混入させた黄色ブドウ状球菌の生産するエンテロトキシンは，納豆菌により分解・失活したということである．

### 3）整腸作用

抗菌性と関連して，腸管内細菌叢に対する納豆菌の影響に関しても多くの研究が成されている．Salmonelaや Campylobacter 感染後，$3 \times 10^5$ CFU/g飼料の割合で納豆菌胞子添加飼料を連続給餌した鶏の，盲腸内容物を調べたところ，いずれの菌も感染後，10〜49日で有意（$P < 0.05$）に低下した[8]．同様のことは，豚に対する納豆菌投与にも見られ，ふん中のClostridiumやEnterobacteriaceaeを有意（$P < 0.05$）に減少させたという報告がある[9]．このような報告は多岐にわたり，多分に相反する結果ともなっているが，経口的に摂取した納豆菌が動物の腸内菌叢に何らかの影響を及ぼすのは確かなようである．興味深いのは，上記報文およびHosoiらの報告[10]でも，納豆菌によって共存するLactobacillusが有意に増加したことである（表9-9-1）．Hosoiらは，これも納豆菌により生産される化合物によるのであろうと推測している[10]．いずれにしても，納豆を摂食した際には必ず摂取する納豆菌の生菌が，腸内において菌叢を整える作用を示すのは，機能性を考える上で興味深い．

表9-9-1 経産豚盲腸内菌叢に対するB. subtilis C-3102摂取の影響[9]

| Bacteria | Day 0 (n：11) | Day 21 (n：11) |
| --- | --- | --- |
| Enterobacteriaceae | 7.2 ± 1.1 | 6.2 ± 0.7* |
| Streptococcus | 7.6 ± 0.9 | 7.0 ± 0.7* |
| C. perfringens | 6.4 ± 0.9 | 5.3 ± 1.3* |
| Lactobacillus | 7.7 ± 0.7 | 8.4 ± 0.8* |
| Bifidobacterium | 7.2 ± 0.6 | 7.4 ± 1.0 |
| Bacteroidaceae | 6.7 ± 0.8 | 6.0 ± 0.7* |
| Water content (5) | 63.4 ± 4.7 | 68.0 ± 3.3* |

（注）数値は平均値±SD, * $P < 0.05$

### 4）抗腫瘍性

納豆の抗腫瘍性については，原料ダイズ由来のものおよび納豆菌により生産されるものの両方が報告されている．

ダイズ由来の因子としては，イソフラボン化合物がある[11]．イソフラボンは，その構造からアンチエストロゲン様の効果を示し，性ホルモン関連の腫瘍に抑制的に働くといわれている．また同時に血管新生等を阻害する効果により，腫瘍の増殖を抑制する作用も示し，ホルモン関連のみならず，幅広く細胞の悪性化に抑制的に働くことが示唆されている．Wakaiらは，ダイズ中に多く含まれる二種のイソフラボン，ダイゼインとゲニステインがどのような形で日本人に摂取されているかについて検討を行った[12]．その結果，わが国においては，二種の化合物とも90

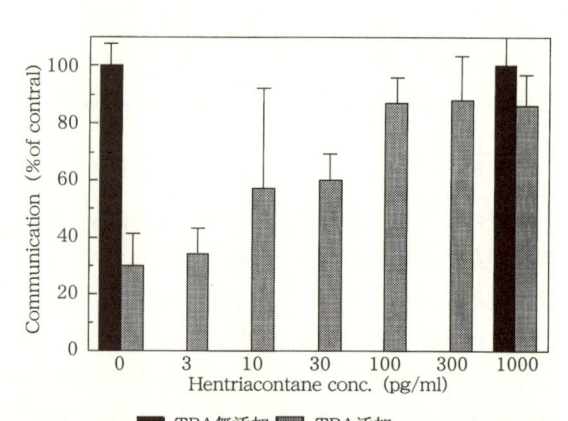

図9-9-1 ヘントリアコンタンのTPA作用抑制効果[13]
TPA濃度：20 ng/m$l$

■ TPA無添加，▨ TPA添加

％以上が豆腐・味噌・納豆・油揚げのいずれかの食品を通して摂取されていることが推測された．納豆は，前述したように比較的ダイズ由来の成分をそのままの形で含んでいる発酵食品であるため，ダイズ由来の機能性因子を摂取する上で適した食品ということができよう．

発がんは主にイニシエーションとプロモーションの二段階によって引き起こされるといわれているが，納豆には発がんプロモーションを抑制する物質が存在することが報告されている．Takahashiらは Balb/3 T 3 細胞を用い，12-o-tetradecanoylphorbol-13-acetate（TPA）によるギャップジャンクション形成阻害により人為的にプロモーションを誘発する系を用いて，納豆粘質物水溶性画分のうち，エタノール沈殿画分をヘキサンで抽出した画分に，強い抗プロモーション活性を確認した[13]．この抗プロモーション物質は，精製した結果，直鎖炭化水素 hentriacontane（$C_{31}H_{64}$）であることが判明し，実に 100 pg/ml という低濃度で TPA のプロモーション活性をほぼ完全に抑制した（図 9-9-1）．

納豆菌由来で，古くから抗腫瘍性が知られている化合物としては，環状デシペプチド Surfactin（Sur）がある．Kameda らは，納豆より分離した納豆菌の培養ろ過液が，Ehrlich 固形肉腫に作用しマウスの延命効果を有することを見いだし，その活性本体の一つが Sur であると報告している[14,15]．

### 5）血圧上昇抑制

林らは，脳卒中易発性高血圧自然発症ラット（SHRSP）に蒸煮ダイズと納豆を飼料中に混合して投与し，130 日間にわたって体重と血圧の変化を観察した[16]．体重に関してはいずれの投与群でも大きな変化は見られなかったが，血圧に関しては，蒸煮ダイズ投与群では経日的に上昇しているのに対し，納豆投与群では低下の傾向を示した．この血圧上昇抑制活性は，納豆のエタノール抽出物画分中に認められた．

高血圧発症のメカニズムは複雑で，様々な因子が相互に関連して引き起こされるが，中でも食品成分との関連が深いと考えられるのが，レニン-アンギオテンシン系を介した昇圧システムである．この系の中でも，昇圧ホルモンであるアンギオテンシンIを生成し，降圧ホルモンのブラジキニンを不活性化する，アンギオテンシンI変換酵素（Angiotensin I Converting Enzyme：ACE）の寄与は大きいと考えられている（9 章 4 節参照）．したがって経口・経腸で ACE を阻害する物質が食品中に含まれていれば，その食品は血圧上昇を抑制する可能性がある．筆者らは，納豆粘質物中に強い ACE 阻害活性を確認した[17]．阻害活性は，水で抽出される高分子画分と，エタノールで抽出される低分子画分の両方に検出された．経口的に摂取後，実際に体内に吸収されて機能を発現することを考え，エタノールにより抽出される低分子画分について，さらに分画を行った結果，分子量が約 200 Da と約 780 Da の二種の ACE 阻害因子が存在することが確認された．200 Da の因子は，ACE に対して競争阻害の阻害形式を示した．また，780 Da の因子ははは亜鉛イオン（$Zn^{2+}$）の添加により阻害活性を低下させた（図 9-9-2）．この現象は，他の 2 価イオンの添加では見られないことから，ACE の活性中心にある亜鉛イオンと特異的に作用して酵素活性を阻害することが推測された[18]．

これらの ACE 阻害因子については，未だ研究中途

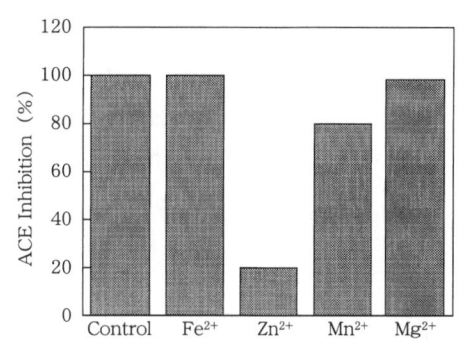

図 9-9-2 納豆中の ACE 阻害因子（780 Da）の阻害活性に対する金属イオンの影響[18] ACE を 100％阻害する濃度に調整した試料中に，終濃度 200 μM になるように各種金属イオンを添加し，室温で 1 hr 放置後，ACE 阻害活性を測定した．

で多くの検討課題が残されている．しかし，エタノール抽出画分という，林らの報告と一致すること，また，低分子でpH・熱に安定なことから，納豆中のACE阻害物質は，摂食により体内に吸収されて実際に機能を発現することが示唆される．

### 6）血栓溶解作用

納豆には，後述するように，納豆菌により生産されるビタミンKが多く含まれている．この物質は血液凝固能を有し，従来より臨床的には納豆は血栓症治療におけるリスクファクターと考えられてきた．しかし，最近，須見らは納豆中に人工的な血栓（フィブリン膜）を溶解する活性を検出し，その本体をナットウキナーゼと命名した[19]．この物質は，275アミノ酸からなる，サブチリシン様セリンプロテアーゼであるが[20]，その血栓溶解能は，臨床的に血栓溶解促進薬として使用されているプラスミンやウロキナーゼと比較しても十分に高いものであった[21]．

ナットウキナーゼは酵素であるので，当然物質としてはポリペプチドであり，経口的な効果に疑問がもたれるが，須見らは，腸溶性のカプセルに封入した形で健常成人に経口投与した結果，長時間にわたって血栓溶解系のパラメーターが高まったと報告している[22]．彼らはまた，血栓の原因となるfibrinを分解する作用（線溶作用）をもつ，ヒト生体内ウロキナーゼの活性化因子が納豆中に存在すると報告している[23]．このプロウロキナーゼアクチベーター活性の

表9-9-2 納豆摂食後の血漿中線溶活性[22]

|  | ELT, h | EFA, mm$^2$ |
| --- | --- | --- |
| Time after ingestions of natto |  |  |
| 0 h | 31.5 ± 6.2 | 0 |
| 2 h | 16.4 ± 8.6 * | 8.4 ± 5.1* |
| 4 h | 16.7 ± 6.6 * | 15.2 ± 3.0* |
| 8 h | 19.3 ± 12.0 * | 5.8 ± 4.1* |
| 12 h | 27.4 ± 10.3 | 1.9 ± 5.2* |
| 24 h | 31.9 ± 8.9 | 0.8 ± 0.6 |
| Time after ingestion of boiled soybeans |  |  |
| 0 h | 32.2 ± 6.3 | 0 |
| 2 h | 33.4 ± 9.0 | 0 |
| 4 h | 35.2 ± 4.8 | 0 |
| 8 h | 36.1 ± 5.5 | 0 |
| 12 h | 34.6 ± 7.3 | 0 |
| 24 h | 34.6 ± 7.7 | 0.4 ± 0.2 |

（注）健常成人男性に200gの納豆あるいは蒸煮ダイズを投与し，血漿採取後ELTおよびEFAを測定した．数値は平均値 ± SD (n = 12)
* $P < 0.005$

本体もセリン酵素の可能性があり，この物質の凍結乾燥粉末を健常成人に経口投与した結果，やはり持続的に血中線溶亢進と血栓溶解が観察されている．

須見らは，実際に健常成人に対して納豆を経口投与し，血漿中の線溶活性が亢進することを確認しているが（表9-9-2）[22]，血栓症患者においては，やはりビタミンKの存在から納豆食は危険である．この観点からビタミンK低生産性納豆菌による納豆の開発も行われている[24]．

### 7）その他

#### (1) ビタミンK

納豆中にビタミンKが多く含まれる（約930 μg/100 g湿重量[24]）．本物質は当然生体における必須因子であり，欠乏症が存在する．この化合物は健常成人では腸内細菌が生産するため特に外部から摂取する必要はないが，乳児においては欠乏症の症例があり，ビタミンK欠乏性出血症という形で発症する．本症の大きな要因の一つは母乳中のビタミンK量といわれており，母体の納豆摂取は，この改善に大きく寄与した[25]．

納豆に多く含まれるのは，ビタミンKの中でもビタミン$K_2$と呼ばれるグループに属するmenaquinone-7（MK-7）で，近年，骨組織におけるカルシウム沈着との関連が注目されている[26]．Yamaguchi らの報告では，卵巣摘出したラットの大腿骨の乾燥重量やカルシウム含量は減少するが，この減少は 77 日間の納豆給餌により有意に改善され（$P < 0.01$），その主要因の一つは MK-7 と推定された（図 9-9-3）[27]．このことより，納豆は骨粗しょう症の予防に有効であると考えられた．そのメカニズムについては，MK-7 が単独で有効なのか，同じく納豆中に多く含まれる，phytoestrogen であるイソフラボンとの相互作用によるものかについて検討の余地がある．

### （2） 抗酸化性

ダイズ自体，多くのイソフラボン（ダイゼイン，ゲニステイン，ダイジン，ゲニスチン）を含み，また各種のトコフェロールを含んでいるため抗酸化性を有している．Esaki らによると，これらのダイズ由来の抗酸化性物質の含量は，納豆となってもほとんど変化しない[28]．ただし，蒸煮ダイズ中と，それから製造した納豆中の脂質では，納豆中の脂質の方が酸化に対して安定に存在したということなので，発酵により何らかの抗酸化性成分が生成していると考えられる．納豆および蒸煮ダイズの 80% メタノール抽出物を Toyopearl HW-40 で分画したところ，比較的溶出の速かった三つの画分に量的な差異が見られ，この画分中に強い抗酸化性が確認された[28]．

### （3） 免疫関連作用

納豆菌の免疫調節能に関してもいくつかの報告がある．鶏に対して g 当たり $10^7$ CFU の納豆菌胞子を含んだ飼料の給餌は，脾臓中の白血球 B 細胞，T 細胞の数を有意に増加させた[29]．同様に，鶏に対する納豆菌の腹腔内投与は抗体産生細胞数および脾臓の NK 活性を増加させた[30]．他にも免疫増強に関する報告が見られ[31]，納豆ひいては納豆菌摂取が体内における免疫応答に対してポジティブな効果を発現することが示唆される．

アレルギーと関連しては，納豆中では，ダイズの主要アレルゲンである Gly m Bd 30 K が発酵により分解・消失している[32]．したがって，納豆はアレルギー患者でも摂食できるダイズ製品である．

以上，ごく簡単に納豆の機能性について概説したが，本項で述べたのは多くの機能

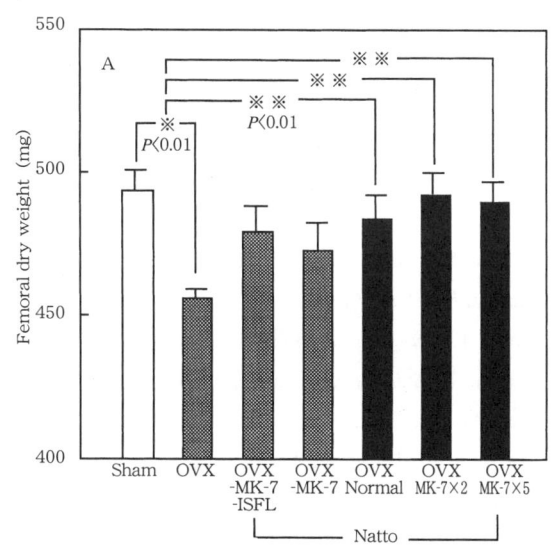

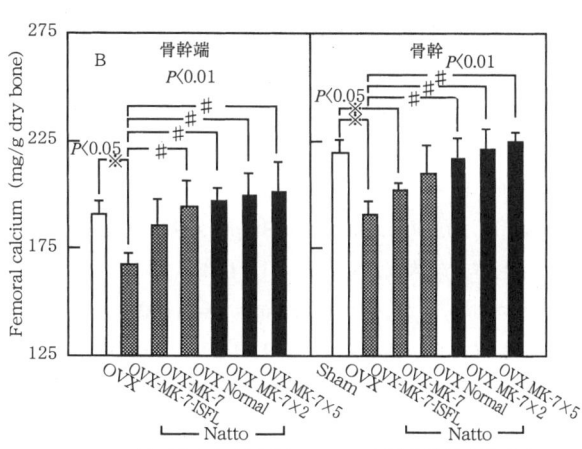

図 9-9-3 納豆含有飼料給餌ラットの大腿骨乾燥重量（A）およびカルシウム含量（B）の変動[27]
コントロールラット（sham）および卵巣摘出ラット（OVX）は納豆非含有飼料を給餌
以下は，卵巣摘出ラット（OVX）にそれぞれの飼料を給餌
OVX-MK-7-ISFL：MK-7 およびイソフラボン除去納豆含有飼料
OVX-MK-7：MK-7 除去納豆含有飼料，OVX Nomal：通常納豆含有飼料
OVX-MK-7×2，OVX-MK-7×x5：通常納豆にさらに MK-7 を添加した飼料

性の一部にすぎない．納豆は，ダイズ由来の有効な機能性因子に加えて，発酵により更に生理作用が付加された，すぐれたマメ加工食品であり，今後，さらに様々な機能性に関する研究が期待される．わが国では，納豆を始めとして，ダイズを発酵食品という形で摂食することが多いため，ダイズの生理作用を考える場合，ダイズ自体の研究のみならず，ダイズ発酵食品の研究も重要な意味合いを持つと考える．

(貝沼（岡本）　章子)

## 引用文献

1) 山内文雄．"大豆の発酵食品"．大豆の科学．山内文夫・大久保一良編．朝倉書店．117-120 (1992)
2) 有馬　玄．海軍軍医誌，26, 386-394 (1936)
3) 斉藤　勉．北海道医誌，16, 82-92 (1938)
4) 有働茂三．農化誌，12, 386-394 (1936)
5) Katz, E. et al., Am. Soc. Microbiol., 41, 449-474 (1977)
6) 須見洋行．Bio Industry, 14 (2), 47-50 (1997)
7) Maruta, K., et al., Anim. Sci. Technol., (Jpn), 67 (3), 273-280 (1996)
8) Maruta, K., et al., Anim. Sci. Technol., (Jpn), 67 (5), 403-409 (1996)
9) Hosoi, T. et al., Can. J. Microbiol., 45, 59-66 (1999)
10) Osawa, R., Antonie van Leeuwenhoek, 71, 307-311 (1997)
11) Messina, MJ., et al., Nutr. Cancer, 21, 113-131 (1994)
12) Wakai, K. et al., Nutr. Cancer, 33 (2), 139-145 (1999)
13) Takahashi, C. et al., Carcionogenesis, 16 (3), 471-476 (1995)
14) Kameda, Y. et al., Chem. Pharm. Bull., (Tokyo), 16 (1), 186-187 (1968).
15) Kameda, Y. et al., Chem. Pharm. Bull., 20, 1551-1557 (1972)
16) Hayashi, U. et al., Jpn. Heart J., 5-6, 343-344 (1996)
17) Okamoto, A. et al., Biosci. Biotech. Biochem., 59 (6), 1147-1149 (1995)
18) Okamoto, A. et al., Plant Foods Human Nutr., 47, 39-47 (1995)
19) Sumi, H. et. al., Experimentia, 43, 1110-1111 (1987)
20) Fujita, M., et al., Biochem. Biophys. Res. Commun., 197 (3), 1340-1347 (1993)
21) 須見洋行．大豆月報，10/11, 4-11 (1988)
22) Sumi, H., et al., Acta Haematol., 84, 139-143 (1990)
23) 須見洋行ら．日本食品科学工学会誌，43 (10), 1124-1127 (1996)
24) 田村正紀．大豆月報，19-24 (1990)
25) 宮地良和ら．周産期医学，12 (8), 1101-1106 (1982)
26) Price, PA., et al., Vitam. Horm., 42, 65-108 (1985)
27) Yamaguchi, M. et al., J. Bone. Miner. Metab., 17, 23-29 (1999)
28) Esaki, H., 日本食品科学工学会誌，37 (6), 474-477 (1990)
29) Inooka, S. et al., Poultry Science, 65, 1217-1219 (1986)
30) 浜島健治ら．横浜医学，34 (3), 139-142 (1983)
31) Inooka, S. et al., Avian Diseases, 27 (4), 1086-1089 (1983)
32) Tsuji, H. et al., J. Nutr. Sci. Vitaminol., 39, 389-397 (1993)

# 第10章 マメ類の経営・経済的分析

## はじめに

　他の普通畑作物同様にわが国においてマメ類は，戦後一貫して輸入に依存する体制をとってきたため，高度経済成長期以降大幅に生産が後退してきた．とりわけ畑作におけるマメ類は，農業基本法下で選択的拡大により，畜産や工芸作物・野菜などの成長作物に置き換わっていった．一方，水田作と結びついたマメ作特にダイズ作は，稲作の生産調整の開始の中で政策的に重要な転作作物と位置づけられその生産振興が図られてきており，水田におけるマメ類生産と畑作におけるマメ類生産は異なった展開を示している．したがって，本章ではまず水田作経営におけるマメ類の経営経済的分析のレビューをコメの生産調整などの政策展開の流れに即した形で行い，今後の課題整理を行う．ついで，畑作については現在もマメ類を主要部門とする畑作経営が存在する北海道畑作を中心に，畑作経営の展開の中でのマメ類の位置づけの変化に留意しながら既往の研究成果のレビューを行い，今後の研究課題を展望する．

（天野　哲郎）

## 1．水田作経営におけるマメ類の経営・経済的分析

### 1）水田作経営を対象とした経営経済研究におけるダイズ作の位置

　本節は，水田におけるダイズ作[注1]に係る経営経済的分析の成果をレビューするとともに，ダイズ作振興に向けた今後の研究課題を整理することをねらいとしている．しかしながら，水田作経営におけるダイズ栽培そのものを中心テーマとした研究は，最近の成果を除くと少ない．それは，これまでの水田におけるダイズ生産の特徴，すなわち，①水田作経営においては複次部門の一つという位置付けであったこと，②水田でのダイズ生産は，図10-1-1に示すようにコメの生産調整対策の実施状況に大きく左右されてきており，また，ダイズの収益性は水稲に比べかなり低いこと，③平均的な作付規模が零細な中で，転作割当てへの対応という形での導入にとどまっていたこと，④平成11年度までは，交付金制度のもとで基準価格が決定されており，収量水準の向上・安定化を中心とする技術的な側面に課題の重点があったこと，等の諸特徴が影響している．そのため，経営経済的研究においては，その多くは，地域輪作営農の形成など生産調整への対応を含む地域の水田農業像をどう描いていくか，また，水田作経営全体における合理的な作物選択のあり方やその展開方向はどうあるべきかといった課題を解明していく中で，ダイズ生産の分析がなされてきたというのが実態である．そこで，本節では，多数の研究成果を広くレビューするのではなく，水田農業におけるダイズ作に関わる課題の推移と対応させながら，いくつかの主要な研究成果に焦点をあてつつ，特に研究の展開および今後の方向に論点を絞って検討を行うこととしたい．

### 2）水田におけるダイズ作に関する経営経済的研究の展開

#### （1）水田作経営におけるダイズ作研究の中心課題

　レビューの期間をわが国の水田農業が大きな転換期に入り始めた昭和50年代以降とすると，この

---

注1）水田におけるマメ類の栽培においてはダイズがその大半を占めることから，本節では，以下，「マメ類」ではなく「ダイズ」と表現する．

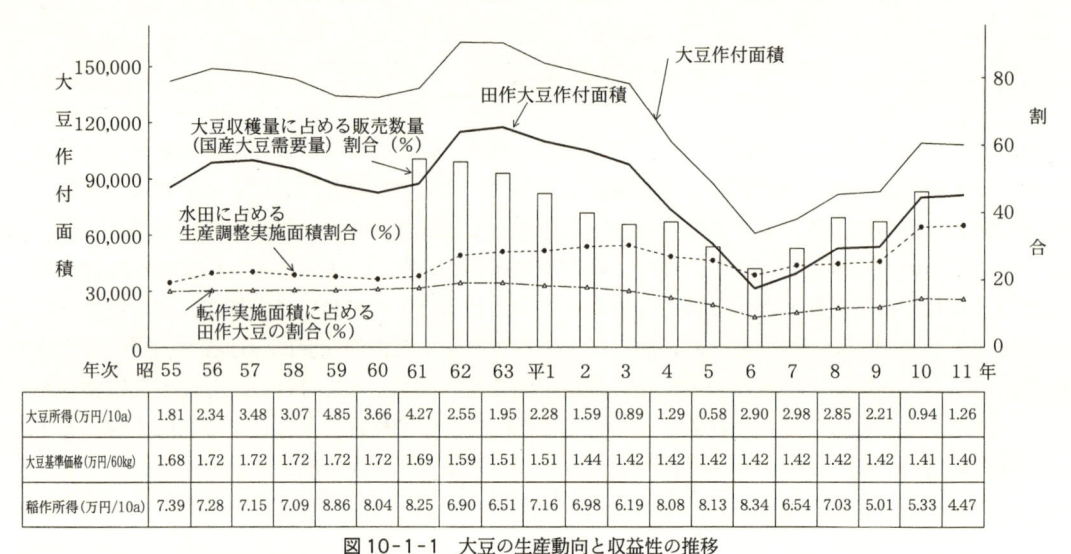

図10-1-1 大豆の生産動向と収益性の推移

| 年次 | 昭55 | 56 | 57 | 58 | 59 | 60 | 61 | 62 | 63 | 平1 | 2 | 3 | 4 | 5 | 6 | 7 | 8 | 9 | 10 | 11年 |
|---|---|---|---|---|---|---|---|---|---|---|---|---|---|---|---|---|---|---|---|---|
| 大豆所得(万円/10a) | 1.81 | 2.34 | 3.48 | 3.07 | 4.85 | 3.66 | 4.27 | 2.55 | 1.95 | 2.28 | 1.59 | 0.89 | 1.29 | 0.58 | 2.90 | 2.98 | 2.85 | 2.21 | 0.94 | 1.26 |
| 大豆基準価格(万円/60kg) | 1.68 | 1.72 | 1.72 | 1.72 | 1.72 | 1.72 | 1.69 | 1.59 | 1.51 | 1.51 | 1.44 | 1.42 | 1.42 | 1.42 | 1.42 | 1.42 | 1.42 | 1.42 | 1.41 | 1.40 |
| 稲作所得(万円/10a) | 7.39 | 7.28 | 7.15 | 7.09 | 8.86 | 8.04 | 8.25 | 6.90 | 6.51 | 7.16 | 6.98 | 6.19 | 8.08 | 8.13 | 8.34 | 6.54 | 7.03 | 5.01 | 5.33 | 4.47 |

資料:農林水産省農産園芸局畑作振興課資料.農林水産省統計情報部「米及び麦類の生産費」,「工芸農作物等の生産費」.
(注)国産大豆需要量は全農による推計値(昭和60年以前および平成11年については不明).大豆所得は全国,田作大豆平均.稲作所得は全国,販売農家平均.

間の水田におけるダイズ生産に係る研究は,主に,①生産調整への対応策としての集団的土地利用など地域農業組織化に関する優良事例の分析とその形成要因の検討,②ダイズを取り入れた水田の合理的な利用方式,あるいはそれに基づく地域営農モデルと営農指標の策定,③水稲,ムギ,ダイズを導入する水田作経営モデルの作成と,それによる線形計画法等を用いた規模拡大の可能性やムギ−ダイズ作の導入条件,さらに新技術導入効果に関するシミュレーション分析,④「水田を中心とした土地利用型農業活性化対策大綱」や「新たな大豆政策大綱」下における大豆の生産振興方策など,いわゆる本作としてのダイズの水田作経営への定着条件の解明,といった大別すると四つの大きなテーマに添って研究が実施されてきた.なお,これらは,先述したような水田におけるダイズ生産に関わる様々な特質,およびその時間的変化のプロセスと密接に対応したものであることはいうまでもない.そこで以下では,この四つのテーマに即して順にその成果の特徴点を整理する.

(2) 生産調整対応を中心とする地域農業組織化に関する研究

昭和50年代の水田農業の大きなテーマは,コメの生産調整にどのように対応していくかであった.個々の農業経営が別々に転作を実施し,小規模にダイズ等を作付けるのでは,生産性の向上および収益の増大・安定化は期待できない.そのため,「零細な分散錯圃制のもとにあって,個別農家を超えたその集団的意思によって,地域の農地利用とその利用方式を決定し,それを実施する」(高橋)[9]集団的土地利用といった概念が提起された.また,例えば,集落の農地を複数のブロックに分けるとともに,その一つを転作田として設定し,その位置を年々移動させるというブロックローテーションや,そこでダイズやムギを耕作する生産組織も育成していくという地域農業の組織化の有効性が,営農現場の実態を踏まえつつ指摘されてきた.このような観点からの研究は数多く見られるが[注2],その中でダイズを主たる対象としたものとして,例えば,木原[4]は,秋田県におけるダイズ

---

注2) 例えば,高橋[9],集団的土地利用研究会[7]等を参照.

1. 水田作経営におけるマメ類の経営・経済的分析　（629）

表10-1-1　高生産性水田農業の課題と方向

| 課題 | 転作未組織化段階<br>(一般的事例) | 転作組織化段階<br>(先進的事例) | 高生産性水田作経営段階 |
|---|---|---|---|
| ① 土地の集積・団地化<br>（営農規模） | ・1 ha未満<br>・圃場分散 | ・5〜10 ha規模と一部集落規模 | ・集落規模 (40 ha前後) に団地化<br>(水田畑作は10 ha前後) |
| ② 土地生産力の高度化 | ・稲＋転作物<br>・連作 | ・稲＋転作物＋集約型作物＋畜産<br>・一部田畑輪換とブロックローテーション | ・稲＋土地利用型作物＋集約型作物＋畜産<br>(地域複合方式)<br>・田畑輪換による地域輪作体系 |
| ③ 土地基盤条件の整備 | ・排水不良田<br>・土地改良未実施田 | ・排水良好田<br>・土地改良対象田 | ・汎用化水田<br>・大区画圃場 |
| ④ 労働力・機械利用の組織化 | ・小・中型機械化体系 | ・中型機械化体系と作業編成 | ・大型機械化体系と機能的作業編成 |
| ⑤ 部門間・経営間の補完結合<br>（生産の担い手の確立） | ・個別農家 | ・中核農家と生産組織 | ・大型中核農家と受託<br>・共同利用型生産組織 |

(注) 木原 (1989), p.28より引用．

の集団転作事例を分析し，① それら優良事例では「地域農業計画主体」，「土地利用調整主体」，「土地利用実行主体」が有機的に関連しながら水田転作の推進に係る地域営農システムを形成してきたこと，また，② ダイズ作の生産性・収益性の水準を見ると，固定団地事例と比較して，ブロックローテーション実施事例は10 a当たりの収量，所得ともに上回っていること，さらに，③ 水田農業の展開においては，表10-1-1に示すように，転作未組織化段階から転作組織化段階，さらに高生産性水田作経営段階へと展開していくことが必要であるとした．

**（3）地域営農モデルおよび営農指標策定に関する研究**

この時期のダイズに係る経営経済的研究は，以上のような地域農業の組織化事例の実態調査・分析を行うものが多かったが，行政施策，あるいは普及指導活動においても，そのような地域農業組織の育成が意識的かつ積極的に進められた．そのため，それら政策推進と即応して，地域農業振興において目標とすべき土地利用方式やそれらを踏まえた望ましい地域営農の姿を類型化し，具体的な営農モデルを提示していくという研究が，主に国立試験研究機関の共同研究の中で進められた[注3]．その中で，例えば，吉田ら[注4] は，あるべき地域輪作営農として，表10-1-2に示すように，北関東一毛作水田地域，北関東稲麦二毛作・利根中流乾田地域，利根下流・太平洋沿岸一毛作湿田地域といった地帯区分を行った上で，規模や土地基盤整備水準，水田利用方式，土地利用調整方式等を整理し，その中でイネ，ムギ，ダイズを主作目とする地域営農像を提示している．

なお，そのような地域営農モデルが提示される一方で，個々の技術体系に関わるものとして，「水田作（水稲・麦・大豆作）低コスト生産技術体系モデル」（農林水産技術情報協会）[6] において地域別および経営類型別に，経営規模，作付計画，機械・施設の装備指標，栽培および作業技術体系指標，生産費指標，コスト低減効果指標，収益性・生産性指標等をイネ，ムギ，ダイズそれぞれの作物について示していくという研究が，技術および経営部門の共同プロジェクトの中で実施されたことも併せて指摘しておく必要があろう．

---

注3) その成果については農林水産技術会議事務局[5] 等を参照．
注4) 注3の文献のp.52を参照．

表10-1-2 あるべき地域輪作営農の策定

| | 北関東一毛作水田地域 | 北関東稲麦二毛作・利根中流乾田地域 | 利根下流・太平洋沿岸一毛作湿田地域 |
|---|---|---|---|
| 地域輪作営農の規模範囲 | 1集落30戸90 ha水田単位，夏畑作転作率 25％＝22 haあるいは 30％＝27 haとする | 1集落40戸30 ha水田単位，夏畑作転作率 25％＝7.5 haあるいは 30％＝9 haとする | 1集落40戸80 ha水田単位，夏畑作転作率 25％＝20 haあるいは 30％＝241 haとする |
| 土地基盤整備水準 | 土質地形条件利用の数耕区単位の汎用化（1～2 ha程度） | 土質地形条件利用の圃区単位の汎用化（3h ha程度） | 強制排水による農区単位の汎用化（沈下問題，6 ha以上） |
| 水田利用方式 作付体系 | ①［大麦－大豆］－水稲］2年3作<br>②［大麦－水稲］1年2作<br>③［早植水稲］単作<br>①②③の組み合わせおよび野菜・飼料作の導入・結合 | ①［小麦－大豆］－水稲］2年3作<br>②［小麦－水稲］1年2作<br>①②の組み合わせおよび野菜・飼料作の導入・結合 | (1) ブロック排水団地（30 ha）内<br>①［(小麦－大豆) 2－水稲2] 4 2年3作型<br>②［(大麦－大豆) 2－水稲2] 4 2年3作型<br>③［(ブロッコリー－大豆) 2－水稲2] 4 2年3作型<br>①②③の組み合わせ<br>(2) ブロック排水団地外 早期栽培水稲単作 |
| 水田利用方式 土壌管理体系 | 深耕・乾土化，堆肥投入，床締め，輪換による放出窒素の捕捉効果 | 深耕，堆肥投入，輪換による放出窒素の捕捉効果 | 乾田化＝地力発現，堆肥投入，輪換による放出諸粗の捕捉効果，若返り効果 |
| 水田利用方式 雑草防除体系 | 輪換による抑制効果 | 輪換による抑制効果 | 輪換による抑制効果 |
| 農地集積方式 | 個別相対ベース→利用権等の設置 | 個別相対＋農業委員会等の利用権設定 | 個別相対ベース→利用権等の設定 |
| 土地利用調整方式 | 転作互助方式（集落）<br>団地加算基準をベースにしたブロックローテーション方式（集落） | 集落（＝利用改善団体）を中心としたブロックローテーション方式 | 転作互助方式（集落内＋集落間）<br>ブロック排水団地内の交換耕作<br>ブロック排水団地の水田輪作方式 |
| 機械施設装備水準 | 中大型汎用機械体系 | 中大型汎用機械体系 | 中大型汎用機械体系 |
| 地域営農昨目構成 主作目 | 稲，麦，大豆，畜産，野菜のバランス | 多様な労働・資本集約的作目 | 稲，麦，大豆 |
| 地域営農昨目構成 副作目 | | 稲，麦，大豆 | 野菜，畜産 |
| 労働組織分・協業 | 経営類型間補完，一部中核農家群協業 | ほとんどの作目の地域的分協業体制 | 転作生産指導・主品目一元販売 |
| マーケティング方式 | 一元集荷・数品目一元販売 | 一元集荷・数品目一元販売 | 一元集荷・数品目一元販売 |

(注) 注3の文献 p.52 より引用．

## （4）水田作経営モデル作成を中心とする研究

このように望ましい地域営農モデルが提示されてきたのであるが，現実には，そのような営農方式は必ずしも十分展開しなかった．その理由は，① 土地利用調整や組織化に関する地域の合意形成は現実には容易ではなかったこと，② 兼業化の進展などからオペレーター不足問題等が発生し，生産組織が崩壊する事例が多く生じてきたこと，③ ダイズやムギの収量水準や品質の安定化が必ずしも進まず，それら作物の収益性向上が十分図れなかったこと，④ 生産調整対策の内容変更から団地化などの取り組み意欲が軽減してしまったこと[注5]等がある．

そのような状況の中で，農地流動化地域等を中心にダイズやムギ等を導入する大規模な水田作経営が成立してきた．これには，兼業化や高齢化の進展に伴い，農地の流動化や転作田の耕作委託が増加し，地域によっては経営の規模拡大が可能となってきたことがその背景にある．このような事態を踏まえ，大規模経営や受託組織，あるいは法人化した共同経営等を対象に経営モデルを作成し，線形計画法によりダイズ作等の定着条件を解明する研究が進められた．なお，それらは，助成金に依存しないでダイズやムギなどの転作作物が経営に導入される条件は何かといった観点から，それを可能とする経営規模やダイズ・ムギの単収水準等の条件を考察しているところにその特色がある．

以上のような経営モデルの策定によるイネ-ムギ-ダイズを作付ける水田作経営の分析を行ったものとして小林[3]，土田[11]，堀内[1]，梅本[13]，土田[12]，等の成果がある．その中で小林[3]は，中大型機械化体系を利用して水稲・ムギ・ダイズの2年3作型の土地利用を行う水田作経営の最適規模を線形計画法により分析し，中大型機械化体系1セットの場合，ムギ・ダイズ体系は経営耕地面積が8.5 haを上回る規模から労働力の有効活用を目的に経営の内発的な要請によって導入されてくること，また，図10-1-2に示すように，機械化体系2セットの場合には27 haが最適規模になり，そこでは26％の作付比率によりムギ・ダイズが導入されるなど，規模拡大が進むという条件のもとでは，ムギ・ダイズ体系は必ずしも転作補助金を備えた作付強制がなくても経営内に定着する可能性があることを指摘した．

また，土田[11]も同様の分析を行い，① 現行（1988年）の価格水準であっても一定の経営耕地規模を超えると，イネ-ムギ-ダイズ作を導入して水田輪作を行う複合化メリットが発現すること，しかし，② 分析対象とされた北陸のような良質米地帯ではムギ-ダイズと水稲との収益性ギャップ（水稲がムギ-ダイズの収益を大きく上回る）があり，そのため，水稲の作付けを拡大できる場合には，経

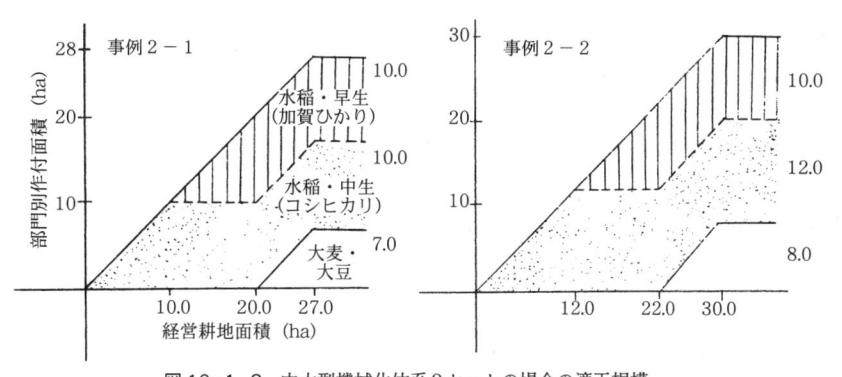

図10-1-2　中大型機械化体系2セットの場合の適正規模
（注）小林〔1990〕のp.198より引用

---

注5）特に，1993年の冷害に伴う94年の生産調整面積の減少から，それまで続けられてきた団地化等への取り組みが解消された地域も多い．

営面積が増大してもイネ-ムギ-ダイズ作が選択される可能性は低いこと，③ したがって，良質米生産地帯でのイネ-ムギ-ダイズによる水田輪作の定着のためには，価格政策を含むなんらかの政策的支援が必要となることを指摘している．

　以上のような線形計画法を用いた分析だけでなく，経営モデルを念頭に置きつつ生産費分析等を中心にした新技術導入による大豆作の定着条件の検討も行われた．例えば上村ら[2]は，ムギ・ダイズ不耕起播き・溝付栽培，ダイズ一工程畝立播種・ムギ全面全層播き栽培，ダイズ一工程畝立・ムギドリル播き栽培などの新技術を取り入れたイネ・ムギ・ダイズ輪作技術体系の生産費や収益性を分析し，① これら新技術体系におけるダイズ作においては機械償却費の高騰のため収益性は低下するものの，より高い単収や機械の共同化の実現によっては水稲作並みの収益が期待できること，そして，② 経営規模が 4.8 ha 以上であれば，経済的にみて新技術の導入は可能となること等を指摘している．

　このようなダイズ栽培に係る新技術導入効果の分析としてさらに角田[8]は，岩手県の水田作経営におけるダイズのコムギ立毛間播種技術に対して経営的視点から評価を行い，当該技術導入前の経営全体の農業所得は約 560 万円であるのに比べ，導入後では，主としてコムギ収量の増大とダイズ収益の増加等により所得は約 610 万円に達するとして，ダイズ・コムギ立毛間播種技術は，コムギ作の単作栽培に比べ相当な所得増大効果があり，米価が低落し生産調整が強化される状況のもとで所得増大を図っていく一つの有効な方法となることを示している．

　なお，このような新技術の導入効果の分析は経営経済的研究の主要なテーマであるが，ただし，水田でのダイズ作については，上述したような一部の新技術を対象とした成果を除くと，どちらかといえば，水田の輪作体系としてイネ-ムギ-ダイズ作を一体的に評価するという研究が多かったといえる．

**(5) 新たな制度条件下におけるダイズ作に対する経営経済的研究**

　近年，特に 2000 年に入って，ダイズを取りまく環境が大きく変わり，水田におけるダイズ作の生産振興をまさに中心テーマにすえた研究が実施されるようになってきた．それは，① 水田の 3 割を超える面積に対して生産調整が進められる中で，水田の有効利用を通した食料自給率の向上が大きな政策課題となってきたこと，② 後述するように米価の下落によってイネ，ムギ，ダイズ作の相対的な収益性に変化が生じてきていること，③ 交付金制度の変更等のもとで，今日では，いかに売れるダイズを生産するかというダイズのマーケティング，あるいはダイズに係るフードシステムの再編が要請されてきていること，等の諸点を契機としている．

　このような状況のもとで，梅本[14]は，① ダイズの近年の生産動向においては 1988 年以降田作ダイズの面積減少が著しく，91 年からは転作田でのダイズ作付割合も低下しており，86 年から 91 年の基準価格の引下げや 90 年から 93 年にかけての低単収から 10 a 当たりダイズ所得は大きく低下したこと（先の図 10-1-1 参照），また，② 1955 年以降 10 年毎の単収とその変動係数を整理すると，単収は 30 % 近く増加してきているがその水準は依然低く，変動係数も 14.3 % と大きいという点に加えて，それが近年拡大してきており，収量水準の低位性，不安定性が引き続きダイズ生産における大きな問題であること，さらに，③ ダイズの生産基盤と技術対応の状況については，明渠など排水対策が実施された田の割合は 64 % にすぎず，連作されている田は 33 % を占め，団地化率も 36 % にとどまることに加え，機械化も遅れており自走機による播種や収穫作業面積割合は 50 % 前後にすぎないなど，ダイズの生産基盤や技術対応にはまだ改善すべき点が多いこと，等の諸点を指摘している．

　また，米価の大幅な下落という今日的状況を踏まえた経営シミュレーションを実施し（梅本）[16]，

転作割り当てとは関わりなく各作物の収益性に対応して水稲，ムギ，ダイズを作付けると仮定した場合の助成金の水準別の最も合理的なムギ-ダイズの作付面積を整理すると，平成6年産や10年産の米価水準下においては助成金が4万円に満たない場合には全て水稲を作付けることが有利であり，ムギ-ダイズが採用されるには4.5万円を上回る助成金が必要であったが，しかし，平成12年産の低い米価を前提とすると，全国とも補償の2万円/10 aという助成金の水準でも水稲作付面積全体の約4割の面積にムギ-ダイズを作付けることが合理的となるなど，水稲を作付けずに，むしろ助成金を得ながらムギやダイズを作付けた方が経営的に有利になるという状況が生まれてきていることを明らかにした．さらに，ダイズの本作化に取り組む先進的な経営あるいは集落営農組織等の実態調査を行い（梅本）[15]，ダイズの定着条件として，① 農地や作業の集積，② 土地利用調整を通した団地化やブロックローテーションの実施，③ ムギ・ダイズを組み込んだ水田輪作体系の構築，④ 地域の水田畑作物の生産を担う担い手の育成，⑤ 経営確立助成等が地権者ではなく実際に耕作する者に配分されるような地域的な合意の確立，⑥ 売れる商品を作るという意識を強め積極的な販売活動を進めるなど販路の確保・拡大を図りながらの生産誘導，⑦ 転作対応に長期性を持たせるために，助成金・互助金をすべて転作実施農家に配分するのではなく，その一部を生産調整のための地域の基金として積み立てるなど転作対応に関する安定した仕組みの構築，が必要となることを指摘した．

一方，ダイズの実需者に対する調査・分析も進められつつある．例えば，高橋[10]は，ダイズの実需者および生協等へのヒアリング調査やアンケート調査を実施し，① 国産ダイズ使用上の問題点として，収量（供給量）の変動，高い価格とその変動，品質のバラツキと不安定などをほとんどの生協が指摘していること，また，② 全国展開している大手スーパー系列の企業で年商の2割を豆腐製造によってあげている食品メーカーにおいては，その主要な品揃えとして，低価格志向のIOM大豆を原料とした売れ筋商品，健康志向の顧客を対象とした有機ダイズ，こだわり商品としての国産ダイズを原料とした豆腐をあげていること，そして，それぞれの100 kg当たりの価格を比較してみると，IOM大豆の「にがり」が32.7円であるのに対して，有機ダイズ使用豆腐が40～43円，国産ダイズ使用豆腐が46～63円と国産ダイズを使用した豆腐は割高であること，③ そのため，国産ダイズ使用の豆腐は，特定の顧客を対象にしたものとなっており，調査対象事例の国産ダイズ豆腐は多くの中堅以上の豆腐製造メーカーと同様あくまでも品揃えの一環として位置づけられているにすぎないこと等を報告している．

### 3）水田におけるダイズ作に対する経営経済的研究の今後の検討課題

最後に「水田を中心とした土地利用型農業活性化対策大綱」や「新たな大豆政策大綱」の推進という制度条件下における経営経済的研究の今後の検討課題について整理する．

前述したように，従来は，生産調整対応を中心とする地域農業の組織化条件の解明や，水田作営農モデルの作成を通したダイズ作等の定着条件の解明がなされてきた．これらのテーマは今後も引き続き検討されるべき課題ではあるものの，新たな状況を踏まえ，今後，特に解明していくべき事項として，① ダイズに関する合理的なマーケティング手法およびダイズを巡るフードシステム全体の再編方向の解析，② ダイズの産地形成を通した安定供給体制の確立方策の提示，③ 水田輪作営農の形成条件の解明といった点が考えられる．

ダイズ生産においては，これまで長く政府の統制下におかれてきたこともあり，具体的な販売戦略の確立，あるいは実需者，消費者の行動特性の把握は十分実施し得ていないのが実態である．この点で，それらダイズに関する様々な消費ニーズの解析や需要の開拓方策など，ダイズのマーケティングに係る研究を強化していく必要がある．特に，ダイズは，コメのように消費者が直接購買して

自ら使用する財ではなく，生産者と消費者との間に集荷業者，問屋，加工業者といった様々な業態の経済主体が介在する．そのため，国産ダイズの振興という点からは，消費拡大，あるいは生産者の育成・確保といった点のみならず，それら流通，加工といった領域の合理化，効率化を含むいわばダイズに関するフードシステム全体の再編をテーマとする研究を実施していくことが重要である．

　ダイズのマーケティングの強化という点からは，ダイズとしての産地形成を図っていくことが求められる．しかし，そのような品質や生産量に関する安定化，あるいはより低コストなダイズ生産を図るとすれば，多数の零細農家の組織化による対応では困難であり，大規模な経営を育成し，同時に，それら大規模経営が生産するダイズを一つの産地の商品としてまとめて実需者に安定供給する体制の構築が求められてくる．その場合，田作ダイズにおいては，現状では転作田の耕作を請け負う形式でのダイズ生産が多く行われていることに留意する必要がある．したがって，従来のような土地利用調整組織の形成条件の解明だけでなく，地代水準や作業料金，あるいは助成金の配分のあり方の検討も含め，その中でいかに担い手を育成していくかという点に関する研究を今後実施していくことが今求められているといえる．

　最後に指摘すべき課題として，ダイズを作付ける水田作経営や受託集団における合理的な経営対応の解明がある．これまでは，ダイズ作に係る経営問題の領域は限定されたものであった．しかし，前述したように米価水準が低下し，稲作との相対的な収益性格差が小さくなる中で，今日では，各作物の収益性の水準や年間を通した労働配分，土地利用の合理化，水田農業経営確立対策や稲作および大豆作経営安定対策の効果などを総合的に判断して経営として望ましい作目構成を決定していくことが求められている．従来の経営シミュレーション分析において与件変化の条件とされたものは経営規模やダイズなどの単収水準であったが，現在の経営モデル分析においては，さらに輪作体系としての効果や先に見た政策の影響もその選択肢の中に組み込んで検討を行っていかないと，経営者に有益な判断材料は提示し得ない．また，ダイズ生産に関する汎用コンバイン等大型機械の投資の妥当性の評価も，今後は，農地および作業集積の可能性のみならず，経営安定対策による収益低下の下支え効果も加味した上でのダイズの価格動向等を考慮に入れた検討を行っていく必要がある．このような，土地利用や助成金等の配分も含む地域的営農の仕組みの構築，技術的な側面でのダイズ作の安定化方策，担い手の育成とそこでの合理的な経営対応を解明していくこと，そして，それら成果をもとにダイズが水田作経営に定着する条件を明らかにしていくことが，今後の経営経済的研究に期待される課題といえよう．

（梅本　雅）

## 引用文献

1) 堀内久太郎．大規模水田輪作営農モデルの策定とコスト低減効果．高橋　均編．水稲・麦・大豆の多収・省力生産をねらいとした水田輪作技術の体系化，農業研究センター研究資料，第37号，176-200（1998）

2) 上村幸正・恒川磯雄・宮崎昌宏・吉永悟志・香西修治・松島貴則．新しい素材技術を取り入れた稲・麦・大豆輪作技術体系とその経営経済的評価，四国農試研報，No.59, 48-107（1995）

3) 小林　一．大規模水田作経営の適正規模－水稲・麦・大豆2年3作型輪作体系による－，鳥大農研報，43, 185-191（1990）

4) 木原義正．生産組織と水田農業の確立－秋田県における大豆集団転作先進事例を対象として－，東北農業経済研究，第8巻，第1・2号，17-28（1989）

5) 農林水産技術会議事務局編．水田利用高度化のための高品質・高収量畑作物の開発と高位安定生産技術の確立，研究成果，275（1992）

6) 農林水産技術情報協会編. 水田作（水稲・麦・大豆作）低コスト生産技術体系モデルとその指標（1993）
7) 集団的土地利用研究会編. 地域農業再編と集団的土地利用, 農業研究センター総合研究叢書, 第15号 (1989)
8) 角田 毅. 大豆・小麦立毛間播種技術の現地試験と経済性評価, 農業技術, 第55巻, 第6号, 266-268 (2000)
9) 高橋正郎. 集団的土地利用と地域マネジメント, 梶井 功・高橋正郎編著. 集団的農用地利用－新しい土地利用秩序をめざして－, 筑波書房, 97-118 (1983)
10) 高橋正郎. 豆腐のフードシステムと国産大豆豆腐の展望, 国産大豆・麦の流通構造と需要動向を左右する要因の解明（第1報告）, 日本大学生物資源科学部食品経済学科経営学第1研究室, 34-52 (2000)
11) 土田志郎. 良質米生産地帯における水田輪作の成立条件－線形計画法による稲・麦・大豆作経営のモデル分析－, 農業経営研究, 第30巻, 第2号, 46-55 (1992)
12) 土田志郎. 関東平坦地域における水田輪作複合経営と不耕起乾田直播栽培, 小室重雄編著. 水稲直播の経営的効果と定着条件, 農林統計協会, 67-89 (1999)
13) 梅本 雅. 新技術開発を背景にした水田輪作営農の新たな展開, 研究ジャーナル, 第20巻, 第4号, 37-43 (1997)
14) 梅本 雅. 大豆生産振興の可能性を探る, 農業と経済, 第65巻, 第12号, 45-54 (1999)
15) 梅本 雅. 麦・大豆生産振興と定着化のための課題と条件, 米麦改良, 平成13年2月号, 2-13 (2001 a)
16) 梅本 雅. 関東平坦水田地帯の大規模水田複合経営における米価下落の影響と新たな制度施行を踏まえた経営対応に関するシミュレーション分析, 新技術の経営的評価とシミュレーション分析, 農業研究センター経営管理研究（数理計画モデル分析）担当グループ, 45-55 (2001 b)

## 2. 畑作経営におけるマメ類の経営・経済的分析

### 1) 畑作におけるマメ類の生産動向と経営・経済的研究の展開

　ダイズ・アズキ・インゲンマメ・ラッカセイの4種類についてその生産の推移を整理したのが図10-2-1である．戦後，畑作経営の作付構成は統制撤廃後の1950年代後半には戦前の水準に回復しピークを迎える．その後1961年のダイズの自由化を契機に，畑作農家の経営構造は変貌を遂げ，マメ類生産は大幅に減少していく．ダイズは水田転作の主要作物として扱われてきたため，時々の転作政策により影響を受け若干増加に転ずる局面もあったが，畑作ダイズについていえば全般的な衰退傾向を示してきた．また，地域的に見れば，ダイズでは北海道・東北の畑作地帯が主産地を形成してきたが，畑作ダイズの後退により水田転作ダイズが現在では主体となっている．アズキ・インゲンマメでは全般的な作付面積の減少の中で北海道の相対的なシェアが益々大きくなってきている．ラッカセイはこれらのマメ類と若干異なった趨勢を示し，60年代後半までは関東や九州を中心に主産地を形成しながら拡大してきたが，それ以降は他のマメ類同様減少に転じ，現在では主産地は関東のラッカセイ地帯に絞り込まれてきている．
　このように畑作地帯におけるマメ類生産は高度経済成長期以降一貫して縮小してきた．このことから，畑作経営におけるマメ類の経営・経済的研究は，他の成長作物に比べればそれほど多く研究がとりくまれてはいない．また，水稲のように全国横断的に存在する作物と違い，マメ類を経営の基幹作物としてきた地域は限定されること，通常は他の畑作物との複合経営として営まれることから，マメ類単独で分析対象となることも少なかった．

したがって，以下では畑作経営におけるマメ類の経営・経済的研究のレビューを行うが，一部は畑作経営の経営組織や作付方式の研究を含め，レビューを行う．その際，かつてマメ類を基幹作物とする大規模経営が展開し主産地を形成し，現在でもマメ類が経営の中で一定の役割を担っている北海道の畑作農業に関する研究が主体となる．

さて，これまでの畑作におけるマメ類の経営・経済的研究を整理するため，ここでは，①マメ類の経営的特質と畑作経営および産地の発展方式に関する農業経営学的研究，②マメ類の価格変動・需給調整や作付反応，先物市場に関する計量経済的分析，③マメ類の流通構造・市場構造，消費需要の動向に関する研究，というように分けることにした．以下の節ではこの柱立てに即してこれまでの研究成果をレビューし，最後に今後の畑作におけるマメ類の経営・経済的研究の課題を整理する．

## 2）マメ類の経営的特質と畑作経営・産地の発展方式に関する研究

### (1) 北海道畑作地域

わが国の畑作経営におけるマメ類の経営・経済分析を考える上で，最も基本的な文献は西村[23]である．マメ単作的畑作経営が主流であった1950年代以前の北海道畑作経営を主たる対象にした先駆的な研究であり，マメ作農家の経営構造から，主産地内における地域差，輸入の影響を含む市場環境や価格分析などにまでわたる体系的な研究成果である．数多くのインプリケーションを示している

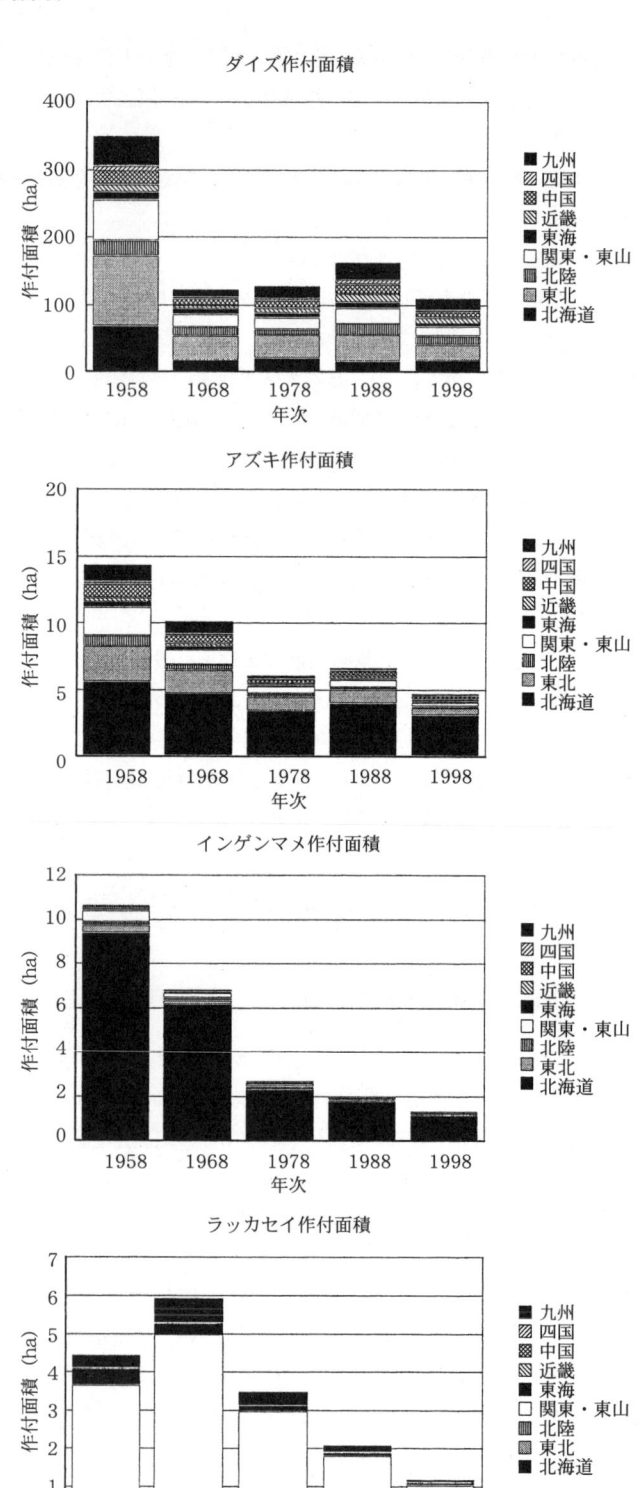

図10-2-1 マメ類の地域別作付面積の推移

が，①マメ類の主産地は北海道・東北であるが，特に十勝地域が代表的な産地であること，②マメ類，とりわけインゲンマメ・アズキの価格変動は道産ものの生産変動に規定されていること，③マメ単作的な経営組織を示す十勝でも，地域的には十勝外縁部はダイズ重点化地域，帯広周辺の真正中核地域はインゲンマメ重点化地域に分化していること，④インゲンマメ・アズキでは凶作年の価格上昇から粗収益は安定的であるが，価格硬直的なダイズでは粗収益は変動が激しく，ダイズのウェイトの高い外縁部では貧困化が進む一方，凶作時の価格高騰の恩恵は，比較的生産の安定的な中央部に集中すること，⑤中央部の安定性もマメ類単作で農業生産力の向上を伴わない「非発展的安定地域」であり，マメ類価格の硬直化が見込まれる中では不安定化していくものであること，などを指摘している．

日本豆類基金協会[22]は西村[23]の続編ともいうべき成果である．1965～66年の両年にわたってマメ作中核地域とマメ作限界地域とを比較する形で延べ13市町村28地区の347戸の農家調査を実施し，その結果をもとに，北海道マメ作の問題点の摘出と提言を行った．豆市場における北海道産シェアの大きさが輸入の拡大とともに低下し，アズキやインゲンマメでもダイズと同様に冷害年でも価格があまり上昇しなくなってきていること等の新たな傾向が指摘されている．

西村[24]は前掲2作をさらに引き継ぐ成果であるが，分析時点が1970年代であり，マメ作不安定地域における酪農の増加や，中核地帯における畑作農家における機械化・規模拡大の進展によるマメ類単作的な経営構造の転換が進み始めた下での分析を行っている．西村[24]所収のマメ作農家の経営分析としては，リスクプログラミングを用いた規範分析により，道内市町村別のマメ作のポテンシャリティと経営の不安定度とに対応した経営計画を提示し，十勝地域がマメ作の主産地たる合理性などを指摘した久保[13]がある．また，工藤[15]では線型計画法を用いて十勝平野中央部，十勝平野周辺部，十勝南部限界地帯それぞれの代表経営の経営設計を行い，管内地帯別にマメ作の位置づけを明らかにしている．さらに，前川[17]ではマメ作の後退が顕著になりだした斜網地域の農家の実態調査と線型計画法による規範分析から，当該地域におけるマメ作の位置づけを明らかにしている．

その後北海道の畑作経営は，基幹作物がマメ類からビート・バレイショに転換し，さらにコムギが増大し，80年代には根菜・コムギを中心とする大規模機械化経営が確立した．天野[1]は，そのような趨勢の中で，依然としてマメ類の作付比率の高い地区が存在する要因を分析した．すなわち，かつてのマメ作真性中核地帯の芽室町と帯広市川西の農家調査から，それが乾性火山性土と湿性火山性土という土壌条件の違いに基づくものであることを明らかにするとともに，土壌条件に起因する制約が高能率なビート移植機の導入や浅暗渠の施工により緩和でき，根菜類の拡大を可能とすることを明らかにした．また，松村[18]は，十勝中央部周辺町村の中札内村を対象に，マメ類が残存している農家におけるマメ類の位置づけを分析した結果，マメ多作農家では秋期農繁期の作業競合への対応として，競合作物であるコムギ作の排除，競合作業の外部化，競合作業の早期化，早期化による減収のバレイショ品種変更による回避などを行っていることを明らかにした．さらに，山田[33]では，減少が著しい金時生産の維持・確保のための条件を分析し，線型計画法の試算によりピックアップスレッシャー体系が金時生産の維持方策となりうることを示した．

(2) 都府県畑作地域

高度経済成長期以前には，北海道と並んで東北，特に青森から岩手にかけての北東北の畑作地ではダイズ産地を形成していた．堀籠謙[5～8]では，北東北の畑作地帯における農業経営と作付方式の展開を整理し，北東北で広範に形成されたヒエ-ムギ-ダイズの2年3作体系が一定の安定的な地力再生産方式を持ちながらも，経済的，社会的，技術的に後進的・停滞的な性格を持つものであったことを明らかにしている．その作付方式の中にあってダイズは，販売作物ではあっても同時に自給飼

料・食料の性格を持ち，労働力利用上の補完作物として調整作物として位置づけられていた．したがって，1950年代後半からの水田の開田，酪農の展開，集約商品作物の展開，特にタバコ・野菜の急激な増加により2年3作型の作付方式は崩れ畑作ダイズは減少していき，集約商品作物の連作的な畑地利用・専作的な経営展開に転じてきたことを明らかにした．このほか，星野[9]は，関東のラッカセイ地帯におけるムギ-ラッカセイ-ムギのような連作方式の存在や，ラッカセイ地帯の分化・形成要因を分析している．また，沢辺[28]は九州の畑作地帯における作付方式を整理し，50年代後半においては平坦地でムギ-ダイズ-アワのような1年3作の体系などが見られること，60年代後半に至ると畑土地利用の園芸化・畜産化とマメ類などの普通畑作物の衰退が進展したことを明らかにしている．林[3]は北海道・東北・関東・九州という主要畑作地帯の経営方式の展開方向の整理の中でマメ類の位置づけを明らかにしている．

### 3）マメ類の価格変動・需給調整や作付反応に関する計量経済的分析

マメ類ではアズキに代表されるように価格変動が激しく，投機的な作付対応も見られ，その作付変動や需給調整が問題とされてきた．また，1961年以降ダイズが自由化されるなど，マメ類では輸入の影響が常に問題とされてきた．このような背景から，統計データを基礎に計量的な解析手法を用いたマメ類の価格変動や供給反応に関する経済分析が行われてきた．

この分野においても西村[23]は先駆的な業績として位置づけられる．すなわち，道産品出回数量，府県産出回数量，輸入数量とダイズ・アズキ・インゲンマメ・エンドウマメそれぞれの戦前・戦後の価格指数とに関する価格方程式を計測している．その結果，ダイズ価格が硬直であるのに対し，アズキでは道産品出回数量の変動の影響を受け価格が変動するが，戦前アズキ輸入が盛んであった時期には価格硬直的であったこと，インゲンマメ全体としては価格が道産品出回数量に左右されることなどを明らかにした．佐々木[26]ではアズキ市場・インゲンマメ市場を対象に供給関数・需要関数・価格関数からなる逐次体系の計測を行い，各種関数の弾力性の推計と将来予測を試みている．その結果，アズキでは供給は減退，需要は平準化，価格は上昇傾向を，インゲンマメでは供給は平準化，需要量は増加傾向にあると推察している．また，久保[14]ではダイズ経済の部分的完全モデルの構造方程式を推計し，ダイズ基準価格の引き上げの作付面積の増加への直接効果はあまり期待できないこと，ダイズの生産伸張のためには畑作全体の振興に関わる構造政策を採る必要があることなどを指摘している．さらに近年の成果としては，金山[10]があげられる．そこでは，ダイズの不足払い制度成立後を五つの時期に区分し，ダイズの作付面積，交付金数量，販売価格などの動向を整理している．そして，1975~90年の期間について推計した食品加工用ダイズの需要・供給曲線を基に不足払い制度の有無による経済余剰の変化をシミュレートした．これらの分析結果から，①製油用と加工食品用という用途間での代替の弾力性が低いこと，②前掲の久保[14]の計測期間では不足払い制度の経済的効果が現れていなかったが，基準価格に生産振興奨励補助金が織り込まれた78年以降国産大豆の生産振興に大きく影響を与えたこと，③制度維持コストの増大に対応した87年の制度改正によりダイズ生産は減少したが，経済効率的にはなったこと，④80年以降は畑作物全般が過剰基調になったことから，畑作地帯のダイズ生産は不足払い制度の経済的影響を大きく受ける構造になってきたこと等を明らかにしている．

一方，畑作農家の作付行動・マメ類の供給反応に焦点を当てた研究展開も見られた．日本豆類基金協会[22]の中で，天間征[30]は作付面積変動の当該作物の反当粗収益などに関する回帰分析を行っており，久保[12]はマルコフ分析によるマメ類の作付予測を試みている．川口[11]は雑豆の作付面積に関するdistributed lag modelの計測結果を基礎に，アズキ価格とマメ類の収量変動パターンに関する

六つのシナリオのもとでの雑豆類輸入自由化の影響を予測し，アズキでは比較的緩やかな，インゲンマメでは急速な減少を予測しており，自給度をある程度維持するためには何らかの価格政策が必要となると指摘している．黒河[16]は，北海道の1956～75年における畑作物の作付決定関数を計測し，畑作物の価格反応は基本的に one year response を示し，インゲンマメ・ダイズは前期価格に強く反応を示すが，テンサイは不規則な反応を示すこと，畑作物作付は価格反応がきわめて大きいこと，マメ作からテンサイ作への基幹作物交替の要因は相対価格の変化，マメの収量水準の停滞とテンサイの向上にあることなどを指摘した．大江[25]は，コムギのウェイトが高まった80年代前半までの動向を踏まえ，十勝地域を対象に1967～84年における主要畑作物の作付決定関数を計測し，価格支持作物については政策価格に対して長期的に弾力的な作付反応を確認した．価格支持作物の作付比率の増加は作付決定に関わる期待形成過程全体として単純化・短期化への方向を進めてきているが，急速な規模拡大に対する意思決定における一つの適応形態と考えられるとしている．

近年の，マメ類に関する計量経済学的研究をみると，先物市場に関する分析が目立つ．WTO体制下で農産物価格全般が市場競争にさらされようとしている中で，価格変動リスクを回避する手段としての先物市場を利用したヘッジングの可能性が取り沙汰されるようになったことと，先物市場の取扱品目の拡大が図られるようになってきたことが背景にある．マメ類の先物市場を対象とした研究としては延ら[34,35]，笹木ら[27]，中谷ら[20]，中谷[21]，花田ら[2]，延[36,37]などがある．マメ類の先物市場の計量経済学的研究は取り組まれて間もないため，シカゴ商品取引所の出来高や曜日毎に発生する情報が東京穀物商品取引所における価格変動性に及ぼす影響(笹木ら[27]，中谷[21])や，季節変動パターンの摘出(中谷ら[20])，先物価格スプレッドの分布の特定(延[37])など，基礎的な研究整理の段階にある．そのような中で，延ら[34,35]ではアズキ先物市場がヘッジ取引の場として機能するか，という生産者・産地サイドの経営判断に直接寄与するような課題について検討を加えており，現実のアズキ先物市場は投機的取引を主とし，ヘッジ取引の場としてうまく機能していない可能性を指摘している．

### 4) マメ類の流通構造・市場構造および消費動向に関する研究

西村[23]では，マメ類の流通組織のありかた，とりわけ共販体制の課題について論じているが，マメ類の流通構造の分析をさらに進めたのが山田[31,32]である．山田[32]ではマメ類流通構造の変化，商品取引所の機能，輸送問題，検査制度，生産者の市場対応と農協の役割などについて分析を加え，マメ類流通をめぐる基本動向を明らかにしようとした．分析の結果，戦前は産地商人がマメ類取引の担い手であったが，戦時統制を経た戦後は産地集荷機関としての農協の地位を揺るぎないものとなったこと，58年にはホクレンの共計参加率が60%近くに達したもののその後低下し，共同販売でも買い取り方式が拡大したこと，マメ作中核地域では農協の集荷率が高いが，都市近郊やマメ作限界地帯では低い傾向を示すこと，輸入品を含むマメ類の需給事情，流通機構を前提とした場合，価格安定機能を商品取引所や農協共販に期待することが難しい状況にあること，マメ類のほとんどの加工用途において国産品と輸入品が競合関係にあり，国産品は価格的に不利な立場にあることなど多くの知見を得ている．そして，これらの分析を踏まえ，マメ類流通機構の改善方策として，① 総合的な食糧対策の下でマメ類需給対策を確立すること，② 輸入量の増大に伴う輸入商社の介入強化の中で，流通対策改善を講じるためには一元集荷体制を確立することが肝要であるが，「特約的地域共販」体制などが過度的な形態としてあり得るが，ホクレンの役割の再検討が必要であること，③ マメ類の需要拡大策の積極的展開をするため，連合会組織のマーケティングリサーチや消費地市場との直結の推進，④ 検査制度における消費実態にそぐわない点の改善，などを提示している．

農業の国際競争力が取りざたされるようになり始めた80年代初頭において，詳細な統計分析に基づき，輸入を含むマメ類の需給動向，流通・価格の動向，生産奨励策などを分析したのが三田[19]である．増大する輸入量と国産出回り数量の低下，稲転対策による稲作地帯でのマメ類作付の影響など，この時点でのマメ類市場の動向を明らかにしている．

一方，ダイズの消費需要に関する研究としては，沈[29]がある．沈は，高度経済成長期以降のわが国における味噌，しょう油，豆腐，油揚げ，納豆の需要構造の変化を「家計調査年報」データを用いた家計需要関数の計測によって分析した．その結果，①大衆食品で必需財であるダイズ加工食品の需要への所得や価格変動がおよぼす影響は大きくなく，食習慣や嗜好の変化などによるトレンド変化が最も重要な変動要因であること，②伝統食品としての食パターンの地位低下と健康食品としての関心の向上が品目ごとに異なったトレンド変化をもたらしていること，③安定経済成長期以降食生活の成熟化・健康食品への関心の向上から高度経済成長期との間で需要構造の変化があったことなどを指摘している．

新たなダイズ政策展開の中で，実需者ニーズに即したダイズ生産・販売のあり方を解明することが求められている．久野[4]はダイズの需要動向を整理し，製油用では輸入ダイズが圧倒的であるが食用需要では，煮豆・総菜用では国産のシェアが圧倒的であり，納豆用や豆腐用でも10％を越える．しかし，価格差が大きく，商社が国産ダイズ並の品質のダイズの契約栽培を行い輸入するバラエティダイズのシェアも高まっており厳しい状況にあることを明らかにした．そして，消費者ニーズに対応したダイズ生産の一つの方向としてダイズ畑トラスト運動を事例にその特徴と課題を整理している．

### 5）畑作におけるマメ類の経営・経済的研究の課題

このように，全国的にマメ類は多くの他の普通畑作物と同様に，高度経済成長期以降大幅に減少してきており，畑作の土地利用は農業基本法の選択的拡大の中で畜産や園芸作などを中心とするものに転換してきた．商品生産としてのマメ類の大規模生産が戦前より行われていた北海道畑作も例外ではなく，マメ類生産は大幅に後退して，根菜類とコムギを中心とした経営に転換している．

しかし，代表的なマメ産地である十勝の畑作町村についてみれば主要畑作物面積にしめるマメ類の割合は依然1～2割あり，かつての成長作物が停滞に転ずる中で土地利用上重要な作物である．かつてのマメの十勝の土地利用上の問題はマメ類の連作・過作による病害の発生や生産力の低下にあったが，今日では根菜類やコムギの連作・過作問題に取って代わられた．このことからすればマメ作物を作付方式の中に定着させていくことは土地生産力の維持・向上にとって重要な課題である．また，畑作物価格の全般的な低下の中で，野菜類の導入による集約化が図られており，野菜を輪作の中に組み入れる際マメ類の重要性が増す可能性がある．さらに，農家戸数のさらなる減少の中で経営耕地面積規模の一層の拡大を迫られる状況にあるが，拡大した経営において労働力利用上からマメ類の導入の合理性も生じる可能性がある．すなわち，今後想定される畑作農家の経営展開の中でマメ類が再評価される状況も少なからず考えられる．

したがって，以上のような今後の畑作の経営展開に即してマメ類の経営的特質を解明していくことが重要な課題である．なお，畑作農家の生産力向上にとってマメ類が果たす役割を経営的に解明するためには，一方でマメ類が輪作上で果たす機能を含む畑作付方式と生産力の動態に関する技術研究が深化し，作付方式のタイプと土地生産力の関係が関数的に把握される必要がある．それとともに，一層の機械化による省力化に関する技術研究の進展も期待されるところである．

東北などの中山間畑作地域におけるマメ類生産についても，特徴的な在来種や新品種は地域の特

産品の一つとして農村の活性化の素材となりうる．これらについても，農家における定着・拡大条件を経営的に分析していくことが必要であろう．

　マメ類の需給構造や供給反応に関する計量的な研究は，分析手法の精緻化を伴いながら展開してきたが，今後一層，マメ類市場における国際化や競争原理の貫徹が進むと考えられ，国際的な需給動向や農業政策の動向を踏まえたマクロ的な視点からの計量経済分析研究が重要となってくると考えられる．また，生産変動・価格変動の激しいマメ類生産において，今後ヘッジングは生産者や集荷団体のリスクマネジメント方策に位置づけられていく可能性もあり，この方面の研究も深化も望まれる．

　前節でも述べられているが，これまで研究があまり見られず，今後の展開が必要となる研究領域として，マメ類のマーケティング研究をあげることができる．従来，統計分析などを通じた市場構造・流通構造や消費動向に関する研究には一定の展開があったところであり，今後もその展開が求められる．しかし，実需者や消費者のニーズに即した生産・流通体制の構築が今日マメ類に対して強く要請されており，そのことに具体的にどのように対応するかが，マメ類の産地や生産者にとっての喫緊の課題である．このような課題に応えていくためには，豆腐・納豆や餡などの加工業者，量販店を始めとする小売業者，そして消費者それぞれの具体的な需要を押さえていくことが必要である．そして，そのような需要に対応させて品種や栽培法の選定を行い安定供給を実現するための産地体制を構築していく必要がある．さらに，できた製品をどのような流通チャネルを構築して流通・販売し，消費者にその商品特性を適切に伝達していくかということが問われる．このような実践的なマメ類のマーケティング研究は今まであまり展開されてきてはいないが，今後の研究課題として最も重要なものの一つにあげられよう．その際，マーケティング・サイエンス手法などの定量的手法や流通チャネル管理論などを適用しながら，近年展開がめざましいフードシステム研究の成果を踏まえ，研究を進めることが有効であると考えられる．

（天野　哲郎）

### 引用文献

1) 天野哲郎．十勝地域における土壌条件と作物選択の規定要因，北海道農業試験場研究報告，138号，63-85 (1983)
2) 花田秀隆・宋彙　栄．農産物先物価格変動の時系列分析-小豆商品を対象として-，1997年度日本農業経済学会論文集，205-207 (1997)
3) 林喜一郎．畑作における作付け方式再編の諸問題，農業経営研究，31号，40-63 (1979)
4) 久野秀二．国産大豆の需給動向と産消提携の新展開，1999年度日本農業経済学会論文集，284-289 (1999)
5) 堀籠　謙．東北畑作地帯における土地利用技術の変遷，戦後農業技術発達史，3巻，849-864 (1970)
6) 堀籠　謙ら．商品作物導入に伴う畑作の変貌と豆作-岩手県北2年3作地帯（軽米町）における-，東北豆類生産事情（第1部），日本豆類基金協会，195-267 (1971)
7) 堀籠　謙．東北畑作地帯における土地利用技術の変遷，戦後農業技術発達史，3巻，149-155 (1980)
8) 堀籠　謙．北東北主穀式2年3毛作の性格と意義，土地利用方式論，農林統計協会，3巻，210-228 (1986)
9) 星野亀夫．関東畑作地帯における土地利用技術の変遷，戦後農業技術発達史（続），2巻，865-879 (1970)
10) 金山紀久．不足払い制度と食用加工用大豆市場，農産物価格政策と北海道畑作，土井時久・伊藤　繁・澤田　学編，北海道大学図書刊行会，107-130 (1995)
11) 川口雅正．道産豆類の作付予測，豆類経済の分析と予測，西村正一編，豆類基金協会，27-64 (1974)
12) 久保嘉治．北海道産豆類の作付予測，北海道豆類生産事情，下，日本豆類基金協会，260-325 (1968)

13) 久保嘉治. 豆作生産力の地域差と豆作の安定的な位置, 豆類経済の分析と予測, 西村正一編, 豆類基金協会, 91-130 (1974 a)
14) 久保嘉治. 大豆市場の計量分析, 豆類経済の分析と予測, 西村正一編, 豆類基金協会, 345-382 (1974 b)
15) 工藤 元. 十勝における豆作農家の経営分析, 豆類経済の分析と予測, 西村正一編, 豆類基金協会, 157-229 (1974)
16) 黒河 功. 畑作物の作付変動と価格反応, 北海道農業試験場研究報告, 122号, 167-189 (1978)
17) 前川 奨. 斜網地域の豆作農家の生産構造分析, 豆類経済の分析と予測, 西村正一編, 豆類基金協会, 233-274 (1974)
18) 松村一善. 大規模畑作経営における作物選択要因に関する一考察-豆作の位置づけをめぐって-, 北海道大学農業経営研究, 20号, 141-157 (1994)
19) 三田保正. まめ類, 農畜産物市場の統計的分析-北海道農業の市場条件と市場対応-(湯沢 誠, 三島徳三編), 農林統計協会, 94-129 (1982)
20) 中谷朋昭・伊藤 繁・金山紀久・笹木 潤. 商品先物価格変化の季節変動パターン, 1997年度日本農業経済学会論文集, 220-222 (1997)
21) 中谷朋昭. 米国産大豆市場におけるボラティリティ変動の計量分析, 北海道農業経済研究, 9巻1号, 15-32 (2000)
22) 日本豆類基金協会. 北海道豆類生産事情(上, 下), 豆類基金協会, 407 p. 391 p. (1966・1968)
23) 西村正一. 豆類の経済分析, 東京明文堂, 230 p. (1961)
24) 西村正一他. 豆類経済の分析と予測, 豆類基金協会, 583 p. (1974)
25) 大江靖雄. 価格支持下における畑作生産者の作物選択と期待形成, 農業経営研究, 26巻, 1号, 11-21 (1988)
26) 佐々木康三. 豆類市場の動態分析, 豆類経済の分析と予測, 西村正一編, 豆類基金協会, 307-341 (1974)
27) 笹木 潤・中谷朋昭・出村克彦. 東穀米国産大豆先物価格とCBOT大豆先物価格の共和分分析, 1997年度日本農業経済学会論文集, 200-204 (1997)
28) 沢辺恵外雄. 九州畑作地帯における土地利用技術の変遷, 戦後農業技術発達史, 3巻, 880-896 (1970)
29) 沈 金虎. 戦後における大豆加工食品需要の変化に関する一考察, 農業経済研究, 60巻1号, 37-44 (1988)
30) 天間 征. 統計的に見た北海道豆類の作付予測, 北海道豆類生産事情, 上, 日本豆類基金協会, 360-369 (1966)
31) 山田定市. 豆類の流通構造, 北海道豆類生産事情, 下, 日本豆類基金協会, 326-362 (1968)
32) 山田定市. 豆類市場の構造と機能, 豆類経済の分析と予測, 西村正一編, 豆類基金協会, 385-417 (1974)
33) 山田輝也. 畑作経営における雑豆作(金時)の安定生産条件, 北農, 67巻, 4号, 61-64 (2000)
34) 延 圭英・伊藤 繁・樋口昭則. 小豆先物市場における最適ヘッジ取引率の推計-拡張されたミーンジニ係数による接近-, 農業経営研究, 35巻1号, 21-31 (1997)
35) 延 圭英・中谷朋昭. 農産物における最適ヘッジ取引率の推計-小豆先物市場を対象にして-, 農業経営研究, 36巻, 1号, 147-152 (1998)
36) 延 圭英. ベーシスリスクと最小分散ヘッジ取引の効率性, 北海道農業経済研究, 7巻, 1号, 12-22 (1998)
37) 延 圭英. 先物価格スプレッド変化の分布に関する研究, 1999年度日本農業経済学会論文集, 227-230 (1999)

本書は、中央農業総合研究センターでとりまとめた「総合農業研究叢書第44号 わが国における食用マメ類の研究」を(独)農業技術研究機構指令14機構A第311号により、改題して当(株)養賢堂から出版したものです。

| | 2003年 3月 31日 　第1版発行 |
|---|---|
| **2003**<br>総合農業研究叢書<br>第44号<br>食用マメ類の科学<br>―現状と展望―<br>検印省略<br>ⓒ著作権所有<br>本体 13,000 円 | |
| 編　者 | 海 妻 矩 彦<br>喜 多 村 啓 介<br>酒 井 真 次 |
| 発 行 者 | 株式会社　養 賢 堂<br>代 表 者　及 川 　 清 |
| 印 刷 者 | 株式会社　丸井工文社<br>責 任 者　今 井 晋 太 郎 |
| 発 行 所 | 〒113-0033 東京都文京区本郷5丁目30番15号<br>株式 養賢堂<br>TEL 東京(03)3814-0911 振替00120<br>FAX 東京(03)3812-2615 7-25700<br>URL http://www.yokendo.com/ |
| | ISBN4-8425-0347-5 C3061 |
| PRINTED IN JAPAN | 製本所　株式会社　丸井工文社 |